国家科学技术学术著作出版基金资助出版

成因矿物学：

原理·方法·应用

Genetic Mineralogy:

Principle · Methodology · Application

李胜荣　申俊峰　董国臣 等　编著

科 学 出 版 社

北 京

内 容 简 介

作者结合自己数十年的教学和研究成果，系统总结了最近30多年来成因矿物学在理论、方法和应用方面的新进展；以矿物发生、发展、消亡和变化为主线，阐述矿物个体和系统演化的过程和条件；依据不同条件下形成不同的矿物组合、矿物种属和矿物特征，论述矿物标型的科学内涵，并提供大量最新研究资料；从成分、结构、流体包裹体和矿物相平衡等多个维度，介绍最新开发出来的矿物温度计和压力计；以不同自然作用中矿物分布为基础，全面归纳各种内生、外生和变质作用中的矿物共生组合；基于吉布斯相律，介绍开放和封闭两类体系矿物共生分析的数学方法；在矿物成因分类框架下，以成因矿物族和找矿矿物族的方式，展示辉石族、角闪石族、云母族和长石族按成因和矿化属性分类的最新研究成果；此外，还展示了成因矿物学在地质找矿、珠宝鉴赏和生态环境研究方面的应用成果。

本书适合从事地质学、地球化学、宝玉石学、矿物材料、生态环境、地质资源、地质工程等相关学科的教学、科研、工程技术人员参考使用，也可作为本科生和研究生教学的参考教材。

图书在版编目（CIP）数据

成因矿物学：原理•方法•应用 = Genetic Mineralogy: Principle • Methodology • Application / 李胜荣等编著. —北京：科学出版社，2021.9

ISBN 978-7-03-066312-2

Ⅰ. ①成… Ⅱ. ①李… Ⅲ. ①成因矿物学 Ⅳ. ①P571

中国版本图书馆 CIP 数据核字（2020）第 196152 号

责任编辑：刘翠娜 / 责任校对：樊雅琼
责任印制：赵　博 / 封面设计：无极书装

科学出版社 出版
北京东黄城根北街16号
邮政编码：100717
http://www.sciencep.com

北京厚诚则铭印刷科技有限公司印刷
科学出版社发行　各地新华书店经销
*
2021年9月第　一　版　开本：787×1092 1/16
2024年3月第三次印刷　印张：38 1/2
字数：918 000

定价：328.00 元

（如有印装质量问题，我社负责调换）

本书研究和撰写人员

李胜荣　申俊峰　董国臣　张华锋
李　林　杜瑾雪　杨宗锋　李小伟

序　一

从唯物辩证法的角度来看，地球科学的研究对象主要是地球的物质组成(包括地球生物)、地球物质的存在形式和地球物质的相互作用及其所导致的存在形式变化历史4个方面。矿物是地球物质的主要载体，也是地球物质运动和相互作用等成因信息的载体。成因矿物学就是以提取矿物成因信息及其应用为主要内容的现代矿物学分支，它与人类物质和精神的生产生活有着密切的联系。

成因矿物学的概念最早由苏联矿物学家提出，俄语表达为“Генетическая Минералогия”。维尔纳茨基(Вернадцкий)在莫斯科大学任教期间(1890～1911年)，提出从成因角度研究矿物，出版了《地壳的矿物史》；费尔斯曼(Ферсман)在《论矿物成因问题和它们的相互转化》(1912年)中首次提出成因矿物学的研究方向及矿物标型学说；此后，费多罗夫斯基(Федоровский)、格里戈里耶夫(Григорбев)、别捷赫金(Бетехтин)、科尔仁斯基(Корженский)、拉扎连科(Лазаренко)等先后从不同侧面论述了矿物发生学、矿物共生组合及矿物成因分类，为成因矿物学形成完整学科体系奠定了基础。

20世纪50年代，陈光远先生将成因矿物学思想引入北京地质学院的教学中，并结合我国对矿产资源的重大战略需求，指导研究生率先对矿床矿物的成因形态学、成因矿物族和矿物学找矿标志开展研究，带动了我国成因矿物学研究迅速进入该学科领域的国际前沿。陈光远等于20世纪80年代末期出版的《成因矿物学与找矿矿物学》专著便是20世纪成因矿物学发展成就的系统总结，主要反映了成因矿物学理论发展及其在地质找矿中应用的成果。

进入21世纪以来，成因矿物学的发展呈现了两个突出的趋势，一是与其他学科进一步融合，成为地球系统科学的一部分，在解决重大地质基础理论问题中发挥了不可替代的作用(如“锆石学”)；二是与人类需求密切结合，从而介入地质环境整治、自然灾害减免和生物健康保障及高新技术材料等许多重要领域的产品研发，由此衍生了“环境矿物学”“生命矿物学”“进化矿物学”及“矿物/岩石/生物材料学”等新兴分支。李胜荣等提出的“找矿矿物族”新理论、对脉石英个体发生规律的揭示及其动力学意义的阐释、系列矿物学填图参数的开发和方法创新、强成矿作用的地质-矿物学标志体系的建立、根据矿物学-地球物理综合标志对华北克拉通破坏机制及国家战略找矿靶区的圈定、对生命矿物响应环境变化微观机制的研究等，都极大地丰富了成因矿物学的理论宝库。

《成因矿物学》一书第一作者李胜荣教授从事成因矿物学教学和科研工作已30余年，对本学科理论有较深入的理解，对成因矿物学的研究方法能够去粗取精、有所创新，在国家自然科学基金重大项目、973计划项目和国家重点研发计划、危机矿山找矿预测和超大型矿床研究等工作中得到了大量应用实践的历练。该书坚持传承与发展并举，基础与创新并重，理论与应用结合，融入了近30年来“矿物发生学”“矿物温压计”“成因/找矿矿物族”和“成因矿物学应用”等方面的新资料和创新性成果，是中国地质大学（北京）“地质学”和“地质资源与地质工程”世界一流学科建设的标志性成果。该书的出版对成因矿物学学科有里程碑式的意义，对从事地质学、地球化学、资源勘查、珠宝材料研发、环境监测保护等领域的高校师生、工程师和研究人员均有重要参考价值。该书既是一本研究性专著，也可作为相关专业高年级本科生和研究生的教学参考书或教材使用。

中国地质大学 教授
中国科学院 院士
2020年10月12日

序　二

成因矿物学研究方向最早是由俄罗斯矿物学家费尔斯曼提出来的，目前它已发展成为一个体系较为完整的独立学科。

自 20 世纪中叶陈光远教授将成因矿物学思想引入中国地质界，我国成因矿物学研究与国家重大战略矿产资源寻找紧密结合，在成因矿物学理论研究和地质找矿应用方面均取得卓越成就。陈光远等的《成因矿物学与找矿矿物学》(1987 年第一版，1988 年第二版)、《胶东金矿成因矿物学与找矿》(1989 年)及 *Atlas of Mineralogical Mapping in Jiaodong Gold Province*(1996 年)专著，集中地反映了我国 20 世纪成因矿物学发展的主要成就。

21 世纪以来，成因矿物学逐渐融入以重大科学问题为主攻目标的多学科集成性研究中，并开始渗透到事件地质、资源环境、生命过程、材料研发等许多领域，由此衍生出“进化矿物学”“环境矿物学”“生命矿物学”等新兴分支，成为地球系统科学不可或缺的一部分。在新时期的成因矿物学研究中，我国学者做出了重要贡献，先后提出了找矿矿物族新理论；揭示了宏/微观时空矿物演化及矿物个体发生和系统发生新规律；发展了矿化-蚀变带及矿集区矿物学填图新方法；建立了强成矿作用的地质-矿物学标志体系；将成因矿物学理论方法应用于危机矿山研究，取得显著的找矿效果和经济效益；利用副矿物锆石、磷灰石、独居石的裂变径迹等低温年代学分析技术，对造山带/岩石圈隆升史和矿产的保存利用提供了新的依据；利用锆石等矿物的微区同位素和化学成分测试技术，更广泛地用于重大地质事件定年和地质体演化历史追索。21 世纪，成因矿物学研究领域更广、深度更大、成果更丰硕，标志着学科发展进入了一个新的阶段。

李胜荣教授是陈光远先生的学生，已从事成因矿物学教学和科研近 40 年，曾长期担任中国矿物岩石地球化学学会成因矿物学与找矿矿物学专业委员会主任和中国地质学会矿物学专业委员会副主任，还是多个国际合作项目的组织者和参与者，有较丰富的成因矿物学学科理论、方法和应用方面的知识积累和实践经验，由他组织编著的《成因矿物学：原理・方法・应用》一书，注意了对前人经典理论的传承和发展，融入了作者和国内外近 30 年来本学科不同分支方向的大量新成果，特别在“矿物发生学”“矿物温压计”“成因/找矿矿物族”和“成因矿物学应用”等方面的创新尤其醒目，是新时期成因矿物学最重要的代表作。

该书是中国地质大学(北京)“地质学”和“地质资源与地质工程”世界一流学科建设的标志性成果，它既是一本研究性专著，也可作为相关专业高年级本科生和研究生的教学参考书或教材，对从事地质矿产勘查、珠宝鉴赏开发、环境监测保护及岩矿/生物材料研制者，均有重要参考价值。

翟裕生

中国地质大学(北京) 教授

中国科学院 院士

2020年9月25日

序　三

我很高兴看到李胜荣老师等编著的《成因矿物学：原理・方法・应用》一书出版和发行，并认为该书的出版是我国矿物学研究和教学的一件大事，愿意推荐给广大地质工作者和学生阅读，并相信读者一定会从中获益。

成因矿物学由苏联学者维尔纳茨基于1890～1911年提出，之后经过不同学者的推进和发展，1963年拉扎连科在《成因矿物学原理》一书中较系统地阐明了成因矿物学理论体系，总结了矿物标型及其应用，使成因矿物学发展成为独立的学科。陈光远教授与其学生于1963年创造性地提出闪石、绿泥石、黑云母、石榴子石等矿物的成因分类和成因矿物族的概念，在1987年第一版《成因矿物学与找矿矿物学》一书中进一步完善了成因矿物学理论体系，后来又提出矿物标型六性和矿物学填图的四化原则，以及变质岩、花岗岩、铅-锌-铁-金-辰砂-萤石等矿床的矿物成因标型和找矿标志，有力地指导了我国的地质研究和找矿实践。

21世纪以来，矿物原位及微区的物质分析和结构分析技术发展很快，如锆石的研究，促进了成因矿物学的发展。我国在世纪之交开展的危机矿山的成矿预测，特别是对采矿深度的延伸，为成因矿物学在空间分布方面的研究提供了难得的机遇，促进了理论和找矿实践的双丰收。20世纪末21世纪初，矿物概念从狭义的地质系统拓展到广义的自然系统，学科间的交叉融合成为矿物学研究的新契机和新特色。成因矿物学与成矿过程、金属赋存状态等研究的密切联系被充分展示，成为成矿作用和选矿甚至冶炼的重要环节和理论基础。成因矿物学理论不仅应用于地质找矿和珠宝玉石领域，也在矿物岩石材料和生物矿化材料、环境监测和保护、生命起源和过程等领域得到广泛应用，矿物和矿物系统中许多新现象与新规律被发现和揭示，表现出成因矿物学理论强劲的生命力。

与矿物学在上述不同研究领域的应用和实践的蓬勃景象相比，矿物学的基础理论研究，特别是学科本身的研究和总结显得不足。在此背景下，李胜荣教授和他的同事们顺应时代要求，及时编著了《成因矿物学：原理・方法・应用》一书。该书以成因矿物学学科的体系框架为纲，将学科的原理和方法与地质找矿、珠宝鉴赏、环境监测、生命过程等研究和开发应用融为一体，在注重经典传承的基础上，系统总结了国内外从1987年至今30余年来成因矿物学研究的新资料，在陈光远等编写的《成因矿物学与找矿矿物学》第二版的基础上，结合作者自己的科研成果，推陈出新，在许多章节都有最新的资料和认识，集中展示了当前成因矿物学研究的新水平，是成因矿物学学科发展史上的里程碑之作，是我国高等学校“双一流”建设中的标志性成果。

我还想说，目前我国地质领域的学科发展中，矿物学的发声相对不足，这与这些年来总体科研的学科布局和科技成果的评价标准体系有关。矿物学和岩石学、矿床学等都是地质领域中物质研究最基本的学科，亟须加强而不是削弱。测试仪器装备、技术及地球化学理论研究的提高，为矿物学发展带来了机遇，奠定了基础。中国地质大学(北京)的成因矿物学研究团队久负盛名且富有传承，是国际成因矿物学研究中心之一。该书的作者是中心的骨干和核心，积累了丰富的研究经验，并取得丰硕的研究成果，他们为该书的编著倾注了大量心血。该书的出版对引领我国成因矿物学的研究，丰富矿物、岩石、矿床学理论宝库，以及推动地质找矿实践、促进矿物学与其他学科的交叉融合，都具有重要的意义。

中国科学院地质与地球物理研究所 研究员
中国科学院 院士

2020 年 11 月 10 日

前　言

成因矿物学是现代矿物学的重要组成部分，是矿物学向不同领域拓展的根基。它研究矿物与矿物组合的时空分布、矿物内外属性间的关联、矿物形成与变化的条件和过程、矿物与其介质间的相互作用及相应的宏微观标志、矿物成因分类及矿物成因信息的应用等内容。矿物发生史、矿物标型学、矿物温压计、矿物共生分析和矿物成因分类共同构成本学科理论体系的基本框架。其中，矿物标型学是体系的核心内容。

以陈光远先生为代表的我国矿物学家在 20 世纪下半叶创新性地开展了成因矿物族的研究，建立了完善的成因矿物学理论体系，提出矿物标型六性和矿物学填图的四化法则；提出变质岩、花岗岩、铅-锌-铁-金-辰砂-萤石等矿床的矿物成因标型和找矿标志，有力地指导了我国的地质研究和找矿实践。

进入 21 世纪以来，矿物学填图参数和方法进一步发掘和完善，矿物磁学和近红外谱学等便捷填图手段得到广泛应用；大纵深蚀变矿化和矿物标型分带规律得以揭示；矿物标型的地球动力学、构造动力学和矿物系统的演化意义得到深度阐释；成因矿物学作为环境与生命过程研究的指导思想，逐步衍生出环境与生命矿物学新分支。将矿物个体发生及矿物标型的思想用于对鱼耳石、有孔虫及其他生命体响应和环境变化的研究；将矿物-生物交互作用思想用于土壤能量系统修复研究；将矿物-环境耦合思想用于生物有机质对矿物自组装结构和过程的调控研究及海洋矿物对海洋及大气环境的指示研究；将矿物大数据运用于矿物系统发生史，即矿物演化研究和矿物时空分布预测等，极大地丰富了矿物发生学和矿物标型学的理论。

20 世纪 80 年代前，国内外相继出版了多部成因矿物学著作和教材，从不同侧面反映了成因矿物学的理论、方法和应用成果。其中，我国陈光远、孙岱生、殷辉安教授等出版的《成因矿物学与找矿矿物学》(1987 年第一版；1988 年第二版)系统总结了国内外成因矿物学理论及其在地质找矿方面的应用成果，是 20 世纪成因矿物学理论和应用方面最重要的代表作。随着 21 世纪矿物学概念从狭义的地质系统中晶质固体向广义的自然系统中晶质、准晶质固体的转变，同时矿物原位分析测试技术日臻成熟，我国矿山探采范围从 500m 以浅向千米以下延伸，成因矿物学应用从地质找矿和珠宝玉石领域向材料、环境、生命等领域拓展，矿物和矿物系统中的许多新现象被发现，矿物和矿物系统中的许多新规律得以揭示，展示了成因矿物学学科蓬勃发展的大好局面。在此背景下，作者结合自己的研究成果，较系统地总结了国内外从 20 世纪 80 年代后期以来 30 余年中成因矿物学研究的新资料，在陈光远等出版的《成因矿物学与找矿矿物学》(1988 年第二版)基础上，以本学科的体系框架为纲编著了本书，力求以实事求是的精神，注意对经典理论的传承和发展，将成因矿物学的原理、方法和应用融为一体，以期更好地服务于相关理论研究，并指导具体实践。

本书是在中国地质大学(北京)李胜荣教授等承担的本科生“成因矿物学概论”和研究生“成因矿物学及其应用”课程教学，以及国家自然科学基金重大研究计划培育项目(91962101)和重点支持项目(90914002)、国家重点研发计划重点专项(2016YFC0600106)、中国地质调查局计划项目(1212011220926)、全国危机矿山找矿预测项目(20089937、200714009、200613069)等数十个项目的科学研究基础上编撰而成，是学校“地质学”和“地质资源与地质工程”两个世界一流学科建设的成果之一。

本书共八章，编写分工如下：前言及第一章由李胜荣编写，第二章由申俊峰编写，第三章由张华锋、李林、李小伟编写，第四章由杜瑾雪编写，第五章由董国臣、李林、杨宗锋编写，第六章由杨宗锋转录陈光远等(1988)，第七章由李林、董国臣编写，第八章由申俊峰、李林、董国臣编写，李胜荣和申俊峰负责大纲的策划和全书的修订工作。

书中部分黑白图件的辨识度不够，可通过扫码观看彩图。

在开展上述科学研究和编撰本书的过程中，作者先后得到赵鹏大院士、翟裕生院士、莫宣学院士、叶大年院士、李曙光院士、翟明国院士、金振民院士、张国伟院士、朱日祥院士、郑永飞院士、侯增谦院士、毛景文院士、王成善院士、成秋明院士、孙岱生教授、叶天竹教授、邓晋福教授、邓军教授、胡瑞忠教授、吕志成教授、杨进辉研究员、鲁安怀教授、张德会教授、罗照华教授等多位科学家的指导，还得到了国家自然科学基金委员会、科技部、自然资源部、教育部、中国地质调查局、地质过程与矿产资源国家重点实验室、中国地质大学(北京)各级领导和岩石矿物教研室老师及研究生的大力支持。赵鹏大院士、翟裕生院士和翟明国院士为本书成功申请国家科学技术学术著作出版基金撰写了推荐书并作序，作者在此一并表示衷心感谢！

由于近 30 年来国内外成因矿物学研究成果十分丰富，本书作为新成果的集大成之作，却难免挂一漏万，加之作者理论水平有限，尽管穷数年时间致力于本书的编写，不妥之处仍期待读者指正。

编者

2020 年 9 月

目　录

第一章 绪 论

一、研究内容及学科体系

(一)成因矿物学概念

1. 概念

矿物是自然作用的产物。因此，自然作用的过程和条件决定了能够形成什么样的矿物组合，能够出现哪些矿物，所出现的矿物具备什么样的形态、成分、结构和性质等特征。从矿物的组合、种属和特征便能够追索矿物形成时的自然作用特征。所以，矿物也是其形成的自然作用过程与作用条件等信息的载体。

成因矿物学者基于各种各样的矿物学现象，反演矿物和矿物集合体(岩石、矿石、生物体中结石和骨骼的主要构成成分)形成演化的历史，并将对矿物演化史的理解运用于地质事件的恢复、矿产资源的寻找、生态环境的监测和改善及生命过程的干预，扩展衍生出找矿矿物学、环境与生命矿物学等新兴分支，使成因矿物学成为理论与实践并重、学术与应用并行的、广受科学界推崇的一个最重要的矿物学分支。

成因矿物学的概念最早由苏联矿物学家提出，俄语表达为 Генетическая Минералогия，英文为 Genetic Mineralogy。成因矿物学是以矿物的成因为主要研究对象的学科。陈光远等(1988)将它与应用矿物学分支“找矿矿物学”的关系类比于地球化学与化探、地球物理与物探的关系，认为它是联结基础矿物学与找矿矿物学的桥梁，犹如地球化学是联结普通化学与化探的桥梁，地球物理是联结普通物理与物探的桥梁一般。随着 21 世纪成因矿物学理论在选矿、冶金、环境、生命、材料、珠宝等许多学科领域的拓展，目前成因矿物学已经成为联结基础矿物学与各个应用矿物学分支的桥梁，成因矿物学也因此成为一门研究矿物成因理论及其实际应用的学科。

2. 研究意义

开展成因矿物学研究在地质成因分析、矿产资源寻找、环境监测与治理和有关理论发展中均有重要意义。

1)地质成因分析

地球物质的固体部分除极少量玻璃态物质外，全部是由矿物组成的。地质体的形成势必将其相应的过程和条件等信息在矿物的组合、种属、形态、成分、结构、物性及谱学等方面留下印迹。深入解剖这些印迹的成因信息，对阐明地质体的成因具有不可替代的作用。

罗照华等(2013)提出根据火成岩中矿物的成因研究岩浆系统的成熟度。他们将火成岩中的矿物按其加入岩浆系统的方式划分为固体晶体群、熔体晶体群和流体晶体群，并从固体晶体群中划分出残留晶和捕虏晶亚群，从熔体晶体群中划分出岩浆房晶体、通道晶体、循环晶和基质晶等亚群，从流体晶体群中划分出超临界晶体、凝聚晶体和热液晶体等亚群。在快速上升和固结的岩浆系统中，所有晶体群都有可能得到保存；相反，在缓慢上升和固结的岩浆系统中可能仅保留部分晶体群，如基质晶亚群。因此，晶体群的数量和颗粒大小可以用来定性评价岩浆系统的存续时间尺度和晶体吸收速率。罗照华等(2018)以东昆仑造山带家琪式斑岩 Cu-Mo 系统花岗闪长岩为例，将斜长石划分为 5 种不同类型，属于来自 5 个岩浆子系统、具有不同生长环境和生长过程的晶体群，暗示形成花岗闪长岩的岩浆为多重岩浆房系统岩浆混合作用的产物，且经历了快速固结过程，阐明了火成岩晶体群的含义及其研究方法和意义。这是基于成因矿物学分析火成岩成因的范例。

2) 矿产资源寻找

成矿作用是一类特殊地质作用，在研究一般地质作用时注意矿物标型的特殊性，便能发现成矿作用的线索，进而找到矿床。

陈光远等(1988)对我国弓长岭型条带状含铁建造(banded iron formations，BIF)中的角闪石做了系统的成因矿物学研究，发现角闪石中的铁含量随其与铁矿体的距离增大而递减，由此对铁建造的构造样式进行分析，将原认为的单斜构造改判为向斜构造，铁矿石储量增大了一倍，成为成因矿物学找矿的典范。

在超铁镁质和铁镁质杂岩中，角闪石的含铁性对杂岩中是否有含铁(钒钛磁铁矿、铬铁矿等)矿床、成矿介质的含铁性和铁矿床规模也具有很好的指示意义：不含铁杂岩的角闪石 M 值[Mg/(Mg+Fe)]较高而 F 值[Fe/(Mg+Fe)]较低，含铁杂岩的角闪石 M 值较低而 F 值较高，说明是否含铁的杂岩岩浆中铁含量明显不同，形成铁矿的杂岩岩浆含铁性较高。但是，在含铁的杂岩系统中，围岩中角闪石和铁矿石中角闪石的 F 值却有两种不同的情况：一种情况是围岩中角闪石的 F 值低于铁矿石中角闪石的 F 值，表示该杂岩岩浆系统中含大量铁元素，在形成铁矿石中的钒钛磁铁矿、铬铁矿等铁矿物后铁的浓度仍足以形成高含铁性的角闪石；另一种情况是，围岩中角闪石的 F 值高于铁矿石中角闪石的 F 值，表示该杂岩岩浆系统的铁元素丰度在形成铁矿物后便不足以形成高含铁性的角闪石，故高 F 值的角闪石只出现在未形成铁矿物的围岩中。前一种情况下，因岩浆系统所含铁元素特别丰富，故能形成规模较大的铁矿床；而后一种情况下，因岩浆系统中的铁元素丰度不足，故不可能形成大规模的铁矿床(图 1-1)。

3) 环境监测与治理

在地球表层系统中形成的矿物对表生环境，包括土壤、水、空气和生物等的质量变化存在或强或弱的响应关系，其本质可以由矿物发生学和矿物标型学的理论来解释。同样地，基于该理论，利用矿物与环境之间相互作用关系和矿物的晶体化学属性，可以对环境要素进行改良。例如，利用钟乳石或石笋同心层中不同位置方解石的成分特征反演环境温度等要素的变化；利用鱼耳石或贝壳等不同轮纹中的文石或球霰石恢复其水体环境的变化；利用层状硅酸盐或架状硅酸盐矿物所特有的结构层或结构孔道中离子与环境中离子的交换等属性去除污染水体中的重金属离子，改善水的质量等，均是成因矿物学应用于环境研究的重要成果。

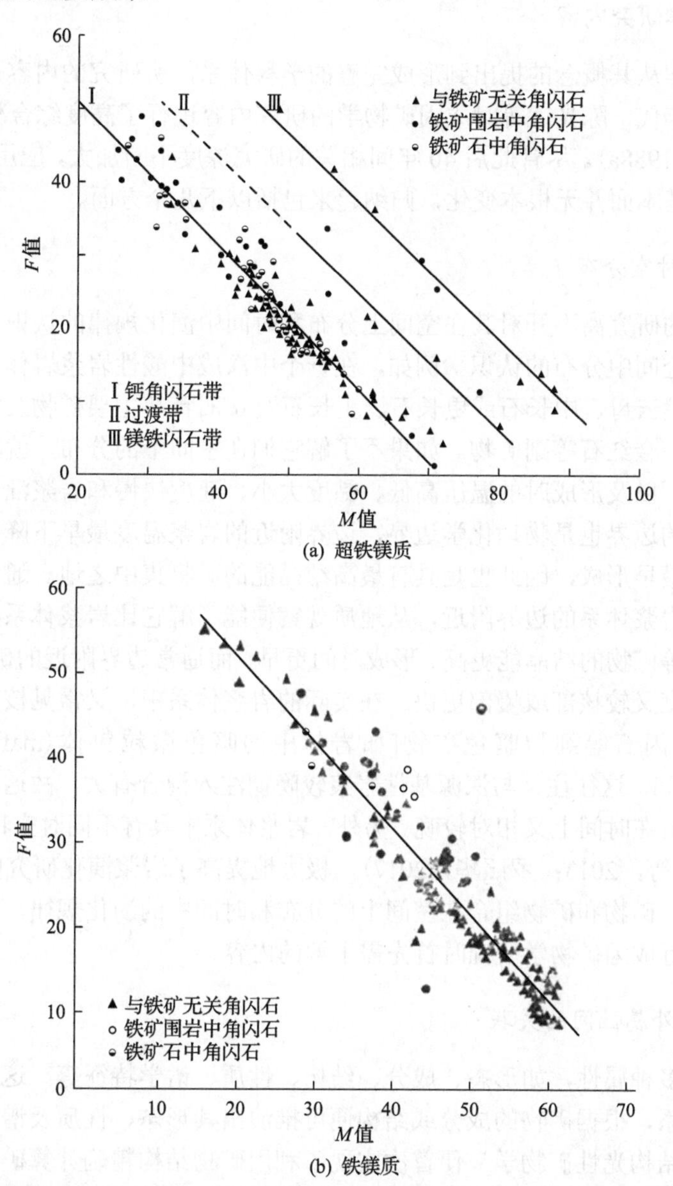

图 1-1 超铁镁质和铁镁质杂岩系统中角闪石含铁性与铁矿成矿关系图解(据陈光远等，1988，有修改)

4）推动和丰富物理化学、晶体化学理论发展

物理化学是研究一定物理化学条件下体系中物质相关系的科学。成因矿物学将矿物发生过程与其物理化学条件之间的关联及其标志作为核心研究内容，其成果对自然物理化学理论的发展是不可或缺的。

成因矿物学以矿物化学成分和晶体结构与其形成介质之间的相互联系作为关键研究内容，因此其成果能够促进以化学成分与晶体结构相统一的晶体化学理论的发展。

(二)成因矿物学研究内容

成因矿物学从其概念的提出到形成完整的学科体系，所研究的内容是逐渐深化的。到20世纪80年代，陈光远等对成因矿物学的研究内容进行了高度综合凝练(陈光远等，1988；叶大年，1988a)。尽管此后40年间相关的研究深度不断加大，应用领域不断扩展，但研究内容的基本面并无根本变化，归纳起来包括以下几个方面。

1. 矿物的时空分布

矿物成因的研究离不开对其在空间上分布和时间中演化规律的认识，即对矿物和矿物组合在四维空间中分布的认识。例如，在一个中深成中酸性岩浆岩体中，一般会出现普通角闪石、黑云母、中长石或更长石、正长石及α-石英等主要矿物及锆石、磷灰石、磁铁矿、榍石、金红石等副矿物。如果不了解它们在空间上的分布，就不能阐明它们形成的时间先后，以及形成时的温压高低、黏度大小、速度快慢和岩浆混合等其他作用过程。岩浆体系的边界也是物理化学边界，边界附近的岩浆温度最早下降、冷凝度最早升高、矿物晶核最早形成，因此也是具有最高结晶能的矿物集中之地。通常暗色的普通角闪石多集中在岩浆体系的边界附近，从地质观察便能了解它比岩浆体系核部更为集中的正长石和石英等矿物的结晶能更高、形成时间更早，而通常边界附近的矿物颗粒又较细，故其形成的速度又较核部或幔部更快。在实际的岩浆体系中，又常见核部或幔部集中了更多的普通角闪石等细粒暗色矿物[如岩体中的暗色微粒包体(mafic microgranular enclave，MME)]，这往往又与深源基性岩浆较晚期注入混合有关，故这种混合作用下形成的普通角闪石在时间上又相对较晚。另外，岩浆体系中具有不同时空特征的“晶体群”的存在(罗照华等，2013；罗照华，2017)，极大地提高了岩浆演化研究的复杂性。

由此可见，矿物和矿物组合在空间上的分布和时间中的演化规律，是对地质体或其他矿物载体进行成因矿物学研究时首先需了解的内容。

2. 矿物内外属性间的关联

矿物具有多种属性，如形态、成分、结构、性质、谱学特征等，这些属性之间有着密切的相互联系，根据矿物的成分或结构便可推演出其形态、性质及谱学特征。叶大年院士开拓的“结构光性矿物学”便首次实现了利用矿物结构精确计算矿物折射率等光学性质(叶大年，1988b，1982)。矿物的各种属性还常随矿物的成因产状和共生组合的变化而发生连锁性的系统变化。例如，在相对较高温的热液体系中，形成黄铁矿 $Fe[S_2]$的主要组分 Fe 和 S 在体系中的过饱和度相对较低，因此只有具最强键合能力的{100}方向才对体系中的铁离子和硫离子具有强力键合效应，从而有利于形成立方体黄铁矿[如苏联的金矿床、胶东金矿床(陈光远等，1989)，金青顶金矿床(李胜荣等，1996)]。在此介质条件下，化学性质相对较不活泼的微量元素如 Co、Ni 等趋于代替 Fe 以类质同象的形式进入黄铁矿晶体，形成相对较富 Co、Ni 的黄铁矿[胶东金矿(陈光远等，1989)、金青顶金矿(李胜荣等，1996)]。由于 Co^{2+}和 Ni^{2+}的半径稍小于 Fe^{2+}的半径(分别为 0.74Å、0.72Å 和 0.76Å，Railsback，2003)，因此在此条件下生成的黄铁矿晶胞体积也应较小(有关研究资料还很欠缺）。同时，Co^{2+}和Ni^{2+}大量置换Fe^{2+}后，将导致黄铁矿能带结构中出现大量施主能级，在差异性的热场作用下，导带中出现电子导电，即N型电导，这时形成的黄铁矿简称为N型黄铁矿。由此可知，立方体—富Co、Ni—较小晶胞—N型电导便构成较高温条件下黄铁矿的属性链。

在成因矿物学中，矿物在形态、成分、结构、性质、谱学特征等内外属性和矿物共生组合及成因产状之间的内在联系便构成其重要的研究内容。

3. *矿物演化*

矿物演化是成因矿物学中非常重要的研究内容之一，包括矿物个体演化和矿物系统演化两个方面。

矿物个体演化是指矿物单体、规则和不规则连生体和集合体的发生史，与苏联著名矿物学家格里戈里耶夫提出的“矿物个体发生史”(ontogeny of minerals)具有相同的内涵。矿物个体演化研究的内容十分丰富，既包括矿物发芽、生长、形成与变化的整个过程，也包括该过程中不同阶段介质的物理化学和动力学等条件及其变化。

矿物系统演化与格里戈里耶夫首先提出的“矿物系统发生史”(phylogenesis of minerals)具有相近的内涵，它以地球演化过程或其演化的某一阶段、某一事件中矿物种或亚种、矿物族或亚族、矿物类或亚类及大类的演化为研究内容。例如，在岩浆活动过程中，矿物种橄榄石的系统发生过程通常是从镁橄榄石向铁橄榄石演化；矿物族辉石的系统发生过程一般是从斜方辉石向单斜辉石演化；链状硅酸盐亚类的系统发生过程多从单链的辉石族向双链的角闪石族演化；而硅酸盐类矿物则是按岛状(—环状)—链状—层状—架状诸亚类的顺序依次生成，表现出十分规律的系统发生过程。在西藏甲玛夕卡岩型铜多金属成矿系统中，则能很清楚地观察到硅酸盐(岛状钙铝榴石—单链状透辉石—双链状透闪石、阳起石)—氧化物(磁铁矿、镜铁矿、石英)—硫化物(黄铁矿—闪锌矿—黄铜矿—方铅矿)三个不同矿物类之间的系统演化序列。胶东乳山金青顶金成矿系统中石英的系统演化(李胜荣，1996)是“胶东型金矿”(Li et al.，2015)石英系统发生史的一个典型实例。

大量研究表明，矿物个体和矿物系统演化研究对寻找矿产资源的战略布局、具体矿床深部预测及地质体及其他矿物载体(如“生命矿物体”，李胜荣等，2017)成因与其介质关系的研究都十分重要。

4. *矿物成因信息*

在矿物的生成过程中，其与介质间是相互依存、相互作用的两个矛盾主体，介质的性质、动力学条件和生长环境等成因特征势必影响矿物的共生组合、矿物种属和矿物特征。介质的性质至少包含温度、压力、酸碱度、氧逸度、黏度、元素组分类型和活度、挥发性组分类型和逸度等系列参数；动力学方面应包括矿物的生长速度、内外应力、阶段性、韵律性等；矿物生长环境则涉及天体的、地球的，岩浆的、变质的，深成的、浅成的，沉积的、后生的，伟晶的、细晶的，风化的、搬运的，热液的，生物的等许多方面。这些信息的提取和相应的矿物学宏微观标志体系的建立是成因矿物学研究的重点，也是难点。

成因差异导致矿物特征变化的研究内容十分丰富。例如，矿物单体粒度从纳米尺度到米甚至数十米；矿物形态从单体到同种矿物集合体，从单形到聚形分析，从定形识别到变形的测量，从宏观形态观测到微形貌研究，从规则连生(平行、双晶、浮生、交生)到晶体交接样式(如共生时以120°相交)；矿物内部组构从理想的质点周期平移重复的均一态到多晶畴的拼图，从核-幔-壳平衡态到渐变态或突变态，从规则的多面体环带或扇形环带到不规则蚕食环带，从残留核到次生边；矿物的化学成分涉及主要组成元素、微量元素、类质同象、元素的配分模式、元素或元素对比值、变价元素比值、同位素或同位素比值、元素或同位素协变关系等；矿物的晶体结构包含结晶度、晶胞参数及晶胞变异、有序度、三斜度、多型、元素占位等；矿物的物理性质包括光学性质(颜色、条痕、光泽、透明度、热发光、阴极发光等)、力学性质(硬度、弹性、挠性、脆性、延展性、膨胀性、吸附性等)、电学性质(导电性、热电性等)、磁学性质(顺磁性、逆磁性、电磁性)、相对密度、谱学特征(穆斯堡尔谱、顺磁共振谱、红外光谱)等。

5. 矿物成因分类

分类学是人类借以认识自然界纷繁复杂事物间普遍存在的或紧密或松弛关系而创立的学科。目前，自然界已发现的矿物多达5400余种，系统矿物学家已根据晶体化学特征对它们之间的相互联系进行了解剖分类，提出了系统矿物学的晶体化学分类方案，为人类系统认识矿物界并利用矿物奠定了重要基础。

鉴于不同条件下形成不同矿物组合，矿物学家也尝试根据矿物的成因对矿物进行分类，以便人们能够从矿物成因分类系统中认识矿物的形成环境，从而更好地利用矿物为人类服务。毫无疑问，矿物的成因分类是成因矿物学的一个重要研究方向。

由于自然作用的高度复杂性和绝大多数矿物具有复成因性，同时由于人们对矿物成因认识的局限性，矿物成因分类系统的建立是一项十分艰巨的任务。但从具体矿物族或矿物种入手，建立其成因分类系统则是可行的。

6. 学科发展史

学科发展史是每门学科都应关注的研究方向。它通过发掘学科的起源、追溯学科理论演进轨迹和学科体系的建立过程，追寻学科发展不同阶段的代表作和代表人物，归纳学科思想的应用成果，总结学科发展史上学科理论成功应用的经验和失败的教训，对未来学科发展进行展望并提供路标，指导学科向好发展并为人类做出更大贡献。

在过去30多年中，矿物学家们对成因矿物学学科发展史做过多次较系统的阐述(如陈光远和李胜荣，1999；孙岱生，1999；李胜荣和陈光远，2001；李胜荣，2013)，分析了成因矿物学在不同阶段的发展脉络，对成因矿物学未来发展方向进行了展望。

7. 方法学

方法是解决科学问题的手段，因此方法学也是成因矿物学的研究方向之一，其包括思维方法和工作方法两个方面。

思维方法在本质上属于哲学范畴，受认识论的指导。按照唯物主义的自然辩证法，成因矿物学的思维方法首要地应当把握“实践与认识的关系”“个别与一般的关系”“渐变与突变的关系”，要有“事物相互联系”和“一分为二”的观点。在研究矿物标型问题时，要注意从“矿物标型六性”，即“普遍性”“特殊性”“变化性”“相应性”“继承性”“分带性”(陈光远等，1989)等基本性质出发，揭示矿物标型中隐蔽的成因信息；还应按照矿物标型的“四化法则”，不但“定性地”，还要“定量地”，不但“定向地”，还要“定位地”揭示其变化规律。

适当的工作方法是高效开展成因矿物学研究所必需的。陈光远等(1988)从野外地质矿物学观察和样品采集、室内研究和测试手段选择、测试资料整理与数据处理及综合分析和矿物学填图等方面，较详细地阐述了成因矿物学的工作方法。基于21世纪成因矿物学研究领域的扩展，部分工作方法也要做相应的跟进。运用大数据平台开展相关研究，便是今后工作的一个重要方向。

8. *矿物成因信息的应用*

自然科学演进的动力一方面来自人类探索自然奥秘的求知欲，另一方面更直接地来自人类改善自身生活条件的强烈渴望。因此，矿物成因信息的应用是成因矿物学研究题中应有之义。

成因矿物学的应用，过去主要涉及地质找矿领域，对地球历史中发生的重大地质事件、环境和生命演化事件甚少涉及。进入21世纪以来，矿物学填图参数和方法进一步发掘和完善，矿物磁学和近红外谱学等便捷填图手段得到广泛应用，大纵深蚀变矿化和矿物标型分带规律得以揭示，极大地丰富了找矿矿物学的理论和方法；矿物标型的地球动力学、构造动力学和矿物系统的演化意义得到深度阐释，提出了进化矿物学等新分支；将矿物个体发生及矿物标型思想用于对鱼耳石和有孔虫等生命矿物响应环境的研究，将矿物-生物交互作用思想用于土壤能量系统修复研究，将矿物-环境耦合思想用于生物有机质对矿物自组装结构和过程的调控研究，以及海洋矿物对海洋及大气环境的指示研究等，极大地丰富了矿物发生学和矿物标型学的理论，创立了环境与生命矿物学(李胜荣等，2017)。

(三)成因矿物学学科体系

矿物学从其萌芽到形成系统的学科，经历了2500多年的历史。20世纪以前，该学科的基本特征是对矿物宏观的和光学特征的描述。直到20世纪，伦琴X射线被引入晶体结构研究，现代物理学引入矿物物理性质的研究，高温高压实验和流体包裹体引入矿物形成条件研究，特别是电子探针、质子探针、离子探针等微束测试手段引入矿物原位成分和同位素研究，才使矿物学学科发展的巨轮驶入了快速发展的轨道，不但极大地拓展了矿物学研究的深度和广度，也极大地拓展了矿物学研究的时间和空间，从而开创了现代矿物学的新阶段。

成因矿物学是现代矿物学的重要组成部分，尽管其学术思想的提出至今不过近百年时间，但在现代科技日新月异的大背景下，它却具备了比较有效的研究技术手段和比较完整系统的学科理论。将成因矿物学的理论进行梳理，便可归纳出矿物发生学、矿物标型学、矿物温压计、矿物共生分析和矿物成因分类等几个板块，它们共同构成了成因矿物学的理论体系。其中，矿物标型学是该体系的核心。

二、理论基础

成因矿物学中重要的理论基础包括自然作用理论、晶体化学理论、物理化学理论和地球化学理论。

(一) 自然作用理论

矿物是自然作用的产物，自然作用的过程和条件决定了矿物共生组合、矿物种属和矿物特征。欲从矿物的产出状态反演其形成过程和条件，熟悉相关自然作用的理论是必要的。

自然作用十分复杂，大到宇宙各星体间自身的组成及其运动，小到纳-微米颗粒、微生物与矿物的相互作用和生命活动过程。在目前的研究对象中，主要涉及壳幔物质交换、循环与岩石圈减薄和克拉通破坏成矿理论，板块俯冲变质、陆壳增生与造山成矿理论，地外物质瞬时高压撞击成岩成矿理论，岩浆起源、混合与演化及岩浆与岩浆热液成矿理论，沉积成岩成矿(含油气、煤炭)与沉积-变质或沉积-热液叠加成矿理论，生物(含微生物)成岩成矿理论，生物体(人体、动物、植物)生理性和病理性矿化及其与环境的响应关系理论。

在具体的研究过程中，矿物的生成可能只涉及自然作用中相对狭窄的一两个方面，这是需要特别加以关注的。

(二) 晶体化学理论

晶体化学是研究晶体中化学元素与晶体结构之间关系的科学。矿物是自然作用下形成的晶质固体，欲查明矿物在一定条件下所出现的化学元素及其在结构中所处的位置，查明相应的结构参数特征，建立矿物化学成分与晶体结构标型，提出矿物温度计和压力计，进行矿物共生分析，便必须掌握并善于运用晶体化学理论。

例如，根据矿物中出现的主、微量元素，运用类质同象理论，便可探讨元素的赋存状态和相互关系。在金银系列矿物中，金与银均为零价态金属原子，两者的半径都是1.44Å (Railsback，2003)，因此可构成完全类质同象关系，都占据立方最紧密堆积(cubic close packing，CCP)结构的球体中心位置。铂、钯和铜也常以微量自然金属进入金银系列矿物，它们的原子半径分别为1.38Å、1.37Å和1.28Å(Railsback，2003)，通过置换金或银而形成相应的类质同象固溶体。

尽管在金银系列矿物中，金、银、铜、铂、钯等均为类质同象关系，而自然界却仅常见金银系列矿物、铂钯系列矿物，其他元素构成的系列矿物并不多见。这一方面与元素在自然界的分布有关；另一方面也与它们的原子半径有关，是受该类矿物的晶体化学性质制约的。

在研究矿物中离子占位标型时，首先需要清楚矿物中存在哪些非等效结构位置，这些位置可能被何种离子所占据。例如，在钙质或碱性角闪石中，Y 阳离子主要是 Fe^{2+}、Mg^{2+}和 Al^{3+}，它们可出现在 M_1、M_2、M_3 三种非等效结构位置。随平衡温度升高，Fe^{2+}将由 M_1 和 M_3 转向 M_2，Mg^{2+}和 Al^{3+}将由 M_2 向 M_1 和 M_3 转移。平衡压力对 Y 阳离子的占位与温度的效应恰恰相反(陈光远等，1988)。如果不了解角闪石的上述晶体化学特征，便无法进行离子占位标型和离子占位温压计的研究。

(三) 物理化学理论

物理化学是以物理学原理和实验技术为基础，研究化学体系的性质和行为及其规律的学科。矿物的形成与演化过程不但是化学元素迁移、沉淀和重组的过程，也是与各种物理化学参数相适应的过程。温度、压力、介质组分、化学位、酸碱度、氧化还原电位、气态组分逸度、液态组分活度、作用时间、作用速度等均是制约矿物形成与演化的物理化学参数。物理化学理论是揭示矿物相关系——矿物共生组合和矿物稳定条件，揭示矿物时空分布规律，建立矿物温压计的基础。

在自然体系中，共生矿物在热力学上必处于相平衡状态，相律便是矿物共生分析的重要基础。据吉布斯相律，只受外界温度和压力影响的相平衡体系，其自由度数(f)等于体系中独立组分数(C)减去相数(p)加 2，即 $f=C-p+2$。这说明，在此相对简化的平衡条件下，共生矿物的种类数是由独立变量温度、压力和组分浓度所决定的。当已知矿物种类数，并测定温度压力时，便可对体系的组分浓度进行推演。

(四) 地球化学理论

地球化学是研究地球及其所处天体系统物质化学运动的学科(张德会等，2013)，其本质是研究元素及其同位素在自然界的分布与分配、结合与分解、迁移与转化等不同形式运动的历史。矿物是元素在其无穷无尽运动历史长河中的一个重要片段，它的形成反映了元素在一定条件下结合的地球化学性质和行为。

在自然体系中，银的地球化学性质较金活泼，金可以在较高温时沉淀出来，而银只能在温度更低时才沉淀，故在金银系列矿物中，高温时金的成色较高而低温时金的成色较低。据统计，形成于 7～8km 深处约 350℃的阿尔卑斯脉(相当于中深成变质流体形成的造山型金矿脉)中的金银系列矿物，金成色常在 850～950；形成深度约 1km，温度在 150℃以下的低温石英-碳酸盐脉中的金银系列矿物，金成色多在 680～760(刘英俊等，1984)。形成于克拉通破坏背景下并以岩浆流体为特征的胶东型金矿(Li et al.，2015)，其主成矿期的脉体形成深度为 5～8km，形成温度为 200～300℃，金成色多在 800～900。

在自然界中，多数矿物都是由两种或两种以上组分构成的固溶体。在平衡共生的固溶体矿物之间常具有某一种或几种相同元素的原子或离子，在同一种矿物的非等效结构位置之间也常出现某一种或几种元素的离子。共生矿物间和矿物晶体非等效结构间元素原子或离子的分配受热力学上的 Nernst 定律支配，在理想溶液体系中是温度和压力的函数。这便是原子或离子交换温度计和压力计构建的基础。

三、研究方法

(一)思想方法

1. 实践与认识的关系

“实践—认识—再实践—再认识”是辩证唯物主义认识论的基本原理。成因矿物学研究强调将野外调研或实验室所获得的感性认识加以去粗取精、去伪存真、由此及彼、由表及里的加工制作，使之上升成为理论，并回到野外或实验室进行检验，这是成因矿物学最重要的思想方法。在胶东乳山金青顶石英脉型金矿研究中，通过7个中段的实地调查和6个钻孔岩心的观察，未发现矿物分带现象，也未发现原圈定矿体外的矿化；但对各中段和岩心系统样品的光学显微镜研究和系列分析测试，通过筛选矿物学参数，进行矿物学填图，却发现石英和黄铁矿在不同空间中存在明显差异，各参数还具有异常分布；通过各异常成因分析，预测原判断无矿地段具有良好的成矿远景。后将该判断用于矿山外围勘查，上述判断获得成功验证，也进一步提升了对矿床分带性的认识。在我国危机矿山找矿预测的成因矿物学研究中，正确处理实践与认识的关系，坚持从实践中来到实践中去，不但缓解了矿山危机，也提升了矿物学找矿的理论水平。

2. 个别与一般的关系

自然界中的各种作用常常是在非常复杂的化学系统中完成的，所形成的矿物不可能是化学上理想的纯物质，一般也不具备理想的格子构造，故其化学组成、晶体结构和物理性质等都是在一定范围内可变的。在研究矿物学现象时，要注意其是非常特殊的个别现象，还是具有一般性质的普遍现象。如果是前者，应考虑其形成的特殊条件；如果是后者，则要揭示其所蕴含的规律性。只有从尽可能多的矿物现象与自然的物理化学条件关系的统计、对比和归纳中，才能获得规律性的认识。因此，数理统计的方法是矿物标型一般规律研究的主要方法。

3. 渐变与突变的关系

矿物的形成过程既有可能在渐变的自然作用中完成，又有可能在突变中完成。华北克拉通岩石圈的减薄便有渐变的化学侵蚀和突变的机械拆沉两种机制，前者在短期内难以导致大规模高度集中的构造-岩浆-流体-成矿事件，而后者则可在极其短暂的时间内导致此类灾变事件的发生。因此，在研究华北克拉通破坏机制时，从岩浆岩、热液蚀变和矿床的时空分布及成因矿物学入手，可以获得可信的判据。

4. 矿物标型六性

成因矿物学一个很重要的思想方法，是深入理解矿物标型所具有的六条基本性质，即“普遍性”“特殊性”“变化性”“相应性”“继承性”“分带性”(陈光远等，1989)。

矿物标型的“普遍性”是基于任何矿物均为自然作用的产物，均为自然过程和条件等信息的载体而得出的，它和对称性是晶体的基本性质一样，是矿物标型的最重要的性质，是对一切矿物进行标型研究的依据。

我们研究自然作用，总是要从一般作用过程中发现特殊现象，从而揭示新的规律。矿物标型研究也要注意从一般矿物现象中提取特殊标志，即注意矿物标型的“特殊性”，从而认识新的自然规律。成矿作用就是有别于一般地质作用的特殊自然作用，是矿物标型研究的一个重要方面。

从不同时空角度考察，事物的渐变过程往往是突变的前奏，变化速率或变化梯度是度量一定时空域规模的主要参数。矿物标型变化的梯度大小可以用来衡量相关地质体的规模。例如，矿体中某种矿物标型的变化梯度很小，常常是矿体规模很大的标志。因此，矿物标型“变化性”的定量表达具有不可忽略的实际意义。

自然作用规律常常会被一些复杂现象所隐蔽，要揭示自然规律，必须从多个不同侧面考察自然现象。矿物标型的“相应性”是指在同一自然作用中所形成的矿物，无论从同一矿物不同特征标型还是不同矿物同一种标型，都会在一定程度上表现出受该自然作用约束的特性。因此，从不同侧面研究矿物标型，能较精准地厘定自然作用的过程和条件。

具有成因联系的不同时期自然作用产物之间的矿物标型，按照成因联系的强度而呈现一定的“继承性”。这是追索物质源区时应充分注意的思想方法。

矿物各种标型在不同尺度空间中常呈现带状分布，查明各个带形成前后及时限，是进行标型演化研究的重要方法。

(二)工作方法

1. 背景研究

矿物是自然作用的产物，它必然产于一定地质体(土壤、岩体、矿体、外星体、宇宙尘等)或其他载体(生物骨骼、植物茎干、“生命矿物体”等)中。因此，进行成因矿物学研究，便需对矿物产出的背景条件进行充分的预研究，收集整理前人的相关研究成果，为后期矿物成因的研究奠定基础。

2. 样品采集

根据成因矿物学研究的目的，有时需要采集所研究对象中一定数量的有代表性矿物标本，以便获得地质体或其他矿物载体中矿物的基本特征；有时需在时空二维尺度上采集系统的矿物标本，以便获得矿物与矿物标型在时间和空间中的分布规律。

3. 分析测试

高精度的分析测试是成因矿物学研究的基础，这些测试工作包括矿物组合及共生序列，矿物内外属性即形态、生长环带、化学成分、晶体结构、物理性质、谱学特征等。对于各项测试采用的方法，可根据研究目的及要求，尽量选用当时最精确、快速、适用、经济的手段和方法。例如，20 世纪对矿物化学成分的研究主要采用电子探针显微分析(electron probe micro-analyzer，EPMA)方法，目前对矿物微量化学成分分析主要采用激光剥蚀电感耦合等离子体质谱仪(laser ablation inductively coupled plasma mass spectrometry，LA-ICP-MS)。

4. 标型提取

获得矿物内外属性测试结果后，要进行“去粗取精、去伪存真、由此及彼、由表及里”的数据分析，提出所研究地质体和矿物载体的特征性矿物参数。这些参数所反映的成因标型信息，要通过与类似地质体或矿物载体相关矿物文献资料统计结果进行对比分析获得。

5. 综合研判

根据矿物标型得到的成因认识是否合理，还需结合工作区地质背景和相关地质体或其他矿物载体形成环境，根据已有成因认识所做出的预测与实际结果的吻合程度进行综合研判，完成从实践到认识，再从认识到实践的完整的认识过程。

(三)矿物学填图

矿物学填图在实现矿物标型从定性化理解到定量化表达，从矿物异常的定向化追溯到定位化选靶中，具有其他方法所无法企及的功能。下面对此方法进行较系统的阐述。

1. 概念与目的

矿物学填图是把地质体中不同部位具有一定标型意义的矿物学现象，即能够反映矿物形成条件与过程信息的矿物学标志(矿物标型)，包括标型矿物组合、标型矿物种属和标型矿物特征，用相应的矿物学参数定位地标示在图上的操作过程，其所形成的图件称为矿物学图件。矿物学填图不仅常常应用于沉积和沉积岩区，进行沉积物源区和沉积相分析，进行古地理环境重建；也可应用于岩浆岩和变质岩区，进行岩体分解、岩浆活动序列和岩浆演化的动力学过程分析，进行变质相系划分与定量表达和变质作用分析。上述地质环境中的矿物学填图还是研究其成矿与找矿潜力、追溯原生矿床等工作的重要手段。

目前开展了较多专题研究，其中方法较为成熟且有大量成果的是热液矿床的矿物学填图，其目的和意义至少有以下 5 个方面：①查明热液矿物的空间分带及其变化；②恢复热液矿物演变序列和热液作用叠加历史；③指出成矿结构面和矿体的可能方位；④揭示成矿元素富集的规律性；⑤推断矿床的规模和剥蚀程度。

2. 方法与手段

(1)观测数据收集。

矿物学填图是对矿物现象进行定位研究的过程。因此，进行矿物填图的第一个关键阶段便是实地观测、数据收集和样品采集。此时需要测量和记录并初步分析观测点的点性、点位、地质环境和矿物现象(如在斑状岩浆岩中测量斑晶的含量、大小、走向等，脉体在单位面积或长度内的条数、组数、产状等)，其中北斗导航系统或全球定位系统(global positioning system，GPS)、罗盘、吴氏网、计算机等是必须准备的基本手段。

(2)岩相分析。

热液矿床矿物填图的基础工作是对蚀变矿物的鉴别，对原生矿物与蚀变矿物之间的交代关系的确定，对热液矿物相互之间共生关系、热液(蚀变)矿物含量、粒度、形态和一般物性信息与数据的收集。获取这些基础资料和数据的主要手段是各类立体和偏反光显微镜、扫描电子显微镜、阴极发光仪等。其中，阴极发光仪在蚀变矿物与原生矿物的识别方面有独到的作用。

(3)标型测试。

为了取得热液蚀变矿物区别于原生矿物的标志性特征参数，进行各类矿物的化学成分、晶体结构、物理性质和谱学特征的测定是必不可少的。为此，应尽可能采用各类现代矿物分析仪，如测试化学成分所需的电子探针和激光剥蚀等离子质谱仪，测试矿物晶体结构所需的单晶或粉晶及原位微区 X 射线衍射(X-ray diffraction，XRD)，获取矿物电性与光性等数据的热电仪、电阻率仪及热释光仪等，测试矿物谱学特征的红外光谱仪、穆斯堡尔谱仪等。

(4)现代快速矿物填图。

利用热液蚀变作用发生后岩石中矿物组分的变化，直接测定蚀变岩性质参数进行填图从而快速反映蚀变强度，是一种快速矿物学填图方法。例如，原岩含磁性矿物较多的岩石遭受热液蚀变后磁性减弱，利用磁化率仪在野外原位直接测定蚀变岩的磁化率便能间接指示蚀变作用的强度。近年来，国内外广泛使用便携式近红外光谱仪(portable infrared mineral analyzer，PIMA)对蚀变岩中的石英、方解石和各类含水矿物的相对含量进行测定，实现了快速进行上述蚀变矿物填图的关键技术突破，是目前最经济、便捷和有效的矿物学填图技术。

非金属蚀变矿物填图应用较广泛，特别是利用高光谱技术进行矿物填图，使遥感地质由识别岩性发展到识别单矿物以至矿物的化学成分及晶体结构。利用可见光-短波红外谱段的蚀变矿物填图，可识别 Fe、Mn 等过渡元素的氧化物和氢氧化物、含羟基矿物、碳酸盐矿物及部分水合硫酸盐等近 40 种矿物，这些蚀变矿物多数与成矿作用密切相关，可以用于圈定矿化蚀变带、分析蚀变矿物组合和蚀变相、确定蚀变强度、追索矿化热液蚀变中心和圈定找矿靶区；在中-热红外谱段，可识别包括造岩矿物和矿石矿物在内的绝大多数矿物类型。

3. 填图规范

在典型矿集区的矿床中进行蚀变矿物学填图，其所遵循的规范要求主要取决于填图的目的和采取的填图技术手段。蚀变矿物填图与一般地质填图相比，其填图范围不仅有地表一定的平面空间，也包括地下不同层次的平面和立体空间，因此其规范要求也更为灵活。

在矿集区内进行区域蚀变矿物填图，可以按一般地质填图的原则将矿集区划分为等面积的若干小区，主要应确认各小区内是否存在与矿集区成矿作用相关的蚀变矿物和蚀变矿物组合，各小区内蚀变矿物的含量、分布及水平平面分带，深入的研究性蚀变矿物填图还要测定矿集区贯通性矿物的标型特征。对相应研究工作较成熟的矿种或矿集区，二维空间蚀变矿物填图的结果可以作为全区矿产资源定量评价的依据，也可作为区内矿点和矿化点评价的依据。

在成矿系统中，由于成矿流体是以主控矿构造为中心对围岩进行交代而发生的，因此典型成矿系统二维空间的蚀变矿物填图便应在垂直矿体或矿带方向布设的垂直剖面上进行，或在矿床或矿体不同标高的水平平面及开采中段进行。此类填图只能依托各类探采工程如钻孔、坑道进行，难以严格按方格划分观测和采样点，因此填图时应充分利用各类工程所揭露的未蚀变围岩和蚀变岩，因地制宜，以期查明蚀变矿物的空间分带及其变化，恢复蚀变矿物演变序列和蚀变作用叠加历史，指出成矿结构面和矿体的可能方位，揭示成矿元素富集的规律性，推断矿床的规模和剥蚀程度。

4. 填图内容

按照矿物学填图各工作步骤，其主要内容如下。

1) 野外踏勘和路线矿物填图剖面的选择

在典型矿集区进行矿物专题填图，首先要对矿集区内各类矿物分布的基本特征有所了解。因此，工作之初，必须在矿集区地形地质图基础上，选择若干条与主要构造-矿化走向近垂直的路线进行野外地质踏勘，核实地形地质图上各地质要素的实际产状，了解矿化带及其周边热液蚀变矿物的类型和分布概况。在此基础上，选择一条蚀变-矿化各要素最齐全、蚀变矿物类型最丰富、蚀变强度最大、蚀变分带最明显、野外识别最容易的地质路线，作为路线矿物填图的预选剖面。

2) 预选剖面研究和矿物填图要素的选择

确定预选路线剖面后，应对路线剖面上各类地质体的矿物类型、矿物含量、矿物组合、共生关系及其所形成的岩石类型进行详细研究，在典型矿集区进行矿物学填图，尤其要注意区分热液蚀变矿物和原岩矿物，注意研究热液蚀变的矿物类型、矿物含量、矿物组合及其共生关系，厘定蚀变矿物形成的先后次序。

为了确定填图用矿物标型要素(标型组合类型、标型矿物含量、标型矿物特征)，需在预选路线剖面上，根据矿物形成的先后序次和共生关系及其所形成的岩石类型，以具有代表性的、能反映热流体演化不同阶段的矿物组合、矿物种属和矿物特征作为填图单位或填图要素，进行路线矿物填图。通常，利用不同填图单位或填图要素所获得的矿物图反映热流体演化规律和热液蚀变特征的精度将有一定的差异。为了用较少的投入获得较大的产出效益，应当优选能够较确切反映热流体蚀变演化规律的矿物填图单位和要素，用于在典型矿集区或矿床范围内进行垂直平面或水平平面蚀变矿物填图。

3) 矿物标型数值化

能够反映矿物形成条件和过程的矿物标型要素多具有非数值的属性，如矿物的颜色是矿物与自然光相互作用的反应，矿物的形态是矿物晶体的几何图形，无论物理反应或是几何图形，都不是以数值的形式直接表现出来的。根据这些矿物标型进行矿物学填图，都不能定量或半定量地反映矿物发生的规律。因此，对矿物标型进行数值化表达，是运用数据进行矿物学填图，定量或半定量地表达矿物发生演变规律的关键。

4)矿物标型数值的空间表达

矿物学填图的本质是将地质体中的各类矿物学要素定位地标示在图上的过程，是完成矿物填图的最后一个环节。矿物图的空间表达包括文字图、直方图、花纹或色彩图、等值线图、平面图-组合平面图、3D图。

5. 结果解释

1)矿物填图的“四化法则”

矿物学填图将矿物要素在地质体中的分布直观地表现出来，不但能定性地表现矿物发生的过程和条件，通过对有关矿物标型要素进行数值化处理后，还能定量地表达矿物的发生史；此外，在矿物图上不但能解读特定方向上矿物要素的变化趋势，还能对特定位置的矿物要素进行预测。基于此，Chen 等(1996)将矿物学填图的这些功能或矿物学填图应当达到的这些功能归纳为矿物学填图的“四化法则”，即定性化、定量化、定向化、定位化。应当说，矿物填图的“四化法则”是对矿物图件(包括蚀变矿物图)进行解释时需遵从的原则。

2)成矿流体活动中心和活动轨迹

蚀变矿物填图的目的首先应当是揭示导致岩石发生蚀变的流体的性质、流体的源区、流体活动的中心和轨迹，进一步把握热液蚀变与成矿作用的内在联系，从而剖析流体成矿的规律，进行成矿预测。因此，解读蚀变矿物图时，要注意从蚀变矿物组合、蚀变矿物种属和蚀变矿物特征中梳理出相对高温、中温到低温的流体活动区域，按照一般流体从高温到低温的演变规律，指出流体活动的中心，追索流体活动的轨迹。尤其值得特别注意的是，同一地质体中流体活动可能是多期次的，或同一期次早期流体和晚期流体由于源区补给的量可能会有很大差异，便直接导致同一地质体不同部位的蚀变矿物标型要素呈现出不同的分布规律。例如，通常认为一个热液矿床的浅部因远离流体源区或其活动中心，其成矿环境应当是相对较低温的，故所形成的矿物组合、矿物种属和矿物特征等矿物标型应具有低温属性；反之，在热液矿床的深部，因较靠近流体源区或流体活动中心，其成矿环境应当是较高温的，所形成的矿物标型应具有高温属性。但是，在实际的热液矿床中，与上述规律不一致的现象比比皆是。此时，在判断流体活动中心和活动轨迹过程中，便要充分考虑流体活动早期和晚期所能达到的空间是如何变化的，如早期温度相对更高、动能更足、流量更大，流体便可能达到埋深较浅的部位，从而在矿床的浅部出现相对更高温的矿物组合、矿物种属和矿物特征，构成“逆向分带”；反之，如果相对于成矿晚期流体而言，早期温度虽仍然相对较高，但构造动能较小、流体供给不足时，便只能在相对埋深较大的空间中形成具较高温特征的矿物场，晚期的成矿流体却能在较晚的构造活动过程中进入地壳更浅的部位，构成“正向分带”。当然，在成矿流体没有深部的持续补充情况下，流体只有一次简单活动过程时，其上部或外部便应当是较早冷却的部位，从而显示上冷下热的分带特征。

热液成矿的过程往往是相当复杂的，流体活动中心和活动轨迹的判别要充分考虑多种可能性。

3）成矿流体的脉动性和叠加规律

脉状矿床在形成过程中常常伴随着构造应力的张弛变换和深部流体的能量消长，从而出现流体在断裂空间中向上的间歇性涌动，从而使同一阶段或不同阶段较晚的矿物叠加于较早的矿物之上或之外，形成矿物单颗粒的环带或矿物组合的复杂分带现象。在斑岩成矿系统中，其典型的“钾化带、绢英岩化带、泥化带、青磐岩化带”也是流体不同演化阶段叠加的结果，因此在各个带中都出现其他带的矿物或矿物组合残留。在夕卡岩成矿系统中，其“干夕卡岩带”“湿夕卡岩带”“氧化物带”“硫化物带”“碳酸盐带”更常常表现出明显的叠加特征。在蚀变矿物图的解读中，考虑上述“脉动性”和“叠加规律”是揭示蚀变矿化规律所必需的。在热水喷流成矿系统中，先后蚀变矿化的矿物和矿物组合在矿床剖面中表现为“先下后上”的叠置规律。

4）蚀变矿化的空间变化趋势和深部远景

蚀变矿物图的解读不应只局限于图件所限的范围，更应从图中矿物填图参数的分布，读出图件之外的空间矿物、矿物组合和矿物特征参数的变化趋势，对深部的成矿远景进行预测。这是蚀变矿物填图的主要目标，也是蚀变矿物学填图的部分经济意义所在。

四、学科发展史及未来展望

（一）成因矿物学起源

成因矿物学是现代矿物学的重要分支（李胜荣和陈光远，2001），其萌芽阶段可以追溯到人类开始利用矿物资源的2500多年前（如《天工开物》、《山海经》）（郑慧生，2008）。但是，作为矿物学的一个重要分支，其完整的学科体系却是在20世纪才逐步发展起来的。1890～1911年，莫斯科大学维尔纳茨基提出从成因角度研究矿物，出版了专著《地壳的矿物史》；1912年，费尔斯曼在《论矿物成因问题和它们的相互转化》中明确提出成因矿物学方向及其核心部分的标型学说；1920年，费多罗夫斯基出版《成因矿物学》专著；1947年和1955年，格里戈里耶夫出版《矿物发生学》专著；1939～1955年，别捷赫金开展了大量矿物共生分析研究；1957年，科尔仁斯基出版了《矿物共生分析》专著；1963年和1979年，拉扎连科先后出版《成因矿物学原理》和《矿物成因分类试编》（陈光远等，1988；薛君治等，1991）。这一时期在苏联出版的几本专著中，有的侧重于矿物个体发生史的研究，有的侧重于矿物系统发生史的研究，而有的侧重于矿物标型特征的研究，还没有全面阐述该学科的集大成之作。

20世纪50年代，陈光远先生将成因矿物学的一系列概念翻译成中文（陈光远，1957），并将成因矿物学的思想引入北京地质学院的教学科研中，指导研究生开展了矿床矿物的成因形态学研究。20 世纪 60～70 年代，陈光远先生将成因矿物学方向正式引入中国地质界和矿物岩石地球化学界，和他的研究集体(主要有张本仁、薛君治、曹亚佰、冯建良、王金富等)创新性地开展了重要造岩矿物，如角闪石、黑云母、绿泥石、石榴子石的成因矿物族和铁铬矿床矿物成因标型与找矿标志研究(Chen，1996)。与此同时，1978 年，王嘉荫出版了专著《应力矿物学》，对矿物在应力作用下的应变和应变机制做了较全面论述；欧阳自远和张培善等对吉林陨石雨有系统的研究成果；1979 年，张魁武和夏林忻等对长石有序度的成因矿物学研究也有系统的成果(陈光远和李胜荣，1999；孙岱生，1999)。在陈光远先生的倡导下，20 世纪 50～70 年代我国成因矿物学已经起步，且在理论上已出现了关于若干成因矿物族等创新研究成果。

(二)学科体系的形成

20 世纪 80～90 年代，我国的成因矿物学研究进入了蓬勃发展的新阶段。这一时期出版了一系列成因矿物学的教材和专著，具代表性的有陈光远(1981 年)的《成因矿物学专门章节》、郭承基和王中刚(1981)的《矿物演化》、靳是琴和李鸿超(1984)的《成因矿物学概论》、薛君治等(1985)的《成因矿物学》、王奎仁(1989)的《地球与宇宙成因矿物学》。陈光远等出版的《成因矿物学与找矿矿物学》(第一版，1987；第二版，1988)不仅构建了成因矿物学与找矿矿物学的结构框架，而且全面论述了成因矿物学学科的理论、方法和案例，成为成因矿物学具有重大里程碑意义的经典之作，在地质学界产生了广泛的影响。关于成因矿物族的研究，更是别开生面(叶大年，1988a)，具有创新意义。

矿物是成因信息的载体，这是成因矿物学学科赖以建立和发展的基础。在《成因矿物学与找矿矿物学》一书中，陈光远等提出成因矿物学的研究内容，包括矿物与矿物组合的时空分布，矿物形态、成分、结构、性质、成因产状间的内在联系，矿物发芽、生长、形成与变化的条件和过程，矿物与其介质间的相互依存和相互作用及相应的宏观标志与微观信息，矿物成因分类的自然体系及矿物成因研究在人类现实生活中的应用(陈光远等，1988)。这是陈光远先生对成因矿物学科内涵的最经典的阐述。根据陈先生关于成因矿物学研究的内容，可以将其分成矿物发生史、矿物标型学、矿物温压计、矿物共生分析、矿物成因分类和矿物成因信息应用等几个板块，其中矿物标型学构成成因矿物学的核心。

(三)地质找矿实践

随着成因矿物学在理论方面研究的不断深入，其在地质找矿方面的应用也使得现代矿物学的一个十分重要的分支——找矿矿物学在 20 世纪 80～90 年代逐渐成熟起来，并产生了明显的社会效益和经济效益。《弓长岭铁矿成因矿物学专辑》(陈光远等，1984)、《胶东金矿成因矿物学与找矿》(陈光远等，1989)、《胶东郭家岭花岗闪长岩成因矿物学与金矿化》(陈光远等，1993)、*Atlas of Mineralogical Mapping in Jiaodong Gold Province* (Chen et al.，1996)便是该时期成因矿物学与地质找矿密切联系并取得实际找矿效果的代表作。这一时期，结合对铁矿、铬矿、镍矿、铜矿、金银矿、钨锡矿、铅锌矿、汞矿、硫化铁矿、金刚石矿、蓝石棉矿等矿床和变质岩及各类岩浆岩的研究，开展了矿物组合标型研究和角闪石、黑云母、白云母、锆石、石榴子石、尖晶石、石英、长石、方解石、绢云母、黄铁矿、磁铁矿、黑钨矿、锡石、辰砂等矿物的标型特征研究(邵洁涟，1988；薛君治等，1991；靳是琴等，1984；孙岱生，1999；李胜荣等，1994a，1994b，1994c，1995，1996)，还开展了铬铝云母成因矿物亚族的系统研究(鲁安怀等，1995；刘星，1997)。这些研究极大地丰富了成因矿物学的理论宝库，为国家的矿产资源寻找做出了重要贡献。

在陈光远先生的领导和指导下，我国成因矿物学在20世纪80～90年代取得了迅速发展，其中有4个特点颇为引人注目：一是形成了较为完善的成因矿物学理论体系，与地质找矿实际紧密结合，构筑了找矿矿物学这个应用学科的理论框架；二是成因矿物学在地质找矿方面的应用范围大幅度扩展，彰显了成因矿物学在复杂地质作用研究和几乎所有主要矿产找矿方面的实际应用价值；三是与现代矿物物理和矿物晶体化学理论及先进的矿物测试技术相结合，使矿物标型研究从宏观进入微观、从若干侧面进入较全面系统化的发展轨道；四是提出了“矿物标型六性”(普遍性、特殊性、变化性、相应性、继承性、分带性)(陈光远等，1988)及矿物标型研究的“四化法则”(定性化、定量化、定向化、定位化)，提出了实现“四化法则”的矿物学填图方法(Chen et al.，1996)。

就成因矿物学的核心内涵而言，它属于地质基础学科的范畴。由于其研究成果被广泛应用于矿产资源寻找，因此形成了找矿矿物学这样一个独具特色的现代矿物学应用分支。目前还缺乏有关找矿矿物学学科体系的系统归纳总结，还没有其相应的科学内涵的严谨的阐述。笔者根据对陈光远先生找矿矿物学理论框架的理解，尝试提出如下研究内容：它研究形成矿床的一般地质背景及地球动力学背景的矿物学标志，研究矿床或矿体中成矿物质富集规律和成矿系统结构的矿物学标志，研究矿床形成时限、物质来源、运移路径和定位位置的矿物学标志，研究矿床形成过程、形成条件和形成机理的矿物学标志；它还研究矿床形成后的保存与变化特别是矿体剥蚀程度的矿物学标志，研究矿床深部变化趋势和找矿远景的矿物学标志；研究从岩石露头和岩石剖面上判断找矿方向、找矿矿种和找矿潜力的矿物学标志(李胜荣，2013)。从这个意义上来看，找矿矿物学的研究内容包括矿床成因的矿物学问题和矿床找矿的矿物学问题两个方面，合理解决矿床找矿的问题又是建立在对矿床成因的正确认识基础上的。因此，找矿矿物学是成因矿物学在矿床这个特定研究对象上的应用。正如陈光远等(1989)所说，成因矿物学与找矿矿物学的关系犹如地球化学与化探、地球物理学与物探的关系一般。

进入21世纪以来，地球科学界迎来了又一个大发展的新时期，矿物学的研究对解决地球科学领域许多重大问题发挥了十分重要的作用。其中，矿物微区元素、同位素技术和高温高压及矿物-流体反应实验技术不断趋于成熟，为成因矿物学理论的发展提供了前所未有的契机。我国学者运用成因矿物学理论和矿物学填图新技术进行矿床成因研究和深部远景预测，提出大纵深矿化富集规律、强成矿作用矿物学标志等新认识并取得可观的实际找矿效果(Li et al.，2001；佟景贵等，2004；周学武等，2004；刘波等，2004；江永宏等，2004；李胜荣等，2006；曹烨等，2008；罗军燕等，2009；Cao et al.，2010a，2010b，2011a，2011b，2012；Jia et al.，2012；Yan et al.，2012a，2012b；申俊峰等，2013；胡欢等，2014；Feng et al.，2015；章荣清等，2016；王汝成等，2017，2019；Zhang et al.，2017；邬斌等，2018；李成禄等，2011，2018；李士胜等，2018；张聚全等，2018；Alam et al.，2019)；运用阴极发光新技术研究矿物内部结构，提出了矿物个体发生史方面的很多新认识(Zhang et al.，2011；Li et al.，2013，2014a，2014b)；利用副矿物锆石、磷灰石、独居石的裂变径迹分析技术，为造山带隆升历史和矿产的保存利用提供了新的依据(袁万明等，2002a，2002b)；锆石等矿物的微区同位素和化学成分测试技术被广泛用于重大地质事件定年和地质体演化历史追索(Li et al.，2013，2014a)中；利用大数据技术和大数据网络，对矿物系统发生史进行了更精细的研究，对尚未发现的矿物种进行时空预测(Grew，2018；Gurzhiy，2018；Krivovichev，2018；Christy，2018；Hazen，2018)。

(四)在多领域的广泛影响

1998 年，陈光远先生访问俄罗斯并参加俄罗斯科学院乌拉尔分院外籍院士授予仪式，他高瞻远瞩地预测了成因矿物学在 21 世纪的发展方向或拓展空间：从地质作用向自然作用的拓展，从地质找矿领域向环境与生命领域的拓展，从资源领域向材料领域的拓展，从地球表层系统向深部过程的拓展，从地球各圈层向宇宙空间的拓展，从陆地向海洋的拓展。正如陈光远先生预测的一样，进入 21 世纪以来，矿物学的发展呈现了两个突出趋势，一是与其他学科的进一步融合，成为地球系统科学的一部分；二是与人类需求的密切结合，从而介入地质环境整治、自然灾害减免和生物健康保障及高新技术材料等许多重要领域的产品研发。成因矿物学理论研究与应用在 21 世纪也呈现出一派欣欣向荣的景象。

从唯物主义自然辩证法的角度来看，地球科学的研究对象是地球的物质组成(元素、矿物、岩石、矿石、流体-水、气、熔浆、生物-古生物和现代生物等)、地球物质的存在形式(不同级别的圈层构造、板块构造及其他构造形式)、地球物质的相互作用(内力地质作用、外力地质作用、生物地质作用、宇宙作用等)及其所导致的存在形式变化历史(物质相变和转移、地层发育、古地理和古生态变化等)4 个方面。人类赖以生存的地球的绝大部分、地外星球和宇宙尘的绝大部分、生物体的若干重要部分，都是由矿物组成的。因此，基于地球系统中各种物质的存在与变化研究的地球科学首先面对的客体是矿物晶体，但也包括地球表层系统和深部的流体(天水、地表及地下水、海水、热水溶液、硅酸盐和碳酸盐熔浆、深源气体和大气等)和非晶质体(火山玻璃、准矿物等)，还包括目前已知的少量准晶体。事实上，矿物晶体的存在与变化是其各种环境因素(物理化学条件)影响的结果，不但与矿物所处的地球圈层构造有关，也与它所伴生的非晶质体特别是流体有关，还与天体运动和天体物质有关。从这个意义上来说，成因矿物学研究的内容与地球科学的核心研究课题的联系是十分紧密的。探索地球形成与演化的规律、利用地球资源、减轻自然灾害、优化环境质量、促进人与自然的和谐发展，是当代地球科学的主要任务(国家自然科学基金委员会地球科学部，2006)。陈光远先生的预言也寄托了他希冀成因矿物学在该项工作中发挥其独特作用的殷殷之情。

在 21 世纪开局 20 余年，成因矿物学的理论作为环境与生命矿物学研究的基本指导思想，其应用取得大量新成果。例如，将矿物个体发生及矿物标型的思想用于对鱼耳石和有孔虫等生物矿物环境响应的研究(李胜荣等，2007，2017；Tong et al.，2006；Li et al.，2011a，2011b；Du et al.，2011；杨良锋等，2007；Yan et al.，2012)、将矿物分布规律思想用于土壤能量系统修复研究(申俊峰等，2004；Shen et al.，2004；霍晓君，2006；周学武，2006；牛花朋，2007；梁勇，2004；李祯等，2006)、将矿物与环境相互作用思想用于矿物电池技术研究(Lu et al.，2011；Li et al.，2008)等。另外，纳米尺度蒙脱石的成因和矿物相变研究(陈天虎等，2004)、生物有机质对矿物自组装结构和过程的调控研究(Yushkin，2004；Tazaki et al.，2004；崔福斋和冯庆玲，2004)及生物成因矿物学的研究(李胜荣等，2008，2017；高永华等，2008；罗军燕等，2008；佟景贵等，2008；闫丽娜等，2008)和海洋环境矿物学研究(吴敏等，2007；汪在聪等，2007)等丰富了矿物发生学的理论。在21世纪以重大科学问题为主攻目标开展多学科集成性研究的大背景下，成因矿物学研究已渗透到事件地质、资源环境、生命过程等许多领域(鲁安怀等，2015；李胜荣等，2017)，在某些方面甚至起着不可或缺的作用。成因矿物学已不限于过去少数矿物学家的研究，许多宝石学家、构造地质学家、岩石学家、矿床学家、地球化学家、古生物学家、农林学家、材料学家等都在自觉或不自觉地运用成因矿物学的思想和方法解决自身研究中所面临的科学问题。

(五)未来发展展望

成因矿物学学科发展的历史和陈光远先生思想演进的过程告诉我们，任何一门学科如果脱离人类生产生活的实际，就没有多大的生命力。成因矿物学的每次大的理论和方法方面的发展都是以其适应国民经济建设需要而实现的。我国20世纪50～60年代对钢铁的需求促进了铁矿床成因矿物学的发展，出现了如《弓长岭铁矿成因矿物学专辑》这样的代表作(陈光远等，1984)；20世纪80～90年代对黄金的需求促进了金矿床成因矿物学的发展，出现了如《胶东金矿成因矿物学与找矿》这样的代表作(陈光远等，1989)。21世纪社会对多种矿产供给提出更高的要求，同时对人居环境改善的要求也越来越高，成因矿物学在资源、环境与生命领域的发展迎来了一个重要的发展契机。根据学科发展的条件和可能，选择有合适高度的发展目标，优选可能对社会有重大贡献的发展领域，把握对学科发展有重大突破的正确方向是21世纪成因矿物学者必须面对和解决的重大课题。

五、小　结

(1)成因矿物学是现代矿物学的重要组成部分。矿物发生学、矿物标型学、矿物温压计、矿物共生分析、矿物成因分类及成因与找矿矿物族共同构成本学科的理论体系。其中，矿物标型学是该体系的核心。

(2)以陈光远先生为代表的我国老一辈矿物学家，创新性地开展了成因矿物族的研究，建立了成因矿物学理论体系，提出“矿物标型六性”和矿物学填图的“四化法则”，指导了我国的地质研究和找矿实践。

(3)找矿矿物学是成因矿物学在矿床这个特定研究对象上的应用。它研究形成矿床的地质地球动力学背景的矿物学标志；研究成矿物质富集规律和成矿系统结构的矿物学标志；研究成矿时限和矿床源-运-储-变-保，特别是矿体剥蚀程度的矿物学标志；研究成矿的过程-条件-机理的矿物学标志，研究矿床深部变化趋势和找矿远景的矿物学标志；研究从岩石露头和岩石剖面上判断找矿方向、找矿矿种和找矿潜力的矿物学标志。

(4)21 世纪以来，矿物学填图理论和方法进一步完善和优化，大纵深矿物分带规律得以揭示；矿物标型的地球动力学、构造动力学和矿物系统演化意义得到深度阐释；成因矿物学融入环境与生命过程研究，形成环境与生命矿物学分支，丰富了成因矿物学理论。

(5)今后应注意有关成果的系统整合，加强矿物个体发生史的实验研究，保障原创性成果的产出；注重国际交流，使成因矿物学成果成为人类的共同精神财富。

参考文献

曹烨，李胜荣，申俊峰，等. 2008. 便携式短波红外光谱矿物测量仪(PIMA)在河南前河金矿热液蚀变研究中的应用[J]. 地质与勘探, 44(2): 82-86.

陈光远. 1957. 矿物学专辑(1)(译文集)[M]. 北京：地质出版社.

陈光远，李胜荣. 1999. 中国矿物学五十年来的发展[M]//王鸿祯. 中国地质科学五十年. 武汉：中国地质大学出版社.

陈光远，黎美华，汪雪芳，等. 1984. 弓长岭铁矿成因矿物学专辑[J]. 矿物岩石, 4(2): 1-235.

陈光远，孙岱生，殷辉安. 1987. 成因矿物学与找矿矿物学[M]. 重庆：重庆出版社.

陈光远，孙岱生，殷辉安. 1988. 成因矿物学与找矿矿物学[M]. 2 版. 重庆：重庆出版社.

陈光远，邵伟，孙岱生. 1989. 胶东金矿成因矿物学与找矿[M]. 重庆：重庆出版社.

陈光远，孙岱生，周珣若，等. 1993. 胶东郭家岭花岗闪长岩成因矿物学与金矿化[M]. 武汉：中国地质大学出版社.

陈天虎，徐晓春，岳书仓. 2004. 苏皖凹凸棒石黏土纳米矿物学及地球化学[M]. 北京：科学出版社.

崔福斋，冯庆玲. 2004. 生物材料学[M]. 北京：清华大学出版社.

高永华，李胜荣，任冬妮，等. 2008. 鱼耳石元素研究热点及常用测试分析方法综述[J]. 地学前缘, 15(6): 11-17.

郭承基，王中刚. 1981. 矿物演化[J]. 矿物学报，(1): 1-9.

国家自然科学基金委员会地球科学部. 2006. 地球科学“十一五”发展战略[M]. 北京：气象出版社.

胡欢，王汝成，陈卫锋，等. 2014. 桂东北苗儿山花岗岩黑云母矿物学特征对比及铀成矿意义[J]. 矿物学报，(3): 321-327.

霍晓君. 2006. 配施粉煤灰等三种废弃物改良包头砂化土壤生态特性研究[D]. 北京：中国地质大学(北京).

江永宏，李胜荣. 2004. 云南墨江金厂金矿床含铬层状硅酸盐矿物成分标型特征[J]. 岩石矿物学杂志, 23(4): 351-360.

靳是琴，李鸿超. 1984. 成因矿物学概论[M]. 长春：吉林大学出版社.

李成禄，李胜荣，罗军燕，等. 2011. 山西繁峙义兴寨金矿床金矿物特征研究[J]. 中国地质, 38(1): 119-128.

李成禄，李胜荣，徐文喜，等. 2018. 黑龙江省嫩江县永新碲金矿床黄铁矿标型特征及稳定同位素研究[J]. 矿物岩石地球化学通报，(1): 75-86.

李胜荣. 2013. 成因矿物学在中国的传播与发展[J]. 地学前缘, 20(3): 46-54.

李胜荣，陈光远. 2001. 现代矿物学的学科体系刍议[J]. 现代地质, 15(2): 157-160.

李胜荣，陈光远，邵伟，等. 1994a. 石英环带结构填图有效性研究：以胶东乳山金矿为例[J]. 矿物学报, 14(4): 378-382.

李胜荣，陈光远，邵伟，等. 1994b. 胶东乳山金矿双山子矿区黄铁矿环带结构研究[J]. 矿物学报, 14(2): 152-156.

李胜荣，陈光远，邵伟，等. 1994c. 胶东乳山金矿黄铁矿形态研究[J]. 地质找矿论丛, 9(1): 79-86.

李胜荣，陈光远，邵伟，等. 1995. 胶东乳山金矿石英中 H_2O 和 CO_2 相对光密度研究[J]. 矿物学报, 15(1): 97-103.

李胜荣，陈光远，邵伟，等. 1996. 胶东乳山金矿田成因矿物学[M]. 北京：地质出版社.

李胜荣，孙丽，张华锋. 2006. 西藏曲水碰撞花岗岩的混合成因：来自成因矿物学证据[J]. 岩石学报, 22(4): 884-894.

李胜荣，申俊峰，罗军燕，等. 2007. 鱼耳石的成因矿物学属性：环境标型及其研究新方法[J]. 矿物学报, 27: 241-248.

李胜荣，许虹，申俊峰，等. 2008. 环境与生命矿物学的科学内涵与研究方法[J]. 地学前缘, 15(6): 1-10.

李胜荣，冯庆玲，杨良锋，等. 2017. 生命矿物相应环境变化的微观机制[M]. 北京：地质出版社.

李士胜，李胜荣，李成禄，等. 2018. 黑龙江永新金矿床金-银系列矿物与载金硫化物特征及成因分析[J]. 岩石矿物学杂志, 37(1): 115-127.

李祯，毛新国，申俊峰，等. 2006. 城市污泥和粉煤灰配施影响砂化土壤微生物区系的实验研究[J]. 地球与环境，34(3)：38-43.

梁勇. 2004. 利用固体废弃物改良砂化土地的研究：以宁夏地区为例[D]. 北京：中国地质大学(北京).

刘波，李光明，李胜荣. 2004. 西藏冲江铜矿含矿岩体与非含矿岩体区分探讨[J]. 沉积与特提斯地质，24(4)：55-58.

刘星. 1997. 哀牢山地区绿色云母及其对不同矿化类型的指示意义[J]. 岩石矿物学杂志，16(增刊)：96-99.

刘英俊，曹励明，李兆麟，等. 1984. 元素地球化学[M]. 北京：科学出版社.

鲁安怀，陈光远. 1995. 铬铝云母亚族成因矿物学：兼论焦家式金矿床成因与找矿[M]. 北京：地质出版社.

鲁安怀，王长秋，李艳，等. 2015. 矿物学环境属性概论[M]. 北京：科学出版社.

罗军燕，李胜荣，申俊峰. 2008. 鱼耳石中锶和钡富集的影响因素及其环境响应[J]. 地学前缘，15(6)：18-24.

罗军燕，李胜荣，杨苏明，等. 2009. 石英傅里叶变换漫反射红外光谱在成矿作用研究中的应用：以山西繁峙义兴寨金矿床为例[J]. 矿物岩石，29(1)：25-32.

罗照华. 2017. 为什么火成岩地球化学需要地质学、岩石学和矿物学约束？[J]. 地球科学与环境学报，39(3)：326-343.

罗照华，杨宗锋，程黎鹿，等. 2013. 火成岩的晶体群与成因矿物学展望[J]. 中国地质，40(1)：176-181.

罗照华，郭晶，黑慧欣. 2018. 东昆仑造山带家琪式斑岩型 Cu-Mo 矿床中花岗闪长岩的斜长石晶体群及其成矿意义[J]. 矿物岩石地球化学通报，37(2)：214-228.

牛花朋. 2007. 粉煤灰与污泥配施改良石灰岩质退化土壤的研究：以河北鹿泉为例[D]. 北京：中国地质大学(北京).

欧阳自远，谢先德，王道德. 1978. 吉林陨石的形成演化轮廓[J]. 地球化学，(1)：1-11.

邵洁涟. 1988. 金矿找矿矿物学[M]. 武汉：中国地质大学出版社.

申俊峰，李胜荣，孙岱生，等. 2004. 固体废弃物修复荒漠化土壤的研究：以包头地区为例[J]. 土壤通报，35(3)：267-270.

申俊峰，李胜荣，马广钢. 2013. 玲珑金矿黄铁矿标型特征及其大纵深变化规律与找矿意义[J]. 地学前缘，20(3)：55-75.

孙岱生. 1999. 中国成因矿物学与找矿矿物学的发展史[C]//王鸿祯. 中国地质科学五十年. 武汉：中国地质大学出版社.

佟景贵，李胜荣，肖启云，等. 2004. 贵州遵义中南村黑色岩系黄铁矿成分标型与成因探讨[J]. 现代地质，19(1)：41-47.

佟景贵，李胜荣，方念乔，等. 2008. 利用富钴结壳碳酸盐有孔虫矿物标型重建古海洋温度[J]. 地学前缘，15(6)：40-43.

汪在聪，李胜荣，刘鑫，等. 2007. 中太平洋 WX 海山富钴结壳磷酸盐矿物学研究及成因类型分析[J]. 岩石矿物学杂志，26(5)：441-448.

王奎仁. 1989. 地球与宇宙成因矿物学[M]. 合肥：中国科技大学出版社.

王汝成，谢磊，陆建军，等. 2017. 南岭及邻区中生代含锡花岗岩的多样性：显著的矿物特征差异[J]. 中国科学：地球科学，(11)，1257-1268.

王汝成，谢磊，诸泽颖，等. 2019. 云母：花岗岩-伟晶岩稀有金属成矿作用的重要标志矿物[J]. 岩石学报，35(1)：69-75.

邬斌，王汝成，刘晓东，等. 2018. 辽宁赛马碱性岩体异性石化学成分特征及其蚀变组合对碱性岩浆-热液演化的指示意义[J]. 岩石学报，(6)：1741-1757.

吴敏，李胜荣，初凤友，等. 2007. 海南岛周边海域表层沉积物中粘土矿物组合及其气候环境意义[J]. 矿物岩石，27(2)：101-107.

薛君治，白学让，陈武. 1985. 成因矿物学[M]. 武汉：武汉地质学院出版社.

薛君治，白学让，陈武. 1991. 成因矿物学[M]. 2 版. 武汉：中国地质大学出版社.

闫丽娜，李胜荣，罗军燕，等. 2008. X 射线断层扫描技术在鲤鱼耳石对环境响应研究中的应用初探[J]. 地学前缘，15(6)：25-31.

杨良锋，李胜荣，王月文，等. 2007. 不同水域鲤鱼耳石 $CaCO_3$ 晶体结构特征与环境响应初探[J]. 地球学报，28(2)：195-204.

叶大年. 1982. 结构光性矿物学研究：离子的电子壳层结构对矿物折射性质的影响[J]. 中国科学，(3)：263-273.

叶大年. 1988a. 新书《成因矿物学与找矿矿物学》评介[J]. 地质科学，(3)：209-300.

叶大年. 1988b. 一门新的边缘学科：结构光性矿物学[J]. 中国科学院院刊，(1)：20-27.

袁万明，侯增谦，李胜荣，等. 2002a. 雅鲁藏布江逆冲带活动的裂变径迹定年证据[J]. 科学通报，47(2)：147-150.

袁万明，王世成，李胜荣，等. 2002b. 拉萨地块南缘热液金铜矿床成矿时代的裂变径迹研究[J]. 自然科学进展，12(5)：541-544.

张德会, 赵仑山. 2013. 地球化学[M]. 北京: 地质出版社.

张聚全, 李胜荣, 卢静. 2018. 中酸性侵入岩的氧逸度计算: 以晋东北黑狗背花岗岩体为例[J]. 矿物学报, 38(1): 1-15.

章荣清, 陆建军, 王汝成, 等. 2016. 湘南王仙岭地区中生代含钨与含锡花岗岩的岩石成因及其成矿差异机制[J]. 地球化学, (2): 105-132.

郑慧生(注说). 2008. 山海经[M]. 开封: 河南大学出版社.

周学武. 2006. 粉煤灰与污泥配施改良山东郑路、华丰盐碱地的实验研究[D]. 北京: 中国地质大学(北京).

周学武, 李胜荣, 鲁力, 等. 2004. 浙江弄坑金银矿化区黄铁矿标型研究[J]. 矿物岩石, 24(4): 6-13.

Alam M, Li S R, Santosh M, et al. 2019. Morphology and chemistry of placer gold in the Bagrote and Dainter streams, northern Pakistan: implications for provenance and exploration[J]. Geological Journal, 54(3): 1672-1687.

Cao Y, Li S R, Zhang H F, et al. 2010a. Laser probe 40Ar/39Ar dating for quartz from auriferous quartz veins in the Shihu gold deposit, western Hebei province, North China[J]. Chinese Journal of Geochemistry, 29(4): 438-445.

Cao Y, Li S R, Yao M J, et al. 2010b. Thermoluminescence of quartz from Shihu gold deposit, western Hebei province, China: Some implications for gold exploration[J]. Central European Journal of Geosciences, 2(4): 433-440.

Cao Y, Li S R, Zhang H F, et al. 2011a. Significance of zircon trace element geochemistry, the Shihu gold deposit, western Hebei Province, North China[J]. Journal of Rare Earths, 29(3): 277-286.

Cao Y, Li S R, Yao M J, et al. 2011b. Isotope geochemistry of the Shihu gold deposit, Hebei province, north China: Implication for the source of ore fluid and materials[J]. Carpathian Journal of Earth and Environmental Sciences, 6(2): 235-249.

Cao Y, Carranza E J M, Li S R, et al. 2012. Source and evolution of fluids in the Shihu gold deposit, Taihang Mountains, China: Evidence from microthermometry, chemical composition and noble gas isotope of fluid inclusions[J]. Geochemistry: Exploration, Environment, Analysis, 12: 177-191.

Chen G Y. 1996. The development of modern genetic mineralogy in China[C]//Wang H Z, et al. Development of Geosciences Disciplines in China. Wuhan: China University Press.

Chen G Y, Sun D S, Shao W, et al. 1996. Atlas of Mineralogical Mapping in Jiaodong Gold Province[M]. Beijing: Geological Publishing House.

Christy A. 2018. Crystal chemistry, geochemistry and spatiotemporal inhomogeneity as drivers of mineral diversity[R]. IMA2018, Melbourne.

Du F Q, Li S R, Yan L N, et al. 2011. Relationship of phosphorus content in carp otolithswith that in ambient water in Xiaoxi Port of the TaihuLake, East China[J]. African Journal of Biotechnology, 10(54): 11206-11213.

Feng H B, Meng F C, Li S R, et al. 2015. Characteristics and tectonic significance of chromites from Qingshuiquan serpentinite of East Kunlun, Northwest China[J]. Acta Petrologica Sinica, 31(8): 2129-2144.

Gao Y H, Feng Q L, Ren D N, et al. 2010. The relationship between trace elements in fish otoliths of wild carp and hydrochemical conditions[J]. Fish Physiology and Biochemistry, 36(1): 90-100.

Gao Y W, Beamish R J, Brand U. 2004. Yearly stable isotope and 1000Sr/Ca ratio analyses in otolichs of Pacific hake (Merluccius Productus) and walleye pollock (Theragra Chalcogramma) from Georgia strait, British Columbia[C]//Li S R, et al. Mineralogy and Geochemistry: Resources, Environment and Life. Beijing: Geological Publishing House: 69-77.

Grew E. 2018. Can lithium minerals be counted? Comparison with boron and beryliym[R]. IMA2018, Melbourne.

Gurzhiy V. 2018. Evolution of structural and topological complexity in uranyl sulfates and selenates[R]. IMA2018, Melbourne.

Hazen R M. 2018. A revised (upwards) estimate of Earth's "missing" minerals[R]. IMA2018, Melbourne.

Jia B J, Li S R, Pang A J, et al. 2012. Lead isotope geochemistry of the Jilongshan skarn-host Au-Cu deposit, Hubei Province, China[J]. Advanced Matenrials Research, 1670(468): 1952-1956.

Krivovichev S. 2018. "It from bit" in mineralogy: How information emerges, evolve and disappear in the world of mineral structures[R]. IMA2018, Melbourne.

Li L, Santosh M, Li S R. 2015. The "Jiaodong type" gold deposits: Characteristics, origin and prospecting[J]. Ore Geology Reviews, 65: 589-611.

Li S R, Deng J, Hou Z Q, et al. 2001. Regional fracture and gold denudation in the Gondise tectonic zone, Tibet: Evidence of Ag/Au value[J]. Science in China (Series D), 31: 21-127.

Li Y, Lu A H, Wang C Q, et al. 2008. Characterization of natural sphalerite as a novel visible light-driven photocatalyst[J]. Solar Energy Materials and Solar Cells, 92: 953-959.

Li S R, Du F Q, Yan L N, et al. 2011a. The genetic mineralogical characteristics of fish otoliths and their environmental typomorphism[J]. African Journal of Biotechnology, 10 (21): 4405-4411.

Li S R, Gao Y W, Luo J Y, et al. 2011b. The thermoluminescence of carp otoliths: A fingerprint in identification of lake pollution[J]. African Journal of Biotechnology, 10 (80): 18440-18449.

Li S R, Santosh M, Zhang H F. et al. 2013. Inhomogeneous lithospheric thinning in the central North China Craton: Zircon U-Pb and S-He-Ar isotopic record from magmatism and metallogeny in the Taihang Mountains[J]. Gondwana Research, 23 (1): 141-160.

Li S R, Santosh M, Zhang H F, et al. 2014a. Metallogeny in response to lithospheric thinning and craton destruction: geochemistry and U–Pb zircon chronology of the Yixingzhai gold deposit, centralNorth China Craton[J]. Ore Geology Reviews, 56: 457-471.

Li S R, Santosh M. 2014b. Metallogeny and craton destruction: Records from the North China Craton[J]. Ore Geology Reviews, 56: 376-414.

Lu A H, Li Y, Jin S, et al. 2011. Microbial fuel cell equipped with a photocatalytic rutile-coated cathode[J]. Energy & Fuels, 25: 1334-1334.

Railsback L B. 2003. An earth scientist's periodic table of the elements and their ions[J]. Geology, 31 (9): 737-740.

Shen J F, Li S R, Sun D S, et al. 2004. The effect of rehabilitating desertificated soil by solid wastes: Au experimental case study from Baotou, Inner Mongolia[C]//Li S R, et al. Mineralogy and Geochemistry: Resources, Environment and Life. Beijing: Geological Publishing House: 87-99.

Tazaki K, Ishguro T, Saji I. 2004. Bioaccumulation of uranium by lower plants on the weathered granite and microorganisms in the soils[C]//Li S R, et al. Mineralogy and Geochemistry: Resources, Environment and Life. Beijing: Geological Publishing House: 37-58.

Tong J G, Li S R, Li X H, et al. 2006. Determination on 87Sr/86Sr ratio and stratigraphic dating of single-grain foraminifera[J]. Chinese Science Bulletin, 51 (17): 2141-2145.

Yan L N, Li S R, Du F Q, et al. 2012. Mineralogical and geochemical study of carp otoliths from Baiyangdian Lake and Miyun Water Reservoir in China[J]. African Journal of Biotechnology, 1111: 6847-6856.

Yan Y T, Li S R, Jia B J. 2012a. A new method to quantify morphology of pyrite, and application to magmatic-hydrothermal gold deposits in Jiaodong peninsula, China[J]. Advanced Materials Research, 446-449: 2015-2027.

Yan Y T, Li S R, Jia B J. 2012b. Composition typomorphiccharacteristics of pyrite in various genetic type gold deposits[J]. Advanced Materials Research, 463-464: 25-29.

Yushkin N P. 2004. Mineral organismobiosis and the problem of the genetic indication of geo-and astrobioproblematics[C]//Li S R, et al. Mineralogy and Geochemistry: Resources, Environment and Life. Beijing: Geological Publishing House: 7-34.

Zhang H F, Zhai M G, Santosh M, et al. 2011. Geochronology and petrogenesis of Neoarchean potassic meta-granites from Huai'anComplex: Implications for the evolution of the North China Craton[J]. Gondwana Research, 20: 82-105.

Zhang L, Chen Z Y, Li S R, et al. 2017. Isotope geochronology, geochemistry, and mineral chemistry of the U-bearing and barren granites from the Zhuguangshan complex, South China: Implications for petrogenesis and uranium mineralization[J]. Ore Geology Reviews, 91: 1040-1065.

第二章　矿物发生学

一、矿物发生学概念

矿物发生学概念首先由苏联学者格里戈里耶夫于1947年提出(陈光远等，1987)。20世纪50年代初，陈光远将成因矿物学思想引入我国时也沿用了这个概念。根据陈光远等(1988)的定义，矿物发生学是研究矿物发芽、长大、变化过程及其条件的学说。考虑到该定义只适用于矿物个体的生长而不适用于矿物系统的生长，本书将矿物发生学定义为研究矿物在地球历史时期中演化规律和矿物个体生长过程的学说。

矿物发生学一般包括矿物个体发生学、矿物系统发生学和矿物组合发生学三方面的内容。其中，矿物个体发生学主要研究矿物单体和集合体的发芽、生长、变化的规律及其物理化学条件，进而研究矿物晶体与介质之间的交互作用过程和作用标志。矿物个体发生学以物理/化学为基础，在微观层面探讨矿物晶体从“无”到“有”及不断发育长大的过程，能够提供重要的成因信息，是成因矿物学理论体系的重要组成部分。矿物系统发生学主要研究不同层次矿物系统中的矿物种、族、类在自然作用及演化过程中发生与变化的规律，以及它们形成、变化的机理。矿物组合发生学主要研究矿物共生组合随时、空变化而表现出的规律。矿物组合发生学与岩石、矿石或其他矿物载体的系统发生学有密切联系，本书不予阐述。

二、矿物个体发生学

矿物个体发生学研究矿物单晶体和集合体的发芽、长大和变化的过程、条件及其规律。它包括诸多具体内容，如矿物单体的发芽、生长和变化，矿物集合体的生长和变化，矿物发芽生长的物理化学和组分条件，矿物生长过程中与介质的相互作用及其标志，矿物晶体形成过程中有关元素的地球化学行为，矿物发育过程与结构缺陷的关系等。

矿物个体发生学是阐明矿物晶体形成与演化的重要基础，是认识矿物晶体化学特征和所有外观属性的基本理论，也是理解矿物所经历的自然作用过程的重要前提，还是进行人居环境监测改良和寻找矿产资源的利器。

(一)矿物个体发生的主要介质

矿物个体的发生主要取决于含有该矿物化学成分的体系的物理化学条件，当体系物理化学条件发生改变时，会导致相变的发生，矿物晶体就是相变的产物(Zhang，2008；许满和唐红峰，2016)。也就是说，由于环境条件的突然改变，自然界中以其他状态存在的化学元素发生重新键合排列(孙丛婷和薛冬峰，2014)，按照新的结构体系排列成新的晶格构造，矿物个体便发生(形成)了。按照矿物个体发生前体系相态(或介质)的类型，通常将矿物个体发生的途径分为如下几种情况：①由气相介质中发生；②由液相介质中发生；③由固相介质中直接形成。以下按该3种情况分述之。

1. 气相介质

在一些饱和蒸汽压较低的气相体系中，当体系蒸汽压低于其饱和蒸汽压或由于温降导致体系“过冷却”条件出现时，该气相体系中可直接发生矿物结晶。这种气相直接出现矿物结晶的现象，往往是体系压力突然降低或温度快速下降的结果。自然界的火山口或热泉口喷出气体时会有直接晶出矿物晶体的现象。从火山口喷发出来的硫、锑等物质容易形成凝华状自然硫或氧化锑晶体，冬季空气中的水蒸气容易附着在玻璃等表面形成凝华状冰花也是由气相发生矿物晶体的典型例子。相比而言，气相介质中发生矿物个体的情况较少。

2. 液相介质

自然界的液相可以表现为两种基本形式，即溶液相和熔体相。一般来说，从液相中发生矿物晶体主要是由于液相体系温度降到足够低、体系达到过饱和状态，或者体系内发生化学反应所致。温度较高的熔体相中发生矿物晶体主要是温降至低于其熔点(称为过冷却)或压力条件骤然改变所致。总之，当液相介质体系由于降温、降压、蒸发、化学反应等因素使得体系内物质溶解度超过其饱和度(称为过饱和)时即可出现新的矿物相。自然界高温熔融的岩浆冷却结晶和地下热流体的冷却析出晶体(包括热流体与岩石发生水岩反应或交代蚀变形成新的矿物相)，以及湖、海等水体由于蒸发作用而析出矿物晶体等，都是液相介质体系发生矿物晶体的典型例子。例如，地下熔融的中酸性岩浆，由于温度的降低而陆续晶出角闪石、黑云母、长石、白云母、石英等矿物晶体；地下含矿热液由于降温、降压或与围岩反应等导致黄铁矿、石英、云母、方解石、自然金的析出结晶；盐湖溶液因蒸发作用而结晶出石盐、硼砂等矿物晶体。另外，工业工艺中的金属冶炼造渣和浇铸、液相法合成材料、化学药品造粒等也是液相中发生矿物体的实例。

在水溶液中，由于偏离热力学平衡析出固相是一种普遍现象(Fritz and Noguera，2009)。特别是由于液相中溶质达到过饱和状态或发生化学反应时常常有晶体析出(Adamson，1960；Markov，1995)。人工合成先进的纳米材料、分子筛材料和各种无机功能材料多采用此法(Pimpinelli and Villain，1998)。溶液体系晶出矿物晶体相的过程研究对于深刻理解水岩化学反应机制(Jolivet et al.，2004)和液固吸附机制(Schmickler，1996)具有重要意义。地壳环境中，复杂氧化物、硅酸盐矿物(如黏土矿物等)和金属矿物由液相体系晶出机理，以及成矿环境中，与蚀变矿化过程的矿物晶出机制(Fritz and Noguera，2009)，对于理解地壳演化历史和矿产资源利用具有实际意义。

实际上，自然环境下以水为分散媒的水溶液体系偏离平衡状态，导致矿物晶体发生的过程是非常复杂的。首先，溶液中溶质的饱和度因矿物溶解、水岩反应和介质物理化学条件(温度、压力、pH、Eh、化学反应等)的影响会不断发生变化；其次，矿物晶体的化学组成(本征组元和杂质)极难保持严格固定不变，尤其高温条件下矿物结晶发生时其过程更加复杂；最后，多数情况下水岩相互作用发生在开放系统，并且常常通过岩石或矿物的孔隙、裂隙实现水-岩(矿物)成分交换作用(Fritz and Noguera，2009)，情况也更加复杂。因此，自然界液相介质中发生矿物晶体是最常见也是最复杂的情形。

3. 固相介质

按照内容质点排列情况，固体物质一般分为结晶体和非晶体。这些固体物质形成后，如果其所处的物理化学条件发生改变，则意味着维持原晶体结构稳定存在的条件消失，其内部质点的排列形式就有可能为了满足新的物理化学条件而重组(调整排列方式)或解体，向着进一步降低内能、有利于形成更加稳定结构形式的方向转化，最终导致新的矿物晶体相出现，即固相介质中的矿物发生。

自然界通常存在如下几种由固相直接形成新矿物晶的形式。

1)非晶相转化为晶体相

非晶体是内部质点(原子或离子)不具周期性重复且规则排列的固体。相对于晶体而言，非晶体的内能较大，因此结构不稳定，其本身具有自发向内能更低、结构更加稳定的晶格形式转化的趋势。如果外界条件触发或促进这种转化的发生进行，非晶体便可在固态下转化为晶体。例如，火山喷发由于快速冷却常常形成一些玻璃相物质(火山玻璃)，在自然条件下经过漫长地质年代的演化(期间经常出现满足促进上述转化的物理化学条件的情形)，玻璃物质就有可能逐渐转化成细小的微晶矿物或发生部分晶质化现象。此外，人工玻璃制品如果重新加热，逐渐熔化至半熔化状态或软化状态，然后缓慢冷却，也会出现析晶乃至完全晶化的现象(许莹等，2015)。

2)同质多相转变

一些晶体结构仅可以在一定的热力学条件下存在，当物理化学条件发生变化，超出其稳定存在的热力学条件范围时，其化学组成不发生任何改变，而是组成结构的质点(原子或离子)通过重新调整排列方式，转变为满足热力学条件下更加稳定的新晶格形式，这种现象称为同质多象转变(polymorphic transformation)，转变后的晶体称为同质多象变体。例如，自然碳元素在地壳内大多温压条件下以层状结构排列，表现为石墨晶体。当温度和压力足够大时，其可以转化成金刚石结构，表现为金刚石晶体，实现了同质多象转变。另外，SiO_2在573℃以下一般形成低温型α-石英；当温度升高到573℃以上时，其结构内Si和O离子排列形式在不解体的情况下发生调整或改变，形成高温型β-石英(晶体结构对称程度发生改变)。二者组成完全相同，但结构形式有所不同，后者β-石英称为石英的高温变体。

3)固溶体分解

固溶体是两种或两种以上晶体化学性质相近的物质，在一定的热力学条件下形成的类似于两种或两种以上溶体均一相的固体结晶物质。当热力学条件改变时，该固溶体内部结构发生调整而形成两种独立的矿物相，宏观上表现为一相(固溶体相)分解为两相或多相的现象，这种现象称为固溶体分解(solid solution decomposition)。由于固溶分解产物是两种或两种以上矿物连晶体，通常也称为出溶结构。例如，高温时含钠的长石和含钾的长石均匀混合形成固溶体结构(均一相态)，当温度下降时该固溶体结构变得不稳定，致使一部分钠长石从固溶体结构中析出成为单独的矿物相，从而形成以钾长石为主晶相，其间嵌有条纹状钠长石次晶相的交生结构体，这种交生矿物体称为条纹长石。

4) 重结晶作用

重(再)结晶作用(recrystalization)指在一定的物理化学条件下，已有的矿物晶体颗粒在保持固体状态下，同种质点(原子或离子)依附于该晶体表面，再次按照该矿物晶体固有的质点排列方式继续生长发育，外延体积，使得原来细小的晶体颗粒演变为粗粒晶体的作用。重结晶过程中，主要表现为原有晶体的颗粒由小变大，有时还表现为晶体自形程度增加。例如，石灰岩中的细粒(微晶)方解石，当物理化学条件发生改变而再次满足方解石的结晶条件时(如岩浆的热接触烘烤、区域性增温等)，细粒方解石即会在固态下再次延续已有晶体结构形式向外生长，表现为结晶颗粒的粗大化，因而石灰岩随之演变为大理岩。

(二) 矿物成核(发芽)作用

许多人工矿物晶体的合成和生长实验研究表明，矿物的形成始于“发芽”，即小晶体的形成，然后逐步长大形成晶体(Fritz and Noguera，2009；徐丹等，2013；许满和唐红峰，2016)。矿物晶体的成核作用(nucleation)，即“发芽”是矿物形成的最初瞬间由原子或离子依靠化学键的键合作用作为动力学条件，排列形成规律的构造格架的作用。矿物的成核作用是一个复杂的物理化学过程。研究表明，相变(如熔体、溶液冷却结晶或气相冷凝结晶)时会释放相变潜热，这可以被看作粒子(原子或离子、分子、离子团簇)从熔、液体相或蒸气相的受激高能级状态转化到固体相的低能级状态过程中释放的热能，其能级差就是每个粒子结晶或冷凝释放出的潜热(Tatartchenko et al.，2013)。多数学者(Fritz and Noguera，2009；孙丛婷和薛冬峰，2014)认为，在结晶和冷凝过程中，每个粒子从熔-液体或气体到固体转变时都会发射一个或多个声子，该过程中由于粒子的动量增加而产生辐射，进而影响温度变化。矿物的成核过程也可以理解为最初由一些原子或离子按照晶格构造聚合排列，以使体系不断满足新的热力学条件，达到成核化或雏晶化。实际上，当体系物理化学条件满足成核作用条件时，并非所有超出饱和度的溶质粒子(原子或离子)立刻凝结形成明显晶核，而是先出现非常微小的晶核粒子(相当于仅是几个粒子的组合排列)，然后逐步增加排列，小核变大核。这些初成核非常小，但是比表面积却非常大(一般假设球形颗粒粒径为 ρ 时，可用公式 $4\pi\rho^2/(4\pi\rho^3/3)=3/\rho$ 估算比表面积)，因此存在较大的表面自由能。表面能的存在促进了表面和体积之间产生竞争效应，提供了由液相转化为固相的动力学条件，进而推动成核过程的发生和发展(Fritz and Noguera，2009)。

以液相中成核为例，通常当溶液达到过冷却条件或过饱和状态时，液相体系内瞬间出现无数个微小结晶粒子，这便是成核作用(Fritz and Noguera，2009；孙丛婷和薛冬峰，2014)，这些微小的晶粒常称为晶核、晶芽或雏晶。体系内一旦形成晶核，每个晶核便是晶体继续生长发育的基础或生长中心。也就是说，矿物的成核作用取决于物理化学条件，同时对后续晶体的继续生长(包括粒度大小、密度、集合体特征)也具有重要影响。

关于矿物成核，目前存在两种普遍可以接受的理论体系用以解释其过程。一种是原子成核理论，即单个原子凭借化学键和格子构造依次排列构建原始晶核晶格，形成微晶粒子。依据该理论，通常是在较大过饱和度情况下才会发生矿物成核，而且成核体积较小(Fritz and Noguera，2009)。另一种是毛细管成核理论，即体系受物理化学条件改变瞬间出现粒径差异的晶核粒子，但由于毛细管效应而使得小尺寸粒子周围的母相组元浓度高于大粒子周围的母相组元浓度(小粒子自由能高于大粒子，致使两相平衡时母相浓度偏高)，大、小粒子周围母相浓度差异导致组元向低浓度扩散，从而为大粒子继续吸收过饱和组元提供了物质供应，同时促使小粒子溶解消失，其组元转移到了大粒子相，如上扩散、转移、小粒子消失等联合步骤完成了成核过程。该理论属于经典的成核理论，一般在中等或较低过饱和度条件下即可成核，而且成核体积较大(Adamson，1960；Markov，1995)。毛细管成核理论属于三维均匀球形成核，应用条件范围更加宽泛。

1. 成核条件

矿物成核条件主要指物理化学条件。以均匀液相成核为例，实际成核作用的发生过程应该满足体系自由能降低的物化条件演化趋势才可以进行。研究表明，下列因素对成核作用具有显著影响。

1)体系自由能

液相体系由于过冷却或过饱和而发生成核作用时，一方面自由态原子或离子排列成晶格使得体系自由能降低，有利于成核过程进行；另一方面成核过程形成新的固体表面而引起表面能增加，会阻碍成核过程进行。所以，只有当物理化学条件满足体系自由能呈降低趋势发展时，成核过程才能进行。

按照物理化学基本理论，成核过程中物理化学条件的变化可用吉布斯自由能公式表达：

$$\Delta G = -nkBT \ln I + 4\pi\rho 2\sigma$$

式中，第一生长阶段，$-nkBT\ln I$ 代表溶液体系下尺寸为 n 的晶核的化学势差；I 为饱和度指数，当 $I>1$ 时，该值为负，意味着热力学条件稳定，晶核可以继续长大，相反，当晶核颗粒尺寸达到一个程度时，必须考虑颗粒表面效应(包括第二生长阶段)，该值可能为正，颗粒表面积和表面能是平衡的(各向同性条件下)，它是颗粒尺寸 n 的函数，可以用晶核体积(v)和颗粒尺寸(n)表达，如 $nv = 4\pi\rho^3/3$；σ 为过饱和度。

一旦出现过饱和状态，在一定的时间间隔内，晶核会不断扩大为晶核簇，形成晶芽，也可能同时会溶解，是一个动态平衡过程。晶核尺寸的波动变化取决于该尺寸下自由能的波动变化(图 2-1)。当 $I>1$ 时，ΔG 达到最大值，即 ΔG^*。由于 ΔG 是晶核尺寸 n 的函数，因此 n^*是晶核在粒径波动过程中继续长大所必须克服的障碍[图 2-1(a)]。曲线的最高点定义为成核临界点，因此颗粒尺寸 n^*和半径 ρ^*分别可以表达为

$$n^*=2u/\ln(3I) \qquad \rho^*=2\sigma v/(kBT\ln I)$$

其中

$$u=(16\pi\sigma^3 v^2)/[3(kBT)^3]$$

ΔG 最大值 ΔG^*代表晶核与周围介质处于不平衡状态。

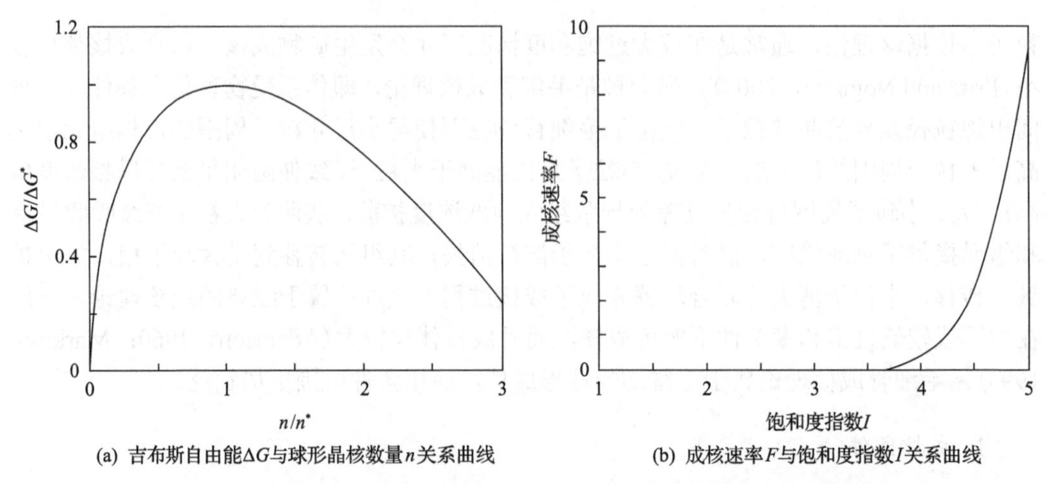

(a) 吉布斯自由能ΔG与球形晶核数量n关系曲线　(b) 成核速率F与饱和度指数I关系曲线

图 2-1　吉布斯自由能 ΔG 与球形晶核数量 n 关系曲线及成核速率 F 与饱和度指数 I 关系曲线（Fritz and Noguera，2009）

假定液相内形成的晶核为球形，其半径为 r，原子或离子由自由态排列成固体晶格而导致的体积自由能降低量为 $\Delta G_{\rm v}$，晶核新表面产生的自由能增加量为 $\Delta G_{\rm s}$，那么体系总自由能变化量 ΔG 可用如下公式表示：

$$\Delta G=4/3\pi r^3\Delta G_{\rm v}+4\pi r^2\sigma$$

上式说明，ΔG 的变化还与晶核的半径 r 有关，而且 ΔG 随 r 变化呈抛物线形，它是体能($\Delta G_{\rm v}$)和表面能($\Delta G_{\rm s}$)之和(图 2-2)。设 ΔG 最大时的晶核半径 r 为 $r_{\rm c}$，显然当晶核半径 r 小于 $r_{\rm c}$ 时，随着 r 的增加，ΔG 将增加，不利于成核过程继续进行或者限制晶核进一步长大，即使已经形成的晶核也有可能重新溶解消失；相反，当晶核半径 r 大于 $r_{\rm c}$ 时，随着 r 的增加，ΔG 将减小，有利于成核过程进行(唐睿康，2005)。我们把 $r_{\rm c}$ 称为成核的临界半径。也就是说，只有当物理化学条件改变能够使晶核半径达到大于 $r_{\rm c}$ 时，成核过程才能完成，否则将不能成核。自由能的微小改变可能导致相平衡的显著不同(Putnis，

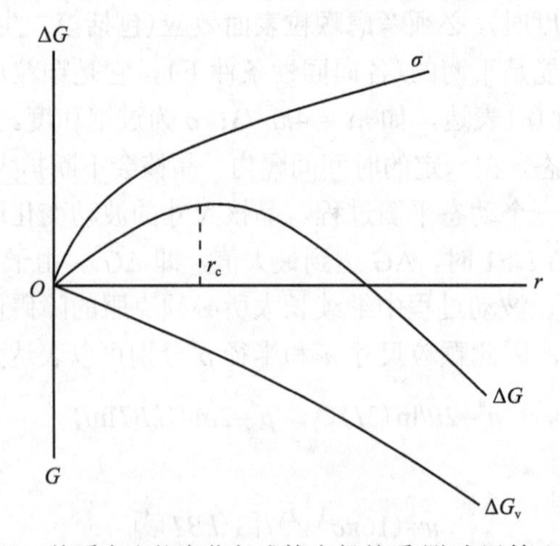

图 2-2　体系自由能变化与成核半径关系(陈光远等，1988)

2009)。唐睿康(2005)通过实验认为，晶体成核和生长过程中确实存在临界现象，因而在晶体成核、生长和溶解过程中，由于表面能量的控制而存在临界现象及尺寸效应，即当晶体自身小到一定的程度时(通常在纳米尺度上)，其溶解速度会自发降低，反应被抑制乃至停止。尽管在热力学上表面能的因素可以赋予小颗粒晶体较大的溶解度，但表面能也能通过对临界条件的控制而使这些微粒在动力学上不被溶解。

2)过冷度(低于矿物熔点的温度差)

对于液相成核来说，过冷度是最主要的影响因素(邢辉等，2010；许满和唐红峰，2016)。当体系温降至一定过冷条件时，能否有效成核受制于两个相互矛盾的因素。其一是随着过冷度增加成核需要做的功减小，有利于成核过程进行；其二是随着过冷度增加，质点(原子或离子)的动能会降低，即质点活动性降低，扩散能力减弱，不利于成核作用发生。也就是说，能否成核的概率取决于上述两个因素的综合影响。

假设 C_1 是成核功对成核作用的影响因子，C_2 是质点活动性或扩散能力对成核作用的影响因子，那么成核率 $C=C_1+C_2$。成核率定义为单位时间、单位体积内形成晶核的数量。一般来说，过冷度较小时，C 主要受 C_1 影响；过冷度较大时，C 受 C_2 的影响显著。例如，图 2-3 是普通辉石成核作用随过冷度变化曲线。该图说明，当体系过冷度低于 37℃时，成核率很低；当过冷度达到 37～55℃时，成核率迅速增加；过冷度为 55℃时，成核率达到最大；过冷度超过 55℃时，成核率开始下降；当过冷度超过 100℃时，几乎不成核，直接凝固成玻璃质。

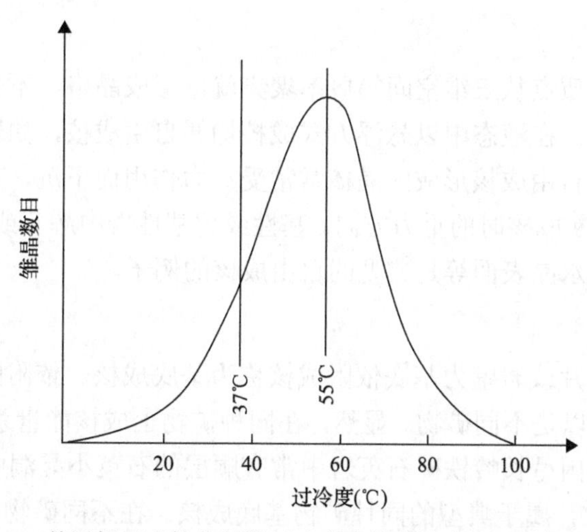

图 2-3　普通辉石成核作用随过冷度变化曲线(陈光远等，1988)

过冷度还影响晶核的生长速度(单位时间晶核向外扩展的速度)。当过冷度增加时，晶核生长速度(V)随之增加(刘向荣等，2005)；但是过冷度太大时，V 也会下降，其变化趋势与成核率和过冷度的关系类似，但较为复杂。

实际上，受过冷度制约的两个成核结晶参数(C 和 V)常常同时影响晶体的发育(邢辉等，2010)。一般来说，C/V 值大，晶核数量多，晶核生长速度小，形成细粒晶；相反，C/V 值小，晶核数量少，晶核生长速度大，形成粗粒晶。总之，C 和 V 随过冷度变化趋势类似，但常常不同步，结晶粒度会有一定变化。由此可见，由液相晶出的矿物受过冷度影响显著，过冷度过大过小都不利于成核过程发生。

除过冷度外，结晶相对温度也对成核生长具有影响，通常相对温度高有利于质点移动就位晶格，晶核生长速度大(侯宗良等，2015)。特别是雏晶大小及其周围温度场可以显著影响晶体中的结构缺陷。陈晨等(2013)的模拟研究认为，雏晶体的热传输主要通过热传导来实现，因此雏晶直径的大小对晶体生长初期的温度梯度有直接影响。雏晶小，散失热量少，晶体的温度梯度降低，位错缺陷及小角晶界明显减少。含挥发分高能够促进质点扩散，有利于质点快速到达晶格位置，提高生长速度，同时限制成核数量，使晶体发育成大晶体；相反，杂质元素会阻碍质点移动，并影响晶界扩展移动，限制生长速度。

在熔体中成核时，由于熔体成分的不断变化影响了熔体黏度，因此也促进了成核作用的进行。例如，岩浆演化过程中，最常见斜长石的结晶不但影响黏度，而且可能由于影响晶体析出区的过冷度，因此促进矿物结晶(许满和唐红峰，2016)。

此外，压力(邹旭等，2014)、pH、Eh 和物质浓度等，以及环境条件如微波辐射等(祁敏佳等，2012)也同样对成核过程有重要影响。

2. 成核方式

成核(发芽)方式主要有两种，其一为自由成核，其二为基底成核。

1) 自由成核

在均匀相态中，质点从三维空间等概率聚集就位形成晶格，不受周围介质定向干扰的成核称为自由成核。在液态中以悬浮方式成核均属自由成核，如岩浆早期的成核、热液中的早期成核等。自由成核形成的晶核常常受重力作用而下沉，有时会沉落到其他矿物表面，借此可以判断成核时的重力方向。基性或超基性岩中辉石或橄榄石的堆晶结构、铁白云石沉落生长于水晶表面等是典型的自由成核的例子。

2) 基底成核

以晶体、岩石碎片或岩壁为基底依附成核称为基底成核。依附的基底可以是与成核物质同种矿物，也可以是不同矿物。显然，在同种矿物上成核能量系数较大，位垒较小，易于成核。例如，我国弓长岭铁矿石英岩中常有顺层的石英小晶洞中石英小晶体 C 轴与石英岩石英 C 轴一致，属于典型的同种矿物基底成核。在不同矿物基底上成核，由于能量不利于成核生长，因此往往形成浮生，如湖南桃林铅锌矿中可见方铅矿与闪锌矿常呈浮生连生体。此外，热液型充填矿床中常能见到以岩石碎块为基底的成核方式。

无论是自由成核还是基底成核，往往是同一时间多个晶核近乎同时产生。例如，许多矿物集合体或晶簇都是同时成核的。但是在热液型矿床中，常常能够见到由于多次热液活动导致多次成核的现象。热液矿床中石英晶面上常常有小晶核出现，属于多次成核现象。超基性岩体内也能见到橄榄石与铬铁矿连生晶内橄榄石和铬铁矿多次交替成核生长的现象。伟晶岩中呈文像结构的交生状石英、长石也是石英依附长石多次成核的结果。

（三）矿物单体的生长

1. 晶体生长机制

成核仅仅是晶体生长的第一步，成核之后晶体还有一个长大的过程。通常认为成核之后的生长过程是原子（或离子）迁移到晶核表面，按照格子构造就位的过程。以液相中晶体的发育为例，可以理解为由过冷度控制下的体系自由能降低，驱动液-固界面不断向液相推移的过程。也就是说，由于临界晶核与液相处于不稳定的平衡状态（自由能 ΔG 最大时），因此当核的粒径大于临界值时（核的半径 ρ 大于临界半径 ρ^*）就生长，当核的粒径小于临界值时（核的半径 ρ 小于临界半径 ρ^*）就被再溶解，这完全取决于溶质的过饱和度 I。生长过程中粒径的大小取决于速率，包括液相或气相的扩散速度、界面反应是否连续，以及生长方式是二维平面生长还是螺旋生长等因素（Burton et al.，1951；Baronnet，1982；Parbhakar et al.，1995）。

Noguera 等（2006）通过实验发现，假定实验初始饱和度是 $I(t=0)$，相当于平衡饱和度（I_c）的 3 倍，显然初始成核率是很高的，会出现一个爆发式成核，这是由于 I 的快速降低所致。大幅成核后会经历一个很短的间隔期，此期间生长并不活跃，甚至可能被再溶解（小的间隔内由于生长停顿或再溶解过程的发生，所形成的晶核可能会消失）。之后，由于 I 逐渐变小，临界核尺寸逐渐增加，晶体开始以近乎平台式平稳生长。上述实验可以得出一个清晰的结论：绝大多数晶核是在结晶过程的初期快速出现的，之后有一个很短暂的时间间隔几乎观察不到有新的晶核粒子产生（Fritz and Noguera，2009）。实际上，近乎平台的生长阶段其动力学过程非常复杂，它相当于保持一个恒定的饱和状态，或者是两个相反的动力学过程达到了平衡，即一方面成核并生长，另一方面被再溶解（孙丛婷和薛冬峰，2014）。二者之间由相对平衡到微小偏离，演化过程中饱和度 I 在不断震荡，即该震荡也是晶体生长的必要条件（杨永等，2005；梁晨等，2006；汪轶，2010）。所以，适当的饱和度与饱和度震荡均是晶体生长极为重要的条件（Li et al.，2006）。

很多情况下，生长曲线平台可能维持较长的时间。在该生长曲线的平台阶段，颗粒尺寸可能达到较大的值。由于是非线性平衡，因此达到最大粒径值的增长率可能也是很大的。这样看来，饱和度的突然增大导致再溶解量不足以抵消粒径的增加量，因此晶体就表现为不断生长或体积增加。当成核、生长和晶核再溶解的平衡关系被打破后，生长曲线平台就会消失。在多相体系里，一些矿物相的生长意味着其他矿物相正在被溶解以提供物源给正在生长的矿物相。一般来说，在相对稳定的结晶环境下，随着晶体的不断长大，晶核数量也在增加，同时晶核表面积也在增加。这就意味着单个晶体发育长大过程中，该晶体所在的系统组分会发生重要改变。从热力学演化理论角度看，液相晶出过程是体系不断地趋于平衡，然后平衡被打破，而后再趋于平衡的交替变化过程。实际结晶过程中，受时间和空间条件的约束，热力学体系的演化很少能够达到真正的平衡状态。

深入一步看，决定液相条件下晶体生长机制和晶体形态的另一个重要因素是液-固微观结构。我们知道，结晶过程中的液-固微观结构靠晶体一侧并非完全意义的平面，而往往是台阶状。甚至陈华雄等(2004)认为晶体的生长是因为晶界上的台阶运动的结果，当然有时杂质元素被吸附在液-固界面会导致台阶群的运动速度减慢(郑燕青等，1999)。

通常根据液-固微观结构可将液-固界面进一步分为光滑界面和粗糙界面。其中，光滑界面处两相呈截然分开状，即固相表面是质点(原子或离子)密集排列形成的晶面，微观上是光滑的；宏观上由若干小平面组成，凹凸不大。粗糙界面处呈参差不平状，仅有大约一半的空间被固相晶格位置所占据，形成相当于若干原子直径厚度的过渡层(包鲁明等，2009)，微观上呈强烈凹凸的曲折面。

上述两种生长界面决定了晶体生长存在两种生长机制。

1) 光滑界面生长

在光滑界面上，晶体主要通过二维层生长机制或螺旋位错机制生长。当以二维层生长机制发育时，是在光滑界面处首先形成二维层状晶核，然后沿着二维晶核扩展为晶层，依次长满一层再长一层，如此反复，层层外推，实现生长。其生长速度 V 按照如下公式进行计算：

$$V=\mu_1 e^{-b/\Delta T}$$

式中，μ_1 和 b 为常数；ΔT 为过冷度。

该种机制下的晶体生长通常不能连续进行，因为每产生新的晶层时都需要克服较大能量位垒，所以生长速度不会太大。

如果以螺旋位错机制生长，由于晶面上存在连续的螺旋状“台阶”位错，能够使原子(或离子)不断就位于“台阶”凹面处，形成不易消失的“台阶”凹面，因此生长是连续的。这种生长方式的速度一般也不大，可由下式计算所得：

$$V=\mu_1 \Delta T^2$$

上述二维层生长机制或螺旋位错机制均是由于存在“台阶”状凹角，能够使原子或离子持续不断地在凹角处就位，因此也称凹角生长机制。

2) 粗糙界面生长

在粗糙界面上，晶体主要通过液-固界面垂直生长机制长大。由于粗糙界面处的过渡层仅有一半空间被固相晶格位置占据，而另一半为空，因此液相中离子可以深入过渡层凹折槽中占据晶格位置，同时过渡层原有的凸出到液相中的晶格又会继续延伸，始终保持强烈凹凸的曲折面形状，以此交替生长形成不易消失的凹凸曲折面，晶体得以不断生长。这种生长机制速度一般较大，其生长速度由下式决定：

$$V=\mu_2 \Delta T$$

式中，μ_2 为常数。

实际上，晶体和液体之间的界面润湿条件也影响晶体的生长过程。张建龙(2015)在研究 Cu 的结晶过程时注意到，非润湿条件下 Cu 的结晶温度随着厚度增加而迅速降低，而润湿条件下结晶温度随着厚度增加而缓慢降低。显然通过湿润性的改变，制约了结晶温度，间接影响了晶体生长。

还有学者注意到温度对晶体生长界面存在显著影响(李其松和刘俊成，2011)，因为温度严重影响液-固界面的温度梯度，温度场也显著影响质点在液-固体系内的输运过程，所以也影响杂质成分进入晶格的速度及其分布特点、晶格热应力，进而间接影响生长速度。此外，一定程度上重力也影响熔体流动及溶质和杂质元素的传输和分布，因此也会影响固-液界面形状及其稳定性，甚至会诱导晶体出现双晶、晶界和空位等缺陷。有些情况下，由于磁场的存在，其洛伦兹力的阻尼作用可能影响液相的对流，因而对生长界面产生影响，促使缺陷种类和含量发生变化(李其松和刘俊成，2011)。

2. 生长机制对晶体形态的制约

按照晶格构造理论，晶体通常由于自限性而发育成凸多面体，但是在不同生长机制下受不同物理化学条件的约束，还可能发育成骸状晶、树枝状晶等特殊形态(赵达文等，2011)。以液相结晶为例，生长速率(V)和过饱和度(σ)存在图 2-4 所示的关系(陈光远等，1987)，也说明物理化学条件、生长机制和晶体形态存在密切关系。图 2-4 中，过饱和度(σ)分为 3 个区间：当过饱和度小于 σ_1 时，液-固界面主要保持平滑界面，晶体以螺旋位错或二维成核机制生长，发育成凸多面体；当过饱和度居于 σ_1 和 σ_2 之间时，液-固界面仍然是平滑界面，晶体主要以二维成核机制生长，晶体可能发育呈骸状晶或凸多面体；当过饱和度大于 σ_2 时，液-固界面呈粗糙界面，晶体以垂直生长机制发育，可能形成树枝状晶。

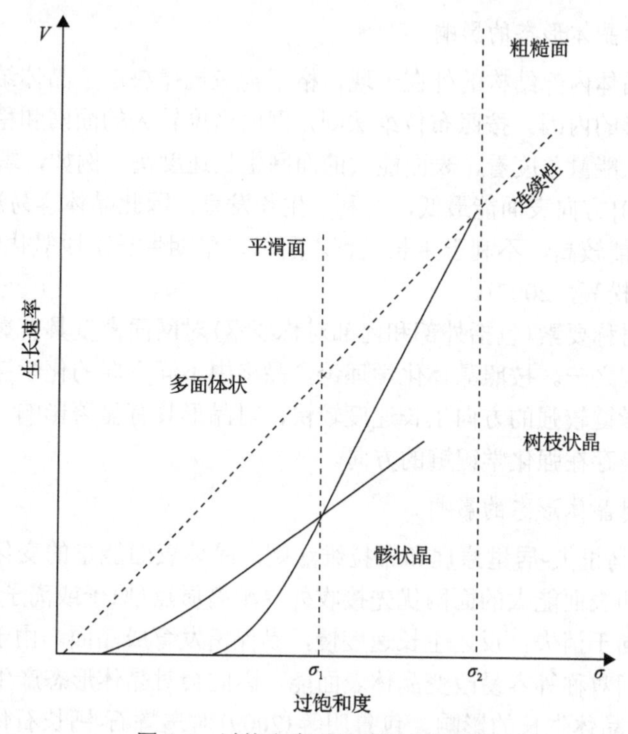

图 2-4　过饱和度对晶体形态的影响

一般情况下，自晶体生长界面处向液相一侧随距离增加过冷度降低，属于正温度梯度，液-固界面受固相传热控制近乎呈平面状外推，每个近乎平面状的外推面方向演化成一个晶面，故晶体多形成凸多面体晶形。当液-固界面随距离增加过冷度增加时，属于负温度梯度，结晶潜热靠固相和液相同时传导散出，相界移动受液相影响较大，可能促使相界更容易凸出到液相中，尤其呈不均匀伸入液相时，会导致粗糙界面形成过渡层，使生长速度加大，因而有可能形成树枝状晶。总之，温降快、大量挥发分溢出、流体在超浅成快速温降条件下导致过饱和度显著增加，那么极有可能形成树枝状晶。海底喷流作用形成树枝状晶，以及自然铜、自然银长成树枝状晶是典型例子。此外，当过冷度不是太大时，晶体自形程度降低(包鲁明等，2009)，在二维成核机制作用下，往往于晶体的棱角处优先成核结晶，然后逐渐推向晶面中央，结果可能形成骸晶晶形(刘向荣等，2005)。

总之，大多数情况下由于较低的过冷度以平滑界面生长成凸多面体晶形，当过冷度增加仍以平滑界面生长时可能形成骸状晶，过冷度较大以粗糙界面生长时易形成树枝状晶。

3. 影响晶体形态的结构和环境因素

晶体发育受晶体内在因素和外部因素同时控制，内在因素包括决定晶体内部构造的格子类型、对称要素、化学键等；外部因素包括过冷度、介质过饱和度、介质活性组分、杂质、空间对称、共生矿物、空间分布等，以下简述之。

1) 晶体结构对晶体形态的影响

晶体形态是晶体内部结构的外在表现，格子构造规律决定了晶体结构类型，因此晶体结构是决定晶形的内因。按照布拉维法则，网面密度较大的面网和稳定的面网最终能够发育成晶面。从能量角度看，表面能大的面网生长速度快。例如，氧化镁(MgO)晶体生长时，由于{100}方向表面能最低，有利于生长发育，因此晶体容易沿着该方向生长；而{111}方向表面能较高，不利于生长发育。所以，早期生长阶段氧化镁多发育{100}方向片层结构(尹荔松等，2007)。

另外，由于对称要素(包括外部和内部对称要素)对网面密度具有影响，因此对称也是影响晶形的内因之一。按照晶体化学理论，晶格中不同方向的化学键类型和强度有所不同，显然沿化学键较强的方向生长速度较快，对晶形具有显著影响。所以，晶体主要晶带方向也必然是存在强化学键链的方向。

2) 生长环境对晶体形态的影响

按照吉布斯-乌里夫-居里原理和布拉维法则，晶体表面能量的变化与网面生长速度存在密切关系，即表面能大的面网优先接收外界游离质点(原子或离子)进行键合，因此生长速度快，趋向于消失；反之生长速度慢，易保留发育成晶面。由于矿物生长环境如温度、杂质、空间对称等容易改变晶体表面能，因此会对晶体形态产生影响。

(1) 过冷度对晶体生长的影响。包鲁明等(2009)对透辉石-钙长石体系熔体在不同过冷条件下晶体生长进行研究时注意到，透辉石晶体随着过冷度增大，晶体自形程度逐渐降低，晶体形貌由自形、半自形向骸状晶、树枝状晶演化，总体结晶体数量越来越多，但晶体尺寸越来越细小。另外，随着过冷度增大，更多的 Al^{3+}代替 Si^{4+}形成四面体骨干，

并且 Al^{3+}代替 Mg^{2+}进入八面体数量增多。随着过冷度增大，透辉石晶体晶胞参数 a、b 值呈减小趋势，c 值呈增大趋势，因此 Al^{3+}进入四面体和八面体对晶胞参数影响较大。

(2)过饱和度对晶体形态的影响。一般来说，高温条件下结晶物质过饱和度较低，原子或离子在构筑晶体结构时所表现出的成键作用差别不大，因此对晶体形态的影响较小。当结晶温度较低时，结晶物质饱和度明显升高，原子或离子彼此间成键作用表现明显，尤其在较强的键位上显示出较强的键合优势，因此对矿物形态的发育形成显著影响，往往表现为在强键链方向由于较强的键合作用而使晶体生长较快(侯宗良等，2015)。例如，石英、方解石、角闪石、辉石、锡石、金红石、锆石等常常在高温下结晶出锥面发育的短柱状或锥柱状晶体，在低温下则结晶出柱面相对发育的长柱状或针柱状晶体。新的实验研究(王波等，2006)认为，过饱和度影响晶体生长的同时，对晶体缺陷也有明显控制作用。当饱和度不断增加时，溶液稳定性逐渐降低，晶格缺陷明显增加，同时晶体生长的不均匀性也增加，晶体内形成包裹体的概率也增加。另外，饱和度的快速增加会使晶体不同方向生长速度出现明显差异。

(3)活性组分对晶体形态的影响。当晶体从液态或气态中晶出时，其结晶介质活性(通常是介质中酸性或碱性组分，尤其是挥发分和碱金属离子对介质活性影响显著)对晶体形态产生重要影响。一般情况下，介质呈中性时，原子或离子是在较为平衡的情形下构筑晶体结构的面网，如果其中某种元素对构筑晶格面网起主要作用，将显著影响晶面的发育。例如，萤石在酸性条件下形成伟晶岩时，F^-活性相对较高，Ca^{2+}密度最大的{111}面网方向由于 F^-的影响多发育成八面体晶形；当结晶条件为低温碱性时，Ca^{2+}活性增高，因此在 F^-密度最大的{100}面网方向由于 Ca^{2+}的影响而发育成立方体晶形；中性条件下多发育成{110}菱形十二面体晶形或由{100}立方体与{111}八面体组成的聚形。石盐、闪锌矿也有类似规律。

(4)杂质对晶体形态的影响。矿物的结晶过程实质上就是本征元素离子排开杂质元素占据晶格位置的过程(杨睿等，2015)，通常所说的结晶能力主要是指排开杂质排列晶格构造的能力。显然，本征元素离子排开杂质元素的能力越强，表现为结晶力越强，晶体就会发育自形程度较好的晶形。一般来说，杂质含量低，体系组分简单的条件下矿物结晶力较大。例如，黄铁矿、食盐、石英、刚玉、金红石、锡石及磁铁矿等，其结晶体系内杂质含量低时多发育成自形晶。

如图 2-5 所示，设结晶物质 1 和 3 在介质 2 中发育生长。当晶体表层面网与另一种晶体(杂质)表层面网接触时，其表面能相对于未接触的情况有所降低，这种接触是稳定的，则晶体 3 可包裹晶体 1；若表面能有所提高，这种接触不稳定，两种晶体之间保持一定距离，则晶体 3 排斥晶体 1；若晶体 1 和晶体 3 接触时的表面能与隔开状态的表面能非常相近，那么晶体 1 和晶体 3 在结晶过程中既不表现为排斥，也不表现为包裹，而是表现为空间上互相妨碍。第一种情况下，晶体 3 排开杂质的能力属中等，即在这种介质条件下其结晶力 3>1；第二种情况下，晶体 1 排开杂质的能力强，其结晶力 3≫1；第三种情况下，晶体 1 与晶体 3 各不相让，互相争夺空间，互相影响，二者均较难结晶成完好晶形，其结晶力 1≈3。

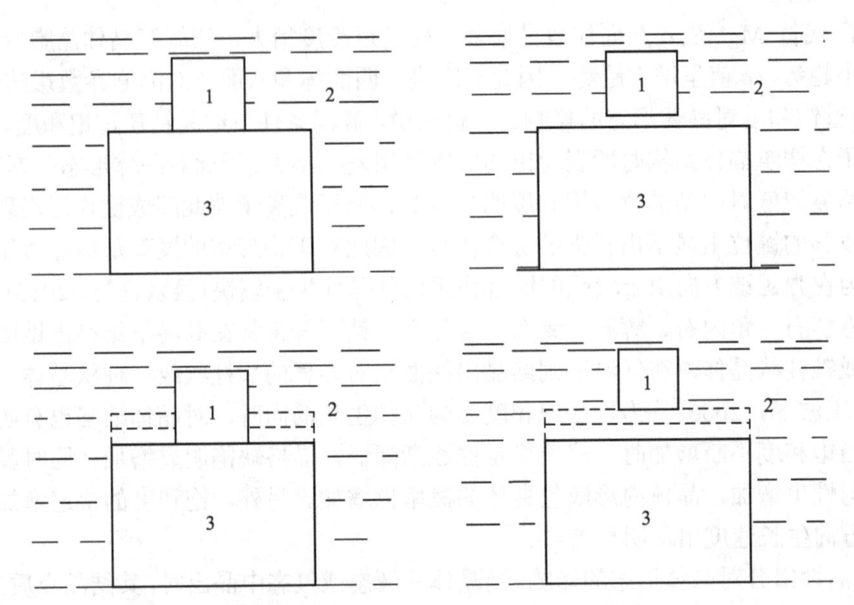

图 2-5　晶体发育过程中杂质元素的影响(陈光远等，1988)

1-外来杂质；2-介质；3-主晶

同一种矿物在不同介质条件下，自形程度不同，杂质含量也不同。例如，弓长岭铁矿围岩中的十字石在绿泥片岩中晶形完好，几乎不见其他矿物包裹体；而在石榴黑云片岩中，十字石与石榴子石互相妨碍，多呈他形，并含有大量磁铁矿包体。石英在与其他硅酸盐矿物同时生长时，往往被其他硅酸盐矿物所包裹；而在石灰岩或盐湖结晶体中，可见到十分完好的石英小晶体。黏土中生长的石膏为无色透明，杂质含量很少；但在砂岩层中的石膏则可大量地包裹石英晶体。

杂质对晶体形态的影响还表现在被吸附而制约晶体发育。例如，晶体表层面网的未饱和键常常具有对外吸附作用，可能吸附一定量的矿物微尘或异号离子、胶粒子等。对一些矿物晶体而言，这类吸附物将对不同方向的面网产生不同的“缓冲”作用，从而影响各面网的相对生长速度，进而影响晶体的形态。杂质在晶体生长过程中，有时还可引起晶面的弯曲或晶面的镶嵌结构。这样的影响强烈时，足以引起晶体分裂生长而形成球粒状集合体。

此外，由于结晶环境温度场的不均一，可能导致溶液形成微区对流现象，这种对流运动会影响杂质元素的传输、分布和气泡的形成(苏文佳等，2014；孙绍涛等，2009)，因此也对晶体发育有一定影响。

再者，生物因素对晶体成核和发育长大也有显著影响，有时有生物诱导下的结晶具有控制结晶取向的生长趋势，因而间接影响晶体形态(黄苏萍等，2004)。

(5)矿物的空间对称对晶体形态的影响。晶体外部对称与介质对称之间会相互影响，进而对晶体形态产生影响，通常情况下会表现出以下 3 种情况：

①当晶体悬浮于溶液或熔体中时，晶体全部对称要素与介质一致，此时介质为球形对称，对晶体对称的影响非常小，晶体能够充分表现自身的对称性，因此可形成近于理

想晶形。岩浆或热液演化的早期，其结晶作用属于这种情况。

②当晶体依附裂隙壁或晶硐壁生长时，晶体只有部分对称要素与介质一致。这种情况下往往是远离壁的一侧可以长成完整晶形，靠近壁一侧则不能自由生长，晶体自形程度必然受到限制，常常长成半自形晶体。

③当处于液相体系结晶晚期时，受到周围先期结晶出的晶体影响，晶体对称与介质对称完全不一致，结果使得晶体只能长成他形晶，如岩浆晚期或热溶液晚期晶出的矿物多表现为他形晶形。

自然界矿物晶出时主要以后两种情况多见，所以晶体多呈半自形-他形晶，只有在超基性-基性岩浆早期的堆晶结构中可见第一种情况。

(6)共生矿物对晶体形态的影响。共生矿物彼此影响其形态发育，所以同一共生组合的矿物晶体彼此在晶形上具有相应性。共生矿物晶形还与晶体种类或矿物相数有关，一般来说，晶体种类或矿物相数是随着系统自由度降低而降低的。因此，体系自由度较低时矿物相数较少，晶体自形程度相对较高。

(四)矿物晶面的发育

晶体的生长实际上就是每个晶面的生长，即每个晶面外延长大的同时，整个晶体体积会增加，晶体也会长大。按照布拉维法则，晶面是晶格排列过程中保留下来的那些网面密度较大的面网。从矿物初期发芽开始，晶体就是按照固有晶格特点，依次在各方向面网排列原子或离子，使得晶面在其二维方向不断延展，多个晶面的延展合拢并围限晶体，完成了晶体的外延生长，所以晶面的发育在一定程度上代表了晶体的发育。

最能说明晶体晶面发育及晶体生长的现象是晶体的环带构造与生长锥。

1. 环带构造

环带构造是指晶体生长过程中内部由于成分和性质的微细差别而显示出的环圈或环状条带构造，这一特征能够表征晶体生长过程中所经历的物理化学环境的变化。通常情况下，环带构造的出现说明结晶体系物理化学条件是不稳定的。大多数情况下，环带构造需要借助光学显微镜甚至电子显微镜(特别是阴极发光显微镜)放大或凭借特殊光学效应才能看到，一些矿物甚至需要利用化学腐蚀处理后才能显示出环带构造，但少数矿物在手标本条件下也能识别出环带构造。个别情况下，有些矿物的环带之间仅是化学成分存在微弱差异，其他物理性质差异并不显著，必须采用微区化学成分测试比较后才能识别环带的存在。

已有不少矿物被证明能够出现环带构造(图2-6)，如石英、黄铁矿、长石、锆石、辉石、橄榄石、云母、石榴子石、电气石、黑钨矿、铌铁矿、锡石等。矿物环带及其特点可以提供丰富的关于晶体生长发育条件的信息，对于理解晶体生长过程中体系组成和物理化学环境的变化具有重要意义。例如，含金热液中晶出的黄铁矿和石英，如果大量发育环带，说明是热液运移的前锋，对于判断金矿体剥蚀程度具有指示意义(李胜荣等，1994)。

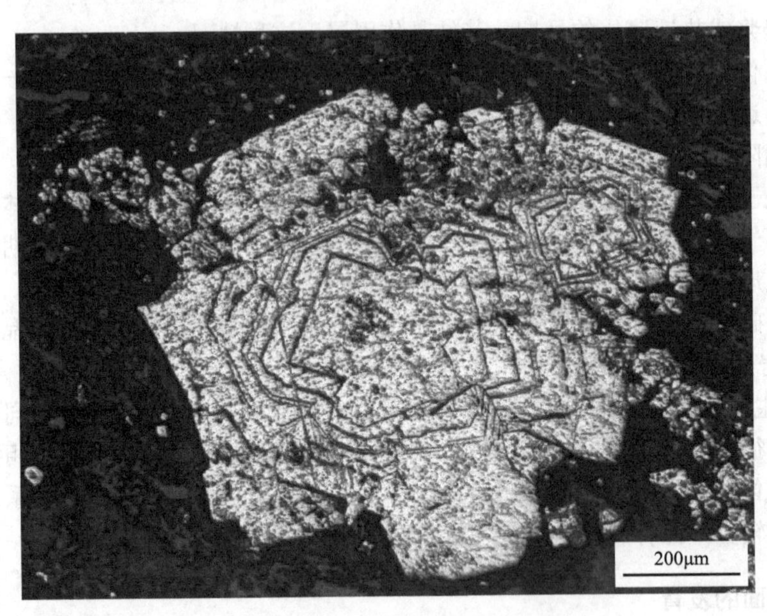

图 2-6　甘肃岗岔金矿黄铁矿环带构造

2. 生长锥

生长锥是晶体生长过程中原子或离子在晶面上沉淀而形成的微晶区块，是晶面发育外推或晶体外延生长的痕迹记录。锥体顶点相当于晶体生长的起点，锥体的棱是晶体微区块生长轨迹线，锥体底面就是晶面，锥体之间共用锥面、锥棱并通过锥体底面的不断扩大完成晶体的合拢围限长大。显著的生长锥是由于类质同象替代连续发生或者杂质元素被不同面网选择吸附并不断被包裹而显示出来，因此生长锥也是晶体生长环境变化的标志。

显然，环带构造和生长锥是晶体生长的直接记录，对于晶体发育过程中体系组分的变化或物理化学条件的改变具有重要指示意义。例如，陕西二台子金矿中载金矿物黄铁矿常含有较多的 As 且具有环带构造，当含 As 高且具有环带构造时，含金性也好，这说明金沉淀过程中环带构造发育与 Au 和 As 的沉淀密切相关，间接指明了 Au 和 As 的相关关系(表 2-1)。

表 2-1　陕西二台子金矿黄铁矿环带构造与 As 含量(陈光远等，1988)

项目	无环带	无环带	晶体外缘具有显著环带	全晶显示显著环带
寄主岩石	含粉砂泥岩和结晶灰岩	石英钠长岩	含金角砾岩或脉状金矿石	含铜黄铁矿型金矿石
黄铁矿晶形特点	立方体{100}	五角十二面体{210}	五角十二面体{210}	五角十二面体，晶形发育较差
As(%)	0.015	0.58	2.30	3.12

(五)矿物单体的变化

矿物形成以后，常常遭受后期地质作用的影响而发生变化。对于单晶体来说，其变化主要包括变形、溶解、化学组成变化、晶体结构变化和重结晶等。

1. 晶体的变形

当晶体受到应力作用(如上覆岩石静压力、构造作用产生的应力、地壳内温度变化产生的涨缩力、邻近矿物结晶产生的挤压力、化学反应产生新矿物相的应力等)时，晶体所处的应力场会发生改变，因而可使晶体发生形变。晶体的变形可以分为塑性变形和脆性变形，以下简述之。

1)塑性变形

矿物晶体在持续而缓慢的应力作用下发生的变形称为塑性变形，主要有滑移、扭折和双晶。

(1)滑移：当晶体遭受的应力超过其弹性极限时，晶体内部可能会沿层片之间发生相对位移，称为滑移。滑移一般是在切应力作用下发生的，且往往沿着原子排列最密集或较密集的面网发生。也就是说，当晶体受到剪切力作用时，晶体中沿着原子排列最密集或较密集的面网方向应力分量达到某一临界值时，滑移就会发生。剪切应力分量的临界值与晶体类型、温度、变形速度及晶体的滑移系统有关，同种矿物在不同条件下，其滑移系统也随之不同。滑移面一般以 T 表示，滑移方向用 t 表示，T 与 t 合称滑移系统。表 2-2 所示为常见矿物滑移系统。

表 2-2 常见矿物滑移系统(陈光远等，1988)

矿物种	对称晶系	滑移系统	
		T	*t*
自然金	等轴	{111}	[211]
自然铜	等轴	{111}	[211]
自然银	等轴	{111}	[211]
石墨	六方	{0001}	[1010]
辉锑矿	斜方	{010}	[001]
辉铋矿	斜方	{010}	[001]
方铅矿	等轴	{100} {100}	[110] [100]
辉钼矿	六方	{0001}	[1010]
磁黄铁矿	六方	{0001}	[1010]
闪锌矿	等轴	{111}	[112]
黄铜矿	四方	{111}	
赤铁矿	三方	{0001}	[1010]
金红石	四方	{110}	[001]
蓝晶石	三斜	{100}	[001]
辉石	单斜	{100}	[001]
云母	单斜	{001} {001}	[100] [110]
黑钨矿	单斜	{100} {010}	
重晶石	斜方	{001} {011}	[100] [011]
石膏	单斜	{010} {010}	[001] [301]

续表

矿物种	对称晶系	滑移系统	
		T	t
文石	斜方	{010}	[100]
白云石	三方	{0001}	[1010]
方解石	三方	{0112}	[1231]
菱镁矿	三方	{0001}	[1010]
菱铁矿	三方	{0001}	[1010]
石盐	等轴	{110}	[110]
萤石	等轴	{100}	[110]

一般情况下，内部发生滑移变形时，晶体外形保持其原来方位不变，因此不易识别。但是，如果滑移变形导致晶体外观出现一些明显的标志，如错开、扭折、旋转时即可被识别。如果应力作用较强，可致晶体出现由于滑变形成的微小晶块，也属于滑移的结果。很多滑移变形由于非常微弱，甚至仅引起晶格微区错位或弯曲，更加不易识别，所以很多情况下需要借助显微放大系统或凭显著光学特征方能辨识滑移变形特征。例如，石英有时遭受剪切应力而内部沿平行 c 轴的面网发生滑移，表现为光率体方位有规律变化，或在光学显微镜下呈现波状消光特征。因此，滑移是显微形变，需要进行显微观察才能识别出来。需要注意的是，石英的波状消光特征并非全部由于滑移变形所致。事实上，结晶条件不稳定、原子热运动，甚至静压力等诸多因素均可导致波状消光现象的出现。

2) 扭折：也是一种塑性变形，即应力使晶体内部出现方位不同的条带，常常表现为解理等标志直线被扭折呈折线或弯曲线，但实际上晶体被扭折部位并没有失去结合力，即晶格仍处于连续状态。当矿物扭折不明显时，往往在偏光镜下可见到平行带状消光(如深源包体中的橄榄石)，但其消光特征远不如聚片双晶那样明显和规则。

此外，晶体中还可出现变形纹等塑性变形。一般来说，变形纹的形状、疏密及方向都不固定。石英中常可见到变形纹。

2) 脆性变形

当施以晶体较大的外应力并超过晶体极限强度或者加载速度较快时，晶体内部的结合力遭受破坏，往往表现为破裂，称为脆性变形。脆性破裂的最初表现是产生微裂纹，通常裂纹分为两种，即张裂纹和剪切裂纹。

(1) 张裂纹：一般会沿着晶体的解理面、滑移面或双晶面产生。即使解理不发育的矿物晶体，该类裂纹也会具有明显的方向性，如电气石常常因受力而产生{0001}方向一组张裂纹。导致张裂纹产生的应力称为临界正应力，一般垂直破裂面。张裂纹多具有明显的方向一致性。

(2) 剪切裂纹：一般会沿着晶体的解理面、滑移面或双晶面产生。导致剪切裂纹产生的力称为临界剪切应力。剪切裂纹常常具有多组组合出现的特征，如刚玉和石英常出现菱面体裂纹。剪切应力较大时，可致晶体被切断成两部分。

通常情况下，上述两种裂纹的产生代表了不同的环境。张裂纹主要产生在围压不大的近地表环境条件下，而在围压较大的地下深处环境往往发育剪切裂纹。

有些情况下，当矿物晶体产生裂纹后，随着温压条件的不断变化，其裂纹两侧的晶格又会因键合作用而愈合生长在一起，同时还可能捕获一些流体介质，形成沿着裂纹定向排列的细小包裹体(液体、气体均有，有时还可能出现固体籽晶)条带，这类包裹体一般称为假次生包裹体。显微镜下，经常在浅色透明矿物中(如石英、方解石等)可见假次生包裹体。

大多数情况下，关于矿物的交代反应过程人们容易简单地理解为化学过程，实际上交代反应过程有时会引起体积的显著改变。当交代反应中的母体和产物间存在明显体积变化时，其变化引发的应力会导致矿物晶体破裂，即脆性变形。对于层状矿物热水蚀变或者蚀变形成层状矿物均有可能导致化学层间距的扩大或物理裂隙出现，当然表生条件下的风化过程也常常出现类似现象。其实，矿物裂隙的形成又进一步促进流体的渗透和化学反应加速进行，彼此交替进行，推进矿物不断发生变化。例如，钛铁矿($FeTiO_3$)与酸性溶液发生交代反应，结果是钛铁矿被假象金红石多晶所替代(Janssen et al.，2008)。该反应是在实验室条件下完成的，反应温度为 105℃，立方体钛铁矿被抛光后放置在 HCl 溶液中。图 2-7 所示为反应进行到一定程度时的切面，外圈暗色区域是金红石，核部浅色区域是未反应的钛铁矿。该实验案例的显著特征是金红石交代钛铁矿后摩尔体积减小了近 40%。显微镜下明显可见反应产物金红石出现了大量孔隙，说明交代反应过程中以牺牲体积为代价调整了应力状态，使交代产物产生了许多孔隙，消耗了应力。非常值得注意的是，金红石微结构还出现了 3 个类似双晶的定向结晶(四边形金红石定向附生在三角形钛铁矿表面)，显然说明交代反应过程中存在溶解-沉淀联合机制，并控制了产物的定向成核(孙丛婷和薛冬峰，2014)。

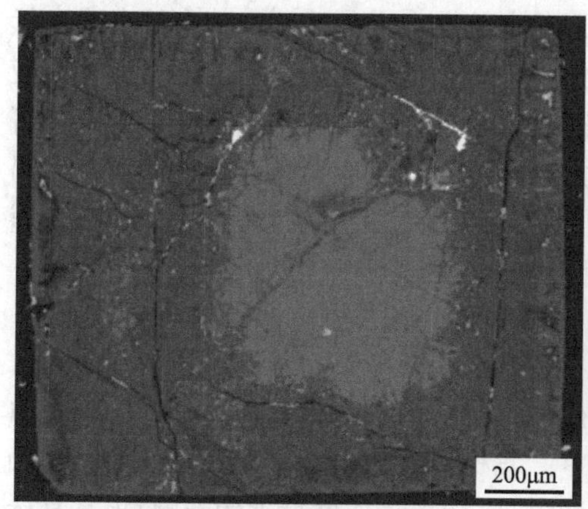

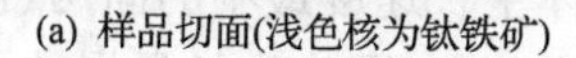

(a) 样品切面(浅色核为钛铁矿)

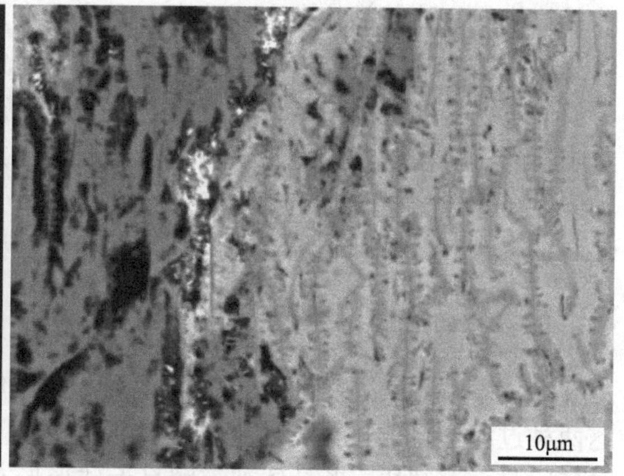

(b) 具有黑色空洞的金红石(暗色)与钛铁矿(浅色)界面(钛铁矿中有暗色网状裂隙)

图 2-7　钛铁矿局部被金红石交代背散射电子像(Janssen et al.，2008)

在上述实验中还注意到，未反应的钛铁矿核部充满了类似鱼骨状裂纹，这些裂纹中的钛铁矿已经被纳米级金红石微晶替代，取代程度与 HCl 溶液的浓度有关。可以看出，钛铁矿中的微裂纹是促进交代反应进行的主要原因(图 2-8)。因为这些裂纹的出现显著增加了流体扩散的通道，使得交代反应更加容易进行。

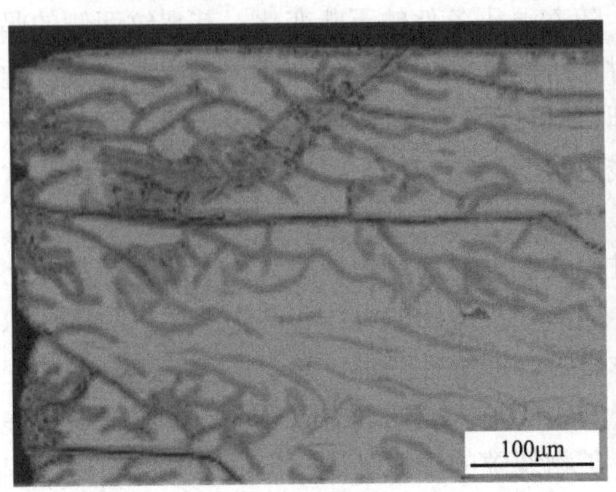

(a) 低倍下

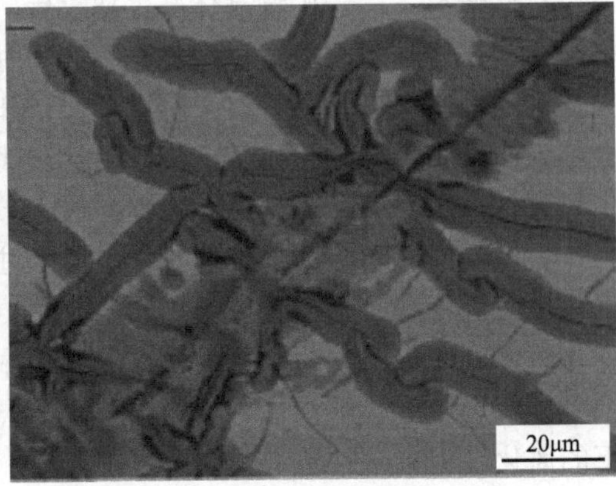

(b) 图(a)局部高倍放大

图 2-8　钛铁矿被稀盐酸侵蚀后，金红石沿网状裂隙交代钛铁矿，进而促进了交代作用的侧向扩展（Janssen et al.，2008）

还需注意，应力裂纹还是假象交代过程中反应产物摩尔体积增加的标志之一，类似上述核部钛铁矿出现裂纹的情况，说明交代产物金红石体积增加了。此外，方沸石交代白榴石也是交代反应体积增加的一个例子。尽管该反应的产物摩尔体积增加也是表现为出现很多孔隙，但是带有应力作用机制的圈层产物形成，意味着之后其与流体的关系发展为无约束系统，即交代产物会不断剥落而出露未反应的核部。显然，橄榄石和辉石的蛇纹石化，其筛网结构的形成也可以按照上述过程来理解。

影响晶体变形的因素很多，但是起决定作用的因素是临界应力的大小。这些应力的分量数值往往随着晶体内杂质分布、温度和变形速率等发生变化。例如，自然金或自然银变形所需的临界滑移切应力分量值较小，而银金矿或金银矿变形所需的临界滑移切应力值分量就相对较大。另外，温度越高滑移变形越容易产生，说明温度对变形具有显著影响。当然，在一定温度下，应变速率(ε/s)增加，临界滑移分应力也会随之增加。以锡为例，300℃的条件下，应变速率为 0.5ε/s 时，临界滑移分切压力为 40g/mm^2；当应变速率增至 1ε/s 时，则其临界滑移分切压力值增加为 60g/mm^2。

2. 晶体的溶解和蚀变

晶体溶解是晶体变化的主要表现之一。溶解可以理解为晶体结晶生长的逆过程，但这两种过程进行的规律却明显不同。通常情况下，晶体遭受溶解作用时，晶体的角顶和晶棱比晶面溶解快。当晶体被溶解呈近球形形态时，晶体生长速度最小的面网(也是晶体最稳定的晶面或晶体主要单形所属晶面)则是溶解最快的方向，因为生长最慢的面网其间距是最大的或者说面网间连接是最弱的，因此溶解脱落最容易。

晶体溶解时，一般总是最先沿着晶面的薄弱部位出现溶蚀凹坑，也称蚀象。随着溶解过程不断进行，初期形成的溶蚀凹坑不断变大并逐渐合并形成大的凹坑，最后在同一晶面内剩下溶蚀残留的锥状凸起，直至全部溶解完毕。

溶解总是围绕着直立对称轴发生，一般在主对称轴方向常常溶解极慢或受溶蚀作用影响非常小。例如，石英被溶解时常形成沿 L^3 方向的锥体，所以锥体的发育程度可以帮助判断溶解作用的强度和持续时间。

不同矿物常具不同的蚀象特征。例如，金刚石四面体晶面上具平行四面体棱的三角形溶蚀象，石英菱面体面具等边三角形溶蚀象而中心突出成锥体，黄玉晶体柱面上常出现长方形凹入的蚀象。同种矿物在不同单形的晶面上其蚀象也不同，根据蚀象可恢复晶体的对称。

实际上，蚀象也可因气体侵蚀作用形成，如磁铁矿晶面上有时出现气成蚀象。气蚀作用形成的蚀象由于侵蚀速度较快而形状不规则，但其排列特征可以反映气流的方向和气流的强弱，不反映晶体对称。

在地壳中，矿物的溶解作用多发生在热的固-液反应体系中，即含水流体相存在下的固态反应与溶解-沉淀反应的动力学竞争实现了矿物相转换，这意味着溶解(表示晶体变化)与结晶(表示晶体形成)之间有了紧密的伴生关系。也就是说，无论任何矿物或矿物组合，一旦进入一种流体(特别是热流体)与之接触的环境下，很容易使得该固-液体系失去平衡，并表现为再次趋于向着降低整个系统(固体+液体系统)自由能的方向发展(Putnis，2009)。这种矿物晶体与流体间的相互作用通常有一个非常宽泛的反应条件区间。很多情况下会出现选择性溶解，也称不一致溶解。诸多硅酸盐矿物的选择性溶解被解释为溶液中 H^+扩散进入晶体结构并交换金属离子扩散出晶体结构后进入溶液，然后在硅酸盐晶体表面形成富硅淋滤层(Putnis，2009)。这种相互扩散并溶解的结果实际上伴随了结构的重建，并有可能形成非晶化硅质堆积(Casey et al.，1993)，这样的富硅重建过程也称硅化。许多学者也把硅酸盐矿物不一致溶解理解为硅酸盐骨干格架中 OH^-扩散作用形成 Si—OH 键形式，推动从骨架内释放弱化学键阳离子进入溶液的过程，完成了溶解交代过程。液相和固相间失去平衡出现溶解的动力学原因，可能是由于体系成分发生改变，或者是温度、压力发生改变。其中任何一种变化都将间接促进溶解过程，并产生新的固体相沉淀(Putnis，2009)。

岩浆是一个成分复杂的多组分熔体相，其演化过程中不断析出矿物晶体或熔入矿物晶体而使得成分更加复杂化。通常情况下，溶解-沉淀机制适合于解释反应界面的现象。Tsuchiyama(1985)用溶解-沉淀原理描述了透辉石-钠长石-钙长石熔融体系下不同成分长石的结晶平衡过程，认为即使由于独立的结晶母体和转换产物之间存在化学组分的相互迁移，也可以保持形成固有晶形并在部分平衡界面形成截然的反应界面。转化外圈中不纯净的长石相存在多孔结构，而且孔隙中捕获了不少熔融包裹体，包裹体中熔融物与转化产物之间是平衡的(Nakamura and Shimakita，1998)。

有时固体+流体系统自由能的降低可以通过固相晶粒的粗晶化实现。细小的晶体由于具有相对较大的比表面积而更容易被溶解，以至于在固体+流体系统中常常发生小晶体溶解，而后沉淀形成较大的晶体，最终降低了系统的自由能。这一现象对于地壳中绝大多数矿物是成立的。因为 Nakamura 和 Watson(1981)的实验证明，在压实合成石英岩过程中，石英颗粒与 SiO_2 饱和溶液接触时，发生了在溶解-沉淀机制控制下的再结晶作用和粗晶化作用。他们认为，压实合成石英岩中的再结晶过程发生前产生了新的孔隙，同时有流体渗入了密集的颗粒间隙，从而影响了溶解-沉淀过程。这种孔隙的演化意味着一部

分 SiO_2在压实过程中转移到了流体相，并促进了颗粒间的渗透性，提供了流体与尚未再结晶固体相的接触机会。

尤其一些特定温度和压力条件下处于热力学稳定状态的石英与纯水接触的例子就很能说明问题。例如，处于稳定区的石英(在 100℃和 1 个大气压条件下)遇有流体，石英将会趋于溶解，直到固液之间达到平衡。在中性 pH 条件下，$H_4SiO_{4(液)}$与 $SiO_{2(石英)}$能够处于平衡状态，其反应可以写为

$$SiO_{2(石英)}+2H_2O = H_4SiO_{4(液)}$$

反应平衡常数为

$$K=a(H_4SiO_4)_{(液)}/[a(SiO_2)_{(石英)}\cdot a(H_2O)]$$

式中，$a(i)_{(液)}$代表溶液的逸度；$a(SiO_2)_{(石英)}$代表石英的逸度。

在 100℃和一个大气压条件下，水的逸度是 1，K 约为 1.2×10^{-3}。但是，如果在同样条件下与纯水接触的固体 SiO_2 相是方石英(SiO_2 高温下的同质多象变体)，则 K 约为 5.1×10^{-3}。显然，上述热力学关系说明石英会在溶液条件下溶解和沉淀，而且固相相对不稳定时更容易发生溶解和沉淀。

一个由于溶解而形成亏损层的例子发现于金矿床中金银合金块的富金外圈。富金亏银外圈厚度变化很大，而且与金银合金核部存在一个复杂界面(图 2-9)。核部与外圈之间界限截然，外圈呈多孔状。可以推测外圈金含量变得较富是因为表生条件低温下金仍然是最初获得的量(Groen et al.，1990)，但银亏损了。有些文献(Fortey，1981)认为这是选择性溶解的结果。通常情况下，与贵金属元素形成的合金中，贱金属容易从合金中移除而留下贵金属。Groen 等(1990)认为固体状态下的扩散作用不是银移出合金外的机理，因为银以这样的方式移除形成一个较厚的圈层太慢了(测算形成一个亏银圈层需要 10^{17}～10^{18} 年)，而且与圈-核之间形成截然的化学成分界限也不相符。所以，Groen 等(1990)认为用电精炼理论(Fontana，1986)解释更加合理(铜合金中移除锌就属于电精炼理

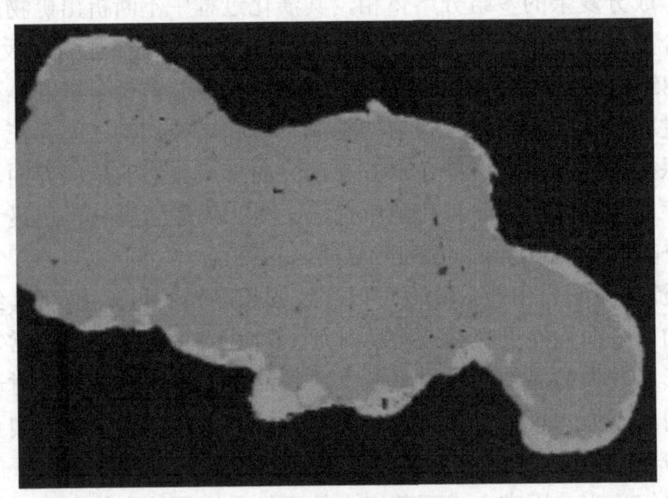

图 2-9　金银矿显微照片

浅色边成色较高

论)，即在电精炼过程中，合金电极在固液界面处被消耗，溶解为游离态的纯金立刻沉淀在金颗粒表面。孔隙的形成就是由于金的溶解度较低，而流体和金又连续接触反应所致，因此形成核-圈结构(Hough et al.，2007)。

实际上，由于成核动力学对于沉淀过程的阻止作用，使得比方石英更稳定的 SiO_2 矿物相与溶液平衡时产生更加过饱和的溶液。这种从方石英平衡溶液体系实现向稳定石英相的转化可称为"溶液调节相转变"，这种相转变在类似的动力学条件下要比方石英到石英的固相转变快很多个数量级(Cardew and Davey，1985)。

很多情况下，由于溶液成分的复杂性导致其热力学性质明显不同，进而影响固-液之间的溶解-沉淀作用(Putnis，2009)。例如，碱性长石和酸性溶液反应导致长石溶解反应并形成高岭石的反应式可作如下表达：

$$2KAlSi_3O_8 + 2H^+ + 9H_2O \longrightarrow Al_2Si_2O_5(OH)_4 + 2K^+ + 4H_4SiO_{4(\text{液})}$$

可以肯定，上述反应发生时，溶液体系中将富含 Si^{4+}、O^{2-}和 K^+。当相似反应发生在溶解斜长石时，溶液中将富含 Na^+和 Ca^{2+}。

其实，上述反应过程可以理解为分两步完成，即首先是酸性溶液与长石反应使长石发生溶解，同时形成含 K^+、Al^{3+}、Si^{4+}的溶液。当溶液中 K^+、Al^{3+}、Si^{4+}浓度达到过饱和状态时，就会有高岭石晶核形成。当然，实际高岭石成核结晶过程还要考虑溶液中 K^+、Al^{3+}、Si^{4+}的运移、析出距成核点的距离，以及溶液相可能与其他矿物相的反应等影响因素。但可以肯定的一点是，该反应体系如果有额外的应力作用存在，那么溶解反应将向着有利于高岭石形成的方向进行。这种反应机制可以合理解释正变质条件下的自溶解—搬运—反应—沉淀过程，即表征矿物发生原位成分改变的交代蚀变反应(Carmichael，1969)。用上述长石溶解-沉淀机制解释花岗质岩石形成高岭土矿床的发展过程是比较恰当的。这说明花岗质岩石被溶解移除许多其他元素后，适当的条件下其中一些元素(如 Al^{3+}、Si^{4+})会相互聚集再结晶成晶体。因此，经过充分溶解、迁移、沉淀结晶等一系列表达复杂化学过程的水热蚀变过程后，花岗质岩石会形成非常纯的高岭石矿床，其中一些矿床中还能看到卡斯巴正长石双晶被交代成高岭石假象的现象(图 2-10)，这足以说明溶解和沉淀在空间上是密不可分的。

图 2-10　高岭石化形成的卡斯巴正长石双晶假象高岭石(Putnis，2009)

关于矿物溶解-沉淀过程中体积变化的问题，Merino 等(1993)与 Merino 和 Dewers(1998)采用钾长石被交代形成高岭石的例子给出了合理的解释。他们认为，交代反应中每种元素都有可能是移动的，因而才有可能使反应趋于平衡。钾长石被交代形成高岭石，要求有 Al 的带入和 Si 的带出，其中带入的 Al 可能来自其他富铝矿物的溶解。根据计算，该反应过程中固体体积要减少 50%，所以反应形成的高岭石晶体可能是多孔的。这也暗示孔隙中流体和固相的反应是不可忽视的。也正是溶解-沉淀机制下的孔隙产生，使得元素被带出带入与体积变化没有形成突出的矛盾。实际上，文石和方解石单晶矿物在 200℃条件下，于磷酸氢二铵水溶液中被羟磷灰石交代的实验也证实了交代过程大量的体积变化是通过产生孔隙的过程中得以补偿的(Kasioptas et al.，2008)。

为了证实有流体参与的交代过程不是简单的离子扩散而是溶解-沉淀机制下的再结晶物相转换，许多研究者进行了类似的求证实验(Wyart and Sabatier，1985；Orville，1962，1963；O'Neil and Taylor，1967；Putnis，2009)。他们利用热的氯化水溶液与碱性长石和斜长石进行再平衡交代实验，结果发现，伴随离子交换反应，一种长石转化成了另一种长石，其氧同位素达到了再平衡状态，但是晶体形貌没有变化。该实验结果似乎驳斥了以前认为铝硅酸盐之间转换是由于固体条件下阳离子扩散，而硅氧骨干没有发生任何变化的观点；同时证实在有流体参与的转化和未转换长石的微区界面处存在溶解-沉淀机制控制下的阳离子和氧的同时交换，即在阳离子交换的同时，氧同位素交换也是一个必然过程。在上述实验研究的基础上，Labotka 等(2004)采用更加精确的电子探针和纳米离子探针测试技术，研究了 600℃并有 KCl 溶液参与的条件下，钾长石交代斜长石转换界面处的反应特征(图 2-11)。可以发现，该界面处显示 K^+和 Na^+交换的同时，^{18}O 同位素也达到了新的平衡。虽然该结果还不足以说明 ^{18}O 是位于铝硅氧骨干内还是孔隙内的其他任何物相，但 Niedermeier 等(2009)通过激光拉曼光谱分析，完全可以证实 ^{18}O 确实位于钾长石的铝硅氧骨干内部，因为拉曼光谱特征峰能够指出长石四面体结构的 O—T—O 键

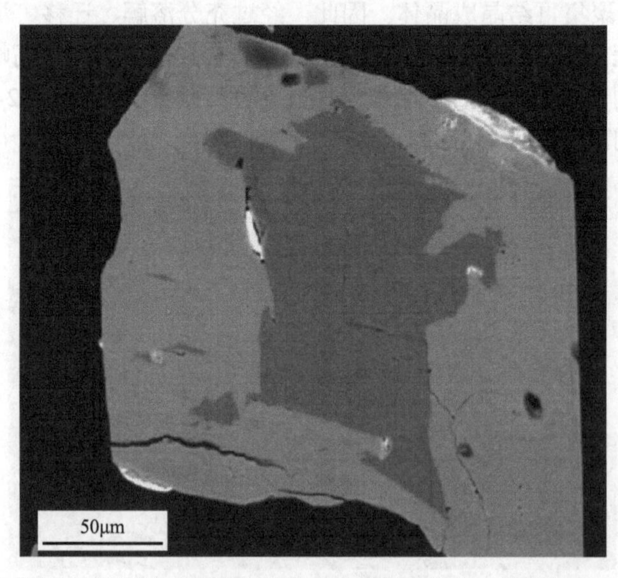

图 2-11 钠长石晶体(暗色核)被钾长石(灰色边)交代背散射扫描电镜像(Niedermeier et al.，2009)

(T=Si、Al)发生了振动频率切换。扫描电镜高倍影像还显示被交代母体和交代产物之间在纳米尺度下是截然的而且有间隙存在。钾长石交代圈实质是一些纳米级管状结构，它可以不断输送流体来维持反应界面处的反应连续进行。另外，由透射电镜可观察到交代产物钠长石结构也存在很多缺陷(抑或是纳米级微孔)，这一特点非常类似于天然钠长石化的斜长石(Engvik et al.，2009)。实验中还注意到斜长石溶解释放的 Ca^{2+} 与溶液反应形成了针钠钙石($NaCa_2Si_3O_8OH$)。

上述实验中 Al/Si 值没有变，但这不符合自然界实际情况，因为斜长石是钠长石($NaAlSi_3O_8$)和钙长石($CaAl_2Si_2O_8$)之间的类质同象系列，钠长石组员由于构造背景和岩石成因的不同可在较宽的范围内变化。也就是说，不同钠长石含量端元的斜长石被钾长石交代，伴随 K^+ 和 Na^+ 交换的同时应该有 Al/Si 值的变化方能维持代换平衡。显然这一点还需深入讨论和求证。

但是上述实验给了我们很大的启示，即钾长石化或钠长石化交代反应的过程细节是值得深入研究的。因为通常钠长石是在低温成岩条件下(Perez and Boles，2005)或高温热水蚀变条件下(Lee and Parsons，1997；Engvik et al.，2008)形成的，区域上钠长石化常常与成矿密切相关(Oliver et al.，2004)，当然钾长石化同样与成矿关系非常密切。所以，钾长石化和钠长石化过程中元素的活动性或可迁移性的研究是具有实际意义的。

一般来说，判断交代反应过程中离子是否移动的前置假设条件是 Al 元素不移动，因此反应式可以写为

$$Ca_{0.22}Na_{0.74}K_{0.04}Al_{1.22}Si_{2.78}O_{8(\text{长石})} + 0.59\,Na^+_{(\text{液})} + 0.59\,OH^- + 1.21SiO_2 \longrightarrow 1.22NaAlSi_3O_8 + 0.11NaCa_2Si_3O_8OH + 0.04\,K^+_{(\text{液})} + 0.04\,OH^- + 0.22H_2O$$

但是，按照该公式，反应产物长石的体积会增加，但实际情况是交代后呈假象变体的长石体积并未发生改变。所以，真正的交代过程应该是被交代矿物流失一些成分到液相，同时交代产物出现很多孔洞，因此反应前后体积是平衡的。所以，交代反应式应该为

$$Ca_{0.22}Na_{0.74}K_{0.04}Al_{1.22}Si_{2.78}O_{8(\text{长石})} + 0.59\,Na^+_{(\text{液})} + 0.59\,OH^- + 0.55SiO_2 + 0.22H_2O \longrightarrow NaAlSi_3O_8 + 0.11NaCa_2Si_3O_8OH + 0.22NaAl(OH)O_4 + 0.04\,K^+_{(\text{液})} + 0.04\,OH^-$$

该反应式认为 Al^{3+} 被 Na^+ 络合了。

实际上，许多实验也证明交代反应中释放了 Al 和 Ca，同时长石把一些微量元素如 Ti、Fe、Mg、Sr、Ba、Y、K、Rb、Pb 和轻稀土元素释放到了溶液中。这些富含带电离子的流体可能迁移至另外地方沉淀形成新矿物相。总之，交代反应可能是一个流体作用下的重组过程。

一般认为，碱性长石与流体反应，在纳米尺度发生了钠长石和微斜长石一致地交替生长，实际是流体作用下的固体出溶，形成了隐纹结构形式。这个与流体的交互反应被定义为相互替代，是一种总成分没有显著改变，且外部晶形和结晶学方向也没有改变，但内部微结构却有深度改变的弥漫性再结晶现象(图 2-12)。长石交代过程中一部分组分从固体迁移至溶液，因而交代产物中必然出现孔隙。长石孔隙的发育也导致流体很大程

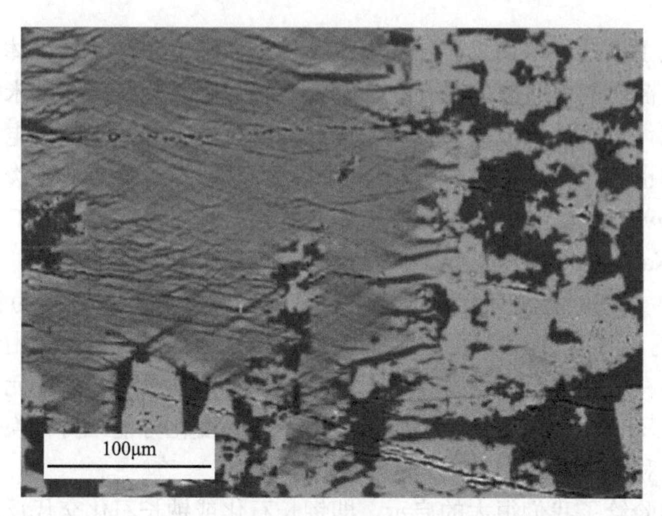

图 2-12　粗粒条纹长石(右边色差大的黑白颗粒)交代细粒的隐纹出溶条纹(左边灰色)(Parsons and Lee，2009)

度上呈浑浊或“乳浊”状，也是大尺度水-岩反应的证据之一。相反，如果没有与流体反应发生交代的长石在电子显微镜下是看不到孔隙的。

上述实验中，尽管隐纹长石总体化学成分没有显著改变，但是 LA-ICP-MS 微区测试结果却显示多种微量元素包括稀土元素在交代过程中丢失了。

另一个典型案例是橄榄石和斜方辉石的蛇纹石化。典型的网状纹理(图 2-13)暗示橄榄石和斜方辉石母体与蚀变矿物蛇纹石之间并非定容置换，而是可能扩容 50%～60%(Shervais et al.，2005)完成了置换反应。例如，假定 Si 在反应中没有被迁移消耗(保留了硅氧骨干)，但是 Mg^{2+}和 H_2O 的加入就足以使体积增加 50%。此外，裂隙中出现菱镁矿，也说明还通过流体加入了 SO_4^{2-}，显然体积增加超过了 50%。因此，类似反应中流体化学反应及其产生的应力作用对交代反应起了决定性作用。

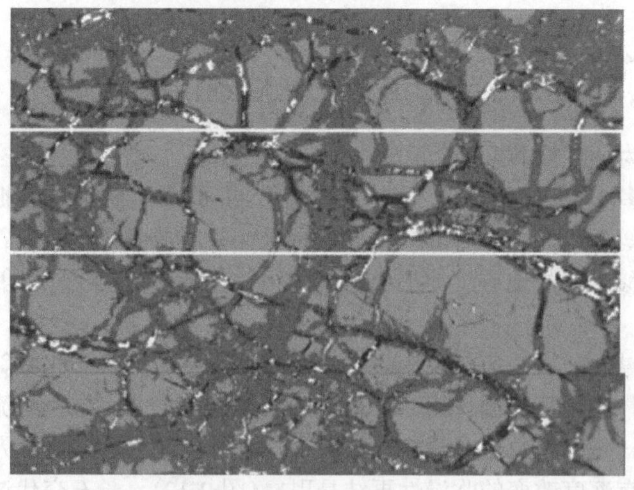

图 2-13　蛇纹石化橄榄石典型的网状纹理(Austrheim et al.，2008)

黑灰色区域是蛇纹石，灰色区域是橄榄石，纹理中黑色物质是菱镁矿，最亮的部分是赤铁矿方沸石($NaAlSi_2O_6 \cdot H_2O$)交代置换白榴石($KAlSi_2O_6$)以前被认为是典型的铝硅酸骨干固定不动而碱金属离子和水分子通过扩散完成晶体结构转换的例子。但是 Putnis 等(2007a)采用白榴石单晶与 35%NaCl 溶液在 150℃下的反应实验证明，替换过程是通过溶解-沉淀平衡机制完成的[图 2-14(a)]。清晰的反应界面说明不存在扩散效应，拉曼光谱分析 ^{18}O 同位素示踪物也证明方沸石铝硅酸骨干框架是合并而成的。值得注意的是，方沸石的边缘产生的多孔结构使其体积增加了 10%。按照传统观点，伴随体积增加，可能的孔隙结构都将关闭。但是方沸石边缘空隙产生的事实[图 2-14(a)]可能更容易解释白榴石的溶解和方沸石的沉淀与单位体积的增加之间的关系。Xia 等(2009a)发现白榴石被交代后其双晶形态仍被保留[图 2-14(b)]，而且注意到流体介质 pH 为中性，交代速度最慢，其交代孔隙发育程度与 pH 密切相关。

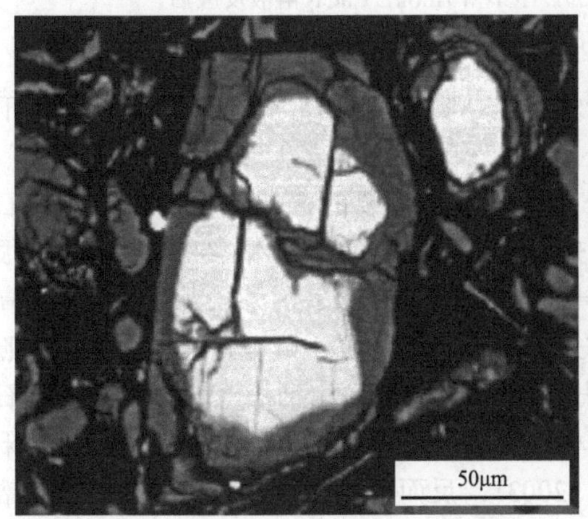

(a) 白榴石晶体的横截面(白芯)部分被沸石代替(灰色)
(Putnis et al., 2007b)

(b) 方沸石交代白榴石晶体并保留了其双晶形态
(Xia et al., 2009b)

图 2-14　沸石交代白榴石晶体的微观特征

Tenailleau 等(2006)和 Xia 等(2009b)关于紫硫镍矿$(Ni,Fe)_3S_4$交代镍黄铁矿$(Fe,Ni)_9S_8$的研究证实，pH、温度和流体成分等流体热力学条件控制了交代过程的发生程度。也就是说，高 pH 条件下紫硫铁矿发生沉淀，溶液中添加氧化剂成分会增加交代速率；相反，增加 Ni^{2+}或 Fe^{2+}浓度会降低交代速率。当体系温度在 125℃以下时，交代速率随温度升高而增加；超过 125℃时交代速率会降低。

天然烧绿石[$(Ca_{1.23}Na_{0.75})Ta_{1.78}O_{6.28}F_{0.57}$]的热液蚀变现象也是佐证交代过程是通过溶解-沉淀机制实现的典型案例。以前通常认为，当固体与流体发生反应时，会选择性地“浸出”某些组分，但这一描述不能排除固态扩散机制的含义。Geisler 等(2005a，2005b)的实验研究很有启示意义，他们采用含有 1mol/L HCl 和 1mol/L $CaCl_2$的溶液，在 125℃条件下与烧绿石反应，结果观察到 Ca 和 Na 被选择性地从烧绿石中移除，烧绿石留下一个亏损的成分边缘，但保留晶体结构格架(图 2-15)。这似乎支持固体和液体之间的“离子交换”反应的观点。然而，透射电子显微镜下观察到的纳米尺度上的反应界面却不支持这一观点。Geisler 等(2005a，2005b)发现，有缺陷的烧绿石晶体在移动反应界面上同时有沉淀物出现，因此认为数据与交代现象一致地支持烧绿石母体溶解再沉淀的观点。虽

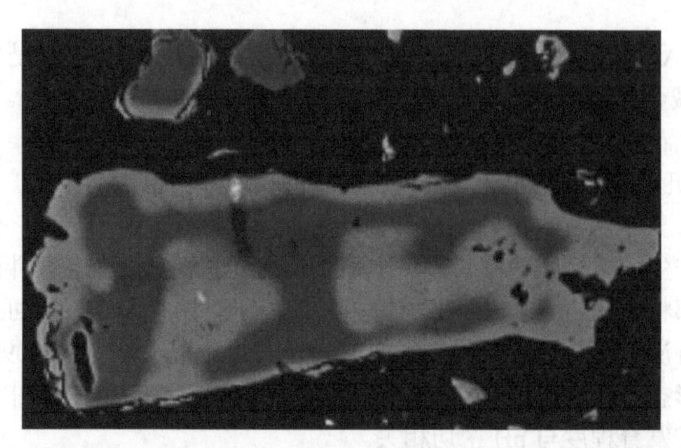

图 2-15　烧绿石在 125℃条件下与 1mol/L HCl 和 1mol/L $CaCl_2$ 溶液反应后，部分 Ca 和 Na 从晶体中移出（苍白色部分）(Geisler et al.，2005b)

然该实验中使用的溶液比自然界流体更具活性，但是实验发现的交代现象与自然条件下的烧绿石交代现象十分相似。

对于矿物的溶解-沉淀变化，还有一个例子是非常重要的，即常见的副矿物锆石($ZrSiO_4$)在水溶液中的溶解与平衡。一般看来，锆石是稳定的，在水溶液中的溶解度很低，被认为是难以改变并发生变化的矿物之一(Tromans，2006)。另外，天然锆石多在高温条件下形成，它可以固溶体或类质同象方式含有钍、铀、钪、铪等元素。因此，按照热力学条件估计，低温条件下锆石应该出溶钍石($ThSiO_4$)、铀石($USiO_4$)和钪钇石($ScSiO_4$)等矿物相。然而尚未见有这些矿物相出溶的报道，而且也未见天然锆石符合阳离子缓慢扩散的现象(Cherniak and Watson，2003)，反而可见在热水蚀变区域有天然锆石其结构发育非常类似于溶解-沉淀机制下的再平衡现象。

图 2-16 展示了一个非常典型的案例。可以看出，原始锆石含有较多的类质同象元素，且蚀变锆石出现很多孔隙并含有如硅酸钍的硅酸盐包裹物(Spandler et al.，2004; Soman et al.，2006)，显然说明锆石发生了变化。

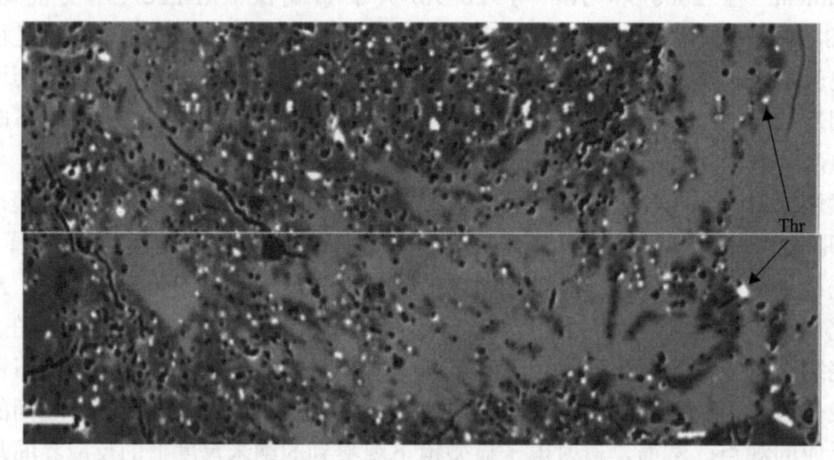

图 2-16　锆石晶体蚀变后呈现网状和空隙结构的背散射电子像(Soman et al.，2006)

灰白色区域为原始的富 Th 锆石，而灰黑色区域是蚀变成因的贫 Th 锆石，包含以小亮点呈现的钍石(Thr)和黑色气孔对于蚀变锆石中发育那么多孔隙及其内含物的原因，Geisler 等(2007)的解释是：在纯水条件下，亚稳态锆石(Zr, M)SiO_4(M 指 Zr 的类质同象元素)比纯的锆石端元 $ZrSiO_4$ 有更好的溶解性。因此，相比于纯的锆石端元和其他端元矿物相，即使很少量的固体溶解物也能导致过饱和的界面流体产生。低温条件下，固体-水溶体系是包括贫 M 的锆石端元、贫锆的(M, Zr)SiO_4 端元，以及一些 Zr 和 M 离子的共存体系(Prieto，2009)。上述现象足以证实，(M, Zr)SiO_4 组员的溶蚀导致多孔结构的形成，同时孔结构为流体进入矿物内部并发生界面反应提供了通道。

上面的锆石溶解变化是一个典型的受流体反应约束的固体矿物溶解的例子。实际上，固态溶解和流体触发或约束的相分离过程有着重要的区别。前者的原始固体成分和出溶物成分没有变化；由流体引发的相分离过程，其固态和流体之间甚至总成分是可以改变的。

Rubatto 等(2008)在研究低温高压条件下岩浆锆石的再平衡结构时注意到，原生锆石晶体发生了部分交代，在一定范围里形成了一些孔隙。再结晶的锆石中包含一些高压条件下形成的辉石和绿帘石。结构的改变与化学同位素的变化有密切关系，因为原生锆石只保留约 163Ma 的 U-Pb 同位素体系，而再结晶的锆石 U-Pb 年龄仅约为 46Ma。同时，再结晶锆石还丢失了 Th，当然也可以很好地解释绿帘石为什么富含 Th。所以，当溶解和沉淀密切相关时，再结晶锆石会继承原生锆石的晶形。因此，Rubatto 等(2008)通过锆石包裹物的成分推断，相对冷的(小于 600℃)、碱性高压流体参与了锆石再结晶作用。

还有一个能够说明基于溶解-沉淀过程发生相分离的例子，是火成岩和变质岩中的常见副矿物独居石(Ce, LREE)PO_4 和磷钇矿(Y, HREE)PO_4。这些矿物清楚地显示出流体参与下的再结晶结构。图 2-17 展示了不均匀含 Th 独居石的交代现象，即含钍独居石(相对明亮区域 Mnz_1)被有气孔的贫 Th 独居石(相对较暗的区域 Mnz_2)和较明亮的钍石包裹物所交代(Seydoux-Guillaume et al.，2007)。变伟晶岩中独居石和磷钇矿的相似结构，被 Hetherington 和 Harlov(2008)解释为溶解-沉淀机制下的固体溶解并形成多种结构形式的多相矿物组合，而且认为交代过程中流体富含 Na^+ 和 K^+，也含有一定量 F^- 和少量的 Cl^-。

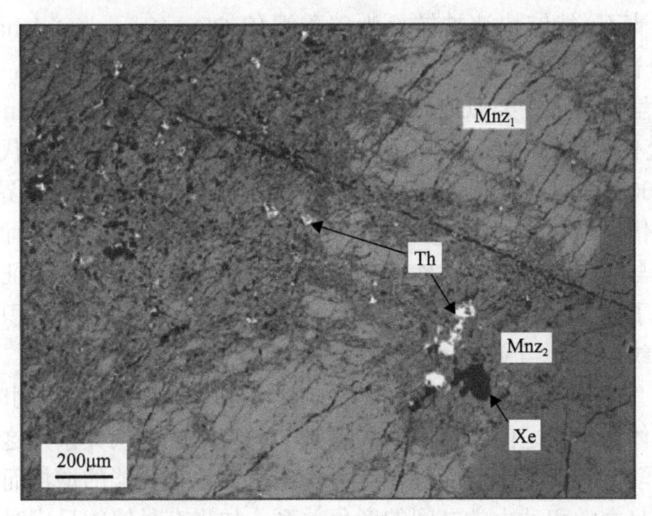

图 2-17　原生富 Th 独居石(Mnz_1)被贫 Th 独居石(Mnz_2)和钍石包裹物部分替代的背散射电子像(Seydoux-Guillaume et al.，2007)

具有说服力的溶解-沉淀机制交代案例是 Bowman 等(2009)关于同位素交换机制的研究，他在不足 10μm 的微区采用现代离子探针进行了 $^{18}O/^{16}O$ 值高精度测量研究，同时观察了同位素交换引起的结构变化。另外，在美国犹他州阿尔塔地区采集的接触变质带大理石样品，在毫米范围内可以观察到同位素和结构完全不同的两种方解石晶体。很显然，一个 $\delta^{18}O$ 均匀的透明方解石晶体被一个 $\delta^{18}O$ 值较低且不均匀的浑浊晶体交代(图 2-18)。其中浑浊方解石晶体中还可见到由于固液反应导致相分离(抑或是流体中沉淀)形成的微小白云石包裹体，显然这是冷却变质过程中溶解-沉淀机制下方解石的同位素再平衡和 Mg 交换的结果所致。

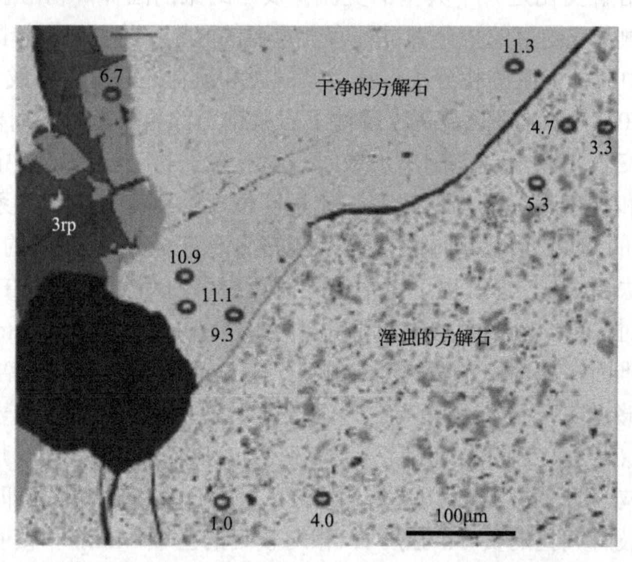

图 2-18　干净的方解石(母体)被混浊的方解石(子体)交代，二者 $\delta^{18}O$ 值不同(Bowman et al.，2009)
照片中数字为 $^{18}O/^{16}O$ 值

溶解-沉淀机制也用来解释硫化物相碳酸盐转化的例子。例如，热水条件下硫酸锶($SrSO_4$，也称天青石)能够快速被转换为碳酸锶($SrCO_3$)(Suarez-Orduna et al.，2004，2007)，而且原外部形貌保留，多孔产物相与母体相之间存在截然界线，二者晶体结构完全不同，产物相呈多晶状。类似地，也可见 $SrCrO_4$ 交代天青石(Rendon-Angeles et al.，2005)、$BaCO_3$ 交代重晶石(Rendon-Angeles et al.，2008)，以及 SrF_2 交代天青石(Rendon-Angeles et al.，2006)。这些交代的共同特征是具有一致的溶解-沉淀与界面之间的关系。

总之，在交代母体和交代产物的界面处，溶解和沉淀总是相伴进行且常常保持母体假象，交代母体与交代产物界限截然而且母体一般不存在显著扩散特征。交代产物内发育孔隙因而增加了流体的渗透性，促进了水岩反应进行。交代前后体积发生较大改变，交代引发网状裂纹产生。当交代产物与母体之间的晶体结构相同时，二者在界面处形成表面有序排列的“共格”晶格；当交代产物与母体之间的晶体结构不同时，则形成多晶。实际上，交代母体与产物之间的微结构关系是一种特殊的转换关系，这种关系受控于反应热力学和动力学。对于整个反应过程而言，由于体系自由能的增加而产生了界面，界面微结构反映了热力学和动力学之间的竞争关系。如果有足够的反应时间，晶粒会以增加尺寸来降低体系自由能。对于固体而言，当温度快速下降时，晶粒粒径增加意味着晶格体积在向外扩展。当温度下降时，这种晶格扩散过程被忽略，而且微结构呈“冻结”状态，通常该温度被称为扩散锁闭温度，即晶格扩展至最大尺寸时的温度。随着温度下降，外扩尺寸也超出人们的测量和观察能力而被忽略。微结构的保持取决于锁闭温度，也为研究交代转化机理提供了条件。

在溶解-沉淀反应机制中，微结构这个概念具有实际意义。流体相对于提供构建固体的成分和从固体移除成分均具有热力学、动力学和微结构意义。作为被流体占据的反应空间，孔隙被认为是与溶解-沉淀反应机制密切相关的微结构的重要部分。假如孔隙出现在与流体接触的界面处，那么微结构就会持续发展，KBr-KCl 反应交代系统可以观察到该现象(Putnis and Mezger，2004；Putnis et al.，2005；Lippmann，1980；Putnis，2002；Glikin，2008)。Putnis 等(2007b)用透射电镜照片展示了他们的最新研究成果，就是花岗岩中的红色絮状富钾长石内可见许多几百纳米大小的孔隙，而且绝大多数孔隙内有玫瑰状或针状赤铁矿晶体。这一观察结果与溶解-沉淀机制下界面处形成孔隙的事实是一致的，同时说明赤铁矿是水岩反应的直接产物。另外，这种孔隙中的赤铁矿与含铁长石固态下出溶形成的赤铁矿完全不同。在对反应界面观察到的母体斜长石和产物钾长石进行化学成分测试和平衡计算时，发现在流体参与的分离机制下，母体斜长石不能提供足够的铁而促进赤铁矿晶体的形成，而是流体引入铁形成了赤铁矿。

流体也常常沿着解理缝或其他结构缺陷渗透，并沿途留下包裹体(Putnis，2009)。光学显微镜下常常可以观察到绢云母化的火成岩中其条带状长石中存在很多钙质结核(Plümper and Putnis，2009)。

现在看来，结构平衡依赖于化学平衡，因此结构平衡也是由溶解-沉淀反应机制决定的。锁闭温度常常很低，很多情况下低至环境温度。相对于固相间反应，较低的锁闭温度可能意味着不能保留表征溶解-沉淀机制的微结构，因而丢失说明反应机理的证据。

那么究竟是什么因素把溶解和沉淀联系在一起的呢？上述许多案例都表明交代假象是溶解和沉淀之间时空联系的最主要证据。由于整个反应系统必须同时考虑固-液体系自由能改变、体积变化引发微裂纹，以及有限空间内替代引发的应力集中，因此该反应的热力学体系是非常复杂的，因而导致一些新的概念模型的出现。

模型 1：如上所述的诸多案例表明，交代沉淀产物的形成取决于交代母体基于流体化学作用通过溶解提供的物源，产生的过饱和溶液有利于交代产物的形成。因此，交代假象及类似情形不能说明溶解和沉淀是独立的过程。交代假象要求在母体与子体的反应界面溶解速率和成核速度紧密联系，即溶解-沉淀机制下的溶解率和成核时降低活化能之间是协调的。另外，如果溶解率是成核作用的主控因素，那么这意味着溶解较快但成核率较低，即在时空方面不是紧密联系，导致较少出现交代假象甚至丢失二者联系的证据(Xia et al.，2009b)。

交代产物的成核率受控于包括交代产物在母体表面定向附生程度在内的诸多因素，如果交代产物与母体晶体结构密切相关，交代产物在母体表面的成核就会维持晶体定向生长，因为在这个新的界面上界面能是降低的(Putnis，1992)。由于母体的不断溶解，因此促进了从母体到产物的定向结晶转换。这里最重要的因素是界面处的流体成分(Putnis and Mezger，2004；Putnis et al.，2005)。交代期间流体成分是不同于总成分的。溶液种类及其传输率是一个重要因素，需要用公式定量描述。界面处的流体界面层成分是最主要的影响因素。

即使母体相被溶解一个单层结构的物质量，也完全可满足交代产物的结晶需求。当交代产物在被溶解的母体表面成核时，它位于由晶体溶解形成的流体之正常扩散空间内，这被认为是新产生矿物相的外部形态。

第二个影响交代产物成核率的因素是界面层的流体饱和度。如果母体和交代产物之间的溶解性差别较大，那么很少量的溶解即可导致高度过饱和流体产生，或者固体之间会缺乏明显的结晶学关系，成核是非常快的。这就是为什么方解石容易被磷灰石交代(Kasioptas et al.，2008)或被萤石交代(Glover and Sippel，1962)。在一些情况下，流体化学性质并非关键因素，界面流体在很宽范围内由于交代产物的影响而呈过饱和状态才是关键因素。成核率也可能对流体成分不太敏感，仅对流体饱和程度敏感。

交代产物上形成孔隙是由于反应时存在体积亏损，该亏损不仅说明母体与交代产物之间发生了摩尔体积改变，而且可以大致确定母体被溶解的量和沉淀形成子体的量。因此可以肯定，当母体摩尔体积小于交代产物时，孔隙可以持续产生。这里非常重要的一点是，物相绝对溶解量溶解-沉淀机制发生的主要确定因素。因为在母体与交代产物的界面处，相对溶解率是最重要的因素，任何时候只要有很少量物质处于溶解状态即可出现沉淀。

孔隙提供了物质从流体库转移到界面的条件。从 KCl 交代 KBr 的情况看，交代产物增生圈是时间的函数(Putnis and Mezger，2004)，即流体通过相互连通的孔隙不断充填而使离子扩散是控制反应速率的主要因素。同样，萤石交代方解石也发现了类似现象(Glover and Sippel，1962)。总之，溶解与沉淀之间的界面联系主要受控于：①反应前的流体化学性质；②作为交代生成物模板的母体矿物，而且流体化学的改变可以严重影响交代假象的粒径。关于溶解-沉淀机制模型的详细论述见 Putnis 以前的文献(Putnis，2002；Putnis et al.，2005；Putnis and Putnis，2007a；Putnis et al.，2007b，2007c)。

模型 2：强调在过饱和溶液中晶体结晶过程中是由于结晶力对周围产生影响是交代过程发生的主要因素。该模型的基本思想(Nahon and Merino，1997)是：当一个新的晶体相(A)开始在一个稳定的固态点上生长时，它可能由于结晶力的作用对周围产生应力影响，导致比邻矿物或岩石(B)发生溶解，矿物或岩石(B)的溶解使得流体相对于晶体相(A)的过饱和度降低，进而制约了晶体相(A)的生长率。结果是物相 A 和物相 B 生长发育向着相反方向发展，直到达到新的平衡为止。

该模型把压力溶解作为溶解与沉淀之间联系的主控因素，而且给出如下几个评价影响交代关系的重要结构指标(Maliva and Siever，1988)：

(1)寄主物相的溶解限制了交代母体与产物之间的界面。

(2)母体物相微结构特征的保留说明母体的溶解和交代产物之间由于形成额外的间隙而平衡。

(3)在未被交代的母体表面出现了呈平面接触关系的自形交代晶。这里强调，如果没有交代产物对交代母体施加以应力，母体不可能被溶解，而且交代产物也不可能以这样的界面角寄生在母体上。

一些研究(Merino et al.，1993；Nahon and Merino，1997；Merino and Dewers，1998)利用此模型解释交代相转换现象，特别是风化过程中的一些物相转换。一些研究者还建立了数学公式(Dewers and Ortoleva，1989；Merino and Dewers，1998；Fletcher and Merino，2001)，用以说明晶体生长动力学及其周围介质黏度变小的响应等科学问题。

可是许多矿物(特别是实验研究的那些矿物)替代现象并没有在一定空间或风化条件下发生，如石灰岩地区形成黏土被质疑是否来自石灰岩原岩？次生矿物相也不是该模型的特征。

另外，Merino 和 Banerjee(2008)怀疑表生条件下交代母体和产物的界面是否存在对周围有影响的应力。用来反对模型 1(溶解-沉淀机制)的例子主要是没有提供在交代母体和产物的界面处化学成分的检测结果如硅酸盐交代石灰岩，以及继承母体层状结构的现象如白云岩被闪锌矿交代。这些现象不像长石之间的交代关系那么清楚并广为接受。

看来，流体化学驱动下溶解作用和沉淀作用之间联动形成交代假象(模型 1)和压力溶解(模型 2)仍然是一个争论热点(Merino and Banerjee，2008；Xia et al.，2009b)。

还有一点需要说明的是基于模型 2 的观点，流体成分对溶解和沉淀的热力学和动力学影响目前还不明确，至少流体组成不是直接影响固体溶解和沉淀化学性质的主要因素。例如，我们都知道 pH 和氧化还原电位不是直接影响反应的因素。溶液里硫化物会促进白云石的沉淀(Brady et al.，1996)。在过饱和溶液中，也许闪锌矿的溶解和氧化与白云石的沉淀存在联系。溶液中背景电解质不会进入沉淀相，但是它对于由溶解状态转为沉淀状态离子的水化和脱水具有重要影响(Kowacz and Putnis，2008)。实际上我们很少知道片岩中的矿物组合在流体化学作用下黄铁矿晶体交代会形成哪种矿物。

尽管两种模型对非常类似的现象给出不同的解释，岩石交代过程中似乎流体化学和应力作用都起了重要作用。总的来说，反应过程中流体成分、相对自由能(包括流体热力学)变化及反应动力学都是制约因素。

总之，矿物交代过程中界面处溶解与沉淀作用给出如下启示：矿物交代反应初期是由溶解-沉淀作用完成的。在高温状态下，局部的固体体积扩展表现为主要动力学因素，但在地壳大尺度范围内一种矿物被另一种矿物交代，流体的动力学意义要比固体大。类似地，变质条件下的分解和相转换机制通常是由溶解-沉淀模型控制，而不是固体状态缓慢转换(Wintsch and Yi，2002)。

通常情况下，离子交换、风化、热液蚀变、淋滤、交代、成岩作用和变质都存在共同特征，即一种矿物或矿物组合被更稳定的矿物组合替代，理解矿物替代实际上是对地球物质循环最全面的理解。在工业工艺中，理解晶体溶解和晶体生长也是寻求人工合成材料途径的最佳渠道。

矿物替代过程是快的而且是被很小的自由能下降所驱动。在长石和磷灰石实验中，热水条件下替代过程仅仅几天即可完成，一些替代过程室温下也可以进行。尽管实验所用的溶液与替换母体最初是显著不平衡的，但是在地质条件下，当流体与固体不平衡接触时溶解过程必然发生，其反应速率也会很快。热水条件下界面能减少足以促使石英再结晶的实验表明，而且反应仅仅有很小的平衡偏离。挪威西部 Bergen Arcs 地区的前寒武系斜长麻粒岩在流体参与下的榴辉岩化变质反应支持上述观点。一篇经典文献(Austrheim，1987)报道，在对麻粒岩区内产出的榴辉岩进行详细填图时认为，榴辉岩化与流体参与下的分解有关，而不是仅仅因为温压改变导致化学组成变化所为。有流体参与的矿物岩石化学组成改变，主要是流体成分加入了矿物岩石相中，就这一点而言，变质作用和交代过程原理上没有太大区别，只是一个度的差别。也就是说，只要流体参与了矿物替代过程，固体相就一定有成分的带入或带出。即使在明显地等化学位条件下的再结晶过程，也会有微量元素迁移到流体中(Parsons and Lee，2009)，所以有流体参与的变质反应一定有交代过程。

(六)矿物单体的规则连生

矿物单体的规则连生包括平行连生、双晶、浮生和交生。

1. 平行连生

多个同种矿物晶体按照同一结晶方位连生在一起称为平行连生。当饱和度较大时，容易出现晶体的平行连生现象。其中结晶骸状晶、树枝状晶或似树枝状晶就是较高过饱和条件下的平行连生体实例。

2. 双晶

两个或两个以上晶体按照对称方式连生在一起称为双晶。双晶的形成是由于结晶初期两个(或多个)相邻晶体呈对称取向连生在一起，抑或是同质多象转变，或受外应力(包括结晶过程中粒间相互干扰产生的应力)作用。显然，晶体内部构造的特点是矿物可否形成双晶的根本，但能否形成双晶还与晶体生长过程中的环境和条件有关。所以，双晶除有鉴定意义外，还具有重要的成因意义。

3. 浮生

不同矿物晶体间的规则连生，或是同种矿物间以不同单形晶面相结合而构成的规则连生都称为浮生，也称浮生连生。例如，金刚石的(111)面与尖晶石(111)面连生、石英菱面体交棱平行正长石柱面交棱连生等。另外，有些矿物之间存在彼此衔接的结晶要素或互为包裹关系，也多是浮生关系。例如，白云母的(001)面与许多其他硅酸盐矿物形成浮生关系，如白云母(001)//锆石(100)、白云母(001)//石榴子石(110)、白云母(001)//十字石(010)(110)、白云母(001)//电气石(1120)(1010)、白云母(001)//角闪石(100)(110)、白云母(001)//辉石(100)(110)、白云母(001)//堇青石(001)、白云母(001)//绿柱石(1120)、白云母(001)//夕线石(010)、白云母(001)//石英(1121)、白云母(001)//斜长石(010)等。显然，形成浮生关系的晶体之间其对应结构存在相似性，后者是三向(晶格)、二向(面网)或一向(行列)上的近似。

浮生有如下几种可能的成因：①在生长过程中两种晶体彼此共晶格或共面网浮生连生在一起，二者生成时间可以为同时或先后关系。②高温下形成的不稳定晶体，随着温度降低发生离溶而形成浮生连生关系。例如，由于离溶作用，在钾长石主晶中出现细小的钠长石晶体。③当一种晶体部分地交代另一种早生成的晶体时，可以形成浮生连生关系。例如，白云母不彻底交代黑云母时二者形成浮生关系。

4. 交生

有些情况下矿物可以发生交生，特别是在压力作用下从残余熔体中可以出现微粒交生矿物体。例如，花岗质岩石遭受较强应力产生塑性应变的情况下，会出现石英-斜长石-钾长石交生体(谢才富，2002)，因此可以作为显微构造标志。

(七)矿物集合体

同种晶体任意取向的不规则连生体称为集合体，即多个同种矿物晶体在成核长大过程中彼此接触，共面生长而连生在一起，形成群集造型。

1. 晶界

集合体的单体间的界限称为晶界。晶界分为小角晶界和大角晶界两种。小角晶界是指晶粒间晶格取向差别较小，一般小于10°，常由位错引起；大角晶界是指晶粒间晶格取向差别较大，一般大于10°。

晶界处原子或离子排列的严格程度与晶粒内部显著不同。晶界处的原子排列不很规则，多偏离稳定晶格位置，表现为较多的空位、填隙或位错等缺陷，因而具有较高的内能。不同的晶界由于偏离稳定晶格的程度不同，因此具有的晶界能不同。结晶过程中晶界处总是趋向于由高晶界能向低晶界能转化，表现为晶间界面趋于平直化，或减少晶界总面积，以此降低晶界总能量。显然，在熔融或溶解时，晶界处的原子或离子优先开始较快的移动扩散，表现为优先熔化或溶解。当然，由于晶界部位能量较高，也有利于杂质元素的吸附，因此杂质优先富集于晶界处。有时，天然集合体晶界处还发现有溶液和气体充填，这些液体和气体可以与矿物同生或后生。

实际上，随着晶体的长大过程，晶界是会不断移动的，移动所表现出的规律是：①两个颗粒接触时，弯曲的晶界面总是趋向于向其曲率中心移动，晶界变得越来越平直；②三个晶粒接触时，晶界交会处总是趋向于三个晶界线呈120°交角(图2-19)，这是因为作用在各晶界的表面张力在交会点力求达到互相平衡状态。晶界移动的速度与介质的温度、晶体种类(如石英，图2-20)、时间、晶粒彼此取向及杂质有关。其中，温度起着很大的促进作用，温度升高越快，晶界移动的速度越快。热变质作用中晶界移动的速度是最明显的。一般来说，杂质的存在有利于晶界处能量的降低，因而会阻止晶粒长大。

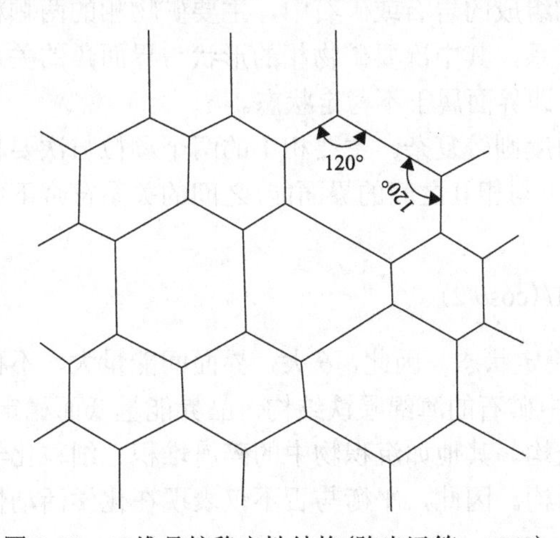

图2-19　二维晶粒稳定性结构(陈光远等，1988)

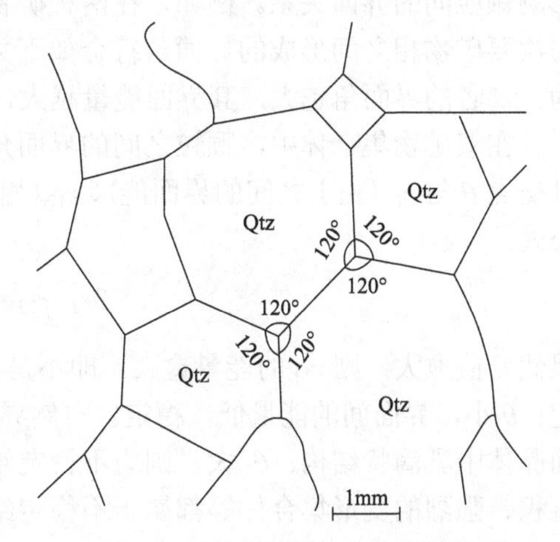

图2-20　石英颗粒呈120°接触关系

2. 共生感应面

两个相邻晶体同时生长形成的接触分界面称为假面，假面可以是平坦的，也可以是弯曲的或曲折的。假面内单个平坦的表面区段称为感应面。两个晶体同时生长时，假面上具有条纹，这些条纹是感应面的交线。实际上，假面上的条纹是由一系列台阶状更小的次一级感应面组成的，这种小面常常是晶体上常见的单形面。例如，两个石英晶体之间的感应面有菱面体{1011}、柱面{1010}，其次还有菱面体{5054}、{2021}及三方双锥{2243}等。两个石榴子石之间的感应面常见的为四角三八面体{211}及菱形十二面体{110}。

3. 集合体的稳定形态

立体地看，集合体中每个晶粒周围都有许多晶粒排列，其晶界面在稳定状态下也为规则的凸多面体。这种凸多面体符合晶面+角顶=晶棱+2 的规律。根据观察研究，重结晶较强的集合体中，其晶粒凸多面体的界面在 9～19 变化，最常见的界面数为 12～14，与等大球最紧密堆积时一个球周围排列的球体数相似。因此，具有 14 个晶界面的凸多面体应是最稳定的凸多面体，即立方八面体是最稳定的。

在二维平面上看，3 个晶粒相邻生长时，3 个晶粒的晶界呈 120°时最稳定，因为此时界面张力处于平衡状态。这一规律可以帮助判断重结晶程度，即重结晶时 3 个晶粒的晶界越稳定，三者的夹角越容易呈 120°。在等轴粒状矿物集合体中这一规律表现得最明显，如黄铁矿、方铅矿、闪锌矿、石英、磁铁矿、石盐、石榴子石等。需要说明的是，有些形态异向性较强的矿物晶体如辉石、阳起石、电气石、磷灰石、金红石、钛铁矿及云母等，在重结晶较强的条件下，也能降低其异向性而向等轴粒状形态发展。但是很多情况下异向性较强的矿物晶体会形成三叉晶界和平行晶界共存现象，如重结晶较强的异向矿物角闪石的集合体，同时出现较多的 120°三叉晶界和平行其[110]方向的晶界；云母类矿物则多数形成平行[001]方向的晶界。

实际上在双矿物或多矿物组成的岩石或矿石中，颗粒之间的界面角度是非常复杂的。但是，当矿物相含量相差较大时，上述单矿物集合体中表现出的结晶趋势仍有可能明显影响颗粒间的界面关系。例如，在两种矿物组成的岩石或矿石中，主要矿物相的两颗粒与次要矿物相之间形成的界面角符合如下关系，其中次要矿物相的形状与界面角的关系为：二者的界面角越大，其界面能量越大，即界面属于不稳定状态。

在双矿物集合体中，颗粒之间的界面角度则较复杂。主要相Ⅰ的两个颗粒与次要相Ⅱ交点 θ 与 r_{11}(相Ⅰ之间的界面能)、r_{12}(相Ⅰ与相Ⅱ之间的界面能)之间的关系符合下面公式：

$$3r_{11}/r_{12}=1/(\cos\theta/2)$$

显然 θ 值愈大，则 r_{11} 的能量愈大，即不是稳定状态。因此，θ 大，界面间能量大，不稳定；θ 小，界面间的能量低，稳定。自然界中矿石的海绵陨铁结构，晶界能量低而稳定；而晶体中乳滴状结构，θ 大，则为不稳定结构。其他如沉积物中的碎屑堆积、细粒化学沉积、强烈的变形集合体等都属于不稳定结构。因此，平衡与否不仅表现在化学活动性上，还表现在相体的某些结构上。

4. 几种常见集合体的成因

1) 晶簇

晶簇的形成分别与发芽方式和晶体长大过程的淘汰率有关。发芽方式不同，对于晶簇的形成影响也不同。当晶体以自由方式发芽时，晶体上最发育的晶面将是晶簇形成的主控因素。因为以自由方式发芽形成晶簇集合体的最可能方式是，晶芽在溶液中向下沉降落于基底上，并以最发育的晶面与基底接触形成晶簇雏形，然后经受几何淘汰律控制生长。例如，明矾石晶体依次发育的单形为八面体{111}、立方体{100}及菱形十二面体{110}，当以自由方式发芽形成集合体时，落于基底上的晶体数量对上述各单形晶面的比例为 10000∶100∶1，即明矾石晶体以八面体单形的晶面与基底接触生长形成的晶簇最多。当晶体以基底方式发芽时，则基底晶体的结晶方位对晶簇晶体的生长产生重要影响和控制。例如，石英晶簇可以上述两种方式形成。以自由发芽形成的晶簇往往为一向延伸的柱状集合体，其顶端为锥形菱面体。如果是以石髓为基底形成晶簇集合体，则晶芽初始发育主要受石髓末端的结晶方位控制，之后的生长过程再受几何淘汰定律控制。上述两种情况下既定结晶方位的影响往往使晶体不易长大。

一般来说，按晶簇物质与围岩关系，可把晶簇分为生长晶簇与再结晶晶簇两种类型。

(1) 晶簇物质由溶液以自由发芽方式析出，并在自由介质中生长的晶簇称为生长晶簇。生长晶簇多产于伟晶岩或热液脉中。

(2) 晶簇物质是由围岩中的矿物单体合并长大，表现为晶簇与围岩呈连续过渡关系，称为再结晶晶簇。再结晶晶簇与变质重结晶作用有关，多产于变质成因的脉体或裂隙中。

2) 平行纤维状集合体

平行纤维状集合体是由纤维状或针状单体互相平行生长在一起形成的集合体，如纤维石膏、蛇纹石石棉、角闪石石棉等。这种集合体往往是在应力作用下的结晶产物，可分为 3 种类型，如表 2-3 所示。

表 2-3　平行纤维状集合体成因分类(陈光远等，1988)

类型	发芽及生长	生长方式	结晶方向	物质供应方式
类型Ⅰ	自由介质中生长(裂隙张开速度 V_{TP}>晶体生长速度 V_{arp})	从一个方向生长或从两个方向向中心生长	第一阶段在基底上任意方向生长，第二阶段受几何淘汰定律控制	沿脉体的中心供应(晶体具有生长的顶端)
类型Ⅱ	在有限制的条件下生长(裂隙张开速度 V_{TP}<晶体生长速度 V_{arp})	从一个方向向另一个方向生长	发芽生长受基底晶芽控制。平行生长，但不受几何淘汰定律控制	沿一个脉壁供应
类型Ⅲ	在有限制的条件下生长[裂隙张开速度 V_{TP}≈晶体生长速度 V_{arp}(裂隙被集合体推开)]	由中心向两个方向生长(有时也向一个方向生长)	最初阶段任意发芽，第二阶段受几何淘汰定律控制，第三阶段平行生长	沿两壁供应

类型Ⅰ是纤维状单体在已经形成的裂隙内垂直壁面自由生长，直到完全填满(或部分填充)裂隙，相当于裂隙张开速度(V_{TP})远大于晶体生长速度(V_{arp})。生长过程受几何淘汰律控制，所有晶体结晶方位几乎一致，通常表现出光性方位的一致性，甚至晶形和解理也常常一致。

类型Ⅱ是纤维状晶体在受动力作用形成的裂隙内生长，随着裂隙逐渐张开，纤维状晶体不断生长充满裂隙，晶体在受约束的条件下生长，相当于裂隙张开速度(V_{TP})小于晶体生长速度(V_{arp})。这种类型集合体的纤维状单体从生长开始到终结都互相平行，纤维的结晶方位主要受基底晶种的结晶方位控制，不受几何淘汰律控制，因此纤维晶体的结晶方位不完全一致。例如，变质砂岩中裂隙张开后。

类型Ⅲ是纤维状晶体按隙壁晶种结晶方位生长，其纤维虽互相平行，但结晶方位不同(图 2-21)。该类型也是纤维晶体在应力产生的裂隙内生长，相当于 $V_{TP}=V_{arp}$，属于上述两种类型的过渡类型，类似于生长着的纤维晶体把裂隙不断推开而生长。这种类型往往在集合体的中心有裂口，有时还有围岩的碎块。晶芽在中心裂口中开始有自由生长阶段，进一步生长才受几何淘汰律控制(图 2-22)。如果裂隙多次张开，纤维集合体中心会多次出现裂口。蛇纹石、角闪石、方解石、石膏、石墨、天青石、菱锶矿及海泡石等纤维集合体常常属于这种类型。

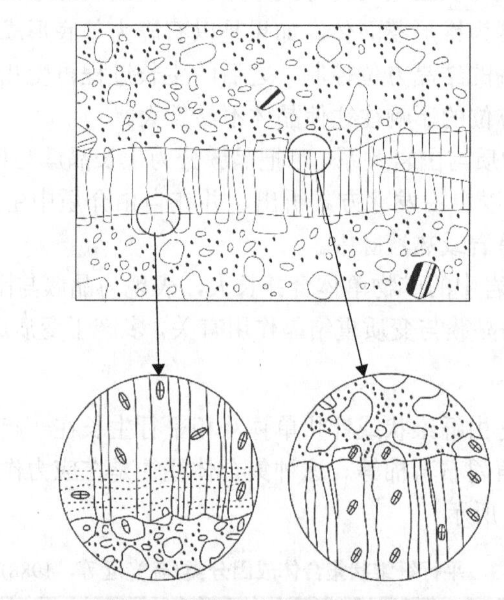

图 2-21　纤维状石英集合体结晶方位(陈光远等，1988)

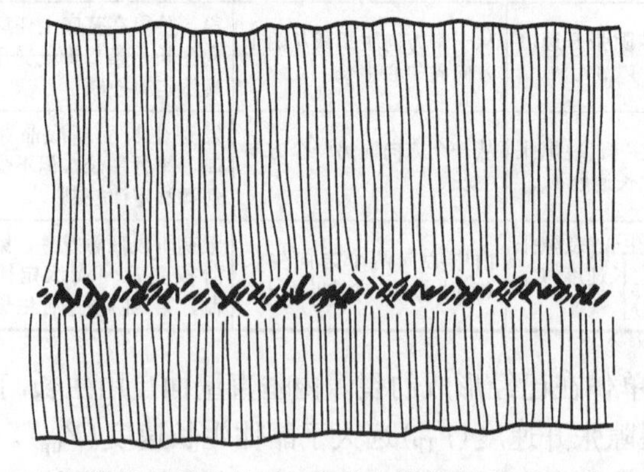

图 2-22　纤维状晶体生长受几何淘汰律控制(陈光远等，1988)

3) 球粒状集合体

针状或纤维状单体呈放射状分布，形成内部具有放射状构造，整体具有浑圆状外表面而近似球形的集合体。

球粒状集合体通常是在较低温压条件下形成，在近地表热液条件或表生作用中可见这类集合体。其生成方式有以下 3 种：

(1) 以矿物颗粒为中心，围绕其向周围发芽生长形成近圆形球粒集合体。由中心向周围生长过程中，受几何淘汰律控制而仅有沿半径延长方向的晶体得以生长，形成了放射状构造。

(2) 早期晶芽形成后，之后的晶体全部围绕早期晶芽呈放射状生长，最终形成了球粒状集合体。

(3) 晶体生长过程中由于吸附了外来杂质而引起晶格缺陷，缺陷导致晶体生长发生强烈分裂，逐渐演化为多晶集合球形分布。也就是说，受杂质的影响，一些面网发生偏转甚至分裂，而且随着杂质的反复出现，分裂角度越来越大，集合方式自束状逐渐演化为球粒(图 2-23)。多个球粒同时生长时，也会受几何淘汰律的控制，仅有少数有利于生长的球粒得以长大。以这种方式形成的球粒在自然界分布广泛，如热液脉中的方解石、萤石、闪锌矿等矿物的球粒常常是由于含云母、黏土矿物和其他矿物杂质引起的。

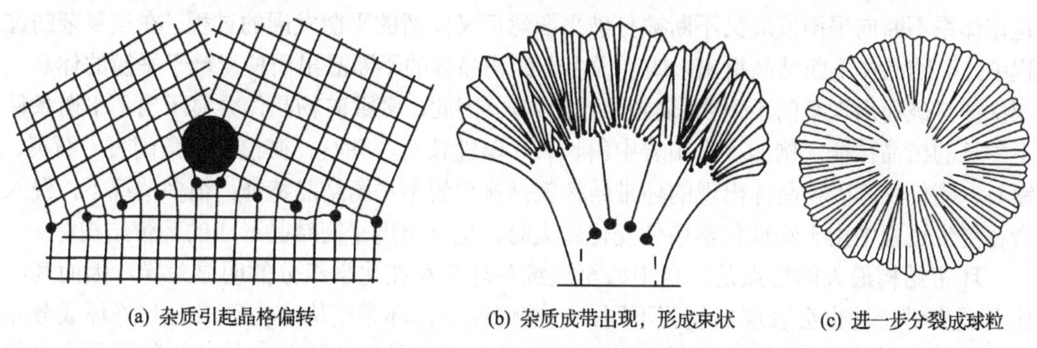

(a) 杂质引起晶格偏转　(b) 杂质成带出现，形成束状　(c) 进一步分裂成球粒

图 2-23　球粒状集合体形成过程(陈光远等，1988)

球粒集合体的出现，表明其结晶条件是在含有大量杂质的过饱和溶液中快速结晶。此外，同质多象的转变、矿物生成时的价态变化、固溶体的溶离、熔体快速结晶、地表氧化带结晶、沉积作用及胶体老化等也可引起晶体分裂乃至球粒集合体的形成。

(八) 不同介质条件下的矿物个体发生学

矿物晶体可以从熔体、溶液、胶体、固体及气体等不同介质条件下结晶出来，称为矿物晶体的发生。受介质条件的影响，晶体的形态也常常表现出鲜明的特点，这些特点也是矿物晶体形成信息的重要标志。

1. 熔体体系

熔体主要指岩浆熔融体。岩浆熔融体形成的源区一般在地壳深部或地幔，然后经历运移上侵位，最后到达地壳浅部冷凝固结或喷出地表固结。在整个岩浆形成至凝固的过程中，其温度和压力是不断下降的(温度可以从1300℃下降至600℃，压力由30～80kbar下降至4～6kbar，甚至1kbar)。随着降温和减压过程，熔体中的化学组元逐渐由于失去动力而互相结合，表现为按照熔点由高而低的顺序陆续结晶，晶出的固相逐渐分异脱离熔体，称为结晶分异。例如，超基性岩浆随着温降陆续结晶出橄榄石、辉石，而且橄榄石成分也随着岩浆演化由镁橄榄石向铁橄榄石演化(姜超等，2014)。一般来说，矿物能否从熔体中结晶与矿物的熔点、化学成分、晶体结构有关，同时也受化学组分在熔体中的浓度，以及熔体的压力、pH、Eh(氧化还原电位)等物理化学条件有关(叶大年和金成伟，1974；许满和唐红峰，2016)。当熔体演化到一定阶段时，就会有矿物晶体晶出，直到熔体全部凝固之前，将从多组分熔浆系统中结晶出多种矿物晶体。由于岩浆冷凝固结往往经历一定时段，因此一些矿物会表现出结晶顺序先后的差异，而另一些矿物则有可能同时从熔体中晶出。同时结晶出的矿物称为共结矿物，彼此的关系称为共结关系。

自熔体中结晶形成的矿物常具有以下特点。

1) 不平衡结晶

岩浆熔体自形成至完全凝固过程中(包括侵入凝固和喷发凝固)，其物理化学条件(如温度、压力、酸碱度、氧化还原电位、各种元素在熔体中的浓度等)始终处于不断变化之中。因此，熔体体系在其冷凝演化的过程中绝大多数时间是一个不平衡体系，熔体演化就是该体系不断向平衡发展又不断被打破平衡然后又向新的平衡发展的过程。在该复杂的过程中，矿物晶体不断结晶析出，或者说由于矿物晶体的不断晶出而使得趋于平衡的体系一次次被打破而出现新的不平衡(姜超等，2014)。因此，多数矿物晶体会显示出不平衡条件下生长的结晶特征。例如，火山岩中斜长石、碱性长石、辉石、橄榄石、角闪石、石英、锡石、硫化物等矿物晶体出现的环带结构就是典型的不平衡结晶特征。很多情况下，侵入岩在侵位过程中由于物理化学条件变化较大时，也会出现平衡结晶形成的环带结构。

环带结构最大的特点是，自中心至边缘各环带存在化学组分的明显差异，因而其结构乃至光学特性也会表现出显著不同。一些情况下，环带结构中内环成分与外环成分差别很大，如斜长石的环带结构中，中心部分的长石牌号和边缘部分的长石牌号最大可相差83号(邱家骧，1977)。通常情况下，内环带中吸纳了早期浓度较大或相对高温的组分，外部环带则依次吸纳晚期浓度相对富集或相对低温组分，这种环带结构称为正环带。如果熔体演化过程中发生了物理化学条件反向变化(如高温岩浆混入、同化混染作用突然改变了熔体组成或显著增加挥发分、压力突然增加等)，则可能形成反环带结构。例如，花岗质熔体侵位于碳酸盐地层并同化碳酸盐围岩时，可见到其中的淡红色钾长石具有白色斜长石形成的反环带结构边，这说明熔体演化到以钾、钠为主要阳离子的长石结晶体系下，由于碳酸盐中大量Ca^{2+}的注入，使得长石结晶体系重新具备了晶出钙钠长石系列的条件，因此有钾长石边缘形成斜长石反环带结构的现象。实际上，中心为钙长石，边缘为钠长石形成的正环带结构，或者自中心至边缘钙-纳组分反复变化的环带结构也常常在侵入体中见到。此外，基性超岩中的橄榄石常常具有环带结构；或者橄榄石自核部至边缘成分由镁橄榄石向铁橄榄石演化(姜超等，2014)；基性岩中的辉石常具有角闪石反应边结构；火山岩中的黑云母和角闪石等具有暗化边结构等，都是熔体不平衡结晶的特点。暗化边的成因，很多情况下是由于边缘出现了较多的Fe_2O_3，或者磁铁矿颗粒结晶所致，如黑云母边缘可见到由于析出大量Fe_2O_3而造成暗色氧化边，称为黑云母暗色氧化边。

2) 自形程度

随着熔体演化过程中物理化学条件的不断改变，矿物晶体依次从熔体中结晶析出。其中，早期晶出的矿物由于周围仍然是熔体，其具有充分的结晶自由空间，可以按照晶体自身的结晶习性生长，发育成完好的自形晶，即早期晶出矿物自形程度高；而晚期结晶的矿物由于受到早期晶出矿物占据周围空间的影响，不能按照晶体自身的结晶习性生长，常常由于受早期晶出矿物的妨碍而发育成半自形或他形晶，更晚者只能充填在已结晶矿物的空隙内生长，形成完全他形晶。所以，矿物结晶的自形程度在一定程度上反映了晶体从熔体中晶出的先后顺序，即可以依据矿物晶体的自形程度大致判断矿物的生成顺序。但是，依据结晶自形程度判断其形成早晚时需要注意：①有些副矿物结晶能力较强，即使晶出较晚，其自形程度仍然较高；②附生连生的矿物之间，有时由于二者接触界线较为平直，其均可发育成完好的自形晶，实质上附生晶晶出时间要晚于主晶，最多是二者同时晶出；③液固反应导致的溶蚀作用、反应边作用等可能会严重影响早期晶出矿物的自形程度，需要依据其他证据综合判断。

3) 共结性

共结是指两种或两种以上矿物同时从熔体中晶出，即同时结晶。同时晶出的矿物称为共结矿物，彼此形成的结构为共结关系。共结晶体常常具有特殊形状和接触关系，一般来说，共结矿物之间体现出协调共生的生长关系，如二矿物平直接触关系、港湾嵌生关系、三矿物120°等角度接触关系等。例如，长石和石英由于共结而形成的文象结构、蠕虫结构，铬铁矿与橄榄石由于共结形成的球状体。

4) 粒度和形态的变化性

熔体中晶出矿物的粒度和形态会由于冷却速度、挥发分等条件的不同而出现显著差异。当熔体缓慢冷却时，有利于晶体长大，且晶体自形程度较高(张承乾等，2002)，如侵入岩的矿物粒度一般较大；如果在缓慢冷却且挥发分尚未逸失的条件下结晶，常常最有利于晶体生长，往往晶出巨大晶体，如伟晶岩就是富含挥发分且缓慢冷却下形成的；如果熔体降温降压速度较快，且挥发分迅速逸失，矿物晶体缺乏足够的结晶时间，则通常形成细小微晶或玻璃质(张承乾等，2002)，如喷出岩的结晶粒度通常为隐晶质或玻璃质。喷出岩或浅成岩中的斑状结构是经历两种不同结晶条件的结果。斑状结构中的斑晶是熔体在地下运移过程中处于相对缓慢结晶条件下的产物，所以晶粒较大而且自形；而微晶状或玻璃状基质是在其后急速冷却条件下的产物。喷出岩在挥发组分大量逸失的条件下容易形成骸状晶与树枝状晶等。

5) 双晶的差异性

熔体的冷却条件不同，其矿物晶体形成双晶的概率明显不同。当熔体处于较缓慢冷却条件时，早期晶出的矿物易出现双晶。因为早期熔体中结晶时具有充足的自由空间，晶粒(或晶芽)彼此之间有较多的机会出现双晶位结晶取向，因此有利于生长双晶的形成。当然，具有充足的结晶时间也有利于双晶结晶取向形成。另外，熔体经历较长的结晶过程，在适当的物理化学条件变化过程中还有利于同质多象转变的发生，进而也可能导致双晶的形成。如果熔体结晶过程中存在动力作用，还可导致机械双晶的形成。所以，侵入体中结晶的矿物或喷出岩(超浅成岩)中的斑晶常有双晶发育。例如，在侵入岩中可见到较多的长石、辉石及角闪石等矿物呈双晶状产出。

6) 固溶体分解

固溶体分解现象是指熔体在高温阶段形成的固溶体均匀相，当继续冷却到较低温时会出溶形成两个不同的晶质均匀相的现象，其中出溶形成的新矿物相多呈条片状且沿一定结晶方向分布。这种现象多出现在侵入岩中。例如，碱长石高温时可形成由钾长石相和钠长石相混溶的均一固溶体相，温度下降到一定阶段，该固溶体相的稳定性急剧下降，其中钾长石相和钠长石相不能继续维持无限混溶状态，逐渐出溶演变为两个矿物相，表现为钾长石主晶相中出现宽窄不一的条纹状钠长石出溶晶相，故称为条纹长石。其条纹宽度可以不足1μm，也可达几百微米，或达毫米级。另外，斜方辉石中出溶层纹状透辉石。

2. 溶液体系

溶液包括地下热液、地表河湖水和海洋等。其中，地下热液包括岩浆分异水、变质作用脱水和变质分异水、沉积成岩作用水等。溶液中的结晶就是溶液体系中溶质的结晶作用。地下热液的温度可从几十摄氏度至 400～500℃，压力从几百巴至几千巴，Eh 和 pH 变化较大；地表水溶液多为常温常压，总是处于氧化还原电位较高和酸碱度变化较大的状态。

一般来说，自然界水溶液体系处于热力学不平衡或不稳定状态，因而有固相析出(Fritz et al.，2009)。影响溶液中矿物晶出的主要原因是矿物质在溶液体系中的溶解度降低或饱和度增加，通常是过饱和条件下才能晶出(Adamson，1960；Markov，1995)。促使体系溶解度降低或过饱和的因素包括温度和压力下降(Berner，1980)、体系中溶剂的减少等。体系组分间产生化学反应也可导致结晶作用。一般来说，地下热液降温是由于热液远离热源(如岩浆熔体是其分异热液的热源)，或者热液沿着构造裂隙等流体通道由深部向浅部运移所致。地下热液体系压力的突然降低(如裂隙出现或锁闭的流体通道突然打开)可致溶液结晶作用发生。一般来说，除磁黄铁矿外的硫化物在低于 100℃的纯水中是非常不易溶解的，而当温度高于 300℃时除黄铁矿外的硫化物溶解度极高且稳定，所以降温是驱动硫化物的主要动力学因素，似乎压力降低对硫化物的沉淀影响不大(Mark，2006)。降温长期被认为是热液系统硫化物沉淀的主要原因之一或主要控制因素。

地表常温或近于常温的溶液结晶主要是由于溶剂的蒸发(如干旱地区内陆湖的蒸发和滨海泻湖区的蒸发作用)所致。由于溶液体系常常是不稳定的，因此矿物结晶析出的同时有时还会发生部分溶解或全部溶解(Lasaga et al.，1994)。特别是表生条件下常常有生物因素或有机质参与条件下，控制或影响了矿物的成核和生长，一定程度上有机官能团的参与从分子水平控制了矿物成核与生长(黄苏萍等，2004)。溶液中一旦有矿物晶出，其组成会发生变化或演化，因此系统会继续产生新的矿物相，如地下热液或表生风化条件下黏土矿物的形成是最常见的次生矿物发生现象(Oelkers et al.，1994；Fritz et al.，2009)，甚至在更深的地质盆地或者具高 P 和 T 的热液条件下溶液中矿物结晶与上述熔体中矿物结晶具有类似的特点。例如，同样是早期结晶矿物自形程度高，晚期晶出矿物自形程度低；同样出现由于不平衡结晶条件导致的环带构造和共结结构；双晶发育也有类似特点，尤其在裂隙系统中受应力作用影响机械双晶更为常见；热液由高温向低温状态演化过程中，乳滴状结构和条片状结构更容易出现。

由溶液中结晶作用形成的矿物集合体形态更加复杂多变，其中晶簇状、梳状、放射状，以及球粒、文象连生等集合体形态更加多见。

3. 胶体体系

胶体体系是地壳表层低温、低压下的一种特殊均匀混合物，是介于真溶液和悬浊液体系多相分散体系。胶体体系中分散质的粒径为1～100nm。

自然界绝大多数胶体体系以水为分散媒介，其中的胶体颗粒是微小晶粒、液滴或气泡。由于胶体颗粒具有较大的比表面积，且带有剩余电荷，因此它们彼此趋于分散并不易沉淀。

矿物从胶体体系中结晶的过程，也是体系失水、固结与晶化的过程。目前自然界所见胶体矿物的形成过程大多经历如下几个阶段：第一阶段，胶体体系达到过饱和；第二阶段，胶体粒子聚团沉淀，呈隐晶质固体；第三阶段，胶体矿物逐渐脱玻化或显晶化。其中最主要的阶段是体系失去分散媒或者胶体粒子因与异性电荷相遇而导致聚集沉淀。这一阶段不像液相或熔体相中离子或原子通过表面键合作用使得质点按照晶格面网有序排列成晶格的过程，所以胶体无法获得统一的结晶方位，只能是无数个胶体粒子堆积成能量上不稳定且外形受表面张力影响常呈浑圆状或弧线界面的不规则集合体或连生体。

胶体在达到过饱和而固结时，由于很短时间内会有大量胶体粒子密集堆积，彼此对周围空间的影响使得每个粒子都难以长大，因此胶体固结形成的矿物常常是微粒矿物集合体。即使固结前的胶体体系中粒子是结晶质也不能继续长大，其原因主要是胶体颗粒往往是不溶或难溶于水的Al、Si、Mg、Fe、Mn、V、Cr、Zr、Mo、Pb、Zn、Ni、Co、Sn、Be等组成的化合物，多是一些氧化物和氢氧化物微晶。

胶态矿物一旦形成，常常出现后生变化，即老化、脱玻化或晶化。

常见的胶体矿物形态有鲕状、豆状、肾状、结核状、钟乳状、被膜状、皮壳状、疏松土状，或洞、裂隙中形成的带环状隐晶质充填形态(也称分泌体)。在岩石洞隙中的隐晶质充填物，常表现为由杂质混染成的环带构造。自然界常常能够见到Fe、Mn的氧化物或氢氧化物，以及黄铁矿等结晶能力较大的矿物质在形成的胶态集合体中心处出现晶化集合体，由于几何淘汰率的制约多呈辐射状分布状态。

胶态矿物如果出现环带构造，其环带成分可能记录成岩过程环境信息。资料(陈光远等，1988)表明，玛瑙彩色环带生长速度为1000年增长0.03～0.003mm，德国扎乌尔兰德溶洞中方解石质钟乳石70年生长约1mm(相当于平均每年增长0.0144mm)。如果胶体矿物形成过程中因吸附介质中不同杂质元素使得出现光学(颜色、透明度等)或力学(硬度等)环带构造，可根据杂质元素出现的顺序、杂质类型、含量等推测矿物形成时的介质条件。如果环带中“封存”了变价元素，还可以判识氧化还原条件。

层控矿床中的显微莓群状黄铁矿和我国团结沟金矿中发现的含金白铁矿显微霉球状集合体也是胶体成因。吴尚全(1984)在电子显微镜下观察到，团结沟金矿白铁矿显微霉球状集合体实际是细小含金白铁矿的自形板状集合体，认为其可能与超浅成岩浆热液较晚期的胶体作用有关。

一般认为显微莓群状结构是胶状结构的初等形式，它是由于肢体质点的吸附作用聚合而成，莓群常常由数微米大小的自形微晶组成，因而具有较大的比表面能，经过老化而成为具放射状、同心圆状、纤维状的胶态结构。

4. 固体体系

固体体系中的矿物发生学主要指在基本保持固体状态下有矿物晶出，一般包括区域变质、热变质、动力变质及交代作用条件下新矿物相的产生，其中三种如下。

1) 区域变质体系

岩石在区域性压力(静岩正压力和侧向压力)作用下，系统内元素可能受到温压作用而依靠扩散作用进行迁移。但是，在该过程中除有少量挥发排放外，基本没有化学组分的带进带出，也很难有足够的自由生长空间完成由于元素迁移出现的结晶过程。区域变质温度一般在 200～850℃，压力范围在 0.1～1.0GPa。在变质过程中，变质作用中的流体相是存在岩石中的粒间水，它对矿物结晶起重要作用。区域变质作用中新矿物相的产生有如下几种情形：

(1) 重结晶。当温度升高到一定程度时，原矿物颗粒沿着固有晶格继续生长称为重结晶作用。该过程只有形状和大小发生变化。重结晶作用可以进一步降低颗粒的表面积，从而降低表面能。所以，在不均匀分布的多晶集合体区域，晶体的棱角处、高角度晶界处和三晶体交汇处由于能量较高，因此有利于新晶芽的产生，这些部位也称为高能成芽区，极容易成为重结晶的中心。这些部位如果有新晶芽产生，便会通过合并或吞并其他晶体表现重结晶作用。

(2) 变斑晶的形成。在区域变质条件下，原岩中一些晶粒重新生长变大，成为变斑晶。一般来说，在同样的热力学条件下，岩石中大颗粒比表面积小，能量低；而小颗粒比表面积大，能量高。因此，大小颗粒之间存在着能量差。在变质作用触发下，晶粒上的原子(离子)容易从高能状态的小颗粒向低能状态的大颗粒迁移，即小晶粒的表面不断有原子或离子因溶解而游离，然后迁移到大晶粒的表面键合结晶，表现为小晶体逐渐溶解，较大的晶体不断长大。所以，通常情况下岩石中较小且形状不规则的颗粒比大颗粒更容易溶解，这就是区域变质岩中变斑晶形成的过程。如果间隙(颗粒间隙或因应力作用使矿物出现显微裂隙)中存在溶液，会加快元素的迁移，最终使岩石内矿物演化为大小明显差异的两组矿物，大者为变斑晶，小者为基质。

变质过程中矿物能否形成变斑晶主要取决于该矿物的表面能和内部构造的复杂程度。表面能高且内部构造复杂的矿物晶体不利于形成变斑晶。因此，变质岩中变斑晶和基质矿物常常有显著不同，如石榴子石变斑晶的基质为云母，堇青石的变斑晶基质为绿泥石。有些情况下是异种晶芽诱发了变斑晶的发生，如赤铁矿晶芽可作为晶种发育成石英变斑晶；钛铁矿晶芽可作为晶种发育成榍石变斑晶。但是，也有一些矿物如石墨等会妨碍晶体成芽和长大成变斑晶。

一般来说，如岩石中形成变斑晶的矿物均匀分布，那么容易形成等粒变斑晶；若形成变斑晶的矿物分布不均匀，则容易形成不等粒变斑晶。影响变斑晶生长发育的因素有温度、活性组分(挥发分)、含水性、结晶时间等，显然温度越高，活性组分浓度越大，结晶时间越长，越有利于变斑晶的形成。

变斑晶的形成一般与基质同时或稍晚于基质。

变斑晶的形成过程也是晶体排除杂质的过程，所以结晶力强的矿物，排除杂质的能力也较强，因而也能发育成完好的自形晶。变斑晶的自形程度反映了矿物结晶力的大小。一般认为，下列常见矿物结晶力由大到小的顺序为榍石、金红石、磁铁矿、钛铁矿、石榴子石、十字石、蓝晶石、绿帘石、黝帘石、辉石、角闪石、白云母、绿泥石、白云石、方解石、石英、斜长石、正长石、微斜长石。可以看出，其是按照由氧化物、岛状硅酸盐、链状硅酸盐、层状硅酸盐、碳酸盐、架状硅酸盐依次降低的顺序排列的。也说明成分越简单而且化学键性越强的矿物结晶力较强。当然，受介质条件的影响，上述结晶能力排序会存在小的变化，但总体趋势不变。

(3)温压作用下取向结晶。取向结晶主要是指在一定温度条件下，由于定向压力作用，矿物通过塑性变形形成定向排列构造，如晶体内部结构产生滑移，或者压溶(受压面溶解而垂直压力方向沉淀)作用使得矿物晶体发生定向结晶生长的现象。通常情况下，取向结晶表现为定向拉长，即变质温压作用下，晶体在受压方向发生溶解，在垂直或近于垂直定向压力方向发生晶体成芽生长，称为压溶。例如，吴小元等(2014)在研究硅晶体生长时进行了分子动力学模拟研究，认为在垂直于生长面网方向上对晶体施加应力，则随着应力的增大，晶体生长速率减小。在拉应力条件下，小应变范围内晶体生长速率随应变增大并不减小，甚至还可能增大，只有当应变达到一定程度时，晶体生长速率才会随着应变的增大而减小。拉应变对液-固界面的形态也产生了显著影响。在砂岩的沉积成岩过程中，石英颗粒间往往因超负荷的压力作用而产生接触压力，使得其相对于未受力的石英矿物相显著增加溶解度。沉积物中颗粒间的接触压力容易导致晶间压力溶液的产生，因而会造成接触颗粒的溶解，同时促使溶解物在溶液中运移到低压空间位置并再沉淀，最终导致沉积物的压实和岩化(Rutter，1983；Gratier and Guiguet，1986；Renard et al.，2000；Revil，2001；Chester et al.，2004；Lang，2004)。有时，在压溶过程中其他组分的存在也会影响溶解-沉淀速率(Dove and Rimstidt，1994)。例如，如果石英颗粒中存在小的黏土组分，那么会显著增加压力溶液并影响溶解-沉淀过程(Renard et al.，1997)。

压力影就是压溶作用的结果。较刚性的矿物(压力影内晶体部分)不易发生形变，往往在其周围两侧形成彗星尾形张性空隙(压力影内晶体外的阴影部分)，围岩受压溶的组分向阴影部分的张性空隙迁移充填，发生沉淀重结晶，使横切面(长轴线理方向)呈椭圆形或眼球状外貌。压力影内晶常为黄铁矿、磁铁矿及一些变斑晶(石榴子石、黑云母等)。内晶受力可以发生压扁、旋转、机械双晶及破裂等痕迹。它们多为构造运动的产物，也有同构造运动的产物。阴影部分常由纤维状或细粒状石英、方解石、绿泥石及白云母矿物组成，它们的形态受内晶面网控制。

2)热变质体系

热变质作用下的矿物发生主要指由于温度改变引起的固态下的结晶作用。这种情况下没有元素的带出和带入，所以没有明显的化学组成变化，主要表现为重结晶作用。例如，石英砂岩在热变质作用下变为石英岩，石灰岩变为大理岩。含有硅质的石灰岩在热变质作用下会出现硅灰石相，含铁质石英砂岩在变质条件下会变质为含有磁铁矿的石英岩。玻璃相物质在热条件下首先发生核化作用，然后逐渐软化，软化过程中晶体会不断长大，完成玻璃相结晶化的过程，而且通常核化过程由表及里进行(许莹等，2015)。由于主要是温度主导下的变质作用过程，因此通常不形成定向排列构造。多数情况下与区域变质作用下的矿物发生机制相同。热变质作用形成的矿物多为粒状、放射状、束状等集合体，有时形成不等粒结构或变斑晶结构。

3) 交代作用

交代作用是指在一定的温度压力条件下，体系之间化学组分发生交换因而产生新矿物相的变质作用，通常情况下交代作用是在流体体系与固相体系之间进行。交代作用过程中，整个体系保持固态，交代前后体积不发生变化，但是原有的矿物部分或全部消失，同时有新矿物相生成，原有矿物消失与新相生成几乎同时进行。所以，交代作用也可以说是温压条件改变导致化学组分的活化再分配的作用。化学组分活化再分配是通过扩散交代和渗滤交代完成的。

交代作用可以形成特殊的交代结构。如果矿物被部分交代，一般会形成岛状残留体、港湾残留、乳滴状或交代穿孔(交代量较少)、条纹状、反应边、净化边、细脉网状等结构形式。如果原矿物被全部交代且保留原矿物外形，则称为交代假象。

交代作用形成的矿物，其自形程度主要受该矿物晶体结晶力的影响。常见交代矿物自形程度顺序为金红石—电气石—十字石—毒砂—黄铁矿—磁铁矿—重晶石—萤石—绿帘石—辉石—角闪石—菱铁矿—白云石—钠长石—云母—方铅矿—闪锌矿—方解石—石英—正长石(陈光远等，1988)。

交代矿物粒度的大小主要受交代体系组分浓度的影响。在浓度较低的情况下，交代矿物粒度较为粗大且自形程度较高，特殊情况下如果交代过程使得交代矿物颗粒发生合并加大，交代矿物粒度可能更大；当浓度处于饱和或过饱和状态时，交代矿物粒度即为中-细粒且自形程度略差。所以，硅化或矿化石灰岩的交代岩中常具有较粗粒甚至巨晶状方解石晶体。

蠕虫结构是特有的典型交代结构，其成因与交代和被交代矿物晶格的堆积密度之比有关(陈光远等，1988)。若矿物晶格呈最紧密堆积时，定义 K 为交代结构参数：

$$K=V_A/V_B$$

式中，V_A 为交代矿物 A 的分子体积；V_B 为被交代矿物 B 的分子体积。

当 $K>1$ 时，交代作用易形成蠕虫状结构。因为矿物 A 的形成需要更大的空间，矿物 B 中原子或离子质点没有太多位移空间，所以矿物 B 对矿物 A 产生压力，促使矿物 A 受到压缩而形成蠕虫状结构。表 2-4 中矿物之间发生交代作用，其 K 值都大于 1，因此均可以形成蠕虫状结构。

表 2-4　金属矿物的 *K* 值(陈光远等，1988)

交代矿物(A)	被交代矿物(B)	*K* 值	交代矿物(A)	被交代矿物(B)	*K* 值
黄锡矿	闪锌矿	1.05	黄锡矿	黄铜矿	1.18
方辉铜矿	斑铜矿	1.05	方铅矿	方辉铜矿	1.21
辉银矿	方铅矿	1.12	红锑镍矿	红镍矿	1.23
方铅矿	车轮矿	1.15	自然铋	方铅矿	1.30
方辉铜矿	黄铜矿	1.10	方铅矿	斑铜矿	1.26

当 $K<1$ 时，被交代的 B 矿物可能由于膨胀而产生裂隙，强烈时，也能形成蠕虫状结构。例如，石英交代奥长石，$K=0.87$，也形成蠕虫状结构。

当交代矿物与被交代矿物内部结构相似时，交代过程中会保持原有的晶格构造，化学元素质点通过晶格孔隙发生替换，因而可以保留一些被交代矿物原有特征(双晶、解理等)。例如，闪锌矿(ZnS)和黄锡矿(Cu_2FeSnS_4)内部构造非常相似。当闪锌矿被黄锡矿交代时，在黄锡矿中还保留着闪锌矿的聚片双晶(陈光远等，1988)。

5. 气体体系

气体中的矿物发生是指从气相中直接晶出矿物晶体相，也称为凝华。一般来说，气体体系与其晶出固相矿物之间具有一定的压力，也称蒸汽压，气固两相平衡时的蒸汽压称为饱和蒸汽压。自然界往往是具有较低饱和蒸汽压的气体体系才可能晶出固相矿物。由于气体物质多是挥发性较强的物质，因此晶出的矿物会含有一定量的挥发性组分。凝华类矿物多出现在火山口或热泉处，如自然硫(S)、卤砂(NH_4Cl)、食盐($NaCl$)、辰砂(HgS)、方铅矿(PbS)、闪锌矿(ZnS)、黄铜矿($CuFeS_2$)、磁铁矿(Fe_3O_4)及赤铁矿(Fe_2O_3)等。凝华矿物可见晶簇状、树枝晶和骸晶状集合体，在深部沟通良好的活断层附近也偶见。

在上述几种介质条件下发生的矿物晶体中，由岩浆熔体体系中晶出矿物和由区域变质条件下固相直接晶出矿物较为普遍，有时不易区分。表 2-5 所示为二者的一些形态特征比较，便于在识别矿物发生条件时参考。

表 2-5　岩浆熔体和区域变质条件下发生矿物的特征比较

地质作用	主要特征
岩浆作用(从熔体中结晶)	(1)单晶体常出现一些明显的不平衡结构，如环带结构、反应边结构或熔蚀结构 (2)单晶体常见溶离结构，如溶离条纹结构 (3)常出现共结结构，如平直接触、文象结构、蠕虫状结构、球状结构等 (4)粒径变化较大，伟晶质、显晶质、隐晶质和玻璃质均可出现 (5)双晶十分发育，主要发育生长双晶、联并双晶、同质多象转变双晶，也可见机械双晶，尤其长石类晶体双晶极为发育 (6)集合体主要为粒状、柱粒状、球粒状、树枝状等
区域变质作用(从固体中结晶)	(1)不易出现不平衡结构，偶见亚显微环带结构 (2)少见溶离结构，仅在高级变质条件下偶见 (3)基本不出现共结结构 (4)较少出现双晶，且主要发育重结晶双晶和机械双晶，也可见转变双晶，长石类晶体不甚发育双晶 (5)主要发育显晶质，粒度变化大 (6)集合体多出现明显定向排列构造，尤其片状、柱状、纤维状矿物极易定向排列 (7)压力影构造是变质条件特征

三、矿物系统发生学

(一) 矿物系统发生的层次和矿物演化

矿物系统发生学是以矿物系统发生史为研究对象的学科分支。它研究在自然历史时期中矿物的演化规律及其条件和过程，即研究不同层次、不同尺度自然体系在不同规模物理的、化学的和生物的作用场变化过程中，同一类别(如种、族、类等)矿物群体的发育特点(可否出现，出现的规模大小、种类多少、标型特征等)，以及群体内矿物与矿物之间、矿物与介质之间互相联系和互相影响所表现出来的规律。

研究矿物系统发生的最高层次和尺度主要为宇宙不同天体和地球不同圈层，其次是各类主要地质体如变质地体、岩浆岩体、沉积盆地和相应的成矿体系等。胶东乳山金矿蚀变-矿化不同阶段石英标型特征的变化，便是α-石英在“胶东型金矿”(Li et al.，2017)成矿体系中的系统发生史(李胜荣等，1996)。阿帕图阿尔卑斯山脉(意大利托斯卡纳)南段绿片岩相变质重结晶作用中黄铁矿结构和微量元素演化及其在富铊硫盐熔体形成中的影响(George et al.，2018)便是黄铁矿在低级变质-富铊硫盐体系中的系统发生史。

研究矿物系统发生史，可以按照晶体化学的分类层次，首先开展矿物种的发生史研究，进而依次研究矿物族(亚族和族)和矿物类(亚类、类和大类)的系统发生史，这样便可由个别到一般、由小及大，实现对矿物系统发生全貌的完整认识。蒋匡仁(1983)基于地球运动具有“对数螺旋曲线”的规律性，提出地球矿物演化具有对数螺旋曲线式的周期性、不可逆性和加速性；整数周期5π、4π等代表冷湿还原环境，分数周期9π/2、7π/2等代表炎热干燥环境；先内生，后外生，相差半个周期。闰德克维斯特提出地球物质时间演化的分带性、加速性、韵律性、脉动性和不可逆性(陈光远等，1988)。由于掌握资料的局限性，当时国际矿物学会认可的矿物种不足2000种，而现今已知矿物种已达5216种(截至2018年6月)。这里提出的矿物系统发生规律性的认识在数据方面还不够完善，但其地球矿物类系统发生史的思想是值得肯定的。

由于矿物是化学元素的载体，矿物的系统发生史本质上也是化学元素的系统发生史。因此，对矿物系统发生史进行研究，还可以按照元素地球化学分类方案，从各别元素的矿物，如锂矿物、铍矿物、硼矿物(Grew，2018)等的系统发生史为基础，依次开展不同离子类型(如亲石型、亲铜型、过渡型)元素的矿物系统发生史研究，这样便可以从另一个角度审视矿物系统发生的历史。

近年来，大数据技术引入矿物学，使矿物系统发生学研究取得系列重要成果。Hazen等基于地质圈与生物圈在历史时期各事件序列中共演化的前提，将矿物发生史分为3个宙10个阶段，即行星吸积宙(＞4.55Ga)的原始球粒陨石阶段(＞4.56Ga)，形成约60种矿物；行星交代/分异(水热蚀变、冲击相、非球粒陨石和铁陨石)阶段(4.56～4.55Ga)，形成约250种矿物；壳幔改造宙(4.55～2.5Ga)的火成岩演化(岩浆分异、火山、去气、地表水合作用)阶段(4.55～4.0Ga)，形成350～500种矿物；花岗质岩与伟晶岩阶段(4.0～3.5Ga)，形成约1000种矿物；板块构造(热液矿床、变质矿物)阶段(≫3.0Ga)，形成约

1500 种矿物；厌氧生物(金属沉淀、碳酸盐、硫酸盐、蒸发岩、夕卡岩)阶段(2.5～3.9Ga)，形成约 1500 种矿物；生物(介导)矿物宙(>2.5Ga 至今)之大氧化阶段(1.9～2.5Ga)，形成 4000 余种矿物；过渡洋阶段(1.0～1.9Ga)，形成 4000 余种矿物；雪球地球阶段(0.542～1.0Ga)，形成 4000 余种矿物；生物矿化阶段(0.542Ga 至今)，形成 4300 余种矿物(Hazen et al.，2008)。这 10 个阶段中，有的在时间上相互重叠，有的一直延续至今。

2018 年，在墨尔本召开的第 22 届国际矿物学大会中设立的“矿物演化和矿物生态：矿物种多样性和复杂性的时空变异”(Mineral Evolution and Mineral Ecology: The Changes in Species Diversity and Complexity in Space and Time)分会场上，报告了基于大数据对矿物在不同历史时期中演化环境的定量化和可视化表达(Krivovichev，2018；Gurzhiy，2018；Morrison，2018)，其中根据矿物系统发生和演化轨迹，预测了地球中尚未发现的矿物种(Hazen，2018)，并认为矿物晶体化学、地球化学和时空不均一性对矿物多样性具有显著的影响(Christy，2018)。从所发表的论文可以看出，有关矿物系统发生史的研究有了进一步的发展。

(二)矿物系统发生的作用场

影响矿物系统发生的主要作用场包括物理场、化学场和生物场。以化学组分为基础的矿物系统，是在各种作用场的单独或联合作用下，于不同层次、不同尺度发生和变化的，自然环境中作用场在历史时期中的变化是矿物系统演化的主要原因。

1. 物理场

自然界的物理场有磁场、电场、重力场、热场、放射场和应力场等。这些场的存在和变化深刻影响着矿物系统发生发展的特点与过程，是矿物系统发生非常重要的外在因素。

地球磁场和电场主要控制和影响磁性物质和金属物质的时空分布和变化，磁性物质和金属物质的分布与变化也影响磁场和电场的大小和方向。地球磁场往往与地球运动状态和构造岩浆活动密切相关。

地球的重力场主要影响不同密度物质的时空分布。在全球尺度影响地球和地壳的垂直分层，在局部范围内影响岩石物质或沉积物的分层和分布。

地球内部物质结晶和核物质聚变或裂变，以及来自太阳辐射作用，使得地球存在巨大的热场，尤其是地球内部的巨大热量是导致地球内部热场发生和变化的重要因素。

放射性物质的普遍存在使地球内存在广泛的放射场，辐射作用对矿物晶格具有显著影响。

地球自转和地球内部物质的运动和不均匀分布，使得地球不同尺度范围内形成应力变化，并严重影响地球内部的温压条件。不同尺度内的应力场对地球矿物系统的发生具有重要影响。

2. 化学场

地球化学场是由地球化学作用形成的各种地球化学指标的特征变化空间，其中影响矿物系统发生的主要是晶体化学场。因此，地球的化学场特别是晶体化学场，是决定地球内矿物系统发生发展的重要内因。

一般看来，地表至1200km深度范围内，元素原子的核外电子壳层结构是一致的，属于一般状态下的元素周期定律；但是，地球1200～2900km深度范围内的高压下，一些元素的原子核外电子壳层结构发生了变化，其电子由高自旋状态变为低自旋状态，因此其化学性质和化学作用也有所变化；2900km以下的超高压状态下，原子核外不存在电子壳层结构，核外电子完全处于自由状态，不受固定原子核约束，为所有原子核所共有。因此，地球结构不同层次的化学场不相同，其化学场作用也不相同。

地球演化的不同时期，化学场的变化也不同，在其化学场内的元素地球化学行为也不同，因而矿物系统的发生发展结果也不同。晶体化学场则是在不同物化条件下确定不同矿物组构发生、发展、变化和消亡的内部主导因素，如在地幔的压力场中，橄榄石结构不稳定，将转化为尖晶石结构。同样，石英结构不稳定，将转化为金红石型结构等。

3. 生物场

生物场是在地表或近地表条件下由于生物化学作用主导或诱导下的作用空间及其物质分布与变化特征。生物作用常常与化学作用、肢体化学作用，甚至一些物理化学作用、机械作用等共存。凡是有生物化学作用参与的矿物发生系统，都可以理解为生物场。

细菌可溶解金属硫化物，细菌还可在细胞液中合成磁铁矿。海水中生物也会吸收硅质和钙质合成生物体骨骼和介壳，水体中藻类可以固定SiO_2，这些现象都可以看作是生物场作用的结果。生物介壳通过还原作用可被白铁矿或黄铁矿交代，如在志留纪至泥盆纪的一些竹节石中与三叠纪至侏罗纪的一些菊石中均可见到这样的现象。在美国加州白垩系沉积物中还发现Aucella介壳被辰砂和自然金共同置换，在苏联乌拉尔的索拉尔河畔发现海百合茎被自然金置换，在南非兰德金矿还发现金和铀被富集在25亿年前的菌丝内(陈光远等，1988)，它们都可作为金矿的找矿标志，也说明生物场在地球内广泛存在。

我国西南下寒武统的一部分圆货贝、小圆货贝或海豆芽化石，有的具有部分磷灰质外壳，接近下寒武统底部磷矿层的软舌螺介壳更是全部为磷灰质，它们可作为找磷矿的标志。中南地区下寒武统底部黑色页岩中发现原生脊索动物被囊动物幼形虫(类似尾海鞘)的微型化石，它们体内的钒含量比周围黑色页岩中的钒含量高十多倍，与现代海鞘可把钒固定在血液中构成钒卟啉相似，它可把海水中几百万分之一克浓度的钒成万倍地集中在体内，从而形成黑色页岩型的钒矿床(张爱云，1985)，它们可作为在我国中南区找钒矿的标志，同时也是生物场作用的结果。

(三)地球不同圈层矿物系统发生史

固体地球主要分异为三大圈层，即地核、地幔和地壳。人类已有的探测技术包括地球物理、高温高压实验和岩石探针等，使地壳和地幔的矿物组成逐渐为人们所认知，但目前对于地核却仍然知之甚少。以下仅对地幔和地壳及岩浆中的矿物系统发生学进行介绍。

1. 地幔

构造岩浆活动特别是火山作用和深大断裂构造运动常常能把地幔物质带到地表或地壳浅部，这为了解地幔的物质组成提供了直接信息。例如，地表或近地表发现碱性岩、碱性玄武岩、金伯利岩等岩石中存在高温包体，甚至存在深源物质的捕虏晶。这些包体和捕虏晶及其寄主岩石的组成和同位素年龄均不同于地壳岩石，被证实来自上地幔。结合地震资料认为，夏威夷玄武岩应来自地下 50km 深处，萨哈林岛(库页岛)玄武岩应来自地下 55～60km 深处。超镁铁质侵入岩或海底喷发的科马提岩也是窥探地幔物质组成的证据。

之所以能够用包体成分探测深部信息，是因为幔源岩石碎片在上升过程中有可能破碎，其晶体进入晚期熔浆被捕虏后，部分或全部与晚期熔浆发生交互作用，便可形成捕虏晶。因此，捕虏晶成分与原始幔源包体中的矿物成分不完全相同，Mg 含量一般较低。

如果地幔岩碎片在深部被熔融并重结晶，在上升过程中可能不断增大并遭受熔蚀，便可形成浑圆的巨晶。一般橄榄石可达 5cm，最大可达 15cm；辉石可达 2～5cm，大者也可达 8～10cm。铬尖晶石、镁铝榴石、金云母也可大于 2cm(陈光远等，1988)。这些都说明它们来自深部，搬运距离长，结晶时间也长。它们有时还显示定向排列、受到扭曲、发育劈开，说明向上搬运时受到应力作用影响。

上述岩石包体和捕虏晶、巨晶含有的暗色矿物以橄榄石、辉石、石榴子石、尖晶石族等高温矿物为主，浅色矿物以高温歪长石为主，其次还有代表上地幔顶部产物的含钛金云母与角闪石。这些矿物的成分含较高的 Mg、Al、Cr、Ti 组分，显示幔源的深源高压特征。与典型地壳硅铝层的矿物明显不同，它们缺乏与地壳组成密切相关的含有 Li、Be、Rb、Cs、W、Sn、Nb、Ta、REE、Th、U 等稀有、稀土及放射性元素的矿物组合。

包体中橄榄石以镁橄榄石为主，其次为少量贵橄榄石，橄榄石中含 F_o(镁橄榄石)分子可达 93.5%，既不出现陨石中的纯镁橄榄石(F_o=100%)或近纯镁橄榄石(F_o=95%～100%)，也不出现典型地壳中的富铁橄榄石。

包体中的斜方辉石中 Mg、Fe 含量远远大于 Ca，不出现陨石型斜顽火辉石或斜紫苏辉石。Ca 不大量进入斜方辉石，而形成较富 Al 的顽透辉石、透辉石与普通辉石，显示高压但温度较陨石矿物低的特征。顽火辉石中 En(顽火辉石)分子可达 92.42%，古铜辉石中含 En 分子可达 88.95%。

包体中角闪石除较富 Al 外，以富 K 同时又富 Mg、Cr、Ti 为特征。包体中金云母与角闪石相似，也是既富 K 又富 Mg、Ti。石榴子石以镁铝榴石分子为主，但可出现钙铬榴石分子。包体的尖晶石中，可见尖晶石分子、铬尖晶石分子与锰尖晶石分子三者共存的现象。长石为歪长石，而非以钙长石分子为主的斜长石，也非以富 Ba 为主的钾长石。

以上矿物成分特征表明，上地幔岩石包体与陨石或月岩不同，而更接近地壳硅镁层矿物。但由于其是在较地壳硅镁层更高的温度、压力与更还原的条件下形成的，因此与地壳硅镁层矿物也有所不同。它们在地球矿物系统发生史中的位置应晚于陨石阶段和月岩阶段，早于地壳硅镁层阶段，更早于地壳硅铝层阶段。

上述包体矿物、巨晶与捕虏晶的总体成分特征仅说明它们同属幔源，但实际的源区深度不尽相同，部分熔融和分异程度也明显不同。以深源岩石包体为例，在方辉橄榄岩→二辉橄榄岩→橄榄二辉岩包体系列中，Mg 含量依次降低，Fe、Ca、Al 含量不断升高，分别出现以下变化：镁橄榄石→贵橄榄石，顽火辉石→古铜辉石→紫苏辉石→顽透辉石→透辉石→普通辉石。一定程度上可用 Mg、Fe、Ca 含量高低判断深度和温、压条件(镁橄榄石熔点为 1890℃，铁橄榄石熔点为 1265℃。伴随 Fe、Ca、Al、Na 含量升高，橄榄石与辉石形成温度降低)。深源包体中橄榄石与辉石成分中 Mg 不断升高，Fe 不断降低，都说明其源区深度不断增加。

当碱性玄武岩中出现富 K 的角闪石与金云母及歪长石巨晶时，说明地幔岩在碱性玄武岩形成以前已开始选择性重熔，在上地幔顶部有 H_2O 及 CO_2 参加下，地幔岩的固相线温度大大降低，促使碱质优先从地幔岩中熔出，从而产生碱性超基性岩浆。同时，通过进一步分异，使碱性玄武岩浆在更浅的范围内形成。由以上作用产生的碱性超基性岩浆包括金伯利岩岩浆与钾镁煌斑岩岩浆，它们在高压及极端还原条件下，便可形成纯净的金刚石及含石墨包体与铬铁矿包体的金刚石。加压可降低地幔岩的熔点，促进其碱性分异，故在深大断裂带也易于形成金伯利岩岩浆。我国郯庐大断裂被认为是下切到地幔的深大断裂，由于太平洋板块向欧亚大陆板块的俯冲应力作用，加之长期以来海陆交替的运动中不断接受海水下渗，故具备产生金伯利岩岩浆的条件，因而在我国东部沿海地壳中可出现金伯利岩。碱性玄武岩浆是碱性超基性岩浆向上往浅部进一步分异的产物。因碱性玄武岩贫硅，与超基性岩浆相近，因此较易保存超基性岩包体。另外，因其富碱，故易于形成歪长石或富 K、Ti 的金云母及富 K、Ti 的角闪石等巨晶或捕虏晶，它们均可作为探测地幔矿物发生的矿物标志。

玄武岩包体中存在纯橄岩、辉橄岩、橄榄岩(包括方辉瞰榄岩、斜辉橄榄岩、二辉橄榄岩)、辉石岩(包括顽火辉石岩、古铜辉石岩、紫苏辉石岩、铬透辉石岩)，以及铬铁矿岩、橄长岩、透辉辉长岩与辉长岩，说明它们是在上升过程中穿切地壳硅镁层结晶基底与沉积盖层就位的，因此可见深源包体与片岩、片麻岩及沉积围岩包体等伴生现象，也可以作为了解地幔矿物系统发生的证据。

反映地幔信息的深源包体除在各种玄武岩(包括玄武岩、橄榄玄武岩、高铝玄武岩、拉斑玄武岩及碱性长石玄武岩、黄长石玄武岩、霞石玄武岩等)中出现外，还出现于粗玄岩、碧玄岩、玻基辉橄岩、云橄煌斑岩、火成碳酸岩、金伯利岩与霞石岩等岩石中。包体也可在火山筒、火山颈、火山口、火山锥的熔岩或火山碎屑岩中出现。包体的胶结物一般为玄武岩、高铝玄武岩、拉斑玄武岩及碱性玄武岩等。

深源岩石包体出露范围较广，在大洋中部如夏威夷；在大陆边缘岛弧如日本岛、萨哈林岛(库页岛)、堪察加半岛、阿留申群岛和新西兰岛；在大陆加里东褶皱带如瑞典；在海西褶皱带如捷克和德国；在地盾地台上也有如我国东北五大连池，湖南宁远县、道县及广东、海南等地。一定组成的包体往往能提供地幔信息也往往指示一定的成矿潜力。例如，东北长白山区玄武岩中有深源包体，因此开山屯、小绥河便有铬铁矿，再如日本本州秋田玄武岩中有深源包体，本州、北海道便有铬铁矿。我国海南岛滨海砂铬矿含 Cr_2O_3 在 20%～31%、Cr/Fe 为 1.7～2.6，也预示这一区域有深渊地幔物质上来过。

2. 地壳

地壳包括上部的硅铝层和下部的硅镁层，硅铝层是由硅镁层进一步分异演化发展的产物。

根据同位素年龄测定，太古代结晶基底的年龄为31.00亿～25.30亿年，元古代结晶基底的年龄为21.35亿～12.00亿年。

硅铝层地壳中，早期暗色矿物部分与幔源物质有关，晚期浅色矿物部分与壳源物质有关。浅色矿物具有中酸性斜长石→酸性斜长石→钾长石→白云母→石英的演化趋势，暗色矿物有紫苏辉石→普通角闪石→黑云母的演化趋势。

地壳中发育的大量花岗质岩石与成矿具有密切关系。不同成因花岗岩或伟晶岩的稀有、稀土矿化不同。由基性岩分异或深部形成的花岗岩矿化较差；混合岩化形成的花岗岩有时有矿化，但富集程度不高；由硅铝层反复重熔形成的晚期花岗岩矿化最好。

从前寒武纪到古生代，再到中生代，伴随花岗质地壳不断发展，稀土、稀有元素矿物也不断发展，矿物种数不断增加，所占百分比也不断增加。在前寒武纪地层中，稀土、稀有矿物只出现了23种，平均每亿年只出现0.68种；在古生代出现35种，平均每亿年出现16.76种；到中生代(2.3亿～0.7亿年)出现矿物90种以上，平均每亿年出现56.25种。可见，随着地壳演化，其矿物种属发展确有加速递增趋势。地壳内花岗岩与花岗伟晶岩的形成是上地幔与地壳物质演化的必然结果，也是基性-超基性岩浆物质向酸碱性岩浆物质演化的必然结果。

地幔型物质向地壳型物质演化过程中，温度T、压力P和物质浓度C，以及pH、Eh等表征物理化学条件的参数不断变化，总体趋势是温度和压力不断降低，越来越多地形成低温矿物，也导致类质同象代替现象越来越减弱，类质同象替代的范围越来越窄，而且元素进一步分异，致使出现更多的独立矿物种，同时大半径的元素如Na、K、Rb、Cs、TR、Th、Zr、Hf、U等不断在矿物中富集。

地壳演化过程中，那些丰度较低的稀土、稀有、放射性元素不断在矿物中富集，因而形成的稀土、稀有、放射性元素等的独立矿物种也越来越多。同时，Mg、Fe、Ca不断降低，它们形成的矿物种如橄榄石、辉石、角闪石等也随之减少。相反，Na、K、Si含量和它们的矿物种数量不断升高，形成碱性长石与石英，出现较多低价态的金属离子如Li、Rb、Cs等。由于K、Na、Li升高，使pH升高，还导致Eh升高，可使部分变价元素形成高价态离子，如Fe^{2+}→Fe^{3+}、Mn^{2+}→Mn^{3+}、Sm^{2+}→Sm^{3+}、Eu^{2+}→Eu^{3+}，因而也可使矿物种数大大增加。例如，在前寒武纪花岗岩中以黑云母为主，其次为白云母，但不出现锂云母；到古生代才出现锂白云母与锂云母，它的变化过程是Mg→Fe→Al→Li；到中生代，不仅含锂的云母矿物种大大增加，其他锂矿物种也大大增加，甚至出现独立的铯矿物。

另一个重要特点是随着演化，组分浓度中的挥发分含量不断升高，其中重要元素之一是O，从基性斜长石到酸性斜长石便是氧含量不断升高的过程(从$CaAl_2Si_2O_8$到$NaAlSi_3O_8$，氧含量变化从46.01%升高至48.81%)；从镁橄榄石经顽火辉石到镁直闪石也显示同样趋势，Mg_2SiO_4→$Mg_2Si_2O_6$→$Mg_7(Si_4O_{11})_2(OH)_2$中氧含量变化为45.78%→

47.80%→48.17%。氧含量增加使变价元素从低价变为高价，表现在铁的氧化物为 $Fe^{2+}TiO_3 \rightarrow Fe^{3+}(Fe^{3+},Fe^{2+})O_4 \rightarrow Fe_2^{3+}O_3$。因此，在花岗岩中，从古老花岗岩到年轻花岗岩，同一花岗岩从早期到晚期，磁铁矿的含量是呈不断升高趋势的，最后出现赤铁矿副矿物。实际上，氧化形成的赤铁矿还常常进入钾长石或钠长石中，出现红化。钛铁矿在氧化条件下分解析出的 Ti，便与 Nb、Ta、TR 结合形成 Ti、Nb、Ta 的稀土矿物或含铌金红石。后者中成类质同象代替的 Fe，也为 Fe^{3+}，它的晶体化学式为 $(Ti^{4+}、Nb^{5+}、Fe^{3+})O_2$，代替方式为 $2Ti^{4+} \rightarrow Nb^{5+}+Fe^{3+}$。同时，$H^+$ 与 H_2O 含量也不断增加，因而使早期才能保持稳定的无水硅酸盐到中晚期转化为含水的硅酸盐。云母代替橄榄石、辉石、角闪石而大量出现，也是一个很好的例子。

矿物中水的增加多表现在(OH)不断增加。硅酸盐矿物的硅氧骨干发生 $[SiO_4] \rightarrow [Si_2O_8] \rightarrow [Si_4O_{11}] \rightarrow [Si_4O_{10}] \rightarrow [(Si, Al)_2O_4]$ 的变化。铯榴石 $(Cs, Na)2Al_2Si_4O_{12} \cdot H_2O$ 与方沸石 $NaAlSi_2O_6 \cdot H_2O$ 等在伟晶岩中的出现，便是 H_2O 含量升高的例证。

除水外，其他挥发分也相应升高，B 的升高使电气石含量升高；P 的升高使磷灰石与 Li 及 REE 等多种磷酸盐升高；F 的升高使萤石、黄玉等含量升高，同时也促使黄河矿 $BaCe[CO_3]F$、香花石 $Ca_3Li_2Be_3[SiO_4]_3F_2$（陈光远等，1988）等多种稀有矿物出现。烧绿石等的出现，也是 OH 与 F 伴随稀有元素上升形成的例证。S 的升高使花岗岩中黄铁矿、辉钼矿含量升高，同时也导致多种日光榴石矿物 $(Mn, Fe, Zn)_8[BeSiO_4]_6S_2$ 出现。

由于物质组分和物理化学条件的变化，矿物中类质同象置换的容量降低，也影响到同一晶体的不同部分的成分，如使其中稀土配分不一致，甚至差别很大（陈光远等，1988），因而形成晶畴结构。对天河石也是如此，它含 Rb_2O 可达 1.4%，Cs_2O 可达 0.2%，但 Rb、Cs 的分布很不均匀。

根据陈光远等（1988）研究，地壳矿物的系统发生过程具有如下规律性：

地壳运动具有周期性，相应的矿物系统发生也具有周期性，即矿物系统发生也与地球周期吻合。每一次大的地壳运动都会形成大量矿物组合，后一次地壳运动叠加在以前矿物组合上。因此矿物种类和数量必定是增加的，所以地壳的矿物系统变得更加复杂。

实际上地壳运动发展具有不可逆性，矿物系统发生也具有不可逆性。由于壳幔交互作用使得地壳组成越来越不均匀，即地壳内矿物系统也越来越不均匀。地壳运动从不间断，矿物系统发生就不停止，地壳运动的极不均匀特点导致壳内矿物分布极不均匀。

地壳各类矿物大体遵循地壳丰度、能量系数、熔点密度、分解与升华温度逐渐降低的顺序系统发生。通常各类矿物按先内生、后外生的趋势系统发生。伴随地壳运动，一般以区域性变质-岩浆活动开始而以风化沉积作用结束，矿物系统发生的顺序也便以内生矿物首先形成，以外生矿物的形成而结束。地壳运动和构造岩浆活动的时空不均一性使得不同矿物类多有交叉叠加。

3. 岩浆系统

地球上最多见的矿物发生系统是岩浆系统，一个完整的岩浆系统自源区岩浆形成，经历复杂的演化过程直至冷凝结晶，几乎涵盖了所有形式的矿物个体发生过程，因此岩浆系统矿物发生具有代表意义。

岩浆起源于上地幔或地壳。一般认为原始岩浆有3种，即玄武质岩浆、安山质岩浆、花岗质岩浆。岩浆中矿物发生总是先铁镁质后硅铝质。

常见岩浆矿物发生顺序为橄榄石→辉石+基性斜长石→角闪石+中性斜长石→黑云母+酸性斜长石→碱性斜长石+白云母→石英。副矿物磁铁矿、钛铁矿、榍石、独居石等常常首先晶出，自形程度高。大多数岩浆形成后会向上运移，沿途会有围岩不断同化混染岩浆，使得成分不断发生变化，发生的矿物就会发生改变。如果两种或两种以上不同性质或不同源区的岩浆发生混合，熔浆成分发生明显改变，那么发生的矿物就会完全不同。

岩浆岩中矿物系统发生过程，实质上是岩浆系统发生、发展、演化和凝固过程的矿物学表现。一般的岩浆起源是源区岩石(地壳或上地幔)在基本的控制条件(压力、温度和挥发分)发生变化时，如发生减压、升温或注水条件下产生熔融，形成黏稠熔浆物质。有些情况下形成的熔浆物质中仍然残留有未完全熔融的固体相，当然多数熔浆产生是由于部分熔融通常始于含水矿物的分解，所以天然岩浆一般含有或多或少以水为主的挥发分流体。当岩浆进一步运移、演化(主要表现为上升侵位、与围岩同化混染等)时，可以看作由熔体、流体和未完全熔融的残留矿物组成复杂体系的运移演化。这一演化过程在以降温减压为主的物理化学条件约束下直至运移侵位至地壳浅部完全凝固为止。所以，岩浆系统中矿物发生是随着温度和压力的下降而发生的。

这样看来，复杂的岩浆系统产物——岩浆岩，由于其演化过程不同，形成的矿物组合也会完全不同。总体来看，其矿物组成应该是源区残留、熔体和流体晶出的产物组合。因此，罗照华等(2013)将岩浆岩中矿物晶体按照加入岩浆系统的方式划分为3种晶体群，即固体晶体群、熔体晶体群和流体晶体群。固体晶体群指以固态方式加入岩浆系统的矿物晶体，进一步划分为残留晶体亚群和捕掳晶体亚群；熔体晶体群指由熔体晶出的矿物晶体，可进一步划分为从不同水平岩浆房中晶出的岩浆房晶体亚群、岩浆在沿通道上升途中晶出的通道晶体亚群、长期随岩浆演化并循环于岩浆系统的循环晶体亚群和岩浆侵位后凝固过程中晶出的基质晶亚群；流体晶体群指完全从岩浆系统的流体相晶出的晶体群，可进一步划分为由超临界流体晶出的超临界晶体亚群、直接从气体晶出的凝聚晶体亚群和由热液析出的热液晶体亚群。理论上来说，残留晶与原生岩浆能够保持热力学平衡，捕掳晶则不与岩浆平衡，熔体晶在岩浆演化的特定阶段可能与岩浆保持热力学平衡，而流体晶体群一般不与岩浆平衡，但超临界晶体亚群有时可与岩浆平衡。

上述各种晶体群在岩浆岩中的保存情况与岩浆系统存续的时空尺度密切相关，通常情况下，快速上升和凝固的岩浆系统可能保留所有类型的晶体群，但是缓慢上升和固结的岩浆系统中则可能仅保留基质晶亚群或固体晶体群。

(四)陨石及地外星系矿物系统发生史

陨石是指地球之外其他天体陨落到地球表面的岩石。如同地区上的岩石一样，这些岩石也是由矿物组成的。这些矿物岩石由于记录并承载着地外其他星体物质组成及其演化历史的信息，因此也具有特别重要的科学意义，尤其近几十年来人类逐步开始探索月球和火星计划以来。从已经获得的陨石样品研究结果看，绝大多数陨石来自太阳系的星体(肖龙，2013)，所以陨石的矿物系统信息可以揭示太阳系星体形成与演化过程。

陨石不同于地球岩石的主要特征为：由于从其他星体降落到地球表面过程中速度非常快，与穿越的大气层发生摩擦生热高温表面熔融或烧灼，形成熔融薄膜，有时甚至还留有与大气作用而残留的气痕或气印。另外，目前发现的陨石密度较地球岩石密度大，可达 $8g/cm^3$，原因是含有较多的铁镍金属(一些陨石中镍含量高达 10%)。大多数陨石含有铁而显磁性。大多数陨石含有硅酸盐球体，呈球粒构造。

但是，根据陨石的化学组成，太阳系星体的物质组成与地球物质非常类似，因此认为整个太阳系应属于同源星际物质成因。其中石陨石与石铁陨石的组成与地球地幔物质相似，铁陨石与地球地核物质相似。放射性同位素测年结果显示，太阳系星体的形成年龄约为 45 亿年，与地球形成时间近乎一致。

太阳系星体是由均匀一致的星际物质冷凝形成的尘埃状晶体通过进一步收缩聚集演化成的球体，由于距离收缩凝聚中心(该中心温度应该是太阳系最高的区域)远近不同，温度和化学成分便不同，因此太阳系的不同星体之间的矿物系统存在差别。其中，靠近凝聚中心的天体中高温难熔组分含量较高，远离凝聚中心的天体中则高温难熔组分含量较低。地球和月球是距离凝聚中心较近的天体，其难熔组分含量相对较高，含量大约超过总物质的 1/2。

按照成分分类，陨石可分为石陨石、铁陨石和石铁陨石(肖龙，2013)。

石陨石非常类似于地球岩石，主要由橄榄石、辉石等硅酸盐矿物组成，并包含少量铁镍金属矿物。根据是否含有球粒构造，石陨石可进一步分为球粒陨石和无球粒陨石。地球上目前发现的陨石绝大多数是球粒陨石(占已发现陨石总数的 91.5%，其中 80%是普通球粒陨石)。一部分球粒陨石含有 H、He、N、O 及惰性气体元素等易挥发成分，因而称为碳质球粒陨石，研究认为其成分特点代表了太阳系原始物质组成。其他普通球粒陨石则缺乏易挥发组分。无球粒陨石没有球粒构造，也无金属相，与地球上的地幔物质组成相当。世界上最大的石陨石发现于 1976 年吉林省吉林市的陨石雨中，属于普通球粒陨石，最大的 1 号陨石重达 1.75kg(肖龙，2013)。

铁陨石外观酷似铁块，主要成分是铁镍合金，含镍量一般在 6%～13%，另有微量碳、硫、磷、镓、锗等。铁陨石在自然界发现的很少，约占发现量的 4.6%。目前地球上发现的最大陨石来自纳米比亚，于 1928 年发现，重达 73t。我国于 1958 年在新疆清河县发现了重达 30t 的铁陨石(肖龙，2013)。

石铁陨石在自然界也较少，仅占发现陨石约 1%。石铁陨石属于铁陨石和石陨石的过渡类型，其镍铁含量与硅酸盐含量相当。石铁陨石可进一步划分为橄榄陨铁和中铁陨石，其中橄榄陨铁较为常见。前者内部结构可见硅酸盐晶体被铁相基质包围的结构特点，后者可见长石和辉石矿物。

根据化学成分是否分异，陨石可划分为分异陨石和未分异陨石。其中，无球粒陨石、石铁陨石和铁陨石均有分异特征，所以统称为分异陨石。分异陨石可能是由球粒陨石经过高温熔融分异后再结晶而成的。据此推测，地外星体内部结构与地球类似，也分为 3 层，最内层是石铁陨石核部，最外层是具有石质特征的无球粒陨石外壳，中间是过渡类型的石铁陨石幔层。

据资料(陈光远等，1988；肖龙，2013)，目前鉴别出陨石中矿物种类多达几百种，多数与地球矿物类似，少数属于目前地球上尚未发现的矿物种。其中，不透明矿物有镍铁合金(Ni, Fe)、自然铜、自然金、金刚石、石墨、二硫化碳、碳化硅、碳化铁、陨氮钛矿(TiN)、陨硫铁(FeS)、陨硫钙石(CaS)、硫锰矿(MnS)、镍黄铁矿、陨硫铬铁矿($FeCr_2S_4$)、方黄铜矿[(Cu, Fe)S]、墨铜矿($Cu_2Fe_4S_7$)，还有一些地球上常见的如黄铜矿、黄铁矿、闪锌矿、钛铁矿、磁铁矿、铬铁矿；透明矿物主要是橄榄石、辉石、长石、陨氯铁、碳酸盐矿物、尖晶石、石英、磷灰石、白磷钙矿、磷镁石、石膏、七水镁钒、白钠镁钒、蛇纹石等。除铁陨石外，橄榄石是各类陨石(铁陨石除外)中最常见的矿物，一般为含镁橄榄石为15%～30%的铁橄榄石。辉石也是陨石常见矿物，通常是一些铁辉石、顽火辉石、硅灰石的固溶体。另外，长石也是陨石的基本组分。其他矿物都是副矿物或者微量存在于某种陨石中。

关于陨石的成因，多数认为是来自太阳系的小行星带，少量来自月球或火星。小行星带是位于火星和木星之间的一个小行星密集区域，因聚集了约50万颗(占太阳系小行星的98.5%)小行星而得名。小行星带物质非常稀薄，主要是碳质、硅酸盐和金属3种物质。最常见的球粒陨石就来自小行星带。一般认为，太阳系形成早期主要是一些尘埃物质和气体，也称星云。太阳系的某些部位由于遇到了强烈的高温事件而被融化形成浆状熔体，类似地球的岩浆，有时分熔呈硅酸盐熔滴和金属熔滴。这些溶滴冷凝即形成球粒，含有这些球粒的陨石称为球粒陨石。这些星际物质经历温度变化及熔凝过程逐渐演化为小行星体。因此，这些来自小行星带的陨石实际上记录了太阳系演化早期的信息。由于陨石矿物组成非常类似于地球常见矿物，因此可以认为与地球演化非常类似的星体还有很多。

太阳系另一些地方由于温度可能会很高而被完全融化，形成类似于地壳里的岩浆房。通过岩浆冷凝产生的陨石一般没有球粒，但是具有分异特点，所以称为无球粒陨石。分异陨石常导致富含金属的熔体与硅酸盐熔体的分异，该分异与地球内部的分异过程非常类似。这就是为什么会出现富含金属的铁陨石、贫金属的石陨石和过渡型的石铁陨石，也解释了铁陨石相当于星体富铁镍的核部、贫金属的石陨石相当于星体的外壳(硅酸盐外壳)和石铁陨石相当于星体的幔部。

绝大多数来自小行星带的陨石为球粒陨石，也是地球上最为常见的陨石，即小行星几乎是地球陨石的母体。球粒陨石根据成分一般可分为碳质球粒陨石、顽辉球粒陨石和普通球粒陨石。其中普通球粒陨石依据铁含量、橄榄石和辉石的差异可进行进一步分类。球粒陨石外壳通常呈深灰色或黑色，属于被融化后形成的壳；其内部一般呈浅灰色，内部结构可以分为球粒、难熔包体和基质。球粒和基质的矿物多是橄榄石和辉石。最主要结构要素球粒为毫米级硅酸盐小珠，球粒含量最高可达80%，一般是普通球粒陨石的球粒含量高，而碳质球粒陨石和顽辉球粒陨石球粒含量少。球粒一般是圆的，而难容包体多为不规则状，有时也呈球状。难熔包体通常含有较多浅色矿物如长石等。

球粒陨石代表了太阳系天体形成的最原始物质，所以通过球粒陨石的研究可以探讨太阳系成因。

随着航天技术的快速发展，不仅可以依据掉落到地球的陨石来了解地外星体，而且可以直接采集到地外星体的样品。目前对地外星体了解最多的是月球和火星，因此这里主要介绍月球矿物系统和火星矿物系统发生。

1. 月球

对于月球矿物系统的了解仍然主要来自月球陨石。目前已发现并命名的月球陨石已达 160 块，主要发现于北非、阿拉伯地区和南极。由于月球是距离地球最近的星体，因此其矿物组成与地球非常类似。当月球陨石遭受风化而剥蚀掉其熔融外壳后，其内部矿物组成非常类似于地球岩石，所以地球上发现的月球陨石很可能远远多于 160 块。

月球陨石常见的类型主要有 3 种：角砾岩化斜长岩、玄武岩或角砾岩化玄武岩和角砾岩化苏长岩，实际上苏长质角砾岩型月陨石很少。另外，还可见一些以中性成分为主的复成分角砾岩。目前得到的月球陨石大多具有被冲击熔蚀的痕迹，疑似多为小行星冲击月球表面导致其表面物质熔蚀溅射所致。月球陨石基本代表了月球表面的物质成分。

从成因看，月球陨石可分为两大类，一类是富铁贫铝的玄武岩和玄武质角砾岩，主要来自月海；另一类是富铝贫铁的斜长岩，主要来自月球高地(肖龙，2013)。

所有发现的月球陨石中，极少有未角粒化的岩石，一般都呈角粒化构造，且多为玄武质成分。长石质陨石全部为角砾岩。陨石多存在冲击熔融变质特征，陨石表面常含玻璃箱。大部分角砾岩化月球陨石实际为月壤角砾岩和碎屑角砾岩，类似于地球上的沉积岩，由于冲击溅射溶蚀而成，所以角砾岩中基质主要是隐晶质和玻璃质。由于主要受冲击、溅射、熔蚀及相互磨蚀作用，因此角砾一般无分选，无定向，有时存在一定磨圆，类似于地球上的熔结集块岩和熔结角砾岩。冲击熔蚀是月球陨石的表面重要特征。

月球陨石矿物成分相对简单，主要是斜长石(多为钙长石)、辉石、橄榄石和钛铁矿，以及一些由上述矿物熔融快冷形成的玻璃箱，这 5 种相态占月球陨石成分的 98%以上(肖龙，2013)。此外，月球陨石中还含有少量其他矿物，如尖晶石、铁纹石、镍纹石、钾长石、鳞石英和方石英、陨硫铁、陨磷钙钠石、磷灰石、斜锆石、三斜铁辉石、金红石、锆石、磷铁矿、镍黄铁矿、钛锆钍矿、独居石阿姆阿尔柯尔矿、静海石、哈普克矿等，其中陨硫铁是唯一的硫化物。

由于冲击作用，一些橄榄石转变为 β 相和 γ 相等高温相。

所有月球陨石或多或少含有一些金属铁。相比其他陨石，月球陨石含铁较低，多小于 0.1%，几乎没有 Fe^{3+}，即铁磁性物质较少，因此月球陨石几乎没有磁性(肖龙，2013)。

2. 火星

除月球陨石外，人类还获得了一些火星陨石，但是非常稀少。火星陨石多类似于地球上的岩浆成因玄武岩和堆晶岩，主要包括 4 种岩石类型：辉玻无球粒陨石(shergottites)，辉橄无球粒陨石(nakhlites)、纯橄无球粒陨石(chassignite)和斜方辉石岩质无球粒陨石(orthpopyroxenites)，简称 SNCO(肖龙，2013)。

目前收集到陨石中有 60 块来自火星(肖龙，2013)，基本上为岩浆型岩石。尽管探测到火星表面也有大量撞击坑，但是角砾状岩石极为稀少，辉石和橄榄石是火星陨石的主要矿物相。火星长石由于冲击熔蚀作用而几乎全部为熔长石。铬铁矿和磁铁矿是火星陨石的主要金属矿物。火星陨石通常被认为来自火星较为年轻的撞击作用。火星陨石中未见有沉积岩特征岩石。火星陨石中发现有盐类矿物和黏土矿物，显然说明有流体作用过程(肖龙，2013)。

四、小　结

矿物发生学是研究矿物发芽、长大、变化过程及其条件的学科，是成因矿物学理论体系的重要组成部分，包括矿物个体发生学、矿物系统发生学和矿物组合发生学 3 个方面的内容。

矿物个体发生学研究矿物单体和同种矿物集合体的发芽、生长和变化过程，矿物发芽、生长和变化的物理化学和介质条件，矿物生长过程中与介质的相互作用及其标志，矿物形成过程中元素地球化学特点，矿物发育过程与结构缺陷的关系等。矿物个体发生学是阐明矿物形成与演化的重要基础。

矿物系统发生学研究在自然历史时期中矿物的演化规律及其条件和过程，即研究不同层次、不同尺度自然体系在不同规模物理的、化学的和生物的作用场变化过程中，同一类别矿物群体的发育特点，以及群体内矿物与矿物之间、矿物与介质之间互相联系和互相影响所表现出来的规律。

矿物组合发生学主要研究矿物共生组合随时、空变化而表现出的规律，与岩石、矿石或其他矿物载体的系统发生学有密切联系。

参 考 文 献

包鲁明, 谭劲, 池召坤, 等. 2009. 透辉石-钙长石体系熔体在不同过冷条件下晶体生长研究[J]. 矿物岩石, 29(3): 17-22.

陈晨, 陈洪建, 于海群, 等. 2013. 引晶直径对泡生法蓝宝石晶体位错及小角度晶界影响的研究[J]. 人工晶体学报, 42(12): 2556-2561.

陈光远, 孙岱生, 殷辉安. 1988. 成因矿物学与找矿矿物学[M]. 重庆: 重庆出版社.

陈华雄, 宋永才. 2004. 文石型碳酸钙晶须的制备研究[J]. 材料科学与工程学报, 22(2): 197-120.

侯宗良, 卢志华, 马育栋. 2015. 制备条件对羟基磷灰石性能的影响[J]. 山东化工, 44(6): 8-11.

黄苏萍, 黄伯云, 周科朝, 等. 2004. 有机功能团及矿化液离子对羟基磷灰石晶体生长的影响[J]. 中国有色金属学报, 14(9): 1604-1608.

姜超, 钱壮志, 张江江, 等. 2014. 新疆东天山香山岩体橄榄石特征及其成因意义[J]. 现代地质, 28(3): 478-488.

蒋匡仁. 1983. 矿物演化周期性的探讨[J]. 矿物学报, (4): 304-312.

李其松, 刘俊成. 2011. 移动加热器法晶体生长的研究[J]. 材料导报, 25(6): 11-20.

李胜荣, 陈光远. 1994. 石英环带结构填图有效性研究—以胶东乳山金矿为例[J]. 矿物学报, 14(4): 378-382.

李胜荣, 陈光远, 邵伟, 等. 1996. 胶东乳山金矿田成因矿物学[M]. 北京: 地质出版社.

梁晨, 郑连存, 陈溁. 2006. 稳态胞晶生长控制方程的解析解及其传输行为[J]. 北京科技大学学报, 28(1): 42-44.

刘向荣, 王楠, 魏炳波. 2005. 无容器条件下 Cu-Pb 偏晶的快速生长[J]. 物理学报, 54(4): 1671-1678.

罗照华, 杨宗锋, 代耕, 等. 2013. 火成岩的晶体群与成因矿物学展望[J]. 中国地质, 40(1): 176-181.

祁敏佳, 宋兴福, 杨晨, 等. 2012. 微波对碱式碳酸镁结晶过程的影响[J]. 无机化学学报, 28(1): 1-7.

苏文佳, 左然, 程晓农. 2014. μ-PD 法蓝宝石纤维晶体生长中传热传质的数值模拟[J]. 人工晶体学报, 43(12): 3214-3218.

孙丛婷, 薛冬峰. 2014. 无机功能晶体材料的结晶过程研究[J]. 中国科学, 44(11): 1123-1136.

孙绍涛, 季来林, 王正平, 等. 2009. 原料对 DKDP 晶体生长习性及光学性能的影响[J]. 人工晶体学报, 38(3): 539-543.
唐睿康. 2005. 表面能与晶体生长-溶解动力学研究的新动态[J]. 化学进展, 17(2): 368-376.
汪轶. 2010. 一类流场作用下晶体生长模型解的适定性[J]. 皖西学院学报, 26(5): 67-68.
王波, 房昌水, 孙询, 等. 2006. 不同过饱和度下 DKDP 晶体生长和缺陷的研究[J]. 无机材料学学报, 21(5): 1047-1052.
吴尚全. 1984. 黑龙江团结构斑岩金矿床中的显微莓群白铁矿[J]. 矿物岩石, (4): 20-25.
吴小元, 张弛, 周耐根, 等. 2014. 应变对硅晶体生长影响的分子动力学模拟研究[J]. 人工晶体学报, 43(12): 3185-3190.
肖龙. 2013. 行星地质学[M]. 北京: 地质出版社.
谢才富. 2002. 同构造花岗岩的一种显微构造标记[J]. 矿物岩石学杂志. 21(2): 179-185.
邢辉, 陈长乐, 金克新, 等. 2010. 相场晶体法模拟过冷熔体中的晶体生长[J]. 物理学报, 59(11): 8218-6225.
徐丹, 张金利, 李韡, 等. 2013. 微流体结晶应用的最新进展[J]. 现代化工, 33(10): 47-51.
许满, 唐红峰. 2016. 斜长石结晶作用的实验研究进展[J]. 矿物学报, 36(1): 61-69.
许莹, 张玉柱, 卢翔. 2015. 由熔融高炉渣制备微晶玻璃[J]. 工程科学学报, 37(5): 633-637.
杨睿, 介万奇, 孙晓燕, 等. 2015. 温度梯度溶液法生长的 Cr 掺杂的 ZnTe 晶体的表征[J]. 无机材料学报, 30(4): 401-407.
杨永, 陈明文, 王自东, 等. 2005. 圆盘状晶体生长问题的摄动分析[J]. 北京联合大学学报(自然科学版), 19(4): 35-38.
叶大年, 金成伟. 1974. 硅酸盐熔体中橄榄石晶体的发育过程[J]. 地质科学, 9(4): 349-355.
尹荔松, 陈敏涛, 李婷, 等. 2007. 白云石制备菱面片层纳米氧化镁[J]. 物理化学学报, 23(3): 433-437.
张爱云. 1985. 寒武纪初期被囊动物化石的发现[J]. 科学通报, (05): 375-387.
张承乾, 王继扬, 陈创天. 2002. 紫外倍频晶体 $K_2A1_2B_2O_7$ 的生长与性能[J]. 材料研究学报, 16(6): 595-599.
张建龙. 2015. 不同受限条件下纳米 Cu 液体的结晶过程研究[J]. 哈尔滨师范大学自然科学学报, 31(2): 113-115.
赵达文, 李秋书, 郝维新. 2011. 相场模型模拟强界面能各向异性作用下晶体生长[J]. 铸造技术, 32(3): 318-320.
郑燕青, 施尔畏, 李汶军. 1999. 晶体生长理论研究现状与发展[J]. 无机材料学报, 14(3): 321-332.
邹旭, 许娴, 付海川, 等. 2014. 温度及压力作用下的铁酸锌纳米颗粒结晶过程研究[J]. 海南师范大学学报(自然科学版), 27(2): 147-149.
Adamson A W. 1960. Physical Chemistry of Surfaces[M]. New York: Interscience Publishers.
Austrheim H. 1987. Eclogitization of lower crystal granulites by fluid migration through shear zones[J]. Earth Planet Sci Lett, 81: 221-232.
Austrheim H, Putnis C V, Engvik A K, et al. 2008. Zircon coronas around Fe-Ti oxides: A physical reference frame for metamorphic and metasomatic reactions[J]. Contrib Mineral Petrol, 156: 517-527.
Baronnet A. 1982. Ostwald ripening in solution. The case of calcite and mica[J]. Estudios Geol, 38: 185-198.
Berner R A. 1980. Early Diagenesis: A Theoretical Approach[M]. Princeton: Princeton University Press.
Bowman J R, Valley J W, Kita N T. 2009. Mechanisms of oxygen isotopic exchange and isotopic evolution of $^{18}O/^{16}O$-depleted periclase zone marbles in the Alta aureole Utah: Insights from ion microprobe analysis of calcite[J]. Contrib Mineral Petrol, 157: 77-93.
Brady P V, Krumhansl J L, Papenguth H W. 1996. Surface complexation clues to dolomite growth[J]. Geochim Cosmochim Acta, 60: 727-731.
Burton W K, Frank N C C. 1951. The growth of crystals and the equilibrium structure of their surfaces[J]. Philos Trans R Soc, 243: 299-358.
Cardew P T, Davey R J. 1985. The kinetics of solvent-mediated phase transformations[J]. Proc R Soc A, 398: 415-428.
Carmichael D M. 1969. On the mechanism of prograde metamorphic reactions in quartz-bearing pelitic rocks[J]. Contrib Mineral Petrol, 20: 244-267.
Casey W H, Westrich H R, Banfield J F, et al. 1993. Leaching and reconstruction at the surfaces of dissolving chain-silicate minerals[J]. Nature, 366: 253-256.
Cherniak D J, Watson E B. 2003. Discussion on zircon[J]. Rev Mineral Geochem,53: 469-500.

Chester J S, Lenz S C, Chester F M, et al. 2004. Mechanisms of compaction of quartz sand at diagenetic conditions[J]. Earth Planetary Sci Lett, 220: 435-451.

Christy A. 2018. Crystal chemistry, geochemistry and spatiotemporal inhomogeneity as drivers of mineral diversity[R]. IMA2018, Melboune.

Dewers T, Ortoleva P. 1989. Mechano-chemical coupling in stressed rocks[J]. Geochim Cosmochim Acta, 53: 1243-1258.

Dove P M, Rimstidt J D. 1994. Silica-water interactions[J]. Rev Mineral, 29: 259-308.

Engvik A K, Putnis A, Fitz B, et al. 2008. Albitisation of granitic rocks: The mechanism of replacement of oligoclase by albite[J]. Can Mineral, 46: 1401-1415.

Engvik A K, Golla-Schindler U, Berndt-Gerdes J, et al. 2009. Intragranular replacement of chlorapatite by hydroxy-fluor-apatite during metasomatism[J]. Lithos, 112 (3-4) : 236-246.

Fletcher R, Merino E. 2001. Mineral growth in rocks: kinetic-rheological models of replacement, vein formation and syntectonic crystallization[J]. Geochim Cosmochim Acta, 65: 3733-3748.

Fontana M G. 1986. Corrosion Engineering[M]. New York: McGraw-Hill.

Fortey A J. 1981. Micromorphological studies of the corrosion of gold alloys[J]. Gold Bull, 14: 25-35.

Fritz B, Noguera C. 2009. Mineral precipitation kinetics[J]. Reviews in Mineralogy & Geochemistry, 70: 371-410.

Geisler T, Poeml P, Stephan T, et al. 2005a. Experimental observation of an interface-controlled pseudomorphic replacement reaction in natural crystalline pyrochlore[J]. Am Mineral, 90: 1683-1687.

Geisler T, Seydoux-Guillaume A M, Poeml P, et al. 2005b. Experimental hydrothermal alteration of crystalline and radiation-damaged pyrochlore[J]. J Nucl Mater, 344: 17-23.

Geisler T, Schaltegger U, Tomaschek T. 2007. Reequilibration of zircon in aqueous fluids and melts[J]. Elements, 3: 43-50.

George L L, Biagioni C, D'Orazio M, et al. 2018. Textural and trace element evolution of pyrite during greenschist facies metamorphic recrystallization in the southern Apuan Alps (Tuscany, Italy): Influence on the formation of Tl-rich sulfosalt melt[J]. Ore Geology Reviews, 102: 59-105.

Glikin A E. 2008. Polymineral-Metasomatic Crystallogenesis[M]. New York: Springer.

Glover E D, Sippel R F. 1962. Experimental pseudomorphs: Replacement of calcite by fluorite[J]. Am Mineral, 47: 1156-1165.

Gratier J P, Guiguet R. 1986. Experimental pressure solution-deposition on quartz grains: The crucial effect of the nature of the fluid[J]. J Struct Geol, 8: 845-856.

Grew E. 2018. Can lithium minerals be counted? Comparison with boron and beryliym[R]. IMA2018, Melbourne.

Groen J C, Craig J R, Rimstidt J D. 1990. Gold-rich rim formation on electrum grains in placers[J]. Can Mineral, 28: 207-228.

Gurzhiy V. 2018. Evolution of structural and topological complexity in uranyl sulfates and selenates[J]. IMA2018.

Harlov D E, Wirth R, Foerster H J. 2005. An experimental study of dissolution-reprecipitation in fluorapatite: Fluid infiltration and the formation of monazite[J]. Contrib Mineral Petrol, 150: 268-286.

Hazen R M. 2010. Evolution of minerals[J]. Scientific American, 302: 58-65.

Hazen R M. 2018. A revised (upwards) estimate of Earth's "missing" minerals[R]. IMA2018, Melbourne.

Hazen R M, Papmeau D, Bleeker W, et al. 2008. Mineral evolution[J]. American Mineralogist, 93: 1693-1720.

Hetherington C J, Harlov D E. 2008. Metasomatic thorite and uraninite inclusions in xenotime and monazite from granitic pegmatites, Hidra anorthosite massif, southwestern Norway: Mechanics and fluid chemistry[J]. Am Mineral, 93: 806-820.

Hough R M, Butt C R M, Reddy S M, et al. 2007. Gold nuggets: Supergene or hypogene?[J]. Aust J Earth Sci, 54: 959-964.

Hovelmann J, Putnis A, Geisler T, et al. 2010. The replacement of plagioclase feldspars by albite: observations from hydrothermal experiments[J]. Contrib Mineral Petrol, 159 (1) : 43-59.

Janssen A, Putnis A, Geisler T, et al. 2008. The mechanism of experimental oxidation and leaching of ilmenite in acid solution[J]. Proc. Ninth International Congress for Applied Mineralogy: 503-506.

Jolivet J P, Froidefond C, Pottier A, et al. 2004. Size tailoring of oxide nanoparticles by precipitation in aqueous medium. A semi-quantitative modeling[J]. J Mater Chem, 14: 3281-3288.

Kasioptas A, Perdikouri C, Putnis C V, et al. 2008. Pseudomorphic replacement of single calcium carbonate crystals by polycrystalline apatite[J]. Mineral Mag, 72: 77-80.

Kowacz M, Putnis A. 2008. The effect of specific background electrolytes on water structure and solute hydration: Consequences for crystal dissolution and growth[J]. Geochim Cosmochim Acta, 72: 4476-4487.

Krivovichev S. 2018. 'It from bit' in mineralogy: How information emerges, evolve and disappear in the world of mineral structures[R]. IMA2018, Melbourne.

Labotka T C, Cole D R, Fayek M, et al. 2004. Coupled cation and oxygen exchange between alkali feldspar and aqueous chloride solution[J]. Am Mineral, 89: 1822-1825.

Lang R A. 2004. Mechanisms of compaction of quartz sand at diagenetic conditions[J]. Earth Plan Sci Lett, 220: 435-451.

Lasaga A C, Soler J M, Ganor J, et al. 1994. Chemical weathering rate laws and global geochemical cycles[J]. Geochim Cosmochim Acta, 58: 2361-2386.

Lee M R, Parsons I. 1997. Dislocation formation and albitization in alkali feldspars from the Shap granite[J]. Am Mineral, 82: 557-570.

Li Q, Lin H, Hu J Z, et al. 2006. Control synthesis of aragonite and calcite in aqueous solution[J]. Journal of Functional Materials, 37(3): 487-491.

Li S R, Santosh M. 2017. Geodynamics of heterogeneous gold mineralization in the North China Craton and its relationship to lithospheric destruction[J]. Gondwanna Research, 50: 267-292.

Lippmann F. 1980. Phase diagrams depicting the aqueous solubility of mineral systems[J]. Neues Jahrb Mineral Abh, 139: 1-25.

Maliva R G, Siever R. 1988. Diagenetic replacement controlled by force of crystallization[J]. Geology, 16: 688-691.

Mark H. 2006. Reed and James Palandri. Sulfi de mineral precipitation from hydrothermal fluids[J]. Reviews in Mineralogy & Geochemistry, 61: 609-631.

Markov C I V. 1995. Crystal Growth for Beginners: Fundamentals of Nucleation, Crystal Growth and Epitaxy[M]. London: World Scientific.

Merino E, Dewers T. 1998. Implications of replacement for reaction-transport modelling[J]. J Hydrol, 209: 137-146.

Merino E, Banerjee A. 2008. Terra Rossa genesis, implications for karst, and eolian dust: A geodynamic thread[J]. J Geol, 116: 62-75.

Merino E, Nahon D, Wang Y. 1993. Kinetics and mass transfer in pseudomorphic replacement: Application to replacement of parent minerals and kaolinite by Al, Fe and Mn oxides during weathering[J]. Am J Sci, 293: 135-155.

Morrison S. 2018. Recent advances in mineral evolution and ecology via big data analytics and visualization[R]. IMA2018, Melbourne.

Nahon D, Merino E. 1997. Pseudomorphic replacement in tropical weathering: evidence, geochemical consequences, and kinetic-rheological origin[J]. Am J Sci, 297: 393-417.

Nakamura M, Watson E B. 1981. Experimental study of aqueous fluid infiltration into quartzite: implications for the kinetics of fluid redistribution and grain growth driven by interfacial energy reduction[J]. Geofluids, 1: 73-89.

Nakamura M, Shimakita S. 1998. Dissolution origin and syn-entrapment compositional change of melt inclusions in plagioclase[J]. Earth Planet Sci Lett, 161: 119-133.

Niedermeier D R D, Putnis A, Geisler T, et al. 2009. The mechanism of cation and oxygen exchange in alkali feldspars under hydrothermal conditions[J]. Contrib Mineral Petrol, 157: 65-76.

Noguera C, Fritz B, Clment A, et al. 2006. Nucleation, growth and ageing in closed systems II: Simulated dynamics of a new phase formation[J]. J Cryst Growth, 297: 187-198.

O'Neil J R, Taylor H P. 1967. The oxygen isotope and cation exchange chemistry of feldspars[J]. Am Mineral, 52: 1414-1437.

Oelkers E H, Schott J, Devidal J L. 1994. The effect of aluminum, pH and chemical affinity on the rates of aluminosilicate dissolution reactions[J]. Geochim Cosmochim Acta, 58: 661-669.

Orville P M. 1962. Alkali metasomatism and feldspars[J]. Nor Geol Tidsskr, 51: 283-316.

Orville P M. 1963. Alkali ion exchange between vapor and feldspar phases[J]. Am J Sci, 261: 201-237.

Oliver N H S, Cleverley J S, Mark G, et al. 2004. Modeling the role of sodic alteration in the genesis of iron oxide-copper-gold deposits, Eastern Mount Isa block, Australia[J]. Econ Geol, 99: 1145-1176.

Parbhakar K, Lewandowski J, Dao L H. 1995. Simulation model for Ostwald ripening in liquids[J]. J Colloid Interf Sci, 174: 142-147.

Parsons I, Lee M R. 2009. Mutual replacement reactions in alkali feldspars I: Microtextures and mechanisms[J]. Contrib Mineral Petrol, 157(5): 641-661.

Perez R, Boles A R. 2005. An empirically derived kinetic model for albitization of detrital plagioclase[J]. Am J Sci, 305: 312-343.

Pimpinelli A, Villain J. 1998. Physics of Crystal Growth[J]. Cambridge: Cambridg University Press.

Plümper O, Putnis A. 2009. The complex hydrothermal history of granitic rocks; multiple feldspar replacement reactions under sub-solidus conditions[J]. J Petrol, 50(5): 967-987.

Prieto M. 2009. Thermodynamics of solid solution-aqueous solution systems[J]. Rev Mineral Geochem, 70: 47-85.

Putnis A. 1992. Introduction to Mineral Sciences[J]. Cambridge: Cambridge University Press.

Putnis A. 2002. Mineral replacement reactions: From macroscopic observations to microscopic mechanisms[J]. Mineral Mag, 66: 689-708.

Putnis A. 2009. Mmineral replacement reactions[J]. Reviews in Mineralogy &Geochemisty, 70: 87-124.

Putnis C V, Mezger K. 2004. A mechanism of mineral replacement: Isotope tracing in the model system KCl- KBr-H_2O[J]. Geochim Cosmochim Acta, 68: 2839-2848.

Putnis C V, Tsukamoto K, Nishimura Y. 2005. Direct observations of pseudomorphism: compositional and textural evolution at a fluid-solid interface[J]. Am Mineral, 90: 1909-1912.

Putnis A, Putnis C V. 2007a. The mechanism of reequilibration of solids in the presence of a fluid phase[J]. J Solid State Chem, 180: 1783-1786.

Putnis A, Hinrichs R, Putnis C V, et al. 2007b. Hematite in porous red-cluded feldspars: Evidence of large-scale crustal fluid-rock interaction[J]. Lithos, 95: 10-18.

Putnis C V, Geisler T, Schmid-Beurmann P, et al. 2007c. An experimental study of the replacement of leucite by analcime[J]. Am Mineral, 92: 19-26.

Renard F, Ortoleva P, Gratier J P. 1997. Pressure solution in sandstones: Influence of clays and dependence on temperature and stress[J]. Tectonophysics, 280: 257-266.

Renard F, Brosse E, Gratier J P. 2000. The different processes involved in the mechanism of pressure solution in quartz rich rocks and their interactions[C]//Worden R, Morad S. Quartz Cement in Oil Field Sandstones. International Association of Sedimentologists Special Publication, 29: 67-78.

Rendon-Angeles J C, Rangel-Hernndez Y M, Pez-Cuevas J L, et al. 2005. Proc joint 20th AIRAPT-43rd EHPRG conf science technol high pressure[J]. Karlsruhe Germany July: 1-10.

Rendon-Angeles J C, Pech-Canul M I, pez-Cuevas J L, et al. 2006. Differences on the conversion of celestite in solutions bearing monovalenet ions under hydrothermal conditions[J]. J Solid State Chem, 179: 3645-3652.

Rendon-Angeles J C, Matamoros-Veloza Z, pez-Cuevas J L, et al. 2008. Stability and direct conversion of mineral barite crystals in carbonted hydrothermal fluids[J]. J Mater Sci, 42: 2189-2197.

Revil A. 2001. Pervasive pressure solution transfer in a quartz sand[J]. J Geophys Res, 106(5): 8665-8686.

Rubatto D, Müntener O, Barnhoorn A, et al. 2008. Dissolution-reprecipitation of zircon at low temperature, high pressure conditions (Lanzo Massif, Italy)[J]. Am Mineral, 93: 1519-1529.

Rutter E H. 1983. Pressure solution in nature, theory and experiment[J]. Jour Geol Soc London, 140: 725-740.

Schmickler W. 1996. Interfacial Electrochemistry[M]. New York: Oxford University Press.

Seydoux-Guillaume A M, Wirth R, Ingrin J. 2007. Contrasting response of $ThSiO_4$ and monazite to natural irradiation[J]. Eur J Mineral, 19: 7-14.

Shervais J W, Kolesar P, Andreasen K. 2005. A field and chemical study of serpentinization-Stonyford, California: Chemical Flux and Mass Balance[J]. Int Geol Rev, 47: 1-23.

Soman A, Tomaschek F, Berndt J, et al. 2006. Hydrothermal reequilibration of zircon from an alkali pegmatite of Malawi[J]. Eur J Mineral Suppl, 18: 132.

Spandler C, Hermann J, Rubatto D. 2004. Exsolution of thortveitite, yttrialite and xenotime during lowtemperature recrystallisation of zircon from New Caledonia, and their significance for trace element incorporation in zircon[J]. Am Mineral, 89: 1795-1806.

Suarez-Orduna R, Rendon-Angeles J C, Lpez-Cuevas J, et al. 2004. The conversion of mineral celestite to strontianite under alkaline hydrothermal conditions[J]. J Phys Condens Matter, 16: 1331-1344.

Suarez-Orduna R, Rendon-Angeles J C, Yanagisawa K. 2007. Kinetic study of the conversion of mineral celestite to strontianite under alkaline hydrothermal conditions[J]. Int J Mineral Process, 83: 12-18.

Tatartchenko V, 刘一凡, 吴勇, 等. 2013. 一级相变时的红外特征辐射：熔融结晶和蒸气冷凝或沉淀[J]. 物理学报, 62(7): 792031-792037.

Tenailleau C, Pring A, Etschmann B, et al. 2006. Transformation of pentlandite to violarite under mild hydrothermal conditions[J]. Am Mineral, 91: 706-709.

Tromans D. 2006. Solubility of crystalline and metamict zircon: A thermodynamic analysis[J]. J Nucl Mater, 357: 221-233.

Tsuchiyama A. 1985. Dissolution kinetics of plagioclase in the melt of the system diopside-albite-anorthite, and the origin of dusty plagioclase in andesites[J]. Contrib Mineral Petrol, 89: 1-16.

Wintsch R P, Yi K. 2002. Dissolution and replacement creep: A significant deformation mechanism in crustal rocks[J]. J Struct Geol, 24: 1179-1193.

Wyart J, Sabatier G. 1985. The mobility of silicon and aluminium in feldspar crystals[J]. Bull Soc Franc Mineral Cristallogr, 82: 223-226.

Xia F, Brugger J, Ngothai Y, et al. 2009a. Three dimensional ordered arrays of nanozeolites with uniform size and orientation by a pseudomorphic coupled dissolution-reprecipitation replacement route[J]. Crystal Growth and Design, 9(11): 4902-4906.

Xia F, Brugger J, Chen G, et al. 2009b. Mechanism and kinetics of pseudomorphic mineral replacement reactions: A case study of the replacement of pentlandite by violarite[J]. Geochim Cosmochim Acta, 73: 1945-1969.

Zhang Y X. 2008. Geochemical Kinetics [M]. Princeton: Princeton University Press.

第三章　矿物标型学

一、矿物标型概念

矿物标型学是国内外现代矿物学界最活跃的一个研究领域，它以矿物标型(mineralogical typomorphism)为研究内容。矿物标型是指能够反映一定形成条件的矿物学现象，包括标型矿物组合(typomorphic mineral assemblage)、标型矿物种属(typomorphic mineral species)和标型矿物特征(typomorphic mineral characteristics)三个方面。矿物标型也称矿物指纹(mineralogical fingerprint)、矿物示踪剂(mineralogical indicator)。

标型矿物组合是指在特定的自然环境中形成的专属性矿物组合，它的出现能够作为判定某一特定形成条件的标志。例如，黄铜矿和磁黄铁矿、斜方辉石及基性斜长石作为同时间、同空间、同成因的多个矿物相出现在岩浆岩中，则其组合便属于岩浆型矿物组合。

标型矿物种属是指在特定的自然环境中形成的矿物种，它的出现能够作为判定某一特定形成条件的标志，也称标型矿物。例如，白榴石是典型的硅不饱和岩浆成因矿物，柯石英和金刚石是高压/超高压条件下的产物。

标型矿物特征是指在不同时期和不同自然作用条件下，形成于不同自然体系中的同一种矿物在内外各种属性上所表现的差异，这些差异能够作为判断其形成过程、环境和条件的标志。矿物标型特征包括形态、化学成分、晶体结构、物理性质、谱学等多种标型。形态标型需考虑晶体的形态和微形貌、结晶习性、粒度大小、规则连生、邻界面、集合体特点和内部各类环带等。例如，方解石在低温时发育为长柱状，而高温则发育成三方菱面体。成分标型涉及矿物主、微量元素、同位素、不同种类水及各类包裹体的含量。例如，闪锌矿中铁含量可以反映其形成的温度。结构标型包括晶胞参数、晶胞体积、离子配位、键长、元素占位、有序度、结晶度等。例如，多硅白云母 b_0 值随变质压力的增大而增大。物性标型包括矿物颜色、条痕、光泽、透明度、硬度、相对密度、发光性、磁化率、热电系数、热电导型、热电阻等。例如，锡石在硫化物脉中常呈黄褐、红褐色，在热液石英脉中呈褐色，而在伟晶岩中呈沥青黑色等。

进行矿物标型研究必须以地质研究为首要基础，矿物的产状、共生组合、生成顺序、空间分布、单体和集合体的关系等是标型研究必不可少的基础。

二、标型矿物组合

矿物形成的地质条件非常复杂，受控因素包括温度、压力、介质组分、酸碱度、氧化还原电位、相态等多种可变因素及构造变动条件等。因此，任何一种矿物孤立出现往往都难以全面地表征它形成和稳定的所有条件；同时，随时间推移与空间变换，不同矿物之间也会出现过渡或叠加。因而，基于矿物标型相应性原理，利用多种共生矿物所提供的综合信息，能更全面地反演和表征它们所经历的事件。

标型矿物组合是 Ramdor（1962）提出来的，它是指在特定的自然条件下形成的专属性矿物组合，与标志某一地质体成因特征的典型矿物共生组合在本质上并无差别，只是更强调了这一共生组合的专属性，由这一套矿物组合能够恢复其形成的介质性质、作用过程和物理化学条件；同时更强调其所反映的物化条件的边界，该边界可宽可窄，与自然作用的性质有关。

自然界存在许多标型矿物组合。例如，镁橄榄石（假象）、金云母、铬镁铝榴石、铬透辉石、铬尖晶石、镁钛铁矿、钙钛矿、锐钛矿、金红石、磷灰石、碳硅石和金刚石所构成的组合，既不同于一般超基性岩矿物组合，又不同于榴辉岩的矿物组合，而为金伯利岩所独有，因而是金伯利岩的原生标型矿物组合。又如，锆矿物钙锆钛矿、钙锆钍矿、斜锆石（baddeleyite，ZrO_2）、锆石，稀土矿物碳铈钠石[carbocernaite，(Ca, Ce, Na, Sr)CO_3]、碳锶铈矿[ancylite，$SrCe(CO_3)_2(OH)\cdot H_2O$]、氟碳铈矿[bastnaesite，(Ce, La)(CO_3)F]、氟碳钙铈矿[parisite，$(Ce, La)_2Ca(CO_3)_3F_2$]、黄碳锶钠石[burbankite，$(Na, Ca, Sr, Ba, Ce)_6(CO_3)_5$]、水碳镧铈石[calkinsite，$(Ce, La)_2(CO_3)_3\cdot 4H_2O$]、独居石[monazite，(Ce, La, Nd, Th)PO_4]、磷铈铝石[florencite，$CeAl_3(PO_4)_2(OH)_6$]和铌钽矿物烧绿石[pyrochlore，$(Ca, Na)_2Nb_2O_6(OH, F)$]、钙钛矿（perovskite，$CaTiO_3$）、铌钙钛矿[dysanalite，$Ca_2(Fe, Nb, Ti)_2O_6$]、斜方钠铌石（lueshite，$NaNbO_3$）、铌铁矿（columbite，$FeNb_2O_6$）组合为碱性-超基性岩建造碳酸岩（carbonatite）的标型矿物组合。铁蒙脱石、钙交沸石、斜发沸石、方石英（球状析晶）组合为大洋沉积物的标型矿物共生组合。陨钠镁大隅石-石榴子石-绿辉石-含钾硫化物组合为上地幔榴辉岩的标型矿物组合。磁黄铁矿-镍黄铁矿-黄铜矿为高温热液硫化物共生组合，方铅矿-闪锌矿-黄铜矿为中温热液硫化物组合，而辰砂-雄黄-雌黄-辉锑矿则为低温硫化物标型矿物组合等。在前寒武纪含铁岩系中，磁铁矿、石英、铁铝榴石、铁闪石、铁蛇纹石、富铁绿泥石组合及磁铁矿、石英、黑硬绿泥石组合是绿片岩相-黝帘角闪岩相的标型矿物组合。在地表，褐铁矿、铅矾、白铅矿、菱锌矿、蓝铜矿、孔雀石构成的组合是指示铅锌矿床氧化带的标型矿物组合。

识别标型矿物共生组合，对于岩石、矿石建造分析，对于表达各种岩相的岩石特征，确定矿床的建造属性，以及评估矿体的可能规模和空间分布特点等都能起到十分重要的作用。如果把标型矿物组合的研究与组合中的标型矿物种属和标型矿物特征结合起来进行研究，则能更精细地标识所在地质体的标型属性。例如，含金刚石的钾镁煌斑岩的标型组合中无镁钛铁矿、铬透辉石，却有钾镁钠钙闪石和白榴石，石榴子石的标型特征也有显著差异，由此可与金伯利岩相区别。

矿物共生组合也可视为不同条件下的标型矿物组合，有关内容参见本书第五章。

三、标型矿物种属

标型矿物种属（有时简称为标型矿物或标型种属，index minerals）是能够作为判定某一特定形成条件的矿物种或属，通常这类矿物的结晶过程仅限定于很窄的物理化学条件范围内，因此多成因的矿物均不能作为标型种属。例如，方解石既可在沉积成岩环境中形成，又能在岩浆体系中形成，还广泛出现在各类热液脉中，因此它便不是沉积环境的标型矿物。可见，一种矿物能否作为标型种属与其研究程度有密切关系：早期研究认定的标型矿物，在后期深入研究或有新产状同种矿物发现后，其作为标型种属的意义就不复存在了。例如，早先曾认为海绿石是浅海相环境的标型矿物，但后来发现它也能在河流相环境下形成，因而海绿石失去了作为浅海环境的指相意义，说明海绿石可以形成于不同盐度的水体中。碳硅石(moissanite，SiC)也曾被广泛报道为幔源金伯利岩、金刚石、铁镁质-超铁镁质岩中的一种超高压相矿物，后来又报道其出现在壳源花岗质岩、安山质-英安质火山岩、交代岩-变质岩甚至灰岩中，尽管后者被疑为实验室的研磨料，但最近报道在保加利亚三叠纪石榴子石十字石云母片岩中原位观察到碳硅石，认为是“黑色页岩”在还原条件下的变质产物(Machev et al.，2018)。铬铁矿曾被认为是超铁镁质岩浆的标型矿物，但后来在铁镁质岩及与镁铁质-超镁铁质岩有关的热液脉中出现；十字石与蓝晶石一直被认为是泥质岩受中等区域变质的产物，但它们在热液条件下也能形成。因此，铬铁矿、十字石和蓝晶石都不再是原来所界定条件下的标型矿物。

那么，是否随着研究和调查工作的深入，标型矿物种属便会越来越少甚至消失而使其研究不再具有任何意义了呢？实际上，只要将定义标型矿物种属的过于狭窄的物理化学边界适当放宽一些，我们就能从很多矿物中获得具有重要意义的成因信息，标型矿物种属的研究仍是不可或缺的。

(一)高压相标型矿物举例

这里介绍的几种矿物只在高压条件下稳定，因而是典型的高压相标型种属。

1. 青松矿

青松矿(qingsongite)以中国地质科学院方青松研究员的名字命名，是2013年在造山带柯石英和蓝晶石中发现的纳米级新矿物。青松矿的硼含量为48.54%，氮含量为51.46%，矿物分子式为BN，矿物的晶体结构为立方晶系，$a = 3.61Å$，空间群为$F\bar{4}3m$，莫氏硬度介于9～10，计算获得$B_{1.100}N_{0.900}$的矿物平均密度为$3.46g/cm^3$(Dobrzhinetskaya et al.，2014)。实验结果表明，青松矿的形成温度为1300℃，压力区间为10～15GPa，对应形成深度大于300km。

2. 尖晶橄榄石

尖晶橄榄石(ringwoodite)是橄榄石的高压相变种，也称林伍德石，是以澳大利亚科学家泰德·林伍德(1930～1993年)的名字命名的。尖晶橄榄石为等轴晶系，纯Mg_2SiO_4的晶胞参数为$a = 8.01Å$，纯Fe_2SiO_4的晶胞参数为$a = 8.23Å$。其化学式为$(Mg, Fe)_2[SiO_4]$。尖晶橄榄石的形成深度为525～660km，它的结构中含有羟基。在上地幔条件下，尖晶橄榄石在不同原岩条件下的相关系见图3-1。

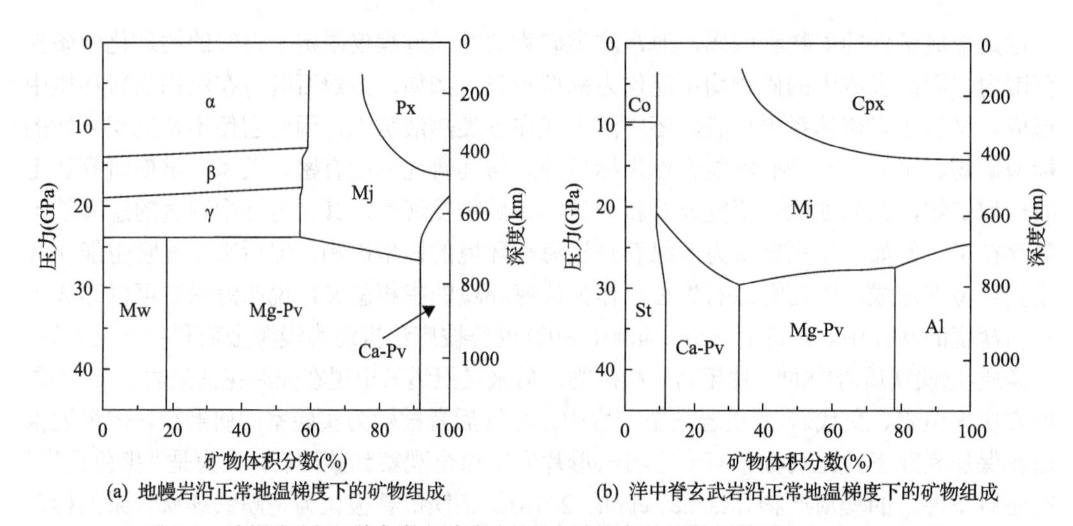

图 3-1　地幔岩(a)和洋中脊玄武岩(b)在上地幔条件下的相关系(Akaogi，2007)

α-橄榄石；β-瓦兹利石；γ-尖晶橄榄石；Px-辉石；Mj-镁铁榴石；Mw-镁方铁矿；Ca-Pv-钙钛矿；Mg-Pv-富 Mg 钙钛矿；Cpx-单斜辉石；Co-柯石英；St-斯石英；Al-富铝相

3. 瓦兹利石

瓦兹利石(wadsleyite)作为镁橄榄石高压多型的一种，又称 β-橄榄石，单斜晶系，其晶胞参数为 $a = 5.67Å$，$b = 11.58Å$，$c = 8.26Å$，$\beta=90.39°$。瓦兹利石的形成深度为 410～520km，相对密度约为 3.77。瓦兹利石与其他矿物的相关系见图 3-1。

4. 谢氏超晶石

谢式超晶石(xieite)以中国著名矿物学家谢先德教授的姓氏命名。它属于斜方晶系，晶胞参数为 $a = 9.46Å$，$b = 9.56Å$，$c = 2.92Å$，矿物化学式为 $FeCr_2O_4$，相对密度为 5.34(图 3-2)。在冲击波引起的高温高压作用下，该矿物由铬铁矿通过固态反应转变而来，是

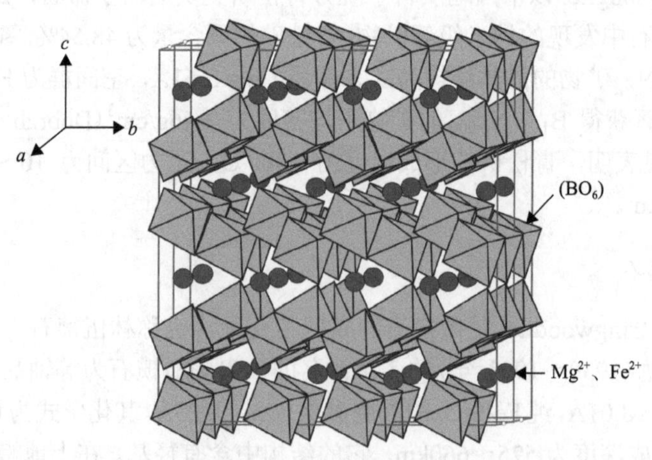

图 3-2　谢氏超晶石晶体结构(陈鸣等，2008)

BO_6 代表八面体位置，B 由 Cr^{3+} 和 Al^{3+} 占据；Mg^{2+} 和 Fe^{2+} 占据十二面体位置

$FeCr_2O_4$ 的高压多形矿物相，形成的温压条件为 1800～1950℃和 18～23GPa，形成于距离地表 500km 以上深度的压力条件。

5. 柯石英与斯石英

柯石英(coesite)与斯石英(stishovite)均为二氧化硅矿物的高压变种。柯石英的稳定压力大于 2.0GPa，为单斜晶系，a = 7.14Å，b = 12.38Å，c = 7.14Å，β=120.00°；斯石英的稳定压力条件大于 10.0GPa，稳定温度超过 1200℃(图 3-3)。斯石英为四方晶系，晶胞参数为 a=4.18Å，c=2.67Å。

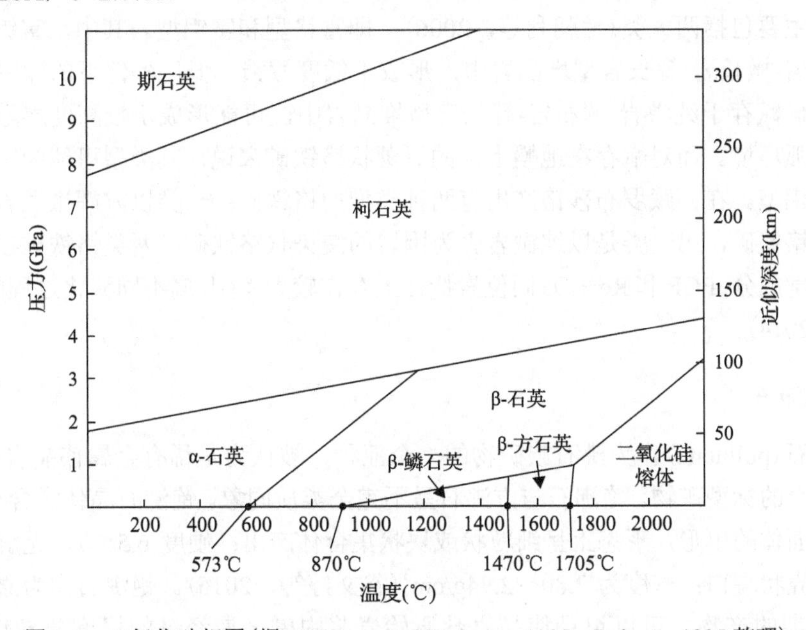

图 3-3　二氧化硅相图(据 Holleman and Wyberg，1985；Rykart，1995 整理)

(二)其他标型矿物种属举例

1. 黄钾铁矾

黄钾铁矾(jarosite)族矿物是干旱-半干旱地区硫化物矿床风化壳中常见的表生矿物，其化学通式为$[AB_3(XO_4)_2(OH)_6]$，其中 A 位被 Na^+、K^+、Ag^+、Rb^+、H_3O^+和 Pb^{2+}等大离子占据，B 位离子包括 Fe^{3+}、Al^{3+}、Cr^{3+}，X 位为 S^{6+}、As^{5+}、P^{5+}，有时含少量 Si^{4+}。占据 A 位的大离子变化可形成不同的端元矿物，主要有黄钾铁矾$[KFe_3(SO_4)_2(OH)_6]$、钠铁矾$[NaFe_3(SO_4)_2(OH)_6]$和铅铁矾$[PbFe_6(SO_4)_4(OH)_{12}]$等。需要特别指出的是，黄钾铁矾在形成时需要潮湿、氧化和酸性的环境，而它的保存则需要干旱的环境。若黄钾铁矾在潮湿气候条件下经过足够长的时间，容易分解为铁的氧化物。

黄钾铁矾是指示干燥地区硫化铁矿床氧化带的标型矿物。相关学者对其开展了 K-Ar 或 Ar-Ar 的定年工作，这为约束化学风化和硫化物矿床的次生富集时间和过程提供了重要约束，也为区域古气候的重建提供了十分宝贵的年代学信息(张招崇等，1999；王长秋等，2005)。

2. 铬铁矿

铬铁矿(chromitite)作为基性/超基性岩浆成因的标型矿物，广泛应用于探究岩浆的形成和演化历史(Xiong et al.，2015)。在山东蒙阴金伯利岩的尖晶石族矿物中有铁镁-铬铁钛、镁铁-铬铁铝钛、铁镁-铬铝铁、镁铁-铬铝铁、铁镁-铬铁钛铝、镁铁-铬铝和铁镁-铬铝 7 个亚种，其晶胞参数接近于铬铁矿和镁铬铁矿(迟广成等，2014)。赋存在蛇绿岩中的铬铁矿主要包括两大类(兰朝利等，2006)，即富铬型和富铝型。其中，富铝铬铁矿附存于纯橄岩-橄长岩-辉长岩型堆晶岩中，形成于低度亏损、低压条件下的洋中脊环境；富铝铬铁矿赋存于纯橄岩-辉石岩-辉长岩型堆晶岩中，可能形成于较高度熔融和高压条件下的岛弧环境。而对赋存在地幔上部的豆荚状铬铁矿来说，其类型可能为富铬、富铝或富铬富铝型。在西藏罗布莎铬产出有两种类型的铬铁矿：一类以方辉橄榄岩为围岩的致密块状铬铁矿，另一类是以纯橄岩壳为围岩的浸染状铬铁矿，两类铬铁矿在铬尖晶石的矿物化学成分、PGE 和 Re－Os 同位素特征上存在较大差别，属不同演化过程的结果(熊发挥等，2014)。

3. 铯沸石

铯沸石(pollucite)作为沸石族矿物的一个亚种，被认为是稀有金属伟晶岩中锂辉石-钠长石组合的标型矿物。铯沸石与方沸石呈不完全类质同象。铯沸石晶体常含有立方体、三角三八面体的单形，形态上呈细粒状或块状集合体产出；硬度 6.5～7，无解理，玻璃光泽，贝壳状端口；密度为 2.80～2.94g/cm^3(谷文婷等，2015)。铯沸石作为原始伟晶岩熔体最晚期的产物，可以记录伟晶岩脉原始岩浆中碱金属经过的极度分异作用(胡欢等，2004)。

四、标型矿物特征

(一)形态标型

矿物形态标型研究应涉及同种矿物集合体、规则或不规则连生体和单晶体的形态标型等几个方面，这里主要讨论矿物单体的形态标型。

矿物单体形态标型的研究包括单体粒度、晶体习性、单形类型、晶面花纹及歪晶等。20 世纪的矿物学者对矿物形态标型做了大量研究，近年来这方面的研究明显不足，限制了矿物成因形态学的发展。事实上，很多地质体中矿物的形态能够给出非常有用的成因信息。在变质岩中，根据一些矿物的形态可确定其变质程度，在矿床中可根据一些矿物的形态判别有关矿床的成因类型、形成条件与过程及矿体的剥蚀深度。矿物形态仍不失为很有用的成因“指纹”。

1. *磁铁矿*

磁铁矿($FeFe_2O_4$)是十分常见的等轴晶系矿物，具反尖晶石型结构，除了空间受限时表现特殊形态，如在条带状铁建造(BIF)中，磁铁矿常在被强烈挤压的裂隙中生长而呈板状，在岩浆晚期晶出或与绿泥石共同交代黑云母而呈不规则状外，在很多情况下，都会显示较自形的等轴粒状。然而在不同条件下，磁铁矿不同晶面的发育程度却有显著差异。例如，在变质岩中，磁铁矿的形态会随变质相的变化而发生明显变化：从绿片岩相到角闪岩相再到麻粒岩相，磁铁矿由八面体{111}为主转变为以立方八面体{111}+{100}为主，之后变为以八面体与菱形十二面体的聚形{111}+{110}或立方体与菱形十二面体的聚形{100}+{110}为主。

2. *锡石*

锡石(SnO_2)为四方晶系，金红石型结构，因[SnO_6]八面体沿 *Z* 轴共棱成链而使 *Z* 轴为其强键链方向，温度及过冷却度或过饱和度是主导其晶形的关键因素。在伟晶岩型矿床中晶体的长宽比为 1.05，近等轴状，四方双锥{111}为主，{101}次之；在石英脉型矿床中锡石的长宽比为 1.60，为短柱状，发育四方双锥{111}及四方柱{110}；在锡石-硫化物脉型矿床中锡石晶体的长宽比值为 2.18，为长柱状或柱状，强烈发育四方柱{110}。我国四川会理多产状锡矿床中锡石晶体的长宽比值如下：在云英岩中为 1.5～2.0；在接触带的夕卡岩中为 2.3～3.0，石英-硫化物中为 2.5～4.0；在石英-硫化物脉(在地表氧化为褐铁矿)中则为 4.0～6.0(陈光远等，1987)。锡石晶体形态的变化规律是：由高温到低温长宽比值依次增大，高温时呈近似等轴状或短柱状，低温时则趋向于形成长柱状或针状。锡石晶形随温度变化的规律几乎适用于所有链状结构矿物，其原因是在高温时强键对弱键的键合优势未能显示出来，而低温时强键的键合优势非常明显所致。

3. *锆石*

锆石($Zr[SiO_4]$)为四方晶系，属岛状硅酸盐。其结晶能高、无解理，抗磨蚀能力强，在各类地质体中几乎无处不在，它的研究在近期已发展成为一门独立学科，称“锆石学”。锆石中的[SiO_4]四面体和[ZrO_8]畸变立方体沿 *Z* 轴相间共棱连接而沿 *X* 轴相间共顶连接，[ZrO_8]畸变立方体沿 *Y* 轴共棱连接，故 *Z* 轴键强较大，呈现岛-链过渡的结构特征。岩浆成因锆石的形貌和不同晶面发育程度与形成温度和岩浆成分关系密切(Pupin，1980；Varva，1993；Wang，1998；Corfu et al.，2003)。据 Pupin(1980)研究，在碱性岩、偏碱性花岗岩(富 K、Na、贫 Si 的岩石)中，锆石晶体的锥面{111}很发育，柱面{110}或{100}不发育，晶体呈四方双锥，或四方柱(不发育)与四方双锥的聚形，整个外貌呈锥状，长宽比≤2。在酸性花岗岩(Si 与 K、Na 含量高的岩石)中，锆石晶体的锥面和柱面都较为发育，晶体外貌呈柱状，长宽比由老到新变小。在基性岩、中性岩或偏基性花岗岩(富 Na 而贫 K、Si 的岩石)中，锆石晶体的柱面较发育，锥面不发育或缺失，有时出现{311}

四方双锥，晶体外貌呈柱状，长宽比为 4-5（图 3-4）。Pupin（1980）还依据锆石形貌与结晶温度和铝碱指数［Al/(Na+K)］划分了不同类型花岗岩锆石的演化趋势（图 3-5）。近年对华北克拉通中部孙庄岩体中锆石形态标型研究获得合理的结果（Li et al.，2014；Song et al.，2015），显示该方法仍具有应用价值。

4. 橄榄石

橄榄石（$(Mg, Fe)_2[SiO_4]$）为岛状硅酸盐，斜方晶系，是镁铁质和超镁铁质火成岩中的重要矿物种，以沿（010）发育成厚板状为特征。大部分橄榄石晶体的{010}{110}和{021}面特别发育，多沿[001]轴延长，较少沿[100]轴延长。接触带的气成橄榄石为镁橄榄石、钙镁橄榄石和锰橄榄石，晶体沿[001]轴伸长，沿[100]轴者少，以 *b*{010}、*s*{120}和 *e*{111}单形占优势。火成岩晶腺中的气成橄榄石多为铁橄榄石，大多数沿（100）发育成板状，通常沿[100]轴伸长。宇宙成因橄榄石具有典型的球粒外形（图 3-6）。

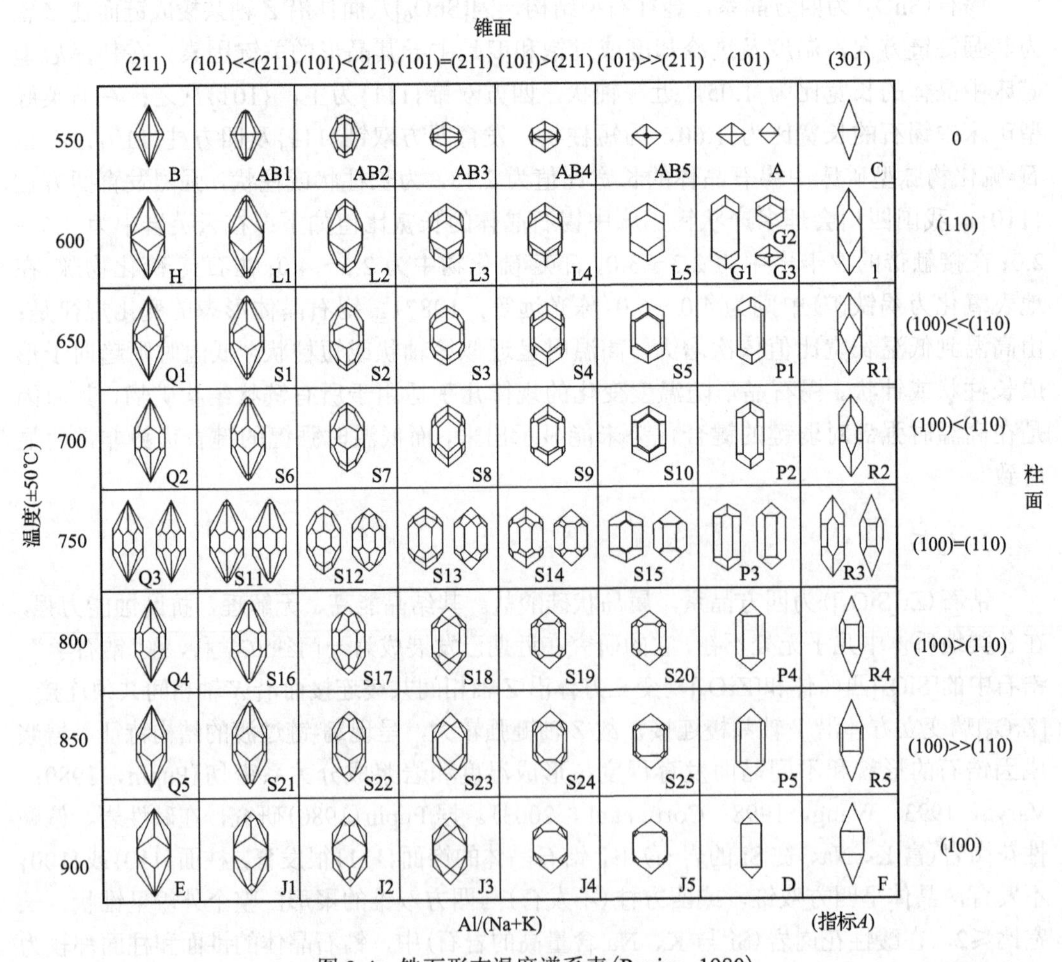

图 3-4　锆石形态温度谱系表（Pupin，1980）

指标 *A* 指 Al/(Na+K) 指标，该指标控制锆石的锥面(pyramids)发育情况，而温度则影响锆石柱面(prisms)的发育

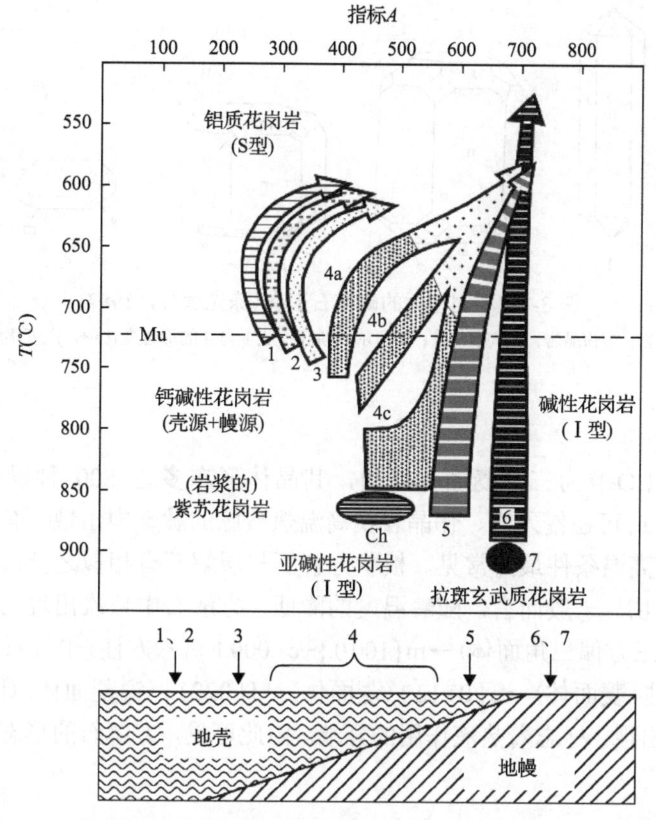

图 3-5　不同类型花岗岩锆石形成温度与形貌趋势分类(Pupin，1980)

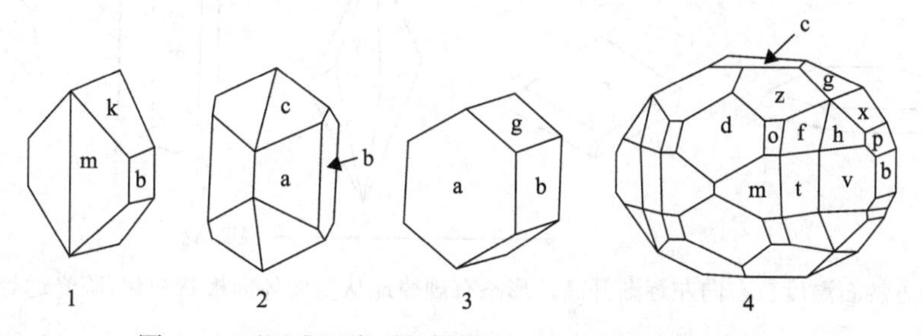

图 3-6　不同成因类型的橄榄石形态(陈光远等，1987)

1-基性岩中橄榄石；2、3-气化成因橄榄石(2 为接触带中的橄榄石，3 为火成岩晶洞中的橄榄石)；4-陨石中的橄榄石

5. *磷灰石*

磷灰石($Ca_5[PO_4]_3(OH, F, Cl)$)属六方晶系，链状结构；对称型为 6/m，单晶多成六方柱状或板状。在岩浆阶段形成的磷灰石多呈柱状、长柱状，晶面 m$\{10\bar{1}0\}$和锥面 x$\{10\bar{1}1\}$发育。伟晶岩中为柱状、长柱状，除了 m$\{10\bar{1}0\}$、r$\{10\bar{1}1\}$、s$\{11\bar{2}1\}$外，c{0001}开始出现。气成热液中的磷灰石为短柱状或厚板状，c{0001}较发育；而在低温热液阿尔卑斯脉中为板状，c{0001}更发育。因此，随着温度降低，磷灰石的形态由长柱状、柱状向短柱状和板状转化(图 3-7)。

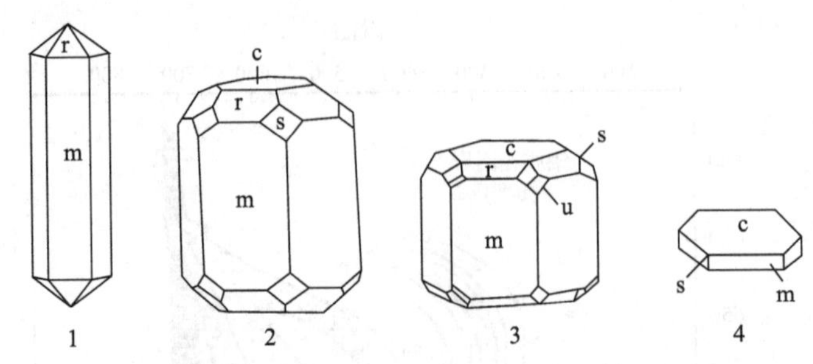

图 3-7　不同性质的磷灰石形态(陈光远等，1987)

1-岩浆岩；2-伟晶岩；3-气水热液；4-阿尔卑斯脉；从 1 向 4 的形态变化中，温度逐渐降低

6. 方解石

方解石($Ca[CO_3]$)为三方菱面体结构，其晶体形态多达 800 种以上。板状方解石 $c\{0001\} \gg r\{10\bar{1}1\}$可在侵入岩、伟晶岩及高温热液脉的脉壁中出现，有时见于玄武岩的气孔中，以气成高温条件最为常见。板状方解石与层解石有相似之处，但后者是高温剪切应力作用的产物。一般而言，随着温度的降低，方解石中依次出现的优势单形或聚形为 $u\{21\bar{3}1\}$(复三方偏三角面体)→$m\{10\bar{1}0\}$+$c\{000\bar{1}\}$(六方柱+平行双面)→$m\{10\bar{1}0\}$+$e\{01\bar{1}2\}$(六方柱+菱面体)→$e\{01\bar{1}2\}$(菱面体)→$f\{02\bar{2}1\}$(锐菱面体)(图 3-8)。菱面体 $r\{10\bar{1}1\}$方解石出现，标志着热液作用的开端。由此可见，方解石的形态主要受温度条件的约束。

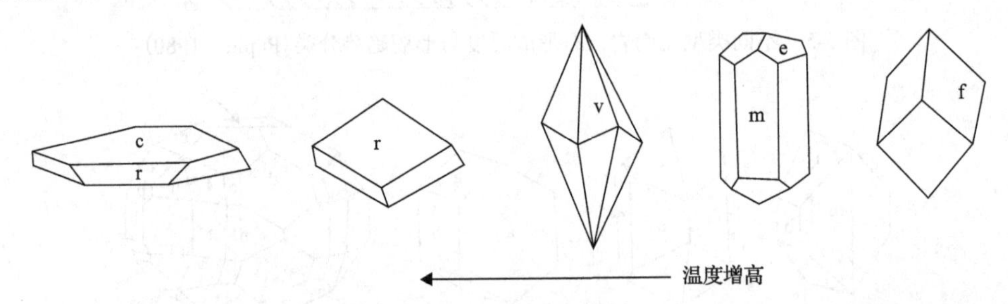

图 3-8　方解石温度自右向左逐渐升高，形态有规律地从菱面体向板状演化(陈光远等，1988)

7. 长石

长石($(K, Na, Ca)[(Al, Si)_4O_8]$)为架状结构硅酸盐。其中，钾长石有单斜和三斜晶系两种变体，出现的优势单形为 c{001}、b{010}、m{110}(三斜晶系有 $m'\{\bar{1}10\}$、$y\{\bar{2}01\}$、$x\{\bar{1}01\}$)，可沿 a 轴和 c 轴延长。在约 800℃的高温条件下，即相当于在花岗岩、闪长岩、正长岩及相应的火山岩成岩作用中，c{001}和 b{010}特别发育，形成沿 a 轴延伸的柱状，多为正长石；在 350～500℃时，即在相当于伟晶作用和气成高温热液条件下，形成沿 c 轴延伸的板柱状，多为微斜长石；在约 250℃的热液中，其晶形为似菱面体状，为冰长石(图 3-9)。在火山岩或浅成岩的斑晶、伟晶岩脉及晶洞中，有时可见完好晶体。在光学显微镜下可根据断面形状及延性帮助判断其延伸方向。前者为负延性，后者为正延性(结

合其光性方位可知）。岩浆岩等高温条件下钾长石一般为负延性，而热液作用等低温条件下则为正延性。

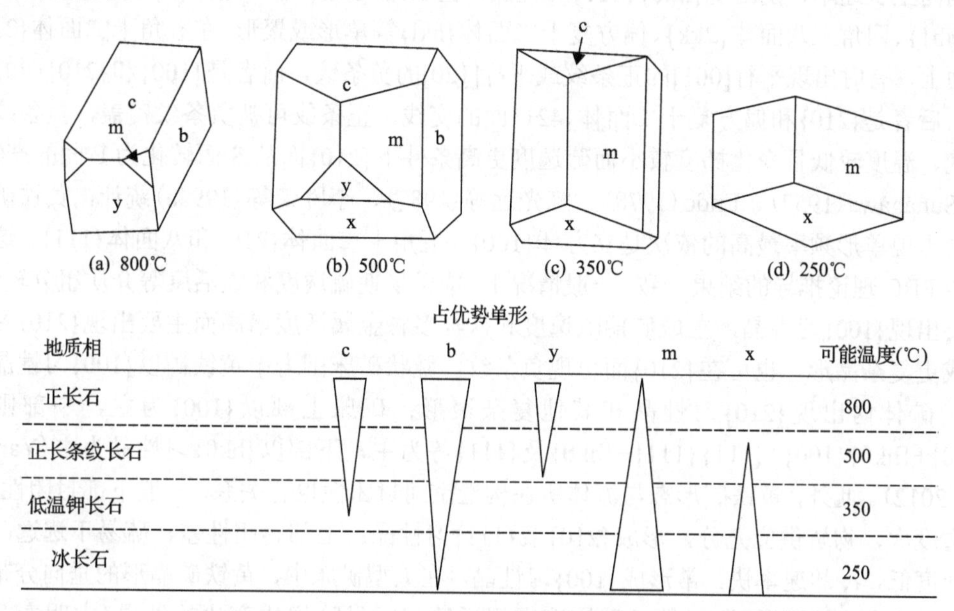

图 3-9　不同温度下钾长石的形态标型特征（陈光远等，1988）

斜长石（(Ca, Na)[(Al, Si)$_4$O$_8$]）为三斜晶系的架状硅酸盐，其延长系数 L/b（长/宽）是介质冷却速率的函数，冷却越快，其值越大。在侵入岩中，一般边缘冷却速度快，L/b 大；中心冷却慢，L/b 小。在斜长石中，钠长石出现的主要单形有 c{001}、b{010}、m{110}、m′{$\underline{1}$10}，y{$\underline{2}$01}、x{$\underline{1}$01}，其晶习及晶形的变化与介质 pH 及温度有关。在伟晶岩中，当温度为 370～400℃，pH 为 7 左右时，钠长石沿 a 轴延伸，发育 c、b、y 等单形，也可出现 m 和 x 面；当温度降低至 360℃，pH 为 7.6 左右时，晶体沿 b:x 晶带延长，单形 b:x 最发育，也可见 c、m、m′等单形；当温度为 300～330℃，pH 为 8.4～9.2 时，晶体为薄板状，最发育的单形为 b、m、m′，其次为 c 和 x（陈光远等，1988）。

8. 黄铁矿

黄铁矿（Fe[S$_2$]）是最常见的硫化物矿物，等轴晶系，具 m3 对称，NaCl 型结构的衍生结构，属原始格子。其两个 S 阴离子以共价键连接而具有岛状结构特征。[S$_2$]的轴分布于不同方向，故硬度比其他硫化物都大。黄铁矿结晶能高，可以多种自形晶产出，20 世纪初便已知其形态类型可达 85 种（Dana，1903；Goldschmidt，1913）。黄铁矿出现何种形态取决于其晶体化学和形成条件两个因素，具有明显的标型性。根据周期键链（periodic bond chain，PBC）理论，黄铁矿三种主要单形{100}、{210}和{111}晶面所对应的面网分别包含 5 种、3 种和 2 种键链，故{100}优先成层生长为 F 面（平坦面），{210}易从 F 面转化为 S 面（阶梯面），{111}则从 F 面转化为 S 或 K 面（扭转面）而消失（陈光远等，1987）。当介质中物质供应不足，硫逸度和铁活度低而生长速率小时，黄铁矿主要沿{100}面侧向生长，形成立方体晶；当物质供应更低时，侧向生长不连续，便在{100}面上出现岛状生长层；当介质中物质供应充分，硫逸度和铁活度较高时，黄铁矿沿{100}垂向生长速率大于侧向生长速率，便出现{hk0}{111}习性晶，甚至出现菱形十二面体{110}、三角三八面体{hh1}、四角三八面体{2kk}、偏方复十二面体{hkl}等单形或聚形。在五角十二面体{210}晶面上，有时出现平行[001]的正条纹或平行[$\bar{1}$20]的负条纹，前者是{100}和{210}面的交线，后者是{210}和偏方复十二面体{421}面的交线，正条纹可被负条纹覆盖，负条纹是较晚、温度较低且变化梯度较小而硫逸度更高条件下{210}面从 S 面转化为 F 面的产物。据 Sunagawa(1957)、Endo(1978)、陈光远等(1987)、李胜荣等(1994a)统计，黄铁矿晶面中出现单形频率最高的依次是立方体{100}、五角十二面体{210}和八面体{111}，这与按照 PBC 理论推导的结果一致。一般情况下，成矿早期硫逸度和铁活度等介质组分较低，主要出现{100}习性晶，主成矿期硫逸度和铁与多种金属活度增高而主要出现{210}习性晶或更复杂晶形，也可在{210}面出现负条纹。脉状矿床围岩中黄铁矿以{100}习性晶为主，矿体内出现{210}习性晶和其他复杂聚形；矿床上部以{100}为主，中部则以{100}+{hk0}{100}+{111}{111}+{hk0}及{111}等为主，下部以{hk0}习性晶为主(Yan et al., 2012)。此外，黄铁矿形态与流体所在构造空间封闭性也有关系，一般下部封闭性好，硫逸度大，物资供应充分，形成{210}或{111}习性晶；上部封闭性差，硫易于逃逸，过饱和度低，冷却速率快，常形成{100}习性晶。在大型矿床中，黄铁矿晶形的垂向分带常出现分段近等间距异常，是成矿构造空间近等间距呈阶梯式变化的结果(宋明春等，2010)，也是深部预测的依据(李胜荣等，1996)。此外，在热液金矿床中，黄铁矿粒度越小，晶形越复杂，自形越差，碎裂越强，则含金性越好(陈光远等，1989；李胜荣等，1996；李士先等，2007；严育通等，2015)。在研究黄铁矿形态标型时，要设法将立体的几何多面体的定性信息进行数值化定量表达，并在一定空间中进行黄铁矿形态标型参数填图，以求得定向和定位的成因与找矿信息。根据山东金青顶金矿不同阶段黄铁矿形态与金品位变化关系，黄铁矿形态特征值设计为 $Y_{py}=-3C_{100}+C_{210}+3C_{311}$($C_{100}$、$C_{210}$、$C_{311}$ 分别为{100}{210}和{311}习性晶颗粒百分数)，以 Y_{py} 为参数进行填图，获得金矿化富集规律和深部预测的重要信息(李胜荣等，1996)。

(二)成分标型

1. 基本原理

矿物的化学成分包括主量元素、次要元素和微量元素，也包括矿物的同位素和包裹体等成分，都是矿物最本质的内在属性。这些成分，特别是微量元素随矿物形成条件的变化而变化，因而可以提供比较准确而可靠的成岩成矿地质环境和形成物理化学条件如温度、压力、介质浓度、酸碱度、氧化还原电位等信息，具有极为重要的标型意义。

自然界的绝大多数矿物具有多成因的特性。一般来说，矿物成分越复杂，所含的常见元素越多，它的多成因性就越显著，利用矿物的化学成分恢复其形成条件的可能性越大，而其根据是类质同象更为广泛。讨论矿物化学成分标型性时，应当对影响类质同象的内外因素有全面的了解；而对一定的矿物而言，其内因是不变的，故应着重研究哪种外因对矿物的成分变化起决定作用。

影响矿物类质同象的外因主要有以下几点：

(1)介质化学成分及其浓度。矿物的类质同象是矿物与介质中化学元素发生置换的一种平衡反应，因此介质的化学成分及浓度对类质同象置换有很大影响。例如，当介质中富含Ca^{2+}、K^{+}、S^{2+}等离子时，钠沸石$Na_2[Al_2Si_3O_{10}]2H_2O$中的$Na^{+}$可以被$Ca^{2+}$、$K^{+}$、$S^{2+}$置换。$Ca^{2+}$对$Na^{+}$的置换反应为$2Na^{+}Z^{-}+Ca^{2+}=Ca^{2+}Z_2^{-}+2Na^{+}$。其中，Z代表沸石晶格中的一小部分，并带有一个负电荷。根据平衡移动原理，当溶液中Ca^{2+}浓度大时，平衡向右移动，有更多的Ca^{2+}进入钠沸石而置换出Na^{+}；当溶液中Na^{+}浓度增大时，平衡向左移动。因此，介质中Ca^{2+}和Na^{+}浓度的变化直接影响着钠沸石的成分特点(殷纯嘏，1980)。从地质角度看，影响矿物类质同象的因素包括区域地球化学背景、岩石类型及矿化特征，如超基性岩中的绿泥石富Mg，变质铁矿床中的绿泥石富Fe。与超基性岩浆有关的矿物富Cr，且Ni＞Co。与酸性岩有关的伟晶气化热液矿物富Sc，因为在较基性的岩浆岩中Sc在早期的Fe、Mg矿物中成类质同象分散了，不易在后期热液中集中。

(2)介质温度。根据热力学定律，体系吉布斯自由能改变ΔG是焓变ΔH、热力学温度T和熵变ΔS的函数，即$\Delta G=\Delta H-T\Delta S$。假定焓变$\Delta H$和熵变$\Delta S$为定值，自由能的变化便只取决于热力学温度$T$。当温度较低，$\Delta G>0$时，矿物中质点间的排斥力增强，类质同象固溶体趋于不混溶；当温度升高，$\Delta G<0$时，矿物中质点间的排斥力减小，类质同象不混溶区缩小或消失。温度升高，元素的活动性增大，晶格相对更松弛，能互相置换的元素种类、数量都有所增加。因此，升高温度有利于类质同象的发生。

(3)介质压力。在不改变反应物比例的条件下，对于任意矿物岩石而言，其化学反应过程的自由能改变ΔG与熵变ΔS、温度T、体积变化ΔV和压强P的关系可以公式$\mathrm{d}\Delta G=-\Delta S\mathrm{d}T+\Delta V\mathrm{d}P$来表示。在恒温时，$\Delta G=\Delta V\mathrm{d}P$，当$\Delta V<0$时，压力升高$\Delta G$为负，有利于反应进行；当$\Delta V>0$时，压力升高$\Delta G$为正，反应向相反方向进行。对于矿物的类质同象，若置换作用使矿物体积减小，则压力升高有利于类质同象代换，而压力降低则会促使类质同象分解或限制类质同象代换的进行。克尔金斯基(陈光远等，1988)据此提出用两种元素类质同象代换后的体积$V(x_1x_2)$与二纯组分体积之和$V(x_1+x_2)$的相对大小确定类质同象代换的可能性：若$V(x_1x_2)<V(x_1+x_2)$，增加压力，类质同象易于进行；若$V(x_1x_2)>V(x_1+x_2)$，增加压力可使类质同象分解或限制类质同象代换。因此，增加压力有利于半径小的元素取代半径大的元素。例如，从钙铁榴石→钙铝榴石→锰铝榴石→铁铝榴石→镁铝榴石，其中的二价阳离子由Ca^{2+}→Mn^{2+}→Fe^{2+}→Mg^{2+}依次减小，三价阳离子由Fe^{+3}→Al^{3+}也依次减小，其单位晶胞体积平均降低$0.0002nm^3$，因而代表压力增加的方向。钛铁矿在霞石正长岩中富Mn，在榴辉岩中富Mg；绿帘石在浅部较富Fe^{3+}而深部较富Al^{3+}，均是后者压力较高所致。

增加压力改变矿物体积，不仅限制类质同象，也将促使阳离子的配位数加大。例如，在地幔过渡带，硅酸盐转化为氧化物，Si由4次配位转化成6次配位。板块俯冲带大陆一侧的高温低压带发育堇青石和红柱石，前者1/4的Al为4次配位；后者1/2的Al为5次配位，一半为6次配位。靠大洋一侧的高压低温带发育蓝闪石、蓝晶石、硬玉、钠柱石、绿辉石、石榴子石，其中的Al皆为6次配位。在硅酸盐中，Al的配位与温压关系具有重要的标型意义，即高温低压条件有利于Al在4次配位中代替Si，而低温高压条件下有利于 Al 在 6 次配位中代替其他阳离子，即高温低压有利于形成 Al^{IV}，低温高压有利于形成 Al^{VI}。

不同成因岩石和矿床中的同一族或一种矿物，由于成岩成矿介质中元素种类及浓度、温度、压力、氧逸度、酸碱度等条件的变化，必然引起矿物主量或微量元素类质同象代换的变化。在大量实际材料基础上，找出矿物成分在不同条件下的变化规律，便可以获得相应的成因标型和找矿标志。

2. 对成因类型及形成环境的判别

下面以几个常见矿物为例，说明成分标型对岩石和矿床成因类型及形成环境判别的重要意义。

1）磁铁矿

磁铁矿和赤铁矿是地壳中重要的金属氧化物，常见于各种岩石、矿床中，同时也是重要的重砂矿物（Grigsby，1990，1992；Yang et al.，2009），为反尖晶石结构的尖晶石族矿物。其晶体中的一些少量和微量元素不仅能够用来进行成因和物质来源包括重砂来源判别（陈光远等，1987；Grigsby，1990；Dare et al.，2014），也可以判别不同类型矿床并为找矿工作提供重要参考（Dupuis and Beaudoin，2011；Nadoll et al.，2012）。岩浆体系中磁铁矿的化学成分变化受多种因素影响，包括岩浆和流体成分、温度与压力、岩浆冷却速率、岩浆氧逸度f_{O_2}、硫逸度f_{S_2}和硅活度 α_{SiO_2}（Whalen and Chappel，1988；Frost and Lindsley，1991；Ghiorso and Sack，1991；Nielsen et al.，1994；Nadoll et al.，2014）。在岩浆体系中，铁-钛氧化物成分变化可以用来反映岩浆结晶的温度和氧逸度（Frost，1991；Ryabchikov and Kogarko，2006；Nielsen et al.，1994；Turner et al.，2008），也可以反演火山事件（Shane，1998；Devine et al.，2003）。

磁铁矿的化学元素含量可以采用电子探针（Dupuis and Beaudoin，2011）或 LA-ICP-MS 进行测试获得（Nadoll and Koenig，2011）。相比较而言，电子探针对一些元素的检出限比较高，导致一些微量元素无法测试，但是其优势在于测试的剥蚀束斑小于 10μm，能够在薄片上观察矿物组合与产状，在测试过程中可以依据背散射图像观察矿物微区特征。例如，是否存在矿物固溶体出溶或者矿物包体等现象，测试者可以从容地避开上述微区进行准确的测试分析工作。激光剥蚀技术的优势是元素检出限低，但由于剥蚀束斑大（>30μm），且无法同时观察到矿物背散射图像，会导致样品的污染或将矿物内部包体杂质等一并获取分析，引起数据结果的异常。如果两种方法相互结合，分析结果相互比照可能会更好（Nadoll et al.，2012）。

磁铁矿有岩浆型、热液型和碎屑沉积型等类型。碎屑沉积型磁铁矿来源广泛，在成分上具有源区继承性（Grigsby，1990；Yang et al.，2009）。但是，不能忽略岩石风化后搬运和成岩过程对磁铁矿成分的影响。前人曾研究分析过沉积碎屑型磁铁矿和钛铁矿的地球化学特征，并建立了其物源判别图解（Grigsby，1990，1992）。对于岩浆和热液型磁铁矿的成分区别，以往研究较少。最近，Dare 等（2014）通过对磁铁矿成分的分析提出了两类磁铁矿的判别图解。他们发现岩浆型的 Ti 含量相对较高，而 Ni/Cr 值较小，与热液型相反(图 3-10)。岩浆通常氧逸度高于热液流体，而 Ti^{4+}在高温高氧逸度条件下更容易替代 Fe^{3+}，进入八面体空隙。针对热液型磁铁矿地球化学特征，Dupuis 和 Beaudoin (2011)则详细分析了多种类型矿床中热液磁铁矿成分特征并提出了成分判别图解。他们采用电子探针方法分析测试两种矿物的 Cr、Ni、V、Ti、Cu、Zn、Ga、Al、Si、Mg、Ca、Mn 等成分，提出 Ni+Cr 和 Si+Mg 图解可以将 Cu-Ni 铂族元素矿床和铬氧化物矿床与其他类型矿床区分开来。铜镍矿床具有相对低的 Si+Mg 含量和高的 Ni+Cr 含量(图 3-11)。

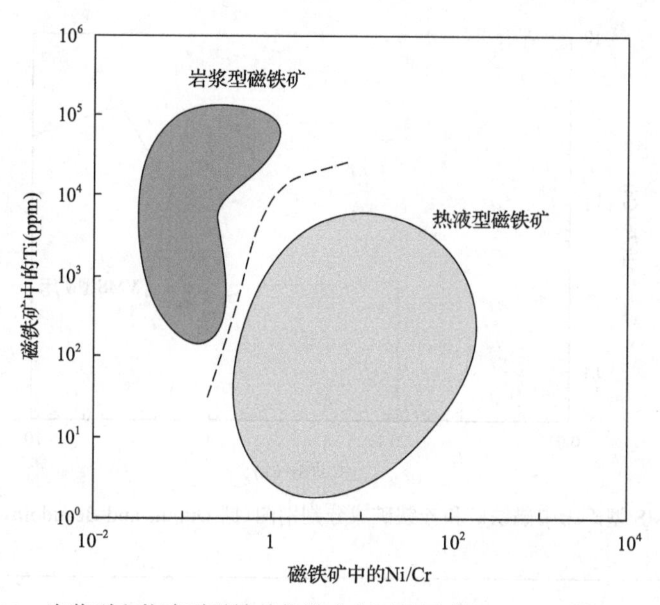

图 3-10　岩浆型和热液型磁铁矿化学成分区划图(据 Dare et al.，2014 编绘)

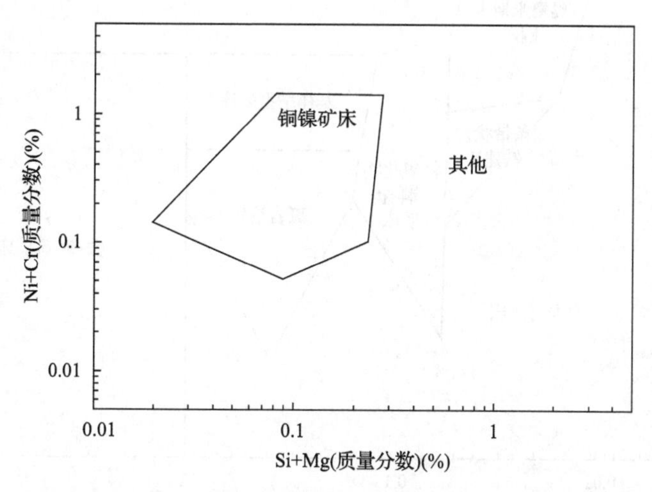

图 3-11　磁铁矿的 Si+Mg 和 Ni+Cr 判别图(据 Dupuis and Beaudoin，2011 编绘)

该图能够将铜镍矿床与其他成因类型的矿床相区分

在 Al/(Zn+Ca)-Cu/(Si+Ca)图解中能够将 Cu-Zn-Pb 的 VMS 型矿床(块状硫化物矿

床）与其他类型的矿床很好地区分（图 3-12）。然后，对于那些投在 VMS 和铜镍矿床之外的数据可以再利用 Ni/（Cr+Mn）-Ti+V 图解（图 3-13）或 Ca+Al+Mn-Ti+V 图解（3-14）做进一步的区别，这样可以进一步区分铁氧化物-铜-金（IOCG）矿床、斑岩铜矿、夕卡岩矿床、条带状含铁建造（BIF）和铁-钛-钒矿床。

根据铁氧化物成分进行成因类型判别的步骤见图 3-15，首先根据图 3-11 识别出铜镍矿床，再根据图 3-12 识别出 VMS 型矿床，最后根据图 3-13 和图 3-14 进行其他类型矿床的进一步判别。

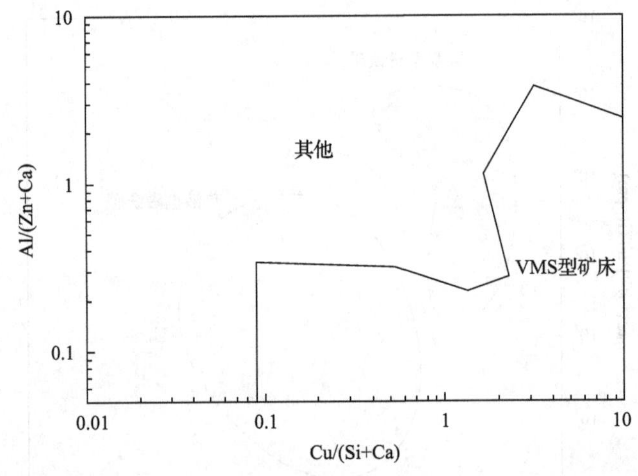

图 3-12　VMS 型矿床中磁铁矿和赤铁矿成分判别图（据 Dupuis and Beaudoin，2011 编绘）

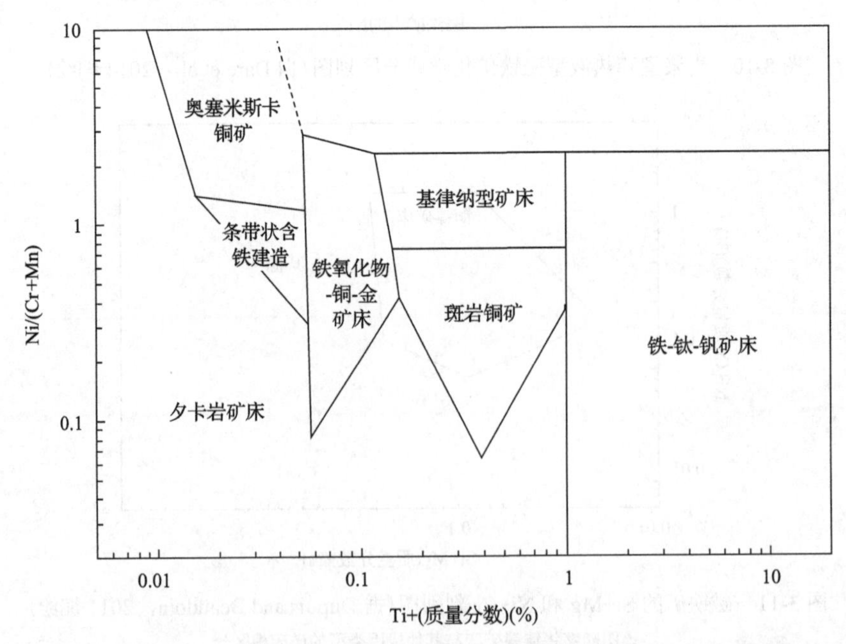

图 3-13　磁铁矿和赤铁矿 Ti+V-Ni/（Cr+Mn）成因类型判别图（据 Dupuis and Beaudoin，2011 编绘）
该图可以将铁-钛-钒矿床与其他类型矿床很好地区分，其中基律纳型矿床为磷灰石-磁铁矿矿床

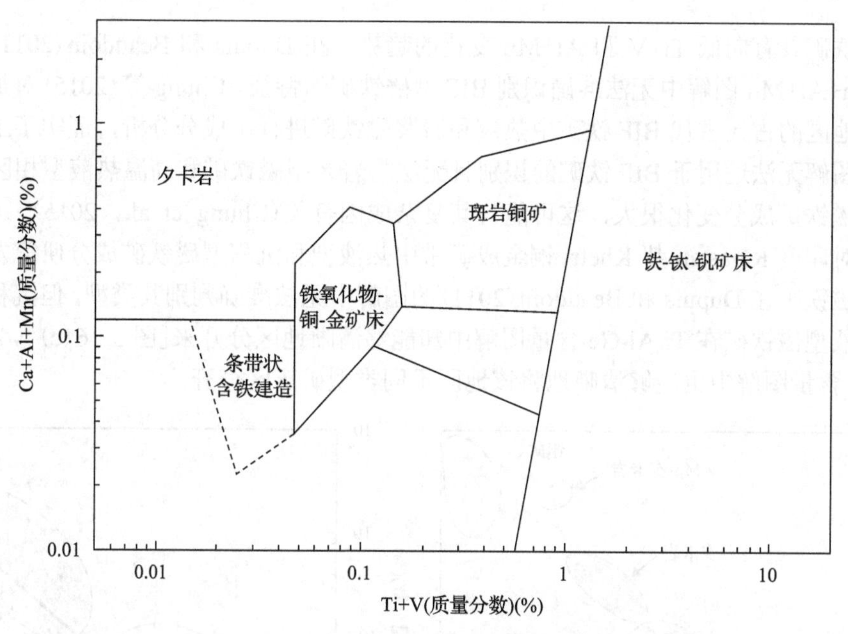

图 3-14　磁铁矿和赤铁矿的 Ti+V-Ca+Al+Mn 成因类型判别图（据 Dupuis and Beaudoin，2011 编绘）

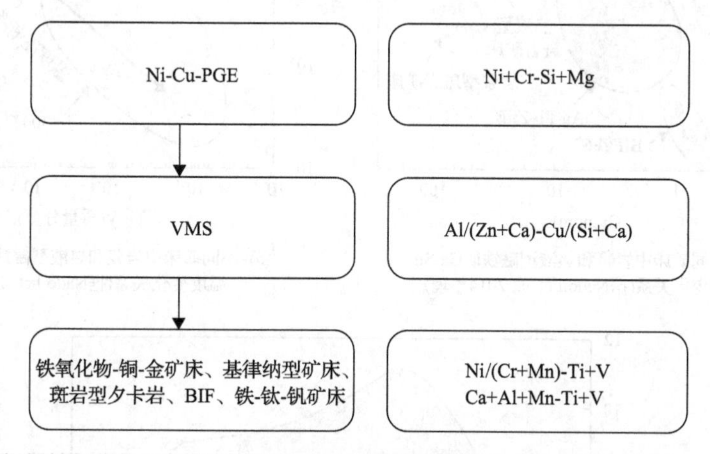

图 3-15　根据铁氧化物成分进行成因类型判别的步骤（据 Dupui and Beaudoin，2011 编绘）

任何一个元素判别图只是为研究者提供的参考，不能生搬硬套，具体研究中还需要结合野外地质特征、矿物组合及流体蚀变特征等进行客观分析。上述图解对于磁铁矿重砂研究具有重要的参考意义。当我们无法获知其他地质信息时，只能根据磁铁矿的形貌特征和相应的元素地球化学成分特征，再利用前人所提供的成因类型判别图解做初步的类型划分。

最近，人们对各种矿床中的磁铁矿成分又有了不少新认识（Nadoll et al.，2012，2014；Dare et al.，2012，2014；Hu et al.，2014；Chen et al.，2015；Chung et al.，2015；Zhao and Zhou，2015）。Nadoll 等（2014）总结了磁铁矿成分变化特征。从高温岩浆矿床到低温热液矿床，磁铁矿的 Ga、Sn 含量及 Ti+V 和 Al+Mn 含量随着温度的降低而降低［图 3-16（a）和（b）］，这对磁铁矿重砂找矿工作具有很好的参考作用。另外，他们还认识到 BIF 铁矿中的磁铁矿具有向低 Ti+V 和 Al+Mn 变化的趋势，在 Dupuis 和 Beaudoin(2011)提出的 Ti+V-Ca+Al+Mn 图解中无法准确识别 BIF 型磁铁矿的特征。Chung 等(2015)对加拿大拉布拉多地区的古元古代 BIF 铁矿中热液和岩浆磁铁矿进行了成分分析，证实了上述磁铁矿分类图解无法适用于 BIF 铁矿的识别且无法将岩浆型磁铁矿和高温热液型相区别。BIF 矿床中磁铁矿成分变化很大，这可能与其复杂成因有关(Chung et al.，2015)。Chen 等(2015)对印度 Rajastan 邦 Khetri 铜金成矿带中热液型和沉积型磁铁矿成分研究发现，所研究的磁铁矿在 Dupuis 和 Beaudoin(2011)的图解中无法准确判别其类型，但沉积型磁铁矿与热液型磁铁矿在 Ti/Al-Ge 含量图解中却能够清晰地区分开来[图 3-16(c)]，在 Co/Ni 值和 Cr 含量图解中也能够清晰地将该地区不同类型矿床区分开。

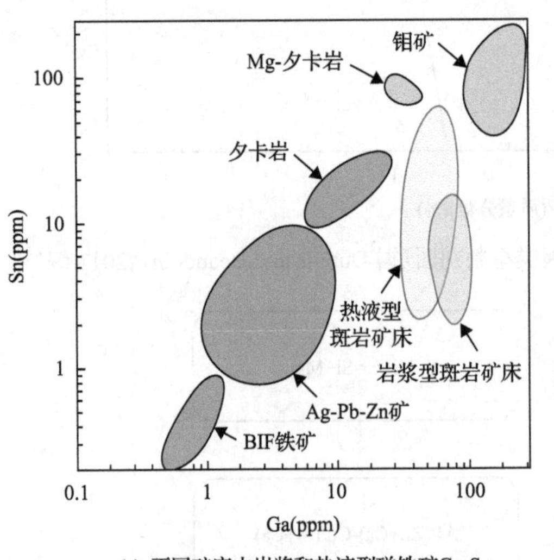

(a) 不同矿床中岩浆和热液型磁铁矿Ga-Sn含量变化关系(据Nadoll et al., 2014整理)

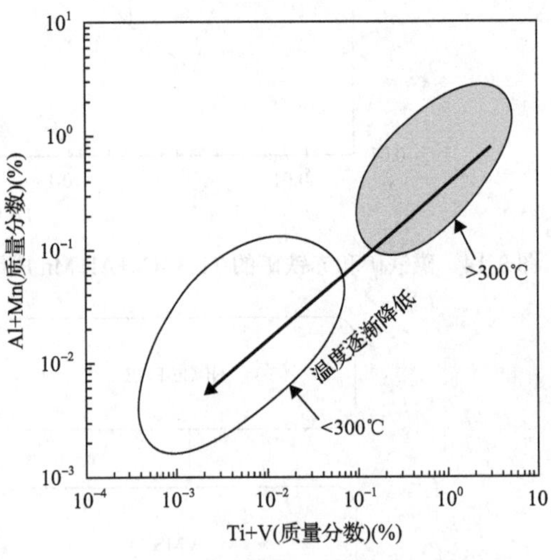

(b) 不同矿床中岩浆和热液型磁铁矿Ti+V-Al+Mn-温度变化关系(据Nadoll et al.,2014整理)

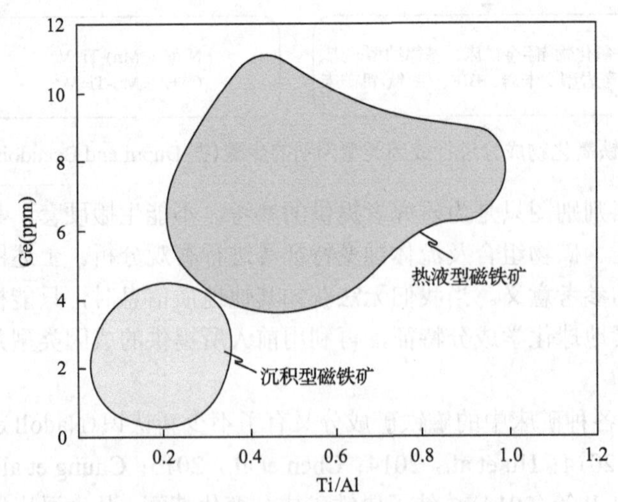

(c) 印度Rajasthan邦铜金矿床中沉积型和热液型磁铁矿Ti/Al-Ge成因图解(据Chen et al.，2015整理)

图 3-16　磁铁矿化学成分成因图解

另外，Zhao 和 Zhou(2015)对我国华南地区夕卡岩型铁矿床中的磁铁矿也做了大量的元素地球化学分析，结果显示与前人提供的成因分类图解高度吻合，说明上述分类图解对夕卡岩型矿床的适用度很高。作者还发现其研究的磁铁矿 Sn 含量很高，这与华南地区发育钨锡矿床吻合，暗示磁铁矿成分对找矿具有重要意义。

综上所述，磁铁矿成分具有很强的标型意义。前人对岩浆型磁铁矿固溶体模型研究较多，有关磁铁矿中许多元素的分配系数研究也非常丰富(Nadoll et al.，2014，表 3-1)。然而，对于热液型磁铁矿在不同性质流体中稳定存在条件下，元素分配系数的研究并不多见。分配系数的变化直接影响了热液磁铁矿结晶时与流体之间元素的分配，导致磁铁矿地球化学成分的变化。不同温度、压力和酸碱度及流体中的元素浓度都是影响磁铁矿成分的因素。因此，磁铁矿在不同性质流体中的元素分配问题还需加强研究。

表 3-1　不同岩石中磁铁矿的元素分配系数汇总(Nadoll et al.，2014)

岩石/熔体类型	文献	Al	Co	Cr	Fe	Ga	Mg	Mn	Mo	Nb	Ni	Pb	Ti	V	Zn
安山岩	Ewart 和 Griffin (1994 年)				24.1	4.1		5.72				2.9			15.5
	Luhr 和 Carmichael (1980 年)			433							28.6			62.7	18.4
安山岩-英安岩	Ewart 等(1973 年)			37										222	
	Nielsen 和 Beard (2000 年)									0.23					
玄武岩	Horn 等(1994 年)		13.3			3.2									8.1
	Lemarchand 等(1987 年)		3.4			2		1.4							2.6
	Lindstrom(1976 年)			23							97				
	Nielsen(1992 年)									1.81	96		12	6.87	
	Righter 等(2006 年)		19.4								82.1			33.9	
玄武岩-橄榄辉玄岩	Nielsen 等(1994 年)										96		19.4	6.87	
玄武岩-安山岩	Esperanca 等(1997 年)		7.4	153							29			26	3.1
	Haskin 等(1966 年)									0.7					
	Klemme 等(2006 年)		2.1	10.4						0.86					
	Reid(1983 年)													87	
玄武岩-安山岩-英安岩	Okamoto(1979 年)		24.7	166	19.2			5.33					16.5		
玄武岩-橄榄中长玄武岩(夏威夷石)	Lemarchand 等(1987 年)		2.16												
夏威夷-安粗岩	Leeman 等(1978 年)			172									25	27	
玄武岩-粗面岩-橄榄中长玄武岩	D'Orazio 等(1998 年)		17	275							32			29	
	Villemant 等(1981 年)	0.2	4.3	4.2			1.5				3.5		12		

续表

岩石/熔体类型	文献	Al	Co	Cr	Fe	Ga	Mg	Mn	Mo	Nb	Ni	Pb	Ti	V	Zn
英安岩	Ewart 和 Griffin (1994 年)				149	2.8		14.1			5.2	0.71			26.6
花岗闪长岩	Latourrette 等 (1991 年)	0.12		850			10.3	15						130	
高硅流纹岩	Ewart 和 Griffin (1994 年)				202	4.32		49.7				0.8			58.9
	Mahood 和 Hildreth (1983 年)		210					49.5	29						63
	Streck 和 Grunder (1997 年)		62.9	8.4				44.4							61.8
低硅流纹岩	Ewart 和 Griffin (1994 年)				150.4	6.11		30				1.62			50.1
橄榄粗安岩	Lemarchand 等 (1987 年)		8.52												
n/a	Kretz 等 (1999 年)			11							1.6			13	
	Toplis 和 Corgne (2002 年)		1.5					0.6			3.2		9.3	34.1	
火山碎屑岩	Dudas 等 (1973 年)			60									16.2	39.4	
石英安粗岩	Ewart 和 Griffin (1994 年)				115.2	12		30.9			33.3	1.58			75.2
流纹岩	Bacon 和 Druitt (1988 年)		80	30											15
	Nash 和 Crecraft (1985 年)			218				65	22						215
	Tacker 和 Candela (1987 年)								0.73						
拉斑玄武岩	Leeman (1974 年)										31.6				
粗面安山岩	Luhr 等 (1984 年)		72	154											17
粗面岩	Lemarchand 等 (1987 年)		41.7												
	Mahood 和 Stimac (1990 年)		21	8	11										

2) 黄铁矿

黄铁矿 (FeS_2) 是一种常见于各类岩石中的硫化物，其微量元素与成因关系及形成环境的反演等问题一直备受人们关注 (Bralia et al.，1979；Bajwah et al.，1987；陈光远等，1987；Brill，1989；Abraitis et al.，2004；Large et al.，2009，2014；Thomas et al.，2011；Koglin et al.，2010；严育通等，2012；Reich et al.，2013；Deditius et al.，2011，2014；Mills et al.，2015)。黄铁矿微量元素对判断成矿类型 (Brill，1989) 与矿床成因 (Thomas et al.，2011)，追溯成矿流体化学成分演化 (Large et al.，2009) 及古环境变迁 (Large et al.，2014) 都具有重要意义。

对于黄铁矿的各种标型特征，前人做过阶段性总结 (陈光远等，1987；Abraitis et al.，2004；严育通等，2012)。严育通等 (2012) 总结了热液矿床中黄铁矿标型特征的研究历史与进展，并针对我国各类矿床中黄铁矿成分标型进行了统计分析。结果显示，黄铁矿的主微量元素及 Co-Ni-As 成分分析能够用于识别黄铁矿的成因类型。

事实上，人们很早就已经开始关注黄铁矿 Co、Ni 值及 Co/Ni 特征，发现它们具有一定的标型意义(Bralia et al.，1979；Bajwah et al.，1987；陈光远等，1987；Brill，1989；Large et al.，2009)，特别是Co/Ni有指示成因的作用。例如，沉积型黄铁矿一般Co/Ni＜1，岩浆热液型黄铁矿一般Co/Ni＞1，与火山作用有关或与中-基性岩浆热液有关的层控黄铁矿Co/Ni变化较大(图3-17)，视受热液改造的强弱而变化。Co-Ni-As在不同成因类型金矿中含量的变化和其各自的地质作用关系密切。Co、Ni在黄铁矿中可类质同象代换Fe，导致黄铁矿的晶胞参数略有增大，FeS_2和CoS_2可形成连续的固溶体，但NiS_2和FeS_2则为不连续固溶体。高温有利于类质同象的进行。因此，高温形成的黄铁矿Co含量一般高于Ni，形成Co/Ni＞1，甚至更高比值的黄铁矿(图3-17)。

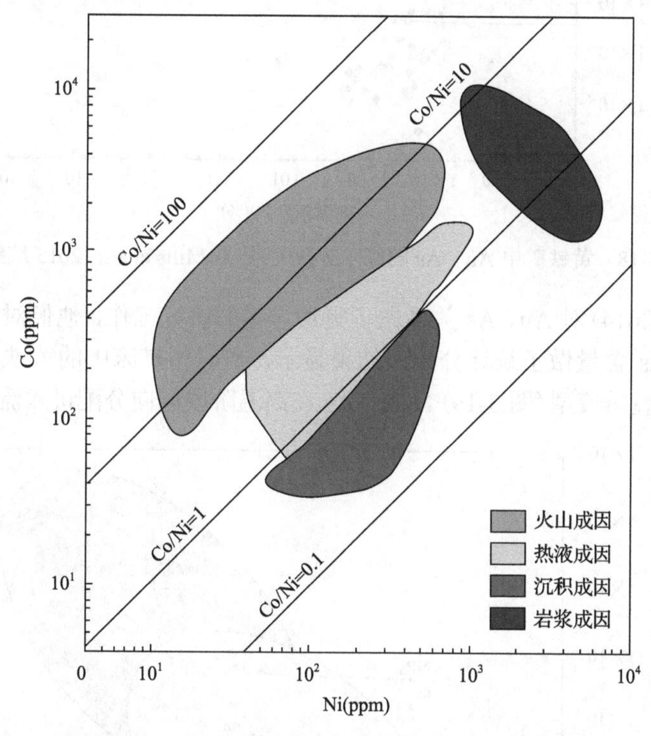

图3-17 黄铁矿Co、Ni含量和Co/Ni值特征与成因判别图(Brill，1989)

黄铁矿在热液矿床中是重要的载金矿物，同时与Au伴生的元素还有As、Hg、Tl等(Large et al.，2009；Deditius et al.，2011；Reich et al.，2013)。其中，黄铁矿中Au和As的相对含量与Au在黄铁矿中的赋存状态有关。Reich等(2006)用Au和As含量数学关系式表达的曲线将微粒金和晶格金区分开来(图3-18)。Mills等(2015)对我国胶东地区招-掖和牟-乳金矿带中黄铁矿的微量元素进行研究，分析了其中Au、As含量关系特点(图3-18)。招-掖带内的黄铁矿Au/As值变化范围较大，部分明显偏高，认为黄铁矿中存在纳米级微粒金；而牟-乳带内黄铁矿Au/As值低，认为Au和As可能多以固溶体的方式存在于黄铁矿晶格中。黄铁矿成分的差异可以由其在不同成分流体中的结晶引起，也可能因其成矿流体演化过程不同所致。赵太平等(2018)对河南上宫金矿黄铁矿成分进行了详细研究，结合透射电镜观察和d_{210}、d_{111}面网间距的测量，证实上宫金矿黄铁矿中的金全部为晶格金。

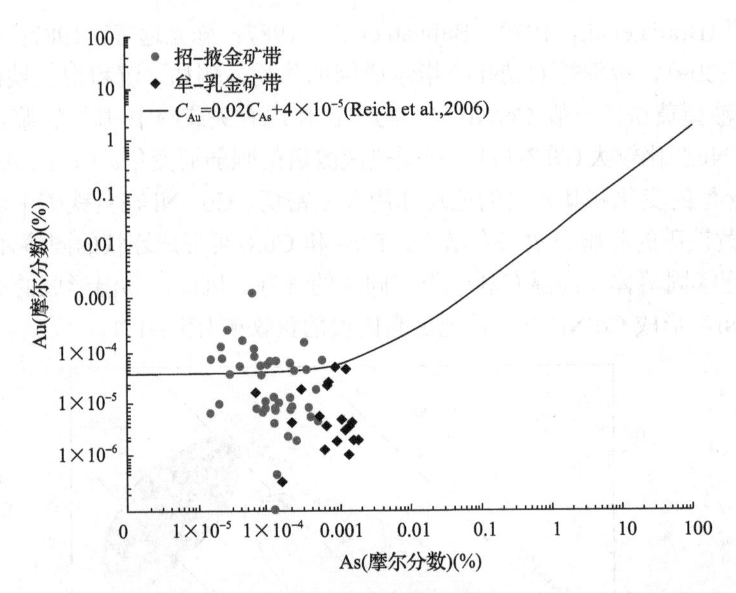

图 3-18　黄铁矿中 Au、As 的摩尔分数关系(据 Mills et al.，2015 编绘)

Deditius 等(2014)对 Au、As 关系做了更加详尽的研究工作，他们对不同类型矿床中黄铁矿的 Au、As 含量做了统计分析，结果显示，斑岩型矿床中的黄铁矿 Au、As 含量总体小于浅成低温热液型(图 3-19)。Au、As 在高温阶段倾向分配进入流体，而不是黄铁

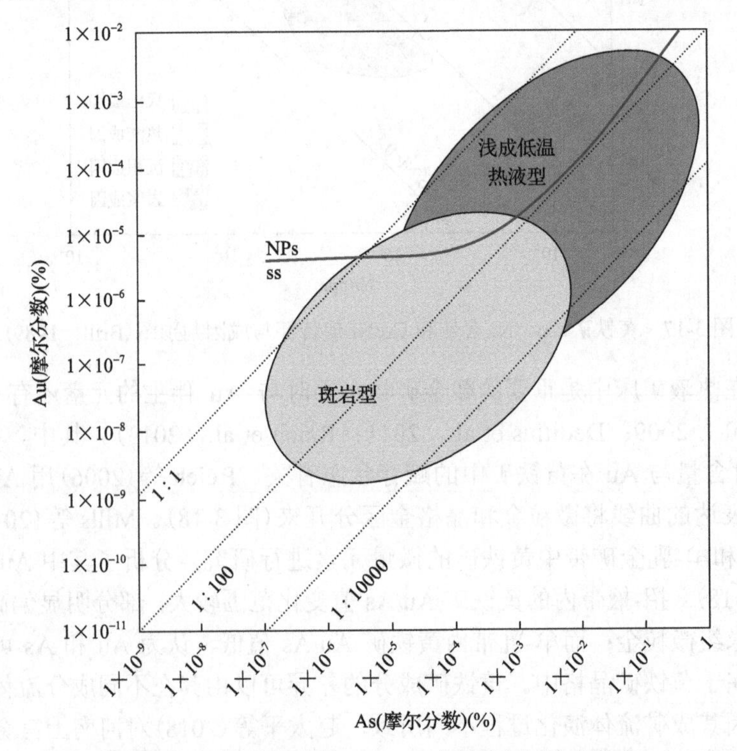

图 3-19　斑岩型和低温热液型矿床中黄铁矿的 Au、As 含量特征对比(据 Deditius et al.，2014 编绘)

NPs—Au 以零价态微粒金形式存在；ss—Au 以固溶体形式存在

矿。流体携带 Au、A0073 向浅部运移，温度降低后，Au、As 大量进入结晶的黄铁矿晶格中。因此，低温热液型矿床中的黄铁矿比斑岩型矿床的 Au、As 含量相对要高。Au 元素在黄铁矿中以固溶体方式存在还是以还原的零价态微粒金属的方式存在则主要受黄铁矿化学成分的控制，即 Au/As＜0.02 时，Au 以固溶体方式与 As 共存于黄铁矿晶格中；高于此值时，Au 将以零价态微粒金状态存在(图 3-18～图 3-20)。

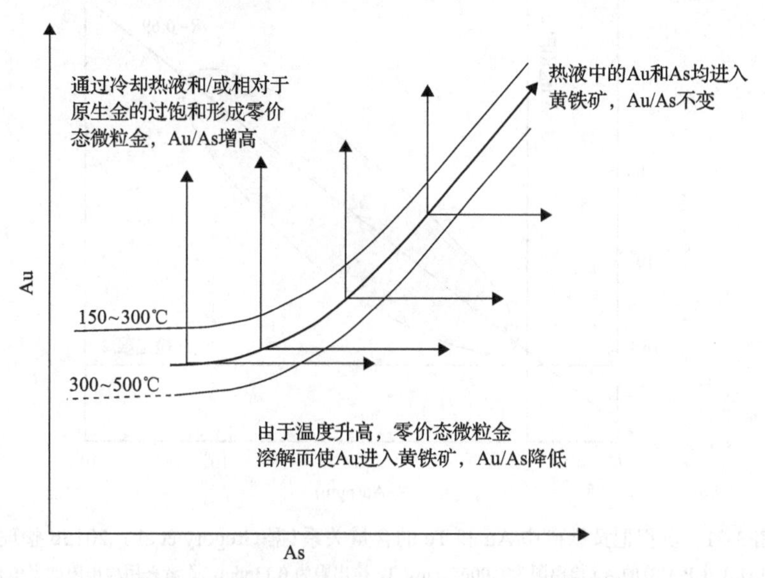

图 3-20　Au 在流体与黄铁矿之间的分配与 As 含量关系(Deditius et al.，2014)

据前人研究，As 元素在黄铁矿中的赋存方式有 3 种：①类质同象替代 S^{-}(Reich and Becker，2006)；②类质同象替代 Fe^{2+}(Deditius et al.，2008；Qian et al.，2013)；③非晶态的 As-Fe-S 微粒包体(Detitius et al.，2008)。As 类质同象替代进入黄铁矿晶格的两种方式分别发生在不同的氧化还原条件下。在相对还原的条件下，As^{-}替代 S^{-}进入黄铁矿晶格；在氧化条件下，As^{3+}替代 Fe^{2+}进入黄铁矿晶格(Deditius et al.，2008)。As 以氧化态方式进入黄铁矿晶格会有利于一些大半径金属离子(Au^{+}、Ag^{+}、Pb^{2+})通过类质同象方式进入黄铁矿晶格。而 As^{-}替代 S^{-}时，会引起 Fe^{2+}被其他半径相近的金属阳离子的替换作用，如 Co^{2+}、Ni^{2+}、Cu^{2+}、Zn^{2+}等。As 对 Fe 的替换作用会引起结构的畸变和空位产生，而这种结构的畸变和空位会导致大量的 Au 和其他金属元素进入结构，起到电价平衡作用。所以，从这一点来看，As 对 Fe 的替代非常重要。黄铁矿中 As 的含量，即类质同象进入黄铁矿中的量决定了其他金属元素的替代量，这也是黄铁矿中 As、Au 及其他金属元素含量总是存在一定的变化关系的原因所在。值得提出的是，Au 矿化过程中，黄铁矿的 Au、As 含量并非总是存在必然联系，即 Au 的矿化未必取决于 As 的含量。前人对小秦岭金矿的研究中发现黄铁矿贫 As 富 Te，矿石中出现大量碲化物(Bi et al.，2011)。这说明 Au 的矿化与碲化物关系密切。事实上，Se 和 Te 均可以替代黄铁矿中的 S^{2-}而进入黄铁矿晶格，只是 Se^{2-}半径与 S^{2-}相近而相对更容易产生替代进入黄铁矿晶格；而 Te^{2-}半径远大于 S^{2-}，相对替换作用不易进行。Te 的替代会导致黄铁矿晶格严重畸形，同时会引起大量的其他金属阳离子替换 Fe^{2+}或以杂质填隙方式进入黄铁矿晶格。因此，Te 的替换作用会导致黄铁矿中 Au、Ag 含量的增加。对于 Se 和 Te 在何种情况下更容易以类质同象替代的方式进入黄铁矿晶格方面的研究尚缺乏。对黑色页岩中沉积型黄铁矿的微量元素的研究(Gregory et al., 2015b)揭示了 Au、Te 含量正相关的现象(图 3-21)，且其他金属元素也同时与 Te 具正相关关系，说明了 Te 类质同象代替作用的重要性。

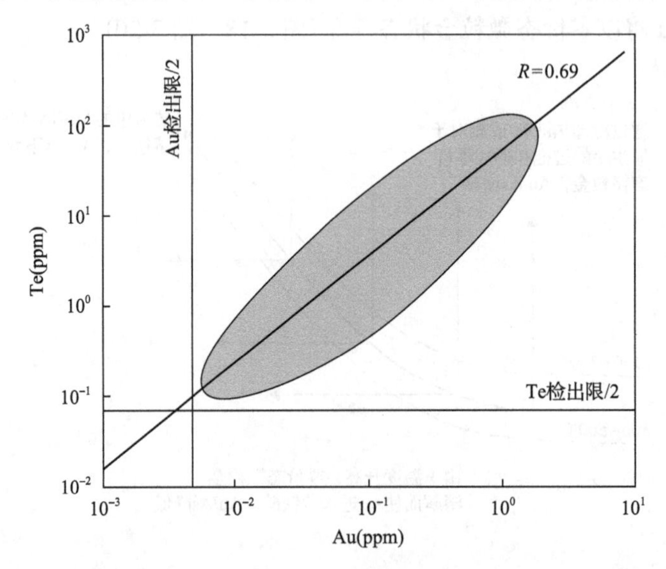

图 3-21　沉积型黄铁矿中 Au 和 Te 的含量关系(据 Gregory et al., 2015b 整理)

测试方法(LA-ICP-MS)的 Au 检出限为 0.0065ppm，Te 检出限为 0.13ppm，作者采用检出限的半值作为底限

黄铁矿也是一种常见的重砂矿物，其微量元素研究不仅能够为其源区提供重要信息，也对找寻盲矿有重要意义。Koglin 等(2010)对南非、加拿大和巴西 3 个克拉通内早前寒武纪沉积矿床中的黄铁矿进行了成分研究，发现黄铁矿中 Au 和 Co/Ni 可以很好地区分上述 3 个地区的沉积矿床中热液和同沉积成因的黄铁矿。沉积后热液成因的黄铁矿具有高的 Co/Ni 和低 Au 含量特征，而同沉积的碎屑黄铁矿则具有相对高的 Au 含量和低 Co/Ni 的特征。

黄铁矿微量元素成分在古环境示踪方面也具有很强的指示作用(Berner et al., 2013; Large et al., 2014; Gregory et al., 2015a, 2015b)。研究结果显示，现代海洋沉积物中的黄铁矿微量元素成分与沉积环境中的元素含量具有良好的正相关关系(图 3-22, Large et al., 2014)，说明沉积型黄铁矿微量元素可以示踪其沉积环境特点，甚至古环境变化。为了示踪地球演化历史上的环境变迁，Large 等(2014)对太古代至今的黑色页岩中黄铁矿微量元素开展了详细的研究工作。其研究对象首先是绿片岩相及其以下的变质黑色页岩，其中用于示踪的黄铁矿采信 Co/Ni＜2 的，因为沉积型黄铁矿 Co/Ni 一般小于 2，受后期热液改造的样品则会高于 2，而热液碎屑成因的黄铁矿该比值也会变化很大且高于 2。为此，作者对样品进行了仔细限定和甄别后，对黄铁矿微量元素变化特点进行了详细分析。首先，他们发现从太古宙到现代的黑色页岩，其中的黄铁矿 Co、Ni 含量与地球演化历史上大火成岩省活动峰值时间吻合(图 3-23)。这些沉积型黄铁矿中的 Mo、Se 含量发生规律性的变化(图 3-24)。作者认为不同时代黄铁矿中 Mo 和 Se 的变化反映了地球氧气的突然增加和降低。低谷区则对应着全球缺氧事件。据此，作者认为早在29.7亿年和26.5亿～25亿年前，地球上可能发生过两次氧气突增事件，在时间上明显早于著名的全球大氧化事件所发生的时间(24亿～23亿年)。黄铁矿Mo、Se含量在全球大氧化事件之后开始逐渐降低，大致在800Ma含量最低，与地质历史上全球缺氧事件的时间吻合。

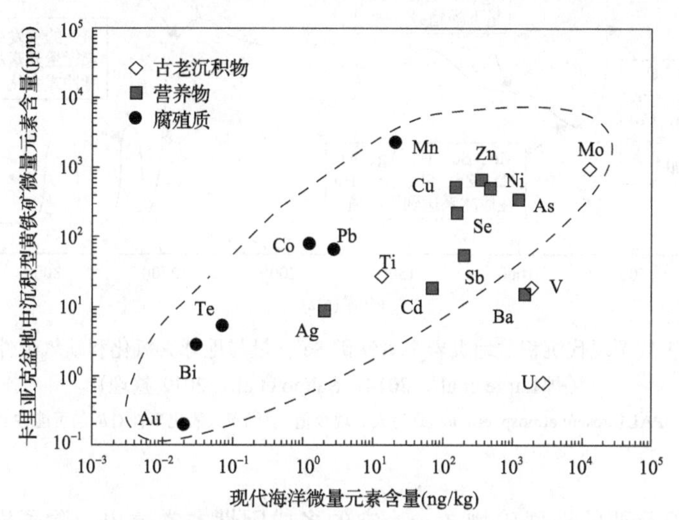

图3-22　现代海洋微量元素含量与委内瑞拉卡里亚克盆地中沉积型黄铁矿微量元素含量关系(据Large et al.，2014整理)

数据点分类来自不同性质沉积层的黄铁矿

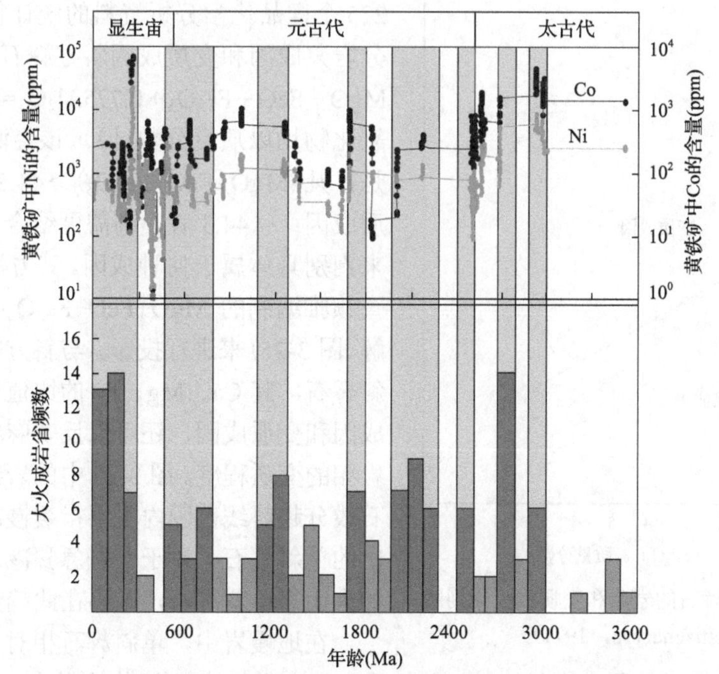

图3-23　不同时代页岩中黄铁矿的Co、Ni含量变化与大火成岩省频数对应关系(据Large et al.，2014整理)

黄铁矿Co、Ni含量的突然升高与大火成岩省活动广泛的时期对应关系很好，特别是250Ma的黄铁矿Co、Ni含量突然暴增与西伯利亚大火成岩省岩浆喷发事件对应

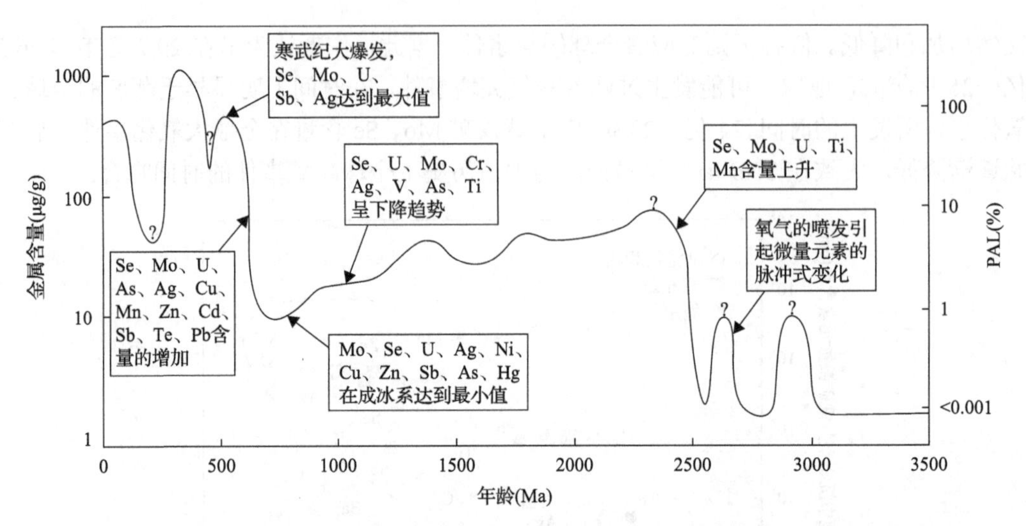

图 3-24　太古代至现代沉积盆地页岩中黄铁矿 Se 含量与地球大氧化和缺氧事件的对应关系（据 Large et al.，2014；Sahoo et al.，2012 整理）

PAL (present atmospheric level) 为大气现今值；?代表大氧化事件对应的可能性

3）辉石

辉石族是很重要的造岩矿物之一。它的多成因性非常突出，除了岩浆的、接触交代的、区域变质的、热液的等成因类型外，尚有宇宙成因的。它们的产状多达 20 余种（薛君治，1991）。例如斜方辉石，前人曾根据 225 个样品化学分析资料的统计得出了一个区分岩浆成因和变质成因斜方辉石的经验公式：$MgO+FeO+Fe_2O_3+0.775Al_2O_3=44.304$（式中氧化物均以质量分数计）。该经验公式的意义是，凡 $(MgO+FeO+Fe_2O_3)>44.3$ 者，属于变质成因；<44.3 者，则需再结合 Al_2O_3 的含量来判别具体属于何种成因。其方法是根据贝泰查赖雅编制的 $MgO+FeO+Fe_2O_3$-Al_2O_3 变异图解（图 3-25）来进行投影。与斜方辉石共生的单斜辉石，其 Ca、Mg、Fe 的比值可以指示岩浆成因和变质成因，还可以反映麻粒岩相和角闪岩相的变质程度。图 3-25 中的岩浆成因单斜辉石成分趋势线范围内主要指缓慢冷却条件下晶出的单斜辉石。对于一些急骤冷却条件下结晶的火山岩单斜辉石，则不在此趋势线范围内。

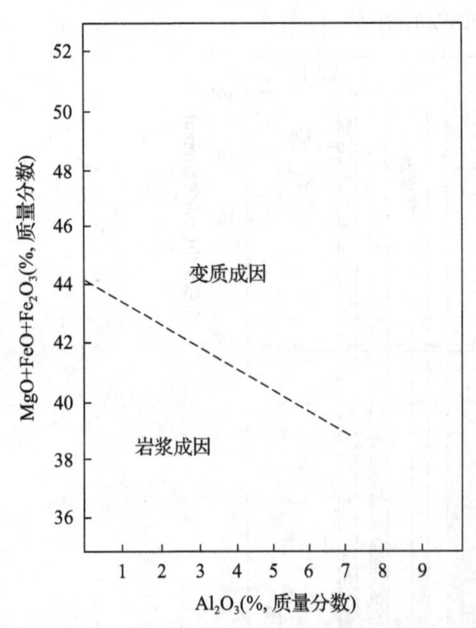

图 3-25　斜方辉石的岩浆和变质成因判别图（Bhattacharyya，1971）

在地幔岩中，单斜辉石相对于橄榄石和斜方辉石在部分熔融过程中更易熔融，并易受到外来交代熔体/流体的影响，甚至可以作为交代熔体/流体与橄榄岩反应的新生产物出现。因此，单斜辉石比橄榄石、斜方辉石更富集 Na、K、P 和 Ti；而与石榴子石相比，单斜辉石含有相似的 P 和 Ti。Na 赋存于单斜辉石中，常以硬玉(Jd)、霓辉石(Ac)、钠铬辉石(Ur)等形式出现(Bishop et al.，1978)；而Ti则以Ca-Ti契尔马克分子形式出现(Cawthorn and Collerson，1974)。火成岩中单斜辉石的Ti、Cr、Ca、Al与Na含量可被用于指示相应的构造环境，同时基于大量样品统计而形成的图解(相关图解请参看Leterrier et al.，1982)也可用于岩浆岩、低级变质岩或交代成因的岩石中岩浆成因单斜辉石的鉴别(Leterrier et al.，1982)。Leterrier等(1982)也总结了可能会使相应的鉴别特征变得模糊的部分影响因素。这些影响因素包括：①辉石成分中与非四面体(non-quadrilateral)数量相关的成对替代的出现；②受温压、氧逸度等影响的结晶顺序可能引起单斜辉石较其他矿物较晚出现；③岩浆的冷却速率[如淬火(quenching)或冷凝(chilling)过程]；④显著的温压变化会引起相应的单斜辉石与熔体之间分配系数的变化。

Kushiro(1960)和Bas(1962)指出单斜辉石中的Ti与Al的含量与结晶熔体中的硅活度有关,并且Ti与Al在单斜辉石中的含量随着从拉斑质到碱性-过碱性岩浆系列而增加。进一步的研究指出，高Ti单斜辉石应是从硅不饱和且贫铁的岩浆中结晶而来的。Nisbet和Pearce(1976)基于已知岩浆岩类型中辉石的矿物化学成分指出，板内碱性玄武岩(plate alkali basalt)中的单斜辉石常具有高的Na和Ti含量、低的Si含量，而板内玄武岩与火山岛孤玄武岩的区别表现为其单斜辉石含有更多的Ti、Fe和Mn。同时，Nisbet和Pearce(1976)基于全岩化学成分与单斜辉石中离子的分配系数则提出了一系列单斜辉石矿物化学构造图解，包括Na_2O-MnO-TiO_2(图3-26)、SiO_2-TiO_2、SiO_2-Al_2O_3图解。近年来，富CO_2流体或碳酸岩熔体对REE(稀土元素)和HFSE(高场强元素)的分馏作用也受到关注(Blusztajn and Shimizu，1994；Yaxley et al.，1998)，地幔橄榄岩中的单斜辉石所反映出的Ti、Zr、Nb、Sr和LREE的异常对于区分地幔交代作用过程中的熔流体性质具有重要作用(郑建平等，2003)。陈俊兵和曾志刚(2007)对来自马里亚纳岛弧南部前弧的方辉橄榄岩中的辉石开展的微量元素研究认为其中的单斜辉石与镁角闪石密切伴生，而斜方辉石周围则常出现透闪石。同时，除了Ti和少量的HREE(重稀土元素)，该方辉橄榄岩中的单斜辉石比深海橄榄岩中的单斜辉石相对富集微量元素。

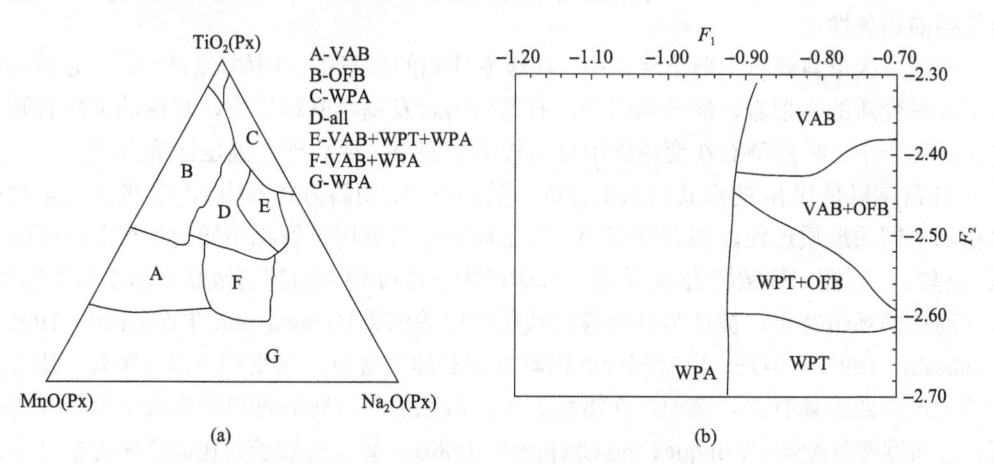

图3-26　镁铁质岩浆岩中的单斜辉石与构造环境区分图解(Nisbet and Pearce，1976)

VAB-火山弧；OFB-洋底玄武；WPT-板内拉斑玄武岩；WPA-板内碱性玄武岩

F_1=−0.012×SiO_2−0.0807×TiO_2+0.0026×Al_2O_3−0.0012×FeO^*−10.26×MnO+0.0087×MgO−0.0128×CaO−0.0419×Na_2O

F_2=−0.0469×SiO_2−0.0818×TiO_2−0.0212×Al_2O_3−0.0041×FeO^*−0.1435×MnO−0.0029×MgO+0.0085×CaO+0.0160×Na_2O

另外，在超镁铁-镁铁质堆晶岩的研究中还发现，单斜辉石与斜方辉石的镁值($Mg^{\#}$)及共生矿物组合的矿物化学成分可以用于指示岛弧环境下原始玄武岩熔体的高压结晶分异过程(Parlak et al.，1996，图 3-27)。

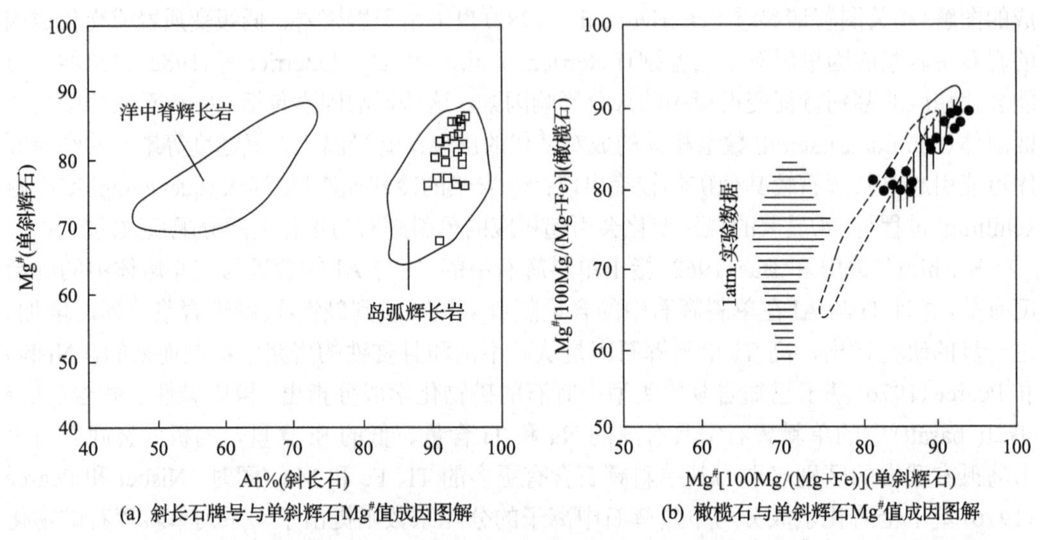

图 3-27 超镁铁-镁铁质堆晶岩中单斜辉石 $Mg^{\#}$(横坐标)与共生橄榄石 $Mg^{\#}$(纵坐标)成因图解(Parlak et al.，1996)

断线表示洋壳环境，实线表示高压地幔捕掳晶，点阴影区为岛湾蛇绿岩区，水平线阴影区为1个大气压下实验获得的洋中脊玄武岩相平衡区

Aoki 和 Kushiro(1968)对榴辉岩、麻粒岩和玄武质及其他火成岩中的单斜辉石主量元素进行统计计算，确定了 Al^{IV}-Al^{VI} 关系(图 3-28)，并用于区别变质岩与火成岩成因的单斜辉石。另外，也有人提出岩浆中 Si 饱和度影响岩浆成因单斜辉石 Al^{IV} 的含量。基于以上的总结可知，单斜辉石中 Al_2O_3 的含量及 Al 的配位情况与岩石所经历的地质过程具有很强的相关性。

变质成因单斜辉石主要出现在中、高级变质相的岩石中。例如，透辉石-普通辉石可见于区域变质的大理岩、斜长角闪岩、石榴角闪岩及基性麻粒岩中，富钠的绿辉石则常见于榴辉岩中。单斜辉石在变质岩中目前较多的应用主要表现在温压计算方面。

Al 常常以替代 Si 的形式进入斜方辉石的晶格中，而斜方辉石中 Al_2O_3 的含量常被用来指示不同的地质过程。斜方辉石 Al 含量环带也常被用于解释不同的地质温压变化过程。例如，在石榴二辉橄榄岩-尖晶石二辉橄榄岩中粒度较大的辉石残晶显示出核部低铝、边部高铝的环带特点，被认为是近等温减压作用的结果(Ozawa and Takahashi，1995；Takahashi，1997)。但是，也有部分低铝斜方辉石的铝含量不仅受控于温压变化，还可能与熔融过程或流体有关。例如，在橄榄岩中，低铝的斜方辉石常可能形成于以下几种情况：①高度部分融熔(如 Jaques and Chappell，1980)；②与石榴子石在高压中温条件下的平衡(如 Zhang et al.，1995)；③低温条件下与含水矿物的平衡共生(如 Smith，1995；Smith and Riter，1997)；④蛇纹岩的脱水作用(如 Trommsdorff et al.，1998)；⑤尖晶石橄榄岩中矿物组合的极低温平衡；⑥橄榄岩-流体相互作用(如 Smith et al.，1999)。铝在斜方辉石中的溶解度既与相应的矿物组合有关，也强烈受控于温压条件(Boyd，1973；MacGregor，1974；Wood，1974)。Harley(1984)通过实验确定了 $FeO-MgO-Al_2O_3-SiO_2$(FMAS)体系在 800～1200℃，5～30kbar 时，与石榴子石共生的斜方辉石中 Al_2O_3 的含量取决于 P-T-X，并依此确定了相应的温压计。

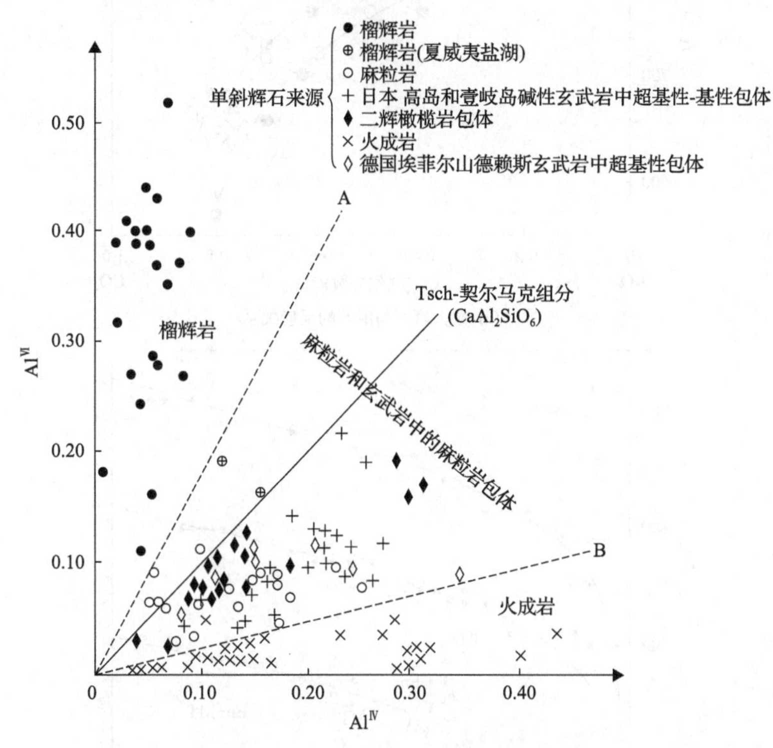

图 3-28　单斜辉石的不同配位的 Al 与不同岩性的关系图解(Aoki and Kushiro，1968)

A-榴辉岩与麻粒岩分界线；B-麻粒岩与岩浆岩分界线

除了铝以外，微量元素、稀土元素和同位素特征也常被用来区别形成辉石的地质过程。

顽火辉石常见于球粒陨石、橄榄岩、辉石岩中，在少量的麻粒岩和榴辉岩(Brueckner，1977；Nakamura，2000)中产出。顽火辉石常以围绕石榴子石变斑晶的细粒后成合晶形式产出于榴辉岩中(Nakamura，2000)。在顽火辉石相榴辉岩中的单斜辉石也常具有很高的镁指数(如苏鲁区域东北部的顽火辉石相榴辉岩中单斜辉石的 $Mg^{\#}$ 达到 95[$Mg^{\#}=Mg/(Fe^{2+}+Mg)\times100$，Nakamura，2000]。

在区域变质过程中，角闪岩相超基性变质岩中的一些顽火辉石与滑石平衡共生，这与变质过程中的 CO_2 交代紧密相关。同时，在进一步的变质过程中，还可能出现顽火辉石+滑石→直闪石的反应，基于实验，直闪石的稳定温度为 600～800℃(Greenwood，1963，1971；Evans et al.，1974)。顽火辉石与滑石之间也存在相互转换的关系，即 Tlc(滑石)→En(顽火辉石)+Qz(石英)+H_2O。这一转换关系也强烈受控于温度、CO_2 和 H_2O(图 3-29)。同样，以流体交代过程形成顽火辉石还可能发生在含橄榄石的碳酸岩环境中，如反应 Fo(镁橄榄石)+CO_2→En(顽火辉石)+Mt(菱镁矿)(Aranovich，2013)。

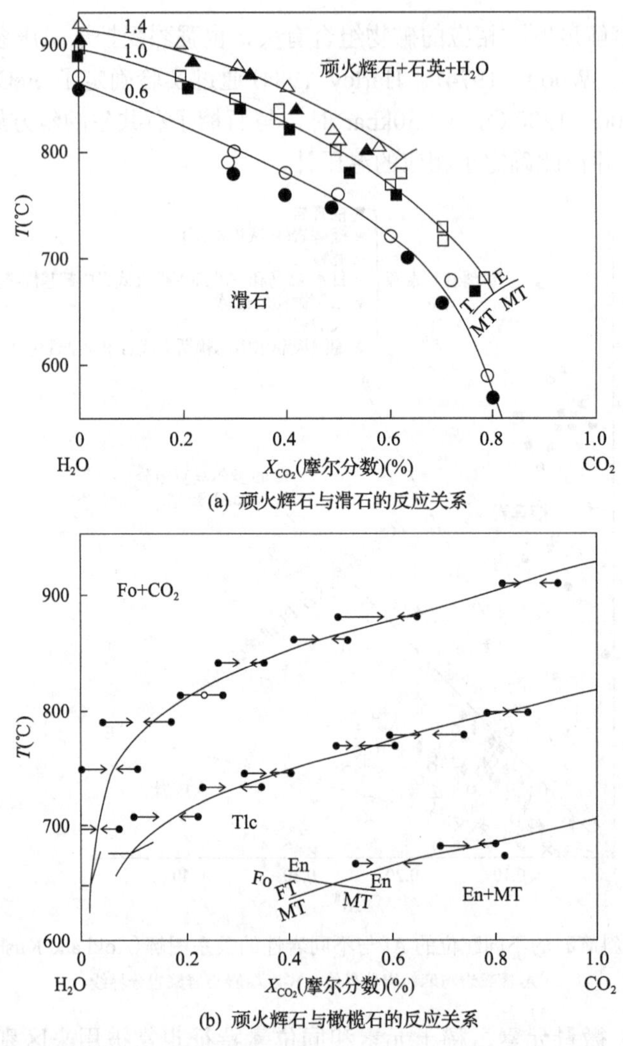

图 3-29　顽火辉石与滑石、橄榄石的反应关系(Evans et al.，1974；Aranovich，2013)

En-顽火辉石；MT-磁铁矿；Fo-镁橄榄石；FT-镁橄榄石-滑石组合；Tlc-滑石

斜方辉石中的紫苏辉石常见于紫苏花岗岩、超镁铁质岩及麻粒岩相变质岩中。在这些岩石中，紫苏辉石对变质级别有良好的指示作用。

除了前文中介绍的主微量元素指示外，还应注意到微量元素在不同岩性中与辉石相关的矿物组合之间的分配状态对地质过程的指示。例如，由于 Ni 在辉石-熔体间的分配系数($D_{辉石/熔体}\approx 2$)比 Ni 在橄榄石-熔体间的分配系数($D_{橄榄石/熔体}\approx 10$)低，当地幔橄榄岩中原有的橄榄石在后期熔融反应过程中形成辉石时，原地幔橄榄岩中的 Ni 元素将倾向进入残留的橄榄石从而形成高 Ni 的橄榄石(Sobolev et al.，2007；Tinker and Lesher，2001)。

近年来，同位素应用于单矿物中也获得了一些指示性的数据。超镁铁质岩石在温度低于 500℃，且水岩比较高时容易发生蛇纹石化过程(Bonatti et al.，1984；Macdonald and Fyfe，1985；Coulton et al.，1995；McCollom and Shock，1998)，而相应的蛇纹石化过程就会造成岩石中相应元素的同位素体系发生变化。其中，Li 同位素被用于讨论橄榄岩受到的后期交代作用时取得了较好效果。Decitre 等(2002)对蛇纹石化橄榄岩进行的原位 Li 同位素研究指出，蛇纹石化过程中，Li 元素会伴随热液进入受改造的斜方辉石与单斜辉石中(图 3-30)。

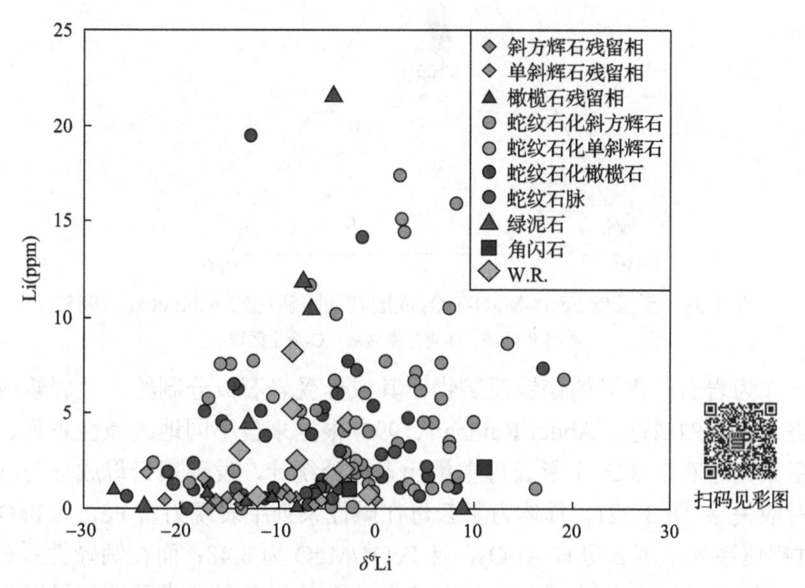

图 3-30　超镁铁质岩中矿物交代过程中 Li 同位素的变化(Decitre et al.，2002)

除了矿物化学特征以外，辉石的特殊产出方式也对地质过程具有指示意义。在超高压榴辉岩带中的研究发现，石榴子石变斑晶出现定向分布的单斜辉石与斜方辉石包裹体，且这些包裹体的晶体取向应与石榴子石的晶体取向相谐调(Xu and Wu，2017)。

4) 黑云母

黑云母的化学成分常被用于花岗岩分类或岩石的温度、氧逸度等参数的计算，而唯有原生的黑云母才能获得岩石形成时的条件，反映源区岩石的物理化学条件信息；而同一个岩体中，岩相学特征相似的黑云母其化学成分可能变化很大。Nachit 等(2005)通过对 480 个不同起源的黑云母化学数据统计，基于黑云母中 FeO*、MgO 和 TiO_2(其中 FeO*=FeO+MnO)3 个端元的含量，将黑云母分为原生、再平衡和新生 3 类(图 3-31)。选择上述 3 个端元的理由如下：①金云母和铁云母为黑云母的两个端元，黑云母的 X_{FeO*} 值[X_{FeO*}=FeO*/(FeO*+MgO)]与岩石成分有关，基性岩中 $X_{FeO*}\approx0$，而长英质岩石中 $X_{FeO*}\approx1$；②黑云母中的 Ti 含量受温度控制，但会随着 X_{FeO*}变化；③镜下蚀变的黑云母常常与新结晶的铁钛氧化物，如金红石、钛铁矿等共生。这样一来，根据 FeO*、MgO 的含量，可以区别基性岩和长英质岩石；而固定 X_{FeO*}值，TiO_2 含量则反映黑云母形成或转变的温度。总体而言，原生的黑云母常表现为自形、深棕褐色及强烈多色性，而缺乏含 Ti 氧化物的共生；再平衡和新生黑云母则常表现为浅绿色、弱的多色性且出现含 Ti 氧化物。化学成分上，前者常具有高的 TiO_2 含量，低 Al(Al＜1.5a.p.f.u，基于 22 个氧原子计算)；而后者具有低的 TiO_2 含量和高的 Al 含量(Al＞1.0a.p.f.u，基于 22 个氧原子计算)。新生黑云母常围绕或替代早期的黑云母或铁钛氧化物，或发育于裂隙中。

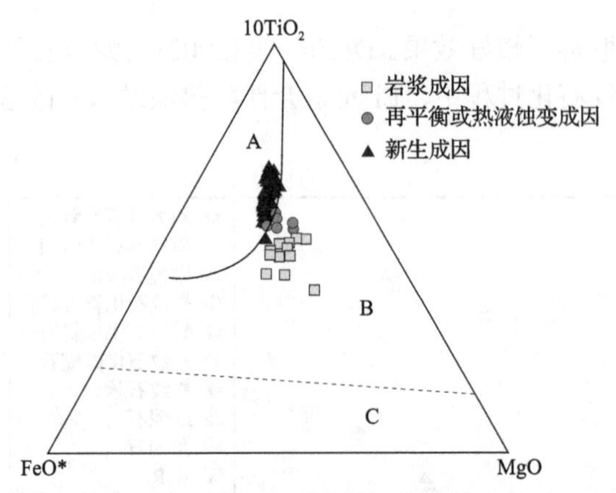

图 3-31　黑云母 FeO^*-MgO-TiO_2 成因判别图解（据 Nachit et al., 1985）

A-原生区域；B-再平衡区域；C-新生区域

黑云母作为岩石中常见的镁铁质矿物，其成分受岩石成分制约，故岩浆成因的黑云母可反映寄主岩石的属性。Abdel-Rahman（1994）根据来自不同地区碱性系列、钙碱性系列及过铝质系列岩石中 325 个黑云母主量元素成分统计，发现黑云母成分与其所属岩石类型具有对应关系（图 3-32），具体为黑云母在碱性系列中表现为富 Fe，其 FeO^*/MgO 为 7.04；在过铝质系列中黑云母富 Al_2O_3，且 FeO^*/MgO 为 3.48；而在钙碱性系列中，黑云母较富 Mg，其 FeO^*/MgO 为 1.76。这些不同成分的黑云母分类区域的界限被数据统计分析所验证。Abdel-Rahman（1994）认为碱性系列的富铁特征可能与铁钛氧化物的晚期结晶有关，碱性岩浆由于早期无水矿物的结晶使得晚期阶段富水、富 Fe，从而导致铁钛氧化物和富水富铁矿物如角闪石、黑云母的结晶。而在钙碱性岩浆中，由于早期铁钛氧化物的结晶，从而产生富 Mg 的黑云母。

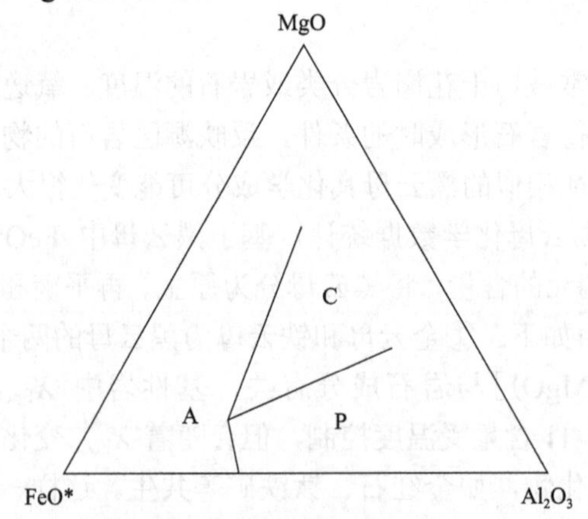

图 3-32　黑云母成因类型判别图（Abdel-Rahman，1994）

A-碱性；C-钙碱性；P-过铝质

利用黑云母的 Ti 含量来指示其形成条件的研究已经开展了许多（Robert，1976；Abrecht and Hewitt，1988；Arima and Edgar，1981；Douce，1993），然而除了黑云母的晶体化学外，介质的成分、压力及氧逸度条件等均能影响黑云母中 Ti 的含量（Abrecht and Hewitt，1988；Arima and Edgar，1981；Douce，1993；Cruciani and Zanazzi，1994）。实

验研究和天然样品分析表明（Arima and Edgar，1981；Abrecht and Hewitt，1988；Henry et al.，2005），镁质黑云母中的 Ti 主要以$^{VI}Ti+2^{IV}Al={}^{VI}R^{2+}+2^{VI}Si$为其替代机制，其中$^{VI}R^{2+}$为八面体位置的二价阳离子；$^{VI}Ti+{}^{VI}\square=2^{VI}R^{2+}$和$2^{VI}Al={}^{VI}Ti+{}^{VI}R^{2+}$共同作用是 Ti 进入金云母的主要机制，其中$^{VI}\square$表示八面体位置空缺。在超钾质岩石中，前者占主导作用（Arima and Edgar，1981）。八面体占位的几何学和化学特征显示高电价元素（Ti^{4+}、Al^{3+}、Fe^{3+}）优先进入 M2 位置。对 1M 金云母的晶体化学研究表明，$^{VI}R^{2+}+2(OH)^{-}={}^{VI}Ti+2O^{2-}$替换机制（去质子化）能够解释由于高电价元素增多带来的八面体位置的结构变化及 M2 八面体位阳离子向 OH 占位偏移（Cruciani and Zanazzi，1994）。在中等镁含量的黑云母中，特别是在高级变质岩中，Ti 的这种替换机制占主导地位（Henry et al.，2005），Water 和 Charnley（2002）对多相变质片岩中的黑云母研究认为，Ti 被容纳入黑云母也主要源于此机制。有早期的实验研究显示，金云母中 Ti 的溶解度随着温度的升高而增大，而压力升高，Ti 的溶解度降低，并且随着变质程度的增加，黑云母中的 Ti 含量增多（Robert，1976）。除此之外，高钾岩石的金云母实验研究表明，金云母中 Ti 的含量随着氧逸度的升高而增大，而熔体成分对其有微小的影响，暗示金云母中的 Ti 含量可作为潜在的地质温度计（Douce，1993）。

Henry 和 Guidotti（2002）通过对来自变泥质岩（变质压力在 3.3kbar）中大于 450 个黑云母数据分析发现，黑云母的 Ti 饱和面与温度及 X_{Mg}［X_{Mg}=Mg/(Mg+Fe)］具有非线性关系（图 3-33），被选择的变泥质岩矿物组合为石英+富铝相+钛铁矿或金红石+石墨，以此保证系统中 Si、Al 和 Ti 的饱和及减少全岩成分对这些元素的影响。石墨的存在可保证低氧逸度的环境，故黑云母中的 Fe^{3+}含量少，黑云母阳离子数基于 22 个氧原子数计算。通过对温度、单位化学式内 Ti 原子数及 $Mg^{\#}$的拟合，得出 3.3kbar 下变泥质岩中黑云母 Ti 温度计的表达式为

$$\ln(Ti)=-2.3353+4.343\times10^{-9}T^{3}-1.6178\,X_{Mg}^{3}$$

Henry 等（2005）对其校正，表达式为

$$\ln(Ti)=-2.3594+4.6482\times10^{-9}T^{3}-1.7283\,X_{Mg}^{3}$$

式中，T 为温度，单位为℃，适用范围为 X_{Mg}=0.275～1.000，Ti=0.04～0.6a.p.f.u.，T=400～800℃，其精度为±24℃。

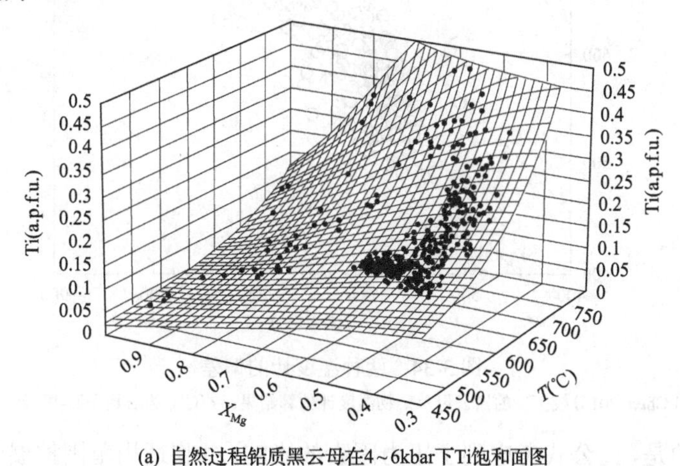

(a) 自然过程铅质黑云母在4～6kbar下Ti饱和面图

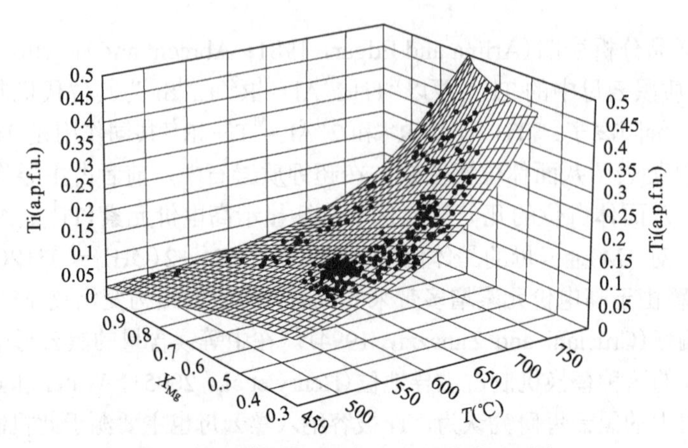

(b) 天然过程铝质黑云母在4～6kbar下Ti饱和面图

图 3-33 黑云母的 Ti 饱和面与温度及 X_{Mg} 具有非线性关系

Wu 和 Chen(2015)搜集自然样品黑云母数据，利用石榴子石-黑云母温度计对上述温度计进行进一步改进，两种温度计的偏差约±50℃(图 3-34)，其表达式为

$$\ln(T)=6.313(\pm0.078)+0.224(\pm0.006)\ln(X_{Ti})-0.288(\pm0.041)\ln(X_{Fe})$$
$$-0.449(\pm0.039)\ln(X_{Mg})+0.15(\pm0.01)P$$

式中，T 单位为摄氏度(℃)；P 单位为吉帕(GPa)；$X_i=i/(Fe+Mg+Al^{VI}+Ti)$，黑云母阳离子数基于 11 个氧原子数计算。

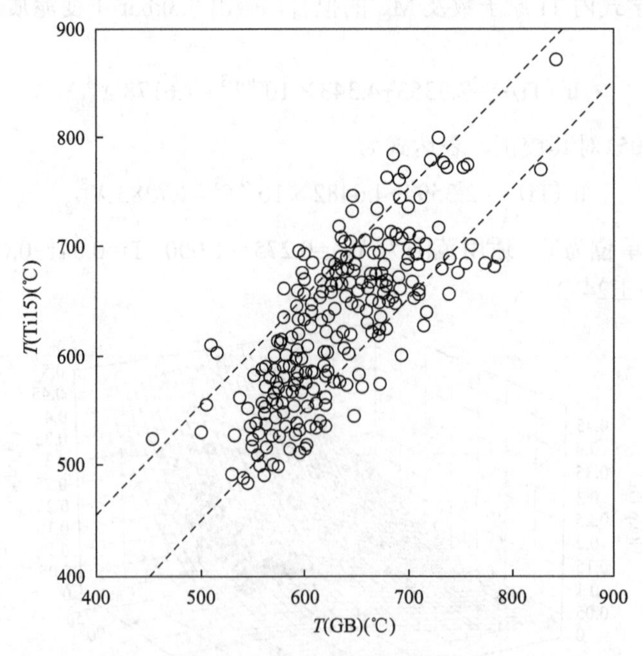

图 3-34 两种温度计的偏差

T(Ti15)为 Wu 和 Chen(2015)校正后的黑云母单矿物温度计估算结果；T(GB)为石榴子石-黑云母温度计估算结果

值得注意的是，此公式考虑到了压力因素的影响，并将适用范围扩展至 450～840℃，

0.1～1.9GPa。

氧逸度是影响矿物稳定性的重要物理化学参数。Wones 和 Eugster(1965)对黑云母的稳定性进行了实验研究，并给出了不同氧逸度条件下与透长石+磁铁矿+气体共生的黑云母固溶体成分图解(图 3-35)。根据黑云母成分与各共生矿物及氧逸度的关系，可恢复黑云母形成时的氧逸度条件。

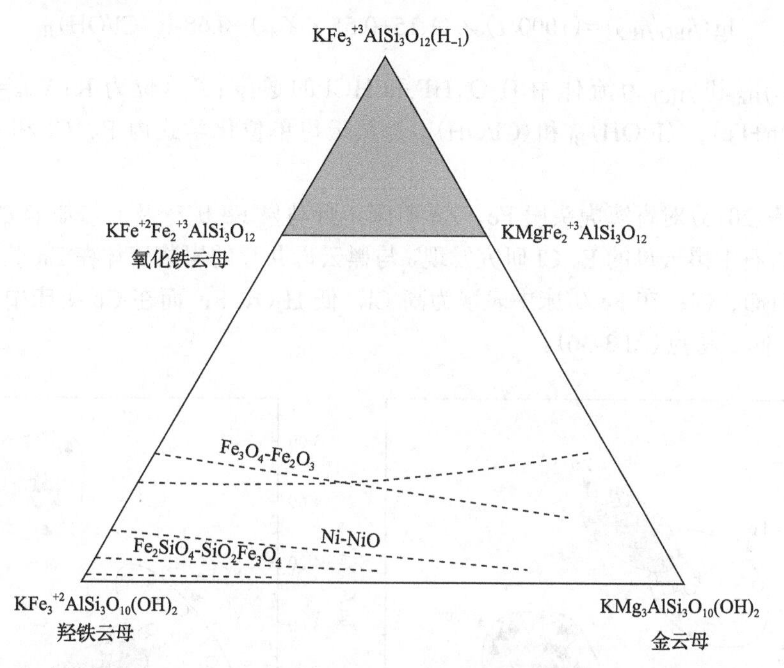

图 3-35　不同氧逸度条件下与透长石+磁铁矿+气体共生的黑云母固溶体成分图解(Wones et al., 1965)

F、Cl 是成岩成矿过程中普遍存在的挥发分，在岩浆和流体演化(Fuge，1977；Finch et al.，1995；Humphreys et al.，2009；Zhang et al.，2012；Kullerud，2000)、矿床中的流体特征(Selby and Nesbitt，2000；Coulson et al.，2001；Boomeri et al.，2009；Rasmussen and Mortensen，2013)及熔体性质及液/固相线温度、熔体黏度及水的溶解度(Holtz et al.，1993；Filiberto and Treiman，2009)等研究中扮演着重要角色。然而，由于岩浆分异等作用(Fuge，1977)，很难得到原始熔体的挥发分含量。基于挥发分在矿物与熔体或矿物与流体之间的分配，根据矿物中挥发分含量可计算熔体或流体中挥发分的含量。黑云母普遍发育于岩浆岩、变质岩和矿床中，是常见的 F、Cl 等挥发分的载体。对黑云母中挥发分的研究对了解岩浆与流体的演化具有重要作用。早期的实验研究表明，在熔体-含水矿物相互作用中，氯化物倾向富集于含水矿物中(Kilinc and Burnham，1972)。超钾超镁铁质岩石中金云母高压结晶实验表明，F 倾向进入矿物相中，且与磷灰石相比，更富集于金云母中(Edgar and Arima，1985)。在岩浆分异过程中，Cl 富集于岩浆分异早期的含水矿物中，而 F 赋存于岩浆分异晚期含水矿物中(Fuge，1977)。Munoz(1984)利用黑云母的实验和热力学数据，基于云母和流体或岩浆之间的平衡条件下卤素-氢氧根之间的交换反应，即 OH(biotite)+HX(fluid)= X(biotite)+H_2O(其中 X 代表 F 或 Cl)，校正了 F-Cl-OH

在黑云母和流体之间的分配，为我们利用黑云母中的F、Cl获得流体中的F或Cl提供了方法。Munoz(1992)在Zhu和Sverjensky(1991，1992)对F-Cl-OH在矿物和流体之间分配的热力学研究基础上，对上述方法进行了校正并获得如下公式：

$$\lg(f_{H_2O}/f_{HF})=(1000/T)\times(2.37+1.1\times X_{Mg})+0.43-\lg(F/OH)_{Bt} \tag{1}$$

$$\lg(f_{H_2O}/f_{HCl})=(1000/T)\times(1.15+0.55\times X_{Mg})+0.68-\lg(Cl/OH)_{Bt} \tag{2}$$

式中，f_{H_2O}、f_{HF}和f_{HCl}为流体中H_2O、HF和HCl的逸度；T单位为K；X_{Mg}= Mg/(Mg+Al^{VI}+Ti+Mn+Fe)；$(F/OH)_{Bt}$和$(Cl/OH)_{Bt}$为黑云母单位化学式内F、Cl和OH离子个数比。

姚磊等(2015)对青海虎头崖Fe、Zn矿床，野马泉Fe矿床及卡尔却卡Cu矿床相关的花岗质岩石中黑云母的F、Cl研究发现，与黑云母共存的岩浆流体在Zn矿床中表现为高F，低H_2O、Cl；在Fe矿床中表现为高Cl，低H_2O、F；而在Cu矿床中则表现为富H_2O、Cl，低F特点(图3-36)。

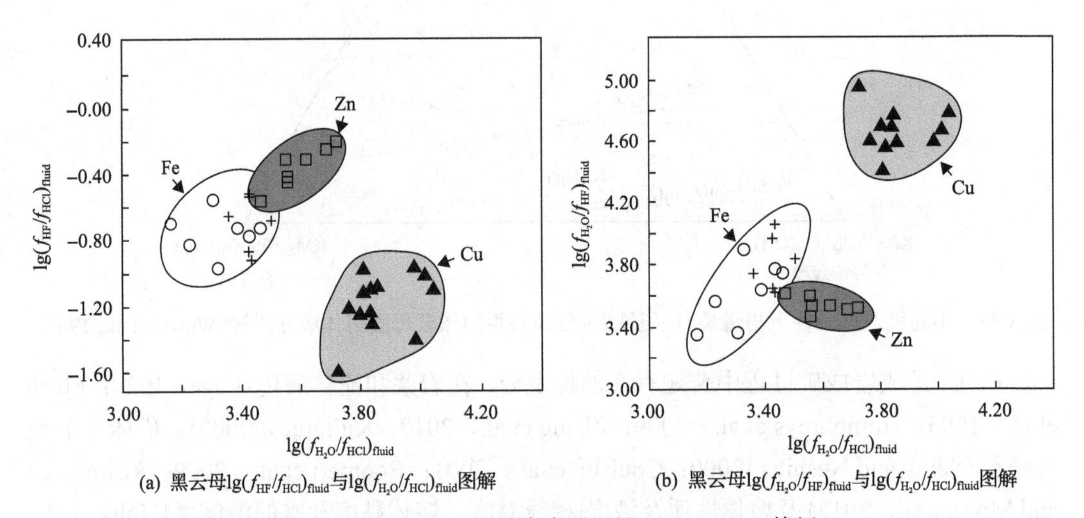

(a) 黑云母$\lg(f_{HF}/f_{HCl})_{fluid}$与$\lg(f_{H_2O}/f_{HCl})_{fluid}$图解　　(b) 黑云母$\lg(f_{H_2O}/f_{HF})_{fluid}$与$\lg(f_{H_2O}/f_{HCl})_{fluid}$图解

图3-36　Cu、Fe、Zn矿床中黑云母H_2O、Cl、F特征

Icenhower和London(1997)在640～680℃、200MPa、氧逸度在NNO条件下，实验研究了F、Cl在黑云母和流纹质熔体之间的分配(图3-37)，发现F在黑云母与熔体之间的分配系数($D_F^{Bt/Melt}$)受黑云母中Mg′的控制[Mg′=100×Mg/(Mg+Fe^T+Mn)，黑云母晶体化学式计算基于(O+F+Cl)=24]，熔体的ASI指数[ASI=molarAl/(Ca+Na+K+Rb)]和温度为次要因素，该式被表达为$D_F^{Bt/Melt}$= 0.1008×Mg–1.08(London，1997)。尽管其他参数如Li元素、氧逸度并未评估，但在富Li的强过铝熔体中，$D_F^{Bt/Melt}$低于在与上述同等条件下的分配系数(Icenhower and London，1997)。利用矿物-流体或熔体-流体之间的平衡来获得熔体或流体中F、Cl的含量，基本假设是熔体是水饱和条件，流体中的成分形成能够代表熔体中相同组分的形成，并且熔体F、Cl的活度系数能够被很好地估计。

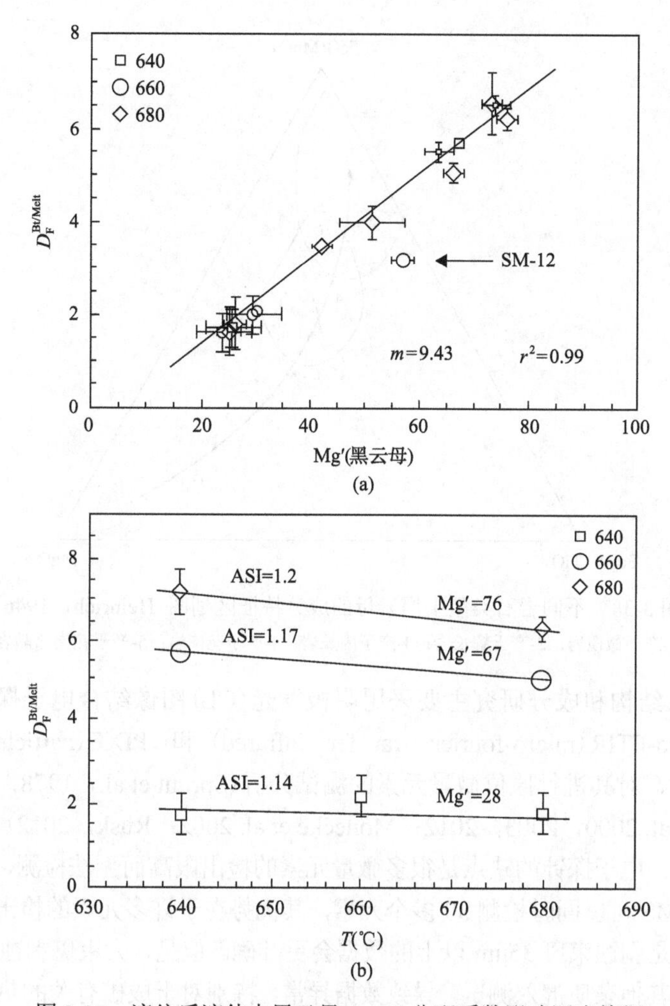

图 3-37　流纹质溶体中黑云母 F、Cl 分配系数影响因素特征

在化学成分方面，黑云母的 Mg、Fe 含量与其产出的不同类型岩浆存在一定变化关系。例如，产于超基性岩中者最富 Mg 而贫 Fe，基性岩中者则次之，中性岩中者 Mg、Fe 含量相近。但产于酸性岩中者却富 Fe 贫 Mg，尤其是花岗伟晶岩中者以最富 Fe 贫 Mg 为突出特征。如图 3-38 所示，橄榄岩中的黑云母约含 FeO 5%，Fe_2O_3 6%，MgO 30%，TiO_2 通常很少；辉长岩中含 MgO 15%～20%，FeO 10%，Fe_2O_3 8%，其(FeO+MnO)/(Fe_2O_3+TiO_2)的比值接近于 1；闪长岩中所含 FeO 及 Fe_2O_3+TiO_2 通常略高，但 MgO 含量却较上述诸岩石中者为低；花岗岩中含 FeO 12%～25%，Fe_2O_3+TiO_2＜10%，MgO 12%；花岗伟晶岩中含 FeO 高达 30%，而 MgO 及 Fe_2O_3＋TiO_2 却均小于 10%。

5) 石英

石英是一种很有趣的架状结构氧化物(SiO_2)，它不仅具有重要的工业和观赏价值，也极具矿物学和地质学研究意义。就成分而言，其工业和科学研究价值方面存在相反的趋势，即石英的纯度越高，市场价值越高；而矿物学和地质学上则是成分和生长结构越复杂，越具有研究价值。

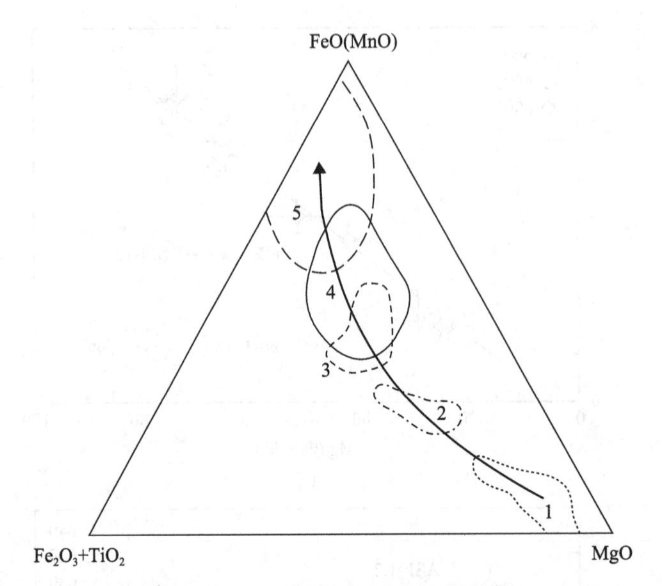

图 3-38　不同岩石类型中黑云母的成分特征区划图(Heinrich，1946)

1-产于橄榄岩；2-产于辉长岩；3-产于闪长岩；4-产于花岗岩；5-产于花岗伟晶岩

石英的生长结构和成分研究主要采用阴极发光(CL)图像结合电子探针、SIM、LA-ICP-MS 、 Micro-FTIR(micro-fourier transfer infrared) 和 PIXE(particle-induced X-ray emission)等技术，对其进行原位微量元素的测试分析(Sprunt et al.，1978；Ramseyer et al.，1988；Müller et al. 2000，2003，2012；Monecke et al. 2002；Rusk，2012)。各方法相比较各有优势和缺点。电子探针的缺点是很多微量元素的检出限高而无法检测，如 Li、K、Na、P、H。LA-ICP-MS 可以同时检测 30 多个元素，其优势在于许多元素的检出限从几十个 ppb 到几个 ppm，但是剥蚀束斑 35μm 以上的数据会更准确。但是，大束斑剥蚀容易将石英中显微流体包裹体及其他杂质混入测试，导致数据异常，特别对于成矿有关的热液石英，由于丰富的显微包裹体，采用 LA-ICP-MS 测试就有很大的不确定性，最主要的是导致 K、Na、Ca 含量的异常，因为这些元素是流体包裹体的主要成分。而 SIM 方法的测试束斑介于 EPMA 和 LA-ICP-MS 之间，但是至今缺乏石英标准样。它的最大优势是可以测石英的 H 分布。因此，未来如果有石英标样，该方法将是良好的石英成分测试方法。Micro-FITR 技术能够定量测试石英中的水含量是其最大优势。其测试束斑为 50μm，但还无法准确测试其他元素，而且该方法对样品的制备要求高且要求无包裹体的高纯结晶石英。

石英的主要成分虽然是 SiO_2，但其晶体结构中常含有大量其他元素，也称为杂质。这些杂质的含量主要依赖于石英的形成环境、结晶速率和温压条件(Dennen，1966；Wark and Waston，2006；Thomas et al.，2010)。其在岩浆和伟晶岩中还受母岩结晶程度的制约(Müller et al.，2012)，而沉积和热液石英还受流体化学成分和酸度影响(Jourdan et al.，2009；Müller et al.，2010；Monecke et al.，2002)。前人对石英成分做过大量工作，主要针对岩浆岩(Dennen，1966；Müller et al.，2002，2009)、变质岩(Sprunt et al.，1978)和热液石英脉的石英(Landtwing and Pettke，2005；Müller et al.，2000，2003；Monecke et al.，2002；Ramseyer et al.，1988；Rusk et al.，2006)。

石英中最常见的杂质元素有Al、Mg、Fe、Mn、Ti，次要的有B、Be、Na、K、Ca、Li等及少量Pb、Bi、Ag、Zn、Cr、Cu、Sn、Rb、Cs、Ba等。石英的Al、Mg、Fe、Mn、Ti等元素是固定的杂质元素，而B、Be、Na、Ca是不固定的。Mo、As、Pb、Bi、Ag、Zn、Cu、Y、Yb等元素只在含矿脉石英中发现，其含量随共生的矿石矿物而发生变化，反映了环境对石英成分的影响。石英所含的微量元素中，Al的含量最高，可以高达几千个ppm；其次是Ti、Li、K、Sb、Fe、Ca、Na、P等元素，含量在几十到几百个ppm；而H、B、Ge、Ga、Sn、Sc等元素含量很低，从几个ppm到几百个ppb级(图3-39)。

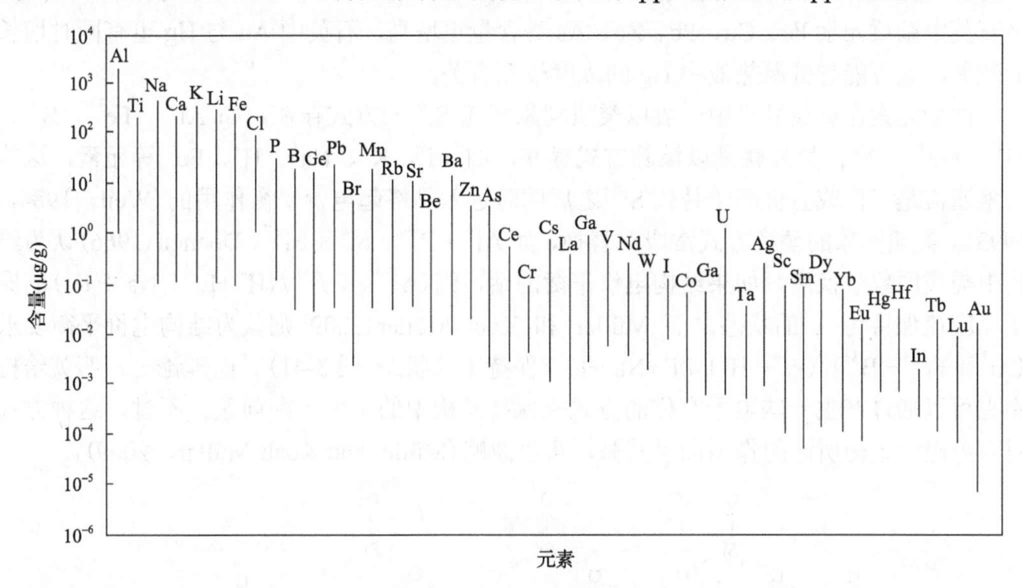

图3-39　石英中微量元素平均含量分布(Müller et al.，2012)

前人研究表明，石英中Al的含量如果很高，则Li、K、Na、H等元素的含量也随之升高。在低温热液矿床中，石英的Al含量明显增高(图3-40)。因此，石英中Al的含量对其他元素含量起着重要的指示作用。对石英而言，另外一个重要的元素就是Ti，它与石英形成温度存在函数关系(Wark and Waston，2006；Thomas et al.，2010)。在岩浆岩

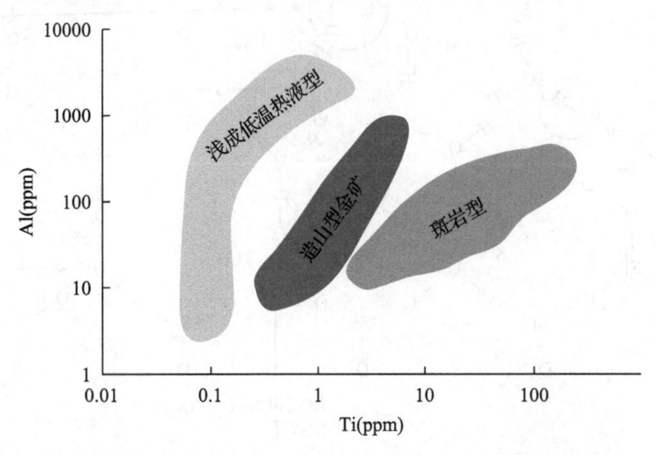

图3-40　不同类型矿床中热液石英Ti和Al含量分布特征(Rusk，2012)

中 Ti 含量变化很大，反映岩浆冷却过程中石英不断结晶的特点。在热液矿床中，石英的 Ti 和 Al 含量在不同成因类型的矿床中区别明显(Rusk，2012)。前人对浅成低温热液、造山型和斑岩型矿床 3 种不同类型的 30 个矿床的石英进行了微量元素 Al、Ti 含量的统计，结果显示，斑岩型-造山型-浅成热液型矿床的石英 Ti 含量逐渐降低(图 3-39)。对于热液石英中 Al 含量的影响因素问题，目前尚缺乏直接的实验研究。其含量可能取决于受 pH 影响的热液流体的 Al 饱和度，但是流体中 CO_2 的含量可能对流体 Al 饱和度也有很重要的影响作用。由于自然金经常与含 As 黄铁矿、方铅矿、黄铜矿、毒砂等共生，因此热液石英中杂质元素 Fe、Cu、Pb、Zn、As 等含量也增高，石英中 Au 与 Hg 也有同时增长的现象，这可能与低温热液中 Hg 的浓度较高有关。

微量元素在石英晶格中一般以类质同象替代 Si^{4+}的方式存在，如 Al^{3+}、Fe^{3+}、B^{3+}、Ti^{4+}、Ge^{4+}、P^{5+}；另外就是以填隙方式存在，如 Li^{+}、K^{+}、Na^{+}、H^{+}、Fe^{2+}等元素，这些元素通常是三价或五价离子替代 Si^{4+}之后同时进入晶格起电价平衡作用的(Weil，1984，1993)。类质同象的替换方式常成对替换，如 $Al^{3+}+P^{5+}=Si^{4+}+Si^{4+}$。Dennen(1966)认为结构中类质同象替换后，如果结构电价平衡的话，则 $(Al^{3+}+Fe^{3+})/(H^{+}+Li^{+}+Na^{+}+K^{+})$ 的原子比应该保持为 1 的状态。而 Müller 和 Koch-Müller(2009)则认为结构电价平衡要求 $(Al^{3+}+Fe^{3+}+B^{3+})/(P^{5+}+H^{+}+Li^{+}+Na^{+}+K^{+})$ 保持 1 的状态(图 3-41)。而理论上，石英结构中也可以通过产生一些电子空位的方式来保持结构中的电价平衡问题。不过，这种方式对石英电价平衡所起的作用微乎其微，可以忽略(Müller and Koch-Müller，2009)。

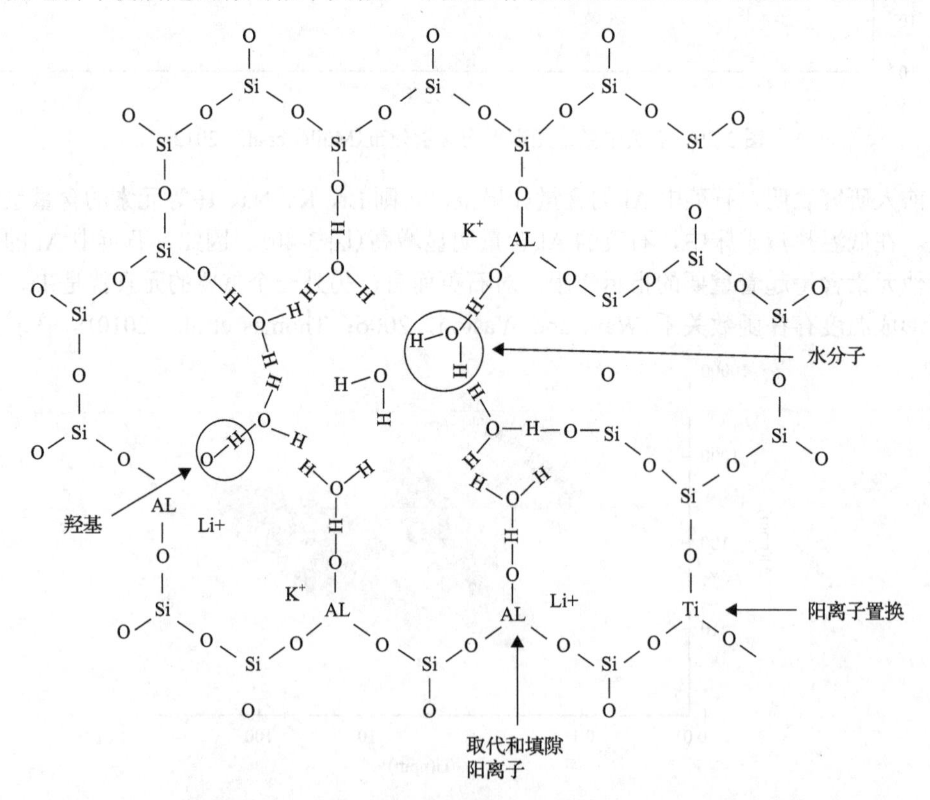

图 3-41　石英结构缺陷与元素占位(Müller et al.，2003)

石英中 Ti 的含量明显受温度控制，压力影响较小(图 3-42)，是估算石英形成温度的良好温度计(Wark and Watson，2006；Thomas et al.，2010，2015)。但是，该温度计的另外一个控制因素是石英中 Ti 的活度。如果金红石与石英共生，则石英的 Ti 活度 α_{TiO_2}=1，否则还要估计石英中准确的活度。一般岩石的 Ti 活度在 0.5～1。如果无法准确估计 Ti 的活度，该温度计计算的结果误差大概在 70℃，3kbar。该温度计标定的压力为 1～20kbar。需要指出的是，在应用高温岩石时还要注意元素扩散问题。Ti 元素在石英中的扩散速率相对是比较慢的，800℃条件下，1 个百万年扩散 500μm，600℃是 15μm(Cherniak et al.，2007)。因此，在研究中要充分考虑元素扩散给数据结果带来的影响。另外，还需要注意的是，石英中 Ti 的含量在一定程度上也与石英结晶速度有关(Huang and Audétat，2012)，结晶速度越快，进入石英晶格的 Ti 含量就越高。据此可以推断，该温度计对于喷发的火山岩不太合适，因为快速冷却结晶会导致石英中 Ti 的含量不能真实反映喷发前岩浆结晶的温度。

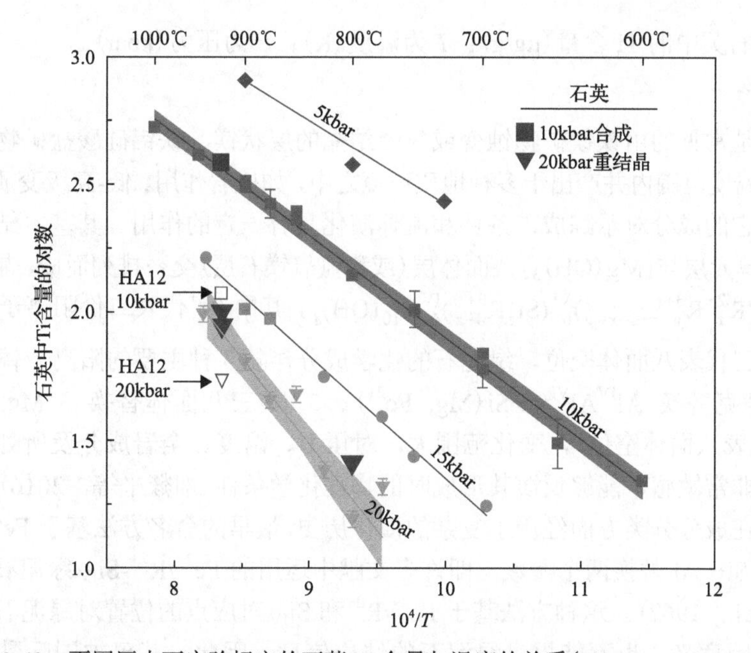

图 3-42　不同压力下实验标定的石英 Ti 含量与温度的关系(Thomas et al.，2015)

Thomas 等(2010)在 Wark 和 Waston(2006)的基础上做了进一步的实验标定工作，并获得如下方程式：

$$RT\ln X_{TiO_2}^{Qtz} = -a + b \times T(K) - c \times P(kbar) + RT\ln\alpha_{TiO_2}$$

式中，a=60952±3122；b=1.520±0.04；c=1741±63；R 为气体常数。

如果温度已知且误差能够限定在±25℃，则可以代入下方公式获得压力，而误差大概为±1.2kbar：

$$P(\text{kbar}) = \frac{-a + bT + RT\ln\alpha_{\text{TiO}_2} - RT\ln X_{\text{TiO}_2}^{\text{Qtz}}}{c}$$

如果压力已知，且误差在±1kbar，则可以采用下述转换公式获得温度，其误差只有±20℃：

$$T(℃) = \frac{a + cP}{b - R\times\ln X_{\text{TiO}_2}^{\text{Qtz}} + R\times\ln\alpha_{\text{TiO}_2}} - 273.15$$

最近，Thomas 等(2015)再次对该温度计进行了实验标定并获得如下公式：

$$\log \text{Ti} = \frac{-0.27943\times10^4}{T} - \left(-660.53\times\frac{P^{0.35}}{T}\right) + 5.6459$$

式中，Ti 为石英中的 Ti 含量(μg/g)；T 为温度(K)；P 为压力(kbar)。

6) 绿泥石

绿泥石是常见的由铁镁矿物蚀变或热液结晶的层状镁、铁铝硅酸盐矿物，可稳定存在于较宽的温度范围内并产出于多种地质环境之中，如成岩作用、低-高级变质作用及热液蚀变作用。它的成分对示踪成矿条件和流体演化具有一定的作用。其基本结构为三层型(TOT)结构单元层与[Mg(OH)$_3$]八面体层(或称氢氧镁石层)交替排列而成，晶体化学式一般可表示为$(R_x^{2+}R_y^{3+}\square_{6-x-y})_6^{VI}(Si_zR_{4-z}^{3+})_4^{IV}O_{10}(OH)_8$，其中 R^{2+}代表二价阳离子，R^{3+}代表三价阳离子，□代表八面体空位。绿泥石的化学成分伴随 3 种主要的阳离子替换：$Fe^{2+}\Leftrightarrow$ Mg、契尔马克替换 $Al^{IV}Al^{VI}\Leftrightarrow$ Si(Mg, Fe^{2+})、二八-三八面体替换 3(Mg, Fe^{2+}) $\Leftrightarrow$ □ +2Al^{VI}(□代表八面体空位)，变化范围大，对压力、温度、全岩成分及所处环境的物理化学性质等非常敏感，能够反演其形成时的物理化学条件(刘燚平等，2016)。

绿泥石在成分分类方面经历了复杂的演化历史。最早的命名方法基于 Fe^{2+}/R^{2+}值和四面体位置上 Si—Al 替换两个参数，即许多文献中运用的 Fe^{2+}/R^{2+}-Si_{IV} 绿泥石成分分类图解(Deer et al.，1962)。这种方法基于 Fe^{2+}/R^{2+}和 Si_{IV} 对应点的位置对绿泥石进行分类并不具任何成因意义，也不能提供绿泥石的结构信息。因此，其已被国际黏土研究协会(Association International Pour L"Etude des Argiles，AIPEA)命名委员会废除，而采纳 Bayliss(1975)简化三八面体绿泥石命名的建议。三八面体绿泥石应根据主要出现的八面体二价阳离子命名，推荐的名称为斜绿泥石(Mg 主导)、鲕绿泥石(Fe^{2+})、镍绿泥石(Ni)及锰铝绿泥石(Mn^{2+})。Bailey(1988)补充了一个端元 baileychlore(Zn)。但是，采用 Bayliss(1975)的命名方法会导致许多端元组分没有名称。Wiewióra 和 Weiss(1990)认为二价、三价阳离子的分布是导致绿泥石结构差异的决定性因素，八面体空位也是绿泥石分类的基础，据此提出一种新的既考虑化学成分又考虑矿物结构的分类方案。Zane 和 Weiss(1998)在此基础上再将绿泥石分类方案进行简化，利用三角分类图解首先确定绿泥石结构类型，再确定绿泥石命名。

2∶1 层和层间氢氧化物层之间的定位定向关系(或叠层顺序)的多样性是绿泥石形成多型的原因。Brown 和 Bailey(1963)提出 6 种理论上可能存在的层-夹层组合(Ⅰaa、Ⅰab、Ⅰbb、Ⅱaa、Ⅱab、Ⅱbb，其中Ⅰ、Ⅱ指示层间八面体片的定向方式，a 或 b 指示层间八面体片与 2∶1 层之间的相对位置，第一个字母相对于下部的 2∶1 层，第二个字母相对于上部的 2∶1 层)，其中 4 种已在自然界中发现(Ⅱbb、Ⅰbb、Ⅰab、Ⅰaa，以常见度排序，向右减少)。Hayes(1970)针对高度无序的绿泥石提出增加一种堆积方式Ⅰbd。

影响绿泥石多型转化的主导因素是温度。Hayes(1970)提出沉积岩中绿泥石多型随温度的演化序列：Ⅰbd→Ⅰab(β=97°)→Ⅰbb(β=90°)→Ⅱbb(β=97°)，反映一个稳定性(有序性)逐渐增加的过程，并推断Ⅰbb(β=90°)→Ⅱbb(β=97°)的转化温度在 150～200℃。Weaver 等(1984)研究了沉积/变质岩石中的绿泥石，提出Ⅰaa 型存在的温度可高达 250～300℃(推测)，基于此，Ⅰaa 型稳定存在的温度可能介于 150～300℃。Walker(1989)研究了低级变质岩中的绿泥石(全为Ⅱbb 型)，认为Ⅱbb 型绿泥石稳定存在的最低温度等于围岩变质的最低温度，即 50～150℃(据生物化石和矿物组合推断)，与 Weaver 等(1984)的推论不符。Walker 解释为细粒岩石中绿泥石多型的演化可能不只取决于温度，还受孔隙压力和时间的影响。Schmidt 和 Livi(1999)认为Ⅰbb 型绿泥石的出现指示温度低于300℃。

绿泥石的多型对成岩、变质级别也具有一定的标型意义。Karpova(1969)发现陆生石炭系岩石中，随着埋深的增加，存在 Fe 7ÅⅠbb(β=90°)→Fe 14ÅⅠbb(β=90°)→Mg-Fe 14ÅⅡbb(β=97°)之间的转化，说明随着成岩作用级别的增加，逐渐由Ⅰ型转化为Ⅱ型，在该过程中呈现 Fe 减少而 Mg 增加的变化趋势。Schmidt 和 Livi(1999)对亚绿片岩相砂岩中绿泥石的研究显示，层序堆积的有序性随着变质级别的升高而升高。

Battaglia(1999)基于对绿泥石的 XRD 研究，发现绿泥石的(001)底面间距与结晶温度之间存在很好的线性关系，拟合出公式：

$$d_{001}(0.1\text{nm}) = 14.339 - 0.001T(℃)$$

在仅有电子探针数据的情况下，也可将矿物化学数据转化为 d_{001}(Nieto，1997)：

$$d_{001}(0.1\text{nm}) = 14.339 - 0.1155\text{Al}^{\text{IV}} - 0.02\text{Fe}^{2+}$$

绿泥石成分中的 Al 含量与温度具有一定的关系，最早由 Cathelineau 和 Nieva(1985)根据绿泥石 Al^{IV} 含量与温度之间具有良好的线性关系拟合出了第一个绿泥石 Al 温度计，后经其他学者校正而衍生出一系列计算绿泥石形成温度的线性公式。经验性温度计以其简单方便而广被运用，但是其适用性局限在中-低温范围，若温度在 25～350℃范围之上，其精度就值得商榷，而 Vidal 等(2001)甚至认为它们只适用于 300℃以下的情况。另有学者指出，经验性温度计不考虑绿泥石中 3 种主要的阳离子置换，它们仅适用于绿泥石化学成分与提出这些温度计的绿泥石的化学成分相近的情况。

Walshe(1986)利用 Salton Sea、Broadlands 等地热系统中绿泥石成分-温度数据，建立了六组分固溶体模型，计算在假定压力条件下绿泥石+石英平衡体系中绿泥石的形成温度。由于热力学温度计的计算过程复杂，而且热力学模型和成分端元的热力学数据的有效获得等因素会对使用者造成很大的困难，因此 Bourdelle 和 Cathelineau（2015）提出一种图解工具，将 Inoue 等（2009）和 Bourdelle 等（2013）两个热力学模型转化成了直观的 T-R^{2+}-Si 图解，既可用绿泥石的成分反映其温度，也可根据绿泥石的温度反映其成分所在范围。Walshe（1986）提出的六组分固溶体模型在用于计算平衡体系中绿泥石形成温度的同时，还可计算绿泥石形成的氧逸度和硫逸度。计算氧逸度的反应式如下：

$$Fe_5^{2+}Al_2Si_3O_{10}+1/4O_{2(g)} \rightleftharpoons Fe_4^{2+}Fe^{3+}Al_2Si_3O_{11}(OH)_7+1/2H_2O_{(l)}$$

硫逸度的计算，以石英+绿泥石+黄铁矿平衡体系为例：

$$F_5^{2+}Fe_2^{3+}Si_3O_{10}(OH)_8+7S_{2(g)} \rightleftharpoons 7FeS_2+4H_2O_{(l)}+3SiO_2+4O_{2(g)}$$

Bryndzia 和 Scott（1987）同样提出一个固溶体模型，在具有绿泥石+石英+Al_2SiO_5±氧化物±硫化物组合的条件下，用绿泥石的成分估算其形成的氧逸度、硫逸度，其反应式如下。

氧逸度：

$$Fe_5Al_2Si_3O_{10}(OH)_8+5/6O_{2(g)} \rightleftharpoons Al_2SiO_5+5/3Fe_3O_4+2SiO_2+4H_2O_{(l)}$$

硫逸度（以磁黄铁矿为例）：

$$Fe_5Al_2Si_3O_{10}(OH)_8+5/2S_{2(g)} \rightleftharpoons Al_2SiO_5+FeS+2SiO_2+5/2O_{2(g)}+4H_2O_{(l)}$$

该模型的适用条件为中-高级变质环境，具有必要的矿物组合且绿泥石不具有明显的 Fe^{3+} 含量。

3. 氧化还原的标志

矿物形成环境的氧化还原条件是成因矿物学研究的主要内容之一，可用氧化还原电位 Eh、氧逸度 f_{O_2}、含变价元素矿物及不同价态元素比值来描述。

根据能斯特方程式，氧化剂的浓度越高，还原剂的浓度越低，则氧化还原电位 Eh 越大，表示矿物环境处于氧化条件，反之则处于还原条件。环境的氧化还原电位 Eh 与酸碱度有关，Eh 值随 pH 增大而降低。例如，硫化物矿床氧化带的强酸性环境，其 Eh=+0.5V，而在草原和荒漠风化壳的碱性条件下，Eh＜0。因此，同一氧化反应在碱性条件下易进行，即碱性条件离子易氧化。

自然界中最强的氧化剂是氧，因此氧逸度 f_{O_2} 的数值也是反映矿物形成介质氧化还原条件的重要参数。在介质中的气体为理想状态时，氧逸度（f_{O_2}）是混合气体的有效氧分压（P_{O_2}）。对于实际气体而言，氧逸度应为校正后的氧分压：$f_{O_2}=rP_{O_2}$，r 为校正系数。但在实际工作中，常把介质中的气体看作理想气体，即把 f_{O_2} 与 P_{O_2} 视为相等来讨论有关问题。氧逸度可以通过某些共生矿物中成分的氧化还原价态及形成温度的实验曲线来确定。例如，可根据铁钛氧化物固溶体组成来确定，还可利用橄榄石 Fa(Fe_2SiO_4 分子)和结晶温度、辉石的 Fs($FeSiO_3$ 分子)和结晶温度及黑云母 $Fe^{3+}/(Fe^{3+}+Fe^{2+})$ 和结晶温度对 f_{O_2} 进行估算。

矿物的氧化系数(指矿物成分中 Fe_2O_3/FeO 重量百分比或分子百分比，或矿物化学式中不同价态的铁离子比 Fe^{3+}/Fe^{2+} 和其他变价离子比)可用来半定量或定量地表示矿物形成介质的氧化还原条件。某些矿物种属和矿物氧化系数是衡量环境介质氧化还原条件的直接标志。含 Fe^{3+}、Sn^{4+}、Cu^{2+}、$(SO_4)^{2-}$ 等元素的矿物代表氧化条件，而含 Fe^0、Fe^{2+}、Ti^{3+}、V^{3+}、Cr^{3+}、Mn^{2+}、S^{2-}、HS^-、H_2S 及有机物质的矿物则代表还原条件。例如，自然铁(Fe^0)→方铁矿(FeO)→磁铁矿(Fe_3O_4)→赤铁矿(Fe_2O_3)，反映了环境介质由还原到氧化的变化。在铁的浓度一定时，铁橄榄石比含铁低的橄榄石所反映的环境条件更还原，因为氧化条件下部分 Fe^{2+} 氧化成 Fe^{3+}，则不能进入橄榄石。同理，紫苏辉石($En_{50\sim70}Fs_{30\sim50}$)比顽火辉石($En_{90\sim100}Fs_{0\sim10}$)更还原，阳起石比透闪石更还原。若矿物中的铁为零价，如自然铁，则其形成环境为强还原态；若矿物的 Fe^{3+}/Fe^{2+} 远小于 1，则介质中的铁以 Fe^{2+} 为主，如黄铁矿和菱铁矿，显示为还原环境；若矿物 $Fe^{3+}/Fe^{2+}<1$，表明介质中 Fe^{2+} 稍大于 Fe^{3+}，如蠕绿泥石 $(Fe^{2+}, Mg, Fe^{3+})_5Al(Si_3Al)O_{10}(OH)_8$，为弱还原环境；若矿物中 $Fe^{3+}/Fe^{2+}\approx1$，如黑硬绿泥石 $K(Fe^{2+}, Fe^{3+}, Al)_{10}Si_{12}O_{30}(OH)_{12}$，表明介质为过渡态；若矿物的 $Fe^{3+}/Fe^{2+}>1$，则介质中 Fe^{3+} 稍大于 Fe^{2+}，如富锰绿泥石 $(Mn^{2+}, Mg)_5Fe^{3+}(Si_3Fe^{3+})O_{10}(OH)_8$，为弱氧化环境；若矿物的 $Fe^{3+}/Fe^{2+}\gg1$，如海绿石 $(K, Na)(Fe^{3+}, Al, Mg)_2(Si, Al)_4O_{10}(OH)_2$，表明介质中以 Fe^{3+} 为主，为氧化环境；若矿物中的铁为 Fe^{3+} 或锰为 Mn^{4+}，如赤铁矿、褐铁矿、软锰矿，则介质为强氧化环境。

4. 酸碱性的标志

矿物形成介质的酸碱度在其化学成分中可有明显反映。在岩浆中晶出的硅酸盐矿物，其硅氧骨干特征便能较好反映岩浆的酸碱度。根据强酸与强碱、弱酸与弱碱结合的原理，从单四面体岛状、双四面体岛状、单链状、双链状、层状到架状，即从 $H_4[SiO_4]$→$H_2Si_2O_7$→$H_2[Si_2O_6]$→$H_{14}[Si_8O_{22}][OH]_2$→$H_6[Si_4O_{10}][OH]_2$→$H[AlSi_3O_8]$，其酸度随硅氧四面体的聚合程度即共用系数的增加而按顺序依次增加(Ramberg，1952)。

对于同一族矿物而言，其阴离子团(如硅氧骨干)或阴离子相同或近似，其形成环境酸碱度的微细变化便体现在阳离子特点及类质同象的变化上。例如，Fe^{2+} 和 Mg、Na 和 K、Ca 和 Na、Nb 和 Ta、Zr 和 Hf 等，后面的阳离子一般比前面的碱性更强；顽火辉石($En_{90\sim100}Fs_{0\sim10}$)比紫苏辉石($En_{50\sim70}Fs_{30\sim50}$)、透闪石比阳起石、菱镁矿比菱铁矿、钾长石比钠长石、钽铁矿比铌铁矿的形成环境碱性更强。

某些矿物的含铝性也可用以判断其形成环境的酸碱度，如黑云母花岗岩岩浆的酸碱度可根据黑云母的成分及种属来判断。岩浆中 K^+ 的浓度及总碱度在很大程度上会影响黑云母的成分，随着岩浆碱度的增加，黑云母中氧化铝将减少，富镁黑云母-铁叶云母将被金云母和锂云母所代替(薛君治等，1991)。

需注意的是，一般认为K^+比Na^+更具碱性，钾硅酸盐比钠硅酸盐更碱性，但在二氧化硅过饱和的低-中温介质中，K 比 Na 对铝硅酸根的亲和性更大，钠长石比钾长石更易分解，显示比钾长石更碱性。随着温度的升高，K、Na 对铝硅酸盐的亲和性差别减小，所以在高温条件下，钾长石仍比钠长石更碱性(薛君治等，1991)。方解石和白云石在一定条件下也具有类似的情况。

石英是自然界中最常见的矿物，其结构中的 Si^{4+}常被 Al^{3+}不等价类质同象代换，同时有补偿电价的阳离子 R^+如 Li^+、Na^+、K^+和 H^+加入石英结构孔隙中，所代入的元素可以反映介质的酸碱性。将代换 Si^{4+}的 $Al^{3+}+R^+$与 $Al^{3+}+H^+$的比值作为酸碱度的相对单位：

$$pH(相对单位) = (Si^{4+} \leftarrow Al^{3+} + R^+) / (Si^{4+} \leftarrow Al^{3+} + H^+)$$

则进入石英的 R 即 Li^+、Na^+、K^+等越多，pH(相对单位)越大，即介质(一般为溶液)的碱性越大，进入石英的 H^+越多，则 pH(相对单位)越小，即介质的酸性越大。据统计，石英的 pH(相对单位)为 200～500 时为矿化石英，20～150 时为非矿化石英，碱性溶液有利于多金属硫化物的沉淀(薛君治等，1991)。

5. *矿化的标志*

成矿系统的作用产物包括矿床、矿点和各类异常(翟裕生等，2004)。成矿作用将有用元素及其相关元素在有利构造地段集中起来，不但将有用元素在矿体部位富集到工业上可以利用的水平，而且在矿体周围可能很大范围内的岩石或相关的脉石矿物中成矿有关元素都出现明显异常，构成重要找矿标志。

与“克拉通破坏型(胶东型)”金矿(Zhu et al.，2015)有成因联系的花岗岩中黑云母富镁贫铝，含角闪石时也为镁质贫铝，矿物通常含 Mn、Cr、Ni、Co、Ti、V，这些成分特征是确定花岗岩与金矿成因类型的重要标志(陈光远等，1993；Li et al.，2015；Li and Santosh，2017)。在许多脉状金矿的围岩中，受成矿热液交代而形成的云母类矿物中，常可见翠绿色的含铬绢云母，其成分中代换 Al^{3+}的 Cr^{3+}具有幔源属性，与 Au 的亲缘关系十分明显，是寻找富金矿的重要标志(陈光远和鲁安怀，1994；Chen et al.，1996；鲁安怀和陈光远，1995；江永宏和李胜荣，2004；Li et al.，2015；Li and Santosh，2017)。

斑岩成矿系统提供了全球 75%的 Cu、50%的 Mo 和 20%的 Au。矿床主要产于俯冲带钙碱性斑岩体的周围。尽管钙碱性斑岩比较常见，但并非所有钙碱性斑岩均有矿床产出。Williamson 等(2016)对全球含矿和无矿斑岩中斜长石成分进行统计表明，含矿斑岩中斜长石具有过铝特征，$Al^*=\{[Al/(Ca+Na+K)-1]/0.01An\}>1$，无矿斑岩中斜长石铝含量明显偏低，$Al^*=\{[Al/(Ca+Na+K)-1]/0.01An\}<1$。对智利 La Paloma 和 Los Sulfatos 斑岩铜矿系统中斜长石的精细研究显示，斜长石的 An%和 Al^*值显示岩浆成因同心环带构造。斜长石中高铝是因岩浆富水所致，由 Al^*值差异显示出来的同心环带便记录了斑岩岩浆下部水溶液或富水熔体的阶段性加入。Williamson 等(2016)提出斜长石高铝便可阻断铜进入其晶格，而在残留熔体中富集；钙碱性斑岩中高铝斜长石是斑岩铜矿的找矿标志。

我国南岭及邻区与锡矿有关的中生代花岗岩有两类，一是准铝质的含角闪石黑云母花岗岩，二是过铝质的(黄玉)钠长石-(铁)锂云母花岗岩。前者以角闪石、黑云母、条纹长石、榍石、磁铁矿、锡石组合为特征，锡石成分较纯；后者以铁锂云母-锂云母、钾长石、钠长石、黄玉、锡石组合为特征，锡石富含 Nb、Ta。前者的岩浆氧逸度较高，熔体中锡以 4 价为主，易富集在含钛的造岩矿物或副矿物中，形成富锡矿物，是含锡花岗岩的标志；后者岩浆氧逸度较低，熔体中锡以 2 价为主，不易进入造岩矿物和副矿物而形成岩浆成因的锡石，成为过铝质花岗岩的重要成矿和找矿标志(王汝成等，2017)。

我国桂北苗儿山铀矿田中部产有香草坪和豆乍山两个印支期花岗岩，其中豆乍山岩体产铀而香草坪岩体无铀。豆乍山产铀花岗岩黑云母具明显热液蚀变，富铝、铁而贫镁、钛，挥发性组分 F 质量分数较高，与香草坪岩体黑云母明显不同，构成铀矿重要找矿标志(胡欢等，2014)。在朱广山铀矿田也产有同属晚侏罗世早期(160Ma)的长江和九峰两个 S 型花岗岩体，其岩浆源区均来自古元古代变沉积岩，但长江岩体产铀而九峰岩体无铀。长江花岗岩的黑云母为铁叶云母，具强绿泥石化，而九峰花岗岩的黑云母为铁黑云母，仅有弱绿泥石化；与九峰花岗岩相比，长江花岗岩的黑云母结晶温度和氧逸度低，F 含量高；晶质铀矿 UO_2 含量高，ThO_2 含量低，构成区分同期含铀和无铀 S 型花岗岩的高分辨率找矿标志(Zhang et al.，2017)。

产有稀有金属矿床的伟晶岩，其造岩矿物如钾长石、白云母、绿柱石、电气石、黑云母、石榴子石等均以富含稀有金属元素或与其有关的元素为特征，矿化种属不同矿物中的微量元素也不同。钾长石中 Cs、Rb、Ba 和 Li，白云母中 Rb、Cs、Be、Ta、Nb 等均能指示伟晶岩的含矿性(陈光远等，1988)。

(三)结构标型

把矿物晶体结构的变化与矿物形成条件联系起来，便构成了矿物的晶体结构标型。矿物晶体结构包括晶胞参数、多型、同质多象转变、面网间距、阳离子占位、晶格缺陷、电子空穴中心等多个方面，可以通过单晶或原位 X 射线衍射、透射电子显微镜、扫描电镜、穆斯鲍尔谱和红外光谱等现代方法进行研究。矿物结构标型对于介质温度和压力变化的响应比较敏感，是矿物形态和成分等标型的重要补充。

1. 晶胞参数标型

由于不同成因矿物的形成介质成分和温压条件不同，其晶胞参数常有明显差异。20 世纪下半叶，Williams 和 Cesbron(1977)历时 14 年对 77 个已知斑岩铜矿 8000 个薄片和 33000 件样品中的磷灰石和金红石进行了研究。金红石是岩浆晚期榍石分解的产物(同时形成方解石)；磷灰石则记录了斑岩铜矿系统由内而外演化过程中复杂的溶蚀再沉淀历史，其成分富氯，晶胞参数 a_0-c_0 散点图将斑岩铜矿、含钼斑岩、含锡斑岩、含锡花岗岩、花岗岩、火山成因碳酸岩及碳酸盐岩和阿尔卑斯脉等不同成因磷灰石很清晰地区分开来(图 3-43)。由图 3-43 可知，正常花岗岩岩浆成因磷灰石的 a_0(0.935～0.937nm)、c_0(0.6876～0.6885nm)变化范围很小，火山成因碳酸岩及碳酸盐岩中的磷灰石 c_0 值明显大于 0.6885nm，可达 0.6890nm。斑岩成矿系统的磷灰石 c_0 值多小于 0.688nm。

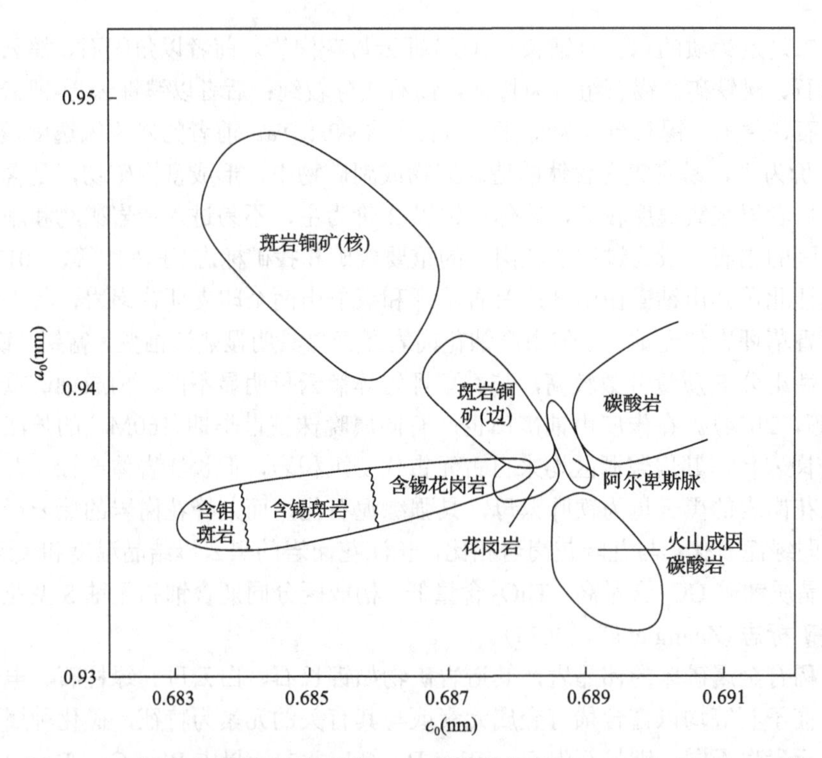

图 3-43　不同产状磷灰石晶胞参数 a_0-c_0 范围图(Williams and Cesbron，1977)

实验表明，随着平衡温度的升高，透辉石和钙铁辉石结构中 Si—O 原子间距的增大虽然是不稳定的，但是具 6 次配位和 8 次配位的阳离子(M)和硅氧四面体中氧原子的间距(M—O)则有规律地增大，a_0、b_0、c_0 值也随着温度的升高而相应地依次递增。Levien 和 Prewite(1981)通过实验对透辉石结构的压力响应进行了详细研究，系统测定了压力增大时透辉石结构中$[TO_4][M_1O_6][M_2O_8]$ 3 个不同配位多面体的压缩程度。结果表明，随着压力的增大，这 3 种配位多面体都以不同程度变小，晶胞参数 a_0、b_0、c_0 也在相应地变小。这说明压力对透辉石晶胞参数变化的作用恰恰与温度对它的影响相反。

不同程度变质带所经历的温度和压力有显著差异，其中矿物的晶胞参数也出现规律性变化。美国佐治亚州北部不同变质带变质硬砂岩中的 18 颗石英晶胞参数测定表明，低级变质带的石英具有较大的晶胞体积，如绿泥石带 60 号样品的晶胞体积为 113.050Å^3，黑云母带 24 号样品的晶胞体积为 113.029Å^3；相反，高级变质带的石英晶胞体积则较小，如十字石带 54 号和 56 号样品的晶胞体积分别为 112.993Å^3 和 112.984Å^3(陈光远等，1988)。

白云母在变质岩中分布广泛，其结构特征也与变质作用密切相关。压力增大将不利于 Al 进入白云母四面体中心而成为多硅白云母，据 Linus Pauling 静电价原理(1920 年)，配位多面体内阳离子的电价为其配位阴离子的电价所平衡，结果将促进八面体位 Mg 或 Fe^{2+}对 Al 的代换，其化学式为 $K(Al_{2-x}Mg_x)_2(Si_{3+z}Al_{1-z}O_{10})(OH)_2$。由于 Mg^{2+}和 Fe^{2+}的半径大于 Al^{3+}，白云母八面体位 Mg 或 Fe^{2+}对 Al 的代换将引起 b_0 的增大，故 b_0 值可反映压力的变化。Sassi 和 Scolari(1974)对变泥质岩中 1000 余个白云母结构数据进行了研究。结果显示，无绿泥石到有绿泥石低压变质泥岩，白云母的 b_0 值小于 8.995Å；从绿泥黑云石榴片岩到典型巴罗变质岩，白云母的 b_0 值为 9.010～9.025Å；从黑云石榴巴罗变质岩到蓝晶石片岩，白云母 b_0 值为 9.035～9.055Å。我国祁连山、福建沿海和大别山等地的红柱石、堇青石、夕线石变质岩中白云母 b_0 值为 8.988～9.008Å，蓝晶石、十字石、石榴子石变质岩中白云母 b_0 值为 9.012～9.032Å，红帘石、黑硬绿泥石、蓝闪石变质岩白云母 b_0 值为 9.049～9.052Å(陈光远等，1988)。随变质压力的增加，白云母的 b_0 值逐渐增大，多硅白云母形成。一般，白云母 b_0 值在低压带小于 8.995Å，中压带为 9.010～9.025Å，高压带为 9.035～9.055Å。滇西南澜沧群中压和高压变质岩中多硅白云母 b_0 值便分别为 9.027Å 和 9.047Å(宋仁奎等，1997)。多硅白云母是低温高压变质带的标型矿物。

我国湖南含砷金矿资源储量大，分布广，类型多。毒砂是矿床主要含金矿物(Au 含量为 120×10^{-6}～250×10^{-6})，比共生黄铁矿含 Au 量高 2～5 倍，甚至 1 个数量级以上。毒砂的化学成分以 As/S<1 为特征，富含微量元素 Sb(Se)、Ni、Co 而贫 Mn。毒砂晶胞参数大于理论值(a=0.956nm，b=0.567nm，c=0.643nm)为其标型特征(陈明辉等，2007)。

热液金矿中黄铁矿晶胞参数变化是金矿化的指示标志。胶东金矿黄铁矿主成矿期黄铁矿晶胞参数通常大于理论值(陈光远等，1989；李胜荣等，1996)。华南加里东-海西陆壳活动带大瑶山成矿带的广西龙头山金矿床黄铁矿晶胞参数 a 为 0.541186～0.541552nm，与钴含量呈正相关，主成矿阶段 a 值增大(陶诗龙等，2017)。

2. 面网间距标型

矿物晶格面网间距的变化也具有一定的标型意义。例如，磁黄铁矿晶格的 d_{102} 与 Fe 原子数量相关，当与黄铁矿共生时，则可用磁黄铁矿中 Fe 原子数求得形成温度(Arnold，1962)；白云母晶格的 d_{060} 与产出压力有关，低压下 d_{060}<1.500Å，中压时 d_{060}=1.500～1.507Å，高压时 d_{060}>1.507Å(陈光远等，1988)；此外，毒砂含 S 量与成矿温度有关，而其含 S 量能较灵敏地制约 d_{131} 的变化，故毒砂 d_{131} 也可以反映成矿温度(陈光远等，1988)。

河南上宫金矿是熊耳山金矿集区内发现最早的构造蚀变岩型金矿，截至 2018 年累计探明金属量达 105t，平均品位约 5.8g/t。据赵太平等(2018)研究，该金矿发育 4 个世代黄铁矿(Py1、Py2a、Py2b、Py2c)，肉眼和光学显微镜下未发现可见金。电子探针元素面扫描分析显示 Au 在 Py2b 中均匀分布(图 3-44)，高分辨率透射电镜下也无任何金的纳米颗粒。根据 Py2b 中 As 与 S、Au 与 Fe 元素含量负相关，Au 与 As 元素含量正相关等关系，认为矿床中的金几乎全部以类质同象替代形式赋存于黄铁矿 Py2b 的晶格中，Au 与 As 在流体中同步迁移或捕获。在黄铁矿中，金和砷分别主要以 Au^+、As^-的形式存在，其类质同象代换的形式为 $Au^+ + \square \Leftrightarrow 2Fe^{2+}$ 、$As^- \Leftrightarrow S^-$ (Simon et al.，1999a，1999b；Savage et al.，2000；Deditius et al.，2014)。根据透射电镜所显示的晶格特征，将几乎不含金的黄铁矿(Py2a)和含金、砷的黄铁矿(Py2b)与理想的纯黄铁矿的(210)和(111)面网间距(d_{210}=0.2422nm，d_{111}=0.3127nm)进行比较，发现较纯净的黄铁矿 Py2a 面网间距小数点后第 3 位才发生变化(d_{210}=0.2424nm，d_{111}=0.3195nm)，富集 Au 和 As 的黄铁矿 Py2b 在小数点后第 2 位便发生变化，明显大于理想晶格间距(d_{210}=0.2534nm，d_{111}=0.3245nm)(图 3-45)。金的赋存状态和金的捕获沉淀机制对认识金成矿机理和金成矿末端效应起着关键作用。金和砷在不同世代黄铁矿中同步消长的规律反映了此两种关键成矿有关元素在流体演化过程中同步迁移和捕获的微观机制。同时，金和砷分别以 Au^{+}、As^{-}的形式代换 Fe^{2+} 和 S^{-}，显示成矿环境为相对氧化而非还原特征，这与以包裹金、裂隙金、粒间金等自然金 Au^{0} 为主的金矿形成于还原条件有很大差异。可见，黄铁矿晶格的面网间距也是研究成矿过程末端条件的重要标型。

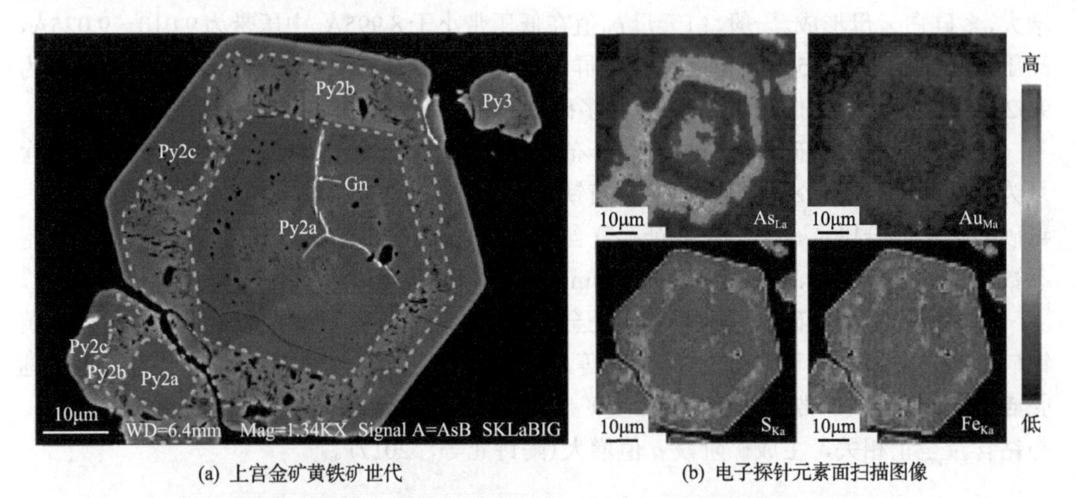

(a) 上宫金矿黄铁矿世代　　(b) 电子探针元素面扫描图像

图 3-44　上宫金矿黄铁矿世代及其电子探针元素面扫描图像(赵太平等，2018)

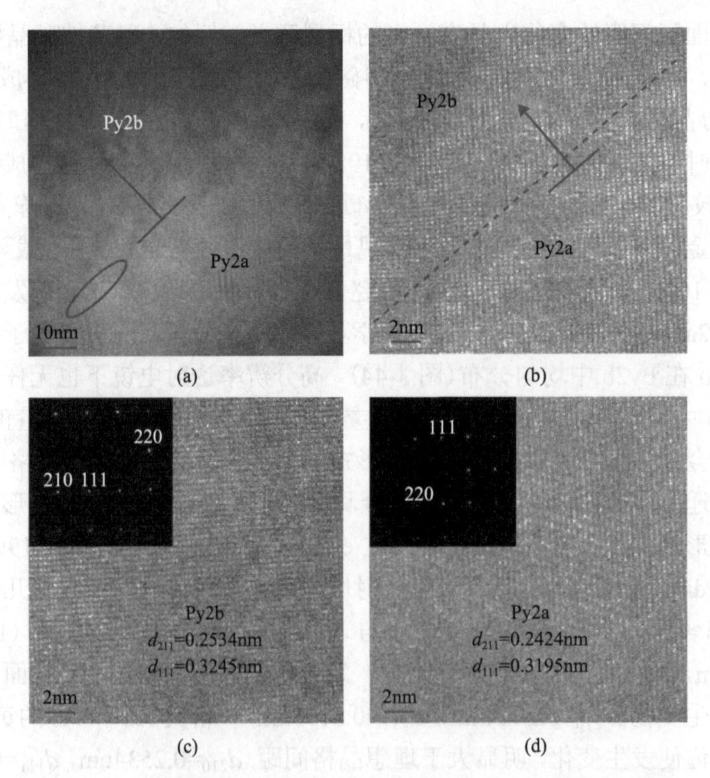

图 3-45　上宫金矿黄铁矿高分辨率透射电镜像(赵太平等，2018)

3. 离子占位标型

具有多个非等效结构位置的矿物中，不同离子在非等效结构位置上出现的概率与矿物形成时的物理化学条件有密切关系。矿物的离子占位情况可根据X射线衍射分析、穆斯鲍尔谱和红外光谱等方法测定的谱学特征通过精细研究来确定。

辉石族矿物的结构骨干为由$[Si_2O_6]$基团联结成的二重单链，链与链借助M_1和M_2两种非等效位置上的阳离子相联系。M_1位通常被小阳离子Fe^{2+}、Mg^{2+}所占据，构成$[M_1O_6]$八面体。M_2位可被这些小阳离子占据，构成$[M_2O_6]$八面体；也可被较大的Ca^{2+}或Na^+所占据，构成$[M_2O_8]$畸变立方体。定性地看，斜顽辉石和易变辉石的低温结构是$P2_1/c$型，而高温结构则为$C2/c$型。但人工合成钙铁辉石的实验发现，当M_1位上Ca^{2+}与Fe^{2+}的数量比为15∶85时，呈$P2_1/c$型结构；若二者的数量比为20∶80、25∶75及35∶65时，则为$C2/c$型结构。此外，一般的绿辉石是$C2/c$型结构，但是富Fe^{2+}及富Ti的绿辉石则为$P2/n$型结构。可见，温度和化学成分均可在一定程度上控制辉石的结构类型。

角闪石族矿物的结构骨干为由$[(Si,Al)_4O_{11}]$基团联结成的二重双链，链与链借助M_1、M_2、M_3、M_4和A 5种非等效位置上的阳离子相联系。通常小半径阳离子如Fe^{3+}、Al^{3+}占据M_2位，中等半径阳离子如Fe^{2+}、Mg^{2+}占据M_1、M_3位，大半径阳离子如Ca^{2+}、Mn^{2+}占据M_4位，更大半径阳离子如K^+、Na^+则无序占据A位。角闪石中阳离子的具体占位情况也能反映其形成条件。对于钙质角闪石和碱性角闪石，温度和压力的变化将使其结构中的Fe^{2+}、Mg^{2+}、Al^{3+}的位置发生转移。其总趋势是：随着温度升高，Fe^{2+}由M_1、M_3位向M_2位转移，Mg^{2+}和Al^{3+}由M_2位向M_1和M_3位转移。其压力效应与温度相反（薛君治等，1991）。

4. 有序度标型

矿物晶体结构中，若两种或两种以上不同质点在某种位置上各自有选择地分别占有其中的部分位置而成规则分布时称为有序态或有序结构、“超结构”（具超结构的晶胞为超晶胞）；若这些不同的质点在其中全部随机分布，便称为无序态。绝大多数矿物的元素分布是介于有序和无序之间的，可用有序度来定量表示。结构中占据有序态位置的质点比例减去占据其他位置的质点比例可求得有序度S。影响矿物有序度的因素主要有形成温度、结晶速度及生成年龄。

在结晶过程中，质点总是倾向于按照能量最低的结合方式进入某种特定的位置，形成有序结构。因此，当温度升高时，可促使晶体结构从有序向无序转变；而温度缓慢降低时，则有利于无序结构的有序化。在长石族矿物中，高温条件下结晶时，Al和Si在硅氧四面体中不能实现有序代换，若温度突然降低，长石可保留其高温结构特点，如岩浆喷出地表的火山岩中透长石斑晶便是通过高温淬火而保留下来的，其四面体中的Al—Si为完全无序置换的状态；如果长石在高温下缓慢结晶，其初期的高温无序结构可逐渐得到调整而实现部分有序化，如中深成花岗岩类中的正长石便属部分有序的过渡态；在热液中形成的最大微斜长石结晶温度较低，速度较缓慢，Si和Al可以完全按照其热力学上最稳定而有利的位置排布，从而成为完全有序的状态。从透长石到微斜长石，硅氧四面体中 Al 和 Si 的排布有序性是连续变化的。由同期形成的较大规模花岗岩体不同相带钾长石的有序度常有明显差异：一般边缘相形成于高温快速冷却环境，钾长石的有序度较低；中心相在高温缓慢冷却环境下形成，钾长石有序度较高。我国辽宁赛马地区碱性花岗岩边缘碱性长石有序度 S=0.42～0.64，中心部位 S=0.9～1.0（苗春省和高新国，1983）。

挥发性组分含量能影响矿物的结晶速度，挥发性组分含量高时，矿物结晶缓慢，质点能够按照最低能量原则从容排布。一般来说，伟晶岩中的长石有序度（三斜度 Δ）较高，如花岗伟晶岩中的钾长石三斜度 Δ 为 0.80～0.95，主要是由于伟晶岩岩浆的挥发分含量很高，矿物结晶速度较低所致。

岩石类型不同，其所形成的环境也不同，因此也会在矿物有序度上有所区别。例如，同熔型和改造型花岗岩中钾长石的三斜度 Δ 就有明显区别：前者为高正长石，形成温度在 1000℃左右，$\Delta<0.4$；后者为最大微斜长石，形成温度在 400℃左右，$\Delta>0.8$（徐克勤等，1982）。

与结晶作用同时或稍晚的应力作用会造成晶格缺陷而有利于质点的重新排列，从而促进矿物的有序化。例如，阿尔丹地盾南缘的岩石遭受片理化后，钾长石由正长石全部变为最大微斜长石（陈光远等，1988）。

介质组分对矿物有序度也有影响，如介质中 Al 不饱和时，钾长石趋于有序；介质中富 Al 时，钾长石趋于无序。美国缅因州变质岩 Al/(Na+K) 高时钾长石有序度较低，夕线石变质岩中的钾长石即为无序态（Guidotti，1973）。

矿物形成后所经历的地质历史时期长短也会影响矿物的有序度，主要是由于矿物中的质点可以在以后逐渐向有序化过渡。国内外有关长英质岩类的大量统计资料表明，时代老的岩石主要含有序度高的微斜长石及条纹长石，时代新的岩石主要含有序度低的正长石。时代越老，含有序长石的比例越高（陈光远等，1988；薛君治等，1991）。但对我国华南和西藏等地花岗岩的研究发现，某些燕山期花岗岩中碱性长石有序度较高，如喜马拉雅地体中的新生代花岗岩碱性长石三斜度 Δ=0.2～0.9，平均值为 0.43；有序度 S=0.15～0.98，平均值为 0.54。显然，当研究形成时代对矿物有序度的影响时，必须考虑原始岩石中矿物有序度的影响。

5. 多型标型

层状矿物中结构单元层以不同顺序及不同结晶学方位堆叠便构成多型。导致多型的关键因素是堆垛层错与位错，而生长环境中的杂质、温度、压力及过饱和度等也与多型的形成及其特征有密切关系，因而矿物多型也具有一定的标型性。但是，由于多型变体间的内能非常接近，在同一条件下可以出现一种矿物的若干多型变体，在研究层状矿物及相关地质体的成因时，要注意多型组合的应用。

云母族矿物是出现非常普遍、多型研究非常丰富的矿物族之一，它具有 19 种多型，在自然界的分布具有如下统计规律性（薛君治等，1991）：对白云母而言，在花岗岩和喷出岩中为 1M 型，在伟晶岩中为 $2M_1$ 型，热液白云母为 $1M_d$、1M、$2M_1$（绢云母）型；沉积岩中为 $1M_d$、1M 型；变质岩中为 1M、3T、$2M_1$ 型。对于黑云母，其在侵入岩中为 $2M_1$、1M 型，喷出岩为 1M 型；沉积岩为 1M、$1M_d$ 型，接触变质岩中为 $2M_1$ 型，区域变质为

1M、3T 型，伟晶岩中各种多型黑云母都有可能出现。

日本内之岱和松岭火山成因块状硫化物矿床的围岩为流纹岩，盖层为泥质板岩，块状硫化物矿体呈透镜状伏于板岩之下的蚀变流纹岩晕圈并受垂向断裂控制。蚀变矿物水云母的多型具有明显分带性，内带为 $1M+2M_1+2M_2$ 型，中带为 $1M+2M_1$ 型，外带为 1M 型(薛君治等，1991)。据其他一些矿床(如苏联达斯科拉金矿、别拉亚山金矿、外高加索黄铁矿矿床)蚀变矿物的研究，$2M_2$ 型钾云母主要出现在矿体中或强蚀变晕圈的内带或近地表张裂隙中，可能是大矿或剥蚀程度较小的标志。在前寒武纪变质建造中，变超基性岩的黑云母为 $2M_1$ 型，而变沉积岩的黑云母为 $1M_d$ 型，如北京密云硅铁建造(陈光远等，1988)。在我国胶东金矿中，未蚀变花岗岩中的黑云母为 1M 型，弱蚀变褪色后多型不变，在近矿绢英岩中的水云母为 $2M_1$ 型(杨敏之，1998)。显然，$2M_1$ 型钾云母是近矿标志。

辉钼矿是典型层状硫化物，在自然界有 2H 和 3R 两种多型。人工合成实验表明，2H 型辉钼矿的形成和稳定温度高于 3R 型辉钼矿，前者形成于 600～1300℃，后者形成于 350～900℃(薛君治等，1991)。除温度外，3R 型辉钼矿的形成还与杂质元素如 Re、Sn、Ti、Bi、W 等的含量有一定关系。当杂质元素含量增高时，将容易产生原始应变，从而促使晶体按螺旋生长。从自然界产出辉钼矿来看，Re 主要赋存于 3R 多型中，含量可达 1.88%。因此，3R 多型辉钼矿是 Re 矿的找矿与评价标志。据全球 80 余处 100 多个辉钼矿多型的研究，约 80%为 2H 型，仅 3%为纯 3R 型，其他均为两者的混合型。2H 型辉钼矿一般产于矿体中心气化-高温热液阶段，混合型多产于矿体边缘中低温热液阶段。我国秦岭金堆城钼矿便具有此种分布特征(周国华，1984)。

(四)物性标型

矿物物理性质的标型特征实质是矿物的化学成分、晶体结构乃至晶体形态三者的综合反映。不同地质条件和物理化学环境下形成的同一种矿物在用近代测试方法测定的物理性质参数上往往有所不同，这就使矿物的物理性质具有标型意义。矿物物性标型包括颜色、折射率、光轴角、相对密度、显微硬度、热电性、释光性、磁化率等多个方面。

1. 颜色标型

矿物的颜色是矿物对可见光波选择性吸收后透射、反射和折射出来的各种波长的混合色，是在此过程中电子跃迁的结果。含过渡型离子(如 Ti^{3+}、V^{3+}、Cr^{3+}、Mn^{2+}、Fe^{2+}、Co^{2+}、Ni^{2+}、Cu^{2+}、Mo^{4+}、W^{6+}、U^{4+}、REE^{3+}等)的矿物，电子选择性吸收某些光波后能量增大，便可在离子内部实现跃迁而呈现所吸收光波的补色；含变价离子(如 Mn^{2+}、Mn^{3+}、Fe^{2+}、Fe^{3+}、Ti^{3+}、Ti^{4+})的矿物，电子受激即吸收某些光波后在相邻离子间跃迁，发生光化学氧化-还原反应而呈色；许多自然金属或硫化物矿物，其价带离子吸收某些光波后可跃迁至导带而呈色；而大部分碱金属和碱土金属化合物矿物则主要是点缺陷(色心)即点电荷不平衡时，电子吸收某些光波后向不平衡部位迁移而呈色。

具体矿物的呈色机理需做具体分析。据前人研究，烟水晶的烟灰色是 Al^{3+}代换 Si^{4+}并由 Li^{+}等碱金属补偿电价而成，形成于伟晶岩早期及花岗岩晶洞等高温环境下。蔷薇石英的玫瑰色可能由 Al^{3+}和 Ti^{4+}代换 Si^{4+}所引起(Dennen et al.，1971)，也主要见于伟晶岩核部的高温环境。紫水晶的紫色可能主要是由 Fe^{3+}代换 Si^{4+}所致，主要是低温低压的热液环境或伟晶岩晚期晶洞产物(陈光远等，1988)。乳石英的乳白色则主要是含有大量气液包裹体所致，常是热液矿床早期产物。

一些矿物的颜色可因形成条件的不同而不同，因而具有一定的标型意义。它不仅是温度变化的标志，也是介质组分活度和逸度的标志，还是矿物产状、变质相与变质环境稳定性的标志，还可作为找矿的标志。有些矿物的颜色较深，肉眼不能确切描述，需在光学显微镜下观察；而所有矿物的颜色均可通过吸收光谱曲线的解译进行定量表达。

矿物颜色是最直观的物理性质，作为标型使用时十分方便。例如，闪锌矿随着硫活度增大，其颜色变化为黑色→褐色→黄色；电气石则随温度降低而由黑色转化为绿色和粉红色；变质成因普通角闪石随变质温度升高，在光学显微镜下其 C 轴颜色从蓝绿色(低角闪岩相)变为绿色至棕褐色(高角闪岩相和麻粒岩相)。不同产状的金刚石颜色有所不同，在金伯利岩中显灰白色或无色，在陨石中显灰色和黑色，在冲击变质岩中显黄色和灰色，而前寒成纪的金刚石多为褐色。在四川丹巴地区的结晶片岩中，发现淡蓝色蓝晶石广泛分布，其色调均匀，形态和粒度相近，成分变化小，是区域上稳定变质环境的产物；而由变质分异出来的石英细脉及其与片岩接触带的蓝晶石分布局限，颜色变化大，或无色、或蓝色、或深蓝，色调不均匀，蓝色和深蓝色者被包裹于无色或淡蓝色者中心，形态和粒度差异大，化学成分变化也大，是结晶于不甚稳定的温度、压力和介质环境中的表现(薛君治等，1991)。矿物颜色作为矿化的标志，更是找矿工作中最便捷的手段。例如，在超基性岩中发现鲜绿色石榴子石(翠榴石，demantoid)和紫色绿泥石时，指示其成分中含铬，便有可能找到铬矿化，极地乌拉尔的铬铁矿就与翠榴石和紫色绿泥石共生。在伟晶岩中，黑色电气石通常与金属矿化无关，蓝色和绿色电气石便与 Sn、Ti、Nb 矿化有关，而粉红色和红色电气石则是 Li 矿化伟晶岩的典型产物。

2. 折射率和光轴角标型

矿物折射率是矿物成分和结构的反映。含氧化合物的折射率便与一个 O^{2-}在单位晶胞中所占体积 V_0、八面体孔隙占位率 C_0、四面体孔隙占位率 C_T、阴离子团中核心阳离子在四面体孔隙或三角形孔隙中的充填率 C_A、阴离子团折射率修正系数 A、第 i 种重元素与 O 离子数之比 p_i、重元素修正系数 I_i、第 i 种元素附加阴离子与 O 离子数之比 q_i 及附加阴离子修正系数 D_i 有关，其平均值为 $N=1.710-0.0141(V_0-13.9)+0.086C_0+0.026C_T-AC_A+\Sigma p_iI_i-\Sigma q_iD_i$(叶大年，1974)。在矿物形成过程中，如果有较多具 3d 价电子的重金属(过渡元素)离子进入晶格，则矿物折射率将明显增大。按折射率增量由小到大的顺序，主要的重金属离子有 Zn^{2+}、Mn^{2+}、Fe^{2+}、Co^{2+}、Ni^{2+}、Sc^{3+}、V^{3+}、Cr^{3+}、Mn^{3+}、Fe^{3+}、Ti^{4+}。结晶水、结构水、层间水及附加阴离子 F^-等使折射率降低，而沸石水可使矿物折射率增加。除内在因素化学成分外，物理化学条件特别是温度对矿物的折射率影响甚大。例如，澳大利亚新西南威尔士变质岩中斜方辉石 Ng 与单斜辉石 Nm 的比值与变质程度有关，该比值小时变质程度较高，反之较低(Binns，1962)。镁铝榴石的折射率可用于区分铁镁质岩是否为金伯利岩。一般地，紫红色系列的镁铝榴石 $N>1.745$ 者为金伯利岩，$N<1.745$ 者为非金伯利岩；橙色系列镁铝榴石 $N\approx1.744$ 者为金伯利岩，$N>1.744$ 者为非金伯利岩(薛君治等，1991)。

矿物光轴角与形成条件也有密切关系。压力增大会使白云母的 b_0 增大，从而导致 2V 值减小。因此，2M 型多硅白云母的 2V 值(10°～36°)通常小于普通 2M 型白云母的 2V 值(为 35°～45°)，而 2M 型多硅白云母的(-)2V 值随变质程度增高而增大。例如，大别造山带变质岩中的多硅白云母，较低变质程度者以(-)2V 25°～30°为主，较高变质程度者以(-)2V 30°～35°为主(叶大年，1979；张兆忠等，1981，1982)。堇青石的光轴角也能指示变质程度的高低。浅变质相堇青石的 2V 为负值，麻粒岩相堇青石的 2V 为正值。据实验研究，在 60MPa 压力下，低温堇青石(-)2V 向高温堇青石(+)2V 转化温度为 750℃。由此推断，麻粒岩相堇青石形成温度高于 750℃(薛君治等，1991)。

3. 相对密度和显微硬度标型

矿物的相对密度主要取决于组成矿物的元素原子量、原子间距和堆积密度，而矿物的硬度主要由矿物内部质点的种类、质点间距、键性和堆积密度所决定。由于矿物颗粒大小会影响其相对密度的测定精度，因此需在同等大小条件下进行相对密度的测定。矿物硬度的测定则需在显微硬度计上进行精确测定。

不同条件下形成的矿物，其成分和结构都会发生不同程度的变化，而矿物的相对密度和硬度对成分与结构变化的反应又十分敏锐。哈里佐维(薛君治等，1991)研究维斯列夫山云霞正长岩碳酸盐脉中具环带构造锆石时发现，由中心到边缘，随颜色从棕色、玫瑰色变为黄色和无色，其 Hf 含量从 1.53%(前两者 Hf 为 1.53%)变为 1.45%和 1.36%(质量分数)，显微硬度从 $1388kg/mm^2$、$1205kg/mm^2$ 变为 $1170kg/mm^2$ 和 $1153kg/mm^2$，相对密度从 4.75、4.72 变为 4.66 和 4.64，说明矿物硬度和相对密度能敏感地反映其成分的变化，即对其形成条件也具有标型意义。

据统计，石英的相对密度在伟晶岩中约为 2.65，在气成热液矿床中约为 2.64，在热液矿床中约为 2.63(Щербак 和 Карюкина，1963)。在超铁镁质-铁镁质岩中，紫色和橙色系列镁铝榴石的相对密度在金伯利岩中(富含 Cr)一般大于非金伯利岩中者(贫 Cr)。我国山东蒙阴地区富金刚石金伯利岩中紫色系列镁铝榴石的相对密度全部大于 3.75，贫金刚石的金伯利岩中紫色系列镁铝榴石相对密度较少大于 3.75，不含金刚石的金伯利岩中仅个别大于 3.75。凡是非金伯利岩的超铁镁质-铁镁质岩中的紫色系列镁铝榴石的相对密度全部小于 3.75(薛君治等，1991)。

不同成因的矿物，其显微硬度会出现显著差异。据统计，花岗岩型锡石的显微硬度平均为 $980kg/mm^2$，伟晶岩型锡石平均为 $1090kg/mm^2$，石英脉型锡石平均为 $1150kg/mm^2$，夕卡岩型锡石平均为 $1230kg/mm^2$，硅酸盐硫化物建造型锡石平均为 $1300kg/mm^2$(薛君治等，1991)。另据西尼亚科夫(薛君治等，1991)统计，岩浆型磁铁矿显微硬度 VHN_{100} 平均为 $647kgf/mm^2$，夕卡岩型磁铁矿平均为 $560kgf/mm^2$，热液型磁铁矿平均为 $758kgf/mm^2$，区域变质型磁铁矿平均为 $509kgf/mm^2$。

需要注意的是，不同地区的地球化学背景与同一成因地质体的化学成分均可能有所不同，能够进入矿物中的类质同象元素离子种类和数量必然有所差异。因此，在研究不同地区同一类型矿物的相对密度和显微硬度时，除了应考虑上述一般性趋势外，也应考虑其地区性差异。

4. 热电性标型

热电性是半导体物质加热荷电的性质。半导体矿物如大多数硫化物和深色氧化物矿物在温差条件下产生热电效应，是研究矿物热电性标型的基础。当半导体矿物两端存在温差时便出现非平衡载流子，它们将由高温区向低温区扩散，结果在半导体内形成电场，对外表现为温差热电动势 E。温差一定时，E 达到一平衡值。单位温差热电动势为热电系数 α，其计算公式为 $\alpha=E/(T_H-T_L)=E/\Delta T$。式中，$\alpha$ 为热电系数(μV/℃)；ΔT 为温差(℃)。

在测定矿物热电系数过程中，通过固定矿物颗粒，并控制其两端温度差为一定值，则不同矿物颗粒的热电动势 E 的大小存在差别，E 为负值时为电子导电(N 型导电)；E 为正值时为空穴导电(P 型导电)。对黄铁矿热电系数与活化温度关系的实验研究表明，黄铁矿热电动势绝对值总体随活化温度的升高而增大，但热电系数绝对值大致随活化温度的升高而降低，活化温度对 P 型黄铁矿热电系数特征的影响要比对 N 型黄铁矿热电系数特征的影响明显(孙文燕等，2012)。因此，测定矿物热电系数时，要选择合适的活化温度(一般以 40℃为宜)。另外，由于矿物生长过程中的物化条件会发生变化，一个矿物单晶体可能呈现不同热电结构，或因物化条件不变而呈均一导型(N 型或 P 型)，矿物各部分的 α 值近似；或因物化条件具规律性变化，使矿物核部、幔部和边部的热电系数值规则分布，导型分界面或 α 等值线分界面与不同阶段生长界面一致，构成规则环带；或因晚期流体对早期矿物的交代而使矿物的热电导型或 α 等值线分界面呈蚕食状、筛网状，形成不规则环带或交代型结构；也可能因两期次物化条件的巨变而呈复合型结构(李胜荣等，1994b；邵伟等，1990，1992)。因此，研究矿物热电性时，也要综合运用原位测定和多颗粒统计相结合的方法才能科学地阐明单颗粒矿物生长的条件和矿物集合体的形成条件。进行统计研究的矿物颗粒应尽可能粉碎到较小尺寸(一般 40～60 目)，这样的统计结果代表性较好。

根据晶体能带理论，如果晶体中混入的杂质(主要是较高价离子类质同象代替较低价离子)处于能带结构中禁带上部或接近导带，在外界能量(热能、电能、光能等)作用下，杂质粒子的价电子将释放出来升入导带。在温差条件下，电子从热端向冷端扩散，冷端自由电子过剩而呈现为负极，此时测定的热电系数为负值，晶体属 N 型半导体。如果混入的杂质(通常是较低价离子类质同象代替较高价离子)处于禁带下部或接近价带(满带)，在外能作用下，价带中的电子便跃入禁带下部的杂质中以满足其配位体应有的电子数，从而使价带形成空穴。在温差条件下，空穴从热端向冷端扩散，使冷端空穴过剩而呈现为正极，此时测定的热电系数为正值，晶体属 P 型半导体。如果进入晶体中的杂质浓度很低，或接近理想的纯净状态(称为本征半导体)，外能所激发出来的电子数及在导带形成的自由电子和价带形成的空穴均很有限，这时测定的热电系数绝对值较小或近于零，其正负极性可漂移不定。一般情况下，正离子或金属原子过剩(含量超过晶体化学式中的正常值)时，多为 N 型半导体；负离子或非金属原子过剩时，多为 P 型半导体。据巴拉娃对苏联 480 件黄铁矿热电性的研究，含 Sn、Co、Cu、Zn 黄铁矿的热电导型均为 N 型(α 值分别为–250μV/℃、–290μV/℃、–420～–300μV/℃、–590～–320μV/℃)，含 As 黄铁矿则为 P 型(α 值为 200～270μV/℃)(Полова，1974)，这与我国胶东、晋北等地金矿黄铁矿的研究结果基本一致(陈光远等，1989；李胜荣等，1996，2010)。

大多数硫化物和深色氧化物等半导体矿物随其形成条件不同、产出位置不同、成因不同，其热电系数将出现相应的变化。因此，矿物的热电系数可作为氧化还原的标志，酸碱性的标志(对同一种矿物而言，P 型较 N 型酸性更强)、岩石矿床成因的标志、矿床剥蚀程度和找矿标志。

磁铁矿的热电系数全部为负值，属 N 型半导体(申俊峰等，2010)。不同成因磁铁矿的热电系数变化范围虽不大，但也有一定差异：产于橄榄岩、辉长岩中的岩浆型磁铁矿及钛磁铁矿 α 为–70～–60μV/℃，产于夕卡岩型磁铁矿矿石中的磁铁矿 α 为–64～–63μV/℃，产于含铁石英岩即 BIF 型石英磁铁富矿中的磁铁矿 α 为–62～–59μV/℃(陈光远等，1988；张聚全等，2013；孟旭阳等，2014)。同一成因不同产状磁铁矿的热电系数也有差异：邯邢夕卡岩型铁矿磁铁矿热电系数均值变化范围为–65～–50μV/℃，层间矿中磁铁矿热电系数比接触带磁铁矿热电系数小，但变化范围大(图 3-46)；单层矿体中部磁铁矿的热电系数较小，向两侧逐渐增大(张聚全等，2013)。磁铁矿的热电性主要与氧化系数(Fe_2O_3/FeO)和类质同象替代有关。理想化学成分(Fe_2O_3/FeO=2.22)的磁铁矿标准热电系数 α 为–60～–59μV/℃，氧化系数增大，热电系数的绝对值增大，故磁铁矿热电系数能反映成矿氧逸度的相对大小。邯邢铁矿成矿流体以充填交代为特征，流体前锋以充填方式进入空隙，所形成的磁铁矿 Fe_2O_3 含量较高，热电系数较大。因此，热电系数的空间分布特征可能反映了成矿流体前锋的运移轨迹(张聚全等，2013)。

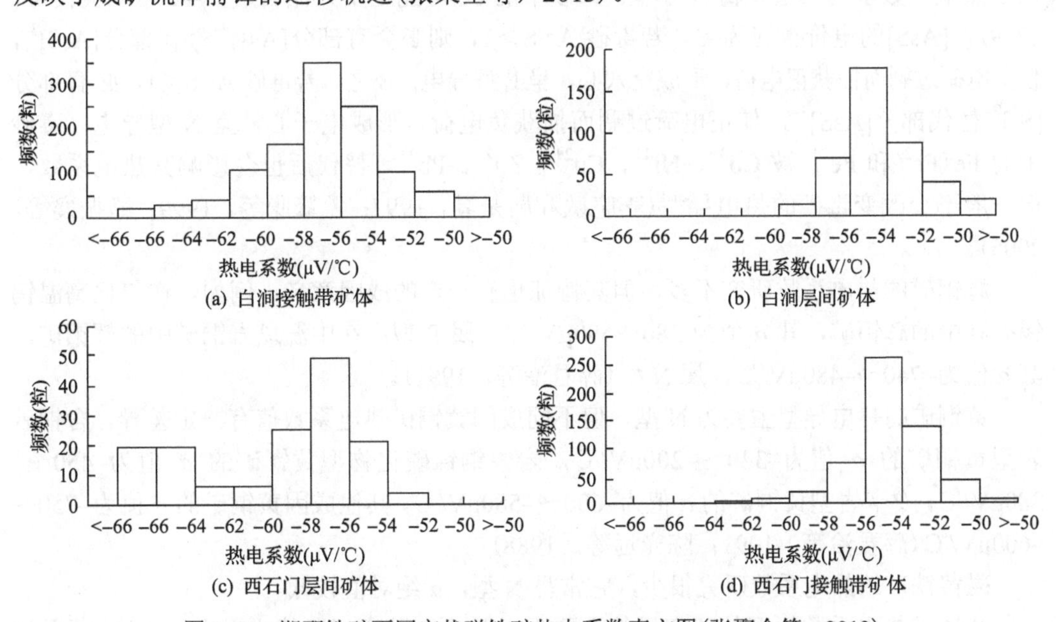

图 3-46 邯邢铁矿不同产状磁铁矿热电系数直方图(张聚全等，2013)

毒砂热电系数与其形成条件密切相关。对苏联 Трудовое 花岗岩型锡石矿床的研究发现，由花岗岩外接触带→内接触带→花岗岩边缘→花岗岩内部，毒砂的热电系数由 P 型→P+N 混合型→N 型，α 平均值为 306μV/℃→230μV/℃、–155μV/℃→149μV/℃、–143μV/℃→–226μV/℃(薛君治等，1991)，显示了毒砂热电性对花岗岩浆流体性质从内部到边缘到接触带规律变化的忠实反映。此规律可用于同类矿床剥蚀程度判断和深部成矿潜力评价。毒砂是黑龙江老柞山金矿主要载金矿物，成矿早期形成的毒砂热电系数 α 为正值，平均为 250μV/℃，属 P 型导电；成矿晚期形成的毒砂热电系数 α 为负值，平均为–217μV/℃，为 N 型导电。毒砂的热电性特征由 As、S 相对含量决定，富 As 型毒砂为 P 型导电，而富 S 型毒砂则为 N 型导电(魏存弟等，2001)。老柞山金矿中毒砂的热电系数与地质环境的关系虽然规律性很强，但与 Трудовое 花岗岩型锡石矿床毒砂热电系数与地质环境的关系明显不一致。新疆准噶尔褶皱系额尔齐斯断裂带萨尔布拉克细脉浸染状金矿也是成矿早期到晚期均有出现的贯通性矿物，3 个钻孔 592 个毒砂热电系数值均为负值，平均为–183μV/℃，属 N 型导电，标准差为 29～61，变化系数为 0.16～0.33(P 型黄铁矿占 97%)(吕瑞英，1990)。由于缺乏不同阶段和不同空间数据，毒砂热电系数的时空变化尚不清楚。新疆天山-兴安褶皱系西准噶尔海西期褶皱带齐求 I 金矿床毒砂除个别颗粒外，其他毒砂热电系数均为负值，呈 N 型(P 型黄铁矿占 97%，韩玉玲，1991)。从石英脉、蚀变岩到变基性火山岩围岩，从矿床上部到下部，毒砂热电系数绝对值由大变小，存在毒砂热电系数绝对值越大，含矿性越好的趋势(胡大千，1991)。黔东八克金矿床毒砂在矿体、蚀变带和围岩中的变化趋势与新疆齐求 I 金矿一致，且也为 N 型(郑杰等，2011)。综合研究显示，毒砂的热电性主要受 As/S 值的影响：一般 As/S＞1 的毒砂热电系数多为正值，属 P 导型；而 As/S＜1 的毒砂热电系数多为负值，属 N 导型。毒砂中的 Fe 可能主要为低自旋的 Fe^{3+}(刘英俊等，1989)，[AsS]的电价也应为–3。若毒砂 As/S＞1，则必会有部分$[As_2]^{4-}$替代部分$[AsS]^{3-}$，使负电荷过剩而捕获正电荷，形成空穴心，呈 P 型导电；反之，若毒砂 As/S＜1，必有部分$[S_2]^{2-}$替代部分$[AsS]^{3-}$，使正电荷过剩而捕获负电荷，形成电子心，呈 N 型导电。毒砂中的 Fe(Fe^{3+}和 Fe^{2+})被 Co^{3+}、Ni^{4+}、Cu^{2+}、Zn^{2+}、Pb^{2+}等替代后也会影响其热电系数，但一般不会改变毒砂的热电导型(李晓敏和靳是琴，1997；孟繁聪等，1999；鲍振襄等，2005)。

辉钼矿的热电系数研究不多，但其特征也有一定的成因意义。例如，在气化高温钨锡矿脉中的辉钼矿，其 α 值为 280～590μV/℃，属 P 型；在中温斑岩铜矿中的辉钼矿，其 α 值为–740～–480μV/℃，属 N 型(薛君治等，1991)。

黄铜矿的热电导型主要为 N 型，但不同成因黄铜矿热电系数值有一定差异。含铜砂岩型黄铜矿的 α 值为–320～–200μV/℃，岩浆铜镍硫化物型黄铜矿的 α 值为–450～–380μV/℃，夕卡岩型黄铜矿的 α 值为–600～–580μV/℃，其他成因黄铜矿的 α 值为–750～–600μV/℃(薛君治等，1991；陈光远等，1988)。

磁黄铁矿的热电系数研究很少，它常呈 N 型，α 绝对值较低。

黄铁矿热电系数标型的研究虽然主要限于脉状金矿床，但其成果十分丰富(薛君治等，1991；陈光远等，1989；李胜荣等，1996，2010，2011；申俊峰等，2013；刘家军等，2016)。据国内外众多金矿的研究，特别是21世纪以来对千米以上大纵深金成矿系统的研究，其中黄铁矿的热电系数具有显著的时空规律性，且与成矿温度和金的富集有较好的关联度。从时间上看，成矿早期较高温条件下形成的黄铁矿多为负值，以N型为主；主成矿期中温条件下形成的黄铁矿热电导型为N+P混合型；成矿晚期较低温条件下形成的黄铁矿热电系数α主要为正值，以P型为主(图3-47)。从空间上看，矿床下部的黄铁矿的α值多为负值，以N型为主；矿床中部的黄铁矿热电系数兼有负值和正值，导型为N+P混合型；矿床上部的黄铁矿热电系数α多为正值，以P型为主。由上向下，P型黄铁矿出现率P、P型黄铁矿热电系数平均值$\bar{\alpha}_{\mathrm{P}}$均呈降低趋势，而N型黄铁矿热电系数平均值$\bar{\alpha}_{\mathrm{N}}$绝对值总体呈增大趋势(图3-48)。黄铁矿热电系数特征与金矿规模及金品位有较好的关联度。由于大型高品位金矿床均是在多阶段复杂成矿流体反复作用下形成的，不同阶段成矿流体的来源、成矿流体的温度、成矿流体的化学组成差异颇大，不同阶段黄铁矿的类质同象混入物和热电系数差异也很大。因此，黄铁矿α值离散性越大，矿床金品位一般越高，金矿床规模一般越大。黄铁矿热电系数的离散性可用离散度定量表示，即离散度$\sigma'_{\alpha}=\sigma_{\alpha}/\bar{\alpha}$，$\sigma_{\alpha}$为标准差，$\bar{\alpha}$为平均值。刘坤给出的甘肃马坞金矿8号矿体黄铁矿热电系数填图表明，金品位等值线高值区与P型黄铁矿热电系数均值等值线高值区及黄铁矿离散度等值线高值区三者相互对应，据此对深部富矿段做了成功预测(刘坤，2014；刘家军等，2016)。

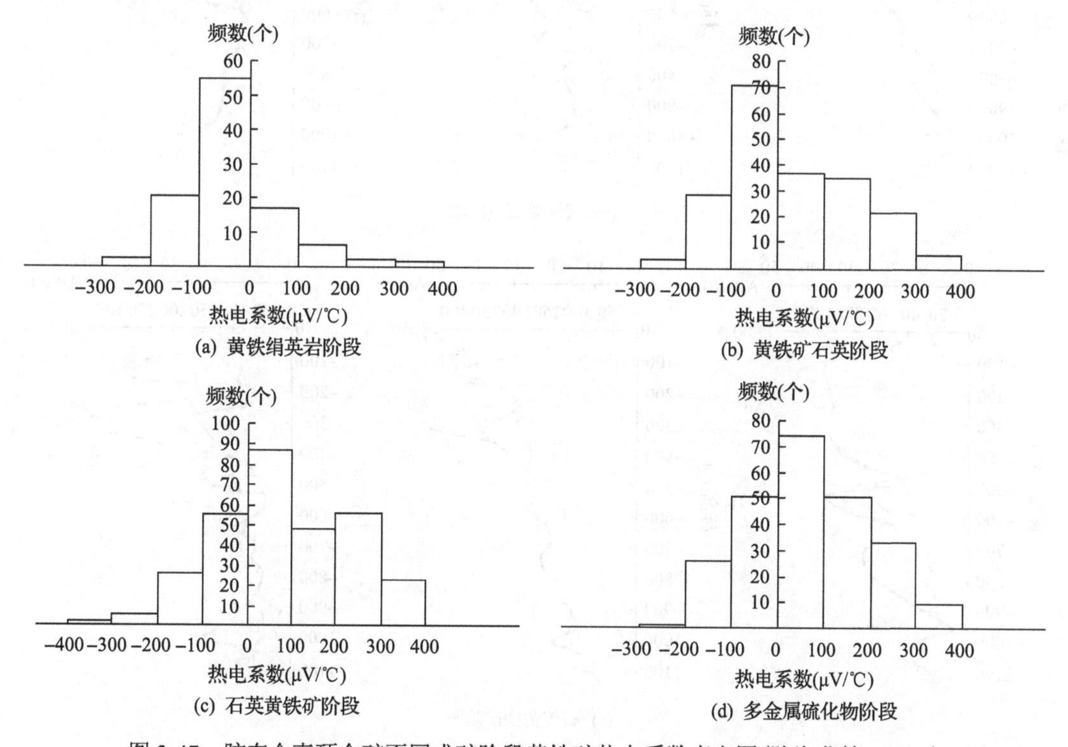

图3-47　胶东金青顶金矿不同成矿阶段黄铁矿热电系数直方图(陈海燕等，2010)

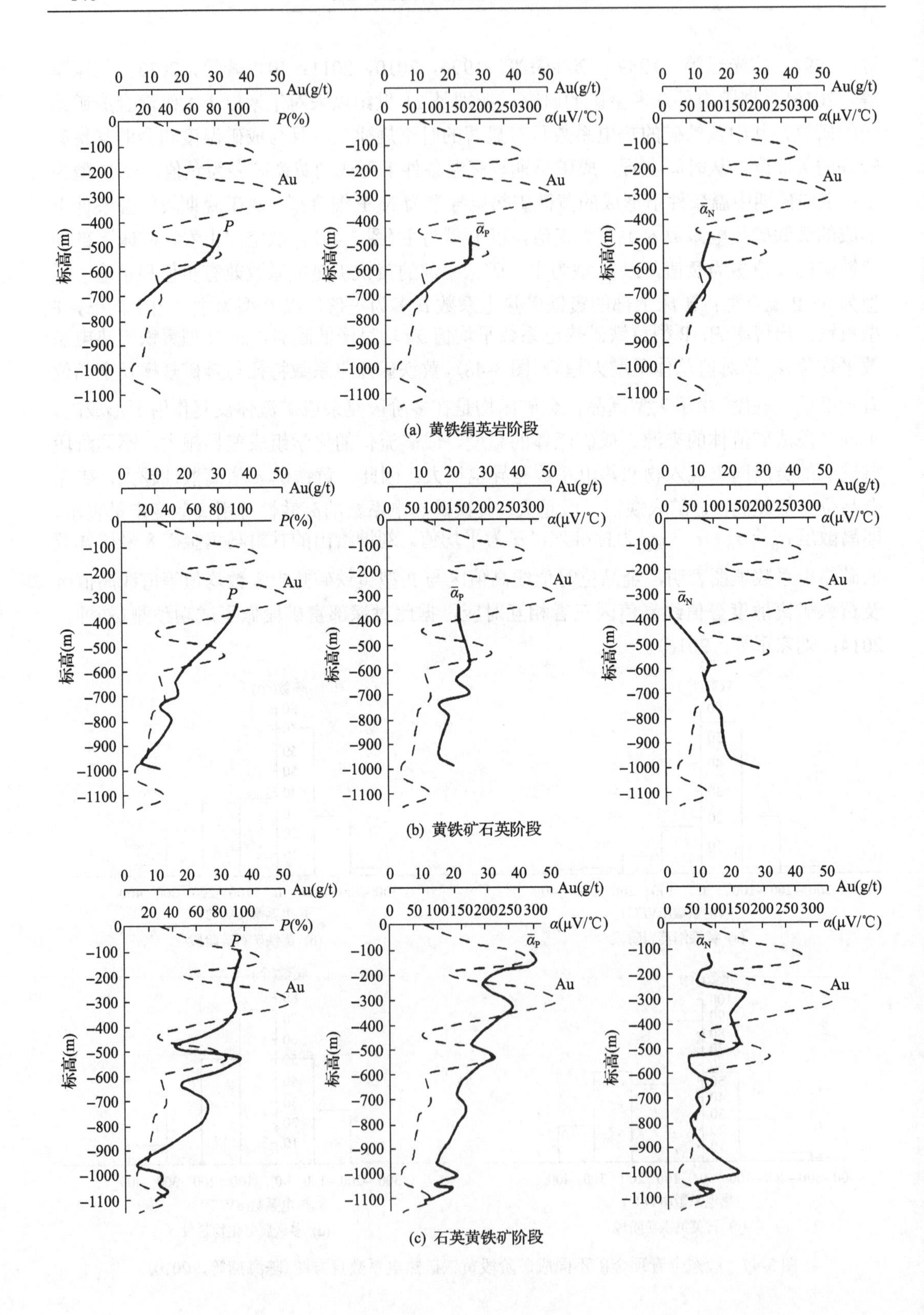
Au(g/t)
P(%)
α(μV/℃)
Au
P
$\bar{\alpha}_P$
$\bar{\alpha}_N$
标高(m)
(a) 黄铁绢英岩阶段
(b) 黄铁矿石英阶段
(c) 石英黄铁矿阶段

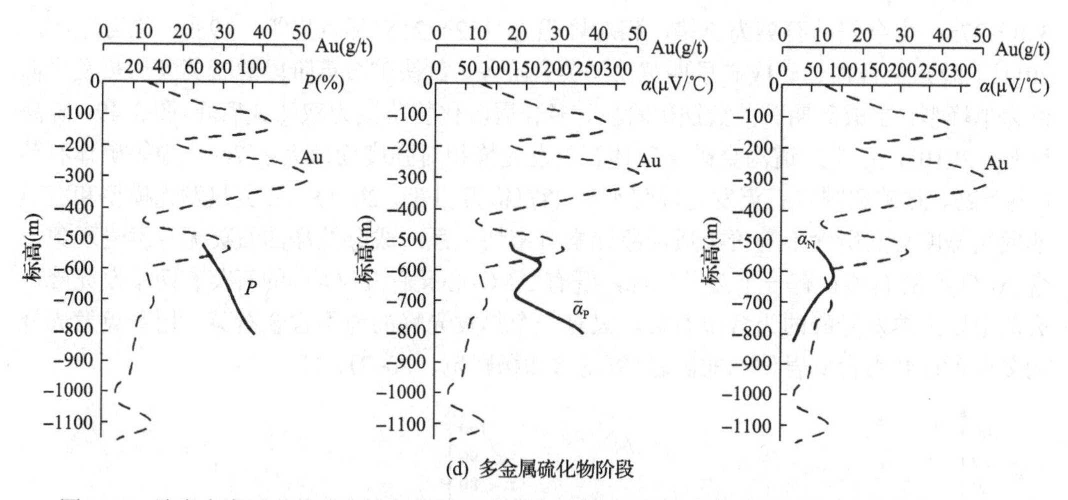

(d) 多金属硫化物阶段

图 3-48　胶东金青顶金矿不同标高、不同成矿阶段黄铁矿热电参数变化趋势(陈海燕等，2010)

Au-矿石平均金品位；α-热电系数，$\bar{\alpha}_P$ -P 型黄铁矿热电系数平均值；$\bar{\alpha}_N$ -N 型黄铁矿热电系数平均值；P-P 型黄铁矿出现率；虚线为金品位变化曲线，据金州集团中段平面图数据

5. 释光性标型

矿物在外能激发下发出可见光的性质有两种可能机制(李胜荣等，2008)，其变化取决于引起发光效应的电子捕获中心和空穴中心的杂质元素及结构缺陷的性质和含量。同一种矿物在不同地质地球化学背景和不同物理化学条件下形成并经历不同热历史，便能在其发光性方面表现出不同特征，因而赋予矿物发光性以标型意义。

矿物具有发光性的普遍原因是：类质同象及结构缺陷(空位、填隙、位错)在晶体能级结构中一定部位形成杂质(或缺陷)能级，从而提供了容易发生电子跃迁的条件和途径。在外能激发下，部分电子由低能级禁带跃迁到高能级以致进入导带，由此形成电子与空穴对应状态。当呈激发态或亚稳态的电子(或空穴)由激发态回落到基态的释能过程符合量子化条件 $\Delta E = vh$(ΔE 为能级间的能量差，v 为可见光频率，h 为普朗克常数)时，则这一回落过程表现为发光。热发光与其他方式的发光相比较，其特殊性在于成为电子陷阱的杂质能级处在禁带中较深部位(与导带间隔的 Δ 较大)，这样的杂质能级在较低的温度下能够长久地保持受激电子(或空穴)的激发态或亚稳态。当温度升高，晶体结构的热振动达到一定强度时，电子才能从陷阱能级中获释，并开始由激发态向基态转变(电子与空穴复合)，即由热能导致了发光过程。当矿物热发光的激发态系由人为高能射线(γ 射线等)的辐照处理而获得时，其热发光称为人工热发光；当利用自然条件下在矿物结构中已经造成和保持的激发态而产生热发光时，称为天然热发光(邵伟，1987)。

热发光是目前研究较深入、应用较广泛的发光性标型。许多透明矿物如石英、长石、方解石、白云石、云母、锆石、萤石、硬石膏等矿物的热发光具有很好的标型性。大量研究表明，不同成因石英的天然热发光曲线的峰型、峰位、峰强、峰半高宽和总积分强度等多项参数有显著差异，能很好地反映所形成的条件。例如，河南祁雨沟和辽宁青峰山隐爆角砾岩型金矿成矿早期和晚期的石英在 100～400℃加热温度区间天然热发光曲线为单峰型，主成矿期为双峰型(个别为多峰型)。含金好的石英为双峰，相对峰强为

330～375；含金差的石英为单峰，相对峰强为 152～215(邵克忠等，1989；徐万臣等，2011)。胶东金青顶金矿成矿早期黄铁绢英岩阶段、黄铁矿石英阶段的石英天然热发光曲线为单峰型，主成矿期石英黄铁矿阶段、多金属硫化物阶段为双峰或肩峰(图 3-49，陈海燕等，2010)。辽宁二道沟金矿富矿体石英发光峰相对强度均值大于 785，中等矿体石英峰强 525，贫矿和围岩石英发光峰强小于 287(徐万臣等，2011)。石英热发光模型和石英热发光温度与其所含不等价类质同象元素有密切关系：成分纯净的石英无热发光现象，含 Al-O-心的石英只有一个热发光峰，既有 Al-O-心又有 Ti-O-心的石英有两个发光峰。有两个以上热发光峰的为含金石英，只有一个热发光峰的为不含金石英，用石英发光峰的多少可以判别含矿岩体和非矿岩体(杨吉和杨殿范，2002)。

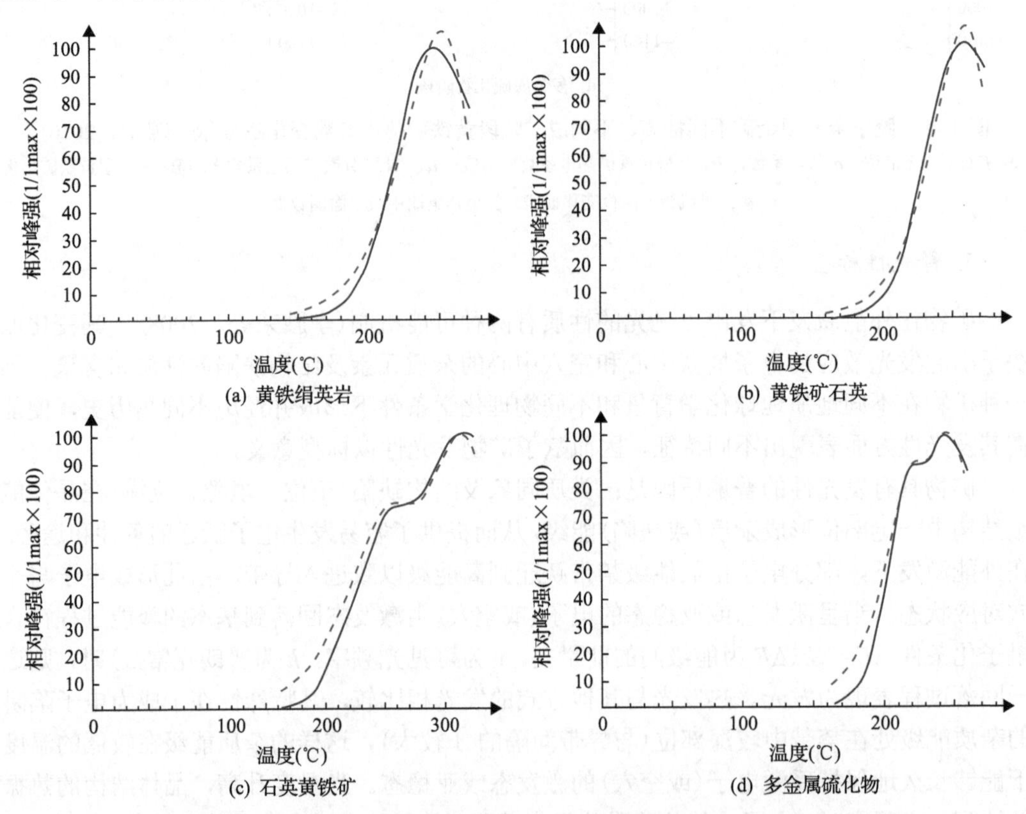

图 3-49　胶东金青顶金矿各成矿阶段石英热发光测试曲线及拟合结果(陈海燕等，2010)

实线为测试曲线，虚线为拟合曲线

长石热发光特征可用于区别其是否为岩浆成因或热液蚀变成因。胶东界河金矿为产于郭家岭花岗闪长岩中的蚀变岩型金矿，其矿体和围岩中广泛存在微斜长石。原生岩浆微斜长石含金性差，热发光强度小，热液蚀变成因微斜长石含金性好，热发光强度大(相对强度大于 15 为矿体，大于 40 为富矿体)(崔天顺，1995)。对河北及山东蚀变岩型(胶东夏甸金矿、河北高家店金矿)和石英脉型(胶东金翅岭金矿、河北金厂峪金矿)金矿床交代成因钾长石与钠长石天然热发光的研究发现，当接近矿化地段时，钾长石与钠长石天然热发光峰值增高，尤其是在富矿地段突然升高；在破碎带或受动力影响的长石，热发光峰值突然降低。因此，长石天然热发光可用以指示交代作用、矿化作用与成矿后动力作用的空间位置，因而可以作为成因与找矿标志(邵伟，1987)。

方解石热发光对其成因、成矿阶段和成矿作用具有标型意义。黑龙江省老柞山金矿49件方解石样品研究表明，方解石热发光曲线在成矿早期以单峰型为主，主成矿期以双峰型为主，成矿晚期为平缓无峰型。方解石热发光曲线特征可作为金矿床成矿阶段划分的一个重要标志(赵以辛，1994)。华南大型隐伏花岗岩型铀矿床302铀矿不同垂深部位的矿物热释光研究表明，矿床上部石英的ATL发光曲线上只有一个单峰，而矿床下部则可出现2～3个峰。矿床上部的石英、萤石和方解石的ATL发光强度相对较小，陷阱类型较少，陷阱深度较浅，而矿床下部的情况刚好相反。石英、萤石和方解石的人工热释光性质可以作为划分铀矿床垂直分带的良好标志(倪师军等，1992)。萤石的天然热发光曲线特征与其矿床类型有密切关系：与侵入岩或火山岩有关的萤石矿床，因形成温度较高，物质来源复杂，或与深部地质作用有关，萤石的热发光曲线发育150℃、250℃或300℃以上的峰；沉积碳酸盐岩中的萤石形成温度低，物质来源较简单，主要与地层有关，其热发光曲线出现150℃、200℃或250℃的峰，少有高于300℃的高温峰(薛君治等，1991)。萤石的稀土元素杂质和相应的晶格缺陷影响萤石的颜色，也影响萤石的天然热发光曲线特征。随萤石颜色加深，热发光曲线主峰向高温方向迁移，如浙江义乌萤石的颜色从绿色变为浅紫色到深紫色，其主发光峰位从237℃变为247℃再到270℃；随萤石紫色加深，发光强度增大(薛君治等，1991)。

阴极发光技术对岩浆岩、沉积岩和变质岩中的硅酸盐、碳酸盐、硫酸盐等造岩矿物内部结构及成因的快速识别具有其他方法难以替代的作用(Schertl et al.，2018)，它已广泛应用于岩浆岩中残留锆石与岩浆锆石的判别和不同成因碳酸盐矿物的判别。目前对锆石的阴极发光研究都是在从岩石样品分选出的锆石上进行的，要弄清形成演化历史复杂的锆石成因，更好地了解锆石与周围矿物的成生关系，在岩石薄片下研究锆石的阴极发光是一个有意义的方法。沉积碳酸盐岩中方解石和白云石阴极发光特征与其成因和成岩阶段有密切关系：成岩过程中海源流体起主要作用者发光较弱，非海源流体改造后具有强阴极发光；生物礁灰岩具有不发光和强发光的极端发光特征，陆源碎屑矿物含量高的显示出极强的橘黄色阴极发光；根据胶结物组构类型及阴极发光特征，可将碳酸盐岩成岩过程划分为准同生-同生、早成岩和中-晚成岩等不同阶段(孙伟等，2018；兰叶芳等，2017)。球粒陨石阴极发光研究表明，非平衡型球粒陨石(荷叶塘和库姆塔格L3型陨石)中部分橄榄石球粒发强红光，长石质玻璃基质以发强蓝光为主；平衡型球粒陨石(吉林和新疆L5型陨石)长石质玻璃发暗淡蓝光，橄榄石基本不发光，少数磷灰石发橘黄色光。差异明显的阴极发光现象可作为判断平衡型与非平衡型普通球粒陨石的辅助参考(李宝等，2018)。利用阴极发光技术可观察到其他方法不易识别或容易忽略的多种矿物的生长结构，快速鉴别多期微细矿物相，快速有效表征矿物生长环带、微量元素分布规律、双晶纹、出溶结构等内部结构，为重建矿物形成演化过程提供重要信息，在岩浆岩石学、油气储层及矿床学领域已得到广泛应用，在变质岩研究中也有广阔的应用前景(王淞杰等，2014)。

6. *磁化率标型*

矿物的磁性与其化学成分及形成条件有关，这是矿物磁性标型的基础。铬铁矿的磁性是可以变化的，其磁化率主要与所含 Fe^{3+}的多少有关，而 Fe^{3+}含量又与岩石成分、共生矿物组合及其形成时的氧化还原条件有关。例如，与顽火辉石共生的铬铁矿几乎不显示磁性，而与古铜辉石共生的铬铁矿有明显磁性。

伟晶岩中的电气石中含 Fe^{2+}、Fe^{3+}、Mn^{2+}、Cr^{3+}等离子的量越高，其磁化率比越大。不同演化阶段形成的电气石其磁化率也不同。一般来说，从黑电气石、绿色电气石到红色锂电气石，磁化率比依次减小；黑电气石从早到晚，磁化率比也逐渐减小。例如，秦东早期无矿伟晶岩的黑电气石比磁化率为 20.56～20.92 $10^{-6}cm^3/mol$，Be-白云母型伟晶岩的黑电气石为 18.10 $10^{-6}cm^3/mol$，Li-Be-Nb 型伟晶岩和黑电气石为 14.98 $10^{-6}cm^3/mol$，绿色电气石为 11.78～12.00 $10^{-6}cm^3/mol$，Cs-Ta 型伟晶岩的黑电气石为 14.58～15.46 $10^{-6}cm^3/mol$，绿色电气石为 9.82—8.87—4.54，红色电气石为 0.64—0.19—0.12—(–0.21)，蚀变围岩中的钙镁电气石为 1.3—(–0.3)（薛君治等，1991）。

磁性材料中自发磁化强度降到零时的温度，或铁磁性、亚铁磁性物质转变成顺磁性物质的临界点称为居里点或居里温度（Curie temperature，Tc）。低于居里点温度时材料为铁磁体，与其有关的磁场很难改变；当温度高于居里点时，材料成为顺磁体，其磁场很容易随周围磁场的改变而改变。这时的磁敏感度约为 10^{-6}。居里点的数值是由物质的化学成分和晶体结构所决定的。因此，矿物的居里点不但能够反映矿物的化学成分和晶体结构，也能间接反映矿物的产状或其形成时的物理化学条件。对于磁铁矿而言，含 Mg 高者居里点较低，化学上较纯的居里点较高。因此，产于超镁铁质岩及其共生碳酸岩中的磁铁矿居里点较低，产于磁铁石英岩（BIF）中的磁铁矿居里点较高（薛君治等，1991）。

（五）谱学标型

许多现代谱学测试技术，如红外吸收光谱、偏振光吸收光谱、电子吸收光谱、X 射线衍射谱、顺磁共振谱、核磁共振谱、穆斯堡尔谱等，均可应用于矿物结构和成分的研究，特别是确定矿物中离子价态、占位、有序度、配位多面体对称性和畸变、颜色和多色性成因等。由于矿物谱学解译需要有相应的理论支持，因此寻找从矿物谱学特征反映矿物形成过程和条件的直接标志是矿物谱学标型研究的任务。

傅里叶变换红外光谱和拉曼光谱能较敏感地区分生物成因和无机地质成因碳酸钙矿物。对实验室养殖锦鲤的星耳石和微耳石研究表明，微耳石的矿物相为文石，而星耳石的矿物相为球文石（球霰石）。与无机和生物成因文石和球文石的 Raman 及 FTIR 图谱比较发现，微耳石的 FTIR 和 Raman 图谱特征介于无机成因文石和其他生物成因文石之间，而星耳石的 FTIR 和 Raman 图谱特征则与其他生物成因的球文石更为接近，这可能是由于有机物参与了生物矿化过程并起到了稳定介稳相的球文石的结果（高永华等，2009）。微耳石的红外图谱中，v1 带为 1083cm^{-1} 尖锐的单带，v4 带为 712cm^{-1} 和 699cm^{-1} 尖锐的双带，这两个内振动频率与无机成因文石相比数据非常吻合，几乎无频移现象，显示了对成因差异不敏感的特征。而鲤鱼微耳石的红外图谱中，红外吸收带 v3（1472～1473cm^{-1}）

和 v2(857cm^{-1})与地质文石相比，分别存在着 1.6cm^{-1} 和 6.5cm^{-1} 的频移(高永华等，2009)。这种谱学现象在多种生物文石中均有发现。对红外光谱频移的现象，目前认为是由有机物通过参与生物矿化过程，控制了碳酸钙的晶粒尺寸、结晶度或通过产生晶格畸变等来实现的。由于文石的稳定性，无论是无机成因或生物成因，矿化后文石的晶体结构和稳定性及其 FTIR 和 Raman 图谱特征均比较相似。而球文石在无机条件下很难合成，之所以其在生物体中能够稳定存在，是因为生物体内分泌的有机质参与了矿化过程并有一些基团起到了稳定球文石的作用，这使得无机合成与生物成因的球文石在晶体结构(如晶粒尺寸和结晶度等)和稳定性方面肯定存在着差异，导致生物成因球文石的 FTIR 和 Raman 图谱特征比较一致，却与无机成因球文石差别较大(高永华等，2009)。

矿物 X 射线衍射谱能有效指示其含矿性。含金黄铁矿与不含金黄铁矿 X 射线衍射谱有明显差异：含金性好的黄铁矿 X 射线漫反射强度大，低、中角度面网的衍射线宽化，锐度降低；不含金黄铁矿 X 射线漫反射少，衍射线宽化不明显，锐度较好。含金黄铁矿 X 射线衍射谱中，hkl(211)(321)(220)(420)(332)(422)衍射线相对强度与(311)衍射线(最强线)相对强度比值大，而不含金黄铁矿的这些比值小。黄铁矿的最强线 I_{311} 与 I_{211}，次强线 I_{200} 与 I_{210}、I_{200} 与 I_{111} 等比值与黄铁矿的含金性相关性较好，其中 I_{311} 与 I_{211} 值与含金性关系最为密切(贾建业，1996)。黄铁矿 X 射线衍射谱与含金性的关系主要受控于其化学成分和晶体结构，含金性好的黄铁矿一般都含有较多杂质微量元素甚至晶格金，晶体结构不完善而镶嵌亚组织发育；不含金黄铁矿杂质元素含量低，晶体结构较完善，这是导致含金和不含金黄铁矿 X 射线衍射谱差异的根本原因。

参 考 文 献

鲍振襄, 万榕江, 包珏敏. 2005. 金矿床中毒砂标型特征及金的赋存状态[J]. 云南地质, 24(1): 32-48.

陈光远, 鲁安怀. 1994. 矿物成分标型继承性与金矿矿质来源[J]. 地学前缘, 1(3-4): 204-210.

陈光远, 孙岱生, 张立, 等. 1987. 黄铁矿成因形态学[J]. 现代地质, 1(1): 60-76.

陈光远, 孙岱生, 殷辉安. 1988. 成因矿物学与找矿矿物学[M]. 重庆: 重庆出版社.

陈光远, 邵伟, 孙岱生. 1989. 胶东金矿成因矿物学与找矿[M]. 重庆: 重庆科技出版社.

陈光远, 孙岱生, 邵伟. 1993. 胶东郭家岭花岗闪长岩成因矿物学与金矿化[M]. 武汉: 中国地质大学出版社.

陈海燕, 李胜荣, 张秀宝, 等. 2010. 山东乳山金青顶金矿黄铁矿热电性标型特征及其地质意义[J]. 矿床地质, 29(6): 1-13.

陈明辉, 高利军, 杨洪超, 等. 金矿床中毒砂标型特征及金的赋存状态——以湖南金矿床为例[J]. 地质与资源, 2007, 16(2): 102-106.

陈鸣, 束今赋, 毛河光. 2008. 谢氏超晶石: 一种 $FeCr_2O_4$ 高压多形新矿物[J]. 科学通报, 53(17): 2060-2063.

陈俊兵, 曾志刚. 2007. 马里亚纳南部前弧橄榄岩的岩石及矿物学: 对弧下地幔楔交代作用的指示[J]. 海洋地质与第四纪地质, (1): 53-59.

迟广成, 伍月, 胡建飞. 2014. 山东蒙阴金伯利岩中尖晶石族矿物特征及种类划分. 矿物学报[J], 34(3): 369-373.

崔天顺. 1995. 山东界河金矿微斜长石热发光强度圈定矿体的意义[J]. 广西地质, 8(1): 63-66.

高永华, 李卓, 乔莉, 等. 2009. 鲤鱼耳石的拉曼及红外光谱特征研究[J]. 光谱学与光谱分析, 29(10): 2689-2693.

谷文婷, 王红, 王新民. 2015. 钯沸石的鉴定特征[C]. 2015 中国珠宝首饰学术交流会, 北京.

韩玉玲. 1991. 新疆托里县齐 I 号金矿黄铁矿, 毒砂标型特征研究[J]. 新疆地质, 9(3): 225-236.

胡大千. 1991. 新疆齐求 I 金矿床毒砂找矿矿物学研究[J]. 矿物学报, 11(1): 72-77.

胡欢, 王汝成, 张爱铖, 等. 2004. 新疆阿尔泰 3 号伟晶岩脉中的铯沸石: 内部成分不均一性与岩浆-热液作用. 矿床地质[J], 23(4): 411-421.

胡欢, 王汝成, 陈卫锋, 等. 2014. 桂东北苗儿山花岗岩黑云母矿物学特征对比及铀成矿意义[J]. 矿物学报, 34(3): 321-327.

贾建业. 1996. 黄铁矿的 X 射线衍射谱及其找矿意义[J]. 西北地质, 17(3): 38-45.

江永宏, 李胜荣. 2004. 云南墨江金厂金矿床含铬层状硅酸盐矿物成分标型特征[J]. 岩石矿物学杂志, 23(4): 351-360.

兰朝利, 何顺利, 李继亮. 2006. 蛇绿岩铬铁矿形成环境和成矿机制. 甘肃科学学报[J], 18(1): 53-56.

兰叶芳, 黄思静, 黄可可, 等. 2017. 珠江口盆地珠江组碳酸盐岩阴极发光特征及成岩阶段划分[J]. 油气地质与采收率, 24(1): 34-42.

李宝, 沈文杰, 齐东子. 2018. 12 块新疆沙漠陨石的岩石化学类型划分及阴极发光特征[J]. 桂林理工大学学报, 38(3): 410-419.

李胜荣, 陈光远, 邵伟, 等. 1994a. 胶东乳山金矿黄铁矿形态研究[J]. 地质找矿论丛, 9(1): 79-86.

李胜荣, 陈光远, 邵伟, 等. 1994b. 胶东乳山金矿双山子矿区黄铁矿环带结构研究[J]. 矿物学报, 14(2): 152-156.

李胜荣, 陈光远, 邵伟, 等. 1996. 胶东乳山金矿田成因矿物学[M]. 北京: 地质出版社.

李胜荣, 许虹, 申俊峰, 等. 2008. 结晶学与矿物学[M]. 北京: 地质出版社.

李胜荣, 罗军燕, 张聚全, 等. 2010. 全国危机矿山接替资源找矿项目《山西省繁峙县义兴寨金矿矿产预测》(项目编码 200714009)研究报告[R]: 1-248.

李胜荣, 赵国春, 陈海燕, 等. 2011. 山东省乳山市金青顶金矿矿产预测专题研究报告[R]: 1-320.

李士先, 刘长春, 安郁宏, 等. 2007. 胶东金矿地质[M]. 北京: 地质出版社.

李晓敏, 靳是琴. 1997. 内生金矿床中毒砂的热电性特征[J]. 矿物岩石地球化学通报, 16(Al): 69-70.

刘家军, 等. 2016. 《西秦岭阳山-寨上大型-超大型 Au 矿床成矿地球动力学背景, 过程与定量评价》研究报告[R]: 1-20.

刘坤, 刘家军, 吴杰, 等. 2014. 甘肃马坞金矿床 8 号矿体黄铁矿热电性特征及其地质意义[J]. 现代地质, (4): 711-720.

刘燚平, 张少颖, 张华锋. 2016. 绿泥石的成因矿物学研究综述[J]. 地球科学前沿, 6(3), 264-282.

刘英俊, 孙承辕, 崔卫东, 等. 1989. 湖南黄金洞金矿床毒砂中金的赋存状态的研究[J]. 地质找矿论丛, (1): 42-49.

鲁安怀, 陈光远. 1995. 铬铝云母亚族成因矿物学——兼论焦家式金矿床成因与找矿[M]. 北京: 地质出版社.

吕瑞英. 1990. 新疆萨尔布拉克金矿找矿矿物学标型特征研究[J]. 地球科学—中国地质大学学报, 15(6): 657-665.

孟繁聪, 孙岱生, 李胜荣. 1999. 烟台南张家金矿毒砂的标型特征[J]. 有色金属矿产与勘查, 8(2): 113-117.

孟旭阳, 张东阳, 闫兴虎, 等. 2014. 河南窑场和辽宁思山岭铁矿磁铁矿矿物学和氧同位素特征对比——对 BIF 型铁矿成因与形成环境的启示[J]. 岩石矿物学杂志, (1): 109-126.

苗春省, 高新国. 1983. 长石有序度测定法及地质上的应用[M]. 北京: 地质出版社.

倪师军, 金景福, 要全泰. 1992. 302 铀矿床石英萤石和方解石的热释光的垂直分带[J]. 矿物岩石, 12(4): 103-108.

邵克忠, 栾文楼, 刘海君. 1989. 蚀变矿物及蚀变分带在角砾岩型金矿找矿中的意义[J]. 矿物岩石地球化学通报, (1), 28.

邵伟. 1987. 金矿床中长石天然热发光强度的标型意义[J]. 现代地质, 1(3-4): 444-449.

邵伟, 陈光远. 1990. 黄铁矿热电性研究方法及其在胶东金矿的应用[J]. 现代地质, (1), 46-57.

邵伟, 孙岱生, 陈光远. 1992. 黄铁矿热电结构[J]. 现代地质, (4), 404-410.

申俊峰, 申旭辉, 刘倩. 2010. 磁铁矿热电效应: 地震地电异常的新模式[J]. 矿物岩石, 30(4): 21-27.

申俊峰, 李胜荣, 马广钢, 等. 2013. 玲珑金矿黄铁矿标型特征及其大纵深变化规律与找矿意义[J]. 地学前缘, 20(3): 55-75.

宋明春, 崔学书, 伊丕厚, 等. 2010. 胶西北金矿集中区深部大型-超大型金矿找矿与成矿模式[M]. 北京, 地质出版社.

宋仁奎, 应育浦, 叶大年. 1997. 多硅白云母 b_0 值对澜沧群中压和高压变质的反映[J]. 地质科学, 32(1): 56-64.

孙伟, 陈明, 万友利, 等. 2018. 西藏南羌塘坳陷昂达尔错地区侏罗系布曲组碳酸盐岩阴极发光特征与成岩阶段划分[J]. 沉积与特提斯地质, 38(2): 45-54.

孙文燕, 李胜荣, 张旭, 等. 2012. 黄铁矿热电系数与活化温度的关系[J]. 矿物岩石地球化学通报, 31(1): 57-70.

陶诗龙, 赖健清, 张建东, 等. 2017. 广西龙头山金矿床黄铁矿标型特征及其地质意义[J]. 地质找矿论丛, 32(1): 33-41.

王长秋, 马生凤, 鲁安怀, 等. 2005. 黄钾铁矾的形成条件研究及其环境意义[J]. 岩石矿物学杂志, 24(6): 607-611.

王汝成, 谢磊, 陆建军, 等. 2017. 南岭及邻区中生代含锡花岗岩的多样性: 显著的矿物特征差异[J]. 中国科学: 地球科学, 47(11): 1257-1268.

王淞杰, 王璐, 付建民, 等. 2014. 大别—苏鲁超高压变质岩研究新思路: 偏光显微镜阴极发光技术的应用[J]. 地球科学-中国地质大学学报, 39(3): 357-367.

魏存弟, 周喜文, 王秀平, 等. 2001. 黑龙江省老柞山金矿床毒砂热电性研究[J]. 长春科技大学学报, 31(2): 132-135.

熊发挥, 杨经绥, 巴登珠, 等. 2014. 西藏罗布莎不同类型铬铁矿的特征及成因模式讨[J]. 岩石学报, 30(8): 2137-2163.

徐克勤, 孙鼐, 王德滋, 等. 1982. 华南两类不同成因花岗岩岩石学特征[J]. 岩石矿物学杂志, 1(2): 1-12.

徐万臣, 刘敏, 郭涛. 2011. 青峰山金矿区石英热发光特征及在找矿中的应用[J]. 科协论坛, (3), 108-109.

薛君治, 白学让, 陈武. 1991. 成因矿物学[M]. 武汉: 中国地质大学出版社, 1-178.

严育通, 李胜荣, 贾宝剑, 等. 2012. 中国不同成因类型金矿床的黄铁矿成分标型特征及统计分析[J]. 地学前缘, 19(4): 214-226.

严育通, 李胜荣, 周红升. 2015. 胶东石英脉型和蚀变岩型金矿关系的成因矿物学研究[M]. 北京: 地质出版社.

杨吉, 杨殿范. 2002. 石英的热发光及其在地学中的应用[J]. 西安工程学院学报, 24(4): 18-19.

杨敏之. 1998. 金矿床围岩蚀变带地球化学[M]. 北京: 地质出版社.

姚磊, 吕志成, 于晓飞, 等. 2015. 青海祁漫塔格地区夕卡岩型矿床花岗质岩石矿物学及地质意义[J]. 岩石学报, 31(8): 2294-2306.

叶大年. 1974. 结构光性矿物学研究——架状硅酸盐折射率和四面体平均体积间的线性关系[J]. 中国科学 A 辑, 321-326.

叶大年, 李达周, 董光复, 等. 1979. 河南信阳变质的 3T 型多硅白云母和 C 类榴辉岩[J]. 科学通报, 5, 217-220.

殷纯嘏. 1980. 地质中的基础化学问题[M]. 北京: 地质出版社.

翟裕生, 彭润民, 向运川, 等. 2004. 区域成矿研究法[M]. 北京: 中国大地出版社.

张聚全, 李胜荣, 王吉中, 等. 2013. 冀南邯邢地区白涧和西石门夕卡岩型铁矿磁铁矿成因矿物学研究[J]. 地学前缘, 20(3): 76-87.

张招崇, 毛景文, 杨建民, 等. 1999. 甘肃寒山金矿区黄钾铁矾的形成机制及其地质意义[J]. 地质地球化学, 27(1): 33-37.

张兆忠, 张秉良, 冯锦江, 等. 1981. 大别山变质岩系白云母 b_0 值与变质带[J]. 科学通报, 3, 172-174.

张兆忠, 张秉良, 冯锦江, 等. 1982. 大别山变质带的多硅白云母[J]. 矿物学报, 4, 275-282.

赵太平, 高昕宇, 金昌, 等. 2018. 熊耳山金成矿系统大纵深分带及变化的矿物标识. 国家重点研发计划专题报告(2016YFC0600106)[R]: 1-6.

赵以辛. 1994. 黑龙江省老柞山金矿方解石的天然热发光[J]. 长春地质学院学报, 4: 373-378.

郑建平, 路凤香, 余淳梅, O' Reilly S. Y. 2003. 地幔置换作用: 华北两类橄榄岩及其透辉石微量元素对比证据[J]. 地球科学, 28(3): 235-240.

郑杰, 余大龙, 吴文明, 等. 2011. 黔东八克金矿毒砂标型特征研究[J]. 现代地质, 25(4): 750-758.

周国华. 1984. 秦岭某钼矿床辉钼矿多型及标型特征[J]. 矿物岩石, 3: 70-75.

Abdel-Rahman A F M. 1994. Nature of biotites from alkaline, calc-alkaline, and peraluminous magmas[J]. Journal of petrology, 35(2): 525-541.

Abraitis P K, Pattrick R A D, Vaughan D J. 2004. Variations in the compositional, textural and electrical properties of natural pyrite: A review[J]. International Journal of Mineral Processing, 74(1-4): 41-59.

Abrecht J, Hewitt D A. 1988. Experimental evidence on the substitution of Ti in biotite[J]. American Mineralogist, 73(11-12): 1275-1284.

Aoki K I, Kushiro I. 1968. Some clinopyroxenes from ultramafic inclusions in dreiser weiher, eifel[J]. Contributions to Mineralogy and Petrology, 18(4): 326-337.

Aranovich L Y. 2013. Fluid-mineral equilibria and thermodynamic mixing properties of fluid systems[J]. Petrology, 21: 539-549.

Arima M, Edgar A D. 1981. Substitution mechanisms and solubility of titanium in phlogopites from rocks of probable mantle origin[J]. Contributions to Mineralogy and Petrology, 77(3): 288-295.

Arnold R G. 1962. Equilibrium relations between pyrrholite and pyrite from 325° to 743℃[J]. Economic Geology, 57: 72-90.

Akaogi M. 2007. Phase transitions of minerals in the transition zone and upper part of the lower mantle[J]. Advances in High-Pressure Mineralogy, 421: 1-13.

Bailey S W. 1988. X-Ray Diffraction identification of the polytypes of mica, serpentine, and chlorite [J]. Clays & Clay Minerals, 36:193-213.

Bajwah Z U, Seccombe P K, Offler R. 1987. Trace element distribution, Co∶Ni ratios and genesis of the Big Cadia iron-copper deposit, New South Wales, Australia[J]. Mineralium Deposita, 22: 292-300.

Bas M J L. 1962. The role of aluminum in igneous clinopyroxenes with relation to their parentage[J]. American Journal of Science, 260(4): 267-288.

Battaglia S. 1999. Applying X-ray geothermometer diffraction to a chlorite[J]. Clays and Clay Minerals, 47: 54-63.

Bayliss P. 1975. Nomenclature of the trioctahedral chlorites[J]. Canadian Mineralogist, 13: 178-180.

Berner Z A, Puchelt H, Nöltner T, et al. 2013. Pyrite geochemistry in the toarcian posidonia shale of south-west Germany: Evidence for contrasting trace-element patterns of diagenetic and syngenetic pyrites[J]. Sedimentology, 60: 548-573.

Bhattacharyya C. 1971. An evaluation of the chemical distinctions between igneous and metamorphic orthopyroxenes [J]. American Mineralogist, 56: 499-506.

Bi S J, Li J W, Zhou M F, et al. 2011. Gold distribution in As-deficient pyrite and telluride mineralogy of the Yangzhaiyu gold deposit, Xiaoqinling district, southern North China craton[J]. Mineralium Deposita, 46: 925-941.

Binns R A. 1962. Metamorphic pyroxenes from the Broken Hill district, New South Wales[J]. Mineralogical Magazine, 33(259): 320-338.

Bishop F C, Smith J V, Dawson J B. 1978. Na, K, P and Ti in garnet, pyroxene and olivine from peridotite and eclogite xenoliths from African kimberlites[J]. Lithos, 11(2): 155-173.

Blusztajn J, Shimizu N. 1994. The trace-element variations in clinopyroxenes from spinel peridotite xenoliths from southwest Poland[J]. Chemical Geology, 111(1-4): 227-243.

Bonatti E, Lawrence J R, Morandi N. 1984. Serpentinization of oceanic peridotites: temperature dependence of mineralogy and boron content[J]. Earth and Planetary Science Letters, 70(1): 88-94.

Boomeri M, Nakashima K, Lentz D R. 2009. The Miduk porphyry Cu deposit, Kerman, Iran: A geochemical analysis of the potassic zone including halogen element systematics related to Cu mineralization processes[J]. Journal of Geochemical Exploration, 103(1): 17-29.

Bourdelle F. Cathelineau M. 2015. Low-temperature chlorite geothermometry: A graphical representation based on a T-R^{2+}–Si diagram[J]. European Journal of Mineralogy, 27: 617-626.

Bourdelle F, Parra T, Beyssac O, et al. 2013. Clay minerals as geo-thermometer: A comparative study based on high spatial resolution analyses of illite and chlorite in gulf coast sandstones (Texas, USA) [J]. American Mineralogist, 98: 914-926.

Boyd F R. 1973. A pyroxene geotherm[J]. Geochimica et Cosmochimica Acta, 37: 2533-2546.

Bralia A, Sabatini G, Troja F. 1979. A revaluation of the Co/Ni ratio in pyrite as geochemical tool in ore genesis problems[J]. Mineralium Deposita, 14: 353-374.

Brill B A. 1989. Trace-element contents and partitioning of elements in ore minerals from the CSA Cu-Pb-Zn deposit, Australia[J]. The Canadian Mineralogist, 27: 263-274.

Brown B E, Bailey S W. 1963. Chlorite polytypism: II. Crystal structure of a one-layer Cr-chlorite[J]. Clays & Clay Minerals, 36: 193-213.

Brueckner H K. 1977. A crustal origin for eclogites and a mantle origin for garnet peridotites: Strontium isotopic evidence from clinopyroxenes[J]. Contributions to Mineralogy and Petrology, 60: 1-15.

Bryndzia L T, Scott S D. 1987. The composition of chlorite as a function of sulfur and oxygen fugacity; An experimental study[J]. American Journal of Science, 287(1): 50-76.

Cathelineau M, Nieva D. 1985. A chlorite solid solution geothermometer. The Los Azufres (Mexico) geothermal system[J]. Contributions to Mineralogy and Petrology, 91: 235-244.

Cawthorn R G, Collerson K D. 1974. The recalculation of pyroxene end-member parameters and the estimation of ferrous and ferric iron content from electron microprobe analyses[J]. American Mineralogist, 59: 1203-1208.

Chen G Y, Sun D S, Shao W, et al. 1996. Fuchsite and mariposite, two typomorphic minerals of gold deposits, Jiaodong[C]// Theoretical and Applied Problems of Geology. Moscow: Moscow University Press: 159-175.

Chen W T, Zhou M F, Li X C, et al. 2015. In-situ LA-ICP-MS trace elemental analyses of magnetite: Cu-(Au, Fe) deposits in the Khetri copper belt in Rajasthan Province, NW India[J]. Ore Geology Reviews, 65: 929-939.

Cherniak D J, Watson E B, Wark D A. 2007. Ti diffusion in quartz[J]. Chemical Geology, 236: 65-74.

Chung D, Zhou M F, Gao J F, et al. 2015. In-situ LA-ICP-MS trace elemental analyses of magnetite: The Paleoroterozoic Sokoman Iron Formation in the Labrador Trough, Canada[J]. Ore Geology Reviews, 65: 917-928.

Corfu F, Hanchar J M, Hoskin P W O, et al. 2003. Atlas of zircon textures[J]. Reviews in Mineralogy and Geochemistry, 53: 469-499.

Coulton A J, Harper G D, O'Hanley D S. 1995. Oceanic versus emplacement age serpentinization in the Josephine ophiolite: Implications for the nature of the Moho at intermediate and slow spreading ridges[J]. Journal of Geophysical Research Solid Earth, 100(B11): 22245-22260.

Coulson I M, Dipple G M, Raudsepp M. 2001. Evolution of HF and HCl activity in magmatic volatiles of the gold-mineralized Emerald Lake pluton, Yukon Territory, Canada[J]. Mineralium Deposita, 36(6): 594-606.

Cruciani G, Zanazzi P F. 1994. Cation partitioning and substitution mechanisms in 1M phlogopite; A crystal chemical study[J]. American Mineralogist, 79(3-4): 289-301.

Dana E S. 1903. The System of Mineralogy of James Dwight Dana[M]. New York: Wiley.

Dare S A S, Barnes S J, Beaudoin G. 2012. Variation in trace element content of magnetite crystallized from a fractionating sulfide liquid, Sudbury, Canada: Implications for provenance discrimination[J]. Geochimica et Cosmochimica Acta, 88(1): 27-50.

Dare S A S, Barnes S J, Beaudoin G, et al. 2014. Trace elements in magnetite as petrogenetic indicators[J]. Mineralium Deposita, 49: 785-796.

Decitre S, Deloule E, Reisberg L, et al. 2002. Behavior of Li and its isotopes during serpentinization of oceanic peridotites[J]. Geochemistry, Geophysic, Geosystems, 3(1): 1-20.

Deditius A P, Utsunomiya S, Renock D, et al. 2008. A proposed new type of arsenian pyrite: Composition, nanostructure and geological significance[J]. Geochimica et Cosmochimica Acta, 72: 2919-2933.

Deditius A P, Utsunomiya S, Reich M, et al. 2011. Trace metal nanoparticles in pyrite[J]. Ore Geology Reviews, 42: 32-46.

Deditius A P, Reich M, Kesler S E, et al. 2014. The coupled geochemistry of Au and As in pyrite from hydrothermal ore deposits[J]. Geochimica et Cosmochimica Acta, 140: 644-670.

Deer W A, Howie R A, Iussman J. 1962. Rock-Forming Minerals: Sheet Silicates[M]. London: Longman.

Dennen W H. 1964. Impurities in quartz[J]. Geological Society of America Bulletin, 75: 241-246.

Dennen W H. 1966. Stoichiometric substitution in natural quartz[J]. Geochimica et Cosmochimica Acta, 30: 1235-1241.

Dennen W H, Blackburn W H, Quesada A. 1971. Aluminium in quartz as a geothermometer[J]. Contributions to Mineralogy and Petrology, 27: 332-342.

Devine J D, Rutherford M J, Norton G E, et al. 2003. Magma storage region processes inferred from geochemistry of Fe-Ti oxides in andesitic magma, Soufriere Hills Volcano, Montserrat, W. I[J]. Journal of Petrology, 44: 1375-1400.

Dobrzhinetskaya L F, Wirth R, Yang J, et al. 2014. Qingsongite, natural cubic boron nitride: The first boron mineral from the Earth's mantle[J]. American Mineralogist, 99: 764-772.

Douce A E P. 1993. Titanium substitution in biotite: An empirical model with applications to thermometry, O_2 and H_2O barometries, and consequences for biotite stability[J]. Chemical Geology, 108(1): 133-162.

Dupuis C, Beaudoin G. 2011. Discriminant diagrams for iron oxide trace element fingerprinting of mineral deposit types[J]. Mineralium Deposita, 46: 319-335.

Edgar A D, Arima M. 1985. Fluorine and chlorine contents of phlogopites crystallized from ultrapotassic rock compositions in high pressure experiments; Implication for halogen reservoirs in source regions[J]. American Mineralogist, 70(5-6): 529-536.

Endo Y. 1978. Surface microtopographic study of pyrite crystals[J]. Bulletin of the Geological Survey of Japan, 29(11): 701-764.

Evans B W, Trommsdorff V. 1974. Stability of enstatite +talc and CO_2-metasomatism of metaperidotite, Val d'Efra, Lepontine Alps[J]. American Journal of Science, 274: 274-296.

Filiberto J, Treiman A H. 2009. The effect of chlorine on the liquidus of basalt: First results and implications for basalt genesis on Mars and Earth[J]. Chemical Geology, 263(1): 60-68.

Finch A A, Parsons I A N, Mingard S C. 1995. Biotites as indicators of fluorine fugacities in late-stage magmatic fluids: The Gardar Province of South Greenland[J]. Journal of Petrology, 36(6): 1701-1728.

Frost B R. 1991. Stability of oxide minerals in metamorphic rocks[J]. Reviews in Minerology, 25: 469-487.

Frost B R, Lindsley D H. 1991. Occurrence of iron-titanium oxides in igneous rocks[J]. Reviews in Minerology, 25: 489-509.

Fuge R. 1977. On the behaviour of fluorine and chlorine during magmatic differentiation[J]. Contributions to Mineralogy and Petrology, 61(3): 245-249.

Ghiorso M S, Sack O. 1991. Fe-Ti oxide geothermometry: Thermodynamic formulation and the estimation of intensive variables in silicic magmas [J]. Contributions to Mineralogy and Petrology, 108: 485-510.

Goldschmidt V. 1913. Atlas der Krystallformen[M]. C. Winters Universitätsbuchhandlung.

Greenwood H J. 1963. The synthesis and stability of anthophyllite[J]. Journal of Petrology, 4: 317-351.

Greenwood H J. 1971. Anthophyllite. Corrections and comments on its stability[J]. American Journal of Science, 270(2): 151-154.

Gregory D, Large R, Halpin J, et al. 2015a. The chemical conditions of the late Archean Hamersley basin inferred from whole rock and pyrite geochemistry with $\Delta^{33}S$ and $\delta^{34}S$ isotope analyses[J]. Geochimica et Cosmochimica Acta, 149: 223-250.

Gregory D, Large R, Halpin J, et al. 2015b. Trace element content of sedimentary pyrite in black shales[J]. Economic Geology, 110: 1389-1410.

Grigsby J D. 1990. Detrital magnetite as a provenance indicator[J]. Journal of Sedimentary Research, 60: 940-951.

Grigsby J D. 1992. Chemical fingerprinting in detrital ilmenite: A viable alternative in provenance research[J]. Journal of Sedimentary Research, 62: 331-337.

Guidotti C V, Herd H H, Tuttle C L. 1973. Composition and structural state of K-feldspar from K- feldspar+sillimanite grade rocks in Northwestern Maine[J]. American Mineralogist, 58(7-8): 705-716.

Harley S L. 1984. Comparison of the garnet—Orthopyroxene geobarometer with recent experimental studies, and applications to natural assemblages[J]. Journal of Petrology, 25(3): 697-712.

Hayes J B. 1970. Polytypism of chlorite in sedimentary rocks[J]. Clays and Clay Minerals, 18: 285-306.

Henry D J, Guidotti C V. 2002. Titanium in biotite from metapelitic rocks: Temperature effects, crystal-chemical controls, and petrologic applications[J]. American Mineralogist, 87(4): 375-382.

Henry D J, Guidotti C V, Thomson J A. 2005. The Ti-saturation surface for low-to-medium pressure metapelitic biotites: Implications for geothermometry and Ti-substitution mechanisms[J]. American Mineralogist, 90(2-3): 316-328.

Holleman A F, Wyberg E. 1985. Lehrbuch der Anorganischen Chemie[M]. New York: Walter Gruyter Verlag.

Holtz F, Dingwell D B, Behrens H. 1993. Effects of F, B_2O_3 and P_2O_5 on the solubility of water in Haplogranite melts compared to natural silicate melts[J]. Contributions to Mineralogy and Petrology, 113(4): 492-501.

Hu H, Li J W, Lentz D, et al. 2014. Dissolution-reprecipitation process of magnetite from the Chengchao iron deposit: Insights into ore genesis and implication for in-situ chemical analysis of magnetite[J]. Ore Geology Reviews, 57: 393-405.

Huang R, Audétat A. 2012. The titanium-in-quartz (TitaniQ) thermobarometer: Acritical examination and re-calibration[J]. Geochimica et Cosmochimica Acta, 84: 75-89.

Humphreys M C S, Edmonds M, Christopher T, et al. 2009. Chlorine variations in the magma of Soufrière Hills Volcano, Montserrat: Insights from clin hornblende and melt inclusions[J]. Geochimica et Cosmochimica Acta, 73(19): 5693-5708.

Heinrich E W. 1946. Studies in the mica group: the biotite-phlogopite series[J]. American Journal of Science, 244(12): 836-848.

Icenhower J P, London D. 1997. Partitioning of fluorine and chlorine between biotite and granitic melt: Experimental calibration at 200 MPa H_2O[J]. Contributions to Mineralogy and Petrology, 127 (1-2) : 17-29.

Inoue A, Meunier A, Patrier-Mas P, et al. 2009. Application of chemical geothermometry to low-temperature trioctahedral chlorites[J]. Clays and Clay Minerals, 57: 371-382.

Jaques A L, Chappell B W. 1980. Petrology and trace element geochemistry of the Papuan Ultramafic Belt[J]. Contributions to Mineralogy and Petrology, 75: 55-70.

Jourdan A L, Vennemann T W, Mullis J, et al. 2009. Evidence of growth and sector zoning in hydrothermal quartz from Alpine veins[J]. European Journal of Mineralogy, 21 (1) : 219-231.

Karpova G V. 1969. Clay mineral post-sedimentary ranks in terrigenous rocks[J]. Sedimentology, 13: 5-20.

Kilinc I A, Burnham C W. 1972. Partitioning of chloride between a silicate melt and coexisting aqueous phase from 2 to 8 kilobars[J]. Economic Geology, 67 (2) : 231-235.

Koglin N, Frimmel H E, Minter W E L, et al. 2010. Trace-element characteristics of different pyrite types in Mesoarchaean to palaeoproterozoic placer deposits[J]. Mineralium Deposita, 45: 259-280.

Kullerud K. 2000. Occurrence and origin of Cl-rich amphibole and biotite in the earth's crust—Implications for fluid composition and evolution[C]// Hydrogeology of Crystalline Rocks. Netherlands: Springer: 205-225.

Kushiro I. 1960. Si-Al relation in clinopyroxenes from igneous rocks[J]. American Journal of Science, 258 (8) : 548-554.

Landtwing M, Petke T. 2005. Relationships between SEM-cathodoluminescence response and trace element composition of hydrothermal vein quartz [J]. American Mineralogist, 90: 122-131.

Large R R. Danyushevsky L, Hollit C, et al. 2009. Gold and trace element zonation in pyrite using a laser imaging technique: implications for the timing of gold in orogenic and carlin-style sediment-hosted deposits[J]. Economic Geology, 104: 635-668.

Large R R, Halpin J A, Danyushevsky L V, et al. 2014. Trace element content of sedimentary pyrite as a new proxy for deep-time ocean-atmosphere evolution[J]. Earth and Plantetary Science Letter, 389: 209-220.

Leterrier J, Maury R C, Thonon P, et al. 1982. Clinopyroxene composition as a method of identification of the magmatic affinities of paleo-volcanic series[J]. Earth and Planetary Science Letters, 59 (1) : 139-154.

Levien L, Prewitt C T. 1981. High-pressure structural study of diopside[J]. American Mineralogist, 66 (3-4) : 315-323.

Li L, Santosh M, Li S R. 2015. The "Jiaodong type" gold deposits: Characteristics, origin and prospecting[J]. Ore Geology Reviews, 65: 589-611.

Li S R, Santosh M. 2017. Geodynamics of heterogeneous gold mineralization in the North China Craton and its relationship to lithospheric destruction[J]. Gondwana Research, 50: 267-292.

Li S R, Santosh M, Zhang H F, et al. 2014. Metallogeny in response to lithospheric thinning and craton destruction: Geochemistry and U-Pb zircon chronology of the Yixingzhai gold deposit, central North China Craton[J]. Ore Geology Reviews, 56: 457-471.

London D. 1997. Estimating abundances of volatile and other mobile components in evolved silicic melts through mineral-melt equilibria[J]. Journal of Petrology, 38 (12) : 1691-1706.

Macdonald A H, Fyfe W S. 1985. Rate of serpentinization in seafloor environments[J]. Tectonophysics, 116 (1-2) : 123-135.

MacGregor I D. 1974. The system $MgO-Al_2O_3-SiO_2$: Solubility of Al_2O_3 in enstatite for spinel and garnet peridotite compositions[J]. American Mineralogist, 59: 110-119.

Machev P, O'Bannon E F, Bozhilov K N, et al. 2018. Not all moissanites are created equal: New constraints on- moissanite from metamorphic rocks of Bulgaria[J]. Earth and Planetary Science Letters, 498: 387-396.

McCollom T M, Shock E L. 1998. Fluid-rock interactions in the lower oceanic crust: thermodynamic models of hydrothermal alteration[J]. Journal of Geophysical Research Solid Earth, 103: 547-575.

Mills S E, Tomkins A G, Weinberg R F, et al. 2015. Implications of pyrite geochemistry for gold mineralisation and remobilisation in the Jiaodong gold district, northeast China[J]. Ore Geology Reviews, 71: 150-168.

Monecke T, Kempe U, Götze J. 2002. Genetics ignificance of the trace element content in metamorphic and hydrothermal quartz: A reconnaissance study[J]. Earth and Planetary Science Letters, 202: 709-724.

Müller A, Seltmann R, Behr H J. 2000. Application of cathodoluminescence to magmatic quartz in a tin granite: A case study from the Schellerhau granite complex, eastern Erzgebirge, Germany[J]. Mineralium Deposita, 35: 169-189.

Müller A, Lennox P, Trzebski R. 2002. Cathodoluminescence and micro-structural evidence for crystallisation and deformation processes of granites in the Eastern Lachlan Fold Belt（SE Australia）[J]. Contributions to Mineralogy and Petrology, 143: 510-524.

Müller A, Koch-Müller M. 2009. Hydrogen speciation and trace element contents of igneous, hydrothermal and metamorphic quartz from Norway[J]. Mineralogical Magazine, 73（4）: 569-583.

Müller A, Herrington R, Armstrong R, et al. 2010. Trace elements and cathodoluminescence of quartz in stock work veins of Mongolian porphyry-style deposits[J]. Mineralium Deposita, 45: 707-727.

Müller A, Wanvik J E, Ihlen P M. 2012. Petrological and Chemical Characterisation of High-Purity Quartz Deposits with Examples from Norway[M]. Berlin: Springer.

Müller A, Wiedenbeck M, Kerkhof A M V D, et al. 2003. Trace elements in quartz-A combined electron microprobe, secondary ion mass spectrometry, laser-ablation ICP-MS, and cathodoluminescence study[J]. European Journal of Mineralogy, 15（4）: 747-763.

Munoz J L. 1984. F-OH and Cl-OH exchange in micas with applications to hydrothermal ore deposits[J]. Reviews in Mineralogy and Geochemistry, 13（1）: 469-493.

Munoz J L. 1992. Calculation of HF and HCl fugacities from biotite compositions: revised equations[J]. Geological Society of America, 24: 221.

Nachit H, Ibhi A, Abia E I H, et al. 2005. Discrimination between primary magmatic biotites, reequilibrated biotites and neoformed biotites[J]. Comptes Rendus Geoscience, 337（16）: 1415-1420.

Nadoll P, Koenig A E. 2011. LA-ICP-MS of magnetite: Methods and standards[J]. Journal of Analytical Atomic Spectrometry, 26: 1872-1877.

Nadoll P, Mauk J L, Hayes T S, et al. 2012. Geochemistry of magnetite from hydrothermal ore deposits and host rocks of the Mesoproterozoic Belt Supergroup, United States[J]. Economic Geology, 107: 1275-1292.

Nadoll P, Angerer T, Mauk J L, et al. 2014. The chemistry of hydrothermal magnetite: A review[J]. Ore Geology Reviews, 61: 1-32.

Nakamura T H D. 2000. Granulite-facies overprinting of ultrahigh-pressure metamorphic rocks, northeastern Su-Lu region, Eastern China[J]. Journal of Petrology, 41（4）: 563-582.

Nielsen R L, Forsythe L M, Gallahan W E, et al. 1994. Major and trace-element magnetite-melt equilibria[J]. Chemical Geology, 117: 167-191.

Nieto F. 1997. Chemical composition of metapelitic chlorites: X-Ray diffraction and optical property approach[J]. European Journal of Mineralogy, 9: 829-842.

Nisbet E G, Pearce J A. 1976. Clinopyroxene composition in mafic lavas from different tectonic settings[J]. Contributions to Mineralogy and Petrology, 63（2）: 149-160.

Ozawa K, Takahashi N. 1995. P-T history of a mantle diapir: The Horoman peridotite complex, Hokkaido, northern Japan[J]. Contributions to Mineralogy and Petrology, 120: 223-248.

Parlak O, Delaloye M, Bíngöl E. 1996. Mineral chemistry of ultramafic and mafic cumulates as an indicator of the arc-related origin of the mersin ophiolite（southern turkey）[J]. Geologische Rundschau, 85（4）: 647-661.

Pupin J P. 1980. Zircon and granite petrology[J]. Contributions to Mineralogy and Petrology, 73: 207-220.

Qian G, Brugger J, Testemale D, et al. 2013. Formation of As（II）-pyrite during experimental replacement of magnetite under hydrothermal conditions[J]. Geochimica et Cosmochimica Acta, 100: 1-10.

Ramberg H. 1952. Chemical bonds and distribution of cations in silicates[J]. The Journal of Geology, 60（4）: 331-335.

Ramdor P. 1962. Ore Minerals and Their Growths（in Russian）[M]. Moscow: Izd-vo. Inostr. Lit.

Ramseyer K, Baumann J, Matter A, et al. 1988. Cathodoluminescence colours of alpha-quartz[J]. Mineralogical Magazine, 52: 669-677.

Rasmussen K L, Mortensen J K. 2013. Magmatic petrogenesis and the evolution of (F: Cl: OH) fluid composition in barren and tungsten skarn-associated plutons using apatite and biotite compositions: Case studies from the northern Canadian Cordillera[J]. Ore Geology Reviews, 50: 118-142.

Reich M, Becker U. 2006. First-principles calculations of the thermodynamic mixing properties of arsenic incorporation into pyrite and marcasite[J]. Chemical Geology, 225: 278-290.

Reich M, Deditius A, Chryssoulis S, et al. 2013. Pyrite as a record of hydrothermal fluid evolution in a porphyry copper system: A SIMS/EMPA trace element study[J]. Geochimica et Cosmochimica Acta, 104: 42-62.

Robert J L. 1976. Titanium solubility in synthetic phlogopite solid solutions[J]. Chemical Geology, 17: 213-227.

Rykart R. 1995. Quarz-Monographie[M]. German: Ott Verlag Thun.

Rusk B G, Reed M H, Dilles J H, et al. 2006. Intensity of quartz cathodoluminescence and trace element content in quartz from the porphyry copper deposit at Butte, Montana[J]. American Mineralogist, 91: 1300-1312.

Rusk B. 2012. Cathodoluminescent Textures and Trace Elements in Hydrothermal Quartz[M]. Berlin: Springer.

Ryabchikov I D, Kogarko L N. 2006. Magnetite compositions and oxygen fugacities of the Khibina magmatic system[J]. Lithos, 91: 35-45.

Sahoo S K, Planavsky N J, Kendall B, et al. 2012. Ocean oxygenation in the wake of the Marinoan glaciation[J]. Nature, 489: 546-549.

Sassi F P, Scolari A. 1974. The b0 value of the potassic white micas as a barometric indicator in low-grade metamorphism of pelitic schists [J]. Contributions to Mineralogy and Petrology, 45: 143-152.

Savage K S, Tingle T N, O'Day P A, et al. 2000. Arsenic speciation in pyrite and secondary weathering phases, Mother Lode gold district, Tuolumne County, California[J]. Applied Geochemistry, 15(8): 1219-1244.

Schertl H P, Polednia J, Nenser R D, et al. 2018. Natural endmember samples of pyrope and grossular: A cathodoluminescence-microscopy and-spectra case study [J]. Journal of Earth Science, 29(5): 989-1004.

Schmidt D, Livi K J T. 1999. HRTEM and SAED investigations of polytypism, stacking disorder, crystal growth, and vacancies in chlorite from subgreenschist facies outcrops[J]. American Mineralogist, 84(1-2): 160-170.

Selby D, Nesbitt B E. 2000. Chemical composition of biotite from the Casino porphyry Cu–Au–Mo mineralization, Yukon, Canada: Evaluation of magmatic and hydrothermal fluid chemistry[J]. Chemical Geology, 171(1): 77-93.

Shane P. 1998. Correlation of rhyolitic pyroclastic eruptive units from the Taupo volcanic zone by Fe-Ti oxide compositional data[J]. Bulletin of Volcanology, 60: 224-238.

Simon G, Huang H, Penner-Hahn J E, et al. 1999a. Oxidation state of gold and arsenic in gold-bearing arsenian pyrite[J]. American Mineralogist, 84: 1071-1079.

Simon G, Kesler S E, Chryssoulis S. 1999b. Geochemistry and textures of gold-bearing arsenian pyrite, Twin Creeks, Nevada: Implications for deposition of gold in Carlin-type deposits[J]. Economic Geology, 94(3): 405-421.

Smith D. 1995. Chlorite-rich ultramafic reaction zones in Colorado Plateau xenoliths: Recorders of sub-Moho hydration[J]. Contributions to Mineralogy and Petrology, 121: 185-200.

Smith D, Riter J C A. 1997. Genesis and evolution of low-Al orthopyroxene in spinel peridotite xenoliths, Grand Canyon field, Arizona, USA[J]. Contributions to Mineralogy and Petrology, 127: 391-404.

Smith D, Riter J C A, Mertzman S A. 1999. Water–rock interactions, orthopyroxene growth, and Si-enrichment in the mantle: Evidence in xenoliths from the Colorado Plateau, southwestern United States[J]. Earth and Planetary Science Letters, 165: 45-54.

Sobolev A V, Hofmann A W, Kuzmin D V, et al. 2007. The amount of recycled crust in sources of mantle-derived melts[J]. Science, 316: 412-417.

Song J Y, Li S R, Qin M K, et al. 2015. Morphology, chemistry and U-Pb geochronology of zircon grains In quartz monzodiorite from the Sunzhuang Area, Fanshi County, Shanxi Province[J]. Acta Geologica Sinica (English Edition), 89(4): 1176-1188.

Sprunt E S, Dengler L A, Sloan D. 1978. Effects of metamorphism on quartz cathodoluminescence[J]. Geology, 6: 305-308.

Sunagawa I. 1957. Variation in Crystal Habit of Pyrite[R]. Report / Geological Survey of Japan, Japan.

Takahashi N. 1997. Incipient melting of mantle peridotites observed in the horoman and nikanbetsu peridotite complexes, Hokkaido, northern Japan[J]. Journal of Mineralogy, Petrology and Economic Geology, 92: 1-24.

Thomas H V, Large R R, Bull S W, et al. 2011. Pyrite and pyrrhotite textures and composition in sediments, laminated quartz veins, and reefs at Bendigo gold mine, Australia: Insights for ore genesis[J]. Economic Geology, 106: 1-31.

Thomas J B, Watson E B, Spear F S, et al. 2010. TitaniQ under pressure: the effect of pressure and temperature on the solubility of Ti in quartz[J]. Contributions to Mineralogy and Petrology, 160 (5) : 743-759.

Thomas J B, Watson E B, Spear F S, et al. 2015. TitaniQ recrystallized: Experimental confirmation of the original Ti-in-quartz calibrations[J]. Contributions to Mineralogy and Petrology, 169 (3) : 27.

Tinker D, Lesher C E. 2001. Solubility of TiO_2 in olivine from 1 to 8 GPa[C]. EOS Transactions of the American Geophysical Union 82, Fall Meet. Supplement, Abs #V51B-1001.

Trommsdorff V, Sánchez-Vizcaíno V L, Gómez-Pugnaire M T, et al. 1998. High pressure breakdown of antigorite to spinifex-textured olivine and orthopyroxene, SE Spain[J]. Contributions to Mineralogy and Petrology, 132: 139-148.

Turner M B, Cronin S J, Smith I E, et al. 2008. Eruption episodes and magma recharge events in andesitic systems: Mt Taranaki, New Zealand[J]. Journal of Volcanology and Geothermal Research, 177: 1063-1076.

Varva G. 1993. A guide to quantitative morphology of accessory zircon[J]. Chemical Geology, 110: 15-28.

Vidal O, Parra T, Trotet F. 2001. A thermodynamic model for Fe-Mg aluminous chlorite using data from phase equilibrium experiments and natural pelitic assemblages in the 100 to 600 C, 1 to 25 kb range[J]. American Journal of Science, 301: 557-592.

Walker J R. 1989. Polytypism of chlorite in very low grade metamorphic rocks[J]. American Mineralogist, 74: 738-743.

Walshe J L. 1986. A six-component chlorite solid solution model and the conditions of chlorite formation in hydrothermal and geothermal systems[J]. Economic Geology, 81: 681-703.

Wang X. 1998. Quantitative description of zircon morphology and its dynamics analysis[J]. Science in China, Series D, 41 (4) : 422-428.

Wark D A, Watson E B. 2006. The TitaniQ: A Titanium-in-quartz geothermometer[J]. Contributions to Mineralogy and Petrology, 152: 743-754.

Water D J, Charnley N R. 2002. Local equilibrium in polymetamorphic gneiss and the titanium substitution in biotite[J]. American Mineralogist, 87 (4) : 383-396.

Weaver C E, Highsmith P B, Wampler J M. 1984. Chlorite: In Shale-Slate Metamorphism in the Southern Appalachians[M]. Amsterdam: Elsevier.

Weil J A. 1984. A review of electron spin spectroscopy and its application to the study of paramagnetic defects in crystalline quartz[J]. Physics and Chemistry of Minerals, 10 (4) : 149-165.

Weil J A. 1993. A Review of the EPR Spectroscopy of the Point Defects in A-Quartz: The Decade 1982-1992[M]. New York: Plenum Press.

Wenk H R, Bulakh A. 2003. Minerals-Their Constitution and Origin[M]. Cambridge: Cambridge University Press.

Whalen J B, Chappel B W. 1988. Opaque mineralogy and mafic mineral chemistry of I- and S-type granites of the Lachlan fold belt, southeast Australia[J]. American Mineralogist, 73: 281-296.

Wiewióra A, Weiss Z. 1990. Crystallochemical classifications of phyllosilicates based on the unified system of pro-jection of chemical composition: II. The chlorite group[J]. Clay Minerals, 25: 83-92.

Williams S A, Cesbron F P. 1977. Rutile and apatite: Useful prospecting guides for porphyry copper deposits[J]. Mineralogical Magazine, 41 (318) : 288-292.

Williamson B J, Herrington R J, Morris A. 2016. Porphyry copper enrichment linked to excess aluminium in plagioclase[J]. Nature Geoscience, 9: 237-241.

Wones D R, Eugster H P. 1965. Stability of biotite: Experiment, theory, and application[J]. American Mineralogist, 50: 1228-1272.

Wood B J. 1974. The solubility of alumina in orthopyroxene coexisting with garnet[J]. Contributions to Mineralogy and Petrology, 46: 1-5.

Wu C M, Chen H X. 2015. Revised Ti-in-biotite geothermometer for ilmenite-or rutile-bearing crustal metapelites[J]. Chinese Science Bulletin, 60(1): 116-121.

Xiong F, Yang J, Robinson P T, et al. 2015. Origin of podiform chromitite, a new model based on the Luobusa ophiolite, Tibet[J]. Gondwana Research, 27: 525-542.

Xu H J, Wu Y. 2017. Oriented inclusions of pyroxene, amphibole and rutile in garnet from the Lüliangshan garnet peridotite massif, North Qaidam UHPM belt, NW China: An electron backscatter diffraction study [J]. Journal of Metamorphic Geology, 35(1): 1-17.

Yan Y T, Li S R, Jia B J, et al. 2012. A new method to quantify morphology of pyrite, and application to magmatic-hydrothermal gold deposits in Jiaodong peninsula, China[J]. Advanced Materials Research, 446-449: 2015-2027.

Yang S, Wang Z, Guo Y, et al. 2009. Heavy mineral compositions of the Changjiang (Yangtze River) sediments and their provenance-tracing implication[J]. Journal of Asian Earth Sciences, 35(1): 56-65.

Yaxley G M, Green D H, Kamenetsky V. 1998. Carbonatite metasomatism in the southeastern Australian lithosphere[J]. Journal of Petrology, 39(11-12): 1917-1930.

Zane A, Weiss Z. 1998. A procedure for classifying rock-forming chlorites based on microprobe data[J]. Rendiconti Lincei, 9: 51-56.

Zhang C, Holtz F, Ma C Q, et al. 2012. Tracing the evolution and distribution of F and Cl in plutonic- systems from volatile-bearing minerals: A case study from the Liujiawa pluton (Dabie orogen, China) [J]. Contributions to Mineralogy and Petrology, 164(5): 859-879.

Zhang L, Chen Z Y, Li S R, et al. 2017. Isotope geochronology, geochemistry, and mineral chemistry of the U-bearing and barren granites from the Zhuguangshan complex, SouthChina: Implications for petrogenesis and uranium mineralization[J]. Ore Geology Reviews, 91: 1040-1065.

Zhang R Y, Liou J G, Cong B L. 1995. Talc-, magnesite- and Ti-clinohumite-bearing ultrahigh-pressure meta-mafic and ultramafic complex in the Dabie Mountains, China[J]. Journal of Petrology 36: 1011-1037.

Zhao W W, Zhou M F. 2015. In-situ LA-ICP-MS trace elemental analyses of magnetite: The Mesozoic Tengtie skarn Fe deposit in the Nanling Range, South China[J]. Ore Geology Reviews, 65: 872-883.

Zhu C, Sverjensky D A. 1991. Partitioning of F-Cl-OH between minerals and hydrothermal fluids[J]. Geochimicaet Cosmochimica Acta, 55(7): 1837-1858.

Zhu C, Sverjensky D A. 1992. F-Cl-OH partitioning between biotite and apatite[J]. Geochimica et Cosmochimica Acta, 56(9): 3435-3467.

Zhu R X, Fan H R, Li J W, et al. 2015. Decratonic gold deposits[J]. Science China Earth Sciences, 58(9): 1523-1537.

Маркушев А А, ТараринИ А. 1965. О минералогических критериях шелочности гранитоидов, Изб[М]. АНСССР, сер. Геол., Но3.

Щербак О В, Карюкина В Н. 1963. Микроплавки для определения удельных весов жидкостей (любой плотности) и минералов (в жидкости) на торзионных весах, Бюлл. Науч[М]. Техн. Инф. Госгеолтехиздат. Но6.

第四章　矿物温压计

一、矿物温压计概念和类型

成因矿物学研究的主要任务之一是揭示矿物、矿物组合及其载体的形成条件，特别是温度和压力两个条件。矿物在其演化过程中对环境温度和压力等物理化学条件的变化呈现不同程度的反应，并将这些环境信息包含在其成分、结构、形态、物性及包裹体中。利用矿物内外各种属性的变化来反演矿物及其载体形成、稳定和变化的环境温度和压力条件，称为矿物温度计和压力计，简称矿物温压计。矿物温压计的理论基础是矿物标型学说、矿物晶体化学和热力学平衡理论。

矿物温压计的研制和应用最早可追溯到20世纪初，如测定同质多象转变点、类质同象与温度关系、包裹体测温等，其后经历了一个缓慢的发展阶段，直到20世纪七八十年代才建立起一些常用的温压计。近30年以来，得益于高温高压实验岩石学、矿物热力学数据库、矿物固溶体理论和计算机科学的发展，矿物温压计开始从半定量为主的估测方法走向定量化。董申保(1990)、吴春明等(1999a)和魏春景(2011)系统总结了这方面的研究进展，概括起来，主要有以下几个方面：

(1)矿物温压计数量大幅度增加。

(2)标度温压计选择的化学组分趋于复杂，也更接近实际岩石的化学组成。例如，Ridolfi和Renzulli(2012)在Na_2O-CaO-K_2O-FeO-MgO-SiO_2-Al_2O_3-TiO_2体系下进行了回归分析，获得了角闪石单矿物温度计。

(3)标度温压计充分考虑了矿物固溶体的非理想性，活度模型更合理。例如，Gessmann等(1997)对石榴子石多个活度模型对石榴子石-黑云母温度计的影响进行了对比研究。

(4)内部一致性热力学数据库的出现及应用(Berman，1988；Holland and Powell，1998)使得热力学数据更加精确，为温压计的标度提供了良好的基础。

(5)温压计的精度明显提高，如 Loucks(1996)的橄榄石-单斜辉石温度计误差可小至±6℃。

(6)出现了自相校验的温压计组合。这些温压计一般用于平衡共生的3～5个矿物。理论上，根据固溶体元素交换反应建立起来的数个温压计方程所对应的一组曲线在 P-T 图上应该相交于一点。用于实际矿物组合时，如果所得结果相差较大，则说明矿物组合并不是平衡共生的，而有可能是多世代矿物叠加的结果。例如，Hoisch(1990)所标度的石英+白云母+黑云母+斜长石+石榴子石组合压力计共包含6个压力计。

(7)发现矿物成分及压力对同位素平衡有影响。以往人们认为压力对同位素平衡没有影响，但是Polyakov和Kharlashina(1994)的研究发现，数十个千巴的压力足以对碳和氧同位素分馏造成可测量的影响，这无疑更新了人们对同位素平衡的认识，也对稳定同位素温度计提出了挑战。

(8)热力学计算软件的出现和应用。Tweequ(Berman，1991)、Webinveq(Gordon，1998)和 Ptgibbs(Brandelik and Massonne，2004)等温压计算软件的出现使得温压计更加简便易用，计算量也大大增加。同时，热力学模拟软件，如 Theriak/Domino(Capitani and Brown，1987)、Vertex/Perple_X(Connolly，1990)和 Thermocalc(Powell et al.，1998)等，不仅可计算温压条件，也可计算成岩格子和视剖面图。结合矿物成分环带，不仅可获得 *P-T* 轨迹，同时也能获得岩石矿物组合演化的信息。这极大地丰富了人们对岩石地质演化的理解。

得益于上述研究进展，矿物温压计已成为地质学研究中不可或缺的重要工具。而随着研究不断深入，矿物温压计不仅种类众多，即使同一温度计或压力计也会存在多个版本。那么，如何评价矿物温压计的质量并在众多温压计中选择合适的版本成为首先需要解决的问题。吴春明等(1999b)、Wu 和 Cheng(2006)概括总结了以下几项标准：

(1)标度温压计的多元回归系数＞0.95，标度结果的均方误差小，且误差服从均匀分布。

(2)能够精确地再现实验数据或经验标度时所用数据，并明确指出温压计的适用范围。

(3)温度计应能准确识别出递增变质带、倒转变质带和热接触变质晕等变质作用温度的规律性变化。

(4)压力计应用于产出范围极有限、后期未经历断裂作用的岩石或热接触变质晕圈岩石，结果应在误差范围内一致。

(5)合适的温度计和压力计配合，计算出的温度和压力数据应能准确反映矿物组合中石英-柯石英、石墨-金刚石和红柱石-夕线石-蓝晶石等矿物的相变条件。

矿物温压计多种多样，依据不同分类标准可以有不同的分类方案。例如，按照矿物的标型特征，矿物温压计可分为成分温压计、结构温压计、形态温压计、物性温压计及流体包裹体温压计等；按照温压计标度方法，矿物温压计可分为经验标度温压计、实验标度温压计和混合标定温压计等；按照标度所用矿物，矿物温压计可分为单矿物温压计、矿物对温压计和多矿物组合温压计等；按照标度所用元素，矿物温压计可分为常量元素温压计、微量元素温度计和稳定同位素温度计等(吴春明等，1999a)。本章以下部分对矿物温压计的分类采用上述第一种分类方案，即依据矿物标型特征进行分类，并重点讨论矿物成分温压计和矿物结构温压计。

二、矿物成分温压计

热力学平衡理论指出，热力学平衡包括相平衡和化学平衡，结合矿物晶体化学，对于在一定温度和压力条件下达到热力学平衡的矿物共生组合，有：①特定元素在平衡共生矿物对特定晶格上的分配达到平衡；②平衡共生矿物之间同一化学组分的化学势相等；③共生矿物间达到稳定同位素平衡。实践表明，上述平衡是普遍存在的，尤其在以百万年计的漫长地质演化过程中，达到这样的平衡或局部平衡是不困难的。矿物或矿物对化学成分与其形成时的温度、压力等条件有单调的函数对应关系，这就是矿物成分温压计得以标定的基础。根据标定的平衡类型，矿物成分温压计可分为元素分配温压计、类质同象温压计、溶线温压计和稳定同位素温压计 4 类，以下分别介绍。

(一)元素分配温压计

1. 基本原理

自然界中的多数矿物，无论是地壳或地幔矿物，还是宇宙矿物，都是由两种或两种以上组分构成的固溶体。共生的固溶体矿物常具有一种或几种相同的元素，元素在共生矿物之间的分配受到温度、压力等物理化学条件的控制，这种控制作用通过热力学定律起作用；反过来，若能测量矿物中元素的分配，利用热力学定律就能反演矿物形成的温度、压力条件，这就是元素分配温度计。元素的分配可以用一系列简化的模式反应来描述，如 Fe^{2+} 和 Mg 在石榴子石(Grt)和单斜辉石(Cpx)中的分配可以表示为如下反应：

$$(1/3)Mg_3Al_2Si_3O_{12} + CaFeSi_2O_6 = (1/3)Fe_3Al_2Si_3O_{12} + CaMgSi_2O_6$$

镁铝榴石(Prp)　钙铁辉石(Hd)　铁铝榴石(Alm)　透辉石(Di)

这样，元素的分配就可以通过多相化学平衡理论来研究。利用多相化学平衡理论来构筑元素分配温压计主要有微分法和积分法两种方法，微分法可参照 Spear(1982)等的成果，本章主要介绍积分法的构筑原理。

多相、多组分体系中的任一化学反应 $\sum_B \upsilon_B B = 0$ (B 为反应物，υ_B 为反应物 B 的化学计量系数)，在一定的温度(T)和压力(P)条件下达到化学平衡，均有如下方程：

$$\Delta G(T,P,X) = 0 = \Delta H(T,P,X) - T\Delta S(T,P,X) \tag{4-1}$$

式中，X 为体系的成分变量；$\Delta G(T,P,X)$、$\Delta H(T,P,X)$ 和 $\Delta S(T,P,X)$ 分别为相应条件下反应的吉布斯自由能变、焓变和熵变。

若将标准态定义为所讨论 T、P 条件下的纯物质，则方程(4-1)可改写为

$$0 = \Delta H^0(T,P) - T\Delta S^0(T,P) + RT\ln K_{eq} \tag{4-2}$$

式中，$\Delta H^0(T,P)$ 和 $\Delta S^0(T,P)$ 为 T、P 条件下反应的标准吉布斯自由能变和标准熵变；R 为理想气体常数；K_{eq} 为化学反应平衡常数。

K_{eq} 的表达式如下：

$$K_{eq} = \prod_B a_B^{\upsilon_B} \tag{4-3}$$

式中，a_B 为反应物 B 的活度；υ_B 为反应物 B 的化学计量系数。

大多数热力学数据库均给出了参考状态(298K 和 1bar)下矿物的热力学参数，如焓(ΔH)、熵(ΔS)和体积(V)等。如果不考虑岩石的热膨胀率(α)，可依据下列关系式从参考状态求解标准状态的值：

$$\Delta H^0(T,P) = \Delta H(298,1) + \int_{298}^{T} \Delta C_P \mathrm{d}T + \int_{1}^{P} \Delta V \mathrm{d}P \tag{4-4}$$

$$\Delta S^0(T,P)=\Delta S(298,1)+\int_{298}^{T}\frac{\Delta C_{\mathrm{P}}}{T}\mathrm{d}T \tag{4-5}$$

这样，方程(4-2)也可写作：

$$0=\Delta H(298,1)+\int_{298}^{T}\Delta C_{\mathrm{P}}\mathrm{d}T+\int_{1}^{P}\Delta V\mathrm{d}P-T\left[\Delta S(298,1)+\int_{298}^{T}\frac{\Delta C_{\mathrm{P}}}{T}\mathrm{d}T\right]+RT\ln K_{\mathrm{eq}} \tag{4-6}$$

在地质应用中经常使用混合标准态，即对固体选用所讨论 T、P 条件下的纯物质，而气态选择 T 和 1bar 条件下的纯组分。对于固态矿物，ΔV_{s} 几乎与 T 和 P 无关：

$$\int_{1}^{P}\Delta V_{\mathrm{s}}\mathrm{d}P=\Delta V_{\mathrm{s}}(P-1) \tag{4-7}$$

对于流体，T 和 P 对 ΔV_{g} 的影响不可忽略：

$$\int_{1}^{P}\Delta V_{\mathrm{g}}\mathrm{d}P=RT\ln\left(f_{\mathrm{g}}/f_{\mathrm{g}}^{0}\right)=RT\ln f_{\mathrm{g}} \tag{4-8}$$

式中，f_{g} 为流体逸度；f_{g}^{0} 为流体纯物质在标准态下的逸度，其值为 1。

此时，方程(4-6)可写作：

$$0=\Delta H(298,1)+\int_{298}^{T}\Delta C_{\mathrm{P}}\mathrm{d}T+\Delta V_{\mathrm{s}}(P-1)-T\left[\Delta S(298,1)+\int_{298}^{T}\frac{\Delta C_{\mathrm{P}}}{T}\mathrm{d}T\right]+RT\ln K_{\mathrm{eq}} \tag{4-9}$$

或者

$$-RT\ln K_{\mathrm{eq}}=\Delta H^0(T,1)+\Delta V_{\mathrm{s}}(P-1)-T\Delta S^0(T,1) \tag{4-10}$$

此处

$$K_{\mathrm{eq}}=\prod_{\mathrm{B}}a_{\mathrm{B}}^{\upsilon_{\mathrm{B}}}f_{\mathrm{g}}^{\upsilon_{\mathrm{g}}} \tag{4-11}$$

因而，根据方程(4-9)或方程(4-10)，可求解一定 T、P 条件下反应的平衡常数，反过来也可从平衡常数和测试的矿物成分求解 T、P 条件。在理想情况下，如果能够将 K_{eq} 的计算式简化成只含一个变量 T 或 P 的表达式，那么这样的表达式就分别能够称为温度计或压力计。对方程(4-10)全微分得

$$-R\ln K_{\mathrm{eq}}\mathrm{d}T-RT\mathrm{d}\left(\ln K_{\mathrm{eq}}\right)=\Delta V_{\mathrm{s}}\mathrm{d}P-\Delta S^0(T,1)\mathrm{d}T \tag{4-12}$$

若 K_{eq} 为常数，则：

$$\left(\frac{\partial P}{\partial T}\right)_{K_{\mathrm{eq}}}=\frac{-R\ln K_{\mathrm{eq}}+\Delta S(T,1)}{\Delta V_{\mathrm{s}}} \tag{4-13}$$

依据方程(4-13)，可将元素分配温压计分为以下两种类型。

1) 交换反应温度计

交换反应是指反应过程中一组矿物之间的组分互相交换，而有关矿物的原子数不发生变化的一类反应。大多数地质温度计基于阳离子的交换反应，尤其是在共生硅酸盐矿物之间 Fe^{2+}和 Mg 的交换反应。这类反应通常 $\Delta H^0(T,1)$ 和 $\Delta S^0(T,1)$ 较大而 ΔV_s 较小，因而平衡反应斜率较大，反应线较陡，其 K_{eq} 与压力相关性较小(图 4-1)。方程(4-10)可转化为

$$\ln K_{eq} = -\frac{\Delta H^0(T,1)+\Delta V_s(P-1)}{R}\frac{1}{T}+\frac{\Delta S^0(T,1)}{R} \approx -\frac{\Delta H^0(T,1)+\Delta V_s P}{R}\frac{1}{T}+\frac{\Delta S^0(T,1)}{R} \tag{4-14}$$

即当 $\Delta V_s(P-1)$ 项可忽略(常压条件下或反应 ΔV_s 足够小)或 P 一定时，交换反应 $\ln K_{eq}$ 与 $1/T$ 呈直线关系。因此，只要根据实验求出参数 $\Delta H^0(T,1)$ 和 $\Delta S^0(T,1)$，即可得出平衡常数 K_{eq} 与温度 T 的关系。

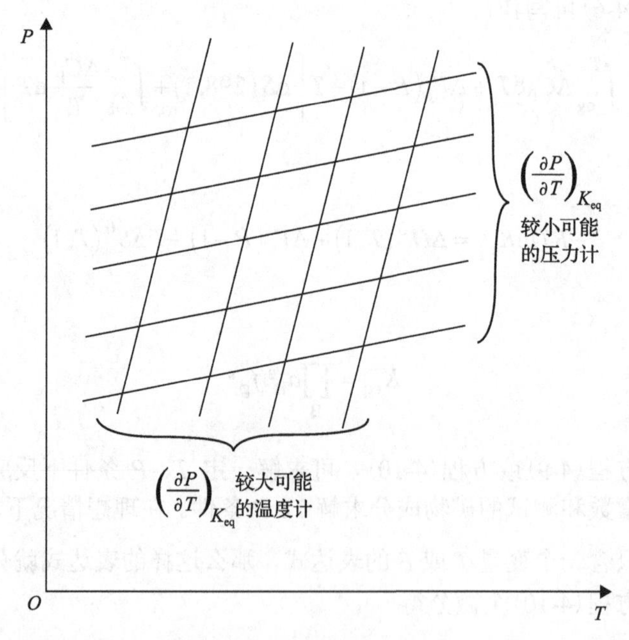

图 4-1　纯转化反应地质压力计(Will，1998)

交换反应的平衡常数通常可以简化为一种矿物中交换的阳离子比例与另一种矿物中交换的阳离子比例之比，此形式称为分配系数(K_D)。例如，在 A、B 两种矿物间 Fe^{2+}和 Mg 交换的分配系数为 $K_D=\left(X^A_{Fe^{2+}}/X^A_{Mg}\right)\Big/\left(X^B_{Fe^{2+}}/X^B_{Mg}\right)$ (X_i^j 为 i 组分在 j 相中的摩尔浓度)。微量元素在矿物中的浓度低，可近似作为理想稀溶液对待，K_{eq} 和 K_D 之间的转换

相对简单，因而采用微量元素分配温度计较为可靠；常量元素浓度较大，不能视为理想溶液，K_{eq}和K_D间的转换依赖矿物固溶体模型，因而采用常量元素温度计时，K_{eq}与温压条件的关系须通过大量的实验和野外工作确定，K_D也应根据复合分配系数来计算。

2)纯转化反应地质压力计

纯转化反应是指反应物的组分经过化学反应转移进入于生成物矿物组合的矿物之中，反应前后矿物原子数发生变化的一类反应。纯转化反应往往具有较大的体积变化ΔV_s，平衡反应斜率较小，反应线较缓，其K_{eq}与温度相关性较小，因而是极好的地质压力计(图4-1)。变质岩中常用的地质压力计之一是由斜长石中的钙长石组分和石榴子石中的钙铝榴石组分之间的Ca交换构成的压力计(称为GASP压力计)，其即为纯转化反应。

2. 温压计推导

元素分配温压计的一般推导均以天然地质体系为前提，进行简化的模拟实验，取得矿物成分变化与温度、压力的对应数据；然后回归统计，得出温度计或压力计的数学表达式；最后以地质实例进行检验和修正。在实验条件受限制时，也可以由已知的温压计推导新的温压计。

此处以Raheim和Green(1974)对石榴子石-单斜辉石Fe^{2+}-Mg交换温度计的实验研究为例，介绍如何拟合$\ln K_D$与T、P的关系。实验研究通常选择天然或合成岩石样品，使其在一定T、P条件下达到平衡，石榴子石和单斜辉石化学成分可通过电子探针等测量，并计算出石榴子石-单斜辉石Fe^{2+}-Mg分配系数$\ln K_D\left[K_D=\left(X_{Fe^{2+}}^{Grt}/X_{Mg}^{Grt}\right)\Big/\left(X_{Fe^{2+}}^{Cpx}/X_{Mg}^{Cpx}\right)\right]$，这样就获得了一组$T$、$P$和$\ln K_D$数据，在不同的$T$、$P$条件下重复此实验，便能获得多组$T$、$P$和$\ln K_D$数据。表4-1列出了Raheim和Green(1974)测得的P=30kbar，T=1000℃、1100℃、1200℃和1300℃条件下达平衡态石榴子石和单斜辉石的化学成分及$\ln K_D$值。

单次实验所测得的K_D误差可能较大，因此可多次重复同一T、P条件下的实验，求其K_D的平均值，这样就能获得误差较小的K_D。例如，Raheim和Green(1974)单次实验K_D误差可达±0.4，而K_D平均值误差仅为±0.05(表4-2)。

根据方程(4-14)，当P一定时，交换反应$\ln K_D$(这里假设K_D=K_{eq}，见下文)与$1/T$呈直线关系，因此可选择在相同P、不同T条件下获得的$\ln K_D$和$1/T$实验数据，运用最小二乘法等方法拟合直线，从而获得$\ln K_D$与$1/T$的函数关系。例如，运用表4-2中P=30kbar条件下获得的$\ln K_D$和$1/T$数据拟合出的直线如图4-2(a)所示，其表达式为

$$\ln K_D=\frac{4639}{T(\mathrm{K})}-2.418 \tag{4-15}$$

对于交换反应，ΔV_s很小，若忽略方程(4-14)右端的$\Delta V_s(P-1)$项，则该方程也可转化为

$$\ln K_D=\frac{-\Delta V_s}{RT}P+\left[\frac{\Delta S^0(T,1)}{R}-\frac{\Delta H^0(T,1)}{RT}\right] \tag{4-16}$$

表 4-1　平衡态石榴子石和单斜辉石的化学成分及 lnK_D 值(Raheim and Green，1974)

化学成分	1000℃		1100℃		1200℃		1300℃	
	Grt	Cpx	Grt	Cpx	Grt	Cpx	Grt	Cpx
SiO_2	40.1	53.6	40.3	53.0	40.4	51.9	40.7	51.9
TiO_2	1.1	1.2	0.9	1.1	1.8	2.9	2.2	2.2
Al_2O_3	22.5	12.1	21.7	13.1	21.3	12.4	21.2	13.3
FeO	17.7	4.7	17.2	4.9	15.7	4.9	14.5	6.0
MnO	0.2	0.0	0.3	0.0	0.2	0.0	0.2	0.0
MgO	11.3	9.7	12.3	9.4	13.0	9.1	13.5	9.2
CaO	7.0	14.2	7.3	14.1	7.4	13.9	7.4	13.5
Na_2O	0.0	4.4	0.0	4.3	0.2	4.7	0.2	4.0
K_2O	0.1	0.3	0.1	0.1	0.0	0.2	0.0	0.1
总和	100.0	100.0	100.0	100.0	100.0	100.0	100.0	100.3
Si	3.000	1.907	3.000	1.900	3.000	1.857	3.000	1.853
Ti	0.063	0.031	0.051	0.030	0.099	0.078	0.122	0.059
Al	1.984	0.508	1.905	0.549	1.859	0.524	1.843	0.560
Fe^{2+}	1.109	0.140	1.072	0.146	0.977	0.146	0.895	0.178
Mn	0.014	0.000	0.014	0.000	0.011	0.000	0.015	0.000
Mg	1.262	0.514	1.361	0.501	1.440	0.486	1.482	0.488
Ca	0.559	0.540	0.586	0.539	0.588	0.534	0.567	0.517
Na	0.000	0.295	0.000	0.298	0.027	0.318	0.026	0.273
K	0.009	0.012	0.012	0.005	0.000	0.009	0.000	0.007
总和	8.000	3.947	8.000	3.958	8.000	3.951	7.970	3.981
$X_{Fe^{2+}}/X_{Mg}$	0.879	0.272	0.788	0.291	0.678	0.300	0.604	0.365
K_D	3.23		2.70		2.26		1.66	
lnK_D	1.17		0.99		0.81		0.50	

注：P=30kbar。

表 4-2　石榴子石-单斜辉石 Fe^{2+}-Mg 分配系数 K_D 平均值及其标准偏差(Raheim and Green，1974)

T(℃)	1/T(1/K)	K_D	lnK_D	单次实验 K_D 误差
1000	0.000785	3.35±0.05	1.21	±0.1～0.4
1100	0.000728	2.65±0.05	0.97	±0.1～0.2
1200	0.000679	2.15±0.05	0.77	±0.05～0.15
1300	0.000636	1.73±0.07	0.55	±0.1～0.2

注：P=30kbar。

该式表明，当 T 一定时，lnK_D 与 P 呈直线关系，因此选择在相同 T、不同 P 条件下的 lnK_D 数据拟合直线，便可获得 lnK_D 与 P 的函数关系。例如，选择 T=1100℃条件下的 lnK_D 和 P 数据拟合出的直线如图 4-2(b)所示，若该直线斜率为 k，则：

$$k = \frac{-\Delta V_s}{RT} \tag{4-17}$$

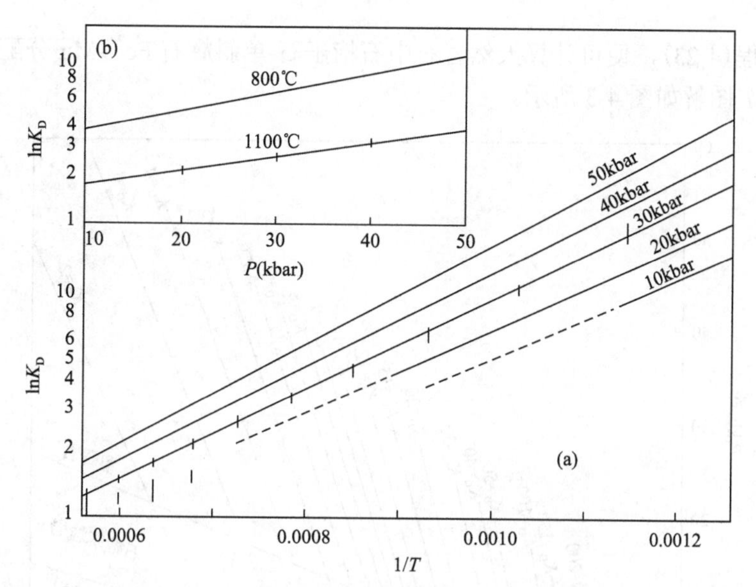

图 4-2　石榴子石-单斜辉石 $\ln K_D$-$1/T$ 图解（P=30kbar）(a) 和石榴子石-单斜辉石 $\ln K_D$-P 图解（T=1100℃）(b)（Raheim and Green，1974）

图中也显示了测试点误差条；(a) 和 (b) 中其他压力和温度直线由方程 (4-23) 计算获得

将 T=1100℃=1373K 和 R=0.08314cm^3·kbar/(mol·K) 代入得

$$\Delta V_s = -kRT = -2.357\left(\text{cm}^3/\text{mol}\right) \tag{4-18}$$

对比方程 (4-14) 和方程 (4-15)［忽略 $\Delta V_s(P-1)$ 项］，可得

$$-\frac{\Delta H^0(T,1)+\Delta V_s P}{R} = 4639 \tag{4-19}$$

式中，P=30kbar，则：

$$\Delta H^0(T,1) = -4639\text{R} - \Delta V_s P = -315.0\left(\text{cm}^3\cdot\text{kbar/mol}\right) \tag{4-20}$$

这样，将各参数代入方程 (4-14) 并结合方程 (4-15)，便可得到如下表达式：

$$\ln K_D = \frac{3789+28.35P(\text{kbar})}{T(\text{K})} - 2.418 \tag{4-21}$$

或者

$$T(\text{K}) = \frac{3789+28.35P(\text{kbar})}{\ln K_D + 2.418} \tag{4-22}$$

结合更多其他实验数据，对相应参数进行微调，最终得到该温度计的定量表达式：

$$T(\text{K}) = \frac{3686+28.35P(\text{kbar})}{\ln K_D + 2.33} \tag{4-23}$$

运用方程(4-23)，便可计算天然岩石中石榴子石-单斜辉石 Fe^{2+}-Mg 分配平衡温度，该温度计 *P-T* 图解如图 4-3 所示。

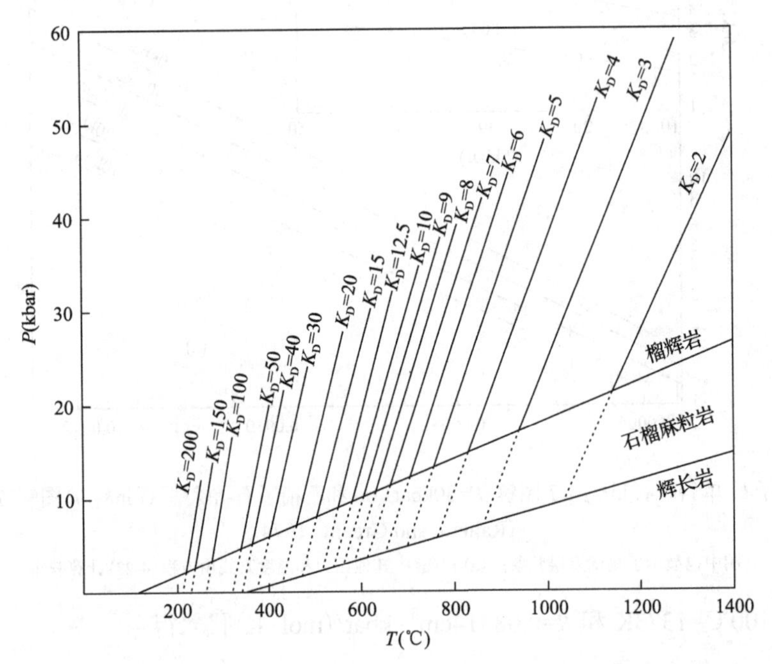

图 4-3　石榴子石-单斜辉石 Fe^{2+}-Mg 分配系数 K_D 与温度和压力关系图解(Raheim and Green，1974)

3. 常用元素分配温度计

元素分配温度计既可表示为两种元素在两种共生矿物之间的交换分配，也可表示为一种元素在两种共生矿物之间的分配。目前比较常用的交换反应温度计通常采用前一种表示方法，其中最为常用是共生铁镁矿物间 Fe^{2+}-Mg 交换反应，如石榴子石-单斜辉石、石榴子石-黑云母和石榴子石-斜方辉石等。如前所述，这类元素分配系数可写作 $K_D = \left(X_{i1}^{j1} / X_{i2}^{j1}\right) / \left(X_{i1}^{j2} / X_{i2}^{j2}\right)$（$X_i^j$ 为 *i* 组分在 *j* 相中的摩尔浓度）。理想情况下，由于反应 ΔV 较小，任何共生铁镁矿物间的 Fe^{2+}-Mg 交换反应均可作为温度计使用，但也有少数铁镁矿物间的 Fe^{2+}-Mg 交换与温度无关而仅与全岩成分有关，如橄榄石-斜方辉石(Brey and Kohler，1990)。其他元素分配温度计，如硫化物 Co、Ni、Mn 和 Cd 等分配温度计通常采用后一种表示方法，其分配系数可写作 $K_D = X_i^{j1} / X_i^{j2}$ 。以下介绍一些常用的元素分配温度计。

1) 石榴子石-单斜辉石 Fe^{2+}-Mg 交换温度计

在榴辉岩、麻粒岩和石榴橄榄岩等变质岩中，石榴子石+单斜辉石是其中主要的矿物共生组合，因此对石榴子石-单斜辉石 Fe^{2+}-Mg 交换温度计的研究具有十分重要的意义。如前所述，石榴子石-单斜辉石 Fe^{2+}-Mg 交换反应为

$$(1/3)Mg_3Al_2Si_3O_{12} + CaFeSi_2O_6 = (1/3)Fe_3Al_2Si_3O_{12} + CaMgSi_2O_6$$

若假定石榴子石和单斜辉石均为理想固溶体，则该反应的平衡常数为

$$K_{eq}=\prod_{B}a_{B}^{\upsilon_B}=\frac{\left(a_{Alm}^{Grt}\right)^{1/3}\left(a_{Di}^{Cpx}\right)}{\left(a_{Prp}^{Grt}\right)^{1/3}\left(a_{Hd}^{Cpx}\right)}=\frac{X_{Fe^{2+}}^{Grt}/X_{Mg}^{Grt}}{X_{Fe^{2+}}^{Cpx}/X_{Mg}^{Cpx}}=K_D \tag{4-24}$$

根据热力学平衡方程(4-14)，有：

$$\ln K_D=\ln K_{eq}=-\frac{\Delta H^0(T,1)+\Delta V_s(P-1)}{R}\frac{1}{T}+\frac{\Delta S^0(T,1)}{R} \tag{4-25}$$

Coleman 等(1965)和 Banno(1970)最早注意到了榴辉岩中共生石榴子石-单斜辉石 Fe^{2+}-Mg 分配与温度、压力条件的关系，认为 Fe^{2+}-Mg 分配随温度的变化大而随全岩化学成分和压力的变化小，并据此对榴辉岩进行分类。Raheim 和 Green(1974)首先对这一石榴子石-单斜辉石 Fe^{2+}-Mg 交换温度计进行了实验研究，认为全岩成分 $Mg^{\#}$[=100Mg/($Mg+Fe^{2+}$)]介于 6.2～85 时不会对 K_D 值产生明显影响，并提出其定量表达式[方程(4-23)]，可见压力校正项在这一温度计中不可忽略，且 $\ln K_D$ 与 $1/T$ 和 P 均呈线性关系。其后，许多学者对石榴子石-单斜辉石 Fe^{2+}-Mg 交换温度计进行了进一步的实验和理论研究，出现了不少于 25 个版本，主要改进了一些热力学参数，并考虑了更多的影响因素，其中值得一提的是 Ellis 和 Green(1979)、Krogh(1988)和 Ravna(2000a)的研究。

Ellis 和 Green(1979)的实验研究表明，由于石榴子石和单斜辉石中 Ca-Mg 替代的非理想性，$\ln K_D$ 明显依赖于石榴子石 Ca 含量 X_{Ca}^{Grt} [=Ca/($Ca+Mn+Fe^{2+}+Mg$)]，且与其呈直线关系($\ln K_D=2.1066X_{Ca}^{Grt}+0.3753$)，而与石榴子石和单斜辉石 Mg/($Mg+Fe^{2+}$)无关，他们标定的温度计公式为

$$T(\mathrm{K})=\frac{3104X_{Ca}^{Grt}+3030+10.86\times P(\mathrm{kbar})}{\ln K_D+1.9034} \tag{4-26}$$

Krogh(1988)的研究认为，对石榴子石和单斜辉石之间 Fe^{2+}-Mg 分配最主要的成分影响是石榴子石中的 X_{Ca}^{Grt}。低 Ca 石榴子石的空间群为 I213 而不是 Ia3d(Dempsey，1980)，较大的 Ca^{2+}进入铁铝榴石或镁铝榴石晶格会引起 8 次配位位置的膨胀和畸变，产生局部非等价的 8 次配位位置及 Ca 与 Fe/Mg 在这些位置间的有序分布(Cressey，1981)。Fe、Mg 尤其是 Mg 等较小的阳离子更容易进入这些畸变的位置，从而影响 Fe^{2+}-Mg 在石榴子石和共生矿物之间的分配，并趋向于降低 K_D 值。在 X_{Ca}^{Grt} 为 0.10～0.50 时，这种影响用二次方程模拟比用直线方程(Ellis and Green，1979)更好，即 T=1150℃时：

$$\ln K_D=-4.338\left(X_{Ca}^{Grt}\right)^2+4.730X_{Ca}^{Grt}+0.127 \tag{4-27}$$

从而获得一个新的石榴子石-单斜辉石 Fe^{2+}-Mg 交换温度计，其公式为

$$T(℃)=\frac{-6173\left(X_{Ca}^{Grt}\right)^2+6731X_{Ca}^{Grt}+1879+10P(\text{kbar})}{\ln K_D+1.393}-273 \tag{4-28}$$

式中，$\ln K_D$ 不随 $X_{Mg\#}^{Grt}$ [$=Mg/(Fe^{2+}+Mg)$；0.17～0.54]和 X_{Na}^{Cpx} [$=Na/(Na+Ca)$；0.11～0.44]变化。

Ravna(2000a)的研究不仅考虑了 X_{Ca}^{Grt}，还考虑了 $X_{Mg\#}^{Grt}$ 和 X_{Mn}^{Grt} [$=Mn/(Ca+Mn+Fe^{2+}+Mg)$]等多种因素对富 Mn 岩石中石榴子石-单斜辉石 Fe^{2+}-Mg 分配的影响，对前人大量实验和天然岩石数据进行了多元回归分析，获得了目前最新版的石榴子石-单斜辉石 Fe^{2+}-Mg 交换温度计，其公式为

$$\begin{aligned}T(℃)=\Big[&1939.9+3270X_{Ca}^{Grt}-1396\left(X_{Ca}^{Grt}\right)^2+3319X_{Mn}^{Grt}-3535\left(X_{Mn}^{Grt}\right)^2+1105X_{Mg\#}^{Grt}\\&-3561\left(X_{Mg\#}^{Grt}\right)^2+2324\left(X_{Mg\#}^{Grt}\right)^3+169.4P(\text{GPa})\Big]\Big/(\ln K_D+1.223)-273\end{aligned} \tag{4-29}$$

其结果表明单斜辉石 X_{Na}^{Cpx} 在 0～0.51 对该温度计并没有显著影响。

上述 4 个版本的石榴子石-单斜辉石 Fe^{2+}-Mg 温度计虽然都认识到了石榴子石非理想性对 $\ln K_D$ 的影响，并且也采用了不同方法对其进行了校正，但是并没有从热力学角度对其进行推导，也没有考虑单斜辉石非理想性对 $\ln K_D$ 的影响。若考虑石榴子石、单斜辉石均为非理想固溶体，那么方程(4-24)须改写为

$$K_{eq}=\prod_B a_B^{\upsilon_B}=\frac{\left(a_{Alm}^{Grt}\right)^{1/3}\left(a_{Di}^{Cpx}\right)}{\left(a_{Prp}^{Grt}\right)^{1/3}\left(a_{Hd}^{Cpx}\right)}=\frac{X_{Fe^{2+}}^{Grt}/X_{Mg}^{Grt}}{X_{Fe^{2+}}^{Cpx}/X_{Mg}^{Cpx}}\frac{\gamma_{Fe^{2+}}^{Grt}/\gamma_{Mg}^{Grt}}{\gamma_{Hed}^{Cpx}/\gamma_{Di}^{Cpx}}=K_D K_\gamma \tag{4-30}$$

为简化计算，此方程中未考虑石榴子石中的 Al-Fe^{3+}替换。因此，只要已知石榴子石和单斜辉石的成分(X)-活度(a)关系(活度模型)，就依然可以采用上述方法标定温度计。事实上，活度系数也是温度、压力和矿物成分的函数。若假设：

$$RT\ln K_\gamma=\Delta H^{ex}-T\Delta S^{ex}+(P-1)\Delta V^{ex} \tag{4-31}$$

式中，ΔH^{ex}、ΔS^{ex} 和 ΔV^{ex} 分别为石榴子石—单斜辉石 Fe^{2+}-Mg 交换反应附加焓变、熵变和体积变化，那么将方程(4-30)和方程(4-31)代入方程(4-10)，可得

$$-RT\ln K_D=[\Delta H^0(T,1)+\Delta H^{ex}]+(\Delta V_s+\Delta V^{ex})(P-1)-T[\Delta S^0(T,1)+\Delta S^{ex}] \tag{4-32}$$

因此

$$T=\frac{\left[\Delta H^0(T,1)+\Delta H^{ex}\right]+\left(\Delta V_s+\Delta V^{ex}\right)(P-1)}{R\ln K_D-\left[\Delta S^0(T,1)+\Delta S^{ex}\right]} \tag{4-33}$$

这实际上就是 Berman 等(1995)采用 Berman(1990)的四元石榴子石准正规溶液活度模型及简化了的单斜辉石活度模型对前人实验数据进行拟合所获得的石榴子石-单斜辉石 Fe^{2+}-Mg 温度计，其具体参数计算可参见原文。该温度计适用于角闪岩相到麻粒岩相岩石的温度计算。

图 4-4 展示了不同版本石榴子石-单斜辉石 Fe^{2+}-Mg 交换温度计的 $\ln K_D$-$1/T$ 图解。从图 4-4 中可以看出，尽管各版本石榴子石-单斜辉石 Fe^{2+}-Mg 交换温度计采用了完全不同的石榴子石成分校正方法，但 $\ln K_D$ 均与 $1/T$ 呈良好的线性关系，仅斜率有所差距，这表明温度 T 对 $\ln K_D$ 起到了决定性作用。当把上述不同温度计公式应用于任一给定岩石时，所得结果往往相差甚大(图 4-5)，有时差距可高达近 200℃，这也是所有矿物成分温压计的共同问题。用不同温度计公式所产生的数据分散性可能与 3 种因素有关：①有关的热力学参数的不确定性；②石榴子石固溶体的成分-活度关系；③辉石固溶体的成分-活度关系。

陈意等(2005)通过再现相平衡实验数据和检查热力学活度模型两种手段，对上述石榴子石-单斜辉石 Fe^{2+}-Mg 交换温度计的几个版本在榴辉岩中的应用进行了检验，认为 Ravna(2000a)是应用温压和成分范围最广、再现实验条件最准确的石榴子石-单斜辉石 Fe^{2+}-Mg 交换温度计。在 600～1500℃范围内，该温度计都能较好地重现实验温度；在 900～1500℃范围内再现实验数据最好，且误差分布均匀合理，所以在计算高温岩石的变质温度时，它是最好的选择；而其他版本石榴子石-单斜辉石温度计计算温度误差较大，部分甚至高达 200℃以上(图 4-6)。对于同一地区的榴辉岩样品，该温度计所计算的温度范围往往小于其他版本的石榴子石-单斜辉石温度计所获得的温度范围，这表明它的实用性优于其他版本。

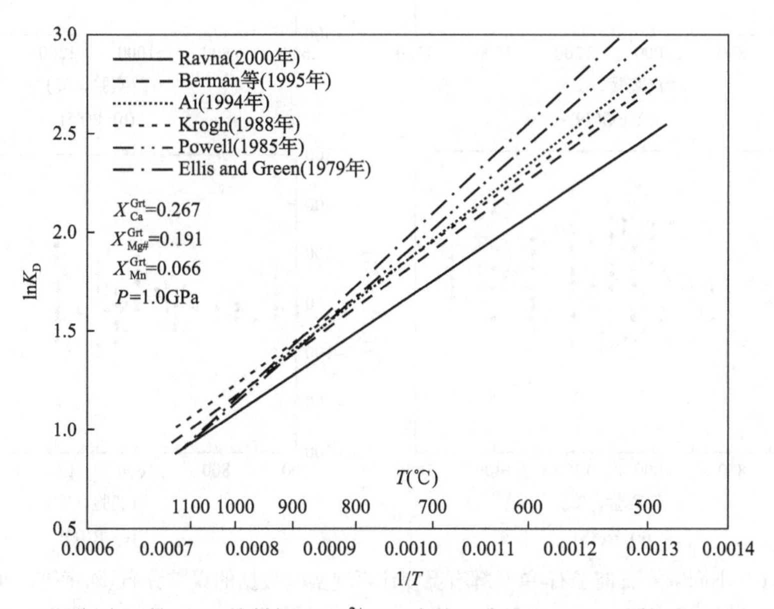

图 4-4　不同版本石榴子石-单斜辉石 Fe^{2+}-Mg 交换温度计 $\ln K_D$-$1/T$ 图解(Ravna，2000a)

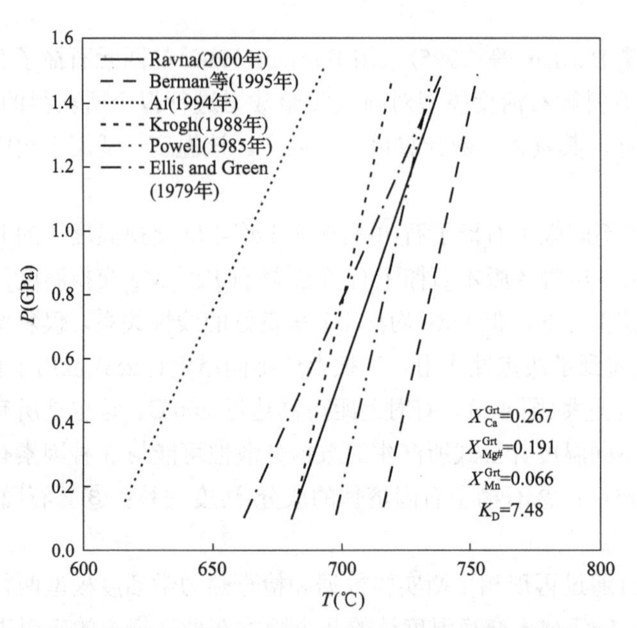

图 4-5　不同版本石榴子石-单斜辉石 Fe^{2+}-Mg 交换温度计 K_D(=7.48) 等值线的 *P-T* 图解 (Ravna，2000a)

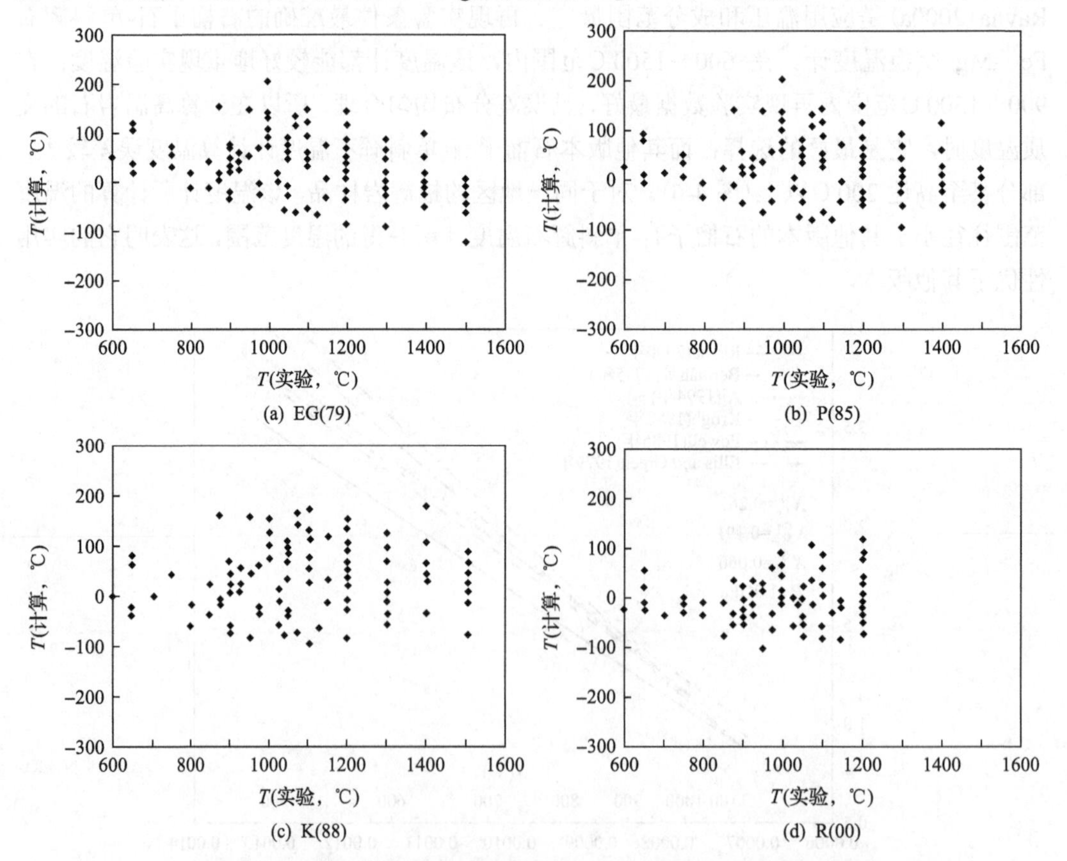

图 4-6　不同版本石榴子石-单斜辉石温度计再现实验数据的误差分布 (陈意等，2005)

温度计版本分别为 EG(79) (Ellis and Green，1979)、P(85) (Powell，1985a，1985b)、K(88) (Krogh，1988) 和 R(00) (Ravna，2000a)

通常情况下，对于同一矿物元素分配温压计会有多个温压计版本符合上述高质量温压计标准。那么，如何选用合适的温压计及如何正确地使用温压计成为使用者需要解决的一个重要问题，我们有如下一些建议(这些建议不仅适用于元素分配温压计，也适用于其他种类温压计)。

(1)正确识别矿物平衡共生组合。温压计的核心问题是矿物或矿物对之间达到热力学平衡，包括化学平衡和相平衡两类，这就要求正确识别矿物平衡共生组合，这方面的要求详见第五章。选用矿物对的成分计算温压条件时，必须建立在薄片观察基础上，详细分析各个矿物之间的共生关系，只有利用同一期次矿物组合的化学成分进行计算才是有实际意义的。对于具有成分环带的矿物，也注意区分矿物期次。例如，榴辉岩中的石榴子石通常具有生长环带，为获得变质作用峰期 P-T 条件，通常需要选用石榴子石边部和基质中的绿辉石成分进行计算，而石榴子石中的包体绿辉石及寄主石榴子石成分通常仅能获得进变质作用某一阶段的 P-T 条件。但并非所有情况均是如此，如通过热力学相平衡模拟，我们得知西南天山榴辉岩具有热弛豫型的 P-T 轨迹、压力峰期和温度峰期解耦，这时石榴子石核部成分反映了压力峰期信息而石榴子石边部反映了温度峰期的信息(Du et al.，2014a)。共生矿物对元素分配可用图 4-7 所示的 3 种图解表示，这些图解可用于判断矿物对是否未达到平衡态。例如，对于同一岩石样品可多测几组石榴子石-单斜辉石矿物对成分，若其成分点全都落在三图解同一 K_D 等值线上，则该岩石中石榴子石和单斜辉石可能达到了平衡态；若其成分点分散于整个图解中，则该岩石石榴子石和单斜辉石可能未达到平衡态。后一种情况也可能由矿物中组分的非理想混合造成，但此时在图解上矿物成分与 K_D 应该会有一定的相关关系。

(2)矿物元素分配温压计通常由实验或经验标定，都有其适用范围，超出范围使用时应慎重。例如，对于 Ravna(2000a)的石榴子石-单斜辉石 Fe^{2+}-Mg 分配温度计，原文作者提示将该温度计应用于 $X_{Na}^{Cpx}=0\sim0.51$ 时，X_{Na}^{Cpx} 不会对 $\ln K_D$ 造成明显影响；但若将其应用于绿辉石中硬玉组分较高的东海、威海榴辉岩时，将会出现较大偏差(陈意等，2005)。上述温度计标度于 600～1500℃范围内，如果将其应用于西南天山的低温榴辉岩(T＜600℃)，必须考虑其是否适用。因此，在多个温压计中进行选择时，应该尽量使计算结果落入温压计标度的成分和温压范围，以减小误差。

(3)对一定岩石选用温压计时，尽量选用标定时所使用岩石类型与该岩石相同或相似的温压计。例如，Krogh(1988)版本的石榴子石-单斜辉石温度计是对榴辉岩相岩石进行的标定，因而计算榴辉岩温度时可选用该版本，而 Berman 等(1995)版本的石榴子石-单斜辉石温度计更适用于角闪岩相到麻粒岩相岩石。

(4)合理处理矿物成分数据。一般来说，目前电子探针还很难测定矿物中的 Fe^{3+}含量，这只能通过估算的方法确定。矿物中的 Fe^{3+}影响到 Fe^{2+}的含量，因而直接与计算结果相关联。石榴子石和单斜辉石中均具有一定量的 Fe^{3+}，因而 Fe^{3+}的确定直接决定了计算结果。石榴子石中的 Fe^{3+}通常采用电价平衡法，能够得到比较理想的结果。单斜辉石中 Fe^{3+}的估计通常有 3 种方法：①电价平衡法；②端元分子配比法[当 Na>^{VI}(Al+Cr)时，Fe^{3+}=Na-^{VI}(Al+Cr)；当 Na＜^{VI}(Al+Cr)时，Fe^{3+}=0]；③Droop(1987)的通用算法。运用上述 3 种方法计算得到的温压条件通常差别较大，Carswell 等(1997)的工作表明以上 3 种方法中，端元分子配比法计算得到的峰期温度范围最小。

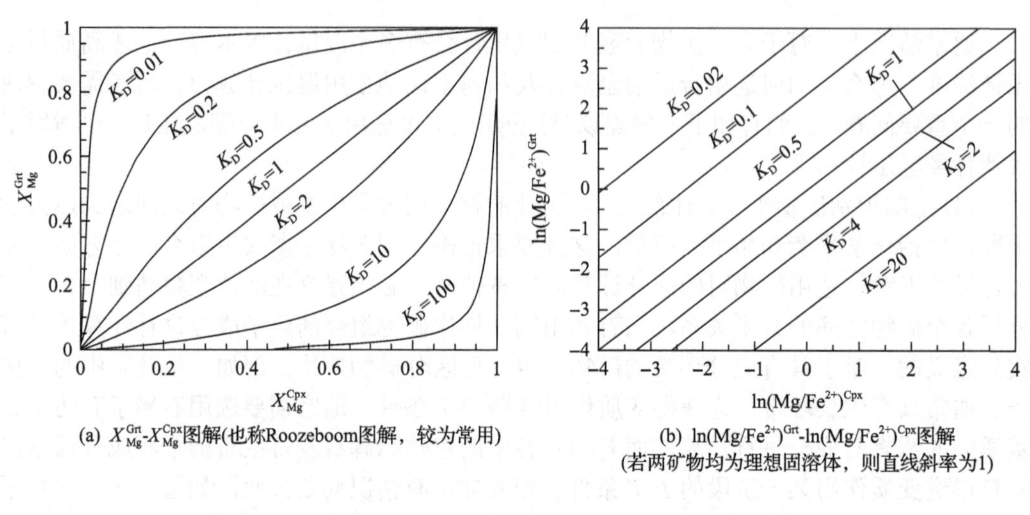

(a) X_{Mg}^{Grt}-X_{Mg}^{Cpx}图解(也称Roozeboom图解，较为常用)

(b) $\ln(Mg/Fe^{2+})^{Grt}$-$\ln(Mg/Fe^{2+})^{Cpx}$图解(若两矿物均为理想固溶体，则直线斜率为1)

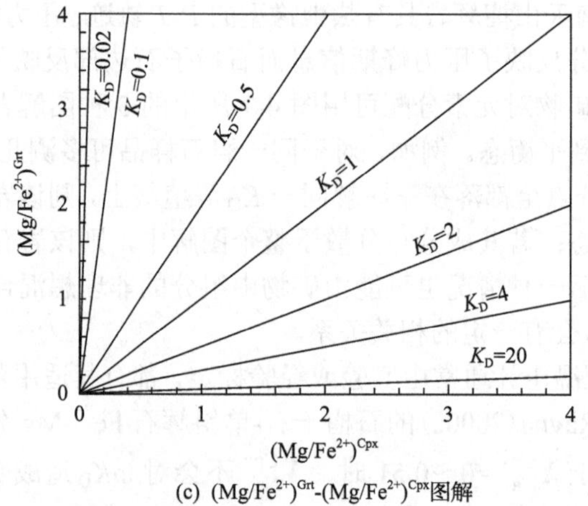

(c) $(Mg/Fe^{2+})^{Grt}$-$(Mg/Fe^{2+})^{Cpx}$图解

图 4-7　石榴子石-单斜辉石 Fe^{2+}-Mg 分配图解(Will，1998)

(5)合理选用矿物固溶体模型。固溶体矿物的活度-成分(a-X)关系对温压估算影响最大，对大多数矿物来说，通常没有一致的 a-X 关系模型，并且经常有几个，甚至很不同的表达式，所计算的温压条件也很不相同。

基于上述及其他一些原因，P-T 估算结果很显然与所选择的固溶体模型强烈相关。因此，不应该过于乐观地奢望对任一矿物组合进行 P-T 条件计算时得到一个精确的 P-T 值，往往至多是确定一个 P-T 范围。尽管如此，我们根据这一 P-T 范围，再结合其他资料，也能推测其区域构造演化历史。

2)石榴子石-黑云母 Fe^{2+}-Mg 交换温度计

石榴子石和黑云母(Bi)是泥质、长英质中高级变质岩和 S 型花岗岩等众多岩石类型中的常见矿物共生组合，石榴子石-黑云母 Fe^{2+}-Mg 交换温度计对于反演这些岩石的形成及演化历史具有重要意义。Fe^{2+}和 Mg 在石榴子石和黑云母中的分配可以表示为如下模式反应：

$$Mg_3Al_2Si_3O_{12} + KFe_3AlSi_3O_{10}(OH)_2 = Fe_3Al_2Si_3O_{12} + KMg_3AlSi_3O_{10}(OH)_2$$

镁铝榴石(Prp)　　铁云母(Ann)　　铁铝榴石(Alm)　　金云母(Phl)

若假定石榴子石和黑云母均为理想固溶体，则该反应的平衡常数为

$$K_{eq} = \prod_B a_B^{\upsilon_B} = \frac{a_{Alm}^{Grt} a_{Phl}^{Bi}}{a_{Prp}^{Grt} a_{Ann}^{Bi}} = \frac{\left(X_{Fe^{2+}}^{Grt}\right)^3 \left(X_{Mg}^{Bi}\right)^3}{\left(X_{Mg}^{Grt}\right)^3 \left(X_{Fe^{2+}}^{Bi}\right)^3} = \frac{\left[\left(X_{Fe^{2+}} / X_{Mg}\right)^{Grt}\right]^3}{\left(X_{Fe^{2+}} / X_{Mg}\right)^3} = K_D^3 \tag{4-34}$$

或者

$$\ln K_{eq} = 3\ln K_D \tag{4-35}$$

式中，$a_{Prp}^{Grt} = \left(X_{Mg}^{Grt}\right)^3$；$a_{Alm}^{Grt} = \left(X_{Fe^{2+}}^{Grt}\right)^3$；$a_{Ann}^{Bi} = \left(X_{Fe^{2+}}^{Bi}\right)^3$；$a_{Phl}^{Bi} = \left(X_{Mg}^{Bi}\right)^3$。

Ferry 和 Spear(1978)在 P=2.07kbar 和 T=550～800℃条件下，采用合成石榴子石($Alm_{90}Prp_{10}$ 和 $Alm_{80}Prp_{20}$)和黑云母对这一交换反应首次进行了实验研究，并用最小二乘法模拟出 P=2.07kbar 时 $\ln K_D$ 与 T 的关系式(图 4-8)：

$$\ln K_D = \frac{2109}{T(K)} - 0.782 \tag{4-36}$$

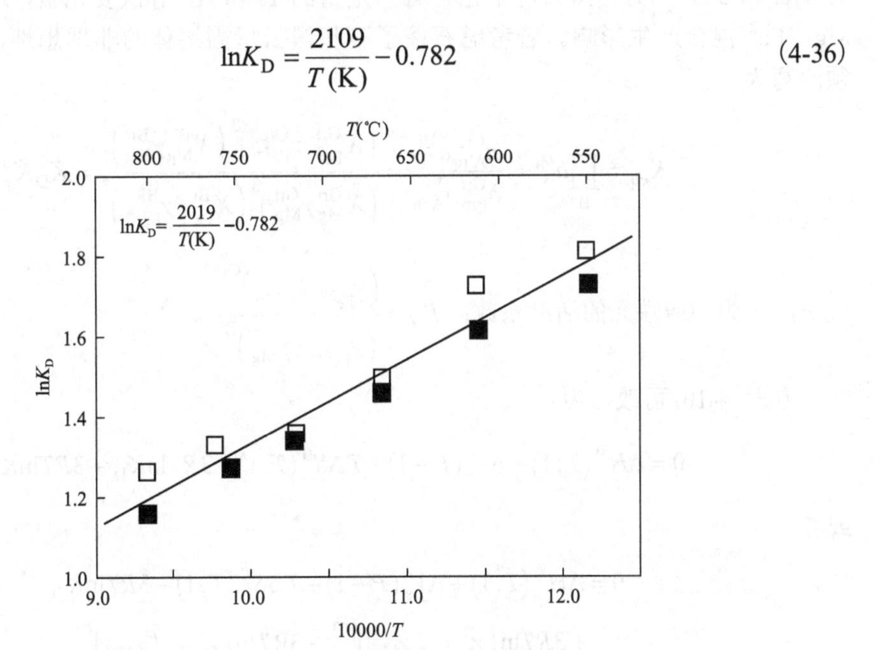

图 4-8　石榴子石-黑云母 $\ln K_D$-10000/T 图解(Ferry and Spear，1978)

P=2.07kbar

结合方程(4-14)和方程(4-22)，并假设 $\Delta H^0(T,1)$、$\Delta S^0(T,1)$ 和 ΔV_s 在实验条件下与 T、P 无关，获得包含压力项的石榴子石-黑云母 Fe^{2+}-Mg 交换温度计，其表达式为

$$12454 - 4.662T(K) + 0.057P(bar) - 3RT\ln K_D = 0 \tag{4-37}$$

Perchuk 和 Lavrent'Eva(1983)采用天然贫 Ca、贫 Mn 石榴子石和黑云母重新对石榴

子石-黑云母 Fe^{2+}-Mg 交换平衡反应做了实验研究，其实验条件为 P=6kbar 和 T=575～950℃，所得的标定公式较为合理：

$$T(℃)=\frac{7843.7-0.04115\left[P(\text{bar})-6000\right]}{1.987\ln K_{\text{D}}+5.699}-273 \tag{4-38}$$

方程(4-37)和方程(4-38)均假定石榴子石和黑云母中的 Mg、Fe^{2+}之间为理想混合，这一假定有其合理之处，但还有待验证，并且石榴子石中 Ca、Mg 之间的混合是非理想的。因此，当石榴子石中含有一定量的 Ca 时，$a_{\text{Prp}}^{\text{Grt}}$ 和 $a_{\text{Alm}}^{\text{Grt}}$ 不能用理想溶液模型求解。天然和实验合成的石榴子石和黑云母中常含有相当数量的 Fe^{3+}，一般黑云母中的 Fe^{3+}比石榴子石中的高。在泥质岩石中，除非在极还原的条件下，如副矿物出现石墨、钛铁矿，不出现赤铁矿，其氧逸度稍微高于石英-铁橄榄石-磁铁矿(QFM)缓冲。Ferry 和 Spear(1978)的实验应用的是石墨-甲烷的缓冲，这比 QFM 缓冲控制的氧逸度还低。Perchuk 和 Lavrent'Eva(1983)的实验应用的 Ni-NiO(NNO)缓冲比 QFM 氧逸度高。Holdaway 等(1997)的研究工作表明，天然还原黑云母含有 11.6%的 Fe^{3+}，石榴子石含有 3%的 Fe^{3+}。另外，黑云母中也含有一定量的 Ti 和 Al^{VI}等次要元素，这也会对黑云母 Mg、Fe^{2+}混合产生影响。若考虑石榴子石和黑云母固溶体的非理想性，则方程(4-21)须改写为

$$K_{\text{eq}}=\prod_{\text{B}}a_{\text{B}}^{\upsilon_{\text{B}}}=\frac{a_{\text{Alm}}^{\text{Grt}}a_{\text{Phl}}^{\text{Bi}}}{a_{\text{Prp}}^{\text{Grt}}a_{\text{Ann}}^{\text{Bi}}}=\frac{\left(X_{\text{Fe}^{2+}}^{\text{Grt}}\gamma_{\text{Fe}^{2+}}^{\text{Grt}}\right)^3\left(X_{\text{Mg}}^{\text{Bi}}\gamma_{\text{Mg}}^{\text{Bi}}\right)^3}{\left(X_{\text{Mg}}^{\text{Grt}}\gamma_{\text{Mg}}^{\text{Grt}}\right)^3\left(X_{\text{Fe}^{2+}}^{\text{Bi}}\gamma_{\text{Fe}^{2+}}^{\text{Bi}}\right)^3}=K_{\text{D}}^3K_{\gamma}^3 \tag{4-39}$$

式中，γ_i 为相应端元的活度系数；$K_{\gamma}=\dfrac{\left(\gamma_{\text{Fe}^{2+}}/\gamma_{\text{Mg}}\right)^{\text{Grt}}}{\left(\gamma_{\text{Fe}^{2+}}/\gamma_{\text{Mg}}\right)^{\text{Bi}}}$。

方程(4-10)可改写为

$$0=\Delta H^0(T,1)+\Delta V_{\text{s}}(P-1)-T\Delta S^0(T,1)+3RT\ln K_{\text{D}}+3RT\ln K_{\gamma} \tag{4-40}$$

或者

$$\begin{aligned}0=&\Delta H^0(T,1)+\Delta V_{\text{s}}(P-1)-T\Delta S^0(T,1)+3RT\ln K_{\text{D}}\\&+3RT\ln\left(\gamma_{\text{Fe}^{2+}}/\gamma_{\text{Mg}}\right)^{\text{Grt}}-3RT\ln\left(\gamma_{\text{Fe}^{2+}}/\gamma_{\text{Mg}}\right)^{\text{Bi}}\end{aligned} \tag{4-41}$$

Gessmann 等(1997)采用更富 Fe 的合成石榴子石($Alm_{80}Prp_{20}$ 和 $Alm_{70}Prp_{20}$)和黑云母，采用 QFM 和 CoCoO 缓冲，在 P=2.07kbar 和 T=600～800℃条件下对温度计进行了重新标定。基于多个石榴子石活度模型，利用最小二乘法对实验结果的回归分析，发现石榴子石和黑云母中的 Mg、Fe^{2+}之间近于理想混合，而黑云母 Mg-Al 和 Fe^{2+}-Al 之间为非理想混合。假定生成物黑云母中的 Fe 均为 Fe^{2+}，并利用 Berman(1990)的石榴子石活度模型及黑云母两个不同活度模型，拟合得到温度计的两个不同表达式：

$$T(℃)=\Big\{-57594+0.236\big[P(\mathrm{bar})-1\big]+(230+0.01P)\Big[\big(X_{\mathrm{Mg}}^{\mathrm{Grt}}\big)^2-2X_{\mathrm{Mg}}^{\mathrm{Grt}}X_{\mathrm{Fe^{2+}}}^{\mathrm{Grt}}\Big]$$
$$+(3720+0.06P)\Big[2X_{\mathrm{Mg}}^{\mathrm{Grt}}X_{\mathrm{Fe^{2+}}}^{\mathrm{Grt}}-\big(X_{\mathrm{Fe^{2+}}}^{\mathrm{Grt}}\big)^2\Big]+7548\big(X_{\mathrm{Mg}}^{\mathrm{Bi}}-X_{\mathrm{Fe^{2+}}}^{\mathrm{Bi}}\big) \tag{4-42}$$
$$+56572X_{\mathrm{Al}}^{\mathrm{Bi}}\Big\}\Big/(3R\ln K_{\mathrm{D}}-24.44)-273.15$$

$$T(℃)=\Big\{-50905+0.236\big[P(\mathrm{bar})-1\big]+(230+0.01P)\Big[\big(X_{\mathrm{Mg}}^{\mathrm{Grt}}\big)^2-2X_{\mathrm{Mg}}^{\mathrm{Grt}}X_{\mathrm{Fe^{2+}}}^{\mathrm{Grt}}\Big]$$
$$+(3720+0.06P)\Big[2X_{\mathrm{Mg}}^{\mathrm{Grt}}X_{\mathrm{Fe^{2+}}}^{\mathrm{Grt}}-\big(X_{\mathrm{Fe^{2+}}}^{\mathrm{Grt}}\big)^2\Big]+5403\big(X_{\mathrm{Mg}}^{\mathrm{Bi}}-X_{\mathrm{Fe^{2+}}}^{\mathrm{Bi}}\big) \tag{4-43}$$
$$+60532X_{\mathrm{Al}}^{\mathrm{Bi}}\Big\}\Big/(3R\ln K_{\mathrm{D}}-17.18)-273.15$$

Holdaway 等(1997)采用 Mukhopadhyay 等(1997)的石榴子石 Ca-Mg-Fe^{2+}三元非对称固溶体模型和黑云母对称模型，得到：

$$3RT\ln(\gamma_{\mathrm{Mg}}/\gamma_{\mathrm{Fe^{2+}}})^{\mathrm{Grt}}=2X_{\mathrm{Mg}}^{\mathrm{Grt}}X_{\mathrm{Fe^{2+}}}^{\mathrm{Grt}}\big(W_{\mathrm{Fe^{2+}Mg}}^{\mathrm{Grt}}-W_{\mathrm{MgFe^{2+}}}^{\mathrm{Grt}}\big)+\big(X_{\mathrm{Fe^{2+}}}^{\mathrm{Grt}}\big)^2\mathrm{W}_{\mathrm{MgFe^{2+}}}^{\mathrm{Grt}}$$
$$+\big(X_{\mathrm{Mg}}^{\mathrm{Grt}}\big)^2W_{\mathrm{Fe^{2+}Mg}}^{\mathrm{Grt}}=G \tag{4-44}$$

$$3RT\ln(\gamma_{\mathrm{Fe^{2+}}}/\gamma_{\mathrm{Mg}})^{\mathrm{Bi}}=W_{\mathrm{Fe^{2+}Mg}}^{\mathrm{Bi}}\big(X_{\mathrm{Mg}}^{\mathrm{Bi}}-X_{\mathrm{Fe^{2+}}}^{\mathrm{Bi}}\big)=B \tag{4-45}$$

式中，W_{ij}^{M}为 M 矿物中 i、j 两端元混合的马居尔(Margules)参数，其值分别为

$$W_{\mathrm{Fe^{2+}Mg}}^{\mathrm{Grt}}=-24166+22.09T(\mathrm{K})-0.034P(\mathrm{bar}) \tag{4-46}$$

$$W_{\mathrm{MgFe^{2+}}}^{\mathrm{Grt}}=22265-12.40T(\mathrm{K})+0.050P(\mathrm{bar}) \tag{4-47}$$

$$W_{\mathrm{Fe^{2+}Mg}}^{\mathrm{Bi}}=40719-30T(\mathrm{K}) \tag{4-48}$$

结合方程(4-41)、方程(4-44)和方程(4-45)，可得温度计计算表达式：

$$T(\mathrm{K})=\frac{-\Delta H^0(T,1)-\Delta V_{\mathrm{s}}P(\mathrm{bar})+G+B}{3R\ln K_{\mathrm{D}}-\Delta S^0(T,1)} \tag{4-49}$$

式中，$\Delta V_{\mathrm{s}}=-0.311\mathrm{J/bar}$；$\Delta H^0(T,1)$和$\Delta S^0(T,1)$未知。

假定石榴子石中含有的Fe^{3+}占总 Fe 的 3%，黑云母中含有的Fe^{3+}占总 Fe 的 7%，对 Ferry 和 Spear(1978)的实验资料重新回归计算，求得$\Delta H^0(T,1)$和$\Delta S^0(T,1)$，从而获得 Ferry 和 Spear(1978)温度计的改正方程：

$$T(\mathrm{K})=\frac{41952+0.311P(\mathrm{bar})+G+B}{3R\ln K_{\mathrm{D}}+10.35} \tag{4-50}$$

由于 G 和 B 是与温度有关的，因此该方程必须用反复迭代法求解。开始可以假设 T=600℃，估计适当的压力，反复迭代直到所求出的 T 相差不到 0.02℃。

Holdaway 等(1997)的石榴子石-黑云母温度计考虑到了两种矿物中 Fe^{3+}的存在，但事实上，目前电子探针仍然很难测量矿物中的 Fe^{3+}含量。Kaneko 和 Miyano(2004)的研究标定了该温度计的两个版本，分别假设黑云母中存在和不存在 Fe^{3+}。他们将石榴子石看作四元非对称固溶体(Berman，1990)，那么：

$$\begin{aligned}3RT\ln\left(\gamma_{Fe^{2+}}/\gamma_{Mg}\right)^{Grt} &= 3RT\ln\gamma_{Fe^{2+}}^{Grt} - 3RT\ln\gamma_{Mg}^{Grt} = W_{Fe^{2+}Mg}^{Grt}\left(X_{Mg}^{Grt}\right)^2 - W_{MgFe^{2+}}^{Grt}\left(X_{Fe^{2+}}^{Grt}\right)^2 \\ &+\left(W_{Fe^{2+}Ca}^{Grt} - W_{MgCa}^{Grt}\right)\left(X_{Ca}^{Grt}\right)^2 + \left(W_{Fe^{2+}Mn}^{Grt} - W_{MgMn}^{Grt}\right)\left(X_{Mn}^{Grt}\right)^2 \\ &+2\left(W_{MgFe^{2+}}^{Grt} - W_{Fe^{2+}Mg}^{Grt}\right)X_{Mg}^{Grt}X_{Fe^{2+}}^{Grt} + \left(2W_{CaFe^{2+}}^{Grt} - W_{Fe^{2+}MgCa}^{Grt}\right)X_{Fe^{2+}}^{Grt}X_{Ca}^{Grt} \\ &+\left(W_{Fe^{2+}MgCa}^{Grt} - 2W_{CaMg}^{Grt}\right)X_{Mg}^{Grt}X_{Ca}^{Grt} + \left(2W_{MnFe^{2+}}^{Grt} - W_{Fe^{2+}MgMn}^{Grt}\right)X_{Fe^{2+}}^{Grt}X_{Mn}^{Grt} \\ &+\left(W_{Fe^{2+}MgMn}^{Grt} - 2W_{MnMg}^{Grt}\right)X_{Mg}^{Grt}X_{Mn}^{Grt} + \left(W_{Fe^{2+}CaMn}^{Grt} - W_{MgCaMn}^{Grt}\right)X_{Ca}^{Grt}X_{Mn}^{Grt}\end{aligned} \tag{4-51}$$

式中，W_{ijk}^{Grt} 为石榴子石 i、j、k 三端元混合的马居尔参数，其计算式如下：

$$W_{ijk}^{Grt} = \left(W_{ij}^{Grt} + W_{ik}^{Grt} + W_{ji}^{Grt} + W_{jk}^{Grt} + W_{ki}^{Grt} + W_{kj}^{Grt}\right)/2 - C_{ijk}^{Grt} \tag{4-52}$$

式中，C_{ijk}^{Grt} 假设为 0。

W_{ij}^{Grt} 是温度和压力的函数，可写作如下形式：

$$W_{ij}^{Grt} = W_{ij,H}^{Grt} - W_{ij,S}^{Grt}T + W_{ij,V}^{Grt}P \tag{4-53}$$

因而方程(4-51)可改写为

$$3RT\ln\left(\gamma_{Fe^{2+}}/\gamma_{Mg}\right)^{Grt} = \Delta W_{H}^{Grt} - \Delta W_{S}^{Grt}T + \Delta W_{V}^{Grt}P \tag{4-54}$$

式中

$$\begin{aligned}\Delta W_{H}^{Grt} &= W_{Fe^{2+}Mg,H}^{Grt}\left(X_{Mg}^{Grt}\right)^2 - W_{MgFe^{2+},H}^{Grt}\left(X_{Fe^{2+}}^{Grt}\right)^2 + \left(W_{Fe^{2+}Ca,H}^{Grt} - W_{MgCa,H}^{Grt}\right)\left(X_{Ca}^{Grt}\right)^2 \\ &+\left(W_{Fe^{2+}Mn,H}^{Grt} - W_{MgMn,H}^{Grt}\right)\left(X_{Mn}^{Grt}\right)^2 + 2\left(W_{MgFe^{2+},H}^{Grt} - W_{Fe^{2+}Mg,H}^{Grt}\right)X_{Mg}^{Grt}X_{Fe^{2+}}^{Grt} \\ &+\left(2W_{CaFe^{2+},H}^{Grt} - W_{Fe^{2+}MgCa,H}^{Grt}\right)X_{Fe^{2+}}^{Grt}X_{Ca}^{Grt} + \left(W_{Fe^{2+}MgCa,H}^{Grt} - 2W_{CaMg,H}^{Grt}\right)X_{Mg}^{Grt}X_{Ca}^{Grt} \\ &+\left(2W_{MnFe^{2+},H}^{Grt} - W_{Fe^{2+}MgMn,H}^{Grt}\right)X_{Fe^{2+}}^{Grt}X_{Mn}^{Grt} + \left(W_{Fe^{2+}MgMn,H}^{Grt} - 2W_{MnMg,H}^{Grt}\right)X_{Mg}^{Grt}X_{Mn}^{Grt} \\ &+\left(W_{Fe^{2+}CaMn,H}^{Grt} - W_{MgCaMn,H}^{Grt}\right)X_{Ca}^{Grt}X_{Mn}^{Grt}\end{aligned} \tag{4-55}$$

ΔW_{S}^{Grt} 和 ΔW_{V}^{Grt} 与 ΔW_{H}^{Grt} 具有完全相同的形式，将表 4-3 中石榴子石的马居尔参数值代入上述方程便能计算 $3RT\ln\left(\gamma_{Fe^{2+}}/\gamma_{Mg}\right)^{Grt}$ 。

表 4-3 石榴子石的马居尔参数(Kaneko and Miyano，2004)

元素对	W_H(J/mol)	W_S[J/(mol·K)]	W_V(J/bar)
MgCa	25759	12.87	0.184
CaMg	66114	18.98	0.012
$Fe^{2+}Ca$	19932	9.67	0.157
$CaFe^{2+}$	−1304	−0.34	0.099
$Fe^{2+}Mg$	−5672	−5.99	0.000
$MgFe^{2+}$	11622	5.50	0.000
$MnFe^{2+}$	1617	0.00	0.024
$Fe^{2+}Mn$	1617	0.00	0.024
MnCa	1425	0.00	0.065
CaMn	1425	0.00	0.065
MnMg	41294	23.01	0.038
MgMn	41294	23.01	0.038

对于黑云母，Kaneko 和 Miyano(2004)假定其为五元(Fe^{3+}、Fe^{2+}、Mg、^{VI}Al 和 Ti)对称固溶体，因此有

$$3RT\ln\left(\gamma_{Fe^{2+}}/\gamma_{Mg}\right)^{Bi}=-\left(W_{Fe^{2+}Mg,H}^{Bi}-TW_{Fe^{2+}Mg,S}^{Bi}\right)\left(X_{Mg}^{Bi}-X_{Fe^{2+}}^{Bi}\right)-\left(W_{Al,H}^{Bi}-TW_{Al,S}^{Bi}\right)X_{Al}^{Bi}-\left(W_{Ti,H}^{Bi}-TW_{Ti,S}^{Bi}\right)X_{Ti}^{Bi} \tag{4-56}$$

为简化起见，方程(4-56)中忽略了 ΔW_{V}^{Bi} 。这样，结合方程(4-51)～方程(4-56)，便有

$$\left(\Delta V_s+\Delta W_{V}^{Grt}\right)(P-1)+3RT\ln K_D+\Delta W_{H}^{Grt}-\Delta W_{S}^{Grt}T-\left(W_{Ti,H}^{Bi}-TW_{Ti,S}^{Bi}\right)X_{Ti}^{Bi}$$
$$=-\Delta H^0(T,1)+T\Delta S^0(T,1)+\left(W_{Fe^{2+}Mg,H}^{Bi}-TW_{Fe^{2+}Mg,S}^{Bi}\right)\left(X_{Mg}^{Bi}-X_{Fe^{2+}}^{Bi}\right)+\left(W_{Al,H}^{Bi}-TW_{Al,S}^{Bi}\right)X_{Al}^{Bi} \tag{4-57}$$

式中，左侧各参数已知，$W_{Ti,H}^{Bi}=310990J$，$W_{Ti,S}^{Bi}=370.390J/K$，$\Delta V_s=-0.295J/bar$ 。

Kaneko 和 Miyano(2004)对前人实验数据进行了多元最小二乘法回归分析，求解出方程(4-57)右侧的 $\Delta H^0(T,1)$、$\Delta S^0(T,1)$、$W_{Fe^{2+}Mg,H}^{Bi}$、$W_{Fe^{2+}Mg,S}^{Bi}$、$W_{Al,H}^{Bi}$ 和 $W_{Al,S}^{Bi}$ 等参数，从而获得石榴子石-黑云母温度计计算表达式：

$$T(K)=\left\{-37612.9+\left(-0.295+3\Delta W_{V}^{Grt}\right)\left[P(bar)-1\right]+3\Delta W_{H}^{Grt}-16234.6\left(X_{Mg}^{Bi}-X_{Fe^{2+}}^{Bi}\right)-262165.9X_{Al}^{Bi}-310990X_{Ti}^{Bi}\right\}\Big/\left[-5.160-3R\ln K_D+3\Delta W_{S}^{Grt}-12.066\left(X_{Mg}^{Bi}-X_{Fe^{2+}}^{Bi}\right)-300.664X_{Al}^{Bi}-370.39X_{Ti}^{Bi}\right] \tag{4-58a}$$

$$T(\mathrm{K})=\left\{-38889.9+\left(-0.295+3\Delta W_{\mathrm{V}}^{\mathrm{Grt}}\right)\left[P(\mathrm{bar})-1\right]+3\Delta W_{\mathrm{H}}^{\mathrm{Grt}}-15667.5\left(X_{\mathrm{Mg}}^{\mathrm{Bi}}-X_{\mathrm{Fe^{2+}}}^{\mathrm{Bi}}\right)-256595.2X_{\mathrm{Al}}^{\mathrm{Bi}}-310990X_{\mathrm{Ti}}^{\mathrm{Bi}}\right\}\Big/\left[-7.880-3\mathrm{R}\ln K_{\mathrm{D}}+3\Delta W_{\mathrm{S}}^{\mathrm{Grt}}-12.238\left(X_{\mathrm{Mg}}^{\mathrm{Bi}}-X_{\mathrm{Fe^{2+}}}^{\mathrm{Bi}}\right)-309.871X_{\mathrm{Al}}^{\mathrm{Bi}}-370.39X_{\mathrm{Ti}}^{\mathrm{Bi}}\right] \tag{4-58b}$$

其中，方程(4-58a)假定黑云母中存在 Fe^{3+}[Kaneko 和 Miyano(2004)中的 Model A]，方程(4-58b)假定黑云母中不存在 Fe^{3+}[Kaneko 和 Miyano(2004)中的 Model B]。通过对比上述两个温度计表达式，他们获得的认识是，是否考虑黑云母中 Fe^{3+}对温压计的应用具有非常重要的作用，考虑 Fe^{3+}的存在会使温度计计算结果更为集中。

Kleemann 和 Reinhardt(1994)基于相似的方法，利用 Berman(1990)的石榴子石模型及参数，并假定黑云母中 Fe^{2+}、Mg 为理想混合，对 Ferry 和 Spear(1978)及 Perchuk 和 Lavrent'Eva(1983)的实验数据进行了拟合，得到了完全类似的温度计表达式：

$$T(℃)=\left[20253-(1/3)\Delta W_{\mathrm{H}}^{\mathrm{Grt}}+77785X_{\mathrm{Al}}^{\mathrm{Bi}}-18138X_{\mathrm{Ti}}^{\mathrm{Bi}}-(1/3)\left(\Delta V_{\mathrm{s}}+\Delta W_{\mathrm{V}}^{\mathrm{Grt}}\right)P(\mathrm{bar})\right]\Big/\left[10.66+\mathrm{R}\ln K_{\mathrm{D}}-(1/3)\Delta W_{\mathrm{S}}^{\mathrm{Grt}}+94.1X_{\mathrm{Al}}^{\mathrm{Bi}}-11.7X_{\mathrm{Ti}}^{\mathrm{Bi}}\right]-273 \tag{4-59}$$

式中，$\Delta W_{\mathrm{H}}^{\mathrm{Grt}}$、$\Delta W_{\mathrm{V}}^{\mathrm{Grt}}$ 和 $\Delta W_{\mathrm{S}}^{\mathrm{Grt}}$ 均来自 Berman(1990)；$\Delta V_{\mathrm{s}}=-0.324\mathrm{J/(mol\cdot bar)}$。

其结果表明，黑云母中 6 次配位 Al 和 Ti 对温度计算的影响不容忽视。

基于 Holdaway 等(1997)的工作，Holdaway(2000)对 FS(Ferry and Spear，1978)、PL(Perchuk and Lavrent'Eva，1983)和 GE(Gessmann et al.，1997)3 组实验数据，特别是 FS 中黑云母的 ^{VI}Al 进行了适当处理，获得了 6 种可能的方案，并利用 Berman 和 Aranovich(1996)、Ganguly 等(1996)、Mukhopadhyay 等(1997)提供的 3 组石榴子石马居尔参数分别对这些数据进行了最小二乘法线性拟合。他得到的认识是，对于 FS+PL(+GE)数据组合，若假定 FS 中黑云母含有 0.10 的 ^{VI}Al，利用上述 3 组石榴子石马居尔参数($W_{\mathrm{MnMg}}^{\mathrm{Grt}}$ 提高了 5kJ)拟合均能得到较好的结果。若取上述 3 组马居尔参数的平均值进行拟合，能使拟合结果更好，其获得的石榴子石-黑云母温度计为

$$T(\mathrm{K})=\frac{40198+0.295P(\mathrm{bar})+G+B}{3R\ln K_{\mathrm{D}}+7.802} \tag{4-60a}$$

$$T(\mathrm{K})=\frac{38661+0.295P(\mathrm{bar})+G+B}{3R\ln K_{\mathrm{D}}+7.583} \tag{4-60b}$$

方程(4-60a)是对 FS+PL 的拟合(原文中的 Model 5AV)，方程(4-60b)是对 FS+PL+GE 的拟合(原文中的 Model 6AV)。G 和 B 根据下列方程计算：

$$G=3RT\ln\left(\frac{\gamma_{\mathrm{Mg}}}{\gamma_{\mathrm{Fe^{2+}}}}\right)^{\mathrm{Grt}}=\Delta W_{\mathrm{H}}^{\mathrm{Grt}}-\Delta W_{\mathrm{S}}^{\mathrm{Grt}}T+\Delta W_{\mathrm{V}}^{\mathrm{Grt}}P \tag{4-61}$$

$$B = 3RT\ln\left(\frac{\gamma_{Fe^{2+}}}{\gamma_{Mg}}\right)^{Bi} = (22998.0 - 17.396T)\left(X_{Mg}^{Bi} - X_{Fe^{2+}}^{Bi}\right) + (245559.0 - 280.306T)X_{Al}^{Bi} + (310990.0 - 370.39T)X_{Ti}^{Bi} \tag{4-62a}$$

$$B = 3RT\ln\left(\frac{\gamma_{Fe^{2+}}}{\gamma_{Mg}}\right)^{Bi} = (5333.0 - 3.680T)\left(X_{Mg}^{Bi} - X_{Fe^{2+}}^{Bi}\right) + (209850.0 - 238.585T)X_{Al}^{Bi} + (310990.0 - 370.39T)X_{Ti}^{Bi} \tag{4-62b}$$

方程(4-62a)和方程(4-62b)分别应用于方程(4-60a)和方程(4-60b)。

其中，ΔW_H^{Grt}、ΔW_S^{Grt}和ΔW_V^{Grt}分别由下列方程计算：

$$\begin{aligned}\Delta W_H^{Grt} =& 11622.0\left(X_{Fe^{2+}}^{Grt}\right)^2 + 5672.0\left(X_{Mg}^{Grt}\right)^2 + 5827.0\left(X_{Ca}^{Grt}\right)^2 + 39632.0\left(X_{Mn}^{Grt}\right)^2 \\ &- 34588.0X_{Fe^{2+}}^{Grt}X_{Mg}^{Grt} + 33934.5X_{Fe^{2+}}^{Grt}X_{Ca}^{Grt} + 42607.0X_{Fe^{2+}}^{Grt}X_{Mn}^{Grt} \\ &+ 100901.5X_{Mg}^{Grt}X_{Ca}^{Grt} + 36657.0X_{Mg}^{Grt}X_{Mn}^{Grt} + 76254.5X_{Ca}^{Grt}X_{Mn}^{Grt}\end{aligned} \tag{4-63}$$

$$\begin{aligned}\Delta W_S^{Grt} =& 5.503\left(X_{Fe^{2+}}^{Grt}\right)^2 + 5.993\left(X_{Mg}^{Grt}\right)^2 + 3.203\left(X_{Ca}^{Grt}\right)^2 + 23.01\left(X_{Mn}^{Grt}\right)^2 \\ &- 22.992X_{Fe^{2+}}^{Grt}X_{Mg}^{Grt} + 10.2465X_{Fe^{2+}}^{Grt}X_{Ca}^{Grt} + 22.765X_{Fe^{2+}}^{Grt}X_{Mn}^{Grt} \\ &+ 28.3935X_{Mg}^{Grt}X_{Ca}^{Grt} + 23.255X_{Mg}^{Grt}X_{Mn}^{Grt} + 34.2715X_{Ca}^{Grt}X_{Mn}^{Grt}\end{aligned} \tag{4-64}$$

$$\begin{aligned}\Delta W_S^{Grt} =& 0.05\left(X_{Fe^{2+}}^{Grt}\right)^2 + 0.034\left(X_{Mg}^{Grt}\right)^2 + 0.005\left(X_{Ca}^{Grt}\right)^2 + 0.014\left(X_{Mn}^{Grt}\right)^2 \\ &- 0.168X_{Fe^{2+}}^{Grt}X_{Mg}^{Grt} - 0.1315X_{Fe^{2+}}^{Grt}X_{Ca}^{Grt} + 0.022X_{Fe^{2+}}^{Grt}X_{Mn}^{Grt} \\ &+ 0.1875X_{Mg}^{Grt}X_{Ca}^{Grt} + 0.006X_{Mg}^{Grt}X_{Mn}^{Grt} + 0.0305X_{Ca}^{Grt}X_{Mn}^{Grt}\end{aligned} \tag{4-65}$$

从Ferry和Spear(1978)首次实验研究石榴子石-黑云母Fe^{2+}-Mg分配温度计到现在，石榴子石-黑云母温度计已经过多次实验和经验标定，标定温度范围介于575～950℃，产生了至少32个版本。每个温度计版本的问世都依据自身数据并参照了前人数据，通常能够较好地拟合当时最新、最全的实验资料。总体来讲，后续温度计版本在精确度和准确度等方面都会较之前版本有许多进步，但这也受到了多方面因素的影响，如所依据实验数据的质量、矿物固溶体数据的选择及研究者自身的认识等。因而，在众多石榴子石-黑云母温度计版本中，哪种或哪几种才是可靠的、值得信赖的版本，使用者该如何选择合适的温度计进行计算，成为困扰地质学家们的一个难题。

Wu和Cheng(2006)对目前流行的多个石榴子石-黑云母温度计进行了对比研究。首先，将各版本温度计应用于Ferry和Spear(1978)、Perchuk和Lavrent'Eva(1983)和Gessmann等(1997)的实验数据，以检验其反演实验温度的准确度和精确度。结果表明，Perchuk和Lavrent'Eva(1983)[方程(4-38)]、Kleemann和Reinhardt(1994)[方程(4-59)]、

Holdaway(2000)的 Model 6AV[方程(4-60b)]、Kaneko 和 Miyano(2004)的 Model B [方程(4-58b)]等温度计不仅能很好地重现实验温度，且误差较小(图 4-9)。不仅如此，将这 4 个版本石榴子石-黑云母温度计应用于递增变质带(图 4-10)、倒转变质带和接触变质带等天然岩石，均能较好地反映这些变质带温度的规律性变化。因而，上述 4 个温度计版本是目前较为可靠的石榴子石-黑云母温度计，其中 Holdaway(2000)、Kleemann 和 Reinhardt (1994)的温度计版本由于能更好地反演变质带温度系统性变化，因此更值得推荐。

需要指出的是，由于标定温度计的实验中采用的石榴子石和黑云母基本为近于 Fe^{2+}-Mg 二元混合的矿物，因此将该温度计用于 Ti 和^{VI}Al 等含量高的黑云母或 Ca 和 Mn 含量高的石榴子石时需要慎重。例如，日本 Ryoke 递增变质带中绿泥石-黑云母带泥质变质岩中的石榴子石，其 Mn 离子摩尔浓度高达 60%，这样的石榴子石-黑云母矿物对计算出的温度大大偏高(吴春明等，2007)。

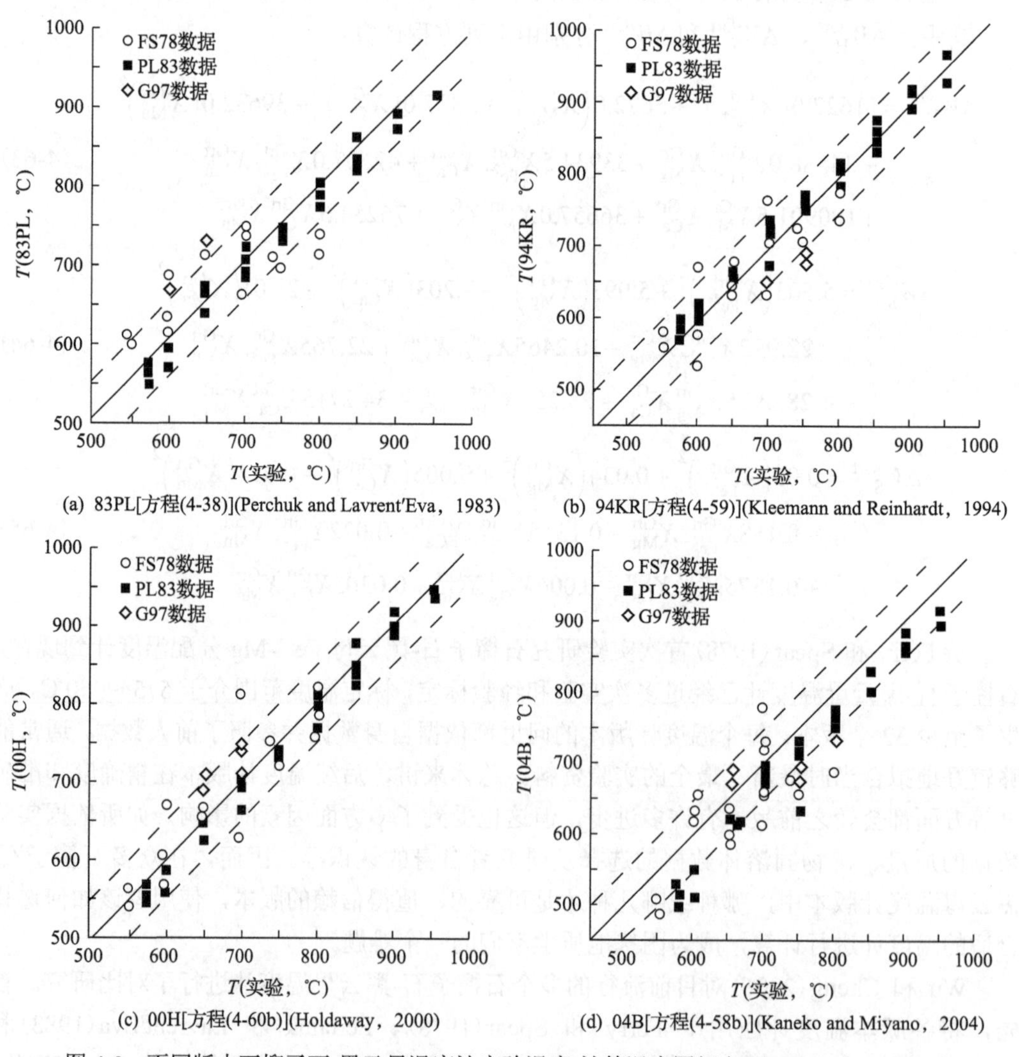

(a) 83PL[方程(4-38)](Perchuk and Lavrent'Eva，1983)　(b) 94KR[方程(4-59)](Kleemann and Reinhardt，1994)

(c) 00H[方程(4-60b)](Holdaway，2000)　(d) 04B[方程(4-58b)](Kaneko and Miyano，2004)

图 4-9　不同版本石榴子石-黑云母温度计实验温度-计算温度图解(Wu and Cheng，2006)

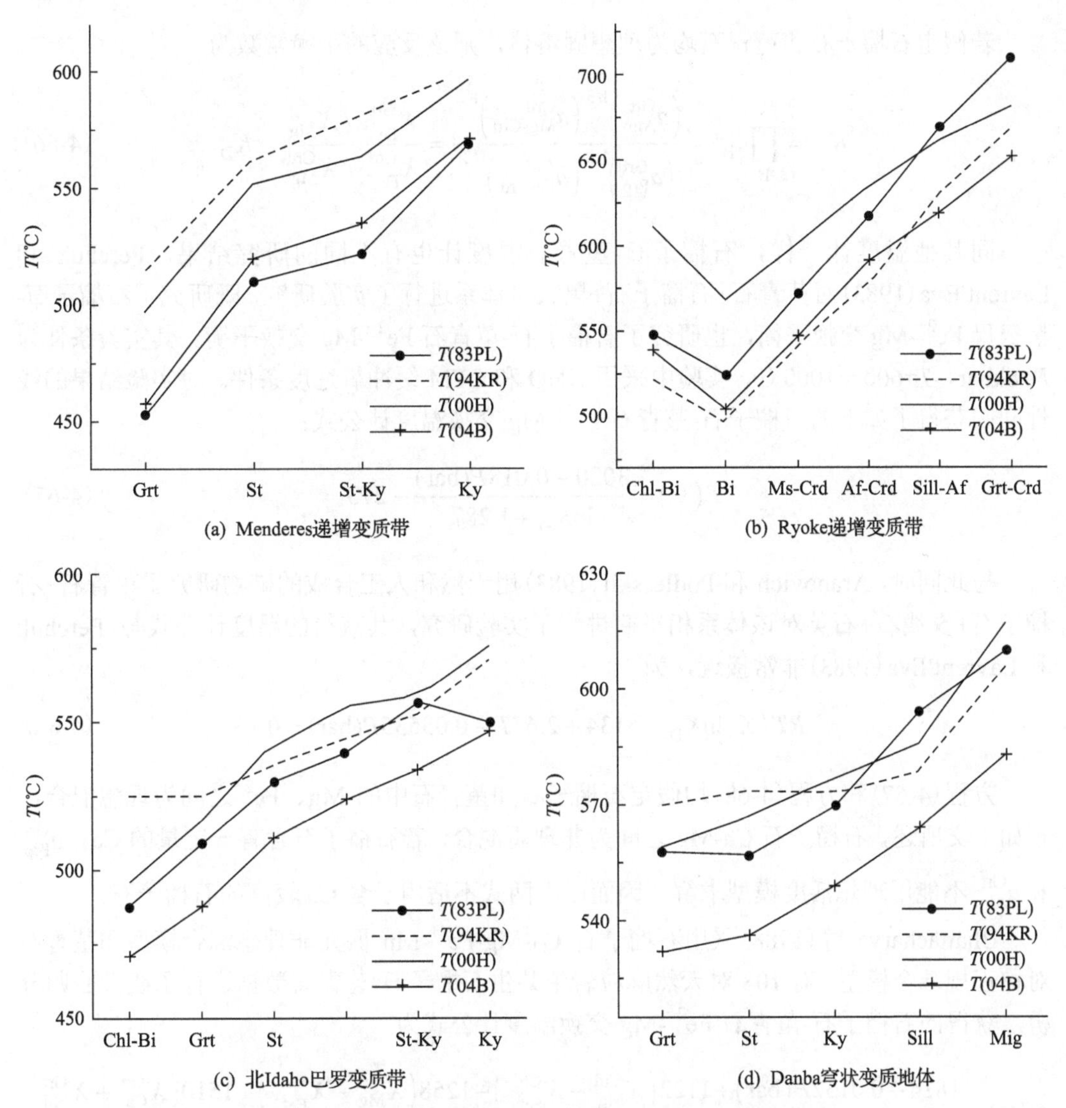

图 4-10　不同版本石榴子石-黑云母温度计应用于递增变质带

温度计版本同图 4-9，各递增变质带数据引自 Wu 和 Cheng(2006)

Grt-石榴子石带；St-十字石带；St-Ky-十字石-蓝晶石带；Ky-蓝晶石带；Chl-Bi-绿泥石-黑云母带；Bi-黑云母带；Ms-Crd-白云母-堇青石带；Af-Crd-钾长石-堇青石带；Sill-Af-夕线石-钾长石带；Grt-Crd-石榴子石-堇青石带；Mig-混合岩带

3) 石榴子石-堇青石 Fe^{2+}-Mg 交换温度计

堇青石是中高级变质泥质岩石中的特有矿物，石榴子石-堇青石(Crd) Fe^{2+}-Mg 交换温度计的研究实际上与石榴子石-黑云母温度计的研究密切相关，这是因为在实验和天然岩石中，伴随着石榴子石和堇青石的反应，通常会同时生成黑云母。石榴子石-堇青石 Fe^{2+}-Mg 交换反应可写作：

$$(1/2)Fe_2Al_4Si_5O_{18} + (1/3)Mg_3Al_2Si_3O_{12} = (1/2)Mg_2Al_4Si_5O_{18} + (1/3)Fe_3Al_2Si_3O_{12}$$

铁堇青石(Fe-Crd)　　镁铝榴石(Prp)　　镁堇青石(Mg-Crd)　　铁铝榴石(Alm)

若假定石榴子石和堇青石均为理想固溶体，则该反应的平衡常数为

$$K_{\text{eq}}=\prod_{\text{B}}a_{\text{B}}^{\upsilon_{\text{B}}}=\frac{\left(a_{\text{Alm}}^{\text{Grt}}\right)^{1/3}\left(a_{\text{Mg-Crd}}^{\text{Crd}}\right)^{1/2}}{\left(a_{\text{Prp}}^{\text{Grt}}\right)^{1/3}\left(a_{\text{Fe-Crd}}^{\text{Crd}}\right)^{1/2}}=\frac{X_{\text{Fe}^{2+}}^{\text{Grt}}\ /\ X_{\text{Mg}}^{\text{Grt}}}{X_{\text{Fe}^{2+}}^{\text{Crd}}\ /\ X_{\text{Mg}}^{\text{Crd}}}=K_{\text{D}} \tag{4-66}$$

同其他温度计一样，石榴子石-堇青石温度计也有不同的研究结果。Perchuk 和 Lavrent'Eva（1983）对堇青石+石榴子石+黑云母体系进行了实验研究，既研究了石榴子石-黑云母 Fe^{2+}-Mg 交换平衡，也研究了石榴子石-堇青石 Fe^{2+}-Mg 交换平衡。其实验条件为 P=6kbar，T=600～1000℃，实验中采用 NNO 和 QFM 缓冲氧逸度条件。对实验结果的线性回归获得了如下的石榴子石-堇青石 Fe^{2+}-Mg 交换温度计公式：

$$T(℃)=\frac{3020-0.018P(\text{bar})}{\ln K_{\text{D}}+1.287}-273 \tag{4-67}$$

与此同时，Aranovich 和 Podlesskii（1983）用天然和人工合成的矿物研究了堇青石+石榴子石+夕线石+石英对该体系相平衡进行了实验研究，其获得的温度计公式与 Perchuk 和 Lavrent'Eva（1983）非常接近，为

$$RT(\text{K})\ln K_{\text{D}}-6134+2.67T-0.03535P(\text{bar})=0 \tag{4-68}$$

方程（4-67）和方程（4-68）均假定石榴子石和堇青石中的 Mg、Fe^{2+}之间为理想混合，正如上文所述，石榴子石 Ca-Mg 之间为非理想混合，若石榴子石含有一定量的 Ca，$a_{\text{Prp}}^{\text{Grt}}$ 和 $a_{\text{Alm}}^{\text{Grt}}$ 不能用理想活度模型求解，因而以上两式不适用于含 Ca 较高的石榴子石。

Bhattacharya 等（1988）采用石榴子石 Ca-Mg-Fe^{2+}-Mn 四元非理想混合模型和堇青石对称正规混合模型，对 108 对天然麻粒岩中共生石榴子石-堇青石数据进行了线性回归分析，获得的石榴子石-堇青石 Fe^{2+}-Mg 交换温度计公式为

$$T(\text{K})=\frac{1814+0.0152P(\text{bar})+1122\left(X_{\text{Mg}}^{\text{Crd}}-X_{\text{Fe}^{2+}}^{\text{Crd}}\right)-1258\left(X_{\text{Mg}}^{\text{Grt}}-X_{\text{Fe}^{2+}}^{\text{Grt}}\right)+1510\left(X_{\text{Ca}}^{\text{Grt}}+X_{\text{Mn}}^{\text{Grt}}\right)}{\ln K_{\text{D}}+1.028} \tag{4-69}$$

方程（4-69）适用于700～850℃范围内的麻粒岩相岩石。虽然该温度计精度较低（±65℃），但其准确度较之前采用石榴子石和堇青石理想活度模型的温度计版本有所提高。

Dwivedi 等（1998）在4～12kbar 和650～1000℃范围内对石榴子石-堇青石温度计进行了实验多元线性回归分析，其假设堇青石为 Fe^{2+}-Mg 二元对称混合模型，而石榴子石分别采用 Mukhopadhyay 等（1997）的 Fe-Mg-Ca 三元混合模型和 Berman（1990）的 Ca-Mg-Fe^{2+}-Mn 四元混合模型，从而获得了两个温度计公式：

$$T_1(\text{K})=\frac{27018+0.13\left[P(\text{bar})-1\right]+2024\left(X_{\text{Mg}}^{\text{Crd}}-X_{\text{Fe}^{2+}}^{\text{Crd}}\right)-A}{R\ln K_{\text{D}}+12.80+B} \tag{4-70a}$$

$$T_2(\mathrm{K})=\frac{26932+0.13\left[P(\mathrm{bar})-1\right]+887\left(X_{\mathrm{Mg}}^{\mathrm{Crd}}-X_{\mathrm{Fe}^{2+}}^{\mathrm{Crd}}\right)-C}{R\ln K_{\mathrm{D}}+12.36+D} \tag{4-70b}$$

式中

$$\begin{aligned}A=&-8055\left(X_{\mathrm{Mg}}^{\mathrm{Grt}}\right)^2-7422\left(X_{\mathrm{Fe}^{2+}}^{\mathrm{Grt}}\right)^2+30954X_{\mathrm{Mg}}^{\mathrm{Grt}}X_{\mathrm{Fe}^{2+}}^{\mathrm{Grt}}+1073\left(X_{\mathrm{Ca}}^{\mathrm{Grt}}\right)^2\\&-12076X_{\mathrm{Fe}^{2+}}^{\mathrm{Grt}}X_{\mathrm{Ca}}^{\mathrm{Grt}}-43454X_{\mathrm{Ca}}^{\mathrm{Grt}}X_{\mathrm{Mg}}^{\mathrm{Grt}}+10464X_{\mathrm{Ca}}^{\mathrm{Grt}}\left(X_{\mathrm{Mg}}^{\mathrm{Grt}}-X_{\mathrm{Fe}^{2+}}^{\mathrm{Grt}}\right)\end{aligned} \tag{4-71}$$

$$\begin{aligned}B=&7.36\left(X_{\mathrm{Mg}}^{\mathrm{Grt}}\right)^2+4.13\left(X_{\mathrm{Fe}^{2+}}^{\mathrm{Grt}}\right)^2-22.98X_{\mathrm{Mg}}^{\mathrm{Grt}}X_{\mathrm{Fe}^{2+}}^{\mathrm{Grt}}-4.01\left(X_{\mathrm{Ca}}^{\mathrm{Grt}}\right)^2\\&+10.34X_{\mathrm{Fe}^{2+}}^{\mathrm{Grt}}X_{\mathrm{Ca}}^{\mathrm{Grt}}+13.88X_{\mathrm{Ca}}^{\mathrm{Grt}}X_{\mathrm{Mg}}^{\mathrm{Grt}}-2.11X_{\mathrm{Ca}}^{\mathrm{Grt}}\left(X_{\mathrm{Mg}}^{\mathrm{Grt}}-X_{\mathrm{Fe}^{2+}}^{\mathrm{Grt}}\right)\end{aligned} \tag{4-72}$$

$$\begin{aligned}C=&77\left(X_{\mathrm{Mg}}^{\mathrm{Grt}}\right)^2-1240\left(X_{\mathrm{Fe}^{2+}}^{\mathrm{Grt}}\right)^2+2326X_{\mathrm{Mg}}^{\mathrm{Grt}}X_{\mathrm{Fe}^{2+}}^{\mathrm{Grt}}-414\left(X_{\mathrm{Ca}}^{\mathrm{Grt}}\right)^2-17862X_{\mathrm{Fe}^{2+}}^{\mathrm{Grt}}X_{\mathrm{Ca}}^{\mathrm{Grt}}\\&-26526X_{\mathrm{Ca}}^{\mathrm{Grt}}X_{\mathrm{Mg}}^{\mathrm{Grt}}+19608X_{\mathrm{Ca}}^{\mathrm{Grt}}\left(X_{\mathrm{Mg}}^{\mathrm{Grt}}-X_{\mathrm{Fe}^{2+}}^{\mathrm{Grt}}\right)+658X_{\mathrm{Mn}}^{\mathrm{Grt}}\left(X_{\mathrm{Mg}}^{\mathrm{Grt}}-X_{\mathrm{Fe}^{2+}}^{\mathrm{Grt}}\right)-11304X_{\mathrm{Mn}}^{\mathrm{Grt}}\mathrm{X}_{\mathrm{Ca}}^{\mathrm{Grt}}\end{aligned} \tag{4-73}$$

$$\begin{aligned}D=&4.57\left(X_{\mathrm{Ca}}^{\mathrm{Grt}}\right)^2+4.58X_{\mathrm{Fe}^{2+}}^{\mathrm{Grt}}X_{\mathrm{Ca}}^{\mathrm{Grt}}+4.56X_{\mathrm{Ca}}^{\mathrm{Grt}}X_{\mathrm{Mg}}^{\mathrm{Grt}}-7.96X_{\mathrm{Ca}}^{\mathrm{Grt}}\left(X_{\mathrm{Mg}}^{\mathrm{Grt}}-X_{\mathrm{Fe}^{2+}}^{\mathrm{Grt}}\right)\\&+4.57X_{\mathrm{Mn}}^{\mathrm{Grt}}X_{\mathrm{Ca}}^{\mathrm{Grt}}\end{aligned} \tag{4-74}$$

将该温度计应用于天然样品，方程(4-70a)和方程(4-70b)获得的温度结果差异通常小于10℃，其结果也与其他温度计计算结果相一致。与较早前石榴子石-堇青石温度计版本相比，其计算结果精度更高，也消除了石榴子石 $X_{\mathrm{Fe}^{2+}}^{\mathrm{Grt}}$、$X_{\mathrm{Mn}}^{\mathrm{Grt}}$ 和堇青石 $X_{\mathrm{Fe}^{2+}}^{\mathrm{Crd}}$ 等成分因素对温度的影响。但是，该温度计并未考虑堇青石中可能存在少量 Fe^{3+} 的情况，而堇青石中的 Fe^{3+} 存在与石榴子石中的 Fe^{3+} 一样会对 K_D 值产生影响。

将不同温压计应用于同一共生矿物组合，理论上应该得到一致的温压条件。例如，将石榴子石-黑云母 Fe^{2+}-Mg 交换温度计和石榴子石-堇青石 Fe^{2+}-Mg 交换温度计应用于共生石榴子石-黑云母-堇青石组合应该得到一致的温度条件，然而事实上，基于不同的实验和/或天然岩石数据校正出的上述两种温度计可能会得到完全不同的温度结果，有时差异可达100℃以上。为解决这一问题，许多学者致力于研究内恰性的温压计，其中 Kaneko 和 Miyano(2004)对石榴子石-黑云母 Fe^{2+}-Mg 交换温度计和石榴子石-堇青石 Fe^{2+}-Mg 交换温度计做了相互一致的重新校正。假定石榴子石为 Ca-Mg-Fe^{2+}-Mn 四元非对称模型而堇青石为 Mg-Fe^{2+} 对称模型，Kaneko 和 Miyano(2004)对前人实验数据进行了多元最小二乘法回归分析，获得的石榴子石-堇青石 Fe^{2+}-Mg 交换温度计公式为

$$T(\mathrm{K})=\frac{-26144.7+\left(-0.122+\Delta W_{\mathrm{V}}^{\mathrm{Grt}}\right)\left[P(\mathrm{bar})-1\right]+\Delta W_{\mathrm{H}}^{\mathrm{Grt}}-80.44\left(X_{\mathrm{Mg}}^{\mathrm{Crd}}-X_{\mathrm{Fe}^{2+}}^{\mathrm{Crd}}\right)}{-12.7094-R\ln K_{\mathrm{D}}+\Delta W_{\mathrm{S}}^{\mathrm{Grt}}+1.642\left(X_{\mathrm{Mg}}^{\mathrm{Crd}}-X_{\mathrm{Fe}^{2+}}^{\mathrm{Crd}}\right)} \tag{4-75}$$

式中，$\Delta W_{\mathrm{V}}^{\mathrm{Grt}}$、$\Delta W_{\mathrm{H}}^{\mathrm{Grt}}$ 和 $\Delta W_{\mathrm{S}}^{\mathrm{Grt}}$ 通过方程(4-75)计算，假定堇青石中 Fe^{3+} 为总 Fe 量的1.5%。

将该温度计和方程(4-58)的石榴子石-黑云母温度计应用于同一天然变泥质岩石，获得的温度差异小于 50℃。

Nichols 等(1992)综合前人实验数据，假设石榴子石为 Berman(1990)的四元准正规溶液活度模型而堇青石为 Fe^{2+}-Mg 理想混合，推出了内恰性的石榴子石-堇青石 Fe^{2+}-Mg 交换温度计和石榴子石-堇青石-夕线石/蓝晶石-石英压力计，其中温度计公式为

$$0=15.935T(\mathrm{K})+3RT\ln K_{\mathrm{D}}+3RT\ln\left(\gamma_{\mathrm{Fe}^{2+}}^{\mathrm{Grt}}/\gamma_{\mathrm{Mg}}^{\mathrm{Grt}}\right)+56558+315P(\mathrm{kbar}) \tag{4-76}$$

式中，$3RT\ln\gamma_{\mathrm{Mg}}^{\mathrm{Grt}}$ 可根据如下方程计算：

$$\begin{aligned}
3RT\ln\gamma_{\mathrm{Mg}}^{\mathrm{Grt}}=&W_{\mathrm{MgCa}}^{\mathrm{Grt}}\left[\left(X_{\mathrm{Ca}}^{\mathrm{Grt}}\right)^2-2\left(X_{\mathrm{Ca}}^{\mathrm{Grt}}\right)^2X_{\mathrm{Mg}}^{\mathrm{Grt}}\right]+W_{\mathrm{CaMg}}^{\mathrm{Grt}}\left[2X_{\mathrm{Ca}}^{\mathrm{Grt}}X_{\mathrm{Mg}}^{\mathrm{Grt}}-2X_{\mathrm{Ca}}^{\mathrm{Grt}}\left(X_{\mathrm{Mg}}^{\mathrm{Grt}}\right)^2\right]\\
&+W_{\mathrm{Fe}^{2+}\mathrm{Ca}}^{\mathrm{Grt}}\left[-2\left(X_{\mathrm{Ca}}^{\mathrm{Grt}}\right)^2X_{\mathrm{Fe}^{2+}}^{\mathrm{Grt}}\right]+W_{\mathrm{CaFe}^{2+}}^{\mathrm{Grt}}\left[-2X_{\mathrm{Ca}}^{\mathrm{Grt}}\left(X_{\mathrm{Fe}}^{\mathrm{Grt}}\right)^2\right]\\
&+W_{\mathrm{MnCa}}^{\mathrm{Grt}}\left[-2\left(X_{\mathrm{Ca}}^{\mathrm{Grt}}\right)^2X_{\mathrm{Mn}}^{\mathrm{Grt}}\right]+W_{\mathrm{MnCa}}^{\mathrm{Grt}}\left[-2X_{\mathrm{Ca}}^{\mathrm{Grt}}\left(X_{\mathrm{Mn}}^{\mathrm{Grt}}\right)^2\right]\\
&+W_{\mathrm{Fe}^{2+}\mathrm{Mg}}^{\mathrm{Grt}}\left[2X_{\mathrm{Mg}}^{\mathrm{Grt}}X_{\mathrm{Fe}^{2+}}^{\mathrm{Grt}}-2\left(X_{\mathrm{Mg}}^{\mathrm{Grt}}\right)^2X_{\mathrm{Fe}^{2+}}^{\mathrm{Grt}}\right]+W_{\mathrm{MgFe}^{2+}}^{\mathrm{Grt}}\left[\left(X_{\mathrm{Fe}^{2+}}^{\mathrm{Grt}}\right)^2-2X_{\mathrm{Mg}}^{\mathrm{Grt}}\left(X_{\mathrm{Fe}^{2+}}^{\mathrm{Grt}}\right)^2\right]\\
&+W_{\mathrm{MnMg}}^{\mathrm{Grt}}\left[2X_{\mathrm{Mg}}^{\mathrm{Grt}}X_{\mathrm{Mn}}^{\mathrm{Grt}}-2\left(X_{\mathrm{Mg}}^{\mathrm{Grt}}\right)^2X_{\mathrm{Mn}}^{\mathrm{Grt}}\right]+W_{\mathrm{MgMn}}^{\mathrm{Grt}}\left[\left(X_{\mathrm{Mn}}^{\mathrm{Grt}}\right)^2-2X_{\mathrm{Mg}}^{\mathrm{Grt}}\left(X_{\mathrm{Mn}}^{\mathrm{Grt}}\right)^2\right]\\
&+W_{\mathrm{MnFe}^{2+}}^{\mathrm{Grt}}\left[-2\left(X_{\mathrm{Fe}^{2+}}^{\mathrm{Grt}}\right)^2X_{\mathrm{Mn}}^{\mathrm{Grt}}\right]+W_{\mathrm{Fe}^{2+}\mathrm{Mn}}^{\mathrm{Grt}}\left[-2X_{\mathrm{Fe}^{2+}}^{\mathrm{Grt}}\left(X_{\mathrm{Mn}}^{\mathrm{Grt}}\right)^2\right]\\
&+W_{\mathrm{CaMgFe}^{2+}}^{\mathrm{Grt}}\left(X_{\mathrm{Ca}}^{\mathrm{Grt}}X_{\mathrm{Fe}^{2+}}^{\mathrm{Grt}}-2X_{\mathrm{Ca}}^{\mathrm{Grt}}X_{\mathrm{Mg}}^{\mathrm{Grt}}X_{\mathrm{Fe}^{2+}}^{\mathrm{Grt}}\right)+W_{\mathrm{CaMgMn}}^{\mathrm{Grt}}\left(X_{\mathrm{Ca}}^{\mathrm{Grt}}X_{\mathrm{Mn}}^{\mathrm{Grt}}-2X_{\mathrm{Ca}}^{\mathrm{Grt}}X_{\mathrm{Mg}}^{\mathrm{Grt}}X_{\mathrm{Mn}}^{\mathrm{Grt}}\right)\\
&+W_{\mathrm{CaFe}^{2+}\mathrm{Mn}}^{\mathrm{Grt}}\left(-2X_{\mathrm{Ca}}^{\mathrm{Grt}}X_{\mathrm{Fe}^{2+}}^{\mathrm{Grt}}X_{\mathrm{Mn}}^{\mathrm{Grt}}\right)+W_{\mathrm{MgFe}^{2+}\mathrm{Mn}}^{\mathrm{Grt}}\left(X_{\mathrm{Fe}^{2+}}^{\mathrm{Grt}}X_{\mathrm{Mn}}^{\mathrm{Grt}}-2X_{\mathrm{Mg}}^{\mathrm{Grt}}X_{\mathrm{Fe}^{2+}}^{\mathrm{Grt}}X_{\mathrm{Mn}}^{\mathrm{Grt}}\right)
\end{aligned} \tag{4-77}$$

将方程(4-77)中的 Mg 和 Fe^{2+}互换，便可计算$3RT\ln\gamma_{\mathrm{Fe}^{2+}}^{\mathrm{Grt}}$。$W_{ij}^{\mathrm{Grt}}$ 和W_{ijk}^{Grt} 根据方程(4-52)和方程(4-53)计算(C_{ijk}^{Grt} 假设为 0)，其所需参数见表 4-4。

表 4-4　石榴子石的石马居尔参数(Berman，1990)

参数	W_{H}(J/mol)	W_{S}[J/(mol·K)]	W_{V}(J/bar)
CaCaMg	21560	18.79	0.10
CaMgMg	69200	18.79	0.10
$CaCaFe^{2+}$	20320	5.08	0.17
$CaFe^{2+}Fe^{2+}$	2620	5.08	0.09
$MgMgFe^{2+}$	230		0.01
$MgFe^{2+}Fe^{2+}$	3720		0.06
$CaMgFe^{2+}$	58825	23.87	0.265
CaMgMn	45424	18.79	0.100
$CaFe^{2+}Mn$	11470	5.08	0.130
$MgFe^{2+}Mn$	1975		0.035

图 4-11 为不同版本石榴子石-堇青石 Fe^{2+}-Mg 交换温度计结果比较。从图 4-11 中可以看出，早期版本石榴子石-堇青石温度计(Thompson，1976；Wells，1979；Perchuk and Lavrent'Eva，1983)通常低估平衡温度，这可能源于早期版本中未考虑石榴子石和堇青石的非理想混合性质等因素；而后期的几个石榴子石-堇青石温度计版本(Bhattacharya et al.，1988；Dwivedi et al.，1998；Kaneko and Miyano，2004)具有较为一致的结果，这可能是因为其依据的实验数据更多且一致、石榴子石和堇青石的非理想混合模型更完善等。因此，新版本的石榴子石-堇青石温度计更为可靠，但也更为复杂。考虑到温压计的内恰性，Kaneko 和 Miyano(2004)及 Nichols 等(1992)的石榴子石-堇青石温度计更值得推荐。

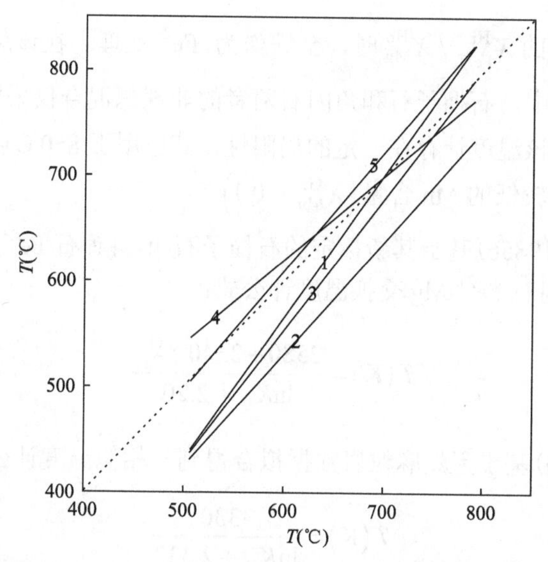

图 4-11　不同版本石榴子石-堇青石 Fe^{2+}-Mg 交换温度计结果比较(Kaneko and Miyano，2004)

横坐标 T(℃)为 Kaneko 和 Miyano(2004)计算结果；1-Thompson(1976)；2-Perchuk 和 Lavrent'Eva(1983)；3-Wells(1979)；4-Bhattacharya 等(1988)；5-Dwivedi 等(1998)

4)石榴子石-角闪石 Fe^{2+}-Mg 交换温度计

Perchuk(1970)研究表明，在全岩化学成分不变的情况下，随着温度和压力的升高，石榴子石-角闪石(Hb)共生体系中石榴子石 Mg 含量增加，而与其平衡的角闪石 Mg 含量相应减少；随着温度和压力的降低，石榴子石 Fe 含量增加，而角闪石 Fe 含量减少。石榴子石-角闪石 Fe^{2+}-Mg 交换反应可写作：

$$\underset{\text{亚铁韭闪石(Fe - Pa)}}{(1/4)\mathrm{NaCa_2Fe_4Al_3Si_6O_{22}(OH)_2}} + \underset{\text{镁铝榴石(Prp)}}{(1/3)\mathrm{Mg_3Al_2Si_3O_{12}}}$$

$$= \underset{\text{韭闪石(Pa)}}{(1/4)\mathrm{NaCa_2Mg_4Al_3Si_6O_{22}(OH)_2}} + \underset{\text{铁铝榴石(Alm)}}{(1/3)\mathrm{Fe_3Al_2Si_3O_{12}}}$$

若假定石榴子石和角闪石均为理想固溶体，则该反应的平衡常数为

$$K_{eq} = \prod_{B} a_{B}^{\upsilon_{B}} = \frac{\left(a_{Alm}^{Grt}\right)^{1/3}\left(a_{Pa}^{Hb}\right)^{1/4}}{\left(a_{Prp}^{Grt}\right)^{1/3}\left(a_{Fe-Pa}^{Hb}\right)^{1/4}} = \frac{X_{Fe^{2+}}^{Grt} / X_{Mg}^{Grt}}{X_{Fe^{2+}}^{Hb} / X_{Mg}^{Hb}} = K_{D} \tag{4-78}$$

Graham 和 Powell(1984)以角闪岩相和麻粒岩相石榴子石+角闪石+单斜辉石组合为基础，根据 Ellis 和 Green(1979)的石榴子石-单斜辉石 Fe^{2+}-Mg 交换温度计对石榴子石-角闪石 Fe^{2+}-Mg 交换温度计进行了半经验标定，其获得的温度计公式为

$$T(K) = \frac{2880 + 3280X_{Ca}^{Grt}}{\ln K_{D} + 2.426} \tag{4-79}$$

在计算角闪石中的 $X_{Fe^{2+}}^{Hb} / X_{Mg}^{Hb}$ 时，全铁作为 Fe^{2+}处理。在该版本石榴子石-角闪石 Fe^{2+}-Mg 交换温度计中，石榴子石和角闪石两者的非理想混合仅采用了石榴子石 X_{Ca}^{Grt} 参数进行了校正，因而该温度计存在一定的局限性，其适用于 850℃以下低氧逸度的岩石，且要求石榴子石具有较低的 Mn 含量$\left(X_{Mn}^{Grt} < 0.1\right)$。

Powell(1985a，1985b)基于其新标定的石榴子石-单斜辉石 Fe^{2+}-Mg 交换温度计获得了新的石榴子石-角闪石 Fe^{2+}-Mg 交换温度计公式：

$$T(K) = \frac{2580 + 3340X_{Ca}^{Grt}}{\ln K_{D} + 2.20} \tag{4-80}$$

Perchuk 等(1985)基于天然麻粒岩数据拟合得到一相似温度计公式：

$$T(K) = \frac{3330}{\ln K_{D} + 2.333} \tag{4-81}$$

两者均没有考虑更多的影响因素，因而并没有实质上的进步。Ravna(2000b)对前人大量实验和天然岩石数据进行了多元回归分析，不仅考虑了 X_{Ca}^{Grt} 对温度计算的影响，还考虑了 X_{Mn}^{Grt} 的影响，其数据覆盖较宽的温压范围(5～16kbar 和 515～1025℃)，获得的经验标定温度计公式为

$$T(℃) = \frac{1504 + 1784\left(X_{Ca}^{Grt} + X_{Mn}^{Grt}\right)}{\ln K_{D} + 0.720} - 273 \tag{4-82}$$

值得注意的是，在计算角闪石中的 $X_{Fe^{2+}}^{Hb} / X_{Mg}^{Hb}$ 时，Fe^{2+}的计算采用了 Schumacher (1991)方法。将该温度计应用于基性至中性成分的角闪岩相和麻粒岩相岩石，均获得了较好的结果。

石榴子石-角闪石 Fe^{2+}-Mg 交换不仅受控于温度，也受压力、石榴子石和角闪石成分的影响。特别是角闪石结构和成分非常复杂，对交换反应的影响也很难估计，因而近几十年仅出现了少数几个石榴子石-角闪石 Fe^{2+}-Mg 交换温度计版本。上述几个版本的石榴

子石-角闪石 Fe^{2+}-Mg 交换温度计无一对压力进行校正，对石榴子石和角闪石的非理想混合也仅进行了简化处理；角闪石 Fe^{2+}的含量受到计算方法的影响；同时，这些温度计均根据石榴子石-单斜辉石 Fe^{2+}-Mg 交换温度计进行校正，因而也受到后者精度和合理性的制约。综上所述，石榴子石-角闪石 Fe^{2+}-Mg 交换温度计须在标定的温压和全岩成分范围内谨慎使用。特别是对于部分含角闪石榴辉岩，石榴子石与角闪石并未达到 Fe^{2+}-Mg 交换平衡，因而石榴子石-角闪石 Fe^{2+}-Mg 交换温度计应用于这些岩石并不能得到合理结果（Graham and Powell，1984）。

5）石榴子石-多硅白云母 Fe^{2+}-Mg 交换温度计

在（超）高压变质岩石中白云母通常为多硅白云母（Ph），若假设多硅白云母 Si=3.5（以阳离子总数=7 计算），且石榴子石和多硅白云母均为理想固溶体，此时石榴子石-多硅白云母 Fe^{2+}-Mg 交换反应及其平衡常数可写作：

$$(1/6)\mathrm{Mg_3Al_2Si_3O_{12}} + \mathrm{KFe_{0.5}Al_2Si_{3.5}O_{10}(OH)_2} = (1/6)\mathrm{Fe_3Al_2Si_3O_{12}} + \mathrm{KMg_{0.5}Al_2Si_{3.5}O_{10}(OH)_2}$$

镁铝榴石（Prp）　铁多硅白云母（Fe-Ph）　铁铝榴石（Alm）　镁多硅白云母（Mg-Ph）

$$K_{\mathrm{eq}} = \prod_{\mathrm{B}} a_{\mathrm{B}}^{\upsilon_{\mathrm{B}}} = \frac{\left(a_{\mathrm{Alm}}^{\mathrm{Grt}}\right)^{1/6} a_{\mathrm{Mg-Ph}}^{\mathrm{Ph}}}{\left(a_{\mathrm{Prp}}^{\mathrm{Grt}}\right)^{1/6} a_{\mathrm{Fe-Ph}}^{\mathrm{Ph}}} = \left(\frac{X_{\mathrm{Fe^{2+}}}^{\mathrm{Grt}} / X_{\mathrm{Mg}}^{\mathrm{Grt}}}{X_{\mathrm{Fe^{2+}}}^{\mathrm{Ph}} / X_{\mathrm{Mg}}^{\mathrm{Ph}}}\right)^{1/2} = K_{\mathrm{D}}^{1/2} \tag{4-83}$$

Green 和 Hellman（1982）在 P=20～35kbar，T=800～1000℃的条件下，在石英和水存在时，对天然多硅白云母与共生石榴子石之间的 Fe^{2+}-Mg 交换反应进行了实验研究，得到$\ln K_{\mathrm{D}}$与温度和压力间均为线性关系，且石榴子石和多硅白云母之间的 Fe^{2+}-Mg 交换与石榴子石中的 Ca 含量及全岩成分的 $\mathrm{Mg^{\#}}$值有关。利用 $\mathrm{Mg^{\#}}$值为 23 和 46 的多硅白云母分别与合成的玄武质成分的岩石混合，研究了这两种成分参数的影响。运用这些结果分别对泥质和玄武质岩石中的石榴子石-多硅白云母 Fe^{2+}-Mg 交换温压计进行了粗略的经验标定，得到温度计的公式如下。

对于 $\mathrm{Mg^{\#}}\approx67$ 的低钙岩石：

$$T(\mathrm{K}) = \frac{5560 + 0.036P(\mathrm{bar})}{\ln K_{\mathrm{D}} + 4.65} \tag{4-84}$$

对于 $\mathrm{Mg^{\#}}\approx20$～30 的低钙岩石：

$$T(\mathrm{K}) = \frac{5680 + 0.036P(\mathrm{bar})}{\ln K_{\mathrm{D}} + 4.48} \tag{4-85}$$

对于 $\mathrm{Mg^{\#}}\approx67$ 的玄武质岩石：

$$T(\mathrm{K}) = \frac{5170 + 0.036P(\mathrm{bar})}{\ln K_{\mathrm{D}} + 4.17} \tag{4-86}$$

由于石榴子石-多硅白云母 Fe^{2+}-Mg 交换反应的非理想性，这种温度计不能应用于所研究的成分范围以外的岩石。另外，必须仔细考虑多硅白云母中 Fe^{3+}的影响，如果不了解天然多硅白云母中 Fe^{3+}的含量，那么所得的温度应该是最小值。

Krogh 和 Heim（1978）也对石榴子石-多硅白云母的温度计做过实验研究，其实验条件为 T=700～1000℃和 P=30kbar，获得的温度计公式为

$$T(\mathrm{K})=\frac{3685+77.1P(\mathrm{kbar})}{\ln K_{\mathrm{D}}+3.52} \tag{4-87}$$

但由于难以测试白云母成分等多方面条件的限制，他们的温度计只适用于含 CaO≈10%的玄武质岩石，不能推广到 CaO 仅为 2%左右的泥质岩石，因为 Ca 影响石榴子石的 Fe^{2+}-Mg 替代（Green and Hellman，1982）。

低级变质岩石中的白云母通常也会含有一定量的绿磷石和铁绿磷石组分，上述两个版本的温度计主要适用于榴辉岩相变质条件下的多硅白云母。作为补充，Hynes 和 Forest（1988）对 P=3～7kbar 黑云母等变线以下的低级变质泥岩中石榴子石-白云母 Fe^{2+}-Mg 交换温度计进行经验标定，他们假定压力对石榴子石-白云母 Fe^{2+}-Mg 交换无影响，白云母为理想混合模型而石榴子石为非理想混合模型，充分考虑了石榴子石中 Ca 和 Mn 含量等因素对石榴子石-白云母 Fe^{2+}-Mg 交换，获得的温度计公式为

$$T(\mathrm{K})=\frac{4.79\times10^{3}}{\ln K+4.13} \tag{4-88}$$

式中

$$\begin{aligned}\ln K=\ln K_{\mathrm{D}}&+\frac{0.8W_{\mathrm{Fe^{2+}Mg}}^{\mathrm{Grt}}-W_{\mathrm{Fe^{2+}Mg}}^{\mathrm{Grt}}\left(X_{\mathrm{Fe^{2+}}}^{\mathrm{Grt}}-X_{\mathrm{Mg}}^{\mathrm{Grt}}\right)-3000X_{\mathrm{Mn}}^{\mathrm{Grt}}}{RT}\\&-2.978X_{\mathrm{Ca}}^{\mathrm{Grt}}\left(\frac{844}{T}\right)+5.906\left[X_{\mathrm{Ca}}^{\mathrm{Grt}}\left(\frac{844}{T}\right)\right]^{2}\end{aligned} \tag{4-89}$$

$$W_{\mathrm{Fe^{2+}Mg}}^{\mathrm{Grt}}=200\frac{X_{\mathrm{Mg}}^{\mathrm{Grt}}}{X_{\mathrm{Fe^{2+}}}^{\mathrm{Grt}}+X_{\mathrm{Mg}}^{\mathrm{Grt}}}+2500\frac{X_{\mathrm{Fe^{2+}}}^{\mathrm{Grt}}}{X_{\mathrm{Fe^{2+}}}^{\mathrm{Grt}}+X_{\mathrm{Mg}}^{\mathrm{Grt}}} \tag{4-90}$$

将上述温度计应用于天然岩石时，与石榴子石-黑云母温度计计算结果相比，可能存在着较大差异，如 Krogh 和 Heim（1978）、Hynes 和 Forest（1988）的温度计可能低估温度而 Green 和 Hellman（1982）的温度计则可能高估温度。为解决这种矛盾，Wu 等（2002a，2002b）对天然变泥质岩石采用 Holdaway（2000）的石榴子石-黑云母温度计和 Holdaway（2001）的 GASP 压力计（见后续介绍）重新对石榴子石-白云母 Fe^{2+}-Mg 交换温度计进行了经验标定，石榴子石采用与 Holdaway（2000）相同的固溶体模型，而白云母（Ms）采用 Fe-Mg-Al^{VI}三元对称混合模型，得到的结果为

$$T_{(\mathrm{A})}(\mathrm{K})=\frac{969.9+(1.3-9.1\mathrm{Gb})P(\mathrm{kbar})-0.0091\mathrm{Gc}-4393.8\left(X_{\mathrm{Fe^{2+}}}^{\mathrm{Ms}}-X_{\mathrm{Mg}}^{\mathrm{Ms}}\right)+200.4X_{\mathrm{Al}}^{\mathrm{Ms}}}{1+0.0091(3R\ln K_{\mathrm{D}}+\mathrm{Ga})} \tag{4-91a}$$

$$T_{(\mathrm{B})}(\mathrm{K})=\frac{-1167.3-(0.2+8.8\mathrm{Gb})P(\mathrm{kbar})-0.0088\mathrm{Gc}-6878.1\left(X_{\mathrm{Fe}^{2+}}^{\mathrm{Ms}}-X_{\mathrm{Mg}}^{\mathrm{Ms}}\right)+2469.0X_{\mathrm{Al}}^{\mathrm{Ms}}}{1+0.0088(3R\ln K_{\mathrm{D}}+\mathrm{Ga})} \tag{4-91b}$$

方程(9-91a)假定白云母不含 Fe^{3+}，而方程(9-91b)假定白云母中 Fe^{3+}为总 Fe 的 50%，其中 $X_i^{\mathrm{Ms}}=i/(\mathrm{Fe}^{2+}+\mathrm{Mg}+\mathrm{Al}^{\mathrm{VI}})$。Ga、Gb 和 Gc 分别类似于方程(9-54)中的 $-\Delta W_{\mathrm{S}}^{\mathrm{Grt}}$、$\Delta W_{\mathrm{V}}^{\mathrm{Grt}}$ 和 $\Delta W_{\mathrm{H}}^{\mathrm{Grt}}$，其计算表达式分别为

$$\begin{aligned}\mathrm{Ga}=&12.4\left(X_{\mathrm{Fe}^{2+}}^{\mathrm{Grt}}\right)^2+22.09\left(X_{\mathrm{Mg}}^{\mathrm{Grt}}\right)^2-12.02\left(X_{\mathrm{Ca}}^{\mathrm{Grt}}\right)^2+23.01\left(X_{\mathrm{Mn}}^{\mathrm{Grt}}\right)^2-68.98X_{\mathrm{Mg}}^{\mathrm{Grt}}X_{\mathrm{Fe}^{2+}}^{\mathrm{Grt}}\\&+37.33X_{\mathrm{Fe}^{2+}}^{\mathrm{Grt}}X_{\mathrm{Ca}}^{\mathrm{Grt}}+18.165X_{\mathrm{Fe}^{2+}}^{\mathrm{Grt}}X_{\mathrm{Mn}}^{\mathrm{Grt}}+35.33X_{\mathrm{Mg}}^{\mathrm{Grt}}X_{\mathrm{Ca}}^{\mathrm{Grt}}+27.855X_{\mathrm{Mg}}^{\mathrm{Grt}}X_{\mathrm{Mn}}^{\mathrm{Grt}}\\&+35.165X_{\mathrm{Ca}}^{\mathrm{Grt}}X_{\mathrm{Mn}}^{\mathrm{Grt}}\end{aligned} \tag{4-92}$$

$$\begin{aligned}\mathrm{Gb}=&-0.05\left(X_{\mathrm{Fe}^{2+}}^{\mathrm{Grt}}\right)^2-0.034\left(X_{\mathrm{Mg}}^{\mathrm{Grt}}\right)^2-0.005\left(X_{\mathrm{Ca}}^{\mathrm{Grt}}\right)^2-0.014\left(X_{\mathrm{Mn}}^{\mathrm{Grt}}\right)^2+0.168X_{\mathrm{Mg}}^{\mathrm{Grt}}X_{\mathrm{Fe}^{2+}}^{\mathrm{Grt}}\\&+0.1565X_{\mathrm{Fe}^{2+}}^{\mathrm{Grt}}X_{\mathrm{Ca}}^{\mathrm{Grt}}-0.022X_{\mathrm{Fe}^{2+}}^{\mathrm{Grt}}X_{\mathrm{Mn}}^{\mathrm{Grt}}-0.2125X_{\mathrm{Mg}}^{\mathrm{Grt}}X_{\mathrm{Ca}}^{\mathrm{Grt}}-0.006X_{\mathrm{Mg}}^{\mathrm{Grt}}X_{\mathrm{Mn}}^{\mathrm{Grt}}\\&-0.0305X_{\mathrm{Ca}}^{\mathrm{Grt}}X_{\mathrm{Mn}}^{\mathrm{Grt}}\end{aligned} \tag{4-93}$$

$$\begin{aligned}\mathrm{Gc}=&-22265.0\left(X_{\mathrm{Fe}^{2+}}^{\mathrm{Grt}}\right)^2-24166.0\left(X_{\mathrm{Mg}}^{\mathrm{Grt}}\right)^2+3220.0\left(X_{\mathrm{Ca}}^{\mathrm{Grt}}\right)^2-39632.0\left(X_{\mathrm{Mn}}^{\mathrm{Grt}}\right)^2\\&+92862.0X_{\mathrm{Mg}}^{\mathrm{Grt}}X_{\mathrm{Fe}^{2+}}^{\mathrm{Grt}}-67328.0X_{\mathrm{Fe}^{2+}}^{\mathrm{Grt}}X_{\mathrm{Ca}}^{\mathrm{Grt}}-38681.5X_{\mathrm{Fe}^{2+}}^{\mathrm{Grt}}X_{\mathrm{Mn}}^{\mathrm{Grt}}\\&-99262.0X_{\mathrm{Mg}}^{\mathrm{Grt}}X_{\mathrm{Ca}}^{\mathrm{Grt}}-40582.5X_{\mathrm{Mg}}^{\mathrm{Grt}}X_{\mathrm{Mn}}^{\mathrm{Grt}}-79669.5X_{\mathrm{Ca}}^{\mathrm{Grt}}X_{\mathrm{Mn}}^{\mathrm{Grt}}\end{aligned} \tag{4-94}$$

鉴于其标定温压范围，该温度计适用范围为 T=480～700℃和 P=3.0～14.0kbar 的变泥质岩石。该温度计与石榴子石-黑云母温度计计算温度相差一般约±50℃。采用方程(4-91a)和方程(4-91b)对同一样品进行温度计算，结果表明在高温条件下(T>550℃)两种处理方法差距不大，而在低温条件下(T<550℃)差距明显，方程(4-91b)结果偏高(图 4-12)。该温度计能较好地反映递增变质带、倒转变质带和接触变质带等温度的规律性变化。

白云母 Fe^{3+}含量的确定是一直没有解决的问题。Guidotti 等(1994)采用 Mössbauer 谱分析了变泥质岩中的白云母，发现含石墨的岩石中白云母的 $Fe^{3+}/(Fe^{2+}+Fe^{3+})$值为 0.45±0.11，而含磁铁矿的岩石中白云母的 $Fe^{3+}/(Fe^{2+}+Fe^{3+})$值为 0.67±0.06。这表明白云母中普遍含有一定量的 Fe^{3+}，因而采用方程(4-91b)计算可能更接近实际情况。

6) *石榴子石-绿泥石 Fe^{2+}-Mg 交换温度计*

石榴子石和绿泥石(Chl)是中低级变质岩中的常见矿物，两者之间的 Fe^{2+}-Mg 交换反应为

$$\underset{\text{镁铝榴石(Prp)}}{5\mathrm{Mg_3Al_2Si_3O_{12}}}+\underset{\text{铁绿泥石(Daph)}}{3\mathrm{Fe_5Al_2Si_3O_{10}(OH)_2}}=\underset{\text{铁铝榴石(Alm)}}{5\mathrm{Fe_3Al_2Si_3O_{12}}}+\underset{\text{斜绿泥石(Clin)}}{3\mathrm{Mg_5Al_2Si_3O_{10}(OH)_2}}$$

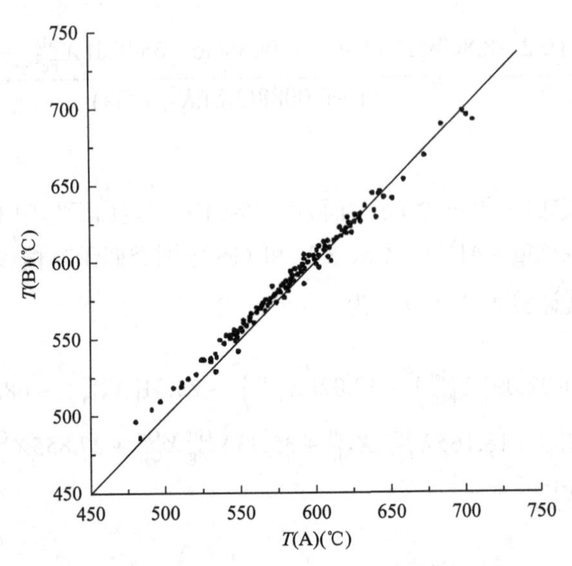

图 4-12　方程(4-91a)[T(A)]和方程(4-91b)[T(B)]温度计算结果对比(Wu et al.，2002b)

若石榴子石和绿泥石均为理想固溶体，其平衡常数可写作：

$$K_{eq}=\prod_{B}a_{B}^{\upsilon_B}=\frac{\left(a_{Alm}^{Grt}\right)^5\left(a_{Clin}^{Chl}\right)^3}{\left(a_{Prp}^{Grt}\right)^5\left(a_{Daph}^{Chl}\right)^3}=\left(\frac{X_{Fe^{2+}}^{Grt}/X_{Mg}^{Grt}}{X_{Fe^{2+}}^{Chl}/X_{Mg}^{Chl}}\right)^{15}=K_D^{15} \tag{4-95}$$

Dickinson 和 Hewitt(1986)对石榴子石-绿泥石 Fe^{2+}-Mg 分配进行了研究，获得了温度与分配系数的关系：

$$0=51906-7.541T(℃)+0.438P(\mathrm{bar})-15RT\ln K_D \tag{4-96}$$

Ghent 等(1987)结合石榴子石-黑云母 Fe^{2+}-Mg 交换温度计对石榴子石-绿泥石 Fe^{2+}-Mg 交换温度计进行了经验校正，其假设黑云母 Fe^{2+}-Mg 为理想混合而石榴子石为非理想混合，其获得的温度计为

$$T(\mathrm{K})=\frac{2109.92+0.00608P(\mathrm{bar})}{0.6867+\ln K_D} \tag{4-97}$$

Grambling(1990)采用 Gibbs 方法再次对该温度计进行了校正，获得的公式为

$$0=0.05P(\mathrm{bar})-19.02T(\mathrm{K})-4607\ln K_D+24156 \tag{4-98}$$

Moazzen(2004)将上述温度计应用于含硬绿泥石+绿泥石+石榴子石变泥质岩石中，其结果表明后两者获得的温度结果极为相近(–450℃，差别＜10℃)，而 Dickinson 和 Hewitt(1986)的温度计版本获得的结果低至不切实际的–180℃。

7) 石榴子石-斜方辉石 Fe^{2+}-Mg 交换温度计

石榴子石-斜方辉石(Opx)Fe^{2+}-Mg 交换反应可写作：

$$(1/3)Mg_3Al_2Si_3O_{12}+(1/2)Fe_2Si_2O_6=(1/3)Fe_3Al_2Si_3O_{12}+(1/2)Mg_2Si_2O_6$$

镁铝榴石(Prp)　铁辉石(Fs)　铁铝榴石(Alm)　顽火辉石(En)

若石榴子石和斜方辉石均为理想固溶体，其平衡常数可写作：

$$K_{eq}=\prod_B a_B^{\upsilon_B}=\frac{\left(a_{Alm}^{Grt}\right)^{1/3}\left(a_{En}^{Opx}\right)^{1/2}}{\left(a_{Prp}^{Grt}\right)^{1/3}\left(a_{Fs}^{Opx}\right)^{1/2}}=\frac{X_{Fe^{2+}}^{Grt}/X_{Mg}^{Grt}}{X_{Fe^{2+}}^{Opx}/X_{Mg}^{Opx}}=K_D \tag{4-99}$$

Harley(1984)在P=5～30kbar和T=800～1200℃条件下，选择(CaO)-FeO-MgO-Al_2O_3-SiO_2体系对该交换反应进行了实验研究。研究发现，在误差范围内，斜方辉石可看作理想固溶体，而Ca对Fe^{2+}-Mg交换反应的影响可用石榴子石Ca-Mg非理想混合来表示，其获得的温度计公式为

$$T(℃)=\frac{3740+1400X_{Ca}^{Grt}+22.86P(kbar)}{R\ln K_D+1.96}-273 \tag{4-100}$$

式中，$X_{Ca}^{Grt}=[Ca/(Ca+Mg+Fe^{2+})]^{Grt}$。

由于实验结果和天然岩石数据的较大误差及K_D与温度仅具有中等相关性，因此该温度计的精度和准确度受到了限制。

其后，Lee和Ganguly(1988)、Carswell和Harley(1990)分别对其进行了实验标定，尽管其计算精度有所提高，但其准确度仍然很低(Nimis and Grütter，2010)。因而，Nimis和Grütter(2010)采用达到化学平衡的天然超基性岩数据对其重新进行了经验标定，其获得的计算表达式为

$$T(K)=\frac{1215(\pm26)+17.4(\pm0.2)P(kbar)+1495(\pm120)\left(X_{Ca}^{Grt}+X_{Mn}^{Grt}\right)}{\ln K_D+0.732(\pm0.017)} \tag{4-101}$$

式中，$X_i^{Grt}=i/(Ca+Fe^{2+}+Mg+Mn)$。

该温度计适用于700～1400℃的温度范围内。

在应用该温度计时，通常的做法是将石榴子石和斜方辉石的总Fe(Fe^{total})视为Fe^{2+}，因而石榴子石和斜方辉石若存在少量Fe^{3+}，K_D值及温度计算结果必定会受到影响(Nimis and Grütter，2010)。K_D值所受到的影响可用下式表示：

$$\ln K_D^{Fe^{total}-Mg}-\ln K_D^{Fe^{2+}-Mg}=\ln\frac{\left(Fe^{2+}/Fe^{total}\right)^{Opx}}{\left(Fe^{2+}/Fe^{total}\right)^{Grt}}=\ln\frac{1-\left(Fe^{3+}/Fe^{total}\right)^{Opx}}{1-\left(Fe^{3+}/Fe^{total}\right)^{Grt}} \tag{4-102}$$

当且仅当石榴子石和斜方辉石Fe^{3+}/Fe^{total}相等时，这种影响可以忽略。Matjuschkin等(2014)和Nimis等(2015)详细研究了Fe^{3+}对石榴子石-斜方辉石Fe^{2+}-Mg交换的影响。Matjuschkin等(2014)通过实验研究发现，若将总铁视为Fe^{2+}，Harley(1984)温度计计算

结果与实验温度差距可达 200℃以上，这是因为 Fe^{3+}强烈地优先进入石榴子石晶格；若运用实测 Fe^{2+}含量计算 K_D 值，则这种差异可降低至 70℃。Nimis 等(2015)通过对地幔包体石榴子石和斜方辉石 Fe^{3+}含量的研究发现，石榴子石中 Fe^{3+}/Fe^{total} 介于 0.03～0.13，而斜方辉石中 Fe^{3+}/Fe^{total} 较低，介于 0.01～0.09，$\ln\frac{\left(Fe^{3+}\right)^{Opx}}{\left(Fe^{3+}\right)^{Grt}}$ 与温度关系不大，但随压力的下降和斜方辉石中 Na 含量 Na^{Opx} 的升高而增大，可用如下关系式表示：

$$\ln\frac{\left(Fe^{3+}\right)^{Opx}}{\left(Fe^{3+}\right)^{Grt}} = -0.0551P(\text{GPa}) + 183\text{Na}^{Opx} - 0.12 \tag{4-103}$$

将方程(4-103)应用于评估氧化还原状态对温度计的影响，结果表明：在氧化状态下，低压条件下 Fe^{3+}的影响可忽略，而高压条件下 Fe^{3+}的影响较大，可能导致温度低估 100℃以上；在还原状态下，Fe^{3+}的影响也近似可忽略(温度高估小于 40℃)。可见，在应用石榴子石-斜方辉石时，氧化状态下压力较高时，须实测矿物 Fe^{3+}含量，而其他情况下 Fe^{3+}可近似忽略。

天然岩石中石榴子石+斜方辉石组合的形成温度通常较高，因而基于 Fe^{2+}-Mg 交换的石榴子石-斜方辉石温度计容易受到变质作用峰期之后离子再平衡的影响，即石榴子石-斜方辉石矿物对往往不能保留变质高峰期的矿物成分。Aranovich 和 Berman(1997)认为，与石榴子石共生的斜方辉石中的 Al 组分更可能记录接近变质作用峰期的 *P-T* 条件，所以通过实验标度了基于斜方辉石 Al 组分的温度计：

$$\underset{\text{铁铝榴石(Alm)}}{Fe_3Al_2Si_3O_{12}} = \underset{\text{铁辉石(Fs)}}{3FeSiO_3} + \underset{\text{斜方刚玉(Ok)}}{Al_2O_3}$$

若石榴子石和斜方辉石均为理想固溶体，其平衡常数可写作：

$$K_{eq} = \prod_B a_B^{\upsilon_B} = \frac{\left(a_{Fs}^{Opx}\right)^3 a_{Ok}^{Opx}}{a_{Alm}^{Grt}} = \frac{\left(X_{Fs}^{Opx}\right)^3 X_{Ok}^{Opx}}{\left(X_{Alm}^{Grt}\right)^3} = K_D \tag{4-104}$$

其实验条件是 *P*=12～20kbar、*T*=850～1000℃，并假定石榴子石为 Ca-Mg-Fe 三元非理想混合而斜方辉石为 $MgSiO_3$、$FeSiO_3$ 和 Al_2O_3 三元非理想混合。其所获得的温度计表达为

$$T(\text{K}) = \frac{-72767.0 - 3W_{Fs,H}^{Opx} - W_{Ok,H}^{Opx} + W_{Alm,H}^{Grt} - P(\text{bar})\left(1.58 - 3W_{Fs,V}^{Opx} - W_{Ok,V}^{Opx} + W_{Alm,V}^{Grt}\right)}{8.3144\ln K_D - 16.79 - 3W_{Fs,S}^{Opx} - W_{Ok,S}^{Opx} + W_{Alm,S}^{Grt}} \tag{4-105}$$

式中，$W_{B,j}^i$ 分别是 i(=Opx、Grt)矿物中 B(=Fs，Ok，Alm)组分的 j(=H、V、S)项马居

尔参数，其计算表达式如下：

$$W_{\mathrm{Fs,H}}^{\mathrm{Opx}}=-2600\left(X_{\mathrm{En}}^{\mathrm{Opx}}\right)^{2}-32398.4\left(X_{\mathrm{Ok}}^{\mathrm{Opx}}\right)^{2}-13120.4X_{\mathrm{En}}^{\mathrm{Opx}}X_{\mathrm{Ok}}^{\mathrm{Opx}} \tag{4-106}$$

$$W_{\mathrm{Fs,S}}^{\mathrm{Opx}}=-1.342\left(X_{\mathrm{En}}^{\mathrm{Opx}}\right)^{2}-1.342X_{\mathrm{En}}^{\mathrm{Opx}}X_{\mathrm{Ok}}^{\mathrm{Opx}} \tag{4-107}$$

$$W_{\mathrm{Fs,V}}^{\mathrm{Opx}}=-0.883\left(X_{\mathrm{Ok}}^{\mathrm{Opx}}\right)^{2}-0.497X_{\mathrm{En}}^{\mathrm{Opx}}X_{\mathrm{Ok}}^{\mathrm{Opx}} \tag{4-108}$$

$$W_{\mathrm{Ok,H}}^{\mathrm{Opx}}=-21878.4\left(X_{\mathrm{En}}^{\mathrm{Opx}}\right)^{2}-32398.4\left(X_{\mathrm{Fs}}^{\mathrm{Opx}}\right)^{2}-51676.4X_{\mathrm{En}}^{\mathrm{Opx}}X_{\mathrm{Fs}}^{\mathrm{Opx}} \tag{4-109}$$

$$W_{\mathrm{Ok,S}}^{\mathrm{Opx}}=1.342X_{\mathrm{En}}^{\mathrm{Opx}}X_{\mathrm{Fs}}^{\mathrm{Opx}}+16.111X_{\mathrm{Fs}}^{\mathrm{Opx}}\Big/\left(X_{\mathrm{Fs}}^{\mathrm{Opx}}+X_{\mathrm{En}}^{\mathrm{Opx}}\right) \tag{4-110}$$

$$W_{\mathrm{Ok,V}}^{\mathrm{Opx}}=-0.386\left(X_{\mathrm{En}}^{\mathrm{Opx}}\right)^{2}-0.883\left(X_{\mathrm{Fs}}^{\mathrm{Opx}}\right)^{2}-1.269X_{\mathrm{En}}^{\mathrm{Opx}}X_{\mathrm{Fs}}^{\mathrm{Opx}}+0.175X_{\mathrm{Fs}}^{\mathrm{Opx}}\Big/\left(X_{\mathrm{Fs}}^{\mathrm{Opx}}+X_{\mathrm{En}}^{\mathrm{Opx}}\right) \tag{4-111}$$

$$\begin{aligned}W_{\mathrm{Alm,H}}^{\mathrm{Grt}}=&5064.5\left[\left(X_{\mathrm{Prp}}^{\mathrm{Grt}}\right)^{2}-2\left(X_{\mathrm{Prp}}^{\mathrm{Grt}}\right)^{2}X_{\mathrm{Alm}}^{\mathrm{Grt}}\right]+6249.1\left[X_{\mathrm{Alm}}^{\mathrm{Grt}}X_{\mathrm{Prp}}^{\mathrm{Grt}}-2X_{\mathrm{Prp}}^{\mathrm{Grt}}\left(X_{\mathrm{Alm}}^{\mathrm{Grt}}\right)^{2}\right]\\&-66940\left(X_{\mathrm{Grs}}^{\mathrm{Grt}}\right)^{2}X_{\mathrm{Prp}}^{\mathrm{Grt}}-136560\left(X_{\mathrm{Prp}}^{\mathrm{Grt}}\right)^{2}X_{\mathrm{Grs}}^{\mathrm{Grt}}+21951\left[\left(X_{\mathrm{Grs}}^{\mathrm{Grt}}\right)^{2}-2\left(X_{\mathrm{Grs}}^{\mathrm{Grt}}\right)^{2}X_{\mathrm{Alm}}^{\mathrm{Grt}}\right]\\&+11581.5\left[X_{\mathrm{Grs}}^{\mathrm{Grt}}X_{\mathrm{Alm}}^{\mathrm{Grt}}-2\left(X_{\mathrm{Alm}}^{\mathrm{Grt}}\right)^{2}X_{\mathrm{Grs}}^{\mathrm{Grt}}\right]+73298\left[X_{\mathrm{Grs}}^{\mathrm{Grt}}X_{\mathrm{Prp}}^{\mathrm{Grt}}-2X_{\mathrm{Grs}}^{\mathrm{Grt}}X_{\mathrm{Prp}}^{\mathrm{Grt}}X_{\mathrm{Alm}}^{\mathrm{Grt}}\right]\end{aligned} \tag{4-112}$$

$$\begin{aligned}W_{\mathrm{Alm,S}}^{\mathrm{Grt}}=&4.11\left[\left(X_{\mathrm{Prp}}^{\mathrm{Grt}}\right)^{2}-2\left(X_{\mathrm{Prp}}^{\mathrm{Grt}}\right)^{2}X_{\mathrm{Alm}}^{\mathrm{Grt}}\right]+4.11\left[X_{\mathrm{Alm}}^{\mathrm{Grt}}X_{\mathrm{Prp}}^{\mathrm{Grt}}-2X_{\mathrm{Prp}}^{\mathrm{Grt}}\left(X_{\mathrm{Alm}}^{\mathrm{Grt}}\right)^{2}\right]\\&-18.79\left(X_{\mathrm{Grs}}^{\mathrm{Grt}}\right)^{2}X_{\mathrm{Prp}}^{\mathrm{Grt}}-18.79\left(X_{\mathrm{Prp}}^{\mathrm{Grt}}\right)^{2}X_{\mathrm{Grs}}^{\mathrm{Grt}}+9.43\left[\left(X_{\mathrm{Grs}}^{\mathrm{Grt}}\right)^{2}-2\left(X_{\mathrm{Grs}}^{\mathrm{Grt}}\right)^{2}X_{\mathrm{Alm}}^{\mathrm{Grt}}\right]\\&+9.43\left[X_{\mathrm{Grs}}^{\mathrm{Grt}}X_{\mathrm{Alm}}^{\mathrm{Grt}}-2\left(X_{\mathrm{Alm}}^{\mathrm{Grt}}\right)^{2}X_{\mathrm{Grs}}^{\mathrm{Grt}}\right]+32.33\left[X_{\mathrm{Grs}}^{\mathrm{Grt}}X_{\mathrm{Prp}}^{\mathrm{Grt}}-2X_{\mathrm{Grs}}^{\mathrm{Grt}}X_{\mathrm{Prp}}^{\mathrm{Grt}}X_{\mathrm{Alm}}^{\mathrm{Grt}}\right]\end{aligned} \tag{4-113}$$

$$\begin{aligned}W_{\mathrm{Alm,V}}^{\mathrm{Grt}}=&0.01\left[\left(X_{\mathrm{Prp}}^{\mathrm{Grt}}\right)^{2}-2\left(X_{\mathrm{Prp}}^{\mathrm{Grt}}\right)^{2}X_{\mathrm{Alm}}^{\mathrm{Grt}}\right]+0.06\left[X_{\mathrm{Alm}}^{\mathrm{Grt}}X_{\mathrm{Prp}}^{\mathrm{Grt}}-2X_{\mathrm{Prp}}^{\mathrm{Grt}}\left(X_{\mathrm{Alm}}^{\mathrm{Grt}}\right)^{2}\right]\\&-0.346\left(X_{\mathrm{Grs}}^{\mathrm{Grt}}\right)^{2}X_{\mathrm{Prp}}^{\mathrm{Grt}}-0.072\left(X_{\mathrm{Prp}}^{\mathrm{Grt}}\right)^{2}X_{\mathrm{Grs}}^{\mathrm{Grt}}+0.17\left[\left(X_{\mathrm{Grs}}^{\mathrm{Grt}}\right)^{2}-2\left(X_{\mathrm{Grs}}^{\mathrm{Grt}}\right)^{2}X_{\mathrm{Alm}}^{\mathrm{Grt}}\right]\\&+0.09\left[X_{\mathrm{Grs}}^{\mathrm{Grt}}X_{\mathrm{Alm}}^{\mathrm{Grt}}-2\left(X_{\mathrm{Alm}}^{\mathrm{Grt}}\right)^{2}X_{\mathrm{Grs}}^{\mathrm{Grt}}\right]+0.281\left[X_{\mathrm{Grs}}^{\mathrm{Grt}}X_{\mathrm{Prp}}^{\mathrm{Grt}}-2X_{\mathrm{Grs}}^{\mathrm{Grt}}X_{\mathrm{Prp}}^{\mathrm{Grt}}X_{\mathrm{Alm}}^{\mathrm{Grt}}\right]\end{aligned} \tag{4-114}$$

8) 石榴子石-橄榄石 Fe^{2+}-Mg 交换温度计

石榴子石和橄榄石(Ol)是石榴橄榄岩等超基性岩中的常见矿物，其可能形成于(超)高温和(超)高(低)压条件下，对其 Fe^{2+}-Mg 交换反应的研究有助于获得岩石结晶或重结晶的温压条件。该交换反应可写作：

$$2Mg_3Al_2Si_3O_{12} + 3Fe_2SiO_4 = 2Fe_3Al_2Si_3O_{12} + 3Mg_2SiO_4$$

镁铝榴石(Prp)　铁橄榄石(Fa)　铁铝榴石(Alm)　镁橄榄石(Fo)

若石榴子石和橄榄石均为理想固溶体，其平衡常数可写作：

$$K_{eq} = \prod_B a_B^{\upsilon_B} = \frac{\left(a_{Alm}^{Grt}\right)^2 \left(a_{Fo}^{Ol}\right)^3}{\left(a_{Prp}^{Grt}\right)^2 \left(a_{Fa}^{Ol}\right)^3} = \left(\frac{X_{Fe^{2+}}^{Grt} / X_{Mg}^{Grt}}{X_{Fe^{2+}}^{Ol} / X_{Mg}^{Ol}}\right)^6 = K_D^6 \tag{4-115}$$

O'Neill 和 Wood(1979)在 P=30kbar 和 T=900～1400℃的条件下，对石榴子石-橄榄石之间的 Fe^{2+}-Mg 交换进行了实验研究。其结果表明，交换反应 K_D 强烈地依赖于石榴子石的 Fe/Mg 值和 Ca 含量，这种依赖关系可以用石榴子石的正规溶液活度模型来表示。对实验结果的多元线性回归获得了如下温度计公式：

$$T(\mathrm{K}) = \frac{902 + \mathrm{DV} + \left(X_{Mg}^{Ol} - X_{Fe}^{Ol}\right)\left\{498 + 1.51\left[P(\mathrm{kbar}) - 30\right]\right\} - 98\left(X_{Mg}^{Grt} - X_{Fe}^{Grt}\right) + 1347 X_{Ca}^{Grt}}{\ln K_D + 0.357} \tag{4-116}$$

式中

$$X_i^{Ol} = [i / (\mathrm{Mg} + \mathrm{Fe})]^{Ol}$$

$$X_i^{Grt} = [i / (\mathrm{Mg} + \mathrm{Fe} + \mathrm{Ca})]^{Grt}$$

$$\begin{aligned}\mathrm{DV} = & -462.5\left[1.0191 + (T - 1073)\right]\left(2.87 \times 10^{-5}\right)\left(P - 2.63 \times 10^{-4} P^2 - 29.76\right) \\ & - 262.4\left[1.0292 + (T - 1073)\right]\left(4.5 \times 10^{-5}\right)\left(P - 3.9 \times 10^{-4} P^2 - 29.65\right) \\ & + 454\left[1.020 + (T - 1073)\right]\left(2.84 \times 10^{-5}\right)\left(P - 2.36 \times 10^{-4} P^2 - 29.79\right) \\ & + 278.3\left[1.0234 + (T - 1073)\right]\left(2.3 \times 10^{-5}\right)\left(P - 4.5 \times 10^{-4} P^2 - 29.6\right)\end{aligned} \tag{4-117}$$

该温度计对 T＜1300℃的富镁岩石有效，其误差＜60℃，而不适用于富铁岩石及 T＞1300℃的岩石。随着实验数据和天然数据的积累，研究者们发现，该版本温度计的精确度和准确度都较低，误差可超过 200℃(Wu and Zhao，2007；Nimis and Grütter，2010)，不能满足研究的需求。

Brey 和 Kohler(1990)根据 Brey 等(1990)在 T=900～1400℃和 P=10～30kbar 条件下获得的二辉橄榄岩实验数据对该温度计进行了实验校正，获得了较为简单的温度计公式：

$$T(\mathrm{K}) = \frac{1350 + 7.86P(\mathrm{kbar})}{\ln K_D + 0.51} \tag{4-118}$$

Wu 和 Zhao(2007)结合石榴子石-橄榄石-斜长石压力计，对 T=900～1500℃和 9.1～95.0kbar 条件下的实验数据重新进行了标定，获得了新的温度计公式：

$$T(\mathrm{K})=58136.3+P(\mathrm{bar})(0.406-2\mathrm{Fe}b+2\mathrm{Mg}b)-2\mathrm{Fe}c+2\mathrm{Mg}c \\ -23653.8\left(X_{\mathrm{Fe}}^{\mathrm{Ol}}-X_{\mathrm{Mg}}^{\mathrm{Ol}}\right)/\left(38.743+2\mathrm{Fe}a-2\mathrm{Mg}a+6R\ln K_{\mathrm{D}}\right) \tag{4-119}$$

式中，ij（i=Fe 和 Mg，j=a、b 和 c）为描述石榴子石非理想混合性质的参数，具有如下形式：

$$\begin{aligned} ij=&a_1\left(X_{k\neq i}^{\mathrm{Grt}}\right)^2+a_2\left(X_{\mathrm{Ca}}^{\mathrm{Grt}}\right)^2+a_3\left(X_{\mathrm{Mn}}^{\mathrm{Grt}}\right)^2+a_4X_{\mathrm{Mg}}^{\mathrm{Grt}}X_{\mathrm{Fe^{2+}}}^{\mathrm{Grt}}+a_5X_{\mathrm{Fe^{2+}}}^{\mathrm{Grt}}X_{\mathrm{Ca}}^{\mathrm{Grt}}+a_6X_{\mathrm{Mn}}^{\mathrm{Grt}}X_{\mathrm{Fe^{2+}}}^{\mathrm{Grt}} \\ &+a_7X_{\mathrm{Mg}}^{\mathrm{Grt}}X_{\mathrm{Ca}}^{\mathrm{Grt}}+a_8X_{\mathrm{Mg}}^{\mathrm{Grt}}X_{\mathrm{Mn}}^{\mathrm{Grt}}+a_9X_{\mathrm{Ca}}^{\mathrm{Grt}}X_{\mathrm{Mn}}^{\mathrm{Grt}}+a_{10}\left(X_{\mathrm{Fe^{2+}}}^{\mathrm{Grt}}\right)^2X_{\mathrm{Mg}}^{\mathrm{Grt}}+a_{11}\left(X_{\mathrm{Fe^{2+}}}^{\mathrm{Grt}}\right)^2X_{\mathrm{Ca}}^{\mathrm{Grt}} \\ &+a_{12}\left(X_{\mathrm{Fe^{2+}}}^{\mathrm{Grt}}\right)^2X_{\mathrm{Mn}}^{\mathrm{Grt}}+a_{13}\left(X_{\mathrm{Mg}}^{\mathrm{Grt}}\right)^2X_{\mathrm{Fe^{2+}}}^{\mathrm{Grt}}+a_{14}\left(X_{\mathrm{Mg}}^{\mathrm{Grt}}\right)^2X_{\mathrm{Ca}}^{\mathrm{Grt}}+a_{15}\left(X_{\mathrm{Mg}}^{\mathrm{Grt}}\right)^2X_{\mathrm{Mn}}^{\mathrm{Grt}} \\ &+a_{16}\left(X_{\mathrm{Ca}}^{\mathrm{Grt}}\right)^2X_{\mathrm{Fe^{2+}}}^{\mathrm{Grt}}+a_{17}\left(X_{\mathrm{Ca}}^{\mathrm{Grt}}\right)^2X_{\mathrm{Mg}}^{\mathrm{Grt}}+a_{18}\left(X_{\mathrm{Ca}}^{\mathrm{Grt}}\right)^2X_{\mathrm{Mn}}^{\mathrm{Grt}}+a_{19}\left(X_{\mathrm{Mn}}^{\mathrm{Grt}}\right)^2X_{\mathrm{Fe^{2+}}}^{\mathrm{Grt}} \\ &+a_{20}\left(X_{\mathrm{Mn}}^{\mathrm{Grt}}\right)^2X_{\mathrm{Mg}}^{\mathrm{Grt}}+a_{21}\left(X_{\mathrm{Mn}}^{\mathrm{Grt}}\right)^2X_{\mathrm{Ca}}^{\mathrm{Grt}}+a_{22}X_{\mathrm{Fe^{2+}}}^{\mathrm{Grt}}X_{\mathrm{Mg}}^{\mathrm{Grt}}X_{\mathrm{Ca}}^{\mathrm{Grt}}+a_{23}X_{\mathrm{Fe^{2+}}}^{\mathrm{Grt}}X_{\mathrm{Mg}}^{\mathrm{Grt}}X_{\mathrm{Mn}}^{\mathrm{Grt}} \\ &+a_{24}X_{\mathrm{Fe^{2+}}}^{\mathrm{Grt}}X_{\mathrm{Ca}}^{\mathrm{Grt}}X_{\mathrm{Mn}}^{\mathrm{Grt}}+a_{25}X_{\mathrm{Ca}}^{\mathrm{Grt}}X_{\mathrm{Mg}}^{\mathrm{Grt}}X_{\mathrm{Mn}}^{\mathrm{Grt}} \end{aligned} \tag{4-120}$$

a_1～a_{25} 见表 4-5。

表 4-5　石榴子石非理想混合参数（Wu and Zhao，2007）

a	Fea	Feb	Fec	Mga	Mgb	Mgc
a_1	5.993	–0.034	–5672	–5.503	0.05	11622
a_2	–9.67	0.135	19932	–12.873	0.14	25759
a_3	0	0.024	1617	–23.01	0.038	41249
a_4	–11.006	0.1	23244	11.986	–0.068	–11344
a_5	0.674	0.08	–2608	–9.5725	–0.0515	31326.5
a_6	0	0.048	3234	–22.765	0.07	45841
a_7	–9.5725	–0.0515	31326.5	–37.966	0.136	132228
a_8	–22.765	0.007	45841	–46.02	0.076	82498
a_9	–4.6665	0.1765	12356	–38.938	0.207	88610.5
a_{10}	11.006	–0.1	–23244	11.006	–0.1	–23244
a_{11}	–0.674	–0.08	2608	–0.674	–0.08	2608
a_{12}	0	–0.048	–3234	0	–0.048	–3234
a_{13}	–11.986	0.068	11344	–11.986	0.068	11344
a_{14}	37.966	–0.136	–132228	37.966	–0.136	–132228
a_{15}	46.02	–0.076	–82498	46.02	–0.076	–82498
a_{16}	19.34	–0.27	–39864	19.34	–0.27	–39864
a_{17}	25.746	–0.28	–51518	25.746	–0.28	–51518
a_{18}	0	–0.13	–2850	0	–0.13	–2850
a_{19}	0	–0.048	–3234	0	–0.048	–3234
a_{20}	46.02	–0.076	–82498	46.02	–0.076	–82498
a_{21}	0	–0.13	–2850	0	–0.13	–2850
a_{22}	19.145	0.103	–62653	19.145	0.103	–62653
a_{23}	45.53	–0.14	–91682	45.53	–0.14	–91682
a_{24}	9.333	–0.353	–24712	9.333	–0.353	–24712
a_{25}	77.876	–0.414	–177221	77.876	–0.414	–177221

该温度计重现实验数据的误差<75℃，可用于计算中高级以上低压至超高压石榴橄榄岩、变质辉长岩的形成温度。Nimis 和 Grütter（2010）的对比研究表明，该版本石榴子石-橄榄石温度计在众多版本中具有最高的精确度。

上述研究均假设石榴子石和橄榄石总 Fe 为 Fe^{2+}，Matjuschkin 等（2014）通过实验研究认为 Fe^{3+}对石榴子石-橄榄石 Fe^{2+}-Mg 交换的影响不可忽略。在重现实验温度方面，若视总 Fe 为 Fe^{2+}，O'Neill 和 Wood（1979）的温度计误差可达 200℃以上。因而，在使用石榴子石-橄榄石 Fe^{2+}-Mg 交换温度计时，Fe^{3+}的处理须谨慎，如可实测石榴子石 Fe^{3+}含量等。

9）橄榄石-钛铁矿-尖晶石 Fe^{2+}-Mg 交换温度计

橄榄石-钛铁矿（Ilm）-尖晶石（Spl）Fe^{2+}-Mg 交换平衡可构造 3 种温度计，分别是橄榄石-钛铁矿 Fe^{2+}-Mg 交换温度计：

$$MgTiO_3 + (1/2)Fe_2SiO_4 = FeTiO_3 + (1/2)Mg_2SiO_4 \quad (A)$$

镁钛矿（Gk） 铁橄榄石（Fa） 钛铁矿（Fe-Ilm） 镁橄榄石（Fo）

钛铁矿-尖晶石 Fe^{2+}-Mg 交换温度计：

$$MgTiO_3 + FeAl_2O_4 = FeTiO_3 + MgAl_2O_4 \quad (B)$$

镁钛矿（Gk） 铁尖晶石（Fe-Spl） 钛铁矿（Fe-Ilm） 尖晶石（Mg-Spl）

橄榄石-尖晶石 Fe^{2+}-Mg 交换温度计：

$$(1/2)Fe_2SiO_4 + Mg(Cr, Al, Fe^{3+})_2O_4 = (1/2)Mg_2SiO_4 + Fe(Cr, Al, Fe^{3+})_2O_4 \quad (C)$$

铁橄榄石（Fa） 尖晶石（Mg-Spl） 镁橄榄石（Fo） 铁尖晶石（Fe-Spl）

若假定橄榄石、钛铁矿和尖晶石均为理想固溶体，则其平衡常数分别为

$$K_{eq}^{A} = \prod_{B} a_{B}^{\upsilon_B} = \frac{a_{Fe-Ilm}^{Ilm}\left(a_{Fo}^{Ol}\right)^{1/2}}{a_{Gk}^{Ilm}\left(a_{Fa}^{Ol}\right)^{1/2}} = \frac{X_{Fe^{2+}}^{Ilm} / X_{Mg}^{Ilm}}{X_{Fe^{2+}}^{Ol} / X_{Mg}^{Ol}} = K_{D}^{A} \quad (4\text{-}121)$$

$$K_{eq}^{B} = \prod_{B} a_{B}^{\upsilon_B} = \frac{a_{Fe-Ilm}^{Ilm} a_{Mg-Spl}^{Spl}}{a_{Gk}^{Ilm} a_{Fe-Spl}^{Spl}} = \frac{X_{Fe^{2+}}^{Ilm} / X_{Mg}^{Ilm}}{X_{Fe^{2+}}^{Spl} / X_{Mg}^{Spl}} = K_{D}^{B} \quad (4\text{-}122)$$

$$K_{eq}^{C} = \prod_{B} a_{B}^{\upsilon_B} = \frac{a_{Fe-Spl}^{Spl}\left(a_{Fo}^{Ol}\right)^{1/2}}{a_{Mg-Spl}^{Spl}\left(a_{Fa}^{Ol}\right)^{1/2}} = \frac{X_{Fe^{2+}}^{Spl} / X_{Mg}^{Spl}}{X_{Fe^{2+}}^{Ol} / X_{Mg}^{Ol}} = K_{D}^{C} \quad (4\text{-}123)$$

Andersen 和 Lindsley（1979）在 T=700～980℃和 P=1kbar、13kbar 条件下对橄榄石-钛铁矿 Fe^{2+}-Mg 交换反应 A 进行了实验研究。Andersen 和 Lindsley（1981）假定橄榄石为二元对称模型而钛铁矿为 $FeTiO_3$-$MgTO_3$-Fe_2O_3（赤铁矿，Hem）三元非对称模型，获得了如下温度计公式：

$$
\begin{aligned}
T(℃)=&\Big[-12549+10496X_{\mathrm{Fa}}^{\mathrm{Ol}}+5767\left(X_{\mathrm{Gk}}^{\mathrm{Ilm}}-X_{\mathrm{Fe-Ilm}}^{\mathrm{Ilm}}\right)\\
&+X_{\mathrm{Hem}}^{\mathrm{Ilm}}\left(38602-141550X_{\mathrm{Fe-Ilm}}^{\mathrm{Ilm}}-47183X_{\mathrm{Gk}}^{\mathrm{Ilm}}\right)\\
&+P(\mathrm{bar})\left(-0.062+0.03X_{\mathrm{Fa}}^{\mathrm{Ol}}+0.01099\right)\left(X_{\mathrm{Gk}}^{\mathrm{Ilm}}-X_{\mathrm{Fe-Ilm}}^{\mathrm{Ilm}}\right)\Big]\\
&\Big/\Big[-8.3143\ln K_{\mathrm{D}}^{\mathrm{A}}-5.67+6.52X_{\mathrm{Fa}}^{\mathrm{Ol}}+3.09\left(X_{\mathrm{Gk}}^{\mathrm{Ilm}}-X_{\mathrm{Fe-Ilm}}^{\mathrm{Ilm}}\right)\\
&+X_{\mathrm{Hem}}^{\mathrm{Ilm}}\left(16.49-109.46X_{\mathrm{Fe-Ilm}}^{\mathrm{Ilm}}-36.49X_{\mathrm{Gk}}^{\mathrm{Ilm}}\right)\Big]-273
\end{aligned}
\tag{4-124}
$$

Andersen 等(1993)将该温度计整合到 QUILF 软件中。

Ono(1983)对钛铁矿-尖晶石 Fe^{2+}-Mg 交换反应 B 进行了实验研究，并对结果进行了分析。假定钛铁矿和尖晶石均为二元正规固溶体，测得了其热力学参数，并获得了温度计公式：

$$
\begin{aligned}
T(\mathrm{K})=&\left[5262+21.2(10.5-P)-12284X_{\mathrm{Fe^{2+}}}^{\mathrm{Spl}}+16484X_{\mathrm{Fe^{2+}}}^{\mathrm{Ilm}}\right]\\
&\Big/\left(-2.747+8.3143\ln K_{\mathrm{D}}^{\mathrm{B}}-3.06X_{\mathrm{Fe^{2+}}}^{\mathrm{Spl}}+3.558X_{\mathrm{Fe^{2+}}}^{\mathrm{Ilm}}-0.249\right)
\end{aligned}
\tag{4-125}
$$

该温度计适用于变质岩重结晶温度的估测，误差为±35℃。

Fabriès(1979)对橄榄石-尖晶石 Fe^{2+}-Mg 交换反应 C 进行了经验校正，其假定橄榄石为近理想混合，成分对该温度计的影响主要来自尖晶石。通过对前人实验数据的线性回归，获得了如下温度计公式：

$$
T(\mathrm{K})=\frac{4250X_{\mathrm{Cr}}^{\mathrm{Spl}}+1343}{\ln K_{\mathrm{D}}^{\mathrm{C}}-4X_{\mathrm{Fe^{3+}}}^{\mathrm{Spl}}+1.825X_{\mathrm{Cr}}^{\mathrm{Spl}}+0.571}
\tag{4-126}
$$

式中，$X_{\mathrm{Fe^{3+}}}^{\mathrm{Spl}}$ 和 $X_{\mathrm{Cr}}^{\mathrm{Spl}}$ 分别为 Fe^{3+}和 Cr 在相应晶位上的摩尔分数。

Li 等(1995)注意到，将该温度计应用于超基性岩，其计算结果通常比依赖于辉石 Ca 或 Al 含量的温度计低，这一方面可能是由于橄榄石-尖晶石 Fe^{2+}-Mg 扩散的封闭温度较低，另一方面也可能是由于 Fabriès(1979)对实验数据的选取存在问题。基于此，Li 等(1995)对该温度计所依赖的实验数据重新进行了分析评估，并结合了新的实验数据，获得了修正版的温度计：

$$
T(\mathrm{K})=\frac{4299X_{\mathrm{Cr}}^{\mathrm{Spl}}+1283}{\ln K_{\mathrm{D}}^{\mathrm{C}}-4X_{\mathrm{Fe^{3+}}}^{\mathrm{Spl}}+1.469X_{\mathrm{Cr}}^{\mathrm{Spl}}+0.363}
\tag{4-127}
$$

Oneill 和 Wall(1987)考虑到橄榄石 Fe^{2+}-Mg 混合的非理想性和尖晶石中 Ti 对温度计的影响，利用文献中已有的热力学数据，拟合出一个新的温度计公式：

$$
\begin{aligned}
T(\mathrm{K})=&\Big[6530+28P(\mathrm{kbar})+(5000+10.8P)\left(X_{\mathrm{Mg}}^{\mathrm{Ol}}-X_{\mathrm{Fe^{2+}}}^{\mathrm{Ol}}\right)-1960\left(1+X_{\mathrm{Ti}}^{\mathrm{Spl}}\right)\\
&+18620X_{\mathrm{Cr}}^{\mathrm{Spl}}+25150\left(X_{\mathrm{Fe^{3+}}}^{\mathrm{Spl}}+X_{\mathrm{Ti}}^{\mathrm{Spl}}\right)\Big]\Big/\left(8.31441\ln K_{\mathrm{D}}^{\mathrm{C}}+4.705\right)
\end{aligned}
\tag{4-128}
$$

Ballhaus 等(1991)在 T=1040～1300℃和 P=0.3～2.7GPa 条件下对合成的尖晶石方辉橄榄岩和二辉橄榄岩进行了实验研究，获得了高精度的橄榄石-尖晶石 Fe^{2+}-Mg 分配数据。他们发现在众多橄榄石-尖晶石 Fe^{2+}-Mg 交换温度计中，Oneill 和 Wall(1987)的计算结果与实验温度最为吻合，但其随着 X_{Cr}^{Spl} 的降低低估了实验温度。根据实验数据，他们提出了对 Oneill 和 Wall(1987)温度计的改正和简化版：

$$T(\mathrm{K})=\left\{\left[6530+280P(\mathrm{GPa})+7000+108P\right]\left(1-2X_{\mathrm{Fe}^{2+}}^{\mathrm{Ol}}\right)-1960\left(X_{\mathrm{Mg}}^{\mathrm{Ol}}-X_{\mathrm{Fe}^{2+}}^{\mathrm{Ol}}\right)\right.$$
$$\left.+16150X_{\mathrm{Cr}}^{\mathrm{Spl}}+25150\left(X_{\mathrm{Fe}^{3+}}^{\mathrm{Spl}}+X_{\mathrm{Ti}}^{\mathrm{Spl}}\right)\right\}\Big/\left(8.31441\ln K_{\mathrm{D}}^{\mathrm{C}}+4.705\right) \quad (4\text{-}129)$$

10) 斜方辉石-尖晶石 Fe^{2+}-Mg 交换温度计

斜方辉石-尖晶石 Fe^{2+}-Mg 交换反应可写作：

$$(1/2)\mathrm{Fe_2Si_2O_6}+\mathrm{Mg}\left(\mathrm{Cr,Al,Fe^{3+}}\right)_2\mathrm{O_4}=(1/2)\mathrm{Mg_2Si_2O_6}+\mathrm{Fe}\left(\mathrm{Cr,Al,Fe^{3+}}\right)_2\mathrm{O_4}$$

铁铁辉石(Fs)　　尖晶石(Mg-Spl)　　顽火辉石(En)　　铁尖晶石(Fe-Spl)

若斜方辉石和尖晶石均为理想固溶体，其平衡常数可写作：

$$K_{\mathrm{eq}}=\prod_{\mathrm{B}}a_{\mathrm{B}}^{\upsilon_{\mathrm{B}}}=\frac{a_{\mathrm{Fe-Spl}}^{\mathrm{Spl}}\left(a_{\mathrm{En}}^{\mathrm{Opx}}\right)^{1/2}}{a_{\mathrm{Mg-Spl}}^{\mathrm{Spl}}\left(a_{\mathrm{Fs}}^{\mathrm{Opx}}\right)^{1/2}}=\frac{X_{\mathrm{Fe}^{2+}}^{\mathrm{Spl}}/X_{\mathrm{Mg}}^{\mathrm{Spl}}}{X_{\mathrm{Fe}^{2+}}^{\mathrm{Opx}}/X_{\mathrm{Mg}}^{\mathrm{Opx}}}=K_{\mathrm{D}} \quad (4\text{-}130)$$

Mukherjee 和 Viswanath(1987)结合实验和天然岩石中的斜方辉石-尖晶石数据，对该温度计进行了经验校正。其假定橄榄石为近理想混合，成分对该温度计的影响主要来自尖晶石，运用完全类似于 Fabriès(1979)的校正方法，获得了斜方辉石-尖晶石 Fe^{2+}-Mg 交换温度计公式：

$$T(\mathrm{K})=\frac{1662.97}{\ln K_{\mathrm{D}}-4X_{\mathrm{Fe}^{3+}}^{\mathrm{Spl}}-2.37X_{\mathrm{Cr}}^{\mathrm{Spl}}+0.829} \quad (4\text{-}131)$$

Liermann 和 Ganguly(2003)在 T=850～1250℃和 P=0.9～1.4GPa 的条件下对斜方辉石-尖晶石 Fe^{2+}-Mg 交换进行了实验研究。尖晶石中 Fe^{3+}的含量会影响分配系数，进而影响温度计算结果。他们采用了两种方式计算尖晶石中的 Fe^{3+}含量：①电价平衡法；②根据穆斯堡尔法测量结果与电价平衡法结果关系估算，如下式：

$$\left(\mathrm{Fe}^{3+}/\sum\mathrm{Fe}\right)_{\text{穆斯堡尔}}=\left(\mathrm{Fe}^{3+}/\sum\mathrm{Fe}\right)_{\text{电价平衡}}\Big/1.60 \quad (4\text{-}132)$$

为校正矿物成分，如尖晶石 Cr 含量和斜方辉石 Al 含量等对温度计的影响，对于含 Cr 尖晶石，假定其为 Mg-Fe^{2+}、Al-Cr 混合的可逆固溶体，而斜方辉石为 Mg-Fe^{2+}-Al 仅在八面体位混合的简单模型。利用实验数据进行线性回归分析，获得的温度计计算公式为

$$T(\mathrm{K})=\frac{B+76.26P(\mathrm{GPa})-CX_{\mathrm{Al}}^{\mathrm{Opx}}+DX_{\mathrm{Cr}}^{\mathrm{Spl}}}{\ln K_{\mathrm{D}}-A} \tag{4-133}$$

式中，$X_{\mathrm{Al}}^{\mathrm{Opx}}=[\mathrm{Al_2O_3}/(\mathrm{Al_2O_3}+\mathrm{MgSiO_3}+\mathrm{FeSiO_3})]^{\mathrm{Opx}}$；参数 A～D 为常数，见表 4-6。

表 4-6　方程(4-133)中参数 *A*～*D* 列表(Liermann and Ganguly，2003)

参数	仅校正尖晶石 Fe^{3+}影响		校正尖晶石 Fe^{3+}影响和斜方辉石 Al 影响	
	电价平衡法	方程(4-132)	电价平衡法	方程(4-132)
A	−0.6	−0.55	−0.35	−0.296
B	1450	1372	1217	1174
C			1863	1863
D	2484	2558	2345	2309

11) 黑云母-角闪石 Fe^{2+}-Mg 交换温度计

该温度计基于黑云母-角闪石之间的 Fe^{2+}-Mg 离子交换反应：

$$\underset{\text{亚铁韭闪石(Fe - Pa)}}{(1/4)\mathrm{NaCa_2Fe_4Al_3Si_6O_{20}(OH)_2}}+\underset{\text{金云母(Phl)}}{(1/3)\mathrm{KMg_3AlSi_3O_{10}(OH)_2}}$$
$$=\underset{\text{韭闪石(Pa)}}{(1/4)\mathrm{NaCa_2Mg_4Al_3Si_6O_{20}(OH)_2}}+\underset{\text{铁云母(Ann)}}{(1/3)\mathrm{KFe_3AlSi_3O_{10}(OH)_2}}$$

若黑云母和角闪石均为理想固溶体，其平衡常数可写作：

$$K_{\mathrm{eq}}=\prod_{\mathrm{B}}a_{\mathrm{B}}^{\upsilon_{\mathrm{B}}}=\frac{\left(a_{\mathrm{Ann}}^{\mathrm{Bi}}\right)^{1/3}\left(a_{\mathrm{Pa}}^{\mathrm{Hb}}\right)^{1/4}}{\left(a_{\mathrm{Phl}}^{\mathrm{Bi}}\right)^{1/3}\left(a_{\mathrm{Fe-Pa}}^{\mathrm{Hb}}\right)^{1/4}}=\frac{X_{\mathrm{Fe^{2+}}}^{\mathrm{Bi}}/X_{\mathrm{Mg}}^{\mathrm{Bi}}}{X_{\mathrm{Fe^{2+}}}^{\mathrm{Hb}}/X_{\mathrm{Mg}}^{\mathrm{Hb}}}=K_{\mathrm{D}} \tag{4-134}$$

Wu 等(2002a，2002b)利用来自天然变泥质岩、变辉长岩和角闪岩等岩石中的黑云母-角闪石矿物对该温度计进行了经验校正。其假定角闪石为 Fe^{2+}-Mg 二元对称固溶体而黑云母为 Fe^{2+}-Mg-Al^{VI}-Ti 四元对称固溶体，获得的温度计表达式为

$$\begin{aligned}T(\mathrm{K})=\Big[&884.9-2.0P(\mathrm{GPa})+782.4\left(X_{\mathrm{Fe^{2+}}}^{\mathrm{Bi}}-X_{\mathrm{Mg}}^{\mathrm{Bi}}\right)-201.8X_{\mathrm{Al^{VI}}}^{\mathrm{Bi}}+1177.3X_{\mathrm{Ti}}^{\mathrm{Bi}}\\&-809.9\left(X_{\mathrm{Fe^{2+}}}^{\mathrm{Hb}}-X_{\mathrm{Mg}}^{\mathrm{Hb}}\right)\Big]\Big/\left(1+0.043R\ln K_{\mathrm{D}}\right)\end{aligned} \tag{4-135}$$

该温度计在±50℃的误差范围内与石榴子石-黑云母 Fe^{2+}-Mg 温度计一致，适用于560～800℃和 2.6～14kbar 的条件。

12) 二辉石 Fe^{2+}-Mg、Al^{VI}-Cr 交换温度计

辉石种类繁多，并且可以在多种岩石组合中出现，基于单斜辉石-斜方辉石的温度计也有许多，如二辉石 Fe^{2+}-Mg 交换温度计。该温度计的基础是两种辉石间的 Fe^{2+}-Mg 交

换反应：

$$\underset{\text{顽火辉石(En)}}{MgSiO_3} + \underset{\text{钙铁辉石(Hd)}}{CaFeSi_2O_6} = \underset{\text{铁辉石(Fs)}}{FeSiO_3} + \underset{\text{透辉石(Di)}}{CaMgSi_2O_6}$$

若两种辉石均为理想固溶体，其平衡常数可写作：

$$K_{eq} = \prod_{B} a_{B}^{\upsilon_B} = \frac{a_{Fs}^{Opx} a_{Di}^{Cpx}}{a_{En}^{Opx} a_{Hd}^{Cpx}} = \frac{X_{Fe^{2+}}^{Opx} / X_{Mg}^{Opx}}{X_{Fe^{2+}}^{Cpx} / X_{Mg}^{Cpx}} = K_D \tag{4-136}$$

Kretz(1982)对天然单斜辉石+斜方辉石共生矿物对数据进行了分析，其认为压力的影响可忽略，选取其中代表性的两对 T-K_D 数据(730℃-1.86 和 1100℃-1.38)，采用线性拟合方法获得温度计公式：

$$T(\mathrm{K}) = \frac{1130}{\ln K_D + 0.505} \tag{4-137}$$

Brey 和 Kohler(1990)根据 Brey 等(1990)在 T=900～1400℃和 P=10～30kbar 条件下获得的二辉橄榄岩实验数据对该温度计进行了实验校正，获得的温度计公式为

$$T(\mathrm{K}) = \frac{1354 + 2.15P(\mathrm{kbar})}{\ln K_D + 0.99} \tag{4-138}$$

该温度计考虑了压力对温度计的影响。

Mysen(1976)认为斜方辉石和单斜辉石中 Al^{VI}和 Cr 具有类似的地球化学性质，皆处于 6 次配位，其交换反应为

$$CaAlAlSiO_6 + MgCrAlSiO_6 = CaCrAlSiO_6 + MgAlAlSiO_6$$

其分配系数为

$$K_D = \frac{X_{Al^{VI}}^{Opx} / X_{Cr}^{Opx}}{X_{Al^{VI}}^{Cpx} / X_{Cr}^{Cpx}} \tag{4-139}$$

他用 T=700～1120℃和 P=7.5～30kbar 条件下的实验数据，采用最小二乘法拟合标定了二辉石 Al^{VI}-Cr 交换温度计：

$$T(\mathrm{K}) = \frac{1}{0.26\ln K_D + 0.67} \tag{4-140}$$

根据实验数据，不管压力如何，共存辉石之间 Al^{VI}和 Cr 的含量总呈线性关系。经过换算可得出下列二式。

对单斜辉石：

$$T(\mathrm{K})=\frac{1}{0.26\dfrac{\mathrm{Cr}}{\mathrm{Al^{VI}}}\times\dfrac{0.72\mathrm{Al^{VI}}+0.01336}{0.58\mathrm{Cr}-0.00128}+0.67} \tag{4-141}$$

对斜方辉石：

$$T(\mathrm{K})=\frac{1}{0.26\dfrac{\mathrm{Cr}}{\mathrm{Al^{VI}}}\times\dfrac{1.72\mathrm{Cr}+0.00128}{1.39\mathrm{Al^{VI}}-0.0136}+0.67} \tag{4-142}$$

式中，Cr 和 Al^{VI}分别为相应辉石中 Cr 和 Al^{VI}的原子数。

因此，只要知道一种辉石的 Al^{VI}和 Cr 的含量，就可用方程(4-141)和方程(4-142)估算平衡温度，但其误差较方程(4-140)略大。

此温度计适用于尖晶石二辉橄榄岩、尖晶石二辉岩、石榴二辉橄榄岩和石榴二辉岩，但不适用于富 Cr 的橄榄岩，单斜辉石和斜方辉石须满足 $Cr_2O_3 \leqslant 1\%$及 $Al_2O_3 \leqslant 6\%$，石榴子石 $Cr_2O_3 \leqslant 3\%$(质量分数)。

13) *石榴子石-钛铁矿 Fe^{2+}-Mn 交换温度计*

石榴子石和钛铁矿在一系列来自地壳和地幔的岩浆岩和变质岩中共生，且石榴子石-钛铁矿体系较为简单，因而非常适合构建温压计。石榴子石-钛铁矿 Fe^{2+}-Mn 交换反应可写作：

$$\underset{\text{铁铝榴石(Alm)}}{(1/3)\mathrm{Fe_3Al_2Si_3O_{12}}}+\underset{\text{钛锰矿(Pph)}}{\mathrm{MnTiO_3}}=\underset{\text{锰铝榴石(Sps)}}{(1/3)\mathrm{Mn_3Al_2Si_3O_{12}}}+\underset{\text{钛铁矿(Fe-Ilm)}}{\mathrm{FeTiO_3}}$$

若石榴子石和钛铁矿均为理想固溶体，其平衡常数可写作：

$$K_{\mathrm{eq}}=\prod_{\mathrm{B}}a_{\mathrm{B}}^{\upsilon_{\mathrm{B}}}=\frac{a_{\mathrm{Fe-Ilm}}^{\mathrm{Ilm}}\left(a_{\mathrm{Sps}}^{\mathrm{Grt}}\right)^{1/3}}{a_{\mathrm{Pph}}^{\mathrm{Ilm}}\left(a_{\mathrm{Alm}}^{\mathrm{Grt}}\right)^{1/3}}=\frac{X_{\mathrm{Fe^{2+}}}^{\mathrm{Ilm}}/X_{\mathrm{Mn}}^{\mathrm{Ilm}}}{X_{\mathrm{Fe^{2+}}}^{\mathrm{Grt}}/X_{\mathrm{Mn}}^{\mathrm{Grt}}}=K_{\mathrm{D}} \tag{4-143}$$

Pownceby 等(1987)对石榴子石-钛铁矿 Fe^{2+}-Mn 交换进行了实验研究，实验条件为 T=600～900℃、P=2～5kbar 和 $f_{O_2}=\mathrm{QFM}$，其结果显示石榴子石-钛铁矿 Fe^{2+}-Mn 交换强烈依赖于温度而与受压力影响较小。假定石榴子石和钛铁矿均为对称正规活度模型，采用最小二乘法对实验数据进行线性回归分析，从而获得如下温度计表达式：

$$T(℃)=\frac{-4089+420\left(2X_{\mathrm{Mn}}^{\mathrm{Ilm}}-1\right)-77\left(2X_{\mathrm{Mn}}^{\mathrm{Grt}}-1\right)}{1.98718\ln K_{\mathrm{D}}-1.44}-273.15 \tag{4-144}$$

该温度计误差＜±30℃。

Pownceby 等(1991)实验校正了石榴子石 Ca 含量对温度计的影响，其实验条件为 T=650～1000℃和 P=10kbar。假定石榴子石为 Ca-Fe-Mn 三元对称正规模型，对实验数据

进行了非线性回归分析，其获得的新温度计公式为

$$T(℃)=\frac{14918-2200\left(2X_{\mathrm{Mn}}^{\mathrm{Ilm}}-1\right)+620\left(X_{\mathrm{Mn}}^{\mathrm{Grt}}-X_{\mathrm{Fe^{2+}}}^{\mathrm{Grt}}\right)-972X_{\mathrm{Ca}}^{\mathrm{Grt}}}{8.3144\ln K_{\mathrm{D}}+4.38}-273.15 \tag{4-145}$$

由于钛铁矿 Fe-Mn 扩散速率较快，可能导致高温 K_D 信息被退变质作用重置，限制了该温度计在估算峰期变质作用温度方面的应用，但这恰好用来估算退变质作用岩石的冷却速率。

14) 磁铁矿-钛铁矿 Fe-Ti 分配温度计

岩浆岩和变质岩中的磁铁矿(Mag)通常是磁铁矿(Fe_3O_4，Fe-Mag)和钛尖晶石(Fe_2TiO_4，Usp)两端元的混合，而钛铁矿通常是赤铁矿(Fe_2O_3，Hem)和钛铁矿($FeTiO_3$，Fe-Ilm)两端元的混合，两矿物间的 Fe-Ti 分配可作为温度计使用，其分配可用如下反应方程表示：

$$\mathrm{FeTiO_3}^{\mathrm{Ilm}}+\mathrm{Fe_3O_4}^{\mathrm{Mag}}=\mathrm{Fe_2O_3}^{\mathrm{Ilm}}+\mathrm{Fe_2TiO_4}^{\mathrm{Mag}}$$

若假设磁铁矿和钛铁矿均为理想固溶体，则：

$$K_{\mathrm{eq}}=\prod_{\mathrm{B}}a_{\mathrm{B}}^{\upsilon_{\mathrm{B}}}=\frac{a_{\mathrm{Fe_2O_3}}^{\mathrm{Ilm}}a_{\mathrm{Fe_2TiO_4}}^{\mathrm{Mag}}}{a_{\mathrm{FeTiO_3}}^{\mathrm{Ilm}}a_{\mathrm{Fe_3O_4}}^{\mathrm{Mag}}}=\frac{X_{\mathrm{Hem}}^{\mathrm{Ilm}}/X_{\mathrm{Fe-Ilm}}^{\mathrm{Ilm}}}{X_{\mathrm{Fe-Mag}}^{\mathrm{Mag}}/X_{\mathrm{Usp}}^{\mathrm{Mag}}}=K_{\mathrm{D}} \tag{4-146}$$

Buddington 和 Lindsley(1964)在 $FeO\text{-}Fe_2O_3\text{-}TiO_2$ 体系下对磁铁矿-钛铁矿间的 Fe-Ti 分配进行了实验研究，认为共生磁铁矿和钛铁矿成分可做温度计和氧逸度计，并提出温度计图解。Powell 和 Powell(1977)假定磁铁矿为理想固溶体，钛铁矿中 $FeTiO_3$ 端元符合拉乌尔定律而 Fe_2O_3 端元符合亨利定律，对上述实验数据进行了重新拟合分析，获得了如下温度计公式：

$$T(\mathrm{K})=\frac{8155}{4.59-\ln K_{\mathrm{D}}} \tag{4-147}$$

式中，K_D 在 $FeO\text{-}Fe_2O_3\text{-}TiO_2$ 体系下可进行如下计算：

$$K_{\mathrm{D}}=\frac{\left(1-X_{\mathrm{Fe-Ilm}}^{\mathrm{Ilm}}\right)X_{\mathrm{Usp}}^{\mathrm{Mag}}}{X_{\mathrm{Fe-Ilm}}^{\mathrm{Ilm}}\left(1-X_{\mathrm{Usp}}^{\mathrm{Mag}}\right)} \tag{4-148}$$

其后出现了多个版本的磁铁矿-钛铁矿 Fe-Ti 分配温度计。

Ghiorso 和 Evans(2008)认为赤铁矿 $R\bar{3}c$ 向钛铁矿 $R\bar{3}$ 转变伴随的阳离子长程有序(long-range order，LRO)参量及短程有序(short-rang order，SRO)参量均会影响温度计算，基于此开发了一个新的钛铁矿固溶体模型，并重新矫正了磁铁矿-钛铁矿温度计，其计算软件可在 http://www.ofm-research.org 上下载。Sauerzapf 等(2008)在 T=950～

1300℃、P=1bar 和不同氧逸度条件下对 Fe-Ti-Al-Mg-O 体系开展了实验研究，并对前人和自身实验数据进行了数值拟合(假设钛铁矿为理想固溶体)，获得相对简单的温度计表达式：

$$X_{\text{Fe-Ilm}}^{\text{Ilm}'}=1-\frac{1}{\exp\left[\dfrac{6330.46473}{T(\text{K})}-4.77394+\dfrac{2205242.17573}{T^2}\right]\dfrac{a_{\text{Usp}}^{\text{Mag}}}{a_{\text{Fe-Mag}}^{\text{Mag}}}+1} \tag{4-149}$$

式中，$a_{\text{Usp}}^{\text{Mag}}=X_{\text{Usp}}^{\text{Mag}}\gamma_{\text{Usp}}^{\text{Mag}}$；$a_{\text{Fe-Mag}}^{\text{Mag}}=X_{\text{Fe-Mag}}^{\text{Mag}}\gamma_{\text{Fe-Mag}}^{\text{Mag}}$。

其中，$\gamma_{\text{Usp}}^{\text{Mag}}$ 和 $\gamma_{\text{Fe-Mag}}^{\text{Mag}}$ 分别用下式计算：

$$RT\ln\gamma_{\text{Usp}}^{\text{Mag}}=X_{\text{Usp}}^{\text{Mag}}\left(-9131.68929+517.4969X_{\text{Mag}}^{\text{Mag}}\right) \tag{4-150}$$

$$RT\ln\gamma_{\text{Fe-Mag}}^{\text{Mag}}=X_{\text{Fe-Mag}}^{\text{Mag}}\left(-8872.94084-517.4969X_{\text{Usp}}^{\text{Mag}}\right) \tag{4-151}$$

$$X_{\text{Fe-Ilm}}^{\text{Ilm}'}=[\text{Fe}^{2+}/(\text{Fe}^{2+}+\text{Fe}^{3+}/2)]^{\text{Ilm}} \tag{4-152}$$

$$X_{\text{Usp}}^{\text{Mag}}=[3\text{Ti}/(\text{Ti}+\text{Fe})]^{\text{Mag}} \tag{4-153}$$

$$X_{\text{Fe-Mag}}^{\text{Mag}}=1-X_{\text{Usp}}^{\text{Mag}} \tag{4-154}$$

采用迭代法便可求解方程(4-149)～方程(4-154)，从而获得温度。可在 http://petrology.oxfordjournals.org/content/49/6/1161/suppl/DC1 上下载该温度计的 Excel 计算表格。

15) 黄铁矿-磁黄铁矿 Co、Ni、Sn 分配温度计

黄铁矿、黄铜矿、磁黄铁矿、方铅矿和闪锌矿等是硫化物矿床中最常见的硫化物，微量元素 Mn^{2+}、Co^{2+}、Ni^{2+}、Cd^{2+}等在常见共生硫化物间的分配受压力影响不大，可作为温度计使用。

黄铁矿(Py)和磁黄铁矿(Po)之间 Co、Ni 和 Sn 的分配可用如下反应方程来表示：

$$\underset{\text{磁黄铁矿}}{\text{FeS}}+\underset{\text{Me-黄铁矿}}{\text{MeS}_2}=\underset{\text{Me-磁黄铁矿}}{\text{MeS}}+\underset{\text{黄铁矿}}{\text{FeS}_2}$$

分配系数可表示为

$$K_{\text{D}}^{\text{Me}}=X_{\text{Me}}^{\text{Po}}/X_{\text{Me}}^{\text{Py}} \tag{4-155}$$

式中，Me=Co、Ni 和 Sn。

Nekrasov 和 Besmen(1979)对 3 种元素在黄铁矿和磁黄铁矿两者间的分配进行了实验研究，其实验条件为 T=300～500℃和 P=1kbar，采用 5%～10%的 NH_4Cl 溶液作为反应介质。其结果显示随着温度升高，3 种元素倾向于从单硫化物(黄铁矿)进入二硫化物(磁

黄铁矿），且压力及其他杂质对其影响不大，可以忽略。基于此实验，获得了黄铁矿-磁黄铁矿 Co、Ni、Sn 分配温度计：

$$T_{\text{Co}}(℃)=\frac{1000}{1.907-0.538\lg K_{\text{D}}^{\text{Co}}}-273 \tag{4-156}$$

$$T_{\text{Ni}}(℃)=\frac{1000}{1.315+0.356\lg K_{\text{D}}^{\text{Ni}}}-273 \tag{4-157}$$

$$T_{\text{Sn}}(℃)=\frac{1000}{0.083x^2+0.217x+1.671+(0.521x^2-0.106x+0.727)\lg K_{\text{D}}^{\text{Sn}}}-273 \tag{4-158}$$

当质量百分数<1.5%时，Co 和 Ni 在两矿物间的分配近于理想溶液模型，因而未对 Co 和 Ni 进行非理想性校正的方程(4-119)和方程(4-120)适用于 Co 和 Ni 含量小于 1.5%的情况；而 Sn 的分配表现出较强的非理想性，因而方程(4-121)对 Sn 分配的非理想性进行了成分校正，x 为 Sn 在黄铁矿中的质量百分数。

16) 闪锌矿-方铅矿 Cd、Mn 和 Se 分配温度计

金属矿床中普遍存在闪锌矿(Sp)和方铅矿(Gn)，实验研究注意到，在这两种矿物中可以存在一定量的 CdS 和 MnS 固溶体组分，并且元素 Cd 在共生的闪锌矿和方铅矿之间的分配系数是温度的函数(Bethke and Barton，1971)。闪锌矿和方铅矿之间 Cd、Mn 分配的反应方程和分配系数为

$$\begin{gathered}\text{MeS}^{\text{Gn}}=\text{MeS}^{\text{Sp}}\\ K_{\text{D}}^{\text{Me}}=W_{\text{MeS}}^{\text{Sp}}/W_{\text{MeS}}^{\text{Gn}}\end{gathered} \tag{4-159}$$

式中，Me=Cd、Mn；W_i^j 为 j 矿物中 i 组分的质量百分数，下文同。

Bethke 和 Barton(1971)在 T=600～890℃条件下进行了实验研究，其发现在自然界浓度范围内，闪锌矿和方铅矿的 Cd 和 Mn 均遵循亨利稀溶液定律，其提出的温度计公式为

$$T_{\text{Cd}}(℃)=\frac{2080-0.0264P(\text{bar})}{\lg K_{\text{D}}^{\text{Cd}}+1.08}-273 \tag{4-160}$$

$$T_{\text{Mn}}(℃)=\frac{1410-0.0261P(\text{bar})}{\lg K_{\text{D}}^{\text{Mn}}+0.01}-273 \tag{4-161}$$

他们也同时提出了闪锌矿-方铅矿 Se 分配温度计，其分配反应方程和分配系数为

$$\begin{gathered}\text{PbS}^{\text{Gn}}+\text{ZnSe}^{\text{Sp}}=\text{PbSe}^{\text{Gn}}+\text{ZnS}^{\text{Sp}}\\ K_{\text{D}}^{\text{Se}}=\frac{W_{\text{PbSe}}^{\text{Gn}}W_{\text{ZnS}}^{\text{Sp}}}{W_{\text{PbS}}^{\text{Gn}}W_{\text{ZnSe}}^{\text{Sp}}}\end{gathered} \tag{4-162}$$

在实验温度范围内，他们认为含 Se 闪锌矿和方铅矿也表现出理想混合性质，并获得了温度计公式，为

$$T_{\mathrm{Se}}(℃)=\frac{2850+0.0027P(\mathrm{bar})}{\lg K_{\mathrm{D}}^{\mathrm{Se}}+1.33}-273 \tag{4-163}$$

Geletii 等(1979)在 T=350～500℃和 P=1kbar 条件下进行了实验，结合 Bethke 和 Barton(1971)的实验数据，对闪锌矿-方铅矿 Cd 和 Mn 分配温度计进行了重新校正：

$$T_{\mathrm{Cd}}(℃)=\frac{1663-26.4\left[P(\mathrm{kbar})-1\right]}{\lg K_{\mathrm{D}}^{\mathrm{Cd}}+0.702}-273 \tag{4-164}$$

$$T_{\mathrm{Mn}}(℃)=\frac{1299-26.1\left[P(\mathrm{kbar})-1\right]}{\lg K_{\mathrm{D}}^{\mathrm{Mn}}-0.099}-273 \tag{4-165}$$

在实际应用中，闪锌矿-方铅矿 Cd 分配温度计具有较高的实用意义，而闪锌矿-方铅矿间的 Mn、Se 分配则可能因偏离理想混合性质(Yamamoto et al.，1984；Dangic，1985；Mishra and Mookherjee，1988；Bortnikov et al.，1995)而需要进行成分校正，但这方面的实验数据并不多。

17)角闪石-斜长石温度计

角闪石和斜长石是许多岩浆岩和变质岩中的常见造岩矿物。根据 Leake 等(1997)，角闪石的晶体化学通式为 $AB_2C_5^{\mathrm{VI}}T_8^{\mathrm{IV}}O_{22}(OH,F,Cl)_2$，其中 A 位置为 Na^+、K^+、H_3O^+、□(空位)；B 为 Na^+、Li^+、Ca^{2+}、Mg^{2+}、Fe^{2+}、Mn^{2+}，占据结构中的 M4 位；C 为 Mg^{2+}、Fe^{2+}、Mn^{2+}、Al^{3+}、Fe^{3+}、Ti^{4+}、Cr^{3+}，占据结构中的 M1、M2、M3 位；T 为 Si^{4+}、Al^{3+}、Fe^{3+}、Ti^{4+}、Cr^{3+}，占据结构中的 T1、T2 位。角闪石复杂的分子结构和成分可以携带较多的成因信息，因而发展出一系列的角闪石相关的地质温度计和压力计，如前文介绍的石榴子石-角闪石温度计、后文的角闪石单矿物温度计和石榴子石-角闪石-斜长石-石英压力计等，这里着重介绍角闪石-斜长石温度计。

Perchuk(1970)指出，共生角闪石和斜长石间 Ca∶Na 比例与温度间存在依赖关系，因而可以作为温度计使用。Plyusnina(1982)在 $X_{CO_2}=CO_2/(CO_2+H_2O)=0.1$、$P$=2～8kbar 和 T=450～650℃条件下对反应 Hb+Ep(绿帘石)+H_2O+CO_2=Pl(斜长石)+Chl+Cc(方解石)+Qz(石英)进行了实验研究。其结果显示，在实验温压范围内，斜长石中的钙长石含量(An 值)与压力无关，随温度升高而增大；角闪石中的 Al 含量既与温度有关，也与压力有关。他由此提出了一个角闪石 Al 含量-斜长石 An 值图解(图 4-13)，将共生角闪石和斜长石成分投影到图上便能获取其平衡温压条件。

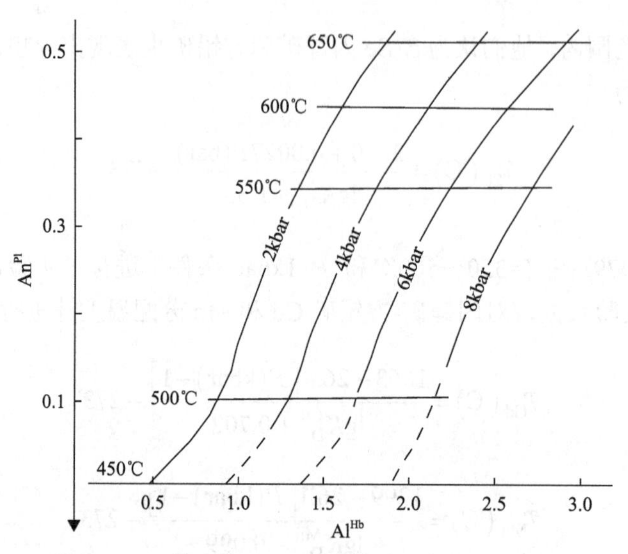

图 4-13 An^{Pl}-Al^{Hb} 等温-等压图解（Plyusnina，1982）

Blundy 和 Holland（1990）根据对石英饱和岩石中的角闪石-斜长石组合的有效实验资料进行半经验性的热力学评价，认为角闪石中的 Al^{total} 不仅与压力相关，也与温度具有强烈相关性。根据前人实验资料，Blundy 和 Holland（1990）得出基于角闪石中的 $Al^{Ⅳ}$ 含量的地质温度计。无论天然还是实验合成角闪石中，与温度相关的交换矢量均为 $(Na\square_{-1})^{A}(AlSi_{-1})^{T1}$。其有关的交换反应为

$$\underset{浅闪石(Ed)}{NaCa_2Mg_5(AlSi_7)O_{22}(OH)_2} + \underset{石英(Qz)}{4SiO_2} = \underset{透闪石(Tr)}{Ca_2Mg_5Si_8O_{22}(OH)_2} + \underset{钠长石(Ab)}{NaAlSi_3O_8} \quad (A)$$

$$\underset{韭闪石(Pa)}{NaCa_2Mg_4Al(Al_2Si_6)O_{22}(OH)_2} + \underset{石英(Qz)}{4SiO_2} = \underset{普通角闪石(Hb)}{Ca_2Mg_4Al(AlSi_7)O_{22}(OH)_2} + \underset{钠长石(Ab)}{NaAlSi_3O_8} \quad (B)$$

根据这两个反应得到的温度计公式为

$$T(K) = \frac{0.677P(kbar) - 48.98 + Y}{-0.0429 - 0.008314\ln K} \tag{4-166}$$

$$K = \frac{Si - 4}{8 - Si} X_{Ab}^{Pl} \tag{4-167}$$

式中，Si 为角闪石单位分子式中的原子数；$X_{Ab}^{Pl} = [Na/(Ca+Na)]^{Pl}$；$Y$ 为斜长石的非理想性 $RT\ln\gamma_{Ab}^{Pl}$。

当 $X_{Ab}^{Pl} > 0.5$ 时，$Y = 0$；当 $X_{Ab}^{Pl} < 0.5$ 时，$Y = -8.06 + 25.5(1 - X_{Ab}^{Pl})^2$。该温度计适用的温度范围为 500～1100℃，斜长石中的 An＜0.92，角闪石中的 Si＜0.78。

Holland 和 Blundy（1994）采用斜长石的 DQF 模型和角闪石的对称正规溶液模型，选择岩浆岩和变质岩中的 92 对实验数据和 215 对天然岩石数据进行了非线性回归分析。对

反应 A，获得了更新版的温度计公式：

$$T_A(K)=\frac{-76.95+0.79P(\text{kbar})+Y+39.4X_{Na}^{A}+22.4X_{K}^{A}+(41.5-2.89P)X_{Al}^{M2}}{-0.0650-0.008314\ln\left(\dfrac{27X_{\square}^{A}X_{Si}^{T1}X_{Ab}^{Pl}}{256X_{Na}^{A}X_{Al}^{T1}}\right)} \tag{4-168}$$

式中，X_{Na}^{A}、X_{K}^{A}、X_{Al}^{M2}、$X_{\square}^{A}$、X_{Si}^{T1}和X_{Al}^{T1}分别为角闪石中各元素或空位在相应晶位上的摩尔分数，其计算方法如下：首先假定参数$cm=Si+Al+Ti+Fe^{3+}+Fe^{2+}+Mg+Mn-13$，则$X_{Si}^{T1}=(Si-4)/4$，$X_{Al}^{T1}=(8-Si)/4$，$X_{Al}^{M2}=(Al+Si-8)/2$，$X_{K}^{A}=K$，$X_{\square}^{A}=3-Ca-Na-K-cm$，$X_{Na}^{A}=Ca+Na+cm-2$。当$X_{Ab}^{Pl}>0.5$时，$Y=0$；当$X_{Ab}^{Pl}<0.5$时，$Y=12.0\left(1-X_{Ab}^{Pl}\right)^2-3.0$。

另外，依据浅闪石-钠透闪石之间的交换矢量$(NaCa_{-1})^{B}(SiAl_{-1})^{T1}$的反应方程：

$$\underset{\text{浅闪石(Ed)}}{NaCa_2Mg_5(AlSi_7)O_{22}(OH)_2}+\underset{\text{钠长石(Ab)}}{NaAlSi_3O_8}=\underset{\text{钠透闪石(Rich)}}{Na(CaNa)Mg_5Si_8O_{22}(OH)_2}+\underset{\text{钙长石(An)}}{CaAl_2Si_2O_8}(C)$$

通过适当的简化、近似和非线性回归分析，获得该反应方程所代表的温度计公式：

$$T_C(K)=\frac{78.44+Y-33.6X_{Na}^{M4}-\left[66.8-2.92P(\text{kbar})\right]X_{Al}^{M2}+78.5X_{Al}^{T1}+9.4X_{Na}^{A}}{0.0721-0.008314\ln\left(\dfrac{27X_{Na}^{M4}X_{Si}^{T1}X_{An}^{Pl}}{64X_{Ca}^{M4}X_{Al}^{T1}X_{Ab}^{Pl}}\right)} \tag{4-169}$$

式中，当$X_{Ab}^{Pl}>0.5$时，$Y=3.0$；当$X_{Ab}^{Pl}<0.5$时，$Y=12.0\left(2X_{Ab}^{Pl}-1\right)+3.0$。

上述方程适用于T=400～1000℃和P=1～15kbar范围内，其中方程(4-168)适用于含有石英的岩浆岩或变质岩，而方程(4-169)适用于含有或不含石英的岩石。

18) 橄榄石-熔体(单斜辉石)Ni、Mg分配温度计

1965年夏威夷劳雅火山发生了一次喷发，随着熔岩流渐渐冷却，熔体中析出部分橄榄石和辉石，它们与残余熔体处于平衡状态。这为研究Ni在3种相[橄榄石、单斜辉石及熔体(Melt)]中的分配提供了天然的良好条件。Ni在橄榄石、单斜辉石和熔体间的分配可以用如下反应来表示：

$$Ni^{Melt}=Ni^{Ol}(A)$$

$$Ni^{Cpx}=Ni^{Ol}(B)$$

$$Ni^{Melt}=Ni^{Cpx}(C)$$

其分配系数分别可以表示为

$$K_D^{A}=W_{Ni}^{Ol}/W_{Ni}^{Melt} \tag{4-170}$$

$$K_{D}^{B}=W_{Ni}^{Ol}/W_{Ni}^{Cpx} \tag{4-171}$$

$$K_{D}^{C}=W_{Ni}^{Cpx}/W_{Ni}^{Melt} \tag{4-172}$$

式中，W_{Ni}^{j}为 Ni 在 j 矿物中的质量百分数(ppm)。

Hakli 和 Wright(1967)用电子探针测定橄榄石、单斜辉石和玻璃质(熔体)中的 Ni 含量，并测定每次采样温度，以确定分配系数与温度间的关系。其结果显示，Ni 在三相间的分配符合热力学分配定律，并获得了 3 个温度计公式：

$$T(\mathrm{K})=\frac{7400}{1.987\left(\ln K_{D}^{A}-0.03\right)} \tag{4-173}$$

$$T(\mathrm{K})=\frac{16800}{-1.987\left(\ln K_{D}^{B}-7.65\right)} \tag{4-174}$$

$$T(\mathrm{K})=\frac{24800}{1.987\left(\ln K_{D}^{C}+7.85\right)} \tag{4-175}$$

其温度适用范围为 T=1050～1160℃。值得注意的是，上述岩石是在近地表条件下冷却形成的，P≈1bar。上述公式中并没有加入压力校正项，因而其仅适用于该压力条件下。

Arndt(1977)对 67 对橄榄石-熔体 Ni 实验数据进行了分析，获得了改进版的橄榄石-熔体 Ni 分配温度计：

$$T(\mathrm{K})=\frac{10430}{\ln K_{D}^{A}+4.79} \tag{4-176}$$

其具有最小的系统误差，但其精度仅为±108℃。其后有关橄榄石-熔体 Ni 分配温度计的实验数据太少，这一温度计的应用因而也受到限制。

Canil(1994，1999)将这一温度计推广到其他矿物，在 T=1100～1700℃和 P=5～8GPa 的条件下，对石榴子石-橄榄石 Ni 分配进行了实验研究，结果表明压力对该温度计影响很小，运用加权最小二乘法对实验数据进行拟合，获得了温度计：

$$T(\mathrm{K})=-10210\Big/\left(\ln K_{D_{Ni}}^{Grt/Ol}-3.59\right) \tag{4-177}$$

式中，$\ln K_{D_{Ni}}^{Grt/Ol}=Ni^{Grt}/Ni^{Ol}$。

Canil(1999)在 T=1200～1500℃和 P=3～7GPa 的温压范围内，对石榴子石和橄榄石间的 Ni 分配再次进行了实验研究。他发现石榴子石中 Ni 含量在 3000ppm 以下均符合亨利定律，并获得了石榴子石-橄榄石 Ni 分配温度计的更新版：

$$T(\mathrm{K})=8772\Big/\left(2.53-\ln K_{D_{Ni}}^{Grt/Ol}\right) \tag{4-178}$$

相比于 Ni 分配温度计，目前大家更感兴趣的是橄榄石-熔体 Mg 分配温度计。Roeder 和 Emslie(1970)最早对其进行了实验校正，其获得的熔体 FeO-MgO 图解(摩尔百分数，橄榄石饱和条件下，图 4-14)目前依然非常有用。从图 4-14 中可以看出，温度主要与熔体中 MgO 的含量相关，且随温度上升，熔体中 MgO 的含量升高。

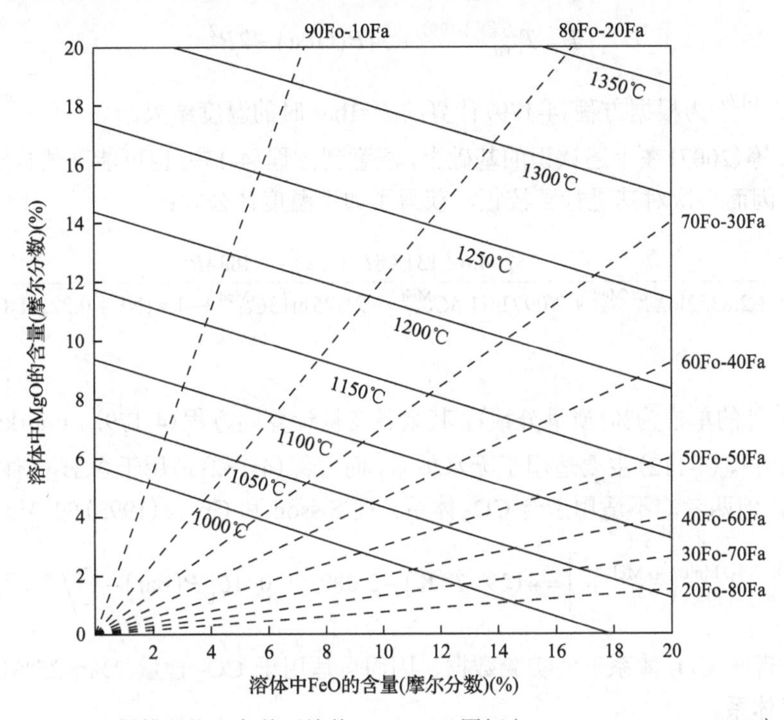

图 4-14　橄榄石饱和条件下熔体 FeO-MgO 图解(Roeder and Emslie，1970)

Beattie(1993)将熔体视为非正规活度模型，对橄榄石-熔体 Mg 分配进行了经验校正，获得的温度计公式为

$$T(\mathrm{K})=\frac{13603+4.943\times10^{-7}\left[P(\mathrm{GPa})\times10^{9}-10^{5}\right]}{6.26+2\ln K_{D_{\mathrm{Mg}}}^{\mathrm{Ol/Melt}}+2\ln\left(1.5C_{\mathrm{NM}}^{\mathrm{Melt}}\right)+2\ln\left(3C_{\mathrm{Si}}^{\mathrm{Melt}}\right)-\mathrm{NF}} \tag{4-179}$$

该公式具有较高的准确度，式中，$\ln K_{D_{\mathrm{Mg}}}^{\mathrm{Ol/Melt}}=X_{\mathrm{Mg}}^{\mathrm{Ol}}/X_{\mathrm{Mg}}^{\mathrm{Melt}}$；$C_{\mathrm{Si}}^{\mathrm{Melt}}=X_{\mathrm{Si}}^{\mathrm{Melt}}$；$C_{\mathrm{NM}}^{\mathrm{Melt}}=\sum_i X_i^{\mathrm{Melt}}$（$i$=Fe、Mn、Mg、Ca、Co、Ni）；$\mathrm{NF}=3.5\ln\left(1-X_{\mathrm{Al}}^{\mathrm{Melt}}\right)+7\ln\left(1-X_{\mathrm{Ti}}^{\mathrm{Melt}}\right)$。有趣的是，该公式在缺失橄榄石成分的情况下也可有效计算，这时 $\ln K_{D_{\mathrm{Mg}}}^{\mathrm{Ol/Melt}}$ 进行如下计算可提高温度计精度(Putirka，2008)：

$$\ln K_{D_{\mathrm{Mg}}}^{\mathrm{Ol/Melt}}=\frac{0.666-\left(-0.049X_{\mathrm{Mn}}^{\mathrm{Melt}}+0.027X_{\mathrm{Fe}}^{\mathrm{Melt}}\right)}{X_{\mathrm{Mg}}^{\mathrm{Melt}}+0.259X_{\mathrm{Mn}}^{\mathrm{Melt}}+0.299X_{\mathrm{Fe}}^{\mathrm{Melt}}} \tag{4-180}$$

若仅关注 T<1650℃的无水橄榄石-熔体体系，结合上述两方程便能求解温度而无需其他校正。

Herzberg 和 O'Hara (2002) 发现，方程 (4-179) 在较高温度和压力条件下可能具有较大系统误差，因而提出其改进式：

$$T = T_{1\text{bar}}^{\text{方程(4-179)}} + 54P(\text{GPa}) - 2P^2 \tag{4-181}$$

式中，$T_{1\text{bar}}^{\text{方程(4-179)}}$ 为根据方程 (4-179) 计算的 P=1bar 时的温度结果。

Putirka 等 (2007) 在上述认识的基础上，注意到方程 (4-179) 也可能高估含水体系下的结晶温度，因而再次对其进行了校正，获得了如下温度计公式：

$$T(℃) = \frac{15294.6 + 1318.8P(\text{GPa}) + 2.4834P^2}{8.048 + 2.8352\ln K_{D_{\text{Mg}}}^{\text{Ol/Melt}} + 2.097\ln\left(1.5C_{\text{NM}}^{\text{Melt}}\right) + 2.575\ln\left(3C_{\text{Si}}^{\text{Melt}}\right) - 1.41\text{NF} + 0.222\text{H}_2\text{O}^{\text{Melt}} + 0.5P} \tag{4-182}$$

式中，H_2O^{Melt} 的单位为% (质量分数)，其余各变量计算同方程 (4-179)。Putirka 等 (2007) 验证后认为方程 (4-112) 主要适用于无水体系，而方程 (4-182) 适用于含 H_2O 体系 (水含量 0～18.6%)，但两者均不适用于含 CO_2 体系。而 Sisson 和 Grove (1993) 的温度计

$$\lg\left[X_{\text{Mg}}^{\text{Ol}} / X_{\text{Mg}}^{\text{Melt}}\left(X_{\text{Si}}^{\text{Melt}}\right)^2\right] = 4129 / T(\text{K}) - 2.082 + 0.0416\left[P(\text{bar}) - 1\right] \Big/ T \tag{4-183}$$

能较好地重现含 CO_2 体系下的实验数据，因而可适用于 CO_2 含量 2%～25% (质量分数) 的超基性岩体系。

19) *斜长石-液体 Sr、Ba 分配温度计*

Sr、Ba 在斜长石和液体 (liquid) 间的分配可以用如下反应来表示：

$$\text{Me}^{\text{liquid}} = \text{Me}^{\text{Pl}}$$

式中，Me=Sr、Ba，其分配系数分别可以表示为

$$K_{\text{D}}^{\text{Me}} = W_{\text{Me}}^{\text{Pl}} / W_{\text{Me}}^{\text{liquid}} \tag{4-184}$$

Sun 等 (1974) 采用洋中脊玄武岩作为初始物质对斜长石与熔体间 Eu 和 Sr 的分配进行了实验研究，其结果表明斜长石和熔体间的 Sr 分配可做温度计使用，获得的温度计公式为

$$T(\text{K}) = \frac{15121}{9.909 + \ln K_{\text{D}}^{\text{Sr}}} \tag{4-185}$$

Drake 和 Weill (1975) 在 T=1150～1400℃和 P=1bar 条件下对斜长石-熔体 Ba 分配进行了实验研究，获得了分配系数与温度的关系式：

$$T(\mathrm{K})=\frac{11800}{8.85+\ln K_{\mathrm{D}}^{\mathrm{Ba}}} \tag{4-186}$$

Blundy 和 Wood(1991)对斜长石-熔体 Sr、Ba 分配和斜长石-热水溶液 Sr、Ba 分配进行了对比研究，结果显示 Sr、Ba 分配在斜长石-熔体和斜长石-热水溶液两体系具有相同的性质。假设斜长石为三元正规溶液模型，对实验数据进行回归分析，获得了如下两个关系式：

$$T(\mathrm{K})=\frac{26800-26700X_{\mathrm{An}}^{\mathrm{Pl}}}{8.314\ln K_{\mathrm{D}}^{\mathrm{Sr}}} \tag{4-187}$$

$$T(\mathrm{K})=\frac{10200-38200X_{\mathrm{An}}^{\mathrm{Pl}}}{8.314\ln K_{\mathrm{D}}^{\mathrm{Ba}}} \tag{4-188}$$

他们认为斜长石-液体 Sr、Ba 主要受到斜长石晶体化学的控制，而受温度和压力等因素的影响较小，因此使用这类温度计时需慎重。

20) 锆石-熔体 Zr 分配温度计

锆石(Zrn)-熔体 Zr 分配温度计又称为锆石饱和温度计，基于锆石饱和条件下 Zr 在熔体中的溶解度而设计，可用如下反应来表示：

$$\mathrm{Zr}^{\mathrm{Melt}}=\mathrm{Zr}^{\mathrm{Zrn}}$$

其分配系数分别可以表示为

$$K_{\mathrm{D}}=W_{\mathrm{Zr}}^{\mathrm{Zrn}}/W_{\mathrm{Zr}}^{\mathrm{Melt}} \tag{4-189}$$

Watson 和 Harrison(1983)研究了 T=750～1020℃条件下锆石的饱和行为，在此基础上提出了锆石溶解度模型：

$$K_{\mathrm{D}}=\left\{-3.80-\left[0.85(M-1)\right]\right\}+12900/T(\mathrm{K}) \tag{4-190}$$

式中，M 为全岩离子比。

若令全岩离子数 Si+Al+Fe+Mg+Ca+Na+K+P=1，则 $M=(\mathrm{Na}+\mathrm{K}+2\mathrm{Ca})/(\mathrm{Al}\cdot\mathrm{Si})$。Harrison 和 Watson(1983)的实验研究表明，方程(4-190)在 T=1020～1500℃的条件下同样适用。该式表明在地壳深熔过程中，锆石中 Zr 含量是岩浆化学成分和温度的函数，其当熔体中 H_2O 含量大于 2%(质量分数)并且 M 介于 0.9～2.1 时有效。

纯锆石中 $W_{\mathrm{Zr}}^{\mathrm{Zrn}}=497657\times10^{-6}$，若用岩石中的 Zr 含量近似代表熔体 $W_{\mathrm{Zr}}^{\mathrm{Melt}}$，则利用方程(4-190)也可计算锆石的饱和温度。由于锆石是从岩浆中较早结晶出的矿物之一，因此锆石的饱和温度接近液相线温度。

Baker 等(2002)的实验研究表明，尽管全岩参数 M 在许多情况下都能用于确定锆石饱和温度，但其对不含铁熔体无效，而全岩参数 $\mathrm{FM}=[\mathrm{Na}+\mathrm{K}+2(\mathrm{Ca}+\mathrm{Fe}+\mathrm{Mg})]/(\mathrm{Al}\cdot\mathrm{Si})$ 能

更好地描述成分对锆石饱和的影响。

Miller等(2003)将方程(4-190)修正为

$$T(\mathrm{K})=12900\Big/\left[2.95+0.85M+\ln\left(496000/W_{\mathrm{Zr}}^{\mathrm{Melt}}\right)\right] \tag{4-191}$$

4. 常用元素分配压力计

目前常用的元素分配压力计多数为纯转化反应(少数为离子交换反应)，这类反应ΔV_s较大，P-T图解上反应线斜率较小，用于估算压力时误差较小。对于纯转化反应，在各矿物均为理想混合情况下，方程(4-10)可转化为

$$P=\frac{-RT}{\Delta V_s}\ln K_D+\frac{-\Delta H^0(T,1)+T\Delta S^0(T,1)}{\Delta V_s}+1 \tag{4-192}$$

若假设T、$\Delta H^0(T,1)$、ΔV_s、和$\Delta S^0(T,1)$均已知，则P与$\ln K_D$呈直线关系，利用方程(4-192)便可求解P。但是，由于需考虑固溶体矿物的非理想混合性质，元素分配压力计公式通常都比方程(4-192)复杂得多。以下介绍一些常用的元素分配压力计。

1) 石榴子石-铝硅酸盐-石英-斜长石压力计

该压力计考虑的平衡矿物组合为石榴子石+蓝晶石/红柱石/夕线石+石英+斜长石，因而又称为GASP压力计，其平衡反应为

$$\underset{\text{钙铝榴石(Grs)}}{Ca_3Al_2Si_3O_{12}} + \underset{\text{铝硅酸盐(Als)}}{2Al_2SiO_5} + \underset{\text{石英(Qz)}}{SiO_2} = \underset{\text{钙长石(An)}}{3CaAl_2Si_2O_8}$$

石英和Al_2SiO_5通常为纯端元矿物，其活度为1，钙长石的摩尔体积比钙铝榴石大，在低压下更稳定，许多学者注意到了石榴子石-斜长石之间Ca组分的分配同变质条件的关系。Ghent(1976)首先证实该反应平衡可作为压力计使用，并根据实验获得的纯端元反应平衡方程假定石榴子石及斜长石为理想固溶体，首次给出了GASP压力计的表达式。例如，当Al_2SiO_5为夕线石时，压力计表达式为

$$0=[-2511.4/T(\mathrm{K})]+7.1711-\{0.2842[P(\mathrm{bar})-1]/T\}+\lg K_D-0.4 \tag{4-193}$$

式中，$K_D=\left(X_{\mathrm{Ca}}^{\mathrm{Pl}}\right)^3\Big/\left(X_{\mathrm{Ca}}^{\mathrm{Grt}}\right)^3$，该压力计误差小于±1.6kbar。

Koziol和Newton(1988)在T=900～1250℃和P=19～28kbar的温压范围内对该反应进行了实验研究，根据实验资料拟合获得上述纯端元反应(Al_2SiO_5为蓝晶石)的平衡方程为

$$P(\mathrm{bar})=22.80T(\mathrm{K})-7321 \tag{4-194}$$

结合方程(4-192)，并取$\Delta V_s=6.608\mathrm{J/bar}$和$K_D$=1(对于纯端元钙长石和钙铝榴石，

X_{Ca}^{Pl} 和 X_{Ca}^{Grt} 均为 1)，我们获得：

$$\Delta H^0(T,1)=7321\Delta V_s=48377(\mathrm{J/mol}) \tag{4-195}$$

$$\Delta S^0(T,1)=22.80\Delta V_s=150.66[\mathrm{J/(mol\cdot K)}] \tag{4-196}$$

从而获得压力计公式：

$$P(\mathrm{bar})=-1.258T(\mathrm{K})\ln K_D+22.80T-7321 \tag{4-197}$$

此处同样假定石榴子石及斜长石为理想固溶体。

上述 GASP 压力计[方程(4-193)和方程(4-197)]的应用比较简单，只要已知温度并计算 K_D 即可求解压力。然而，石榴子石和斜长石事实上均为非理想固溶体，因此，要得到正确的压力需要校正活度-成分的关系。

Hodges 和 Spear(1982)在 Ghent(1976)的工作基础上，将上述反应平衡常数简化为

$$K_{eq}=K_D K_\gamma \tag{4-198}$$

假定 P-T 图解上 K_D 等值线近似平行于蓝晶石-夕线石转变线，获得 $K_\gamma=2.5$，从而获得压力计公式为

$$0=11675-32.815T(\mathrm{K})+1.301[P(\mathrm{bar})-1]+7.618T\ln K_D \tag{4-199}$$

Holdaway(2001)采用 Berman(1988)的矿物热力学数据，将 Berman 和 Aranovich(1996)、Ganguly 等(1996)和 Mukhopadhyay 等(1997)三者的石榴子石模型，以及 Fuhrman 和 Lindsley(1988)、Elkins 和 Grove(1990)二者的斜长石模型应用于 GASP 压力计，对不同石榴子石模型和斜长石模型的组合进行了对比研究。他得到的认识是，利用上述 3 组石榴子石马居尔参数的平均值(W_{MnMg}^{Grt} 提高了 5kJ)及 Fuhrman 和 Lindsley(1988)的斜长石模型拟合能得到最理想的结果，其获得的压力计表达式为

$$P(\mathrm{bar})=\frac{\Delta H^0(298,1)-T(\mathrm{K})\Delta S^0(298,1)}{-\Delta V_s}+\frac{RT\ln K_{eq}}{-\Delta V_s}+1 \tag{4-200}$$

式中，$\Delta H^0(298,1)$、$\Delta S^0(298,1)$ 和 ΔV_s 取值分别为 33103.93、117.4309 和 5.1242(Al_2SiO_5 为红柱石)；41600.51、135.4383 和 6.5942(Al_2SiO_5 为蓝晶石)；25340.75、108.4383 和 5.4522(Al_2SiO_5 为夕线石)。

$RT\ln K_\gamma$ 采用下式计算：

$$RT\ln K_{eq}=RT\ln\left[\left(a_{An}^{Pl}\right)^3\Big/a_{Grs}^{Grt}\right]=3RT\ln a_{An}^{Pl}-RT\ln a_{Grs}^{Grt} \tag{4-201}$$

$$\begin{aligned}
RT\ln a_{An}^{Pl} &= RT\ln\left[X_{Ca}^{Pl}\left(1+X_{Ca}^{Pl}\right)^2/4\right]+W_{KNa}\left[X_{Na}^{Pl}X_{K}^{Pl}\left(1/2-X_{Ca}^{Pl}-2X_{Na}^{Pl}\right)\right]\\
&+W_{NaK}\left[X_{Na}^{Pl}X_{K}^{Pl}\left(1/2-X_{Ca}^{Pl}-2X_{K}^{Pl}\right)\right]+W_{KCa}\left[2X_{K}^{Pl}X_{Ca}^{Pl}\left(1-X_{Ca}^{Pl}\right)\right.\\
&\left.+X_{Na}^{Pl}X_{K}^{Pl}\left(1/2-X_{Ca}^{Pl}\right)\right]+W_{CaK}\left[\left(X_{K}^{Pl}\right)^2\left(1-2X_{Ca}^{Pl}\right)+X_{Na}^{Pl}X_{K}^{Pl}\left(1/2-X_{Ca}^{Pl}\right)\right]\\
&+W_{NaCa}\left[2X_{Na}^{Pl}X_{Ca}^{Pl}\left(1-X_{Ca}^{Pl}\right)+X_{Na}^{Pl}X_{K}^{Pl}\left(1/2-X_{Ca}^{Pl}\right)\right]+W_{CaNa}\left[\left(X_{Na}^{Pl}\right)^2\left(1-2X_{Ca}^{Pl}\right)\right.\\
&\left.+X_{Na}^{Pl}X_{K}^{Pl}\left(1/2-X_{Ca}^{Pl}\right)\right]+W_{KCaNa}\left[X_{Na}^{Pl}X_{K}^{Pl}\left(1-2X_{Ca}^{Pl}\right)\right]
\end{aligned}\tag{4-202}$$

$$\begin{aligned}
RT\ln a_{Grs}^{Grt} &= 3RT\ln X_{Ca}^{Grt}+W_{CaFe^{2+}}^{Grt}\left[\left(X_{Fe^{2+}}^{Grt}\right)^2-2X_{Ca}^{Grt}\left(X_{Fe^{2+}}^{Grt}\right)^2\right]\\
&+W_{CaMg}^{Grt}\left[\left(X_{Mg}^{Grt}\right)^2-2X_{Ca}^{Grt}\left(X_{Mg}^{Grt}\right)^2\right]+W_{CaMn}^{Grt}\left[\left(X_{Mn}^{Grt}\right)^2-2X_{Ca}^{Grt}\left(X_{Mn}^{Grt}\right)^2\right]\\
&+W_{Fe^{2+}Ca}^{Grt}\left[2X_{Ca}^{Grt}X_{Fe^{2+}}^{Grt}-2\left(X_{Ca}^{Grt}\right)^2X_{Fe^{2+}}^{Grt}\right]-2W_{Fe^{2+}Mg}^{Grt}X_{Fe^{2+}}^{Grt}\left(X_{Mg}^{Grt}\right)^2\\
&-2W_{Fe^{2+}Mn}^{Grt}X_{Fe^{2+}}^{Grt}\left(X_{Mn}^{Grt}\right)^2+W_{MgCa}^{Grt}\left[2X_{Ca}^{Grt}X_{Mg}^{Grt}-2\left(X_{Ca}^{Grt}\right)^2X_{Mg}^{Grt}\right]\\
&-2W_{MgFe^{2+}}^{Grt}\left(X_{Fe^{2+}}^{Grt}\right)^2X_{Mg}^{Grt}-2W_{MgMn}^{Grt}X_{Mg}^{Grt}\left(X_{Mn}^{Grt}\right)^2\\
&+W_{MnCa}^{Grt}\left[2X_{Ca}^{Grt}X_{Mn}^{Grt}-2\left(X_{Ca}^{Grt}\right)^2X_{Mn}^{Grt}\right]-2W_{MnFe^{2+}}^{Grt}\left(X_{Fe^{2+}}^{Grt}\right)^2X_{Mn}^{Grt}\\
&-2W_{MnMg}^{Grt}\left(X_{Mg}^{Grt}\right)^2X_{Mn}^{Grt}
\end{aligned}\tag{4-203}$$

方程(4-203)未考虑三端元混合马居尔参数W_{ijk}^{Grt}的影响。W_{ij}、W_{KCaNa}和W_{ij}^{Grt}可根据方程(4-52)和方程(4-53)计算，参数见表4-7和表4-8。

表4-7　K-Na-Ca三元长石马居尔参数(Fuhrman and Lindsley，1988)

马居尔参数	W_H	W_S	W_V
W_{NaK}	18810	10.3	0.394(±0.017)
W_{KNa}	27320	10.3	0.394(±0.017)
W_{NaCa}	28226		
W_{CaNa}	8471		
W_{CaK}	52468(±497)		−0.120(±0.04)
W_{KCa}	47396(±235)		
W_{KNaCa}	8700(±897)		−1.094(±0.125)

表 4-8　Fe^{2+}-Mg-Mn-Ca 四元石榴子石马居尔参数(Holdaway，2001)

马居尔参数	$W_{ij,H}^{Grt}$	$W_{ij,S}^{Grt}$	$W_{ij,V}^{Grt}$
CaMg	66114	18.98	0.068
MgCa	25759	12.87	0.140
$CaFe^{2+}$	−1304	−0.34	0.040
$Fe^{2+}Ca$	19932	9.67	0.135
CaMn	2619	5.07	0.195
MnCa	20319	5.07	0.195
$MgFe^{2+}$	11622	5.50	0.050
$Fe^{2+}Mg$	−5672	−5.09	−0.034
MgMn	41249	23.01	0.114
MnMg	41249	23.01	0.114
$Fe^{2+}Mn$	1617	0.00	0.072
$MnFe^{2+}$	1617	0.00	0.072

目前看来，在众多 GASP 压力计表达式中，Holdaway(2001)的表达式最为准确。这是因为：①该压力计重现 GASP 实验的误差在±0.8kbar 以内；②与石榴子石-黑云母温度计 Holdaway(2000)配合，计算出的温度、压力数据和与矿物组合平衡的铝硅酸盐矿物稳定区域不矛盾，且能准确反映铝硅酸盐矿物的相变条件；③对于产出范围有限的热接触变质晕圈中的岩石样品，计算压力在误差范围内到处一致；④对于产出范围极有限、且变质期后未经历断裂作用的岩石样品，计算压力在误差范围内到处一致。

但是该温度计存在先天不足：①GASP 反应在 *P-T* 图解上的斜率中等，GASP 压力计对温度依赖较强，因而其准确性受到与其配合使用的温度计的极大影响；②在变质泥质岩中，石榴子石和斜长石的 Ca 含量偏低，这可能引起较大的测试误差，即便测试误差不大，由此传递给压力计的计算误差也会很大(吴春明等，2007)。对于第一点，我们推荐 Holdaway(2001)的 GASP 压力计与 Holdaway(2000)的石榴子石-黑云母温度计配合使用，因为两者采用了相同的石榴子石模型，构成了一对内恰的温度计-压力计组合。对于第二点，GASP 压力计最适用于高压镁铁质岩石(*P*=6～10kbar)，其中斜长石和石榴子石具有较高的 Ca 含量。

2)*石榴子石-斜长石-黑云母-白云母-石英组合压力计*

蓝晶石、夕线石和红柱石在贫铝泥质变质岩中往往含量不多甚至没有，因此 GASP 的应用受到限制；而石榴子石+斜长石+黑云母+白云母+石英这一矿物组合却广泛分布于从石榴子石带至低夕线石带的变沉积岩中，因此在这些岩石中可考虑石榴子石+斜长石+黑云母+白云母+石英矿物组合能否构成压力计。事实上，石榴子石+斜长石+黑云母+白云母矿物组合中有两个纯转换反应：

$$Mg_3Al_2Si_3O_{12} + Ca_3Al_2Si_3O_{12} + KAl_3Si_3O_{10}(OH)_2$$

镁铝榴石(Prp)　钙铝榴石(Grs)　白云母(Mus)

$$= KMg_3AlSi_3O_{10}(OH)_2 + 3CaAl_2Si_2O_8 \quad (A)$$

金云母(Phl)　钙长石(An)

$$Fe_3Al_2Si_3O_{12} + Ca_3Al_2Si_3O_{12} + KAl_3Si_3O_{10}(OH)_2$$

镁铝榴石(Prp)　钙铝榴石(Grs)　白云母(Mus)

$$= KFe_3AlSi_3O_{10}(OH)_2 + 3CaAl_2Si_2O_8 \quad (B)$$

铁云母(Ann)　钙长石(An)

上述反应涉及 Al 由 6 次配位转变为 4 次配位而 Fe 和 Mg 由 8 次配位转变为 6 次配位，因而对压力变化敏感，可作为压力计使用。若假定上述矿物均为理想离子溶液模型，则其平衡常数为

$$K_{eq}^{A} = \prod_{B} a_{B}^{\upsilon_B} = \frac{\left(a_{An}^{Pl}\right)^3 a_{Phl}^{Bi}}{a_{Prp}^{Grt} a_{Grs}^{Grt} a_{Mus}^{Ms}} = \frac{\left(X_{Ca}^{Pl}\right)^3 \left(X_{Mg}^{Bi}\right)^3}{\left(X_{Mg}^{Grt}\right)^3 \left(X_{Ca}^{Grt}\right)^3 \left[X_{K}^{Ms} \left(X_{Al^{VI}}^{Ms}\right)^2\right]} \tag{4-204}$$

$$K_{eq}^{B} = \prod_{B} a_{B}^{\upsilon_B} = \frac{\left(a_{An}^{Pl}\right)^3 a_{Ann}^{Bi}}{a_{Alm}^{Grt} a_{Grs}^{Grt} a_{Mus}^{Ms}} = \frac{\left(X_{Ca}^{Pl}\right)^3 \left(X_{Fe^{2+}}^{Bi}\right)^3}{\left(X_{Fe^{2+}}^{Grt}\right)^3 \left(X_{Ca}^{Grt}\right)^3 \left[X_{K}^{Ms} \left(X_{Al^{VI}}^{Ms}\right)^2\right]} \tag{4-205}$$

Ghent 和 Stout (1981) 选择天然岩石样品，采用各矿物的理想混合模型，并以石榴子石-黑云母温度计和 GASP 压力计为基础，对上述压力计进行了经验校正。运用经验推导的方法消除了各矿物固溶体非理想性的影响，采用最小二乘法进行线性回归分析，获得了压力计表达式：

$$0 = -8888.4 - 16675T(\mathrm{K}) + 1.738P(\mathrm{bar}) + 1.9859T\ln K_{eq}^{A} \tag{4-206}$$

$$0 = 4124.4 - 22061T(\mathrm{K}) + 1.802P(\mathrm{bar}) + 1.9859T\ln K_{eq}^{B} \tag{4-207}$$

结合 Ferry 和 Spear (1978) 的石榴子石-黑云母温度计，上述压力计能很好地重现 Ferry 和 Spear (1978) 的实验压力数据。

Hoisch (1990) 研究了石榴子石+斜长石+黑云母+白云母+石英平衡矿物组合内存在的多相平衡关系，得出了包括上述两压力计在内的 6 个压力计：

$$(1/3)Mg_3Al_2Si_3O_{12} + (2/3)Ca_3Al_2Si_3O_{12} + K(Mg_2Al)(Si_2Al_2)O_{10}(OH)_2 + 2SiO_2$$

镁铝榴石(Prp)　钙铝榴石(Grs)　镁叶云母(Eas)　石英(Qz)

$$= KMg_3(AlSi_3)O_{10}(OH)_2 + 2CaAl_2Si_2O_8 \quad (C)$$

金云母(Phl)　钙长石(An)

$$(1/3)Fe_3Al_2Si_3O_{12} + (2/3)Ca_3Al_2Si_3O_{12} + K(Fe_2Al)(Si_2Al_2)O_{10}(OH)_2 + 2SiO_2$$

铁铝榴石(Alm)　钙铝榴石(Grs)　铁叶云母(Sdp)　石英(Qz)

$$= KFe_3(AlSi_3)O_{10}(OH)_2 + 2CaAl_2Si_2O_8 \quad (D)$$

铁云母(Ann)　钙长石(An)

$$(1/3)\mathrm{Mg_3Al_2Si_3O_{12}} + (2/3)\mathrm{Ca_3Al_2Si_3O_{12}} + \mathrm{KAl_3Si_3O_{10}(OH)_2} + 2\mathrm{SiO_2}$$

镁铝榴石(Prp)　钙铝榴石(Grs)　白云母(Mus)　石英(Qz)

$$= \mathrm{K(MgAl_2)Si_4O_{10}(OH)_2} + 2\mathrm{CaAl_2Si_2O_8} \quad (\mathrm{E})$$

绿磷石(Cel)　钙长石(An)

$$(1/3)\mathrm{K(Mg_2Al)(Si_2Al_2)O_{10}(OH)_2} + (1/3)\mathrm{Ca_3Al_2Si_3O_{12}} + (2/3)\mathrm{KAl_3Si_3O_{10}(OH)_2} + 2\mathrm{SiO_2}$$

金云母(Phl)　钙铝榴石(Grs)　白云母(Mus)　石英(Qz)

$$= \mathrm{K(MgAl_2)Si_4O_{10}(OH)_2} + \mathrm{CaAl_2Si_2O_8} \quad (\mathrm{F})$$

绿磷石(Cel)　钙长石(An)

他选取了含有石榴子石+斜长石+黑云母+白云母+石英+铝硅酸盐(夕线石或蓝晶石)的岩石样品共 43 个，以石榴子石-黑云母温度计和 GASP 压力计为基础，对这 6 个压力计进行了经验校正。采用多元回归分析的方法，获得了 6 个自相校验的压力计表达式：

$$P^{\mathrm{A}}(\mathrm{bar}) = -556.5 + 19.05T(\mathrm{K}) - 0.157\left(RT\ln K_{\mathrm{eq}}^{\mathrm{A}} - P\Delta V^{\mathrm{Grt}}\right) \tag{4-208}$$

$$P^{\mathrm{B}}(\mathrm{bar}) = -8414.5 + 21.31T(\mathrm{K}) - 0.152\left(RT\ln K_{\mathrm{eq}}^{\mathrm{B}} - P\Delta V^{\mathrm{Grt}}\right) \tag{4-209}$$

$$\begin{aligned} P^{\mathrm{C}}(\mathrm{bar}) = &-8344.7 + 20.72T(\mathrm{K}) - 0.262\left(RT\ln K_{\mathrm{eq}}^{\mathrm{C}} - 2/3P\Delta V^{\mathrm{Grt}}\right) \\ &- 7070.1\left(X_{\mathrm{Al}}^{\mathrm{Bi}} - X_{\mathrm{Mg}}^{\mathrm{Bi}}\right) + 8547.6X_{\mathrm{Fe}}^{\mathrm{Bi}} + 11235.0X_{\mathrm{Ti}}^{\mathrm{Bi}} \end{aligned} \tag{4-210}$$

$$\begin{aligned} P^{\mathrm{D}}(\mathrm{bar}) = &-11980.6 + 21.95T(\mathrm{K}) - 0.257\left(RT\ln K_{\mathrm{eq}}^{\mathrm{D}} - \frac{2}{3}P\Delta V^{\mathrm{Grt}}\right) \\ &- 7872.2\left(X_{\mathrm{Al}}^{\mathrm{Bi}} - X_{\mathrm{Fe}}^{\mathrm{Bi}}\right) + 6230.4X_{\mathrm{Mg}}^{\mathrm{Bi}} + 9558.8X_{\mathrm{Ti}}^{\mathrm{Bi}} \end{aligned} \tag{4-211}$$

$$P^{\mathrm{E}}(\mathrm{bar}) = -4954.8 + 16.73T(\mathrm{K}) - 0.240\left(RT\ln K_{\mathrm{eq}}^{\mathrm{E}} - \frac{2}{3}P\Delta V^{\mathrm{Grt}}\right) - 44428.3X_{\mathrm{Mg}}^{\mathrm{Ms}}\left(X_{\mathrm{Mg}}^{\mathrm{Ms}} - 2\right) \tag{4-212}$$

$$P^{\mathrm{F}}(\mathrm{bar}) = -9873.5 + 15.38T(\mathrm{K}) - 0.456\left(RT\ln K_{\mathrm{eq}}^{\mathrm{F}} - \frac{2}{3}P\Delta V^{\mathrm{Grt}}\right) - 78608.3X_{\mathrm{Mg}}^{\mathrm{Ms}}\left(X_{\mathrm{Mg}}^{\mathrm{Ms}} - 2\right) \tag{4-213}$$

以 11 个氧原子为基础，黑云母和白云母成分参数计算如下：$X_{\mathrm{Al}}^{\mathrm{Bi}} = (\mathrm{Al} + \mathrm{Si} - 4)/3$；$X_{\mathrm{Mg}}^{\mathrm{Bi}} = \mathrm{Mg}/3$；$X_{\mathrm{Fe}}^{\mathrm{Bi}} = \mathrm{Fe}/3$；$X_{\mathrm{Mg}}^{\mathrm{Ms}} = \mathrm{Mg}/2$；$X_{\mathrm{Al}}^{\mathrm{Ms}} = (\mathrm{Al} + \mathrm{Si} - 4)/2$ 。ΔV^{Grt} 采用下式计算：

$$\Delta V^{\mathrm{Grt}} = 0.1\left[V_{\mathrm{Alm}}^{\mathrm{Grt}}\left(\frac{X_{\mathrm{Fe}}^{\mathrm{Grt}}}{X_{\mathrm{Fe}}^{\mathrm{Grt}} + X_{\mathrm{Mg}}^{\mathrm{Grt}}}\right) + V_{\mathrm{Prp}}^{\mathrm{Grt}}\left(\frac{X_{\mathrm{Mg}}^{\mathrm{Grt}}}{X_{\mathrm{Fe}}^{\mathrm{Grt}} + X_{\mathrm{Mg}}^{\mathrm{Grt}}}\right)\right] - 12.53 \tag{4-214}$$

式中

$$V_{\mathrm{Alm}}^{\mathrm{Grt}}=125.24+1.482\left(1-X_{\mathrm{Ca}}^{\mathrm{Grt}}\right)^{2}-0.48\left\{1+\frac{\left(0.086-X_{\mathrm{Ca}}^{\mathrm{Grt}}\right)\left(1-X_{\mathrm{Ca}}^{\mathrm{Grt}}\right)}{0.004356}\exp\left[-\frac{\left(0.086-X_{\mathrm{Ca}}^{\mathrm{Grt}}\right)^{2}}{2}\right]\right\} \tag{4-215}$$

$$V_{\mathrm{Prp}}^{\mathrm{Grt}}=125.24+0.512\left(1-X_{\mathrm{Ca}}^{\mathrm{Grt}}\right)^{2}-0.418\left\{1+\frac{\left(0.06-X_{\mathrm{Ca}}^{\mathrm{Grt}}\right)\left(1-X_{\mathrm{Ca}}^{\mathrm{Grt}}\right)}{0.006889}\exp\left[-\frac{\left(0.06-X_{\mathrm{Ca}}^{\mathrm{Grt}}\right)^{2}}{2}\right]\right\} \tag{4-216}$$

6 个压力计的平衡常数为

$$K_{\mathrm{eq}}^{\mathrm{A}}=\frac{\left(X_{\mathrm{Mg}}^{\mathrm{Bi}}\right)^{3}\left(a_{\mathrm{An}}^{\mathrm{Pl}}\right)^{3}}{a_{\mathrm{Prp}}^{\mathrm{Grt}}a_{\mathrm{Grs}}^{\mathrm{Grt}}\left(X_{\mathrm{Al}}^{\mathrm{Ms}}\right)^{2}} \tag{4-217}$$

$$K_{\mathrm{eq}}^{\mathrm{B}}=\frac{\left(X_{\mathrm{Fe}}^{\mathrm{Bi}}\right)^{3}\left(a_{\mathrm{An}}^{\mathrm{Pl}}\right)^{3}}{a_{\mathrm{Alm}}^{\mathrm{Grt}}a_{\mathrm{Grs}}^{\mathrm{Grt}}\left(X_{\mathrm{Al}}^{\mathrm{Ms}}\right)^{2}} \tag{4-218}$$

$$K_{\mathrm{eq}}^{\mathrm{C}}=\frac{\left(X_{\mathrm{Mg}}^{\mathrm{Bi}}\right)^{3}\left(a_{\mathrm{An}}^{\mathrm{Pl}}\right)^{2}}{\left(a_{\mathrm{Prp}}^{\mathrm{Grt}}\right)^{1/3}\left(a_{\mathrm{Grs}}^{\mathrm{Grt}}\right)^{2/3}6.75\left(X_{\mathrm{Mg}}^{\mathrm{Bi}}\right)^{2}X_{\mathrm{Al}}^{\mathrm{Bi}}} \tag{4-219}$$

$$K_{\mathrm{eq}}^{\mathrm{D}}=\frac{\left(X_{\mathrm{Fe}}^{\mathrm{Bi}}\right)^{3}\left(a_{\mathrm{An}}^{\mathrm{Pl}}\right)^{2}}{\left(a_{\mathrm{Alm}}^{\mathrm{Grt}}\right)^{1/3}\left(a_{\mathrm{Grs}}^{\mathrm{Grt}}\right)^{2/3}6.75\left(X_{\mathrm{Fe}}^{\mathrm{Bi}}\right)^{2}X_{\mathrm{Al}}^{\mathrm{Bi}}} \tag{4-220}$$

$$K_{\mathrm{eq}}^{\mathrm{E}}=\frac{4X_{\mathrm{Mg}}^{\mathrm{Ms}}X_{\mathrm{Al}}^{\mathrm{Ms}}\left(a_{\mathrm{An}}^{\mathrm{Pl}}\right)^{2}}{\left(a_{\mathrm{Prp}}^{\mathrm{Grt}}\right)^{1/3}\left(a_{\mathrm{Grs}}^{\mathrm{Grt}}\right)^{2/3}\left(X_{\mathrm{Al}}^{\mathrm{Ms}}\right)^{4/3}} \tag{4-221}$$

$$K_{\mathrm{eq}}^{\mathrm{F}}=\frac{\left(X_{\mathrm{Mg}}^{\mathrm{Bi}}\right)^{3}\left(a_{\mathrm{An}}^{\mathrm{Pl}}\right)^{3}}{a_{\mathrm{Prp}}^{\mathrm{Grt}}a_{\mathrm{Grs}}^{\mathrm{Grt}}\left(X_{\mathrm{Al}}^{\mathrm{Ms}}\right)^{2}} \tag{4-222}$$

上述平衡常数表达式中，黑云母和白云母中各端元为理想活度，黑云母和白云母成分对压力计的影响已整合到压力计表达式中[方程(4-208)～方程(4-213)]。石榴子石采用了 Hodges 和 Spear(1982)的 Fe^{2+}-Mg-Mn-Ca 四端元活度模型而斜长石采用 Newton 等(1980)的活度模型，各端元活度采用下列方程计算：

$$a_{\mathrm{Prp}}^{\mathrm{Grt}}=\left(X_{\mathrm{Mg}}^{\mathrm{Grt}}\exp\left\{\frac{13809-6.28T}{RT}\left[\left(X_{\mathrm{Ca}}^{\mathrm{Grt}}\right)^2+X_{\mathrm{Fe}}^{\mathrm{Grt}}X_{\mathrm{Ca}}^{\mathrm{Grt}}+X_{\mathrm{Ca}}^{\mathrm{Grt}}X_{\mathrm{Mn}}^{\mathrm{Grt}}\right]\right\}\right)^3 \tag{4-223}$$

$$a_{\mathrm{Alm}}^{\mathrm{Grt}}=\left[X_{\mathrm{Fe}}^{\mathrm{Grt}}\exp\left(\frac{-13809+6.28T}{RT}X_{\mathrm{Mg}}^{\mathrm{Grt}}X_{\mathrm{Ca}}^{\mathrm{Grt}}\right)\right]^3 \tag{4-224}$$

$$a_{\mathrm{Grs}}^{\mathrm{Grt}}=\left(X_{\mathrm{Ca}}^{\mathrm{Grt}}\exp\left\{\frac{13809-6.28T}{RT}\left[\left(X_{\mathrm{Mg}}^{\mathrm{Grt}}\right)^2+X_{\mathrm{Fe}}^{\mathrm{Grt}}X_{\mathrm{Mg}}^{\mathrm{Grt}}+X_{\mathrm{Mg}}^{\mathrm{Grt}}X_{\mathrm{Mn}}^{\mathrm{Grt}}\right]\right\}\right)^3 \tag{4-225}$$

$$a_{\mathrm{An}}^{\mathrm{Pl}}=\frac{X_{\mathrm{Ca}}^{\mathrm{Pl}}\left(1+X_{\mathrm{Ca}}^{\mathrm{Pl}}\right)^2}{4}\exp\left[\frac{\left(1-X_{\mathrm{Ca}}^{\mathrm{Pl}}\right)^2}{RT}\left(8578+39300X_{\mathrm{Ca}}^{\mathrm{Pl}}\right)\right] \tag{4-226}$$

在以上各个压力计中，所有矿物中的 Fe 全部作为 Fe^{2+}，即不必校正 Fe^{3+}。上述压力计须在其标定的岩石类型和成分范围内使用，特别是由于白云母和黑云母活度计算使用了一些简化方法，因此方程(4-210)～方程(4-213)须在白云母 $X_{\mathrm{Mg}}^{\mathrm{Ms}}=0.00851$～$0.0433$ 和黑云母 $X_{\mathrm{Mg}}^{\mathrm{Bi}}=0.319$～$0.417$ 的范围内使用。

Hoisch(1991)在此基础上，对矿物组合石榴子石+斜长石+黑云母+白云母+石英+铝硅酸盐进行了研究，经验标定了该体系中的 45 个无流体参与的变质反应，其中 43 个反应可作为压力计使用，详情可参照原文。

上述这类多相平衡压力计组合具有十分重要的意义。一方面，根据岩石所具有的矿物组合特点，这些压力计可单独或组合使用；另一方面，更为重要的是，若这些压力计组合使用，再与适当的温度计配合，可判断岩石是否达到平衡。理论上，这些同时存在的平衡关系在 *P-T* 图上表现为一系列曲线，且这些曲线应该交于一点，该点对应着平衡的唯一一对温压数据。用于实际矿物组合时，如果所得结果相差较大，则说明矿物组合并不是平衡共生的，而有可能是多世代矿物叠加的结果。Berman (1991)的 TWQ 软件就是根据多相平衡的这种关系做出的。

Wu 等(2004)、Wu 和 Zhao(2006)对石榴子石-白云母-斜长石-石英反应压力计(反应 E 和 F)进行了两次重新经验校正，Wu(2004)也对石榴子石-黑云母-斜长石-石英反应压力计(反应 C 和 D)进行了重新校正，主要更新了石榴子石、白云母、黑云母和斜长石等矿物的固溶体和热力学数据。此处以 Wu 和 Zhao(2006)对 Mg 端元石榴子石-白云母-斜长石-石英反应压力计(反应 E)校正为例进行说明。

Wu 和 Zhao(2006)对石榴子石+白云母+斜长石+石英组合进行了研究，以期获得热力学上内恰的石榴子石-白云母温压计公式。他们在 T=450～760℃和 P=0.8～11.1kbar 的范围内，以 Holdaway(2000)的石榴子石-黑云母温度计和 Holdaway(2001)的 GASP 压力计为基础，选择天然样品对该石榴子石-白云母-斜长石-石英压力计进行了经验校正。石榴子石采用 Holdaway(2001)的固溶体模型，钙铝榴石和镁铝榴石的活度采用下列方程计算：

$$RT\ln\gamma_{\mathrm{Grs}}^{\mathrm{Grt}} = \mathrm{Ca}a \cdot T(\mathrm{K}) + \mathrm{Ca}b \cdot P(\mathrm{bar}) + \mathrm{Ca}c \tag{4-227}$$

$$RT\ln\gamma_{\mathrm{Prp}}^{\mathrm{Grt}} = \mathrm{Mg}a \cdot T(\mathrm{K}) + \mathrm{Mg}b \cdot P(\mathrm{bar}) + \mathrm{Mg}c \tag{4-228}$$

式中，ij（i=Ca、Mg，j=a、b 和 c）为描述石榴子石非理想混合性质的参数，其形式如方程(4-120)。斜长石采用了 Fuhrman 和 Lindsley(1988)的模型，钙长石活度可根据方程(4-202)计算，也可重排方程(4-202)：

$$RT\ln a_{\mathrm{An}}^{\mathrm{Pl}} = RT\ln\left[X_{\mathrm{Ca}}^{\mathrm{Pl}}\left(1+X_{\mathrm{Ca}}^{\mathrm{Pl}}\right)^2/4\right] + Fa \cdot T(\mathrm{K}) + Fb \cdot P(\mathrm{bar}) + Fc \tag{4-229}$$

式中，Fa、Fb、Fc 为描述斜长石非理想混合性质的参数。

而白云母则采用了 Fe^{2+}-Mg-Al^{VI}三元对称模型。石榴子石-白云母-斜长石-石英压力计具有如下形式：

$$P^{\mathrm{E}}(\mathrm{bar}) = 1 - \frac{\Delta H^{\mathrm{Eo}}}{\Delta V^{\mathrm{Eo}}} + T(\mathrm{K})\frac{\Delta S^{\mathrm{Eo}}}{\Delta V^{\mathrm{Eo}}} + 3\frac{W_{\mathrm{MgAl}}^{\mathrm{Ms}}}{\Delta V^{\mathrm{Eo}}}\left(X_{\mathrm{Mg}}^{\mathrm{Ms}} - X_{\mathrm{Al}}^{\mathrm{Ms}}\right) + 3\frac{W_{\mathrm{AlFe^{2+}}}^{\mathrm{Ms}} - W_{\mathrm{MgFe^{2+}}}^{\mathrm{Ms}}}{\Delta V^{\mathrm{E0}}}X_{\mathrm{Fe^{2+}}}^{\mathrm{Ms}} + \frac{T(\mathrm{K}) - R\ln K_{\mathrm{D}}^{\mathrm{E}} - 6Fa + \mathrm{Mg}a + 2\mathrm{Ca}a + P(-6Fb + \mathrm{Mg}b + 2\mathrm{Ca}b) - 6Fc + \mathrm{Mg}c + 2\mathrm{Ca}c}{\Delta V^{\mathrm{E0}}} \tag{4-230}$$

式中，$K_{\mathrm{D}}^{\mathrm{E}}$根据下式计算：

$$K_{\mathrm{D}}^{\mathrm{E}} = \frac{\left(X_{\mathrm{Ca}}^{\mathrm{Pl}}\right)^2\left(1+X_{\mathrm{Ca}}^{\mathrm{Pl}}\right)^4 X_{\mathrm{Mg}}^{\mathrm{Ms}}}{64\left(X_{\mathrm{Mg}}^{\mathrm{Grt}}\right)^{1/3}\left(X_{\mathrm{Ca}}^{\mathrm{Grt}}\right)^2 X_{\mathrm{Al}}^{\mathrm{Ms}}} \tag{4-231}$$

方程(4-230)的各个参数及由此而写成的计算程序被整合到 Excel 表格中，可在网站 http://petrology.oxfordjournals.org/content/47/12/2357/suppl/DC1 下载。该压力计可应用于不含黑云母和铝硅酸盐矿物的变沉积岩中，但若岩石中含有这两种矿物，Holdaway(2000)的石榴子石-黑云母温度计和 Holdaway(2001)的 GASP 压力计更为有效，因为两者是实验校正，并用天然岩石数据进行了限定。

3) 石榴子石-堇青石-夕线石-石英压力计

石榴子石-堇青石-夕线石-石英体系存在如下纯转换反应：

$$(1/3)\left(\mathrm{Mg,Fe^{2+}}\right)_3\mathrm{Al_2Si_3O_{12}} + (2/3)\mathrm{Al_2SiO_5} + (5/6)\mathrm{SiO_2} = (1/2)\left(\mathrm{Mg,Fe^{2+}}\right)_2\mathrm{Al_4Si_5O_{18}}$$

镁/铁铝榴石(Prp/Alm)　　夕线石(Sill)　　石英(Qz)　　镁/铁堇青石(Mg-Crd/Fe-Crd)

Aranovich 和 Podlesskii(1983)用天然和人工合成的矿物实验研究了堇青石+石榴子石+夕线石+石英相平衡关系，除校正了石榴子石-堇青石温度计外，也利用上述 Mg 端元和 Fe^{2+}端元纯转换反应校正出了两个压力计公式：

$$RT(\mathrm{K})\ln K_{\mathrm{D,Mg}} - 1201 - 3.62T + 0.45213P(\mathrm{bar}) = 0 \tag{4-232}$$

$$RT(\mathrm{K})\ln K_{\mathrm{D,Fe^{2+}}}+4933-6.288T+0.487P(\mathrm{bar})=0 \quad (4\text{-}233)$$

式中，$K_{\mathrm{D},i}=X_i^{\mathrm{Crd}}/X_i^{\mathrm{Grt}}$（$i$=$Fe^{2+}$和 Mg）。

拟合过程中石榴子石和堇青石均假设为 Mg-Fe^{2+}混合的理想固溶体。方程(4-232)和方程(4-233)与前述石榴子石-堇青石温度计方程(4-68)仅有两个独立，由任意两方程可获得第三个方程。

Nichols 等(1992)实验研究了石榴子石-堇青石-尖晶石体系反应平衡，并综合前人实验数据，假设石榴子石为 Berman(1990)的四元准正规溶液活度模型而堇青石为 Fe^{2+}-Mg 理想混合，推出了内恰性的石榴子石-堇青石-夕线石/蓝晶石-石英温压计，其中压力计公式为

$$P(\mathrm{kbar})=\frac{-38300+151.48T(\mathrm{K})-6RT\ln X_{\mathrm{Mg}}^{\mathrm{Crd}}+6RT\ln X_{\mathrm{Mg}}^{\mathrm{Grt}}+2\times 3RT\ln\gamma_{\mathrm{Mg}}^{\mathrm{Grt}}}{14670} \quad (4\text{-}234)$$

$$P(\mathrm{kbar})=\frac{-151416+182.85T(\mathrm{K})-6RT\ln X_{\mathrm{Fe^{2+}}}^{\mathrm{Crd}}+6RT\ln X_{\mathrm{Fe^{2+}}}^{\mathrm{Grt}}+2\times 3RT\ln\gamma_{\mathrm{Fe^{2+}}}^{\mathrm{Grt}}}{15300} \quad (4\text{-}235)$$

式中，$3RT\ln\gamma_{\mathrm{Mg}}^{\mathrm{Grt}}$ 和 $3RT\ln\gamma_{\mathrm{Fe^{2+}}}^{\mathrm{Grt}}$ 可根据方程(4-77)计算。

应用石榴子石-堇青石-夕线石-石英压力计存在一个困难，即堇青石中以分子状态存在的 H_2O 和 CO_2 的含量并不容易确定，这就影响到“干”堇青石端元组分活度的计算，从而对压力计算造成误差。部分学者注意到了 H_2O 对该压力计的影响，如 Aranovich 和 Podlesskii(1983)、Mukhopadhyay 和 Holdaway(1994)，但这方面的讨论还很不够。

4) *石榴子石-角闪石-斜长石-石英压力计*

石榴子石+角闪石+斜长石+石英这一组合在石榴子石角闪岩和麻粒岩中很常见，组合中不同端元组分之间的变质反应很多，至少存在如下纯转换反应：

$6CaAl_2Si_2O_8+3NaAlSi_3O_8+3Ca_2Mg_5Si_8O_{22}(OH)_2$
钙长石(An)　钠长石(Ab)　透闪石(Tr)
$=2Ca_3Al_2Si_3O_{12}+Mg_3Al_2Si_3O_{12}+3NaCa_2Mg_4Al_3Si_6O_{22}(OH)_2+186SiO_2$　(A)
钙铝榴石(Grs)　镁铝榴石(Prp)　韭闪石(Pa)　石英(Qz)

$6CaAl_2Si_2O_8+3NaAlSi3O8+3Ca_2Fe_5Si_8O_{22}(OH)_2$
钙长石(An)　钠长石(Ab)　亚铁阳起石(Fe-Act)
$=2Ca_3Al_2Si_3O_{12}+Fe_3Al_2Si_3O_{12}+3NaCa_2Fe_4Al_3Si_6O_{22}(OH)_2+186SiO_2$　(B)
钙铝榴石(Grs)　铁铝榴石(Alm)　亚韭闪石(Fe-Pa)　石英(Qz)

$6CaAl_2Si_2O_8+3Ca_2Mg_5Si_8O_{22}(OH)_2$
钙长石(An)　透闪石(Tr)
$=2Ca_3Al_2Si_3O_{12}+Mg_3Al_2Si_3O_{12}+3Ca_2Mg_4Al_2Si_7O_{22}(OH)_2+6SiO_2$　(C)
钙铝榴石(Grs)　镁铝榴石(Prp)　契尔马克分子(Tsch)　石英(Qz)

$$6CaAl_2Si_2O_8+3Ca_2Fe_5Si_8O_{22}(OH)_2$$

钙长石(An)　亚铁阳起石(Fe-Act)

$$=2Ca_3Al_2Si_3O_{12}+Fe_3Al_2Si_3O_{12}+3Ca_2Fe_4Al_2Si_7O_{22}(OH)_2+6SiO_2 \quad (D)$$

钙铝榴石(Grs) 铁铝榴石(Alm) 亚铁契尔马克分子(Fe-Tsch) 石英(Qz)

Kohn 和 Spear(1989，1990)根据上述反应，选择 T=500～800℃和 P=2.5～13kbar 的天然样品，标定出 4 个石榴子石-角闪石-斜长石-石英压力计。石榴子石采用了 Hodges 和 Spear(1982)的 Fe^{2+}-Mg-Mn-Ca 四端元活度模型，镁铝榴石、钙铝榴石和铁铝榴石活度可根据方程(4-223)～方程(4-225)计算。斜长石中钙长石活度计算如下：

$$a_{An}^{Pl} = X_{Ca}^{Pl} \exp\left(\frac{610.34}{T} - 0.3837\right) \tag{4-236}$$

而钠长石组分活度被假设为理想活度：

$$a_{Ab}^{Pl} = X_{Na}^{Pl} \tag{4-237}$$

对于角闪石，在众多角闪石模型中，他们发现部分的局部电价平衡(partial-local-charge-balance)模型能够更好地拟合天然岩石数据，各端元活度计算如下：

$$a_{Pa}^{Hb} = 4X_{Al}^{M2}X_{Mg}^{M2}X_{Na}^{A} \tag{4-238}$$

$$a_{Fe-Pa}^{Hb} = 4X_{Al}^{M2}X_{Fe}^{M2}X_{Na}^{A} \tag{4-239}$$

$$a_{Tsch}^{Hb} = (256/27)X_{Al}^{T1}\left(X_{Si}^{T1}\right)^3\left[Mg/\left(Fe^{2+}+Mg\right)\right] \tag{4-240}$$

$$a_{Fe-Tsch}^{Hb} = (256/27)X_{Al}^{T1}\left(X_{Si}^{T1}\right)^3\left[Fe^{2+}/\left(Fe^{2+}+Mg\right)\right] \tag{4-241}$$

$$a_{Tr}^{Hb} = \left(X_{Mg}^{M2}\right)^2 X_{\square}^{A} \tag{4-242，Kohn and Spear，1989}$$

$$a_{Tr}^{Hb} = \left(X_{Si}^{T1}\right)^4\left[Mg/\left(Fe^{2+}+Mg\right)\right]^2 \tag{4-243，Kohn and Spear，1990}$$

$$a_{Fe-Tr}^{Hb} = \left(X_{Fe}^{M2}\right)^2 X_{\square}^{A} \tag{4-244，Kohn and Spear，1989}$$

$$a_{Fe-Tr}^{Hb} = \left(X_{Si}^{T1}\right)^4\left[Fe^{2+}/\left(Fe^{2+}+Mg\right)\right]^2 \tag{4-245，Kohn and Spear，1990}$$

式中，X_{Na}^{A}、X_{Al}^{M2}、$X_{\square}^{A}$、X_{Si}^{T1}和 X_{Al}^{T1} 等分别为角闪石中各元素或空位在相应晶位上的摩尔分数，其计算方法详见本章前面部分。

Fe^{2+}和 Mg 假定在 M1、M2、M3 和 M4 位置上都是等比例分布的，因而 X_{Mg}^{M2}、X_{Fe}^{M2} 可根据角闪石 $Fe^{2+}/(Fe^{2+}+Mg)$ 计算：

$$X_{Mg}^{M2}=\left[2-\left(Al^{M2}+Ti^{M2}+Fe^{3+,M2}\right)\right]/2\times\left[Mg/\left(Fe^{2+}+Mg\right)\right]$$

$$X_{Fe^{2+}}^{M2}=\left[2-\left(Al^{M2}+Ti^{M2}+Fe^{3+,M2}\right)\right]/2\times\left[Fe^{2+}/\left(Fe^{2+}+Mg\right)\right]$$

对天然样品数据的回归分析标定出的压力计如下：

$$P_{Mg}^{A}(bar)=\left[120593+T(K)\left(10.3-8.314\ln K_{eq}^{A}\right)\right]/14.81 \tag{4-246}$$

$$P_{Fe}^{B}(bar)=\left[117993+T(K)\left(-47.8-8.314\ln K_{eq}^{B}\right)\right]/11.29 \tag{4-247}$$

$$P_{Mg}^{C}(bar)=\left[79507+T(K)\left(29.14+8.314\ln K_{eq}^{C}\right)\right]/10.988 \tag{4-248}$$

$$P_{Fe}^{D}(bar)=\left[35327+T(K)\left(56.09+8.314\ln K_{eq}^{D}\right)\right]/11.906 \tag{4-249}$$

Dale 等(2000)基于 Holland 和 Powell(1998)的内部一致性数据库，对反应 A 和 C 进行了研究。其假设石榴子石为正规溶液模型：

$$RT\ln\gamma_{Prp}^{Grt}=33\left(1-X_{Mg}^{Grt}\right)X_{Ca}^{Grt}+2.55\left(1-X_{Mg}^{Grt}\right)X_{Fe^{2+}}^{Grt} \tag{4-250}$$

$$RT\ln\gamma_{Grs}^{Grt}=33X_{Mg}^{Grt}\left(1-X_{Ca}^{Grt}\right)-2.55X_{Mg}^{Grt}X_{Fe^{2+}}^{Grt} \tag{4-251}$$

$$RT\ln\gamma_{Alm}^{Grt}=-33X_{Mg}^{Grt}X_{Ca}^{Grt}+2.55X_{Mg}^{Grt}\left(1-X_{Fe^{2+}}^{Grt}\right) \tag{4-252}$$

斜长石为 Na-Ca 二元固溶体模型：

$$\begin{cases}RT\ln\gamma_{An}^{Pl}=10.0\left(1-X_{Ca}^{Pl}\right)^{2}，X_{Ca}^{Pl}>0.12+0.00038T & \text{(4-253a)}\\ RT\ln\gamma_{An}^{Pl}=1.0\left(1-X_{Ca}^{Pl}\right)^{2}+9.0(0.88-0.00038T)^{2}，X_{Ca}^{Pl}<0.12+0.00038T & \text{(4-253b)}\\ RT\ln\gamma_{Ab}^{Pl}=10.0\left(1-X_{Na}^{Pl}\right)^{2}-9.0\left(0.12+0.00038T\right)^{2}，X_{Ca}^{Pl}>0.12+0.00038T & \text{(4-254a)}\\ RT\ln\gamma_{Ab}^{Pl}=1.0\left(1-X_{Na}^{Pl}\right)^{2}，X_{Ca}^{Pl}>0.12+0.00038T & \text{(4-254b)}\end{cases}$$

角闪石为 10 个端元组分的对称正规溶液模型：

$$RT\ln\gamma_{k}^{Hb}=-\sum_{i}\sum_{j}y_{i}y_{j}W_{ij}^{Hb} \tag{4-255}$$

式中，$y_i=1-X_i^{Hb}$（X_i^{Hb} 为角闪石中各端元摩尔分数，当 $i=k$ 时）或 $y_i=-X_i^{Hb}$（当 $i\neq k$ 时）。

将角闪石马居尔参数 W_{ij}^{Hb} 作为未知变量，通过对 74 对天然岩石数据的回归分析，获得如下压力计公式：

$$-6.41-0.0454T(\mathrm{K})+4.189P_{\mathrm{Mg}}^{\mathrm{A}}(\mathrm{kbar})+(1/3)RT\ln K_{\mathrm{id}}^{\mathrm{A}}+2RT\gamma_{\mathrm{An}}^{\mathrm{Pl}}+RT\gamma_{\mathrm{Ab}}^{\mathrm{Pl}} \\ -(1/3)RT\ln\gamma_{\mathrm{Prp}}^{\mathrm{Grt}}-(2/3)RT\ln\gamma_{\mathrm{Grs}}^{\mathrm{Grt}}+29.3\left(X_{\mathrm{Pa}}^{\mathrm{Hb}}-X_{\mathrm{Tr}}^{\mathrm{Hb}}\right)+2.6X_{\mathrm{Tsch}}^{\mathrm{Hb}}-49.2X_{\mathrm{Gl}}^{\mathrm{Hb}}=0 \tag{4-256}$$

$$-12.25-0.1225T(\mathrm{K})+7.082P_{\mathrm{Mg}}^{\mathrm{C}}(\mathrm{kbar})+(1/3)RT\ln K_{\mathrm{id}}^{\mathrm{C}}+4RT\gamma_{\mathrm{An}}^{\mathrm{Pl}} \\ -(2/3)RT\ln\gamma_{\mathrm{Prp}}^{\mathrm{Grt}}-(4/3)RT\ln\gamma_{\mathrm{Grs}}^{\mathrm{Grt}}+20.8\left(X_{\mathrm{Tsch}}^{\mathrm{Hb}}-X_{\mathrm{Tr}}^{\mathrm{Hb}}\right)+20.3X_{\mathrm{Gl}}^{\mathrm{Hb}} \\ +11.4X_{\mathrm{Fe\text{-}act}}^{\mathrm{Hb}}+11.1X_{\mathrm{Pa}}^{\mathrm{Hb}}+88.3X_{\mathrm{Fe\text{-}Tsch}}^{\mathrm{Hb}}+35.8X_{\mathrm{K\text{-}Pa}}^{\mathrm{Hb}}=0 \tag{4-257}$$

式中，Gl 为蓝闪石；K-Pa 为 K 韭闪石；$K_{\mathrm{id}}^{\mathrm{A}}$ 和 $K_{\mathrm{id}}^{\mathrm{C}}$ 为各矿物端元按理想活度计算的平衡常数：

$$K_{\mathrm{id}}^{\mathrm{A}}=\left[\frac{X_{\square}^{\mathrm{A}}X_{\mathrm{Mg}}^{\mathrm{M2}}X_{\mathrm{Si}}^{\mathrm{T1}}}{16X_{\mathrm{Na}}^{\mathrm{A}}X_{\mathrm{Al}}^{\mathrm{M2}}X_{\mathrm{Al}}^{\mathrm{T1}}}\cdot\frac{\left(X_{\mathrm{Ca}}^{\mathrm{Pl}}\right)^2X_{\mathrm{Na}}^{\mathrm{Pl}}}{X_{\mathrm{Mg}}^{\mathrm{Grt}}\left(X_{\mathrm{Ca}}^{\mathrm{Grt}}\right)^2}\right]^3 \tag{4-258}$$

$$K_{\mathrm{id}}^{\mathrm{C}}=\left[\frac{\left(X_{\mathrm{Mg}}^{\mathrm{M2}}\right)^2X_{\mathrm{Si}}^{\mathrm{T2}}}{4\left(X_{\mathrm{Al}}^{\mathrm{M2}}\right)^2X_{\mathrm{Al}}^{\mathrm{T1}}}\cdot\frac{\left(X_{\mathrm{Ca}}^{\mathrm{Pl}}\right)^4}{\left(X_{\mathrm{Mg}}^{\mathrm{Grt}}\right)^2\left(X_{\mathrm{Ca}}^{\mathrm{Grt}}\right)^4}\right]^3 \tag{4-259}$$

应用上述两压力计时须保证角闪石单位分子中 Ti≤0.25、Mn≤0.12、K≤0.4、$\mathrm{Na^{M4}}$≤1.0，而 $X_{\mathrm{Mg}}^{\mathrm{M2}}$ 和 $X_{\mathrm{Na}}^{\mathrm{A}}$ 须≥0.015。

5) *石榴子石-单斜辉石-斜方辉石-斜长石-石英压力计*

斜长石+石英±石榴子石±单斜辉石±斜方辉石是基性甚至中酸性麻粒岩中的常见矿物组合，对该组合温度条件的估算可采用石榴子石-单斜辉石温度计、石榴子石-斜方辉石温度计和二辉石温度计等，对其压力条件的估算可采用如下纯转换反应：

$$3\left(\mathrm{Mg,Fe^{2+}}\right)_2\mathrm{Si_2O_6}+3\mathrm{CaAl_2Si_2O_8}=2\left(\mathrm{Mg,Fe^{2+}}\right)_3\mathrm{Al_2Si_3O_{12}}+\mathrm{Ca_3Al_2Si_3O_{12}}+3\mathrm{SiO_2} \quad \text{(A)}$$

顽火辉石/铁辉石(En/Fs)　钙长石(An)　镁/铁铝榴石(Prp/Alm)　钙铝榴石(Grs)　石英(Qz)

$$3\mathrm{Ca}\left(\mathrm{Mg,Fe^{2+}}\right)\mathrm{Si_2O_6}+3\mathrm{CaAl_2Si_2O_8}=\left(\mathrm{Mg,Fe^{2+}}\right)_3\mathrm{Al_2Si_3O_{12}}+2\mathrm{Ca_3Al_2Si_3O_{12}}+3\mathrm{SiO_2} \quad \text{(B)}$$

透辉石/钙铁辉石(Di/Hed)　钙长石(An)　镁/铁铝榴石(Prp/Alm)　钙铝榴石(Grs)　石英(Qz)

$$\left(\mathrm{Mg,Fe^{2+}}\right)_3\mathrm{Al_2Si_3O_{12}}+\mathrm{Ca}\left(\mathrm{Mg,Fe^{2+}}\right)\mathrm{Si_2O_6}+\mathrm{SiO_2}$$

镁 / 铁铝榴石(Prp / Alm) 透辉石 / 钙铁辉石(Di / Hed) 石英(Qz)

$$=2\left(\mathrm{Mg,Fe^{2+}}\right)_2\mathrm{Si_2O_6}+\mathrm{CaAl_2Si_2O_8} \quad \text{(C)}$$

顽火辉石 / 铁辉石(En / Fs) 钙长石(An)

反应 A 和反应 B 涉及的压力计很早就有了相关研究，产生了许多版本。Newton 和 Perkins(1982)对反应 A 和反应 B 涉及的 Mg 端元反应进行了研究，他们采用几乎全是前人实测的矿物热力学数据校正出了两个压力计公式：

$$P_{\mathrm{Mg}}^{\mathrm{A}}(\mathrm{bar})=3944+13.070T(\mathrm{K})+1.1679T\ln K_{\mathrm{eq,Mg}}^{\mathrm{A}} \tag{4-260}$$

$$P_{\mathrm{Mg}}^{\mathrm{B}}(\mathrm{bar})=675+17.179T(\mathrm{K})+1.1987T\ln K_{\mathrm{eq,Mg}}^{\mathrm{B}} \tag{4-261}$$

式中，$K_{\mathrm{eq,Mg}}^{\mathrm{A}}$ 和 $K_{\mathrm{eq,Mg}}^{\mathrm{B}}$ 分别为反应 A 和反应 B Mg 端元反应的平衡常数。

石榴子石采用了 Ca-Mg-Fe 三元对称活度模型，钙铝榴石和镁铝榴石的活度可由下列方程计算：

$$\ln a_{\mathrm{Grs}}^{\mathrm{Grt}}=3\ln X_{\mathrm{Ca}}^{\mathrm{Grt}}+3\ln\gamma_{\mathrm{Ca}}^{\mathrm{Grt}}=3\ln X_{\mathrm{Ca}}^{\mathrm{Grt}}+\frac{3}{1.987T}(3300-1.5T)\left[\left(X_{\mathrm{Mg}}^{\mathrm{Grt}}\right)^2+X_{\mathrm{Mg}}^{\mathrm{Grt}}X_{\mathrm{Fe^{2+}}}^{\mathrm{Grt}}\right] \tag{4-262}$$

$$\ln a_{\mathrm{Prp}}^{\mathrm{Grt}}=3\ln X_{\mathrm{Mg}}^{\mathrm{Grt}}+3\ln\gamma_{\mathrm{Mg}}^{\mathrm{Grt}}=3\ln X_{\mathrm{Mg}}^{\mathrm{Grt}}+\frac{3}{1.987T}(3300-1.5T)\left[\left(X_{\mathrm{Ca}}^{\mathrm{Grt}}\right)^2+X_{\mathrm{Ca}}^{\mathrm{Grt}}X_{\mathrm{Fe^{2+}}}^{\mathrm{Grt}}\right] \tag{4-263}$$

斜长石采用了与 Newton(1983)相似的活度模型，钙长石活度按照下式计算：

$$\ln a_{\mathrm{An}}^{\mathrm{Pl}}=\ln\frac{X_{\mathrm{Ca}}^{\mathrm{Pl}}\left(1+X_{\mathrm{Ca}}^{\mathrm{Pl}}\right)^2}{4}+\ln\gamma_{\mathrm{An}}^{\mathrm{Pl}}=\ln\frac{X_{\mathrm{Ca}}^{\mathrm{Pl}}\left(1+X_{\mathrm{Ca}}^{\mathrm{Pl}}\right)^2}{4}+\frac{1}{1.987T}\left(X_{\mathrm{Na}}^{\mathrm{Pl}}\right)^2\left(2052+9392X_{\mathrm{Ca}}^{\mathrm{Pl}}\right) \tag{4-264}$$

而辉石则采用了双晶位理想混合模型：

$$a_{\mathrm{En}}^{\mathrm{Opx}}=X_{\mathrm{Mg}}^{\mathrm{M1}}X_{\mathrm{Mg}}^{\mathrm{M2}} \tag{4-265}$$

$$a_{\mathrm{Di}}^{\mathrm{Cpx}}=X_{\mathrm{Mg}}^{\mathrm{M1}}X_{\mathrm{Ca}}^{\mathrm{M2}} \tag{4-266}$$

由于缺乏石榴子石中锰铝榴石相关参数，Newton 和 Perkins(1982)采用的石榴子石模型并未考虑石榴子石中 Mn，他们剔除了矿物组合中石榴子石 Mn≥1/3Mg 的数据，因此该压力计并不适用于石榴子石含 Mn 较高的矿物组合。上述压力计误差＜±1.6kbar。

Eckert 等(1991)在实测反应 ΔH 的基础上，采用 Newton 和 Perkins(1982)中的石榴子石、斜长石和辉石活度模型，拟合出了两个压力计公式：

$$P_{\mathrm{Mg}}^{\mathrm{A}}(\mathrm{kbar})=3.47+0.01307T(\mathrm{K})+0.001168T\ln K_{\mathrm{eq,Mg}}^{\mathrm{A}} \tag{4-267}$$

$$P_{\mathrm{Mg}}^{\mathrm{B}}(\mathrm{bar})=2.60+0.01718T(\mathrm{K})+0.001199T\ln K_{\mathrm{eq,Mg}}^{\mathrm{B}} \tag{4-268}$$

不过这两个压力计在精确度上并未有实质提高，分别为±1.55kbar 和±1.90kbar。

Powell 和 Holland(1988)基于其先前获得的内部一致性热力学数据库，得出了一系列

温压计表达式，其中有关石榴子石+单斜辉石+斜方辉石+斜长石+石英组合压力计有两个，分别为

$$P_{Mg}^{A}(\text{bar}) = 4140 + 12.99T(\text{K}) + 1.247T\ln K_{eq,Mg}^{A} \tag{4-269}$$

$$P_{Mg}^{B}(\text{bar}) = 1440 + 17.89T(\text{K}) + 1.270T\ln K_{eq,Mg}^{B} \tag{4-270}$$

其适用范围为 T=500～900℃和 P=0～20kbar。Powell 和 Holland(1988)的压力计、Newton 和 Perkins(1982)的压力计具有完全相同的形式和相近的参数值，但对同一岩石施以 Powell 和 Holland(1988)的两个压力计，获得的压力结果相差更小。

在前人实验、理论和热力学研究的基础上，Perkins 和 Chipera(1985)首次利用同一热力学数据库对反应 A 所涉及的 Fe^{2+}、Mg 两个端元反应进行了研究。他们认识到，用反应 A 对天然样品进行压力估算的关键在于石榴子石各端元活度的计算，并且尽管石榴子石和斜长石各端元活度会受温度的影响，但反应 A 的平衡常数受其影响较小。因而，对石榴子石和斜长石，他们选用当时最新的活度模型(Newton，1983；Ganguly and Saxena，1984)。为简化计算，用各端元 T=750℃条件下的活度近似代替所有温度条件下的活度，其计算式如下：

$$\begin{aligned}\ln a_{Alm}^{Grt} &= 3\ln X_{Fe^{2+}}^{Grt} + 3\ln\gamma_{Fe^{2+}}^{Grt}\\ &= 3\ln X_{Fe^{2+}}^{Grt} + 3\Big[\left(X_{Ca}^{Grt}\right)^2\left(1.52 - 5.17X_{Fe^{2+}}^{Grt}\right) + \left(X_{Mg}^{Grt}\right)^2\left(0.10 + 2.26X_{Fe^{2+}}^{Grt}\right)\\ &\quad + X_{Ca}^{Grt}X_{Mg}^{Grt}\left(3.01 - 6.67X_{Fe^{2+}}^{Grt} + 1.50X_{Ca}^{Grt} - 1.50X_{Mg}^{Grt}\right)\\ &\quad + X_{Ca}^{Grt}X_{Mn}^{Grt}\left(0.98 - 4.08X_{Fe^{2+}}^{Grt}\right) + X_{Mg}^{Grt}X_{Mn}^{Grt}\left(-0.63 + 3.71X_{Fe^{2+}}^{Grt}\right)\Big]\end{aligned} \tag{4-271}$$

$$\begin{aligned}\ln a_{Grs}^{Grt} &= 3\ln X_{Ca}^{Grt} + 3\ln\gamma_{Ca}^{Grt}\\ &= 3\ln X_{Ca}^{Grt} + 3\Big[\left(X_{Mg}^{Grt}\right)^2\left(1.24 - 3.00X_{Ca}^{Grt}\right) + \left(X_{Fe^{2+}}^{Grt}\right)^2\left(-1.07 + 5.16X_{Ca}^{Grt}\right)\\ &\quad + X_{Fe^{2+}}^{Grt}X_{Mg}^{Grt}\left(2.66 - 4.13X_{Ca}^{Grt} + 1.13X_{Mg}^{Grt} - 1.13X_{Fe^{2+}}^{Grt}\right)\\ &\quad + X_{Mg}^{Grt}X_{Mn}^{Grt}\left(-0.24 - 3.00X_{Ca}^{Grt}\right) + X_{Fe^{2+}}^{Grt}X_{Mn}^{Grt}\left(-1.07 + 5.17X_{Ca}^{Grt}\right)\Big]\end{aligned} \tag{4-272}$$

$$\begin{aligned}\ln a_{Prp}^{Grt} &= 3\ln X_{Mg}^{Grt} + 3\ln\gamma_{Mg}^{Grt}\\ &= 3\ln X_{Mg}^{Grt} + 3\Big[\left(X_{Fe^{2+}}^{Grt}\right)^2\left(1.23 - 2.26X_{Mg}^{Grt}\right) + \left(X_{Ca}^{Grt}\right)^2\left(-0.26 + 3.00X_{Mg}^{Grt}\right)\\ &\quad + X_{Fe^{2+}}^{Grt}X_{Ca}^{Grt}\left(3.53 - 4.85X_{Mg}^{Grt} + 2.58X_{Fe^{2+}}^{Grt} - 2.58X_{Ca}^{Grt}\right)\\ &\quad + X_{Fe^{2+}}^{Grt}X_{Mn}^{Grt}\left(2.89 - 2.63X_{Mg}^{Grt}\right) + X_{Ca}^{Grt}X_{Mn}^{Grt}\left(0.67 + 4.08X_{Mg}^{Grt}\right) + 1.48\left(X_{Mn}^{Grt}\right)^2\Big]\end{aligned} \tag{4-273}$$

$$\ln a_{\mathrm{An}}^{\mathrm{Pl}}=\ln\frac{X_{\mathrm{Ca}}^{\mathrm{Pl}}\left(1+X_{\mathrm{Ca}}^{\mathrm{Pl}}\right)^2}{4}+\ln\gamma_{\mathrm{An}}^{\mathrm{Pl}}=\ln\frac{X_{\mathrm{Ca}}^{\mathrm{Pl}}\left(1+X_{\mathrm{Ca}}^{\mathrm{Pl}}\right)^2}{4}+\left(X_{\mathrm{Na}}^{\mathrm{Pl}}\right)^2\left(1.009+4.620X_{\mathrm{Ca}}^{\mathrm{Pl}}\right) \quad (4\text{-}274)$$

而斜方辉石也采用了双晶位理想活度模型，顽火辉石活度由方程(4-265)计算，而铁辉石活度由下式计算：

$$a_{\mathrm{Fs}}^{\mathrm{Opx}}=X_{\mathrm{Fe^{2+}}}^{\mathrm{M1}}X_{\mathrm{Fe^{2+}}}^{\mathrm{M2}} \quad (4\text{-}275)$$

斜方辉石分子式计算时，按照 $X_{\mathrm{Mg}}^{\mathrm{M1}}/X_{\mathrm{Fe^{2+}}}^{\mathrm{M1}}=X_{\mathrm{Mg}}^{\mathrm{M2}}/X_{\mathrm{Fe^{2+}}}^{\mathrm{M2}}=X_{\mathrm{Mg}}^{\mathrm{Opx}}/X_{\mathrm{Fe^{2+}}}^{\mathrm{Opx}}$ 进行元素分配计算。他们获得的压力计公式为

$$P_{\mathrm{Mg}}^{\mathrm{A}}=6.1346+0.3471\ln K_{\mathrm{eq,Mg}}^{\mathrm{A}}+0.0136T(℃)+0.001140T\ln K_{\mathrm{eq,Mg}}^{\mathrm{A}} \quad (4\text{-}276)$$

$$P_{\mathrm{Fe^{2+}}}^{\mathrm{A}}=0.0630+0.3482\ln K_{\mathrm{eq,Fe^{2+}}}^{\mathrm{A}}+0.0143T(℃)+0.000997T\ln K_{\mathrm{eq,Fe^{2+}}}^{\mathrm{A}} \quad (4\text{-}277)$$

式中，$K_{\mathrm{eq,Mg}}^{\mathrm{A}}$ 和 $K_{\mathrm{eq,Fe^{2+}}}^{\mathrm{A}}$ 分别为反应 A 两个 Fe^{2+}、Mg 端元反应的平衡常数。

Moecher 等(1988)从前人文献中获得了 CaO-Al_2O_3-FeO-MgO-SiO_2 体系下反应 B 所涉及的各矿物内恰性热力学数据，并用多个相关反应平衡对其进行了限制。基于其获得的热力学数据，他们获得了反应 B Fe^{2+}、Mg 端元反应所对应的两个压力计。与 Perkins 和 Chipera(1985)相似，其采用了 Newton(1983)、Ganguly 和 Saxena(1984)的石榴子石和斜长石活度模型及单斜辉石双晶位理想活度模型。其计算公式严格依据方程(4-6)，并且包含了各矿物的热膨胀参数，因而该压力计理论上应该更为可靠，但也更为复杂。然而在实际应用中，由于矿物成分测试的误差，上述做法未必能本质上提高压力计的准确度。Powell 和 Holland(1988)的研究表明，由包含热膨胀参数在内的完整压力计表达式与线性简化后的表达式在±0.15kbar 的范围内一致。鉴于此，此处不再赘述，感兴趣者可参见原文。

相比于反应 A 和 B 的大量研究，反应 C 相关的研究却很少。Paria 等(1988)基于前人的热力学数据库，并且重视反应热容变化 ΔC_{P} 引起的 ΔH 和 ΔS 变化[方程(4-4)和方程(4-5)]，构筑了两个压力计公式：

$$P_{\mathrm{Mg}}^{\mathrm{C}}(\mathrm{bar})=9.270T(\mathrm{K})+4006-0.9305\left[T-848-T\ln\left(\frac{T}{848}\right)\right]-(1.1963-0.0060218T)\frac{(T-848)^2}{T}-3.489T\ln K_{\mathrm{eq,Mg}}^{\mathrm{C}} \quad (4\text{-}278)$$

$$P_{\mathrm{Fe^{2+}}}^{\mathrm{C}}(\mathrm{bar})=32.097T(\mathrm{K})-26385-22.79\left[T-848-T\ln\left(\frac{T}{848}\right)\right]-(3.655+0.0138T)\frac{(T-848)^2}{T}-3.123T\ln K_{\mathrm{eq,Fe^{2+}}}^{\mathrm{C}} \quad (4\text{-}279)$$

式中，$K^{C}_{eq,Mg}$ 和 $K^{C}_{eq,Fe^{2+}}$ 分别为反应 C 两个 Fe^{2+}、Mg 端元反应的平衡常数。

斜方辉石和单斜辉石各端元组分活度按照双晶位理想活度模型计算[方程(4-265)、方程(4-266)和方程(4-275)]，斜长石中钙铝榴石活度采用方程(4-274)计算，而石榴子石中镁铝榴石和铁铝榴石活度则采用 T=750℃条件下的活度近似代替：

$$\begin{aligned}\ln a^{Grt}_{Prp} &= 3\ln X^{Grt}_{Mg} + 3\ln\gamma^{Grt}_{Mg}\\ &= 3\ln X^{Grt}_{Mg} + 3\Big[\left(X^{Grt}_{Ca}\right)^2\left(-0.261 - 2.997X^{Grt}_{Mg}\right)\\ &\quad + X^{Grt}_{Fe^{2+}}X^{Grt}_{Ca}\left(0.259 + 1.498X^{Grt}_{Mg} + 2.583X^{Grt}_{Fe^{2+}} - 2.583X^{Grt}_{Ca}\right)\Big]\end{aligned} \tag{4-280}$$

$$\begin{aligned}\ln a^{Grt}_{Alm} &= 3\ln X^{Grt}_{Fe^{2+}} + 3\ln\gamma^{Grt}_{Fe^{2+}}\\ &= 3\ln X^{Grt}_{Fe^{2+}} + 3\Big[\left(X^{Grt}_{Ca}\right)^2\left(1.520 - 5.165X^{Grt}_{Fe^{2+}}\right)\\ &\quad + X^{Grt}_{Ca}X^{Grt}_{Mg}\left(-0.259 - 2.583X^{Grt}_{Fe^{2+}} + 1.498X^{Grt}_{Ca} - 1.498X^{Grt}_{Mg}\right)\Big]\end{aligned} \tag{4-281}$$

将方程(4-280)和方程(4-281)应用于天然麻粒岩组合，Fe^{2+}端元压力计似乎比 Mg 端元压力计结果更合理，而两者之间的差异可能来源于矿物固溶体的非理想性，特别是对石榴子石固溶体的简化处理。

6) 石榴子石-单斜辉石-多硅白云母温压计

石榴子石、单斜辉石和多硅白云母是榴辉岩中的主要组成矿物，除此之外还可能含有石英、蓝晶石等矿物。在 K_2O-CaO-MgO-Al_2O_3-SiO_2-H_2O 体系中，可能发生的纯转换反应如下：

$$6CaMgSi_2O_6 + 3KAl_3Si_3O_{10}(OH)_2$$

透辉石(Di)　　白云母(Mus)

$$= Mg_3Al_2Si_3O_{12} + 2Ca_3Al_2Si_3O_{12} + 3KMgAlSi_4O_{10}(OH)_2 \quad (A)$$

镁铝榴石(Prp)　钙铝榴石(Grs)　绿磷石(Cel)

$$3CaMgSi_2O_6 + 2Al_2SiO_5 = Mg_3Al_2Si_3O_{12} + Ca_3Al_2Si_3O_{12} + 2SiO_2 \quad (B)$$

透辉石(Di)　蓝晶石(Ky)　镁铝榴石(Prp)　钙铝榴石(Grs)　石英/柯石英(Qz/Coe)

$$Mg_3Al_2Si_3O_{12} + 3KAl_3Si_3O_{10}(OH)_2 + 4SiO_2 = 3KMgAlSi_4O_{10}(OH)_2 + 4Al_2SiO_5 \quad (C)$$

镁铝榴石(Prp)　白云母(Mus)　石英/柯石英(Qz/Coe)　绿磷石(Cel)　蓝晶石(Ky)

这 3 个反应中仅有两个是独立反应，第 3 个可由另外两个反应导出。

基于 Holland 和 Powell(1990)的内部一致性热力学数据库，Waters(1993)首次推出了以反应 A 为基础的石榴子石-单斜辉石-多硅白云母压力计(1996 年更新)：

$$P^{A}(\text{kbar}) = 28.05 + 0.02044T(\text{K}) + 0.003539T\ln K^{A}_{eq} \tag{4-282}$$

式中，K_{eq}^{A} 为反应 A 的平衡常数。

石榴子石采用了正规溶液模型，镁铝榴石和钙铝榴石活度由下式计算：

$$\begin{aligned}\ln a_{Prp}^{Grt} &= 3\ln X_{Mg}^{Grt} + 2\ln X_{Al}^{Grt} + 3\ln \gamma_{Mg}^{Grt} \\ &= 3\ln X_{Mg}^{Grt} + 2\ln X_{Al}^{Grt} + \frac{3}{8.314T}\left[(13807 - 6.276T) X_{Ca}^{Grt}\left(1 - X_{Mg}^{Grt}\right)\right]\end{aligned} \tag{4-283}$$

$$\begin{aligned}\ln a_{Grs}^{Grt} &= 3\ln X_{Ca}^{Grt} + 2\ln X_{Al}^{Grt} + 3\ln \gamma_{Ca}^{Grt} \\ &= 3\ln X_{Ca}^{Grt} + 2\ln X_{Al}^{Grt} + \frac{3}{8.314T}\left[(13807 - 6.276T) X_{Mg}^{Grt}\left(1 - X_{Ca}^{Grt}\right)\right]\end{aligned} \tag{4-284}$$

单斜辉石采用了交互溶液模型，当单斜辉石为长程无序或含 Fe^{3+}辉石时，透辉石活度为

$$\begin{aligned}\ln a_{Di}^{Cpx} &= \ln\left(X_{Ca}^{M2} X_{Mg}^{M1}\right) + \ln \gamma_{CaMg}^{Cpx} \\ &= \ln\left(X_{Ca}^{M2} X_{Mg}^{M1}\right) + \frac{1}{8.314T}\left\{X_{Na}^{M2}\left[26000\left(X_{Al}^{M1} + X_{Fe^{3+}}^{M1}\right) + 1000 X_{Fe^{2+}}^{M1}\right]\right\}\end{aligned} \tag{4-285}$$

当辉石接近透辉石-硬玉(不含 Fe^{3+})时，还需加入兰道校正项。多硅白云母采用理想活度模型：

$$\ln a_{Cel}^{Ph} = X_{Mg}^{M2} X_{Si}^{T2} \tag{4-286}$$

$$\ln a_{Mus}^{Ph} = X_{Al}^{M2} X_{Al}^{T2} \tag{4-287}$$

该压力计适用于 P=6～40kbar 和 T=400～900℃条件下。

Sharp 等(1992)在研究南非超高温压含柯石英透长石辉榴蓝晶岩时，运用反应 B 的柯石英端元反应作为压力计估算了该岩石的压力。

Ravna 和 Terry(2004)运用 Holland 和 Powell(1998)的内部一致性热力学数据库计算端元反应 A、B 和 C 的焓变、熵变等参数，并利用线性回归的方法获得了 5 个压力计的简单表达式：

$$P^{A}(\text{GPa}) = 1.801 + 0.002781T(\text{K}) + 0.0002425T\ln K_{eq}^{A} \tag{4-288}$$

$$P_{Coe}^{B}(\text{GPa}) = 7.235 - 0.000659T(\text{K}) + 0.001162T\ln K_{eq,Coe}^{B} \tag{4-289}$$

$$P_{Qz}^{B}(\text{GPa}) = 11.424 - 0.001676T(\text{K}) + 0.002157T\ln K_{eq,Qz}^{B} \tag{4-290}$$

$$P_{Coe}^{C}(\text{GPa}) = -2.624 + 0.005741T(\text{K}) + 0.0004549T\ln K_{eq,Coe}^{C} \tag{4-291}$$

$$P_{Qz}^{C}(\text{GPa}) = -0.899 + 0.003929T(\text{K}) + 0.0002962T\ln K_{eq,Qz}^{C} \tag{4-292}$$

式中，P_{Coe}^{B}和P_{Coe}^{C}为反应 B 和 C 的柯石英端元压力计；P_{Qz}^{B}和P_{Qz}^{C}为石英端元压力计，它们分别应用于具有柯石英和石英的矿物组合。

对于石榴子石、单斜辉石和多硅白云母的一组矿物成分，根据方程(4-289)和方程(4-290)计算的反应线应相交于石英=柯石英转变线上，方程(4-291)和方程(4-292)亦如此。由方程(4-288)、方程(4-289)和方程(4-291)计算的反应 A、B、C 的柯石英端元反应线中的任意两条应交于石英=柯石英转变线之上的 *P-T* 区域，而由方程(4-288)、方程(4-290)和方程(4-292)计算的反应 A、B、C 的石英端元反应线中的任意两条应交于石英=柯石英转变线之下的 *P-T* 区域(图 4-15)。因此，反应 A、B 和 C 中任意两者的组合都可作为蓝晶石-多硅白云母榴辉岩的温压计。当然，这 3 个反应也可分开使用：在 *P-T* 图解上(图 4-15)，反应 A 具有非常小的正或负斜率，反应线比较平缓，是多硅白云母榴辉岩中很好的压力计；反应 B 的温度相关性较强，但若与合适的石榴子石-单斜辉石温度计配合，也可估算不含多硅白云母的蓝晶石榴辉岩的压力；反应 C 可作为不含单斜辉石的高压超高压变沉积岩的压力计。

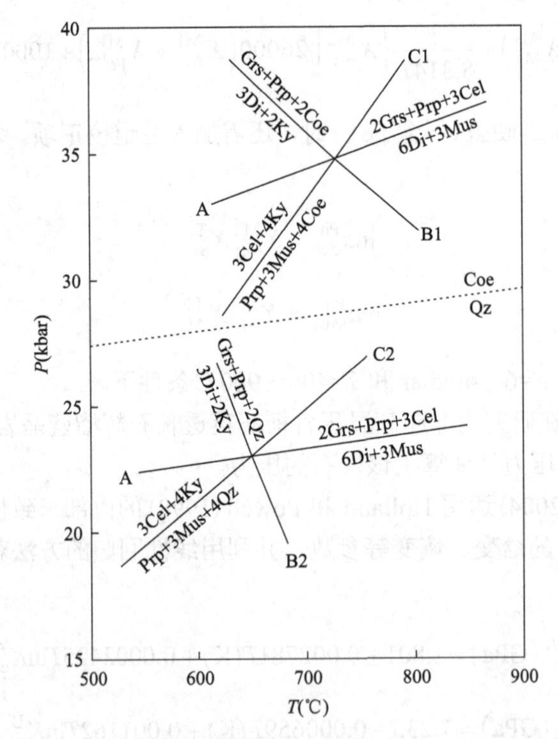

图 4-15　蓝晶石-柯石英/石英榴辉岩中平衡反应(Ravna and Terry，2004)

B1、C1-含柯石英反应；B2、C2-含石英反应

方程(4-288)～方程(4-292)计算时，采用的多硅白云母模型为 Holland 和 Powell (1998)的理想活度模型：

$$a_{Mus}^{Ph} = 4X_{K}^{A}X_{Al}^{M2A}X_{Al}^{T1}X_{Si}^{T1} \tag{4-293}$$

$$a_{Cel}^{Ph} = 4X_{K}^{A}X_{Mg}^{M2A}\left(X_{Si}^{T1}\right)^{2} \tag{4-294}$$

单斜辉石中透辉石活度采用方程(4-285)计算，而石榴子石活度模型为 Ganguly 等(1996)的亚正规溶液模型，镁铝榴石和钙铝榴石活度系数计算如下：

$$
\begin{aligned}
RT\ln\gamma_{\mathrm{Ca}}^{\mathrm{Grt}} =& \left(1-2X_{\mathrm{Ca}}^{\mathrm{Grt}}\right)\left[W_{\mathrm{CaMg}}^{\mathrm{Grt}}\left(X_{\mathrm{Mg}}^{\mathrm{Grt}}\right)^2+W_{\mathrm{CaFe^{2+}}}^{\mathrm{Grt}}\left(X_{\mathrm{Fe^{2+}}}^{\mathrm{Grt}}\right)^2\right] \\
&+2\left(1-X_{\mathrm{Ca}}^{\mathrm{Grt}}\right)\left(W_{\mathrm{MgCa}}^{\mathrm{Grt}}X_{\mathrm{Ca}}^{\mathrm{Grt}}X_{\mathrm{Mg}}^{\mathrm{Grt}}+W_{\mathrm{Fe^{2+}Ca}}^{\mathrm{Grt}}X_{\mathrm{Ca}}^{\mathrm{Grt}}X_{\mathrm{Fe^{2+}}}^{\mathrm{Grt}}\right)-2\left[W_{\mathrm{MgFe^{2+}}}^{\mathrm{Grt}}X_{\mathrm{Mg}}^{\mathrm{Grt}}\left(X_{\mathrm{Fe^{2+}}}^{\mathrm{Grt}}\right)^2\right. \\
&+W_{\mathrm{Fe^{2+}Mg}}^{\mathrm{Grt}}X_{\mathrm{Fe^{2+}}}^{\mathrm{Grt}}\left(X_{\mathrm{Mg}}^{\mathrm{Grt}}\right)^2+W_{\mathrm{MgMn}}^{\mathrm{Grt}}X_{\mathrm{Mg}}^{\mathrm{Grt}}\left(X_{\mathrm{Mn}}^{\mathrm{Grt}}\right)^2+W_{\mathrm{MnMg}}^{\mathrm{Grt}}X_{\mathrm{Mn}}^{\mathrm{Grt}}\left(X_{\mathrm{Mg}}^{\mathrm{Grt}}\right)^2 \\
&\left.+W_{\mathrm{MnFe^{2+}}}^{\mathrm{Grt}}X_{\mathrm{Mn}}^{\mathrm{Grt}}\left(X_{\mathrm{Fe^{2+}}}^{\mathrm{Grt}}\right)^2+W_{\mathrm{Fe^{2+}Mn}}^{\mathrm{Grt}}X_{\mathrm{Fe^{2+}}}^{\mathrm{Grt}}\left(X_{\mathrm{Mn}}^{\mathrm{Grt}}\right)^2\right]+0.5\left(1-2X_{\mathrm{Ca}}^{\mathrm{Grt}}\right) \\
&\left[X_{\mathrm{Mg}}^{\mathrm{Grt}}X_{\mathrm{Fe^{2+}}}^{\mathrm{Grt}}\left(W_{\mathrm{CaMg}}^{\mathrm{Grt}}+W_{\mathrm{MgCa}}^{\mathrm{Grt}}+W_{\mathrm{CaFe^{2+}}}^{\mathrm{Grt}}+W_{\mathrm{Fe^{2+}Ca}}^{\mathrm{Grt}}+W_{\mathrm{MgFe^{2+}}}^{\mathrm{Grt}}+W_{\mathrm{Fe^{2+}Mg}}^{\mathrm{Grt}}\right)\right. \\
&+X_{\mathrm{Mg}}^{\mathrm{Grt}}X_{\mathrm{Mn}}^{\mathrm{Grt}}\left(W_{\mathrm{CaMg}}^{\mathrm{Grt}}+W_{\mathrm{MgCa}}^{\mathrm{Grt}}+W_{\mathrm{MgMn}}^{\mathrm{Grt}}+W_{\mathrm{MnMg}}^{\mathrm{Grt}}\right) \\
&\left.+X_{\mathrm{Fe^{2+}}}^{\mathrm{Grt}}X_{\mathrm{Mn}}^{\mathrm{Grt}}\left(W_{\mathrm{CaFe^{2+}}}^{\mathrm{Grt}}+W_{\mathrm{Fe^{2+}Ca}}^{\mathrm{Grt}}+W_{\mathrm{MnFe^{2+}}}^{\mathrm{Grt}}+W_{\mathrm{Fe^{2+}Mn}}^{\mathrm{Grt}}\right)\right] \\
&-X_{\mathrm{Mg}}^{\mathrm{Grt}}X_{\mathrm{Fe^{2+}}}^{\mathrm{Grt}}X_{\mathrm{Mn}}^{\mathrm{Grt}}\left(W_{\mathrm{MgFe^{2+}}}^{\mathrm{Grt}}+W_{\mathrm{Fe^{2+}Mg}}^{\mathrm{Grt}}+W_{\mathrm{MgMn}}^{\mathrm{Grt}}+W_{\mathrm{MnMg}}^{\mathrm{Grt}}+W_{\mathrm{MnFe^{2+}}}^{\mathrm{Grt}}+W_{\mathrm{Fe^{2+}Mn}}^{\mathrm{Grt}}\right)
\end{aligned}
\tag{4-295}
$$

$$
\begin{aligned}
RT\ln\gamma_{\mathrm{Mg}}^{\mathrm{Grt}} =& \left(1-2X_{\mathrm{Mg}}^{\mathrm{Grt}}\right)\left[W_{\mathrm{MgCa}}^{\mathrm{Grt}}\left(X_{\mathrm{Ca}}^{\mathrm{Grt}}\right)^2+W_{\mathrm{MgFe^{2+}}}^{\mathrm{Grt}}\left(X_{\mathrm{Fe^{2+}}}^{\mathrm{Grt}}\right)^2+W_{\mathrm{MgMn}}^{\mathrm{Grt}}\left(X_{\mathrm{Mn}}^{\mathrm{Grt}}\right)^2\right] \\
&+2\left(1-X_{\mathrm{Mg}}^{\mathrm{Grt}}\right)\left(W_{\mathrm{CaMg}}^{\mathrm{Grt}}X_{\mathrm{Mg}}^{\mathrm{Grt}}X_{\mathrm{Ca}}^{\mathrm{Grt}}+W_{\mathrm{Fe^{2+}Mg}}^{\mathrm{Grt}}X_{\mathrm{Mg}}^{\mathrm{Grt}}X_{\mathrm{Fe^{2+}}}^{\mathrm{Grt}}+W_{\mathrm{MnMg}}^{\mathrm{Grt}}X_{\mathrm{Mg}}^{\mathrm{Grt}}X_{\mathrm{Mn}}^{\mathrm{Grt}}\right) \\
&-2\left[W_{\mathrm{CaFe^{2+}}}^{\mathrm{Grt}}X_{\mathrm{Ca}}^{\mathrm{Grt}}\left(X_{\mathrm{Fe^{2+}}}^{\mathrm{Grt}}\right)^2+W_{\mathrm{Fe^{2+}Ca}}^{\mathrm{Grt}}X_{\mathrm{Fe^{2+}}}^{\mathrm{Grt}}\left(X_{\mathrm{Ca}}^{\mathrm{Grt}}\right)^2+W_{\mathrm{MnFe^{2+}}}^{\mathrm{Grt}}X_{\mathrm{Mn}}^{\mathrm{Grt}}\left(X_{\mathrm{Fe^{2+}}}^{\mathrm{Grt}}\right)^2\right. \\
&\left.+W_{\mathrm{Fe^{2+}Mn}}^{\mathrm{Grt}}X_{\mathrm{Fe^{2+}}}^{\mathrm{Grt}}\left(X_{\mathrm{Mn}}^{\mathrm{Grt}}\right)^2\right]+0.5\left(1-2X_{\mathrm{Mg}}^{\mathrm{Grt}}\right) \\
&\left[X_{\mathrm{Ca}}^{\mathrm{Grt}}X_{\mathrm{Fe^{2+}}}^{\mathrm{Grt}}\left(W_{\mathrm{MgCa}}^{\mathrm{Grt}}+W_{\mathrm{CaMg}}^{\mathrm{Grt}}+W_{\mathrm{MgFe^{2+}}}^{\mathrm{Grt}}+W_{\mathrm{Fe^{2+}Mg}}^{\mathrm{Grt}}+W_{\mathrm{CaFe^{2+}}}^{\mathrm{Grt}}+W_{\mathrm{Fe^{2+}Ca}}^{\mathrm{Grt}}\right)\right. \\
&+X_{\mathrm{Ca}}^{\mathrm{Grt}}X_{\mathrm{Mn}}^{\mathrm{Grt}}\left(W_{\mathrm{MgCa}}^{\mathrm{Grt}}+W_{\mathrm{CaMg}}^{\mathrm{Grt}}+W_{\mathrm{MgMn}}^{\mathrm{Grt}}+W_{\mathrm{MnMg}}^{\mathrm{Grt}}\right)+X_{\mathrm{Fe^{2+}}}^{\mathrm{Grt}}X_{\mathrm{Mn}}^{\mathrm{Grt}} \\
&\left.\left(W_{\mathrm{MgFe^{2+}}}^{\mathrm{Grt}}+W_{\mathrm{Fe^{2+}Mg}}^{\mathrm{Grt}}+W_{\mathrm{MnFe^{2+}}}^{\mathrm{Grt}}+W_{\mathrm{Fe^{2+}Mn}}^{\mathrm{Grt}}+W_{\mathrm{MgMn}}^{\mathrm{Grt}}+W_{\mathrm{MnMg}}^{\mathrm{Grt}}\right)\right] \\
&-X_{\mathrm{Ca}}^{\mathrm{Grt}}X_{\mathrm{Fe^{2+}}}^{\mathrm{Grt}}X_{\mathrm{Mn}}^{\mathrm{Grt}}\left(W_{\mathrm{CaFe^{2+}}}^{\mathrm{Grt}}+W_{\mathrm{Fe^{2+}Ca}}^{\mathrm{Grt}}+W_{\mathrm{MnFe^{2+}}}^{\mathrm{Grt}}+W_{\mathrm{Fe^{2+}Mn}}^{\mathrm{Grt}}\right)
\end{aligned}
\tag{4-296}
$$

式中，$W_{ij}^{\mathrm{Grt}}=W_{ij,\mathrm{H}}^{\mathrm{Grt}}-W_{ij,\mathrm{S}}^{\mathrm{Grt}}T+10^4W_{ij,\mathrm{V}}^{\mathrm{Grt}}(P-1)$，石榴子石二元马居尔参数$W_{ij,\mathrm{H}}^{\mathrm{Grt}}$、$W_{ij,\mathrm{S}}^{\mathrm{Grt}}$和$W_{ij,\mathrm{V}}^{\mathrm{Grt}}$见表 4-9。

Ravna 和 Terry(2004)的石榴子石-单斜辉石-多硅白云母温压计和 Ravna(2000a)的石榴子石-单斜辉石温度计是目前高压超高压榴辉岩研究中最为常用的温压计。

表 4-9　石榴子二元石马居尔参数(Ganguly et al.，1996)

马居尔参数	$W_{ij,\mathrm{H}}^{\mathrm{Grt}}$	$W_{ij,\mathrm{S}}^{\mathrm{Grt}}$	$W_{ij,\mathrm{V}}^{\mathrm{Grt}}$
CaMg	21627	5.78	0.012
MgCa	9834	5.78	0.058
$CaFe^{2+}$	873	1.69	0
$Fe^{2+}Ca$	6773	1.69	0.03
$MgFe^{2+}$	2117	0	0.07
$Fe^{2+}Mg$	695	0	0
MgMn	12083	7.67	0.04
MnMg	12083	7.67	0.03
$Fe^{2+}Mn$	539	0	0.04
$MnFe^{2+}$	539	0	0.01

7) 石榴子石-单斜辉石压力计

原岩为基性岩的榴辉岩，K_2O 的含量较低而 Al_2O_3 也不饱和，常常并不会含有多硅白云母和蓝晶石等矿物，而是由石榴子石+单斜辉石±石英所组成的双矿物或三矿物榴辉岩；另外，在地幔橄榄岩中也具有石榴子石+单斜辉石组合。这些情况下上述压力计无法应用，石榴子石-单斜辉石压力计就是基于上述原因开发的。石榴子石-单斜辉石压力计分为 3 类：Ca-Mg 交换压力计、Cr_2O_3 组分交换压力计和基于与石榴子石平衡的单斜辉石中钙契尔马克压力计。

Brey 等(1986)通过在 $CaO-MgO-Al_2O_3-SiO_2$ 体系下的实验研究，标定了如下反应：

$$\underset{\text{透辉石(Di)}}{3\mathrm{CaMgSi_2O_6}} + \underset{\text{镁铝榴石(Prp)}}{\mathrm{Mg_3Al_2Si_3O_{12}}} = \underset{\text{顽火辉石(En)}}{3\mathrm{Mg_2Si_2O_6}} + \underset{\text{钙铝榴石(Grs)}}{\mathrm{Ca_3Al_2Si_3O_{12}}} \quad (\mathrm{A})$$

其实验条件为 T=1100～1570℃和 P=3～5GPa。结合已有的矿物热力学数据，估算出反应 A 的 ΔH、ΔS 和 ΔV 等数据。石榴子石和辉石均采用对称正规溶液模型，拟合获得的压力计公式如下：

$$P^{\mathrm{A}}(\mathrm{kbar}) = \left(1/\left\{83.65 - 36.66\left[2\left(X_{\mathrm{Ca}}^{\mathrm{M2}}\right)^{\mathrm{Cpx}} - 1\right] + 73.11\left(1 - 2X_{\mathrm{Ca}}^{\mathrm{Grt}}\right)\right\}\right) \times \left(-3\left\{\mathrm{R}T\ln K_{\mathrm{D}}^{\mathrm{A}} + 3(5019 + 1.322T)\left[2\left(X_{\mathrm{Ca}}^{\mathrm{M2}}\right)^{\mathrm{Cpx}} - 1\right] + 7206\left(1 - 2X_{\mathrm{Ca}}^{\mathrm{Grt}}\right)\right\}\right) \tag{4-297}$$

式中，$K_{\mathrm{D}}^{\mathrm{A}} = \dfrac{X_{\mathrm{Ca}}^{\mathrm{Grt}}\left[1 - \left(X_{\mathrm{Ca}}^{\mathrm{M2}}\right)^{\mathrm{Cpx}}\right]}{\left(X_{\mathrm{Ca}}^{\mathrm{M2}}\right)^{\mathrm{Cpx}}\left(1 - X_{\mathrm{Ca}}^{\mathrm{Grt}}\right)}$(Ca-Mg 二元体系下的简化)，该压力计适用于石榴子石 $X_{\mathrm{Mg}}^{\mathrm{Grt}} > 0.8$ 的岩石。

石榴子石与单斜辉石间还可能存在另外一个类似的反应：

$$Ca_3Al_2Si_3O_{12} + 2Mg_3Al_2Si_3O_{12} = 6MgSiO_3 + 3CaAlAlSiO_6 \quad (B)$$

钙铝榴石(Grs)　镁铝榴石(Prp)　顽火辉石(En)　钙契尔马克分子(Ca-Tsch)

Simakov 和 Taylor(2000)运用经验标定的方法，对上述反应平衡进行了研究。采用 Moecher 等(1988)和 Berman(1988)热力学数据，根据与石榴子石平衡的单斜辉石中钙契尔马克分子浓度，标定了如下压力计公式：

$$P^{B}(\text{bar}) = -\Big[42119 + 6.564T(\text{K}) - 1.867T^2/10^2 - 5.271T^3/10^6 + 1.467T^4/10^9 + 8.3144T\ln K_{eq}^{B}\Big]/\Delta V^{B} \tag{4-298}$$

式中，K_{eq}^{B} 和 ΔV^{B} 分别为反应 B 的平衡常数和体积变化：

$$\Delta V^{B} = 6V_{En}^{Cpx} + 3V_{Ca-Tsch}^{Cpx} - V_{Grs}^{Grt} - 2V_{Prp}^{Cpx} \tag{4-299}$$

$$V_{En}^{Cpx} = 6.8516X_{Di}^{Cpx} + 6.5806X_{Ca-Tsch}^{Cpx} + 6.2619X_{En}^{Cpx} - 0.0696X_{Di}^{Cpx}X_{Ca-Tsch}^{Cpx} \tag{4-300}$$

$$V_{Ca-Tsch}^{Cpx} = 6.547X_{Di}^{Cpx} + 6.3566X_{Ca-Tsch}^{Cpx} + 6.4859X_{En}^{Cpx} + 0.235X_{Di}^{Cpx}X_{En}^{Cpx} \tag{4-301}$$

$$V_{Prp}^{Grt} = 11.32 \tag{4-302}$$

$$V_{Grs}^{Grt} = 12.534 + 4.184\left\{0.075 - 4.566\Big[0.2 - X_{Ca}^{Grt}\Big/\Big(X_{Ca}^{Grt} + X_{Fe^{2+}}^{Grt}\Big)\Big]^2\right\} \tag{4-303}$$

当 $X_{Ca}^{Grt}\Big/\Big(X_{Ca}^{Grt} + X_{Fe^{2+}}^{Grt}\Big) > 0.3$ 时，方程(4-303)去掉第二项。

单斜辉石采用理想交互固溶体模型：

$$a_{En}^{Cpx} = X_{Mg}^{M2}X_{Mg}^{M1}\left(X_{Si}\right)^2 \tag{4-304}$$

$$a_{Ca-Tsch}^{Cpx} = X_{Ca}^{M2}X_{Al}^{M1}X_{Si}X_{Al}^{IV} \tag{4-305}$$

石榴子石采用多组分非理想交互固溶体模型：

$$\ln a_i^{Grt} = \Big(G_{I-II}^{i} + 2G_{II} + 3G_{I}^{i}\Big)\Big/RT + \ln\Big(X_j^{Grt}\Big)^3\Big(X_{Al}^{Grt}\Big)^2 \tag{4-306}$$

式中，i=Grs 和 Prp；相应的 j=Ca 和 Mg；G_{II}、G_{I}^{i} 和 G_{I-II}^{i} 分别计算如下：

$$G_{II} = 3700X_{Al}^{Grt}X_{Fe^{3+}}^{Grt} + 1267X_{Cr}^{Grt}X_{Fe^{3+}}^{Grt} + 2508X_{Cr}^{Grt}X_{Al}^{Grt} \tag{4-307}$$

$$G_{\mathrm{I}}^{\mathrm{Grs}}=\left(X_{\mathrm{Mg}}^{\mathrm{Grt}}\right)^{2}\left(4047-1.5T+6094X_{\mathrm{Ca}}^{\mathrm{Grt}}\right)+\left(X_{\mathrm{Fe}^{2+}}^{\mathrm{Grt}}\right)^{2}\left(150-1.5T+7866X_{\mathrm{Ca}}^{\mathrm{Grt}}\right)$$
$$+X_{\mathrm{Mg}}^{\mathrm{Grt}}X_{\mathrm{Fe}^{2+}}^{\mathrm{Grt}}\left[3290-3T+886X_{\mathrm{Mg}}^{\mathrm{Grt}}+2300\left(X_{\mathrm{Mg}}^{\mathrm{Grt}}-X_{\mathrm{Fe}^{2+}}^{\mathrm{Grt}}\right)+4640\left(1-2X_{\mathrm{Ca}}^{\mathrm{Grt}}\right)\right]$$
$$+X_{\mathrm{Fe}^{2+}}^{\mathrm{Grt}}X_{\mathrm{Mn}}^{\mathrm{Grt}}\left[2117-1.5T+3933X_{\mathrm{Ca}}^{\mathrm{Grt}}-1967\left(1-2X_{\mathrm{Ca}}^{\mathrm{Grt}}\right)\right]$$
$$+X_{\mathrm{Mg}}^{\mathrm{Grt}}X_{\mathrm{Mn}}^{\mathrm{Grt}}\left[2524-1.5T-30473047X_{\mathrm{Ca}}^{\mathrm{Grt}}+1524\left(1-2X_{\mathrm{Ca}}^{\mathrm{Grt}}\right)\right]+2300X_{\mathrm{Mg}}^{\mathrm{Grt}}X_{\mathrm{Mn}}^{\mathrm{Grt}}X_{\mathrm{Fe}^{2+}}^{\mathrm{Grt}} \tag{4-308}$$

$$G_{\mathrm{I}}^{\mathrm{Prp}}=\left(X_{\mathrm{Ca}}^{\mathrm{Grt}}\right)^{2}\left(1000-1.5T+6094X_{\mathrm{Mg}}^{\mathrm{Grt}}\right)+\left(X_{\mathrm{Fe}^{2+}}^{\mathrm{Grt}}\right)^{2}\left(2500-4600X_{\mathrm{Mg}}^{\mathrm{Grt}}\right)+3000\left(X_{\mathrm{Mn}}^{\mathrm{Grt}}\right)^{2}$$
$$+X_{\mathrm{Ca}}^{\mathrm{Grt}}X_{\mathrm{Fe}^{2+}}^{\mathrm{Grt}}\left[1757+747X_{\mathrm{Mg}}^{\mathrm{Grt}}-3933\left(X_{\mathrm{Ca}}^{\mathrm{Grt}}-X_{\mathrm{Fe}^{2+}}^{\mathrm{Grt}}\right)+4640\left(1-2X_{\mathrm{Mg}}^{\mathrm{Grt}}\right)\right]$$
$$+X_{\mathrm{Fe}^{2+}}^{\mathrm{Grt}}X_{\mathrm{Mn}}^{\mathrm{Grt}}\left[4350-2300X_{\mathrm{Mg}}^{\mathrm{Grt}}+1150\left(1-2X_{\mathrm{Mg}}^{\mathrm{Grt}}\right)\right]$$
$$+X_{\mathrm{Ca}}^{\mathrm{Grt}}X_{\mathrm{Mn}}^{\mathrm{Grt}}\left[5524+3047X_{\mathrm{Mg}}^{\mathrm{Grt}}-1524\left(1-2X_{\mathrm{Mg}}^{\mathrm{Grt}}\right)\right]+3933X_{\mathrm{Ca}}^{\mathrm{Grt}}X_{\mathrm{Mn}}^{\mathrm{Grt}}X_{\mathrm{Fe}^{2+}}^{\mathrm{Grt}} \tag{4-309}$$

$$G_{\mathrm{I-II}}^{\mathrm{Grs}}=-25080X_{\mathrm{Mg}}^{\mathrm{Grt}}X_{\mathrm{Fe}^{3+}}^{\mathrm{Grt}}-(40200-7P)X_{\mathrm{Fe}^{2+}}^{\mathrm{Grt}}X_{\mathrm{Fe}^{3+}}^{\mathrm{Grt}}$$
$$-4.18(29229-11.88T)X_{\mathrm{Mg}}^{\mathrm{Grt}}X_{\mathrm{Cr}}^{\mathrm{Grt}}-4.18(25575-10.395T)X_{\mathrm{Fe}^{2+}}^{\mathrm{Grt}}X_{\mathrm{Cr}}^{\mathrm{Grt}} \tag{4-310}$$

$$G_{\mathrm{I-II}}^{\mathrm{Prp}}=25080\left(1-X_{\mathrm{Mg}}^{\mathrm{Grt}}\right)X_{\mathrm{Fe}^{3+}}^{\mathrm{Grt}}-(40200-7P)X_{\mathrm{Fe}^{2+}}^{\mathrm{Grt}}X_{\mathrm{Fe}^{3+}}^{\mathrm{Grt}}$$
$$-4.18(29229-11.88T)\left(1-X_{\mathrm{Mg}}^{\mathrm{Grt}}\right)X_{\mathrm{Cr}}^{\mathrm{Grt}}-4.18(25575-10.395T)X_{\mathrm{Fe}^{2+}}^{\mathrm{Grt}}X_{\mathrm{Cr}}^{\mathrm{Grt}} \tag{4-311}$$

该压力计适用于地幔石榴辉石岩和石榴橄榄岩捕虏体。作者指出，该压力计重现前人 T=650～1700℃和 P=2～7GPa 条件下的实验数据时，误差为±19%。

Simakov (2008) 对 Simakov 和 Taylor (2000) 的压力计做了修正，将应用范围扩大到 T=700～2100℃和 P=1.5～22GPa 的条件，但其对单斜辉石的活度模型描述不清，这里不再赘述。

Nimis 和 Taylor (2000) 在 T=850～1500℃和 P=0～60kbar 的条件下对如下反应进行了研究：

$$\underset{\mathrm{Di}}{\mathrm{CaMgSi_2O_6}}+\underset{\mathrm{CaCr\text{-}Tsch}}{\mathrm{CaCrAlSiO_6}}=\underset{\mathrm{Uv_2Kn_1}}{(1/2)(\mathrm{Ca_2Mg})\mathrm{Cr_2Si_3O_{12}}}+\underset{\mathrm{Grs_2Prp_1}}{(1/2)(\mathrm{Ca_2Mg})\mathrm{Al_2Si_3O_{12}}} \tag{C}$$

式中，CaCr-Tsch 为钙铬契尔马克分子；Uv_2Kn_1 为钙铬榴石和镁铬榴石 2∶1 的混合；Grs_2Prp_1 为钙铝榴石和镁铝榴石 2∶1 的混合。

通过 CaO-MgO-Al_2O_3-SiO_2-Cr_2O_3 体系和天然矿物系统的逆转实验，并结合前人实验数据，标定了与石榴子石平衡的单斜辉石 Cr-压力计：

$$P^{C}(\text{kbar})=-\frac{T(\text{K})}{126.9}\ln a_{\text{CaCr-Tsch}}^{\text{Cpx}}+15.483\ln\frac{\text{Cr}_{\#}^{\text{Cpx}}}{T(\text{K})}+\frac{T(\text{K})}{71.38}+107.8 \tag{4-312}$$

式中，$a_{\text{CaCr-Tsch}}^{\text{Cpx}}=\text{Cr}-0.81\text{Cr}_{\#}^{\text{Cpx}}(\text{Na}+\text{K})$；$\text{Cr}_{\#}^{\text{Cpx}}=\text{Cr}/(\text{Cr}+\text{Al})$，Cr、Na、K 和 Al 为单斜辉石按 6 个氧原子计算的单位分子中相应元素含量。该压力计重现实验压力误差为±2.3kbar，适用于含平衡石榴子石+单斜辉石组合的地幔岩石。

8）*石榴子石-斜方辉石压力计*

石榴子石-斜方辉石压力计可以分为两类，即分别基于石榴子石和斜方辉石之间 Al_2O_3 组分交换和 Cr_2O_3 组分交换两类。

石榴子石-斜方辉石 Al_2O_3 压力计基于如下模式反应：

$$\underset{\text{顽火辉石(En)}}{Mg_2Si_2O_6}+\underset{\text{镁契尔马克分子(Mg-Tsch)}}{MgAl_2SiO_6}=\underset{\text{镁铝榴石(Prp)}}{Mg_3Al_2Si_3O_{12}} \quad (A)$$

Brey 和 Kohler(1990)针对该压力计之前版本存在的问题，依据 Brey 等(1990)在 T=900～1400℃和 P=10～30kbar 条件下获得的二辉橄榄岩实验数据，对该压力计进行了实验校正。其假设斜方辉石为理想固溶体而石榴子石为三元正规溶液模型，采用多元线性回归的方法，获得了如下压力计公式：

$$P(\text{kbar})=\frac{-C_2-\sqrt{C_2{}^2+0.004C_3C_1}}{2C_3} \tag{4-313}$$

式中，C_1、C_2 和 C_3 分别计算如下：

$$\begin{aligned}C_1=&-8.3143T(\text{K})\ln K_{\text{D}}-5510+88.91T-19T^{1.2}+247374\left(X_{\text{Ca}}^{\text{Grt}}\right)^2\\&+X_{\text{Mg}}^{\text{M1}}X_{\text{Fe}^{2+}}^{\text{M1}}(80942-46.7T)-53379X_{\text{Fe}^{2+}}^{\text{Grt}}X_{\text{Ca}}^{\text{Grt}}\\&-X_{\text{Ca}}^{\text{Grt}}X_{\text{Cr}}^{\text{Grt}}\left(1.164\times10^6-420.4T\right)-X_{\text{Fe}^{2+}}^{\text{Grt}}X_{\text{Cr}}^{\text{Grt}}\left(-1.25\times10^6+565T\right)\end{aligned} \tag{4-314}$$

$$C_2=-0.832-8.78\times10^{-5}(T-298)+9.915\left(X_{\text{Ca}}^{\text{Grt}}\right)^2-13.45X_{\text{Ca}}^{\text{Grt}}X_{\text{Cr}}^{\text{Grt}}+10.5X_{\text{Fe}^{2+}}^{\text{Grt}}X_{\text{Cr}}^{\text{Grt}} \tag{4-315}$$

$$C_3=16.6\times10^{-4} \tag{4-316}$$

式中，K_{D} 为分配系数：

$$K_{\text{D}}=\frac{\left(1-X_{\text{Ca}}^{\text{Grt}}\right)^3\left(X_{\text{Al}}^{\text{Grt}}\right)^2}{X_{\text{MF}}^{\text{M1}}\left(X_{\text{MF}}^{\text{M2}}\right)^2X_{\text{Al,Tsch}}^{\text{M1}}} \tag{4-317}$$

斜方辉石离子占位如下：$X_{\text{Al}}^{\text{M1}}=(\text{Al}+\text{Na}-\text{Cr}-\text{Fe}^{3+}-2\text{Ti})/2$，$X_{\text{Al,Tsch}}^{\text{M1}}=(\text{Al}-|\text{Na}-$

$Cr - Fe^{3+} - 2Ti|)/2$， $X_{MF}^{M1} = 1 - X_{Al}^{M1} - Cr - Fe^{3+} - Ti$， $X_{MF}^{M2} = 1 - Ca - Na - Mn$， $X_{Mg}^{M1} = X_{MF}^{M1}[Mg/(Mg + Fe^{2+})]$， $X_{Mg}^{M2} = X_{MF}^{M2}[Mg/(Mg + Fe^{2+})]$， $X_{Fe^{2+}}^{M1} = X_{MF}^{M1}[1 - Mg/(Mg + Fe^{2+})]$。

Brey 等(2008)在更高的压力条件下(P=6～10GPa 和 T=1300～1500℃)对 $MgO-Al_2O_3-SiO_2$、$CaO-MgO-SiO_2$、$CaO-MgO-Al_2O_3-SiO_2$ 体系和天然橄榄岩进行了实验研究，运用获得的实验数据对 Brey 和 Kohler(1990)的压力计进行了重新标定，其修正版压力计仍然具有方程(3-313)的形式，而参数 C_1、C_2 和 C_3 的计算表达式有所变化：

$$\begin{aligned}C_1 = &-8.3143T(\mathrm{K})\ln K_D + 4970 + 84.15T - 19T^{1.2} + 247368\left(X_{Ca}^{Grt}\right)^2 \\ &+ X_{Mg}^{M1}X_{Fe^{2+}}^{M1}(80941 - 36.3T) - 53385X_{Fe^{2+}}^{Grt}X_{Ca}^{Grt} \\ &- X_{Ca}^{Grt}X_{Cr}^{Grt}\left(1.164\times10^6 - 335T\right) - X_{Fe^{2+}}^{Grt}X_{Cr}^{Grt}\left(-1.25\times10^6 + 730T\right)\end{aligned} \tag{4-318}$$

$$C_2 = -0.533 - 1.62\times10^{-4}(T - 298) + 9.915\left(X_{Ca}^{Grt}\right)^2 - 18.25X_{Ca}^{Grt}X_{Cr}^{Grt} + 3.5X_{Fe^{2+}}^{Grt}X_{Cr}^{Grt} \tag{4-319}$$

$$C_3 = -7.2\times10^{-4} \tag{4-320}$$

斜方辉石分子式计算中忽略 Fe^{3+}。

无论是下地壳麻粒岩还是上地幔岩石中，斜方辉石中 Al_2O_3 组分均为次要组分，甚至为微量组分。实验结果中斜方辉石 Al_2O_3 组分的质量分数绝大多数大于 0.5%，即应用石榴子石-斜方辉石 Al_2O_3 压力计时，当 Al_2O_3<0.5%时，即使斜方辉石成分分析误差很小，也容易造成压力计算的较大误差(吴春明，2009)。

类似于反应 A，$MgO-Al_2O_3-SiO_2-Cr_2O_3$ 体系下石榴子石和斜方辉石间 Cr_2O_3 组分的交换反应

$$2Mg_2Si_2O_6 + 2MgCrAlSiO_6 = Mg_3Al_2Si_3O_{12} + Mg_3Cr_2Si_3O_{12} \quad (B)$$

顽火辉石(En)　镁契尔马克分子(Mg-Tsch)　镁铝榴石(Prp)　镁铬榴石(Kn)

也受压力的强烈控制。

Nickel 和 Green(1985)在 P=20～40kbar 和 T=1000～1400℃的条件下对 $CaO-MgO-Al_2O_3-SiO_2-Cr_2O_3$ 体系进行了实验研究，采用经验标定的方法，标定了适用于石榴二辉橄榄岩的石榴子石-斜方辉石 Cr_2O_3 压力计：

$$\begin{aligned}P(\mathrm{kbar}) = -\Bigg\{&-RT\ln\frac{\left(1 - X_{Ca}^{Grt}\right)^3\left(X_{Al}^{Grt}\right)^2}{X_{MF}^{M1}\left(X_{MF}^{M2}\right)^2 X_{Al}^{M1}} - 9000\left(X_{Ca}^{Grt}\right)^2 - 3400\left[2\left(X_{Cr}^{Grt}\right)^2 - X_{Mg}^{M1}X_{Cr}^{M1}\right] \\ &- X_{Ca}^{Grt}X_{Cr}^{Grt}\left[90853 - 52.1T(\mathrm{K})\right] - 7590X_{Fe^{2+}}^{Grt}X_{Ca}^{Grt} + 5157X_{Mg}^{M1}X_{Fe^{2+}}^{M1} + 6047 - 3.23T\Bigg\} \\ &\Big/\left[183.3 + 178.98X_{Al}^{M1}\left(1 - X_{Al}^{M1}\right)\right]\end{aligned} \tag{4-321}$$

斜方辉石离子占位计算方法同上，但忽略其中的 Fe^{3+}，$X_{Cr}^{M1}=Cr/2$。

将 Nickel 和 Green(1985)的压力计公式应用于二辉橄榄岩和石榴二辉岩时，其计算结果对 $P<3GPa$ 条件下的实验结果能准确重现，但对 $P>3GPa$ 的实验倾向于高估(Taylor，1998)。Taylor(1998)研究认为，之所以出现这种情况，是因为斜方辉石在高压下富 Ti 而贫 Al，$X_{Al}^{M1}=(Al+Na-Cr-2Ti)/2$ 计算表达式倾向于低估 X_{Al}^{M1} 的值，若将 X_{Al}^{M1} 计算表达式改为 $X_{Al}^{M1}=(Al+Na-Cr-Ti)/2$ 便能很好地重现实验结果。

Brey 和 Kohler(1990)的石榴子石-斜方辉石压力计自诞生以来，就被广泛应用于橄榄岩和麻粒岩压力条件的计算。但是吴春明(2009)的对比研究表明，当应用于地幔岩时，Nickel 和 Green(1985)、Taylor(1998)和 Brey 等(2008)的石榴子石-斜方辉石压力计具有更高的精确度，因而后 3 个版本的石榴子石-斜方辉石压力计更值得推荐。当 $P>9GPa$ 时，高钙单斜辉石和斜方辉石间可能存在相变，导致斜方辉石中含量过低，因而这些温度计不能应用于 $P>9GPa$ 的条件(Brey et al.，2008)。

9)橄榄石-单斜辉石压力计

橄榄石-单斜辉石压力计是适用于尖晶石二辉橄榄岩的第一个压力计，其基于橄榄石和单斜辉石间的 Ca-Mg 离子交换反应：

$$Mg_2SiO_4 + CaMgSi_2O_6 = CaMgSiO_4 + Mg_2Si_2O_6$$

镁橄榄石(Fo)　透辉石(Di)　钙橄榄石(Ca-Ol)　顽火辉石(En)

Adams 和 Bishop(1982)采用了严格的热力学相平衡实验方法，在 P=9～41kbar 和 T=1100～1300℃条件下对该反应进行逆转实验研究，他们发现橄榄石中 Ca 随着压力的升高和温度的降低而降低。根据实验数据拟合获得反应热力学参数，并采用从而标定出如下压力计公式：

$$P(\text{bar}) = \left[-RT(\text{K})\ln K_D - 101610 + 17.06T\right]/0.409 \tag{4-322}$$

式中，$K_D=(X_{Ca-Ol}/X_{Fo})^{Ol}/(X_{Di}/X_{En})^{Cpx}$。

Kohler 和 Brey(1990)采用天然幔源橄榄岩作为初始物料，其橄榄石 $Mg^{\#}$为 90，在 P=2～60kbar 和 T=900～1400℃条件下，通过逆转实验再次标定了该压力计。他们发现在 T=1100℃时，橄榄石中 Ca 的溶解度与压力存在非线性关系，采用经验公式，运用纯数学拟合的方式，获得了如下压力计公式：

$$P(\text{kbar}) = \left[-T\ln\left(X_{Ca}^{Ol}/X_{Ca}^{Cpx}\right) - 11982 + 3.61T(\text{K})\right]\Big/56.2 \tag{4-323a}$$

$$P(\text{kbar}) = \left[-T\ln\left(X_{Ca}^{Ol}/X_{Ca}^{Cpx}\right) - 5792 + 1.25T(\text{K})\right]\Big/42.5 \tag{4-323b}$$

式中，X_{Ca}^{Ol} 和 X_{Ca}^{Cpx} 分别为橄榄石和单斜辉石结构式中 Ca 的原子比例。

方程(4-323a)适用于 $T>1275.25+2.827P$，而方程(4-323b)适用于 $T<1275.25+2.827P$。

吴春明(2009)的研究表明，橄榄石-单斜辉石压力计是适用于尖晶石相地幔岩石的唯一压力计，但这些压力计的准确度太低，还有待进一步研究，因此这些压力计的应用须谨慎。

10) 角闪石-斜长石压力计

在低压角闪岩相或普通角闪石角岩相岩石中通常缺失石榴子石，在部分中压角闪岩相岩石中也可能会缺失石榴子石，此时，石榴子石-角闪石-斜长石-石英压力计便无法应用。此时，角闪石-斜长石压力计便可派上用场。Bhadra 和 Bhattacharya (2007) 研究发现，角闪石与斜长石间存在的如下反应平衡可以作为压力计使用：

$$\underset{\text{透闪石(Tr)}}{Ca_2Mg_5Si_8O_{22}(OH)_2} + \underset{\text{契尔马克分子(Tsch)}}{Ca_2Mg_3Al_4Si_6O_{22}(OH)_2} + \underset{\text{钠长石(Ab)}}{2NaAlSi_3O_8}$$
$$= \underset{\text{韭闪石(Pa)}}{2NaCa_2Mg_4Al(Al_2Si_6)O_{22}(OH)_2} + \underset{\text{石英(Qz)}}{8SiO_2}$$

Bhadra 和 Bhattacharya (2007) 收集了前人在 P=1～15kbar 和 T=650～960℃范围内有关角闪石-斜长石的实验数据，并对其进行了最小二乘法线性拟合，获得了两个压力计表达式：

$$\begin{aligned} P_1(\text{kbar}) = \Big[& -9.326 + 0.01462T(\text{K}) + RT\ln K_D - 98.698X_{Na}^{A} - 33.213X_{K}^{A} \\ & - 20.338X_{Na}^{M4} - 39.101X_{Fe^{2+}}^{M13} + 100.392X_{Al}^{M2} + 131.03X_{Fe^{2+}}^{M2} + 82.479X_{Fe^{3+}}^{M2} \\ & - 118.653X_{Al}^{T1} - 2RT\ln\gamma_{Ab}^{Pl} \Big] / (-\Delta V) \end{aligned} \tag{4-324}$$

$$\begin{aligned} P_2(\text{kbar}) = \Big[& -1.869 + 0.0076T(\text{K}) + RT\ln K_D - 102.692X_{Na}^{A} - 35.251X_{K}^{A} \\ & - 15.969X_{Na}^{M4} - 40.499X_{Fe^{2+}}^{M13} + 93.069X_{Al}^{M2} + 130.750X_{Fe^{2+}}^{M2} + 74.226X_{Fe^{3+}}^{M2} \\ & - 104.402X_{Al}^{T1} - 2RT\ln\gamma_{Ab}^{Pl} \Big] / (-\Delta V) \end{aligned} \tag{4-325}$$

式中，K_D 为各矿物为理想活度模型下的平衡常数，相当于分配系数，按如下方程计算：

$$K_D = \left(\frac{16X_{Na}^{A}X_{Al}^{T1}}{X_{\square}^{A}X_{Si}^{T1}X_{Na}^{Pl}} \right)^2 \tag{4-326}$$

方程 (3-324) 各参数均由最小二乘法线性拟合获得，而方程 (3-325) 前两项系数代表反应 $\Delta H(298,1)$ 和 $\Delta S(298,1)$，由 Berman (1988) 的内部一致性热力学数据库计算获得。角闪石采用了晶位内对称和跨晶位布拉格-威廉姆斯混合模型，参数由最小二乘法线性拟合获得，而 $RT\ln\gamma_{Ab}^{Pl}$ 由方程 (3-254) 计算。

上述压力计的实质是考虑角闪石中 Al-Si 替代引起的契尔马克替代现象，事实上角闪石中还有许多反应平衡控制该替代类型。Molina 等 (2015) 考虑采用 $K_D^{Al/Si} = \left(\frac{Al}{Si}\right)^{Pl} / \left(\frac{Al}{Si}\right)^{Hb}$

来描述角闪石的Al-Si替代平衡。通过对前人在T=650～1050℃条件下的实验数据的统计分析，他们发现$K_D^{Al/Si}$取决于压力、温度、角闪石X_{Al}^{T1}和斜长石X_{Na}^{Pl}，从而获得压力计表达式：

$$P(\text{kbar})=\left[8.3144T(\text{K})\ln K_D^{Al/Si}-8.7T(\text{K})+23377X_{Al}^{T1}+7579X_{Na}^{Pl}-11302\right]/(-274) \quad (4\text{-}327)$$

该压力计可用于变质岩或中酸性岩浆岩中角闪石$Ca^{M4}/(Ca^{M4}+Na^{M4})>0.75$的条件下。

(二)类质同象温压计

矿物形成时，其结构中本应由某种原子或离子占有的等效结构位置部分或完全地由其他类似质点所替代，晶格常数变化不大因而晶体结构不变的现象称为类质同象。矿物中某元素的类质同象替代数量取决于温度和压力时，可作为温压计使用。类质同象温压计可以看作一种特殊的元素分配温压计，即一种元素在两种共生矿物之间的分配。例如，在磁黄铁矿存在条件下，闪锌矿中Fe^{2+}替代Zn的现象可用如下模式反应表示：

$$FeS^{Po}=FeS^{Sp}$$

作为类质同象温压计的矿物常常成分简单，元素彼此成等构造替代。这样，构筑温压计时便可只考虑这种矿物中类质同象替代的数量。

1. 闪锌矿FeS含量温压计

闪锌矿是自然界很具特色的矿物之一，它与黄铁矿和磁黄铁矿几乎是所有矿床中最常见的矿石矿物，建立其矿物温压计具有非常普遍的应用意义。闪锌矿中Fe^{2+}-Zn替代是不完全类质同象，自然界闪锌矿中Fe^{2+}替代Zn最高可达26%(质量分数)。研究发现，随着Fe^{2+}含量的增大，闪锌矿中的晶胞也增大，升温和降压均有利于Fe^{2+}进入闪锌矿中。

早期的实验和矿床实例都说明，进入晶格成类质同象的FeS量的多少可以认为是闪锌矿形成温度的尺度，即可作为温度计使用。Scott和Barnes(1971)的实验研究认为，在T=200～290℃和T=550～800℃范围内，闪锌矿中FeS量是硫逸度f_{S_2}和形成温度的函数，可用下式表示：

$$\begin{aligned}X_{FeS}^{Sp}=&72.26695-15900.5/T(\text{K})+0.01448\lg f_{S_2}-0.38918\left(10^8/T^2\right)\\&-(7205.5/T)\lg f_{S_2}-0.34486\left(\lg f_{S_2}\right)^2\end{aligned} \quad (4\text{-}328)$$

当闪锌矿与磁黄铁矿和黄铁矿共生时，$\lg f_{S_2}$采用下式计算：

$$\lg f_{S_2}=\left(70.03-85.83X_{FeS}^{Po}\right)\left[1000/T(\text{K})-1\right]+39.30\left(1-0.998X_{FeS}^{Po}\right)-11.91 \quad (4\text{-}329)$$

式中，$X_{FeS}^{Po}=FeS/(FeS+S_2)$，为磁黄铁矿的成分参数。

Scott 和 Barnes (1971) 的研究也表明，FeS 在闪锌矿中的含量变化虽然受到温度的强烈控制，但也取决于压力和 FeS 活度的大小。实验研究表明，在一定范围内（如 T=290～550℃），温度不起作用，而压力及 FeS 活度起主要作用：压力越大，则 FeS 的摩尔数越小，闪锌矿 FeS 压力计正是基于这一原理构筑的。目前主要有两种闪锌矿 FeS 压力计：第一种是应用于富锌和铁的硫化物矿床的闪锌矿-黄铁矿-磁黄铁矿 FeS 含量压力计，其全岩 a_{FeS} 由如下反应缓冲：

$$\text{FeS}(\text{磁黄铁矿中}) + 0.5\text{S}_2 = \text{FeS}_2 \quad \text{(A)}$$

第二种是主要应用于宇宙陨石的闪锌矿-陨硫铁-自然铁 FeS 含量压力计，其 a_{FeS} 由如下反应缓冲：

$$\text{Fe} + 0.5\text{S}_2 = \text{FeS}(\text{陨硫铁中}) \quad \text{(B)}$$

在这两种缓冲组合存在的情况下，a_{FeS} 得以缓冲，因而在一定温度范围内，压力起了决定性的作用。

Hutchison 和 Scott (1981) 在 T=350～760℃和 P=1～5kbar 条件下对 Cu-Fe-Zn-S 体系进行了实验研究，结合前人实验数据，运用最小二乘法拟合，提出了简化的闪锌矿压力计表达式：

$$P(\text{kbar}) = 42.30 - 32.10\lg X_{\text{FeS}}^{\text{Sp}} \tag{4-330}$$

式中，$X_{\text{FeS}}^{\text{Sp}}$ 为闪锌矿中 FeS 的摩尔分数。

该压力计的应用条件为：闪锌矿与黄铁矿、磁黄铁矿必须为共生关系；闪锌矿本身必须达到平衡，即成分要均匀。

Bryndzia 等 (1988) 在 T=450～750℃和 P=1～6kbar 条件下对闪锌矿-黄铁矿-磁黄铁矿体系进行了实验研究，Bryndzia 等 (1990) 根据该实验数据拟合出压力计公式：

$$P(\text{kbar}) = 27.982\lg\left(a_{\text{FeS}} / X_{\text{FeS}}^{\text{Sp}}\right) - 8.549 \tag{4-331}$$

式中，a_{FeS} 由反应 A 控制，计算表达式如下：

$$\begin{aligned} a_{\text{FeS}} = \frac{N}{2-N}\exp\Bigg\{\Bigg[&\frac{1}{1.98718T(\text{K})}(-46259 - 8.325T)\left(\frac{2-2N}{2-N}\right)^2 \\ &+(-95304 + 135.150T)\left(\frac{2-2N}{2-N}\right)^3\Bigg]\Bigg\} \end{aligned} \tag{4-332}$$

式中，$N = 2(\text{Fe}/\text{Fe}+\text{S})^{\text{Po}}$，为磁黄铁矿成分参数。

Hutchison 和 Scott (1983) 在 P=2.5～5kbar 和 T=400～800℃条件下，对与陨硫铁和自然铁共生的闪锌矿中的 FeS 含量进行了实验研究，从而标定出闪锌矿-陨硫铁-自然铁 FeS

含量压力计：

$$P(\text{kbar}) = -3.576 + 0.0551T(\text{K}) - 0.0296T\lg X_{\text{FeS}}^{\text{Sp}} \tag{4-333}$$

运用该压力时，须首先估算出闪锌矿、陨硫铁和自然铁三者的平衡温度，然后才能计算压力。

2. *石榴子石* Y、Ti *含量温度计*

在矿物中元素 Y 通常呈+3 价，其离子半径与 Ca^{2+}相似。在石榴子石中，Y^{3+}可与 Ca^{2+}发生异价类质同象替代，并伴随 Al(或 Fe^{3+}) 与 Si 的类质同象替代，从而形成钇铝榴石(或钇铁榴石)。

Pyle 和 Spear(2000) 研究了美国 New England 中部含磷钇矿变泥质岩中石榴子石 Y 含量与形成温度的关系。他们发现岩石中磷钇矿的存在缓冲了体系中 YPO_4 的活度 (a_{YPO_4})，从而使 W_{Y}^{Grt} (Y 在石榴子石中的质量百分数，单位为 ppm) 与温度呈强烈的负相关关系。通过数值拟合，他们获得了一个经验温度计：

$$\ln W_{Y}^{Grt} = 16031 / T(\text{K}) - 13.25 \tag{4-334}$$

该温度计适用于 470～620℃的变泥质岩，误差为±40℃。

石榴子石的金红石出溶条纹常被认为是经历超高温或超高压变质作用的岩石在退变质作用过程中由于降压或冷却作用而从富 Ti 石榴子石出溶的(Hwang et al.，2007；Ague and Eckert，2012)，因而建立石榴子石 Ti 含量温度计对于恢复超高温或超高压变质岩 *P-T* 演化具有十分重要的意义。

Kawasaki 和 Motoyoshi(2007) 首次做了这方面的尝试，他们当时认为石榴子石中 Ti 是与四面体位的 Si 发生了类质同象替代 $Ti^{IV}=Si^{IV}$，而并没有在八面体位的 Al 发生类质同象。根据在 *T*=850～1300℃、*P*=7～20kbar 及金红石、斜方辉石和石英存在条件下对两块南极麻粒岩样品的实验数据，石榴子石 Ti 含量随温度升高和压力下降而升高，通过数值拟合获得了石榴子石 Ti 含量温度计：

$$\ln\left(X_{Ti}^{Grt,IV} / X_{Si}^{Grt,IV}\right) = -15366 / T(\text{K}) + 5.962 \tag{4-335}$$

式中，$X_{Ti}^{Grt,IV}$ 和 $X_{Si}^{Grt,IV}$ 分别为石榴子石四面体位的摩尔分数。

Kawasaki 和 Motoyoshi(2007) 同时也获得了一个斜方辉石 Ti 含量温度计：

$$\ln\left(X_{Ti}^{Opx,IV} / X_{Si}^{Opx,IV}\right) = -11367 / T(\text{K}) + 3.107 \tag{4-336}$$

Kawasaki 和 Motoyoshi(2016) 经过深入研究发现，石榴子石中 Ti 类质同象替代的形式主要为 $Ti^{VI}Al^{IV}=Al^{VI}Si^{IV}$，虽然与 $Ti^{IV}=Si^{IV}$替代方式在化学上是类似的，但实质却不一样。根据在 *T*=850～1300℃、*P*=7～23kbar 及金红石、斜方辉石和石英存在条件下的实验数据，他们发现石榴子石 Ti 含量随温度和压力的升高而升高，温度计公式修正为

$$-17777+0.964T(\mathrm{K})+139.5P(\mathrm{kbar})=T\ln\frac{\mathrm{Ti}^2}{(2-\mathrm{Ti})(3-\mathrm{Ti})} \tag{4-337}$$

式中，Ti 为以 O=12 计算的石榴子石分子式中 Ti 原子数。

由于压力对温度计的影响微弱，可忽略其影响，从而将温度计公式修改为

$$-19413+3.589T(\mathrm{K})=T\ln\frac{\mathrm{Ti}^2}{(2-\mathrm{Ti})(3-\mathrm{Ti})} \tag{4-338}$$

在温度计校正过程中，石榴子石和斜方辉石 Ti 含量主要由电子探针测试，因而上述石榴子石和斜方辉石 Ti 含量温度计主要适用于石榴子石和斜方辉石 Ti 含量较高的高温或超高温变质岩，而不适用于中低级变质岩。对于未发生出溶现象的富 Ti 石榴子石，应用石榴子石 Ti 含量温度计可计算变质作用峰期温度；而对于已发生出溶的石榴子石，应用石榴子石 Ti 含量温度计则可计算退变质再平衡温度。

3. 金红石 Zr 含量温度计

金红石 Zr 含量温度计是近年来提出的一种类质同象温度计，基于金红石(Rt)中 Ti^{4+} 与 Zr^{4+} 的等价类质同象替代。Degeling 最早在其博士论文里(Degeling，2002)注意到了金红石 Zr 含量与形成温度的关系，并实验标定了金红石 Zr 含量温度计。由于其简单实用，该温度计一经提出便受到广泛关注和应用(Zack et al.，2004；Watson et al.，2006；Ferry and Watson，2007；Zheng et al.，2011；Chen et al.，2013)。

Degeling(2002)通过在 P=1atm、10kbar、20kbar 和 T=1000～1500℃条件下 ZrO_2-TiO_2-SiO_2 体系中金红石的生长实验研究提出了一个金红石的 Zr 含量温度计公式：

$$T(℃)=\frac{89297.49+0.63[P(\mathrm{bar})-1]}{-8.3145\ln X_{\mathrm{Zr}}^{\mathrm{Rt}}+33.46}-273 \tag{4-339}$$

Zack 等(2004)根据对 31 个温压条件已知(P=0.95～4.5GPa、T=430～1100℃)地质样品中金红石 Zr 含量的分析，提出了 Zr 含量温度计的经验公式：

$$T(℃)=134.7\ln W_{\mathrm{Zr}}^{\mathrm{Rt}}-25 \tag{4-340}$$

式中，$W_{\mathrm{Zr}}^{\mathrm{Rt}}$ 单位为 ppm，下同。

他们还发现所研究样品中，作为石榴子石或绿辉石包体的金红石通常具有比基质金红石更高的 Zr 含量，因此提出了一个适用于包体金红石的最高 Zr 含量温度计公式：

$$T(℃)=127.8\ln W_{\mathrm{Zr,Max}}^{\mathrm{Rt}}-10 \tag{4-341}$$

式中，$W_{\mathrm{Zr,Max}}^{\mathrm{Rt}}$ 为包体金红石的最高 Zr 含量。

Watson 等(2006)在 P=1～1.4GPa、T=675～1450℃及锆石和石英(或含水硅酸盐溶体)存在的条件下进行了金红石的生长实验，并结合 6 个天然地质样品(已知温压范围为

P=0.35～3GPa和T=470～1070℃)，通过线性回归分析，得出了Zr含量温度计公式(图4-16)：

$$T(℃)=\frac{4470}{-\lg W_{Zr}^{Rt}+7.36}-273 \tag{4-342}$$

该公式假定P=1GPa。他们讨论了压力对Zr含量及温度的影响，认为压力升高1GPa可能会使该公式的计算温度偏低26～90℃(在表观温度T=500～1100℃时)，超高压情况下可能会偏低更多。但他们没有讨论超高压的问题，因为超高压超出了其实验结果的外延校准范围，同时他们也不考虑金红石赋存状态的影响。

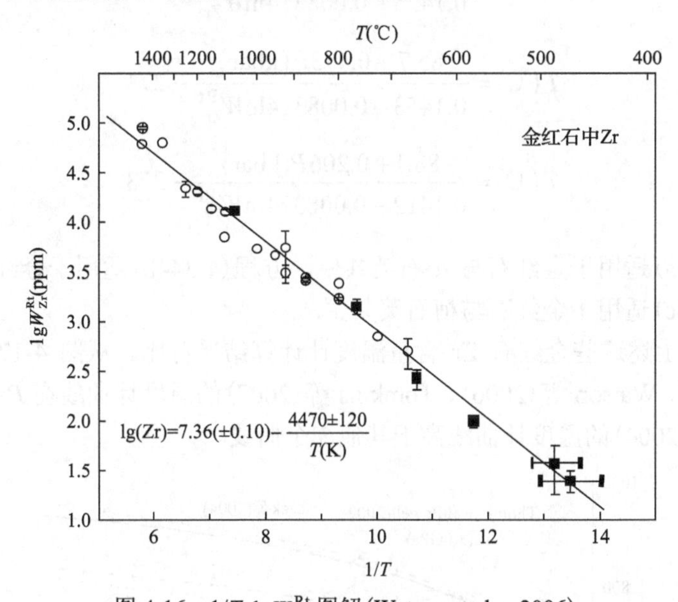

图4-16　$1/T$-$\lg W_{Zr}^{Rt}$图解(Watson et al.，2006)

空心圆代表合成金红石，实心方块代表天然金红石，粗实线代表根据所有数据线性拟合得到的直线

Ferry和Watson(2007)对金红石Zr温度计的热力学模型重新进行了分析，认为与锆石(Zrc)共存的金红石中的Zr含量应该受如下平衡反应：

$$ZrSiO_4 = ZrO_2 + SiO_2$$

锆石(Zrc)　锆金红石(Zr-Rt)　石英(Qz)

的控制。因此，金红石中Zr的含量除了受温度影响外，还受SiO_2的活度(a_{SiO_2})的影响。他们将Watson等(2006)的金红石Zr温度计公式修正为

$$\lg W_{Zr}^{Rt}=7.420-\frac{4530}{T(K)}-\lg a_{SiO_2} \tag{4-343}$$

当$a_{SiO_2}=1$时，该公式的计算结果与Watson等(2006)的几乎一致。地壳岩石的a_{SiO_2}一般在0.5以上，当以$a_{SiO_2}=1$来计算不确定是否与石英共存或a_{SiO_2}未知的金红石Zr温度时，有可能比实际温度偏高；相反，如果a_{SiO_2}已知或可以被估计，则该公式可以应用

于不含石英的岩石中。他们还初步分析了压力 P 对金红石 Zr 温度计的影响，认为压力升高 1GPa 可能会使该公式的计算结果比实际温度偏低达 70～80℃。

Tomkins 等(2007)通过在 P=1atm、10kbar、20kbar 和 30kbar 及 T=1000～1500℃的条件下进行 ZrO_2-TiO_2-SiO_2 体系的实验研究，重新考察了 P 对金红石 Zr 温度计的影响，认为金红石中的 Zr 不但受温度影响，还明显受压力影响，从而对金红石 Zr 含量温度计公式进行了修正，提出了基于 T 和 P 两个变量的金红石 Zr 含量温度计：

$$T(℃)=\frac{83.9+0.410P(\text{kbar})}{0.1428-0.008314\ln W_{\text{Zr}}^{\text{Rt}}}-273 \tag{4-344a}$$

$$T(℃)=\frac{85.7+0.473P(\text{kbar})}{0.1453-0.008314\ln W_{\text{Zr}}^{\text{Rt}}}-273 \tag{4-344b}$$

$$T(℃)=\frac{88.1+0.206P(\text{kbar})}{0.1412-0.008314\ln W_{\text{Zr}}^{\text{Rt}}}-273 \tag{4-344c}$$

方程(4-344a)适用于金红石与 α 石英共生，方程(4-344b)适用于金红石与 β 石英共生，方程(4-344c)适用于金红石与柯石英共生。

图 4-17 为上述这些金红石 Zr 含量温度计计算结果对比。从图 4-17 中可以看出，Degeling(2002)、Watson 等(2006)、Tomkins 等(2007)的温度计曲线在 P=1.0GPa 时非常接近，Zack 等(2004)的温度计曲线高于其他 3 个曲线。

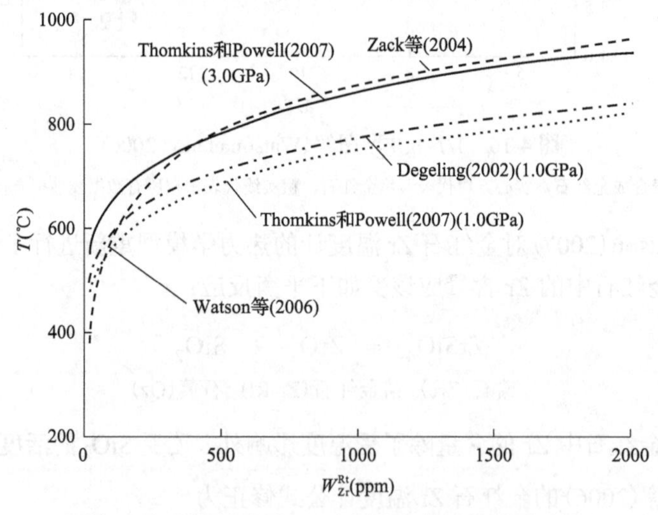

图 4-17　不同金红石 Zr 含量温度计计算结果对比

4. 榍石 Zr 含量温压计

当榍石与锆石、金红石和石英共生时，榍石中 Zr 类质同象替代 Ti 的量受控于反应：

$$\underset{\text{榍石(Ttn)}}{CaTiSiO_5}+\underset{\text{锆石(Zrc)}}{ZrSiO_4}=\underset{\text{锆榍石(Zr-Ttn)}}{CaZrSiO_5}+\underset{\text{金红石(Rt)}}{TiO_2}+\underset{\text{石英(Qz)}}{SiO_2}$$

Hayden 等(2008)在金红石 Zr 含量温度计的启发下，在 P=1～2.4GPa 和 T=800～1000℃条件下，对锆石、金红石和石英存在下榍石的合成进行了实验研究，并利用电子探针测试了榍石的 Zr 含量。结合结晶条件已知的天然流纹岩和角闪岩样品，他们发现榍石中 Zr 含量不仅受温度控制，也对压力变化、动力学不平衡和榍石成分环带引起的分馏作用极其敏感，但对榍石中稀土元素含量和 F + Al = O + Ti 替代不敏感。通过多变量线性拟合，他们获得了榍石 Zr 含量温压计公式：

$$\lg W_{\mathrm{Zr}}^{\mathrm{Ttn}} = 10.52 - 7708 / T(\mathrm{K}) - 960P(\mathrm{GPa}) / T - \lg a_{\mathrm{TiO_2}} - \lg a_{\mathrm{SiO_2}} \qquad (4\text{-}345)$$

式中，$W_{\mathrm{Zr}}^{\mathrm{Ttn}}$ 为榍石中 Zr 的质量百分含量(ppm)。

该温压计适用于 T=600～1000℃和 P=0.2～2.4GPa 的温压范围。

方程(4-345)适用于岩石中存在金红石和石英(此时 $a_{\mathrm{TiO_2}}$ 和 $a_{\mathrm{SiO_2}}$ 等于 1)，或者 $a_{\mathrm{TiO_2}}$ 和 $a_{\mathrm{SiO_2}}$ 已知的情况。典型地壳岩石的 $a_{\mathrm{TiO_2}}$ 和 $a_{\mathrm{SiO_2}}$ 均大于 0.5，当以 $a_{\mathrm{TiO_2}}=1$ 和 $a_{\mathrm{SiO_2}}=1$ 来计算 $a_{\mathrm{TiO_2}}$ 和 $a_{\mathrm{SiO_2}}$ 未知的榍石 Zr 含量温度时，有可能比实际温度偏高。不过，若岩石中存在金红石而仅缺少石英时，可联立方程(4-345)和方程(4-343)而消除 $a_{\mathrm{SiO_2}}$ 的影响。榍石 Zr 温压计和金红石 Zr 温度计均是在锆石饱和条件下进行的标定，通常要求岩石中存在锆石，但若岩石中不存在锆石(很少见)，由于 Zr 可在榍石和金红石中分配，因而可联立方程(4-345)和方程(4-343)或方程(4-211)消除锆石的影响，从而求得温度和压力条件。

Thomas 等(2010)运用 Hayden 等(2008)的数据，通过最小二乘法拟合，给出了榍石 Zr 温压计的另一种形式：

$$T(\mathrm{K}) = [145943 + 1538P(\mathrm{kbar})] \Big/ \left\{88.9 - 8.3145\ln\left[X_{\mathrm{Zr}}^{\mathrm{Ttn}} / (a_{\mathrm{TiO_2}} a_{\mathrm{SiO_2}})\right]\right\} \qquad (4\text{-}346)$$

5. 锆石 Ti 含量温度计

锆石是三大岩中普遍存在的副矿物，开发锆石相关的温度计对于解释 U-Pb 同位素定年和地球化学示踪结果具有重要意义。锆石 Ti 含量温度计是近年来提出的一种类质同象温度计，基于锆石中 Ti^{4+}对 Zr^{4+}或 Si^{4+}的等价类质同象替代。

Watson 和 Harrison(2005)首次发现锆石 Ti 含量与形成温度具有一定的相关性。他们在 P=1～2GPa、T=1025～1450℃及金红石、石英和流体相(水溶液或含水硅酸盐溶体)存在的条件下进行了锆石合成实验研究。结合 5 个温压条件已知的天然地质样品(P=0.7～3.0GPa 和 T=580～1070℃)，拟合获得了锆石 Ti 含量温度公式：

$$\lg W_{\mathrm{Ti}}^{\mathrm{Zrc}} = 6.01 - 5080 / T(\mathrm{K}) \qquad (4\text{-}347)$$

式中，$W_{\mathrm{Ti}}^{\mathrm{Zrc}}$ 为锆石中 Ti 质量百分含量。

该温度计并未考虑压力及活度的影响。

Watson 等(2006)在其 2005 年研究的基础上，对锆石 Ti 含量温度计进行了详细的热力学理论解析，认为在金红石存在条件下，锆石 Ti 含量主要受控于如下简单反应：

$$TiO_2{}^{Rt} = TiO_2{}^{Zrc}(A)$$

由于金红石通常为纯 TiO_2，$a_{TiO_2}^{Rt} \approx 1$，因此反应 A 的平衡常数为

$$K_{eq}^{A} = a_{TiO_2}^{Zrc} / a_{TiO_2}^{Rt} = \gamma_{TiO_2}^{Zrc} X_{TiO_2}^{Zrc} \tag{4-348}$$

因此，当反应 A 达到平衡时：

$$\ln K_{eq}^{A} = \ln\gamma_{TiO_2}^{Zrc} + \ln X_{TiO_2}^{Zrc} = -\frac{\Delta G^{0,A}}{RT} \tag{4-349}$$

式中，$\Delta G^{0,A}$ 为反应 A 的标准态吉布斯自由能变。

若 $\gamma_{TiO_2}^{Zrc}$ 为常数，则 $\ln X_{TiO_2}^{Zrc}$ 与 $1/T$ 呈线性关系，方程(4-347)就是基于此获得的。Watson 等(2006)的研究认为，压力对温度计有影响，但影响程度很小(图 4-18)。

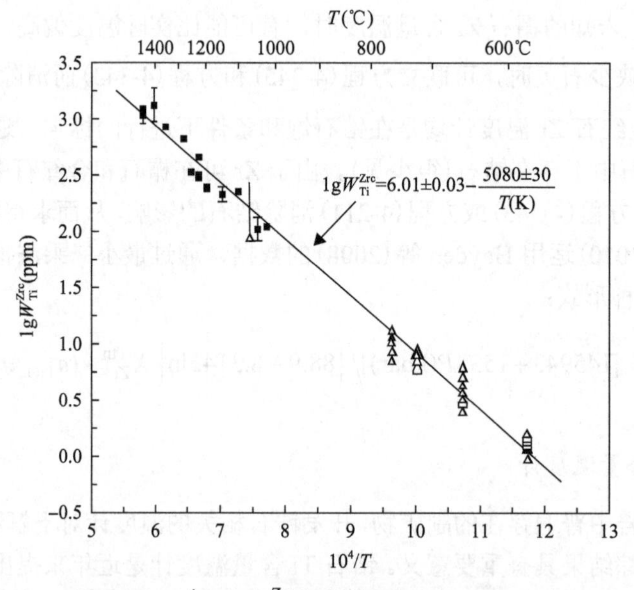

图 4-18　$10^4/T$-$\lg W_{Ti}^{Zrc}$ 图解(Watson et al., 2006)

方块代表在 1～2GPa 下合成锆石，三角形代表天然锆石，粗实线代表根据所有数据线性拟合得到的直线

Ferry 和 Watson(2007)对锆石 Ti 含量温度计的热力学原理重新进行了分析，认为在金红石和石英存在条件下，锆石 Ti 含量同时受控于如下两个平衡反应：

$$\underset{锆石(Zrc)}{ZrSiO_4} + \underset{金红石(Rt)}{TiO_2} = \underset{锆钛锆石(Zr\text{-}Ti\text{-}Zrc)}{ZrTiO_4} + \underset{石英(Qz)}{SiO_2}(B)$$

$$\underset{金红石(Rt)}{TiO_2} + \underset{石英(Qz)}{SiO_2} = \underset{硅钛锆石(Si\text{-}Ti\text{-}Zrc)}{TiSiO_4}(C)$$

上述 B 和 C 反应表明，锆石 Ti 含量不仅受到温度控制，还受到岩石中 TiO_2 和 SiO_2 活度的控制。两个反应的实质差别在于，反应 B 反映 Ti 与 Si 发生了类质同象替代，而

反应 C 反映 Ti 与 Zr 发生了类质同象替代。关键问题在于，对于特定反应，Ti 替代 Zr 与 Si 的相对数量。为解决这一问题，Ferry 和 Watson(2007)在 T=1050℃和 P=1.0GPa 的条件下使锆石与金红石和石英或氧化锆达到平衡，锆石 Ti 总含量为 368ppm，与金红石和氧化锆平衡的锆石 Ti 含量为 318ppm(Ti 替代 Si)，而与金红石和石英平衡的锆石 Ti 含量为 37ppm(Ti 替代 Zr)。由此推断，锆石 Ti 含量主要取决于岩石 SiO_2 的活度，Ti 替代 Si 的能力远远大于替代 Zr 的能力，因而采用反应 B 可描述锆石 Ti 温度计与 SiO_2 活度的关系。基于以上认识，结合实验数据，通过多元线性拟合，提出了修正后的锆石 Ti 含量温度计：

$$\lg W_{\mathrm{Ti}}^{\mathrm{Zrc}} = 5.711 - 4800 / T(\mathrm{K}) + \lg a_{\mathrm{TiO_2}} - \lg a_{\mathrm{SiO_2}} \tag{4-350}$$

方程(4-350)适用于岩石中存在金红石和石英(此时 $a_{\mathrm{TiO_2}}$ 和 $a_{\mathrm{SiO_2}}$ 等于 1)，或者 $a_{\mathrm{TiO_2}}$ 和 $a_{\mathrm{SiO_2}}$ 已知的情况。典型地壳岩石的 $a_{\mathrm{TiO_2}}$ 和 $a_{\mathrm{SiO_2}}$ 均大于 0.5，当以 $a_{\mathrm{TiO_2}}=1$ 和 $a_{\mathrm{SiO_2}}=1$ 来计算 $a_{\mathrm{TiO_2}}$ 和 $a_{\mathrm{SiO_2}}$ 未知的锆石 Ti 含量温度时，有可能比实际温度偏低或偏高。

锆石 Ti 含量温度计提出后，由于其简单实用，因此被广泛应用于岩浆岩和变质岩中。但是，对于锆石 Ti 含量温度计所得温度代表的地质意义，须借助诸如锆石 U-Pb 同位素定年、Hf 同位素，再结合背散射图像、阴极发光图像等多方面的资料，才能对其记录的温度进行正确的解释。

金红石 Zr 含量温度计、榍石 Zr 含量温压计和锆石 Ti 含量温度计是 3 个紧密相关的温压计。由于 Ti 在锆石中的扩散最慢，因此锆石 Ti 温度计的封闭温度最高；金红石中 Zr 扩散最快，其温度计封闭温度最低，因而在一些退变质环境中，Zr 部分扩散与低于 600℃的温度再平衡可能性增加；榍石中 Zr 的扩散介于两者之间，因此其温度计封闭温度也介于两者之间。从测试手段来看，结晶温度低于–725℃的榍石、低于–850℃的锆石和低于 500℃的金红石须用二次离子质谱等分析法测试，而结晶温度高于上述温度，则可采用电子探针测试。

6. *石英 Ti 含量温度计*

在石英中，Ti 可与 Si 发生等价类质同象替代。Wark 和 Watson(2006)在 P=1.0GPa、T=600～1000℃及金红石和流体相(水溶液或含水硅酸盐溶体)存在的条件下进行了石英合成实验。他们发现石英中 Ti 含量($W_{\mathrm{Ti}}^{\mathrm{Qz}}$)随温度升高而升高，通过线性回归，获得了石英 Ti 含量温度计：

$$T(\mathrm{K}) = -3765 / (\lg W_{\mathrm{Ti}}^{\mathrm{Qz}} - 5.69) \tag{4-351}$$

式中，$W_{\mathrm{Ti}}^{\mathrm{Qz}}$ 单位为 ppm，适用于含金红石岩石(此时岩石 TiO_2 饱和，$a_{\mathrm{TiO_2}} \approx 1$)。当岩石中不含金红石时，岩石 TiO_2 不饱和，温度计公式中须引入 $a_{\mathrm{TiO_2}}$ 相：

$$T(\mathrm{K}) = -3765 / [\lg(W_{\mathrm{Ti}}^{\mathrm{Qz}} / a_{\mathrm{TiO_2}}) - 5.69] \tag{4-352}$$

该温度计不仅适用于变质岩，也适用于岩浆岩，变泥质岩 a_{TiO_2} 接近 1，变基性岩 $a_{TiO_2} \geqslant 0.6$，火成硅酸盐岩 $a_{TiO_2} \geqslant 0.5$。对于 W_{Ti}^{Qz} 的测量，当结晶温度高于 600℃时，可使用电子探针测试；而当温度低于 600℃时(最低可达 400℃)，须用二次离子质谱分析法测试。

方程(4-351)和方程(4-352)可应用于 P=1.0GPa 及其附近，但能否应用于其他压力条件则取决于压力对石英 Ti 含量温度计影响有多大。由于 Ti^{4+}比 Si^{4+}大-38%，因此可以推测压力确实会影响到石英 Ti 温度计。Thomas 等(2010)为解决这一问题，在 P=5～20kbar 和 T=700～940℃条件下，对 SiO_2-TiO_2 体系进行了实验研究，重点考察了压力对石英 Ti 温度计的影响。他们发现，随着压力升高，石英 Ti 含量系统性的降低。运用最小二乘法，他们获得了包含压力校正项的石英 Ti 含量温度计：

$$T(\mathrm{K}) = [60952 + 1741P(\mathrm{kbar})] \Big/ \left[1.52 - 8.3145\ln(X_{Ti}^{Qz} / a_{TiO_2})\right] \tag{4-353}$$

在 P-T 图解上，方程(4-353)具有中等斜率，因而与合适的温度计(如金红石 Zr 含量温度计)配合，也可作为压力计使用(图 4-19)。

Huang 和 Audétat(2012)在 T=600～800℃、P=1～10kbar 及含金红石水(±NaCl)溶液存在的条件下进行了石英合成实验，他们发现在此条件下合成的石英 Ti 含量比前人实验低约 3 倍。基于此，他们拟合获得了新的石英 Ti 含量温度计：

$$\lg W_{Ti}^{Qz} = -2794.3 / T(\mathrm{K}) - 660.63P^{0.35}(\mathrm{kbar}) / T + 5.6459 \tag{4-354}$$

该方程除压力 P 与 $\lg W_{Ti}^{Qz}$ 间的非线性关系外，与方程(4-353)具有一致的形式。将该温度计应用于温压条件已知(P=0.8～2.7kbar 和 T=675～780℃)的 5 个侵入岩和 3 个火山岩样品，其结果比 Wark 和 Watson(2006)、Thomas 等(2010)温度计具有更好的一致性。这一发现表明，Wark 和 Watson(2006)、Thomas 等(2010)的石英 Ti 含量温度计不适用于那些从热水溶液中生长出的石英。

7. 角闪石元素含量温压计

研究表明，随着温度的升高，角闪石中 Si^{4+}离子数降低，Ti、Al^{VI}、Na^{A} 离子数升高。随着压力的升高，角闪石中 Al^{IV}、Na^{M4} 离子数升高。

Gerya 等(1997)通过对 48 组实验数据的最小二乘法处理，得出了 Ca 质角闪石单矿物温度计：

$$T(\mathrm{K}) = \left[6119.0 - 28.4P(\mathrm{kbar}) + 114.0X_{Mg}\right] \Big/ [8.181 - 1.987\ln(8.489 - \mathrm{Si})] \tag{4-355}$$

式中，Si 为角闪石中 Si 原子数。

Zenk 和 Schulz(2004)给出了形式不同的表达式：

$$T(\mathrm{K}) = 4701 / [1.825 - 1.987\ln(8 / 15.5 - \mathrm{Si} / \mathrm{sum}) + 0.07531] \tag{4-356}$$

式中，sum 为角闪石中全部阳离子数总和。

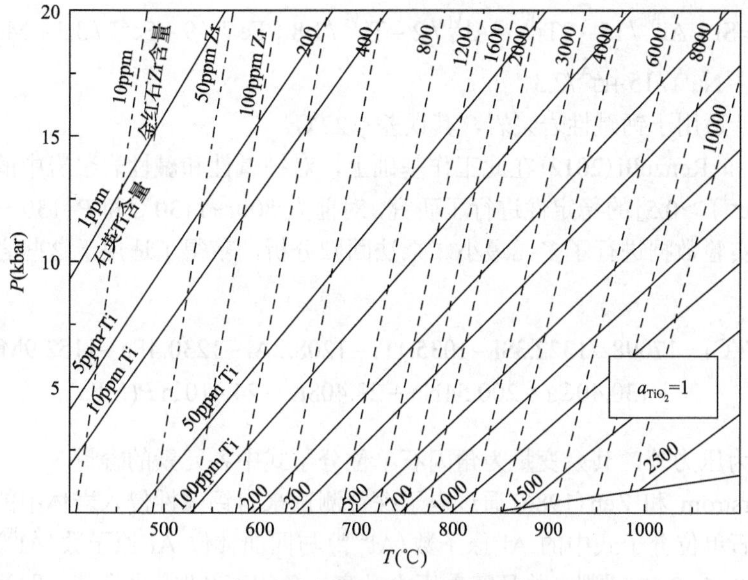

(a) 石英Ti含量[根据方程(4-353)计算]和金红石Zr含量[根据方程(4-344)计算]等值线图解

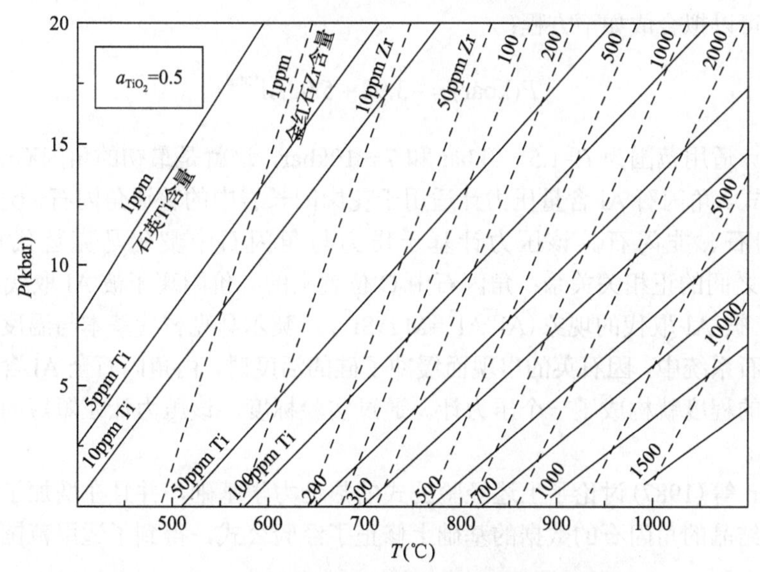

(b) 石英Ti含量[根据方程(4-353)计算]和榍石Zr含量[根据方程(4-346)计算]等值线图解

图 4-19 微量元素温度计联合应用图解(据 Thomas et al., 2010, 有修改)

Ridolfi 等(2010)也尝试校正了钙质角闪石单矿物温度计。他们挑选前人 T=550～1120℃和 P<1200MPa 温压范围内的实验数据，以各晶位元素含量为输入变量，进行了严格的线性回归分析，发现对温度最有效的控制变量是角闪石单位分子式中的 Si 原子数或 Al^{IV}原子数，进而获得了角闪石单矿物温度计的表达式：

$$T(℃) = -151.487Si^* + 2041 \tag{4-357}$$

式中，$Si^* = Si + Al^{IV}/15 - 2Ti^{IV} - Al^{VI}/2 - Ti^{VI}/1.8 + Fe^{3+}/9 + Fe^{2+}/3.3 + Mg/26 + Ca^B/5 + Na^B/1.3 - Na^A/15 + \square^A/2.3$。

该温度计适用于钙碱性岩浆岩，其误差＜22℃。

Ridolfi 和 Renzulli(2012)在此工作基础上，对钙碱性和碱性岩浆岩中的富镁角闪石[$Mg/(Mg+Fe^{2+})>0.5$]的稳定性进行了研究，对前人 800～1130℃和 P=130～2200MPa 温压范围内的实验数据进行了多元最小二乘法回归分析，获得了适用于这些岩石类型的温度计公式：

$$\begin{aligned} T(℃) = &17098 - 1322.3Si - 1035.1Ti - 1208.2Al - 1230.4Fe - 1152.9Mg \\ &- 130.40Ca + 200.54Na + 29.408K + 24.410\ln P(MPa) \end{aligned} \tag{4-358}$$

式中，除 P 为压力外，其余变量为角闪石单位分子式中各元素的含量。

Hammarstrom 和 Zen(1986)通过电子探针测试来自钙碱性侵入岩体中的角闪石成分发现，角闪石单位分子式中的 Al 原子数(Al^{total})与四面体位 Al 原子数(Al^{IV})存在线性关系，即 $Al^{IV}=0.15+0.69Al^{total}$；并且随着压力升高，角闪石 Al^{total} 也升高，即浅成侵入体中角闪石 Al^{total} 通常≤2.0，而深成侵入体中的角闪石 Al^{total} 通常≥1.8。角闪石 Al^{total} 与压力的这种关系可以拟合成如下方程：

$$P(kbar) = -3.92 + 5.03Al^{total} \tag{4-359}$$

该压力计适用范围为 P=1.5～3kbar 和 7～10kbar，这就是最初的角闪石 Al 含量压力计的经验公式。角闪石 Al 含量压力计适用于花岗闪长岩中的普通角闪石、契尔马克质角闪石、浅闪石、韭闪石。该压力计基于压力与角闪石中契尔马克替代(tschermak's substitution)之间的正相关关系：角闪石中 C 位置上的二价阳离子被 Al 取代，同时 T 位置上发生 Si 被 Al 取代的现象($Al^{VI}Al^{IV}=Mg^{VI}Si^{IV}$)。契尔马克替代基本与温度无关，所以在等化学岩石系统中，因石英的出现而缓冲了硅的活度时，由角闪石全 Al 含量表现的契尔马克替代的程度就构成了一个压力计。通过实验标度，该压力计在短短的几年内得到了多次更新。

Hollister 等(1987)讨论了上述经验公式的热动力学基础，并且在增加了大量在中等压力条件下结晶的角闪石的数据的基础上修正了经验公式，得到了适用范围更为广泛的压力计：

$$P(kbar) = -4.76 + 5.64Al^{total} \tag{4-360}$$

以上两个经验公式仅限在包含有特定的矿物组合(石英+斜长石+钾长石+角闪石+黑云母+榍石+铁钛氧化物)的钙碱性岩石中使用。

Johnson 和 Rutherford(1989)用了具有上述矿物组合的天然的流纹质岩浆的火山相和侵入相进行了实验研究，获得的公式为

$$P(kbar) = -3.46 + 4.23Al^{total} \tag{4-361}$$

Schmidt(1992)认为，温度及流体相中的CO_2有较大的影响，这种影响只在饱和水并且接近固相线的条件下才能排除。因此，他在近固相线区域(655～700℃)利用英云闪长岩和花岗闪长岩又一次实验校正了角闪石 Al 压力计：

$$P(\text{kbar}) = -3.01 + 4.76\text{Al}^{\text{total}} \tag{4-362}$$

正如前文所述，Blundy 和 Holland(1990)的研究表明Al^{total}不仅与压力有关，也与温度强烈相关，因而上述这些压力计仅适合于校正压力计时的特定温度范围内，如 Johnson 和 Rutherford(1989)的压力计校正于 740～780℃和 2～8kbar 范围内。Anderson 和 Smith(1995)考虑到温度和氧逸度对角闪石Al^{total}压力计的影响，对前人实验数据进行了重新拟合，获得了包含温度校正项的压力计公式：

$$P(\text{kbar}) = 4.76\text{Al}^{\text{total}} - 3.01 - \{[T(℃) - 675]/85\} \times \{0.530\text{Al}^{\text{total}} + 0.005294[T(℃) - 675]\} \tag{4-363}$$

由于上述压力计公式考虑因素较少，因此其应用也受到多方面限制。例如，Anderson 和 Smith(1995)建议方程(4-103)适合于角闪石 0.4＜Fe/(Fe+Mg)＜0.65 且 $Fe^{3+}/(Fe^{3+}+Fe^{2+})$＞0.25 的岩石，低氧逸度可能导致计算结果偏高。

Ridolfi 等(2010)在校正钙质角闪石温度计的同时，也获得了钙质角闪石压力计的表达式，即

$$P(\text{MPa}) = 19.209e^{1.438\text{Al}^{\text{total}}} \tag{4-364}$$

这一公式适用于T=550～1120℃和P＜1200MPa 温压范围内钙碱性岩浆岩压力求解。

Ridolfi 和 Renzulli(2012)在以上基础上对钙碱性和碱性岩浆岩中的富镁角闪石进行3多元最小二乘法回归分析，获得了另外几个版本的压力计公式，其中之一为

$$\begin{aligned}\ln P(\text{MPa}) = {} & 125.93 - 9.5876\text{Si} - 10.116\text{Ti} - 8.1735\text{Al} - 9.2261\text{Fe} \\ & - 8.7934\text{Mg} - 1.6659\text{Ca} + 2.4835\text{Na} + 2.5192\text{K}\end{aligned} \tag{4-365}$$

该压力计适用于P=130～2200MPa 范围内钙碱性和碱性岩浆岩压力求解。

在角闪石中，Ti 主要通过 Ti 契尔马克类质同象替代($\text{Ti}^{\text{VI}}\text{Al}_2^{\text{IV}}=\text{Mg}^{\text{VI}}\text{Si}_2^{\text{IV}}$)进入角闪石。Ernst 和 Liu(1998)利用天然洋中脊玄武岩在P=0.8～2.2GPa 和T=650～950℃的温压条件下进行了钙质角闪石合成实验研究，实验中氧逸度由 FMQ 缓冲剂控制。他们利用实验结果绘制出了角闪石 TiO_2-Al_2O_3 等值线(质量分数)半定量温压计图解(图 4-20)，从图中可以看出，角闪石中 Al_2O_3 含量等值线为负斜率，Al_2O_3 含量一定时，温度和压力为负变关系；而 TiO_2 含量仅与温度有关，随温度的升高而升高。该半定量温压计可用于地壳或上地幔岩石温压条件的估算。

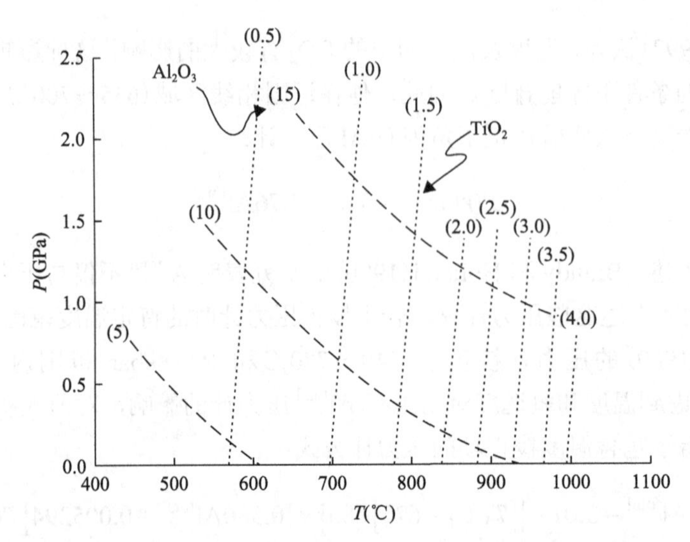

图 4-20　角闪石 TiO_2-Al_2O_3 等值线(%，质量分数)半定量温压计图解(据 Ernst and Liu，1998，有修改)

8. 白云母 Si 含量压力计

白云母是变质岩中分布极为广泛的矿物之一，可出现在麻粒岩相之外的各类泥质、长英质和基性变质岩中。白云母中的契尔马克类质同象替代($Al^{VI}Al^{IV}=Mg^{VI}Si^{IV}$)可形成多硅白云母，也可作为压力计使用。

Massonne 和 Schreyer(1987)在 K_2O-MgO-Al_2O_3-SiO_2-H_2O(KMASH)体系下对白云母+钾长石+石英+金云母组合中白云母 Si 含量与压力的关系进行了实验研究，实验条件为 T=446～700℃和 P=3～23.5kbar。他们认为在 KMASH 体系中，与钾长石、金云母和石英共生的白云母 Si 含量随压力升高而几乎呈线性地明显增加，并随温度升高而呈中等程度的降低[图 4-21(a)]。体系中 Fe^{2+}和 Fe^{3+}的引入或 a_{H_2O} 的降低，都倾向于使白云母 Si 含量有所降低。

Massonne 和 Schreyer(1989)在 KMASH 体系中对滑石+蓝晶石+石英/柯石英+白云母和滑石+金云母+石英+白云母两个矿物组合中白云母 Si 含量与温压条件的关系进行了实验研究，实验温压条件为 P=15～40kbar 和 T=550～800℃。在滑石+蓝晶石+石英/柯石英+白云母组合内，压力超过 20kbar 以上时，实验结果比较理想，白云母 Si 含量等值线随压力升高而增加[图 4-21(b)]，通过对实验结果的数值拟合，获得了与滑石、蓝晶石和石英/柯石英共生的白云母 Si 含量压力计表达式：

$$\mathrm{Si} = 0.02146P(\mathrm{kbar}) - 0.0001904T(℃) + 3.025 \tag{4-366a}$$

$$\mathrm{Si} = 0.00809P(\mathrm{kbar}) - 0.0000523T(℃) + 3.298 \tag{4-366b}$$

方程(4-366a)适用于含石英组合而方程(4-366b)适用于含柯石英组合。

在滑石+金云母+石英+白云母组合内，白云母 Si 含量也随压力升高而增加，但 P-T 图解上白云母 Si 含量等值线斜率较陡[图 4-21(c)]，表明在此矿物组合内，白云母 Si 含量还受到温度的控制。

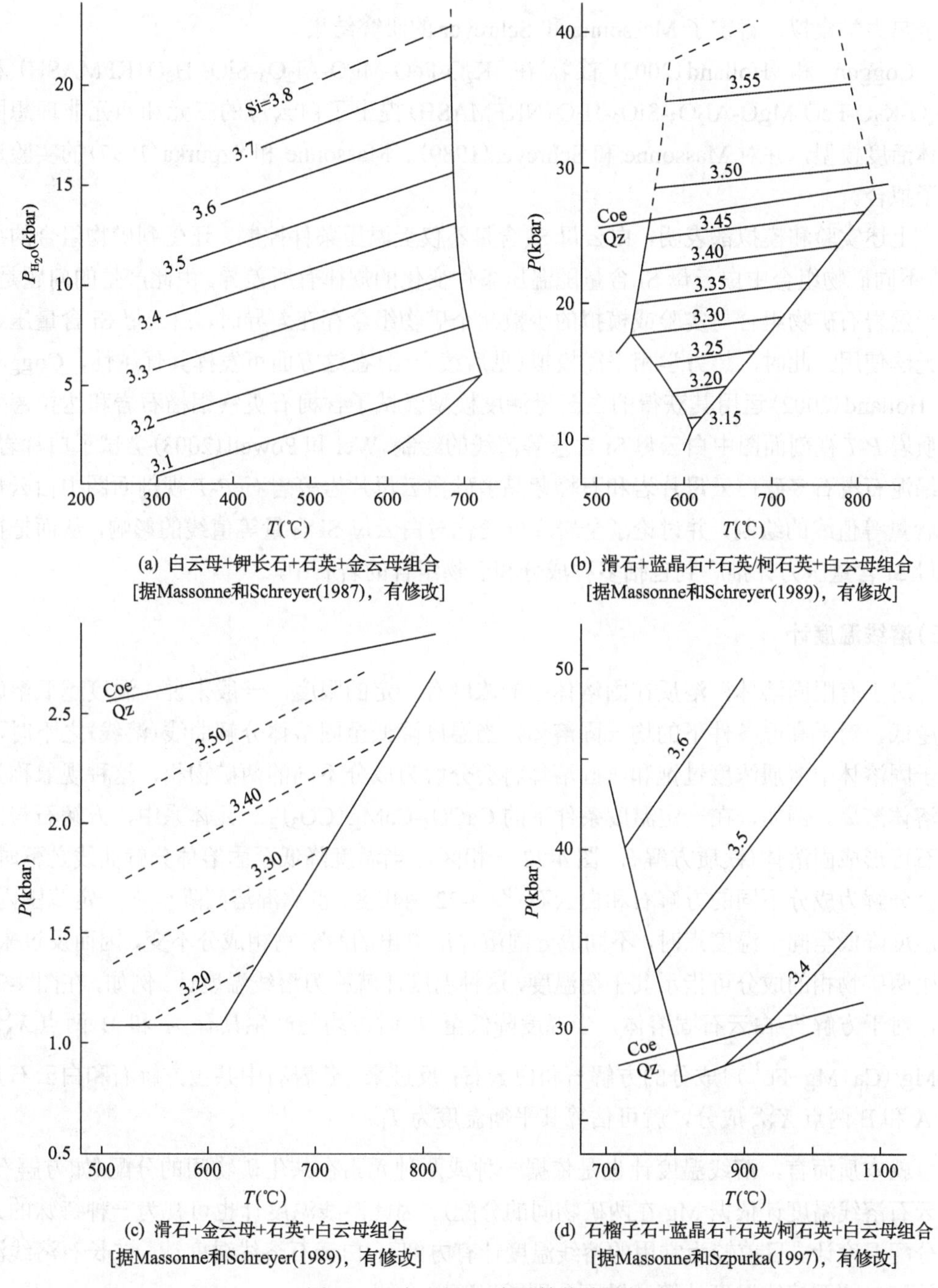

(a) 白云母+钾长石+石英+金云母组合
[据Massonne和Schreyer(1987)，有修改]

(b) 滑石+蓝晶石+石英/柯石英+白云母组合
[据Massonne和Schreyer(1989)，有修改]

(c) 滑石+金云母+石英+白云母组合
[据Massonne和Schreyer(1989)，有修改]

(d) 石榴子石+蓝晶石+石英/柯石英+白云母组合
[据Massonne和Szpurka(1997)，有修改]

图 4-21　白云母 Si 含量等值线图解

Massonne 和 Szpurka (1997) 在 P=15～55kbar 和 T=600～1100℃的温压条件下，分别在 KMASH 和 K_2O-FeO-Al_2O_3-SiO_2-H_2O (KFASH) 体系中合成了石榴子石+蓝晶石+石英/柯石英组合，并研究了这一矿物组合中白云母 Si 含量与温压条件的关系(图 4-21d)。结合 Massonne 和 Schreyer (1987，1989) 的实验数据，获得了白云母的固溶体数据，据此进行了热力学模拟，肯定了 Massonne 和 Schreyer 的研究结果。

Coggon 和 Holland(2002) 首次在 K_2O-FeO-MgO-Al_2O_3-SiO_2-H_2O(KFMASH) 和 Na_2O-K_2O-FeO-MgO-Al_2O_3-SiO_2-H_2O(NKFMASH) 提出了白云母的三元和四元非理想固溶体活度模型，并对 Massonne 和 Schreyer(1989)、Massonne 和 Szpurka(1997) 的实验进行了拟合。

上述实验和模拟都表明，白云母 Si 含量不仅受温压条件控制，还受到矿物组合的控制。不同矿物组合中白云母 Si 含量随温压条件变化的规律有所差异。由此产生的问题是，当天然岩石矿物组合与实验或模拟的少数几个矿物组合存在差异时，白云母 Si 含量压力计无法使用。此时，热力学相平衡模拟(见后续介绍)在这方面可发挥其优越性。Coggon 和 Holland(2002) 运用其获得的白云母活度模型尝试了含柯石英镁铝榴石岩和达拉德变泥质岩 *P-T* 视剖面图中白云母 Si 含量等值线的绘制。Wei 和 Powell(2003) 尝试了白片岩、硬绿泥石滑石多硅白云母片岩和石榴蓝晶多硅白云母片岩等岩石 *P-T* 视剖面图中白云母 Si 含量等值线的绘制，并讨论了全岩成分变化对白云母 Si 含量等值线的影响，从而把白云母 Si 含量压力计推广到包括多种成分和矿物组合的岩石中。

(三)溶线温度计

对于有限固溶体，溶质在固溶体中的浓度有一定的限度，一般来说，温度越低溶解度越低。对于高温条件下的均一固溶体，当温度降低至固溶体分解曲线(溶线)之下时，由于固溶体中溶质浓度过饱和，固溶体将会分解为成分不同的两矿物相，这种现象称为固溶体溶离。例如，在一定温度条件下的 $CaCO_3$-$CaMg(CO_3)_2$ 二元体系中，方解石与白云石可形成固溶体(镁质方解石，图 4-22 一相区)，当温度降低至固溶体分解曲线之下时，便会分解为成分不同的方解石和白云石(图 4-22 两相区，也称混溶间隔)。在一定范围内，当温度降低至同一温度点时，不同成分固溶体溶离出的两矿物相成分不变，因而反过来，共生两矿物相的成分可指示其平衡温度，这种温度计就称为溶线温度计。例如，在图 4-22 中，对于方解石-白云石固溶体，当温度降低至 T_1 时，均能产生具有 A 和 B 两点 X_{Mg}^{Cc} [$=Mg/(Ca+Mg+Fe^{2+})$]成分的方解石和白云石；反过来，若岩石中共生方解石和白云石具有 A 和 B 两点 X_{Mg}^{Cc} 成分，就可估算其平衡温度为 T_1。

就本质而言，溶线温度计也是依据一种或两种元素在共生矿物间的分配(如方解石-白云石溶线温度计依据 Mg 在两矿物间的分配)，因此溶线温度计也可视为一种特殊的元素分配温度计。目前较为常用的溶线温度计有方解石-白云石溶线温度计、二长石溶线温度计和二辉石溶线温度计等，以下分别予以简单介绍。

1. *方解石-白云石溶线温度计*

在 $CaCO_3$-$CaMg(CO_3)_2$ 体系中有一个混溶间隔(图 4-22)，此区域内白云石(Dol)和方解石两相共存，其中方解石的 Mg 含量因温度而改变，因而可以作为温度计。

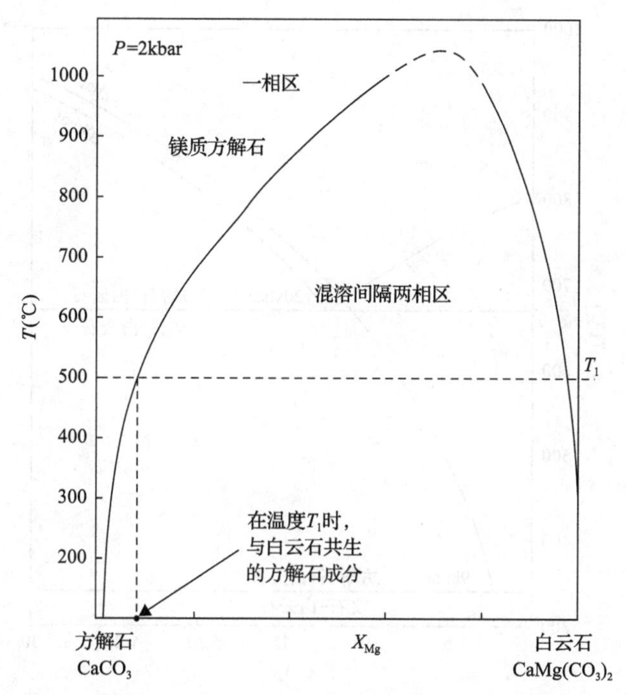

图 4-22　方解石-白云石 T-X_{Mg} 图解（Anovitz and Essene，1987）

Goldsmith 和 Newton（1969）在 T=400～800℃和 P=1～25kbar 的温压条件下对 $CaCO_3$-$MgCO_3$ 体系中富 Ca 部分（图 4-22 中靠近方解石的部分）的 P-T-X 相关系进行了实验研究，提出方解石-白云石固溶体分解曲线可作为溶线温度计使用。当压力 P=1bar 时，方解石采用正规溶液模型，获得的温度计公式为

$$T(\mathrm{K}) = 3685.7 / (1.6145 - \ln X_{\mathrm{Mg}}^{\mathrm{Cc}}) \tag{4-367}$$

式中，$X_{\mathrm{Mg}}^{\mathrm{Cc}}$ 为方解石中 Mg 的摩尔分数[=Mg/（Ca+Mg+Fe^{2+}）]，该温度计图解如图 4-23 所示。

同一温度条件下，压力越高，方解石中 $X_{\mathrm{Mg}}^{\mathrm{Cc}}$ 越高，当 T＜600℃时，包含压力校正项的温度计公式为

$$X_{\mathrm{Mg}}^{\mathrm{Cc}} = \exp\left[0.847 - 3091 / T(\mathrm{K})\right] + [P(\mathrm{bar}) - 1](0.17 \times 10^{-8} T - 0.33 \times 10^{-6}) \tag{4-368}$$

多数碳酸盐矿物是含 $FeCO_3$ 和 $MnCO_3$ 等附加组分的，Bickle 和 Powell（1977）在 Goldsmith 和 Newton（1969）工作的基础上，对 T＜600℃条件下少量 $FeCO_3$ 的加入对方解石-白云石温度计的影响进行了理论分析。他们假定方解石和白云石均为三元对称正规溶液模型，采用适当近似：方解石 M 晶格位完全无序而白云石 M 晶格位完全有序（M2 充填 Ca 而 M1 充填 Mg 和 Fe^{2+}），Mg-Fe^{2+}为理想混合，考虑 $MgCO_3$-$FeCO_3$-$CaCO_3$ 体系中的两个反应：

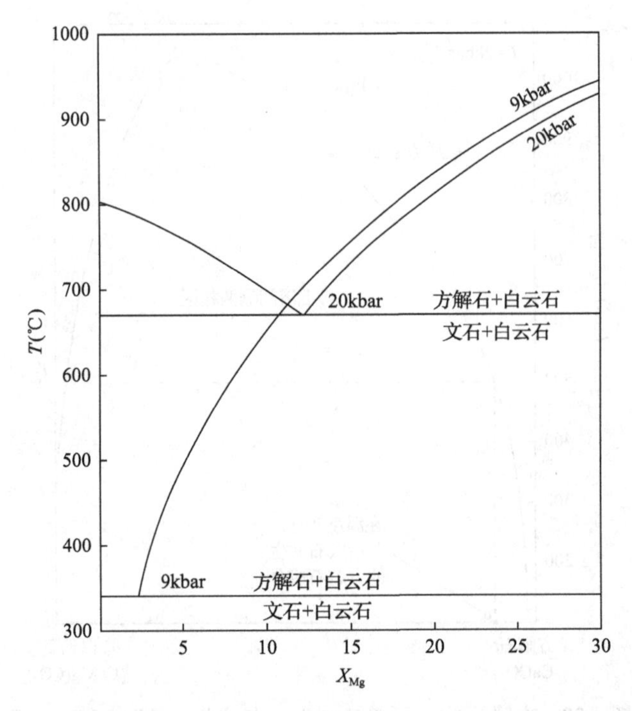

图 4-23　$CaCO_3$-$MgCO_3$ 体系 T-X_{Mg} 图解（Goldsmith and Newton，1969）

$$\mathrm{CaFe(CO_3)_2}^{\mathrm{Dol}} = \mathrm{CaFe(CO_3)_2}^{\mathrm{Cc}} \quad (\mathrm{A})$$

$$\mathrm{CaMg(CO_3)_2}^{\mathrm{Dol}} = \mathrm{CaMg(CO_3)_2}^{\mathrm{Cc}} \quad (\mathrm{B})$$

其热力学平衡方程分别为

$$-\Delta G^0_{\mathrm{Fe^{2+}}} = 0 = RT\ln\frac{X^{\mathrm{Cc}}_{\mathrm{Ca}} X^{\mathrm{Cc}}_{\mathrm{Fe^{2+}}}}{X^{\mathrm{Dol,M2}}_{\mathrm{Ca}} X^{\mathrm{Dol,M1}}_{\mathrm{Fe^{2+}}}} + W_{\mathrm{CaMg}} X^{\mathrm{Cc}}_{\mathrm{Mg}}\left(1-2X^{\mathrm{Cc}}_{\mathrm{Ca}}\right) + W_{\mathrm{CaFe^{2+}}}\left(1-X^{\mathrm{Cc}}_{\mathrm{Mg}}-2X^{\mathrm{Cc}}_{\mathrm{Fe^{2+}}}X^{\mathrm{Cc}}_{\mathrm{Ca}}\right) \tag{4-369a}$$

$$-\Delta G^0_{\mathrm{Mg}} = 0 = RT\ln\frac{X^{\mathrm{Cc}}_{\mathrm{Ca}} X^{\mathrm{Cc}}_{\mathrm{Mg}}}{X^{\mathrm{Dol,M2}}_{\mathrm{Ca}} X^{\mathrm{Dol,M1}}_{\mathrm{Mg}}} + W_{\mathrm{CaMg}}\left(1-X^{\mathrm{Cc}}_{\mathrm{Fe^{2+}}}-2X^{\mathrm{Cc}}_{\mathrm{Mg}}X^{\mathrm{Cc}}_{\mathrm{Ca}}\right) + W_{\mathrm{CaFe^{2+}}} X^{\mathrm{Cc}}_{\mathrm{Fe^{2+}}}\left(1-2X^{\mathrm{Cc}}_{\mathrm{Ca}}\right) \tag{4-369b}$$

式中，$X^{\mathrm{Cc}}_{\mathrm{Ca}}$、$X^{\mathrm{Dol,M2}}_{\mathrm{Ca}}$、$X^{\mathrm{Dol,M1}}_{\mathrm{Mg}}$、$X^{\mathrm{Cc}}_{\mathrm{Fe^{2+}}}$ 和 $X^{\mathrm{Dol,M1}}_{\mathrm{Fe^{2+}}}$ 的计算与 $X^{\mathrm{Cc}}_{\mathrm{Mg}}$ 类似，$W_{\mathrm{CaMg}} = 5360 - 0.032\,P(\mathrm{bar})$ 和 $W_{\mathrm{CaFe^{2+}}} = 3800$ 为方解石和白云石 Ca-Mg 和 Ca-Fe^{2+}马居尔参数。

将各参数代入，并适当简化，从而获得了两个方解石-白云石溶线温度计表达式：

$$X^{\mathrm{Cc}\,*}_{\mathrm{Mg}} = X^{\mathrm{Cc}}_{\mathrm{Mg}} + X^{\mathrm{Cc}}_{\mathrm{Fe^{2+}}} \exp\left\{\left[-1560 + 0.032P(\mathrm{bar})\right]/1.9872T\ (\mathrm{K})\right\} \tag{4-370a}$$

$$X_{Mg}^{Cc*} = X_{Mg}^{Cc} + X_{Fe^{2+}}^{Dol,M1} \exp\{[-5360 + 0.032P(\text{bar})]/1.9872T(\text{K})\} \quad (4\text{-}370b)$$

式中，X_{Mg}^{Cc*}为不含Fe^{2+}体系方解石 Mg 摩尔分数，由方程(4-368)计算。

方程(4-370a)由反应 A 获得，方程(4-370b)由反应 B 获得。方程(4-370a)和方程(4-370b)在热力学上并不独立，将两者应用到同一方解石+白云石共生组合，理论上应该获得一致的温压结果(若模型及近似合理并正确)。当然，也可以X_{Mg}^{Cc}为横坐标，以$X_{Fe^{2+}}^{Cc}$或$X_{Fe^{2+}}^{Dol,M1}$为纵坐标，并固定压力 P，获得等温线图，从而将方程(4-370a)和方程(4-370b)图解化(图 4-24)，将实测方解石和白云石成分投影到等温线图上便可求解温度。

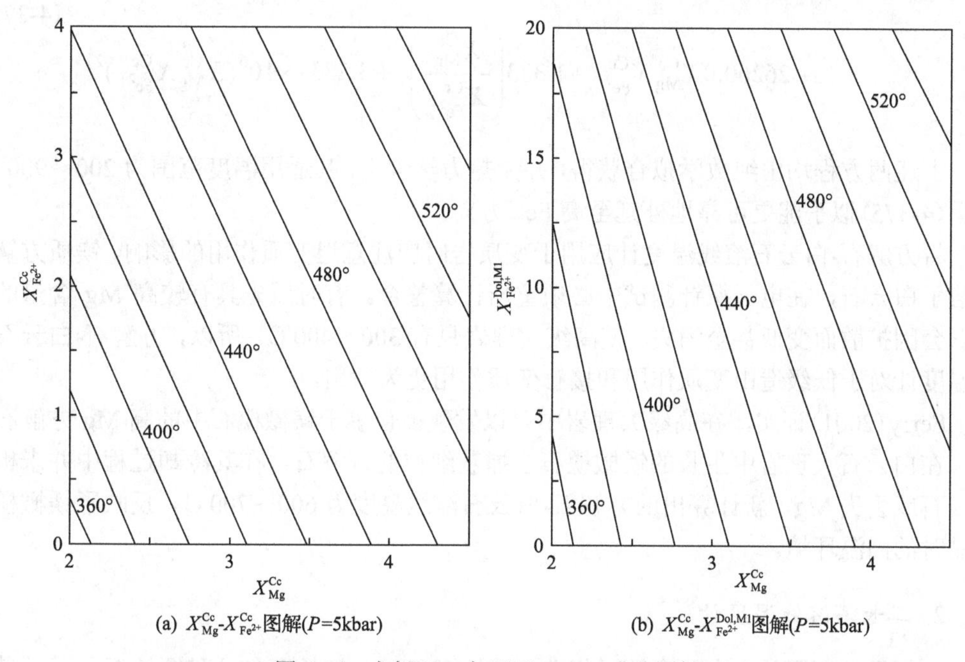

(a) X_{Mg}^{Cc}-$X_{Fe^{2+}}^{Cc}$图解(P=5kbar)　　(b) X_{Mg}^{Cc}-$X_{Fe^{2+}}^{Dol,M1}$图解(P=5kbar)

图 4-24　方解石、白云石 Fe-Mg 成分图解

Powell 等(1984)认为 Bickle 和 Powell(1977)的$\Delta G_{Fe^{2+}}^{0}=0$和$\Delta G_{Mg}^{0}=0$假定并不合理，并且由于白云石低温下 M 位的完全有序，M2 位完全由 Ca 占据，因此$CaFe(CO_3)_2$的摩尔分数应为$2X_{Fe^{2+}}^{Dol,M1}$，而$CaMg(CO_3)_2$的摩尔分数应为$2X_{Mg}^{Dol,M1}$。根据前人实验数据拟合获得

$$\Delta G_{Mg}^{0}(\text{kJ}) = 6.98 + 0.149P(\text{kbar}) \quad (4\text{-}371)$$

$$W_{CaMg}(\text{kJ}) = 14.74 - 0.259P(\text{kbar}) \quad (4\text{-}372)$$

$$W_{CaFe^{2+}}(\text{kJ}) = 15.5 \quad (4\text{-}373)$$

同时，通过实验获得了$\Delta G_{Fe^{2+}}^{0}(\text{kJ}) = -0.5$。将上述这些参数代入方程(4-369a)和方程(4-369b)便可组成二元非线性方程组，求解它们便可获得温度条件。

Anovitz 和 Essene (1987) 通过对前人实验数据的分析，并结合天然岩石数据，运用最小二乘法拟合获得了图 4-22 的方解石-白云石 $T\text{-}X_{Mg}^{Cc}$ 图解及 $CaCO_3$-$MgCO_3$ 二元体系和 $CaCO_3$-$MgCO_3$-$FeCO_3$ 三元体系下的温度计公式：

$$T_{Mg}(K) = -2360.0X_{Mg}^{Cc} - \frac{0.01345}{\left(X_{Mg}^{Cc}\right)^2} + 2620.0\left(X_{Mg}^{Cc}\right)^2 + 2608.0\left(X_{Mg}^{Cc}\right)^{0.5} + 334.0 \quad (4\text{-}374)$$

$$T_{Fe^{2+}Mg}(K) = T_{Mg} + 1718.0X_{Fe^{2+}}^{Cc} - 10610.0\left(X_{Fe^{2+}}^{Cc}\right)^2 + 22.49\left(\frac{X_{Mg}^{Cc}}{X_{Fe^{2+}}^{Cc}}\right) - 26260.0X_{Mg}^{Cc}X_{Fe^{2+}}^{Cc} + 1.333\left(\frac{X_{Mg}^{Cc}}{X_{Fe^{2+}}^{Cc}}\right)^2 + 3.2837\times10^6(X_{Mg}^{Cc}X_{Fe^{2+}}^{Cc})^2 \quad (4\text{-}375)$$

上述两方程均由纯数学拟合获得，并无热力学含义，其适用温度范围为 200～900℃。方程 (4-375) 似乎能更可靠地外延至高 Fe^{2+} 方向。

将方解石-白云石溶线温度计应用于变质岩时应注意退变质作用的影响，镁质方解石出溶了白云石，在电子探针测试中必须重新计算整合。有时原先具有较高 Mg 含量的方解石会因扩散而变低甚至消失，使高级大理岩只有 300～400℃。所以，方解石-白云石溶线温度计对于低级造山变质作用和接触变质作用更为适用。

Ferry (2001) 证实，在高级大理岩中可以发现被包裹于镁橄榄石中的高 Mg 方解石晶粒，在白云石大理岩中生长的镁橄榄石会捕获细粒的方解石，在其冷却过程中并未析出白云石或丢失 Mg，新计算出的方解石-白云石溶线温度为 600～700℃，反映了镁橄榄石结晶时的高温环境。

2. *二长石溶线温度计*

自然界长石通常含有 3 个端元组分：钠长石 (Ab)、钾长石 (Or) 和钙长石 (An)，其中钠长石-钾长石构成碱性长石系列 (Af)，钠长石-钙长石构成斜长石系列 (Pl)。斜长石和碱性长石两种长石的共存蕴含许多热力学信息，它们之间至少存在 3 个反应平衡：

$$NaAlSi_3O_8{}^{Af} = NaAlSi_3O_8{}^{Pl} \quad (A)$$

$$KAlSi_3O_8{}^{Af} = KAlSi_3O_8{}^{Pl} \quad (B)$$

$$CaAl_2Si_2O_8{}^{Af} = CaAl_2Si_2O_8{}^{Pl} \quad (C)$$

当反应达到平衡时，须分别满足：

$$a_{Ab}^{Af} = a_{Ab}^{Pl} \quad (4\text{-}376)$$

$$a_{Or}^{Af} = a_{Or}^{Pl} \quad (4\text{-}377)$$

$$a_{An}^{Af} = a_{An}^{Pl} \quad (4\text{-}378)$$

早期多数二长石温度计都是利用二元斜长石(Ab-An)和二元碱性长石(Ab-Or)中 Ab 组分的分配来标定温度(Stormer，1975；Whitney and Stormer，1977)，这种方法适用于低温条件下第 3 种组分含量很低的长石。在高温条件下，第 3 种组分含量升高，目前新的二长石温度计均采用三元斜长石和三元碱性长石模型，考虑 K 在斜长石和 Ca 在碱性长石中的影响，三元法的优点在于可以计算出每种组分的温度从而提供有价值的相平衡资料。

二长石溶线温度计是一种使用较早并广为应用的温度计，且发展出了许多版本。Stormer(1975)对二长石温度计进行了研究，提出了一个适用于透长石-高温钠长石系列的二长石温度计，对前人的二长石温度计进行了很大改进，主要考虑了压力影响，并结合了实验资料和自然界斜长石和碱性长石的共生特点。由于 Or 在斜长石中的含量很少而 An 在碱性长石中的含量也很少，因此假定 Or 组分不影响斜长石中的 Ab 组分，且 An 组分也不影响碱性长石中的 Ab 组分。这样，体系就符合亨利定律的稀溶液范围，从方程(4-376)可得

$$X_{\mathrm{Ab}}^{\mathrm{Af}}\gamma_{\mathrm{Ab}}^{\mathrm{Af}}=a_{\mathrm{Ab}}^{\mathrm{Af}}=a_{\mathrm{Ab}}^{\mathrm{Pl}}=X_{\mathrm{Ab}}^{\mathrm{Pl}}\gamma_{\mathrm{Ab}}^{\mathrm{Pl}} \tag{4-379}$$

实验表明，在 T=700℃和 P=2kbar 的条件下，斜长石中 Ab 组分摩尔分数介于 0.45～1 时可视作理想溶液，即 $\gamma_{\mathrm{Ab}}^{\mathrm{Pl}}=1$。而碱性长石 $\gamma_{\mathrm{Ab}}^{\mathrm{Af}}$ 可依据下式计算：

$$RT(\mathrm{K})\ln\gamma_{\mathrm{Ab}}^{\mathrm{Af}}=\left(1-X_{\mathrm{Na}}^{\mathrm{Af}}\right)^2\left[W^{\mathrm{Ab}}-2X_{\mathrm{Na}}^{\mathrm{Af}}\left(W^{\mathrm{Or}}-W^{\mathrm{Ab}}\right)\right] \tag{4-380}$$

式中，$W^{\mathrm{Ab}}=6326.7+0.0925P(\mathrm{kbar})-4.6321T(\mathrm{K})$；

$W^{\mathrm{Or}}=7671.8+0.1121P(\mathrm{kbar})-3.8565T(\mathrm{K})$。

将各参数代入方程(4-379)，整理获得温度计表达式为

$$\begin{aligned}T(\mathrm{K})=&\left\{6326.7-9963.2X_{\mathrm{Na}}^{\mathrm{Af}}+943.3\left(X_{\mathrm{Na}}^{\mathrm{Af}}\right)^2+2690.2\left(X_{\mathrm{Na}}^{\mathrm{Af}}\right)^3\right.\\&\left.+\left[0.0925-0.1458X_{\mathrm{Na}}^{\mathrm{Af}}+0.014\left(X_{\mathrm{Na}}^{\mathrm{Af}}\right)^2+0.0392\left(X_{\mathrm{Na}}^{\mathrm{Af}}\right)^3\right]P(\mathrm{kbar})\right\}\\&\Big/\left[-1.9872\ln\left(X_{\mathrm{Na}}^{\mathrm{Af}}/X_{\mathrm{Na}}^{\mathrm{Pl}}\right)+4.6321-10.815X_{\mathrm{Na}}^{\mathrm{Af}}+7.7345\left(X_{\mathrm{Na}}^{\mathrm{Af}}\right)^2-1.5512\left(X_{\mathrm{Na}}^{\mathrm{Af}}\right)^3\right]\end{aligned} \tag{4-381}$$

Whitney 和 Stormer(1977)提出了一个适用于低温微斜长石-钠长石系列的二长石温度计，其形式与方程(4-381)完全类似：

$$\begin{aligned}T(\mathrm{K})=&\left\{7973.1-16910.6X_{\mathrm{Na}}^{\mathrm{Af}}+9901.9\left(X_{\mathrm{Na}}^{\mathrm{Af}}\right)^2+\left[0.11-0.22X_{\mathrm{Na}}^{\mathrm{Af}}+0.11\left(X_{\mathrm{Na}}^{\mathrm{Af}}\right)^2\right]P(\mathrm{kbar})\right\}\\&\Big/\left[-1.9872\ln\left(X_{\mathrm{Na}}^{\mathrm{Af}}/X_{\mathrm{Na}}^{\mathrm{Pl}}\right)+4.6321-10.815X_{\mathrm{Na}}^{\mathrm{Af}}+7.7345\left(X_{\mathrm{Na}}^{\mathrm{Af}}\right)^2-1.5512\left(X_{\mathrm{Na}}^{\mathrm{Af}}\right)^3\right]\end{aligned} \tag{4-382}$$

Brown 和 Parsons(1985)的研究认为，二元 Ab-Or 和 Ab-An 体系并不能反映天然长石的性质，建立在二元 Ab-Or 和 Ab-An 体系热力学特征基础上的二长石温度计也不能提供令人满意的相平衡温度。自然界的长石均为 An-Or-Ab 三元长石，尽管斜长石中 Or 组分很少，碱性长石中 An 组分很少，但这些微量组分的存在完全受控于上述两种固溶体系列的相平衡条件，并且这些微量组分的含量对温度的变化很敏感。

Fuhrman 和 Lindsley(1988)依据前人实验数据和理论热力学数据建立了斜长石和碱性长石通用的三元 Al 规避活度模型，运用最小二乘法拟合获得了长石固溶体模型马居尔参数(表 4-7)。根据其长石活度模型，斜长石中钙长石 An 端元活度可按方程(4-202)计算，碱性长石中钙长石 An 端元活度也可按方程(4-202)计算，仅需将斜长石成分参数 $X_{\mathrm{Na}}^{\mathrm{Pl}}$、$X_{\mathrm{Ca}}^{\mathrm{Pl}}$ 和 $X_{\mathrm{K}}^{\mathrm{Pl}}$ 替换为碱性长石参数 $X_{\mathrm{Na}}^{\mathrm{Af}}$、$X_{\mathrm{Ca}}^{\mathrm{Af}}$ 和 $X_{\mathrm{K}}^{\mathrm{Af}}$。钠长石 Ab 端元和钾长石 Or 端元活度计算如下：

$$
\begin{aligned}
RT\ln a_{\mathrm{Ab}}^{j} = {} & RT\ln\left\{X_{\mathrm{Na}}^{j}\left[1-\left(X_{\mathrm{Ca}}^{j}\right)^{2}\right]\right\}+W_{\mathrm{KNa}}\left[2X_{\mathrm{Na}}^{j}X_{\mathrm{K}}^{j}\left(1-X_{\mathrm{Na}}^{j}\right)+X_{\mathrm{K}}^{j}X_{\mathrm{Ca}}^{j}\left(\frac{1}{2}-X_{\mathrm{Na}}^{j}\right)\right] \\
& +W_{\mathrm{NaK}}\left[\left(X_{\mathrm{K}}^{j}\right)^{2}\left(1-2X_{\mathrm{Na}}^{j}\right)+X_{\mathrm{K}}^{j}X_{\mathrm{Ca}}^{j}\left(\frac{1}{2}-X_{\mathrm{Na}}^{j}\right)\right] \\
& +W_{\mathrm{KCa}}\left[X_{\mathrm{K}}^{j}X_{\mathrm{Ca}}^{j}\left(\frac{1}{2}-X_{\mathrm{Na}}^{j}-2X_{\mathrm{Ca}}^{j}\right)\right]+W_{\mathrm{CaK}}\left[X_{\mathrm{K}}^{j}X_{\mathrm{Ca}}^{j}\left(\frac{1}{2}-X_{\mathrm{Na}}^{j}-2X_{\mathrm{K}}^{j}\right)\right] \\
& +W_{\mathrm{NaCa}}\left[\left(X_{\mathrm{Ca}}^{j}\right)^{2}\left(1-2X_{\mathrm{Na}}^{j}\right)+X_{\mathrm{K}}^{j}X_{\mathrm{Ca}}^{j}\left(\frac{1}{2}-X_{\mathrm{Na}}^{j}\right)\right] \\
& +W_{\mathrm{CaNa}}\left[2X_{\mathrm{Na}}^{j}X_{\mathrm{Ca}}^{j}\left(1-X_{\mathrm{Na}}^{j}\right)+X_{\mathrm{K}}^{j}X_{\mathrm{Ca}}^{j}\left(\frac{1}{2}-X_{\mathrm{Na}}^{j}\right)\right] \\
& +W_{\mathrm{KNaCa}}\left[X_{\mathrm{K}}^{j}X_{\mathrm{Ca}}^{j}\left(1-2X_{\mathrm{Na}}^{j}\right)\right]
\end{aligned}
\tag{4-383}
$$

$$
\begin{aligned}
RT\ln a_{\mathrm{Or}}^{j} = {} & RT\ln\left\{X_{\mathrm{K}}^{j}\left[1-\left(X_{\mathrm{Ca}}^{j}\right)^{2}\right]\right\}+W_{\mathrm{NaK}}\left[2X_{\mathrm{Na}}^{j}X_{\mathrm{K}}^{j}\left(1-X_{\mathrm{K}}^{j}\right)+X_{\mathrm{Na}}^{j}X_{\mathrm{Ca}}^{j}\left(\frac{1}{2}-X_{\mathrm{K}}^{j}\right)\right] \\
& +W_{\mathrm{KNa}}\left[\left(X_{\mathrm{Na}}^{j}\right)^{2}\left(1-2X_{\mathrm{K}}^{j}\right)+X_{\mathrm{Na}}^{j}X_{\mathrm{Ca}}^{j}\left(\frac{1}{2}-X_{\mathrm{K}}^{j}\right)\right] \\
& +W_{\mathrm{NaCa}}\left[X_{\mathrm{Na}}^{j}X_{\mathrm{Ca}}^{j}\left(\frac{1}{2}-X_{\mathrm{K}}^{j}-2X_{\mathrm{Ca}}^{j}\right)\right]+W_{\mathrm{CaNa}}\left[X_{\mathrm{Na}}^{j}X_{\mathrm{Ca}}^{j}\left(\frac{1}{2}-X_{\mathrm{K}}^{j}-2X_{\mathrm{Na}}^{j}\right)\right] \\
& +W_{\mathrm{KCa}}\left[\left(X_{\mathrm{Ca}}^{j}\right)^{2}\left(1-2X_{\mathrm{K}}^{j}\right)+X_{\mathrm{Na}}^{j}X_{\mathrm{Ca}}^{j}\left(\frac{1}{2}-X_{K}^{j}\right)\right] \\
& +W_{\mathrm{CaK}}\left[2X_{\mathrm{K}}^{j}X_{\mathrm{Ca}}^{j}\left(1-X_{\mathrm{K}}^{j}\right)+X_{\mathrm{Na}}^{j}X_{\mathrm{Ca}}^{j}\left(\frac{1}{2}-X_{\mathrm{K}}^{j}\right)\right] \\
& +W_{\mathrm{KNaCa}}\left[X_{\mathrm{Na}}^{j}X_{\mathrm{Ca}}^{j}\left(1-2X_{\mathrm{K}}^{j}\right)\right]
\end{aligned}
\tag{4-384}
$$

式中，j=Pl、Af，其余各参数见表 4-6。

这样，根据方程(4-376)～方程(4-378)便可获得 3 个包含压力校正项的温度计方程，

3 个温度计方程中的任意两个联立便可构成一个温压计。但是，由于斜长石中 Or 组分和碱性长石中 An 组分均较低，任一组分±0.5%(摩尔分数)的测试误差便可导致压力计算结果±2kbar 以上的误差，因此更建议采用独立压力计来估算压力。理论上，对同一矿物组合运用 3 个温度计公式计算，若斜长石与碱性长石共生，则应该获得一致的温度结果。但事实上往往并非如此，原因是多方面的，其中之一便是很难准确测量长石的成分。若假定长石成分测试误差为±2%(长石成分可在±2%的范围内变化)，那么求取如下函数的最小值便可获得最一致的温度条件：

$$f\left(X_{\mathrm{Na}}^{\mathrm{Pl}},X_{\mathrm{Ca}}^{\mathrm{Pl}},X_{\mathrm{K}}^{\mathrm{Pl}},X_{\mathrm{Na}}^{\mathrm{Af}},X_{\mathrm{Ca}}^{\mathrm{Af}},X_{\mathrm{K}}^{\mathrm{Af}}\right)=\left|T^{\mathrm{Ab}}-T^{\mathrm{Or}}\right|+\left|T^{\mathrm{Or}}-T^{\mathrm{An}}\right|+\left|T^{\mathrm{An}}-T^{\mathrm{An}}\right| \tag{4-385}$$

式中，T^{Ab}、T^{Or} 和 T^{An} 分别为根据方程(4-376)～方程(4-378)计算的温度结果。

Elkins 和 Grove(1990)在 P=1～3kbar、T=700～900℃和水饱和的条件下，利用两种或者三种长石粉末进行了共生斜长石和碱性长石的合成实验。通过拟合实验数据，建立长石的分子混合模型：长石各端元活度表达式与方程(4-202)、方程(4-382)和方程(4-383)相同，仅需将 $RT\ln\left[X_{\mathrm{Ca}}^{j}\left(1+X_{\mathrm{Ca}}^{j}\right)^{2}/4\right]$、$RT\ln\left\{X_{\mathrm{Na}}^{j}\left[1-\left(X_{\mathrm{Ca}}^{j}\right)^{2}\right]\right\}$ 和 $RT\ln\left\{X_{\mathrm{K}}^{j}\left[1-\left(X_{\mathrm{Ca}}^{j}\right)^{2}\right]\right\}$ 项分别替换为 $RT\ln X_{\mathrm{Ca}}^{j}$、$RT\ln X_{\mathrm{Na}}^{j}$ 和 $RT\ln X_{\mathrm{K}}^{j}$，其相互作用参数见表 4-10。根据方程(4-376)～方程(4-378)便可获得 3 个温度计公式。将 Elkins 和 Grove(1990)温度计应用于火山岩、侵入岩和麻粒岩二长石共生组合，其结果通常与 Fuhrman 和 Lindsley(1988)结果相似或稍高，但 Elkins 和 Grove(1990)的 T^{Ab}、T^{Or} 和 T^{An} 3 个结果差别更小。

表 4-10　K-Na-Ca 三元长石马居尔参数

模型	W	NaK	KNa	NaCa	CaNa	KCa	CaK	KNaCa
EG90 分子混合模型	W_{H}	18810	27320	7924	0	40317	38974	12545
	W_{S}	10.3	10.3	0	0	0	0	0
	W_{V}	0.3264	0.4602	0	0	0	−0.1037	−1.095
B04 Al 规避模型	W_{H}	19550	22820	31000	9800	90600	603000	8000
	W_{S}	10.5	6.3	4.5	−1.7	29.5	11.2	0
	W_{V}	0.327	0.461	0.069	−0.049	−0.257	−0.21	−0.467
B04 分子混合模型	W_{H}	19550	22820	31000	9800	90600	603000	13000
	W_{S}	10.5	6.3	19	7.5	43.5	22	0
	W_{V}	0.327	0.461	0.069	−0.049	−0.257	−0.21	−0.467

W_{H} 单位为 J/mol，W_{S} 单位为 J/(K·mol)，W_{V} 单位为 J/(bar·mol)；EG90 来源于 Elkins 和 Grove(1990)，B04 来源于 Benisek 等(2004)。

Benisek 等(2004)依据最新实验测试的 Ab-An 和 Or-An 体系焓和体积数据，拟合获得了新的相互作用参数(表 4-10)并更新了长石固溶体模型。考虑到长石中含有 Sr 和 Ba 等元素，并且 Sr 优先进入斜长石而 Ba 优先进入碱性长石，Benisek 等(2004)重新定义了 $X_{\mathrm{Ca}}^{j}=X_{\mathrm{Ca}}^{j}+X_{\mathrm{Sr}}^{j}$ 和 $X_{\mathrm{K}}^{j}=X_{\mathrm{K}}^{j}+X_{\mathrm{Ba}}^{j}$ (j=Pl、Af)。长石中各端元活度计算表达式与 Fuhrman 和 Lindsley(1988)完全相同[方程(4-202)、方程(4-382)和方程(4-383)]，但

Benisek 等(2004)同时采用了分子混合模型和 Al 规避模型两种方法来描述各端元的理想活度部分：对于分子混合模型，将方程(4-202)、方程(4-382)和方程(4-383)中的 $RT\ln\left[X_{\mathrm{Ca}}^j\left(1+X_{\mathrm{Ca}}^j\right)^2/4\right]$、$RT\ln\left\{X_{\mathrm{Na}}^j\left[1-\left(X_{\mathrm{Ca}}^j\right)^2\right]\right\}$ 和 $RT\ln\left\{X_{\mathrm{K}}^j\left[1-\left(X_{\mathrm{Ca}}^j\right)^2\right]\right\}$ 项分别替换为 $RT\ln X_{\mathrm{Ca}}^j$、$RT\ln X_{\mathrm{Na}}^j$ 和 $RT\ln X_{\mathrm{K}}^j$ 即可；对于 Al 规避模型，须将上述 3 项分别替换为 $RT\ln\left[X_{\mathrm{Ca}}^j\left(1+X_{\mathrm{Ca}}^j+X_{\mathrm{Sr}}^j+X_{\mathrm{Ba}}^j\right)^2/4\right]$、$RT\ln\left[X_{\mathrm{Na}}^j\left(1+X_{\mathrm{Ca}}^j+X_{\mathrm{Sr}}^j+X_{\mathrm{Ba}}^j\right)\left(1-X_{\mathrm{Ca}}^j-X_{\mathrm{Sr}}^j-X_{\mathrm{Ba}}^j\right)\right]$ 和 $RT\ln\left[X_{\mathrm{K}}^j\left(1+X_{\mathrm{Ca}}^j+X_{\mathrm{Sr}}^j+X_{\mathrm{Ba}}^j\right)\left(1-X_{\mathrm{Ca}}^j-X_{\mathrm{Sr}}^j-X_{\mathrm{Ba}}^j\right)\right]$，其中 X_{Ca}^j 和 X_{K}^j 为原始定义。同样，依据方程(4-376)～方程(4-378)，两种方法分别可获得三个温度计公式。相比而言，Al 规避模型能更好地重现实验数据，因而更值得推荐。经检验，该温度计可应用于 $T>600$℃的情况。

高级变质岩经历干体系下的缓慢冷却作用极可能遭受退变质作用改造。在此过程中，由于 $\mathrm{Ca+Al=(Na,K)+Si}$ 扩散作用很难发生，因此斜长石和碱性长石中 Ca 含量通常被保留下来；两者 Na 和 K 的扩散相对容易，因而长石 Na 和 K 含量通常发生了交换，交换的量与岩石中斜长石和碱性长石的含量有关：

$$-\Delta X_{\mathrm{K}}^{\mathrm{Pl}}/\Delta X_{\mathrm{K}}^{\mathrm{Af}}=\mathrm{Af}/\mathrm{Pl} \tag{4-386}$$

式中，$\Delta X_{\mathrm{K}}^{\mathrm{Pl}}$ 和 $\Delta X_{\mathrm{K}}^{\mathrm{Af}}$ 分别为计算的 K 在斜长石和碱性长石中的变化量；Af/Pl 为薄片中观察到的碱性长石和斜长石的摩尔比。

Na 的交换量也可进行类似计算。

由此便可运用数学反算方法恢复两种长石最初共生时的 K 和 Na 含量，从而计算其平衡温度。对于火山岩，建议随机测试两种长石成分，并分别绘制其成分高斯分布曲线，获得其平均值及标准差。采用这种方法计算得到的 3 个温度 T^{Ab}、T^{Or} 和 T^{An} 及其标准差可用于判断岩石是否达到平衡。

Jiao 和 Guo(2011)将多个版本二长石温度计应用于超高温岩石后发现，Fuhrman 和 Lindsley(1988)、Benisek 等(2004)两版本的温度计能获得较好的温度估算结果，并且可以运用二长石温度计识别出超高温变质作用而并不需要有其他超高温矿物组合。二长石温度计可应用于岩浆岩和麻粒岩等中高温岩石，在这些岩石中富 Ab 斜长石从碱性长石出溶、富 Or 碱性长石从斜长石中出溶现象都很普遍，此时出溶颗粒应重新计算以求得原来长石的成分。

3. 二辉石溶线温度计

在 $Mg_2Si_2O_6$-$CaMgSi_2O_6$ 体系中有一个混溶间隔(图 4-25)，此区域内顽火辉石和透辉石两相共存。顽火辉石-透辉石溶线已有许多实验和计算资料，证明 800℃以上顽火辉石-透辉石溶线是很好的温度计。但是，自然界中的单斜辉石和斜方辉石通常都含有其他杂质，很少是纯顽火辉石-透辉石二元体系(超镁铁质岩浆岩和变质岩所含杂质较少，可视为顽火辉石-透辉石二元体系)，因此二辉石溶线温度计主要考虑如何校正其他组分。

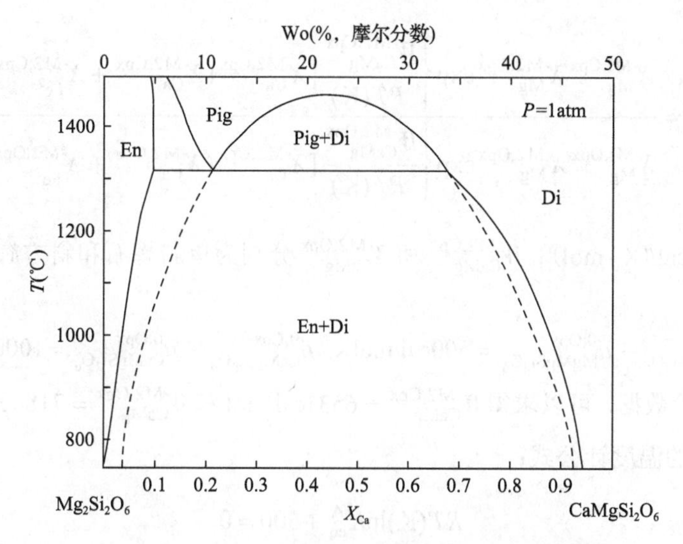

图 4-25　$Mg_2Si_2O_6$-$CaMgSi_2O_6$ 体系 T-X_{Ca} 图解(Lindsley and Andersen，1983)

Pig-易变辉石；Wo-硅灰石；En-顽火辉石；Di-透辉石

$Mg_2Si_2O_6$-$CaMgSi_2O_6$ 体系下，顽火辉石-透辉石溶线可以用如下平衡反应来表示：

$$(MgMgSi_2O_6)^{Opx} = (MgMgSi_2O_6)^{Cpx} (A)$$

$$(CaMgSi_2O_6)^{Opx} = (CaMgSi_2O_6)^{Cpx} (B)$$

当反应达到平衡时，须满足平衡条件：

$$\mu_{MgMgSi_2O_6}^{Opx} = \mu_{MgMgSi_2O_6}^{Cpx} \tag{4-387}$$

$$\mu_{CaMgSi_2O_6}^{Opx} = \mu_{CaMgSi_2O_6}^{Cpx} \tag{4-388}$$

式中，μ_i^j 为 j 矿物中 i 组分的化学势，可按下式计算：

$$\mu_i^j = \mu_i^{0,j} + RT\ln a_i^j \tag{4-389}$$

式中，a_i^j 和 $\mu_i^{0,j}$ 分别为 j 矿物中 i 组分活度和标准态化学势。因此，方程(7-387)和方程(4-388)也可写作：

$$\mu_{MgMgSi_2O_6}^{0,Cpx} - \mu_{MgMgSi_2O_6}^{0,Opx} = RT\ln a_{MgMgSi_2O_6}^{Opx} - RT\ln a_{MgMgSi_2O_6}^{Cpx} = -RT\ln K_{eq}^{A} \tag{4-390}$$

$$\mu_{CaMgSi_2O_6}^{0,Cpx} - \mu_{CaMgSi_2O_6}^{0,Opx} = RT\ln a_{CaMgSi_2O_6}^{Opx} - RT\ln a_{CaMgSi_2O_6}^{Cpx} = -RT\ln K_{eq}^{B} \tag{4-391}$$

Saxena 和 Nehru(1975)假定斜方辉石和单斜辉石 M1 位为 Fe-Mg 的二元理想混合，M2 位为 Fe-Mg-Ca 三元混合(Fe-Mg、Fe-Ca 理想混合和 Mg-Ca 非理想混合)，获得了反应 A 的平衡常数：

$$K_{eq}^{A}=\frac{X_{Mg}^{M1,Cpx}X_{Mg}^{M2,Cpx}\exp\left\{\frac{W_{CaMg}^{M2,Cpx}}{RT(K)}[X_{Ca}^{M2,Cpx}(X_{Ca}^{M2,Cpx}+X_{Fe^{2+}}^{M2,Cpx})]\right\}}{X_{Mg}^{M1,Opx}X_{Mg}^{M2,Opx}\exp\left\{\frac{W_{CaMg}^{M2,Opx}}{RT(K)}[X_{Ca}^{M2,Opx}(X_{Ca}^{M2,Opx}+X_{Fe^{2+}}^{M2,Opx})]\right\}} \tag{4-392}$$

式中，R=1.987 cal/(K · mol)；$W_{CaMg}^{M2,Cpx}$ 和 $W_{CaMg}^{M2,Opx}$ 分别为单斜辉石和斜方辉石 Ca-Mg 马居尔参数。

假定 $\mu_{MgMgSi_2O_6}^{0,Cpx}-\mu_{MgMgSi_2O_6}^{0,Opx}=500\text{cal/mol}$、$\mu_{CaMgSi_2O_6}^{0,Cpx}-\mu_{CaMgSi_2O_6}^{0,Opx}=1000\sim3000\text{cal/mol}$，并结合前人实验数据，可以求得 $W_{CaMg}^{M2,Cpx}=6531\text{cal/mol}$ 和 $W_{CaMg}^{M2,Opx}=7184\text{cal/mol}$，从而获得反应 A 对应的温度计公式：

$$RT(K)\ln K_{eq}^{A}+500=0 \tag{4-393}$$

该温度计的缺点在于缺少单斜辉石和斜方辉石各端元的标准态热力学数据，根据其假定的标准态热力学数据获得的马居尔参数值也不可靠，因而温度计计算结果仅能作为参考资料，无法投入实际使用。

由于缺少热力学数据来限定单斜辉石和斜方辉石各端元间的相互作用参数，Wells (1977) 决定两种辉石均采用双晶位理想活度模型，即

$$a_{MgMgSi_2O_6}^{Cpx}=X_{Mg}^{M1,Cpx}X_{Mg}^{M2,Cpx} \tag{4-394}$$

$$a_{MgMgSi_2O_6}^{Opx}=X_{Mg}^{M1,Opx}X_{Mg}^{M2,Opx} \tag{4-395}$$

$$K_{eq}^{A}=\frac{a_{MgMgSi_2O_6}^{Cpx}}{a_{MgMgSi_2O_6}^{Opx}}=\frac{X_{Mg}^{M1,Cpx}X_{Mg}^{M2,Cpx}}{X_{Mg}^{M1,Opx}X_{Mg}^{M2,Opx}}=K_{D}^{A} \tag{4-396}$$

Wells (1977) 发现，尽管依据辉石理想活度模型会偏离其真实情况，但前人发表的绝大多数实验数据 (T=800～1700℃和 P=1～40kbar) 均能拟合到如下 $\ln K_D^A$ 与 $1/T$ 之间的直线关系表达式中：

$$\ln K_{D}^{A}=-7341/T(K)+3.355 \tag{4-397}$$

尽管顽火辉石-透辉石溶线受到中等程度的压力控制，但压力的影响被实验误差所掩盖，因而只能忽略。考察辉石成分的影响后，Wells 认为 $\ln K_D^A$ 与辉石 Al 含量无明显相关性 (甚至单斜辉石 Al_2O_3 含量多达 12%)；但在一定温度和压力条件下，$\ln K_D^A$ 强烈地取决于辉石 Fe^{2+} 含量，并且单斜辉石 Ca 含量随 Fe^{2+} 升高而降低，这种关系可以被经验校正为线性关系：

$$\ln K_{D}^{A}+7341/T(K)-3.355=2.44X_{Fe^{2+}}^{Opx} \tag{4-398}$$

式中，$X_{Fe^{2+}}^{Opx} = [Fe^{2+} / (Fe^{2+} + Mg)]^{Opx}$。

重排方程(4-398)后可获得温度计公式：

$$T(K) = 7341 / (3.355 + 2.44 X_{Fe^{2+}}^{Opx} - \ln K_D^A) \tag{4-399}$$

Bertrand 和 Mercier(1985)对辉石理想混合条件下反应 A 的平衡常数 K_D^A［方程(4-397)］进行了一些处理：$CaO\text{-}MgO\text{-}Al_2O_3\text{-}SiO_2$ 体系中实验数据表明单斜辉石和斜方辉石 Al 含量没有太大差别，因而可以假设 $X_{Mg}^{M1,Cpx} / X_{Mg}^{M1,Opx} \approx 1$；所有 Ca 占据 M2 位，因而 $X_{Mg}^{M2,Cpx} = 1 - X_{Ca}^{M2,Cpx}$ 和 $X_{Mg}^{M2,Opx} = 1 - X_{Ca}^{M2,Opx}$。这样 K_D^A 便可采用下式计算：

$$K_D^A \approx \frac{1 - X_{Ca}^{M2,Cpx}}{1 - X_{Ca}^{M2,Opx}} \tag{4-400}$$

对于含 Na_2O 体系，可将 $X_{Ca}^{M2,Cpx}$ 和 $X_{Ca}^{M2,Opx}$ 近似校正为不含 Na_2O 体系，并考虑单斜辉石中 Fe^{2+} 的校正，从而获得

$$K_D^A \approx \frac{1 - \{X_{Ca}^{M2,Cpx} / (1 - X_{Na}^{M2,Cpx}) + [-0.77 + 10^{-3} T(K)] X_{Fe^{2+}}^{Cpx}\}}{1 - X_{Ca}^{M2,Opx} / (1 - X_{Na}^{M2,Opx})} \tag{4-401}$$

这种处理方法对含 Fe^{2+}、Mn、Co 和 Ni 等元素的体系也同样适用，因为这些元素主要替代 Mg。采用这种方法近似处理后，辉石各端元间的相互作用参数也是经验的，但相比于具有严格热力学意义的参数，其对测试误差不太敏感。

Bertrand 和 Mercier(1985)分析前人在 T=900～1500℃和 P=2～60kbar 条件下 $CaO\text{-}MgO\text{-}SiO_2$ 体系的实验数据发现，当 T<1300℃时，实验数据可采用辉石的理想混合模型完美拟合；但当 T>1300℃时，由于单斜辉石 Ca 含量降低，须引入单斜辉石 Ca-Mg 的对称正规混合模型才能较好地拟合实验数据。拟合获得的温度计公式为

$$T(K) = \frac{36273 + 399P(GPa)}{19.31 - 8.314 \ln K_D^A - 12.15 \left\{X_{Ca}^{M2,Cpx} / (1 - X_{Na}^{M2,Cpx}) + [-0.77 + 10^{-3} T(K)] X_{Fe^{2+}}^{Cpx}\right\}^2} \tag{4-402}$$

该温度计在±2%的误差范围内重现实验数据。该温度计适用于形成深度最深至地幔的岩石样品。

Brey 和 Kohler(1990)根据 Brey 等(1990)在 T=900～1400℃和 P=10～30kbar 条件下获得的二辉橄榄岩实验数据和前人 $CaO\text{-}MgO\text{-}SiO_2$ 体系实验数据，证实 $(\ln K_D^A)^2$ 而非 $\ln K_D^A$ 与 $1/T$ 存在线性关系。运用最小二乘法拟合前人 $CaO\text{-}MgO\text{-}SiO_2$ 体系实验数据，获得了温度计公式：

$$T(K) = \frac{23664 + 24.9P(kbar)}{13.38 + (\ln K_D^A)^2} \tag{4-403}$$

式中，K_D^A 按方程(4-400)计算。

对于天然岩石体系，须考虑辉石中 Na、Fe^{2+}和 Al 等元素的影响，以方程(4-403)为基础，拟合二辉橄榄岩实验数据，获得了包含 Fe^{2+}校正项的温度计公式：

$$T(\mathrm{K})=\frac{23664+\left(24.9+126.3X_{\mathrm{Fe}^{2+}}^{\mathrm{Cpx}}\right)P(\mathrm{kbar})}{13.38+(\ln K_{\mathrm{D}}^{\mathrm{A}})^2+11.59X_{\mathrm{Fe}^{2+}}^{\mathrm{Opx}}} \tag{4-404}$$

式中，K_D^A 的计算采用 Bertrand 和 Mercier(1985)类似的处理方法{方程(4-401)去掉 $[-0.77+10^{-3}T(\mathrm{K})]X_{\mathrm{Fe}^{2+}}^{\mathrm{Cpx}}$ 相}；$X_{\mathrm{Fe}^{2+}}^{\mathrm{Opx}}$ 和 $X_{\mathrm{Fe}^{2+}}^{\mathrm{Cpx}}$ 项校正 Fe^{2+}的影响，其计算同上。

该温度计在±15℃的误差范围内重现了天然二辉橄榄岩的实验数据，适用于全岩 $Mg^{\#}$介于 89～100 的成分范围(最低可达 80～85)。

Taylor(1998)在 P=1.0～3.5GPa 和 T=1050～1260℃的温压条件下对富 Na_2O、TiO_2和辉石的橄榄质成分进行了一系列的高温高压实验，实验结果中的辉石成分被用来评估已有二辉石溶线温度计是否适用于上地幔橄榄岩。他们发现，Wells(1977)的二辉石温度计能在可接受的准确度和精确度范围内(±50℃)重现实验数据，而其他二辉石温度计均不同程度地高估实验温度(一些甚至达 50～100℃)，并且所有二辉石温度计对 Na_2O-CaO-MgO- Al_2O_3-SiO_2 体系辉石的温度估算都不能令人满意。为提高二辉石温度的精度，并扩大其使用范围，Taylor(1998)对 Brey 和 Kohler(1990)的二辉石温度计进行了改进，虽然保留了 Brey 和 Kohler(1990)温度计的形式，但内容上有了较大改进，主要增加了 Fe^{2+}、Ti 和契尔马克分子校正项，从而获得了一个新的二辉石温度计。对 Brey 等(1990)和 Taylor (1998)实验数据运用多元非线性回归分析，获得了如下温度计公式：

$$T(\mathrm{K})=\left[24787+678P(\mathrm{GPa})\right]\Big/\left[15.67+14.37\mathrm{Ti}^{\mathrm{Cpx}}+3.69\mathrm{Fe}^{\mathrm{Cpx}}-3.25X_{\mathrm{Tsch}}^{\mathrm{Cpx}}+\left(\ln K_{\mathrm{eq}}^{\mathrm{A}}\right)^2\right] \tag{4-405}$$

$$a_{\mathrm{MgMgSi_2O_6}}^{j}=(1-\mathrm{Ca}-\mathrm{Na})(1-\mathrm{Al}^{\mathrm{VI}}-\mathrm{Cr}-\mathrm{Ti})(1-\mathrm{Al}^{\mathrm{IV}}/2)^2 \tag{4-406}$$

$$X_{\mathrm{Tsch}}^{\mathrm{Cpx}}=(\mathrm{Al}+\mathrm{Cr}-\mathrm{Na})^{\mathrm{Cpx}} \tag{4-407}$$

式中，$\mathrm{Al}^{\mathrm{VI}}=\mathrm{Al}/2-\mathrm{Cr}/2-\mathrm{Ti}+\mathrm{Na}/2)$；$\mathrm{Ti}^{\mathrm{Cpx}}$、$\mathrm{Fe}^{\mathrm{Cpx}}$及各元素符号分别代表相应辉石分子式中相应元素原子数，Fe 不需进行 Fe^{3+}校正。

该温度计在实验数据±55℃的范围内重现了 Taylor(1998)和 Brey 等(1990)的实验数据，其总体精度为±27℃，对 Na_2O-CaO-MgO-Al_2O_3-SiO_2 体系辉石的温度估算精度为±25℃。因此，该温度计可以在更宽的成分和压力范围内应用。

将顽火辉石-透辉石溶线温度计进行适当简化处理，衍生出许多辉石单矿物温度计，如单斜辉石 Ca 含量温度计(Bertrand and Mercier，1985)、斜方辉石 Ca 含量温度计(Brey and Kohler，1990)和单斜辉石 En 含量温度计(Nimis and Taylor，2000)等。此处简单介绍后两者的温度计表达式。Brey 和 Kohler(1990)根据前人 CaO-MgO-SiO_2 体系实验数据，

将 $\ln Ca^{Opx}$ 拟合成 P 和 $1/T$ 的函数关系：

$$T(K)=\frac{6425+26.4P(kbar)}{-\ln Ca^{Opx}+1.843} \tag{4-408}$$

该温度计重现实验数据的能力比二辉石温度计方程(4-405)稍差。

Nimis 和 Taylor(2000)认为在天然橄榄岩中，$a_{MgMgSi_2O_6}^{Opx}$ 接近 1 并且对温度和成分变化不敏感，因此二辉石温度计可近似简化为单斜辉石 En 含量温度计。对实验数据进行拟合，并考虑单斜辉石中 Fe、Ti、Al 和 Cr 等元素的影响，获得了如下温度计公式：

$$T(K)=\frac{23166+39.28P(kbar)}{13.25+15.35Ti+4.50Fe-1.55(Al+Cr-Na)+(\ln a_{MgMgSi_2O_6}^{Cpx})^2} \tag{4-409}$$

式中，Fe 不需进行 Fe^{3+}校正；$a_{MgMgSi_2O_6}^{Cpx}=(1-Ca-Na)\left[1-\frac{1}{2}(Al+Cr+Na)\right]$。

迄今为止，二辉石温度计已经出现了至少 10 个版本，辉石单矿物温度计也有至少 3 个版本。Nimis 和 Grütter(2010)将这些二辉石温度计和辉石单矿物温度计应用于石榴橄榄岩和辉石岩，以探讨这些温度计是否自洽。他们发现，在众多温度计中，Taylor(1998)的二辉石温度计、Nimis 和 Taylor(2000)的单斜辉石 En 含量温度计无论对简单体系还是天然岩石体系都能提供最为可靠的温度估算结果；Brey 和 Kohler(1990)的二辉石温度计在单斜辉石单位分子 Na 原子数≤–0.05 时能很好地估算温度，但随着 Na 含量的增加，呈现系统性地正向偏离(当 Na=0.25 时，偏离+150℃)；Brey 和 Kohler(1990)的斜方辉石 Ca 含量温度计在 T=1000～14000℃范围内与 Taylor(1998)的二辉石温度计结果非常一致，但在低温下也呈现正向偏离，最高可达+90℃。为使斜方辉石 Ca 含量温度计结果与 Taylor(1998)的二辉石温度计结果一致，Nimis 和 Grütter(2010)对其进行了纯经验标定，其获得的公式为

$$T(℃)=-628.7+2.0690T_{407}-4.530\times10^{-4}T_{407}{}^2 \tag{4-410}$$

式中，T_{407} 为方程(4-408)所计算的温度。

单斜辉石与斜方辉石的共生可出现在(超)基性岩浆岩和麻粒岩中。(超)基性岩浆岩中辉石成分富 Mg 而贫 Fe，这与二辉石溶线温度计构筑时所假设的条件相近，因而二辉石溶线温度计在(超)基性岩浆岩中得到了广泛的应用；但麻粒岩中辉石的成分受到原岩成分的控制，若麻粒岩含有富 Fe 的辉石，二辉石溶线温度计的应用须谨慎。另外，对于缓慢冷却的辉石，常常会有出溶条纹，此时须还原辉石原有成分才能计算其初始平衡温度；应用二辉石温度计时，也须注意温度计使用条件中是否需要进行 Fe^{3+}的校正，因为 Fe^{3+}的校正不当也会影响计算结果的准确性。

(四)稳定同位素温度计

1. *基本原理*

稳定同位素指不具有放射性或其放射性衰变的半衰期很长、相对于地球的形成年龄

没有发生明显衰减的同位素。体系内共存的两种物质或物相间元素的稳定同位素组成存在差异的现象称为稳定同位素分馏。一般来说，同位素质量相差越大，分馏越强；温度越高，分馏越弱；重同位素优先富集于较强的化学键中。物理化学上，稳定同位素分馏可分为平衡分馏、动力学非平衡分馏和非质量相关分馏 3 类(张宏飞和高山，2012)。其中，同位素平衡分馏又称热力学分馏，指体系处于同位素平衡状态时，同位素在两种物质或物相间的分馏。其特点是同位素平衡状态建立后，只要体系物理化学性质不变，同位素在不同物质或物相间的分布也不变。在讨论同位素平衡分馏时，可以采用同位素交换反应对其简化处理。例如，石英与磁铁矿之间的 ^{18}O 和 ^{16}O 平衡分馏可表示为如下同位素交换反应：

$$2Si^{18}O_2 + Fe_3^{16}O_4 = 2Si^{16}O_2 + Fe_3^{18}O_4 \quad (A)$$

一般地，共存 X 和 Y 两物质或物相间同位素分馏可表示为

$$xX_1 + yY_2 = xX_2 + yY_1 \quad (B)$$

式中，x 和 y 为反应式中的分子数；下标 1 和 2 分别为轻同位素分子和重同位素分子。

由于同位素交换反应是等体积分子置换，并不引起晶体结构本身的变化，因此稳定同位素平衡分馏与压力基本无关，同时它也与路径、过程及同位素交换速率无关，而仅与温度有关，这就是稳定同位素温度计的理论依据。稳定同位素温度计就是以同位素平衡分馏和热力学定律为基础，通过实测共生矿物或物相的同位素组成来反演地质体中同位素平衡温度的数学方法。

在稳定同位素研究中，元素的同位素组成通常采用两个丰度高的同位素的原子数比值来表达，原子质量数高的同位素为分子，如硫、氧和碳同位素组成可分别采用 $^{34}S/^{32}S$、$^{18}O/^{16}O$ 和 $^{13}C/^{12}C$ 来表达，用符号 R 表示。为直观比较不同样品间同位素组成的变化及不同元素同位素间的差异，也可将样品的实测同位素比值与已知的标准样品进行比较，用其相对差的千分率 δ 来表示：

$$\delta / ‰ = \left(R_{样品} / R_{标准} - 1\right) \times 10^3 \quad (4\text{-}411)$$

式中，$R_{样品}$ 和 $R_{标准}$ 分别为样品和标准物质的同位素比值。

同位素标准物质包括硫同位素标准物质(CDT)、标准平均海水(SMOW)及碳酸盐标准物质(PDB)等，他们分别作为硫同位素、氢和氧同位素及碳和氧同位素标样。在表示同位素组成 δ 值时，选取同位素比值中的重同位素作为标记，如硫、氧和碳同位素组成 δ 值分别标记为 $\delta^{34}S$、$\delta^{18}O$ 和 $\delta^{13}C$。稳定同位素分馏的程度通常采用分馏系数（α）来表示，对于共存 X 和 Y 两物质或物相，其同位素分馏系数定义为

$$\alpha_{X-Y} \equiv R_X / R_Y \quad (4\text{-}412)$$

分馏系数 α 和 δ 值之间存在如下关系：

$$\alpha_{X-Y} = \frac{1+\delta_X/10^3}{1+\delta_Y/10^3} \tag{4-413}$$

两边取对数：

$$10^3\ln\alpha_{X-Y} = 10^3\ln\frac{1+\delta_X/10^3}{1+\delta_Y/10^3} \tag{4-414}$$

可近似为

$$\delta_X - \delta_Y = \Delta_{X-Y} \approx 10^3\ln\alpha_{X-Y} \tag{4-415}$$

根据化学反应平衡常数定义，反应 B 的平衡常数为

$$K_{eq}^{B} = \left(\frac{[X_2]}{[X_1]}\right)^{x} \Bigg/ \left(\frac{[Y_2]}{[Y_1]}\right)^{y} \tag{4-416}$$

式中，$[X_1]$、$[X_2]$、$[Y_1]$和$[Y_2]$分别为相应组分的摩尔浓度。

若假定在同一种分子中，同位素为全取代且取代是等概率的，则

$$\alpha_{X-Y} = (K_{eq}^{B})^{1/n} \tag{4-417}$$

式中，n 为反应 B 中参加交换反应的同位素原子数。

若将反应 B 改写成仅有一个同位素原子参加的交换反应(n=1)，那么

$$\alpha_{X-Y} = K_{eq}^{B'} \tag{4-418}$$

在统计力学中，通常采用各矿物/物相简约配分函数比或热力学同位素系数 β(可参考相关教材)来表示同位素交换反应平衡常数，即

$$K_{eq}^{B'} = \beta_X / \beta_Y \tag{4-419}$$

因此，α_{X-Y} 与 β_X 和 β_Y 存在如下关系：

$$\alpha_{X-Y} = \beta_X / \beta_Y \text{或} 10^3\ln\alpha_{X-Y} = 10^3\ln\beta_X - 10^3\ln\beta_Y \tag{4-420}$$

平衡共生 X 和 Y 两物质或物相间同位素分馏系数是温度 T 的函数，温度降低，同位素分馏加强：

$$10^3\ln\alpha_{X-Y} = A\times10^6/[T(\mathrm{K})]^2 + B\times10^3/T + C \tag{4-421}$$

式中，A、B 和 C 为常数，公式的适用范围是 0～1200℃。

结合方程(4-415)可得

$$\delta_X - \delta_Y \approx A\times10^6/[T(\mathrm{K})]^2 + B\times10^3/T + C \tag{4-422}$$

方程(4-421)和方程(4-422)是稳定同位素温度计的基本公式，将共生矿物实测δ代入上述两方程便可求解平衡温度。当T>100℃时，经常采用$10^3\ln\alpha_{X-Y}=A\times10^6/[T(K)]^2+C$形式；而当$T$<100℃时，经常采用$10^3\ln\alpha_{X-Y}=B\times10^3/T+C$形式。

常数A、B和C可由实验或理论计算获得，但两者往往有较大的不同，故常用实验法测定。但是，实验测定时很难得到矿物-矿物之间的同位素交换反应数据，通常先测定矿物-流体(H_2S、H_2O和CO_2等液体或气体)之间的同位素分馏方程，然后根据同位素效应加和性原理计算矿物-矿物之间的分馏方程。例如，实验分别测得X-H_2O和Y-H_2O的氧同位素分馏方程常数为A_1、B_1和C_1及A_2、B_2和C_2，则：

$$\delta_X-\delta_Y=(\delta_X-\delta_{H_2O})-(\delta_Y-\delta_{H_2O})\approx\frac{(A_1-A_2)\times10^6}{[T(K)]^2}+\frac{(B_1-B_2)\times10^3}{T}+(C_1-C_2)\quad(4\text{-}423)$$

也就是说，X-Y氧同位素分馏方程常数为$A=A_1-A_2$、$B=B_1-B_2$和$C=C_1-C_2$。根据方程(4-421)也能推导出同样关系。

在天然岩石体系中若有n种矿物含有某一种稳定同位素元素，则有(n-1)种该元素的独立稳定同位素温度计可用。理想情况下，由这些温度计得出的温度估算结果应在误差范围内一致，但是同位素不平衡、退变质作用和水-岩相互作用等都会对稳定同位素分馏产生较大影响。因此，应用稳定同位素温度计须注意以下几点：

(1)正确选择同位素温度计。温度计公式须由实验准确测定，且待测温度在温度计公式的有效应用范围内。氧同位素温度计测定范围为0～1200℃，测定陨石、月岩及各种岩石的形成温度多采用氧化物矿物-矿物对；硫同位素温度计测定范围为100～600℃，测定含硫化物的岩石及各种成因矿床多采用硫化物矿物对。另外，矿物对分馏系数越大，温度计精度越高，如石英-磁铁矿和长石-磁铁矿是常用的氧同位素测温矿物对；形成时间短的矿物比连续沉淀出来的或具多世代的矿物测温准确度高，如闪锌矿-方铅矿优于黄铁矿-方铅矿。

(2)正确识别岩相学和化学平衡。同位素平衡是应用同位素温度计的必要条件，在选取测温矿物对时，首先须确保所选矿物对达到了岩相学和化学平衡，而且同位素平衡达成后被“冻结”。若矿物对岩相学不平衡、发育退变结构和交代结构、矿物结晶有前有后、同种矿物不同颗粒具有成分差异和同一颗粒具有成分环带等，其同位素也往往难以达到平衡。另外，选取的样品要纯净。

(3)稳定同位素测温检查。如果根据若干矿物对稳定同位素分馏所求出的温度相近，则这些矿物可能处于同位素平衡。共生矿物处于同位素平衡状态时，稳定同位素δ值具有规律性变化(张宏飞和高山，2012)。例如：

硫同位素$\delta^{34}S$富集顺序：硫酸盐>辉钼矿>黄铁矿>闪锌矿>磁黄铁矿>黄铜矿>斑铜矿>方铅矿>辉银矿。

氧同位素$\delta^{18}O$富集顺序：石英>方解石>碱性长石>高岭石>白榴石>电气石>硬玉>蓝晶石>多硅白云母>钙长石>白云母>绿帘石>蛇纹石>绿泥石>顽火辉石>透闪石>透辉石>普通角闪石>金云母>黑云母>硅灰石>榍石>锆石>石榴子石>橄榄石>金红石>磁铁矿>钛铁矿>赤铁矿>晶质铀矿>刚玉≥尖晶石。

碳同位素 $\delta^{13}C$ 富集顺序：白云石＞方解石＞CO_2＞石墨＞CH_4。

氢同位素 δD 富集顺序：锂云母＞白云母＞金云母＞角闪石＞黑云母＞黝帘石(高温段，＞500℃)；蛇纹石＞高岭石＞绿帘石＞伊利石/蒙脱石＞勃姆石＞水镁石＞针铁矿(低温段，＜500℃)。

若实测结果违反了上述顺序，则这些矿物可能并未达到平衡。另外，还可以利用校正曲线进行校对，如硫化物中常用黄铁矿-闪锌矿-方铅矿矿物对校正曲线。

从 20 世纪 70 年代稳定同位素温度计进入实际应用至今，稳定同位素温度计经历了 40 多年的发展历史。它以其独特的优越性，如简便易行、适用温度范围广、灵敏度高和基本不受压力变化影响等倍受科技工作者们重视。随着实验数据的积累和质谱分析技术的改进，稳定同位素温度计精度不断提高，方法日趋完善；通过理论计算、实验测试和经验估算等方法积累了一系列流体-流体、矿物-流体和矿物-矿物间的硫、氧、碳和氢同位素分馏方程，这方面已有许多学者进行了总结(郑永飞，1987；吴春明和黄志全，1997；郑永飞和陈江峰，2000)；发展出了硫同位素温度计、氧同位素温度计、碳同位素温度计和氢同位素温度计等多种温度计，其中以氧同位素温度计最为常用。

以下简要介绍几种常用的稳定同位素温度计。

2. 常用稳定同位素温度计

1)硫同位素温度计

H_2S 是各种硫化物矿物形成过程中最常出现的流体相，H_2S 同含硫化合物间可达成同位素交换平衡。通过实验方法测得 $\alpha_{矿物\text{-}H_2S}$ 或 $\alpha_{物相\text{-}H_2S}$ 与温度 T 的关系，并利用同位素效应加和性计算不同矿物或物相间分馏系数 $\alpha_{矿物\text{-}矿物}$ 和 $\alpha_{矿物\text{-}物相}$ 与温度 T 的关系，是获得硫同位素分馏方程的重要手段。对不同矿物或物相之间硫同位素分馏系数的实验研究开始于 1969 年(如 Kajiwara et al.，1969 等)，此后的 50 多年里，特别是 20 世纪 90 年代以来，进行了大量这方面的实验和理论研究，积累了许多同位素分馏方程的数据。表 4-11 是常见含硫矿物及化合物之间硫同位素分馏系数 α 与温度 T 的关系表达式，利用这些关系表达式可方便地进行硫同位素温度计算。利用分馏方程也可绘制硫同位素分馏曲线，从而更直观地比较不同矿物或物相硫同位素分馏的相对强弱，图 4-26 是矿物/物相-H_2S 平衡分馏曲线，从图中可以看出在相同条件下，高价态硫的氧化物或含氧盐比硫化物与 H_2S 的分馏更强。

表 4-11　含硫矿物及化合物之间的硫同位素分馏方程(Ohmoto and Goldhaber，1997)

体系	$10^3\ln\alpha$	温度(℃)	方法	数据来源
闪锌矿-方铅矿	$0.74\times10^6/T^2$	150～600	实验	Smith 等(1977)
黄铁矿-闪锌矿	$0.33\times10^6/T^2$	150～600	实验	Smith 等(1977)
黄铁矿-方铅矿	$0.15\times10^6/T^2$	150～600	实验	Smith 等(1977)
黄铁矿-H_2S	$0.4\times10^6/T^2$	200～700	实验	Ohmoto 和 Rye(1979)
黄铜矿-H_2S	$-0.05\times10^6/T^2$	200～600	实验	Ohmoto 和 Rye(1979)
磁黄铁矿-H_2S	$0.1\times10^6/T^2$	200～600	实验	Ohmoto 和 Rye(1979)
闪锌矿-H_2S	$0.1\times10^6/T^2$	50～705	实验	Ohmoto 和 Rye(1979)

续表

体系	$10^3\ln\alpha$	温度(℃)	方法	数据来源
方铅矿-H_2S	$-0.63\times10^6/T^2$	50～700	实验	Ohmoto 和 Rye(1979)
辉钼矿-H_2S	$0.45\times10^6/T^2$	200～700	实验	Ohmoto 和 Rye(1979)
方铅矿-铜蓝	$-0.72\times10^6/T^2$	280～700	实验	Hubberten(1980)
辉银矿-铜蓝	$-0.72\times10^6/T^2$	280～700	实验	Hubberten(1980)
蓝辉铜矿-铜蓝	$-0.07\times10^6/T^2$	280～700	实验	Hubberten(1980)
方铅矿-蓝辉铜矿	$-0.65\times10^6/T^2$	280～700	实验	Hubberten(1980)
方铅矿-S	$-0.46\times10^6/T^2$	280～700	实验	Hubberten(1980)
辉铋矿-S	$-0.51\times10^6/T^2$	200～600	实验	Bente 和 Nielsen(1982)
硫酸盐-硫化物	$7.4\times10^6/T^2$-0.19	600～1200	实验	Miyoshi 等(1984)
硫酸盐-H_2S	$6.5\times10^6/T^2$	600～1200	实验	Miyoshi 等(1984)
$[SO4]^{2-}$-S^{2-}	$6.46\times10^6/T^2+0.56$	200～450	实验	Ohmoto 和 Lasaga(1982)
H_2S-S^{2-}	$0.06\times10^6/T^2+0.6$	50～350	实验	Ohmoto 和 Rye(1979)
SO_2-H_2S	$1.68\times10^6/T^2+4.91\times10^3/T^2-3.03$	0～1200	实验	Richet 等(1977)
SO_2-S_2	$1.00\times10^6/T+7.00\times10^3/T^2-3.74$	0～1200	实验	Richet 等(1977)
硫酸盐-H_2S	$6.46\times10^6/T^2+0.56\times10^3/T$	200～400	实验	Ohmoto 和 Goldhaber(1997)
亚硫酸盐-H_2S	$4.12\times10^6/T^2+5.82\times10^3/T-5.0$	＞25	实验	Ohmoto 和 Goldhaber(1997)
闪锌矿-方铅矿	$0.74\times10^6/T^2+0.08$	300～600	实验	丁悌平等(2003)

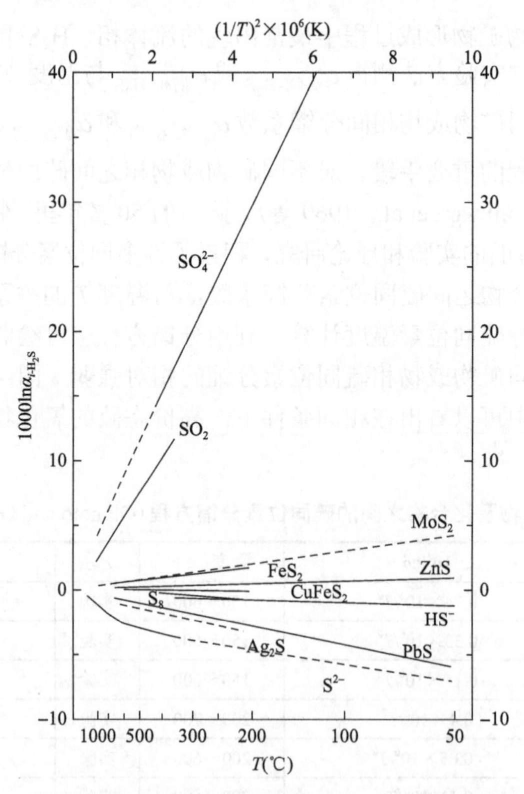

图 4-26　矿物/物相-H_2S 平衡分馏曲线(Ohmoto and Goldhaber，1997)

实线为实验数据，虚线为外推或理论计算数据从表 4-11 和图 4-26 均可看出，硫酸盐-硫化物矿物对的分馏系数比硫化物-硫化物矿物对大得多(6～23 倍)。因此，在各种硫同位素温度计中，以硫酸盐-硫化物温度计最灵敏，精度也最高，一般仅适用于高温(>300℃)矿物组合，温度较低时硫化物和硫酸盐之间往往未达到同位素平衡；但应用最广的还是硫化物-硫化物温度计，如黄铁矿-方铅矿、磁黄铁矿-方铅矿、黄铁矿-闪锌矿等，其灵敏度按次序递减。

在硫酸盐中，硫同位素 $\delta^{34}S$ 富集程度主要受到阴离子团 SO_4^{2-} 内部的 S—O 共价键的控制，而与阴离子团 SO_4^{2-} 与金属阳离子之间的离子键关系不大，因而无论是溶解于水中的溶液态硫酸盐还是固态的硫酸盐矿物，都具有极为相近的硫酸盐-H_2S 分馏系数(表 4-11)，溶液态硫酸盐(如海水)、不同硫酸盐矿物之间的分馏可忽略不计。根据方程(4-423)，结合表 4-11 中的数据，可以构筑出硫酸盐与不同硫化物矿物对的硫同位素温度计。

Ohmoto 和 Rye(1979)提出了两种硫酸盐-硫化物硫同位素温度计。

(1)硫酸盐-黄铜矿温度计：

$$T(\mathrm{K})=\frac{2.85\times10^3}{\left(\Delta_{\mathrm{SO_4^{2-}-Ccp}}\right)^{1/2}}\quad(>400℃)\tag{4-424a}$$

$$T(\mathrm{K})=\frac{2.30\times10^3}{\left(\Delta_{\mathrm{SO_4^{2-}-Ccp}}-6\right)^{1/2}}\quad(<350℃)\tag{4-424b}$$

(2)硫酸盐-黄铁矿温度计：

$$T(\mathrm{K})=\frac{2.76\times10^3}{\left(\Delta_{\mathrm{SO_4^{2-}-Py}}\right)^{1/2}}\quad(>400℃)\tag{4-425a}$$

$$T(\mathrm{K})=\frac{2.16\times10^3}{\left(\Delta_{\mathrm{SO_4^{2-}-Py}}-6\right)^{1/2}}\quad(<350℃)\tag{4-425b}$$

Ohmoto 和 Rye(1979)认为，当 T>400℃时，热液体系中的主要含硫组分可视为 SO_2 和 H_2S 两种理想气体的混合，在高温下它们之间很容易达到同位素平衡。可以认为热液体系的硫酸盐和硫化物的同位素组成分别记录了成矿时热液的 SO_2 和 H_2S 硫同位素组成，因而可以用前两种矿物的 δ 值分别代替后两者的 δ 值，并采用下式计算成矿温度：

$$T(\mathrm{K})=\frac{2.168\times10^3}{\left(\Delta_{\mathrm{SO_2-H_2S}}+0.5\right)^{1/2}}\quad(<350℃)\tag{4-426}$$

储雪蕾等(1984)将方程(4-425)应用于安徽罗河铁矿硬石膏-黄铁矿矿物对。他们发现浅色蚀变带硫同位素温度计算结果为 243～253℃，与流体包裹体温度计和二长石温度计等资料吻合；而深色蚀变带硬石膏-黄铁矿硫同位素温度大于 350℃，且高于流体包裹体温度计结果，这表明硬石膏-黄铁矿未达到硫同位素平衡；若将方程(4-426)应用于深色蚀变带，则可获得与流体包裹体温度计一致的结果。通常认为，当温度高于 300℃时，硫酸盐与硫化物之间才能达到同位素平衡；而低于 300℃时，则很难达到平衡。上述事实表明，即便温度高于 350℃，硫酸盐与硫化物之间也未必能达到同位素平衡。尽管浅色蚀变带获得了与其他手段一致的温度结果，似乎达到了同位素平衡，但仔细分析后可以发现，这很可能反映的是热液体系内 SO_2 和 H_2S 硫同位素的平衡而非硫酸盐与硫化物之间的平衡[方程(4-425b)和方程(4-426)差距很小]，并且将方程(4-426)应用于深色蚀变带获得了合理的温度。因而，在热液体系内，流体中 SO_2 和 H_2S 硫同位素平衡可能是更为普遍的现象，方程(4-426)的意义可能更为广泛。

Rye(2005)对硫酸盐-硫化物分馏数据进行了总结，他发现检查硫酸盐与硫化物之间硫同位素平衡程度的最简单的方法就是与实验研究获得的分馏数据对比，以及与根据流体包裹体、其他同位素及矿物组合获得的温度进行对比。他同时也发现，硫酸盐-硫化物硫同位素不平衡几乎可以存在于任何地方，除了温度较高和流体 pH 相对较低的环境外(图 4-27)。这进一步说明了方程(4-426)在估算成矿温度方面的重要意义。

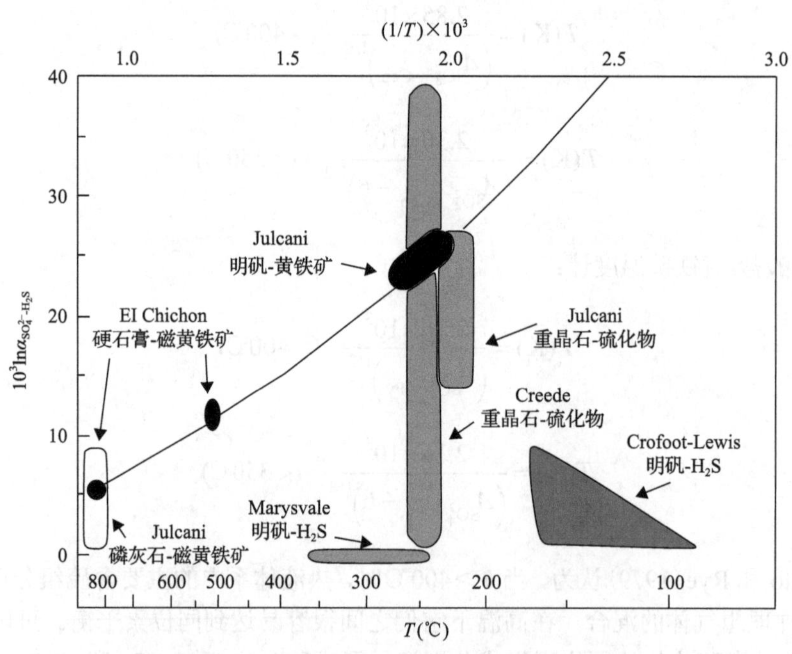

图 4-27　$10^3\ln\alpha_{SO_4^{2-}-H_2S}$ -1/*T* 图解(Rye，2005)

粗实线为实验数据，不同灰度区域为不同地区岩石中实测硫酸盐-H_2S 数据

硫化物作为大多数金属的主要来源具有重大的经济利用价值，硫化物中硫同位素分馏的研究一直是同位素地球化学研究的热点。因此，相比于硫酸盐-硫化物温度计，共生硫化物-硫化物温度计在矿床地质学中应用更为广泛，研究也更多。以闪锌矿-方铅矿硫同位素温度计为例，它至少经历了 4 次实验标定(Grootemboer and Schwarcz，1969；Kajiwara and Krouse，1971；Czamanske and Rye，1974；丁悌平等，2003)。部分温度计公式见表 4-11，其分馏曲线见图 4-28。由于采用的实验方法迥异，他们提出的温度计公

式差异较大，因此很难十分肯定地说其中某一个比其他版本都好。但是，表 4-11 中 Smith 等(1977)、Ohmoto 和 Goldhaber(1997)、丁悌平等(2003)的温度计公式非常相近，而在图 4-28 中 Kajiwara 和 Krouse(1971)、丁悌平等(2003)的分馏曲线非常靠近。Ohmoto 和 Goldhaber(1997)的结果是在对前人实验结果的综合分析基础上获得的，并且得到了天然岩石数据的验证，因而可能更值得推荐。

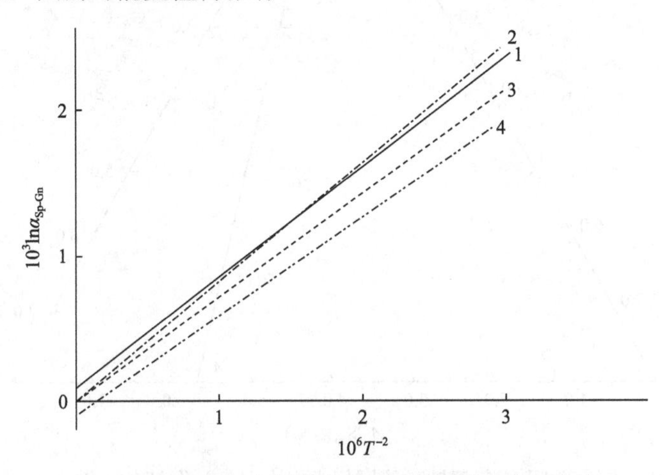

图 4-28　闪锌矿-方铅矿实验校准硫同位素分馏曲线

1-丁悌平等(2003)；2-Kajiwara 和 Krouse(1971)；3-Czamanske 和 Rye(1974)；4-Grootemboer 和 Schwarcz(1969)

能否将共生硫化物-硫化物温度计有效地运用在所研究的矿床中主要取决于其中的硫化物是否为相互平衡结晶的同期次矿物。但是，对于大多数矿床来说，选择与热液演化同期的矿物样品非常困难。此时，只要两种矿物是从温度和化学状态一样的溶液中平衡结晶的，硫化物-硫化物温度计就可以指示出合乎地质事实的温度。反过来说，如果矿物对给出的同位素温度与其他手段获得的合乎地质事实的温度一致，那么也可以认为该矿物对是从温度和化学状态一致的溶液中形成的。

正如前文所述，岩石中若有多个矿物对可用于温度计算，那么理想情况下，它们获得的温度结果应该在误差范围内一致。但事实上，由于多种因素的影响，它们获得的结果可能差异巨大。Smith 等(1977)为解决这一问题，设计了方铅矿-闪锌矿-黄铁矿硫同位素组合温度计。当方铅矿、闪锌矿和黄铁矿三者在一定温度下达到了硫同位素平衡后，根据方程(4-155)，有如下等式：

$$\Delta^{34}S_{Py-Gn} = \Delta^{34}S_{Py-Sp} + \Delta^{34}S_{Sp-Gn} \tag{4-427}$$

根据表 4-11 中的数据，可以求出不同温度下一系列的 $\Delta^{34}S_{Py-Gn}$、$\Delta^{34}S_{Py-Sp}$ 和 $\Delta^{34}S_{Sp-Gn}$ 值。将这些数据投影到以 3 对矿物Δ值坐标轴为边的等边三角形中，便可得到一条直线(图 4-29 中的 *AA*)。直线 *AA* 可作为温度标尺，待测样品实测 3 对Δ值，按上述方法作图，如果三矿物在某一温度达到同位素平衡，并得到良好的保存，则 3 条线应交于 *AA* 线的一个点上，即可求得平衡温度；但多数情况下，并不是获得一个点，而是获得一个小三角形区域，此时数据应结合具体情况做具体分析。

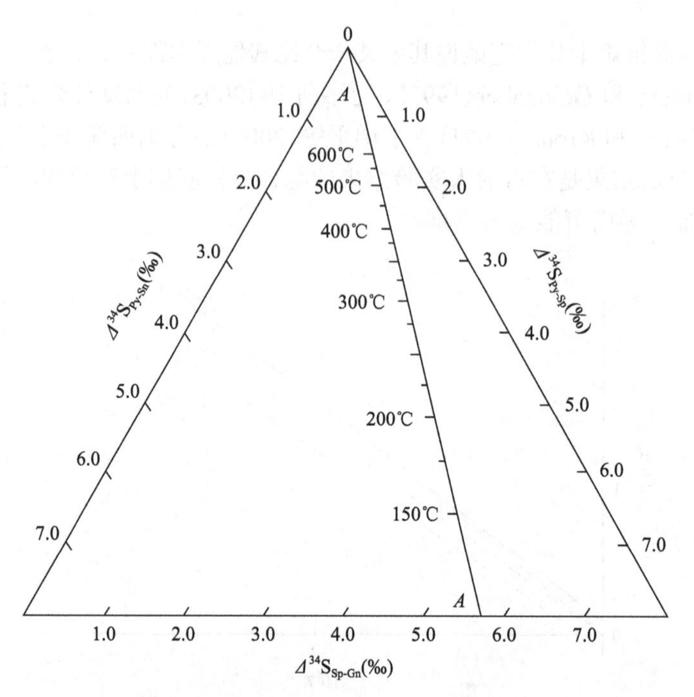

图 4-29　方铅矿-闪锌矿-黄铁矿硫同位素组合温度计图解(Smith et al.，1977)

2) 氧同位素温度计

H_2O 和 CO_2 是同位素交换实验较常采用的交换介质。通过实验方法测得 $\alpha_{矿物-H_2O}$ 或 $\alpha_{矿物-CO_2}$ 与温度 T 的关系，并利用同位素效应加和性计算不同矿物或物相间分馏系数 $\alpha_{矿物-矿物}$ 与温度 T 的关系，是获得氧同位素分馏方程的重要手段。表 4-12 是常见含氧矿物-H_2O 氧同位素分馏系数 α 与温度 T 的关系表达式，利用这些关系表达式并根据方程(4-423)可方便地进行氧同位素温度计算。

依据标定所使用的矿物或矿物对，氧同位素温度计可细分为外部测温法、内部测温法和内温度计 3 种(郑永飞，1987)。

(1) 外部测温法。外部测温法是指依据一个外部标准来确定温度，即只测定一种矿物的同位素组成，而与其共存的另一相(通常为液相)不作测定，而采用某一假定值，以确定温度。例如，古海水与现今海水氧同位素组成虽然有差别，但差异不大，因此在利用生物成因碳酸钙壳层、磷酸盐或氧化硅还原古海水温度时，通常以现今海水 $\delta^{18}O_{SMOW}$ 值来代替古海水 $\delta^{18}O$ 值。例如，Labeyrie(1974)提出的氧化硅-水古温度计便属于此类外部测温法：

$$T(℃) = 169 - 4.1\left(\delta^{18}O_{SiO_2} - \delta^{18}O_{H_2O} + 0.5\right)_{SMOW} \tag{4-428}$$

(2) 内部测温法。内部测温法是指直接测定共生的两种化合物的氧同位素组成，利用已知分馏方程计算温度的方法，包括矿物-水和矿物-矿物氧同位素温度计两类。

表 4-12　含氧矿物-H_2O 氧同位素分馏方程(郑永飞和陈江峰，2000)

矿物	$10^3\ln\alpha$	温度(℃)	资料来源
碱性长石	$2.91\times10^6/T^2-3.41$	350～800	O'Neil 和 Taylor(1967 年)
钙长石	$2.15\times10^6/T^2-3.27$	350～800	O'Neil 和 Taylor(1967 年)
白云母	$2.38\times10^6/T^2-3.89$	400～650	O'Neil 和 Taylor(1967 年)
石英	$3.38\times10^6/T^2-2.90$	200～500	Clayton 等(1972 年)
石英	$2.51\times10^6/T^2-1.46$	500～750	Clayton 等(1972 年)
石榴子石	$1.27\times10^6/T^2-3.65$	500～750	Lichtenstein 和 Hoernes(1992 年)
绿泥石	$2.69\times10^9/T^3-6.34\times10^6/T^2+2.97\times10^3/T$	170～350	Cole 和 Ripley(1999 年)
菱锶矿	$2.69\times10^6/T^2-3.24$	0～500	O'Neil 等(1969 年)
碳钡矿	$2.57\times10^6/T^2-4.23$	0～500	O'Neil 等(1969 年)
菱铁矿	$3.13\times10^6/T^2-3.50$	33～197	Carothers 等(1988 年)
菱镉矿	$2.76\times10^6/T^2-3.96$	0～500	Kim 和 O'neil(1997 年)
白云石	$3.06\times10^6/T^2-3.24$	252～295	Matthews 和 Katz(1977 年)
原白云石	$16.24\times10^3/T-22.86$	25～79	Fritz 和 Smith(1970 年)
方解石	$2.78\times10^6/T^2-2.89$	200～700	O'Neil 等(1969 年)
文石	$20.41\times10^3/T-41.42$	0～70	周根陶和郑永飞(2000 年)
重晶石	$3.01\times10^6/T^2-7.30$	110～350	Kusakabe 和 Robinson(1977 年)
硬石膏	$3.21\times10^6/T^2-4.72$	100～550	Chiba 等(1981 年)
溶解硫酸盐	$2.88\times10^6/T^2-4.10$	100～200	Mizutani 和 Rafter(1969 年)
黑钨矿	$3.13\times10^6/T^2-6.42\times10^3/T-0.12$	200～420	Zhang 等(1994 年)
锡石	$10.13\times10^6/T^2-26.09\times10^3/T+12.58$	250～500	Zhang 等(1994 年)
金红石	$-4.72\times10^6/T^2+1.62$	500～700	Matthews 等(1979 年)
金红石	$1.62\times10^6/T^2-12.53$	22～55	Bird 等(1993 年)
三水铝石	$1.31\times10^6/T^2-0.78$	8～51	Bird 等(1994 年)
针铁矿	$1.66\times10^6/T^2-12.7$	25～62	Yapp(1987 年)
Ag-磷酸盐	$18.35\times10^6/T^2-32.29$	75～135	Lecuyer 等(1999 年)
长石	$(3.13-1.04b^a)\times10^6/T^2-3.7$	500～800	Bottinga 和 Javory(1973 年)
白云母	$1.90\times10^6/T^2-3.1$	500～800	Bottinga 和 Javory(1973 年)
石英	$4.1\times10^6/T^2-3.7$	500～800	Bottinga 和 Javory(1973 年)
磁铁矿	$-1.47\times10^6/T^2-3.7$	500～800	Bottinga 和 Javory(1973 年)
磁铁矿	$3.02\times10^6/T^2-12.00\times10^3/T+3.31$	0～1200	Zheng 和 Simon(1991 年)
赤铁矿	$1.63\times10^6/T^2-12.3$	25～120	YAPP(1990 年)
赤铁矿	$2.69\times10^6/T^2-12.82\times10^3/T+3.78$	0～1200	Zheng 和 Simon(1991 年)
水镁石	$1.56\times10^6/T^2-14.1$	15～120	Xu 和 Zheng(1999 年)

[a] b=长石中 An 摩尔含量。

通过测定含氧矿物、与其共生的非含氧矿物(如萤石、硫化物等)中的液态包裹体水或矿物沉淀时介质水的氧同位素组成，便可根据表 4-12 中的矿物-水分馏方程计算温度。

值得注意的是，取包裹体水应取自非含氧矿物，因为含氧矿物中的包裹体水同位素组成在成岩或成矿之后可能会重新发生同位素交换。若已知温度，也可利用表 4-12 中的数据计算介质水的氧同位素组成，这对了解成矿物质来源具有重要意义。

通过测定共生含氧矿物对的氧同位素组成，依据矿物-矿物分馏方程也可计算温度。采用表 4-12 中的矿物-水氧同位素分馏方程，利用分馏效应加和性可以获得矿物-矿物氧同位素分馏方程，也可采用表 4-13 实验直接测试的矿物-矿物氧同位素分馏方程进行计算。矿物-矿物氧同位素温度计是目前应用最为广泛的同位素温度计，其中石英-磁铁矿氧同位素温度计最为灵敏，因为石英的 δ^{18}O 值最大而磁铁矿的 δ^{18}O 值最小，两者之间有最大的分馏系数。常用的矿物-矿物氧同位素温度计还包括石英-金红石、石英-石榴子石和白云石-方解石氧同位素温度计等。

表 4-13　矿物-矿物氧同位素分馏方程 $10^3\ln\alpha_{M\text{-}N}=A\times10^6/T^2+C$(郑永飞，1987)

M	N	$A(10^6)$	C	温度范围(℃)	资料来源
		5.20		200～500	Shick(1974 年)
	磁铁矿	4.32	1.45	500～700	
		6.11			Matthews(1983 年)
	钛铁矿	5.29		501～800	Javoy(1977 年)
	金红石	6.60	–2.40	575～775	Addy(1977 年)
	锡石	3.23	–1.14	100～450	Borshehvskiy(1979 年)
	方解石	0.5			Matthews(1983 年)
	辉石	2.75			
石英	橄榄石	3.91			
	角闪石	3.15	–0.30	500～800	
	石榴子石	2.88			Javoy(1977 年)
	白云母	2.20	–0.60		
	黑云母	3.69	–0.63		
	绿泥石	5.44	–1.63		
	黝帘石	1.56			
	硬玉	1.09			
	透辉石	2.08			
	硅灰石	2.20			
白云母	方解石	0.56	0.42		O'Neil 等(1966 年)
白云石	方解石	0.28	–0.18		Matthews(1977 年)
方解石	黝帘石	1.06			Matthews(1983 年)
高岭石	白云母	2.43	–2.76		O'Neil(1969 年)
		0.46+0.55s	0.02+0.85s	500～800	Matsuhisa(1979 年)
石英	长石	0.79+0.90s	0.43–0.3s	400～500	Matsuhisa(1979 年)
		0.50+1.09s			Matthews(1983 年)
	磁铁矿	5.61–1.09s			
	钛铁矿	4.32–1.04s			
	黑云母	2.72–1.04s	–0.60		
	角闪石	2.18–1.04s	–0.30	500～800	Bottinga 等(1975 年)
	石榴子石	1.91–1.04s			
斜长石	橄榄石	2.94–1.04s			
	白云母	1.23–1.04s			
	透辉石	1.58–1.09s			Matthews(1983 年)
	黝帘石	1.06–1.09s			
	辉石	1.71			Cleyton(1972 年)
辉石	橄榄石	1.24			
	石榴子石	0.21		500～800	Bottinga 等(1975 年)
石榴子石	黑云母	5.64	–2.76		Cyaopoaa(1985 年)

Wenner 和 Taylor(1971)利用天然岩石中Δ_{Qz-Ms}、Δ_{Qz-Ilm}和Δ_{Qz-Mag}之间的线性关系及前人实验研究得到的Δ_{Qz-H_2O}和Δ_{Ms-H_2O}分馏方程，经验标定了石英-磁铁矿的分馏方程：

$$\Delta_{Qz-Mag} = 3.70\times10^6/[T(K)]^2 + 3.66 \tag{4-429}$$

Bottinga 和 Javory(1973)利用实验和天然岩石中获得的氧同位素分馏数据，计算获得了磁铁矿、石英、长石及白云母等与水之间的氧同位素分馏方程(表 4-12)，从而经验标定了石英-磁铁矿分馏方程：

$$10^3\ln\alpha_{Qz-Mag} = 5.57\times10^6/[T(K)]^2 \tag{4-430}$$

Downs 等(1981)首次尝试了以 H_2O 为同位素交换介质实验合成共生石英-磁铁矿矿物对，并直接测试它们的氧同位素组成，获得了 T=600℃及 800℃(P=5kbar)条件下的两组$10^3\ln\alpha_{Qz-Mag}$数据，分别为 7.8 和 6.1。运用最小二乘法拟合，可获得下式：

$$10^3\ln\alpha_{Qz-Mag} = 6.30\times10^6/[T(K)]^2 \tag{4-431}$$

Chiba 等(1989)和 Clayton 等(1975)以方解石为介质，分别在 P=15～16kbar 和 T=800～1200℃及 T>600℃的温压条件下进行了磁铁矿-方解石和石英-方解石同位素交换实验。Chiba 等(1989)结合两者同位素数据，运用最小二乘法拟合，获得了如下温度计方程：

$$10^3\ln\alpha_{Qz-Mag} = 6.29\times10^6/[T(K)]^2 \tag{4-432}$$

其与方程(4-431)极为接近。

Zheng 和 Simon(1991)采用改进的增量法，结合理论与实验获得的石英-H_2O 分馏系数，从理论上计算了 T=0～1200℃石英-磁铁矿分馏方程，获得下式：

$$10^3\ln\alpha_{Qz-Mag} = 1.22\times10^6/[T(K)]^2 + 8.22\times10^3/T - 4.35 \tag{4-433}$$

该方程结果与已有理论、实验和经验标定的磁铁矿温度计相吻合。

运用氧同位素温度计的必要条件之一就是知道共生矿物之间的氧同位素平衡分馏系数，从上述石英-磁铁矿氧同位素温度计可以看出，不同作者运用不同方法获得的温度计千差万别。因此，如何判断校正方法的有效性和结果的正确性就成为实践中首先需要解决的问题。如前文所述，实验测量、理论计算和经验估算是校正同位素分馏系数的 3 种基本方法，若 3 种方法获得的结果在误差范围内一致，则具有一定的可信度。随着测定方解石-硅酸盐矿物氧同位素分馏系数的碳酸盐交换技术的发展，实验校准精度得到了很大提高(Chiba et al.，1989；Clayton et al.，1975)。郑永飞和陈江峰(2000)总结了利用这一实验技术测定的氧同位素数据，获得了一套自洽的氧同位素温度计(表 4-14)。该组温度计包括的造岩矿物数目有限，仅适用于待测温度高于，适用于 600℃的条件下。

表 4-14　利用碳酸盐交换技术测定的矿物-矿物氧同位素分馏系数 *A* 值(郑永飞和陈江峰，2000)

矿物对	方解石	钠长石	钙长石	透辉石	蓝晶石	石榴子石	钙铝黄长石	镁橄榄石	磁铁矿	钙钛矿
石英	0.38	0.94	1.99	2.75	3	3.15	3.5	3.67	6.29	6.8
方解石		0.56	1.61	2.37	2.62	2.77	3.12	3.29	5.91	6.42
钠长石			1.05	1.81	2.06	2.21	2.56	2.73	5.35	5.86
钙长石				0.76	1.01	1.16	1.51	1.68	4.3	4.81
透辉石					0.25	0.4	0.75	0.92	3.54	4.05
蓝晶石						0.15	0.5	0.67	1.29	1.8
石榴子石							0.35	0.52	3.14	3.65
钙铝黄长石								0.17	2.79	3.3
镁橄榄石									2.62	3.13
磁铁矿										0.51

分馏方程形式为 $10^3\ln\alpha = \mathrm{A}\times10^6/[T(\mathrm{K})]^2$ 。

Matthews 等(1994)对前人矿物-水氧同位素实验数据进行处理后，与 Chiba 等(1989)、Clayton 等(1975)矿物-碳酸岩氧同位素分馏实验数据结合，获得了一套自洽的矿物-矿物氧同位素温度计(表 4-15)。该组温度计适用于榴辉岩、绿片岩、铝质变泥质岩、中酸性岩，待测温度高于 500℃时效果较好，介于 300～350℃时效果也不错。

表 4-15　变质岩常见矿物-矿物氧同位素分馏系数 *A* 值(Matthews et al.，1994)

矿物对	方解石	钠长石	硬玉	钙长石	黝帘石	透辉石	钙铝榴石	镁橄榄石	金红石	磁铁矿
石英	0.38	0.94	1.69	1.99	2	2.75	3.03	3.67	5.02	6.29
方解石		0.56	1.31	1.61	1.62	2.37	2.65	3.29	4.64	5.91
钠长石			0.75	1.05	1.06	1.81	2.09	2.73	4.08	5.35
硬玉				0.3	0.31	1.06	1.34	1.98	3.33	4.6
钙长石					0.01	0.76	1.04	1.68	3.03	4.3
黝帘石						0.75	1.03	1.67	3.02	4.29
透辉石							0.28	0.92	2.27	3.54
钙铝榴石								0.64	1.99	3.26
镁橄榄石									1.35	2.62
金红石										1.27

分馏方程形式为 $10^3\ln\alpha = A\times10^6/[T(\mathrm{K})]^2$ 。

Zheng(1999)采用改进的增量法对矿物-矿物氧同位素分馏系数进行了计算，也获得了一组自洽的氧同位素数据(表 4-16)[(郑永飞和赵子福，2011)，有改动]。该组氧同位素温度计涵盖了所有地质上常见的矿物，其不仅与现有的实验和/或经验校正相吻合(图 4-30)，而且在实际应用中也能够得到合理的温度，因而是一套较为可靠的矿物-矿物氧同位素温度计。

表 4-16　高温条件下矿物之间的氧同位素分馏系数(据 Zheng，1999，有修改)

矿物相	Cc	Ab	Jd	Ky	Phg	An	Mus	Omp	Zs	En	Di	Hb	Bi	Zr	Gt	Tt	Fo	Rt	Mt	Ilm
Qz	0.38	1.05	1.79	1.88	1.97	2.04	2.13	2.30	2.32	2.61	2.79	2.90	3.06	3.29	3.31	3.73	3.88	4.35	5.44	5.76
Cc		0.67	1.41	1.50	1.59	1.66	1.75	1.92	1.94	2.23	2.41	2.52	2.68	2.91	2.93	3.35	3.50	3.97	5.06	5.38
Ab			0.74	0.83	0.92	0.98	1.08	1.25	1.27	1.56	1.74	1.85	2.01	2.24	2.26	2.68	2.83	3.30	4.39	4.71
Jd				0.08	0.18	0.24	0.34	0.51	0.53	0.82	1.00	1.11	1.27	1.50	1.52	1.94	2.09	2.56	3.65	3.97
Ky					0.09	0.16	0.26	0.43	0.45	0.74	0.92	1.03	1.19	1.42	1.44	1.86	2.01	2.46	3.57	3.89
Phg						0.07	0.17	0.34	0.34	0.65	0.83	0.94	1.10	1.33	1.35	1.77	1.92	2.37	3.48	3.79
An							0.09	0.25	0.27	0.58	0.75	0.87	1.02	1.26	1.27	1.70	1.84	2.31	3.40	3.72
Mus								0.17	0.18	0.49	0.66	0.78	0.93	1.17	1.18	1.61	1.75	2.22	3.31	3.63
Omp									0.01	0.32	0.49	0.61	0.76	0.99	1.01	1.44	1.58	2.05	3.14	3.46
Zs										0.31	0.48	0.59	0.75	0.98	1.00	1.42	1.57	2.04	3.13	3.45
En											0.18	0.28	0.44	0.67	0.69	1.12	1.26	1.73	2.82	3.14
Di												0.11	0.27	0.50	0.52	0.94	1.09	1.56	2.65	2.97
Hb													0.16	0.39	0.41	0.83	0.98	1.45	2.54	2.86
Bi														0.23	0.25	0.67	0.82	1.29	2.38	2.70
Zr															0.01	0.44	0.59	1.06	2.15	2.47
Gt																0.43	0.58	1.05	2.14	2.46
Tt																	0.15	0.62	1.71	2.03
Fo																		0.47	1.55	1.88
Rt																			1.09	1.41
Mt																				0.32

Qz-石英；Cc-方解石；Ab-钠长石；Jd-硬玉；Ky-蓝晶石；Phg-多硅白云母；An-钙长石；Mus-白云母；Omp-绿辉石；Zs-黝帘石；En-顽火辉石；Di-透辉石；Hb-角闪石；Bi-黑云母；Zr-锆石；Gt-石榴子石；Tt-榍石；Fo-镁橄榄石；Rt-金红石；Mt-菱镁矿；Ilm-钛铁矿。

分馏方程形式为 $10^3\ln\alpha = A\times10^6/[T(\mathrm{K})]^2$。

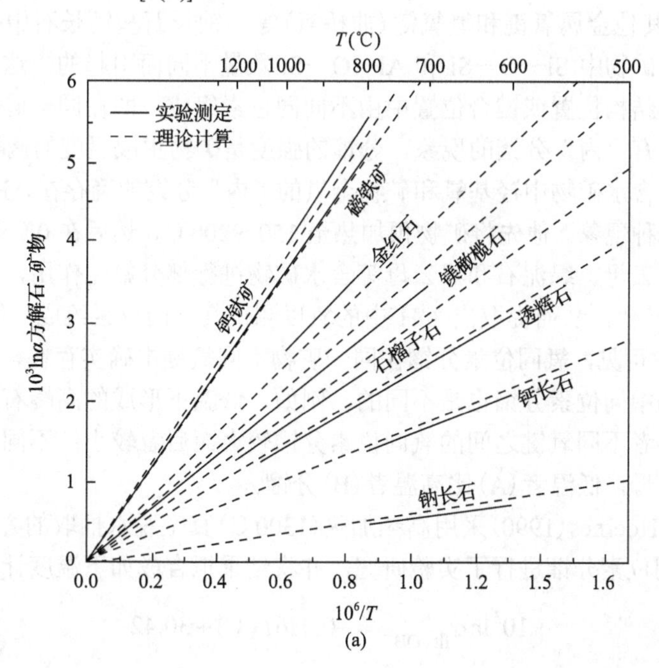

(a)

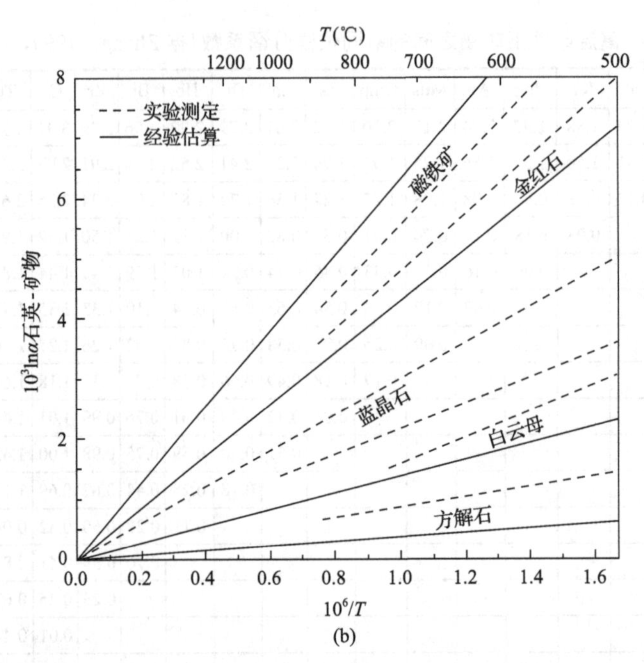

图 4-30　理论计算、实验测定和经验估算的矿物-矿物氧同位素分馏方程比较(郑永飞和赵子福，2011)

$10^6/T$ 中 T 的单位为 K

(3) 内温度计。内温度计是指利用氧同位素在某一矿物内部不同结构位置或键合位置之间的平衡分馏来测定温度的方法。内温度计的优点是能避免矿物-矿物氧同位素温度计的一些缺陷，如必须保证是共生矿物、必须达到同位素交换平衡。必须没有后期同位素平衡的破坏等。正如前文所述，重同位素倾向于富集在较强的化学键中，而轻同位素优先富集于较弱的化学键中。氧原子在各种矿物中能形成不同的键，如 Si—O—Si 和 Al—O—Si(桥氧)或其他金属氧键和氢氧键(非桥氧)等，钠长石和钙长石中氧同位素分馏不同，是由于两种矿物中 Si—O—Si 和 Al—O—Si 数量不同而引起的。这说明，一定元素在某一矿物不同结构位置或键合位置中由不同同位素组成，即在同一矿物内部不同结构位置的氧同位素有“内”分馏的现象，分馏的强度是矿物生成温度的函数。

目前已证实含水矿物中羟基氧和矿物全氧的“内”分馏的确存在，Hamza 和 Epstein (1980)研究了这种现象。他先将矿物预加热至 150～200℃，然后在 0℃条件下以 F_2 为试剂对高岭石、白云母、绿泥石和黑云母等含水矿物进行部分氟化作用，使得这些矿物中的 OH^- 被 F^- 所替代，从而提取出 OH^- 中的氧以测试其氧同位素组成，结果列于表 4-17 中。从表 4-17 中可见，氧同位素分馏在同一矿物不同氧键中确实存在，并且不同温度下形成的不同矿物中同位素分馏也是不同的。例如，低温下形成的高岭石与高温下形成的黑云母相比，前者不同氧键之间的氧同位素分馏较大而后者较小；不同温度下形成的同一矿物，如白云母，低温者(A)比高温者(B)分馏大。

Bechtel 和 Hoernes (1990)采用高频加热(1300℃)真空脱水抽取的方法对伊利石(Ilt)全矿物-OH^- 氧同位素分馏进行了实验研究，并将结果拟合成如下温度计公式：

$$10^3\ln\alpha_{\mathrm{Ilt-OH^-}} = -0.076T(℃) + 30.42 \tag{4-434}$$

表 4-17　全矿物 $\delta^{18}O$ 和 OH^- 中 $\delta^{18}O$ 对比(Hamza and Epstein，1980)

矿物	全矿物($\delta^{18}O$)	OH^-($\delta^{18}O$)	$10^3\ln\alpha$ 全矿物-OH^-
高岭石	21.2	8.6	12.6
绿泥石	6.6	−6.1	12.7
白云母 A	10.2	2.1	8.1
黑云母	5.2	−2.0	7.2
金云母	15.5	8.8	6.1
白云母 B	6.4	1.2	5.2

Zheng(1993)采用改进的增量法，从理论上计算了含水矿物全矿物-OH^-氧同位素分馏系数，获得的分馏方程见表 4-18。运用这些公式可以进行单矿物氧同位素温度计算。

表 4-18　含水矿物全矿物-OH^-氧同位素分馏方程(Zheng，1993)

矿物	1-$^{18}O_{wm}$	1-$^{18}O_{am}$	$\frac{n_O - n_{OH}}{n_{OH}}$	A	B	C
绿泥石	0.7810	1.0041	1.25	0.69	4.30	−1.80
高岭石	0.8963	1.1524	1.25	2.71	2.64	−1.30
滑石	0.8579	0.9359	5	0.87	6.14	−2.56
黑云母	0.7414	0.8088	5	1.14	4.89	−2.08
伊利石	0.8367	0.9128	5	0.93	5.91	−2.47
白云母	0.8204	0.8950	5	0.97	5.73	−2.40
金云母	0.7469	0.8148	5	1.13	4.95	−2.11
角闪石	0.7551	0.7879	11	1.22	5.21	−2.22
透闪石	0.7748	0.8085	11	1.19	5.45	−2.31
黝帘石	0.8049	0.8371	12	1.13	5.78	−2.45
电气石	0.8614	0.9208	6.75	0.92	6.28	−2.62

分馏方程形式为 $10^3\ln\alpha = A\times10^6/[T(\mathrm{K})]^2 + B\times10^3/T + C$。

内温度计应用的最大问题在于如何分离及测试 OH^-氧同位素组成。李延河和蒋少涌(1999)对 Bechtel 和 Hoernes(1990)采用的高频加热真空脱水方法进行了改进，利用火焰加热真空脱水氟化方法精确测量了白云母和高岭石 OH^-中的氧同位素组成，分析精度可达 0.3‰，OH^-中氧的提取率可达 99%～100%。

3)碳同位素温度计

与硫同位素温度计和氧同位素温度计相比，碳同位素温度计的实验资料相对较少，特别是温度高于 50℃的数据很少。表 4-19 和图 4-31 总结了热液体系中常见含碳矿物/物相-CO_2(气体)的分馏方程和分馏曲线。

表 4-19　矿物/物相-CO_2分馏方程

$1000\ln\alpha_i\text{-}CO_2(g)=A+B\times10^3/T+C\times10^6/T^2+D\times10^9/T^3+E\times T(K)$

矿物/物相	A	B	C	D	E	适用 T 范围(℃)	参考文献
白云石	3.132	−11.346	5.538	−0.388	0	<600	Sheppard 和 Schwarcz(1970)、Chacko 等(1991)
白云石	−7.29		1.637			100～250	Horita(2014)
方解石	2.72	−9.58	3.46			500～1200	Scheele 和 Hoefs(1992)
方解石	2.962	−11.346	5.358	−0.388	0	<3727	Chacko 等(1991)
CO_2(aq)	−2.3	0	0	0	0.0041	<60	Vogel 等(1970)
CO_2(aq)	0	0	0	0	0	>100	Ohmolo 和 Rye(1979)
CO_2(aq)	−8.27	18.11	−8.557	0.8914		0～700	Bottinga(1969)
HCO_3^-	−35.7	20.16	−2.16	0	0	<290	Ohmolo 和 Rye(1979)
CH_4	4.363	−8.933	−5.21	0.4194	0	<700	Bottinga(1969)
石墨	3.6	−12.808	1.888	0.1191	0	<700	Chacko 等(1991)
石墨	3.04		−4.53			600～1200	Scheele 和 Hoefs(1992)
金刚石	10.11	−24.71	8.34	−0.6967	0	<1000	Bottinga(1969)
CH_4	−26.70	49.137	−40.828	7.512		200～600	Horita(2001)
CH_4	−0.16		−11.754	2.3655		0～1300	Horita(2001)

部分数据引自 Ohmoto 和 Goldhaber(1997)，有修改。

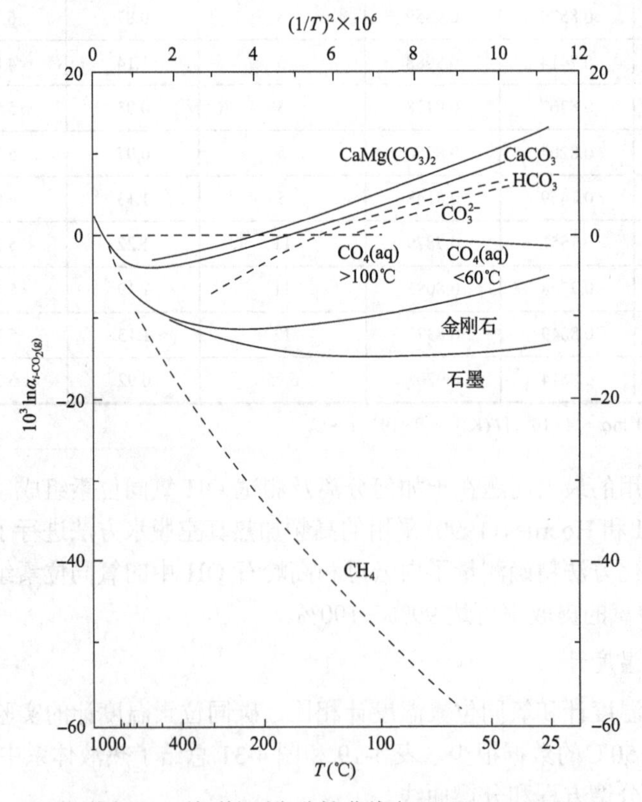

图 4-31　矿物/物相-CO_2(气体)平衡分馏曲线(Ohmoto and Goldhaber，1997)

实线为矿物，虚线为流体相；$(1/T)^2\times10^6$ 中 T 的单位为 K

碳酸盐矿物之间的碳同位素分馏系数与硫酸盐矿物之间硫同位素分馏大小相似，也非常小。例如 Sheppard and Schwarcz(1970)提出的白云石—方解石碳同位素分馏方程如下：

$$10^3\ln\alpha_{\text{Dol-Cc}} = 0.18\times10^6/[T(\text{K})]^2 + 0.17 \tag{4-435}$$

在 T=300℃附近，$\Delta^{13}C_{\text{Dol-Cc}}$ 若有±0.2‰，按方程(4-434)计算的温度误差可达±80℃。Deines(2004)通过理论计算，也提出了类似的白云石-方解石碳同位素分馏方程：

$$10^3\ln\alpha_{\text{Dol-Cc}} = 0.058\times10^6/[T(\text{K})]^2 + 0.39\times10^3/T - 0.17 \tag{4-436}$$

因此，由于 $10^3\ln\alpha_{\text{Dol-Cc}}$ 对温度变化太敏感，可能造成较大误差而不适宜作为温度计。

CH_4(气体)-CO_2(气体)碳同位素分馏系数相对于温度 T 具有较陡的斜率，因而可用于估算火山气体、温泉体系和天然气田的温度。Bottinga(1969)应用当时新获得的光谱资料，对 T=0～700℃条件下的 CH_4-CO_2 碳同位素平衡分馏系数进行了理论计算，其获得的温度计表达式为

$$10^3\ln\alpha_{CH_4-CO_2} = -2.83\times10^6/[T(\text{K})]^2 - 12.58\times10^3/T + 5.92 \tag{4-437}$$

Richet 等(1977)回顾了气体分子同位素平衡分馏系数计算的理论和方法，详细讨论了计算中可能的误差来源，并且从理论上计算了 T=0～1300℃范围内含碳气体分子的一套热力学碳同位素系数。若对此套数据进行二项式拟合，便可得到如下 CH_4-CO_2 碳同位素平衡分馏方程：

$$10^3\ln\alpha_{CH_4-CO_2} = -2.66\times10^6/[T(\text{K})]^2 - 13.53\times10^3/T + 7.09 \tag{4-438}$$

Horita(2001)认为在前人对 CH_4-CO_2 体系碳同位素平衡的理论计算结果中，Richet 等(1977)的计算由于使用了更新的和经过谐和校正的更精确的光谱数据而最为准确。他在 150～600℃温度范围内对 CH_4-CO_2 体系碳同位素平衡进行的实验研究也证实了这一点，其所获得的 CH_4-CO_2 碳同位素分馏系数与 Richet 等(1977)的计算结果非常相似，只是实验结果比理论结果系统偏高 0.89‰。他利用其实验结果对 Richet 等(1977)的拟合公式进行了校正，从而提出了一个新的既基于理论计算又有实验校正的 CH_4-CO_2 碳同位素分馏方程：

$$10^3\ln\alpha_{CH_4-CO_2} = -0.2054\times10^{12}/[T(\text{K})]^4 + 2.3655\times10^9/T^3 - 11.754\times10^6/T^2 - 0.16 \tag{4-439}$$

不含碳矿物中流体包裹体 CO_2 及与之共生的方解石/白云石/石墨(Gr)的碳同位素组成也可用作温度计。例如，表 4-19 所列均为矿物/物相-CO_2 分馏方程，将实测碳同位素数据代入便可计算温度。Bottinga(1969)最早根据统计力学的方法计算获得一系列矿物/物相-CO_2 分馏系数，其中包括方解石-CO_2 和白云石-CO_2 分馏方程，如下：

$$10^3\ln\alpha_{Cc-CO_2} = -8.914\times10^8/[T(K)]^3 + 8.557\times10^6/T^2 - 18.11\times10^3/T + 8.27 \quad (4\text{-}440)$$

$$10^3\ln\alpha_{Cc-CO_2} = -8.914\times10^8/[T(K)]^3 + 8.737\times10^6/T^2 - 18.11\times10^3/T + 8.44 \quad (4\text{-}441)$$

方程(4-440)和方程(4-441)适用于 T=0～700℃的条件下。Polyakov 和 Kharlashina (1995)对 Bottinga(1969)的理论计算进行了修正和改进，获得了新的石墨-CO_2碳同位素分馏方程：

$$\begin{aligned}10^3\ln\alpha_{Gr-CO_2} = &-9.37635x + 3.744736x^2 - 1.1329x^3 + 0.271979\times10^{-3}x^4 \\ &- 5.1296884\times10^{-2}x^5 + 7.3999934\times10^{-3}x^6 - 7.877250\times10^{-4}x^7 \\ &+ 5.925301\times10^{-5}x^8 - 2.959925\times10^{-6}x^9 + 8.7762\times10^{-8}x^{10} - 1.1660\times10^{-9}x^{11}\end{aligned} \quad (4\text{-}442)$$

式中，$x = 10^6/[T(K)]^2$。

Chacko 等(1991)在 T=400～950℃和 P=1～13kbar 的条件下对方解石-CO_2碳同位素分馏进行了实验研究，由于实验数据误差较大，因此不能用来拟合温度计公式，但是实验数据与利用前人的理论方法计算出的分馏系数在误差范围内一致。他们结合实验数据，采用理论计算的方法获得了 T=273～4000K 范围内的一套方解石-CO_2碳同位素分馏系数，若采用多项式拟合，可获得如下方程：

$$\begin{aligned}10^3\ln\alpha_{Cc-CO_2} = &\,2.288\times10^{14}/[T(K)]^5 - 2.572\times10^{12}/T^4 + 1.007\times10^{10}/T^3 \\ &- 1.323\times10^7/T^2 + 2.369\times10^3/T - 1.044\end{aligned} \quad (4\text{-}443)$$

Scheele 和 Hoefs(1992)在 P=1～15kbar 和 T=500～1200℃温压范围内对方解石-CO_2和石墨-CO_2的碳同位素分馏进行了实验研究，对实验结果的最小二乘法拟合获得了如下两个温度计公式：

$$10^3\ln\alpha_{Cc-CO_2} = 3.46\times10^6/[T(K)]^2 - 9.58\times10^3/T + 2.72 \quad (4\text{-}444)$$

$$10^3\ln\alpha_{Gr-CO_2} = -4.53\times10^6/[T(K)]^2 + 3.04 \quad (4\text{-}445)$$

在许多变质岩和变质矿床中，石墨(Gr)与方解石和/或白云石共生，此时可以运用方解石-石墨(Gr)碳同位素温度计或白云石-石墨碳同位素温度计计算温度条件。Bottinga (1969)根据理论计算建立了方解石-石墨分馏方程：

$$10^3\ln\alpha_{Cc-Gr} = 7.89\times10^3/T - 2.69 \quad (4\text{-}446)$$

该温度计公式适用于 T=0～700℃范围。此后，Chacko 等(1991)、Polyakov 和 Kharlashina(1995)对 Bottinga(1969)的理论计算进行了修正和改进，各自获得了新的方解石-石墨碳同位素分馏方程：

$$10^3 \ln\alpha_{\text{Cc-Gr}} = 4.007x - 0.301x^2 + 0.0139x^3 \tag{4-447}$$

$$\begin{aligned} 10^3 \ln\alpha_{\text{Cc-Gr}} = {} & 3.665x - 0.22291x^2 + 0.021096x^3 \\ & -1.3688\times10^{-3}x^4 + 3.3376\times10^{-5}x^5 \end{aligned} \tag{4-448}$$

式中，$x = 10^6 / [T(\text{K})]^2$。

Valley 和 O'Neil(1981)对来自纽约州阿迪朗达克山的高角闪岩相至麻粒岩相大理岩样品进行了研究，发现 Bottinga(1969)的方解石-石墨碳同位素温度计在 T=600～800℃会高估样品温度，因此他们利用这些天然岩石数据对方解石-石墨碳同位素温度计进行了经验校正，获得公式为

$$10^3 \ln\alpha_{\text{Cc-Gr}} = -0.00748T(℃) + 8.68 \tag{4-449}$$

该公式适用于 T=600～800℃的待测大理岩。鉴于上述两温度计的矛盾，Wada 和 Suzuki(1983)通过对日本中部春日地区接触变质岩的研究，利用方解石-白云石溶线温度计校正了天然方解石-白云石-石墨体系的方解石-石墨和白云石-石墨两个碳同位素温度计，分别为

$$10^3 \ln\alpha_{\text{Cc-Gr}} = 5.6\times10^6 / [T(\text{K})]^2 - 2.4 \tag{4-450}$$

$$10^3 \ln\alpha_{\text{Dol-Gr}} = 5.9\times10^6 / [T(\text{K})]^2 - 1.9 \tag{4-451}$$

方程(4-450)和方程(4-451)适用于 T=400～680℃的范围内的中高级大理岩。

Morikiyo(1984)对日本中部木曾郡领家绿片岩相至麻粒岩相变质灰岩和钙硅质岩石中共生方解石和石墨同位素分馏进行了研究，经验校正了方解石-石墨碳同位素温度计：

$$10^3 \ln\alpha_{\text{Dol-Gr}} = 8.9\times10^6 / [T(\text{K})]^2 - 7.1 \tag{4-452}$$

Dunn 和 Valley(1992)研究了加拿大安大略 Tudor 辉长岩体外烘烤边中方解石-石墨的碳同位素平衡，得出的方解石-石墨温度计为

$$10^3 \ln\alpha_{\text{Cc-Gr}} = 5.81\times10^6 / [T(\text{K})]^2 - 2.61 \tag{4-453}$$

该温度计适用范围为 T=400～800℃。他们发现石墨的产状对解释方解石-石墨碳同位素温度计结果很重要，那些进变质中产生的石墨会具有低的方解石-石墨碳同位素分馏系数而退变产生的重结晶的石墨会具有相对较高的分馏系数。Kitchen 和 Valley(1995)再次对美国纽约州阿迪朗达克山角闪岩相至麻粒岩相大理岩进行了研究，将前人方解石-石墨碳同位素温度计应用于 89 件共生的方解石-石墨对，并对其进行了详细分析。他们对未受接触变质作用影响的 38 件麻粒岩相样品数据进行了拟合，获得了如下方解石-石墨碳同位素温度计：

$$10^3 \ln\alpha_{\text{Cc-Gr}} = 3.56\times10^6 / \left[T(\text{K})\right]^2 \tag{4-454}$$

该温度计适用范围为 T=650～850℃。

Scheele 和 Hoefs(1992)将实验标定的方解石-CO_2 和石墨-CO_2 的碳同位素分馏方程[方程(4-443)和方程(4-444)]结合，从而获得了实验标定的方解石-石墨碳同位素温度计公式：

$$10^3\ln\alpha_{Cc-Gr} = 7.99\times10^6 / [T(K)]^2 - 9.58\times10^3 / T + 5.76 \quad (4\text{-}455)$$

将该温度计应用于含石墨大理岩获得的温度明显比 Valley 和 O'Neil(1981)结果高。

Dunn(2005)对已发表的方解石-石墨碳同位素温度计进行了对比研究(图 4-32)。他发现 Scheele 和 Hoefs(1992)的实验研究中仅包含了部分碳同位素交换(石墨-CO_2)，也没有达到碳同位素平衡，并且其温度计与其他所有理论计算和经验校正的温度计都不同。而理论计算和经验校正温度计的差异主要存在于低温条件下，当 T<650℃时，由于石墨中碳扩散速率较小，不能与方解石进行彻底的碳同位素交换而达不到碳同位素平衡，因此经验校正温度计向高 $10^3\ln\alpha_{Cc-Gr}$ 值方向偏离理论计算结果；当 T>650℃时，Kitchen 和 Valley(1995)经验校正的方解石-石墨碳同位素温度计与 Chacko 等(1991)、Polyakov 和 Kharlashina(1995)的结果非常一致。将这些温度计应用于角闪岩相岩石后发现，Dunn 和 Valley(1992)的温度计能与其他种类温度计结果高度一致，因此该温度计可应用于角闪岩相岩石。

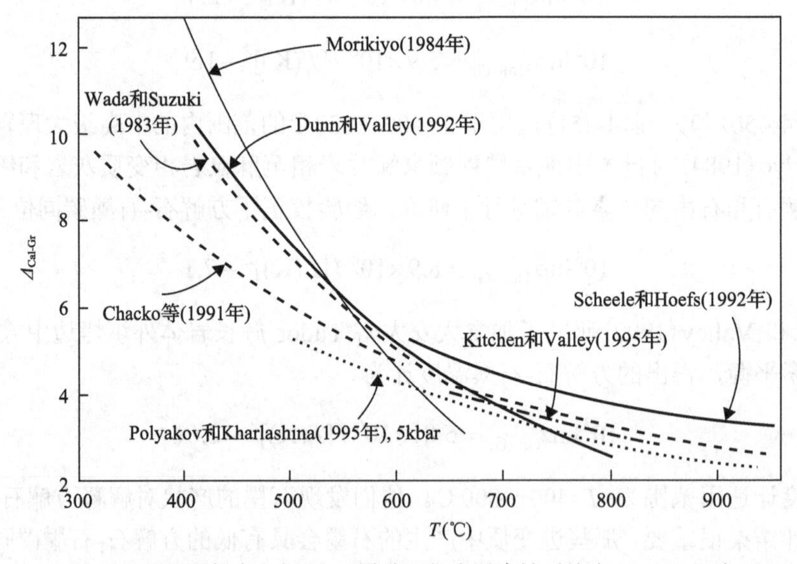

图 4-32　不同版本方解石-石墨碳同位素温度计对比(Dunn，2005)

3. 稳定同位素温度计的压力影响

早在 1960 年，Joy 和 Libby(1960)就采用半定量的方法估算了压力对稳定同位素分馏的影响，他们认为压力对稳定同位素温度计能造成可以测量的影响。但是，在随后的相当长一段时间内，无论是理论计算还是实验研究都认为在 P≤20kbar 的条件下，压力对稳定同位素分馏不会有太大影响，以至于在将同位素温度计应用于地壳岩石时这些影响都可忽略(Clayton et al.，1975)。Polyakov 和 Kharlashina(1994)综合分析了这方面的研究，认为前人所采用的计算方法过于简单，仅考虑了同位素交换平衡中的体积变化，因而只能称之为估算而不是计算。Polyakov 和 Kharlashina(1994)将固体矿物进行了似谐振近似，对压力对矿物简约配分函数比的影响进行了理论计算(表 4-20，图 4-33)。他们发现，温度越低，矿物同位素简约配分函数比受压力影响而偏离的值越大，压力差越大，简约配分函数比偏离也越大。对于碳同位素，$P\geqslant 10$kbar，压力就能导致可测量的简约配分函数比变化；对于氧同位素，压力对简约配分函数比的影响较小，但 $P\geqslant 20$kbar，压力也能导致可测量的简约配分函数比变化。矿物之间的晶体结构差距越大，同位素分馏系数受压力影响也越大。

表 4-20 由压力引起的矿物氧同位素简约配分函数比变化(Polyakov and Kharlashina，1994)

矿物	$\delta=10^3\{\ln\beta[10(\text{kbar})-\ln\beta(1\text{atm})]\}$
石英	$\delta=0.1268x-0.0018x^2$
镁橄榄石	$\delta=0.1212x-0.0019x^2$
钠长石	$\delta=0.1298x-0.0034x^2$
顽火辉石	$\delta=0.1052x-0.0017x^2$
钙铝榴石	$\delta=0.1035x-0.0020x^2$
镁铝榴石	$\delta=0.0914x-0.0016x^2$
方解石	$\delta=0.1004x-0.0032x^2$
金红石	$\delta=0.0705x-0.0012x^2$

$x=10^6/[T(\text{K})]^2$。

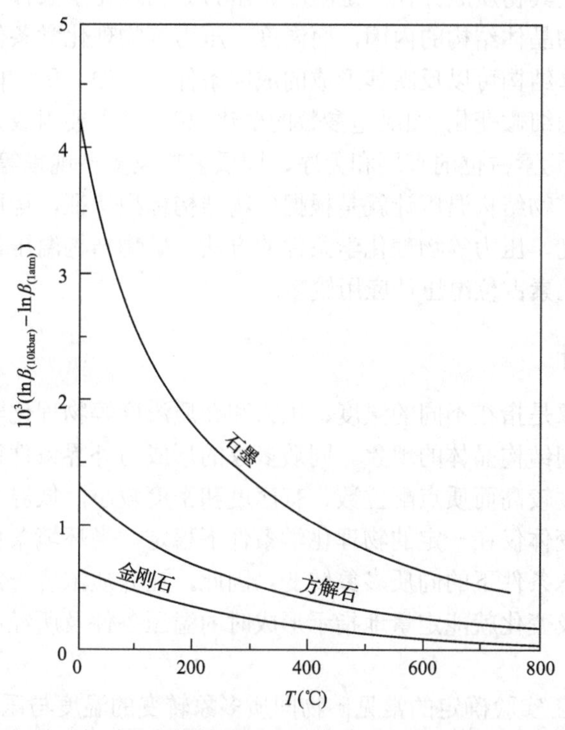

图 4-33 由压力引起的矿物碳同位素简约配分函数比变化(Polyakov and Kharlashina，1994)

运用这些数据可以估算在不同压力条件下温度计的偏差。例如，Matthews 等(1983)获得的石英-金红石氧同位素温度计为

$$\Delta = 10^3 \ln\alpha_{Qz-Rt} = 5.03\times10^6 / [T(\text{K})]^2 \tag{4-456}$$

其温度计误差可写为

$$\text{Delta}T = -\text{Delta}\Delta T^3 \times 10^6 / 10.06 \tag{4-457}$$

由表 4-20 可得，P=10kbar 时压力引起的 Δ 偏差为 $\Delta = 0.17‰$ (T=300℃) 和 DeltaΔ = 0.05‰ (T=800 ℃)，将其代入方程(4-457)可知压力引起的 T 偏差为 Delta$T$ = 4℃ (T=300℃) 和 Delta$T$ = 24℃ (T=800℃)。这与测试误差引起的 T 偏差相当。另外，运用这些数据也可以解释实验和理论计算中的一些矛盾现象。例如，Scheele 和 Hoefs(1992)通过实验获得的方解石-石墨碳同位素分馏方程与其他经验估算或理论计算获得的温度计均存在较大差异。部分学者认为这是由于实验中同位素不平衡造成的，但从图 4-33 可以看出，石墨和方解石简约配分函数比均受到压力的影响，其中石墨更甚，而 Scheele 和 Hoefs(1992)的实验是在 1～15kbar 范围内不同压力条件下进行的。因此，未做压力校正可能是其拟合出的温度计公式与其他版本温度计存在较大差异的原因之一。

三、矿物结构温压计

矿物晶体结构是其物质成分在一定温度、压力等物理化学条件下的稳定形式，晶体化学成分是控制矿物晶体结构的内因，而温度、压力等物理化学条件是外因。根据矿物标型学说，矿物晶体结构可以反映其形成的成因条件。例如，矿物内元素类质同象替代现象引起的晶体结构细微变化(如晶胞参数的变化)和矿物主要组成元素在结构内规律排列方式的变化(包括元素占位的有序和无序、同质多象及多型现象等)可从不同角度提供矿物的成因信息。矿物结构温压计就是根据矿物结构标型特征，运用热力学平衡理论，反演矿物平衡的温度、压力等物理化学条件的方法。矿物结构温压计包括多个方面，以同质多象温压计和元素占位温压计应用较多。

(一) 同质多象温压计

矿物的同质多象是指在不同的温度、压力和介质浓度等物理化学条件下，同种化学成分的物质形成不同结构晶体的现象。同质多象的形成与外界条件密切相关，如高温下形成的变体对称程度较高而质点配位数、有序度和密度较小，低温条件下形成的变体反之。同质多象各个变体仅在一定的物理化学条件下稳定，当环境条件改变到其稳定范围之外时，便发生固态条件下的同质多象转变。因此，在介质浓度一定的条件下，不同同质多象变体的出现及变化就能定量地指示形成时的温压条件及所经历的变化，这就是同质多象温压计。

表 4-21 是由人工实验确定的常见矿物同质多象转变的温度与压力关系，有关相图更为详细(图 4-34 和图 4-35)。尽管压力、介质浓度和漫长的地质时间等都可使同质多象转

变的温度变化，并且每种同质多象变体都有一定的稳定温压范围，但某种变体的出现仍能反映温压条件的相对高低，使我们对地质体的形成条件有更深入的认识。例如，采用相图(图 4-34)描述 SiO_2 的同质多象能较好地说明石英族矿物的形成条件，因而其被广泛用作温度计和压力计。由图 4-34 可见，方石英和鳞石英位于高温低压区，不在侵入岩中出现，但可以出现在火山岩的基质中，并为低压条件的指示矿物。但在一定条件下，鳞石英可在低温条件下出现。β-石英向 α-石英的转变受压力影响，常压下转变温度为 573℃，压力每升高 40bar，相转变点上升 1℃。α-石英和 β-石英转变为柯石英的平衡曲线，几乎平行于温度轴，且 $T\approx0$℃时截交压力轴于 20kbar 处，因此在 $T>1$℃的温度范围内，柯石英不能在 $P<20$kbar 的条件下形成；当 $T\geqslant1000$℃时，石英转变为柯石英须 $P\geqslant30$kbar，即在深度大于 100km 的地幔内才可出现柯石英。在更高的压力下($P\geqslant80$kbar)，柯石英转变为斯石英。因此，柯石英和斯石英是超高压变质作用的指示矿物，前者已在世界许多俯冲带榴辉岩及围岩中发现(Ernst，2006；Liou et al.，2009)，而后者也在中国西部阿尔金造山带变沉积岩中有报道[(Liu et al.，2007)，根据包含铝和铁的氧化物出溶体的石英推测]。不过，陨石撞击地球及原子弹爆炸也能产生瞬间超高温和超高压条件，因而在陨石坑和原子弹爆炸坑中也能发现柯石英和斯石英，自然界中柯石英便是在陨石坑中首次发现的(Chao et al.，1960)。因而，柯石英和斯石英在地表大陷坑中的出现也可作为该地曾发生陨石超高压冲击陨落的有力证据。实验岩石学表明，当压力继续升高时，斯石英可相继转变为 $CaCl_2$ 型超斯石英和 α-PbO_2 型超斯石英(Murakami et al.，2003)，但这两种 SiO_2 同质多象变体还未在自然界中发现。石墨向金刚石的转变也是超高压变质作用的标志之一，当温度 $T>500$℃，转变压力 P 不低于 3GPa 时，金刚石在世界多个超高压地体和金伯利岩筒幔源包体中有发现(Liou et al.，2009)。

表 4-21　同质多象转变温度与压力关系及形成条件(实验数据)

分子式	同质多象转变	转变温压条件
C	石墨(低压)-金刚石(高压)	P(kbar) = 16.5 + 0.027T(℃) (Day，2012)
SiO_2	α-石英(低温)-β-石英(高温)	T(℃) = 574.3 + 0.2559P(MPa) − 6.406×10^{-6} P^2 (Shen et al.，1993)
	石英(低压)-柯石英(高压)	P(GPa) = 2.11 + 9.8×10^{-4} T(℃) (Liu and Bassett，1986)
	柯石英(低压)-斯石英(高压)	P(GPa) = 8.0 + 1.1×10^{-3} T(℃) (Akimoto and Yagi，1977)
	斯石英(低压)-$CaCl_2$ 型超斯石英(高压)	P(GPa) = 51 + 1.2×10^{-2} T(K) (Ono et al.，2002)
	$CaCl_2$ 型超斯石英(低压)-α-PbO_2 型超斯石英(高压)	P(GPa) = 98 + 9.5×10^{-3} T(K) (Murakami et al.，2003)
Al_2SiO_5	蓝晶石(低温)-夕线石(高温)	P(bar) = 20.0[T(℃) − 315] + 0.0009(T − 315)^2 (Holdaway，1971)
	红柱石(低压)-蓝晶石(高压)	P(bar) = 13.3[T(℃) − 200] − 0.0026(T − 200)^2 (Holdaway，1971)
	红柱石(低温)-夕线石(高温)	P(bar) = 14.0[770 − T(℃)] (Holdaway，1971)
TiO_2	金红石(低压)-α-PbO_2 型金红石(TiO_2II，高压)	P(GPa) = 1.29 + 6.5×10^{-3} T(℃) (Withers et al.，2003)

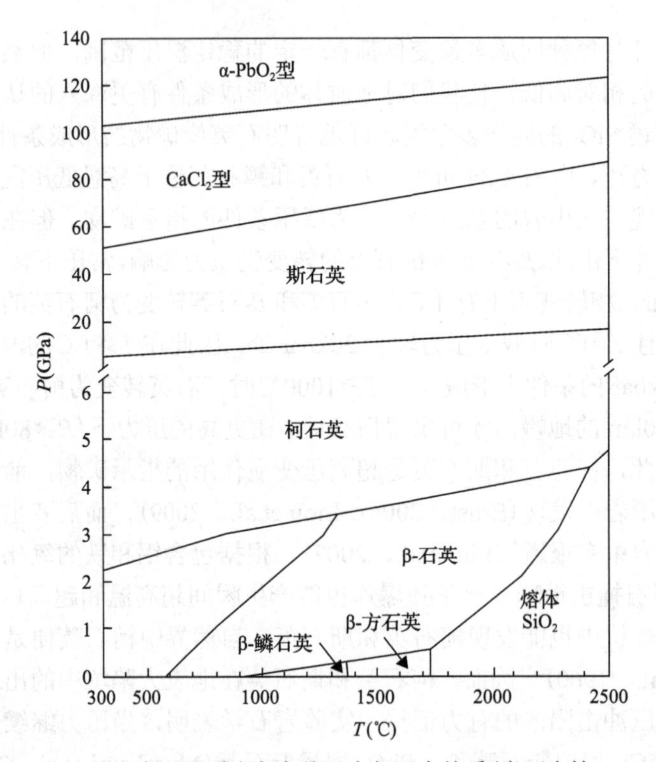

图 4-34 SiO_2主要同质多象变体温度与压力关系（肖万生等，2005）

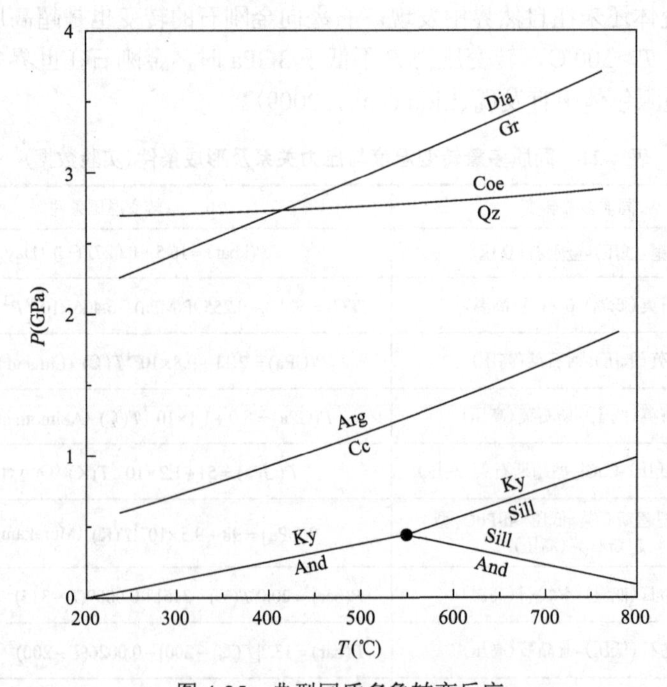

图 4-35 典型同质多象转变反应

采用 Thermocalc 3.33（Powell et al.，1998）及内部一致性数据库 tc-ds55.txt（Holland and Powell，1998）计算

Arg-文石；Cc-方解石；Ky-蓝晶石；Sill-夕线石；And-红柱石；Qz-石英；Coe-柯石英；Gr-石墨；Dia-金刚石

除上述同质多象转变外，文石和方解石、蓝晶石、夕线石和红柱石等同质多象转变(图 4-35)对矿物和岩石形成的温度压力条件均具有非常重要的指示意义。例如，岩石中文石的出现反映了低温高压条件而方解石的出现反映了中温低压条件。但是，用同质多象转变点作为温压计必须考虑多方面因素的影响，如介质化学成分、酸碱性及杂质等。例如，在相同的温压条件下，FeS_2 在碱性介质中生成黄铁矿而在酸性介质中生成白铁矿。因此，利用同质多象温压计估算岩石形成的温压条件，须结合相图和具体的地质情况来考虑。

(二)元素占位温压计

在矿物的结构标型中，元素的占位对温压条件的变化十分敏感。在同一矿物晶体中，等效结构位置可有一种或多种离子(原子)，而非等效结构位置也可以有一种或几种相同的离子(原子)，元素在这些非等效结构位置间的分配同样受到温度、压力等物理化学条件的控制；反过来，通过实测元素在矿物中的占位特点，利用热力学定律就能反演矿物形成的温度、压力条件，这就是元素占位温压计。就本质而言，元素占位温压计是将类质同象现象引起的晶胞参数变化与温压条件的关系，根据晶体化学原理，转变成为晶体化学成分与温压条件的关系，即元素在一种矿物非等效结构位置间的分配与温压条件的关系，因此也可以视其为元素分配温压计的一种类型。对元素占位温压计研究较多的是辉石族矿物和角闪石族矿物。

辉石晶体化学通式为 ABT_2O_6，其中 T 位置通常是类质同象的 Al^{3+}和 Si^{4+}，占据结构中的四面体空隙，配位数为 4；A 为 Ca^{2+}、Mg^{2+}、Fe^{2+}、Li^+、Na^+、K^+，占据结构中的畸变八面体空隙 M2，配位数为 6；B 为 Mg^{2+}、Fe^{2+}、Ti^{4+}、Al^{3+}、Cr^{3+}、Fe^{3+}，占据结构中的另一八面体空隙 M1，配位数为 6。可见，Fe^{2+}和 Mg^{2+}既可占据 M1，又可占据 M2，但是 M1、M2 的热力学效应是不同的，不同离子占位的热力学效应更不一样。Fe^{2+}和 Mg^{2+}在一定热力学条件下，在两种非等效结构位置 M1 和 M2 之间进行分配的交换反应可写为

$$Fe^{2+,M2} + Mg^{M1} = Fe^{2+,M1} + Mg^{M2}$$

该反应在一定温压条件下达到平衡时的分配系数可表示为

$$K_D = \frac{X_{Fe^{2+}}^{M1} X_{Mg}^{M2}}{X_{Fe^{2+}}^{M2} X_{Mg}^{M1}} \tag{4-458}$$

通过实验方法求出 K_D 与温压条件的关系，就能作为温压计使用。

1. 单斜辉石 Fe^{2+}-Mg 占位温度计

McCallister 等(1976)对莱索托 ThabaPutsoa 地区金伯利岩和新西兰 Kakanui 地区霞石岩中的富钙单斜辉石分别进行了实验研究，发现单斜辉石晶内 M1 和 M2 位置 Fe^{2+}-Mg 分配与平衡温度有关，其所获得的 $\ln K_D$-$1000/T$(K) 如图 4-36 所示。

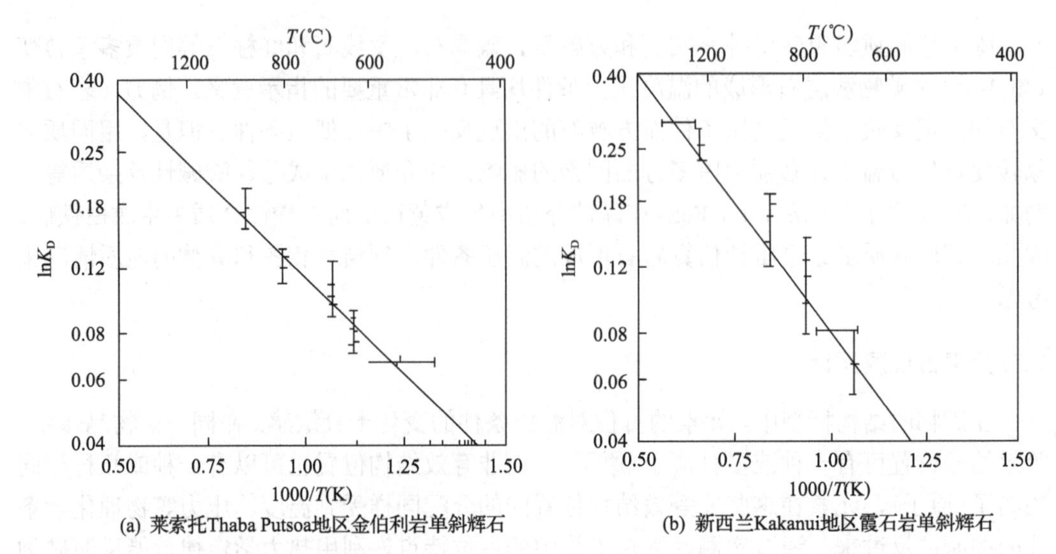

(a) 莱索托Thaba Putsoa地区金伯利岩单斜辉石　　(b) 新西兰Kakanui地区霞石岩单斜辉石

图 4-36　单斜辉石 $\ln K_D$-1000/T(K) 图解 (McCallister et al.，1976)

据 Dal Negro 等 (1982) 报道，Saxena 根据 McCallister 等 (1976) 在 T=675℃和 T=927℃的两组实验数据拟合出了 $\ln K_D$ 与单斜辉石成分变量 $R^{3+} = Al^{VI} + Ti + Cr$ 和 $Ca^* = Ca + Mn + Na$ 的线性关系：

$$\ln K_D(675℃) = -0.5609 - 1.7328R^{3+} - 2.3434Ca^* \tag{4-459a}$$

$$\ln K_D(927℃) = -1.2353 - 0.5201R^{3+} - 0.7181Ca^* \tag{4-459b}$$

假设 $\ln K_D$ 与 1/T(K) 存在线性关系，便能得到如下温度计公式：

$$T(\mathrm{K}) = \frac{5.465R^{3+} + 7.324Ca^* - 3.039}{-\ln K_D + 4.032R^{3+} + 5.383Ca^* - 3.767} \times 1000 \tag{4-460}$$

Molin (1991a) 为检验 Negro 等 (1982) 温度计的有效性，对来自希腊 Vulcano 岛玄武岩岩脉的单斜辉石进行了实验研究，其实验条件为 T=670～1180℃。采用结构修正方法，他们获得了单斜辉石 M1 和 M2 位置 Fe^{2+}-Mg 占位的数据，并修正了 Negro 等 (1982) 的温度计公式：

$$T(\mathrm{K}) = \frac{1.188(5.465R^{3+} + 7.324Ca^* - 3.039)}{-\ln K_D + 1.432(4.032R^{3+} + 5.383Ca^* - 3.767)} \times 1000 \tag{4-461}$$

通过有序化和无序化反应两种途径，Brizi 等 (2000) 使来自不同地区英安岩、安山岩和玄武岩的 3 种具有不同成分的单斜辉石分别在 T=700～1100℃的条件下达到平衡，然后淬火冷却至室温，并利用单晶 X 射线衍射分析和结构修正方法测试了单斜辉石 M1 和 M2 位置的 Fe^{2+}-Mg 分配。对 3 种不同成分的单斜辉石，通过线性拟合，分别获得了它们的 K_D 与 T(K) 的关系表达式：

$$-\ln K_D = 2727 / T(\mathrm{K}) - 0.383 \tag{4-462a}$$

$$-\ln K_D = 4204 / T(\text{K}) - 1.570 \tag{4-462b}$$

$$-\ln K_D = 5305 / T(\text{K}) - 2.428 \tag{4-462c}$$

可见，单斜辉石成分对温度计有较大影响，这种影响主要来自 M2 位置 Ca+Na 含量及 M1 位置三价阳离子含量。基于此，利用实验数据通过线性拟合获得了含有成分校正项的单斜辉石 Fe^{2+}-Mg 占位温度计公式：

$$T(\text{K}) = (12100 - 27700Y + 20400Y^2) / (-\ln K_D + 7.1 - 20.3Y + 15.2Y^2) \tag{4-463}$$

式中，$Y = \text{Ca} + \text{Na} + \text{Al}^{\text{VI}} + \text{Fe}^{3+} + \text{Ti} + \text{Cr}$。

2. 斜方辉石 Fe^{2+}-Mg 占位温度计

Saxena 和 Ghose（1971）将斜方辉石加热，使之达到离子交换平衡，然后将样品淬火冷却，采用穆斯堡尔法测出 M1 和 M2 位置 Fe^{2+}和 Mg 在 T=500℃、600℃、700℃和 800℃的占位率，进而获得了斜方辉石 Fe^{2+}-Mg 分配曲线（图 4-37）。因此，根据岩石中斜方辉石的占位特征，便可在图中求解平衡温度。

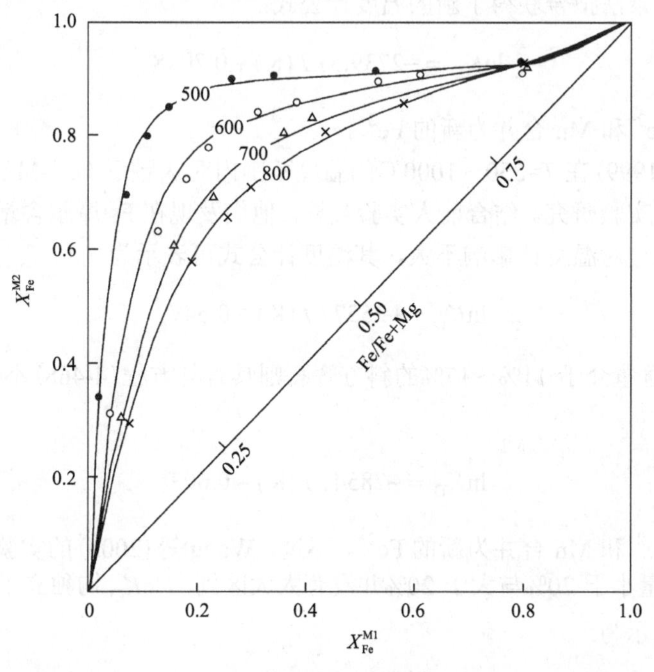

图 4-37 斜方辉石在 M1 和 M2 位置间分配等温线（Saxena and Ghose，1971）

Molin 等（1991a）将 Johnstown 陨石中斜方辉石在 T=700～1000℃的条件下达到离子交换平衡，利用 X 射线衍射测试了斜方辉石不同温度下的 Mg-Fe^{2+}占位，从而拟合出了适用于该斜方辉石$(Mg_{1.453}Fe_{0.441}Cr_{0.024}Ca_{0.054}Mn_{0.015}Fe_{0.005}Ti_{0.003}Al_{0.005})(Si_{1.960}Al_{0.040})O_6$ 的温度计公式：

$$\ln K_{\rm D} = -3027 / T({\rm K}) + 0.872 \tag{4-464}$$

Ganguly 等（1994）根据 Molin 等（1991a）及其后新的数据重新拟合了温度计公式：

$$\ln K_{\rm D} = -3062 / T({\rm K}) + 0.888 \tag{4-465}$$

计算时将 Fe^{2+}和 Mn 合并为新的 Fe^{2+}。

Yang 和 Ghose（1994）将合成的 5 个不同成分的斜方辉石（$En_{17\text{-}75}Fs_{83\text{-}25}$）分别在 T=1000K、1100K、1200K 和 1300K 的温度条件下达到离子交换平衡，并在高温下原位采用 X 射线衍射测量了其中的 Fe^{2+}-Mg 分配。根据这些实验数据，并采用 Saxena 和 Ghose（1971）的斜方辉石正规溶液模型，获得了斜方辉石各端元相互作用的马居尔参数，并获得了温度计公式：

$$RT({\rm K})\ln K_{\rm D} = -3206 - 8.510T + (20460 - 4.130T)X_{\rm Fe^{2+}}^{\rm M1} - (29550 - 15.150T)X_{\rm Fe^{2+}}^{\rm M2} \tag{4-466}$$

Ganguly 等（1996）注意到 Molin 等（1991a）、Yang 和 Ghose（1994）的实验数据具有非常高的一致性，因此认为斜方辉石成分变化较小时，其影响可以忽略，采用后两者实验数据运用最小二乘法拟合获得了新的温度计公式：

$$\ln K_{\rm D} = -2739.5 / T({\rm K}) + 0.7048 \tag{4-467}$$

计算时将 Fe^{2+}和 Mn 合并为新的 Fe^{2+}。

Stimpfl 等（1999）在 T=550～1000℃的温度范围内对 3 颗近 Fe^{2+}-Mg 二元体系的天然斜方辉石进行了实验研究。结合前人实验数据，他们发现在 Fs 摩尔含量介于 19%～75%时，斜方辉石成分对温度计影响不大，其温度计公式可表示为

$$\ln K_{\rm D} = -2557 / T({\rm K}) + 0.547 \tag{4-468}$$

而 Fs 摩尔含量介于 11%～17%的斜方辉石则具有与方程（4-468）不一样的 $\ln K_{\rm D}$ 值，用公式表示则为

$$\ln K_{\rm D} = -2854 / T({\rm K}) + 0.603 \tag{4-469}$$

计算时将 Fe^{2+}和 Mn 合并为新的 Fe^{2+}。不过，Wang 等（2005）的实验研究发现，斜方辉石 Fs 摩尔含量小于 20%与大于 20%并没有太大区别，$\ln K_{\rm D}$ 均独立于斜方辉石成分，并且温度计可表示为

$$\ln K_{\rm D} = -2205 / T({\rm K}) + 0.391 \tag{4-470}$$

该公式适用于 Fs 摩尔含量为 0～60%的情况。

3. 易变辉石 Fe^{2+}-Mg 占位温度计

Pasqual 等（2000）选用两颗天然易变辉石单晶（成分分别为 $Wo_6En_{76}Fs_{18}$ 和 $Wo_{10}En_{47}Fs_{43}$，Wo 为硅灰石端元），使其在 T=600～1000℃条件下达到离子交换平衡，淬火冷却之后利

用X射线衍射测试了易变辉石内Fe^{2+}-Mg占位情况，并采用线性拟合分别获得了两种易变辉石成分对应的温度计公式：

$$\ln K_D = -3291 / T(K) + 0.971 \tag{4-471a}$$

$$\ln K_D = -2816 / T(K) + 0.542 \tag{4-471b}$$

计算时将Fe^{2+}和Mn合并为新的Fe^{2+}。方程(4-471a)和方程(4-471b)差距较小，表明在此成分范围内，易变辉石成分对温度计影响较小。

4. 角闪石Fe^{2+}-Mg占位温度计

角闪石具有4种非等效八面体位——M1、M2、M3和M4，Fe^{2+}和Mg均可在这4种位置中分布，角闪石晶内Fe^{2+}-Mg在这些非等效结构位置的分配可用如下交换反应来表示：

$$Fe^{2+,M4} + Mg^{M123} = Mg^{M4} + Fe^{2+,M123}$$

其分配系数为

$$K_D = \frac{X_{Fe^{2+}}^{M123} X_{Mg}^{M4}}{X_{Fe^{2+}}^{M4} X_{Mg}^{M123}} \tag{4-472a}$$

对于Fe^{2+}-Mg二元体系，分配系数可表示为

$$K_D = \frac{X_{Fe^{2+}}^{M123}(1 - X_{Fe^{2+}}^{M4})}{X_{Fe^{2+}}^{M4}(1 - X_{Fe^{2+}}^{M123})} \tag{4-472b}$$

Ghose和Weidner(1972)利用穆斯堡尔光谱法在不同温度下测定了3种不同产状富镁镁铁闪石(Cum)中Fe^{2+}在M4和M123(即M1、M2、M3)之间的分配，发现T=500～700℃时$\ln K_D$与$1/T$(K)为一直线关系，适合下列直线方程：

$$T(K) = -3.0685 \times 10^3 / \ln K_D - 1.1288 \tag{4-473}$$

穆斯堡尔法无法区分M1、M2和M3位置，因而不能获知Fe^{2+}-Mg在这3个位置的分布。许多学者运用单晶X射线结构精修法测定了Fe^{2+}-Mg在M1、M2、M3和M4位置的分布后发现，M4位置优先富集Fe^{2+}，M2位置优先富集Mg而M1和M3位置则相当(Ghose and Ganguly，1982)。Hirschmann等(1994)通过采用单晶X射线衍射分析法对30个天然单斜角闪石的实验研究也注意到了这一现象，并且认为将4个非等效结构分为3组M13(即M1、M3)、M2和M4才能精确地描述角闪石的模型。Ghiorso等(1995)在此基础上建立了角闪石的活度模型，并且根据Hirschmann等(1994)的实验数据获得了镁铁角闪石Fe^{2+}-Mg分配等温线(图4-38)。从图4-38中可以看出，$X_{Fe^{2+}}^{M1} - X_{Fe^{2+}}^{M4}$等温线密度适中，较适合用于估算温度；而对$X_{Fe^{2+}}^{M1} - X_{Fe^{2+}}^{M2}$，当$T$>400℃时，等温线变密，不适合用于估算温度。

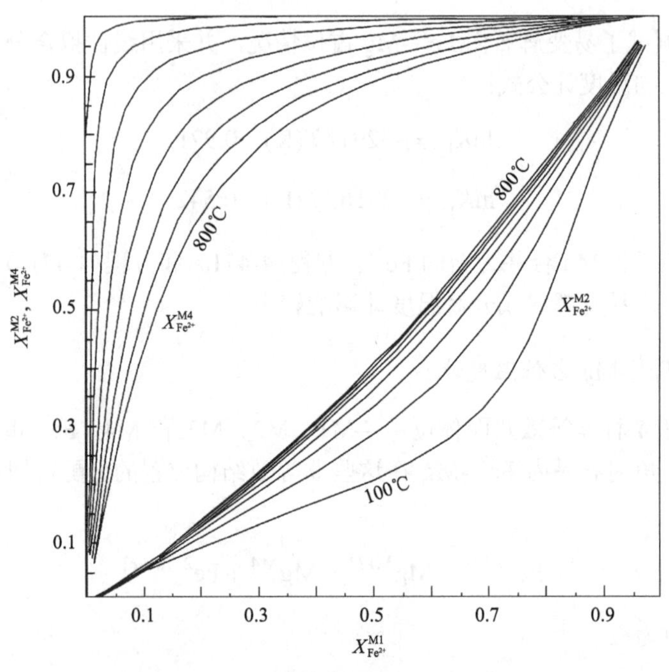

图 4-38 镁铁角闪石 Fe^{2+}-Mg 分配等温线(Ghiorso et al.，1995)
其中 $X^{M1}_{Fe^{2+}} = X^{M3}_{Fe^{2+}}$

四、流体包裹体温压计

在矿物结晶生长过程中，成岩成矿流体被包裹在矿物晶格缺陷或穴窝中、至今尚在主矿物中封存并与主矿物有着相界限的物质称为流体包裹体(卢焕章等，2004)。成岩成矿流体指捕获包裹体时主矿物周围的流体介质，包括含气液的流体或岩浆熔融体等。流体包裹体是一定地质时期成岩成矿流体的样品，保存了当时地质环境的各种地质地球化学信息。研究流体包裹体的主要目的之一就是通过对其进行定性或者定量的分析来获取这些地质地球化学信息，从而解释和推断地质作用过程。流体包裹体温压计就是基于均一体系(包裹体形成时，捕获在包裹体内的物质为均匀相)、等容体系(包裹体形成后，包裹体的体积没有发生变化)和封闭体系(包裹体形成后，没有物质的进入和逸出)3 个基本假设(卢焕章等，2004)，根据流体包裹体的成分标型特征，利用平衡热力学，获取地质过程的物理化学条件的方法。流体包裹体温压计包括多个方面，以均一温度计和爆裂温度计应用较多。

(一) 均一温度计

在均一体系、等容体系和封闭体系 3 个假设条件下，流体在被捕获进入主矿物时为均匀相，并充满整个包裹体空间；但随着温度降低，由于流体包裹体较主矿物具有更大的收缩系数，因此流体包裹体沿等容曲线演化。当温度降低至两相界面的位置时，流体发生相转变，由均匀的一相分离为气液两相包裹体。这种相转变通常是可逆过程，因而若将具有气液包裹体的薄片加热升温到一定温度时，便可观察到包裹体由两相(或多相)转变为均匀的一相，此时的温度便称为流体包裹体的均一温度(T_h)(卢焕章等，2004)。

以纯 H_2O 的 P-T 相图(图 4-39)(Diamond，2003)为例，假设流体包裹体在 P_t 和 T_t 条件下被捕获，当温度下降至室温时，将分离为气液两相包裹体。若从室温开始加热，气液包裹体首先沿气液转变线(图 4-39 中的 LV)演化，均一化过程分为 3 种类型：①气液包裹体被加热时，气相逐渐缩小，最后完全消失，均一到液相(如图 4-39 中的轨迹 1)，这反映了流体被捕获时摩尔体积较小(密度较大)。②气液包裹体被加热时，液相逐渐缩小，最后完全消失，均一到气相(如图 4-39 中的轨迹 2)，这反映了流体被捕获时摩尔体积较大(密度较小)。③随着温度的升高，气泡既不收缩也不扩大，而是气、液两相界线逐渐变细；当温度高于临界温度 $T_{C.P.}$(图 4-39 的 C.P.点)时，界线消失，从而均一到超临界流体相(图 4-39 中的轨迹 3)，这反映了流体被捕获时处于超临界状态。均一温度 T_h 所在的等容线即为包裹体降温时所经过的等容线，继续加热升温，流体包裹体沿原先的等容线演化。

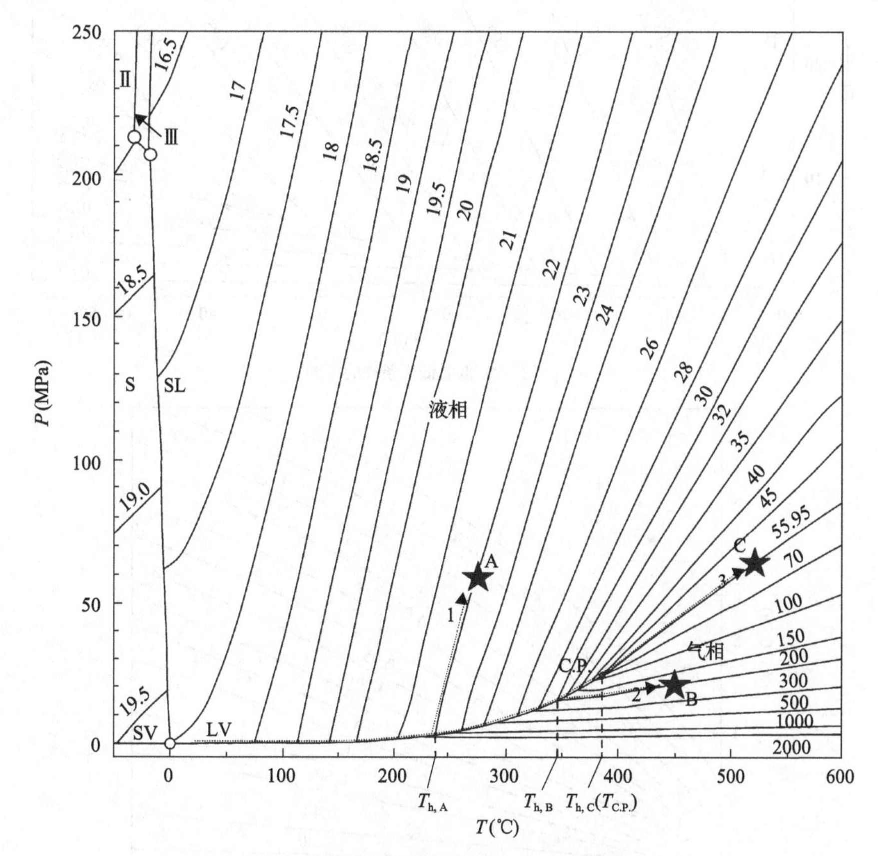

图 4-39　纯 H_2O 的 P-T 相图(据 Diamond，2003，有修改)

带数值线条表示等容线，单位为 cm^3/mol

S-Ⅰ型冰；Ⅱ、Ⅲ-Ⅱ型冰和Ⅲ型冰稳定域；SL-固液转变线；LV-气液转变线；SV-固气转变线；A-液体包裹体；B-气体包裹体；C-超临界流体包裹体；$T_{h,A}$、$T_{h,B}$ 和 $T_{h,C}$-三者的均一温度

从图 4-39 可以看出，通常情况下，均一温度 T_h 并非流体包裹体的捕获温度 T_t，从

T_h求取T_t，需考虑压力的影响：

$$T_t = T_h + \Delta T \tag{4-474}$$

式中，ΔT为压力对温度的校正值。

例如，对于纯H_2O或CO_2包裹体，若捕获压力P_t已知或能估算，就可以在图 4-39 或图 4-40 中根据均一温度T_h所在等容线直接读取捕获温度T_t。仅在少数情况下不需要进行压力校正，如沸腾包裹体一般不需要进行压力对温度的校正，因为沸腾时外压与流体内部饱和蒸气压相等；硅酸盐包裹体中硅酸盐压缩系数很小，压力对硅酸盐熔融体的影响不大，因而也不需要进行压力校正。

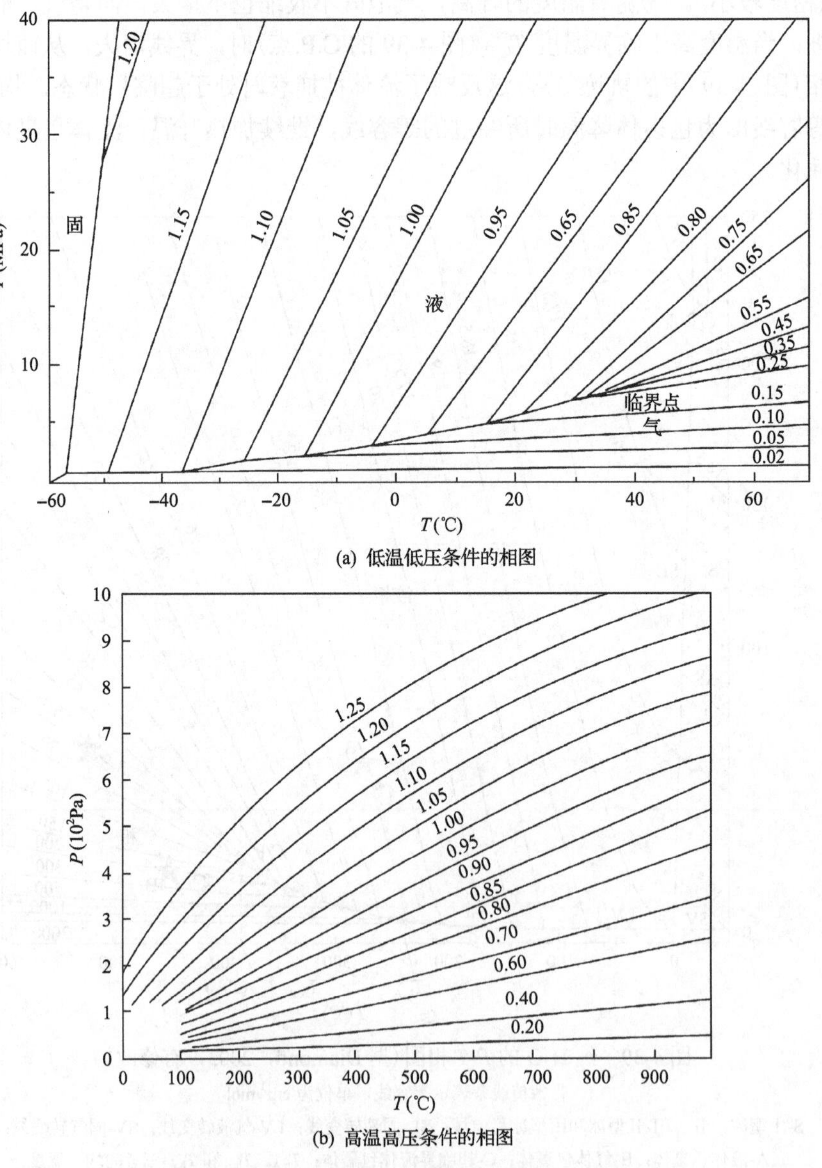

图 4-40　纯CO_2的P-T相图（卢焕章等，2004）

等值线为摩尔体积，单位为cm^3/mol

对于 $NaCl-H_2O$、$NaCl-KCl-H_2O$ 和 H_2O-CO_2 等多组分包裹体，包裹体的成分对其均一温度也具有非常重要的影响作用，因而不同温度、不同平衡体系的溶液其浓度不同，对均一温度的校正值也不同。

Potter 和 Calif(1977)做出了不同盐度 NaCl 溶液的均一温度与压力关系图(图 4-41)，根据此图并实测包裹体盐度[详细测试方法请参照卢焕章等(2004)给出的结论]和均一温度，便可查得流体包裹体的捕获温度。另外，也可根据流体状态方程求解包裹体捕获温度。例如，Zhang 和 Frantz(1987)通过在 T=300～700℃和 P=1kbar、2kbar、3kbar 的条件下合成流体包裹体，获得了 $NaCl-KCl-CaCl_2-H_2O$ 体系下均一温度与包裹体形成温度和压力条件及包裹体成分的关系：

$$P_t = A_1 + A_2 T_t \tag{4-475}$$

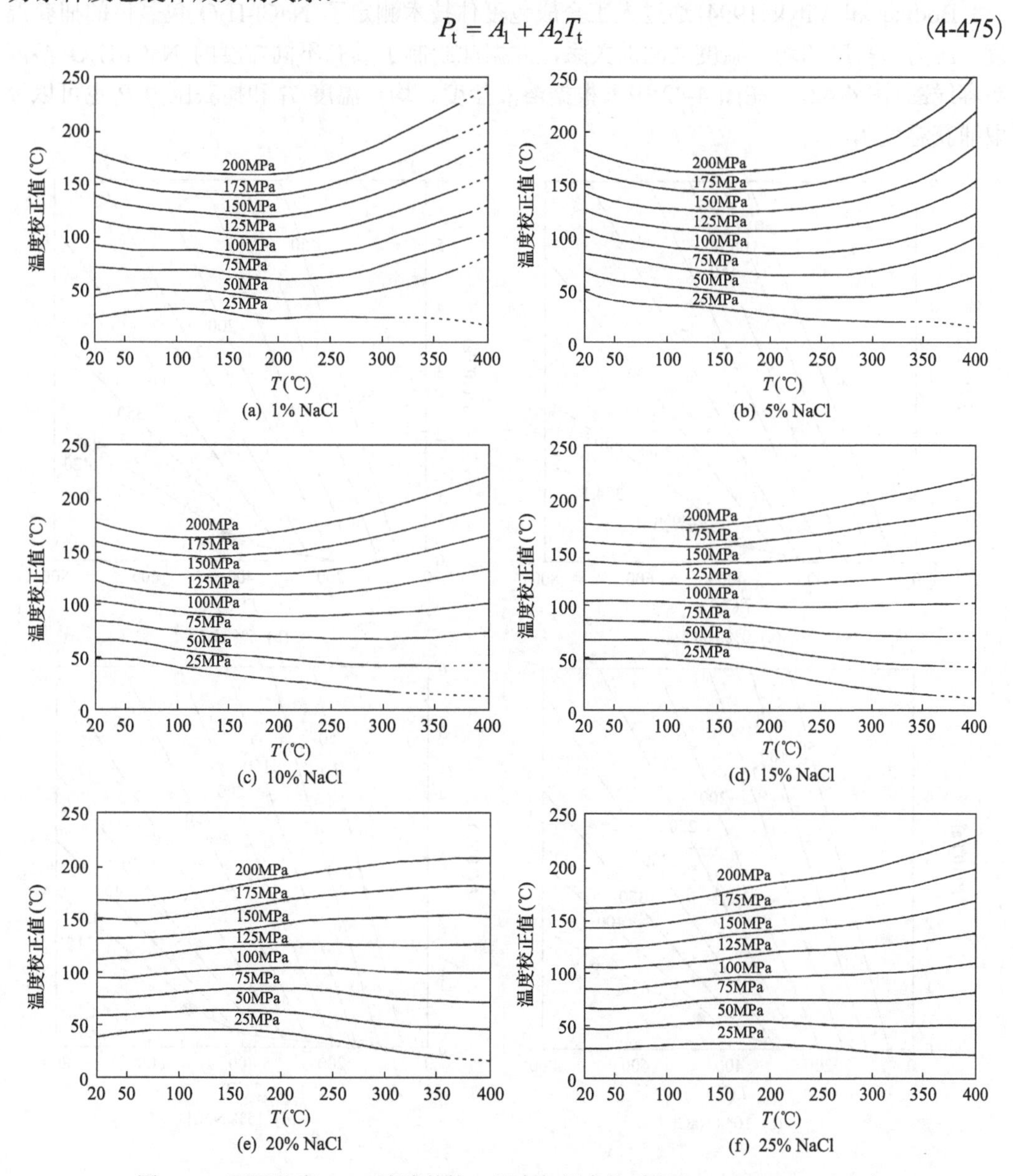

图 4-41　不同盐度 NaCl 溶液的均一温度与压力关系(Potter and Calif，1977)

对于 NaCl-H_2O 子体系，A_1 和 A_2 分别为

$$A_1 = 6.100\times10^{-3} - 2.6345T_h + 6.1915\times10^{-2}{T_h}^2 + (2.009\times10^{-1}T_h - 3.186\times10^{-3}{T_h}^2)m \tag{4-476}$$

$$A_2 = 2.873 - 6.477\times10^{-2}T_h + 9.888\times10^{-6}{T_h}^2 + (-2.009\times10^{-1} + 3.186\times10^{-3}T_h)m \tag{4-477}$$

式中，**m** 为包裹体的质量摩尔浓度。

Bodnar 和 Vityk(1994)通过人工合成包裹体技术测定了 NaCl-H_2O 包裹体的捕获温度、压力、盐度和均一温度之间的关系，并据此绘制了具有不同盐度的 NaCl-H_2O 溶液等容线图(图 4-42)。在图 4-42 中，根据溶液盐度、均一温度 T_h 和捕获压力 P_t 也可以读取捕获温度 T_t。

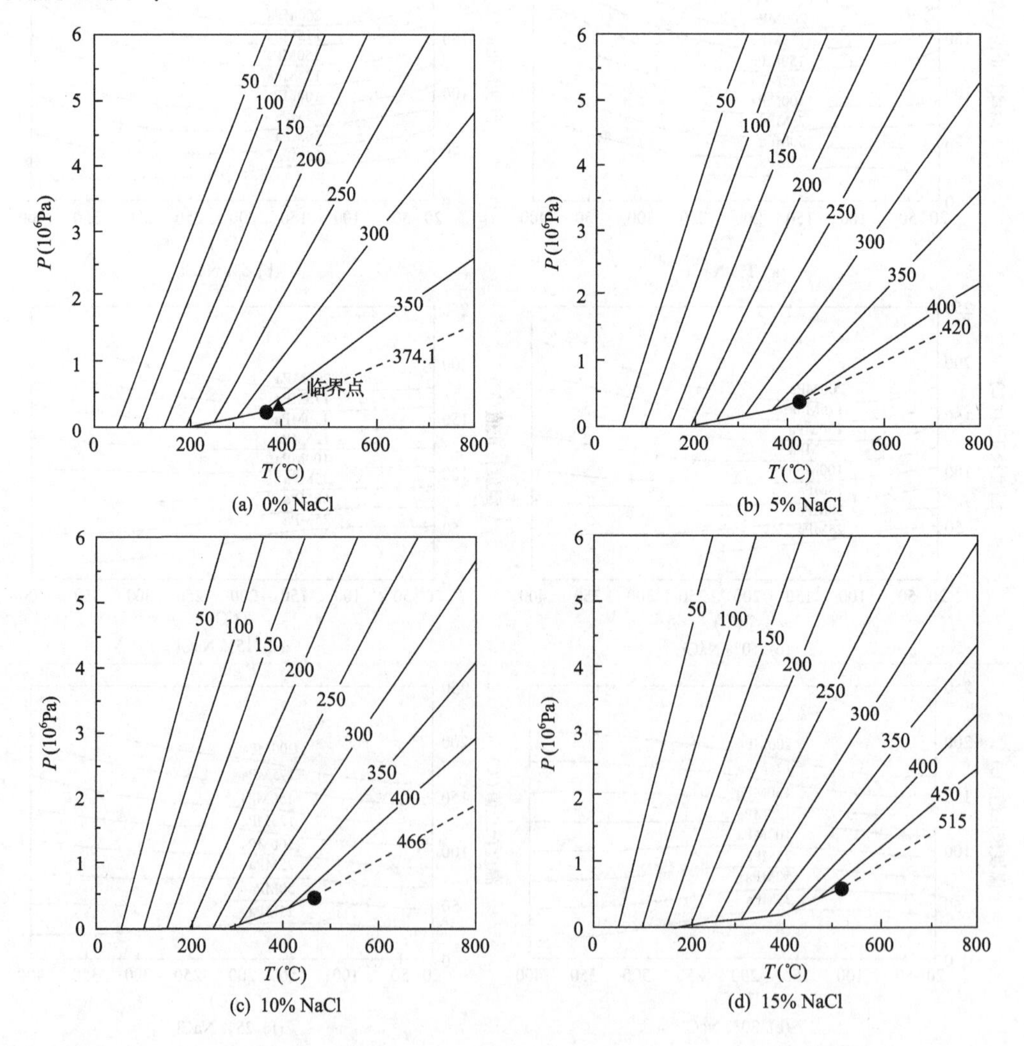

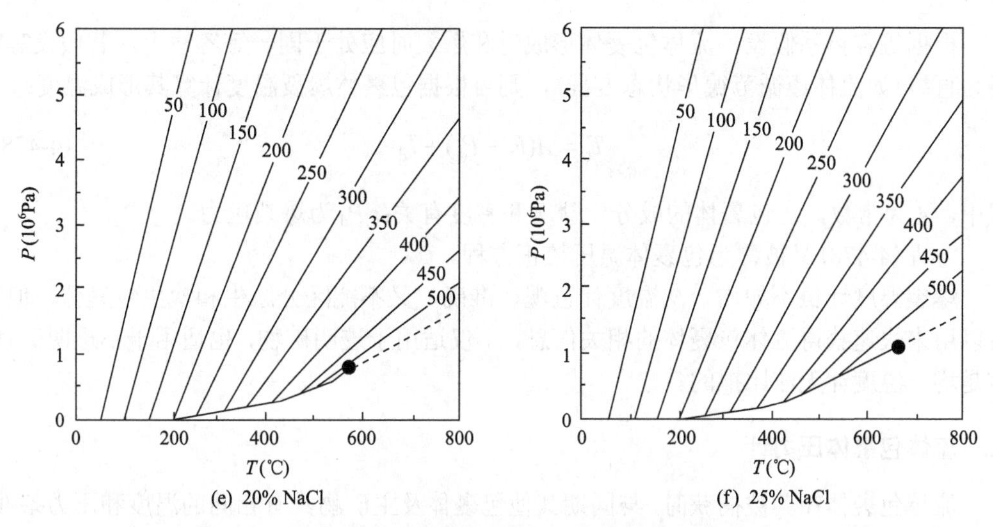

图 4-42　NaCl-H_2O 溶液等容线图(Bodnar and Vityk，1994)

等值线为摩尔体积，单位为 cm^3/mol

流体包裹体均一温度计是包裹体研究的基本方法之一，可以直接观察到包裹体相态随温度的变化，测温数据直观可信。但是，其只限于在透明矿物和半透明矿物中应用，而不透明矿物目前不能用均一法对其包裹体进行研究。

(二)爆裂温度计

对流体包裹体加热，温度超过其均一温度后，包裹体的内压急剧上升，继续升温，当内压大于主矿物所能承受的最大压力时，包裹体发生破裂，同时发生“劈啪”的响声。将大量包裹体的爆裂声响记录下来，即可得出爆裂谱线(图 4-43)，由此谱线可看出大量包裹体爆裂的起点(拐点)、高峰和包裹体爆裂的脉冲数(包裹体爆裂次数)。一般来说，拐点所对应的温度称为样品的爆裂温度(T_d)，爆裂温度通常高于均一温度，接近形成温度的上限值。

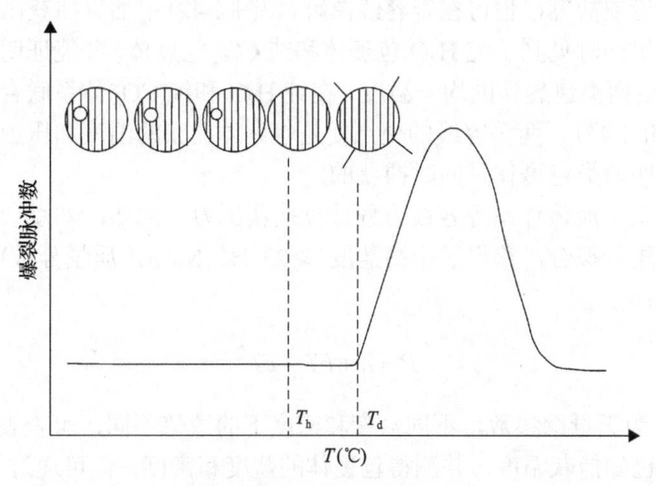

图 4-43　流体包裹体爆裂谱线(卢焕章等，2004)

根据等容体系假设，流体包裹体形成时和爆裂时应处于同一等容线上。若假设等容线为直线(如流体遵循范德华状态方程)，则可根据包裹体爆裂温度计算其形成温度：

$$T_t = A(P_t - P_d) + T_d \quad (4\text{-}478)$$

式中，A 为常数，与包裹体的成分、盐度和密度有关；P_d 为爆裂压力。

方程(4-478)又被称为包裹体温压校正方程。

爆裂温度计虽不如均一法温度计直观、准确，又不能区分原生和次生包裹体，但它可以用来快速获得流体包裹体的相关信息，不仅适用于透明矿物，也适用于不透明矿物，这是均一温度计无法比拟的。

(三)流体包裹体压力计

流体包裹体在其被捕获时，与同期其他包裹体及主矿物具有相同的温度和压力条件。基于流体包裹体的成因假设，被捕获的流体包裹体可看作成分一定的等容热力学体系，可用流体状态方程或等容式对其进行描述，从而得出只有温度和压力两个强度变量的方程，不同成分流体包裹体具有不同的状态方程；由矿物共生平衡也可以获得与主矿物相关的热力学平衡方程。因而，联合求解不同流体体系的状态方程或热力学平衡方程便可求解流体包裹体的捕获温度和压力条件，包括两种方法：①若已知或采用其他类型温压计可计算流体包裹体捕获温度 T_t，通过测量流体包裹体均一温度 T_h，便可根据等容线方程求解捕获压力 P_t；②若样品中捕获有同期两种不混溶流体，则可根据 P-T 相图中两流体包裹体的等容线交点求解捕获温度和压力。处于沸腾状态流体的压力等于沸腾时的蒸气压，其均一温度和均一时的压力便是其形成温度和压力条件，因而只需测定其均一温度便可查出该流体的压力。

对于 H_2O、CO_2 和 CH_4 等单组分流体包裹体，若能测定包裹体的均一温度，并能从另一独立温度计估算出捕获温度，便可在图 4-39 和图 4-40 等类似等容线图上通过垂线法估算捕获压力。对于 NaCl-H_2O、NaCl-KCl-H_2O 和 H_2O-CO_2 等多组分包裹体，还需测试包裹体组分浓度或盐度，也可在等容线图解(如图 4-42)中估算捕获压力。

在样品中如果同时见到了纯 H_2O 包裹体和纯 CO_2 包裹体，并能证明它们是同时捕获的，则可通过测定两类包裹体的均一温度，在纯 H_2O 和纯 CO_2 体系联合 P-T 图解上获得两者的等容线(图 4-44)，两等容线的交点便是包裹体捕获的温度和压力条件。利用这种方法的前提是证明两类包裹体是同时捕获的。

另外，也可采用流体体系等容线方程计算捕获压力。例如，刘斌(2001)采用最小二乘法对实验数据进行拟合，获得了中高盐度(＞23.3% NaCl，质量分数)的 NaCl-H_2O 包裹体等容线方程：

$$P = a + bT + cT^2 \quad (4\text{-}479)$$

式中，a、b 和 c 为无量纲参数，不同盐度和密度下的数值不同，可查表获得。

因而，只要已知捕获温度，并测得包裹体的盐度和密度，便可通过方程(4-479)计算流体包裹体的捕获压力。

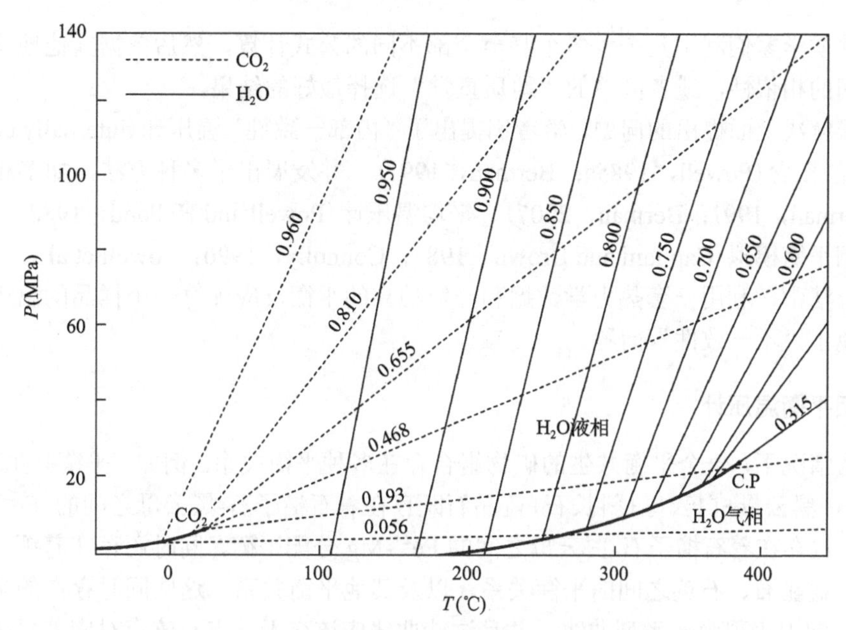

图 4-44 纯 H_2O 和纯 CO_2 体系联合 *P-T* 图解(Roedder and Bodnar，1980)

图中数字为密度(g/cm³)

五、其他温压计

Powell(1985a)将通过实验或运用天然岩石数据对某一特定反应标定的矿物成分温压计和矿物结构温压计称为直接标定法(directly calibrated method)，也可称之为传统温压计。他指出，在进行实验标定时，实验温度通常高于温压计的应用温度范围，因此在实际应用时须进行外推，这也是温压计误差的重要来源之一。采用传统温压计求解岩石 *P-T* 条件，通常需要两个独立标定的平衡方程，Berman(1991)在评述传统矿物温压计时指出，这种方法有 3 个主要问题：

(1)内部一致性：传统温压计的一个重要问题是计算中缺少内部一致性。例如，石榴子石、单斜辉石和斜方辉石三矿物之间存在 3 个 Fe^{2+}-Mg 分配平衡反应，但其中仅有两个是独立的，对这 3 个平衡反应分别进行独立标定，一般不会在热力学一致性所要求的不变点上相交。这种不一致性的一个重要后果是导致不平衡的影响很难从温压计算结果上识别出来。此外，两个独立标定的温压计通常意味着在两个平衡反应中的矿物相和相组分的热力学性质(标准态和溶液)也不同。对任一矿物相使用两套热力学参数显然是不正确的，因此通过二者的交点所确定的 *P-T* 条件也是不正确的。

(2)验证：最严重的问题是基于两个平衡反应交点确定的温压条件无法验证其可靠性，尤其是不能验证温压计中最关键的平衡假设。没有一个定量方法去评价这一假设的可靠性，使用者只好根据样品之内或之间的相依性或其他地质证据来判断地质温压计的结果。

(3)模糊不清：对同一温压计的不同标定公式，很难决定采用哪一个公式进行计算。例如，对石榴子石-黑云母温度计至少有 7 个标定公式，很难客观地确定哪一个公式合理。

这导致地质学家们利用几个、多个甚至全部不同的公式计算，然后依据其他地质证据、样品之间的相依性，或者简单的“地质直觉”选择最好的结果。

为了解决上面提出的问题，学者们提出了“内部一致性”温压计(internally consistent method)的概念(Powell，1985a；Berman，1991)，并发展出了多种方法，如多相平衡温压计(Berman，1991；Berman，2007)、平均温压计(Powell and Holland，1988，1994)和热力学相平衡模拟(Capitani and Brown，1987；Connolly，1990；Powell et al.，1998)等。在这类方法中，利用一套热力学数据和一组独立的平衡反应计算一个样品的温压条件，从而避免了“不一致性”问题。

(一)多相平衡温压计

通常情况下，一个平衡共生的矿物组合存在多种平衡关系。例如，平衡共生的石英+石榴子石+黑云母+白云母+斜长石+蓝晶石既存在着石榴子石-黑云母之间的 Fe^{2+}-Mg 分配平衡，也存在着石榴子石-白云母之间的 Fe^{2+}-Mg 分配平衡，同时还存在着钙长石与石榴子石、蓝晶石、石英之间的平衡关系，以及其他平衡关系。这些同时存在的平衡关系在 *P-T* 图解上表现为一系列曲线，并且这些曲线应该交于一点，该点对应着平衡的唯一一对温压数据。Berman(1991)在分析传统温压计缺点的基础上，提出了一种新的、具有“内部一致性”特点的多相平衡温压计(thermobarometry with estimation of equilibration state，TWEEQU)，开发了相应的TWQ程序，并在2007年对数据库等进行了更新(Berman，2007)。利用 TWQ 程序，计算 P-T-X_{CO_2}-活度空间内某一给定的矿物组合中所包含的所有可能的变质反应，用这些反应的交点求解温压条件和其他强度变量。在 TWEEQU 计算中由于采用了内部一致性热力学数据库中的矿物端元和固溶体参数，因此温压计的一致性得到保障。如果满足 3 个条件，即热力学数据完美、成分资料完美、所有矿物在相同温压条件下持续平衡，那么所有的平衡反应会相交于同一个 *P-T* 点；相反，当有任何一个条件不满足时，都会使结果出现偏差。因此，该程序不仅可以计算平衡共生组合的温压条件，也对非平衡组合有一定的识别能力。

Berman(1991)采用热力学数据，将 TWEEQU 方法运用于 Furua 杂岩体麻粒岩第一期矿物组合 Cpx-Opx-Grt-Pl-Qz 中，计算出了 11 条矿物端元反应线(其中 3 条为独立反应)，这些反应线紧密地相交于一个非常小的 *P-T* 区域内(图 4-45)。利用该方法不仅同时获得了温度和压力条件，同时也可检验结果的可信度。

多相平衡温压计建立在矿物组合内矿物相之间的多相平衡热力学基础上，热力学数据库为计算所使用的基本数据，所以该方法在很大程度上依赖于平衡矿物组合的确定和所使用的矿物热力学数据库。如果挑选用来计算温度和压力条件的矿物组合并非真正平衡的组合，那么得到的计算结果肯定是错误的。另外，每一热力学数据库的获得都有其自身的考虑，如采用的实验数据、计算方法不同，由此造成同一矿物的热力学数据因热力学数据库不同而不同。采用不同的热力学数据库，对于同一矿物组合，得到的温度和压力数值肯定是不同的。尽管如此，TWEEQU 方法还是得到了最广泛的应用(图 4-46)。

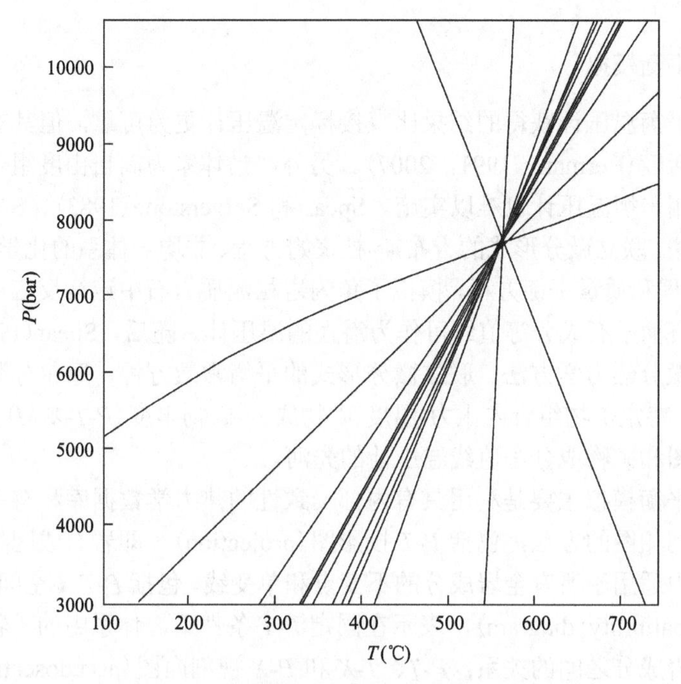

图 4-45 多相平衡温压计的理想结果(Berman, 1991)

满足所有矿物在相同温压条件下平衡的情况下，所有平衡反应线在 *P*-*T* 图解上相交于一点

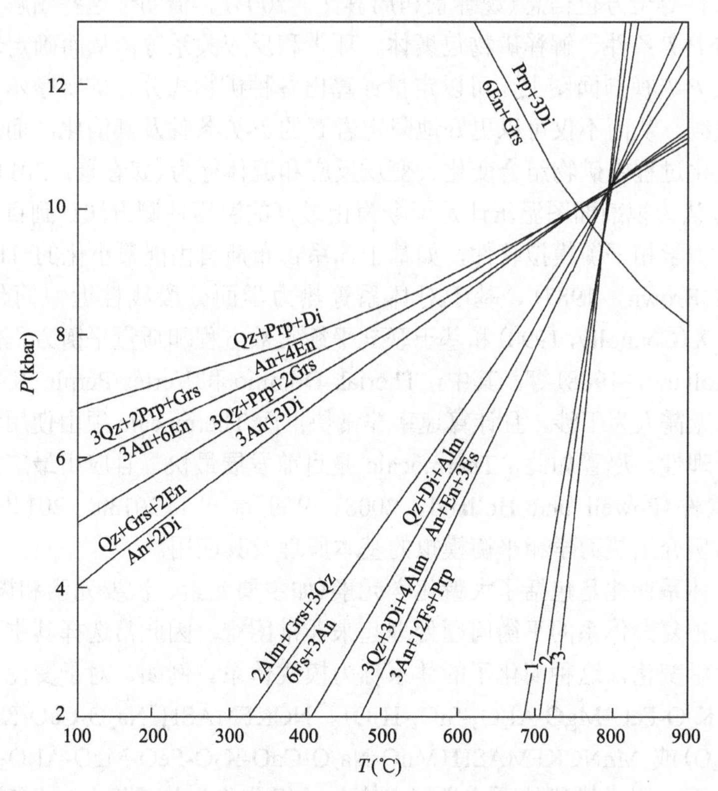

图 4-46 Furua 杂岩体麻粒岩 TWEEQU 温压计计算结果(Berman, 1991)

1-Alm+3Di=Grs+3Fs+3En；2-2Alm+3Di=Prp+Grs+6Fs；3-Alm+3En=Prp+3Fs

(二) 热力学相平衡模拟

尽管多相平衡温压计获得的结果比直接标定温压计更为可靠，但其难点在于如何设定体系的流体活度(Berman，1991，2007)。另外，当体系为高自由度组合时，体系平衡反应较少，多相平衡温压计也难以实施。Spear 和 Selverstone(1983)、Spear 等(1984)提出了吉布斯方法，联立微分形式的吉布斯-杜亥姆方程、非均一体系的化学计量关系方程、成分-化学势方程和质量平衡方程，模拟了角闪岩相泥质岩石中连续反应对石榴子石成分的影响，认为石榴子石成分等值线可作为潜在的温压计。随后，Spear(1988)将这一方法简化并发展为微分热力学方法，联立微分形式的平衡常数方程、摩尔分数方程和质量平衡方程，计算了特定矿物组合内压力-温度-矿物成分-矿物丰度(*P-T-X-M*)关系，开辟了定量计算视剖面图和矿物成分等值线温压计的先河。

热力学相平衡模拟主要是利用具有内部一致性的热力学数据库和有关的计算机软件定量计算一系列相图的方法，包括 *P-T* 投影图(projection)，即岩石成因格子，表示所选定的模式体系中适用于所有全岩成分的不变点和单变线，包括 *P-T-X* 空间内的全部信息；共生图解(compatibility diagram)，表示在固定 *P-T* 条件下，体系中的矿物组合、矿物固溶体成分与全岩成分之间的关系；*P-T*、*T-X* 和 *P-X* 视剖面图(pseudosection)，表示以某一特定全岩成分为基础，通过正演计算的视剖面图，得到矿物共生组合、矿物相丰度、成分及 *P-T* 条件等全方位信息(魏春景和周喜文，2003)。借助于这些图解，可以确定天然矿物组合的 *P-T* 条件、解释矿物包裹体、环带和反应关系等，从而确定岩石的 *P-T* 轨迹。尤其是在 *P-T* 视剖面图上，可以定量计算出各种矿物成分、矿物摩尔含量和岩石饱和水含量等值线，从而不仅可以更好地限定岩石的 *P-T* 条件及其演化，而且可以定量讨论岩石变质演化过程中矿物组合变化、变质反应和流体行为(魏春景，2011)。Powell 和 Holland(2008)认为视剖面图温压计是至今为止最好的温压估测方法。到目前为止，陆续出现了多种热力学相平衡模拟软件，如基于体系吉布斯自由能最小化的 Theriak-Domino (Capitani and Brown，1987)、基于对体系等热力学面分段线性近似简化组合算法的 Vertex/Perple_X(Connolly，1990)和基于联立平衡常数方程和质量平衡方程的 Thermocalc (Powell and Holland，1988)等。其中，Theriak-Domino 和 Vertex/Perple_X 实现了计算机自动化计算，无需人为干涉，且计算速率非常快；而 Thermocalc 须由使用者手动计算并判断计算的合理性。尽管如此，Thermocalc 是目前发展最快，且应用最广的一种热力学相平衡模拟软件(Powell and Holland，2008；Wei et al.，2013a，2013b)。下面就以 Thermocalc 为例介绍热力学相平衡模拟的基本原理及其应用。

天然岩石体系往往是包括了大量化学元素(如主要元素、次要元素和微量元素等)的复杂体系，这种复杂体系的平衡问题处理起来非常困难，因此常选择其中的主要元素来描述体系的化学变化，这种简化了的体系称为模式体系。例如，对于变泥质岩石，可选用 KFMASH(K_2O-FeO-MgO-Al_2O_3-SiO_2-H_2O)、NCKFMASH(Na_2O-CaO-K_2O-FeO-MgO-Al_2O_3-SiO_2-H_2O)或 MnNCKFMASH(MnO-Na_2O-CaO-K_2O-FeO-MgO-Al_2O_3-SiO_2-H_2O)等简化的模式体系。用于描述体系化学组成变化的组分称为体系组分，如对于 KFMASH 体系，可以用 K_2O、FeO、MgO、Al_2O_3、SiO_2 和 H_2O 6 个体系组分进行描述。当描述某一矿物相时，通常用相组分描述其成分变化。例如，长石[(Na, K, Ca)Al(Al, Si)Si_2O_8]包括3个相组分：钠长石($NaAlSi_3O_8$)、钾长石($KAlSi_3O_8$)和钙长石($CaAl_2Si_2O_8$)。对一含C个组分的体系，假定其共有P个矿物相，每个相含有np个相组分，则该组合总的相组分数NP为

$$\mathrm{NP} = \sum_{P} np \tag{4-480}$$

因此，需NP个相组分变量m_j(相组分j的摩尔数，j=1, 2, 3, …, NP)来描述体系的相组成。质量平衡方程可表示为

$$M_i = \sum_{j} m_j X_{j,i} \tag{4-481}$$

式中，M_i表示体系组分i的摩尔数(i=1, 2, 3, …, C)；$X_{j,i}$表示相组分j中体系组分i的摩尔分数。

根据吉布斯相律，由C+1个相组分可构成一个单变度反应，体系的总反应数R为

$$R = C_{\mathrm{NP}}^{C+1} \tag{4-482}$$

但这些反应并不是线性独立的，体系的线性独立反应数为NP-C(将相组分表示成体系组分的方程，并用矩阵来表示，通过矩阵变换可获得)。对于每一个线性独立反应，当体系达到平衡状态时，均可用方程(4-1)来表示其平衡状态，即

$$\Delta G(T, P, m_j) = 0 = \Delta H(T, P, m_j) - T\Delta S(T, P, m_j) \tag{4-483}$$

共有NP-C个热力学平衡状态方程。这样，描述体系的物理化学状态共需NP+2(2即温度T和压力P)个变量，有C个质量平衡方程和NP-C个热力学平衡状态方程，共NP个线性独立方程，因此体系自由度恒定为2。若假定其中任意两个独立变量，便可求解矿物组合、丰度、成分和P、T之间的定量关系，即构成了视剖面图的坚实理论基础(吴佳林等，2015)。

利用热力学相平衡模拟软件，如Thermocalc，可以计算一系列相图，包括：①P-T投影图，即岩石成因格子，表示所选定模式体系中适用于所有全岩成分的不变点和单变线；②共生图解，表示在一定温压条件下，矿物组合、矿物成分与全岩成分之间的关系；③P-T、T-X和P-X视剖面图，表示对特定全岩成分的相平衡关系(魏春景，2011)。其中，各类视剖面图是确定天然矿物组合的P-T条件和P-T轨迹的最主要方法，不仅如此，视剖面图还可以用于解释矿物包裹体、环带和反应关系等。利用视剖面图限定岩石P-T条件主要有3种方法：

(1)矿物组合稳定域。该方法最为直观、简单，包括通过野外集中毗邻的岩石的峰期组合在P-T空间内的稳定域的交集共同限定P-T条件和利用视剖面图中占据有狭窄P-T空间的矿物组合来限定两类。在详细的岩石学和矿物学研究基础上，Zhang和Wang(2009)将北祁连低温蓝片岩划分为绿纤石蓝片岩、硬柱石蓝片岩和绿帘石蓝片岩。利用

相平衡模拟方法，结合 *P-T* 视剖面图中矿物组合稳定域，Zhang 和 Wang(2009)计算了3类蓝片岩形成的峰期温压条件，并进而获得了北祁连蓝片岩带 *P-T* 轨迹(图4-47)。以绿纤石蓝片岩为例，其矿物组合为蓝闪石+绿纤石+绿泥石+钠长石+石英+硬柱石，在图4-47(a)的 *P-T* 视剖面图中对应于深灰色的狭窄区域2，表明该绿纤石蓝片岩峰期温压条件为 320～350℃和 7.5～8.5kbar。同样，根据硬柱石蓝片岩和绿帘石蓝片岩矿物组合在相应 *P-T* 视剖面图中的稳定域[图 4-47(b)]，获得它们的峰期温压条件分别为 335～355℃和 8～9.5kbar、345～375℃和 7.5～8.5kbar。这种从绿纤石蓝片岩、硬柱石蓝片岩到绿帘石蓝片岩的转变代表了俯冲过程中岩石发生的进变质作用[图 4-47(b)]。

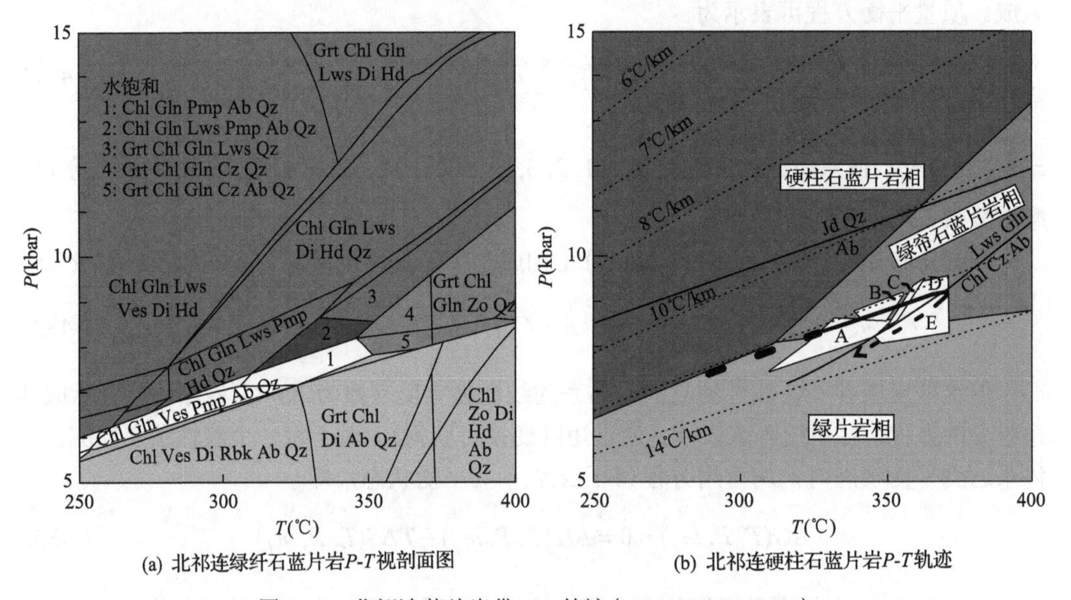

(a) 北祁连绿纤石蓝片岩*P-T*视剖面图　　(b) 北祁连硬柱石蓝片岩*P-T*轨迹

图 4-47　北祁连蓝片岩带 *P-T* 轨迹(Zhang et al.，2009)

A-绿纤石蓝片岩峰期温压条件；B、C-硬柱石蓝片岩峰期温压条件；D、E-绿帘石蓝片岩峰期温压条件；Ab-钠长石；Cz-斜黝帘石；Gln-蓝闪石；Hd-钙铁辉石；Jd-硬玉；Lws-硬柱石；Pmp-绿纤石；Rbk-钠闪石；Ves-符山石；Zo-黝帘石；其余矿物代号含义同前

(2)矿物丰度等值线。Wei 和 Powell(2003)运用视剖面图中矿物丰度等值线对新疆西南天山榴辉岩进行了较详细的 *P-T* 演化研究。以样品 AK11 为例，该榴辉岩是一蓝闪石榴辉岩，具有矿物组合石榴子石+钠云母+绿辉石+蓝闪石+普通角闪石+绿帘石+石英，其中石榴子石、绿辉石、蓝闪石摩尔含量分别为 0.11、0.58 和 0.07。在 *P-T* 视剖面图中(图4-48)，该蓝闪石榴辉岩矿物组合稳定于530～580℃和14～19kbar的较大温压范围内，但石榴子石、绿辉石和蓝闪石摩尔含量等值线将榴辉岩峰期温压条件限定在非常小的三角形区域内(–560℃和 15～17kbar)。

(3)矿物成分等值线。近年来在低温(超)高压变质岩中得到广泛应用的石榴子石等值线温压计主要是依据所测定的石榴子石成分(如 X_{Prp}^{Grt} 和 X_{Grs}^{Grt} 等)在视剖面图中的等值线或其交点来确定岩石形成的 *P-T* 条件，同时该方法尤其善于挖掘石榴子石成分环带所携带的岩石变质作用演化信息，很容易由石榴子石环带特征确定岩石的 *P-T* 轨迹。这种石

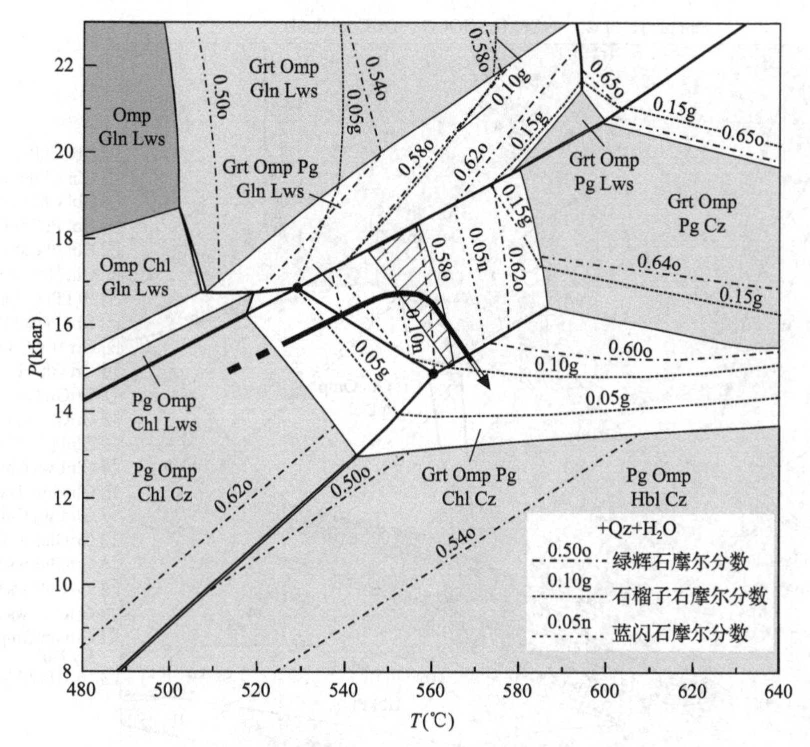

图 4-48　新疆西南天山蓝闪石榴辉岩 *P-T* 视剖面图(据 Wei and Powell，2003，有修改)

Omp-绿辉石；Pg-钠云母；其余矿物代号含义同前

榴子石等值线温压计已经在新疆西南天山超高压带、北祁连高压带、西大别超高压带得到了成功应用。Du 等(2014a)对新疆西南天山含硬柱石榴辉岩进行了相平衡模拟研究。以样品 H711-29 为例，该榴辉岩基质矿物组合为石榴子石+蓝闪石+绿辉石+钠云母+白云石+石英，该组合对应于视剖面图中 550～650℃和 14～22kbar 的较大温压范围(图 4-49 中的白色区域)。石榴子石中包裹残余状的硬柱石包体，表明该榴辉岩早期曾经历了硬柱石榴辉岩相或硬柱石蓝片岩相变质作用。此时，采用矿物组合稳定域或矿物丰度等值线估算岩石温压条件存在困难，特别是由于矿物组合中仅有少量硬柱石残余在石榴子石中，早期硬柱石榴辉岩相或硬柱石蓝片岩相的温压条件无法估算。在含硬柱石区域，石榴子石钙铝榴石成分等值线(G15～G40)和镁铝榴石含量等值线(P4～P29)分别近似平行于温度轴和压力轴，因而计算实测石榴子石的 X_{Prp}^{Grt} 和 X_{Grs}^{Grt}，并在视剖面图中寻找相应等值线的交点便可求解榴辉岩温压条件。样品 H711-29 实测石榴子石成分环带如图 4-50 所示，锰铝榴石从核部到边部逐渐降低，而镁铝榴石和钙铝榴石从核部到边部逐渐升高，具有典型生长环带特征(Spear，1993)。在 *P-T* 视剖面图上，该石榴子石成分环带对应一条升温降压型的 *P-T* 轨迹，该 *P-T* 轨迹压力峰期和温度峰期并不一致，变质作用最高压力可达 25kbar，而最高温度可达 570℃。

图 4-49 为新疆西南天山含硬柱石榴辉岩 *P-T* 视剖面图。其中，G15-G40 为钙铝榴石摩尔分数等值线，P4-P29 为镁铝榴石摩尔分数等值线。圆圈和五角星代表榴辉岩石榴子石成分在视剖面图中的投影点，空心箭头代表榴辉岩的 *P-T* 轨迹。

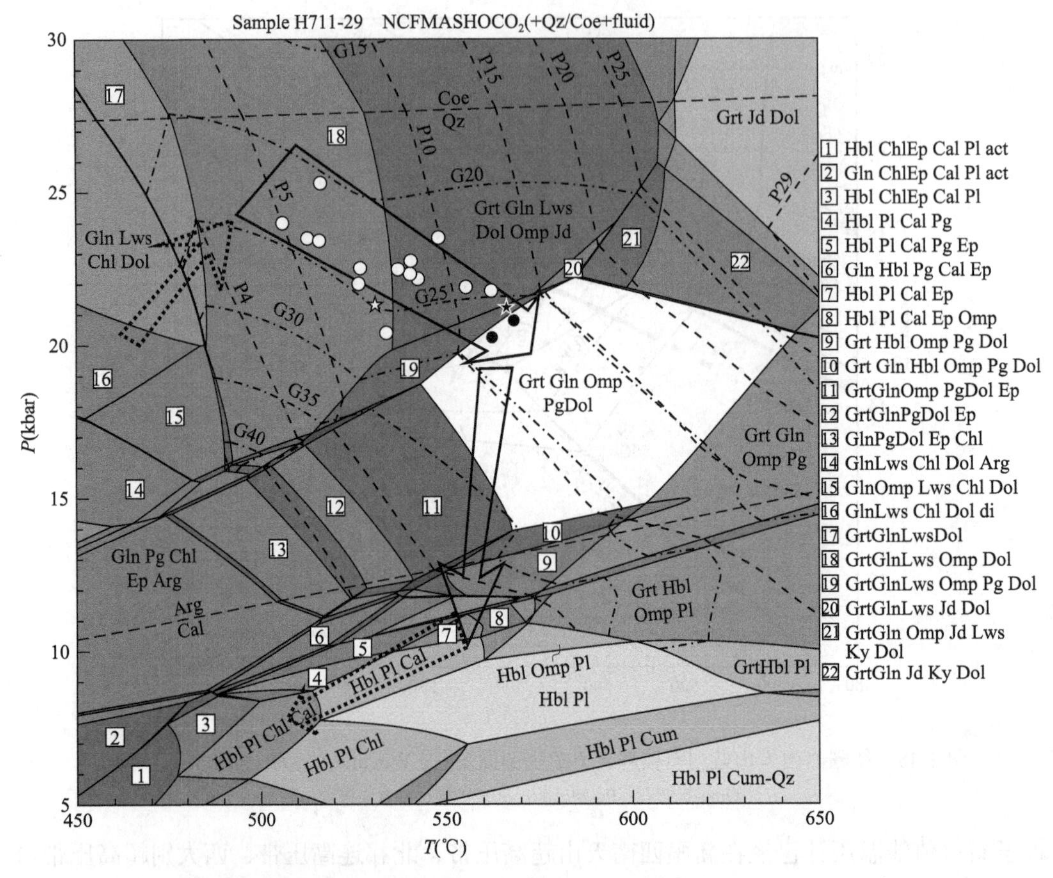

图 4-49　新疆西南天山含硬柱石榴辉岩 P-T 视剖面图(Du et al., 2014a)

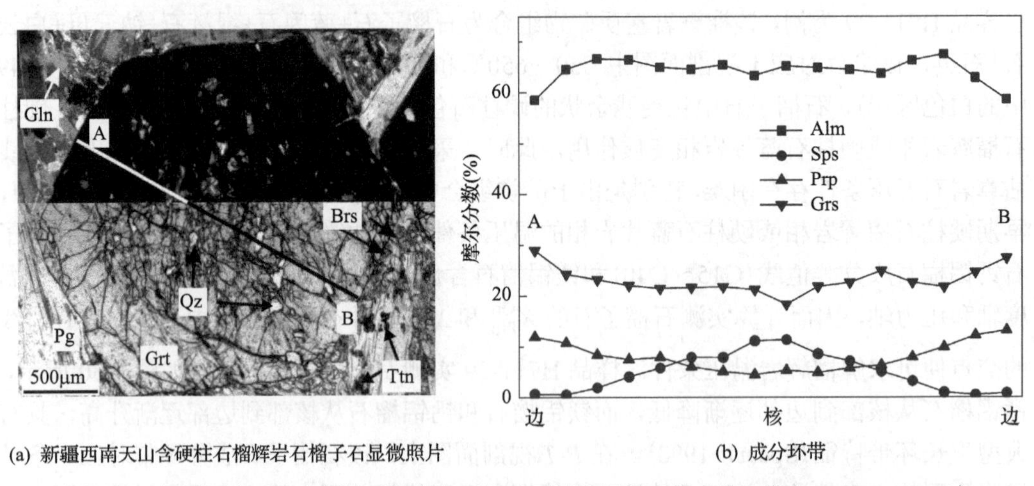

(a) 新疆西南天山含硬柱石榴辉岩石榴子石显微照片　　(b) 成分环带

图 4-50　新疆西南天山含硬柱石榴辉岩石榴子石显微照片及其成分环带(Du et al., 2014b)

在详细岩相学研究基础上，上述 3 种方法均可用于在视剖面图中估算岩石形成的温压条件，但是它们均有优缺点。理想情况下，利用视剖面图中占据有狭窄的 *P-T* 空间的矿物组合可以限定温压条件，但有时由于退变质作用破坏，这种矿物组合并不常见，自然界中见到的总是占据有较大 *P-T* 空间的矿物组合(Caddick and Thompson, 2008)。例如，Wei 等(2003)报道的新疆西南天山蓝闪石榴辉岩基质矿物组合石榴子石+钠云母+绿辉石+蓝闪石+普通角闪石+绿帘石+石英和 Du 等(2014a)报道的新疆西南天山含硬柱石榴辉岩基质矿物组合为石榴子石+蓝闪石+绿辉石+钠云母+白云石+石英均占据了较大的温压空间(图 4-49 和图 4-50)。此时，矿物组合稳定域法仅能粗略反映变质作用某一阶段的温压条件。Wei 等(2003)对西南天山榴辉岩进行的研究获得了两种不同的 *P-T* 轨迹。通过岩相学观察，作者发现西南天山各类(超)高压变质岩中均有少量硬柱石以包体形式残留在各种矿物中(Du et al., 2011; 2014a,b,c)，表明它们普遍经历了早期硬柱石榴辉岩相或硬柱石蓝片岩相变质作用，由于硬柱石含量很少，并不能据此矿物丰度在视剖面图中估算温压条件。相比于矿物丰度，矿物成分更容易获取且更精确，能够提供更直接、更有效的信息，因而利用矿物成分等值线或其交点确定岩石形成的温压条件更受大家重视。例如，根据石榴子石成分环带，Du 等(2014a)获得了西南天山含硬柱石榴辉岩变质作用 *P-T* 轨迹，其压力峰期位于硬柱石稳定域，这与榴辉岩石榴子石中包裹硬柱石的现象一致，因而结论也更可信；而 Wei 和 Powell(2003)根据基质矿物组合获得的西南天山蓝闪石榴辉岩峰期阶段位于绿帘石稳定域，相当于前一 *P-T* 轨迹的温度峰期阶段而非压力峰期阶段。

参 考 文 献

陈意, 叶凯, 吴春明. 2005. 榴辉岩常用温压计在应用中应注意的问题[J]. 岩石学报, 21(4): 1067-1080.

储雪蕾, 陈锦石, 王守信. 1984. 安徽罗河铁矿的硫同位素温度及意义[J]. 地球化学, 4: 350-356.

丁悌平, 张承信, 万德芳, 等. 2003. 闪锌矿-方铅矿硫同位素地质温度计的实验标定[J]. 地质学报, 77(4): 591.

董申保. 1990. 变质作用中的地质温压计[J]. 山东地质, 6(1): 16-25.

李延河, 蒋少涌. 1999. 白云母、高岭石矿物中羟基的 O 同位素分析方法研究[J]. 地球学报, 1: 63-66.

刘斌. 2001. 中高盐度 NaCl-H_2O 包裹体的密度式和等容式及其应用[J]. 地质论评, 6: 617-622.

卢焕章, 范宏瑞, 倪培, 等. 2004. 流体包裹体[M]. 北京: 科学出版社.

魏春景. 2011. 变质作用 p-T-t 轨迹的研究方法与进展[J]. 地学前缘, 18(2): 1-16.

魏春景, 周喜文. 2003. 变质相平衡的研究进展[J]. 地学前缘, 10(4): 341-351.

吴春明. 2009. 地幔岩矿物压力计评述[J]. 岩石学报, 9: 2089-2112.

吴春明, 黄志全. 1997. 1990～1996 年标度的同位素地质温度计[J]. 世界地质, 3: 24-29.

吴春明, 潘裕生, 王凯怡. 1999a. 九十年代矿物温压计研究进展、误差来源及应用中应该注意的关键问题[J]. 地质地球化学, 2: 83-92.

吴春明, 潘裕生, 王凯怡. 1999b. 矿物温压计研究简述[J]. 地学前缘, 1: 28.

吴春明, 肖玲玲, 倪善芹. 2007. 泥质变质岩系主要的矿物温度计与压力计[J]. 地学前缘, 1: 144-150.

吴佳林, 翟明国, 张红, 等. 2015. 视剖面图温压计研究进展评述[J]. 岩石学报, 6: 1711-1721.

肖万生, 翁克难, 刘景, 等. 2005. 高温高压微束衍射实验进展及其地学应用[J]. 地学前缘, 1: 102-114.

张宏飞, 高山. 2012. 地球化学[M]. 北京: 地质出版社.

郑永飞. 1987. 稳定同位素地质温度计[J]. 西北地质, 2: 15-25.

郑永飞, 陈江峰. 2000. 稳定同位素地球化学[M]. 北京: 科学出版社.

郑永飞, 赵子福. 2011. 矿物之间的元素和同位素平衡: 地质测温和等时线定年的热力学和动力学控制[J]. 岩石学报, 27(2): 345-364.

Adams G E, Bishop F C. 1982. Experimental investigation of Ca-Mg exchange between olivine, orthopyroxene, and clinopyroxene: potential for geobarometry[J]. Earth and Planetary Science Letters, 57: 241-250.

Ague J J, Eckert Jr J O. 2012. Precipitation of rutile and ilmenite needles in garnet: Implications for extreme metamorphic conditions in the Acadian Orogen, USA[J]. American Mineralogist, 97(5-6): 840-855.

Akimoto S I, Yagi T. 1977. High temperature-pressure phase boundaries in silicate system using in situ X-ray diffraction[C]//Murli H M, Syuniti A. High-Pressure Research: Application in Geophysics. London: A Subsidiary of Marcourt Brace Jovanovich Publishers: 585-602.

Andersen D J, Lindsley D H. 1981. A valid Margules formulation for an asymmetric ternary solution: Revision of the olivine-ilmenite thermometer, with applications[J]. Geochimica et Cosmochimica Acta, 45(6): 847-853.

Andersen D J, Lindsley D H. 1979. The olivine-ilmenite thermometer[J]. Lunar and Planetary Science Conference Proceedings: 493-507.

Andersen D J, Lindsley D H, Paula M D. 1993. Quilf: A pascal program to assess equilibria among Fe Mg Mn Ti oxides, pyroxenes, olivine, and quartz[J]. Computers & Geosciences, 19(9): 1333-1350.

Anderson J L, Smith D R. 1995. The effects of temperature and $f(O_2)$ on the Al-in-hornblende barometer[J]. American Mineralogist, 80(5-6): 549-559.

Anovitz L M, Essene E J. 1987. Phase equilibria in the system $CaCO_3$-$MgCO_3$-$FeCO_3$[J]. Journal of Petrology, 28(2): 389-415.

Aranovich L Y, Podlesskii K K. 1983. The cordierite-garnet-sillimanite-quartz equilibrium: Experiments and applications[C]//Kinetics and Equilibrium in Mineral Reactions: Advances in Physical Geochemistry. New York: Springer-Verlag.

Aranovich L Y, Berman R G. 1997. A new garnet-orthopyroxene thermometer based on reversed Al_2O_3 solubility in FeO-Al_2O_3-SiO_2 orthopyroxene[J]. American Mineralogist, 82(3-4): 345-353.

Arndt N T. 1977. Partitioning of nickel between olivine and ultrabasic komatiite liquids[J]. Carnegie Institution Washington Year Book, 76: 553-557.

Baker D R, Conte A M, Freda C, et al. 2002. The effect of halogens on Zr diffusion and zircon dissolution in hydrous metaluminous granitic melts[J]. Contributions to Mineralogy and Petrology, 142(6): 666-678.

Ballhaus C, Berry R F, Green D H. 1991. High pressure experimental calibration of the olivine-orthopyroxene-spinel oxygen geobarometer: Implications for the oxidation state of the upper mantle[J]. Contributions to Mineralogy and Petrology, 107(1): 27-40.

Banno S. 1970. Classification of eclogites in terms of physical conditions of their origin[J]. Physics of the Earth and Planetary Interiors, 3: 405-421.

Beattie P. 1993. Olivine-melt and orthopyroxene-melt equilibria[J]. Contributions to Mineralogy and Petrology, 115(1): 103-111.

Bechtel A, Hoernes S. 1990. Oxygen isotope fractionation between oxygen of different sites in illite minerals: A potential single-mineral thermometer[J]. Contributions to Mineralogy and Petrology, 104(4): 463-470.

Benisek A, Kroll H, Cemic L. 2004. New developments in two-feldspar thermometry[J]. American Mineralogist, 89(10): 1496-1504.

Bente K, Nielsen H. 1982. Experimental S isotope fractionation studies between coexisting bismuthinite (Bi_2S_3) and sulfur (S^0) [J]. Earth and Planetary Science Letters, 59: 18-20.

Berman R G. 1988. Internally-consistent thermodynamic data for minerals in the system Na_2O-K_2O-CaO-MgO-FeO-Fe_2O_3-Al_2O_3-SiO_2-TiO_2-H_2O-CO_2[J]. Journal of Petrology, 29(2): 445-522.

Berman R G. 1990. Mixing properties of Ca-Mg-Fe-Mn garnets[J]. American Mineralogist, 75(3-4): 328-344.

Berman R G. 1991. Thermobarometry using multi-equilibrium calculations: a new technique, with petrological applications[J]. Canadian Mineralogist, 29(4): 833-855.

Berman R G. 2007. Win TWQ Version 2.3: A Software Package for Performing Internally-Consistent Thermobarometric Calculations[M]. Ottawa: Geological Survey of Canada Open File Issue: 5462.

Berman R G, Aranovich L Y. 1996. Optimized standard state and solution properties of minerals .1. Model calibration for olivine, orthpyroxene, cordierite, garnet, ilmenite in the system FeO-MgO-CaO-Al_2O_3-TiO_3-SiO_2[J]. Contributions to Mineralogy and Petrology, 126(1-2): 1-24.

Berman R G, Aranovich L Y, Pattison D R. 1995. Reassessment of the garnet-clinopyroxene Fe-Mg exchange thermometer: II. Thermodynamic analysis[J]. Contributions to Mineralogy and Petrology, 119(1): 30-42.

Bertrand P, Mercier J. 1985. The mutual solubility of coexisting ortho-pyroxene and clinopyroxene-toward an absolute geothermometer for the natural system[J]. Earth and Planetary Science Letters, 76(1-2): 109-122.

Bethke P M, Barton P. 1971. Distribution of some minor elements between coexisting sulfide minerals[J]. Economic Geology, 66(1): 140-163.

Bhadra S, Bhattacharya A. 2007. The barometer tremolite + tschermakite + 2 albite = 2 pargasite + 8 quartz: Constraints from experimental data at unit silica activity, with application to garnet-free natural assemblages[J]. American Mineralogist, 92(4): 491-502.

Bhattacharya A, Mazumdar A C, Sen S K. 1988. Fe-Mg mixing in cordierite-constraints from natural data and implications for cordierite-garnet geothermometry in granulites[J]. American Mineralogist, 73(3-4): 338-344.

Bickle M J, Powell R. 1977. Calcite-dolomite geothermometry for iron-bearing carbonates[J]. Contributions to Mineralogy and Petrology, 59(3): 281-292.

Blundy J D, Holland T J B. 1990. Calcic amphibole equilibria and a new amphibole-plagioclase geothermometer[J]. Contributions to Mineralogy and Petrology, 104(2): 208-224.

Blundy J D, Wood B J. 1991. Crystal-chemical controls on the partitioning of Sr and Ba between plagioclase feldspar, silicate melts, and hydrothermal solutions[J]. Geochimica et Cosmochimica Acta, 55(1): 193-209.

Bodnar R J, Vityk M O. 1994. Interpretation of microthermometric data for H_2O-NaCl fluid inclusions[C]//Devivo B, Frezzotti M L. Fluid Inclusions in Minerals: Methods and Applications. Blacksberg: Virginia Tech: 117-130.

Bortnikov N S, Dobrovo Skaya M G, Genkin A D, et al. 1995. Sphalerite-galena geothermometers; distribution of cadmium, manganese, and the fractionation of sulfur isotopes[J]. Economic Geology, 90(1): 155-180.

Bottinga Y. 1969. Calculated fractionation factors for carbon and hydrogen isotope exchange in the system calcite-carbon dioxide-graphite-methane-hydrogen-water vapor[J]. Geochimica et Cosmochimica Acta, 33(1): 49-64.

Bottinga Y, Javory M. 1973. Comments on oxygen isotope geothermometry[J]. Earth and Planetary Science Letters, 20: 250-265.

Brandelik A, Massonne H J. 2004. PTGIBBS-an EXCEL^{TM} Visual Basic program for computing and visualizing thermodynamic functions and equilibria of rock-forming minerals[J]. Computers & Geosciences, 30(9-10): 909-923.

Brey G P, Kohler T. 1990. Geothermobarometry in four-phase lherzolites II[J]. J. Petrology, 31(6): 1353-1378.

Brey G P, Nickel K G, Kogarko L. 1986. Garnet-pyroxene equilibria in the system CaO-MgO-$Al_2O_3SiO_2$(CMAS): Prospects for simplified('t-independent') lherzolite barometry and an eclogite-barometer[J]. Contributions to Mineralogy and Petrology, 92(4): 448-455.

Brey G P, Hler T K, Nickel K G. 1990. Geothermobarometry in four-phase lherzolites I[J]. J. Petrology, 31(6): 1313-1352.

Brey G P, Bulatov V K, Andrei V G. 2008. Geobarometry for peridotites: experiments in simple and natural systems from 6 to 10 GPa[J]. Journal of Petrology, 49(1): 3-24.

Brizi E, Molin G, Pier F Z. 2000. Experimental study of intracrystalline Fe^{2+}-Mg exchange in three augite crystals: Effect of composition on geothermometric calibration[J]. American Mineralogist, 85(10): 1375-1382.

Brown W L, Parsons I. 1985. Calorimetric and phase-diagram approaches to two-feldspar geothermometry: A critique[J]. Mineralogical Society of America, 70(3-4): 356-361.

Bryndzia L T, Scott S D, Paul G S. 1988. Sphalerite and hexagonal pyrrhotite geobarometer-experimental calibration and application to the metamorphosed sulfide ores of broken-hill, australia[J]. Economic Geology, 83(6): 1193-1204.

Bryndzia L T, Scott S D, Paul G S. 1990. Sphalerite and hexagonal pyrrhotite geobarometer-correction in calibration and application[J]. Economic Geology and the Bulletin of the Society of Economic Geologists, 85(2): 408-411.

Buddington A F, Lindsley D H. 1964. Iron-Titanium oxide minerals and synthetic equivalents[J]. Journal of Petrology, 5(2): 310-357.

Caddick M J, Thompson A B. 2008. Quantifying the tectono-metamorphic evolution of pelitic rocks from a wide range of tectonic settings: Mineral compositions in equilibrium[J]. Contributions to Mineralogy and Petrology, 156 (2) : 177-195.

Canil D. 1994. An experimental calibration of the "Nickel in Garnet" geothermometer with applications[J]. Contributions to Mineralogy and Petrology, 117 (4) : 410-420.

Canil D. 1999. The Ni-in-garnet geothermometer: Calibration at natural abundances[J]. Contributions to Mineralogy and Petrology, 136 (3) : 240-246.

Capitani D C, Brown T H. 1987. The computation of chemical-equilibrium in complex-systems containing nonideal solutions[J]. Geochimicaet Cosmochimica Acta, 51 (10) : 2639-2652.

Carmichael S K. 2006. Formation of replacement dolomite by infiltration of diffuse effluent: Latemar carbonate buildup, dolomites[D]. Northern Italy:Johns Hopkins University: 218.

Carswell D A, Harley S L. 1990. Mineral barometry and thermometry[C]//Carswell D A. Eclogite Facies Rocks. New York: Chapman & Hall: 83-110.

Carswell D A, Obrien P J, Wilson R N. 1997. Thermobarometry of phengite-bearing eclogites in the Dabie Mountains of central China[J]. Journal of Metamorphic Geology, 15 (2) : 239-252.

Chao E C T, Shoemaker E M, Madsen B M. 1960. First natural occurrence of coesite[J]. Science, 1 (32) : 220.

Chen Z Y, Zhang L F, Du J X, et al. 2013. Zr-in-rutile thermometry in eclogite and vein from southwestern Tianshan, China[J]. Journal of Asian Earth Sciences, 63 (15) : 70-80.

Chiba H I, Thomas C, Robert N C, et al. 1989. Oxygen isotope fractionations involving diopside, forsterite, magnetite, and calcite: Application to geothermometry[J]. Geochimica et Cosmochimica Acta, 53 (11) : 2985-2995.

Coggon R, Holland T. 2002. Mixing properties of phengitic micas and revised garnet-phengite thermobarometers[J]. Journal of Metamorphic Geology, 20 (7) : 683-696.

Coleman R G, Lee D E, Beatty L B. 1965. Eclogites and eclogites: their differences and similarites[J]. Geological Society of America Bulletin, 76 (5) : 483-508.

Connolly J A D. 1990. Multivariable phase diagrams: an algorithm based on generalized thermodynamics[J]. American Journal of Science, 290 (6) : 666-718.

Cressey G. 1981. Entropies and enthalpies of aluminosilicate garnets[J]. Contributions to Mineralogy and Petrology, 76 (4) : 413-419.

Czamanske G K, Rye R O. 1974. Experimental determined sulfur isotope fractionations between sphalerite and galena in the temperature range 600 to 275℃[J]. Economic Geology, 69: 17-25.

Chacko T, Mayeda T K, Clayton R N, et al. 1991. Oxygen and carbon isotope fractionations between CO_2 and calcite[J]. Geochimica et Cosmochimica Acta, 55 (10) : 2867-2882.

Clayton R N, Goldsmith J R, Karel K J. 1975. Limits on the effect of pressure on isotopic fractionation[J]. Geochimica et Cosmochimica Acta, 39 (8) : 1197-1201.

Dale J, Holland T, Powell R. 2000. Hornblende-garnet-plagioclase thermobarometry: A natural assemblage calibration of the thermodynamics of hornblende[J]. Contributions to Mineralogy and Petrology, 140 (3) : 353-362.

Dangic A. 1985. Minor element distribution between galena and sphalerite as a geothermometer; application to 2 lead-zinc areas in yugoslavia[J]. Economic Geology, 80 (1) : 180-183.

Day H W. 2012. A revised diamond-graphite transition curve[J]. American Mineralogist, 97 (1) : 52-62.

Degeling H S. 2002. Zircon equilibria in metamorphic rocks[D]. Canberra: The Australian National University.

Deines P. 2004. Carbon isotope effects in carbonate systems[J]. Geochimica et Cosmochimica Acta, 68 (12) : 2659-2679.

Dempsey M J. 1980. Evidence for structural changes in garnet caused by calcium substitution[J]. Contributions to Mineralogy and Petrology, 71 (3) : 281-282.

Diamond L W. 2003. Systematics of H_2O fluid inclusions[C]//Samson I M, Anderson A, Marshall D. Fluid Inclusions: Analysis and Interpretation. Mineral Associal Canada Short Course Series.

Dickinson M P I, Hewitt D A. 1986. A garnet-chlorite geothermometer abstract[J]. Geological Society of America Abstracts with Programs, 18: 584.

Downs W F, Touysinhthiphonexay Y, Deines P. 1981. A direct determination of the oxygen isotope fractionation between quartz and magnetite at 600 and 800℃ and 5kbar[J]. Geochimica Et Cosmochimica Acta, 45 (11): 2065-2072.

Drake M J, Weill D F. 1975. Partition of Sr, Ba, Ca, Y, Eu^{2+}, Eu^{3+}, and other REE between plagioclase feldspar and magmatic liquid: An experimental study[J]. Geochimica et Cosmochimica Acta, 39: 689-712.

Droop G. 1987. A general equation for estimating Fe^{3+} concentrations in ferromagnesian silicates and oxides from microprobe analyses, using stoichiometric criteria[J]. Mineralogical Magazine, 51 (3613): 431-435.

Du J, Zhang L, Zeng L, et al. 2011. Lawsonite-bearing chloritoid-glaucophane schist from SW Tianshan, China: Phase equilibria and P-T path[J]. Journal of Asian Earth Sciences, 42 (SI): 684-693.

Du J X, Zhang L F, Bader T, et al. 2014a. Metamorphic evolution of relict lawsonite-bearing eclogites from the (U) HP metamorphic belt in the Chinese southwestern Tianshan[J]. Journal of Metamorphic Geology, 32 (6): 575-598.

Du J X, Zhang L F, Shen X J, et al. 2014b. A new p-T-t path of eclogites from Chinese southwestern Tianshan: Constraints from P-T pseudosections and Sm-Nd isochron dating[J]. Lithos, 200: 258-272.

Du J X, Zhang L F, Thomas B, et al. 2014c. Metamorphic evolution of ultrahigh-pressure rocks from Chinese southwestern Tianshan and a possible indicator of UHP metamorphism using garnet composition in low-T eclogites[J]. Journl of Asian Earth Sciences, 91 (SI): 69-88.

Dunn S R. 2005. Calcite-graphite isotope thermometry in amphibolite facies marble, Bancroft, Ontario[J]. Journal of Metamorphic Geology, 23 (9): 813-827.

Dunn S R, Valley J W. 1992. Calcite graphite isotope thermometry: A test for polymetamorphism in marble, tudor gabbro aureole, ontario, canada[J]. Journal of Metamorphic Geology, 10 (4): 487-501.

Dwivedi S B, Mohan A, Lal R K. 1998. Recalibration of the Fe-Mg exchange reaction between garnet and cordierite as a thermometer[J]. European Journal of Mineralogy, 10 (2): 281-289.

Eckert J O, Newton R C, Klep O J. 1991. The delta-h of reaction and recalibration of garnet-pyroxene-plagioclase-quartz geobarometers in the cmas system by solution calorimetry[J]. American Mineralogist, 76 (1-2): 148-160.

Elkins L T, Grove T L. 1990. Ternary feldspar experiments and thermodynamic models[J]. American Mineralogist, 75 (5-6): 544-559.

Ellis D J, Green D H. 1979. An experimental study of the effect of Ca upon garnet-clinopyroxene Fe-Mg exchange equilibria[J]. Contributions to Mineralogy and Petrology, 71 (1): 13.

Ernst W G. 2006. Preservation/exhumation of ultrahigh-pressure subduction complexes[J]. Lithos, 92 (3-4): 321-335.

Ernst W G, Liu J. 1998. Experimental phase-equilibrium study of Al- and Ti-contents of calcic amphibole in MORB-A semiquantitative thermobarometer[J]. American Mineralogist, 83 (9-10): 952-969.

Fabriès J. 1979. Spinel-olivine geothermometry in peridotites from ultramafic complexes[J]. Contributions to Mineralogy and Petrology, 69 (4): 329-336.

Ferry J M. 2001. Calcite inclusions in forsterite[J]. American Mineralogist, 86 (7-8): 773-779.

Ferry J M, Spear F S. 1978. Experimental calibration of the partitioning of Fe and Mg between biotite and garnet[J]. Contributions to Mineralogy and Petrology, 66 (2): 113-117.

Ferry J M, Watson E B. 2007. New thermodynamic models and revised calibrations for the Ti-in-zircon and Zr-in-rutile thermometers[J]. Contributions to Mineralogy and Petrology, 154 (4): 429-437.

Fuhrman M L, Lindsley D H. 1988. Thernary-feldspar modeling and thermometry[J]. American Mineralogist, 73: 201-215.

Ganguly J, Saxena S K. 1984. Mixing properties of aluminosilicate garnets - constraints from natural and experimental-data, and applications to geothermo-barometry[J]. American Mineralogist, 69 (1-2): 88-97.

Ganguly J, Yang H X, Subrata G. 1994. Thermal history of mesosiderites - quantitative constraints from compositional zoning and Fe-Mg ordering in orthopyroxenes[J]. Geochimica et Cosmochimica Acta, 58 (12): 2711-2723.

Ganguly J, Cheng W, Massimiliano T. 1996. Thermodynamics of aluminosilicate garnet solid solution: new experimental data, an optimized model, and thermometric applications[J]. Contributions to Mineralogy and Petrology, 126 (1-2) : 137-151.

Geletii V F, Chernishev L V, Pastushkova T M. 1979. Distribution of cadmium and manganese between galena and sphalerite[J]. Geologiia Rudnykh Mestorozhdenii, 21 (6) : 66-75.

Gerya T V, Perchuk L L. 1997. Petrology of the tumanshet zonal metmorphic complex, eastern sayan[J]. Petrology, 5 (6) : 503-533.

Gessmann C K, Spiering B, Raith M. 1997. Experimental study of the Fe-Mg exchange between garnet and biotite: Constraints on the mixing behavior and analysis of the cation-exchange mechanisms[J]. American Mineralogist, 82 (11-12) : 1225-1240.

Ghent E D. 1976. Plagioclase-garnet-Al_2SiO_5-quartz: A potential geobarometer-geothermometer[J]. American Mineralogist, 61: 710-714.

Ghent E D, Stout M Z. 1981. Geobarometry and geothermometry of plagioclase-biotite-garnet-muscovite assemblages[J]. Contributions to Mineralogy and Petrology, 76 (1) : 92-97.

Ghent E D, Stout M Z, Black P M, et al. 1987. Chloritoid-bearing rocks associated with blueschists and eclogites, northern new-caledonia[J]. Journal of Metamorphic Geology, 5 (2) : 239-254.

Ghiorso M S, Sack R O. 1991. Fe-ti oxide geothermometry - thermodynamic formulation and the estimation of intensive variables in silicic magmas[J]. Contributions to Mineralogy and Petrology, 108 (4) : 485-510.

Ghiorso M S, Evans B W. 2008. Thermodynamics of rhombohedral oxide solid solutions and a revision of the Fe-Ti two-oxide geothermometer and oxygen-barometer[J]. American Journal of Science, 308 (9) : 957-1039.

Ghiorso M S, Evans B W, Hirschmann M M, et al. 1995. Thermodynamics of the amphiboles: Fe-Mg cummingtonite solid solution[J]. American Mineralogist, 80 (5-6) : 502-519.

Ghose S, Weidner J R. 1972. Mg^{2+}-Fe^{2+} order-disorder in cummingtonite, $(Mg, Fe)_7Si_8O_{22}(OH)_2$: A new geothermometer[J]. Earth and Planetary Science Letters ,16 (3) : 346-354.

Ghose S, Ganguly J. 1982. Mg-Fe order-disorder in ferromagnesian silicates[C]//Saxena S K. Advances in Physical Geochemistry. New York: Springer-Verlag: 58-99.

Goldsmith J R, Newton R C. 1969. P-T-X relations in the system $CaCO_3$-$MgCO_3$ at high temperatures and pressures[J]. American Journal of Science, 267: 160-190.

Gordon T M. 1998. Webinveq thermobarometry: An experiment in providing interactive scientific software on the world wide web[J]. Computers & Geosciences, 24 (1) : 43-49.

Graham C M, Powell R. 1984. A garnet hornblende geothermometer-calibration, testing, and application to the pelona schist, southern-california[J]. Journal of Metamorphic Geology, 2 (1) : 13-31.

Grambling J A. 1990. Internally-consistent geothermometry and H_2O barometry in metamorphic rocks: The example garnet-chlorite-quartz. Contributions to Mineralogy and Petrology, 105 (6) : 617-628.

Green T H, Hellman P L. 1982. Fe-Mg partitioning between coexisting garnet and phengite at high pressure, and comments on a garnet-phengite geothermometer[J]. Lithos, 15 (4) : 253-266.

Grootemboer J, Schwarcz H P. 1969. Experimentally determined sulfur isotope fractionations between sulfide minerals[J]. Earth and Planetary Science Letters, 7: 162-166.

Guidotti C V, Yates M G, Dyar M D, et al. 1994. Petrogenetic implications of the Fe (super 3+) content of muscovite in pelitic schists[J]. American Mineralogist, 79 (7-8) : 793-795.

Hakli T A, Wright T L. 1967. The fractionation of nickel between olivine and augite as a geothermometer[J]. Geochimica et Cosmochimica Acta, 31 (5) : 877-884.

Hammarstrom J M, Zen E A. 1986. Aluminum in hornblende-an empirical igneous geobarometer[J]. American Mineralogist, 71 (11-12) : 1297-1313.

Hamza M S, Epstein S. 1980. Oxygen isotopic fractionation between oxygen of different sites in hydroxyl-bearing silicate minerals[J]. Geochimica Et Cosmochimica Acta, 44 (2) : 173-182.

Harley S L. 1984. An experimental study of the partitioning of Fe and Mg between garnet and orthopyroxene[J]. Contributions to Mineralogy and Petrology, 86(4): 359-373.

Harrison T M, Watson E B. 1983. Kinetics of zircon dissolution and zirconium diffusion in granitic melts of variable water content[J]. Contributions to Mineralogy and Petrology, 84(1): 66-72.

Hayden L A, Watson E B, David A, et al. 2008. A thermobarometer for sphene titanite[J]. Contributions to Mineralogy and Petrology, 155(4): 529-540.

Herzberg C, O'Hara M J. 2002. Plume-associated ultramafic magmas of phanerozoic age[J]. Journal Of Petrology, 43(10): 1857-1883.

Hirschmann M, Evans B W. 1994. Composition and temperature-dependence of Fe-Mg ordering in cummingtonite-grunerite as determined by x-ray-diffraction[J]. American Mineralogist, 79(9-10): 862-877.

Hodges K V, Spear F S. 1982. Geothermometry, geobarometry and the Al_2SiO_5 triple point at mt moosilauke, new-hampshire[J]. American Mineralogist, 67(11-1): 1118-1134.

Hoisch T D. 1990. Empirical calibration of six geobarometers for the mineral assemblage quartz+muscovite+biotite+plagioclase+garnet[J]. Contributions to Mineralogy and Petrology, 104(2): 225-234.

Hoisch T D. 1991. Equilibria within the mineral assemblage quartz + muscovite + biotite + garnet + plagioclase, and implications for the mixing properties of octahedrally-coordinated cations in muscovite and biotite[J]. Contributions to Mineralogy and Petrology, 108(1-2): 43-54.

Holdaway M J. 1971. Stability of andalusite and the aluminum silicate phase diagram[J]. American Journal of Science, 271(2): 97-131.

Holdaway M J. 2000. Application of new experimental and garnet margules data to the garnet-biotite geothermometer[J]. American Mineralogist, 85(7-8): 881-892.

Holdaway M J. 2001. Recalibration of the GASP geobarometer in light of recent garnet and plagioclase activity models and versions of the garnet-biotite geothermometer[J]. American Mineralogist, 86(10): 1117-1129.

Holdaway M J, Mukhopadhyay B, Dyar M D, et al. 1997. Garnet-biotite geothermometry revised: New Margules parameters and a natural specimen data set from Maine[J]. American Mineralogist, 82(5-6): 582-595.

Holland T J B, Powell R. 1990. An enlarged and updated internally consistent thermodynamic dataset with uncertainties and correlations: The system K_2O–Na_2O–CaO–MgO–MnO–FeO–Fe_2O_3–Al_2O_3–TiO_2–SiO_2–C–H_2–O_2[J]. Journal of Metamorphic Geology, 8: 89-124.

Holland T, Blundy J. 1994. Non-ideal interactions in calcic amphiboles and their bearing on amphibole-plagioclase thermometry[J]. Contributions to Mineralogy and Petrology, 116(4): 433-447.

Holland T, Powell R. 1998. An internally consistent thermodynamic data set for phases of petrological interest[J]. Journal of Metamorphic Geology, 16(3): 309-343.

Hollister L S, Grissom G C, Peters E K,et al. 1987. Confirmation of the empirical correlation of Al in hornblende with pressure of solidification of calc-alkaline plutons[J]. American Mineralogist, 72(3-4): 231-239.

Horita J. 2001. Carbon isotope exchange in the system CO_2-CH_4 at elevated temperatures[J]. Geochimica et Cosmochimica Acta, 65(12): 1907-1919.

Horita J. 2014. Oxygen and carbon isotope fractionation in the system dolomite–water–CO_2 to elevated temperatures[J]. Geochimica et Cosmochimica Acta, 129: 111-124.

Huang R, Audétat A. 2012. The titanium-in-quartz TitaniQ thermobarometer: A critical examination and re-calibration[J]. Geochimica et Cosmochimica Acta, 84: 75-89.

Hubberten H W. 1980. Sulfur isotope fractionation in the Pb-S, Cu-S and Ag-S system[J]. Geochemical Journal, 14: 177-184.

Hutchison M N, Scott S D. 1981. Sphalerite geobarometry in the Cu-Fe-Zn-S system[J]. Economic Geology, 76: 143-153.

Hutchison M N, Scott S D. 1983. Experimental calibration of the sphalerite cosmobarometer[J]. Geochimica et Cosmochimica Acta, 47(1): 101-108.

Hwang S L, Yui T F, Chu H T, et al. 2007. On the origin of oriented rutile needles in garnet from UHP eclogites[J]. Journal of Metamorphic Geology, 25 (3) : 349-362.

Hynes A, Forest R C. 1988. Empirical garnet–muscovite geothermometry in low-grade metapelites, Selwyn Range（Canadian Rockies）[J]. Journal of Metamorphic Geology ,6 (3) : 297-309.

Jiao S, Guo J. 2011. Application of the two-feldspar geothermometer to ultrahigh-temperature UHT rocks in the Khondalite belt, North China craton and its implications[J]. American Mineralogist, 96 (2-3) : 250-260.

Johnson M C, Rutherford M J. 1989. Experimental calibration of the aluminum-in-hornblende geobarometer with application to long-valley caldera california volcanic-rocks[J]. Geology, 17 (9) : 837-841.

Joy H W, Libby W F. 1960. Size Effects Among Isotopic Molecules[J]. The Journal of Chemical Physics, 33 (4) : 1276.

Kajiwara Y, Krouse H R. 1971. Sulfur isotope partitioning in metallic sulfide systems[J]. Canadian Journal of Earth Sciences, 8: 1397-1408.

Kajiwara Y, Krouse H R, Sasaki A. 1969. Experimental study of sulfur isotope fractionation between coexisting sulfide minerals[J]. Earth and Planetary Science Letters, 7: 271-277.

Kaneko Y, Miyano T. 2004. Recalibration of mutually consistent garnet-biotite and garnet-cordierite geothermometers[J]. Lithos, 73 (3-4) : 255-269.

Kitchen N E, Valley J W. 1995. Carbon-isotope thermometry in marbles of the adirondack mountains, new-york[J]. Journal of Metamorphic Geology, 13 (5) : 577-594.

Kawasaki T, Motoyoshi Y. 2007. Solubility of TiO_2 in garnet and orthopyroxene: Ti thermometer for ultrahigh-temperature granulites, in Antarctica[C]//Cooper A K, Raymondet C R, et al. A Keystone in a Changing World-Online Proceedings of 10th ISAES. USGS and the National Academics. Short Research Paper.

Kawasaki T, Motoyoshi Y. 2016. Ti-in-garnet thermometer for ultrahigh-temperature granulites[J]. Journal of Mineralogical and Petrological Sciences, 111: 226-240.

Kleemann U, Reinhardt J. 1994. Garnet-biotite thermometry revisited - the effect of Al (VI) and Ti in biotite[J]. European Journal of Mineralogy, 6 (6) : 925-941.

Kohler T P, Brey G P. 1990. Calcium exchange between olivine and clinopyroxene calibrated as a geothermobarometer for natural peridotites from 2 to 60 kb with applications[J]. Geochimica et Cosmochimica Acta, 54 (9) : 2375-2388.

Kohn M J, Spear F S. 1989. Empirical calibration of geobarometers for the assemblage garnet + hornblende + plagioclase + quartz[J]. American Mineralogist, 74 (1-2) : 77-84.

Kohn M J, Spear F S. 1990. Two new geobarometers for garnet amphibolites, with applications to southeastern vermont[J]. American Mineralogist, 75 (1-2) : 89-96.

Koziol A M, Newton R C. 1988. Redetermination of the anorthite breakdown reaction and improvement of the plagioclase-garnet-Al_2SiO_5-quartz geobarometer[J]. American Mineralogist, 73 (3-4) : 216-223.

Kretz R. 1982. Transfer and exchange equilibria in a portion of the pyroxene quadrilateral as deduced from natural and experimental-data[J]. Geochimica et Cosmochimica Acta, 46 (3) : 411-421.

Krogh E J. 1988. The garnet-clinopyroxene Fe-Mg geothermometer:a reinterpretation of existing experimental data[J]. Contributions to Mineralogy and Petrology, 99 (1) : 44-48.

Krogh E, Heim A R. 1978. Temperature and pressure dependence of Fe-Mg partitioning between garnet and phengite, with particular reference to eclogites[J]. Contributions to Mineralogy and Petrology, 66 (1) : 75-80.

Labeyrie L. 1974. New approach to surface seawater palaeotemperatures using $^{18}O/^{16}O$ ratios in silica of diatom frustules[J]. Nature, 248: 40-42.

Leake B E, Woolley A R. 1997. Nomenclature of amphiboles; report of the subcommittee on amphiboles of the international mineralogical association, commission on new minerals and mineral names[J]. American Mineralogist, 82 (9-10) : 1019-1037.

Lee H Y, Ganguly J. 1988. Equilibrium compositions of coexisting garnet and ortho-pyroxene-experimental determinations in the system FeO-MgO-Al_2O_3-SiO_2, and applications[J]. Journal of Petrology, 29 (1) : 93-113.

Lepage L D. 2003. ILMAT: An Excel worksheet for ilmenite–magnetite geothermometry and geobarometry[J]. Computers & Geosciences, 29 (5) : 673-678.

Li J P, Kornprobst J, Vielzeuf D, et al. 1995. An improved experimental calibration of the olivine-spinel geothermometer[J]. Chinese Journal of Geochemistry, 14 (01) : 68-77.

Liermann H P, Ganguly J. 2003. Fe^{2+}-Mg fractionation between orthopyroxene and spinel: Experimental calibration in the system FeO–MgO–Al_2O_3–Cr_2O_3–SiO_2, and applications[J]. Contributions to Mineralogy and Petrology, 145 (2) : 217-227.

Lindsley D H, Andersen D J. 1983. A two-pyroxene thermometer[J]. Journal of Geophysical Research: Solid Earth, 88 (S2) : A887-A906.

Liou J G, Ernst W G, Zhang R Y, et al. 2009. Ultrahigh-pressure minerals and metamorphic terranes-The view from China[J]. Journal of Asian Earth Sciences, 35 (3-4) : 199-231.

Liu L G, Bassett W A. 1986. Element, oxides and silicates, high-pressure phase with implications for the earth's interior[J]. Eos Transactions American Geophysical Union, 69 (42) : 964.

Liu L, Zhang J, Green H W, et al. 2007. Evidence of former stishovite in metamorphosed sediments, implying subduction to > 350 km[J]. Earth and Planetary Science Letters, 263 (3-4) : 180-191.

Loucks R R. 1996. A precise olivine-augite Mg-Fe-exchange geothermometer[J]. Contributions to Mineralogy and Petrolog, 125 (2-3) : 140-150.

Massonne H J, Schreyer W. 1987. Phengite geobarometry based on the limiting assemblage with K-feldspar, phlogopite, and quartz[J]. Contributions to Mineralogy and Petrology, 96 (2) : 212-224.

Massonne H J, Schreyer W. 1989. Stability field of the high-pressure assemblage talc + phengite and 2 new phengite barometers[J]. European Journal of Mineralogy, 1 (3) : 391-410.

Massonne H J, Szpurka Z. 1997. Thermodynamic properties of white micas on the basis of high-pressure experiments in the systems K_2O-MgO-Al_2O_3-SiO_2-H_2O and K_2O-FeO-Al_2O_3-SiO_2-H_2O[J]. Lithos, 41 (1-3) : 229-250.

Matjuschkin V, Brey G P, Hfer H E, et al. 2014. The influence of Fe^{3+} on garnet–orthopyroxene and garnet–olivine geothermometers[J]. Contributions to Mineralogy and Petrology, 167 (2) : 972.

Matthews A, Goldsmith J R, Clayton R N. 1983. On the mechanisms and kinetics of oxygen isotope exchange in quartz and feldspars at elevated temperatures and pressures[J]. Geological Society of America Bulletin, 94 (3) : 396-412.

Matthews A, Palin J M, Epstein S, et al. 1994. Experimental study of $^{18}O/^{16}O$ partitioning between crystalline albite, albitic glass and CO_2 gas[J]. Geochimica et Cosmochimica Acta, 58 (23) : 5255-5266.

McCallister R H, Finger L W. 1976. Intracrystalline Fe^{2+} -Mg equilibria in three natural Ca-rich clinopyroxenes[J]. American Mineralogist, 61 (7-8) : 671-676.

Miller C F, Mcdowell S M, Mapes R W. 2003. Hot and cold granites? Implications of zircon saturation temperatures and preservation of inheritance[J]. Geology, 31 (6) : 529-532.

Mishra B, Mookherjee A. 1988. Geothermometry based on fractionation of Mn and Cd between coexisting sphalerite and galena from some carbonate-hosted sulfide deposits in india[J]. Mineralium Deposita, 23 (3) : 179-185.

Miyoshi T, Sakai H, Chiba H. 1984. Experimental study of sulfur isotope fractionation factors between sulphate and sulfide in high temperature melts[J]. Geochemical Journal, 18: 75-84.

Moazzen M. 2004. Chlorite-chloritoid-garnet equilibria and geothermometry in the Sanandaj-Sirjan metamorphic belt, Southern Iran[J]. Iranian Journal of Science and Technology, 28 (A1) : 65-78.

Moecher D P, Essene E J, Anovitz L M. 1988. Calculation and application of clinopyroxene-garnet-plagioclase-quartz geobarometers[J]. Contributions to Mineralogy and Petrology, 100 (1) : 92-106.

Molin G M, Zanazzi P F. 1991b. Intracrystalline Fe^{2+}-Mg ordering in augite: Experimental-study and geothermometric applications[J]. European Journal of Mineralogy, 3 (5) : 863-875.

Molin G M, Saxena S K, Brizi E. 1991a. Iron-magnesium order-disorder in an orthopyroxene crystal from the johnstown meteorite[J]. Earth and Planetary Science Letters, 105 (1-3) : 260-265.

Molina J F, Moreno J A, Castro A, et al. 2015. Calcic amphibole thermobarometry in metamorphic and igneous rocks: New calibrations based on plagioclase/amphibole Al-Si partitioning and amphibole/liquid Mg partitioning[J]. Lithos, 232: 286-305.

Morikiyo T. 1984. Carbon isotopic study on coexisting calcite and graphite in the ryoke metamorphic rocks, northern kiso district, central japan[J]. Contributions to Mineralogy and Petrology, 87(3): 251-259.

Mukherjee A, Viswanath T A. 1987. Thermometry of diogenites[J]. Memoirs of National Institute of Polar Research, Special Issue, 46: 205-215.

Mukhopadhyay B, Holdaway M J. 1994. Cordierite-garnet-sillimanite-quartz equilibrium: I. New experimental calibration in the system $FeO-Al_2O_3-SiO_2-H_2O$ and certain P-T-X H_2O relations[J]. Contributions to Mineralogy and Petrology, 116(4): 462-472.

Mukhopadhyay B, Holdaway M J. 1997. A statistical model of thermodynamic mixing properties of $Ca-Mg-Fe^{2+}$ garnets[J]. American Mineralogist, 82(1-2): 165-181.

Murakami M, Hirose K, Ono S, et al. 2003. Stability of $CaCl_2$-type and α-PbO_2-type SiO_2 at high pressure and temperature determined by in-situ X-ray measurements[J]. Geophysical Research Letters, 30(5): 1207.

Mysen B O. 1976. Experimental determination of some geochemical parameters relating to conditions of equilibration of peridotite in the upper mantle[J]. American Mineralogist, 61: 677-683.

Negro A D, Carbonin S, Molin G M, et al. 1982. Intracrystalline cation distribution in natural clinopyroxenes of tholeitic, transitional and alkaline basaltic rocks[C]//Saxena S K. Adavances in Physical Geochmistry. New York: Springer-Verlag.

Nekrasov I J, Besmen N I. 1979. Pyrite-pyrrhotite geothermometer. Distribution of cobalt, nickel and tin[J]. Physics and Chemistry of the Earth, 11: 767-771.

Newton R C. 1983. Geobarometry of high-grade metamorphic rocks[J]. American Journal of Science, 283-A: 1-28.

Newton R C, Charlu T V, Kleppa O J. 1980. Thermochemistry of the high structural state plagioclases[J]. Geochimica et Cosmochimica Acta ,44(7): 933-941.

Newton R C, Perkins D. 1982. Thermodynamic calibration of geobarometers based on the assemblages garnet-plagioclase-orthopyroxene clinopyroxene-quartz[J]. American Mineralogist, 67(3-4): 203-222.

Nichols G T, Berry R F, et al. 1992. Internally consistent gahnitic spinel-cordierite-garnet equilibria in the FMASHZn system: Geothermobarometry and applications[J]. Contributions to Mineralogy and Petrology, 111(3): 362-377.

Nickel K G, Green D H. 1985. Empirical geothermobarometry for garnet peridotites and implications for the nature of the lithosphere, kimberlites and diamonds[J]. Earth And Planetary Science Letters, 73(1): 158-170.

Nimis P, Taylor W R. 2000. Single clinopyroxene thermobarometry for garnet peridotites. Part I. Calibration and testing of a Cr-in-Cpx barometer and an enstatite-in-Cpx thermometer[J]. Contributions to Mineralogy and Petrology, 139(5): 541-554.

Nimis P, Grütter H. 2010. Internally consistent geothermometers for garnet peridotites and pyroxenites[J]. Contributions to Mineralogy and Petrology, 159(3): 411-427.

Nimis P, Alexey G, Dmitri A, et al. 2015. Fe^{3+} partitioning systematics between orthopyroxene and garnet in mantle peridotite xenoliths and implications for thermobarometry of oxidized and reduced mantle rocks[J]. Contributions to Mineralogy and Petrology, 169(1): 6.

Ohmoto H, Rye R O. 1979. Isotopes of sulfur and carbon[C]//Barnes H L.Geochemistry of Hydrothermal Ore Deposits. New York: Wiley: 509-567.

Ohmoto H, Lasaga A C. 1982. Kinetics of reactions between aqueous sulfates and sulfides in hydrothermal systems[J]. Geochimica et Cosmochimica Acta, 46: 1727-1745.

Ohmoto H, Goldhaber M B. 1997. Sulfur and carbon isotopes[C]//Barnes H L.Geochemistry of Hydrothermal Ore Deposits. New Jersey :John Wiley & Sons: 517-612.

O'Neill H S C, Wood B J. 1979. An experimental study of Fe-Mg partitioning between garnet and olivine and its calibration as a geothermometer[J]. Contributions to Mineralogy and Petrology, 70(1): 59-70.

Oneill H S, Wall V J. 1987. The olivine ortho-pyroxene spinel oxygen geobarometer, the nickel precipitation curve, and the oxygen fugacity of the earths upper mantle[J]. Journal Of Petrology, 28(6): 1169-1191.

Ono A. 1983. Fe-Mg partitioning between ilmenite and spinel[J]. The Journal of the Japanese Association of Mineralogists, Petrologists and Economic Geologists, 78(6): 221-230.

Ono S, Hirose K, Murakami M, et al. 2002. Post-stishovite phase boundary in SiO_2 determined by in situ X-ray observations[J]. Earth and Planetary Science Letters, 197(3-4): 187-192.

Paria P, Bhattacharya A, Sen S K. 1988. The reaction garnet+clinopyroxene+quartz=2 orthopyroxene+anorthite: A potential geobarometer for granulites[J]. Contributions to Mineralogy and Petrology, 99(1): 126-133.

Pasqual, D, Molin G. 2000. Single-crystal thermometric calibration of Fe-Mg order-disorder in pigeonites[J]. American Mineralogist, 85(7-8): 953-962.

Perchuk L L. 1970. Equilibria of Rock-Forming Minerals[M]. Moscow, Izd-vo Nauka.

Perchuk L L, Lavrent'Eva I V. 1983. Experimental investigation of exchange equilibria in the system cordierite-garnet-biotite[J]. Kinetics & Equilibrium in Mineral Reactions, 3: 199-239.

Perchuk L L, Aranovich L Y, Podlesskii K K, et al. 1985. Precambrian granulites of the Aldan shield, eastern Siberia, USSR[J]. Journal of Metamorphic Geology, 3(3): 265-310.

Perkins D, Chipera S J. 1985. Garnet-orthopyroxene-plagioclase-quartz barometry- refinement and application to the english river subprovince and the minnesota river valley[J]. Contributions to Mineralogy and Petrology, 89(1): 69-80.

Plyusnina L P. 1982. Geothermometry and geobarometry of plagioclase-hornblende bearing assemblages[J]. Contributions to Mineralogy and Petrology, 80(2): 140-146.

Polyakov V B, Kharlashina N N. 1994. Effect of pressure on equilibrium isotopic fractionation[J]. Geochimica et Cosmochimica Acta, 58(21): 4739-4750.

Polyakov V B, Kharlashina N N. 1995. The use of heat-capacity data to calculate carbon-isotope fractionation between graphite, diamond, and carbon-dioxide - a new approach[J]. Geochimica et Cosmochimica Acta, 59(12): 2561-2572.

Potter II R W, Calif M P. 1977. Pressure corrections for fluid-inclusion homogenization temperatures based on the volumetric properties of the system NaCl-H_2O[J]. Journal of Research of the U.S. Geological Survey, 5(5): 603-607.

Powell R. 1985a. Regression diagnostics and robust regression in geothermometer/geobarometer calibration: The garnetclinopyroxene geothermometer revisited[J]. Journal of Metamorphic Geology, 3(3): 231-243.

Powell R. 1985b. Geothermometry and geobarometry: A discussion[J]. Journal of the Geological Society, 142(JAN): 29-38.

Powell R, Powell M. 1977. Geothermometry and oxygen barometry using coexisting iron-titanium oxides: A reappraisal[J]. Mineralogical Magazine, 41: 257-263.

Powell R, Holland T. 1988. An internally consistent dataset with uncertainties and correlations .3. applications to geobarometry, worked examples and a computer-program[J]. Journal of Metamorphic Geology, 6(2): 173-204.

Powell R, Holland T. 1994. Optimal geothermometry and geobarometry[J]. American Mineralogist, 79(1-2): 120-133.

Powell R, Holland T J B. 2008. On thermobarometry[J]. Journal of Metamorphic Geology, 26(2): 155-179.

Powell R, Condliffe D M, Eric C. 1984. Calcite-dolomite geothermometry in the system $CaCO_3$-$MgCO_3$-$FeCO_3$: An experimental study[J]. Journal of Metamorphic Geology 2(1): 33-41.

Powell R, Holland T, Worley B. 1998. Calculating phase diagrams involving solid solutions via non-linear equations, with examples using thermocalc[J]. Journal of Metamorphic Geology, 16(4): 577-588.

Pownceby M I, Wall V J. 1991. An experimental-study of the effect of Ca upon garnet-ilmenite Fe-Mn exchange equilibria[J]. American Mineralogist, 76(9-10): 1580-1588.

Pownceby M I, Wall V J, O'Neill H S C. 1987. Fe-Mn partitioning between garnet and ilmenite: experimental calibration and applications[J]. Contributions to Mineralogy and Petrology, 97(1): 116-126.

Putirka K D. 2008. Thermometers and barometers for volcanic systems[J]. Reviews in Mineralogy and Geochemistry, 69(1): 61-120.

Putirka K D, Perfit M, Ryerson F J, et al. 2007. Ambient and excess mantle temperatures, olivine thermometry, and active vs. passive upwelling[J]. Chemical Geology, 241(3-4): 177-206.

Pyle J M, Spear F S. 2000. An empirical garnet YAG – xenotime thermometer[J]. Contributions to Mineralogy and Petrology, 138 (1) : 51-58.

Raheim A, Green D H. 1974. Experimental determination of the temperature and pressure dependence of the Fe-Mg partition coefficient for coexisting garnet and clinopyroxene[J]. Contributions to Mineralogy and Petrology, 48 (3) : 179-203.

Ravna E, Terry M P. 2004. Geothermobarometry of UHP and HP eclogites and schists - an evaluation of equilibria among garnet-clinopyroxene-kyanite-phengite-coesite/quartz[J]. Journal of Metamorphic Geology, 22 (6) : 579-592.

Ravna E K. 2000b. Distribution of Fe^{2+} and Mg between coexisting garnet and hornblende in synthetic and natural systems: An empirical calibration of the garnet-hornblende Fe-Mg geothermometer[J]. Lithos, 53 (3-4) : 265-277.

Ravna K. 2000a. The garnet–clinopyroxene Fe^{2+}-Mg geothermometer: An updated calibration[J]. Journal of Metamorphic Geology, 18 (2) : 211-219.

Richet P, Bottinga Y, Javoy M. 1977. A review of hydrogen, carbon, nitrogen, oxygen, sulphur, and chlorine stable isotope fractionation among gaseous molecules[J]. Annual Review of Earth and Planetary Sciences, 5 (1) : 65-110.

Ridolfi F, Renzulli A. 2012. Calcic amphiboles in calc-alkaline and alkaline magmas: thermobarometric and chemometric empirical equations valid up to 1,130°C and 2.2 GPa[J]. Contributions to Mineralogy and Petrology, 163 (5) : 877-895.

Ridolfi F, Renzulli A, Puerini M. 2010. Stability and chemical equilibrium of amphibole in calc-alkaline magmas: An overview, new thermobarometric formulations and application to subduction-related volcanoes[J]. Contributions to Mineralogy and Petrology, 160 (1) : 45-66.

Robert N C, Julian R G, Karin J K, et al. 1975. Limits on the effect of pressure on isotopic fractionation[J]. Geochimica et Cosmochimica Acta, 39 (8) : 1197-1201.

Robert N C, Julian R Goldsmith, Toshiko K M. 1989. Oxygen isotope fractionation in quartz, albite, anorthite and calcite[J]. Geochimica et Cosmochimica Acta, 53 (3) : 725-733.

Roedder A E, Bodnar R J. 1980. Geologic Pressure Determinations from Fluid Inclusion Studies[J]. Annual Review of Earth & Planetary Sciences, 8: 263-301.

Roeder P L, Emslie R F. 1970. Olivine-liquid equilibrium[J]. Contributions to Mineralogy and Petrology, 29 (4) : 275-289.

Rye R O. 2005. A review of the stable-isotope geochemistry of sulfate minerals in selected igneous environments and related hydrothermal systems[J]. Chemical Geology, 215 (1-4) : 5-36.

Sauerzapf U, Lattard D, Burchard M, et al. 2008. The titanomagnetite-ilmenite equilibrium: new experimental data and thermo-oxybarometric application to the crystallization of basic to intermediate rocks[J]. Journal of Petrology, 49 (6) : 1161-1185.

Saxena S K, Ghose S. 1971. Mg^{2+}-Fe^{2+} order-disorder and the thermodynamics of the orthopyroxene crystalline solution[J]. American Mineralogist, 56: 532-559.

Saxena S K, Nehru C E. 1975. Enstatite-diopside solvus and geothermometry[J]. Contributions to Mineralogy and Petrology, 49 (3) : 259-267.

Scheele N, Hoefs J. 1992. Carbon isotope fractionation between calcite, graphite and CO_2: An experimental-study[J]. Contributions to Mineralogy and Petrology, 112 (1) : 35-45.

Schmidt M W. 1992. Amphibole composition in tonalite as a function of pressure: An experimental calibration of the al-in-hornblende barometer[J]. Contributions to Mineralogy and Petrology, 110 (2-3) : 304-310.

Schumacher R. 1991. Compositions and phase relations of calcic amphiboles in epidote- and clinopyroxene-bearing rocks of the amphibolite and lower granulite facies, central Massachusetts, USA[J]. Contributions to Mineralogy and Petrology, 108 (1-2) : 196-211.

Scott S D, Barnes H L. 1971. Sphalerite geothermometry and Geobarometry[J]. Economic Geology, 66: 653-669.

Sharp Z D, Essene E J, Smyth J R. 1992. Ultra-high temperatures from oxygen isotope thermometry of a coesite-sanidine grospydite[J]. Contributions to Mineralogy and Petrology, 112 (2-3) : 358-370.

Shen A H, Bassett W A. 1993. The alpha-beta quartz transition at high-temperatures and pressures in a diamond-anvil cell by laser interferometry[J]. American Mineralogist 78 (7-8) : 694-698.

Sheppard S M F, Schwarcz H P. 1970. Fractionation of carbon and oxygen isotopes and magnesium between coexisting metamorphic calcite and dolomite[J]. Contributions to Mineralogy and Petrology, 26 (3) : 161-198.

Simakov S K, Taylor L A. 2000. Geobarometry for mantle eclogites: Solubility of Ca-tschermaks in clinopyroxene[J]. International Geology Review, 42 (6) : 534-544.

Simakov S K. 2008. Garnet–clinopyroxene and clinopyroxene geothermobarometry of deep mantle and crust eclogites and peridotites[J]. Lithos, 106 (1-2) : 125-136.

Sisson T W, Grove T L. 1993. Temperatures and H_2O contents of low-mgo high-alumina basalts[J]. Contributions to Mineralogy and Petrology, 113 (2) : 167-184.

Smith J W, Doolan S, Mcfarlane E F. 1977. A sulfur isotope geothermometer for the trisulfide system galena-sphalerite-pyrite[J]. Chemical Geology, 19 (1-4) : 8-90.

Spear F S. 1988. The Gibbs method and Duhem's theorem: The quantitative relationships among P, T, chemical potential, phase composition and reaction progress in igneous and metamorphic systems[J]. Contributions to Mineralogy and Petrology, 99 (2) : 249-256.

Spear F S. 1993. Metamorphic Phase Equilibria and Pressure-Temperature-Time Paths[M]. Washington, DC: Mineralogical Society of America.

Spear F S, Ferry J M. 1982. Analytical formulation of phase equilibria:the Gibbs' method[J]. Reviews in Mineralogy and Geochemistry ,10 (1) : 105-152.

Spear F S, Selverstone J. 1983. Quantitative P-T paths from zoned minerals: Theory and tectonic applications[J]. Contributions to Mineralogy and Petrology, 83 (3-4) : 348-357.

Spear F S, Selverstone J. 1984. P-T paths from garnet zoning: A new technique for deciphering tectonic processes in crystalline terranes[J]. Geology, 12 (2) : 87-90.

Stimpfl M, Ganguly J, Molin G. 1999. Fe^{2+}-Mg order-disorder in orthopyroxene: equilibrium fractionation between the octahedral sites and thermodynamic analysis[J]. Contributions to Mineralogy & Petrology, 136 (4) : 297-309.

Stormer J C. 1975. A practical two-feldspar geothermometer[J]. American Mineralogist, 60: 667-674.

Sun C O, Williams R J, Sun S S. 1974. Distribution coefficients of Eu and Sr for plagioclase-liquid and clinopyroxene-liquid equilibria in oceanic ridge basalt: an experimental study[J]. Geochimica et Cosmochimica Acta, 38 (9) : 1415-1433.

Taylor W R. 1998. An experimental test of some geothermometer and geobarometer formulations for upper mantle peridotites with application to the thermobarometry of fertile lherzolite and garnte websterite[J]. Neues Jahrbuch Fuer Mineralogie Abhandlungen, 172 (2) : 381-408.

Thomas C, Toshiko K M, Robert N C, et al. 1991. Oxygen and carbon isotope fractionations between CO_2 and calcite[J]. Geochimica et Cosmochimica Acta, 55 (10) : 2867-2882.

Thomas J B, Watson E B, et al. 2010. TitaniQ under pressure: The effect of pressure and temperature on the solubility of Ti in quartz[J]. Contributions to Mineralogy and Petrology, 160 (5) : 743-759.

Thompson A B. 1976. Mineral reactions in pelitic rocks; II, Calculation of some P-T-$X_{Fe\text{-}Mg}$ phase relations[J]. American Journal of Science, 276 (4) : 425-454.

Tomkins H S, Powell R, Ellis D J. 2007. The pressure dependence of the zirconium-in-rutile thermometer[J]. Journal of Metamorphic Geology, 25 (6) : 703-713.

Valley J W, O'Neil J R. 1981. $^{13}C/^{12}C$ exchange between calcite and graphite: A possible thermometer in grenville marbles[J]. Geochimica et Cosmochimica Acta, 45: 411-419.

Vogel J C, Grootes P M, Mook W G. 1970. Isotopic fractionation between gaseous and dissolved carbon dioxide[J]. Zeitschrift Für Physik A, 230: 225-238.

Wada H, Suzuki K. 1983. Carbon isotopic thermometry calibrated by dolomite-calcite solvus temperatures[J]. Geochimica et Cosmochimica Acta, 47 (4) : 697-706.

Wang L, Moon N, Zhang Y, et al. 2005. Fe-Mg order-disorder in orthopyroxenes[J]. Geochimica et Cosmochimica Acta ,69 (24) : 5777-5788.

Wark D A, Watson E B. 2006. TitaniQ: A titanium-in-quartz geothermometer[J]. Contributions to Mineralogy and Petrology, 152 (6) : 743-754.

Waters D. 1993. Geobarometry of phengite-bearing eclogites[J]. Terra Abstracts, 5: 410-411.

Watson E B, Harrison T M. 1983. Zircon saturation revisited: temperature and composition effects in a variety of crustal magma types[J]. Earth and Planetary Science Letters, 64 (2) : 295-304.

Watson E B, Harrison T M. 2005. Zircon thermometer reveals minimum melting conditions on earliest Earth[J]. Science, 308 (5723) : 841-844.

Watson E B, Wark D A, Thomas J B. 2006. Crystallization thermometers for zircon and rutile[J]. Contributions to Mineralogy & Petrology, 151 (4) : 413-433.

Wei C, Powell R. 2003. Phase relations in high-pressure metapelites in the system KFMASH K_2O-FeO-MgO-Al_2O_3-SiO_2-H_2O with application to natural rocks[J]. Contributions to Mineralogy and Petrology, 145 (3) : 301-315.

Wei C J, Powell R, Zhang L F. 2013a. Eclogites from the south Tianshan, NW China: petrological characteristic and calculated mineral equilibria in the Na_2O-CaO-FeO-MgO-Al_2O_3-SiO_2-H_2O system[J]. Journal of Metamorphic Geology, 21 (2) : 163-179.

Wei C J, Qian J H, Tian Z L. 2013b. Metamorphic evolution of medium-temperature ultra-high pressure（MT-UHP）eclogites from the South Dabie orogen, Central China: An insight from phase equilibria modelling[J]. Journal of Metamorphic Geology, 31 (7) : 755-774.

Wells P R A. 1977. Pyroxene thermometry in simple and complex systems[J]. Contributions to Mineralogy and Petrology, 62 (2) : 129-139.

Wells P R A. 1979. Chemical and thermal evolution of archaean sialic crust, southern west greenland[J]. Journal of Petrology, 20 (2) : 187-226.

Wenner D B, Taylor H P. 1971. Temperatures of Serpentinization of serpentinization of ultramafic rocks based on $^{18}O/^{16}O$ fractionation between coexisting serpentine and magnetite[J]. Contribution to minearlogy and Petrology, 32: 165-185.

Whitney J A, Stormer J C. 1977. The distribution of $NaAlSi_3O_8$ between coexisting microcline and plagioclase and its effect on geothermometric calculations[J]. Mineralogical Society of America, 62: 687-691.

Will T M. 1998. Phase Equilibria in Metamorphic Rocks[M]. Heidelber: Springer Berlin Heidelberg.

William F D, Yen T, Peter D. 1981. A direct determination of the oxygen isotope fractionation between quartz and magnetite at 600 and 800°C and 5 kbar[J]. Geochimica Et Cosmochimica Acta, 45 (11) : 2065-2072.

Withers A C, Essene E J, Zhang Y. 2003. Rutile/TiO_2II phase equilibria[J]. Contributions to Mineralogy and Petrology, 145 (2) : 199-204.

Wu C M. 2004. Empirical Garnet-Biotite-Plagioclase-Quartz GBPQ Geobarometry in Medium- to High-Grade Metapelite[J]. Journal of Petrology, 45 (9) : 1907-1921.

Wu C M, Pan Y S. 2002a. A report on a biotite-calcic hornblende geothermometer[J]. Acta Geologica Sinica-English Edition, 76 (1) : 126-131.

Wu C, Cheng B. 2006. Valid garnet–biotite GB geothermometry and garnet–aluminum silicate–plagioclase–quartz GASP geobarometry in metapelitic rocks[J]. Lithos, 89 (1-2) : 1-23.

Wu C, Zhao G. 2006. Recalibration of the garnet-muscovite GM geothermometer and the garnet-muscovite-plagioclase-quartz GMPQ geobarometer for metapelitic assemblages[J]. Journal of Petrology, 47 (12) : 2357-2368.

Wu C M, Wang X S, Yang C H, et al. 2002b. Empirical garnet-muscovite geothermometry in metapelites[J]. Lithos, 62 (1) : 1-13.

Wu C M, Zhang J, Ren L. 2004. Empirical garnet-muscovite-plagioclase-quartz geobarometry in medium- to high-grade metapelites[J]. Lithos, 78 (4) : 319-332.

Wu C M, Zhao G C. 2007. A recalibration of the garnet-olivine geothermometer and a new geobarometer for garnet peridotites and garnet-olivine-plagioclase-bearing granulites[J]. Journal of Metamorphic Geology, 25 (5) : 497-505.

Yamamoto M, Endo M. 1984. Distribution of selenium between galena and sphalerite[J]. Chemical Geology, 42 (1-4) : 243-248.

Yang H, Ghose S. 1994. In-situ Fe-Mg order-disorder studies and thermodynamic properties of orthopyroxene (Mg, Fe)$_2$Si$_2$O$_6$[J]. American Mineralogist, 79 (7-8) : 633-643.

Yapp C J. 1990. Oxygen isotopes in iron iii oxides .1. mineral-water fractionation factors[J]. Chemical Geology, 85 (3-4) : 329-335.

Zack T, Moraes R, Kronz A. 2004. Temperature dependence of Zr in rutile: empirical calibration of a rutile thermometer[J]. Contributions to Mineralogy & Petrology, 148 (4) : 471-488.

Zenk M, Schulz B. 2004. Zoned Ca-amphiboles and related P-T evolution in metabasites from the classical Barrovian metamorphic zones in Scotland[J]. Mineralogical Magazine, 68 (5) : 769-786.

Zhang Y G, Frantz J D. 1987. Determination of the homogenization temperatures and densities of supercritical fluids in the system NaCl-KCl-$CaCl_2$-H_2O using synthetic fluid inclusions[J]. Chemical Geology, 64: 335-350.

Zhang L F, Wang Q J, Song S G. 2009. Lawsonite blueschist in Northern Qilian, NW China: P-T pseudosections and petrologic implications[J]. Journal of Asian Earth Sciences ,35 (3-4) : 354-366.

Zheng Y F. 1993. Calculation of oxygen isotope fractionation in hydroxyl-bearing silicates[J]. Earth and Planetary Science Letters, 120 (3-4) : 247-263.

Zheng Y F. 1999. Oxygen isotope fractionation in carbonate and sulfate minerals[J]. Geochemical Journal, 33 (2) : 109-126.

Zheng Y F, Simon K. 1991. Oxygen isotope fractionation in hematite and magnetite: A theoretical calculation and application to geothermometry of metamorphic iron-formations[J]. European Journal of Mineralogy, 3 (5) : 877-886.

Zheng Y F, Metz P, Satir M, et al. 1994. An experimental calibration of oxygen-isotope fractionation between calcite and forsterite in the presence of a CO_2-H_2O fluid[J]. Chemical Geology, 116 (1-2) : 17-27.

Zheng Y F, Gao X Y, Chen R X, et al. 2011. Zr-in-rutile thermometry of eclogite in the dabie orogen: Constraints on rutile growth during continental subduction-zone metamorphism[J]. Journal of Asian Earth Sciences, 40 (2) : 427-451.

第五章 矿物共生组合

一、概念及意义

在一定空间中由同一成因、同一期次(或阶段)所形成的不同矿物组合称为矿物共生组合。

体系中的组分及物理化学条件决定着矿物的共生组合。因此，矿物共生组合是反映其形成条件的重要标志，是成因矿物学研究的一个重要方面。矿物组合的发育和变化与地壳运动发展过程中各种规模的地质事件和它们的性质均有关系。根据矿物组合特征的异同，可用以判断岩层、岩体和矿床的成因，分层分带，剥蚀深度，找矿标志及经济价值。

不同地质作用形成的地质体系中，矿物生成顺序有差异性，也有共同性，总结它们的差异性与共同性，有利于加深对地质作用及其与成矿关系的了解。矿物组合研究涉及面较广，如与矿物系统发生史及找矿矿物学等方面均有密切联系。

二、元素分布与矿物组合关系

地球化学家根据化学元素在自然界的亲和性将它们划分成不同类别，如戈尔德施密特所划分的亲石元素、亲铜元素、亲铁元素、亲气元素、亲生物元素，Bruce 所划分的硬阳离子、过渡型阳离子、软阳离子、阴离子、元素单质、惰性气体等类别(张德会等，2013)。化学元素因其原子结构、原子量及其在地球不同圈层的丰度不同，在自然界不同的物化条件下常分异成不同组别，按亲和性成组运移沉淀而形成不同的矿物组合。

占地壳总质量 99.45%或总原子数 97.8%的 O、Si、Al、Fe、Ca、Na、K、Mg、Ti、H、C 11 种元素可在硅酸盐熔体中大量富集，是内生矿物组合的主要元素组成。其中，Si、Al、Ca、Na、K、Mg 等主要造岩元素的离子均有 8 个电子，属惰性气体型亲石离子，均在岩浆作用中首先沉淀，形成硅酸盐矿物。过渡性离子 Fe、Ti 在地壳中的含量也较高，离子半径与 Mg、Al 相近，故也能进入硅酸盐晶格，当 Si 不足时才形成氧化物。属性相近的元素可成类质同象代替，如 Hf 可代替 Zr 进入锆石，Ti 可代替 Ca 进入磷灰石、独居石或磷钇矿，Ni、Mn 可代替 Mg、Fe 进入橄榄石或辉石等暗色硅酸盐，H 可进入晶格与 O 结合构成 OH—进入硅酸盐晶格。岩浆作用中，C 一般不进入硅酸盐而形成金刚石及石墨，而在氧化条件下主要形成碳酸盐。铂族元素的属性与主要造岩元素不同，也不进入硅酸盐晶格，而呈自然元素、金属互化物或硫砷化物。与主要造岩元素离子半径或电价相差较大的元素如 Rb、Cs、Sr、Ba、REE、Th、U、Nd、Ta、Li、Be、C、B、P

等大部分留于硅酸盐残余岩浆中，与其他挥发性组分共同进入伟晶岩中形成特征的矿物共生组合。铜型亲硫离子 Cu、Ag、Au、Zn、Cd、Hg、Ga、In、Tl、As、Sb、Bi 等常与部分铁族(Fe、Co、Ni)及铂族元素和 S、As、Se、Te 等形成还原性化合物硫化物及其类似化合物(砷、硒、碲化物)或硫盐，它们在内生气液作用中最为富集，可占该类化合物总数的 94%。

以氧化为主要特征的外生作用中，B^{3+}、C^{4+}、P^{5+}、N^{5+}、Cr^{6+}、Mo^{6+}、W^{6+}、S^{6+}等元素均以高价态出现而形成相应的含氧盐矿物，它们可占各该类化合物总量的 57%～100%。氢氧化物、含水化合物及硅酸盐以外的其他多种含氧盐也是外生作用的主要产物。有机矿物与生物化学作用有关，也是外生作用的产物。卤化物矿物在内生和外生作用中的分布大体相似，但硅酸盐矿物在外生作用中只占其种类的 11%左右，硫化物与硫盐仅占这类化合物的 6%左右，自然元素和金属互化物也甚少。

变质作用的矿物组合与原岩有密切关系，但此过程的总趋势是使氢氧化物及含水化合物脱氢、脱水，也使一部分硅酸盐及其含氧盐趋向不稳定，故变质矿物组合较简单，在各类矿物总数中的百分比也较低。

地壳中的地质作用可分为内生作用、外生作用和变质作用。各种地质作用中形成的矿物类所占百分比见表 5-1。

表 5-1　地质作用中各类矿物分布的百分比(陈光远等，1988)

矿物类	地质作用								总数
	内生				外生			变质	
	岩浆	伟晶	气液	总数	沉积	风化	总数		
氧化物及氢氧化物	6	22	20	48	2	36	38	14	100
硅酸盐	21	16	25	62	1	10	11	27	100
自然元素及金属互化物	22	3	44	69	2	24	23	8	100
硫、砷、硒、碲化物及硫盐	5		89	94	1	5	6		100
卤化物	2	10	41	53	12	35	47		100
钨、钼酸盐			43	43		57	57		100
碳酸盐		12	21	33	22	44	66	1	100
硼酸盐		12	12	24	48	23	71	5	100
磷、砷、钒酸盐	2	12	10	24	1	71	72	4	100
硫酸盐			8	8	20	72	92		100
铬酸盐						100	100		100
硝酸盐						100	100		100
有机化合物			9	9		91	91		100

本章主要对内生作用、外生作用和变质作用的矿物共生组合进行讨论。

三、内生矿物共生组合

内生作用是地球自身运动过程中因磁场、电场、热场、放射场、重力场等发生改变导致地球内部物质性质及其分布发生改变的作用，主要包括岩浆作用、伟晶作用和热液作用。

(一)岩浆成因矿物组合

自然界的岩浆按成分可划分为两类，一是硅酸盐岩浆，这是侵入于地壳中或喷出地表的最重要的岩浆类型；另一类是非硅酸盐岩浆，包括碳酸盐、氧化物、硫化物等岩浆(于炳松等，2017)，其在地壳中的分布非常局限。这里主要介绍硅酸盐岩浆作用的矿物组合。

岩浆作用形成的矿物主要为硅酸盐和氧化物。副矿物也以氧化物和硅酸盐为主，也可出现少量硫化物和自然元素矿物。硅酸盐矿物从岩浆中晶出的顺序按其结构特征总体上显示为由简单到复杂、$[SiO_4]$的连接由点到线及面、共用系数值(指多面体骨架结构中共用一个角顶的多面体数目的平均值，见 1992 年施倪承与马喆生等的译著《矿物学原理》)逐渐增大的演化规律，即从岛状硅酸盐到链状硅酸盐、层状硅酸盐及架状硅酸盐依次发育。硅酸盐矿物的晶出顺序与它们晶格能降低的次序一致。

在从超基性至酸性岩浆作用的矿物共生组合中，MgO 递减，FeO 先递增后递减，SiO_2、Na_2O、K_2O 递增，CaO、Al_2O_3 从超基性至基性陡增后向酸性又递减，矿物按“鲍温反应系列”产出，即暗色矿物从橄榄石、斜方辉石、单斜辉石到角闪石、黑云母；浅色矿物从基性斜长石、中性斜长石到酸性斜长石及白云母和钾长石，最后形成石英。在铁镁硅酸盐如橄榄石、辉石、角闪石、黑云母等矿物中，富镁的矿物相对于富铁的矿物(如顽火辉石相对于斜方铁辉石)总是在更高温时结晶。在斜长石中，富钙的端元相对于富钠的端元总是在较高温时结晶。

当壳源中酸性硅酸盐岩浆演化过程中受到幔源基性岩浆混合时，“鲍温反应系列”出现逆反应。当岩浆作用从酸性向碱性转化时，碱质增加，出现碱性辉石及碱性角闪石，同时 SiO_2 从过饱和趋向不饱和，石英消失，并出现霞石、白榴石等似长石，与碱性长石共生。

深成岩浆的结晶作用是在封闭体系中进行的，作用时间较久，反应过程较充分，矿物能生长为较大的颗粒，岩石为全晶质，如岛弧根部形成的花岗岩或花岗闪长岩、大洋岩石圈形成的辉长岩。早期晶出的矿物往往与较晚期的岩浆发生反应而形成新矿物，如橄榄石转变为辉石，进而转变为角闪石等，其转变的顺序也与鲍温反应系列一致。若深部岩浆迅速上升到地壳浅表部分，其中仅有少量晶体形成，大量熔体骤冷成玻璃质，如岛弧环境的流纹岩和安山岩、洋中脊的玄武岩等。

深成岩浆作用所形成的矿物因岩浆起源不同而不同。源于地幔的超基性和基性岩浆的矿物组合，其组成元素的离子半径中等偏小，晶格能较大，变价元素的价态较低。在超基性岩浆中 C 形成单质矿物金刚石，而不形成碳酸盐中的$[CO_3]$，在基性岩浆中可出现多种硫化物，表明超基性-基性岩浆(或岩浆演化早期)矿物形成环境具有还原特征。

鉴别岩浆成因矿物共生关系最一般的经验规则是：具有相似化学成分的矿物更可能一起产出(表 5-2)。这是由矿物成分标型的相应性所决定的。控制岩浆成因矿物稳定共生的两个化学反应是霞石+石英=长石、镁橄榄石+石英=顽火辉石。在岩浆结晶过程中，这两个反应都会自发地向右进行。因此，霞石和石英、镁橄榄石和石英不会共生，而长石和石英(花岗岩)、长石和霞石(正长岩)、橄榄石和辉石(辉长岩)、辉石和石英(闪长岩)则能共生。石英是否存在是判别岩石性质的关键判据。

表 5-2　岩浆矿床矿物共生组合总表

矿床类型	含矿岩石	主要矿物	副矿物	热液矿物	表生矿物
金刚石矿床	金伯利岩 钾镁煌斑岩	镁橄榄石、铬镁铝榴石、镁钛铁矿、铬透辉石、金云母、金刚石	顽火辉石、铬铁矿、铬尖晶石、钙钛矿、磷灰石、石墨、锐钛矿、金红石、锆石、斜锆石、碳硅石	蛇纹石、绿泥石、透闪石、黄铁矿、磁黄铁矿、闪锌矿、白太矿、天青石、方解石、白云石、文石、蛋白石、水云母、蛭石、高岭石	氢氧化铁、褐铁矿、软锰矿、蓝铜矿、孔雀石
铬铁矿床	纯橄榄岩	橄榄石、顽火辉石、透辉石、铬尖晶石、镁铬铁矿、富铁铬铁矿、高铝高铁铬铁矿	钙铬榴石、铬透辉石、普通辉石、磁铁矿、自然铂、自然铬、锇铱矿、砷铂矿、金刚石、柯石英、蓝晶石、罗布莎矿、藏布矿、曲松矿、雅鲁矿	含铬透闪石、透闪石、铬浅闪石、铬绿泥石、蛇纹石、水镁石、方解石、自然铜、绢石、滑石、蛭石	
磁铁矿床	斜长岩、辉石岩、角闪岩、辉长岩、苏长岩	橄榄石、普通辉石、紫苏辉石、长石、磁铁矿、铬磁铁矿、钛磁铁矿、钛铁矿、钛普闪石、普通角闪石	镁铝榴石、磷灰石、黄铜矿、黄铁矿、钛铁晶石、榍石	赤铁矿、白钛矿、绿泥石、绿帘石、黝帘石、滑石、绢云母、纤闪石、阳起石、石英	
铂族元素矿床	纯橄岩、辉长岩	斜长石、辉石、橄榄石、钙铬榴石、铬云母、角闪石、金云母、铬尖晶石、钛铁矿、钛磁铁矿、磁铁矿、粗铂矿、铱铂矿、砷铂矿、硫铂矿、铁铂矿、自然铂、磷灰石	磁黄铁矿、镍黄铁矿、黄铜矿、铱铂矿、铂铱矿、硫钌矿、锑钯矿、金铱锇矿、锇铱矿、硫砷铱矿、红石矿	蛇纹石、铜铂矿、镍铂矿、自然金赤铁矿、绿泥石、阳起石	自然铜、自然铂、黏土矿物、褐铁矿、白钛矿
铜镍硫化物矿床	橄榄岩、纯橄岩、苏长岩、辉长岩、辉长辉绿岩、闪长岩	磁黄铁矿、镍黄铁矿、黄铜矿、方黄铜矿、紫硫镍矿、黄铁矿、橄榄石、辉石、角闪石、斜长石、镁铝榴石、黑云母、磁铁矿	墨铜矿、辉镍矿、毒砂、斑铜矿、方铅矿、闪锌矿、铂族矿物、黑柱石、铬尖晶石、钛铁矿、金红石、磷灰石	淡红辉铁镍矿、针硫镍矿、红砷镍矿、白铁矿、方解石、直闪石、阳起石、方柱石、蛇纹石、绢云母、葡萄石、沸石、水镁石	自然铜、自然银、赤铜矿、铜蓝、翠矾、孔雀石、褐铁矿、黄钾铁矾、蛋白石、铅铁矾、镍华
磷灰石矿床	正长岩	正长石、磷灰石、磁铁矿、磁铁矿、氟磷灰石	赤铁矿、透辉石、普通角闪石、锆石、黑云母、石英、钛榴石、榍石、霞石	电气石、钠长石	高岭石、褐铁矿
钛铌钙铯矿床	霞石正长岩	霞石、钾长石、钛铌钙铯矿	磷灰石、霓石、钠铁闪石、异性石、褐硅钠钛矿、叶闪石、硅钛钠石、方钠石		

据陈光远等，1988；翟裕生等，2011；Yang 等，2007a，b；Xu 等，2009；杨经绥等，2013 资料综合。

深成岩浆作用是在地壳深处较高温、高压条件下进行的。随着温度、压力下降，矿物依次从岩浆中晶出，其中结晶分异作用是造成岩浆岩矿物成分不同的重要原因，而液态分异(熔离)则是形成岩浆矿床的重要因素，如使铜、镍硫化物在液态情况下与硅酸盐分离。岩浆矿床的矿石矿物几乎与相关岩浆岩的副矿物完全相同，如超基性岩中的铬铁矿与岩体中的副矿物铬铁矿相对应，钒钛磁铁矿、钛铁矿矿床与其所在岩体中的副矿物磁铁矿、钛铁矿相对应。不同岩浆岩中所含的特征副矿物也不同。近年来，杨经绥等(2013)在西藏罗布莎铬铁矿矿床中发现一系列异常幔源矿物，其中包括多种自然元素或互化物新矿物，构成独特的幔源矿物共生组合(Yang et al.，2007a，b；Xu et al.，2009)。

典型岩浆成因的矿床有多种类型，包括金刚石矿床、磁黄铁矿-镍黄铁矿-黄铜矿矿床、磁铁矿-钛铁矿矿床、铬铁矿矿床、铂族元素矿床、赤铁矿-钛铁矿矿床、自然铁矿床、钛铌钙铯矿矿床、磷灰石-磁铁矿矿床、霞石-磷灰石矿床等，各类矿床的矿物共生组合具有较明显的差异(表 5-2)。

(二)伟晶作用矿物组合

伟晶作用是岩浆演化晚期的地质作用，其主要特点是富集碱金属和碱土金属元素、稀有元素、稀土元素及 B、C、O、F、P、S、Cl 和 H_2O 等挥发性组分。这些特征元素的离子半径与电荷不是过大就是过小，因而大部分不在深成岩浆作用中结晶，而保留在伟晶岩化阶段晶出。伟晶岩浆中大量挥发性组分的存在有效地降低了矿物的结晶温度，降低了熔浆的黏滞性，促进了物质的扩散作用，使矿物有充裕的时间结晶而生成大颗粒晶体(1～2cm 以上)。许多伟晶岩中单个晶体的尺寸长达几米甚至几十米，重达几吨甚至几十吨。俄罗斯乌拉尔某采石场便坐落在一个天河石晶体之上(于炳松等，2017)。

1. 伟晶岩矿物组合的多样性

由于伟晶岩浆中大量复杂元素达到其沉淀的条件，因此其矿物组合具有显著特色，矿物种类十分复杂。例如，花岗伟晶岩矿物约 280 种，其中硅酸盐 95 种，氧化物 66 种，磷酸盐 56 种，其他矿物约 60 种(陈光远等，1988)。同时，由于不同成分岩浆演化到晚期都将导致挥发分相对集中，在温压条件合适时便可形成伟晶岩，因此伟晶岩的种类也颇复杂。

花岗伟晶岩是地壳中分布最常见的伟晶岩，它是地壳上部花岗质岩浆分异的结果，一般出现在花岗岩体的边缘及其邻近围岩中。花岗伟晶岩属酸性伟晶岩，主要矿物为继承花岗岩浆成分的石英、长石和云母，但也可出现稀有、稀土、放射性元素的矿物，构成相应的花岗伟晶岩型矿床。

由碱性岩浆分异而成的碱性伟晶岩分布仅次于酸性的花岗伟晶岩。它继承了碱性岩的物质成分，在矿物组合中以碱性长石、碱性角闪石、霞石等似长石矿物为主，不出现石英，还可出现稀土磷灰石$(Sr，Ce，Na，Ca)_5(PO_4)_3(OH)$、星叶石$(K，Na)_3(Fe^{2+}，Mn)_7Ti_2Si_8O_{24}(O，OH)_7$、闪叶石 $Na_2(Sr，Ba)_2Ti_3(SiO_4)_4(OH，F)_2$、异性石 $Na_4(Ca，Ce，Fe)_2ZrSi_6O_{17}(OH，Cl)_2$ 等多种稀有、稀土元素矿物，并形成碱性伟晶岩型矿床。

中性、基性和超基性伟晶岩较少见。中性伟晶岩可以宁芜地区凹山式玢岩铁矿中伟晶状次透辉石(阳起石)-磷灰石-磁铁矿三矿物组合为代表。基性辉长伟晶岩常与超基性辉石岩或基性的辉长岩相伴，其中钠质的以霓辉石及酸性斜长石为主，钾质的以黑云母及微斜长石为主，霓辉石与酸性斜长石是次要的。上述两种类型的基性伟晶岩可以济南辉长杂岩体中的辉长伟晶岩为代表。超基性伟晶岩可以宁夏小松山超基性杂岩体中的异剥辉石伟晶岩为代表。

伟晶岩的矿物成分除了与其母岩浆的成分有关外，若岩浆演化晚期的伟晶岩浆与围岩化学势差别很大时，二者可发生交代反应，使伟晶岩矿物成分发生改变。对花岗伟晶岩而言，若围岩为富铝的黏土岩、片麻岩或基性岩，伟晶岩中可生成红柱石、蓝晶石、夕线石及堇青石；若围岩富 Ca、Mg、Fe，伟晶岩中可生成磁铁矿、钛铁矿、角闪石、辉石、方柱石及堇青石；若围岩为超基性岩，岩浆中的 K_2O、SiO_2 进入围岩，伟晶岩中的钾长石变为斜长石，Al_2O_3 析出形成刚玉，生成去硅伟晶岩，又称交代型基性伟晶岩。若刚玉含量大于40%，即成为刚玉岩而成矿；若 SiO_2 含量少，便形成珍珠云母或绿泥石，也结晶出刚玉，称为刚玉-珍云岩。

在各类伟晶岩中，花岗伟晶岩工业意义最大，据其含矿性一般分为稀有金属伟晶岩、稀土金属伟晶岩、白云母伟晶岩、含水晶伟晶岩等。在实际工作中，可按研究目的灵活选择和制定合适的分类方案(翟裕生和王建平，2011；王登红等，2004)。不同类型含矿伟晶岩的特征矿物组合极其多样，是稀有、稀土等关系国家矿产安全战略的关键性金属的主要来源，见表 5-3。

表 5-3　不同类型伟晶岩矿物共生组合

伟晶岩类型	主要矿物	次要及稀少矿物
长石、白云母铀 - 稀土伟晶岩	斜长石、微斜长石、白云母、石英	电气石、绿柱石、独居石、锆石、石榴子石、磁铁矿、黑云母、磷灰石、褐帘石、榍石、磷钇矿、曲晶石、晶质铀矿、锂辉石、铌铁矿、钽铁矿、褐钇铌矿、黑稀金矿、淡红硅钇矿、铌钇矿、水菱钇矿、钇榍石、钶铁矿、锂铁矿
铌钽稀有金属伟晶岩	钠长石、锂辉石、微斜长石、锂云母、铌铁矿、钽铁矿、铌钇矿	绿柱石、黑云母、白云母、黄玉、石榴子石、电气石(黑电气石、多色电气石)、磷灰石、透锂长石、萤石、似晶石、独居石、磁铁矿、锆石、晶质铀矿、易解石、细晶石、磷锂石—锂铁矿、磷铁锰矿、磷锂石、硅铀钇矿、锡石、黑钨矿
锂云母 - 锂辉石稀有金属伟晶岩	微斜长石、钠长石、石英、微斜-条纹长石、白云母、锂辉石、锂云母	石榴子石、电气石、磷灰石、绿柱石、钽铁矿、锰钽铁矿、磷锂矿、铌铁矿、细晶石、铯榴石、基性泡铋矿、锂蓝铁矿、锡石、磷铝石
纯绿宝石交代型基性伟晶岩	黑云母、金云母、阳起石、滑石、绿泥石	石英、角闪石、白云母、绿柱石、辉钼矿、电气石、磷灰石、金红石、榍石、黄玉、扁豆菱沸石、钛铁矿、赤铁矿、萤石、纯绿宝石、斜长石、黑电气石、石榴子石、贵橄榄石、金绿宝石、锆石、似晶石、硬沸石、硅铍石、自然铋
刚玉交代型伟晶岩	斜长石、刚玉	尖晶石、石榴子石、电气石、黑云母、珍珠云母、绿泥石、金红石、单水铝石、磷灰石、蛭石、阳起石、滑石、方解石、皂石、磷灰石、榍石、磁铁矿、锆石、褐帘石、石英、钠长石、蓝晶石、铬云母

据陈光远等，1988；王登红等，2004；翟裕生等，2011；刘锋，2016；秦克章等，2019；李乐广等，2019 资料综合。

2. 花岗伟晶岩矿物共生序列

花岗伟晶岩及其矿床的形成过程通常划分为 8 个阶段(陈光远等，1988)。

第 1 阶段：以黑云母+斜长石(更长石)+石英组合为特征，称 K-Na 阶段。

第 2 阶段：微斜长石与石英交生，形成文象结构，称为第一 K 阶段。

第 3 阶段：形成微斜长石巨晶，称为第二 K 阶段。

第 4 阶段(第一次水解阶段)：不同类型伟晶岩矿物组合不同。稀土金属伟晶岩出现褐帘石+铌钇矿+褐钇铌矿+富铀黄绿石组合，云母伟晶岩出现暗棕色云母+绿柱石+黑电气石+磷灰石组合，稀有金属伟晶岩出现锂辉石+绿柱石+电气石+锂蓝铁矿+铌-钽铁矿+浅黄色云母组合，晶洞伟晶岩出现绿柱石+白云母组合。

第 5 阶段：块状石英核形成，也称为第一次硅化。

第 6 阶段：以钠长石化为特征，但稀有金属伟晶岩的 Na 交代具特殊性，出现碱性的钠绿柱石。

第 7 阶段：也称第二次水解阶段，其矿物组合在不同伟晶岩中有所不同，如云母伟晶岩为水白云母+石英，稀有金属伟晶岩为白云母+锡石，有 Li、Cs 参加时出现锂云母、铯榴石和石英。

第 8 阶段：也称第二次硅化阶段，一般形成石英，在晶洞伟晶岩中形成水晶。

几类花岗伟晶岩建造的矿物共生演化序列见表 5-4。

表 5-4　几类花岗伟晶岩建造的矿物共生演化序列(陈光远等，1988)

<table>
<tr><th rowspan="3">伟晶岩建造</th><th colspan="8">矿化阶段</th></tr>
<tr><th>1</th><th>2</th><th>3</th><th>4</th><th>5</th><th>6</th><th>7</th><th>8</th></tr>
<tr><th>钾-钠</th><th>钾 I</th><th>钾 II</th><th>水解 I</th><th>硅 I</th><th>钠化</th><th>水解 II</th><th>硅 II</th></tr>
<tr><td>稀土金属伟晶岩</td><td rowspan="4">黑云母
斜长石
石英</td><td rowspan="4">微斜长石
石英</td><td rowspan="4">微斜长石</td><td>褐帘石
铌钇矿
褐钇铌矿
富铀黄绿石</td><td rowspan="4">石英
钠长石</td><td>钠长石</td><td></td><td rowspan="3">石英</td></tr>
<tr><td>云母伟晶岩</td><td>白云母
黑电气石
绿柱石
磷灰石</td><td>钠长石</td><td>石英
白云母
水白云母</td></tr>
<tr><td>稀有金属伟晶岩</td><td>锂辉石
绿柱石
电气石
锂蓝铁矿
铌钽铁矿
浅黄色云母</td><td>钠长石
钠绿柱石
钽铁矿</td><td>锡石或石英
白云母
锂云母
铯榴石
细石英
多色电气石</td></tr>
<tr><td>晶洞伟晶岩</td><td>绿柱石
白云母</td><td>钠长石</td><td></td><td>水晶</td></tr>
</table>

3. 伟晶岩中矿物成因标志

1) 伟晶岩的演化

某些矿物，如电气石、绿柱石、钠长石、白云母、石英和铌-钽矿物等，可出现于伟晶作用的多个阶段，具有一定的贯通性。这些矿物的化学成分随伟晶岩岩浆成分的变化而发生相应的变化，通常矿物中的 Ca、Fe、Ti、Sc、Mo 等元素含量逐渐降低，Mn^{2+}含量逐渐增加，Mn/Fe 值在一定程度上可指示矿物的析出顺序。在含钾矿物中，Rb、Cs 含量和 Rb/K 值逐渐增加。伟晶岩矿物中(Ta+Nb)/Tl、Ta/Nb 也有类似的变化。较晚期形成的绿柱石含碱性元素更高。云母族矿物在早期多呈暗棕色楔形晶体，含 Na 低，晚期交代生成的白云母具有特征的板状晶形与红色色调，含 Al 少，含 Na 高。熔体中晶出的微斜长石三斜度低于交代形成的微斜长石。第 2 阶段的电气石常常为绿色，少见蓝色；而第 7 阶段的电气石为粉红色，或具多种彩色。

伟晶岩中另一些矿物，如铯榴石$(Cs, Na)_2Al_2Si_4O_{12} \cdot H_2O$ 等，只出现于伟晶作用的某一阶段，对伟晶岩演化的相应阶段具有标型意义(陈光远等，1988)。

2)伟晶岩形成温度和深度

在对伟晶岩形成条件进行对比时，通常采用文象结构和块状结构伟晶岩，因两者在不同建造的伟晶岩体内部占有相同的位置。不同建造的文象伟晶岩结晶温度不同(表 5-5)。伟晶岩单矿物带中微斜长石碱金属含量可以指示形成温度，不同建造(伟晶岩的围岩变质相、变质岩类型、标型矿物及文象花岗岩与伟晶岩的总称)伟晶岩的形成深度也有明显差异，相应的矿物标志见表 5-6 和表 5-7。

表 5-5　不同建造的文象伟晶岩的结晶温度(陈光远等，1988)

温度测定方法	钾长石伟晶岩			斜长石伟晶岩		
	云母伟晶岩	稀有金属伟晶岩	含水晶伟晶岩	云母伟晶岩	稀有金属伟晶岩	含水晶伟晶岩
均一法	420～450	500～650	700～780			
爆裂法	480～530	550～650	665～880	500～520		
二长石法	480～520	520～550	580～770	560		
黑云母-石榴子石法	510					
$2\theta(131)\sim2\theta(1\bar{3}1)$				480～520		850～1080
据 Ab-An-Q 图解				660～670	780～810	
据石英双晶特征	＜573		＞573			

表中 573℃为一个大气压下 α 石英与 β 石英转变温度。

表 5-6　伟晶岩中微斜长石的碱金属含量及其形成温度(陈光远等，1988)

伟晶岩类型	含量(%，质量分数)		T(℃)
	K_2O	Na_2O	
白云母伟晶岩	12.67	2.48	525
稀有金属伟晶岩	12.90	2.83	540
阿尔泰伟晶岩	12.40	3.20	570
科拉半岛伟晶岩	10.90	4.14	650
含水晶伟晶岩	8.63	5.97	780
乌克兰伟晶岩	10.16	4.72	700
乌克兰伟晶岩	10.04	5.00	740

表 5-7　伟晶岩建造深度的标志(陈光远等，1988)

伟晶岩类型	深度(km)	变质相/变质岩/标型矿物	文象花岗岩成分					
			SiO_2	Al_2O_3	Fe_2O_3	FeO	Na_2O	K_2O
稀土元素伟晶岩	＞8	麻粒岩相/片麻岩、片岩/夕线石						
白云母伟晶岩	6～8	角闪岩相/片岩/蓝晶石	70.00	16.28	0.57	0.21	1.78	10.68
白云母-稀有金属伟晶岩	5～6	角闪岩相/片岩/十字石						
稀有金属伟晶岩	4～5	角闪岩相/片岩/红柱石/堇青石	73.71	14.16	0.36	痕量	1.99	9.50
含水晶伟晶岩	2～4	绿片岩相/片岩/绢云母	76.66	11.88		2.09	2.34	5.85

(三)热液成因矿物组合

越来越多的证据表明，地质流体几乎无处不在。Kolar 半岛超深钻在 12km 深处仍发现有富金属流体，深部的幔源流体和浅部的循环热水更在很多矿床形成中起着不可或缺的作用(毛景文等，2005；侯增谦，2003；Li and Santosh，2014，2017)。就目前所知，地球系统中的热流体有的来自岩浆活动，有的来自变质作用，有的来自地幔去气，有的来自大气降水。由于成因或来源不同，其性质特征，如组成成分、温度、pH、Eh 等会有很大差异，而温度是控制热液化学成分、pH 和 Eh 变化的主要因素。高温地质流体由炽热气体和水溶液组成，常处于超临界状态，温度范围可高达 600～700℃，而地球浅表部分的地质流体的最低温度则为 25～50℃。导致流体成矿的热液温度绝大多数介于 100～400℃。

岩浆活动和伟晶作用所产生的地质流体及其矿物组合是研究最详细、成果最丰硕的热流体和热液成因矿物组合。大量造岩元素及大部分稀散放射性元素如 Li、Be，Nb、Ta、Zr、Hf、REE、Th、U 等在岩浆及伟晶作用阶段就已沉淀出来，因此与岩浆活动有关的内生热液主要富集克拉克值偏低的其他多种成矿元素，如 S、Se、Te、As、Sb、Bi、Ge、Sn、Pb、Ga、In、Tl、Zn、Cd、Hg、Cu、Ag、Au、Mo、W 等。这些元素大部分成为 S、As、Se，Te 的化合物，或成为有 As、Sb、Bi 参与的硫盐。甚至 Ge、Ga、In、Tl 在热液作用中也可成为独立的硫化物，如形成硫锗铜矿 $Cu_3(Ge,Fe)(S,As)_4$、硫镓铜矿 $CuGaS_2$、硫铟铜矿 $CuInS_2$、硫铁铊矿 $TlFeS_2$、单斜及四方硫砷汞铊矿 $TlHgAsS_2$ 等。过渡族元素 Fe、Co、Ni，尤其是 Fe 在热液阶段仍起很大作用，但也主要成硫砷化物，而非硅酸盐或氧化物。Sn、Mn 等元素除形成氧化物或进入含氧盐外，也成硫化物出现。岩浆作用残留下来的 Pt 族元素也可在热液作用中成硫砷化物出现。自然元素与金属互化物也远较岩浆阶段普遍，除 Pt 族元素和 Au、Ag、Cu 外，As、Sb、Bi、S、Se、Te 等也可在热液作用中成自然元素或部分金属互化物存在(陈光远等，1988)。

热液成因的硅酸盐和氧化物较之岩浆成因和伟晶成因者已显著减少，且以低温低压型或富挥发分(特别是结构水)者为主，如低温长石族及低温低压尖晶石族矿物、不含 Al_{IV} 及 Al_{VI} 的角闪石族矿物(包括多种角闪石石棉)、绿帘石-黝帘石族矿物、层状含水硅酸盐如蛇纹石族(包括蛇纹石石棉)、多种云母(绢云母)-水云母-伊利石、绿泥石、滑石、叶蜡石、高岭石、蒙脱石等以及氢氧镁石等氢氧化物。在伟晶作用中未能大量沉淀的 U、Sn、Ti 等也以氧化物在热液阶段产出。此外，大量硫砷化物及其他含氧盐如碳酸盐、钨酸盐及部分硫酸盐，部分卤化物如氟化物(如萤石、氟镁石 MgF_2、冰晶石 Na_3AlF_6)等是热液成因矿物组合的主要组成。由于 O 和 Si 是地壳中最富集的元素，因此在热液矿物组合中，石英几乎始终是最重要的矿物成分。

热液成因矿物组合在一定范围内发生多样性变化是热液作用中各种物质的浓度 C、压力 P、温度 T、酸碱度 pH、氧化还原电位 Eh 等因素共同决定的。热液矿物组合中不出现岩浆成因与伟晶作用中特色性的高熔点矿物，便与它们的形成温度低于岩浆岩和伟晶岩有关；在热液矿物组合中出现大量硫砷化物、碳酸盐与含水化合物，甚至一部分氧化物也转化为氢氧化物[如 $MgO \rightarrow Mg(OH)$、$Al_2O_3 \rightarrow Al(OH)_3$]，也与热液作用温度及压力低于岩浆作用和伟晶作用，f_S、f_{CO_2}、f_{H_2O} 等逸度大大升高有关。

在地质流体运移过程中，如流体温度较高，加之含有较高的挥发分、酸碱度和氧化还原电位特别高或特别低，便常与所流经岩石发生交代反应，从围岩矿物中吸取分散的或集中的成矿元素，使地质流体中的元素发生变化。因此，构成热液成因矿物组合的元素或元素组合，一部分直接来自流体的源区如相关的岩浆，一部分来自围岩。这种现象在很多热液矿床中屡见不鲜。例如，在胶东金矿中，如其围岩为花岗岩，碳酸盐矿物只出现在成矿晚期，且只出现方解石；如围岩为荆山群白云岩和大理岩，碳酸盐矿物可见于整个成矿过程的始终，且由早到晚依次出现菱镁矿、菱铁矿、白云石、方解石。前者如乳山的金青顶金矿，后者如牟平的邓格庄金矿。五台山地区的“磁铁石英岩型”金矿就可见穿切磁铁矿石英岩的硫化热液从磁铁矿条带中吸取已集中的 Fe，形成金成矿期的黄铜矿或黄铁矿。显然，地质流体的化学成分与所流经岩石类型有很大关系，在研究热液矿床成矿物质来源时，除了首先必须查清成矿流体源区的贡献外，也要注意围岩物质的贡献及其对矿床矿物组合复杂性的影响。

地质流体活动常与深部壳幔物质交换和浅部地质构造运动相伴而生，故地质流体的轨迹一般会追随减温减压带或裂隙系统，使热液矿物的分布在时间上晚于岩浆岩与伟晶岩或其他围岩，在空间上构成带状或脉状，常出现于较浅部位或叠加于岩浆岩与伟晶岩或其他围岩的矿物组合之上。“造山型”与“克拉通破坏型”金矿的成矿流体因来自深部，其矿物组合可出现的垂直空间范围可达十多千米。由上而下的矿物组合不同，矿物标型特征也不同，不但表现出一定的显性分带，也表现出一定的隐形分带。例如，胶东金青顶石英脉型金矿上部出现大量多金属硫化物，下部则主要为铁的硫化物；黄铁矿在上部主要为 P 热电导型，下部主要为 N 热电导型；蚀变带的宽度上部较窄，下部较宽(李胜荣等，1996；Li et al.，2015)。这是研究此类金矿时必须注意的。

1. 中深成热液成因矿物共生组合

这类热液矿物常形成热液矿床，并与酸性、中性及中碱性的中深成火成岩有关。其形成深度为 1～5km，形成温度为 100～400℃，早期为弱酸性，中期为中性，晚期为弱碱性，包括一般的中温热液或中深热液及部分高、低温热液矿床。根据其中主要矿物组合，其可分为石英型、硫化物型、碳酸盐型及其他类型。不同类型中深成热液矿床矿物共生组合见表 5-8。

表 5-8　不同类型中深成热液矿床矿物共生组合

	矿床类型	主要矿物	次要矿物
石英型	自然金	石英、毒砂、黄铁矿、白钨矿、电气石	磁铁矿、磁黄铁矿、辉钴矿、辉钼矿、辉铋矿、辉锑铋矿、自然铋、闪锌矿、方铅矿、黝铜矿、车轮矿、黄铜矿、脆硫锑铅矿、磷灰石、绢云母
	锡石	石英、锡石、黄玉	绿柱石、萤石、钽铌铁矿、黑钨矿、辉铜矿、辉铋矿
	锡石、黑钨矿	石英、锡石、黑钨矿	绿柱石、辉铜矿、锆英石、黄王、磷灰石、毒沙、黄铁矿、磁铁矿、闪锌矿、方铅矿、磁黄铁矿、黝锡矿、黄铜矿、硫锑铅矿、菱铁矿、菱锰矿、铁白云石、白铁矿、绿泥石、绢云母
	辉钼矿	石英、辉钼矿	黄铁矿、黑钨矿、锡石、黄玉、黄铜矿、闪锌矿、方铅矿、独居石、绢云母
	黑钨矿、辉钼矿	石英、黑钨矿、辉钼矿	白钨矿
	黄铜矿	黄铜矿、黄铁矿、辉钼矿、石英、绢云母	斑铜矿、硫砷铜矿、砷黝铜矿、毒砂、闪锌矿、磁铁矿、钨锰矿、金红石、电气石、萤石
	白钨矿	白钨矿、石英	长石
	铀矿	晶质铀矿、钍晶质铀矿、钛铀矿、钛铁矿、石英	黄铁矿、磁铁矿、赤铁矿、毒砂、辉钴矿、辉钼矿、钨锰矿、锡石
	硫砷铜矿	黄铁矿、石英、辉铜矿、硫砷铜矿、黝铜矿、闪锌矿	黄铜矿、赭石、硫铜锗矿、硫铜银矿、辉银矿、纤锌矿、硫镉矿、方解石、白云石
	辉铋矿	石英、辉铋矿、自然铋、黄铁矿、黄铜矿	菱铁矿、方解石、柱硫铋铅矿、块辉铅铋矿
	水晶矿	水晶	白云母、绿泥石、长石、水云母
硫化物型	多金属矿	方铅矿、闪锌矿、黄铜矿、黄铁矿、石英	斑铜矿、磁黄铁矿、黄铁矿、重晶石
	多金属-重晶石矿	方铅矿、闪锌矿、黄铁矿、重晶石	黄铜矿、黝铜矿、绢云母、绿泥石、方解石
	硫化物-晶质铀矿	晶质铀矿、方铅矿、闪锌矿、黄铜矿、辉钼矿、白铁矿	黄铁矿、重晶石
	砷化物-沥青铀矿	砷钴矿、砷镍矿、沥青铀矿、赤铁矿、石英	斜方砷钴矿、辉砷镍矿、铁硫砷钴矿、辉砷钴矿、自然铋、自然银、闪锌矿、方铅矿、黄铜矿、黝铜矿、菱锰矿、白云石
	毒砂矿	毒砂、滑石、阳起石	黄铁矿、石英、白云石
	锑-钨-金矿	钨铁矿、辉锑矿、毒砂、自然金、石英	白钨矿、黑钨矿、黄铁矿、黄铜矿、方铅矿、闪锌矿、辰砂、自然金
	锡石-硫化物矿	锡石、黄锡矿、方铅矿、闪锌矿、黄铁矿、磁黄铁矿、黄铁矿	毒砂、白铁矿、纤锌矿、深红银矿、磁铁矿、石英
碳酸盐型	菱镁矿	菱镁矿、白云石、方解石	文石、石英、蛋白石、黄铁矿、绿泥石
	菱铁矿	菱铁矿、白云石	石英、黄铁矿、黄铜矿、方铅矿、重晶石、赤铁矿
	菱锰矿-蔷薇辉石矿	蔷薇辉石、菱锰矿、菱铁矿、方解石、石英	白云石、萤石、重晶石、磁铁矿、硫锰矿、闪锌矿、黝铜矿
	方解石-阳起石-滑石矿	方解石、阳起石、滑石	绿泥石、黄铁矿、电气石、磁铁矿、白云石
其他	赤铁矿-磁铁矿	赤铁矿、磁铁矿	方解石、绿泥石、磷灰石、黄铁矿、黄铜矿
	重晶石矿	重晶石、方解石	方铅矿、闪锌矿、黄铜矿
	蛇纹石-滑石-磁铁矿	蛇纹石石棉	直闪石石棉、滑石、菱铁矿、绿泥石、黑云母

据陈光远等，1988；翟裕生等，2011 资料综合。

2. 火山气液成因矿物共生组合

火山气液成因矿物是指产于火山岩区，并以火山岩、次火山岩、火山沉积岩为容矿岩石的矿物。这类矿物常以火山气液型矿床形式形成于不同地质时代和不同大地构造环境之中，在空间上与火山中心和破火山口等火山机构有关，在时间上形成于火山旋回晚期或两个旋回的间歇期。矿化发生于地表、海底或地下 1～2km 处,成矿温度范围颇宽，为 50～600℃，但更主要发生于浅成低温环境，成矿流体有火山喷气、热液或火山机构附近的热水。火山气液矿床分布广、规模大、矿种多、质量好。世界上已知的火山气液矿床主要分布于环太平洋成矿带、地中海-喜马拉雅成矿带和蒙古-鄂霍次克成矿带。火山热液矿物共生组合主要分为两类，一类是高硫的高岭石-明矾石型，另一类是低硫的冰长石-绢云母型(Hedenquist and Lowenstern，1994；魏仪方和刘春华，1996)。对于火山成因金成矿系统而言，低硫金矿可进一步划分为冰长石-绢云母型、硅化岩型和碲化物型。

高硫的高岭石-明矾石型火山热液成矿系统，如福建紫金山金铜矿床、美国 Red Mountain 金矿、Gold field 金矿、日本南萨金多金属矿等均以 pH＜4 的酸性环境为特征。其矿物组合以出现内生明矾石、高岭石、地开石、叶蜡石和硬水铝石，以及 Hg、As 硫化物和硫盐为特征。其主要金属矿物有自然金、蓝辉铜矿、铜蓝、硫砷铜矿、斑铜矿、黄铜矿、砷黝铜矿、锌砷黝铜矿，其次为黄锡矿、硫铋铜矿、硫砷钒铜矿、硫锡铁铜矿、黝铜矿、针铋铅矿、硫铁锡矿等。

低硫的冰长石-绢云母型火山热液成矿系统，如日本菱刈金矿、我国新疆阿希金矿，成矿环境为近中性(pH＞6)至弱碱性的还原环境。矿床主要蚀变矿物为石英(玉髓)、绢云母、冰长石和方解石，其次为绿帘石、绿泥石、伊利石等，菱锰矿和萤石经常出现。由矿体至围岩蚀变分带为冰长石化+硅化→绢云母化+绿泥石化→伊利石化+绿帘石化+碳酸盐化。不同蚀变带往往重叠产出(陈根文等，2001；翟伟，1999)。矿石矿物主要为自然银、银的硫化物、自然金等，其次为黄铁矿、金银碲化物、磁铁矿、闪锌矿、方铅矿、赤铁矿、黄铜矿、黝铜矿、辰砂等。

低硫的硅化岩型金成矿系统赋矿围岩主要为酸性凝灰岩，具有低品位、大矿量、埋藏浅、层控性明显等特点。成矿流体以大气降水为主，含少量岩浆水，成矿温度＜100℃，成矿深度＜300m。硅化岩型金矿床脉石矿物主要为石英、绢云母、方解石、绿泥石、高岭石、重晶石等，其次为黑云母、磷灰石、绿帘石、黝帘石、萤石等。矿石矿物主要有自然金、黄铁矿(褐铁矿)等，其次为毒砂、辰砂、白铁矿、白铅矿、菱铁矿、磁铁矿、白钨矿(黄钾铁钒、孔雀石)等。

低硫的碲化物型金成矿系统以大量种类繁多的碲化物与少量硫化物共生为特征，碲化物含量常与金品位正相关(张招崇和李兆鼐，1994；涂光炽，2000；陈翠华等，1999；Pals and Spry，2003；Wallier et al.，2006)。碲化物矿物有碲银矿、碲金矿、碲金银矿、针碲金银矿、斜方碲金矿、自然碲、碲铅矿、碲镍矿、碲铋矿、辉碲铋矿，硫化物有黄铜矿、黝铜矿、方铅矿、闪锌矿和磁黄铁矿，赤铁矿、钛铁矿、磁铁矿等氧化物少见。矿床中可见一些碲酸盐、亚碲酸盐矿物(硫、硒可部分取代碲)。黑龙江三道湾子碲金矿床中碲化物主要为碲金矿、斜方碲金矿、碲金银矿、针碲金银矿、碲银矿、斜方碲金矿、六方碲银矿等(许虹等，2011a, 2011b; 余宇星等，2012)。

火山热液成因(矿床)矿物共生组合见表 5-9。

表 5-9　火山热液成因(矿床)矿物共生组合

矿床类型	主要矿物	次要矿物
方铅矿-闪锌矿-辉银矿	方铅矿、闪锌矿、白铁矿、方解石、白云石	自然银、辉银矿、黄铁矿、硫钴镍矿、硫砷铜矿、纤维锌矿、针镍矿、重晶石、石英
自然金-自然银	黄铁矿、自然金、深红银矿、辉银矿、硫锑铜银矿、黄铜矿、石英	自然银、闪锌矿、方铅矿、银砷黝铜矿、辉锑矿、石髓、方解石
高硫型自然金	以明矾石、高岭石、地开石、叶蜡石、硬水铝石、汞砷硫化物、硫盐、自然金、蓝辉铜矿、铜蓝、硫砷铜矿、斑铜矿、黄铜矿、砷黝铜矿、锌砷黝铜矿	黄锡矿、硫铋铜矿、硫砷钒铜矿、硫锡铁铜矿、黝铜矿、针铋铅矿、硫铁锡矿
低硫型自然金-自然银	石英(玉髓)、绢云母、冰长石、方解石、自然银、银的硫化物、自然金	绿帘石、绿泥石、伊利石、菱锰矿、萤石、黄铁矿、金银碲化物、磁铁矿、闪锌矿、方铅矿、赤铁矿、黄铜矿、黝铜矿、辰砂
低硫型自然金-碲化物	碲银矿、碲金银矿、碲金矿、针碲金银矿、斜方碲金矿、六方碲银矿、自然碲、碲铅矿、碲镍矿、碲铋矿、辉碲铋矿、黄铜矿、黝铜矿、方铅矿、闪锌矿、磁黄铁矿	方解石、白云石、赤铁矿、钛铁矿、磁铁矿
锡石-黑钨矿-自然铋	钨铁矿、锡石、自然铋、石英、黄玉、铁叶云母	绿柱石、毒砂
黄铜矿-锡石-电气石	黄铜矿、电气石	锡石、硫砷铜矿、碲金矿
硅铍石	萤石、硅铍石、石英、冰长石	似晶石、赤铁矿、石髓、蛋白石、方解石
沥青铀矿	沥青铀矿、砷镍矿、砷钴矿、硫钴矿、黄铜矿	晶质铀矿、辉钼矿、石英
辰砂	辰砂、白铁矿、高岭石	黑辰砂、黄铁矿、方铅矿、雄黄、多水高岭石、水铝英石、黄地蜡、绿地蜡、蒙脱石
自然铜	自然铜、方解石、浊沸石、绿泥石、绿磷萤石	赤铁矿、自然银、杆沸石、钠沸石、绿磷石、蛋白石
明矾石	明矾石、石英	赤铁矿、迪开石、水铝矿、重晶石
冰洲石	冰洲石、石髓、沸石	石英、紫水晶、绿磷石、黄铁矿、硫锰矿
雄黄-雌黄	雄黄、雌黄、辉锑矿、辰砂	钨铁矿、白钨矿、碲金矿、碲银矿、石髓

3. *热液矿物系统发生(演化)规律*

绝大多数热液矿床中矿物产出的顺序是有规律的。在热液演化较完整的成矿系统中，按照矿物共生组合的特点和产出先后关系，可以将矿床的形成过程划分为若干阶段。由早到晚所可能经历的阶段和各阶段矿物共生组合如下。

(1)硅酸盐阶段：可进一步分为架状硅酸盐和层状硅酸盐两个亚阶段。此阶段热液温度较高(一般在 350～450℃，有时更高)，多偏碱性(有的为酸性)，氧逸度也较高，主要通过渗透交代对围岩进行改造。在架状硅酸盐亚阶段，原岩中的钾长石、斜长石被蚕食形成新的架状硅酸盐，如微斜长石化、钠长石化，此时通常也有石英、细粒或微粒甚至纳米级金红石、赤铁矿产出，故新生的微斜长石多有不均匀的红或褐红色；在层状硅酸盐亚阶段，围岩中的很多矿物和新形成的架状硅酸盐都可能被分解，长石族矿物形成绢云母和石英，暗色矿物分解重组为绿泥石、绿帘石、方解石，也可出现极少磁铁矿和黄铁矿等。

(2)石英阶段：此阶段流体的温度下降到300～350℃，碱性向酸性转化，氧化向还原转化，对围岩的交代作用显著减弱而以石英充填裂隙为主。在中深成热液矿床中可形成粗大的石英脉，在浅成热液矿床中则主要形成石英细脉。此阶段可出现少量铁的硫化物。

(3)铁硫化物阶段：此阶段流体温度多在250～300℃，仍主要为酸性还原环境，形成大量铁的硫化物，以黄铁矿为主，次为磁黄铁矿、毒砂等，石英也是此阶段的主要矿物之一。

(4)多金属硫化物阶段：此阶段为热液矿床主要成矿阶段。此阶段流体温度多在150～280℃，元素组成最为复杂，因而形成的矿物种类也最复杂，除石英铁硫化物阶段的矿物外，还出现铜铅锌的硫化物和硫盐矿物。

(5)碳酸盐阶段：该阶段是热液成矿过程进入尾声的标志。此时流体温度下降到150℃以下，失去了从围岩汲取和携带大量物质的能力，从流体的酸碱度和氧逸度等方面看，又有回归碱性(有的为酸性)和氧化的趋势。本阶段矿物组合中仍可有大量石英产出，但以碳酸盐如方解石为主，有的则出现大量硫酸盐如重晶石。

在没有多期次叠加的热液矿床中，矿物的组合在空间上也发生规律变化。一般地，由深而浅，从石英-硅酸盐为主向石英-铁硫化物、石英-多金属硫化物(含硫盐)及碳酸盐、硫酸盐变化。这是流体温度压力逐渐降低，As、Sb、Bi等元素在浅部相对富集的结果。金属矿物由早到晚析出的顺序一般是Fe→As→Zn→Cu→Pb→Te→Au→Sb。在研究具体热液成矿系统的矿物组合和形成序列时，还应注意特殊背景下出现反常的情况。

4. 热液矿物对酸碱度和温度的标识

在热液活动过程中，其物理化学性质，包括温度、压力、酸碱度、氧逸度等对从其中沉淀出来的矿物类别有明显的影响。斯特林格通过水热合成实验提出了若干重要热液矿物形成稳定的温度和酸碱性条件(图5-1)(陈光远等，1988)。从元素化学性质、矿物晶体化学等多方面分析，该图中提出的多数矿物形成稳定条件在理论上是合理的，唯有黑云母被放在较强酸性环境值得商榷。将黑云母与绢云母进行比较，绢云母层间域含K^+，八面体片中的阳离子为Al^{3+}，K^+为强碱性元素，Al^{3+}为酸性元素，故从晶体化学和元素化学方面看绢云母属中性矿物是合理的；黑云母层间域也含K^+，但八面体片中的阳离子为Fe^{2+}和Mg^{2+}，按元素化学性质考虑，K^+为强碱性元素，Fe^{2+}和Mg^{2+}为弱碱性元素，黑云母为中性到弱碱性热液的产物更为合理。

Pirajno(2009)在总结低温热液成矿系统的蚀变作用时，提出了26种矿物的温度和酸碱度范围(图5-2)。在图5-2中，黑云母为紧邻碱性区的中性区，即为中偏碱性。这与从黑云母的晶体化学和元素化学分析的结果一致。综合斯特林格和Pirajno的两个图件，可以较好地约束中低温热液成矿系统的温度与酸碱度条件。

在对相关物理化学条件进行研究时，正确识别冰长石是十分重要的。它不仅是流体呈碱性的标志，也是浅成矿床的标志。冰长石与微斜长石常出现在热液体系中，其区别是冰长石光轴角小[2V(+)，30°～45°]，成分很纯(Na、Ca含量很少)，{110}{010}{20$\underline{1}$}缺失，有时{010}也缺失。

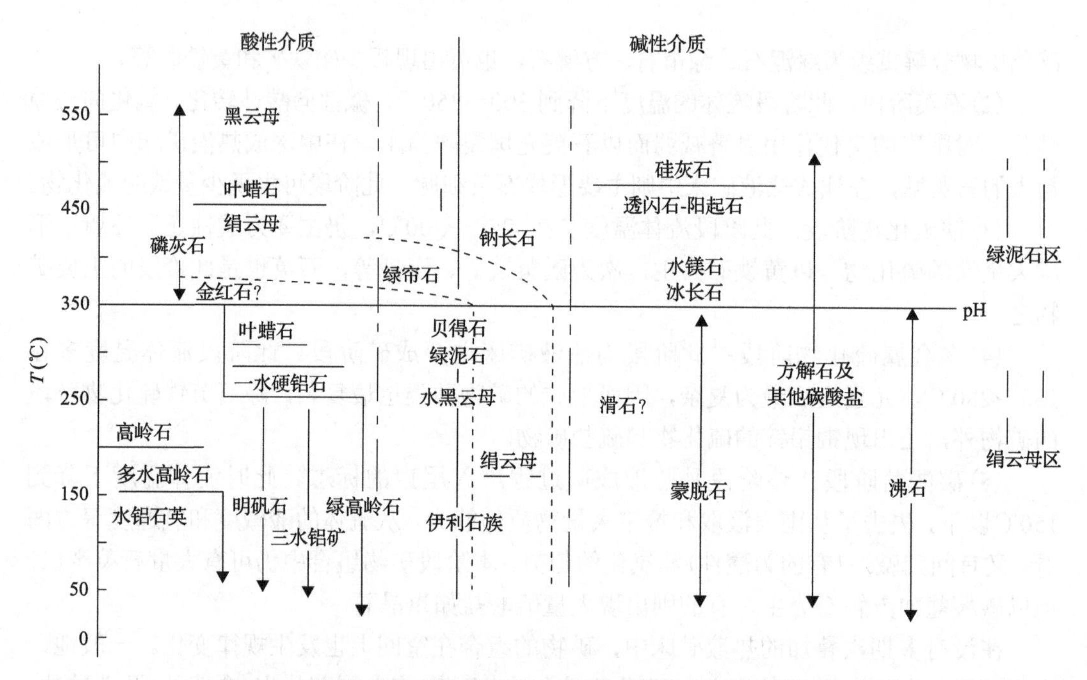

图 5-1　斯特林格水热合成实验 *T*-pH 矿物分布(陈光远等，1988)

滑石？表示不完全确定其位置

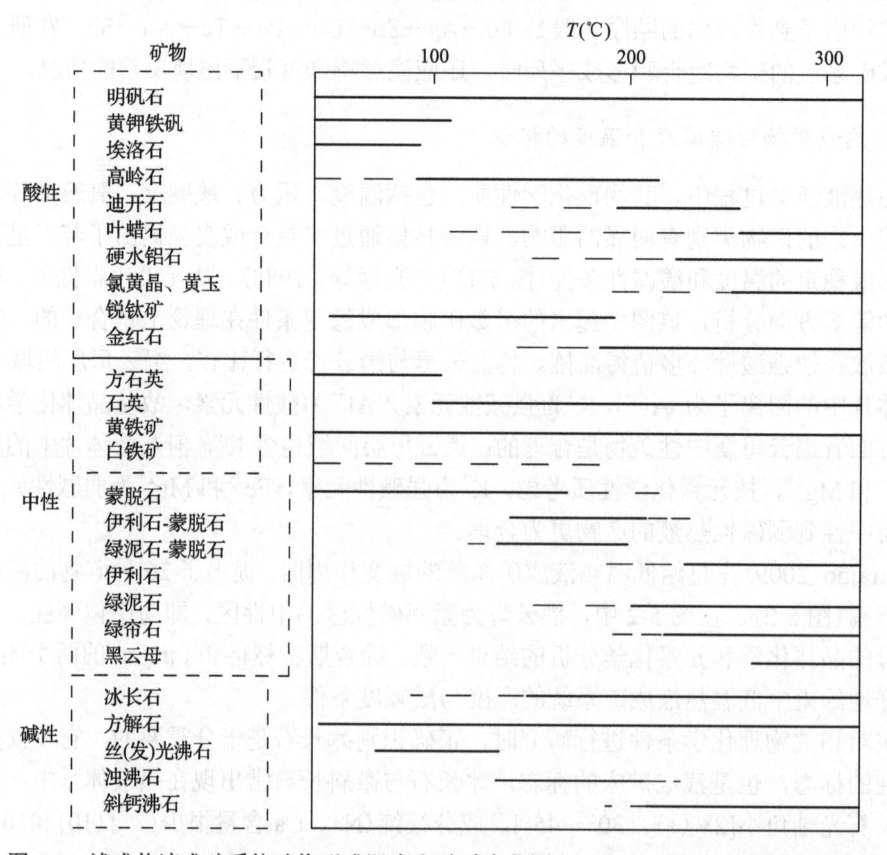

图 5-2　浅成热液成矿系统矿物形成温度和酸碱度范围(Pirajno，2009；张德会，2015)

还应注意的是，层状硅酸盐和黏土矿物的种类受流体温度的影响比较明显。在中性介质中，云母(白云母和黑云母)的形成温度一般在 300℃以上，绿帘石、绿泥石、绢云母和伊利石通常在 200～300℃，伊蒙混层、绿泥石-蒙脱石混层矿物在 150～200℃，蒙脱石的形成温度多小于 150℃。在酸性介质中，从 300℃(或略高)到 100℃(或略低)，依次出现叶蜡石、迪开石、高岭石、埃洛石。

四、外生矿物共生组合

外力作用主要表现为风化作用、沉积作用、成岩和后生作用。这些作用有着不尽相同的外界条件与过程，故它们形成不同特点的矿物共生组合。

(一)矿物的抗风化能力

由于游离氧的大量存在，氧化电位和氧化作用在原生矿物的分解和次生矿物的形成过程中起着极其重要的作用，尤其是对于含 Fe、Mn、Cr、V、S 等变价元素的矿物作用更为明显。

由氧化作用形成的强酸弱碱盐(如硫酸盐)和强碱弱酸盐(如碳酸盐)遇水后发生水解，生成氢氧化物和游离酸，可以改变环境的酸碱度(溶液的 pH)。Fe^{3+}、Al^{3+}、Si^{4+}及Mn^{2+}等阳离子的盐类经过水解皆可生成氢氧化物沉淀。

环境的酸碱度对原生矿物的溶解和次生矿物的生成也起着重要作用，突出表现在金属氢氧化物沉淀条件上。例如，Mn^{2+}、Si^{4+}、Fe^{3+}、Al^{3+}及Mn^{3+}等氢氧化物在酸性溶液中发生沉淀，而Zn^{2+}、Cu^{2+}、Pb^{2+}及Fe^{2+}的氢氧化物则在碱性溶液中发生沉淀。

地表水的 pH 一般不超过 4～5，因此在金属矿床的氧化带中经常可以发现Mn^{4+}、Fe^{3+}和Si^{4+}的氢氧化物。但在干旱的盐碱地带钙质岩石的露头上，由于溶液呈碱性，因此Zn^{2+}、Cu^{2+}和Pb^{2+}等主要呈碱式的水化物沉淀，如 Cu 呈孔雀石和蓝铜矿沉淀。

当地表水溶液中含 CO_2 时，含碱金属和碱土金属的原生矿物(如长石、橄榄石、蛇纹石等)很容易被分解。碱金属和碱土金属会和 CO_2 生成可溶性重碳酸盐。在风化作用中，氧化作用和还原作用都很重要，进一步通过分解作用和复分解生成难溶化合物或胶体。例如，Si^{4+}、Fe^{3+}、Al^{3+}及Mn^{4+}等金属离子的氢氧化物常由上述反应生成胶体。

具有多面体骨架结构的矿物，其化学和力学稳定性及其抗风化能力可用反映矿物结构聚合程度的“共用系数”来半定量表达。共用系数是指矿物骨架结构中共用一个角顶的多面体数目的平均值，用 $S=\Sigma im_i/C\cdot \mathrm{CN}=(m_1+2m_2+3m_3+\cdots+im_i)/C\cdot \mathrm{CN}$ 表示。其中，S 为共用系数；m_i 为骨架的不对称单位中被 i 个四面体共用的四面体角顶数；C 为不对称单位中的阳离子数；CN 为阳离子的配位数(佐尔泰和斯托特，1992)。共用系数越大，聚合程度越高，矿物的化学和力学稳定性越好，抗风化能力越强。例如，橄榄石的 S 值为 1.000，辉石为 1.500，角闪石为 1.625，云母为 1.750，正长石、石英为 2.000，它们的抗风化能力便依次增大。

多面体骨架矿物抗风化能力除受共用系数影响外，还受骨架内外阳离子、多面体类型和排列方式及单键的静电键强度(单键的静电强度＝阳离子电荷 Z/配位阴离子数 CN)

制约。例如，石英的抗风化能力大于正长石。二者虽同为架状结构，共用系数为 2，但骨架内阳离子不同，石英全部为 Si；正长石 3/4 为 Si，1/4 为 Al。Si—O 键静电能为 1，Al—O 键静电能为 3/4，故正长石的骨架强度不如石英。石英骨架外无阳离子，而正长石骨架外有阳离子 K^+，骨架外阳离子可与骨架内阳离子争夺阴离子 O^{2-}，故加剧了骨架的脆弱程度。此外，骨架外阳离子与 O 构成的多面体或骨架本身排布有定向性时容易产生解理，如长石在[010]和[001]方向产生解理，也会导致矿物结构被破坏，降低矿物抗风化能力。又如，钠长石的抗风化能力大于钙长石。二者也都为架状骨干，共用系数为 2，但钠长石的四面体骨干内只有一个 Al，钙长石有两个 Al，后者的四面体骨干强度明显不及前者。钠长石骨干外的阳离子为正一价的 Na^+，钙长石为正二价的 Ca^{2+}，后者与骨干中阳离子争夺 O^{2-}更强势，故其结构更容易被破坏。

(二) 沉积成因矿物

沉积成因矿物组合的变化颇多，与源区岩石有关，也与搬运距离和过程有关，还与沉积时的动力学和化学条件及生物活动有关。按沉积岩的主要类型，沉积成因矿物组合主要有碎屑沉积矿物、化学沉积矿物和生物沉积矿物（生命矿物）三大类。

碎屑沉积矿物除石英外，以长石（特别是微斜长石和钠长石）最为常见，层状硅酸盐如云母（黑云母和白云母）和黏土矿物（高岭石、蒙脱石、伊利石、海绿石等）也可能很丰富，还可见普通辉石、普通角闪石、黑云母等造岩硅酸盐矿物及岩石碎屑。常见副矿物有磁铁矿、锆石、金红石、磷灰石、石榴子石、电气石、榍石、绿帘石等。碎屑沉积岩中出现哪些矿物便主要与源区岩石、矿物抗风化能力有关。碎屑沉积矿物（及岩屑）的胶结物为碳酸盐矿物（方解石为主，其次为白云石和铁白云石）、黏土矿物、铁的氧化物、氧化硅矿物（石英、石髓、蛋白石）、硫酸盐矿物（硬石膏、石膏、重晶石）等。这些胶结物矿物属于化学沉积成因。

化学沉积矿物包括从浓缩卤水中沉淀出来的蒸发岩矿床中的矿物，如石膏、硬石膏、石盐、钾盐、泻利盐、水镁矾、无水芒硝、钙芒硝、杂卤石、硼砂、贫水硼砂、钠硼解石、硬硼钙石、钾硝石、钠硝石等。在浅海环境中沉积的磷块岩主要由羟磷灰石、氟磷灰石和氯磷灰石所组成，也含有海绿石、伊利石、石英和铁的氧化物等副矿物。深海底沉积的铁锰结核中多数矿物为隐晶质或非晶质，可分辨出来的矿物有 δ-MnO_2、钙锰矿、钡钙锰矿、钠水锰矿、针铁矿、纤铁矿、赤铁矿、蛋白石、金红石、锐钛矿、重晶石、绿高岭石，还有碎屑矿物和有机物；海山环境沉积的富钴结壳以铁锰氧化物和氢氧化物如软锰矿、针铁矿为主，其次为石英、长石、沸石等。铁质岩中的磁铁矿、赤铁矿，白云岩中的白云石，燧石岩中的细粒石英等也可以由化学沉积而成。

在海洋沉积环境中，有些岩石如石灰岩、白垩和燧石是由生物的遗骨堆积而成的。这些生物沉积岩中的主要矿物是生物骨骼中的矿物，即生命矿物（李胜荣等，2017）。生物灰岩、白垩中主要是方解石，燧石的矿物主要是细粒石英。

(三) 成岩和后生矿物

在沉积物不断堆积压实过程中，部分矿物将发生溶解、胶结、交代和重结晶作用，此即为成岩和后生作用。在该过程中新形成的矿物称为成岩和后生矿物，即自生矿物。自生矿物是沉积物质与所处环境达成物理化学平衡时的产物，因此也是恢复其相应形成阶段介质物理化学性质的标志(于炳松等，2017)。

常见的自生矿物有石英、长石、黄铁矿、白铁矿、海绿石、菱铁矿、方解石、白云石、鲕绿泥石、沸石、磷灰石、石膏、硬石膏、天青石、重晶石、黏土矿物等。由增生作用形成的石英和长石一般在被磨圆了的石英和长石外围生长，新生颗粒外部多为自形晶。自生石英和长石的阴极发光特征一般呈现出不同颜色，可很容易区分开来。自生的黏土矿物如高岭石在扫描电镜下呈良好的假六方板状、书页状自形晶，与陆源碎屑黏土矿物呈撕裂的他形晶有显著差异(图 5-3)。

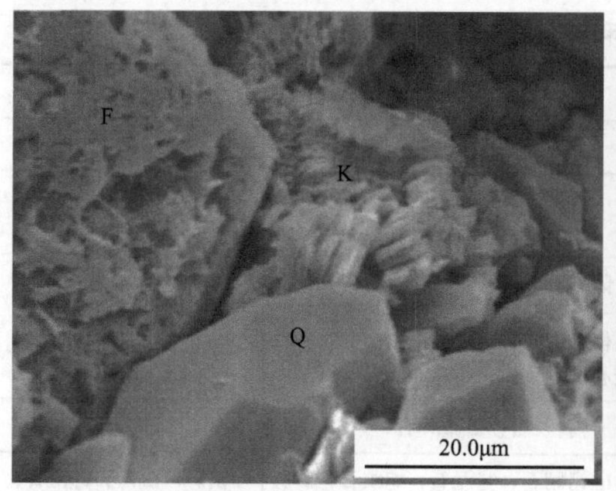

图 5-3　山东东营凹陷砂岩储层自生石英(Q)、高岭石(K)、碎屑长石(F)发育特征(张永旺等，2015)
碎屑长石(F)被溶蚀出许多孔洞

五、变质矿物共生组合

由于地质环境和物理化学条件的改变，地壳中已经形成的矿物群体(岩石和矿石)发生矿物成分及结构构造的变化，有时伴有化学成分的变化，在特殊条件下，可以产生重熔(溶)，形成部分流体相，这些作用的总和称为变质作用。

由于原矿物群体的多样性和复杂性及变质作用和变质程度的不同，变质矿物的共生组合也是多种多样和复杂的。最主要的变质矿物共生组合包括接触交代变质矿物组合、接触热变质矿物组合和区域变质矿物组合。

(一)接触交代变质矿物组合

在中酸性(有时为中基性)侵入岩与碳酸盐质围岩接触带，在高温和岩浆流体作用下，岩浆和围岩中的物质发生双向迁移，在侵入体的边缘形成内接触变质岩，而在围岩一侧形成外接触变质岩，分别称为内夕卡岩和外夕卡岩，构成内带和外带。夕卡岩中可产钨、锡、钼、铁、铜、金、铍、硼、铋、砷、水晶、金云母、刚玉等多种矿床。夕卡岩型成矿系统中的脉石矿物主要有石榴子石、辉石，以及其他钙、镁、铁、铝的硅酸盐如镁橄榄石、硅镁石、符山石、方柱石、蛇纹石、透闪石、阳起石、绿泥石、绿帘石、金云母等，也有石英、萤石、黄玉和含镁、铁的碳酸盐矿物。矿石矿物以金属氧化物和硫化物为主，如赤铁矿、磁铁矿、锡石、白钨矿、毒砂、黄铁矿、方铅矿、闪锌矿、黄铜矿等；其次为硼、铍矿物，如硼镁铁矿、硼镁石、硅硼钙石、日光榴石、金绿宝石、香花石、硅铍石等。

由于侵入岩、围岩的化学成分、岩浆期后溶液的性质及其他各种因素的不同而使其产生的矿物共生组合，无论在作用的早期还是晚期都有很大的差异。根据碳酸盐质围岩为钙质(石灰岩)和镁质(白云岩)的不同，夕卡岩分为钙质夕卡岩和镁质夕卡岩，两者的矿物组合见表 5-10。

表 5-10　镁质夕卡岩和钙质夕卡岩矿物组合

夕卡岩	岩浆期	岩浆期后		
		主要矿物	次要矿物	金属矿物
镁质夕卡岩	镁橄榄石、尖晶石、钙镁橄榄石、斜方辉石、单斜辉石、斜长石	镁橄榄石、透辉石-次透辉石、尖晶石	刚玉、普通辉石、堇青石、镁铝榴石	磁铁矿
		硅镁石族矿物、金云母、氟叶蛇纹石	透闪石、阳起石、直闪石、普通角闪石、黑云母、电气石、叶蛇纹石、滑石、绿泥石、菱镁矿、铁白云石、硼镁铁矿、硼镁石、氟硼镁石、遂安石、硼镁石、方解石	含镉闪锌矿、辉砷钴矿、赤铁矿、锡石
钙质夕卡岩		透辉石-钙铁辉石、钙铁-钙铝榴石、硅灰石	斜长石、蔷薇辉石	磁铁矿
			黑柱石、硅钙硼石、绿泥石、蛇纹石、磷灰石、萤石、硅镁石、金云母、斧石、日光榴石、硅铍石、香花石、铍榴石、金绿宝石、硅灰石膏	赤铁矿、白钨矿、锡石、辉钼矿、黄铜矿、黄铁矿、方铅矿、闪锌矿、磁黄铁矿、毒砂、辉铋矿

据王璞等，1982；陈光远等，1988；翟裕生等，2011 资料综合。

据饶里科夫，镁质夕卡岩与钙质夕卡岩形成的物理化学条件有本质区别(陈光远等，1988)。前者形成于岩浆阶段，也能生成在岩浆期后阶段；而后者只成于岩浆期后阶段。镁质夕卡岩的形成深度在岩浆期为 1～40km，温度为 650～850℃；在岩浆期后形成深度为 15～40km，温度为 450～650℃。钙质夕卡岩形成深度为 1～15km，温度为 350～800℃。不同深度夕卡岩矿物组合特点主要受 CO_2 状态的影响：在深成条件下 CO_2 分压较高，CaO 溶解度不大，方解石稳定，故在碳酸盐岩石中不形成钙硅酸盐；在高温岩浆溶液作用下，镁碳酸盐可分解成镁硅酸盐和方解石。

岩浆期的镁质夕卡岩由内带到外带通常出现混合岩、花岗岩类岩石→辉石-长石质夕卡岩→尖晶石-辉石夕卡岩→尖晶石-镁橄榄石夕卡岩→斑花大理岩。由于后期改造作用，尖晶石和辉石被金云母交代，镁橄榄石被硅镁石族、蛇纹石族和绿泥石族矿物交代，方镁石被水镁石交代。在旁夕卡岩中发育角闪石和方柱石。钙质夕卡岩通常具有以下分带：花岗岩类岩石、花岗岩褪色带→辉石-长石质旁夕卡岩、辉石绿帘石岩→辉石-石榴子石内夕卡岩→石榴子石内-外夕卡岩→辉石外夕卡岩→石灰岩。早期钙质夕卡岩矿物受后期热液作用改造，如石榴子石等分解成绿帘石、葡萄石、绿泥石、云母、石英及方解石等。钙质夕卡岩矿物组合及生成顺序见表 5-11。

表 5-11 钙质夕卡岩矿物组合及生成顺序

主要矿物	夕卡岩期		石英-硫化物期		
	无矿阶段	磁铁矿阶段	白钨矿阶段	铜矿阶段	方铅矿阶段
硅灰石	—— - - -	- - - - -	- - -		
方柱石	—— - - -	- - - - -	- - -		
钙铝榴石-钙铁榴石	——	- - - - -	- - -		
透辉石-钙铁辉石	——	- - - - -	- - -		
符山石	—	- - - - -	- - -		
赤铁矿		- - - - —	—— - - -	- - - - -	
磁铁矿		——	- - -		
黑柱石		— - - -	-		
蔷薇辉石		— - - -	- - -		
普通角闪石		- - —	—— - - -		
绿帘石		——	- - - - -		
斧石		- - —	- - - - -		
钠长石		- -	- —— - -	- -	
白钨矿		-	——	- -	
方解石等碳酸盐		- -	- - - - -	—— - - -	- - - —
石英			- - - —	——	- - —
辉钼矿			— -	- - -	
萤石			—	- - - - -	-
日光榴石			—	- - -	
金云母			- - —	- - -	
锡石			—	- - - - -	
毒砂			—	—— - - -	
磁黄铁矿			— -	—— - - -	-
黄铁矿			- —	—— - - -	-
辉钴矿			- —	—— - - —	-
黄铜矿				——	-
闪锌矿				——	- - -
辉铋矿、自然铋				- - —	—— - -
方铅矿					—— - -
绿泥石				- - - - -	- - ——

据陈光远等，1988；翟裕生等，2011 资料综合。

一般来说，夕卡岩矿物的演化过程通常可划分为早期干夕卡岩和晚期湿夕卡岩两大阶段，早期矿物多不含挥发分，不具附加阴离子，主要是岛状及单链硅酸盐和部分氧化物；晚期矿物多含 F、OH、B、Cl、S 等挥发分，具阴离子或附加阴离子，主要为双链及层状硅酸盐、硫化物及碳酸盐等矿物。夕卡岩型成矿系统的典型矿物组合如表 5-12。

表 5-12　夕卡岩型成矿系统的典型矿物组合

矿床类型	主要矿物	次要矿物
磁铁矿	钙铁榴石、透辉-钙铁辉石、磁铁矿	普通角闪石、绿泥石、方解石、绿帘石、萤石、石英、符山石、赤铁矿、磁赤铁矿、黄铜矿、闪锌矿
铜矿	钙铝榴石-钙铁榴石、透辉石-钙铁辉石、黄铜矿	黄铁矿、磁黄铁矿、闪锌矿、方铅矿、硫钴矿、硫砷铜矿、绿泥石、方解石、磁铁矿、石英、斜长石
白钨矿	钙铝榴石-钙铁榴石、透辉石-钙铁辉石、白钨矿	普通角闪石、长石、绿帘石、石英、方解石、萤石、自然铋和金、方柱石、符山石、磁铁矿、黄铜矿、闪锌矿、方铅矿
锡石	透辉石、石榴子石、锡石	符山石、硅镁石、块硅镁石、云母、角闪石、绿泥石、绿帘石、萤石、蛇纹石、方解石、黄铁矿、磁黄铁矿、黄铜矿、辉钼矿、毒砂、闪锌矿、方铅矿、自然铋、赤铁矿、磁铁矿、白钨矿、石英、磷灰石
铅锌矿	钙铁辉石、方解石、石英、闪锌矿、方铅矿	斧石、石榴子石、黑柱石、萤石、硅硼钙石、菱铁矿、绿帘石、磁黄铁矿、黄铜矿、毒砂、黄铁矿、白铁矿、磁铁矿、方黄铜矿、黝铜矿、辉铋矿
硼镁铁矿	橄榄石、金云母、磁铁矿、硼镁铁矿	尖晶石、透辉石、韭闪石、普通角闪石、方柱石、斜方硼镁石、遂安石、氟硼镁石、硼镁石

据陈光远等，1988；翟裕生等，2011 资料综合。

(二) 接触热变质矿物组合

热变质作用是指岩浆侵入非碳酸盐类围岩特别是泥质岩后，由于此类岩石的化学活动性很小，岩石孔隙一般也很小，因此很难与侵入岩浆发生交代作用，而主要在岩浆的高温作用下发生矿物重组，产生适应新环境的稳定的共生组合。在围岩为碳酸盐岩时，有时也不发生双交代作用而以热变质为主。

热变质产物的矿物共生组合因原岩成分和热变质程度而异：

(1) 泥质沉积岩的热变质矿物：泥质沉积岩的矿物成分以高岭石、水云母和胶岭石等铝硅酸盐矿物为主(这种岩石富 Al、Si)，有时也含少量绿泥石或白云母(这种岩石分别富含 Mg、Fe 或 K)。泥质沉积岩经热变质后主要转变为含富铝矿物的角岩，变质矿物常呈变斑晶。在低级热变质过程中主要形成红柱石。在中级热接触变质过程中，若原岩富含 Al、Mg，则主要生成堇青石；若原岩富含 Mg、Fe 和 Al，则生成石榴子石；若原岩富含 K，则生成白云母。在高级热变质过程中，除生成角岩外，尚可生成片麻岩。若原岩富 Al，则生成夕线石；若原岩富 Mg、Fe，则生成石榴子石；若原岩富 K，则生成正长石；若原岩富 A1 而贫 Si，则生成尖晶石和刚玉；若原岩富 C，则生成石墨。

(2) 碳酸盐岩(石灰岩、白云岩)的热变质矿物：碳酸盐类岩石经过热变质后可生成钙质或镁质大理岩。其中除方解石经过重结晶以外，其他变质矿物因原岩成分和变质程度而异。变质程度低时，生成透闪石。变质程度高时，生成的变质矿物和原岩中的 Si 的含量有关：若原岩贫 Si，则生成镁橄榄石、尖晶石和刚玉等与游离 SiO_2 不相共存的矿物；若原岩富 Si，则生成硅灰石和透辉石。

(3)长英质岩石(砂岩、石英岩、酸性岩浆岩)的热变质矿物：石英、钾长石、斜长石是长英质岩石的主要矿物，一般在较高级热变质的条件下并不发生改变，但其他次要矿物，尤其是组成砂岩胶结物质的矿物的变化，却是非常重要的。其胶结物质如为泥质或为碳酸盐质，则在变质作用过程中将随着变质强度的不同而产生与前述的(1)类或(2)类相似的热变质矿物。

(三)区域变质矿物组合

区域变质作用是在岩石圈特别是深部地壳范围内，在数千立方千米以上尺度发生的以岩石变形、重结晶为主，有时也伴随局部熔融和交代的地质作用。其地质环境涉及面状的大陆地壳前寒武纪结晶基底和带状的显生宙造山带与洋中脊之洋壳，也可发生于岩石圈地幔。它的发生与有关地区的地热异常、应力或剪应力及局部流体活动有关，P/T 可在很大范围内变化(Raymond，1995；Mason，1990；Miyashiro，1994)。

在区域变质作用下，岩石和矿石的组构会发生极大的变化，矿物成分也比未变质的岩浆岩和沉积岩复杂得多，不仅可能包含因变质反应不彻底而残留下来的不稳定矿物，也大量存在新生的稳定矿物，特别是会出现较确切反映变质反应条件的标型变质矿物，如红柱石、堇青石、十字石、夕线石、蓝晶石、硅灰石。变质矿物组合中常发育一维的针状、柱状和二维的鳞片状、片状矿物，如针状的夕线石、柱状的角闪石、片状的云母等。片状矿物片的法线方向一般平行所受主压应力方向。特征高压变质矿物一般密度大、硬度高、分子体积小，如高压变质成因的硬玉硬度(6.5)比普通辉石的硬度(5.5～6)大。

不同原岩在变质作用下出现的矿物成分见表 5-13。

表 5-13　不同原岩在变质作用下出现的矿物成分(于炳松等，2017)

系列	原岩类型	化学成分特征	矿物成分	
			常见矿物	特征矿物
富 Al 系列	泥质沉积岩(黏土岩、页岩等)	富 Al、贫 Ca，$Al_2O_3/(K_2O+Na_2O)$ 值高，$K_2O>CaO$	石英、酸性斜长石、绿泥石、绢云母、黑云母、白云母	铁铝榴石、硬绿泥石、蓝晶石、红柱石、夕线石、堇青石
长英质系列	各种砂岩、粉砂岩、中酸性岩浆岩(包括火山碎屑岩)	基本同前，但 Al_2O_3 较低，SiO_2 较高	基本同上，但石英、长石等含量可较高	上列特征矿物出现较少或不出现
碳酸盐系列	各种石灰岩及白云岩等	富 CaO、MgO，Al_2O_3、FeO、SiO_2 等含量低且变化极大	方解石、白云石为主，按所含杂质不同，可出现各种不同的钙镁的硅酸盐或铝硅酸盐，如滑石、蛇纹石、镁橄榄石、透闪石、透辉石、硅灰石、方柱石、金云母、符山石、钙铝榴石、黝帘石、斜长石等	
基性系列	基性岩浆岩(包括火山碎屑岩)及铁质白云质泥灰岩	与基性岩浆岩相当，富 Ca、Mg、Fe，含一定量的 Al_2O_3，贫 K_2O、Na_2O	各种斜长石、石英、绿帘石、绿泥石、蛇纹石、阳起石、普通角闪石、透辉石及紫苏辉石等，有时还出现方柱石、铁铝榴石等	
超基性系列	超基性岩浆岩及一些极富镁的沉积岩	富 Mg，贫 Ca、Al 和 Si	滑石、蛇纹石、透闪石、镁铁闪石、镁铝榴石、橄榄石、尖晶石、顽火辉石、菱镁矿及碳酸盐等	

参 考 文 献

陈翠华, 曹志敏, 侯秀萍, 等. 1999. 全球金-碲化物型矿床的分布规律和主要成矿条件[J]. 成都理工大学学报(自然科学版), 26(3): 241-248.

陈根文, 夏斌, 肖振宇, 等. 2001. 浅成低温热液矿床特征及在我国的找矿方向[J]. 地质与资源, 10(3): 165-171.

陈光远, 孙岱生, 殷辉安. 1988. 成因矿物学与找矿矿物学[M]. 重庆: 重庆出版社.

侯增谦. 2003. 现代与古代海底热水成矿作用[M]. 北京: 地质出版社.

李乐广, 王连训, 田洋, 等. 2019. 华南幕阜山花岗伟晶岩的矿物化学特征及指示意义[J]. 地球科学, 44(7): 2532-2560.

李胜荣, 陈光远, 邵伟, 等. 1996. 胶东乳山金矿田成因矿物学[M]. 北京: 地质出版社.

李胜荣, 冯庆玲, 杨良锋, 等. 2017. 生命矿物响应环境变化的微观机制[M]. 北京: 地质出版社.

刘锋. 2016. 新疆可可托海 3 号脉伟晶岩型稀有金属矿床[M]. 北京: 地质出版社.

毛景文, 李晓峰, 张荣华, 等. 2005. 深部流体成矿系统[J]. 北京: 地质出版社.

秦克章, 周起凤, 唐冬梅, 等. 2019. 东秦岭稀有金属伟晶岩的类型、内部结构、矿化及远景: 兼与阿尔泰地区对比[J]. 矿床地质, 38(5): 970-982.

斯米尔诺夫 B И. 1981. 矿床地质学[M].《矿床地质学》翻译组, 译. 北京: 地质出版社.

涂光炽. 2000. 初论碲的成矿问题[J]. 矿物岩石地球化学通报, 19(4): 211-214.

王璞, 潘兆鲁, 翁玲宝. 1982. 系统矿物学[M]. 北京: 地质出版社.

王登红, 邹天人, 徐志刚, 等. 2004.伟晶岩矿床示踪造山过程的研究进展[J].地球科学进展, 2004(4): 614-620.

魏仪方, 刘春华. 1996. 中国陆相火山岩型金矿床找矿模型[J]. 吉林地质, 2: 16-21.

许虹, 余宇星, 高燊, 等. 2011a. 黑龙江三道湾子金矿一种新的结晶质 Au-Te 化合物[J]. 地质通报, 30(11): 1779-1784.

许虹, 余宇星, 田竹, 等. 2011b. 三道湾子金矿 Au-Ag 碲化物矿物学特征及 Au_2Te 的发现[J]. 矿物学报, 31(S1): 552-553.

杨经绥, 徐向珍, 张仲明, 等. 2013. 蛇绿岩型金刚石和铬铁矿深部成因[J]. 地球学报, 34(6): 643-653.

于炳松, 赵志丹, 苏尚国. 2017. 岩石学[M]. 3 版. 北京: 地质出版社.

余宇星, 许虹, 吴祥珂, 等. 2012. 黑龙江三道湾子金矿 Au-Ag-Te 系列矿物特征及其成矿流体[J].岩石学报, 28(1): 345-356.

张德会, 赵伦山, 张本仁, 等. 2013. 地球化学[M]. 北京: 地质出版社.

张德会. 2015. 成矿作用地球化学[M]. 北京: 地质出版社.

佐尔泰 T, 斯托特 J H. 1992. 矿物学原理[M]. 施倪承, 马喆生, 等, 译. 北京: 地质出版社.

翟伟. 1999. 酸性硫酸盐型和冰长石绢云母型金矿床地质特征对比[J]. 新疆地质, 2: 57-61.

翟裕生, 王建平. 2011. 矿床学研究的历史观[J]. 地质学报, 85(5): 603-611.

翟裕生, 姚书振, 蔡克勤, 等. 2011. 矿床学[M]. 3 版. 北京: 地质出版社.

张招崇, 李兆鼐. 1994. 一个值得重视的金矿类型: 碲化物型[J]. 地质与资源, (1): 59-64.

张永旺, 曾溅辉, 曲正阳, 等. 2015. 东营凹陷砂岩储层自生高岭石发育特征与成因机制. 石油与天然气地质, 36(1): 73-79.

Cristiana L C, Nigel J C, Allan P, et al. 2009. ‘Invisible gold’ in bismuth chalcogenides[J]. Geochimica Et Cosmochimica Acta, 73(7): 1970-1999.

Hedenquist J W, Lowenstern J B. 1994. The role of magmas in the formation of hydrothermal ore deposits[J]. Nature, 370(6490): 519-527.

Li S R, Santosh M. 2014. Metallogeny and craton destruction: records from the North China Craton[J]. Ore Geology Reviews, 56: 376-414.

Li L, Santosh M, Li S R. 2015. The “Jiaodong type” gold deposits: Characteristics, origin and prospecting[J]. Ore Geology Reviews, 65: 589-611.

Li S R, Santosh M. 2017. Geodynamics of heterogeneous gold mineralization in the North China Craton and its relationship to lithospheric destruction[J]. Gondwana Research, 50: 267-292.

Mason R. 1990. Petrology of Metamorphic rocks[M]. London: Uniwin Hyman Ltd.

Miyashiro A. 1994. Metamorphic Petrology[M]. London: UCL Press.

Pals D W, Spry P G. 2003. Telluride mineralogy of low sulfidation epithermal Emperor gold deposit, Vatukoula, Fiji[J]. Mineral Petrol ,79: 285-307.

Pirajno F. 2009. Hydrothermal Processes and Mineral Systems[M]. Perth: Springer Science Business Media B V.

Raymond L A. 1995. Petrology: The study of Igneous, Sedimentary, Metamorphic Rocks[M]. New York: WCB Publishers.

Wallier S, Rey R, Kouzmanov K, et al. 2006. Magmatic fluids in the breccia-hosted epithermal Au-Ag deposit of Rosia Montana, Romania[J]. Economic Geology, 101: 923-954.

Xu X Z, Yang J S, Chen S Y, et al. 2009. Unusual mantle mineral group from chromitite orebody Cr-11 in luobusa ophiolite of yarlung-zangbo suture zone, Tibet[J]. Journal of Earth Science, 20(2): 284-302.

Yang J S, Bai W J, Fang Q S, et al. 2007a. Diamond and unusual minerals discovered from the chromitite in polar ural: A first report[J]. EOS, Trans. AGU Fall Meet. Suppl., 88(52): V43E-05.

Yang J S, Dobrzhinetskaya L, Bai W J, et al. 2007b. Diamond- and coesite-bearing chromitites from the luobusa ophiolite, Tibet[J]. Geology, 35(10): 875-878.

第六章　矿物共生分析

矿物共生分析是对一定物理化学条件下多相平衡体系中所能出现的矿物共生组合进行分析，它是矿物成因研究的基础，其基本原理是吉布斯相律。

由于矿物共生分析的基本原理和方法的发展和变化不大，为了保持成因矿物学学科体系的完整性并纪念陈光远先生诞辰100周年，本章基于陈光远等1988年出版的《成因矿物学与找矿矿物学》中的“矿物共生分析”，按照原文的主要内容进行了编排。

一、封闭和开放体系相律

相律(吉布斯相律)是多相平衡体系普遍遵循的规律，它描述相平衡体系的相数、组分数、自由度数及外界影响因素(如温度、压力等)之间的定量关系。它是研究地质体中矿物共生组合和岩石组构的基本规律。在矿物学中，有适用于封闭体系的戈尔德施密特矿物相律和适用于开放体系的柯尔任斯基矿物相律。

(一)封闭体系相律

1. 吉布斯相律

吉布斯相律可用数学公式表达为

$$F=K-\phi+m \tag{6-1}$$

式中，F 为相平衡体系的自由度，也称变度，指可以独立改变而不致影响相数或相态变化(新相产生，旧相消失)的强度变量的数目；K 为平衡体系中的独立组分(简称组分或组元)数，指足以表示相平衡体系中各相组成所需要的最少的独立物质数目数，它与体系中的物质种类数(简称物种数)n 的关系为

$$K=n \tag{6-2}$$

或

$$K=n-R-R' \tag{6-3}$$

其中，R 为体系中独立的化学平衡数目(因而要求组分间不能有简并关系存在。关于组成简并问题，详见本章“八、线性回归和线性规划法在变质作用分析中的应用”)；R'为其他限制条件的数目(如独立的浓度限制条件等)。

对矿物岩石体系来说，通常可以不考虑 R'。这就是说，若体系中各物质间没有化学反应发生并建立起相应的化学平衡，也无其他限制条件(如同一相中各物质间的浓度关系已知)，则式(6-2)适用；否则，须用式(6-3)。必须指出，相律对组分的唯一要求

是其数目。因而，如何选取组分完全是自由的，即 K 并不包含任何特定的、具体的组分内容。

ϕ为平衡体系中的稳定相数，“相”就是体系中具有相同物理性质和化学性质的任何均匀部分。

m 为能影响体系平衡的外界条件变量(如电、磁、表面张力、重力等效应)的数目。

多数情况下，影响体系平衡的外界条件只有温度(T)和压力(P)两个变量，即 $m=2$，故吉布斯相律公式通常表达为

$$F=K-\phi+2 \tag{6-4}$$

根据物理意义，体系的自由度不能为负，最小为零(称无变度)，而ϕ的最小值为 1。

相律公式是相平衡条件，因此它仅适用于平衡体系。对地质体系而言，当与相律发生矛盾时，就意味着体系未处于平衡状态或组分数计算有误，但表面上与相律一致却未必能保证体系已达平衡，因为对天然体系而言，其组分数的计算很困难。

2. 戈尔德施密特矿物相律

戈尔德施密特矿物相律是吉布斯相律应用于矿物岩石封闭体系的矿物相律。由于矿物岩石体系常常是在一定的 P、T 范围内稳定的平衡体系，即它们的自由度最小也应为 2，$F\geqslant2$，因此根据式(6-4)，便可得戈尔德施密特矿物相律表达式：

$$\phi\leqslant K \tag{6-5}$$

戈尔德施密特矿物相律的意义是，在一定的温压条件下，同时稳定产出的矿物的最多数目等于构成该矿物体系的组分数。“同时稳定”(或“平衡”)是该相律的重要约束。在实际的矿物岩石体系中，矿物相数常超出式(6-5)所计算的数目。其可能的原因，一是体系未达平衡，或包含有介稳平衡，或根本就是不平衡的机械集合体(如碎屑沉积物)；二是体系各部分仅达局部稳定平衡，即柯尔任斯基所谓的“镶嵌平衡”，而未达整体平衡。

(二)开放体系相律

在矿物岩石形成过程中，体系经常处于“开放”状态，即某些组分，如 H_2O、CO_2、K_2O、Na_2O 等常常在体系与环境间被带进带出，而另一些组分则不易在体系和环境间发生交换。在开放体系中，各组分的相对活动性及迁移能力是不相同的。要描述开放体系下矿物的共生关系，便需借助柯尔任斯基矿物相律。要理解该相律，必须能够区分开放体系中的惰性组分和活动组分。

1. 惰性组分和活动组分

1) 惰性组分

惰性组分是指扩散能力很差的组分。在一定的 P、T 条件下，在单位时间内，它们在间隙溶液和裂隙溶液之间通过扩散而迁移的数量远小于间隙溶液中这些组分参加交代作用的数量。因此，它们在最终形成的交代岩中的含量基本上只取决于它们在原岩中的

浓度，或者说，其化学位完全受其产出的矿物集合体控制。对它们而言，体系可视为封闭体系。惰性组分进而可分为以下几类：

(1)杂质组分：也称混入组分、额外组分，如 Rb_2O、SrO、Cs_2O、BaO、CaO、NiO 等。一般它们在岩石中的含量很少。若其存在不超过一定量，则不会由此而引起新矿物相的产生。所以在矿物共生分析中，对它们可以不予考虑。

(2)孤立组分：它们可与完全活动组分结合形成单独矿物而没有剩余，或者可自身形成独立矿物。它们一般不会大量进入其他矿物中，因而不会影响矿物共生关系。例如，ZrO_2、P_2O_5、C 等组分即属此列。当它们在岩石中达到一定含量时，就相应地出现某种矿物(如锆石、磷灰石、石墨等)。

(3)类质同象组分：这类组分(如 FeO 和 MgO、$A1_2O_3$ 和 Fe_2O_3 等)由于晶体化学特性的近似而能彼此形成含量范围广泛的类质同象体，其含量的变化一般不会影响岩石中的矿物共生关系。因而，在共生分析中有时可将几个类质同象组分归并在一起算作一个组分。但是，在这样做时，也要注意到自然界矿物组合的具体特点。例如，在本章“七、矩阵投影分析”中将会看到，在对泥质岩进行矿物共生分析时，不能把 MgO 和 FeO 归并为一个组分，而必须把它们作为两个很重要的独立组分处理。

(4)过剩组分：它们是构成共生的各矿物的主要成分，并在形成这些矿物之后还能自身构成单独矿物，或与完全活动组分形成矿物。例如，硅酸盐岩石中的 SiO_2，它既是各主要矿物的组成部分，同时还可以石英相单独出现。因而，在含石英的矿物共生组合中，$Si0_2$ 的含量不会对矿物共生关系产生影响。大理岩中的 CaO 也属此列。

(5)有效惰性组分：即除上述(1)、(2)、(4)类组分以外的其他惰性组分。决定(或控制)矿物共生组合的正是这些组分，如 CaO、Al_2O_3 等。

2)活动组分

活动组分是指扩散能力很强的组分。在一定的条件下，单位时间内它们在间隙溶液和裂隙溶液之间通过扩散作用而迁移的数量远大于间隙溶液中这些组分参加交代作用的数量。也就是说，它们在交代过程中可以自由地“出入”，体系对它们是完全开放的。它们在最终形成的交代岩中的含量不取决于它们在原岩中的总含量。因此，在交代过程中，完全活动组分的化学位同 P、T 等因素一样，应视为控制矿物化学反应过程的外部条件。

2. 柯尔任斯基矿物相律

设 K_a、K_i 分别代表活动组分数和惰性组分数，则对于开放体系，有

$$K=K_a+K_i \tag{6-6}$$

同时，根据上述讨论，对自然界的开放体系，自由度最小应包括 P、T 和活动组分的活度(或化学位)，即

$$F\geqslant K_a+2 \tag{6-7}$$

将式(6-6)和式(6-7)代入式(6-4)，得

$$\phi \leqslant K_{\mathrm{i}} \text{或} \quad \phi \leqslant K-K_{\mathrm{a}} \tag{6-8}$$

式(6-8)即为柯尔任斯基矿物相律数学表达式。其意义在于，在开放体系中，平衡共生矿物的最大数目等于惰性组分数。

二、矿物共生分析步骤

由于存在于一定空间内的矿物(广义的“矿物组合”)可能是由多种自然作用叠加而形成的“伴生组合”，因此梳理出不同矿物之间的成因联系即区分出不同的“共生组合”称为矿物共生分析。矿物共生分析须遵循以下一般方法与步骤。

(一)野外观察

矿物共生分析的最重要的基础是对地质体的宏观观察。一定地域内可能发生多期多种地质作用及其地质体的叠加。通过野外地质研究，根据宏观标志确定地质体的演化序列，建立矿物形成顺序，初步确定共生组合及矿物世代，这是室内深入分析矿物共生关系必不可少的步骤。在此基础上，需根据研究目的，选择最能代表拟研究地质体特征、岩石或矿物种类最复杂的地段，系统地采集标本供室内研究。

(二)薄片鉴定

结合野外观察结果，在光学显微镜下对代表性岩石标本的光薄片中主要、次要和副矿物进行准确鉴定是矿物共生分析十分重要的环节。通过薄片观察进行矿物共生关系分析，首先要从岩石的组构入手，注意有无斑状、似斑状、不等粒、环带、交代反应、动力作用等结构现象，注意斑晶与基质、大斑晶与小斑晶、大颗粒与小颗粒、内带与外带、交代与被交代、原生与次生、穿切与被穿切、包裹与被包裹等不同组构矿物共生与非共生关系的研究。在此基础上，可准确地划分矿物形成阶段，厘定同种矿物的世代，建立更详细的矿物共生序列。

(三)组分分析

组分分析是在野外和室内宏微观矿物共生研究基础上，结合岩石(矿石)和矿物化学成分测试结果，罗列出矿物所处系统中的独立组分，并区分出活动组分和惰性组分。尽管按照地球化学原理，许多化学元素具有相对较稳定的性质特征，但在实际的地质系统中，化学组分的性质也会随物理化学环境的改变而改变。在某种条件下为惰性的组分，在不同条件下也可以表现出一定的活性，许多组分具有过渡性质。因此，将组分区别为完全活动组分和惰性组分是一种理想化的结果。但是，鉴于组分分析是矿物共生分析的关键步骤，尽可能结合矿物所处的环境，综合化学组分在该特定环境中的地球化学行为，将它们划分为相对惰性组分和活动组分是必需的。

(四) 矿物共生图解

矿物共生图解是用矿物成分空间来表示矿物共生关系随化学成分变化的几何学方法，是矿物共生分析结果的简捷表达，是矿物共生分析的最后一个步骤。

三、矿物共生图解方法

(一) 矿物化学成分共生图解

矿物化学成分共生图解是运用矿物组分表示特定物理化学条件(P、T、μ)下变质岩矿物共生组合与原岩化学成分关系的方法。进行矿物共生图解时，通常选择 3 个有效惰性组分作端员，在纸平面上以三角形成分空间表示矿物共生关系，如图 6-1 所示。在这种图解中，将共生的矿物用直线(共生线)连接起来，共生线上相邻的两矿物为共生关系，否则不共生(按相律要求，平衡的矿物体系中各相的组分间不存在任何线性关系。或者说，如果体系是双变度或多变度的，则由组分向量构成的矩阵不能为奇异矩阵。换言之，在简单的二维模拟中，在两个稳定平衡共存的矿物相的连线上不可能存在另一个矿物)。三相共生，则其共生线构成一个三角形，三角形内的任意一点均代表三个顶角的那三个相共生。由于多数矿物以固溶体形式出现，因此它们的成分空间在三角形共生图解中不是一点，而是一定大小的面积(图 6-2)。当三相共生时，各矿物相的成分皆是固定的，共生关系以图中的一个确定的三角形表示。

在变质岩研究中，常以各类图解形象地表示岩石中矿物的共生关系，如艾斯柯拉(Eskola，1915)的 ACF 和 A'KF 图、汤姆普逊(Thompson，1957)的 AFM 图等(表 6-1)。

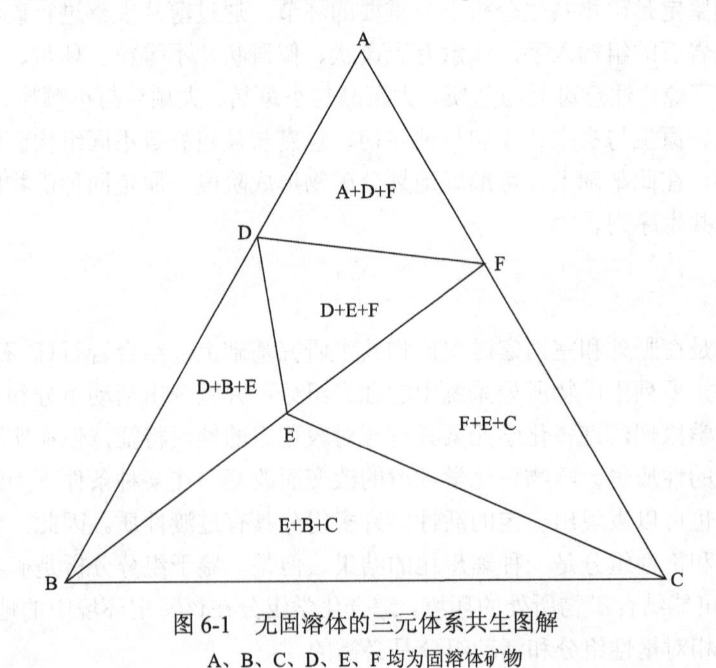

图 6-1　无固溶体的三元体系共生图解

A、B、C、D、E、F 均为固溶体矿物

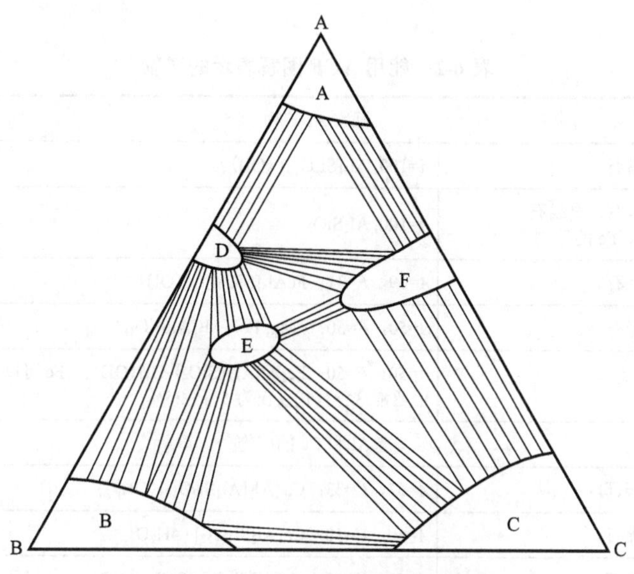

图 6-2　三元固溶体矿物共生图解

A、B、C、D、E、F 均为固溶体矿物

表 6-1　几种常用的矿物共生图解及其符号说明

图解名称	图解中所用符号说明
ACF 图	A=Al_2O_3(+Fe_2O_3)、C=CaO
	F=FeO+MgO(+MnO)
A′KF 图	A′= Al_2O_3+ Fe_2O_3–Na_2O–K_2O–CaO
	K=K_2O(相当于 $K_2Al_2Si_6O_{16}$)
CFM 图	F=Fe_2O+MgO(+MnO)
	C=CaO、F=FeO、M=MgO
AFM 图	A=Al_2O_3–3K_2O、F=FeO
	M=MgO

ACF 图的优点是大致可以表现各种成分和变质级的岩石中的矿物共生关系，包括泥质的、砂屑的、钙质的和基性的变质岩，对于表示富含 Ca 的 Ca、Al、Mg 和 Fe 矿物，即产在变质泥灰岩和镁铁质岩中的矿物共生最为有用(表 6-2)。在有石英存在时，表 6-2 中的矿物是稳定的。但是，由于 ACF(和 A′KF)图将 FeO 和 MgO 归并为一个组分，因此不能表现 Fe/Mg 比不同的矿物共生关系。同时，ACF(和 A′KF)图也不能表示斜长石或角闪石(普通角闪石或铝直闪石)中的 Na 含量，因而不宜用于涉及斜长石的相关系的研究(Spear et al.，1982；Robinson et al.，1982)。另外，由于 ACF 图解将岩石按三元体系处理，从热力学角度看，它不是一种严格的、合理的共生图解(Miyashiro，1973)。

表 6-2　能用 ACF 图解表示的矿物

矿物	成分
强富 Al 矿物	
叶蜡石	A=100, $Al_2[Si_4O_{10}](OH)_2$
红柱石、蓝晶石、夕线石 富 Al 和 Mg、Fe 的矿物	A=100, Al_2SiO_5
十字石	A=69，F=31：$FeAl_4[SiO_4]_2O_2(OH)_2$
堇青石	A=50，F=50：$(Mg, Fe)_2Al_3[AlSi_5O_{18}]$
硬绿泥石	A=50，F=50：$Fe_2Al[Al_3(SiO_4)_2O_3](OH)_4$，Fe 可以为约 60%的 Mg 替代，但通常这种替代仅仅为 5%～25%
富 Al 和 Ca 的矿物	
珍珠云母	A=67，C=33：$Ca\{Al_2[Al_2Si_2O_{10}](OH)_2\}$
浊沸石	A=50，C=50：$Ca[Al_2Si_4O_{12}]\cdot 4H_2O$
硬柱石	A=50，C=50：$CaAl_2[Si_2O_7](OH)_2\cdot H_2O$
钙长石	A=50，C=50：$Ca[Al_2Si_2O_6]$
方柱石	A=43，C=57：$Ca_4[Al_2Si_2O_8]_3(CO_3, SO_4)$
绿帘石族	A=43，C=57：$Ca_2Fe^{3+}Al_2[SiO_4][Si_2O_7]O(OH)$
绿纤石	A=34，C=53，F=13，$Ca_4(Mg, Fe, Mn)Al_5[SiO_4]_2[Si_2O_7](OH)_5\cdot H_2O$
葡萄石	A=34，C=67：$Ca_2Al[AlSi_3O_{10}](OH)_2$
富 Ca 的矿物	
钙铝榴石-钙铁榴石	C=75，A=25：$Ca_3Al_2[SiO_4]_3$-$Ca_3Fe_2[SiO_4]_3$
符山石	C=72，A=14，F=14：$Ca_{10}(Mg, Fe)_2Al_4[SiO_4]_5[Si_2O_7]_2(OH, F)_4$
硅灰石	C=100，$Ca_3[Si_3O_9]$
方解石	C=100，$Ca[CO_3]$
富 Mg 和 Fe^{2+}的矿物	
透辉石-钙铁辉石	F=50，C=50：$CaMg[Si_2O_6]$-$CaFe[Si_2O_6]$
白云石	F=50，C=50：$CaMg[CO_3]_2$
透闪石	F=71.5，C=28.5：$Ca_2Mg_5[Si_8O_{22}](OH)_2$
阳起石	F=71.5，C=28.5：$Ca_2(Mg, Fe)_5[Si_8O_{22}](OH)_2$
普通角闪石	F=71.5，C=28.5：$NaCa_2(Mg, Fe, Al)_5[(Si, Al)_8O_{22}](OH)_2$
镁铁闪石-铁闪石	F=100：$(Mg,Fe)_7[Si_8O_{22}](OH)_2$
直闪石-铝直闪石	F=100：$(Mg,Fe)_7[Si_8O_{22}](OH)_2$
顽火辉石-紫苏辉石	F=100：$Mg_2[Si_2O_6]$-$(Mg, Fe)_2[Si_2O_6]$
滑石	F=100：$Mg_3[Si_4O_{10}](OH)_2$
铁铝榴石	F=75, A=25: $Fe_3Al_2[SiO_4]_3$
锰铝榴石	F=75, A=25: $Mn_3Al_2[SiO_4]_3$

续表

富 Mg 和 Fe^{2+}的矿物	
镁铝榴石	F=75, A=25: $Mn_3Al_2[SiO_4]_3$
绿泥石	F=65～90, A=10～35: $(Mg, Fe^{2+}, Fe^{3+}, Al)_6[(Si, Al)_4O_{10}](OH)_8$
在 ACF 图上不能表示的含碱矿物	
蓝闪石，青铝闪石	$Na_2Mg_3Al_2[Si_8O_{22}](OH)_2$
硬玉，硬玉质辉石	$NaAl[Si_2O_6]$
黑硬绿泥石	$K_{<1}(Mg, Fe, Al)_{<3}[Si_4O_{10}](OH)_2 \cdot xH_2O$
白云母	$K\{Al_2[AlSi_3O_{10}](OH)_2\}$
多硅白云母	与白云母类似，但有较多 Si+Mg 和较少 Al
钠云母	$NaAl_2[AlSi_3O_{10}](OH)_2$也可同白云母一起作为固溶体的组分
黑云母	$K\{(Mg, Fe, Mn)_3[AlSi_3O_{10}](OH)_2\}$
金云母	$K\{Mg_3[AlSi_3O_{10}](OH)_2\}$

A′KF 图一般作为 ACF 图的补充，用于表示含 K_2O 岩石中的矿物(如黑云母、钾长石、白云母等)共生关系。其应用范围比 ACF 图窄，具有与 ACF 图类似的缺点。

AFM 图表示泥质岩或基性岩高级变质后的矿物相关系(Barker，1961；Reinhardt and Skippen，1970；Greenwood，1975)。它对麻粒岩的矿物共生分析特别有效，是把多元系的共生关系定量而完整地表示在平面上的唯一方法(Miyashiro，1973)。在 AFM 图上，既可表现固溶体范围，也可定量地进行几何学研究，而这在将 MgO 和 FeO 归并在一起的 ACF 等类图解上是办不到的。

为了表示 3 个以上组分的体系中的矿物共生关系，格林伍德(Greenwood，1975)在 AFM 图解基础上提出了运用线性代数处理多组分体系矿物共生关系的方法，即矩阵投影分析。这是一种对任何体系皆适用的方法，只要体系中存在化学位固定不变的相即可。这种方法之所以不受组分数限制，是因为对于特定的矿物岩石体系可以采用几组不同的组分(坐标)表示，其间的关系为坐标轴变换关系。这样，就可以从不同角度进行投影，即从不同角度将体系中的各种共生关系表示出来。

(二)施赖因马克线束

进行施赖因马克线束图解的目的，是要借以了解矿物共生关系与物理化学条件的关系。

1. 吉布斯自由能面在 G-P-T 空间中的相遇

对封闭体系或纯物质体系，有

$$dG = -s\,dT + v\,dP \tag{6-9}$$

由于 s 和 v 总是有限的正值，而且对于任一个相集合体而言，在一定的 P、T 条件下二者均有定值，因此在 G-P-T 空间将有一个单值的、不与 G、P 或 T 轴平行的连续曲面与式(6-9)对应。这种曲面所代表的是一个双变的平衡集合体。

由式(6-9)，有

$$(\partial G / \partial T)_P = -s \tag{6-10}$$

$$(\partial G / \partial T)_T = v \tag{6-11}$$

也就是说，当 P 一定时，在 G-T 截面图上将得到一条其斜率永远为负的曲线；当 T 一定时，在 G-P 截面图上则得到一条其斜率永远为正的曲线，即自由能面永远不会卷曲。因此，就单元体系而言，相关的两自由能面相交于一条曲线(单变反应曲线)或三个面成任意角度相交于一点(无变度点)均须满足只能相交一次的条件，即每两曲面只能有唯一的一条交线，每三个面只能有唯一的一个交点。

由以上讨论自然有以下结果：当两个自由能面在 G-P-T 空间相遇时，除在交线处外，它们总是一个在上，一个在下。所以，在相同的 P、T 条件下，总是一个双变集合体的吉布斯自由能比另一个的高，因而后者比前者稳定。当三个自由能面相交于一个稳定的无变度点时，就每条交线而言，在交点 O 的一侧位置较低(自由能较低)，另一侧较高(自由能较高)。也就是说，如果一条单变曲线通过一个稳定无变点，则它的一部分为稳定的，另一部分为介稳的，其分界在无变度点处。根据吉布斯相律，由任一无变度点必定发射出 K+2 条单变度线(此处 n 为组分数)，形成一个线束，称为施赖因马克线束，此结论对多元体系也适用。

2. 施赖因马克法则及其意义

矿物体系单变平衡曲线的斜率原则上可通过实验或由反应的热力学数据进行计算。近年来，若干矿物体系的很多单变平衡曲线已由实验测得。但是，对一个给定的无变度点而言，其周围的 n+2 条可能的单变曲线全都已经测出的情况是不多的，而热力学计算也因缺乏相关的热力学数据或这些数据并非相互协合而不能得到可靠的结果。因此，借助几何方法由已经测出的为数不多的单变曲线推导出其余单变曲线的相对位置具有十分重要的意义。这种几何分析方法的奠基人是荷兰物理化学家施赖因马克。

1915～1925 年，施赖因马克提出了分析共存相间关系的一种非常有用的几何方法——施赖因马克法则。这一方法由尼格里引入岩石学领域，并由都城秋穗(Miyashiro)首次采用。柯尔任斯基最先认识到施赖因马克法则与勒沙特列定律(Le Chatelier's Rule)的关系。在任以安对施赖因马克的方法做了系统概括、解释和引申后，这一方法在地球化学领域中便得到了广泛应用。郭其悌、王声远、林传仙等在 1979 年后分别在《中国科学》《科学通报》上发表了一系列论文(郭其悌，1980；郭其悌和王声远，1982；林传仙等，1982)，对 n+k 相(此处 n 为组分数，k 为正整数)多体系封闭网图的构筑、性质及其实用意义等做了详细讨论，并提出了有名的拼合原理。

施赖因马克分析的目的是要确定一个稳定无变度点周围的单变线排布。这种分析以下述法则为指导。

(1)法则 1——基本公理。一条稳定的单变反应曲线的两侧分别为两个彼此相关的双变集合体各自稳定存在的区域，且在这一侧为稳定者，在另一侧则为介稳。

(2)法则 2——莫里-施赖因马克法则(Morey-Schreinemakers Rule)。一个双变集合体在稳定无变度点周围所占据的扇形区最大不超过 180°(图 6-3、图 6-4、图 6-13)。这一结论首先由施赖因马克从几何角度导出，而后由 Morey 和 Williamson 在 1918 年进行了解析证明，故此得名。

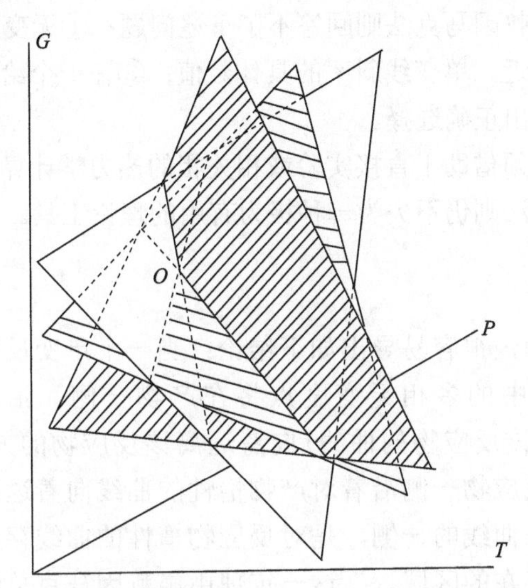

图 6-3　双变度自由能曲面(以平面代替)在 *G-P-T* 空间中相交

由 *O* 引出的 3 条交线的虚线部分位置均较低，因而相对稳定，投影在 *P-T* 平面上为实线。3 条交线的实线部分位置均较高，因而相对较不稳定，其投影为虚线，如图 6-4 所示

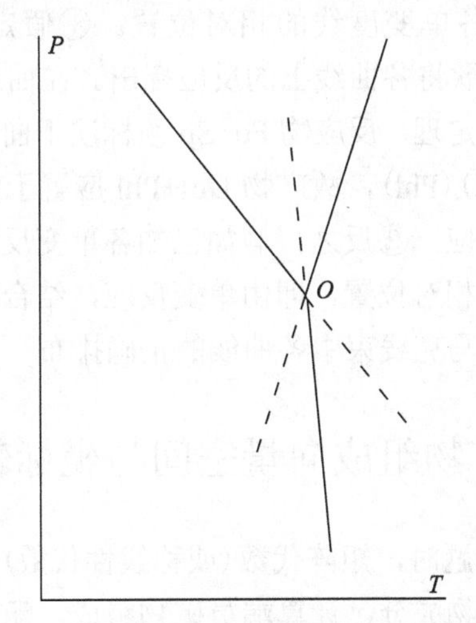

图 6-4　图 6-3 中的交线在 *P-T* 平面上的投影

此图清楚地表示出了稳定无变度点的基本性质

这一法则也可改述为：对某一相关相不存在的单变反应曲线而言，其介稳延长线必定位于该相稳定存在的区域内。

(3)非正式法则 3。从物理的、实验的或地质的角度看，单变反应的斜率和反应曲线的标注都应是正确的。这条规则对于最终的正确拓谱分析虽然并非必不可少，但在处理有关问题时却很有用。

关于单变平衡曲线的标注，施赖因马克倡导使用一种独特的方法，即对单变平衡反应，用加括号注明其缺失相的办法做标记。在图中，则在各稳定单变线的末端用括号将缺失相标出。

值得强调的是，施赖因马克法则回答不了下述问题：①无变度点在 *P-T* 图中的具体位置；②在无变度点附近，单变线斜率的具体数值；③在一个给定的单变线排布及其镜像体(或左、右形)间做出正确选择。

要回答上述问题，须借助于直接实验或相关相的热力学计算。虽然如此，在进行共生分析时，施赖因马克法则仍不失为一种极为有用的理论工具。

3. 施赖因马克定理

根据勒沙特列定理，很容易导出如下结论：当一个单变反应的反应物被稀释时，施赖因马克线束图解中的多相无变度点将在产物一侧，沿着对该反应物惰性的(indiferent)曲线(缺失该反应物的曲线)向着远离该反应物的方向移动；若产物被稀释，则无变度点将在反应物一侧沿着对产物惰性的曲线向着远离该产物的方向移动。这就意味着：“在反应曲线的一侧，是对反应物惰性的曲线存在的区域；在另一侧，是对产物惰性的曲线存在的区域。”这一定理由施赖因马克总结出并首先于 1915 年发表。

根据施赖因马克定理，很容易由单变线的排布标示出单变反应，或由单变反应很快地导出一个无变度点周围各单变度线的相对位置。①假定已知各曲线(Ne)(Fo)(Sp)(Phl)(Dol)的相对位置，现欲将各曲线上的反应标出。在曲线(Ne)的一侧(上方)为曲线(Fo)(Sp)，根据施赖因马克定理，反应物 Fo+Sp 须标注于曲线(Ne)的另一侧(下方)；在曲线(Ne)的下方为曲线(Dol)(Phl)，故产物 Dol+Phl 应置于曲线(Ne)的上方。同理可标示出其他各曲线上发生的反应。②反之，假如已知各单变反应，则同理可根据施赖因马克定理确定出各单变曲线的相对位置，即由单变反应，结合物理知识、实验或地质观察结果，便可迅速导出施赖因马克线束中各曲线的正确排布。

四、矿物组成向量空间与坐标轴变换

在处理 N 维向量空间问题时，矩阵代数(或称线性代数)是一种极有用的数学工具，用它可以计算岩石的标准矿物成分，计算端员矿物组成，配平矿物反应方程式，对矿物组成向量空间做投影分析等。所有这些应用都将涉及坐标轴变换问题，其间的主要差别在于如何对各特殊问题做相应的公式化表达。

(一) 矿物(或岩石)组成向量空间

通常，我们将矿物看作物理实体，或看作化学元素或氧化物的某种集合体。当然，也可将矿物看作向量，而且把矿物看作向量(由此而构成向量空间)对于处理多元体系中复杂的矿物共生关系很有益处。

所谓组成向量空间，就是以矿物或岩石的化学成分作坐标轴所构成的向量空间。

关于矿物组成向量的概念，可以 MgO-SiO_2 二元体系为例加以说明。如图 6-5 所示，在 n_{MgO}-n_{SiO_2} 直角坐标中，该体系中的每一种矿物均可用一个向量或用有序的一组数表征。这种向量就称为矿物组成向量。显然，要确定一种矿物在组成空间的位置，实际上就是确定矿物化学式中 SiO_2 和 MgO 的量。由图 6-5 还可以看到，虽然矿物化学式的书写带有某种随意性，如可将顽火辉石写成 $MgSiO_3$ 或 $Mg_2Si_2O_6$，因而分别有向量(1, 1)和(2, 2)，但由于 $MgSiO_3$ 和 $Mg_2Si_2O_6$ 实际上指的是同一种矿物(顽火辉石)，因此可得出如下结论：在直角坐标系中，正是向量在组成空间中的指向，而不是其长度，规定了矿物的组成。因此，我们可以交换地使用如下几个意义等价的术语，即矿物、相、向量、有序数组。

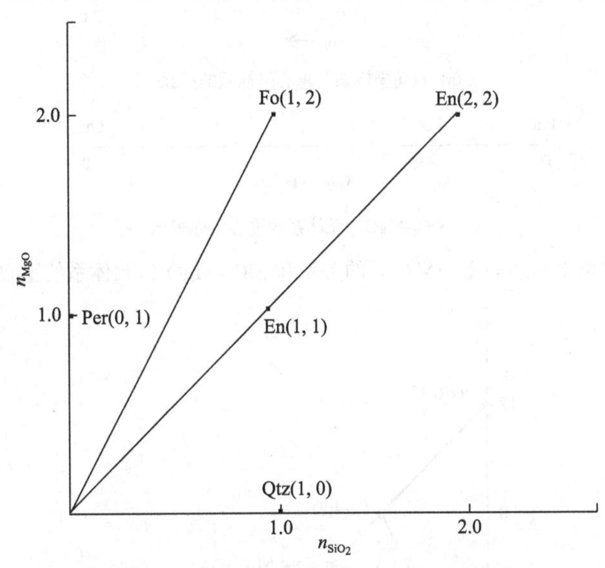

图 6-5　MgO-SiO_2 体系中的组成向量

Per-方镁石；Fo-镁橄榄石；En-顽火辉石；Qtz-石英

除直角坐标外，在岩石学中还常用重心坐标系(tbe barycentric coordinate system)表示组成空间。两种坐标系的关系可由图 6-6 看出。重心坐标系的特点是组分的量的总和恒定。当然，这种总和值的选取多少带有任意性。例如，在图 6-6 中，选取 $\sum X_i=1.0$(X_i 为组分 i 的摩尔分数)；但在图 6-7 中，取作 $\sum n_i=12$mol(n_i 为矿物中组分 i 的摩尔数)。尽管如此，图 6-7 中的向量集与图 6-6 中的相应部分是等价的(当然，在重心坐标系中 En_1、En_2 都位于同一点上，即矿物在重心坐标系中的位置为直角坐标系中代表该矿物的向量与 $\sum x_i=1$ 的那条线的交点)。在重心坐标系中，二元系以一条线表示，三元系以三角形表示，四元系以四面体表示。

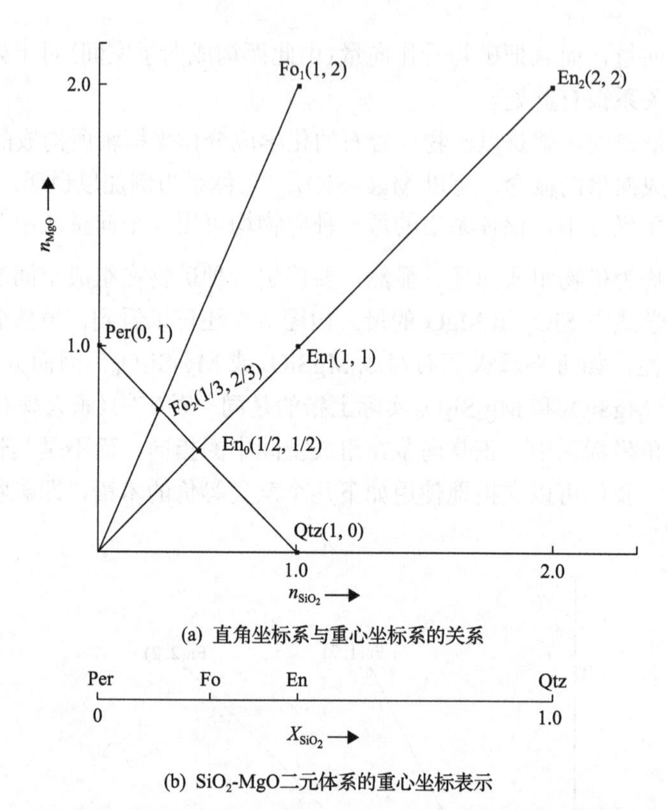

图 6-6　直角坐标系与重心坐标系的关系和 SiO_2-MgO 二元体系的重心坐标表示

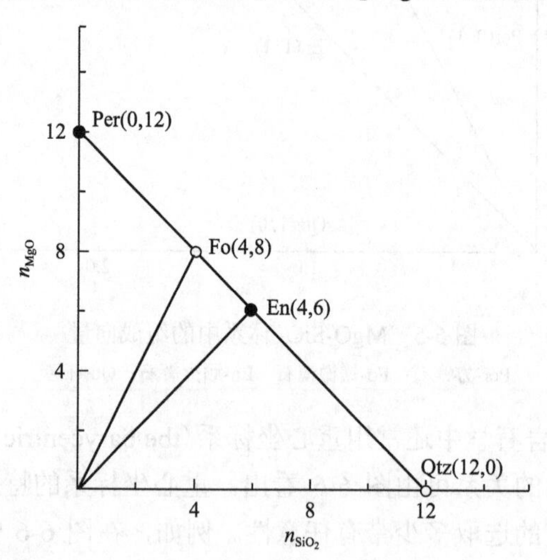

图 6-7　二元体系 MgO-SiO_2 中的向量集

(二)坐标轴变换

对于特定的矿物或岩石体系，可以采用几组不同的组分表示。例如，对于某正辉石固溶体，可用 MgO-FeO-SiO_2 型或 Mg_2SiO_4-Fe_2SiO_4-SiO_2 或 $MgSiO_3$-$FeSiO_3$ 表示。这里的坐标变换(或从一组坐标到另一组坐标的线性映射)，就是根据可供选择的几组不同的组分中的任一组，计算某一组成向量中的全部元素。这一过程常称为从一组“老的”组分基底到另一组“新的”组分基底的线性变换。当然，两组基底的维数须相同。这种变换之所以可能，是因为虽然热力学本身不能告诉我们需怎样选择组分来表示一个平衡体系的相关系，但它至少可告诉我们需要多少个组分才行，也因为组分间是相互独立的，即任一组分皆不是其他组分的线性结合。

岩石或矿物组成向量的线性映射可分 3 步完成：①选择新基底；②确定所研究的矿物(或岩石)与新老基底的关系；③求解这种关系。现举例说明如下。

设老组分基底为直角坐标轴 1 和 2，分别以摩尔数为单位，如图 6-8 所示。另选两种矿物 α 和 β 作新基底，且它们在老基底中的组成向量为 $\alpha=(\alpha_1, \alpha_2)$、$\beta=(\beta_1, \beta_2)$。同时，有第三种矿物 Y，它在老基底中的坐标为 (Y_1, Y_2)。

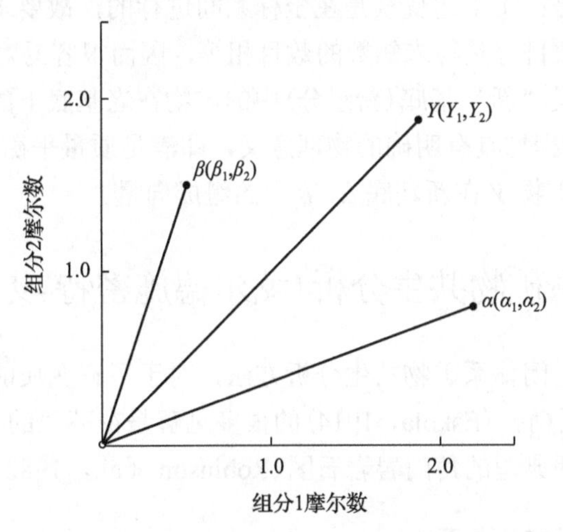

图 6-8　新组分基底 α、β 和矿物 Y 在老组分基底 1、2 中的坐标位置

Y 将要被映射至新基底 α、β 中

现拟将 Y 用 α、β 表示。那么，需要多少 α 和 β 才能够构成 Y? 或者说，α 和 β 通过什么线性组合可构成 Y? 用数学语言表达，有

$$\alpha \cdot X_1 + \beta \cdot X_2 = Y \tag{6-12}$$

式中，α、β 和 Y 在老基底中的坐标是已知的；X_1、X_2 为矿物 Y 在新基底中的坐标。

由于这是一个二元体系，因此式(6-12)实际代表了下述两个联立的方程：

$$\begin{cases} \alpha_1 \cdot X_1 + \beta_1 \cdot X_2 = Y_1 \\ \alpha_2 \cdot X_1 + \beta_2 \cdot X_2 = Y_2 \end{cases} \tag{6-13}$$

或以矩阵符号表示为

$$\begin{bmatrix} \alpha_1 \beta_1 \\ \alpha_2 \beta_2 \end{bmatrix} \cdot \begin{bmatrix} X_1 \\ X_2 \end{bmatrix} = \begin{bmatrix} Y_1 \\ Y_2 \end{bmatrix} \tag{6-14}$$

或更简单地表示为

$$\boldsymbol{A} \cdot \boldsymbol{X} = \boldsymbol{Y} \tag{6-15}$$

式中，$\boldsymbol{A}$ 为系数矩阵；$\boldsymbol{X}$ 为解向量(the solution vector)。

对于一个线性方程组，可有多种求解方法(参见本章附录一)。根据矩阵反演法，矩阵方程(6-15)的解为

$$\boldsymbol{X} = \boldsymbol{A}^{-1}\boldsymbol{Y} \tag{6-16}$$

式中，$\boldsymbol{A}^{-1}$ 是系数矩阵 $\boldsymbol{A}$ 的逆矩阵(当然 $\boldsymbol{A}$ 必须是一个非奇异矩阵，方有其逆矩阵)。

矩阵反演法的优点是便于电算。

值得再次指出的是：①上述变换是在坐标系间进行的，故要求两坐标系具有同样的维数。这样，方程的数目总是与未知数的数目相等，因而很容易对 $\boldsymbol{X}$ 求解。②系数矩阵 $\boldsymbol{A}$ 中的各列向量，即是"新"基底(新组分)中的矿物在老基底下的组成向量。③矩阵方程 $\boldsymbol{A} \cdot \boldsymbol{X} = \boldsymbol{Y}$ 中的每个方程均具有明确的物理意义，即满足质量平衡(mass balance)要求。④解向量 $\boldsymbol{X}$ 代表的是矿物 $\boldsymbol{Y}$ 在新基底 α、β 中的组成向量。

五、封闭体系矿物共生分析(戈尔德施密特-艾斯柯拉分析)

这种方法可看作封闭体系矿物共生分析方法，对于了解变质的岩浆岩和了解变质作用具有重要作用。艾斯柯拉(Eskola，1914)的很多见解是在芬兰的 Orijārvi 地区工作期间产生的，该地区是欧洲典型的角闪岩岩石区(Robinson et al.，1982)。

(一)矿物共生与化学组成的关系

戈尔德施密特对挪威奥斯陆地区内接触变质带中重结晶完好的角岩的研究至今仍不失为典范。他将吉布斯相律用于其研究，以阐述矿物共生组合与原岩化学成分的关系，由此导出了著名的戈尔德施密特矿物相律。

奥斯陆地区泥质岩和泥灰岩的接触变质角岩可划分为 10 个类型，其矿物共生组合如下：

(1) And+Crd+Bi+Ab+Or+Qtz；

(2) And+Crd+Bi+Or+Qtz+Pl；

(3) Crd+Bi+Or+Pl+Qtz；

(4) Hy+Crd+Bi+Or+Pl+Qtz；

(5) Hy++Bi+Or+Pl+Qtz；

(6) Hy+Di+Bi+Or+Pl+Qtz；

(7) Di+Bi+Pl+Qtz+Or；

(8) Grs*+Di+Pl+Or+Qtz；

---

* 据近年来关于反应 Grs+Qtz=2Wo+An 的实验资料看，当 Qtz 存在时，Grs 似不稳定(Miyashiro，1973)，下页同。

(9) Grs+Di+Or+Qtz；

(10) Grs+Di+Or+Qtz+Wo。

其中 1～5 类属于泥质角岩，6～10 类属于钙质岩类。这里，And=红柱石、Crd=堇青石、Bi=黑云母、Ab=钠长石、Pl=斜长石、Or=正长石、Qtz=石英、Hy=紫苏辉石、Di=透辉石、Grs=钙铝榴石、Wo=硅灰石，一共有 10 种矿物(Pl 由不同比例的 Ab 和钙长石 An 构成)。由于稳定共生的矿物相数最大为 6，因此根据戈尔德施密特矿物相律，应有 6 个独立组分。

由矿物化学组成及岩石化学分析结果看，上述 10 种矿物是由 9 种氧化物构成的，即 SiO_2、$A1_2O_3$、MgO、FeO、Fe_2O_3、CaO、Na_2O、K_2O、H_2O(在组合 1～7 中，Fe_2O_3 含量较高，并存在于黑云母中)。这 9 个组分中，哪几个是独立的？现做进一步分析，以便能以平面图解形式形象地表示此体系中的矿物共生关系。

H_2O：变质作用是在间隙溶液和(或)裂隙溶液参与下进行的，而这些溶液的主要成分为水。水的存在与否决定着液相存在与否，即水的存在不会使平衡体系中原有的相数增加或减少。因此，可把水当作过剩组分或活动组分处理。在后一种情况下，H_2O 的化学位就成了外界条件。这样，H_2O 就被排斥在独立组分之外。

Na_2O：在此体系中，Na_2O 仅出现在 Pl 中，其含量仅影响 Pl 的组成而不影响 Pl 相的出现或消失，故不能算作独立组分。由此，可将 Pl 按 An 处理。

FeO、MgO：由于晶体化学特性的近似性，它们常以类质同象组分出现在矿物中(在此体系中存在于暗色矿物中)，故可将二者归并为一个组分处理。

SiO_2：它出现在所有 10 种矿物中，同时在 10 个矿物组合中均含有石英相。因此，SiO_2 可当作过剩组分，对矿物共生关系不产生影响。

K_2O：它只出现于 Or、Bi 中，而在所有 10 个矿物组合中均含 Or。由于 Or 是过剩矿物，因此可将 K_2O 从独立组分中减去。

Fe_2O_3：已经提及，在组合 1～7 中 Fe_2O_3 含量较高，且大量的 Fe_2O_3 只存在于 Bi 中，即大量的 Fe_2O_3 存在必引起 Bi 产出，故可将 Fe_2O_3 与 Bi 置于共生图解之外。将 Bi 置于共生图解之外，也与将 K_2O 从独立组分中除去的处理吻合。

这样，剩下 3 个独立组分：$A1_2O_3$、CaO、(Fe，Mg)O。若以三角形图解法表示这 3 个组分，并将该体系中所有矿物(除 Qtz、Or、Bi 置于三角形之外)按其 Al_2O_3、CaO、(Fe，Mg)O 的比值 X_i($\Sigma X_i=1$)投影，再根据自然界实际的矿物共生关系(上述 10 个共生组合)连接共生线，即得常见的 ACF 共生图解(图 6-9)。

由图 6-9 可见，随着原岩化学成分的变化(CaO 含量的增加)，矿物共生组合便依次由 1 变到 10。由此，戈尔德施密特得出结论：在一定温度、压力下，形成并达到内部平衡的岩石，其矿物成分(矿物共生组合)取决于原岩的总化学组成，并随之而呈规律性变化。

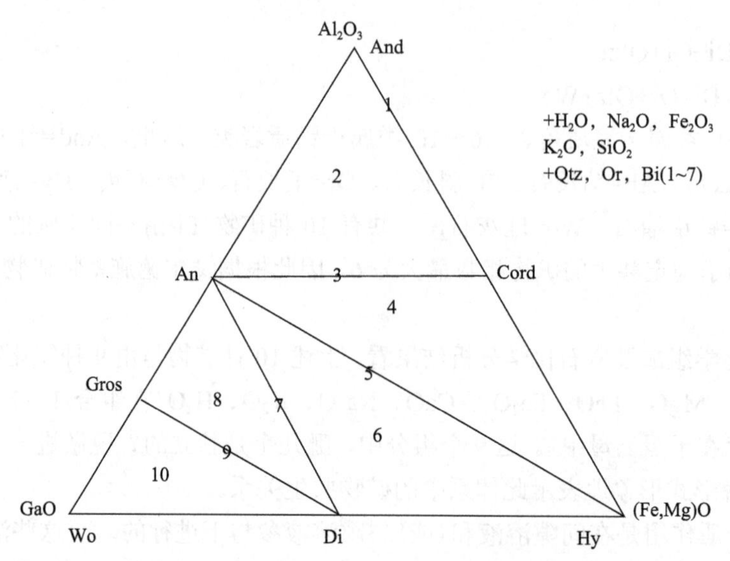

图 6-9 奥斯陆地区接触变质角岩矿物共生组合图解（陈光远等，1988）

1～10 分别与 10 个矿物组合类型对应

艾斯柯拉（Eskola，1915）在不知道戈尔德施密特工作的情况下，运用相律对芬兰 Orijārvi 地区的接触变质角岩进行研究，得出与戈尔德施密特相同的结论，即矿物共生组合随原岩化学总组成变化而呈现规律性变化（图 6-10）。

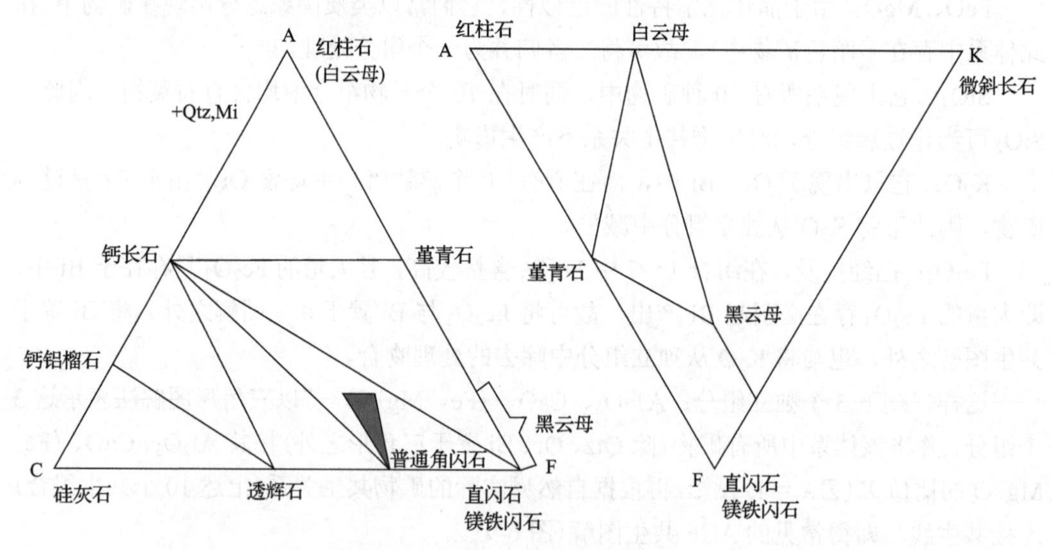

图 6-10 芬兰 Orijārvi 地区低压角闪岩相中的矿物共生图解（Eskola，1915）

Qtz-石英；Mi-微斜长石

图 6-11 是卢良兆采用同样方法对吉林南部临江地区辽河群变质泥岩中十字石带矿物共生关系所做的类似分析。

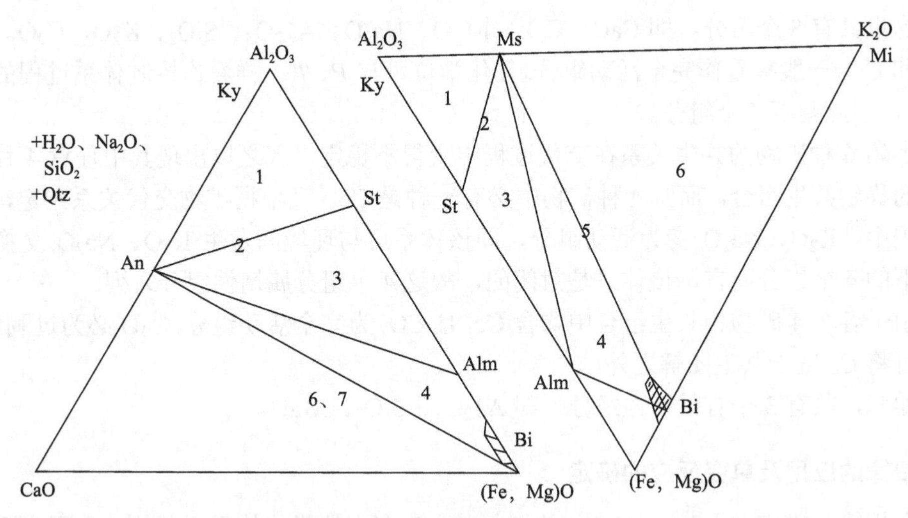

图 6-11　吉林南部临江地区辽河群变质泥岩中十字石带矿物共生图解

Ky-蓝晶石；St-十字石；Ms-白云母；Mi-微斜长石；Bi-黑云母；Alm-铁铝榴石

(二)矿物共生与物理条件的关系

艾斯柯拉对比了奥斯陆地区与 Orijārvi 地区接触变质角岩的矿物共生组合(图 6-9 和图 6-10)，发现这两个地区岩石的化学成分大致相同，但矿物组合不同。他把这种不同归因于变质过程中物理化学条件(主要指 P、T)的差别。由于奥斯陆地区的矿物组合是无水的，而 Orijārvi 地区的为含水矿物组合，因此由前者转变为后者是一个吸水过程，应在较低的温度下发生；反之为脱水过程，温度应升高，反应才能发生。也就是说，这两个地区低压角闪岩中矿物共生组合的差别主要由于温度差异所致。

六、开放体系矿物共生分析(柯尔任斯基分析)

在运用热力学原理分析开放体系矿物共生关系方面，柯尔任斯基做出了卓越贡献。现以俄罗斯外贝加尔太古宙天青石矿床交代岩的典型分析为例，介绍这一分析方法。

(一)组分分析

该区变质片麻岩岩系的矿物共生分析表明，存在有 Cc+Dol+Sp+Ne+Phl+Fo 这一稳定的共生组合。这 6 个矿物的化学组成如下：

Cc(方解石)：$CaO\cdot CO_2$；

Dol(白云石)：$MgO\cdot CaO\cdot 2CO_2$；

Sp(尖晶石)：$MgO\cdot Al_2O_3$；

Ne(霞石)：$Na_2O\cdot Al_2O_3\cdot 2SiO_2$；

Phl(金云母)：$K_2O\cdot 6MgO\cdot Al_2O_3\cdot 6SiO_2\cdot 2H_2O$；

Fo(镁橄榄石)：$2MgO\cdot SiO_2$。

这里共有 8 个组分，即 CaO、CO_2、MgO、Na_2O、Al_2O_3、SiO_2、K_2O、H_2O。由于 H_2O 和 CO_2 一般被看作完全活动组分(其化学位可与 P、T 一样看作控制体系过程的外部条件)，因此剩下 6 个组分。

上述 6 种矿物的共生关系在交代过程中变得不稳定，代之以出现其中任意 4 种矿物构成的稳定共生组合，而且 4 种矿物中必有一种是 Cc。又根据矿物交代关系判定，在交代过程中，K_2O、Na_2O 变为活动组分，即该体系可与环境间发生 K_2O、Na_2O 交换；而对余下的 4 个组分而言，该体系是封闭的，故这 4 个组分属惰性组分之列。

由于各个 4 矿物相共生组合中均含 Cc，且 CO_2 为完全活动组分，CaO 必为过剩组分，因此可将 Cc 置于共生图解之外。

如此，共有 3 个有效惰性组分，即 Al_2O_3、SiO_2、MgO。

(二) 相律的应用及单变反应的确定

在相律公式 $F=K-\phi+m$ 中，m 为包括 P、T 在内的影响体系平衡的外界强度因素的数目。

在该开放体系中，m 包括 P、T、μ_{CO_2}、μ_{H_2O}、μ_{K_2O}、μ_{Na_2O}，K 变为 K_i=3。在一定的 P、T、μ_{H_2O}、μ_{CO_2} 条件下，应用相律公式于此体系，有

$$F=K_i-\phi+2$$

式中，2 为 μ_{K_2O}、μ_{Na_2O} 两个变量。

若 $F=0$，则 $\phi=K_i+2=5$，无变度平衡；$F=1$，则 $\phi=K_i+1=4$，单变度平衡；$F=2$，则 $\phi=K_i+0=3$，双变度平衡。

在 μ_{K_2O}-μ_{Na_2O} 坐标图中，它们分别以点(无变点)、线(单变线)、面(单变线间的区域)表示。由于矿物总数为 5(Cc 除外)，而每条单变线涉及 4 个矿物相，因此单变线的总数可由组合公式求出，即 $C_5^4=5$。这 5 条单变线所代表的 5 个单变反应可这样求得：根据这 5 个矿物在 SiO_2-Al_2O_3-MgO 组成三角形中的位置，得到 5 个交点(图 6-12)。这 5 个交点分别代表下述 5 个可能的单变反应：

点 1(Ne)：Dol+Phl $\rightleftharpoons$ Fo+Sp；

点 2(Phl)：Dol+Ne $\rightleftharpoons$ Fo+Sp；

点 3(Fo)：Dol+Ne $\rightleftharpoons$ Phl+Sp；

点 4(Dol)：Sp+Phl $\rightleftharpoons$ Fo+Ne；

点 5(Sp)：Dol+Phl $\rightleftharpoons$ Fo+Ne。

(三) 单变反应方程式配平

对于简单的化学反应方程，很容易直接配平。但要配平矿物化学反应方程，却往往比较困难。为克服这一困难，柯尔任斯基采用了线性代数方法，后来帕里(Perry，1967)对这种方法做了详细阐述。

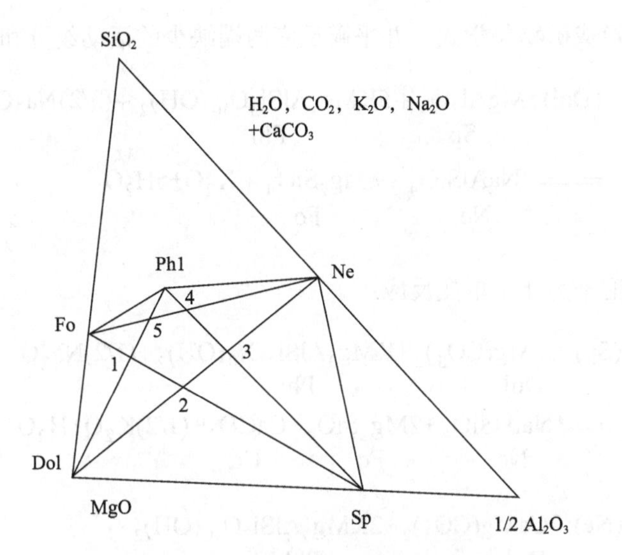

图 6-12　5 个矿物可能的反应关系

在此将采用柯尔任斯基法配平上述 5 个单变反应。关于线性代数在配平化学反应式方面应用的进一步的、一般化讨论，可参见本章附录二。

该体系共有 3 个有效惰性组分：Al_2O_3、SiO_2、MgO。根据质量平衡原理，在反应式的两端这 3 个组分的含量应相等。首先，以上述 3 个有效惰性组分为基底，写出如下矩阵：

$$
\begin{array}{c}
\quad\quad Al_2O_3 \; SiO_2 \; MgO \\
\begin{pmatrix}
\text{Dol} & 0 & 0 & 1 \\
\text{Sp} & 2 & 0 & 1 \\
\text{Ne} & 1 & 1 & 0 \\
\text{Phl} & 1 & 3 & 3 \\
\text{Fo} & 0 & 1 & 2
\end{pmatrix}
\end{array}
$$

对于单变反应(Dol)，它是 Sp、Ne、Phl、Fo 矿物间的反应。这相当于从上一矩阵中去掉第一行，再将其所对应的行列式按本章附录一式(A-4b)写成如下方程：

$$
\begin{pmatrix}
\text{Sp} & 2 & 0 & 1 \\
\text{Ne} & 1 & 1 & 0 \\
\text{Phl} & 1 & 3 & 3 \\
\text{Fo} & 0 & 1 & 2
\end{pmatrix} = 0 \tag{6-17}
$$

按第一列中各元素与其代数余子式的乘积之和的形式将式(6-17)展开，得

$$
\text{Sp}-7\text{Ne}+5\text{Phl}-8\text{Fo}=0
$$

即(Dol)：Sp+5Phl=7Ne+8Fo。

将矿物符号换成矿物化学式，并平衡反应两端缺少的活动组分和剩余组分，结果为

$$\text{(Dol)}: \underset{\text{Sp}}{MgAl_2O_4} + 5\underset{\text{Phl}}{KMg_3AlSi_3O_{10}(OH)_2} + (3/2)Na_2O \rightleftharpoons 7\underset{\text{Ne}}{NaAlSiO_4} + 8\underset{\text{Fo}}{Mg_2SiO_4} + K_2O + 5H_2O$$

类似地，可配平另 4 个单变反应：

$$\text{(Sp)}: \underset{\text{Dol}}{CaMg(CO_3)_2} + \underset{\text{Phl}}{KMg_3AlSi_3O_{10}(OH)_2} + (1/2)Na_2O \rightleftharpoons \underset{\text{Ne}}{NaAlSiO_4} + 2\underset{\text{Fo}}{Mg_2SiO_4} + \underset{\text{Cc}}{CaCO_3} + (1/2)K_2O + H_2O + CO_2$$

$$\text{(Ne)}: 7\underset{\text{Dol}}{CaMg(CO_3)_2} + 2\underset{\text{Phl}}{KMg_3AlSi_3O_{10}(OH)_2} \rightleftharpoons \underset{\text{Sp}}{MgAl_2O_4} + 6\underset{\text{Fo}}{Mg_2SiO_4} + 7\underset{\text{Cc}}{CaCO_3} + K_2O + 2H_2O + 7CO_2$$

$$\text{(Phl)}: 5\underset{\text{Dol}}{CaMg(CO_3)_2} + 2\underset{\text{Ne}}{NaAlSiO_4} \rightleftharpoons \underset{\text{Sp}}{MgAl_2O_4} + 2\underset{\text{Fo}}{Mg_2SiO_4} + 5\underset{\text{Cc}}{CaCO_3} + Na_2O + 5CO_2$$

$$\text{(Fo)}: 4\underset{\text{Dol}}{CaMg(CO_3)_2} + 3\underset{\text{Ne}}{NaAlSiO_4} + (1/2)K_2O + H_2O \rightleftharpoons \underset{\text{Sp}}{MgAl_2O_4} + \underset{\text{Phl}}{KMg_3AlSi_3O_{10}} + 4\underset{\text{Cc}}{CaCO_3} + (1/2)Na_2O + 4CO_2$$

（四）μ_{K_2O}-μ_{Na_2O} 坐标中单变线的斜率计算

对于上述 5 个单变反应(Dol)(Sp)(Ne)(Phl)(Fo)，除活动组分 K_2O、Na_2O 的化学位可以改变外，其他活动组分(H_2O、CO_2)的化学位已经给定，而各矿物(Dol、Sp、Ne、Phl、Fo)又被作为纯矿物对待，因而在一定的 P、T 条件下，根据平衡常数(K_a)的定义，可以将上述 5 个单变反应在 $\log_a K_2O$-$\log_a Na_2O$ 或 μ_{K_2O}-μ_{Na_2O} 坐标中所对应的单变线的斜率计算出来。例如，对反应(Dol)，有

$$K_a = \frac{a_{Ne}^{7} \cdot a_{Fo}^{8} \cdot a_{K_2O}^{5/2} \cdot a_{H_2O}^{5}}{a_{Sp} \cdot a_{Phl}^{5} \cdot a_{Na_2O}^{7/2}} \tag{6-18}$$

式中，a_i 为各反应物质的平衡活度。

由式(6-18)，有

$$\mathrm{dln}K_a=\frac{5}{2}\mathrm{dln}a_{K_2O}-\frac{7}{2}\mathrm{dln}a_{Na_2O}=0$$

$$\left(\frac{\partial \ln a_{K_2O}}{\partial \ln a_{Na_2O}}\right)_{P,T,a_n}=\frac{7}{5}(n\neq K_2O,\ n\neq Na_2O)$$

又由于 $\mu_i=\mu_o^i(P,T)+RT\ln a$，在指定 P、T 下，μ_o^i 为定值，故有

$$\left(\frac{\partial \mu_{K_2O}}{\partial \mu_{Na_2O}}\right)_{P,T,\mu_n}=\left(\frac{\partial na_{K_2O}}{\partial na_{Na_2O}}\right)_{P,T,a_n}=7/5$$

这在 μ_{K_2O}-μ_{Na_2O} 坐标中就是一条斜率为 7/5 的直线，在此直线上发生单变反应(Dol)。同理，对其余 4 个单变反应有

$$(\mathrm{Sp}):\frac{\partial \mu_{K_2O}}{\partial \mu_{Na_2O}}=1/1$$

$$(\mathrm{Ne}):\frac{\partial \mu_{K_2O}}{\partial \mu_{Na_2O}}=0/1$$

$$(\mathrm{phl}):\frac{\partial \mu_{K_2O}}{\partial \mu_{Na_2O}}=1/0=\infty$$

$$(\mathrm{Fo}):\frac{\partial \mu_{K_2O}}{\partial \mu_{Na_2O}}=3/1$$

一般而言，有

$$\left(\frac{\partial \mu_i}{\partial \mu_j}\right)_{P,T,\mu_n}=\left(\frac{\partial \ln a_i}{\partial \ln a_j}\right)_{P,T,a_n}=-\frac{\gamma_i}{\gamma_j} \tag{6-19}$$

式中，γ_i、γ_j 分别为反应物质 i 和 j 的反应系数。

我们规定：反应物的 γ 值取负，产物的 γ 取正，$n\neq i$，$n\neq j$。

(五) μ_{K_2O}-μ_{Na_2O} 矿物共生图解

(1)无变度点位置的确定。无变度点在 μ_i-μ_j 图中的具体位置只能由实验确定。由前述讨论知，此体系中的无变度平衡为 5 矿物组合(当然，还应包括过剩组分 CaO 构成的矿物相 Cc，共 6 个矿物)。由于缺乏相应于此无变度平衡的 μ_{K_2O}、μ_{Na_2O} 数据，因此在 μ_{K_2O}-μ_{Na_2O} 坐标中任取一点代表此无变度平衡。

(2)单变线的排布。与上述 5 个单变反应对应的 5 条单变线将以此无变点为中心，呈

放射状排布。其相对位置和斜率可由施赖因马克法则和上面的计算确定。如此，得图 6-13。

(3) 双变区内稳定矿物共生组合的确定。这 5 条单变线将此 μ_{K_2O} - μ_{Na_2O} 坐标平面划分为 5 个双变平衡区域。根据相律，在这些区域内，3 矿物(加上 Cc 为 4 矿物)共生。

确定每一双变区内的矿物共生组合数目和连接共生线一般采用两种方法，这两种方法在本质上是一致的。

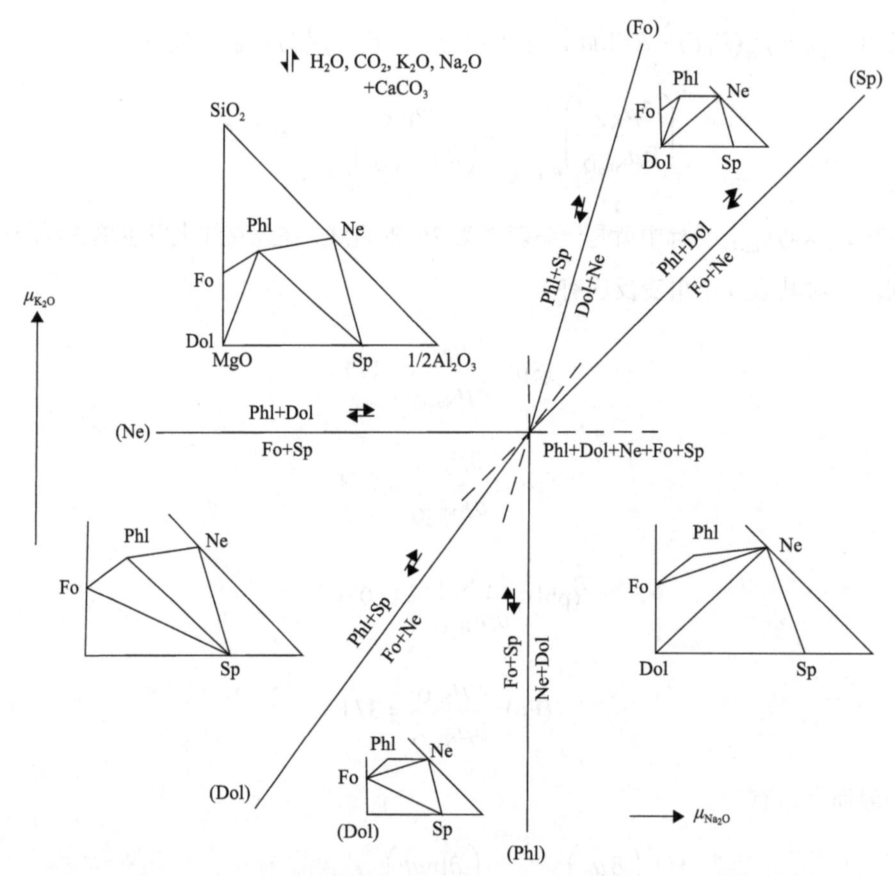

图 6-13　俄罗斯外贝加尔太古宙天青石矿床交代岩石 μ_{K_2O} - μ_{Na_2O} 矿物共生图解

方法一：根据限定双变平衡区的两个单变反应连接共生线，现以 (Fo) (Ne) 两单变线间的双变区域为例进行说明。由 (Ne) 知，Phl 与 Dol 可以共生，但 Fo 与 Sp 在此区域内不能共生，故有 Phl-Dol 共生线；由 (Fo) 知，Phl 与 Sp 共生，而 Dol 与 Ne 在此区城内不共生，故有 Phl-Sp 共生线；剩下的几种矿物间的共生线只能有唯一的一种连接，即 Phl-Ne、Ne-Sp 和 Phl-Fo。这样，由三角形图可知，在此双变区内共有 3 个矿物共生组合，即 Phl-Dol-Fo-Cc、Phl-Dol-Sp-Cc、Phl-Sp-Ne-Cc。同理，可求得其他双变区内稳定的矿物共生组合。

方法二：先以各稳定单变线为起点，沿一定方向(顺或逆时针方向均可)画点划弧线箭头至所有其他稳定单变线，并注意弧线所跨越的弧度必须≤π。通过每个双变区的点划线数目，即为此区域内可能出现的稳定矿物共生组合的数目。每条点划弧线代表一个矿物共生组合，其共生矿物相这样确定，即由于在此点划弧线的始终点所在的那两条单变线上各分别缺失一个矿物相，因此从该无变点涉及的全部矿物中除去该二缺失矿物相后，即为所求。例如，此无变点共涉及 5 个矿物，它们分别是 Dol、Ne、Fo、Sp、Phl(加上 Cc 为 6 个)。在图 6-14 的 I 区中有①②③3 条弧线通过。弧线①代表的共生组合中将不含 Ne 和 Fo，即 Dol、Phl、Sp 共生，因为弧线①的始终点落在(Fo)和(Ne)上。同理，可得此双变区内的另两个矿物共生组合：Dol+Phl+Fo(+Cc)和 Phl+Sp+Ne(+Cc)。

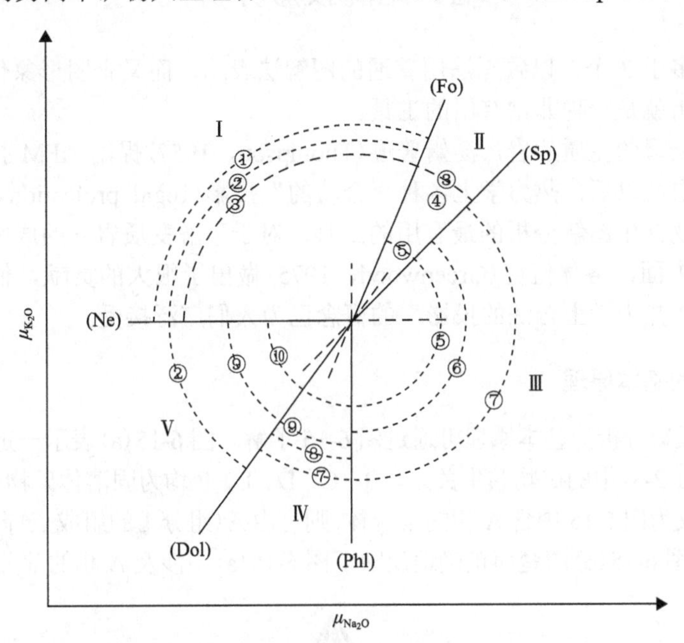

图 6-14　双变平衡区内稳定矿物共生组合的确定

同理，可求出其他双变区内的矿物共生关系。此体系中可能存在的矿物共生组合总共为 10 个：

I 区：①Dol+Phl+Sp+(Cc)；
②Phl+Sp+Ne+(Cc)；
③Dol+Phl+Fo+(Cc)。

II 区：③Dol+Phl+Fo+(Cc)；
④Ne+Dol+Phl(+Cc)；
⑤Ne+Dol+Sp(+Cc)。

III区：⑤Ne+Dol+Phl(+Cc)；
⑥Fo+Ne+Dol(+Cc)；
⑦Phl+Ne+Fo(+Cc)。

IV区：⑦Phl+Ne+Fo(+Cc)；
⑧Ne+Fo+Sp(+Cc)；
⑨Dol+Fo+Sp(+Cc)。

V 区：⑨Dol+Fo+Sp(+Cc)；
⑩Fo+Sp+Phl(+Cc)；
②Ne+Sp+Phl(+Cc)。

整个体系的矿物共生组合分析及其共生图解的编制至此全部完成。图 6-13 从理论上阐明了此体系中可能出现的全部矿物共生、组合和单变反应，以及它们随 μ_{K_2O}、μ_{Na_2O} 变化的规律。

七、矩阵投影分析

当组分数多于 3 个，以致无法用普通的图解法表示，而又企图形象化地表示组成空间时，投影分析就是一种非常有用的工具。

对于含白云母的泥质片岩，汤姆普逊(Thompson，1957)提出 AFM 投影方法对之进行共生分析。自此以后，热力学上各种“合法的”投影(1egal projections)就成了变质岩石学家进行矿物共生图解分析的最有用的工具，对于了解变质岩石的成因起了非常巨大的作用。在这方面，格林伍德(Greenwood，1975)做出了很大的贡献，他的矩阵投影分析方法和关于“热力学上合法的投影”的概念已为人们广泛接受。

(一)投影分析的基本原理

矿物共生投影分析的基本原理可通过图 6-15 了解。图 6-15(a)表示一定 P、T 条件下，任意三元体系(1-2-3)中的矿物共生关系。B、C、D、E、F 均为固溶体矿物。现假设所要考虑的平衡关系仅为图 6-15 中含 A 相的集合体，则可由 A(组分 1 的组成点)向底边 2-3 投影，得图 6-15(b)。图 6-15(b)清楚而正确地反映了图 6-15(a)中涉及 A 相的部分矿物共生关系。

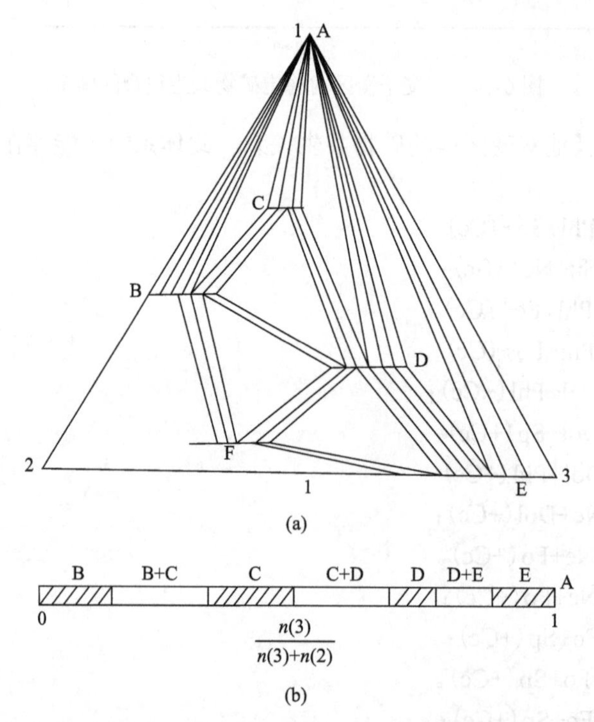

图 6-15　三元体系(1-2-3)中的矿物共生关系(a)及同一体系从相 A 的组成点 1 投影至 2-3 线上(b)

①在图 6-15(b)中，F 相不存在；②图 6-15(b)是在组分 1 的化学位恒定的条件下得到的，即有：$\mu_1{}^A=\mu_1{}^B=\mu_1{}^C=\mu_1{}^D=\mu_1{}^E$；③图 6-15(b)遵从热力学第一、第二定律和相律。按格林伍德(Greenwood，1975)的说法，这种投影图是“正确的”，且从热力学角度看是合法的

上述几何投影关系，即矿物B、C、D在投影组成空间2-3中的位置很容易从数学角度求得，即①保持2、3两组分在各矿物相中的比例在投影过程(坐标轴变换过程)中始终不变；②从变换后得到的组成向量中去掉相应于投影点(在此例中为矿物*A*)的那个(或那些)元素；③将余下的组分的量归一化(通常归一化为总和Σx_i=1，这里x为组分i的摩尔分数)。当然，必须注意的是：选作投影点的相必须具有恒定组成，即不能选固溶体相作为投影点，选作投影点的相必须是纯相或其化学位一定，被投影的所有矿物必须与投影点矿物平衡共存。

(二)六元泥质岩体系中矿物共生关系的矩阵投影分析

1. 汤姆普逊AFM投影

对于可以按SiO_2-$A1_2O_3$-MgO-FeO-K_2O-H_2O体系描述的矿物集合体，只要石英和白云母存在于其中，且H_2O是(或曾)以纯相形式存在(或在所有相关的相中H_2O的化学位相等)，如大多数变质泥质岩的情况，就可从Qtz(石英)、Ms(白云母)等矿物向$A1_2O_3$(A)-FeO(F)-MgO(M)平面投影，即得AFM投影(图6-16)。

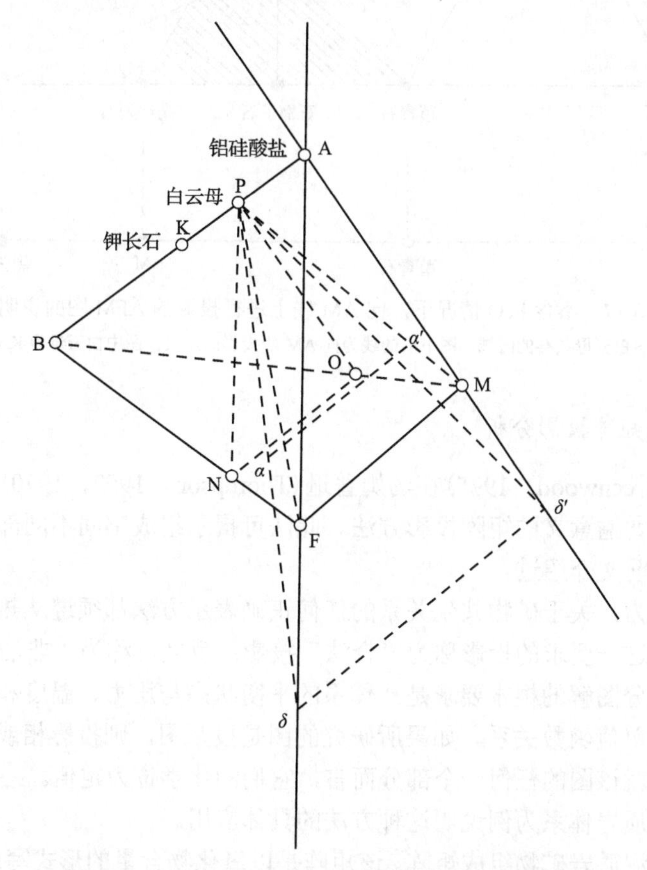

图6-16　Al_2O_3-K_2O-FeO-MgO四面体矿物投影图解

图中表示出了通过理化的白云母组成点向Al_2O_3、FeO和MgO确定的平面所作的投影(Thompson，1957)

A-Al_2O_3；B-K_2O；F-FeO；M-MgO；K-$KAlO_2$；N-$K_2Fe_3O_4$；O-$K_2Mg_3O_4$；P-KAl_3O_5；α-α'-黑云母(近似)；δ-δ'-α-α'的投影

现从另一角度对这种投影方法再做说明。先考虑体系不含 FeO 时的投影情况。图 6-17 是将 K_2O-Al_2O_3-MgO-SiO_2-H_2O 体系中含有过剩石英的矿物共生关系，从 Ms 向 Al_2O_3-MgO 线(AM 线)投影的情况。由图 6-17 可见，空白部分表示的矿物共生关系已全被正确地投影在 AM 线上。当有 FeO 加入时，AM 线就变成三角形平面，即得 AFM 图。

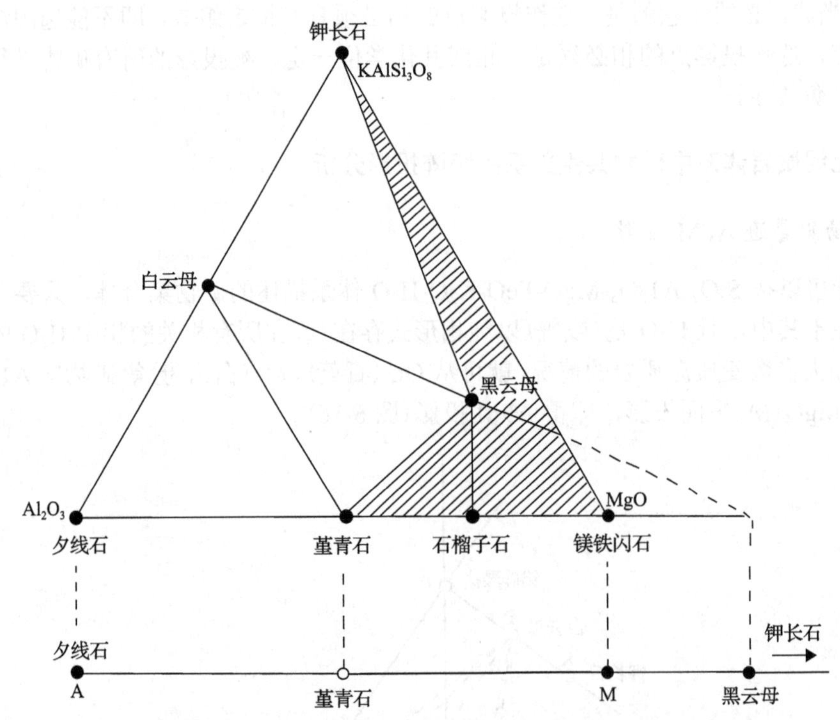

图 6-17　不含 FeO 情况下，向 AM 线上进行投影的 AFM 图的说明图

斜线部分为不与白云母共存的区域；图下面的线为向 AM 线投影的结果；图中白云母为 $KAl_3Si_3O_{10}(OH)_2$

2. 格林伍德矩阵投影分析

格林伍德(Greenwood，1975)在汤姆普逊(Thompson，1957，1970)等工作的基础上提出了一种具有普遍意义的矩阵投影方法。此法可揭示组成空间不同部分的共生关系，其基本原理已在前文介绍过。

格林伍德认为，关于矿物共生关系的任何正确表示方法都须遵从热力学第一、第二定律。他把符合这一要求的投影称为“合法”投影；反之，称为“非法”(illegal)投影。对合法的化学成分图解的根本要求是：体系的平衡状态与压力、温度和表示在图中的各组分的比例间呈单值函数关系。如果所研究的图是投影图，则投影相或投影组分须是以纯相存在，或者就该图的任何一个部分而言，它们的化学位为定值。

现以六元泥质岩体系为例说明这种方法的具体应用。

令 $\boldsymbol{M}^{ox}$ 代表泥质岩矿物组成矩阵。该矩阵是以氧化物含量的形式写成的，即以 SiO_2、Al_2O_3、FeO、MgO、K_2O、H_2O 为基底(老基底)，为书写方便，分别记为 e_1、e_2、e_3、e_4、e_5、e_6。

	蓝晶石	石英	白云母	水	铁铝榴石	镁铝榴石	铁云母	金云母	十字石	钾长石	液a	液b	绿泥石	绿泥石	绿泥石	绿泥石	硬绿泥石	堇青石	
$SiO_2(e_1)$	1	1	0	0	3	3	6	6	8	6	7	7	8	8	4	4	2	5	
$Al_2O_3(e_2)$	1	0	3	0	1	1	1	1	9	1	1	1	0	0	4	4	2	2	
$FeO(e_3)$	0	0	0	0	3	0	6	0	4	0	0	9	12	0	0	8	2	0	$=\boldsymbol{M}^{\mathrm{ox}}$
$MgO(e_4)$	0	0	0	0	0	3	0	6	0	0	0	0	0	12	8	0	0	2	
$K_2O(e_5)$	0	0	1	0	0	0	1	1	0	1	1	1	0	0	0	0	0	0	
$H_2O(e_6)$	0	0	2	1	0	0	2	2	2	0	1	2	8	8	8	8	2	0	

为了简捷而清楚地从不同角度揭示此体系中矿物相间的共生关系，可选择新基底。设该组新基底为 Ky(蓝晶石)、Qtz(石英)、Ms(白云母)、W(水)、FeO、MgO，分别记为 e_1'、e_2'、e_3'、e_4'、e_5'、e_6'。

若要求在新基底下写出上述泥质岩矿物的组成矩阵(令为 $\boldsymbol{M}^{\mathrm{v}}$)，须解下述矩阵方程：

$$\boldsymbol{V}^{\mathrm{ox}} \cdot \boldsymbol{M}^{\mathrm{v}} = \boldsymbol{M}^{\mathrm{ox}} \tag{6-20}$$

式中，$\boldsymbol{V}^{\mathrm{ox}}$ 为 6×6 阶方阵，表示新老基底间的关系。

	蓝晶石e_1'	石英e_2'	白云母e_3'	水e_4'	FeOe_5'	MgOe_6'	
$SiO_2(e_1)$	1	1	6	0	0	0	
$Al_2O_3(e_2)$	1	0	3	0	0	0	
$FeO(e_3)$	0	0	0	0	1	0	$=\boldsymbol{V}^{\mathrm{ox}}$
$MgO(e_4)$	0	0	0	0	0	1	
$K_2O(e_5)$	0	0	1	0	0	0	
$H_2O(e_6)$	0	0	2	1	0	0	

根据矩阵反演理论，矩阵方程(6-20)的解(见附录三)为

$$\boldsymbol{M}^{\mathrm{v}} = (\boldsymbol{V}^{\mathrm{ox}})^{-1}\boldsymbol{M}^{\mathrm{ox}} \tag{6-21}$$

式中，$(\boldsymbol{V}^{\mathrm{ox}})^{-1}$ 为 $\boldsymbol{V}^{\mathrm{ox}}$ 的逆矩阵，即将 $\boldsymbol{M}^{\mathrm{ox}}$ 变换为 $\boldsymbol{M}^{\mathrm{v}}$ 的变换矩阵，其作用是将每一种矿物以新基底的形式重新写出。

$SiO_2(e_1)$	0	1	0	0	−3	0	
$Al_2O_3(e_2)$	1	−1	0	0	−3	0	
$FeO(e_3)$	0	0	0	0	1	0	$=(\boldsymbol{V}^{\mathrm{ox}})^{-1}$
$MgO(e_4)$	0	0	0	0	−2	1	
$K_2O(e_5)$	0	0	1	0	0	0	
$H_2O(e_6)$	0	0	0	1	0	0	

这种变换可通过电算完成：

	蓝晶石	石英	白云母	水	铁铝榴石	镁铝榴石	铁云母	金云母	十字石	钾长石	液a	液b	绿泥石	绿泥石	绿泥石	绿泥石	硬绿泥石	堇青石	
蓝晶石(e_1')	1	0	0	0	1	1	−2	−2	9	−2	−2	−2	0	0	4	4	2	2	
石英(e_2')	0	1	0	0	2	2	2	2	−1	2	3	3	8	8	0	0	0	3	
白云母(e_3')	0	0	1	0	0	0	1	1	0	1	1	1	0	0	0	0	0	0	$=\boldsymbol{M}^{\mathrm{v}}$
水(e_4')	0	0	0	1	0	9	0	0	2	−2	−1	0	8	8	8	8	2	0	
FeO(e_5')	0	0	0	0	3	0	6	0	4	0	0	0	12	0	0	8	2	0	
MgO(e_6')	0	0	0	0	0	3	0	6	0	0	0	0	0	12	8	0	0	2	

在完成了由 $\boldsymbol{M}^{ox}$ 至 $\boldsymbol{M}^{v}$ 的变换后，现在将所有矿物同时从 Qtz、Ms、H_2O 进行投影。这相当于从 $\boldsymbol{M}^{v}$ 中将第 2、3、4 行去掉，并将余下的、其和为正值的各列元素归一化为某一常数。在此，取该常数为 4.0。如此，得如下投影矩阵。根据数据，便可得图 6-18(a)的三组分相图。

	铁铝榴石	镁铝榴石	铁云母	金云母	十字石	钾长石	液a	液b	绿泥石	绿泥石	绿泥石	绿泥石	硬绿泥石	堇青石	
蓝晶石	1	1	−2	−2	2.77	−2	−2	−2	0	0	1.333	1.333	2	2	$=\boldsymbol{M}^{v}$(Qtz、Ms、W)
FeO	3	0	6	0	1.23	0	0	0	4	0	0	2.667	2	0	
MgO	0	3	0	6	0	0	0	0	0	4	2.667	0	0	2	

类似地，可得图 6-18(b)。此图清楚地描述了在一定 P、T 条件下各矿物集合体中水含量的变化情况。例如，集合体 St+Bi+H_2O(+Qtz+Ky+Ms)同纯 H_2O 流体相共存，因此由此集合体所规定的 μ_{H_2O} 值为最大，集合体 St+Bi(+Qtz+Ky+Ms)的含水量较低，集合体 St+Bi+G(+Qtz+Ky+Ms)的含水量更低。后一集合体在惯用的 AFM 投影图上系以 4 相集合体出现，而且是一个缓冲(buffer) μ_{H_2O} 的集合体。将相关的矿物共生关系投影至含挥发性组分的平面上，如投影至 H_2O-FeO-MgO 平面上，是一种形象化地表现矿物集合体对挥发性组分的缓冲作用的好方法。图 6-18(b)对任何含 Ky(或 And、Sill)+Qtz+Ms 的泥质岩均有效(这里，And＝红柱石，Sill=夕线石)。

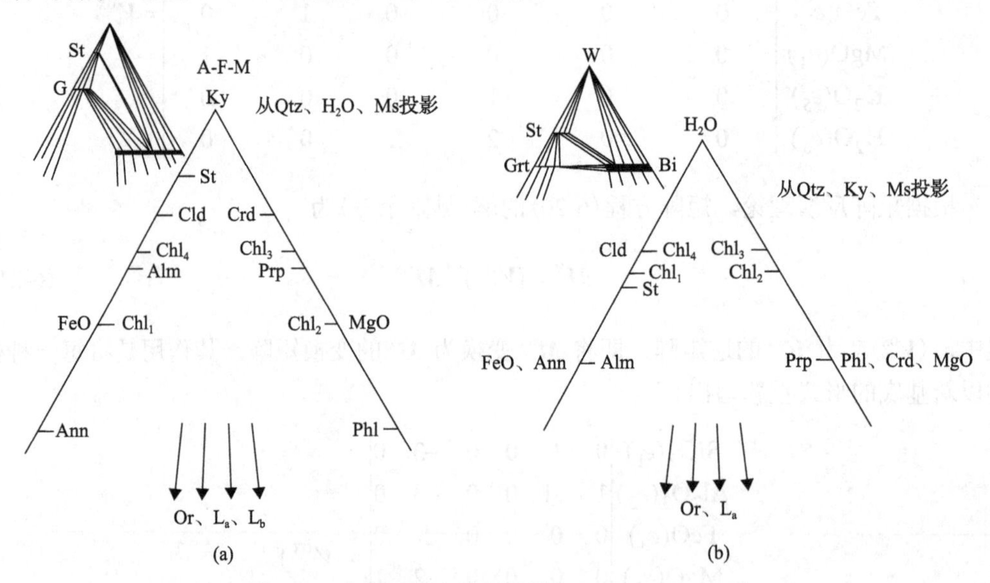

图 6-18　六元泥质岩体系投影(Greenwood，1975)

(a)汤姆普逊的 AFM 投影(左上角图代表约 4kb、700℃下可能的拓扑关系)。(b)将模式化的(去掉若干次要成分后的)泥质岩系从 Qtz、Ky、Ms 投影至 H_2O-FeO-MgO 平面上[在此，H_2O 为广度变量，而在图(a)中 H_2O 为强度变量。左上角图为 4kb、700℃下可能的拓扑关系。这里 Gar-St-Bi 集合体同 Qtz、Ms 和 Ky 稳定共生，但不与纯 H_2O 共生；但在图(a)中，Gar-St-Bi 集合体与 H_2O 和 Ms 稳定共生，但不和 Ky 稳定共生]。Ky-蓝晶石；St-十字石；Cld-硬绿泥石；Crd-堇青石；Chl-成分各异的 4 种绿泥石；Alm-铁铝榴石；Prp-镁铝榴石；Ann-铁云母；Phl-金云母；Or-钾长石；L_a 和 L_b-假想的接近 Or-Qtz-H_2O “共结”(eutectic)的液相；Bi-黑云母；Grt-石榴子石；Qtz-石英；Ms-白云母

假定希望保留 FeO 和 MgO 作为投影平面的组成部分，以显示矿物中 Fe/Mg，则包括已经讨论过的 AFM 和 W-FeO-MgO 图在内，根据上一新基底(Ky、Qtz、Ms、W、FeO、MgO)一共可产生 4 个三组分投影图，即

投影点	投影平面	
Qtz、Ms、W	Ky、FeO、MgO(AFM)	图7-18
Qtz、Ky、Ms	W、FeO、MgO	
Ky、Ms、W	Qtz、FeO、MgO	
Ky、Qtz、W	Ms、FeO、MgO	

除已经讨论过的新基底(Ky、Qtz、Ms、W、FeO、MgO)外，根据矿物组合和可能有的组分，在保留FeO、MgO于基底中的前提下，还可选择其他新基底来描写这一体系。就每组新基底而言，除MgO和FeO外，可选取Ky、Qtz、Ms、W、Or中的任意4种作为组分，从而包括前述的Ky、Qtz、Ms、W、FeO、MgO在内，共有5组新基底，因为$C_5^4=5$，且每组新基底产生4种不同的投影关系，因此，根据所存在的矿物相是哪些或选取什么组分作广度或强度变度，在此体系中总共可得20个不同的、同等有效的矿物共生关系投影，每个均具有其特定的限制和共生关系。

类似地，对任何体系都可得其投影关系，只要体系中存在这样的相或组分即可，即它们的化学位可认为是固定不变的。

(三)图解分析的优缺点

与矿物集合体列表分析相比，图解分析的最大优点是它对矿物共生关系提出了一种比较直观的描述，因而易于理解和记忆。更重要的是，一个热力学上合法的投影图解既能将复杂化学体系的相关系表示出来，也能为特定岩石类型的“成岩格子”提供依据。例如，汤姆普逊的各种A-K-Na相类型格子，哈尔特(Harte，1975)的泥质岩格子等，都是以矿物相的投影关系为依据的。

投影分析的最广泛的用途是它可检验涉及投影的有关假设是否正确。根据“合法”投影的概念，如果一组样品中投影出的所有矿物相关系都是有规律、有次序的，即与元素分布不矛盾、联系线不交叉或矿物相空间不重叠，则可得出如下结论：该组集合体中的所有集合体都是在同一P、T和投影组分化学位的条件下的平衡产物；反之，若联系线间出现交叉，则集合体间当有反应关系存在，从而违背上述原理(P、T、μ中之一或之二不等，或全不等)(Albee et al.，1965；Rumble，1978；Spear，1982)。

当然，图解分析法虽很有用，但也并非万能，还有其缺点和不足。有许多化学体系是不可能通过投影分析将其维数减少到允许进行图解描绘的。此外，如前所述，在图解分析中往往需要忽略或归并某些“额外”组分。这样做的结果是，在研究可能发生的反应关系时，有时会得出错误结论。例如，图6-19是同一泥质片岩样品中矿物相关系的两种投影，其区别仅在于图(b)是从金红石投影的，而图(a)不是。对于同一样品，竟得出不同的反应关系：

由图6-19(a)有：十字石=蓝晶石+石榴子石。

由图6-19(b)有：十字石+石榴子石=蓝晶石+黑云母。

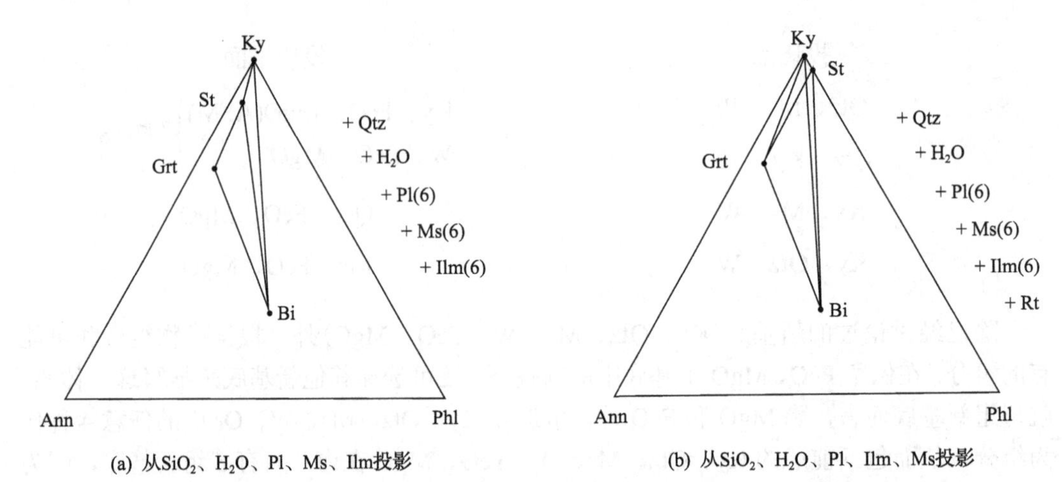

图 6-19　加拿大不列颠哥伦比亚省 Penfold Creek 地区泥质片岩中的矿物相关系投影

(Fletcher and Greenwood，1979)

Pl-斜长石；Ilm-钛铁矿；Rt-金红石；Ms-白云母；St-十字石；Bi-黑云母；Qtz-石英；Phl-金云母；Ann-羟铁云母；Grt-石榴子石；Ky-蓝晶石

线性代数处理表明，二者中，后者正确，前者错误。这种“不同”清楚地表明：仅仅忽略从某一个相(在此为金红石)进行投影，将对有关结论造成很大影响。

八、线性回归和线性规划法在变质作用分析中的应用

在对真实的矿物岩石体系做矿物共生分析时，往往需要回答这样的问题：①对某岩石体系而言，在至少具有两个自由度的条件下，它是否有可能处于完全的内部平衡状态，并且自达平衡后就未曾发生任何变化？或者说，在其组成矩阵中，是否不存在有效的(significant)线性关系？②两种岩石在矿物学上的不同，是由于化学总组成不同而造成，还是由于平衡条件不同所致？或者说，在两种岩石中的每一个相的组成所构成的矩阵中，是否不存在有效的线性关系?两个问题的核心都是要确定体系组分间是否存在线性关系。这可借助于线性回归模型化法(linear regression modelling)和线性规划法(linear programming)的解析计算给予回答。本节将着重介绍线性回归模型化法及其应用。

(一)组成简并关系及其确定

在本章开头中已经指出，吉布斯相律公式中的组分 K 按下式计算：

$$K=n-R-R'$$

式中各符号的含义已在前文给出了解释，其中，R 是体系中独立的化学平衡关系数目。这里须注意的是“独立的”三字。换言之，仅当体系的组分间不存在线性关系(不存在组成简并关系)时，由相律公式计算出的自由度 F 才是正确的。

然而，在上述矩阵投影分析中进行坐标轴变换时，在所选择的“新”坐标(新基底、新组分)间有时会出现反应关系(线性关系)。此时，就说这一新坐标系是简并的，所得到

的系数矩阵 $\boldsymbol{A}$ 也就是一个奇异矩阵，即 $\boldsymbol{A}$ 的行列式的值等于零，因而 $\boldsymbol{A}$ 的逆矩阵不存在。例如，在 SiO_2-MgO-FeO-CaO 体系中，只有 3 种辉石组分是线性独立的。若选 4 种辉石组分 En(顽辉石)、Fs(铁辉石)，Di(透辉石)、Hd(钙铁辉石)，则有下述系数矩阵：

$$\begin{array}{c} \\ SiO_2 \\ MgO \\ FeO \\ CaO \end{array}\begin{array}{c} \begin{array}{cccc} En & Fs & Di & Hd \end{array} \\ \begin{bmatrix} 2 & 2 & 2 & 2 \\ 2 & 0 & 1 & 0 \\ 0 & 2 & 0 & 1 \\ 0 & 0 & 1 & 1 \end{bmatrix} \end{array}$$

此矩阵的行列式值为零。这是因为新组分 En、Fs、Di、Hd 线性相关，即 En+Hd=Fs+Di。这就是说，欲知一个坐标系中是否存在简并关系，只需计算系数矩阵 $\boldsymbol{A}$ 的行列式是否为零即可。

对于 $n\times n$ 阶方阵的行列式，可按下式计算其值：

$$\begin{vmatrix} a_{11} & a_{12} & \cdots & a_{1n} \\ a_{21} & a_{22} & \cdots & a_{2n} \\ \vdots & \vdots & \vdots & \vdots \\ a_{n1} & a_{n2} & \cdots & a_{nn} \end{vmatrix} = \sum(\pm1)a_1i_1a_2i_2\cdots a_ni_n \tag{6-22}$$

式(6-22)右端的项 a_1i_1、a_2i_2、a_ni_n 由第 1 行第 i_1 列的数 a_1i_1，第 2 行第 i_2 列的 a_2i_2…第 n 行第 i_n 列的数 a_ni_n 的乘积。乘积前的符号根据排列 $i_1i_2\cdots i_n$ 的逆序数确定。

若 $\boldsymbol{A}$ 不是方阵，则可按下述线性代数定理计算：若一个矩阵 $\boldsymbol{A}$ 是奇异矩阵，则以另一个矩阵与之相乘后所得到的矩阵也是奇异矩阵。这另一个矩阵往往就选择 $\boldsymbol{A}$ 的转置矩阵 $\boldsymbol{A}^T$，即如果 $\boldsymbol{A}$ 是奇异矩阵，则 $\boldsymbol{A}^T\boldsymbol{A}$ 也是奇异矩阵，反之亦然。由于 $\boldsymbol{A}^T\boldsymbol{A}$ 显然是一个方阵，因此可按式(6-22)计算其行列式的值，从而可确定 $\boldsymbol{A}$ 是否是奇异矩阵，即得知新坐标系是否是简并的。

要在电子探针分析误差范围内检验矿物集合体间是否存在组成简并关系，可借助于下面将要介绍的格林伍德(Greenwood，1968)提出的线性回归模型化法(也见 Pigage，1976)。

(二)“额外”组分的处理

如前所述，在进行矿物共生分析时，需要对岩石化学分析结果进行简化，即使之模型化。也就是说，在模型化的岩石体系中，往往对矿物或岩石组成中本来含有的某些化学成分不予考虑。例如，前述的模型化泥质片岩的组分为 SiO_2-Al_2O_3-FeO-MgO-K_2O-H_2O，但是 CaO、MnO、TiO_2、ZaO、Na_2O 等通常也存在于某些矿物相中(Zn 存在于十字石中，Mn 或 Ca 存在于石榴子石中，Na 存在于白云母中，等等)，而且其含量值得重视。它们就是“额外”组分，或称“杂质”组分。

当然，当“额外”组分的量多到足以使一个额外矿物相稳定出现时(例如，TiO_2 以钛铁矿或金红石相的形式出现，Na_2O 以钠云母或钠长石出现)，这个相就可作为“新”坐标轴的一员，因而可在图解法中把它作为投影点，或让其参加化学反应方程配平。

但当“额外”组分自身不足以稳定一个新相时，如何对待它？以数学语言表达，这相当于要从一组 n 维的“老”基底变换到维数比 n 低的“新”基底，即从高阶空间向低阶空间变换，也即方程数＞未知数数目。这样的体系称为超定体系(overdetermined systems)，所得的变换矩阵称为超定变换矩阵。这种矩阵的奇异性检验问题也如前边讨论。

关于超定变换的处理，通常有 3 种办法：

(1)将“额外”组分完全忽略。这相当于从该“额外”组分投影。

(2)将该“额外”组分与其他组分(尤其是与结晶化学特性相近的组分)归并在一起。例如，将 MnO 与 FeO 归并，将 Fe_2O_3 与 $A1_2O_3$ 归并。

(3)用最小二乘方逼近方法(线性回归模型化法)使测得的矿物组成模型化。在处理由高阶空间线性变换至低阶空间问题时，最小二乘方可以给出其解。这种解是一个完全包含在低阶空间中的模型化组成。例如，某三元系(1-2-3)中含有某矿物 Y，现欲将 Y 变换至二元的“新”坐标系 F_1-F_2 中(F_1、F_2 可以是端员组分)，或者说欲配平化学反应 $X_1F_1+X_2F_2=Y$(图 6-20)。要完成这种变换，必须设法降低此空间的维数。在图 6-20 中，矿物 Y 位于 F_1、F_2 连线之外，它是欲被映射的矿物，其最小二乘方模型为 Y^*。Y^*是最靠近 Y 而又位于 F_1 F_2 线上的点，由它所确立的剩余向量 R 为最短剩余向量。R 为 Y^*与 Y 的差：

$$R=Y-Y^* \tag{6-23}$$

显然，$\angle F_1Y^*Y$ 必须等于 90°。

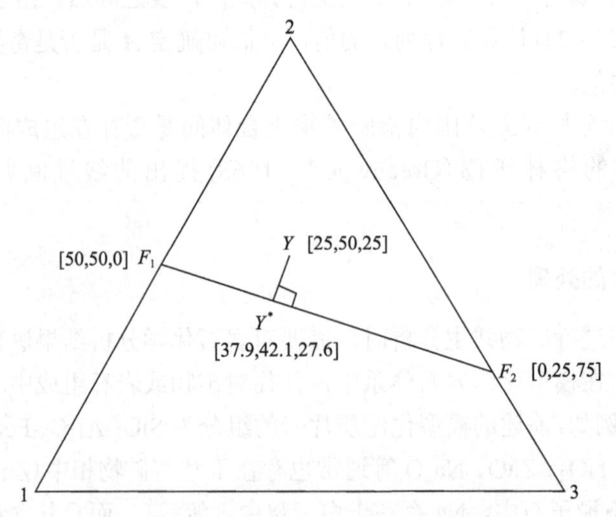

图 6-20　含 Y、F_1、F_2 3 个相的三元系图解(Greenwood，1968)

图中已表示出方程 $X_1F_1+X_2F_2=Y$ 的最小二乘方解 Y^*

上述 3 种处理“额外”组分的方法造成的影响可由图 6-21 看出。在此例中，模型化体系由组分 1 和 2 构成，“额外”组分为 3。从矿物 A 中弃去组分 3，相当于从组分 3 投影，结果为 A_1。

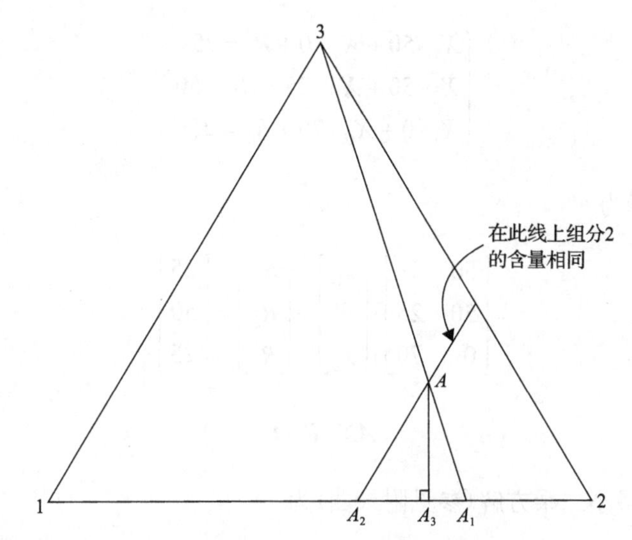

图 6-21　3 元系组成三角形示意图(该图表示从矿物 A 中以 3 种不同方式去掉“额外”组分 3 造成的影响)

显然，在此情况下，1、2 两组分在 A_1 和 A 中的比例是相同的。将组分 3 与另一组分(如组分 1)归并，将不会改变其他组分的绝对量，故有结果 A_2。如此处理，使 1、2 两组分的原始比例遭到破坏，但从结晶化学角度看，这样处理似乎颇有道理。点 A_3 是最小二乘方解，就其绝对量而言，它最靠近 A，因为它是经过 A 向 1、2 连线作垂线所得的垂足。随着组分 3 在 A 相中的含量增加，A_1、A_2、A_3 的差别将增大。

遗憾的是，在处理“额外”组分方面，目前还没有“正确”的方法可供采用。

(三)线性回归模型化

线性回归模型化，或称线性回归分析，即最小二乘方回归分析。最小二乘方模型组成被定义为：低阶空间中与真实矿物组成最靠近的那个组成，即连接模型组成(Y^*)点和真实矿物组成(Y)点的剩余向量 R 的长度最小，如图 6-20 所示。最小二乘方解正是要使 ΣR_i^2 最小。这里 ΣR_i^2 为残差(residual)R_i 的平方和(参见附录四)。

1. 基本原理

图 6-20 是一个含 3 种矿物 F_1、F_2 和 Y 的三元系图解，3 种矿物的组成已在中括号中给出。现欲将反应方程 $X_1F_1+X_2F_2=Y$ 配平，这相当于欲将矿物 Y 变换至新坐标系 F_1、F_2 中。此处，矿物 F_1、F_2 即是模型的基底(统计学上称为独立变量)，Y 是欲被模型化的矿物(或称为因变量)。由于 Y 并不落在 F_1、F_2 连线上，因此不可能精确求解，只能有其最小二乘方解，即模型化组成 Y^*。如前所述，从图解角度看，通过 Y 向 F_1、F_2 线作垂线，

垂足即为 Y^*。从数学角度看，注意到式(6-23)，有

$$\underline{X_1F_1 + X_2F_2 + R = Y} \tag{6-24a}$$

$$\begin{cases} X_1 \cdot 50 + X_2 \cdot 0 + R_1 = 25 \\ X_1 \cdot 50 + X_2 \cdot 25 + R_2 = 50 \\ X_1 \cdot 0 + X_2 \cdot 70 + R_3 = 25 \end{cases} \tag{6-24b}$$

或以矩阵符号表示为

$$\begin{bmatrix} 50 & 0 \\ 50 & 25 \\ 0 & 70 \end{bmatrix} \cdot \begin{bmatrix} x_1 \\ \\ x_2 \end{bmatrix} + \begin{bmatrix} R_1 \\ R_2 \\ R_3 \end{bmatrix} = \begin{bmatrix} 25 \\ 50 \\ 25 \end{bmatrix} \tag{6-24c}$$

$$\boldsymbol{AX}+\boldsymbol{R}=\boldsymbol{Y} \tag{6-24d}$$

式(6-24d)的最小二乘方解(参见附录四)为

$$\boldsymbol{X}=(\boldsymbol{A}^{\mathrm{T}} \cdot \boldsymbol{A})^{-1}\boldsymbol{A}^{\mathrm{T}} \cdot \boldsymbol{Y} \tag{6-25}$$

式中，$\boldsymbol{A}^{\mathrm{T}}$ 为 $\boldsymbol{A}$ 的转置矩阵。

将式(6-25)应用于此例，得 $\boldsymbol{X}$=(0.658，0.368)，进而算得 $\boldsymbol{Y}^*=\boldsymbol{A} \cdot \boldsymbol{X}$=(32.9，42.1，27.6)，剩余向量 $\boldsymbol{R}$=(–7.9，7.9，–2.6)[此结果与格林伍德(Greenwood，1968)的略有出入]。

上述讨论未曾涉及矿物 F_1、F_2、Y 的分析误差。假定矿物 Y 的组成误差以误差向量(error uectors) $\boldsymbol{E}_Y$ 表示，$\boldsymbol{E}_Y$=(e_1, e_2, ⋯, e_i)。此处，e_i 是误差向量 $\boldsymbol{E}_Y$ 的元素，为对向量 $\boldsymbol{Y}$ 中第 i 个元素(组分 i)进行化学成分分析时产生的标准分析误差。类似地，对矿物 F_1、F_2 分别有 $\boldsymbol{E}_{F_1}$、$\boldsymbol{E}_{F_2}$，因而对模型化组成 Y*也存在一定误差。这些误差可合并成一个单一的误差向量 $\boldsymbol{E}$：

$$\boldsymbol{E} = \boldsymbol{E}_Y + X_1\boldsymbol{E}_{F_1} + X_2 \cdot \boldsymbol{E}_{F_2} \tag{6-26}$$

式中，X_1、X_2 为最小二乘方解，即关于 F_1 和 F_2 的误差已经通过 X_1、X_2 作了加权；$\boldsymbol{E}$ 为测量中与 Y 和 Y^*相关的总误差，并可直接与 R 相比较。

$\boldsymbol{E}$ 将确定出一个环绕 Y(或 Y^*)的误差椭圆面(anerror ellipsoid)(图 6-22)。计算向量 R 的长度和该椭圆在 R 方向上的大小并将二者直接比较，即可确定 Y^*是否落入误差椭圆范围内(在图 6-22 中，模型 Y^*位于椭圆之外)，由此估价 Y^*作为 Y 的统计模型的质量优劣。显然，Y^*的质量与 Y、F_1、F_2 的测量误差有关。

格林伍德(Greenwood，1968)采用略微不同的方法估计 Y^*的质量优劣。他以两个二维的误差圆[或 n 维的超球面(hypersphere)]作图解表示。一个环绕 Y，其半径 $r_1=\left(\sum e_i^2\right)_Y^{\frac{1}{2}}$；

另一个环绕 Y^*，其半径 $r_2=\left(\sum e_i^2\right)_{Y^*}^{\frac{1}{2}}$（图 6-23）。

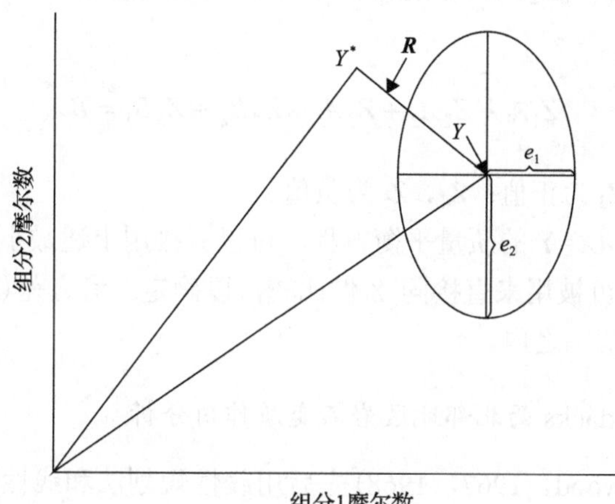

图 6-22　最小二乘方解在笛卡儿坐标中的图解表示（误差椭圆由误差向量 $\boldsymbol{E}$ 确定）

Y^*-模型组成；Y-真实矿物组成；$\boldsymbol{R}$-残余向量

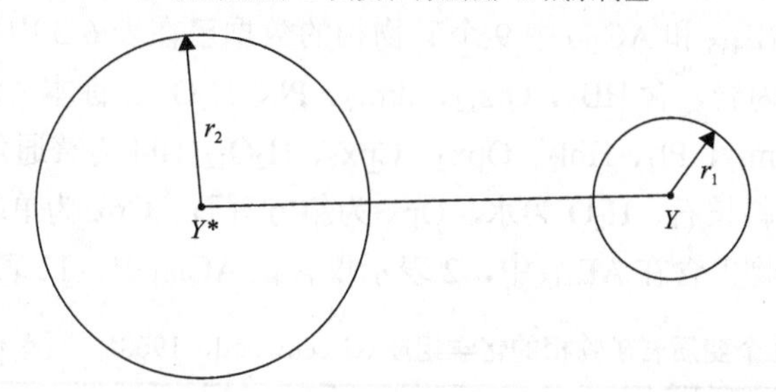

图 6-23　矿物相组成线性回归分析中闭包误差（closure error）的图解表示

图中两个误差圆不相交，表明所研究的矿物组合间不存在有效的线性关系

若欲对此命题做更深入的讨论，尚需考虑对最小二乘方解 X 适当加权和施加若干限制（Reid et al.，1973；Pigage，1982；Le Maitre，1979）。

2. 线性回归模型化法在岩石学中的应用

线性回归模型化法在变质岩石学中已经有了许多重要应用，特别是用于配平化学反应方程、确定矿物集合体间的组成重叠（n 维联系线问题，由此确定不同变质级别的矿物集合体与体系总组成和 P、T 条件的关系）、确定矿物集合体的真正自由度等（Pigage，1982；Spear，1982）；还可在实验相平衡中用以从反应方向逆转实验结果导出矿物热力学数据。

格林伍德（Greenwood，1967，1968）对 n-维组成空间中联系线是否交叉的问题做了详细讨论，并根据线性回归模型化和线性规划法提出了解决这类问题的具体解析方法。他的论点的实质在于：如果两个集合体间的联系线发生交叉（或 n-维相空间相交），则这两个集合体间必存在一种反应关系：

$$X_1A_1 + X_2A_2 + X_3A_3 = Y_1B_1 + Y_2B_2 + Y_3B_3$$

式中，A_1、A_2、A_3 和 B_1、B_2、B_3 分别属于这两个不同的集合体。

上式也可表达为

$$Z_1A_1 + Z_2A_2 + Z_3A_3 + Z_4B_2 + Z_5B_3 = B_1$$

式中，系数 Z_1、Z_2、Z_3 为正值；Z_4、Z_5 为负值。

这是一个形式为 $AX=Y$ 的质量平衡方程，可以直接用上述最小二乘方法求解。求解得到的模型化组成 Y^*可被用来直接同 Y 做比较，以确定二者之差(R)是否落在由电子微探针分析估算的误差范围之内。

3. 纽约州 Adirondacks 西北部地区岩石变质作用分析

格林伍德(Greenwood，1967，1968)先后用线性规划法和线性回归模型化法对恩杰尔(Engel et al.，1962)关于纽约州 Adirondacks 西北部地区的角闪岩相过渡到麻粒岩相的有关数据做了分析。

该区两种岩石 AE_{415} 和 AC_{104} 中 9 个矿物相的数据已在表 6-3 中列出。标本 AE_{415} 是 Emeryuille 地区的角闪岩，含 HB_1、Qtz_{12}、Ilm_{12}、Pl_1、H_2O_{12}。标本 AC_{104} 为 Colton 地区的麻粒岩，含 Qtz_{12}、Ilm_{12}、Pl_2、Hbl_2、Opx_2、Cpx_2、H_2O_{12}(Hbl 为普通角闪石、Qtz 为石英、Ilm 为钛铁矿、Pl 为斜长石、H_2O 为水、Opx 为斜方辉石、Cpx 为单斜辉石。矿物符号后的数字：1 表示此矿物仅含在 AE_{415} 中，2 表示仅含在 AC_{104} 中，12 表示两标本均含)。

表 6-3　几个变质岩矿物相的化学组成(Greenwood，1968)　[单位：%(质量分数)]

	1	2	3	4	5	6	7	8	9
	Hbl_1	Qtz_{12}	Ilm_{12}	Pl_1	Pl_2	Hbl_2	Opx_2	Cpx_2	H_2O_2
1 SiO_2	41.38±0.30	100.00±0.0	0.0±0.0	55.38±0.30	53.35±0.30	41.73±0.30	50.28±0.30	50.82±0.30	0.0±0.0
2 TiO2	1.32±0.02	0.0±0.0	52.02±0.02	0.02±0.02	0.01±0.02	2.24±0.02	0.32±0.02	0.38±0.02	0.0±0.0
3 $A1_2O_3$	12.68±0.30	0.0±0.0	0.0±0.0	28.49±0.20	29.42±0.30	12.34±0.30	2.25±0.30	2.56±0.30	0.0±0.0
4 Fe_2O_3	5.55±0.20	0.0±0.0	0.0±0.05	0.19±0.05	0.86±0.05	3.94±0.20	1.44±0.20	1.72±0.20	0.0±0.0
5 FeO	13.91±0.10	0.0±0.0	44.82±0.10	0.0±0.05	0.0±0.05	14.19±0.10	26.75±0.10	10.62±0.10	0.0±0.0
6 MnO	0.30±0.08	0.0±0.0	1.34±0.08	0.0±0.06	0.0±0.05	0.16±0.08	0.73±0.08	0.29±0.08	0.0±0.0
7 MgO	8.57±0.08	0.0±0.0	1.10±0.08	0.03±0.05	0.08±0.05	9.54±0.08	15.67±0.08	11.53±0.08	0.0±0.0
8 CaO	11.71±0.20	0.0±0.0	0.0±0.0	10.04±0.20	11.99±0.20	11.50±0.20	1.98±20	21.16±0.20	0.0±0.0
9 Na_2O	1.35±0.08	0.0±0.0	0.0±0.0	5.55±0.08	4.57±0.08	1.28±0.08	0.17±0.08	0.50±0.08	0.0±0.0
10 K_2O	1.05±0.20	0.0±0.0	0.0±0	0.34±0.20	0.20±0.20	1.69±0.20	0.07±0.20	0.04±0.20	0.0±0.0
11 H_2O	1.89±0.15	0.0±0.0	0.0±0.0	0.0±0.0	0.0±0.0	1.50±0.15	0.0±0.05	0.0±0.05	100.00±0.0

格林伍德将两种岩石中的各矿物相做了不同的线性组合，并运用上述回归方法求算 AE_{415} 中普通角闪石 Hbl_1 的模型化结果。这些不同组合及其计算结果已分别列在表 6-4～表 6-7 中，其相应关系图解分别如图 6-24(a)～(d)所示。

表 6-4　角闪石回归分析表 1(Greenwood，1968)

Y_{Hbl}	$Y^*_{Hbl_1}$	Y-Y^*RESID	算出的模型和基底	误差向量的长度
41.38	41.38	0.00	+0.0022 Qtz_{12}	REL 2.094
1.32	2.30	–0.98	+0.0008 Pl_2	EDL 0.593
12.68	12.65	0.08	+1.0846 Hbl_2	EML0.591
6.55	4.02	1.63	–0.0407 Opx_2	CLL 0.909
13.91	13.59	0.32	+0.0034 H_2O	
0.30	0.13	0.17	基底由 5 相构成	
8.57	9.23	–0.66		
1.71	11.82	–0.11		
1.35	1.32	0.03		
1.05	1.75	–0.70		
1.89	1.89	0.00		

Hbl_l+(0.0407 Opx_2)=0.0022Qtz+00006Pl_2+1.0345 Hbl_2+0.0034 H_2O

Y=因变量；Y^*二等因变量的模型；RESID=残差；REL=连接 Y 和 Y^*的向量长度=最小化后的数量；EDL=与 Y 相关的误差圆的半径；EML=与 Y^*相关的误差圆的半径；CLL=闭包误差=REL–EDL–EML。这 6 个相间不存在有效的线性关系。

表 6-5　角闪石回归分析表 2(Greenwood，1968)

Y_{Hbl}	$Y^*_{Hbl_1}$	Y-Y^*RESID	算出的模型和基底	误差向量的长度
41.38	41.38	0.00	–0.0045 Qtz_{12}	REL 1.9799
1.32	1.71	–0.39	–0.0126 Ilm_{12}	EDL 5934
12.68	12.61	0.07	+ 0.0521 Pl_l	EML 1.1846
6.55	4.12	1.43	–0.063J Pl_2	CLL 0.2019
13.91	13.44	0.47	+1.0638 Hbl_2	
0.30	0.1	0.19	–0.0408 Opx_2	
8.57	9.49	–0.92	+0.0020 H_2O	
11.71	11.91	–0.20	基底由 7 相构成	
1.35	1.35	0.00		
1.05	1.80	–0.75		
1.89	1.89	0.00		

Hbl_1+0.0045Qtz+0.0126Ilm(+0.0635Pl_2+0.0408Opx_2)=(0.0521Pl_1)+1.0636 Bi_2+0.0029 H_2O

表 6-6　角闪石回归分析表 3（Greenwood，1968）

Y_{Hbl}	$Y^{*}_{Hbl_1}$	$Y\text{-}Y^{*}$ RESID	算出的模型和基底	误差向量的长度
41.38	41.38	0.00	+0.0255 Qtz_{12}	REL 1.8854
1.32	1.48	–0.16	–9.0173 Ilm_{12}	EDL 0.5934
12.68	12.88	–0.20	–0.5047 Pl_1	EML 1.1846
5.55	4.20	1.35	+0.4822 Pl_2	CLL 0.1074
13.91	13.71	0.2	+1.0794 Hbl_2	
0.30	0.12	0.18	–0.0786 Cpx_2	
8.57	0.39	–0.82	+0.0027 H_2O	
11.71	11.46	–0.25	基底由 7 相构成	
1.35	0.75	–0.60		
1.05	1.75	–0.70		
1.89	1.89	0.00		

Hbl_1+0.0173 Ilm_{12}+0.5047 Pl_1+（0.0786 Cpx_2）＝0.0255 Qtz_{12}+0.4822 Pl_2+1.0794 Hbl_2+0.0027 H_2O

表 6-7　角闪石回归分析表 4（Greenwood，1968）

Y_{Hbl}	$Y^{*}_{Hbl_1}$	$Y\text{-}Y^{*}$ RESID	算出的模型和基底	误差向量的长度
41.38	41.38	0.00	+0.0385 Qtz_{12}	REL 1.7588
1.32	1.68	–0.36	–0.0208 Ilm_{12}	EDL 0.6934
12.68	12.82	–0.14	–0.2879 Pl_1	EML 1.1103
5.55	4.68	0.87	+0.2021 Pl_2	CLL 0.0561
13.91	13.48	0.43	+1.2655 Hbl_2	
0.30	0.06	0.24	–0.0879 Opx_2	
8.57	9.38	–0.81	–0.1121 Cpx_2 +0.0000 H_2O	
11.71	11.54	0.17	基底由 8 相构成	
1.35	0.87	0.48		
1.05	2.07	–1.02		
1.89	1.89	0.00		

Hbl_1+0.0208 Ilm_{12}+0.2879 Pl_1+（0.0879 Opx_2+0.1121 Cpx_2）=0.0385 Qtz_{12}+0.2021 Pl_2+1.2655 Hbl_2

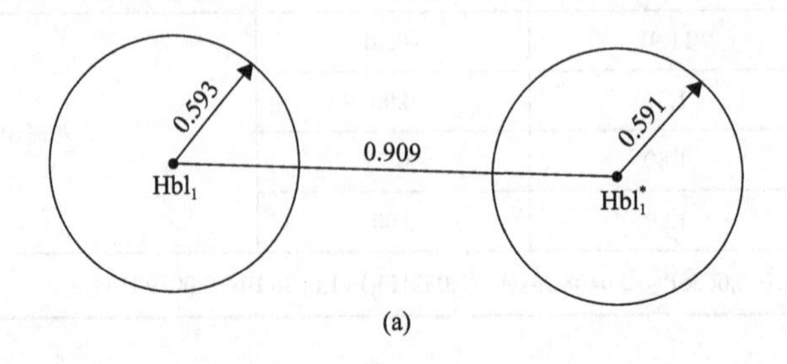

(a)

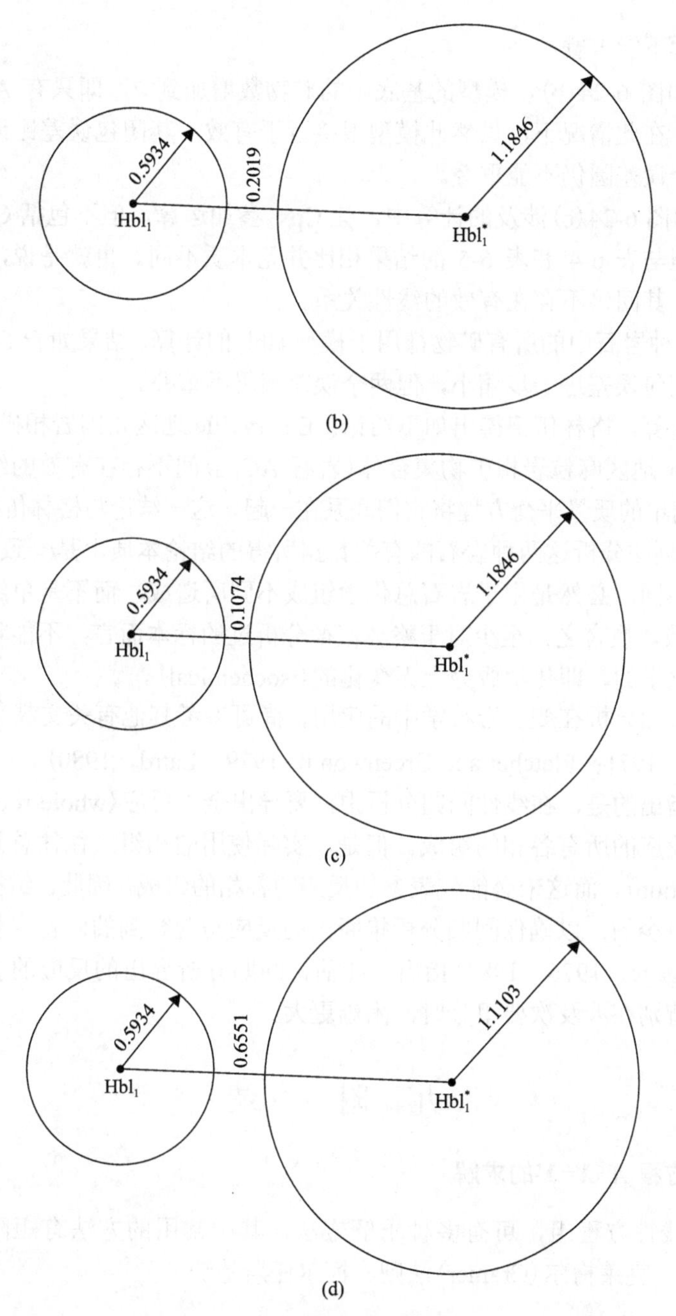

图 6-24 纽约州 Adirondack 西北部地区两种岩石(AE_{416} 和 AC_{104})线性回归模型化分析的 4 个例子(Greenwood，1968)

(a)、(b)、(c)、(d)分别对应表 6-9、表 6-10、表 6-11、表 6-12 中的相关数据

表 6-4 和图 6-24(a)系以 Qtz_{12}、Pl_2、Hbl_2、Opx_2、H_2O(假设两种岩石均含水)作线性组合计算的结果。虽然在所有这类回归模型计算中总是可以得出一个模型，但在此情况下，由回归方程无法很好地计算出普通角闪石 Hbl_1 的组成，或者说此模型不能作为实际的普通角闪石的模型。这可由图 6-24(a)清楚看出，图中由于闭包误差很大(0.909)，所

以两个误差圆远不能重叠。

对表 6-5 和图 6-24(b)，模型的基底中的矿物数增加到 7，即只有 AC_{104} 中的 Cpx_2 不在考虑之列。在此情况下，虽然此模型很接近于有效，其闭包误差比最小误差圆的半径还小，但两个误差圆仍不能重叠。

在表 6-6 和图 6-24(c)涉及的计算中，让 Cpx_2 参加运算，但不包括 Opx_2，模型结果又有所改善，但与表 6-4 和表 6-5 的结果相比并无本质不同。也就是说，虽然所涉及的矿物已达 8 个，其间仍不存在有效的线性关系。

最后，将两种岩石中的所有矿物都用于模型 Hbl_1 的计算，结果如表 6-7 和图 6-24(d)所示。此时，闭包误差进一步缩小，但两个误差圆仍不重叠。

根据上述计算，格林伍德得出如下结论：Emeryville 地区角闪岩相矿物集合体(岩石 AE_{415})同 Colton 地区麻粒岩相矿物集合体(岩石 AC_{104})间不存在有效的线性关系，或者说不可能通过简单的质量平衡方程将它们联系在一起。这一结论与格林伍德(Greenwood，1967)用线性规划法分析这两种岩石的有关数据所得的结论本质上是一致的。这两个地区矿物集合体的不同，必然是由于岩石总化学组成不同所造成，而不是单纯地由结晶条件(P、T)不同所致。换言之，至少对于格林伍德分析过的标本而言，不能将该地区的变质作用认为是等化学的，即化学成分上无变化的(isochemical)。

关于线性回归分析在变质岩石学中的应用，尚可参考其他有关文献(Pigage，1976，1982；Fletcher，1971；Fletcher and Greenwood，1979；Laird，1980)。

最后需要指出的是，在线性回归分析中，要导出全岩反应(whole-rock reaction)，必须确定参加该反应的所有各相的组成。但是，实际使用的相组成往往总是岩石的边缘组成(rim composition)，而这未必能代表参加反应的各相的组成。因此，结构分析和矿物分带研究是必不可少的，以确保回归分析推断出的反应与观察到的矿物生长顺序一致。此外，皮格奇(Pigage，1976，1982)指出，在估价回归分析导出的反应的有效性方面也存在一定困难，特别在涉及次要组分时，困难更大。

九、附　　录

附录一　矩阵方程 $A·X=Y$ 的求解

对于一个线性方程组，可有多种求解方法，其中常用的方法有矩阵反演法、高斯(Gauss)变换法、克莱梅尔(Cramer)法则、柯尔任斯基法。

1. 矩阵反演法

根据矩阵反演法，矩阵方程

$$A \cdot X = Y \tag{A-1}$$

的解为

$$X = A^{-1} Y \tag{A-2}$$

式中，$\boldsymbol{A}^{-1}$ 为系数矩阵 $\boldsymbol{A}$ 的逆矩阵(详见附录三的例证)。

当然，$\boldsymbol{A}$ 必须为非奇异矩阵，方有其逆矩阵。

2. 高斯变换法

此法的核心是通过一系列初等变换将系数矩阵 $\boldsymbol{A}$ 变为上三角阵(其主对角线以下的元素全为零)，然后用回代法求解。

3. 克莱梅尔法则

该法利用这样一个特性：解向量 $\boldsymbol{X}$ 中的第 i 个元素 X_i，等于以 $\boldsymbol{Y}$ 向量取代系数矩阵 $\boldsymbol{A}$ 中的第 i 列元素后所得的系数矩阵的行列式，除以系数矩阵 $\boldsymbol{A}$ 的行列式。

例如，对于方程组 $x_1 \cdot \boldsymbol{\alpha} + x_2 \cdot \boldsymbol{\beta} + x_3 \cdot \boldsymbol{\gamma} = \boldsymbol{Y}$，若设

$$\boldsymbol{D} = \begin{bmatrix} \alpha_1 & \beta_1 & \gamma_1 \\ \alpha_2 & \beta_2 & \gamma_2 \\ \alpha_3 & \beta_3 & \gamma_3 \end{bmatrix}$$

则有

$$\frac{\begin{bmatrix} y_1 & \beta_1 & \gamma_1 \\ y_2 & \beta_2 & \gamma_2 \\ y_3 & \beta_3 & \gamma_3 \end{bmatrix}}{\boldsymbol{D}} \cdot \boldsymbol{\alpha} + \frac{\begin{bmatrix} \alpha_1 & y_1 & \gamma_1 \\ \alpha_2 & y_2 & \gamma_2 \\ \alpha_3 & y_3 & \gamma_3 \end{bmatrix}}{\boldsymbol{D}} \cdot \boldsymbol{\beta} + \frac{\begin{bmatrix} \alpha_1 & \beta_1 & y_1 \\ \alpha_2 & \beta_2 & y_2 \\ \alpha_3 & \beta_3 & y_3 \end{bmatrix}}{\boldsymbol{D}} \cdot \boldsymbol{\gamma} = \boldsymbol{Y} \tag{A-3}$$

式中，$\boldsymbol{\alpha}$、$\boldsymbol{\beta}$、$\boldsymbol{\gamma}$、$\boldsymbol{Y}$ 分别为 4 个矿物；α_i、β_i、γ_i、y_i 分别为上述 4 个矿物在老基底中的坐标。

4. 柯尔任斯基法

此法是专为配平化学反应方程而设计的。它与克莱梅尔法则非常相似，唯一的不同点是本法以系数矩阵 $\boldsymbol{A}$ 的行列式 $\boldsymbol{D}$ 遍乘整个方程。例如，上例之解，式(A-3)在此变为

$$\begin{bmatrix} y_1 & \beta_1 & \gamma_1 \\ y_2 & \beta_2 & \gamma_2 \\ y_3 & \beta_3 & \gamma_3 \end{bmatrix} \cdot \boldsymbol{\alpha} + \begin{bmatrix} \alpha_1 & y_1 & \gamma_1 \\ \alpha_2 & y_2 & \gamma_2 \\ \alpha_3 & y_3 & \gamma_3 \end{bmatrix} \cdot \boldsymbol{\beta} + \begin{bmatrix} \alpha_1 & \beta_1 & y_1 \\ \alpha_2 & \beta_2 & y_2 \\ \alpha_3 & \beta_3 & y_3 \end{bmatrix} \cdot \boldsymbol{\gamma} = \boldsymbol{D} \cdot \boldsymbol{Y} \tag{A-4a}$$

或改写为

$$\begin{bmatrix} \alpha & \beta & \gamma & y \\ \alpha_1 & \beta_1 & \gamma_1 & y_1 \\ \alpha_2 & \beta_2 & \gamma_2 & y_2 \\ \alpha_3 & \beta_3 & \gamma_3 & y_3 \end{bmatrix} = \begin{bmatrix} \alpha & \alpha_1 & \alpha_2 & \alpha_3 \\ \beta & \beta_1 & \beta_2 & \beta_3 \\ \gamma & \gamma_1 & \gamma_2 & \gamma_3 \\ Y & Y_1 & Y_2 & Y_3 \end{bmatrix} = 0 \tag{A-4b}$$

也就是说，根据矿物 $\boldsymbol{\alpha}$、$\boldsymbol{\beta}$、$\boldsymbol{\gamma}$、$\boldsymbol{Y}$ 在老基底中的坐标 α_i、β_i、γ_i、y_i，写出一个与式(A-4b)

的行列式相应的矩阵和式(A-4b)，然后按行列式性质将式(A-4b)展开为式(A-4a)，并计算出其中各行列式的值，即可得 $\boldsymbol{\alpha}$、$\boldsymbol{\beta}$、$\boldsymbol{\gamma}$ 与 $\boldsymbol{Y}$ 间的线性关系式——一个配平了反应系数的化学反应方程式。

以上几种求解矩阵方程的方法各有其长处。高斯变换法的长处是简单明了，适于手算。对于简单体系或其系数矩阵中含许多 0 元素的体系，使用克莱梅尔法则和柯尔任斯基法求解则相当简单。但是，若需将大量矿物变换至新坐标系中(如本章正文中 6 元泥质岩投影分析一例)，则矩阵反演法特别有用，因为此法便于电算。

值得特别一提的是，柯尔任斯基法的优点之一在于它适用于简并体系。此时，由于系数矩阵为零，其他方法均不适用，唯使用本法方能求解。

附录二　线性代数在配平化学反应方程式方面的应用

关于矿物化学反应方程的配平，实际上可归结为：在一个 k 组分 k+1 个矿物相($\boldsymbol{\alpha}$、$\boldsymbol{\beta}$、…、$\boldsymbol{\gamma}$)的体系中，这些矿物需作何线性组合才能生成矿物 $\boldsymbol{Y}$?用数学语言表达，即需求下述方程式的解(X)：

$$x_1 \cdot \boldsymbol{\alpha} + x_2 \cdot \boldsymbol{\beta} + \cdots + x_n \boldsymbol{\gamma} = \boldsymbol{Y} \tag{A-5}$$

此问题的实质是要将矿物 $\boldsymbol{Y}$ 变换为以新坐标系 $\boldsymbol{\alpha}$、$\boldsymbol{\beta}$、$\boldsymbol{\gamma}$ 表示，所求得的新坐标向量的系数(x)便是该化学反应的反应系数。当然，由正文讨论可知，式(A-5)是符合相律要求的，即在一个 k 组分的体系中，若无简并现象存在，则在一个平衡化学反应中一般需涉及 k+1 相[例如，在本章“六、开放体系矿物共生分析(柯尔任斯基分析)”中，k_i=3，每一单变反应涉及 3+1=4 相]。

现举一例说明。若在 AFM 图上有一对联系线发生交叉，且有反应：

$$\text{Grt+Chl+Ms} \rightleftharpoons \text{Ky+Bi+Qtz+H}_2\text{O}$$

各矿物相的化学组成如下：

Grt(石榴子石)：$(Fe_2Mg_1)Al_2Si_3O_{12}$；

Chl(绿泥石)：$(Fe_2Mg_7)Al_6Si_5O_{20}(OH)_{16}$；

Bi(黑云母)：$K_2(Fe_3Mg_3)Al_2Si_6O_{20}(OH)_4$；

Ms(白云母)：$KAl_3Si_3O_{10}(OH)_2$；

Ky(蓝晶石)：$AlSiO_5$；

Qtz(石英)：SiO_2。

要平衡上一化学反应，实际上等于要回答以下问题：此反应式中涉及的 7 种物质(6 种矿物，外加 H_2O)中的任意 6 种(如 Qtz、Ms、Ky、Chl、Grt、H_2O)需要什么样的线性组合才能生成剩下的那种物质(如 Bi)？此问题可表达为

$$x_1 \cdot \text{Qtz} + x_2 \cdot \text{Ms} + x_3 \cdot \text{Ky} + x_4 \cdot \text{Chl} + x_5 \cdot \text{Grt} + x_6 \cdot \text{H}_2\text{O} = \text{Bi}$$

SiO_2　　$x_1 \cdot 1 + x_2 \cdot 3 + x_3 \cdot 1 + x_4 \cdot 5 + x_5 \cdot 3 + x_6 \cdot 0 = 6.0$

$$Al_2O_3 \qquad x_1\cdot 0+x_2\cdot 3+x_3\cdot 2+x_4\cdot 6+x_5\cdot 2+x_6\cdot 0=2.0$$

$$FeO \qquad x_1\cdot 0+x_2\cdot 0+x_3\cdot 0+x_4\cdot 2+x_5\cdot 2+x_6\cdot 0=3.0$$

$$MgO \qquad x_1\cdot 0+x_2\cdot 0+x_3\cdot 0+x_4\cdot 7+x_5\cdot 1+x_6\cdot 0=3.0$$

或以矩阵符号表达为

$$\begin{bmatrix}1&3&1&5&3&0\\0&3&2&6&2&0\\0&0&0&2&2&0\\0&0&0&7&1&0\\0&1&0&0&0&0\\0&1&0&8&0&1\end{bmatrix}\cdot\begin{bmatrix}x_1\\x_2\\x_3\\x_4\\x_5\\x_6\end{bmatrix}=\begin{bmatrix}6.0\\2.0\\3.0\\3.0\\2.0\\2.0\end{bmatrix} \tag{A-6}$$

解式(A-6)，得

$$1.25Gar+0.25Chl+2.0Mus=1.0Bi+4.0Ky+1.0Qtz+2.0H_2O$$

上例是一种最普遍的情况，即方程数目=未知数数目。当方程数目＞未知数数目时，须采用最小二乘法求解。

附录三　矩阵关系 $\boldsymbol{M}^{V}=(\boldsymbol{V}^{ox})^{-1}\boldsymbol{M}^{ox}$ 的求证

如前所述：①令 $\boldsymbol{M}^{ox}$ 代表以氧化物为基底写成的泥质岩矿物组成矩阵，如表 6-3 所示。此级基底 $SiO_2(e_1)$、$Al_2O_3(e_2)$、$FeO(e_3)$、$MgO(e_4)$、$K_2O(e_5)$、$H_2O(e_6)$称为老基底。②另选一组新基底 $Ky(e'_1)$、$Qtz(e'_2)$、$Ms(e'_3)$、$W(e'_4)$、$FeO(e'_5)$、$MgO(e'_6)$。③以老基底 e_1、e_2、e_3、e_4、e_5、e_6 写成的新基底矩阵为 $\boldsymbol{V}^{ox}$，如表 6-4 所示。令 $\boldsymbol{M}^{v}$ 代表上述泥质岩矿物在新基底下的组成矩阵。

设 Y 代表泥质岩矿物组合，则以上述两组基底表示此矿物组合时，有

$$\boldsymbol{Y}=e\boldsymbol{M}^{ox} \tag{A-7}$$

和

$$\boldsymbol{Y}=e'\boldsymbol{M}^{v} \tag{A-8}$$

由式(A-7)和式(A-8)，有

$$e'\boldsymbol{M}^{v}=e\boldsymbol{M}^{ox} \tag{A-9}$$

同时，若以老基底 e 表示新基底 e'，则有

$$e'=e\boldsymbol{V}^{ox} \tag{A-10}$$

将式(A-10)代入式(A-9)，在等式两端同时左乘$(\boldsymbol{V}^{\mathrm{ox}})^{-1}$得

$$\begin{aligned} e\boldsymbol{V}^{\mathrm{ox}}\boldsymbol{M}^{\mathrm{v}} &= e\boldsymbol{M}^{\mathrm{ox}} \\ (\boldsymbol{V}^{\mathrm{ox}})^{-1}(\boldsymbol{V}^{\mathrm{ox}})\boldsymbol{M}^{\mathrm{v}} &= (\boldsymbol{V}^{\mathrm{ox}})^{-1}\boldsymbol{M}^{\mathrm{ox}} \end{aligned} \tag{A-11}$$

因$(\boldsymbol{V}^{\mathrm{ox}})^{-1}(\boldsymbol{V}^{\mathrm{ox}})=\boldsymbol{I}$（单位矩阵），所以得

$$\boldsymbol{M}^{\mathrm{v}} = (\boldsymbol{V}^{\mathrm{ox}})^{-1}\boldsymbol{M}^{\mathrm{ox}} \tag{A-12}$$

式(A-12)即正文中的式(6-21)。

附录四　$\boldsymbol{X}=(\boldsymbol{A}^{\mathrm{T}}\boldsymbol{A})^{-1}\boldsymbol{A}^{\mathrm{T}}\boldsymbol{Y}$的求证

如图6-20所示，若$\boldsymbol{Y}$正好落在F_1、F_2连线上，则有

$$\boldsymbol{Y}=\boldsymbol{A}\boldsymbol{X}$$

式中，$\boldsymbol{A}$为矿物F_1、F_2在老基底(1-2-3)中的坐标；$\boldsymbol{X}$为$\boldsymbol{Y}$在新基底F_1、F_2中的坐标。

由于矿物$\boldsymbol{Y}$并不正好落在矿物F_1、F_2的连线上，而是存在一定误差$\boldsymbol{R}$，因此有

$$\boldsymbol{Y}=\boldsymbol{A}\boldsymbol{X}+\boldsymbol{R} \tag{A-13}$$

式(A-13)两端先后左乘$\boldsymbol{A}$的转置矩阵$\boldsymbol{A}^{\mathrm{T}}$和$(\boldsymbol{A}^{\mathrm{T}}\boldsymbol{A})$的逆矩阵$(\boldsymbol{A}^{\mathrm{T}}\boldsymbol{A})^{-1}$，得

$$(\boldsymbol{A}^{\mathrm{T}}\boldsymbol{A})^{-1}\boldsymbol{A}^{\mathrm{T}}\boldsymbol{Y} = \boldsymbol{X} + (\boldsymbol{A}^{\mathrm{T}}\boldsymbol{A})^{-1}\boldsymbol{A}^{\mathrm{T}}\boldsymbol{R}$$

即

$$\boldsymbol{X} = (\boldsymbol{A}^{\mathrm{T}}\boldsymbol{A})^{-1}\boldsymbol{A}^{\mathrm{T}}\boldsymbol{Y} - (\boldsymbol{A}^{\mathrm{T}}\boldsymbol{A})^{-1}\boldsymbol{A}^{\mathrm{T}}\boldsymbol{R} \tag{A-14}$$

由式(A-13)知，若$\boldsymbol{R}$越小，则矿物模型越接近真实值。因此，当使$\boldsymbol{R}$成为最小($\boldsymbol{R}\to 0$)时，由式(A-14)有

$$\boldsymbol{X} = (\boldsymbol{A}^{\mathrm{T}}\boldsymbol{A})^{-1}\boldsymbol{A}^{\mathrm{T}}\boldsymbol{Y} \tag{A-15}$$

式(A-15)中的$\boldsymbol{X}$便是使$\boldsymbol{R}$最小时的$\boldsymbol{X}$值，此即正文中的式(6-25)。由于$\boldsymbol{R}$的长度为$|R|$，且

$$|R| = \left(\sum_{i=1}^{n} R_i^2\right)^{1/2} \tag{A-16}$$

因此，在使$|R|$成为最小的过程，已将残差R_i的平方和最小化，即使模型$\boldsymbol{Y}$*尽可能地趋近$\boldsymbol{Y}$。这样，在给定基底F_i的条件下，$\boldsymbol{X}$就成了$\boldsymbol{Y}$的最小二乘方估计量。

参考文献

陈光远, 孙岱生, 殷辉安. 1988. 成因矿物学与找矿矿物学[M]. 重庆: 重庆出版社.

郭其悌. 1980. 二元六相(*n*+4)多体系的封闭网图[J]. 中国科学, 2: 76-83.

郭其悌, 王声远. 1982. *n*+*k*(*k*≥4)相多体系封闭网的拼合原理[J]. 中国科学B辑, 1: 81-88.

林传仙, 张哲儒, 白正华. 1982. *n*+3和*n*+4相多体系网图. 中国科学B辑, 2: 177-185.

Albee A L, Bingham E, Chodos A A, et al. 1965. Phase equilibria in three assemblages of kyanite-Zone pelitic schists, lincoln mountain quadrangle, central vermont[J]. Journal of Petrology, 6(2): 246-301.

Barker F. 1961. Phase relations in cordierite-garnet-bearing kinsman quartz monzonite and the enclosing schist, lovewell mountain quadrangle, New Hampshire[J]. American Mineralogist, 46(9-10): 1166-1176.

Engel A E J, Engel C G. 1962. Hornblendes formed during progressive metamorphism of amphibolites, northwest adirondack mountains, New York[J]. Bull. geol. soc.amer, 73(12): 1499-1514.

Eskola P. 1914. On the petrology of the Orijarvi region in southwestern Finland[J]. Bulletin de la Comission geologique de Finlande, 40: 1-279.

Eskola P. 1915. On the relations between the chemical and mineralogical composition in the metamorphic rocks of the Orijarvi region[J]. Bulletin de la Commission Géologique de Finlande, 44: 109-145.

Fletcher C J N. 1971. Local equilibrium in a two-pyroxene amphibolite[J]. Canadian Journal of Earth Sciences, 8(9): 1065-1080.

Fletcher C J N, Greenwood H J. 1979. Metamorphism and structure of penfold creek area, near quesnel lake, British Columbia[J]. Journal of Petrology, 20(4): 743-794.

Greenwood H J. 1967. The N-dimensional tie-line problem[J]. Geochimica Et Cosmochimica Acta, 31(4): 465-490.

Greenwood H J. 1968. Matrix methods and the phase rule in petrology[J]. XXIII Int Geol Cong Proc, 6: 267-279.

Greenwood H J. 1975. Thermodynamically valid projections of extensive phase relationships[J]. American Mineralogist, 60(1-2): 1-8.

Harte B. 1975. Determination of a pelite petrogenetic grid for the eastern Scottish Dalradian[J]. Carnegie Inst Washington Yearb, 74: 438-446.

Laird J O. 1980. Phase equilibria in mafic schist from vermont[J]. Journal of Petrology, 21(1): 1-37.

Le Maitre R W L. 1979. A new generalised petrological mixing model[J]. Contributions to Mineralogy & Petrology, 71(2): 133-137.

Miyashiro A. 1973. Metamorphism and Metamorphic Belts[M]. New York: Wiley-Halstead.

Morey G W, Williamson E D. 1918. Pressure-temperature curves in univariant systems[J]. Journal of the American Chemical Society, 40: 59-84.

Perry K J. 1967. Methods of petrologic calculation and the relationship between mineral and bulk chemical composition[J]. Rocky Mountain Geology, 6(1), 5-38.

Pigage L C. 1976. Metamorphism of the settler schist, southwest of Yale, British Columbi[J]. Canadian Journal of Earth Sciences, 13(13): 405-421.

Pigage L C. 1982. Linear regression analysis of sillimanite-forming reactions at Azure Lake, British Columbia[J]. Canadian Mineralogist, 20(8): 349-378.

Reid M J, Gancarz A J, Albee A L. 1973. Constrained least-squares analysis of petrologic problems with an application to lunar sample 12040[J]. Earth & Planetary Science Letters, 17(2): 433-445.

Reinhardt E W, Skippen G B. 1970. Petrochemical study of Grenville granulites[J]. Geol Surv Can Pap, 70: 48-54.

Robinson P, Jaffe H W, Ross M, et al. 1971. Orientation of exsolution lamellae in clinopyroxenes and clinoamphiboles: consideration of optimal phase boundaries[J]. American Mineralogist, 56: 909-939.

Robinson P, Spear F S, Schumacher J C, et al. 1982. Phase relations of metamorphic amphiboles: natural occurrence and theory[J]. Amphiboles: Petrology and Experimental Phase Relations, 98: 3-22.

Rumble D. 1978. Mineralogy, petrology, and oxygen isotopic geochemistry of the clough formation, Black Mountain, Western New Hampshire, U.S.A[J]. Journal of Petrology, 19 (2) : 317-340.

Spear F S. 1982. Phase equilibria of amphibolites from the post pond volcanics, Mt. cube quadrangle, vermont[J]. Journal of Petrology, 23 (3) : 383-426.

Spear F S, Ferry J M, Rumble D I. 1982. Analytical formulation of phase equilibria: The Gibbs'Method[J]. Reviews in Mineralogy and Geochemistry, 10: 105-152.

Thompson J B. 1957. The graphical analysis of mineral assemblages[J]. Amer Mineralogist, 42: 842-858.

Thompson J B. 1970. Geochemical reaction and open systems[J]. Geochimica Et Cosmochimica Acta, 34 (5) : 529-551.

第七章 矿物成因分类

一、意 义

分类是认识事物的重要方法。在矿物学上，根据矿物内外属性的异同，把它们划分为具有一定从属关系和不同级次的体系便是矿物的分类，而以矿物产状和形成条件为依据的分类便是矿物的成因分类。

在矿物成因分类体系中，具有一定晶体结构类型和相似阳离子性质的同族矿物的成因分类是成因矿物族的研究内容。它以矿物的晶体化学分类为基础，将同族矿物中不同成因的种属区分开来，并以各种直观的区划图或模糊聚类图表达出来。在自然界，与不同矿种和同一矿种不同类型的矿化作用有关的同族矿物也常常显示出一定的差异，将同族矿物中与不同矿种及矿化类型相关的矿物种属区分开来，并以各种直观的区划图表达出来，是找矿矿物族的研究内容(李胜荣，2013)。

矿物成因分类是矿物学中的一个重要研究方向，它反映了人们对矿物成因认识的深刻程度，对矿物载体(如岩石、矿石和生物骨骼等)的成因和演化过程及条件的研究具有直接的指示意义，也有助于对沉积物源区追溯和相关矿产的寻找及矿物在其他领域的应用。

二、研 究 现 状

(一)矿物成因分类沿革

拉普派兰最早对矿物成因分类进行了尝试，他将矿物分为岩浆侵入岩矿物、化学沉积矿物、喷出岩矿物和有机成因(可燃物)矿物 4 个大的成因类型。这是一个非常粗略的矿物成因分类(薛君治等，1991)，并没有太大实际用途。

20 世纪中叶，Machatschki 提出将矿物划分为“原生矿物、风化壳与沉积矿物、变质矿物和重金属矿物”四个类别的分类方案(陈光远等，1988)。Machatschki 的分类中，前三类以内生、外生和变质三大地质作用为依据，符合成因分类的基本原则；第四类即重金属矿物，包括各种成因的黑色、有色、稀有、放射性金属和贵金属、半金属等矿物，它虽然继承了前人重视矿石建造的传统，但却将不同成因矿物混为一谈，违背了矿物成因分类的基本原则。

20 世纪 60 年代初，陈光远先生基于同族或同种矿物普遍存在的复成因性及其在不同地质作用中成贯通性产出，并随形成条件而变化的多样性等特征，创新性地提出了“成因矿物族”研究方向。他和他的研究集体对不同成因角闪石、绿泥石、黑云母、石榴子石等矿物的化学成分进行了系统统计研究，建立了这些矿物在不同地质作用中的成分标型和相应的区划图。例如，划分了超基性-基性、中性-酸性、碱性岩浆成因，接触变质成因，正变质、副变质和超变质成因角闪石(陈光远等，1962)。

20 世纪 70 年代末期，拉扎连科(Лазаренко，1979)基于地球的矿物学模式、矿物形成作用、矿物集合体的演化、矿物共生组合及矿物晶体化学特征，并引入部分矿物的标型特征描述，首次提出一个直至目前仍是相对最全面的矿物成因分类纲要。

20 世纪 80 年代，史特伦茨(Strunz，1984)对矿物分类史进行了回顾，建议对每一矿物种及每一矿物族的性质及成因逐一进行研究，认为唯有如此，方能补救过去多少世纪以来描述矿物学把宏观成因标志混在一起所造成的缺陷，并给它补充以现代微观成因标志方面的新内容。这对于现代矿物学的发展和现代的矿物工作者来说，是一项意义十分重大，但又十分艰巨的任务(陈光远等，1988)。

21 世纪初，基于某些同族和同种矿物不仅在不同内生、变质和热液作用中产出，而且能够与不同地球动力学背景、物质来源、成岩条件和过程及不同成矿作用相联系，李胜荣认为成因矿物族的研究内容不但要解决矿物所属成岩作用，也要反映其形成背景、条件和过程，并建立相应的成因图解(李胜荣，2013)。例如，对于角闪石族矿物而言，除了建立不同岩石中角闪石的化学成分标型和图解外，还要建立反映物质来源、成岩的氧逸度、酸碱性、挥发分等的化学成分标型和图解。此外，为了将与不同成矿作用和不同矿种相关的同一矿物族或矿物种的差异发掘出来，从而直接应用于有关矿床和矿种的找矿实践，李胜荣提出“找矿矿物族”研究方向(李胜荣，2010，2013)并指导研究生开展了黄铁矿、石英、方解石、萤石、石榴子石、辉石、角闪石、黑云母、长石、锆石、磷灰石、榍石、铁钛氧化物等矿物的找矿矿物族初步研究。例如，严育通(2011，2012)对黄铁矿、石英和方解石的研究，李文涛(2015)对长石族的研究，刘诗文(2015)、黎敏刚(2020)对云母族的研究，单梦洁(2015)对角闪石族的研究，赵欣鑫(2017)对辉石族的研究，李静婷(2018)对石榴子石族的研究，马媛(2018)对萤石族的研究，魏权(2020)对榍石、刘嘉玮(2020)对磷灰石的研究等[参见中国地质大学(北京)博士和硕士学位论文]。

(二)成因矿物族

成因矿物族是以矿物晶体化学分类为基础的同族矿物的成因分类体系(陈光远等，1988)。它是根据不同成因的同族矿物具有的化学成分标型特征，并结合同族中不同矿物种的化学与物理特性，对某族矿物进行成因分类所建立的体系(薛君治等，1991)。

进行成因矿物族研究必须满足 3 个方面的要求，一是必须要对所研究的矿物族的结晶化学特性有比较清楚的认识，必须清楚该族中主要端元矿物晶体结构与化学成分之间的相互联系；二是必须有足够数量的该族矿物化学成分分析数据和确切的成因产状资料；三是必须选择与该族矿物晶体化学和成因分类相匹配的统计分析方法。

薛君治等(1991)对成因矿物族的研究步骤进行了系统总结：①掌握所研究矿物族的结晶化学特点和已知的矿物化学标型性，选择重点考虑的元素(离子或原子)和晶体结构位置的种类，作为统计分析的主要对象。②掌握所研究矿物族的成因类型，即了解每种矿物的多成因性资料。同时，了解相关地质作用的地球化学特点，把矿物的结晶化学特点与矿物形成作用的特点联系起来。③收集已知主要的矿物化学和成因产状的原始资料，并根据②、③两步选出的特征结构位置上的特征元素进行统计计算；制作矿物成因区划的各种图解或模糊聚类图解，对矿物的化学标型做进一步详细的归纳。④选定相对有效的分类图解，确定结晶化学-成因分类的主要参数，并参考矿物的物理性质，建立成因矿物族的分类体系。⑤验证和补充修改。

随着研究工作的不断深入，目前我们对矿物成因的理解已从宏观可辨的地质作用如岩浆成因、热液成因、变质成因、表生成因逐步触摸到矿物的一些隐性的成因问题，如成矿物质的来源、矿物形成的条件和过程等方面。同一个族的矿物，其来源或形成条件与过程不同也会反映在其端元组分或特定有效结构位置类质同象组分的差异上，因此也可以按成因矿物族的思路建立相应的成分标型和区划图解。这是本书在成因矿物族方面尝试开展的一项工作，也是今后应该特别注意研究的一个崭新内容。

(三) 找矿矿物族

找矿矿物族是以矿物晶体化学分类为基础的同族矿物指示成矿特征的分类体系，它是成因矿物族应用于找矿的自然延伸。同族矿物中，与不同矿种和矿床类型有关的矿物在形貌、化学成分、晶体结构及物理性质等方面具有一定的差异性，由此可以将它们区分开来，并构筑为一种实用的分类体系，这便是找矿矿物族的科学内涵。

找矿矿物族分类的主要依据为矿物的化学成分。因此，进行找矿矿物族研究也必须对所研究矿物族的结晶化学特性有比较清楚的认识，必须有足够数量的该族矿物化学成分分析数据和确切的成矿特征资料。

三、拉扎连科成因分类简介

拉扎连科(Лазаренко，1979)根据地质作用的从属关系，将矿物由高而低分别划归于“型”“亚型”“类”“亚类”“统”“科”“系列”“族”“种”等不同类别，构成一个相对比较完整的成因分类体系。

按拉扎连科的成因分类，最高级别的“型”包括内生、外生、宇宙和工艺 4 个成因。其中，工艺成因型不具有天然属性，不属于矿物的范畴，严格地说来不应进入矿物成因分类序列，尽管在珠宝玉石改性和人工合成“矿物”领域，工艺成因型的原理应用十分普遍。

另外，拉扎连科将变质成因划归内生成因型，单从区域变质作用、接触变质作用和热液蚀变作用考虑，它们的能量主要来自地球内部，划归内生作用也无不可，但将撞击变质(特别是陨石撞击变质)划归内生作用却有不妥。

拉扎连科矿物成因分类方案仅包含了 200 多种成因意义比较明显的矿物，不包含某些单一成因产状的矿物和在地壳中含量极少的矿物。因此，拉扎连科也曾特别强调，该成因分类只是一个初步尝试，许多方面都取决于矿物标型学说的发展水平和数学统计的应用水平，并有待于进一步研究和充实。

鉴于矿物成因分类还有很长的路要走，而拉扎连科分类业已奠定了良好基础，将其列入表 7-1，对更深入的矿物成因分类研究是很有意义的。

表 7-1　矿物成因分类(以拉扎连科 1979 年分类为基础)

型	亚型	类	亚类	统	科	系列	族	种：种名	种：标型特征
内生成因	岩浆成因	正岩浆成因	超基性-基性岩	造岩矿物			橄榄石族	镁橄榄石	岩石中镁橄榄石的含量由 82%～93%(纯橄榄岩、橄榄岩、辉石岩)至 50%～80%(基性岩)
					长石科	斜长石			An%＞52%(倍长辉长岩＞90%，钙长玄武岩为 90%～100%，某些钙长岩达 98%)
					角闪石科		普通角闪石族		Al_2O_3 含量高(橄榄岩中为 10.2%～15.06%，倍长辉长岩为 12.71%，辉长岩为 7.27%～9.48%)
					尖晶石科		尖晶石族	镁铬铁矿	结核状构造
								磁铁矿	TiO_2 含量高(达 27.77%)，与钛磁铁矿共生
				造矿矿物	钛铁矿-金红石科			钛铁矿	产于钛铁磷灰岩(nelsonite)，与磷灰石、紫苏辉石组合
								金红石	
					铜镍硫化物科			磁黄铁矿	专属于超基性-基性层状侵入岩
								镍黄铁矿	
								黄铜矿	
					斑铜矿-黄铜矿科			斑铜矿	与钒钛磁铁矿共生
								黄铜矿	
					铂族矿物科		铂族	粗铂族	与铬尖晶石共生
								铱铂矿	
							锇铱矿族	亮锇铱矿	
								暗锇铱矿	
					金刚石科			金刚石	产于金伯利岩，与辉石共生
				蚀变矿物	蛇纹石科			纤蛇纹石	石棉发育
								叶蛇纹石	
					滑石-菱镁矿科			滑石	分布于蛇纹石化带
								菱镁矿	
					蒙脱石科			绿高岭石	与蛋白石、Ni 的次生矿物组合，呈泉华状集合体
			碱性岩	造岩矿物	长石科	碱性长石		微斜长石	形成条纹长石，含 Ba 和 Sr(霞石正长岩)
								钠长石	
					似长石科			霞石	微晶钠沸石化和钠长石化
								方钠石	交代霞石
								钙霞石	

续表

型	亚型	类	亚类	统	科	系列	族	种	
								种名	标型特征
内生成因	岩浆成因	正岩浆成因	碱性岩	造岩矿物	辉石科			霓石	在霞石中呈嵌晶状包裹体，呈放射状
					角闪石科	碱性角闪石		钠铁闪石	与霞石共生，沿c轴平行连生
								绿钠闪石	与霓石、霞石共生
					云母科			黑云母	密切与霓石、霞石共生
				造矿矿物	锆石科			锆石	浅灰色、浅棕色，双锥体，与钠长石化有关
					磷灰石科		磷灰石族	氟磷灰石	含Sr、碱金属和稀土元素
								霞石	与磷灰石、钠长石、微斜长石共生
					磁铁矿科			磁铁矿	密切与磷灰石呈共接连晶
					铈铌钙钛矿科			铈铌钙钛矿	在霞石和霓石中呈双晶包裹体
					石墨科			石墨	与微斜长石、霓辉石、钠长石、方解石、榍石等共生
			酸性岩	造岩矿物			石英族	石英	六方高温变体
					长石科	碱性长石		正长石	不同的有序度
								透长石	
								微斜长石	
								歪长石	
						斜长石			成分为钠长石至更长石
					云母科			黑云母	主要组分(质量分数)：FeO为12%~25%，MgO达12%，$Fe_2O_3+TiO_2 \leqslant 10\%$，强多色性
				副矿物				辉石	黑云母含量增多，斜长石多于钾长石，出现普通角闪石
					含稀土元素矿物科		绿帘石族	褐帘石	
							独居石族	独居石	
								磷钇矿	
			碳酸岩	造岩矿物	碳酸盐矿物科		方解石族	方解石	含Sr、Ba和稀土元素，强烈的热发光性
								菱镁矿	与含稀土元素的氟碳酸盐矿物共生
							白云石族	白云石	与碱透闪石、四方铁金云母和稀土矿物共生
								铁白云石	
							橄榄石族	镁橄榄石	与磁铁矿、稀有金属矿物共生
					云母科			黑云母	与四方铁金云母共生
								金云母	

续表

型	亚型	类	亚类	统	科	系列	族	种	
								种名	标型特征
内生成因	岩浆成因	正岩浆成因	碳酸岩	副矿物			晶质铀矿族	斜锆石	与磷灰石、铀钽钇矿共生
								烧绿石	含U、Ta、Tr(铀钽钇矿异种)
								钙钛矿	含Nb(铌钙钛矿)和Ce(铈钙钛矿)
								氟钛铈矿	与白云石、铁白云石共生
							氟碳钙铈矿族	氟碳钙铈矿	
								黄氟碳钙铈矿	
							磷灰石族	碳酸盐矿物-磷灰石	与磁铁矿、镁橄榄石、稀有金属矿物共生
		伟晶岩浆成因	单脉花岗伟晶岩	主要矿物	长石科	碱性长石		正长石	条纹长石和碱性长石-石英文象连晶广泛发育
								微斜长石	
								钠长石	
								石英	蜂窝状石英和石英-碱性长石文象连晶广泛发育
					云母科			白云母	$2M_1$多型发育
				副矿物				晶质铀矿	含Th(铀钍矿)和Tr(钇铀矿)
							金红石族	锡石	含Th和Nb，双锥体
							褐钇铌矿族	褐钇铌矿	钠长石化，专属于富条纹长石带
								黄钇铌矿	
							烧绿石族	钛铌铀矿	
							铌铁矿-钽铁矿族	铌铁矿	
								铌钇矿	
								黑稀金矿	
								黄玉	与长石、石英、绿柱石等一起充填晶洞
							绿帘石族	褐帘石	专属于钠长石化带
							堇青石族	绿柱石	与长石、石英、黄玉等一起充填晶洞
								电气石	彩色发育
					辉石科			锂辉石	叶钠长石发育，强烈交代透锂长石和锂榴石
							钪钇石族	淡红硅钇矿	与稀有金属矿物共生，专属于钠长石化带
								硅铍钇矿	产于天河石发育的局部钠长石化带
					云母科			锂云母	与铯绿柱石、彩色电气石共生
					锂矿物科			磷锂矿	专属于钠长石化带，与锂辉石、磷铝石、硫化物矿物共生
								锂蓝铁矿	

续表

型	亚型	类	亚类	统	科	系列	族	种	
								种名	标型特征
内生成因	岩浆成因	伟晶岩浆成因	交错脉状花岗伟晶岩	主要矿物	长石科	斜长石			Na、Cr含量增多，以更长石-中长石为主
					角闪石科			阳起石	与铬云母及其他含Cr矿物共生
							滑石-叶蜡石族	滑石	
					绿泥石科				
					云母科			金云母	
					硬绿泥石科			珍珠云母	
								硬绿泥石	
				造矿矿物				刚玉	与被珍珠云母交代的斜长石共生
							堇青石族	绿柱石	Cr_2O_3和Sc含量增多，广泛出现祖母绿(绿宝石)
							尖晶石族	金绿宝石	翠绿宝石(clexandrite)发育
								硅铍石	与祖母绿、翠绿宝石共生
			单脉碱性伟晶岩	主要矿物	长石科	碱性长石		微斜长石	钠长石化和方钠石化发育
								钠长石	呈球状体
					似长石科			霞石	广泛发育方钠石化、钠沸石化、微晶钠沸石化，ZrO_2含量高
					辉石科			霓石	放射状和毛发状集合体
				造矿矿物				异性石	与稀土矿物、稀有金属矿物共生
								褐硅钠钛矿	产于长石-霓石带
								闪叶石	密切与褐硅钠钛矿、异性石、霞石和霓石共生
								硅钛钠石	放射状集合体
							磷灰石族	氟磷灰石	Tr和Sr含量高
			交错脉状碱性伟晶岩	主要矿物	长石科			正长石	常与钠长石构成条纹状连晶
								霓石	具有锆石、红钛锰矿、磷灰石包体
				造矿矿物				锆石	Tr和Th含量高
								烧绿石	专属于钠长石化带，与铌钽矿共生
		气成成因	火山喷气					自然硫	在火山物质上呈“雪晶”和细晶出现
							石盐族	石盐	
								钾盐	
								卤砂	
								天然硼酸	

续表

型	亚型	类	亚类	统	科	系列	族	种	
								种名	标型特征
内生成因	岩浆成因	气成成因	夕卡岩	主要矿物			石榴子石族	钙铝榴石-钙铁榴石	
					辉石科			透辉石-钙铁辉石	侵入岩与沉积岩接触带的典型共生组合
					似辉石科			硅灰石	
								符山石	
								方柱石	
				造矿矿物			尖晶石族	磁铁矿	与方柱石、透辉石-钙铁辉石、钙铁榴石-钙铝榴石共生
								锌铁尖晶石	与红锌矿、硅锌矿、方解石共生
								白钨矿	与透辉石-钙铁辉石、钙铁榴石-钙铝榴石共生
								黄铜矿	
								方铅矿	
								闪锌矿	
								红锌矿	与硅锌矿、锌铁尖晶石、方解石共生
					似辉石科			蔷薇辉石	
						硼硅酸盐系列		赛黄晶	专属于钙夕卡岩，与钙铁辉石共生
								硅硼钙石	
								斜方硼镁石	专属于花斑大理岩中的镁夕卡岩
								硼镁铁矿	
			气成				自然碳族	石墨	呈脉状产于岩体中，与白云母共生
					云母科		黑云母族	金云母	与方柱石、方解石共生，在脉中呈带状分布
					辉石科			透辉石	
							磷灰石族	氟磷灰石	
								黄玉	与铁叶云母共生
								绿柱石	
		热液成因	深成热液	石英-硫化物				石英	包裹体的均一温度以400～300℃为主(由热液作用开始的500℃至结束时的50～100℃)。围岩绢云母化，pH=7(作用开始时为弱酸性，结束时为弱碱性)
								毒砂	
								黄铁矿	
								电气石	
								锡石	
								辉钼矿	
								黄铜矿	
								硫砷铜矿	
								白钨矿	

续表

型	亚型	类	亚类	统	科	系列	族	种	
								种名	标型特征
内生成因	岩浆成因	热液成因	深成热液	石英-硫化物				辉铋矿	包裹体的均一温度以400～300℃为主(由热液作用开始的500℃至结束时的50～100℃)。围岩绢云母化，pH=7(作用开始时为弱酸性，结束时为弱碱性)
								晶质铀矿	
								赤铁矿	
								重晶石	
								水晶	
				硫化物建造	镍、钴砷化物和二砷化物科			斜方砷镍矿	
								方钴矿	
					镍、钴砷硫化物科			辉砷镍矿	
								铁硫砷钴矿	
								辉钴矿	
							自然金属族	自然铋	
								自然银	
							黑钨矿族	钨铁矿	
				碳酸盐建造			方解石族	菱铁矿	
								菱镁矿	
							滑石-叶蜡石族		
			火山热液		银硫盐科			脆银矿	专属于年轻火山作用的安山岩-英安岩质岩石与冰长石，玉髓，蛋白石，Ag、Au碲化物和硒化物共生硅化，明矾石化，高岭石化发育自然铜典型产于玄武岩，并与沸石共生萤石与水硅铍石共生冰洲石与暗色岩有关
								硫锑铜银矿	
								深红银矿	
								淡红银矿	
					银、铋硫化物科			辉银矿	
								辉铋矿	
					自然金属科		金银矿族	自然金	
								自然银	
							铜族	自然铜	
					铜、钼硫化物科			硫砷铜矿	
								辉铜矿	
								辉钼矿	
					汞硫化物科			辰砂	
								钠明矾	
								萤石	
							方解石族	冰洲石	

续表

型	亚型	类	亚类	统	科	系列	族	种	
								种名	标型特征
内生成因	岩浆成因	热液成因	远成热液		铜硫化物科			斑铜矿	产于没有岩浆岩的沉积岩区。流体包裹体的均一温度为50～180℃
								黄铜矿	
					铅锌硫化物科			方铅矿	
								闪锌矿	
					砷硫化物科			雄黄	
								雌黄	
					汞锑硫化物科			辰砂	
								辉锑矿	
			火山沉积		黄铁矿科			黄铁矿	产于海底细碧岩-角斑岩和辉绿岩-钠长基斑岩火山岩建造。包裹体的均一温度为60～70℃，围岩绢云母化
								黄铜矿	
					硼矿物科			白硼钙石	产于广泛存在凝灰岩和火山灰的闭流地区，Na、Ca的硼酸盐特别发育
								硼砂	
								硬硼钙石	
								斜方硼砂	
	变质成因		变质改造		高铝矿物科		红柱石族	蓝晶石	产于变质岩。与石英、铁铝榴石、十字石、堇青石、白云母共生
								夕线石	
								红柱石	
					角闪石科	碱性角闪石系列		青铝闪石	以角闪石石棉为特点
								钠闪石	
							自然碳族	石墨	呈分散状态，产于角闪岩相为主的古老变质岩
					铁氧化物科		尖晶石族	磁铁矿	产于古老强烈变质的沉积岩
								赤铁矿	
					锰氧化物科			褐锰矿	
								黑锰矿	
					锰硅酸盐科			钙蔷薇辉石	
								蔷薇辉石	
								硅锰矿	
					铅、锌硫化物科			方铅矿	
								闪锌矿	
			冲击变质		高密度SiO_2变体矿物科			柯石英	专属于陨石坑
								斯石英	
							自然碳族	金刚石	
								六方金刚石	

续表

型	亚型	类	亚类	统	科	系列	族	种	
								种名	标型特征
外生成因		外生水成成因	表生成因	残留分化壳	镍硅酸盐科		蛇纹石族	水硅镁镍石	专属于超基性岩风化壳
								镍蛇纹石	
					褐铁矿科			褐铁矿	与 Ni、Co 次生矿物，Mn 氢氧化物、绿高岭石共生，产于超基性岩风化壳
					锰氧化物科			维尔纳茨基石(vernadite)	与未氧化的菱锰矿、蔷薇辉石一起产出
								硬锰矿	
					铝氧化物科			三水铝石	通常充填在灰岩的喀斯特洼地中，或呈喷出岩的覆盖物产出
							纤铁矿族	一水铝石	
							针铁矿族	硬水铝石	
					原生高岭石科			高岭石	为酸性结晶岩石的覆盖物，含有大量碎屑石英
				淋滤成因	铀、钒矿物科			晶质铀矿	属于含植物化石的石灰质胶结砂岩的典型矿物组合
								水硅铀矿	
								钾钒铀矿	
								钒云母	
								绿硫钒矿	
					铜矿物科			辉铜矿	专属于杂质大陆沉积岩(含铜砂岩)
								铜蓝	
								黄铜矿	
					铁矿物科			菱铁矿	呈雁行状析出物
			沉积成因	机械沉积	砂矿矿物科			自然金	产于沉积为主的松软沉积物
							铂族	自然铂	
								粗铂矿	
							锇铱矿族	亮锇铱矿	
								暗锇铱矿	
							自然碳族	金刚石	
							独居石族	独居石	
								磷钇矿	
							铌钽铁矿族	钛铁矿	
								锆石	
								黑钨矿	

续表

型	亚型	类	亚类	统	科	系列	族	种名	标型特征
外生成因		外生水成成因	沉积成因	化学沉积	卤素建造	盐类矿物系列	石盐族	石盐	含盐层的典型矿物组合
								钾盐	
								光卤石	
								钾盐镁矾	
								芒硝	
								杂卤石	
								硫镁矾	
							矾类	泻利盐	
								白钠镁矾	
								无水钾镁矾	
								硬石膏	
								石膏	
						硼矿物系列		方硼石	
								柱硼镁石	
								硼镁石	
								硼钾镁石	
								水方硼石	
					铁矿物科			褐铁矿	鲕状构造
								鲕绿泥石	
								菱铁矿	
					锰矿物科			硬锰矿	专属于渐新统滨海浅水沉积物
								软锰矿	
								水锰矿	
								菱锰矿	
								含锰方解石	
					铝矿物科			一水铝石	豆状同心构造
								硬水铝石	
								三水铝石	
					铜、锌矿物科			辉铜矿	专属于高盐度封闭和半封闭的水盆地沉积物
								斑铜矿	
								闪锌矿	

续表

型	亚型	类	亚类	统	科	系列	族	种	
								种名	标型特征
外生成因		外生水成成因	沉积成因	生物化学沉积	磷矿物科		磷灰石族	碳酸盐岩磷灰石	与海绿石共生呈结核体产出
							自然非金属元素族	自然硫	与灰岩互层和方解石、重晶石、天青石共生
					钙镁矿物科			方解石	产于巨厚的多矿物为主的海相地层中
								白云石	
宇宙成因					陨石矿物科				
					月岩矿物科				
工艺成因									

四、辉石成因与找矿矿物族

(一)辉石族概述

辉石族矿物在自然界分布很广，广泛产出于岩浆岩和变质岩及其他成因的岩石中，是重要的链状硅酸盐造岩矿物。

辉石的晶体化学通式可以用 $M2M1Z_2O_6$ 表示。其中，按照优先占位顺序，Z 以 Si^{4+}、Al^{3+}为主，偶有 Fe^{3+}、Ti^{4+}、Cr^{3+}等；M1 主要为 Al^{3+}、Fe^{3+}、Ti^{4+}、Cr^{3+}、V^{3+}、Ti^{3+}、Zr^{4+}、Sc^{3+}、Zn^{2+}、Mg^{2+}、Fe^{2+}、Mn^{2+}等；M2 主要为 Mg^{2+}、Fe^{2+}、Mn^{2+}、Li^{+}、Ca^{2+}、Na^{+}等。化学式中 3 类阳离子分别对应结构中 3 种配位体，即[ZO_4]四面体、[$M1O_6$]八面体和[$M2O_6$]畸变八面体或六面体。

辉石族矿物包括斜方和单斜两个亚族。在辉石的晶体结构中，[SiO_4]四面体各以两个角顶与相邻的[SiO_4]四面体共用形成沿 c 轴方向无限延伸的单链，每两个[SiO_4]四面体为一重复周期，记为[Si_2O_6]；链与链之间以[$M1O_6$]八面体和[$M2O_6$]畸变八面体或六面体空隙相连接。M2 阳离子的种类对辉石对称影响很大，M2 主要为 Ca、Na 等大半径阳离子时属单斜晶系，M2 以 Mg、Fe 等半径较小的阳离子为主时多为斜方晶系。

辉石族矿物中各类阳离子的类质同象十分广泛，构成 $Mg_2[Si_2O_6]$-$Fe_2[Si_2O_6]$、$CaMg[Si_2O_6]$-$CaFe[Si_2O_6]$、$NaAl[Si_2O_6]$-$NaFe[Si_2O_6]$等几个完全类质同象系列，其中透辉石、钙铁辉石和普通辉石最为常见，可形成 $Ca_2Si_2O_6$(Wo)-$Mg_2Si_2O_6$(En)-$Fe_2Si_2O_6$(Fs)三元系类质同象固溶体(图 7-1)。目前经国际矿物学会新矿物与矿物命名专业委员会(The International Mineralogical Association，IMA/CNMMN)批准的辉石矿物种共 20 种(1987 年 5 月 20 日批准，IMA 2018 会议文件，Schertl et al.，2018)，见表 7-2。

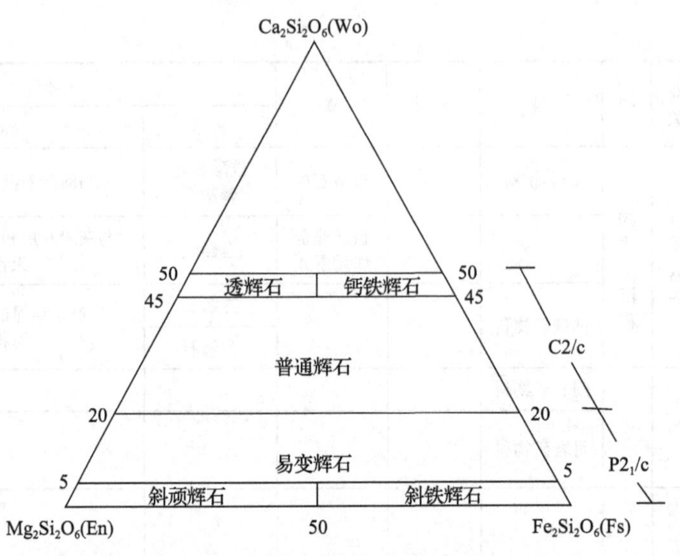

图 7-1　Ca-Mg-Fe 单斜辉石矿物种名称及其成分空间(Morimoto et al.，1988)

表 7-2　辉石族矿物种名称及化学分组(Morimoto et al.，1988)

化学分组	矿物种名称	端元矿物成分	固溶体矿物主要成分	空间群
Mg-Fe 辉石组	**顽火辉石(En)**	$Mg_2[Si_2O_6]$	$(Mg,Fe)_2[Si_2O_6]$	Pbca
	铁辉石(Fs)	$Fe^{2+}_2[Si_2O_6]$		
	斜顽辉石		$(Mg,Fe)_2[Si_2O_6]$	$P2_1/c$
	斜铁辉石			
	易变辉石		$(Mn,Mg,Ca)_2[Si_2O_6]$	$P2_1/c$
Mn-Mg 辉石组	直锰辉石	$Mn^{2+}Mg[Si_2O_6]$	$(Mn^{2+},Mg)Mg[Si_2O_6]$	Pbca
	斜锰辉石			$P2_1/c$
Ca 辉石组	**透辉石(Di)**	$CaMg[Si_2O_6]$	$Ca(Mg,Fe)[Si_2O_6]$	C2/c
	钙铁辉石(Hd)	$CaFe^{2+}[Si_2O_6]$		
	普通辉石		$(Ca,Mg,Fe)_2[Si_2O_6]$	C2/c
	钙锰辉石(Jo)	$CaMn^{2+}[Si_2O_6]$		C2/c
	钙锌辉石(Pe)	$CaZn[Si_2O_6]$		
	钙高铁辉石(Es)	$CaFe^{3+}[AlSiO_6]$		
Ca-Na 辉石组	绿辉石		$(Ca,Na)(R^{2+},Al)[Si_2O_6]$	C2/c,P2/n
	霓辉石		$(Ca,Na)(R^{2+},Fe^{3+})[Si_2O_6]$	C2/c
	硬玉(Jd)	$NaAl[Si_2O_6]$	$Na(Al,Fe^{3+})[Si_2O_6]$	C2/c
Na 辉石组	**霓石(Ae)**	$NaFe^{3+}[Si_2O_6]$		
	钠铬辉石(Ko)	$NaCr^{3+}[Si_2O_6]$		
	钪霓石(Je)	$NaSc^{3+}[Si_2O_6]$		
Li 辉石组	**锂辉石(Sp)**	$LiAl[Si_2O_6]$		C2/c

粗体表示端元矿物。

辉石族矿物的晶体结构特征决定了辉石晶体均呈平行于$[Si_2O_6]$链延伸方向的柱状晶形，横截面为假正方形或八边形，并且发育平行于单链延伸方向的{210}或{110}解理，解理夹角为87°和93°(图7-2)。本族矿物的颜色随成分而异，含Fe、Ti、Mn者颜色较深，且随Fe含量的增高而加深，具玻璃光泽。辉石族矿物的硬度为5～6，相对密度中等。

(a) 透辉石的两组近正交解理(单偏光)

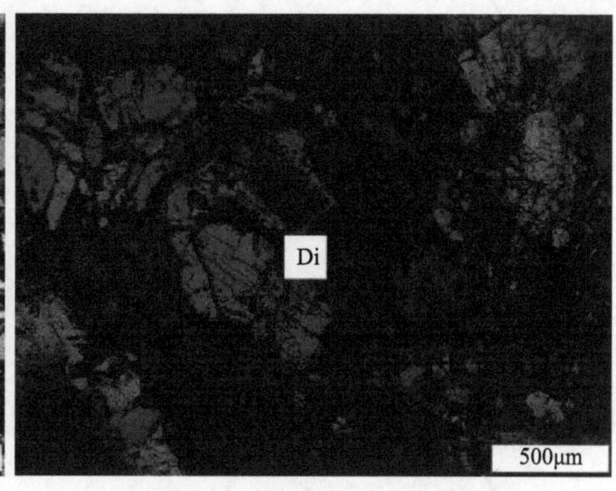

(b) 透辉石的两组近正交解理(正交偏光)

图7-2　透辉石(Di)的镜下解理特征

(二)辉石对夕卡岩型矿种的标识

辉石作为重要的夕卡岩矿物主要出现在成矿前期的夕卡岩阶段，对不同夕卡岩型金属矿床的矿化类型具有重要指示意义(赵一鸣，2002；赵欣鑫，2017)。以下根据最近对我国典型夕卡岩型铁、金、铅锌、铜、钨等几类矿床中辉石矿物的测试与统计数据，分析辉石的种类、辉石中主量元素和微量元素与夕卡岩型矿种的相互关系，揭示辉石族矿物在夕卡岩型矿床找矿中的作用。

1. 辉石种类(端元组分)

夕卡岩由中酸性侵入岩与富钙岩石交代而成，其辉石也以富钙为特征。因此，以钙辉石组中3个端元矿物透辉石(Di)、钙铁辉石(Hd)和钙锰辉石(Jo)构筑三元分区图，将与不同矿化有关的夕卡岩中辉石的端元成分分析计算结果投点于图中，可得图7-3所示的各矿种辉石三端元成分空间。

由图7-3可以看出，与不同矿化有关夕卡岩中的辉石多属透辉石(Di)-钙铁辉石(Hd)-钙锰辉石(Jo)三端元类质同象固溶体。其中，夕卡岩型金、铜矿中的辉石以透辉石为主，含少量钙铁辉石分子，几乎无钙锰辉石分子。大多数铁矿如河北邯邢铁矿、湖北大冶铁矿及山东张家洼铁矿，其辉石与金矿辉石一致，但福建马坑铁矿却出现大量钙铁辉石和部分钙锰辉石分子。典型的夕卡岩型钼矿、铅锌矿和钨锡多金属矿床中的辉石以钙铁辉石为主并含较高的钙锰辉石分子。这一规律与世界夕卡岩型金属矿床的辉石种

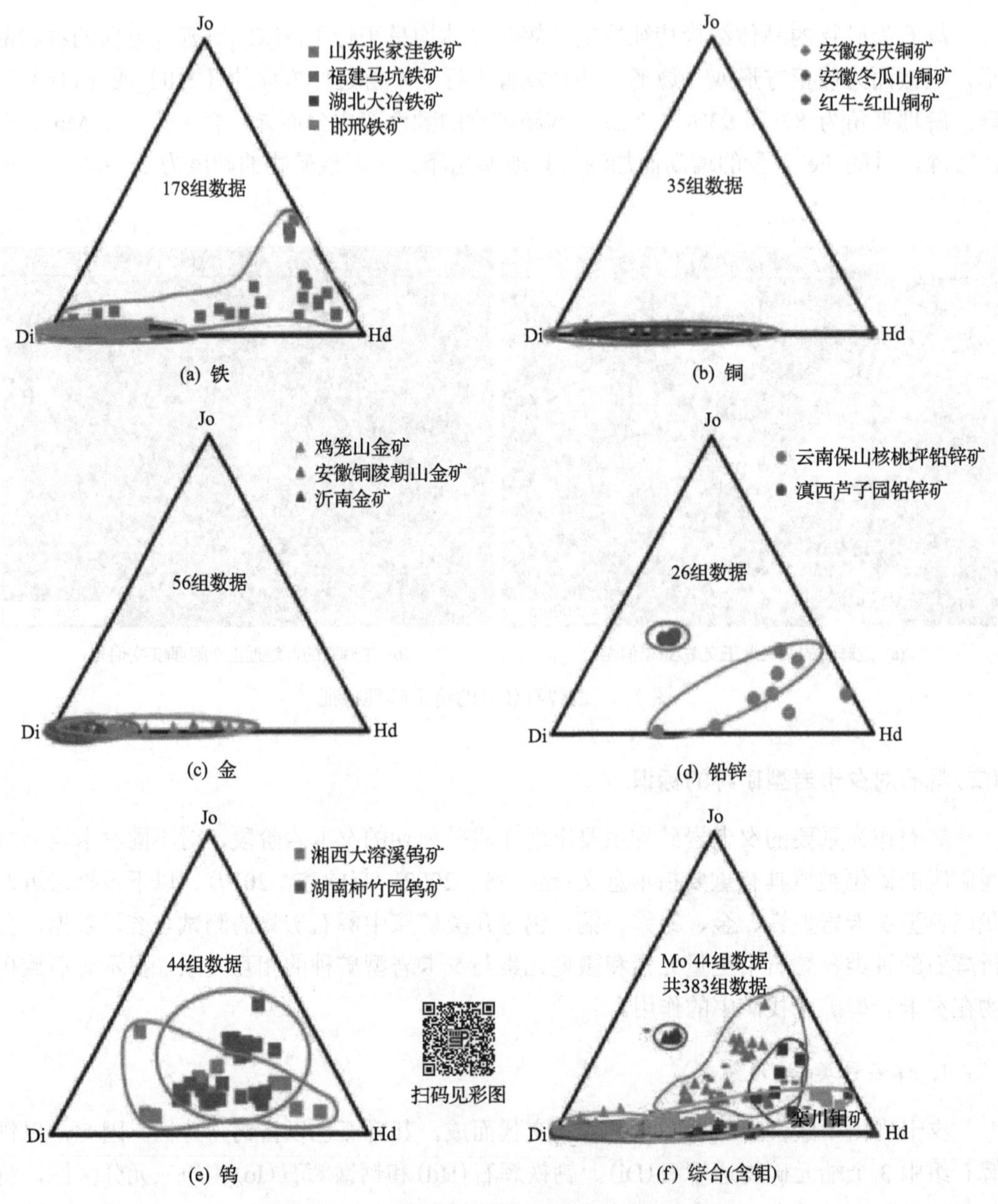

图 7-3　夕卡岩型矿床中辉石端元组分三角图解

共统计 383 组数据

属特征相一致。据流体包裹体测温，钙质夕卡岩和镁质夕卡岩的形成温度一般为 450～650℃，而锰质夕卡岩的形成温度通常为 200～450℃(赵一鸣等，1997)，这间接反映了驱动金、铜、铁等元素富集成矿的流体来自较深源高温区，而驱动 Mo、Pb-Zn 和 W-Sn 等元素富集成矿的流体来自较浅较低温区。上述结果在一定程度上反映了夕卡岩型金属矿化过程不仅与矿质的深部物源有关，也是成矿流体与围岩建造中各阳离子组分交换平衡的结果。

2. 辉石主量元素

在钙辉石中，主量元素 Ca、Mg、Fe 和 Mn 是其结构中 3 个不等效阳离子位置的主要类质同象组分，其中大半径的 Ca^{2+} 占据 M2 位，而半径较小的 Mg^{2+}、Fe^{2+} 占据 M1 位，Mn^{2+} 的离子半径大于 Mg^{2+}、Fe^{2+}，也能部分替代 M2 位（Shannon and Prewitt，1969）。这些元素间的相互替代与成矿物源、成矿过程和成矿条件具有密切联系，能够提供重要的成因和找矿信息。

6 种夕卡岩型矿床中的辉石 Mg/Fe-Mn/Fe 相关关系图解（图 7-4）显示出两种不同趋势，Fe、Au、Cu 矿床中辉石的 Mn/Fe 值多低于 0.1，Mg/Fe 值分布范围较广而普遍较高，Au 矿中高 Mg/Fe 值表现更为明显；相对而言，Mo、Pb-Zn 及 W-Sn 多金属矿床中辉石以 Mn/Fe 值偏高、低 Mg/Fe 值为主要特征，Mn/Fe 多大于 0.1，其中 Pb-Zn 矿床中辉石 Mn/Fe 值更高，而 Mg/Fe 多小于 1。这与不同金属夕卡岩型矿床有关的辉石端元组分图解所得结果具有相应性。

在夕卡岩型矿床中，钙辉石组的钙锌辉石（Pe）和钙高铁辉石（Es）较少出现，作为类质同象组分占据 M1 位的锌和高价铁含量也普遍较低（Nakano，1994）。在钙辉石 FeOt-MgO 含量相关关系图解（图 7-5）中，夕卡岩型矿床中钙辉石的全铁 FeOt 与 MgO 含量呈现良好的负相关关系，说明钙辉石中主要发育 Mg-Fe 类质同象代换，且以 $Mg \rightleftharpoons Fe^{2+}$ 替代为主。在辉石完全或近完全的 Mg-Fe 固溶体系列中，富 Mg 端元的结晶温度高于富 Fe 端元，因此辉石成分中 FeOt-MgO 成分关系可作为判断辉石矿物结晶温度相对高低的间接标志（图 7-6）（Deer et al.，1978）。夕卡岩型 Cu、Au、W 矿床和部分 Fe 矿床早期夕卡岩阶段形成的辉石富 Mg，结晶温度较高；而在大部分 Pb-Zn 矿床中，辉石富 Fe，形成温度较低。

对钙辉石含镁度［Mg/（Mg+Fe+Mn）］的研究表明，与 Fe、Au、Cu 矿化有关的辉石含镁度较高，一般在 0.7 以上，与 Au 矿化有关的辉石含镁度可达 0.85；与 Pb-Zn、W、Mo 矿化有关的辉石含镁度较低，一般不高于 0.5（图 7-7）。钙辉石主量元素 Mg、Fe、Mn 与成矿流体中 Mg、Fe、Mn 的含量呈线性相关（Nakano，1991），钙辉石含镁度可以指示成矿前期流体的化学成分。

3. 辉石 Zn 含量

夕卡岩型矿床中辉石的 Zn 含量相对稳定且随不同矿化类型呈有规律的变化（Nakano，1991）。与 Cu-Fe 矿化有关的辉石 Zn 含量范围在 50～450ppm，多小于 200ppm；与 Pb-Zn 矿化有关的辉石中 Zn 含量介于 150～500ppm，多大于 200ppm；而 W-Sn 多金属矿床中辉石 Zn 含量普遍较高且变化范围广泛。

对于 Pb-Zn 矿化而言，闪锌矿的大量沉淀往往取决于特定的成矿条件而非热液流体中 Zn 的含量，在早期辉石形成到较晚阶段铅锌矿化过程中，成矿流体中 Fe^{2+}、Mn^{2+}、Zn 的组分并不一定发生较大变化，反而可能是温度和氧逸度的改变、流体中络合物的种类对于闪锌矿的沉淀富集具有决定性作用。因此，与矿化有关的辉石中 Zn 含量较稳定地反映了成矿流体中 Zn 的含量，辉石中较高含量的 Zn 可作为夕卡岩型 Pb-Zn 成矿专属性标志。

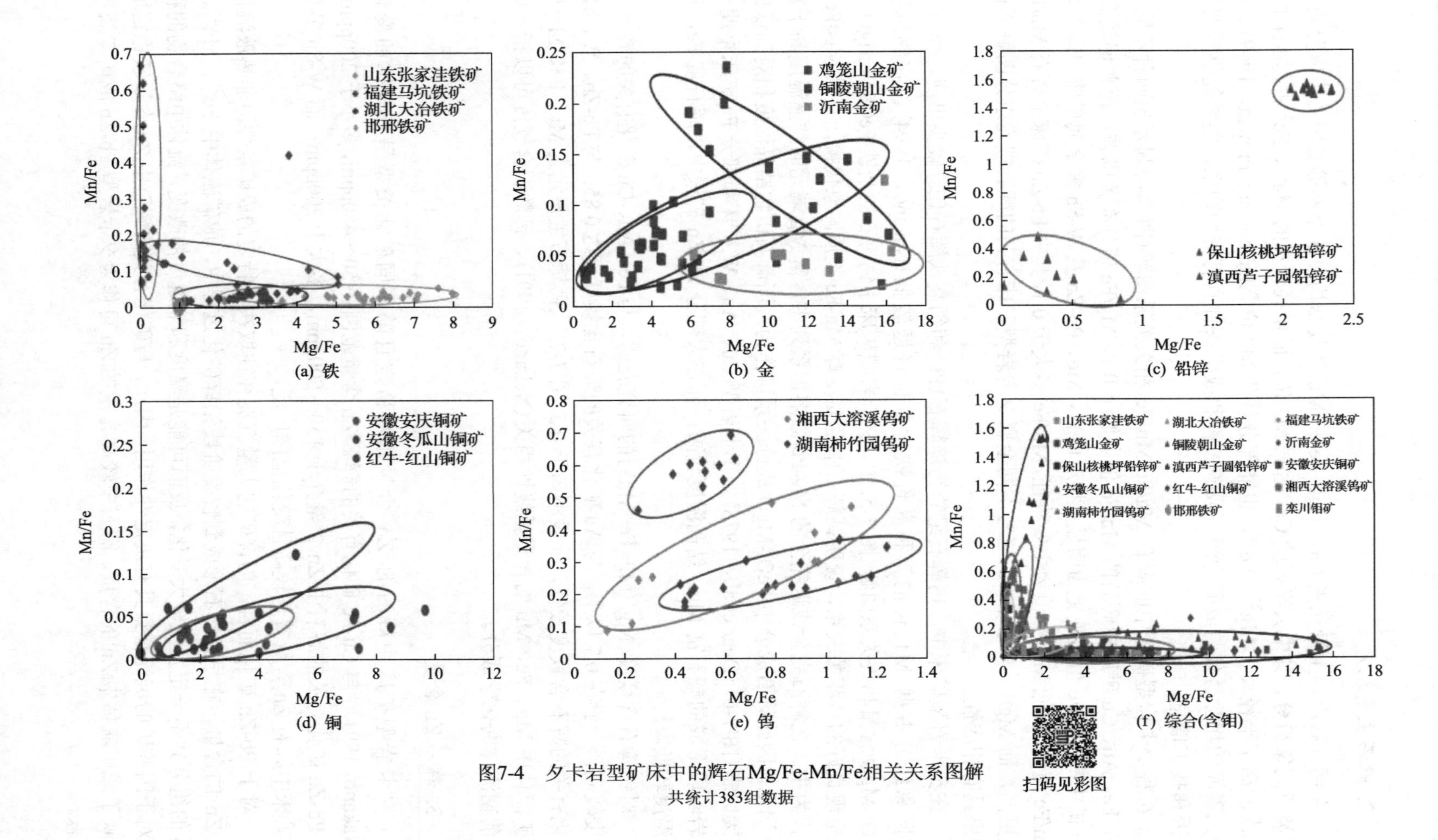

图7-4　夕卡岩型矿床中的辉石Mg/Fe-Mn/Fe相关关系图解

共统计383组数据

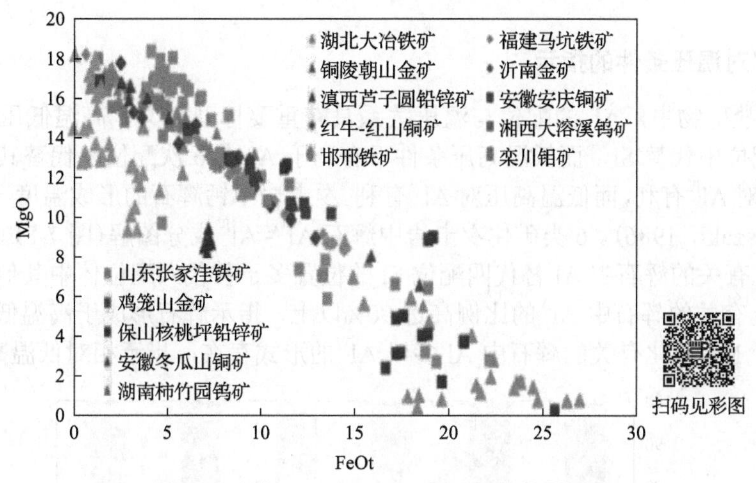

图 7-5　钙辉石 FeOt-MgO 含量相关关系图解

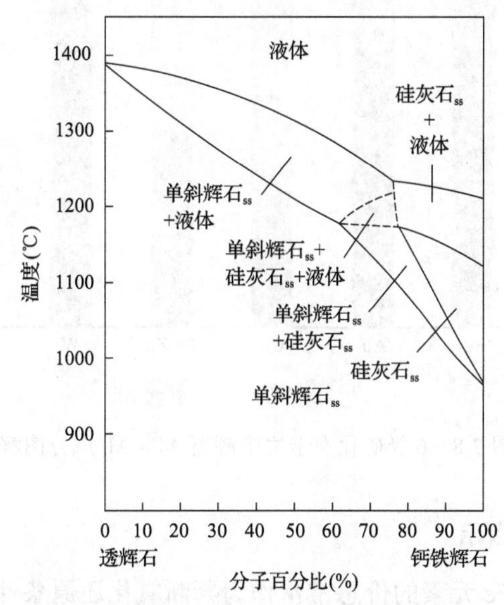

图 7-6　透辉石 Di-钙铁辉石 Hd 固溶体结晶温度（Nelson，2011）

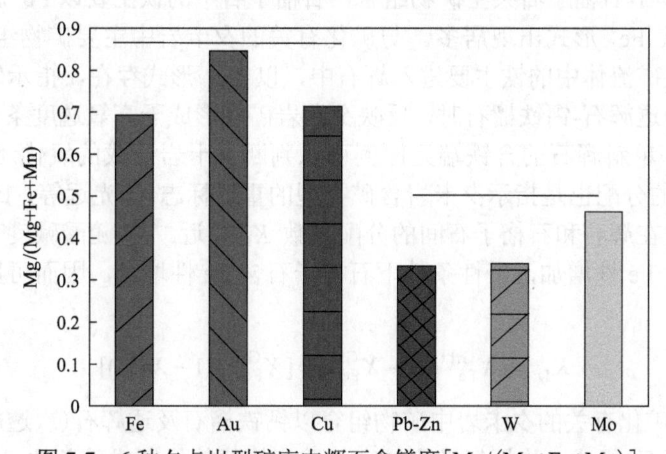

图 7-7　6 种夕卡岩型矿床中辉石含镁度［Mg/(Mg+Fe+Mn)］

(三) Al^{VI}-Al^{IV}对温压条件的指示

在硅酸盐矿物中，Al 的配位与温压关系具有重要标型意义，高温低压条件有利于 Al 在 4 次配位中代替 Si，而低温高压条件下有利于 Al 在 6 次配位中代替其他阳离子，即高温低压对 Al^{IV}有利，而低温高压对 Al^{VI}有利。夕卡岩中钙辉石的形成温度一般为 300～500℃(Shimazaki，1986)。6 类矿化夕卡岩中辉石 Al^{VI}- Al^{IV}成分图解(图 7-8)显示：与 Fe、Au、W 矿化有关的辉石中 Al 替代四配位 Si 的位置多于替代六配位体中其他阳离子，其中与 W 矿化有关的辉石中 Al^{IV}的比例高达 90%以上，指示辉石形成于高温低压条件；与 Cu、Pb-Zn、Mo 矿化有关的辉石中 Al 多以 Al^{VI}的形式存在，指示相对低温高压条件。

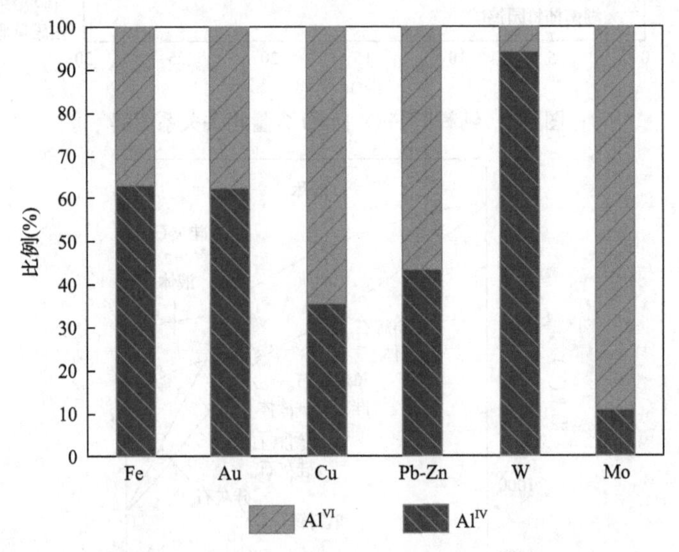

图 7-8　6 类矿化夕卡岩中辉石 Al^{VI}- Al^{IV}成分图解

(四) 对氧逸度及酸度的指示

矿物种属、矿物中 Fe 元素的价态常常作为判断氧化还原条件的标志。与成矿有关的夕卡岩中常见辉石-石榴子石共生矿物组合，石榴子石中的铁主要以 Fe^{3+}形式出现，而单斜辉石中的铁以 Fe^{2+}形式出现居多。与矿化有关的夕卡岩中主要矿物组合为钙铁辉石-钙铝榴石时，成矿流体中的铁主要进入辉石中，以 Fe^{2+}形式存在，指示较还原的环境；主要矿物组合为透辉石-钙铁榴石时，反映夕卡岩矿物形成于高氧逸度条件，故根据夕卡岩中石榴子石和单斜辉石的含铁端元比例可以判断夕卡岩形成的氧化还原条件。辉石-石榴子石间 Fe 的分配也是指示夕卡岩含矿类型的重要标志(陈光远等，1988)。含矿性相同的夕卡岩，铁在辉石和石榴子石间的分配系数 K_D 相近。K_D 随酸碱度变化而变化，酸性条件下辉石含 Fe 性增加，碱性条件下石榴子石含 Fe 性增加，因而可用来指示成矿环境酸碱度：

$$K_{D} = [X_{Fe}^{Grt} / (1 - X_{Fe}^{Grt})] / [X_{Fe}^{Grt} / (1 - X_{Fe}^{Grt})]$$

与 Fe、Cu 矿化有关的夕卡岩中矿物组合以钙铁榴石及透辉石(次透辉石，此名称已废除，统称透辉石)组成，指示氧逸度较高、酸度较低的早期成矿条件；与 W、Mo 矿化有关的矿物组合主要为钙铁辉石-钙铝榴石，指示氧逸度低、酸度较高的早期成矿环境。

(五)对岩浆化学性质的指示

辉石作为重要的夕卡岩矿物，系由岩浆溶液所携带的物质与高钙围岩中的物质交互作用而成，其化学特征在一定程度上可以用来指示母岩浆的化学性质，在夕卡岩型金属矿床中存在着明显的岩浆岩和交代建造的成矿专属性(赵一鸣等，1997)。与 Au、Fe 成矿有关夕卡岩中辉石的 Al_2O_3 含量普遍偏高，与 Mo、Pb-Zn、Cu、W 成矿有关夕卡岩中辉石的 Al_2O_3 含量普遍偏低。

单斜辉石中 Si 是否饱和是控制 Al 取代 Si 的主要因素，在硅过饱和的情况下 Al^{IV}取代 Si 的数量明显不及硅不饱和的碱性岩中多，因此碱性或过碱性的岩浆岩通常具有高 Al 低 Si 的特征，而亚碱性岩浆岩中 Si 含量较高而 Al 含量较低，这与图 7-9 所示的结果大体一致。与金矿、铜矿、钨矿、钼矿、铅锌矿、邯邢及山东张家洼铁矿有关夕卡岩中辉石 Al_2O_3-SiO_2 投点绝大多数处于亚碱性岩区域内，但湖北大冶铁矿和福建马坑铁矿的辉石部分处于碱性岩区(图 7-9)。夕卡岩型金属矿床中辉石的 Al_2O_3、SiO_2 含量可以作为判别成矿母岩浆碱度的成分标识。

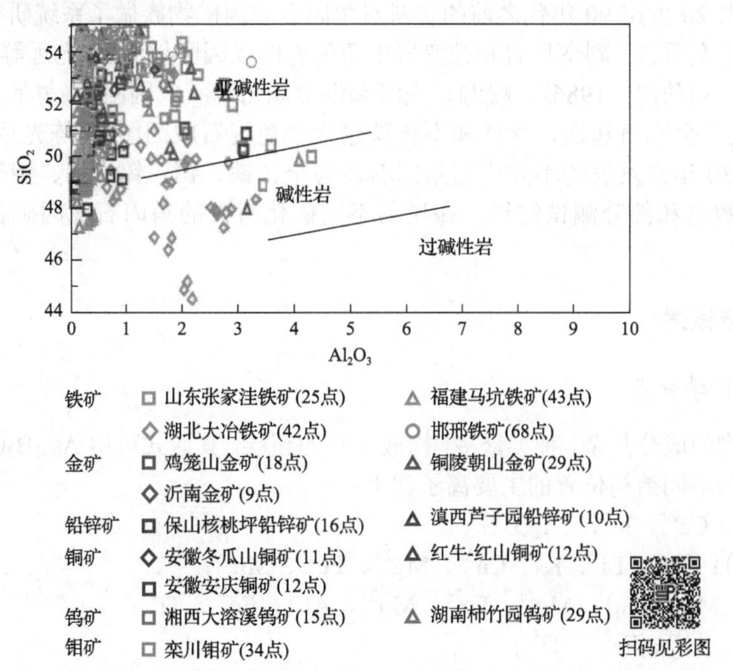

图 7-9 单斜辉石 Al_2O_3-SiO_2 全岩碱度判别图解(底图据 Nisbet and Pearce，1977)

(六)小结

夕卡岩型矿床因其成矿地质背景、侵入岩类型、成矿条件与过程等不同，造成金属矿化类型和其他地球化学特征差异，而钙辉石作为重要的夕卡岩矿物，通常以透辉石-钙铁辉石-钙锰辉石类质同象固溶体出现，与金属矿化息息相关，具有重要的标型意义。

(1)依 Fe→Au→Cu→Mo→Pb→Zn→W 矿化顺序，辉石中锰钙辉石(Jo)含量略有增加。与 Fe、Cu、Au 矿化有关的辉石富透辉石贫钙铁辉石、钙锰辉石，辉石含镁度较高，成矿流体相对富 Mg；与 Mo、Pb-Zn、W-Sn 多金属矿化有关的辉石含较高的钙锰辉石和钙铁辉石分子。辉石 Mn/Fe 值较高可作为夕卡岩型铅锌矿床重要的找矿标志。与矿化有关的辉石 Zn 含量较稳定地反映了成矿流体中 Zn 的含量，辉石中较高含量的 Zn 可作为 Pb-Zn 成矿偏在性的标识特征。

(2) 与 Fe、Cu 矿化有关的夕卡岩中矿物组合以含铁较高的钙铁榴石及(次透辉石)透辉石组成，指示氧逸度较高、酸度较低的早期成矿条件；与 W、Mo 矿化有关的矿物组合主要为钙铁辉石-钙铝榴石，指示氧逸度低、酸度较高的早期成矿环境。

(3) 与不同矿化类型有关的岩浆岩大多为亚碱性系列，其中与 Au、Fe 成矿有关的辉石中 Al_2O_3 含量普遍偏高，与 Pb-Zn、Cu、W 成矿有关的辉石中 Al_2O_3 含量偏低。

五、角闪石成因与找矿矿物族

角闪石广泛产出于多种岩浆岩、变质岩、热液脉和蚀变岩中，其结构中不等效位置较多，相应地可以呈类质同象置换的金属元素组也较多，能提供的成因和找矿信息更丰富。

前人根据 20 世纪 90 年代之前的资料对角闪石成因矿物族做了系统研究，提出了各类岩浆岩及正变质岩、副变质岩和蚀变岩中角闪岩的成因区划图(陈光远等，1988；薛君治等，1991；刘劲鸿，1986)，幔源、壳源和混合源角闪石成因图解(姜常义和安三元，1984)，以及含金刚石建造、含铁和不含铁建造中角闪石成因图解(陈光远等，1988)。以下综合近 30 年来发表的不同成因角闪石及与金、铁、铜、钨、锡、钼等矿床有关角闪石的相关数据和部分测试结果，探讨与不同矿化有关的角闪石成因矿物学特征及其成因图解。

(一) 角闪石族概述

1. 晶体化学分类

本族矿物的成分复杂，种类繁多，构成少有的超族。其通式可用 $A_{0\sim1}B_2C^{VI}{}_5T^{IV}{}_8O_{22}W_2$ 表示，可进入不同结构位置的主要离子如下：

A：Na^+、Ca^{2+}、K^+、$(H_2O)^+$；

B (=M_{IV})：Na^+、Li^+、K^+、Ca^{2+}、Mg^{2+}、Fe^{2+}、Mn^{2+}；

C (=M_I、M_{II}、M_{III})：Mg^{2+}、Fe^{2+}、Mn^{2+}、Al^{3+}、Fe^{3+}、Ti^{4+}；

T：Si^{4+}、Al^{3+}、Fe^{3+}、Ti^{4+}；

W：OH^-，常被 F^-、Cl^-代替，氧逸度及温度高时也可被 O^{2-}代替。

M_{IV} 位阳离子种类和数量变化可引起晶系、对称型、空间群和种属的变化。

角闪石的晶体化学分类是由 Leake(1978) 首先提出的，并于 1997 年和 2004 年 2 次进行修正补充，在世界范围内得到广泛运用。Leake 根据 M_{IV} 位中的 Na^+、Ca^{2+}、Mg^{2+}、Fe^{2+}、Mn^{2+}、Li^+含量将角闪石超族分为 4 个族：镁铁锰(锂)角闪石族、钙角闪石族、钠钙角闪石族、钠角闪石族，然后根据 Si、Mg/(Fe^{2+}+Mg) 及其他特征元素的原子数做进一步划分(表 7-3)。

表 7-3 角闪石晶体化学分类及端元矿物(Leake, 1978, 1997；Leake, et al., 2004)

分类	定义	晶系	系列	通式	端元矿物	分子式
镁铁锰(锂)角闪石族	标准分子式中 $(Ca+Na)_B<1.00$，$(Mg, Fe, Mn, Li)_B \geq 1.00$	斜方晶系	直闪石系列	$Na_xLi_z(Mg, Fe^{2+}, Mn)_{7-y-z}Al_y(Si_{8-x-y+z}Al_{x+y-z})O_{22}(OH, F, Cl)_2$，其中，$Si>7.00$，$Li<1.00$	直闪石	$\square Mg_7Si_7AlO_{22}(OH)_2$
					铁直闪石	$\square Fe^{2+}{}_7Si_7AlO_{22}(OH)_2$
					钠直闪石	$NaMg_7Si_7AlO_{22}(OH)_2$
					钠铁直闪石	$NaFe^{2+}{}_7Si_7AlO_{22}(OH)_2$
			铝直闪石系列	$Na_xLi_z(Mg, Fe^{2+}, Mn)_{7-y-z}Al_y(Si_{8-x-y+z}Al_{x+y-z})O_{22}(OH, F, Cl)_2$，其中，$Li<1.00, (y-z)\geq 1.00, Si<7.00$	铝直闪石	$\square Mg_5Al_2Si_6Al_2O_{22}(OH)_2$
					铁铝直闪石	$\square Fe^{2+}{}_5Al_2Si_6Al_2O_{22}(OH)_2$
					钠铝直闪石	$NaMg_5AlSi_6Al_2O_{22}(OH)_2$
					钠铁铝直闪石	$NaFe^{2+}{}_6AlSi_6Al_2O_{22}(OH)_2$
			锂闪石系列	$\square[Li_2(Mg, Fe^{2+})_3(Fe^{3+}, Al)_2]Si_8O_{22}(OH, F, Cl)_2$，其中，$Li\geq 1.00$	锂闪石	$\square(Li_2Mg_3Al_2)Si_8O_{22}(OH)_2$
					铁锂闪石	$\square(Li_2Fe^{2+}{}_3Al_2)Si_8O_{22}(OH)_2$
		单斜晶系	镁闪石-铁闪石系列	$\square(Mg, Fe^{2+}, Mn, Li)_7Si_8O_{22}(OH)_2$，其中，$Li<1.00$	镁闪石	$\square Mg_7Si_8O_{22}(OH)_2$
					铁闪石	$\square Fe^{2+}{}_7Si_8O_{22}(OH)_2$
					锰镁闪石	$\square Mn_2Mg_5Si_8O_{22}(OH)_2$
					富锰铁闪石	$\square Mn_4Fe^{2+}{}_3Si_8O_{22}(OH)_2$
					锰铁闪石	$\square Mn_2Fe^{2+}{}_5Si_8O_{22}(OH)_2$
			斜锂闪石系列	$\square[Li_2(Mg, Fe^{2+}, Mn)_3(Fe^{3+}, Al)_2]Si_8O_{22}(OH, F, Cl)_2$，其中，$Li\geq 1.00$	斜锂闪石	$\square(Li_2Mg_3Al_2)Si_8O_{22}(OH)_2$
					斜铁锂闪石	$\square(Li_2Fe^{2+}{}_3Al_2)Si_8O_{22}(OH)_2$
					高铁斜锂闪石	$\square(Li_2Mg_3Fe^{3+}{}_2)Si_8O_{22}(OH)_2$
					高铁斜铁锂闪石	$\square(Li_2Fe^{2+}{}_3Fe^{3+}{}_2)Si_8O_{22}(OH)_2$

续表

分类	定义	晶系	系列	通式	端元矿物	分子式
钙角闪石族	标准分子式中 $(Ca+Na)_B \geq 1.00$，并且 Na_B 在 0.50～1.50，通常 $Ca_B \geq 1.50$	单斜晶系		B 位全部被 Ca 占据	透闪石	$Ca_2Mg_5Si_8O_{22}(OH)_2$
					铁阳起石	$Ca_2Fe^{2+}{}_5Si_8O_{22}(OH)_2$
					浅闪石	$NaCa_2Mg_5Si_7AlO_{22}(OH)_2$
					铁浅闪石	$NaCa_2Fe^{2+}{}_5Si_7AlO_{22}(OH)_2$
					韭闪石	$NaCa_2(Mg_4Al)Si_6Al_2O_{22}(OH)_2$
					铁韭闪石	$NaCa_2(Fe^{2+}{}_4Al)Si_6Al_2O_{22}(OH)_2$
					镁绿钙闪石	$NaCa_2(Mg_4Fe^{3+})Si_6Al_2O_{22}(OH)_2$
					绿钙闪石	$NaCa_2(Fe^{2+}{}_4Fe^{3+})Si_6Al_2O_{22}(OH)_2$
					镁钙闪石	□$Ca_2(Mg_3AlFe^{3+})Si_6Al_2O_{22}(OH)_2$
					铁镁钙闪石	□$Ca_2(Fe^{2+}{}_3AlFe^{3+})Si_6Al_2O_{22}(OH)_2$
					铝-铁镁钙闪石	□$Ca_2(Fe^{2+}{}_3Al_2)Si_6Al_2O_{22}(OH)_2$
					高铁-镁钙闪石	□$Ca_2(Mg_3Fe^{3+}{}_2)Si_6Al_2O_{22}(OH)_2$
					高铁-铁钙闪石	□$Ca_2(Fe^{2+}{}_3Fe^{3+}{}_2)Si_6Al_2O_{22}(OH)_2$
					Magnesiosadanagaite	□$Ca_2[Mg_3(Fe^{3+},Al)_2]Si_5Al_3O_{22}(OH)_2$
					Sadanagaite	□$Ca_2[Fe^{2+}{}_3(Fe^{3+},Al)_2]Si_5Al_3O_{22}(OH)_2$
					镁角闪石	□$Ca_2[Mg_4(Al,Fe^{3+})_2]Si_7AlO_{22}(OH)_2$
					铁角闪石	□$Ca_2[Fe^{2+}{}_4(Al,Fe^{3+})_2]Si_7AlO_{22}(OH)_2$
					钛闪石	$NaCa_2(Mg_4Ti)Si_6Al_2O_{23}(OH)$
					铁钛闪石	$NaCa_2(Fe^{2+}{}_4Ti)Si_6Al_2O_{23}(OH)$
					Canniloite	$CaCa_2(Mg_4Al)Si_5Al_3O_{22}(OH)_2$
钠钙角闪石族	标准分子式中 $(Ca+Na)_B \geq 1.00$ 且 $0.50 < Na_B < 1.50$	单斜晶系		B 位全部被(NaCa)占据，其中 Na：Ca=1：1	钠透闪石	$Na(CaNa)Mg_5Si_8O_{22}(OH)_2$
					铁钠透闪石	$Na(CaNa)Fe^{2+}{}_5Si_8O_{22}(OH)_2$
					蓝透闪石	$Na(CaNa)Mg_4(Al,Fe^{3+})Si_8O_{22}(OH)_2$
					铁蓝透闪石	□$(CaNa)Fe^{2+}{}_4(Al,Fe^{3+})Si_8O_{22}(OH)_2$
					冻蓝闪石	□$(CaNa)Mg_3AlFe^{3+}Si_7AlO_{22}(OH)_2$
					铁冻蓝闪石	□$(CaNa)Fe^{2+}{}_3AlFe^{3+}Si_7AlO_{22}(OH)_2$
					铝冻蓝闪石	□$(CaNa)Mg_3Al_2Si_7AlO_{22}(OH)_2$

续表

分类	定义	晶系	系列	通式	端元矿物	分子式
钠钙角闪石族	标准分子式中 $(Ca+Na)_B \geq 1.00$ 且 $0.50 < Na_B < 1.50$	单斜晶系		B 位全部被(NaCa)占据，其中 Na：Ca=1：1	铝-铁冻蓝闪石	$\square(CaNa)Fe^{2+}_3Al_2Si_7AlO_{22}(OH)_2$
					高铁-冻蓝闪石	$\square(CaNa)Mg_3Fe^{3+}_2Si_7AlO_{22}(OH)_2$
					高铁-铁冻蓝闪石	$\square(CaNa)Fe^{2+}_3Fe^{3+}_2Si_7AlO_{22}(OH)_2$
					镁红闪石	$Na(CaNa)Mg_4(Al, Fe^{3+})Si_7AlO_{22}(OH)_2$
					红闪石	$Na(CaNa)Fe^{2+}_4(Al, Fe^{3+})Si_7AlO_{22}(OH)_2$
					镁绿闪石	$Na(CaNa)Mg_3AlFe^{3+}Si_6Al_2O_{22}(OH)_2$
					绿闪石	$Na(CaNa)Fe^{2+}_3AlFe^{3+}Si_6Al_2O_{22}(OH)_2$
					铝-镁绿闪石	$Na(CaNa)Mg_3Al_2Si_6Al_2O_{22}(OH)_2$
					铝绿闪石	$Na(CaNa)Fe^{2+}_3Al_2Si_6Al_2O_{22}(OH)_2$
					高铁-镁绿闪石	$Na(CaNa)Mg_3Fe^{3+}_2Si_6Al_2O_{22}(OH)_2$
					高铁绿闪石	$Na(CaNa)Fe^{2+}_3Fe^{3+}_2Si_6Al_2O_{22}(OH)_2$
钠角闪石族	标准分子式中 $Na_B \geq 1.50$	单斜晶系		B 位全部被 Na 占据	蓝闪石	$\square Na_2(Mg_3Al_2)Si_8O_{22}(OH)_2$
					铁蓝闪石	$\square Na_2(Fe^{2+}_3Al_2)Si_8O_{22}(OH)_2$
					镁钠闪石	$\square Na_2(Mg_3Fe^{3+}_2)Si_8O_{22}(OH)_2$
					钠闪石	$\square Na_2(Fe^{2+}_3Fe^{3+}_2)Si_8O_{22}(OH)_2$

表格中的 Magnesiosadanagaite、Sadanagaite、Canniloite 暂缺中文译名；分子式中的“□”代表空位。

2. 结构类型

角闪石族矿物晶体结构见图 7-10 所示，其特点为 Si-O 四面体以角顶相连组成平行 c 轴的双链，络阴离子根以$[Si_8O_{22}]^{12-}$表示。双链间的 C 类阳离子 M_I、M_{II}和 M_{III}与双链中的活性氧及(OH, F)$^-$离子组成平行 c 轴延伸的配位八面体。B 类阳离子位于上述链带的两侧，其位置以 M_{IV}表示。此外，在相背的双链间分布着与 c 轴平行的连续且较宽大的孔隙，被 A 类阳离子充填。

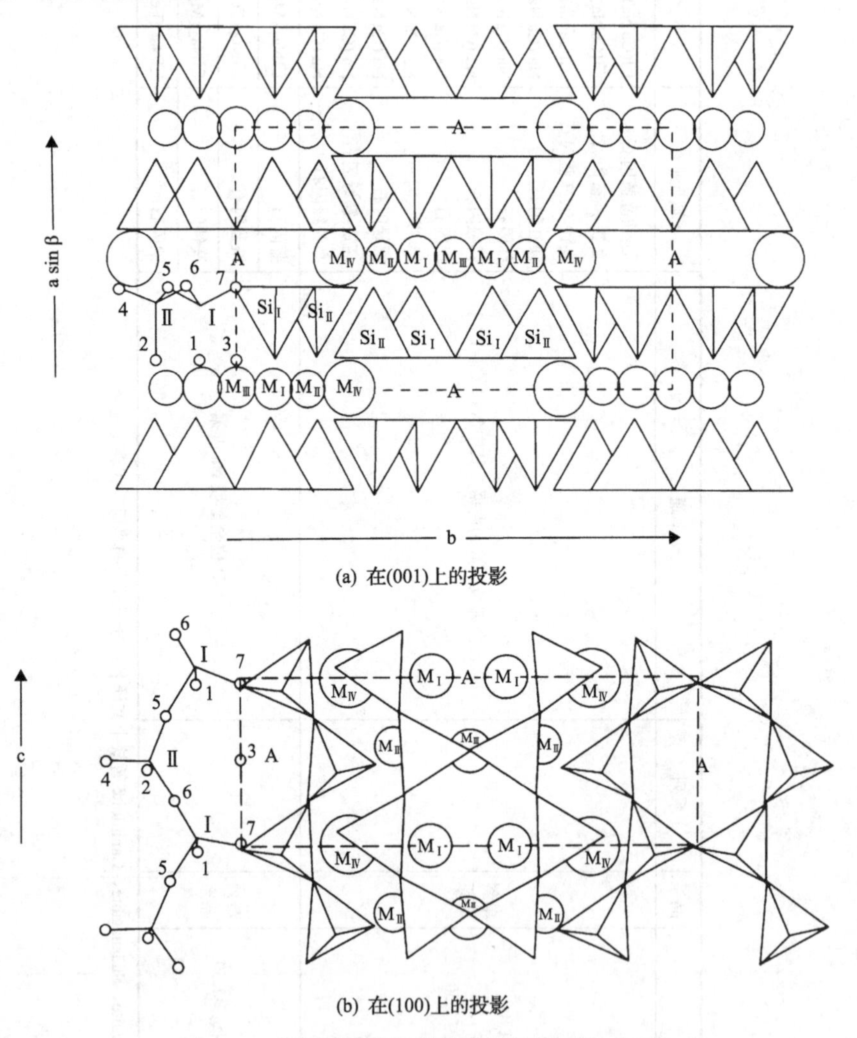

(a) 在(001)上的投影

(b) 在(100)上的投影

图 7-10　角闪石族矿物晶体结构(王璞等，1984)

M_{IV}位的阳离子位于 Si-O 四面体链中氧形成的多面体孔隙中，配位数为 6～8。当此位置被离子半径小的 Mg^{2+}、Fe^{2+}占据时，配位数为 6，形成配位八面体；当被半径较大的阳离子 Na^+、Ca^{2+}占据时，配位数为 8，形成畸变的配位六面体。

M_I、M_{II}、M_{III}位阳离子配位数均为 6，但其配位体和空隙不完全相同，M_{II}位于双链中 6 个氧形成的八面体中，而 M_I、M_{III}则位于 4 个属于双链中的氧及另外 2 个(OH、F)

所组成的规则八面体空隙中。M_I、M_{III}通常由二价阳离子Mg^{2+}、Fe^{2+}占据，而M_{II}通常由离子半径较小的三价、四价阳离子占据，如Fe^{3+}、Al^{3+}、Ti^{4+}、Mn^{4+}等。

A 位上的阳离子主要用来平衡晶体结构中的电价，所以它可以部分或全部被Na^+、K^+、(H_2O)所占据，也可以全部空着。

在 Si-O 四面体双链中，Si-O 四面体空隙分为Si_I和Si_{II}两种位置，Si_I周围有三个氧分别于其他两个 Si 相连，另一个氧为活性氧。Si_{II}周围有两个氧与两个相邻的 Si-O 四面体中的 Si 相连，另两个为活性氧。Si_{II}-O 四面体与M_{IV}多面体以棱相连。角闪石矿物中，当存在 Al 替代 Si 时，只出现在Si_I位置上。由于Al^{3+}的离子半径较大，因此 Al 替代 Si 的数量一般不超过两个原子，否则将引起晶体结构的破坏。当 Al 替代Si_I后，Si_I与其周围阳离子的距离也有所增加，但对整个链的长度影响不大。由于 Al 替代Si_I的结果，使四面体外形压扁而引起四面体的扭转，经常是Si_I呈顺时针方向扭转，Si_{II}呈逆时针方向扭转。而使四面体形成的六方环不再是六方对称，而变成三方对称。

角闪石超族的晶系、空间群及晶胞参数的变化同 M 位阳离子，特别是M_{IV}位阳离子的种类及类质同象代替有密切关系。此外，类质同象代替也影响到晶胞参数的变化，对b_0长短的影响最为明显，对c_0、β角也有一定的影响，但对a_0的影响一般不很明显(王璞等，1984)。

3. *形态及物性*

角闪石的晶体结构决定了本族矿物具有平行 c 轴延长的柱状、针状甚至纤维状晶形。由于惰性氧相对的链间联系力最弱，因此发育平行{110}或{210}的完全解理。与辉石族矿物相比，由于硅氧骨干的横宽加大一倍，其解理面的夹角从近 90°变成 56°和 124°。角闪石族矿物的物理性质，如颜色、折射率、相对密度等随化学成分的变化而变化。角闪石的颜色与 M 位所存在的过渡元素的种类和数量有关，如当成分中 Fe 含量增高时，其颜色加深，相对密度和折射率增大。同时，由于 M 位在晶体结构中的方位平行于(100)，因此对矿物多色性和吸收性也有重要影响。

(二)不同成因角闪石的标型特征

1. *形态及微形貌*

1) *岩浆成因角闪石*

岩浆成因角闪石是中基性岩石中的重要暗色造岩矿物之一，在中酸性岩石中也较常见，它的形态及微形貌特征与其形成条件和过程有密切联系。

岩浆成因角闪石粒径一般为 0.3～6mm，有些会更大，其含量常在 1%～20%范围内变化，含量变化主要与岩性有关。若粒径变化范围大，并且长远大于宽，说明其形成于高挥发分、浅成、不稳定条件(陈光远等，1993)。角闪石常呈自形-半自形长柱状、针状，并可见良好的菱形断面，多呈斑晶产出(图 7-11)。自形程度高且晶形简单，表明形成时温度较高，挥发分比较充分。

(a) 斑晶

(b) 双晶

图 7-11 胶东郭家岭花岗闪长岩中角闪石双晶特征

岩浆成因角闪石有时可见简单双晶，双晶面平行于{100}(图 7-11)。陈光远等(1993)发现我国胶东郭家岭岩体黑云母与普通角闪石呈长短相等、两侧相互对称的浮生连生体(图 7-12)，接合面在黑云母为{001}，在角闪石为{100}；在连生体的一端还发现两者之间相互平行交生的现象，说明两者是在岩浆中同时结晶的共生矿物。

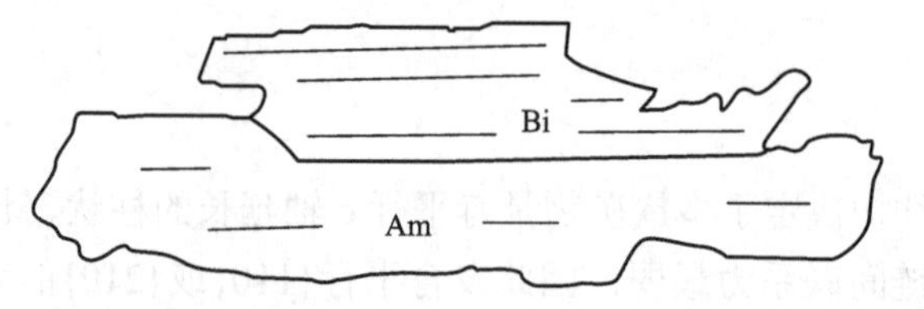

图 7-12 胶东郭家岭花岗闪长岩中普通黑云母与角闪石浮生连生体

2) 接触交代成因角闪石

接触交代成因角闪石多见于外接触带夕卡岩(赵一鸣和李大新，2003)，以透闪石-阳起石系列最常见，阳起石为主。接触交代成因角闪石常呈细长柱状、针状或放射状产出，黄绿色-绿色，粒径一般较小，在正交偏光下呈现二级黄-蓝干涉色(图 7-13)。

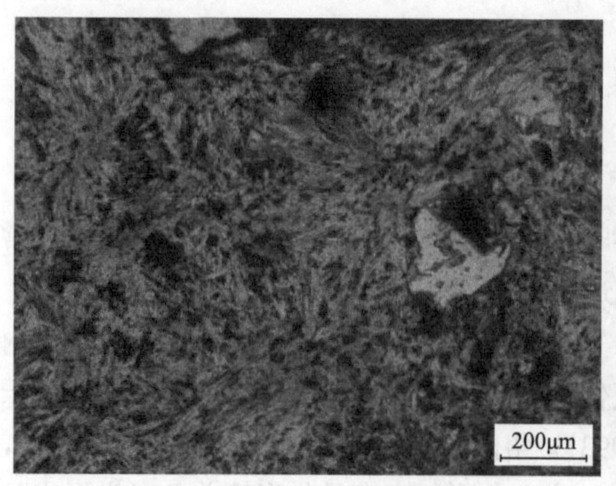

图 7-13 香花岭夕卡岩中的放射状角闪石

3) 区域变质成因角闪石

不同区域变质岩相的岩石中角闪石的产状和形态有区别。角闪岩相变质岩中的角闪石是标型共生组合的矿物，与其他造岩矿物的接触界线平直，呈平衡共生关系。低角闪岩相岩石中的角闪石 Ng 方向主要为绿色；高角闪岩相岩石中的角闪石的 Ng 方向主要为黄绿色，有些呈绿色、褐绿色或褐色。麻粒岩中可见微粒绿色角闪石和斜长石的反应边，或者辉石有绿色角闪石反应边，单斜辉石变成绿色角闪石和斜长石合晶，也可见褐色角闪石的边部变成绿色角闪石；榴辉岩中可见绿色角闪石反应边(靳是琴等，1994)，这些都是岩石退变到角闪岩相的矿物学显示。

正变质岩和副变质岩中的角闪石也有区别。弓长岭铁矿区从正变质的普通角闪石到副变质的铁闪石，断面形态由{110}+{100}+{010}的复合菱形变化为仅由{110}组成的简单菱形，由较短的柱状变为较长的柱状，{100}聚片双晶由少见到密集，a 轴与层理的关系由近于平行到近于垂直。角闪石断面形态表明该区角闪石从正变质型-过渡型-副变质型在成分上由复杂变为简单，从相对贫铁变为相对富铁的趋势。角闪石的长宽比、双晶及 a 轴与层理的关系表明，在区域变质条件下沉积物质的变质结晶对区域定向压力更为敏感，易显示出在一定应力下结晶的特征。钙镁闪石的粗大晶体显示其遭受热力作用重结晶的特征(陈光远等，1988)。

区域变质成因角闪石在温度超过 450℃时会发生晶质塑性变形(Tullis，1983)。山西恒山地区斜长角闪岩中，由辉长岩中的辉石退变而来的角闪石形成近等粒状冠状体，局部韧性剪切变形而成的角闪石集合体呈残斑结构和强定向排列等变形组构(纪沫等，2013)。同时，角闪石常常分解为组分不同的闪石或其他矿物如绿帘石、钠长石及黑云母等(Berger and Stunitz，1996)。

4) 热液成因角闪石

热液成因角闪石形成于高挥发分条件下，多呈脉状、纤维状产出。弓长岭铁矿“热液”改造下形成的铁闪石，其长宽比值比区域变质形成的角闪石大得多，为细小的纤维状，a 轴与层理的关系不规则，表现出在裂隙中结晶的特征；但其断面形态与副变质的铁闪石相同，又显示了两者在成因上的联系(陈光远等，1988)。在大量挥发分条件下，可形成角闪石石棉，甚至成为石棉矿。

2. 主量元素

在角闪石超族矿物中，由于存在 Fe^{2+}-Mg^{2+}-Mn^{2+}、Si^{4+}-Al^{3+}-Fe^{3+}-Ti^{4+}及 Na^{+}-K^{+}等多元素的广泛类质同象替代，在不同的成岩成矿条件下，角闪石的成分变化不仅记录了岩浆起源和演化等成岩信息，而且可以作为成矿岩体的判别标志(吕志成等，2003)。

1) 岩浆成因角闪石

岩浆成因角闪石，除超基性岩中的角闪石外，多数富 Al。Mg 的含量则随着超基性-基性-中性-酸性-碱性岩浆的顺序明显地依次递减。岩浆成因的角闪石一般含碱金属 Na、

K和Li，尤以富Na为特点，K和Na的总量随超基性-基性-中性-酸性-碱性岩浆的顺序具有依次递增的趋势。矿物化学的特点显然与岩浆的化学成分密切有关，二者呈一致的变化关系(薛君治等，1991)。

与不同矿化有关的岩体中，角闪石的化学成分与不同成矿岩体的微量元素和同位素特征可区分同一矿区内两类不同的成矿岩体。例如，大兴安岭中南段燕山期具有两个不同期次不同成矿系列的花岗岩类岩体，早期早阶段与Cu成矿有关的斜长花岗斑岩中，角闪石相对富Mg、Si，贫Fe；晚期早阶段与Sn、Pb、Zn等多金属成矿有关的花岗斑岩中，角闪石富Fe，贫Si、Mg。同时，该区角闪石的主量元素特征表明，与Cu成矿有关的花岗岩类主要为壳幔混源，而与Sn多金属成矿有关的花岗岩类可能为壳源(吕志成等，2003)。

2) 接触交代成因角闪石

接触交代成因的角闪石一般富Mg，较富含Na、K和Ca，相对贫Fe。这是由于这类角闪石大多是中、酸性为主的岩浆熔体与镁铁质碳酸盐岩石相互作用的产物。Ca、Mg、Fe、Mn等的各种碳酸盐沉积最易受交代，与钙碱性岩浆接触便可形成钙镁-钙铁角闪石、锰镁-锰铁角闪石、锌-锰镁角闪石。与碱性岩浆接触即可形成与透闪石相对应的蓝透闪石、镁钠铁闪石及钠-锰铁角闪石。

3) 热液成因角闪石

热液成因角闪石的化学成分主要取决于流体性质和围岩的化学成分，没有一致的特点。

4) 区域变质成因角闪石

区域变质成因角闪石的化学成分明显受原始岩石化学成分控制。正变质成因的角闪石与相应岩浆成因的角闪石类似，副变质成因角闪石则表现为富Fe、Mg，贫Na、K、Ca、Al，并且Fe高于Mg(薛君治等，1991)。Ti对Al^{IV}和Ti对(Na+K)的相关图解是区别不同变质相中钙质角闪石的最好标志(靳是琴等，1994)。

3. 微量元素标型特征

角闪石中某些微量元素与其主岩中该微量元素的含量有一定的关系，取决于元素在岩石中的总含量、岩石中角闪石的变化及共生矿物种类(影响元素分配)。

1) 岩浆成因角闪石

花岗岩类的角闪石富含U、Sc、Cd、Co、Ni、Th、Zn等元素，它们比酸性岩中该元素的克拉克值高出4倍以上，有的甚至高出63倍；而Pb、Zr、Sr、Ba等元素则较分散，它们均低于酸性岩中该元素的克拉克值。

角闪石微量元素成分变化与岩浆物质来源密切相关，在一定程度上可指示岩浆的来源，判断侵入体的含矿性，从而作为寄主岩石的矿化标志。从幔型-壳幔型-壳型中酸性侵入岩中，角闪石的亲铁元素Ni、Cr、Co和Ga、Sr是逐渐下降的，而Sc、Y、Ba、Cu、

Pb、Nb、Th、Ca 等元素则逐渐增加，Zn、Li、Be、Zr 等元素先增加后降低。幔型中酸性岩中的角闪石富集了深源岩的特征元素 Co、Cr、Ni，而 Ni/Co 值从幔型-壳幔型-壳型则有规律递减。幔型角闪石特别富含 Ni，其含量比壳型高 8 倍。横断山区的两个铜矿区，含矿的花岗闪长斑岩的角闪石中 Cu 的富集系数 *K* 比花岗岩类角闪石高近 10 倍(谢应雯和张玉泉，1990)。

郭家岭花岗闪长岩中角闪石除了 Ti、Mn、Fe 外，还含 Ba、Sc、Cr、Ni、Co、V、La、Dy、Au、Ag、Zn 等微量元素。岩体中角闪石含 Au、Ag 比胶东群中角闪石低，可能是由于岩体中角闪石形成时氧化程度较高，促使较多 Au、Ag 不在角闪石解理中形成显微树枝金，而是以离子状态进入熔体，在后期热液阶段集中所致(陈光远等，1993)。

2) 区域变质成因角闪石

正变质成因和副变质成因的角闪石由于寄主岩石及其原岩不同，微量和稀土元素的富集程度也不同。江西相山铀矿田北部的正变质成因的角闪石，寄主岩石为斜长角闪(片)岩，微量元素以富集大离子亲石元素 K、Rb、Th、Ta、U 等，略富集 Ti、Sc 和相对贫高场强元素 Zr、Hf、Y、Yb、Cr、HREE 等为特征(图 7-14)；副变质成因的角闪石，寄主岩石为含石榴角闪石英片岩，稀土元素总含量高，轻、重稀土分离程度高，轻稀土富集(胡恭任和于瑞莲，2004)。

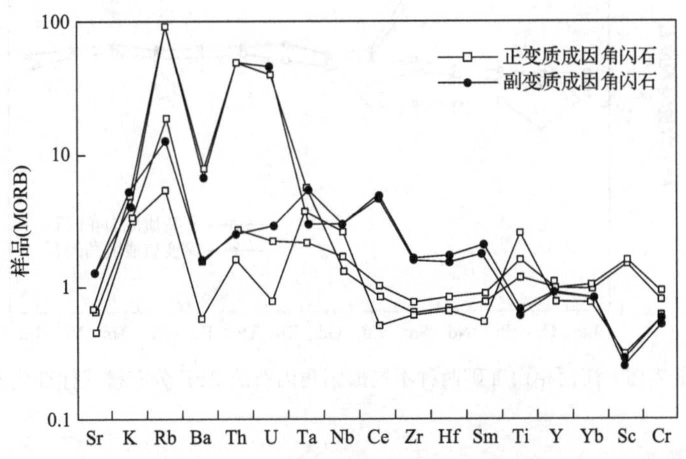

图 7-14　江西相山铀矿田两种不同成因角闪石的微量元素标准化图

MORB (mid-ocean-ridge basalt) 为洋中脊玄武岩

弓长岭铁矿区各种产状角闪石大多数微量元素含量变化不大，但 Cr、Ni、V、Co、Sr、Zr、Y、Sn 在正变质型角闪石中含量较高，在副变质型角闪石中含量低得多，尤其在阳起石中最低，过渡型角闪石介于两者之间(Ni 稍有例外)。从正变质型到副变质型，不同成因角闪石中微量元素含量的变化与主量元素相同，与磁铁富矿有关的铁闪石中 Sr、Zr、Y、Sn 含量很低，显示磁铁富矿的铁质主要是由沉积作用富集的(陈光远等，1988)。

4. 稀土元素

稀土元素在不同成因中酸性岩浆岩的角闪石中具有不同的配分特征。横断山区壳型角闪石稀土元素最富集(∑REE=9175ppm)，而幔型及壳幔型中则较贫(392.6ppm 及 236.7ppm)。LREE/HREE 值从幔型-壳幔型-壳型逐渐降低(谢应雯和张玉泉，1990)。郭家岭花岗闪长岩中角闪石含 La_2O_3 达 0.07%，Dy_2O_3 最高达 1.53%，Y_2O_3 最高达 0.53%；微粒包体中普通角闪石含 La_2O_3 达 1.32%(陈光远等，1993)。角闪石富含稀土元素，与寄主岩的岩石化学分析结果近似，显示了两者在稀土元素含量方面的相应性，微粒包体很可能是深源岩浆先期固结的边缘相，也为郭家岭花岗闪长岩具有岩浆属性提供了佐证。

正、副变质成因角闪石的稀土含量特征也不一致。以江西相山铀矿的角闪石为例：正变质成因的角闪石稀土总量低，稀土分布型式为近水平型(图 7-15)；副变质成因的角闪石稀土总量高，轻、重稀土元素分离程度高，轻稀土强烈富集，二者在轻稀土含量上有明显区别(胡恭任和于瑞莲，2004)。

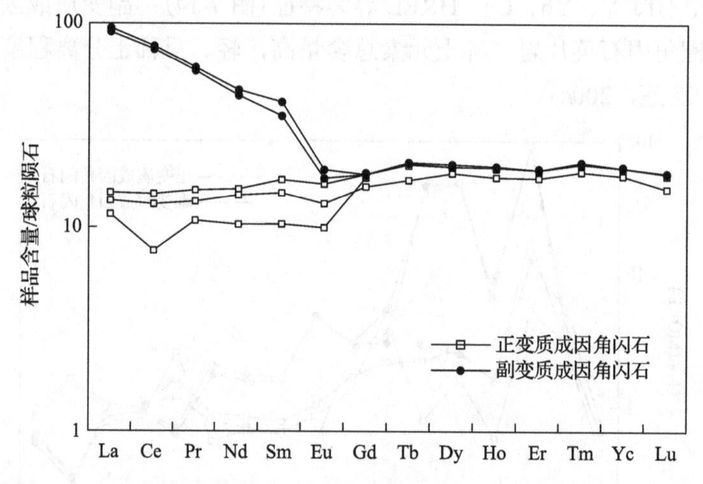

图 7-15 江西相山铀矿两种不同成因角闪石的 REE 分布模式标准化图

5. 晶胞参数

角闪石晶胞参数的变化与其结构中阳离子的类质同象代替有关。类质同象对 b_0 长短的影响较为明显，对 c_0、β 也有一定的影响，而对 a_0 的影响一般不明显。

通常，角闪石 b_0 的长短与 M_{IV}、M_{II} 位阳离子种类有明显的关系。对于 M_{IV} 位阳离子种类较固定的各亚族的矿物种来说，b_0 的长短主要取决于 M_{II} 位的阳离子。若该位为 Mg^{2+}，当 Fe^{2+} 全部代替 Mg^{2+} 时，b_0 增长 0.33Å；当 Al^{3+} 代替 Mg^{2+} 时，缩短 0.30Å；Fe^{3+} 代替 Mg^{2+} 后，b_0 一般无变化(王璞等，1984)。角闪石 M_{II} 位阳离子半径与 b_0 的关系如图 7-16 所示。

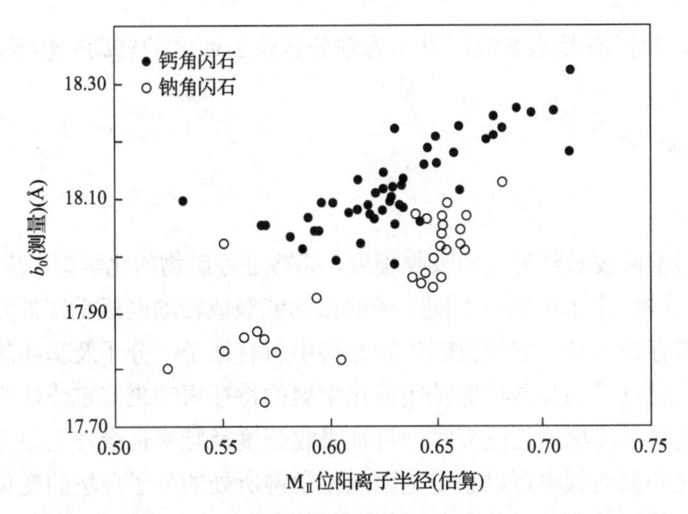

图 7-16　角闪石 M_{II} 位阳离子半径与 b_0 的关系(王濮等，1984)

角闪石的 c_0 与 M_{IV}、M_I 位置上的阳离子大小有关，Fe^{2+}全部代替 Mg^{2+}后，c_0 增长 0.05Å。角闪石的 a_0、b_0、c_0 与 Fe^{2+}含量呈正相关，而与 Mg^{2+}、Si^{4+}呈负相关。

角闪石晶胞参数(表 7-4)的变化可以从其晶体结构上得到定性的解释。Si-O 双链沿 c 轴延伸，由平行于(100)面的阳离子层相连接，其中 M_{IV} 位置的阳离子与 a_0 的关系最大。钙角闪石的 M_{IV} 位置以 Ca^{2+}等大阳离子为主，因而 a_0 较大；铁闪石以 Fe^{2+}为主，a_0 相对较小。6 次配位的阳离子对 b_0 和 c_0 的影响较大，Fe^{2+}的离子半径(0.76Å)比 Mg^{2+}(0.65Å)和 Al^{3+}(0.50Å)大(Railsback，2003)，Fe^{2+}大量进入晶格，其结果可能使 b_0 和 c_0 增大。在弓长岭铁矿中，角闪石 Fe^{2+}与 b_0 和 c_0 呈正相关关系而与 a_0 为负相关，角闪石晶胞参数与磁铁矿体的贫富和远近有关，可以作为辅助的矿物学找矿标志(陈光远等，1988)。

表 7-4　某些角闪石的晶胞参数(王濮等，1984)

矿物名称	化学式	a_0(Å)	b_0(Å)	c_0(Å)	β(°)
透闪石	$Ca_2Mg_5Si_8O_{22}(OH)_2$	9.833	18.054	5.268	104.52
铁阳起石	$Ca_2Fe^{2+}_5Si_8O_{22}(OH)_2$	9.78	18.01	5.27	104.5
韭闪石	$NaCa_2(Mg_4Al)Si_6Al_2O_{22}(OH)_2$	9.906	17.986	5.265	105.2
铁镁钙闪石	$Ca_2(Fe^{2+}_3AlFe^{3+})Si_6Al_2O_{22}(OH)_2$	9.912	18.03	5.295	103.95
浅闪石	$NaCa_2Mg_5Si_7AlO_{22}(OH)_2$	9.853	18.005	5.296	104.4
铁浅闪石	$NaCa_2Fe^{2+}_5Si_7AlO_{22}(OH)_2$	9.999	18.217	5.311	105.5
镁钠闪石	$Na_2(Mg_3Fe^{3+}_2)Si_8O_{22}(OH)_2$	9.76	17.97	5.31	103.9
钠闪石	$Na_2(Fe^{2+}_3Fe^{3+}_2)Si_8O_{22}(OH)_2$	9.911	18.023	5.316	103.76

角闪石晶胞参数变化在一定程度上也可以指示岩浆物质来源。壳型侵入岩的角闪石由于大阳离子 Na^+进入 M_{IV} 位置，因此 a_0 较大。从幔型-壳幔型-壳型角闪石中的 Fe^{2+}逐渐增加，Mg^{2+}则减少，结果使 b_0 增大。所以，幔型角闪石的晶胞较小，而壳型角闪

石的晶胞较大。角闪石晶胞参数可以作为划分岩浆岩源区的辅助矿物学标志(谢应雯和张玉泉，1990)。

6. 谱学性质

1) 红外光谱

利用矿物对不同波长红外光的吸收程度，能够进行矿物的化学键、基团类型(习惯称为分子)和结构分析。由于矿物中不同分子的振动能级或转动能级受红外光照射后发生跃迁而产生吸收谱存在差异，它能反映矿物晶格中所有原子、分子及基团的振动行为。在实际工作中往往通过矿物某些特殊基团或化学键的特征振动来鉴定或研究矿物。当基团或化学键所处的化学环境发生改变时，特征吸收强度及频率也会发生改变。因此，研究吸收强度的变化和振动频率可以获得基团或化学键所处的分子环境的变化信息。每一矿物都有自己特有的红外吸收谱，因此吸收谱带频率的微小变化都可能是矿物微结构变化的重要依据。

角闪石的红外光谱一般包括下列振动带：①第一泛音带(first-overtone band)，为 7200～7500cm^{-1}；②$\nu(OH)^-$伸缩振动带，为 3600～3700cm^{-1}；③δH_2O 弯曲振动带，为 2800～3800cm^{-1}；④Si—O、M—O 伸缩及弯曲振动带，为 400～1200cm^{-1}。

利用 Si—O、M—O 振动带可以鉴定角闪石的种属(表 7-5)，如透闪石-阳起石系列和普通角闪石系列角闪石的 Si—O、M—O 振动带特征是明显不同的，特别是(Si—O—Si)差别更大；红外光谱特征的差别与 Fe^{2+}、Mg、Fe^{3+}、Al^{IV}的含量有关，利用 OH 伸缩振动带可以研究 Fe^{2+}、Mg 在 M_IM_{III}、$M_{II}M_{IV}$之间的分配及有序度。可用特征吸收峰频率的相对位移、强度和 800～1200cm^{-1} 范围内出现的峰数初步估计 Fe^{2+}、Mg 及 $Mg/(Fe^{2+}+Mg)$ 的含量或大小，判断角闪石的成因类型，但尚不能精确计算含量和阳离子的占位(陈光远等，1993；刘劲鸿，1986，1987，1988)。

表 7-5　弓长岭及马坑铁矿角闪石红外光谱特征

红外光谱	弓长岭(Fe)	马坑(Fe)
800～1200cm^{-1}	5 个(特征峰：镁铁闪石 1000cm^{-1}，钙角闪石 985～993cm^{-1})	透闪石-阳起石系列 4～6 个吸收峰，普通角闪石系列 3 个
600～800cm^{-1}	镁铁闪石 5 个 钙角闪石 4 个(772～778cm^{-1}、699～701cm^{-1}、630～644cm^{-1} 3 个强峰是镁-铁角闪石系列的特征，748～758cm^{-1}、685～690cm^{-1}、650～660cm^{-1} 3 个强峰是钙角闪石系列的特征)	2～3 个(普通角闪石系列角闪石缺 780cm^{-1} 和 665cm^{-1} 两个峰，透闪石-阳起石系列角闪石的 780cm^{-1} 峰向低频位移 5～15cm^{-1})
400～600cm^{-1}	镁铁闪石 4 个 钙角闪石 2 个(528～529cm^{-1} 及 502～514cm^{-1} 和 478～490cm^{-1} 组成的双峰为镁-铁角闪石系列的特征；606～610cm^{-1}、460～465cm^{-1} 为钙角闪石系列的特征)	3 个(510cm^{-1} 峰向高频位移 2～15cm^{-1}，450cm^{-1} 峰向高频位移 0～30cm^{-1})
300～400cm^{-1}	弱吸收带	弱吸收带

2）穆斯堡尔谱

穆斯堡尔效应即γ射线共振吸收效应，是德国物理学家Mossbuaer在1957～1958年发现的，它已广泛应用于矿物学研究中(应育浦和金成伟，1978)。利用铁的穆斯堡尔效应可以确定矿物中铁的价态、配位数、阳离子铁的有序和无序等。穆斯堡尔谱的主要原理是由放射源(γ光源)射出γ光子，这些光子被样品中同种核(如^{57}Fe、^{118}Sn)所吸收，形成共振吸收谱，样品中穆斯堡尔核与核外电场、磁场的相互作用使样品中的穆斯堡尔核能级发生不同的移动和分裂，产生了同质异能位移I.S和四极分裂Q.S和磁的塞曼效应，即会引起共振吸收谱线的位置、形状、数量的变化(楼亚儿，2005)。穆斯堡尔谱中，四极分裂Q.S值是衡量铁位置上电场强度的尺度。不同系列的角闪石，四极分裂系数Q.S不同，指派的Fe离子占位不同。因此，根据穆斯堡尔效应，可确定诸角闪石中Fe^{2+}、Fe^{3+}的占位，精确测定在4个M位中Fe的占位率及M_{IV}位中的M_I、M_{II}、M_{III}、M_{IV}的无序分布，是角闪石成因精细研究的重要手段。

3）差热分析

差热分析是矿物学研究中使用非常广泛的热分析方法之一。它是利用矿物在受热过程中发生的脱水、脱氢、氧化、分解和同质多象转变、重结晶等过程中所伴随的放热或吸热反应的温度及质量的变化来鉴定或研究矿物。

谢应雯和张玉泉(1990)利用差热天平对横断山区的角闪石的脱羟温度和熔化温度进行了测定和研究。测定结果在1000～1150℃有一个明显的吸热谷，这是角闪石脱羟分解造成的。随后角闪石局部熔化，曲线急剧下降，在1170～1240℃又出现一个深的吸热谷，是角闪石的熔化温度。不同成因角闪石的脱羟温度和熔化温度各不相同：幔型最高，脱羟温度＞1120℃，熔化温度＞1220℃；壳型最低，脱羟温度＜1090℃，熔化温度＜1210℃；壳幔型则介于两者之间，脱羟温度1090～1120℃，熔化温度1210～1220℃。

角闪石的脱羟温度(t_1)和熔化温度(t_2)的变化受角闪石化学成分的控制(图7-17)，主要是与TFe和Mg在M_I、M_{III}位置的占位情况密切相关。从幔型→壳幔型→壳型，角闪石的脱羟和熔化温度随$Fe^{2+}/(Fe^{2+}+Mg^{2+})$值逐渐增大而降低。这一特点与它们的寄主岩石的成岩温度相吻合。

弓长岭铁矿角闪石在900～1100℃有明显的吸热谷，这是角闪石脱羟分解造成的，随后伴随角闪石的局部熔化，因而在脱羟谷后曲线急剧下降。富矿及其近矿围岩中的铁闪石的脱羟温度(＜1000℃)大大低于贫矿及其围岩中的钙角闪石的脱羟温度(＞1000℃)。远离富矿，脱羟温度降低；远离贫矿，脱羟温度升高。该区角闪石的脱羟温度与Al^{VI}含量有正相关趋势，与铁含量也有一定的正相关关系(有间断)。Al^{VI}一般进入角闪石的M_{II}位置，Al^{VI}的加入可能使其热稳定性增加，也可能使其硬度增加。含Al较高的角闪石一般出现在变质较深的地区，可用以判定角闪岩变质程度(陈光远等，1988)。

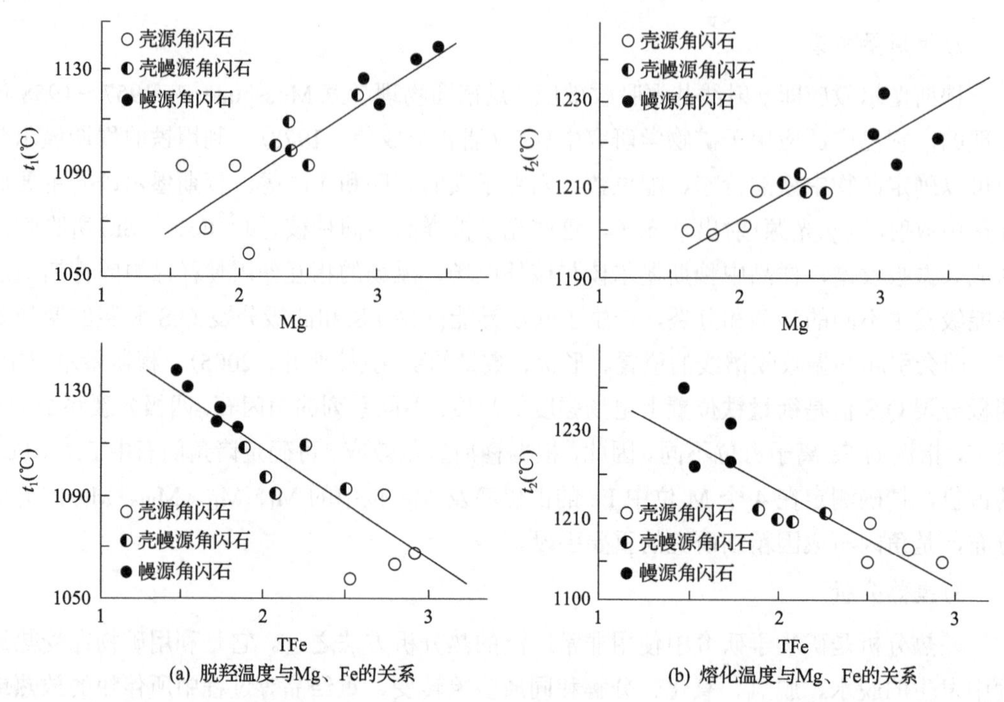

(a) 脱羟温度与Mg、Fe的关系　(b) 熔化温度与Mg、Fe的关系

图 7-17　横断山区不同成因角闪石脱羟温度、熔化温度与 Mg、Fe 的关系（谢应雯和张玉泉，1990）

(三) 角闪石对矿化作用的判别

1. 角闪石种类对矿化的判别

利用 490 组数据进行晶体化学计算得知，与不同矿化有关岩浆岩中的角闪石全部为钙角闪石。在 Leake（1978）钙角闪石分类图中，金矿、铜矿相关岩体中角闪石主要为浅闪普闪石、浅闪石、镁普闪石、阳起普闪石、阳起石等；铁矿相关岩体中角闪石主要为韭闪普闪石、含亚铁韭闪普闪石、阳起石、阳起普闪石、透闪石等；钨、锡、钼矿由于岩体中几乎未见角闪石，数据全来自夕卡岩中的角闪石，因而角闪石主要为透闪石、阳起石；甲乌拉铅锌矿的岩体中角闪石属于镁普闪石（图 7-18 和图 7-19）。

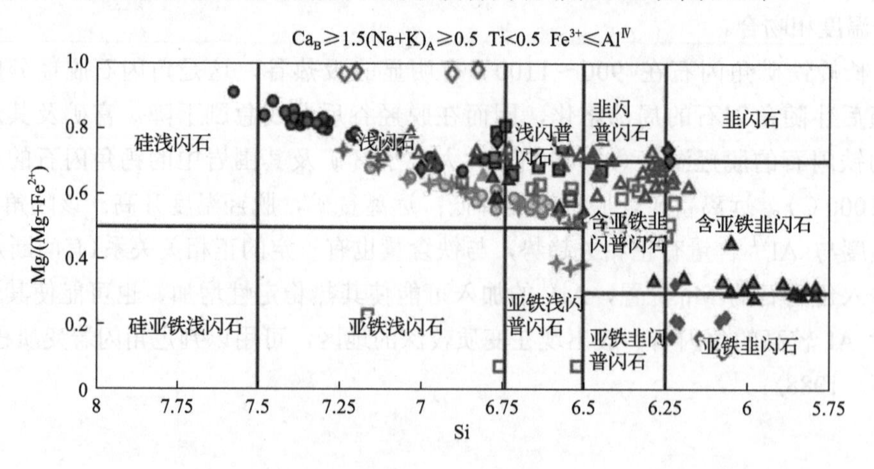

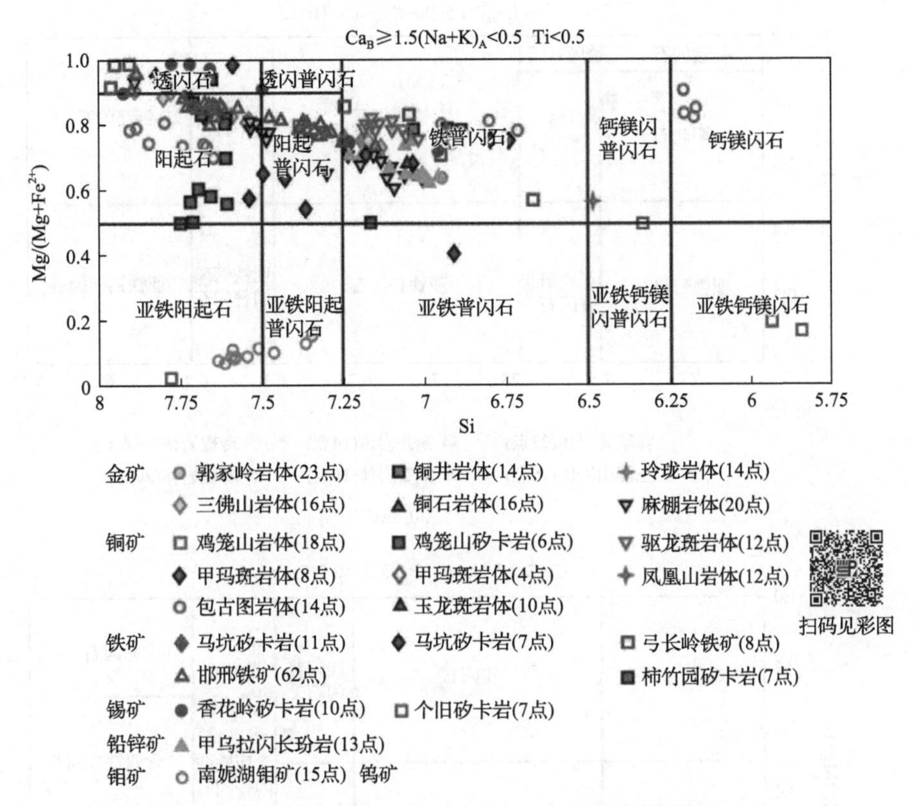

图 7-18　与不同矿化有关岩浆岩及夕卡岩中钙角闪石分类图解(底图据 Leake，1978)

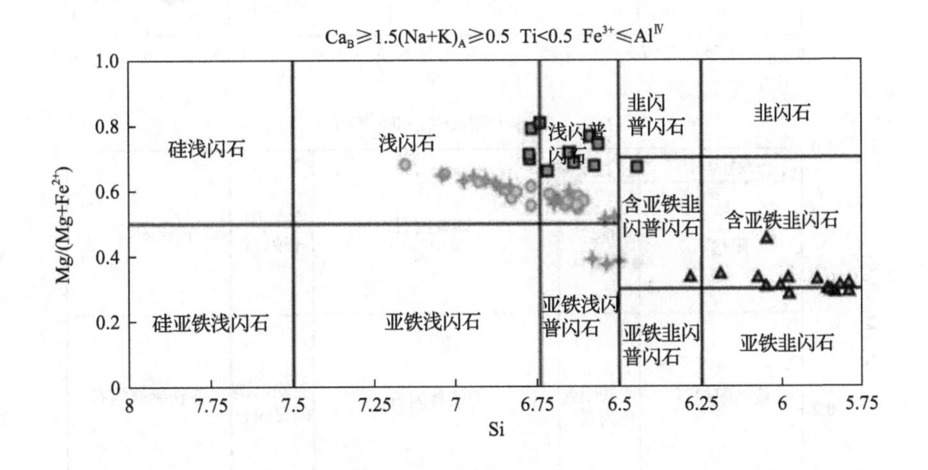

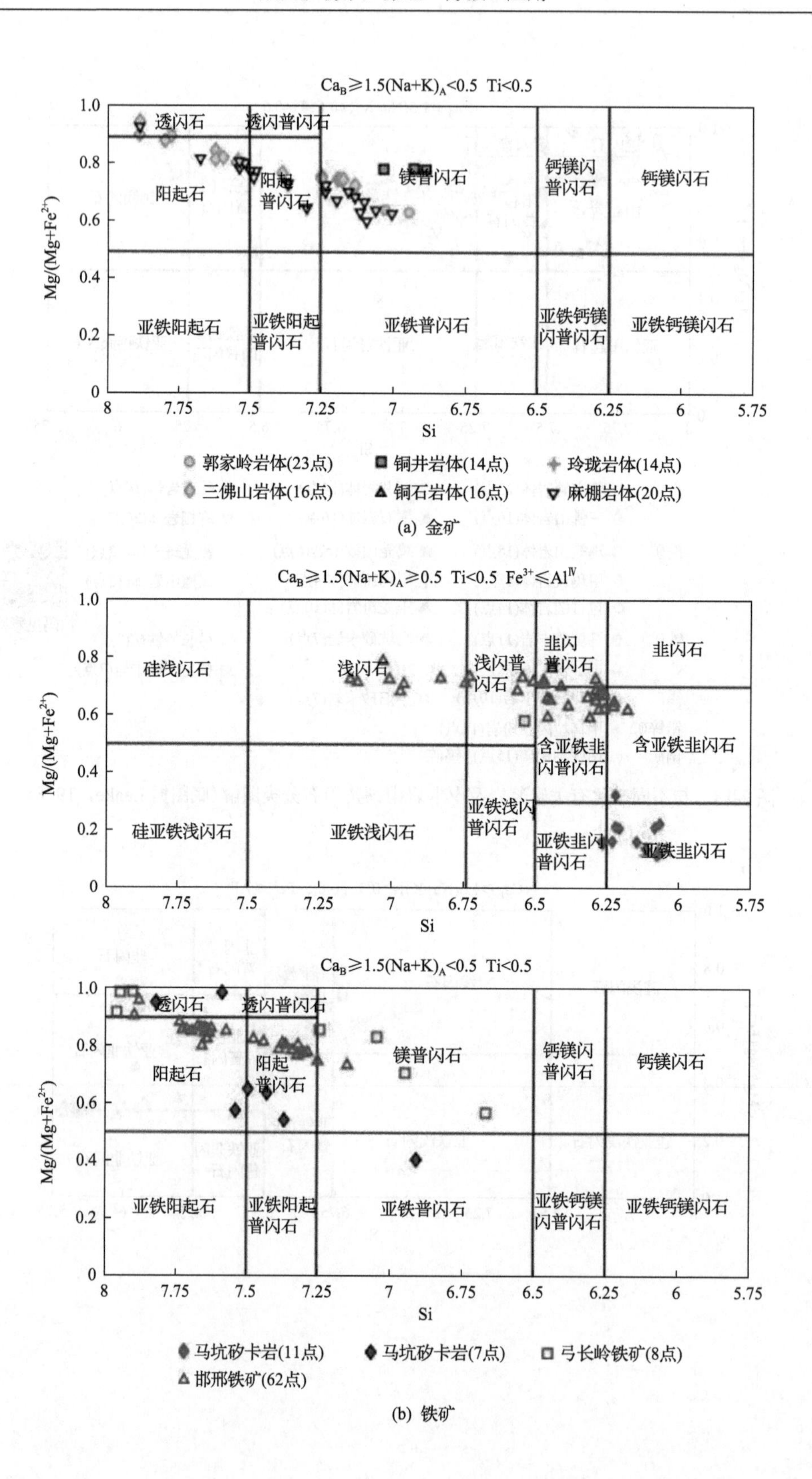

$Ca_B \geq 1.5(Na+K)_A<0.5$ Ti<0.5
透闪石
透闪普闪石
阳起石
阳起普闪石
镁普闪石
钙镁闪普闪石
钙镁闪石
亚铁阳起石
亚铁阳起普闪石
亚铁普闪石
亚铁钙镁闪普闪石
亚铁钙镁闪石
Mg/(Mg+Fe²⁺)
Si
郭家岭岩体(23点)
铜井岩体(14点)
玲珑岩体(14点)
三佛山岩体(16点)
铜石岩体(16点)
麻棚岩体(20点)
(a) 金矿
$Ca_B \geq 1.5(Na+K)_A \geq 0.5$ Ti<0.5 $Fe^{3+} \leq Al^{IV}$
硅浅闪石
浅闪石
浅闪普闪石
韭闪普闪石
韭闪石
含亚铁韭闪普闪石
含亚铁韭闪石
硅亚铁浅闪石
亚铁浅闪石
亚铁浅闪普闪石
亚铁韭闪普闪石
亚铁韭闪石
$Ca_B \geq 1.5(Na+K)_A<0.5$ Ti<0.5
透闪石
透闪普闪石
阳起石
阳起普闪石
镁普闪石
钙镁闪普闪石
钙镁闪石
亚铁阳起石
亚铁阳起普闪石
亚铁普闪石
亚铁钙镁闪普闪石
亚铁钙镁闪石
马坑矽卡岩(11点)
马坑矽卡岩(7点)
弓长岭铁矿(8点)
邯邢铁矿(62点)

(b) 铁矿

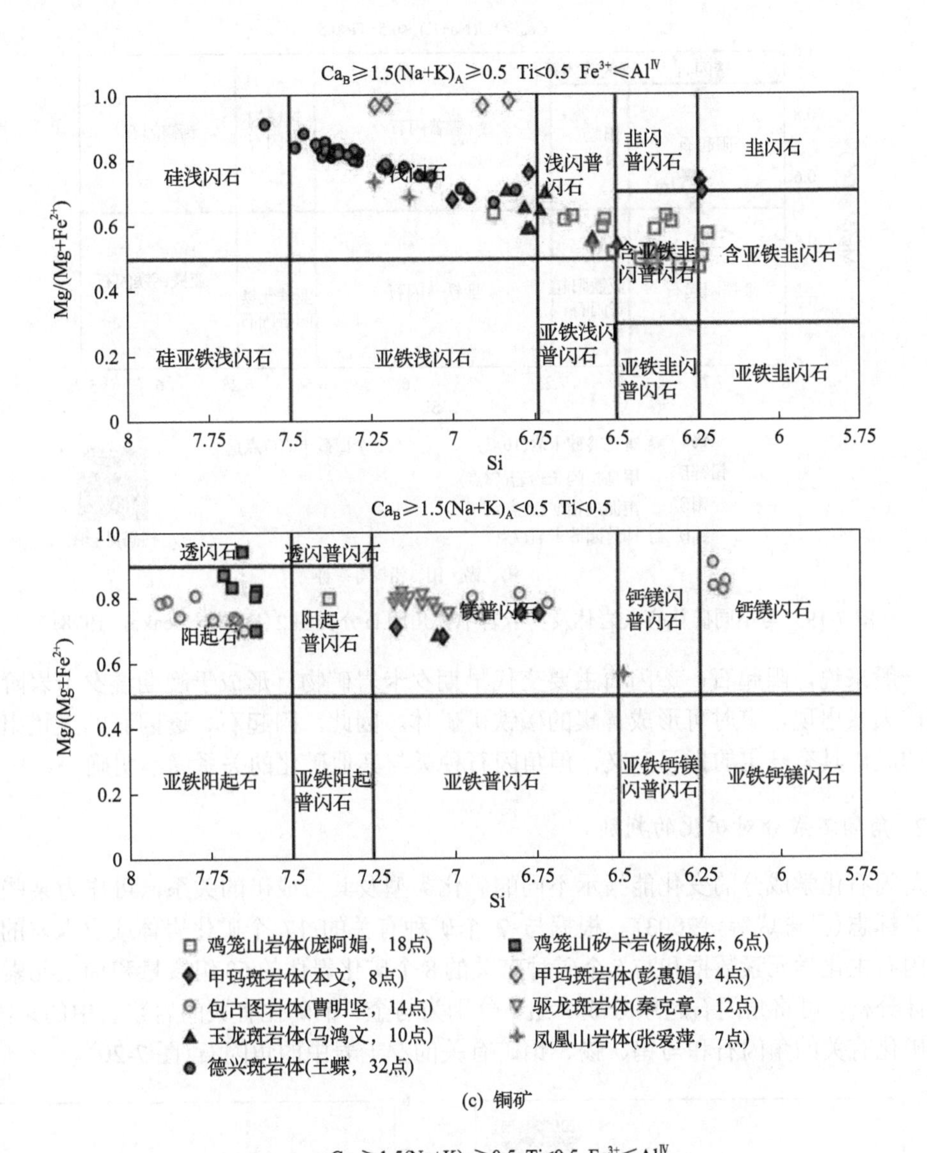

$Ca_B\geqslant1.5(Na+K)_A\geqslant0.5$ Ti<0.5 $Fe^{3+}\leqslant Al^{IV}$
硅浅闪石
浅闪石
浅闪普闪石
韭闪普闪石
韭闪石
含亚铁韭闪普闪石
含亚铁韭闪石
硅亚铁浅闪石
亚铁浅闪石
亚铁浅闪普闪石
亚铁韭闪普闪石
亚铁韭闪石
$Mg/(Mg+Fe^{2+})$
Si
$Ca_B\geqslant1.5(Na+K)_A<0.5$ Ti<0.5
透闪石
透闪普闪石
阳起石
阳起普闪石
镁普闪石
钙镁闪普闪石
钙镁闪石
亚铁阳起石
亚铁阳起普闪石
亚铁普闪石
亚铁钙镁闪普闪石
亚铁钙镁闪石
鸡笼山岩体(庞阿娟，18点)
鸡笼山矽卡岩(杨成栋，6点)
甲玛斑岩体(本文，8点)
甲玛斑岩体(彭惠娟，4点)
包古图岩体(曹明坚，14点)
驱龙斑岩体(秦克章，12点)
玉龙斑岩体(马鸿文，10点)
凤凰山岩体(张爱萍，7点)
德兴斑岩体(王蝶，32点)

(c) 铜矿

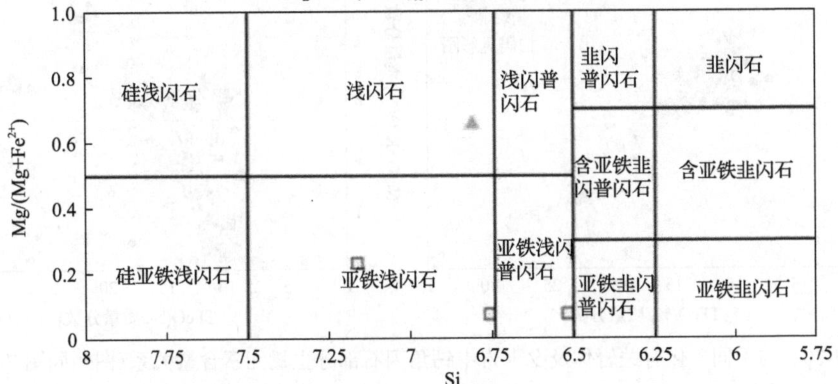

$Ca_B\geqslant1.5(Na+K)_A\geqslant0.5$ Ti<0.5 $Fe^{3+}\leqslant Al^{IV}$
硅浅闪石
浅闪石
浅闪普闪石
韭闪普闪石
韭闪石
含亚铁韭闪普闪石
含亚铁韭闪石
硅亚铁浅闪石
亚铁浅闪石
亚铁浅闪普闪石
亚铁韭闪普闪石
亚铁韭闪石
$Mg/(Mg+Fe^{2+})$
Si

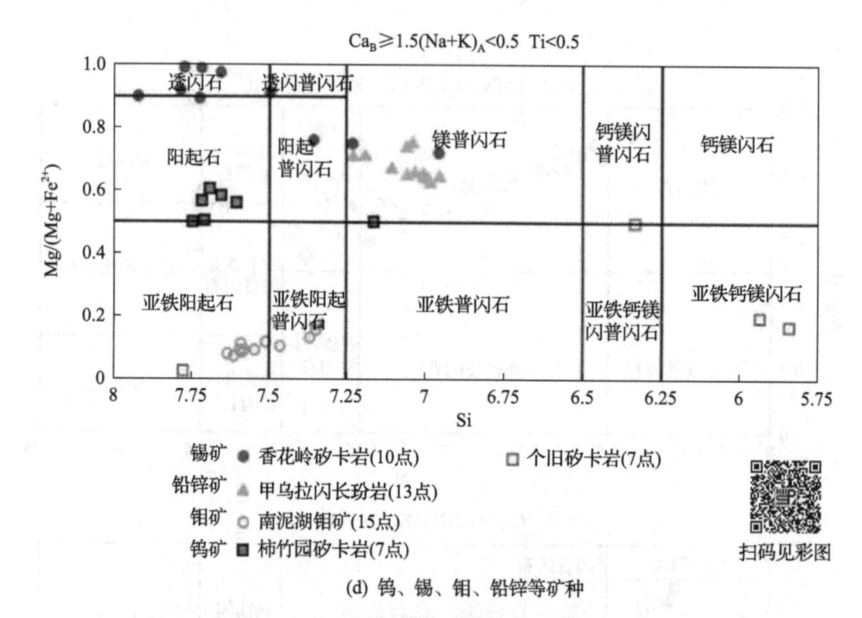

图 7-19　与不同矿化有关岩体及夕卡岩中钙角闪石分类图 2(底图据 Leake，1978)

一般来说，阳起石、透闪石主要交代早期夕卡岩矿物，形成于晚期湿夕卡岩阶段，磁铁矿大量出现，有时可形成富集的磁铁矿矿体。因此，阳起石、透闪石的大量出现对铁矿的成矿具有一定的指示意义，但角闪石种类与其他矿化的关系尚不明确。

2. 角闪石成分对矿化的判别

角闪石化学成分的变化能指示不同的矿化类型及其与成矿的关系，可作为某些矿床的找矿标志(吕志成等，2003)。根据与 7 个矿种有关的 17 个矿化岩体或夕卡岩的 372 组角闪石主化学元素数据和与 5 个矿种有关的 8 个矿化岩体的 63 组微量和稀土元素数据的统计分析，可将角闪石超族分成 3 组，分别为与金、铜矿化有关的岩浆岩中的角闪石，与铁矿化有关的角闪石和与钨、锡、钼矿有关的夕卡岩中的角闪石(图 7-20)。

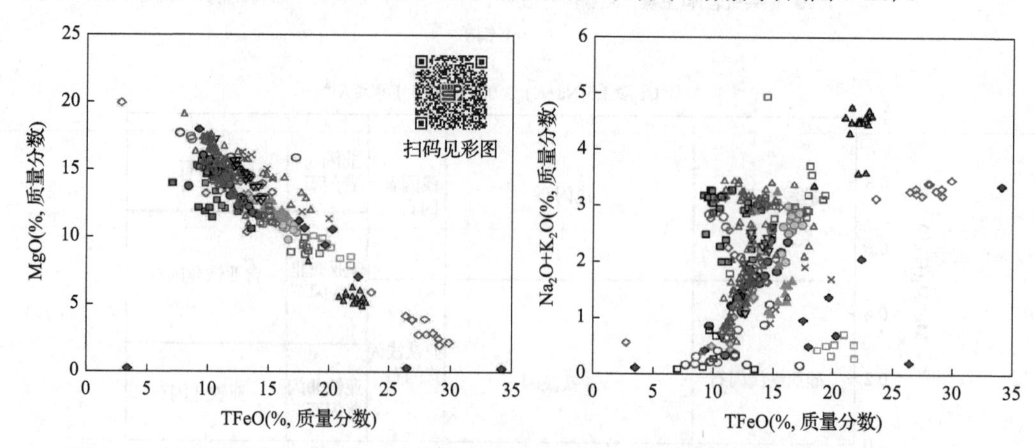

图 7-20　与不同矿化有关岩体及夕卡岩中钙角闪石部分主量元素含量关系(图例同图 7-18)

角闪石的全铁含量 TFeO(电子探针数据，包含 Fe_2O_3 和 Fe_2O)与 MgO 具明显负相关，

而与 Na_2O+K_2O 的含量呈一定程度的正相关，反映 Fe 与 Mg 占据相同或相似的结构位置，为类质同象关系；而 Na 和 K 与 Mg 占据不同结构位置，二者可发生同步变化。在钙角闪石系列中，Na_2O+K_2O 与 $FeO+Fe_2O_3$ 含量近于直线正相关关系，说明 Na_2O+K_2O 含量升高，有利于钙角闪石富集铁。而柿竹园钨矿、香花岭锡矿相关的夕卡岩角闪石贫 Na、K。与不同矿化有关的夕卡岩中角闪石 Al^{IV} 与 Si 呈良好的反相关关系，反映了 T 位上的类质同象普遍存在，其中与铅锌矿有关的角闪石 Al^{IV} 替代 Si 最少，钨矿、锡矿、钼矿次之，铁矿最多。而由于 Al^{3+} 替代 Si^{4+} 时发生异价类质同象，Na^+、K^+ 可能会相应地进入 A 位来平衡电价，因此 $(Na+K)_A$ 与 Si 也大致呈反相关关系，与铅锌矿化有关的角闪石相对最富 Si，贫 Na、K；铜矿、钨矿、锡矿、钼矿次之；铁矿富 Na、K，贫 Si，且元素含量变化较大。一般来说，温度升高会导致 Al^{IV} 增加，则可以大概反映夕卡岩型铅锌矿、钨矿、锡矿、钼矿、铜成矿温度相对较低，而铁矿成矿温度范围较大（图 7-21 和图 7-22）。

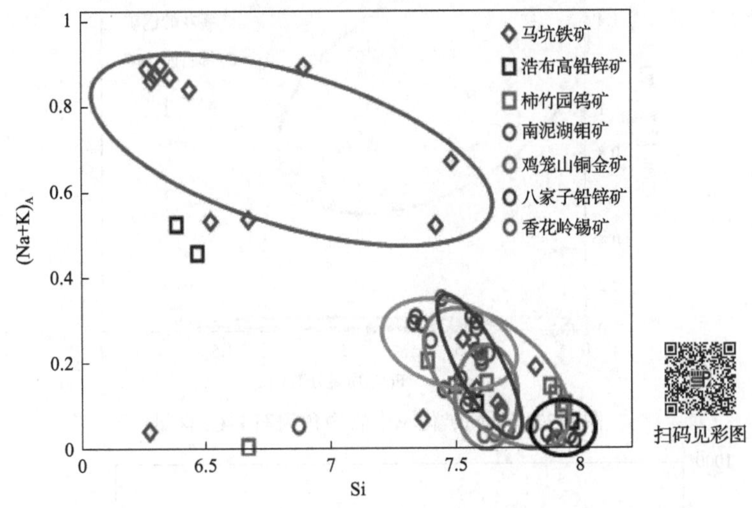

图 7-21　不同矿化夕卡岩角闪石 $(Na+K)_A$-Si 原子数关系图解

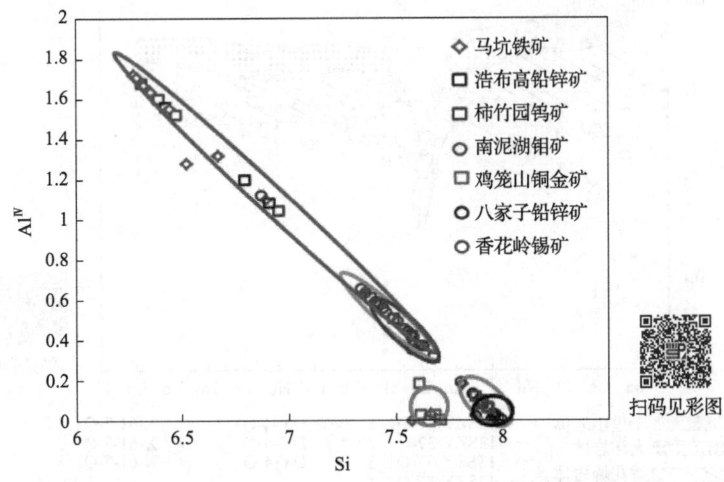

图 7-22　不同矿化夕卡岩角闪石 Al^{IV}-Si 原子数关系图解

马坑铁矿角闪石富含 Na、K 及挥发性组分 Cl、F 等（图 7-23）。在铁矿石、近矿夕卡岩或围岩中含 Cl 角闪石的出现，说明 Cl 等挥发分在溶液中大量富集，一部分 Cl 在角闪石的晶格中被固定下来，替换了 OH^-。它们对铁质的萃取、搬运和富集可能起了积极作用，磁铁矿就以交代的方式沉淀。香花岭锡矿角闪石相对富 F 元素。从花岗岩中分出的流体相中存在大量的 F、Cl，它们与 REE 络合，使 REE 呈络合物形式迁移。在紧邻花岗岩的无矿夕卡岩形成过程中，稀土络合物大量分解，使 F 与 REE 同时从流体进入固相(张德全和王立华，1987)。柿竹园钨矿角闪石 Na、K 及 F、Cl 含量均较低。此外，辽宁弓长岭铁矿阳起石和普通角闪石中 F、Cl 含量(陈光远等，1988)比区域变质角闪石(Deer et al., 1963)中的要高，说明挥发分较高，也有利于铁矿成矿。因此，F、Cl 与成矿，尤其是铁矿的关系值得进一步探究。从图 7-24 可知，钨、锡、铁矿有关夕卡岩稀土元素均有一定

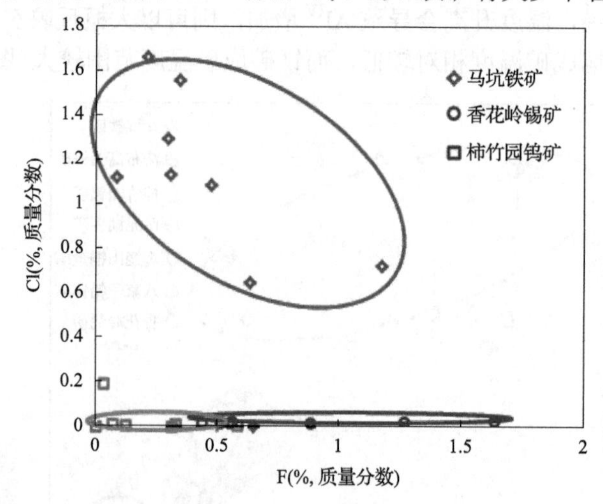

图 7-23　不同矿化夕卡岩中角闪石 F-Cl 含量

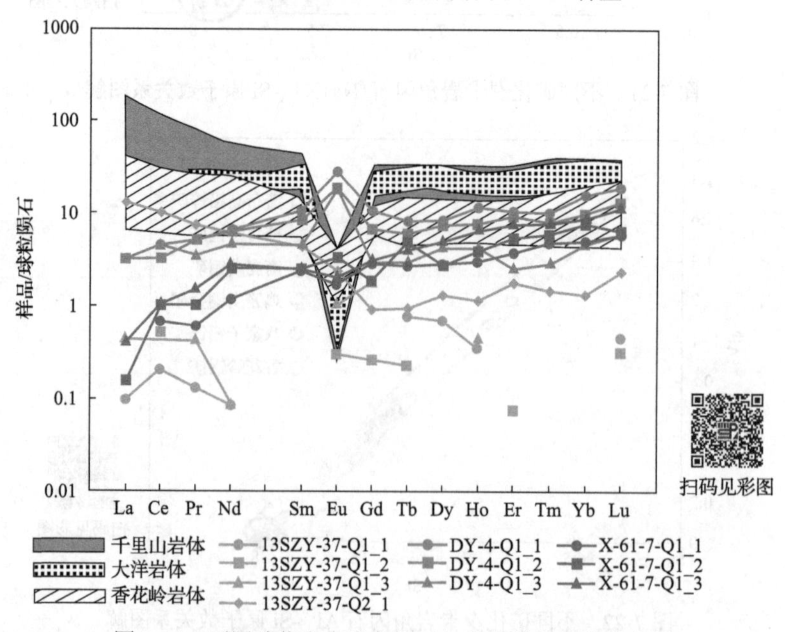

图 7-24　不同矿化夕卡岩角闪石与全岩稀土元素分布图

SZY 为柿竹园钨矿；DY 为马坑铁矿；X 为香花岭锡矿

程度的 Eu 亏损，大体上轻稀土含量高于重稀土含量，而角闪石的轻稀土、重稀土含量相近。钨、锡矿夕卡岩中角闪石的稀土含量普遍低于全岩含量，铁矿则相近。其中，马坑铁矿 Eu 含量明显高于全岩，δEu 为 2.78～5.08，具强的正异常，反映了其相比钨矿、锡矿更可能生成于较氧化的环境。

马坑铁矿、柿竹园钨矿、香花岭锡矿等三地的夕卡岩中角闪石过渡金属元素含量也存在一定差异，除 Co、Ni 外，其他元素均表现为铁矿含量最高，锡矿次之，钨矿最低(图 7-25)。其他微量元素特征如图 7-26 所示，变化趋势基本一致，无明显规律，均表现出相对亏损 K、P、Ti。

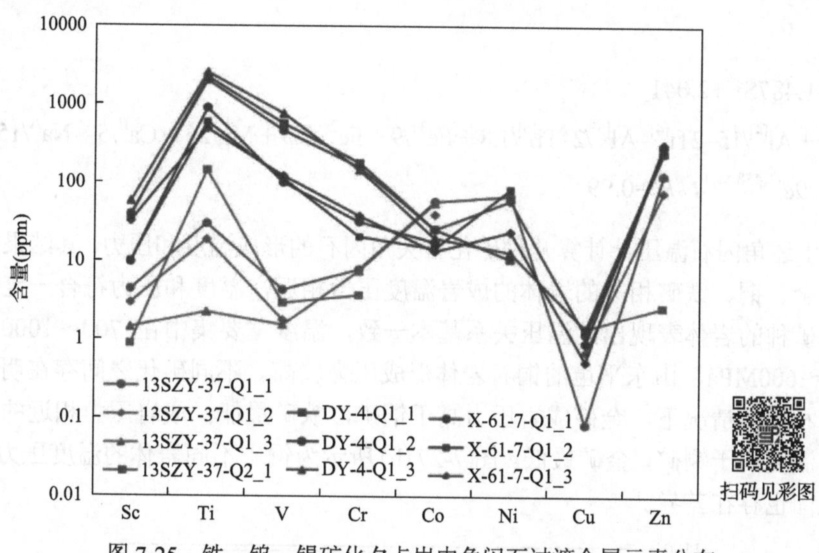

图 7-25　铁、钨、锡矿化夕卡岩中角闪石过渡金属元素分布

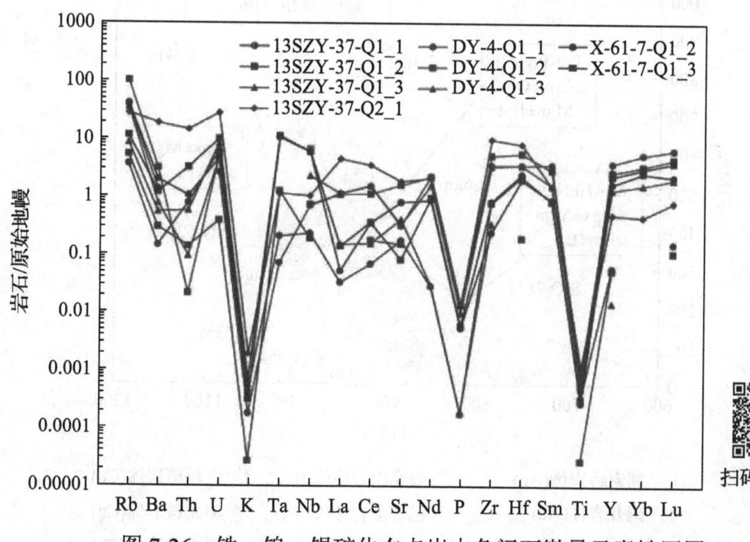

图 7-26　铁、钨、锡矿化夕卡岩中角闪石微量元素蛛网图

3. 不同矿化角闪石的温压条件及氧逸度

钙角闪石是花岗岩类岩石中常见的岩浆矿物，其成分随岩体的温度、压力、氧逸度、水逸度、碱度等而变化。压力的升高导致角闪石中 Al^{VI} 的增加，温度升高会导致 Al^{IV} 和 Ti 增加，氧逸度的升高将使 A 位上的(Na+K)增加，Ti 降低(Hammarstrom and Zen，1986)。

马昌前等(1994)认为钙碱性侵入岩中在近固相线条件下形成的角闪石，其结晶时的总压力控制了角闪石的全铝含量，可以利用全铝含量来确定岩体的结晶深度。

Ridolfi 等(2010)提出了适用于所有钙碱性火山岩和中性熔岩的角闪石温压计经验公式：

$$T = -151.487Si^{*}+2.041$$

$$Si^{*} = Si + Al^{[4]}/15 - 2Ti^{[4]} - Al^{[6]}/2 - Ti^{[6]}/1.8 + Fe^{3+}/9 + Fe^{2+}/3.3 + Mg/26 + Ca^{B}/5 - Na^{A}/15 + [\ ]^{A}/2.3$$

$$P=19.209e^{(1.438Al_{T})},\quad R^{2}=0.99$$

根据上述角闪石温压计计算几种矿化有关角闪石的形成温度和压力，其结果如图 7-27 所示。与金、铜、铁矿相关的岩体的成岩温度压力相近，温度和压力符合一定的线性关系，同一矿种的岩体表现出的温压关系基本一致，温度主要集中在 700～1000℃，压力范围在 0～600MPa，山东平邑的铜石岩体形成压力较高。不同矿化之间存在明显差异，成岩温度相近的情况下，金矿成岩压力高于铜矿，铁矿最低；成岩压力相近的情况下，铁矿成岩温度高于铜矿，金矿最低。图 7-27(b)所示为铜矿不同岩体的温度压力关系，不同岩体之间也存在差异。

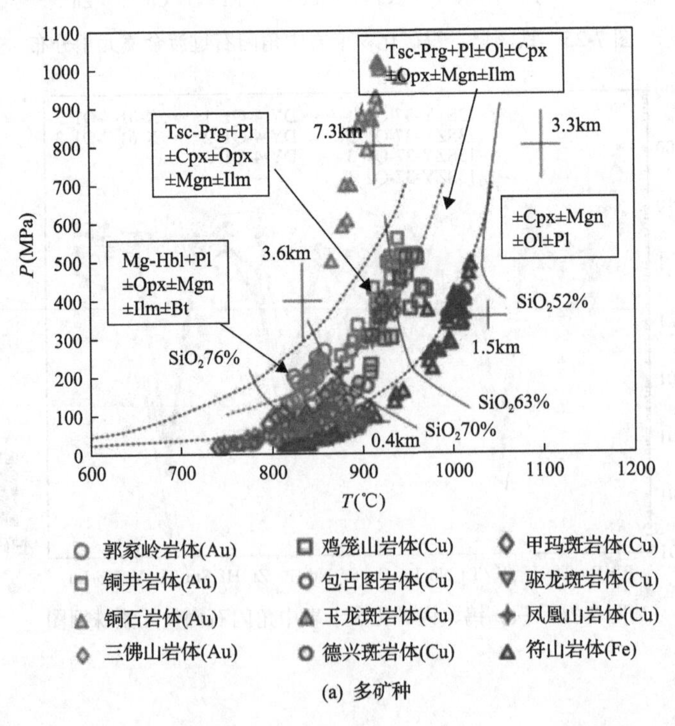

(a) 多矿种

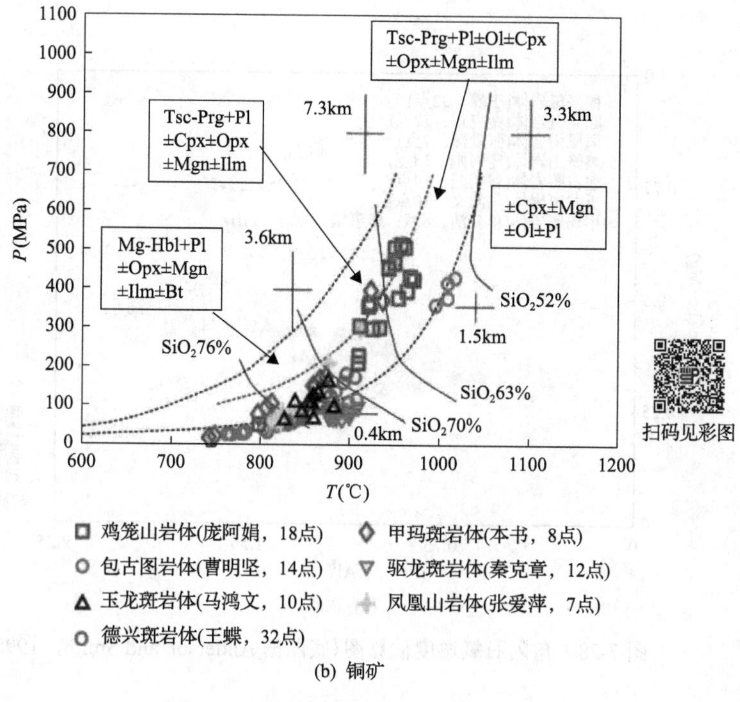

(b) 铜矿

图 7-27　角闪石温度压力关系

Anderson 和 Smith(1995)提出可以利用角闪石 Fe/(Fe+Mg)与 Al^{IV} 的比值估算其形成时的氧逸度，据此获得与各矿种相关岩体中角闪石形成时的氧逸度，见图 7-28。不同矿化之间并无太大区别，基本都在高氧逸度区域。高氧逸度为成矿提供了有利条件，这与数据来源均为大型、超大型矿相吻合。

氧化状态较高的氧化型花岗岩浆与斑岩铜矿有关(Shunso，1977)。图 7-28(b)中斑岩型铜矿有关的角闪石投影都在高氧逸度区域，西藏甲玛斑岩-夕卡岩型铜矿氧逸度适中，湖北鸡笼山夕卡岩型铜矿则氧逸度相对较低。

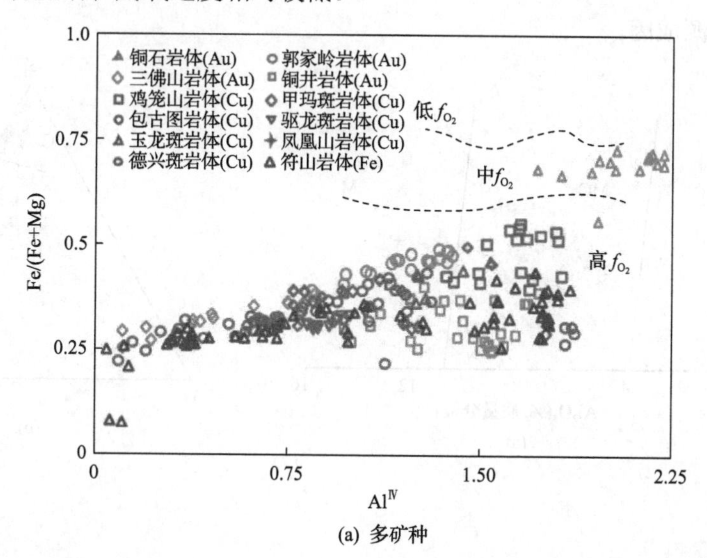

(a) 多矿种

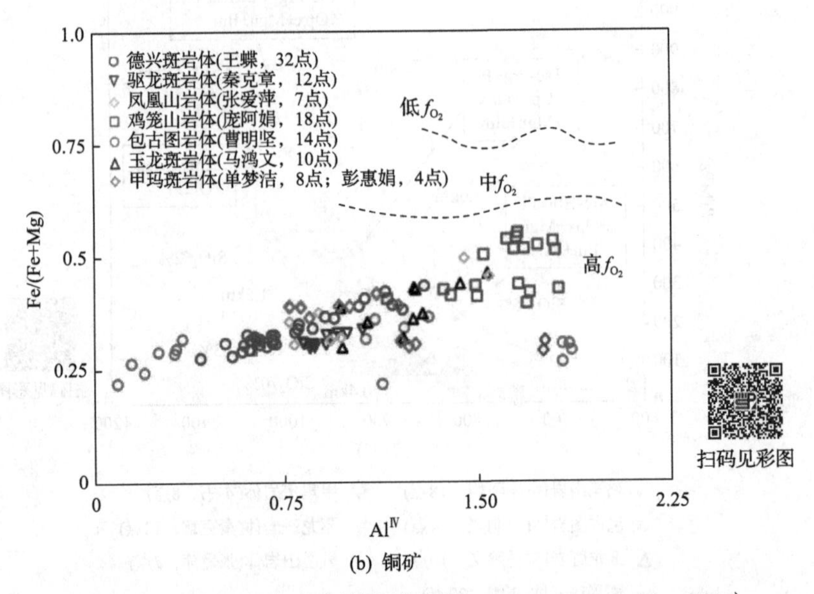

图 7-28　角闪石氧逸度估算图(底图据 Anderson and Smith，1995)

4. 与铜矿有关角闪石指示的岩浆源区性质

岩浆岩中角闪石的 TiO_2-Al_2O_3 含量、Si-Al 含量、Si-Ti-Al 含量可用来指示母岩浆的源区性质(姜常义和安三元，1984)，通常幔源火成岩中的角闪石具有低硅、低铁、高镁、高铝、高钛、高碱金属等特点。将湖北鸡笼山夕卡岩型铜矿、西藏甲马斑岩-夕卡岩型铜矿和其他大型-超大型斑岩型铜矿角闪石数据投入这些图中，鸡笼山岩体的角闪石主要投在地幔源区，部分投在地壳源区，显示以深源为主的壳幔混源成因[图 7-29(a)]；其他矿区的角闪石均投在地壳源区[图 7-29(b)～(d)]，结合图 7-29(a)判断，为浅源为主的壳幔混源成因。

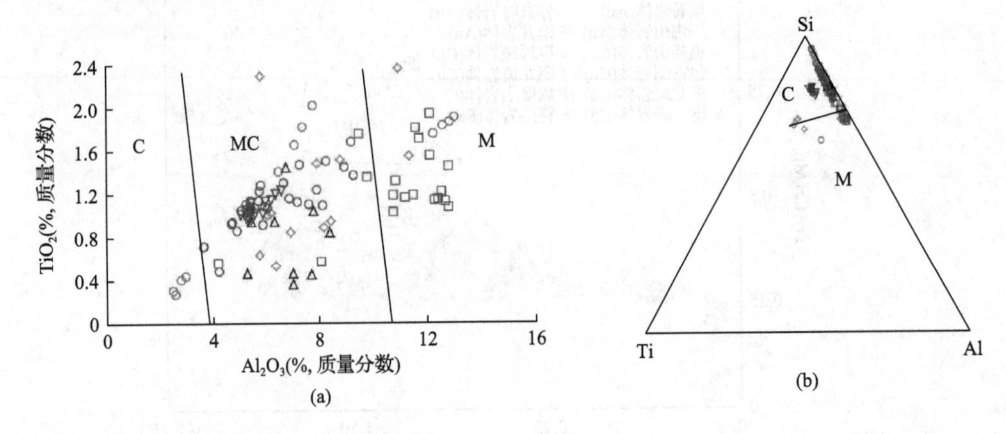

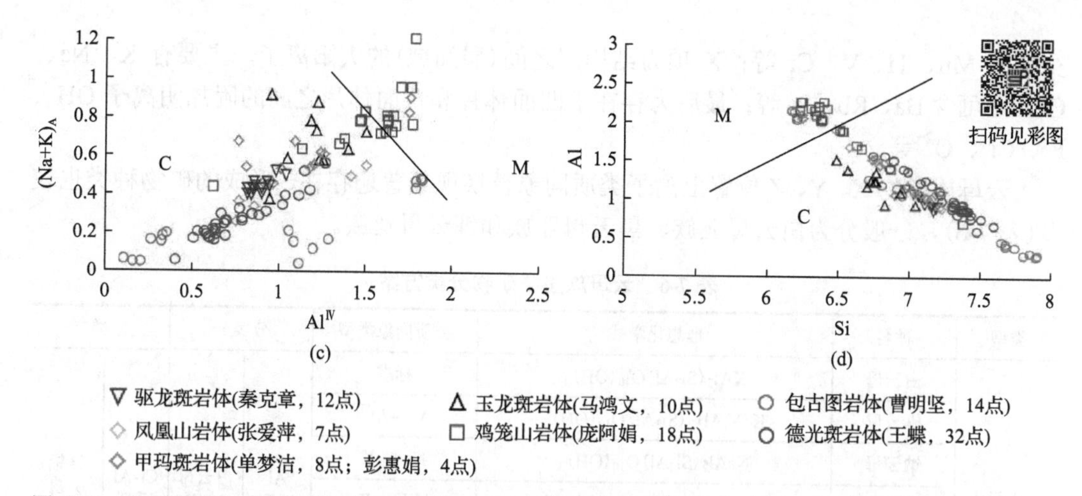

图 7-29　与铜矿有关角闪石指示的岩浆物质来源图解(底图据陈光远等，1993；姜常义和安三元，1984)

M-幔源；C-壳源；MC-壳幔混源

(四)小结

角闪石的形貌特征可以反映其形成时的动力学状态、变质相、变质岩原岩及其产出岩石类型等成因信息。角闪石晶胞参数、红外光谱、穆斯堡尔谱、差热曲线等在一定程度上能指示岩浆物质来源(幔源或壳源等)、成岩成矿的温度、氧逸度等条件，铁矿含矿性及距离矿体的远近等信息。

角闪石主微量元素和挥发分可提供有关源区物质来源、岩石成因类型、构造环境、变质相、成岩成矿环境及成矿元素富集等方面的重要信息。相对高温、高氧逸度的角闪石对金矿、铁矿、铜矿具有显著的指示意义。温度和压力符合一定的线性关系，同一矿种的岩体表现出的温压关系基本一致，不同矿化之间则有差异。成岩温度相近的情况下，金矿成岩压力高于铜矿，铁矿最低；成岩压力相近的情况下，铁矿成岩温度高于铜矿，金矿最低。夕卡岩型矿床有关角闪石的微量元素含量表现为：不同矿化之间，过渡金属元素含量能明显区别铁矿、钨矿、锡矿，表现为铁矿高于锡矿和钨矿。

六、云母成因与找矿矿物族

(一)云母族概述

云母族矿物分布广泛，可出现在岩浆岩、沉积岩、变质岩、伟晶岩等多种类型的岩石中，是重要的造岩矿物，占地壳质量的 3.80%左右(张建洪，1985)。由于它的晶体结构、矿物组成等方面具有一定的多变性，因此它在地质学中常被作为一种重要而敏感的示踪矿物。

云母族矿物理想的晶体化学式可以简写成 $XY_{2\sim3}[Z_4O_{10}](OH,F,Cl,O)_2$。其中，Z 为四面体片阳离子，以 Si 和 $Al^{Ⅳ}$为主，通常情况下 Si 与 $Al^{Ⅳ}$的比值为 3∶1，若 $Al^{Ⅳ}$含量较少，可由 Fe^{3+}和 Ti 依次补充；Y 代表八面体片阳离子，主要为 $Al^{Ⅵ}$、Mg^{2+}、Fe^{2+}、Li，可含少量的 Mn、Ti、V、Cr 等；X 项为结构层之间(层间域)的大阳离子，主要有 K、Na、Ca，还可含 Ba、Rb、Sr 等；最后为存在于四面体片和八面体片之间的附加阴离子 OH^-、F^-、Cl^-、O^{2-}等。

云母族矿物 X、Y、Z 位置上离子类质同象替换现象普遍存在，形成的矿物种类也较多(表 7-6)，一般分为白云母亚族、黑云母亚族和锂云母亚族。

表 7-6　云母族主要矿物分类方案

类型	种名	理想化学式	类质同象类型	分类一		分类二	
二八面体	白云母	$KAl_2(Si_3Al)O_{10}(OH)_2$	标准	Al 系列	白云母亚族	Cr-Al 系列	铬铝云母亚族
	钒云母	$K(V,Al)_2(Si_3Al)O_{10}(OH)_2$	$V \to Al^{VI}$				
	钠云母	$NaAl_2(Si_3Al)O_{10}(OH)_2$	$Na \to K$				
	铵云母	$(NH_4,K)Al_2(Si_3Al)O_{10}(OH)_2$	$NH_4 \to K$				
	钡钒云母	$(Ba,Na,NH_4)(V,Al)_2(Si,Al)_4O_{10}(OH)_2$	$Na, Ba, NH_4 \to K$；$V \to Al^{VI}$				
	多硅白云母	$KAl_{1.5}(Mg,Fe)_{0.5}(Si_{3.5}Al_{0.5})O_{10}(OH)_2$	$Mg, Fe^{2+} \to Al^{VI}$				
三八面体	金云母	$KMg_3(Si_3Al)O_{10}(OH)_2$	标准	Mg-Fe 系列	黑云母亚族	Mg-Fe 系列	镁铁云母亚族
	铁云母	$KFe_3(Si_3Al)O_{10}(OH)_2$	$Fe^{2+} \to Mg$				
	黑云母	$K(Mg,Fe)_3(Si_3Al)O_{10}(OH)_2$	$Fe^{2+} \to Mg$				
	高铁云母	$KFe_3(Si_3Fe^{3+})O_{10}(OH)_2$	$Fe^{2+} \to Mg$；$Fe^{3+} \to Al^{IV}$				
	钠金云母	$(Na,K)_{0.5}(Mg,Fe)_{2.5}Al_{0.5}(Si_3Al)O_1(OH)_2$	$Na \to K$；Al^{VI}，$Fe^{2+} \to Mg$				
	锌云母	$K(Zn,Mn)_3(Si_3Al)O_{10}(OH)_2$	$Zn, Mn \to Mg$				
	锂白云母	$K(Li_{1.5}Al_{1.5})(Si_3Al)_{10}(OH)_2$	$Al^{VI}, Li \to Mg$				
	锰锂云母	$K(Mn,Li)_2Al(Si,Al)_4O_{10}(OH)_2$	$Mn, Li, Al^{VI} \to Mg$	Li 系列	锂云母亚族	Li 系列	锂云母亚族
	铁锂云母	$K(Fe^{2+},Li)_2(Al,Fe^{3+})(Si,Al)_4O_{10}(OH)_2$	Fe^{2+}, Li, Al^{VI}，$Fe^{3+} \to Mg$				
	带云母	$KMg_2LiSi_4O_{10}(OH)_2$	$Li \to Mg$				

1. 分类一：据王濮等，1984。

2. 分类二：据鲁安怀和陈光远，1995。

(1) 白云母亚族。X 位上的 K^+被 Na^+、NH^+替代时，则白云母向钠云母和铵云母过渡；Y 位上的 Al^{3+}被 V^{3+}、Cr^{3+}替代时，则白云母会向钒云母和铬云母过渡；Z 位上的 Si^{4+}与 Al^{3+}发生替代，且 Si^{4+}∶Al^{3+}≥3.5∶0.5，为多硅白云母。

(2) 黑云母亚族。当 Y 位全部是 Fe^{2+}时，为铁云母，铁云母 Z 位上的 Al^{3+}被 Fe^{3+}代替，会形成高铁云母。当 Y 位全部是 Mg^{2+}时，为金云母，金云母 X 位上的 K^+一部分被 Na^+代替，则形成钠金云母；当 Y 位同时出现 Mg^{2+}、Fe^{2+}、Fe^{3+}时，形成黑云母，这也是铁云母与金云母之间的过渡类型；当 Y 位被 Mn^{2+}或 Zn^{2+}替代时，出现锌云母。

(3) 锂云母亚族。该亚族矿物是含 Li^+的白云母和黑云母亚族矿物 Y 位上 Mg^{2+}、Fe^{2+}、$A1^{3+}$部分被 Li^+替代的结果，主要有以下几种替代形式：

①锂白云母：白云母 Y 位上的 Al^{3+}部分被 Li^{+}替代。

②锰锂云母：白云母 Y 位上的 Al^{3+}部分被 Li^{+}、Mn^{2+}替代。

③铁锂云母：铁云母 Y 位上的 Fe^{2+}部分被 Li^{+}替代，并含 Al^{3+}。

此外，按照云母族矿物八面体中阳离子类型，可以将云母族矿物分为 Al 系列、Mg-Fe 系列和 Li 系列 3 类；也可根据阳离子置换类型，将云母族矿物更细致地划分为 Fe-Li、Al-Li、Fe-Al 及 Mg-Fe 4 个系列(孙世华，1987)。这几个系列中，只有 Mg-Fe 系列完整，属于完全类质同象系列，具有镁元素端元-金云母和铁元素端元-铁云母。因此，其他属于不完全类质同象系列的云母能否作为独立的系列还需要进一步深入研究。

Treloar 认为云母族矿物 Cr-Al 之间具有完整且连续的类质同象替换趋势，八面体结构层中约 84%的铝可被铬替代，因此对含铬云母种属的分类和命名需要进行进一步的探讨(陈光远等，1988)。云母族矿物中会出现铬-铝云母系列，此系类属于白云母亚族。自此 3 个亚族可重新被分成铬铝云母亚族、镁铁云母亚族和锂云母亚族，广义上来说，锂云母亚族属于铬铝云母亚族和镁铁云母亚族的过渡类型(鲁安怀和陈光远，1995)。

云母族矿物无论属于哪个系列种属，它们都具有相同的层状晶体结构(图 7-30)：由两个(Si, Al)-O 四面体片和一个(Mg, Al, Fe)-(O, OH)八面体片组成了基本结构单元层，即两个四面体片之间有一八面体片，四面体片中各个四面体的顶点均指向八面体，构成了一个完整的结构单元层。在两个结构单元层之间会夹有一大阳离子(K, Na, Ca)层。

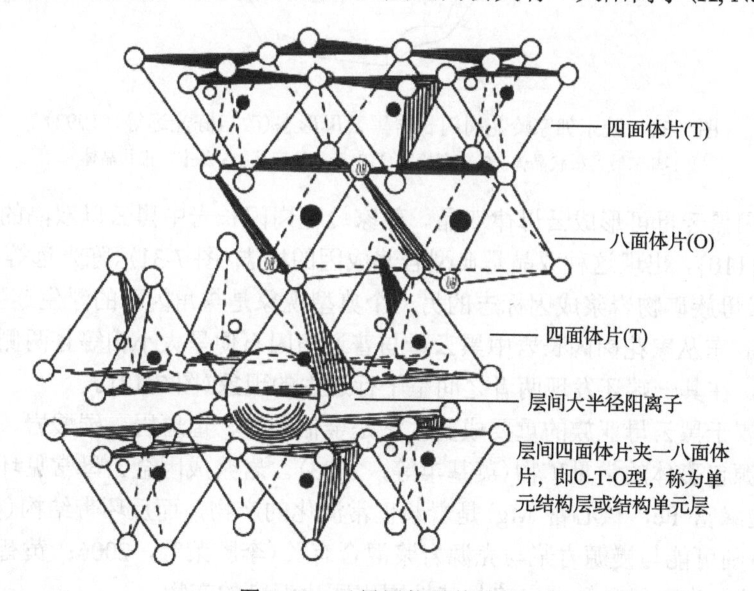

图 7-30　云母层状晶体结构

(二)不同成因云母族标型特征

1. 宏微观形貌

1)岩浆成因云母族矿物

岩浆成因黑云母宏微观形貌特征具有一定的标型意义。黑云母多产自中酸性岩石中，多以自形-半自形板状、片状显微斑晶或斑晶的形式产出。在深成高温岩浆中，黑云母一般呈假六方板状；而在较浅成富挥发分岩浆中，黑云母可形成假六方锥状(陈光远等，1993；崔天顺等，1995；李胜荣等，2006)，见图 7-31。崔天顺等(1995)认为郭家岭岩体的黑云母多形成于不稳定温压环境中，其形态也随环境温度、压力变化而变化。李胜荣等(2006)认为假六方板状黑云母是在温度相对较高，挥发分相对充分的熔融体中形成的，是岩浆成因的标志。有时黑云母晶面发生扭曲或部分发生碎裂，可能是受到一定程度的挤压或后期应力作用的原因(李明轩等，2013；庞阿娟等，2012；陈佑纬等，2010)。

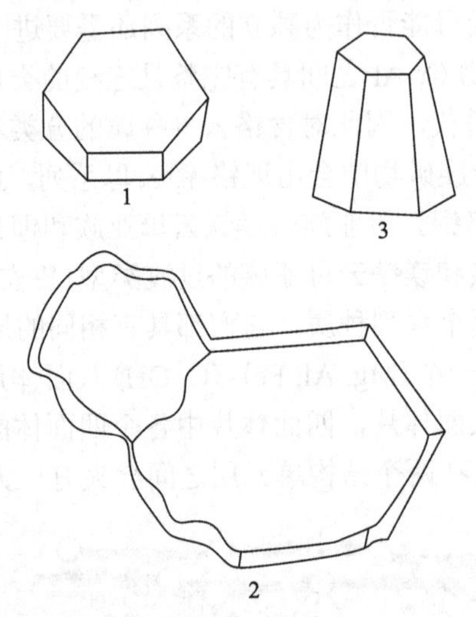

图 7-31　胶东郭家岭花岗闪长岩黑云母形态(改自陈光远等，1993)

1-郭家岭，板状晶体；2-郭家岭，{110}云母律双晶；3-丛家，锥状晶体

岩浆成因黑云母可形成云母律双晶。郭家岭花岗闪长岩中黑云母双晶的双晶面与结合面都平行{110}，出现这种双晶是典型岩浆成因的标志(图 7-31)(陈光远等，1993)。此外，可作为云母族矿物岩浆成因标志的另一个典型现象是与角闪石的浮生连生体(陈光远等，1993)。胶东丛家花岗闪长岩中黑云母与普通角闪石便呈大小相等且两侧相互对称的浮生连生体，在其一端还发现两者之间呈平行连生的现象(图 7-12)。

金云母属于黑云母亚族的重要成员，它是金伯利岩、煌斑岩、碳酸岩、碱性岩及这些岩石中深源包裹体的常见矿物(英基丰等，2003)。岩浆成因金云母常见环带结构。正环带结构(边缘富 Fe，核心富 Mg)是岩浆正常演化的产物，而反环带结构(核心富 Fe，边缘富 Mg)则可能与幔源岩浆与壳源岩浆混合有关(李胜荣等，2006；黄智龙，1997；Smith，1978)，也可能是酸性岩浆与基性围岩同化混染的产物。

2) *热液成因云母族矿物*

热液成因黑云母在斑岩型铜、钼矿床中广泛存在，有热液交代和热液新生黑云母，主要形成在高温热液环境中。其中，热液交代成因黑云母可部分或全部交代岩浆成因黑云母或角闪石等暗色矿物，热液新生黑云母的粒径小于岩浆成因黑云母(胡恭任和于瑞莲，2001；秦克章，2014)。

热液成因白云母在热液矿床外围常出现在一些孔洞中，粒度较大，形成于高温热液环境。细鳞片状白云母习称绢云母，主要是中温热液交代的产物。我国胶东金矿中上述白云母和绢云母均有产出，前者是成矿前流体活动的标志，后者是流体中金即将或开始(与黄铁矿、石英构成黄铁绢英岩时)沉淀的标志(Li et al.，2015; Li and Santosh，2017)。

2. 化学成分

1)主量元素

(1)岩浆成因云母族矿物。

岩浆云母的化学成分在岩石类型划分、成岩温压及氧逸度条件变化，以及成矿潜力和找矿预测中具有重要指示作用。

黑云母可为划分不同类型花岗岩提供佐证(杨文金等，1988)。S 型花岗岩中黑云母富 Al，Ⅰ型花岗岩较富 Mg，而 A 型花岗岩中富 Fe(Abdel-Rahman，1994)。过渡性地壳来源的同熔型花岗岩和改造型花岗岩分别大致相当于Ⅰ型和 S 型花岗岩(徐克勤等，1982)，利用黑云母 MF[$Mg/(Mg+Fe^{3+}+Fe^{2+})$]可区分之：同熔型＞0.4 而改造型＜0.4。

黑云母 Fe 含量能反映温压环境及岩浆侵位深度。人们一般认为，富铁黑云母一般出现在岩浆演化晚期、富 SiO_2 的岩石中，反映的是较酸性、结晶温度较低的成岩环境；富镁黑云母出现在岩浆演化早期、SiO_2 较低的岩石中，是在较基性、温度较高的条件下结晶析出的。黑云母中 FeO 含量及铁氧化度可作为花岗岩体形成深度和还原-氧化环境的重要指示剂。FeO 含量与铁氧化度呈负相关关系，FeO 含量越低，说明铁氧化度越高，指示的是相对氧化的环境，反之亦然。

张传荣(1981)认为黑云母 Ti 可作为反映热液流体作用强度的矿物指示。当黑云母遭受强烈热液流体的作用时，会析出过量的 TiO_2，最终形成金红石这一钛的独立矿物。Tronnes 等(1985)和 Field 等(1986)发现金云母中 Ti 含量可以作为其形成压力(深度)和氧逸度条件的重要指标之一，Ti 含量越高表明其形成于压力较低和氧逸度较高的环境中。

岩浆成因金云母形成的温压条件可作为超镁铁岩和铬铁矿形成时温压条件的重要参考。金云母四面体片中 Si 的含量指示一定的温压环境，即如果温度一定，Si 含量越大，指示压力越高；如果压力一定，Si 含量越大，指示温度越低。

挥发分 H_2O、F、Cl 常以附加阴离子(OH^-、F^-、Cl^-)的形式存在于云母结构中。Stollery 等(1971)认为黑云母中的 OH^-、F^-、Cl^-能代替花岗岩中的 OH^-、F^-、Cl^-来反映岩浆期后热液的有关性质，能作为一种示踪矿物来推断成岩成矿条件。黑云母 F^-的含量可以判别不同花岗岩的物质来源：F^-含量越低，说明岩浆来源越深，指示结晶时氧逸度越高。OH^-/O^{2-}值则可作为判断不同岩浆中 H_2O 含量多少及结晶时氧逸度的定性指标。

在探讨以地壳物质来源为主体的花岗岩类岩体的成矿作用时，以云母族矿物作为标型矿物可能更直接有效(顾雄飞和徐英年，1973)。我国大陆东南部花岗岩类岩体以云母族矿物演化图式为主要准则，可划分为 3 个系列，即含二云母花岗岩系列、富镁花岗岩系列及含锂云母花岗岩系列。二云母花岗岩系列中不含 Li 又贫 Mg 的黑云母和白云母矿化很弱，可伴有少量的 Au 矿化，无其他稀有或有色金属矿化；富镁花岗岩系列中镁质黑云母伴随少量金云母或其他铁镁云母，与 Au、Cu、Mo、Fe 矿化密切相关，少数岩体可伴随 Pb、Zn 矿化；含锂云母花岗岩系列中的云母一般富含 Li，对 W、Sn、Nb、Ta、Be 等稀有元素的富集具有指示意义。

吕志成等(2003)研究了我国大兴安岭中南段不同成矿花岗岩中云母 Mg-Fe 含量的变化与矿化作用的关系，发现与 Fe、Cu 矿化有关的云母相对富 Mg 贫 Fe，为镁质黑云母；与 Sn 矿化有关的云母成分相对富 Fe 贫 Mg，为铁质黑云母；与 Pb、Zn、Ag 矿化有关的云母成分则介于两者之间。刘道荣(1990)研究铁矿中黑云母标型特征，发现高的含铁系数[$Fe^{2+}/(Fe^{2+}+Mn^{2+}+Mg)$]是富铁矿体的标志。

云母族矿物的化学成分特征可以对产铀和非产铀花岗岩加以区分。一般情况下，产铀花岗岩中的黑云母要比非产铀花岗岩中的黑云母相对富 Fe 贫 Mg，黑云母中 F^-含量高可以作为寻找铀矿的重要标志(Zhang et al.，2017)。

(2) 热液成因云母族矿物。

前人研究斑岩系统中的黑云母时发现，相对于岩浆成因原生黑云母，热液蚀变成因黑云母 Ti、K_2O、Cl 相对较低，而 Mg、F 相对较高，黑云母逐渐向金云母演化(芮宗瑶等，1983)；热液黑云母中 Fe^{3+}的含量比岩浆黑云母要高，从岩浆熔体演化到热液流体，系统有逐渐向高氧化态转变的趋向(傅金宝，1981)。秦克章(2009)发现东天山三岔口含矿斑岩中黑云母化强弱程度与矿床的矿化强度具正相关关系，说明热液黑云母对成矿作用强度具有重要指示意义。

绢云母作为金矿脉中重要的蚀变矿物，其成分特征对矿化也有一定的指示意义。绢云母四面体片 Si 含量较高，反映其硅化程度较高，也是低温高压的标志；其八面体片 Mg、Fe 含量高，指示热液蚀变及金富集程度较高；其层间域 K 含量较低也是水热蚀变强的重要标志(方勤方等，2001；卿敏等，2003；鲁安怀和陈光远，1995)。

(3) 变质成因云母族矿物。

研究变质成因云母化学成分可以追溯变质岩的形成条件(Ray，1979)。Phillips(1930)、Engel 和 Engel(1960)认为黑云母中 Ti 含量的多少与结晶作用时的温压条件有密切关系，进而反映变质作用程度。Ti 含量越高，说明其变质程度越高，反之亦然。黑云母中 F^-含量的多寡也可作为变质程度的重要标志，F^-含量越高，说明其变质程度越高。

多硅白云母属于白云母与绿鳞石固溶体之间的类质同象固溶体，可作为高压低温变质岩的标型矿物(Velde，1967；边千韬等，1985；吴汉泉，1987；Massonne and Schreyer，1987)。多硅白云母 Si 值与温度和压力之间的关系如图 7-32 所示。

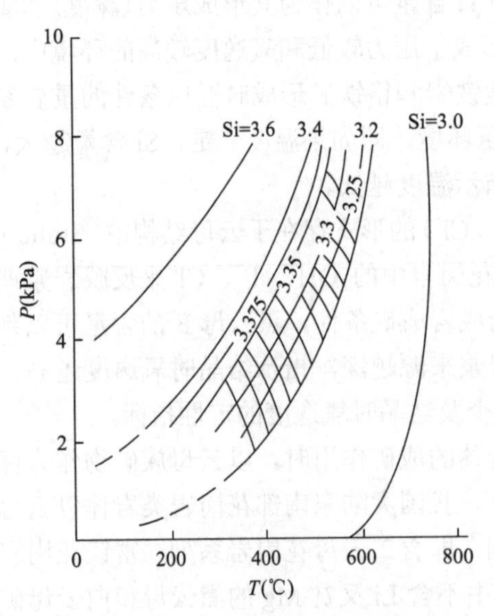

图 7-32　多硅白云母 Si 值与温度和压力之间的关系(Velde，1967)

2) 微量元素

云母族矿物微量元素成分具有很重要的标型意义(Bea et al.，1994；Neves，1997)。一般情况下，原生岩浆成因黑云母中微量元素含量继承了母岩浆的地球化学特征，对母岩中微量元素成分的变化具有一定的指示意义。例如，酸性岩中的黑云母富含 Li、Be、W、B 等，基性岩中的黑云母富含 Cr、Ni、Cu 等，碱性岩中的黑云母富含 F、Cs、Ta、Nb 等。

云母类矿物微量元素组分变化可以指示岩浆的物质来源。我国东南部壳源型黑云母 W、Sn 含量相对较高，壳幔混源型黑云母 Cu、Mo、Co、Ni 含量相对较高，Sc、Zr 等元素在壳源和壳幔混源型两者中含量比较相近，见图 7-33。黑云母微量元素特征与壳源、壳幔混源型两种花岗岩类岩石的地球化学特征具有一致性(周作侠，1988)。

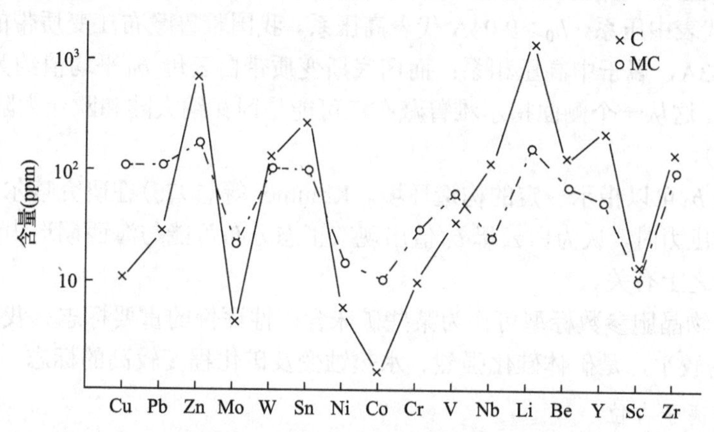

图 7-33 我国东南部花岗岩类云母微量元素含量比较(周作侠，1988)

C-壳源型花岗岩类的黑云母；MC-壳幔混源型花岗岩类的黑云母

云母族矿物微量元素组分可以作为成矿演化过程的示踪剂，含矿岩体中黑云母微量元素含量能反映岩体的成矿专属性(Kile and Foord，1998；Vieira et al.，2011)。通常情况下，闪长(玢)岩中黑云母的 Co、Ni 含量最高，且与 Au、Fe、Cu 成矿作用有关；花岗闪长(斑)岩中黑云母的 Co、Ni 含量次之，且与 Cu、Mo、Pb、Zn 成矿作用有关；钾长花岗岩中黑云母的 Co、Ni 含量最低，且与 Nb、REE 成矿作用有关。而 Nb、Ta、Sn 等元素通常是以独立矿物形式出现的，它们在一定的成岩演化阶段中可以富集成矿(杨文金等，1988)。

云母族矿物的微量元素组分可以反映伟晶岩演化趋势及分异程度。伟晶岩中的云母为白云母或锂云母，随着伟晶岩演化程度的不断加强，云母中 Ba 含量逐渐降低，而 F、Li、Rb、Cs 含量逐渐升高(周起凤等，2013)。

3) 稀土元素

云母族矿物稀土元素成分可以作为判别不同花岗岩成因类型及其成岩成矿演化趋势的标志。据赵振华(1985)和顾雄飞等(1973)的研究，在岩浆岩成岩演化过程中，云母族矿物和母岩稀土元素呈现同步变化的特点，不同类型花岗岩中云母的稀土元素含量会有所差异，可能对不同花岗岩成因类型具有指示意义。例如，华南南岭系列花岗岩的铁质黑云母中稀土元素含量要明显大于长江系列镁质黑云母中稀土元素含量，且前者较富重稀土，后者较富轻稀土。我国东南地区不同含矿岩体黑云母的稀土元素也有不同：含铜岩体一般为正铕异常，含钨岩体一般为负铕异常；含铜与含钨岩体黑云母相比，前者 La 高 3～5 倍，Lu 低 2～4 倍，Eu 高 2～10 倍，δEu 高 3～10 倍，LREE 高 1～1.5 倍，HREE 低 1 倍。

3. 晶体结构

1) 晶胞参数

云母族矿物晶胞参数的标型意义在于它可以反映外界环境温压条件的变化。变质岩中白云母的 b_0 值可以指示成岩压力的大小。通常情况下，b_0＜9.00Å 代表低压系，9.00Å＜b_0＜9.04Å 代表中压系，b_0＞9.04Å 代表高压系。我国雅鲁藏布江变质带的白云母 b_0 平均值约为 9.043Å，属于中高压相系；而冈底斯变质带白云母 b_0 平均值约为 9.009Å，属于低中压相系。这从一个侧面指示雅鲁藏布江可能是冈瓦纳大陆和欧亚大陆的缝合线(宋仁奎等，1997)。

白云母的 b_0 可以指示一定的构造环境。Krautner 等(1975)在研究喀尔巴阡前阿尔卑斯变质作用的压力时，认为白云母 b_0 值出现双正态分布可能与海西期造山运动叠加于阿森特造山运动之上有关。

云母族矿物晶胞参数标型可作为某些矿床含矿性评价的重要标志。我国胶东金矿中含铬绢云母 a_0 较小，是矿体硅化强烈、水热蚀变及矿化程度较高的标志。

2) 元素的离子占位

云母族矿物结构中元素占位情况能反映一定的地质环境信息。温度较高时 Al 易进入四面体片，而温度较低时 Al 更易进入八面体片。黑云母八面体中低含量 Al^{VI} 反映的是相对高温、高氧逸度的环境条件(陈光远等，1988；谭桂丽等，2010)。

黑云母结构中阳离子占位情况可以反映含矿岩体的矿化类型。例如，斑岩铜矿床成矿岩体中黑云母八面体中心以 Mg^{2+}、Ti^{4+}为主，Al^{3+}主要存在于四面体中心，Al^{IV}与总 Al^{3+}含量的比值一般大于 0.8；稀有、稀土矿床中黑云母八面体中心以 Fe^{2+}、Fe^{3+}、Mn^{2+}为主，Al^{IV}与总 Al^{3+}含量比值一般小于 0.75。

3) 多型

云母族的多型在指示地质温压环境方面有重要意义。王勇生等(2004)认为在低温条件下利于 1Md 型云母的形成。受变质作用的影响，1Md 型变成更有序的 1M 型，随着温度和压力的增加，1M 型可逐渐变成更为稳定的 2M1 型结构，同时指示相对高温高压环境。此外，Frey 等(1983)认为 3T 型多硅白云母与压力呈正相关关系，是高压低温变质带和板块消亡带的标志矿物(赵靖，1993；叶大年等，1979)。

云母多型在不同地质作用中也有显著差异。岩浆成因白云母一般为 2M1 型，热液蚀变白云母一般具有 1Md、1M 和 2M1 多型，深变质成因白云母多为 2M1 型，沉积岩中则以 1Md 型的伊利石为主。随着沉积成岩作用的进行，云母多型会依 1Md→1M→2M1 序次演变。

4. 物理性质

云母族矿物的物理性质标型包括颜色、多色性、折射率、光轴角等几个方面。云母族主要矿物种黑云母、金云母和白云母在物理性质上具有明显差异(表 7-7)。

表 7-7　云母族矿物物理性质对比

物理性质	黑云母	金云母	白云母
颜色	Fe^{3+}较高时呈绿色色调，而Ti^{4+}高时呈红棕色。若Fe^{3+}、Ti^{4+}都低Fe^{2+}高时呈褐色、黑褐色	褐黄色或红褐色，有时有颜色环带	无色，含有其他元素的类质同象混入物，显浅色，如铬云母呈鲜绿色，含铁时呈淡褐色
多色性	Ng≈Nm-深褐，Np-浅黄	Ng=Nm-浅黄褐，Np-浅黄、无色	无
突起	正中	正低-正中	正低-正中，垂直{001}面具闪突起
延性	正	正	正
光性	二轴晶(—)；$2V$=0°～35°；Nm∥b，Ng∧a 和 Np∧c 都很小，光轴面∥(010)	二轴晶(—)；$2V$=0°～15°；Nm∥b，Ng∥a 和 Np∧c 都很小，光轴面∥(010)	二轴晶(—)；$2V$=35°～50°；b∥Ng, Nb=b, Nm=a
干涉色	干涉色随含铁量增加而增高，少铁为二级顶部，富铁为四级以上	干涉色为二级末到三级中	最高干涉色不均匀，带斑点状，可达三级
光泽	玻璃、珍珠或半金属光泽	玻璃光泽	玻璃光泽
硬度	2.5～3	2.7～2.85	2.0～3.0
密度	2.7～3.1	2.7～2.85	2.76～3.1
导电性	不导电	不导电	不导电
电磁性	具电磁性	弱电磁性	无电磁性
解理	平行{001}解理完全	平行{001}解理完全	平行{001}解理完全
双晶	可具云母律双晶，双晶面//(110)	双晶常见	

黑云母颜色可作为划分花岗岩成因类型的依据之一(Chappel and White，1974)。王洁民等(1990)认为棕红色、深褐色黑云母分别与改造型和同熔型花岗岩有一定关联。

云母族矿物的某些物理性质可作为寻找富矿的直接标志。例如，辽宁弓长岭 BIF 型铁矿区的黑云母随着含铁量的增高，颜色加深，多色性、折射率增高，2V 减小，密度增大，这些可作为寻找富矿或质量好的贫矿的重要标志(孙岱生和速玉萱，1981)。

云母族矿物的某些物理性质可指示外界环境的变化。杨敏之(1964)研究我国东北甲区含钼矿化奥长花岗斑岩中的黑云母发现：从浅蚀变镁黑云母→中等蚀变贫铁黑云母→深蚀变多硅白云母，其颜色、多色性由深色变成浅色，折光率由大变小(图 7-34)，光轴角 $2V$ 随着八面体孔隙中 Mg^{2+}、Fe^{2+}、Mn^{2+}含量的增加而降低(图 7-35)。

金云母在一定条件下会出现反多色性，这是由于金云母四面体中 Si 与 Al 总含量不足，使得 Fe^{3+}占据其四面体位置上而导致的(Pohl and Günther，1991)。幔源岩(主要为金伯利岩、碳酸岩及其包体)中经常出现反多色性金云母，它可作为寻找幔源岩的证据。南

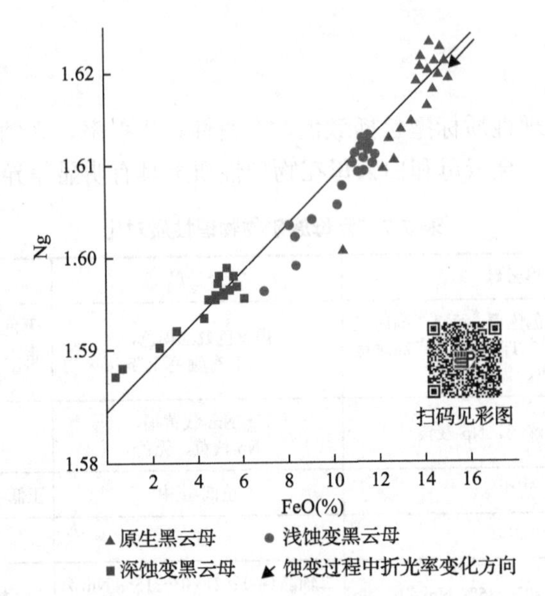

图 7-34　黑云母折光率与 FeO 含量间的关系（杨敏之，1964）

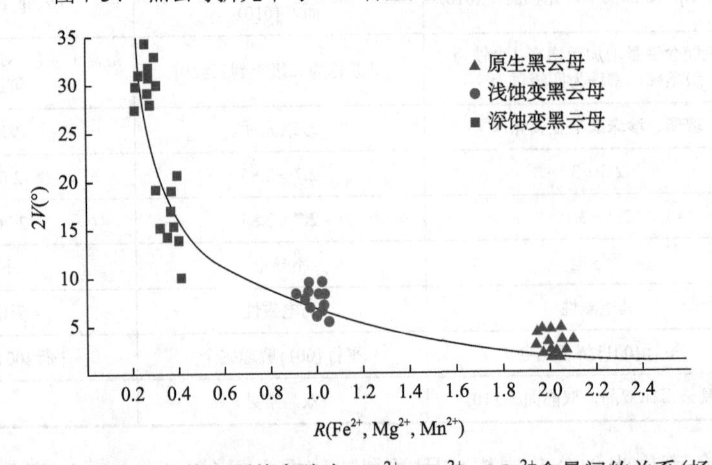

图 7-35　黑云母 2*V* 角变化与其八面体空隙内 Mg^{2+}、Fe^{2+}、Mn^{2+}含量间的关系（杨敏之，1964）

非 Pahbore 稀土矿床的碳酸岩、西格陵兰 Qaqalsuk 碳酸岩杂岩体及我国山东金伯利岩中都出现过这种反多色性金云母。

5. 谱学特征

1) 红外吸收光谱

云母族主要种属矿物的红外光谱基本特征有一定差异（图 7-36），是鉴定云母种属的重要参数（Moenke，1962）。其大致可分为 4 个吸收带：3500～3700cm^{-1} 为羟基伸缩振动带（ν_{OH}），1000cm^{-1} 附近为（Si,Al^{IV}）-O 伸缩振动强吸收带，600～800cm^{-1} 范围为（Si,Al^{IV}）-O 伸缩振动弱吸收带，200～600cm^{-1} 为（Si,Al^{IV}）-O 弯曲振动、（OH）平动及 M-O 振动耦合带。通过分析特征吸收谱线，能够对离子间类质同象替换关系有比较深入的了解，估算矿物中某些主量成分含量。

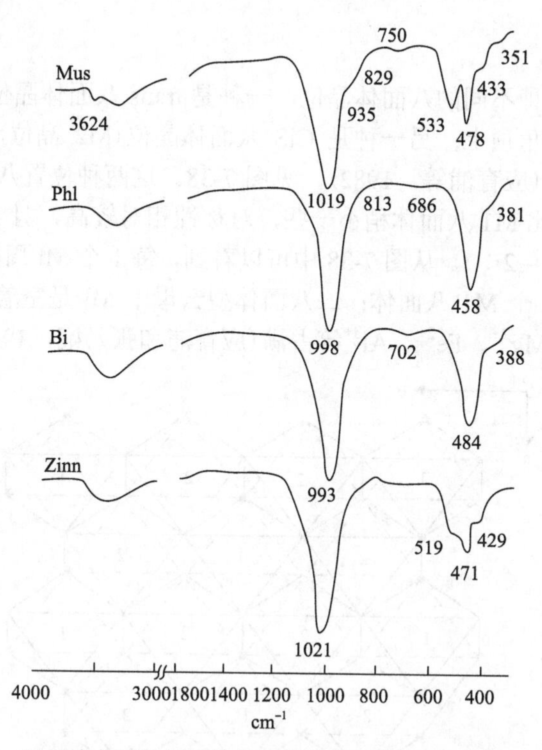

图 7-36　云母族主要种属矿物的红外光谱(顾雄飞和徐英年，1973)

Mus-白云母；Phl-金云母；Bi-黑云母；Zinn-铁锂云母

利用云母族矿物红外光谱特征，可以大致估算其形成的温压环境。刘圣伟等(2006)研究我国新疆某金矿蚀变带中的热液成因绢云母，发现其红外吸收光谱 2200nm 附近 Al-OH 吸收波长位置与八面体层中 Al^{VI}含量具有一定的相关性，此位置会随着 Al^{VI}含量减少而向长波方向移动(图 7-37)。Al^{VI}含量的多少可以指示温压环境：当此 Al-OH 吸收波长位置向长波方向移动时，Al^{VI}含量减少，指示相对高温低压的介质条件；当向短波方向移动时，Al^{VI}含量增加，指示相对低温高压的介质条件。此外，梁树能等(2012)研究新疆东天山哈密苦水地区岩石中的白云母，其红外光谱特征也具有相同的指示意义。

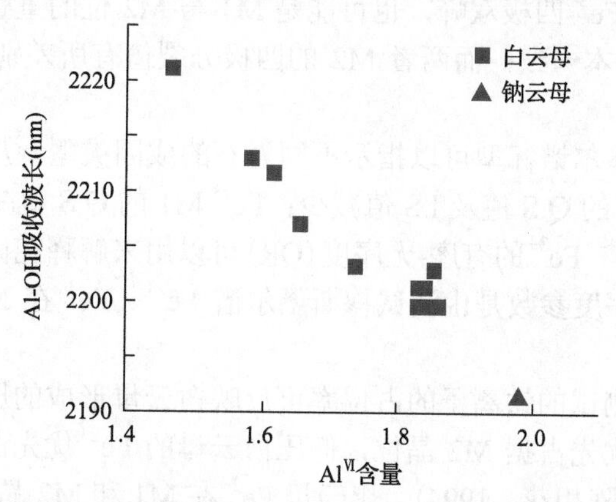

图 7-37　白云母 Al-OH 吸收波长(2200nm 附近)与其 Al^{VI}原子数相关性散点图

2) 穆斯堡尔谱

云母结构中有两种不同的八面体晶位，一种是 trans 八面体晶位(M1 晶位)，即氢氧根的氧在八面体的对角顶上；另一种是 CiS 八面体晶位(M2 晶位)，即氢氧根的氧位于八面体同一边的两端(应育浦等，1982)，见图 7-38。这两种位置八面体大小与对称性有所不同，M2 八面体比 M1 八面体稍小一些，对称性相对较高，且 M2 八面体数目是 M1 的两倍，即 M2∶M1 = 2∶1。从图 7-38 中可以看到，每 1 个 Ml 周围有 6 个 M2 八面体，每 1 个 M2 周围有 3 个 M1 八面体；二八面体型云母中 Ml 是空着的，三八面体型云母 M1 和 M2 晶位会被 Mg^{2+}、Fe^{2+}、Al^{3+}等占满(应育浦和张乃娴，1981)。

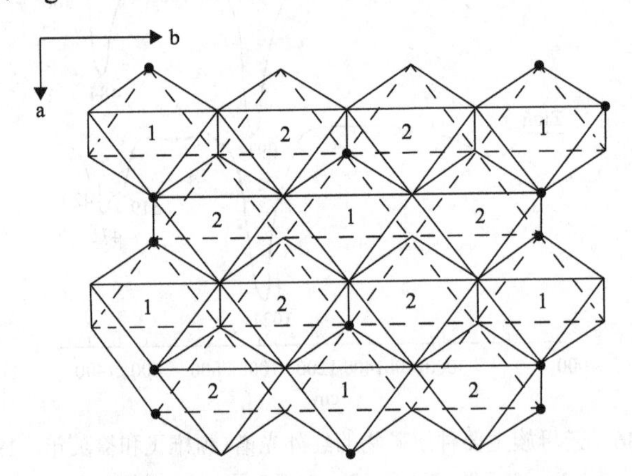

图 7-38　云母结构中 M1 和 M2 八面体的配置关系(Annerstern，1974)

实心圆点代表氢氧根，M1 和 M2 八面体分别用数字 1 和 2 标出

利用铁的穆斯堡尔效应可以了解云母中铁的价态、有序和无序、配位数等方面的信息。I.S 和 Q.S 是研究穆斯堡尔谱的两个重要参数。云母族矿物的穆斯堡尔谱吸收峰是成组出现的，由于同时含有 Fe^{2+}和 Fe^{3+}，其吸收峰最多可有 4 组双峰，即 Fe^{2+}的 M1 与 M2 位双峰、Fe^{3+}的 M1 与 M2 位双峰。在个别情况下，会出现一组很弱的 Fe^{3+}四面体双峰。图 7-39(a)和(b)分别为典型的三八面体型(黑云母)和二八面体型(白云母)云母的穆斯堡尔谱，它们是按 3 组双峰拟合的。AA′峰是 M1 位上的 Fe^{2+}形成的，CC′峰则为 M2 位的 Fe^{2+}形成的。BB′峰是 Fe^{3+}四极双峰，也可能是 M1 与 M2 位的重叠峰。两者穆斯堡尔谱 M1 峰的四级分裂值基本一致；而两者 M2 的四极分裂值有所差别，前者为 3.02mm/s，后者为 2.56mm/s。

云母族矿物穆斯堡尔谱标型可以指示不同岩石的成因类型，从同熔型黑云母到改造型黑云母，其 Fe^{3+} M1 的 Q.S 值及 I.S 值减少；Fe^{2+} M1 的 Q.S 值减少，I.S 值略有增加。研究富铁黑云母中 Fe^{2+}、Fe^{3+}的有序-无序度(OR)可以用来解释花岗岩的成岩演化特征及其冷却历史，而铁有序度参数是由测试穆斯堡尔谱 Fe^{2+}、Fe^{3+}在 Ml、M2 晶位中的占位率得到的。

通过穆斯堡尔谱测试的铁离子的占位率可反映白云母形成的压力条件，高压白云母或多硅白云母的 Fe^{2+}优先占据 M2 晶位，低压白云母的 Fe^{2+}优先占据 M1 晶位，前者比后者含有更多的 Fe^{3+}(陈相花，1994)。黑云母 Fe^{2+}在 M1 和 M2 晶位上的 I. S、Q. S 值与 Fe/(Mg+Fe)值呈正相关关系，是温度及氧逸度的函数。

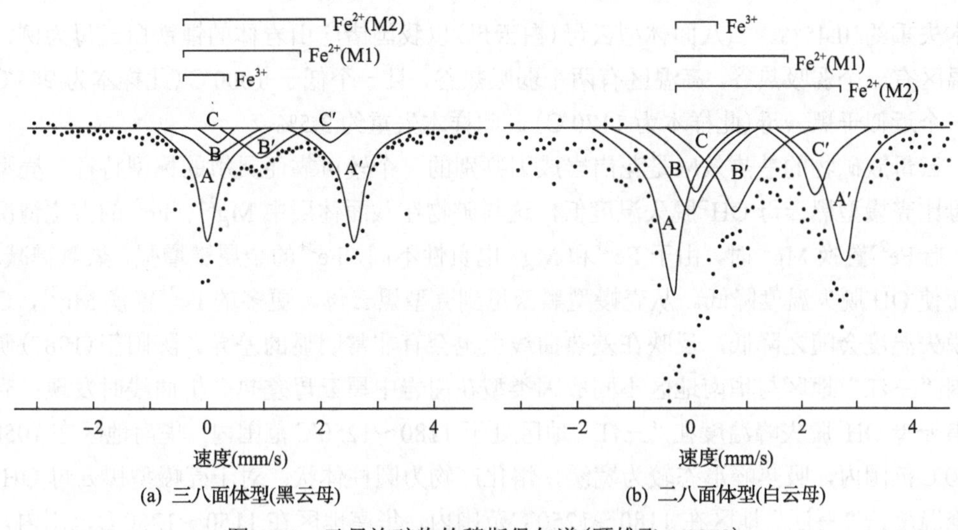

图 7-39 云母族矿物的穆斯堡尔谱(顾雄飞，1973)

3) 差热分析

差热分析是一种热学分析方法，一般情况下，矿物在受热时会发生脱水、脱氢、氧化、分解、同质多象转变、重结晶等现象，在这些过程中会伴随放热或吸热反应，从而导致温度及自身能量的变化。差热分析就是利用矿物的这一特性来鉴定矿物的。

不同云母族矿物的差热曲线有着各自的特点(图 7-40)，通常情况下，通过比较曲线吸热谷和放热峰可以区分不同云母族矿物种属。三八面体型云母(黑云母)的差热曲线多变，以我国慈竹岩体的钛黑云母为例，在低温区有一中等强度的吸热谷，在 1000℃以上有一个弱吸热谷(此样本为 1190℃)，自此温度之后，黑云母开始分解直至完全分解。此

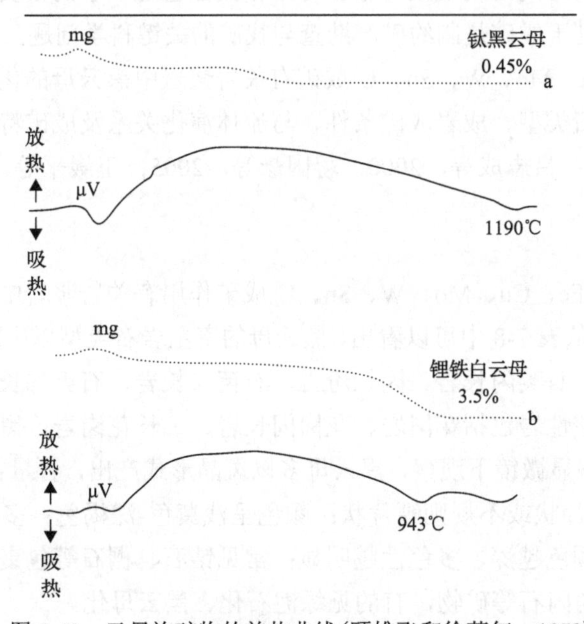

图 7-40 云母族矿物的差热曲线(顾雄飞和徐英年，1973)

样本失重约 0.45%。二八面体型云母(白云母)以我国诸广山岩体的锂铁白云母为例，在低温区有一个弱吸热谷，高温区有两个弱吸热谷，且一个低于 1000℃(此样本为 943℃)，另一个近似于黑云母(此样本为 1170℃)，此样本失重约 3.5%。

云母族矿物的差热效应是花岗岩成因判别的一个较可靠而灵敏的标型特征。壳型黑云母比壳幔型黑云母 OH^-脱失温度低，这与矿物在八面体层中 Mg^{2+}、Fe^{2+}的占位情况有关。当 Fe^{2+}置换 Mg^{2+}时，由于 Fe^{2+}和 Mg^{2+}电负性不同，Fe^{2+}的金属键增强，氢氧键减弱，从而使 OH^-脱失温度降低。从壳幔型黑云母到壳型黑云母，更多的 Fe^{2+}置换 Mg^{2+}，OH^-的脱失温度会随之降低，反映在差热曲线上也会有非常明显的差异。陈国玺(1987)研究我国“三江”地区与华南地区不同成因类型花岗岩中黑云母差热分析曲线时发现：壳源型黑云母 OH^-脱失峰温度在“三江”地区处于 1180～1250℃范围内，华南地区在 1050～1150℃范围内，吸热峰形态较为宽缓，熔化产物为圆柱体状；对于壳幔型黑云母 OH^-脱失峰温度，“三江”地区在 1180～1250℃范围内，华南地区在 1150～1250℃范围内，吸热峰的形态较为窄陡，熔化产物为碗状或球状。综上所述，根据云母族矿物差热曲线的不同可以为判别不同类型的岩石成因提供一定的参考依据。

(三)与成矿有关的黑云母标型特征

岩浆型、斑岩型、夕卡岩型、隐爆角砾岩型及其复合类型的矿床都与一定的岩浆岩有关，有的产于板块碰撞造山或其后的拉伸环境(Groves et al.，1998；Sillitoe，2002)，有的产于克拉通破坏环境(Li et al.，2015，2016；Li and Santosh，2014，2017)。这些矿床与岩体的成因联系一般不难确定。许多脉状金矿与岩浆岩的成因联系虽多有争议，但在矿田尺度上，金矿与同时期岩浆岩存在时空相关性也是不争的事实。基于此，岩浆岩是否成矿或是否有利于成矿是制约矿产勘查与找矿的关键科学问题。

与 Au、Fe、Cu、Mo、W、Sn、U 成矿有关岩浆岩中黑云母的化学成分对其成因属性、岩浆来源、岩石类型、成岩成矿条件、与流体演化关系及成矿特征等均能提供重要信息(彭花明，1997；吕志成等，2000；蒋国豪等，2005；王崴平等，2012)。

1. 产状及形态

将若干与 Au、Fe、Cu、Mo、W、Sn、U 成矿作用有关岩浆岩中黑云母的产状及形态特征列入表 7-8。从表 7-8 中可以看出，黑云母的寄主岩石类型以中酸性岩为主。其中，中性岩包括闪长岩、石英闪长岩、闪长玢岩、石英二长岩、石英二长闪长岩、二长闪长玢岩、正长岩等，酸性岩包括花岗岩、花岗闪长岩、二长花岗岩、黑云母花岗岩、黑云母二长花岗岩等。在显微镜下观察，黑云母多以斑晶形式产出，含量在 1%～30%范围内不等；自形-半自形片状或不规则鳞片状；颜色呈浅黄色-深褐色；多色性随矿物本身颜色的深浅而变化，颜色越深，多色性越明显；常见锆石、榍石等包裹体；有些可能交代早期形成的辉石、角闪石等矿物，有的见绿泥石化、黑云母化。

表 7-8 与 7 种矿化有关岩浆成因黑云母产状及形态特征

代表性岩体	主要岩石类型	有关矿产	黑云母主要产状	粒径(mm)	含量(%)	参考文献
驱龙斑岩体	花岗闪长岩	Cu	晶形较好，自形-半自形片状，颜色呈深褐色		10	秦克章等，2014
	黑云母二长花岗岩			1～5	10～15	
	二长花岗斑岩			1～4	5	
	花岗闪长斑岩				10	
甲玛花岗斑岩体	黑云母花岗斑岩	Cu	以斑晶形式产出，多为黑色、深褐色，多色性显著，深棕褐色到浅黄色，一组极完全解理，正中突起，平行消光		30	王崴平等，2012
	石英闪长玢岩				10	
玉龙岩体	角闪黑云母二长花岗斑岩、正长花岗斑岩	Cu	呈自形的六方鳞片叠层状集合体，少部分为半自形鳞片状集合体，外形上保留角闪石的假象。斑晶中往往包裹早期晶出的副矿物，如锆石和磷灰石，强烈蚀变岩中的黑云母往往呈绿泥石的交代残余	1～3	30～50	马鸿文，1990
包古图斑岩体	闪长岩	Cu	可见与角闪石伴生或共生在一起，可能代表近同期结晶产物，呈黄褐色-红褐色，自形片状、短柱状或六边形，部分发生绿泥石化或次生黑云母化现象	0.1～1	5～15	秦克章等，2014
	闪长玢岩			0.2～1	2～3	
	花岗闪长斑岩			0.2～1	2～3	
安妥岭斑岩体	花岗闪长斑岩	Mo	颜色以黑色、深褐色为主，多色性明显，浅黄色到深褐色，正中突起，一组极完全解理	0.7～4.3	5	梁涛等，2010
沙让斑岩体	石英二长岩、石英闪长岩	Mo	以斑晶形式产出，晶形好，多呈自形-半自形片状，颜色深棕褐色，大多数还受到弱绿泥石化影响	0.5～4	10～15	秦克章等，2014
	花岗斑岩、细粒花岗斑岩			0.5～2	1～3	
	煌斑岩			2～3	10	
郭家岭岩体	角闪花岗岩、二长花岗岩、石英二长岩、花岗闪长岩	Au	呈自形-半自形片状，浅棕黄色-深褐色，多色性显著，锆石、榍石、磷灰石是常见包体矿物。可见绿泥石化现象，并伴有针状金红石析出，常见黑云母褪色蚀变，并析出铁质		6	苗来成等，1997
三佛山岩体	二长岩、石英二长岩、二长花岗岩	Au	呈自形-半自形片状，棕褐色，多色性显著		10	郭敬辉等，2005
铜石岩体	二长闪长玢岩	Au	呈不规则状、片状、板状，有些发生碎裂，蚀变，常见到磁铁矿、斜长石、石英等包裹体	0.15～0.5	5～10	郭谱，2014
铜井岩体	闪长岩	Au				
金场岩体	花岗闪长玢岩和花岗斑岩	Au				

续表

代表性岩体	主要岩石类型	有关矿产	黑云母主要产状	粒径(mm)	含量(%)	参考文献
大吉山花岗岩	黑云母花岗岩	Sn	呈绿色-褐黄色-棕褐色多色性	2	15	胡雄伟和孙恭安，1988
九岭复斜花岗杂岩体	斑状黑云母花岗岩、二云母花岗岩	Sn	半自形集合体，呈棕红色，具有二级红干涉色，但常被自色所干扰	0.2～0.5	10	张志辉等，2014
千里山岩体	碱性花岗岩	Sn	它形片状，部分黑云母边部遭受不同程度白云母化		5~8	程细音，2012
骑田岭花岗岩	黑云母花岗岩	W-Sn	呈片状，多呈浅黄绿色-深黄褐色，多色性显著，一组完全解理	2～6	3～6	李鸿莉等，2007
个旧花岗岩	黑云母花岗岩	Sn	自形-半自形，深褐色为主		3～8	伍勤生等，1983
大厂矿带花岗岩体	黑云母花岗岩	Sn	多色性显著，可见黑色圆环状放射晕，晕圈中含有大小不等的褐帘石、锆石		5	陈毓川和王登红，1996
癞子岭岩体	黑云母花岗岩	W-Sn	片状晶形，浅棕色，由边缘到中心颜色逐渐变深，多色性也逐渐明显，推断云母片由中心到边缘经历了黑云母-锂云母的演化，具极完全的一组解理			来守华，2014
漓渚铁矿矿区岩体	黑云母花岗岩	Fe	呈半自形-自形中细粒结构，棕褐色，部分发育绿泥石化		10	贾德龙，2014
	花岗岩				2～5	
	花岗闪长岩				5～8	
邯邢符山等岩体	角闪闪长岩、闪长岩、正长岩、二长岩、闪长玢岩	Fe	半自形-自形晶形，交代早期形成的辉石、角闪石等矿物		<5	张丹，2013
大洋岩体	花岗岩	W	自形程度差，不规则片状，多色性明显		1～5	张承帅等，2012
贵东岩体	二云母花岗岩	W	片状或鳞片状，多呈褐色-深褐色，解理完全，内部及边缘常伴生石英小颗粒		8	陈佑纬等，2010
诸广山岩体	黑云母花岗岩	W	不规则状片状、长条状、针状，发生不同程度蚀变，可常见到磁铁矿、斜长石、石英等包裹体	0.15～0.8	5～15	田泽瑾，2014

2. 主量元素成分标型

将与7个矿种有关的24个岩体中348个黑云母主量元素电子探针分析数据(表7-9、表7-10)(刘诗文，2015)的Fe含量进行校正后，以12个氧为基础计算了阳离子数和化学参数(所用方法见林文蔚和彭丽君，1994)，作为本部分讨论的依据。

表7-9　不同矿化有关岩浆黑云母主量成分数据基本信息

矿化岩体(24个)	相关矿种	收集数据(个)	实验数据(个)	小计(个)
郭家岭岩体	Au	18	20	38
三佛山岩体	Au	20	4	24
金场岩体	Au	10	3	13
铜井岩体	Au	2	7	9
麻棚岩体	Au	11	0	11
栅溪花岗闪长岩体	Fe	5	0	5
符山岩体	Fe	10	0	10
驱龙斑岩体	Cu	24	0	24
鸡笼山岩体	Cu	29	0	29
包古图斑岩体	Cu	18	0	18
玉龙岩体	Cu	6	0	6
甲玛斑岩体	Cu	0	2	2
安妥岭斑岩体	Mo	6	0	6
沙让斑岩体	Mo	34	0	34
大吉山花岗岩体	W	6	0	6
九岭复斜花岗杂岩体	W	8	0	8
骑田岭岩体	W	0	7	7
千里山岩体	Sn	0	5	5
个旧矿带岩体	Sn	12	5	17
大厂矿带岩体	Sn	11	0	11
措莫隆花岗岩体	Sn	6	0	6
骑田岭岩体	Sn	27	0	27
下庄岩体	U	10	0	10
长江岩体	U	22	0	22
总计		295	53	348

根据数据分析，与表7-9中7个矿种成矿作用有关的岩浆成因黑云母主量成分变化具有一定规律，大致可分成两类，一类与Au、Fe、Cu、Mo成矿作用有关，另一类与W、Sn、U成矿作用有关。黑云母化学成分的差异主要反映在其Ti含量、6次配位的Al含量Al^{VI}、镁度Mg/(Mg+Fe+Mn+Ti)、总铁度Fe/(Fe+Mg)、铝度Al/(Al+Mg+Fe+Mn+Ti+Si)、碱度(Na+K+Ca)/Al、Fe^{2+}与在八面体层中阳离子总数的比例、Si/Al值等化学参数上(表7-10)。

表 7-10　与 7 种金属矿化相关的岩体中黑云母主要化学参数

有关矿种	Ti		Al^{VI}		Mg/(Mg+Fe+Mn+Ti)	
	1	2	1	2	1	2
Au	0.1281	0.0189～0.2560	0.1484	0～0.4202	0.5361	0.4286～0.6996
Fe	0.2220	0.1705～0.2520	0.0257	0～0.1204	0.5097	0.6181～0.4418
Cu	0.2151	0.0911～0.3017	0.0832	0～0.2242	0.5704	0.4356～0.7921
Mo	0.2407	0.1552～0.3111	0.0595	0.0005～0.1346	0.5522	0.4763～0.6147
W	0.1082	0.050～0.1952	0.3605	0.0893～0.5781	0.3991	0.2341～0.5051
Sn	0.1609	0.0096～0.4271	0.6556	0.0188～1.9007	0.1909	0.0265～0.4479
U	0.1087	0.0059～0.1801	0.5228	0.3329～1.7323	0.2752	0.2024～0.4015
有关矿种	Fe/(Fe+Mg)		X_{Fe}		$Fe^{3+}/(Fe^{3+}+Fe^{2+})$	
	1	2	1	2	1	2
Au	0.4334	0.2872～0.5620	0.3159	0.1757～0.4310	0.1891	0.0775～0.4267
Fe	0.4424	0.3289～0.5125	0.3245	0.2508～0.3594	0.1881	0.1072～0.2994
Cu	0.3802	0.1531～0.5235	0.263	0.0482～0.3820	0.2368	0.0866～0.6395
Mo	0.3909	0.3249～0.4603	0.2545	0.1295～0.3630	0.2796	0.5334～0.1062
W	0.5763	0.4644～0.7472	0.3548	0.3009～0.4097	0.2351	0.1433～0.3165
Sn	0.7915	0.5286～0.9686	0.4758	0.1438～0.6642	0.1935	0.0578～0.4950
U	0.7040	0.5475～0.774	0.3906	0～0.5352	0.285	0.1485～1
有关矿种	Si/Al		Al/(Al+Mg+Fe+Mn+Ti+Si)		(Na+K+Ca)/Al	
	1	2	1	2	1	2
Au	2.2077	1.7455～3.1224	0.1901	0.1448～0.2377	0.7299	0.2483～0.9242
Fe	2.2853	1.9376～2.4852	0.1774	0.1660～0.1971	0.71	0.3602～0.8457
Cu	2.2198	1.6649～2.6470	0.1863	0.1583～0.2168	0.7097	0.3742～0.8663
Mo	2.4272	2.1214～2.7353	0.1732	0.1570～0.1897	0.7906	0.7130～0.8543
W	1.8635	1.5728～2.5013	0.2280	0.1781～0.2631	0.6216	0.5332～0.7786
Sn	1.8523	1.4197～2.5295	0.2349	0.1678～0.3652	0.594	0.2880～0.8060
U	1.6154	1.1928～1.8928	0.2596	0.2246～0.4354	0.5045	0.1989～0.6003

$X_{Fe}=Fe^{2+}$/6 次配位阳离子总和；各化学参数均以阴离子总数为 12 计算；1 为平均值，2 为变化范围。

与 Au、Fe、Cu、Mo 成矿作用有关的云母均为三八面体型云母(以镁黑云母为主)，八面体中阳离子以 Mg、Fe 为主，Al 较少，相对富 Ti，层间大阳离子以 K 为主，Na、Ca 次之，或含少量 Li。从图 7-41 可直观看出：与 Au、Fe、Cu、Mo 成矿作用有关的云母其镁度、碱度、Si/Al 值相对较高，而 Al^{VI}含量、Fe^{2+}在八面体配位中的比例、总铁度及铝度相对较低。此外，其 F 的含量相对较少，岩浆演化晚期可出现白云母。在三八面体型云母中，一般随八面体层中 Al 占位率的增高，Mg、Fe 数量会发生相应的调整，最终导致云母内部结构发生改变，可能形成二八面体型铁云母或白云母。

与 W、Sn、U 成矿作用有关的云母主要为三八面体型铁云母、铁叶云母或过渡型 Fe-Li 系列云母，云母具有更为复杂的晶体结构构型和化学组分特征。Al 在八面体中占位增高是云母最为典型的特征，普遍存在 Li 对 K 的置换，F 含量相对较高，在矿物化学上表现为

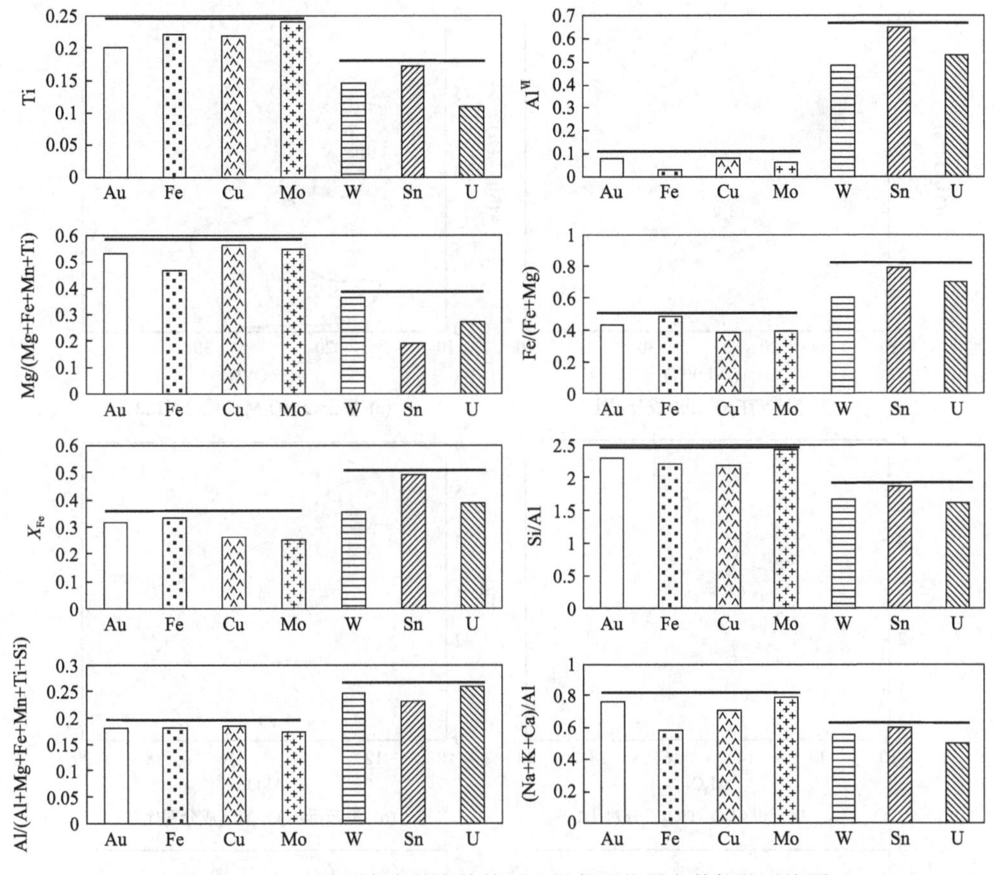

图 7-41 与 7 种矿产有关岩体的黑云母主要化学参数柱状对比图

Al^{VI}、Fe^{2+}在八面体配位中比例、总铁度、铝度等参数值相对较高，而镁度、碱度、Si/Al值相对较低。另外，在含 W、Sn、U 花岗岩中经常出现富铝黑云母和白云母的二云母花岗岩，而在 Au、Fe、Cu、Mo 有关的岩浆岩中很少发育二云母组合(岩浆晚期阶段除外)。

黑云母中 FeO 与 MgO 显示一定的负相关性[图 7-42(a)和(b)]，与 Au、Fe、Cu、Mo 成矿作用有关的黑云母富 Mg 贫 Fe，数据点相对集中；与 Sn、U 成矿作用有关的黑云母富 Fe 贫 Mg；而与 W 矿化相关的黑云母 MgO 和 FeO 值处于过渡区间。

黑云母的 Al_2O_3 与 TiO_2 也具有一定的负相关性[图 7-42(c)和(d)]，与 Au、Fe、Cu、Mo 有关岩体中黑云母的 Al_2O_3 含量相对较少，TiO_2 相对较多；与 W、U 相关岩体黑云母 Al_2O_3 相对较多，TiO_2 相对较少；而与 Sn 相关的黑云母数据较为分散，两者含量范围变化较大。

根据黑云母 Al^{VI}-Fe^{2+}+Fe^{3+}成分图解[图 7-42(e)和(f)]，黑云母八面体层中 6 次配位的 Al 与 Fe^{2+}+Fe^{3+}呈一定的正相关性。与 Au、Cu、Mo 矿化有关岩体中黑云母具有较低的 Fe^{2+}+Fe^{3+}含量，进入八面体中的 Al^{VI}相对较少；与 Sn、U 矿化有关岩体中黑云母相对富 Fe，Fe^{2+}+Fe^{3+}含量相对较高，进入八面体中的 Al^{VI}相对较多；与 W 矿化有关岩体的黑云母 Al^{VI}-Fe^{2+}+Fe^{3+}变化趋于两者过渡的类型。

根据 Nachit 等(2005)的 $10TiO_2$-FeO_{tot}-MgO 图解[图 7-43(a)和(b)]，采自与上述 7 种矿产有关岩浆岩中的黑云母多数属于岩浆成因原生黑云母，一部分黑云母受到了后

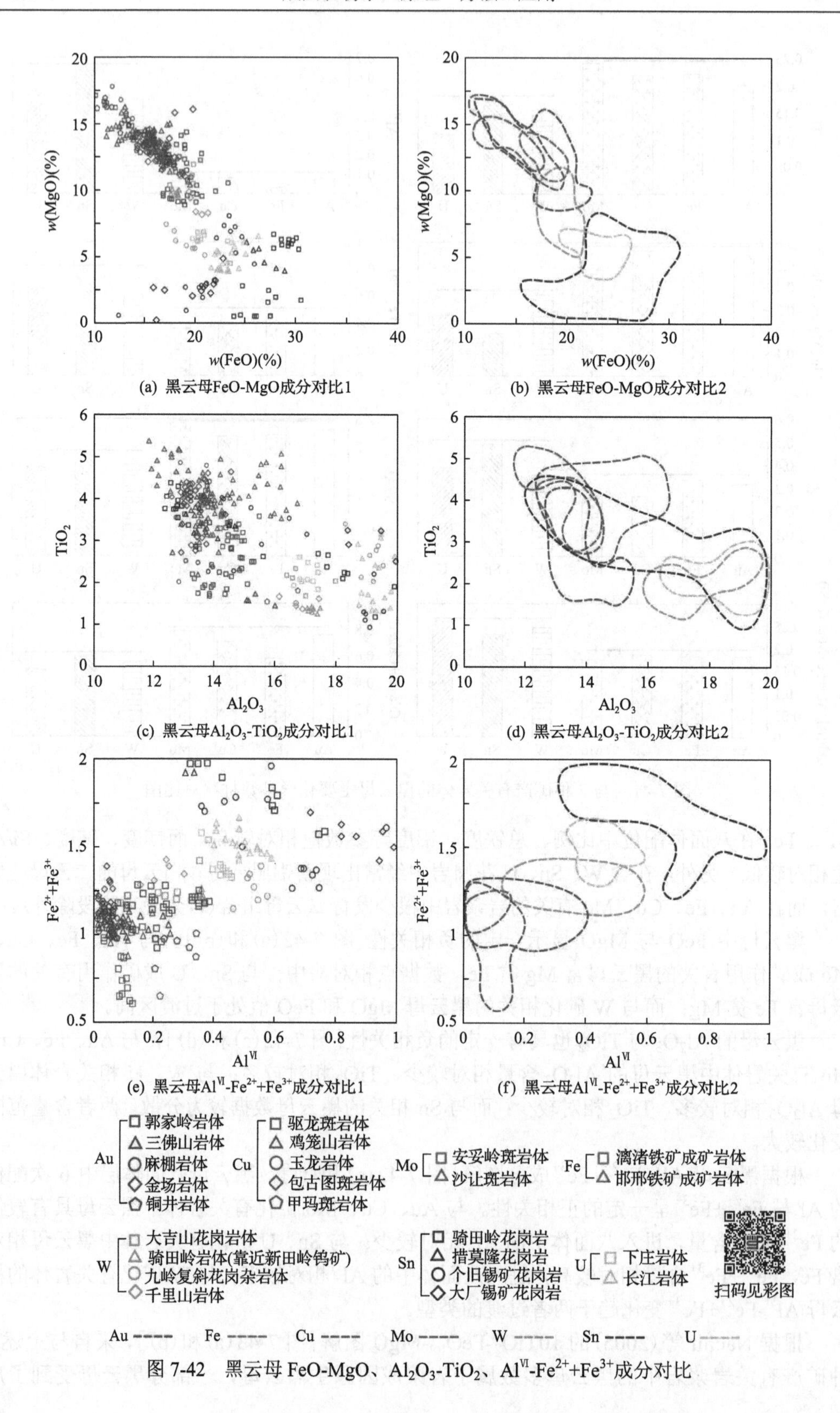

图 7-42 黑云母 FeO-MgO、Al_2O_3-TiO_2、Al^{VI}-Fe^{2+}+Fe^{3+}成分对比

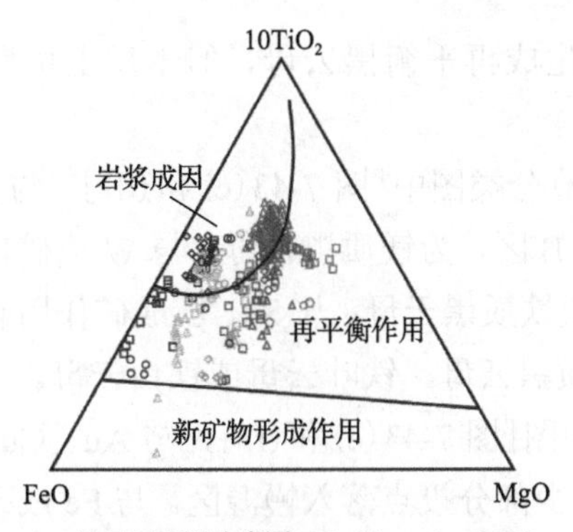

(a) 黑云母成因分类图1(Nachit et al.，2005)

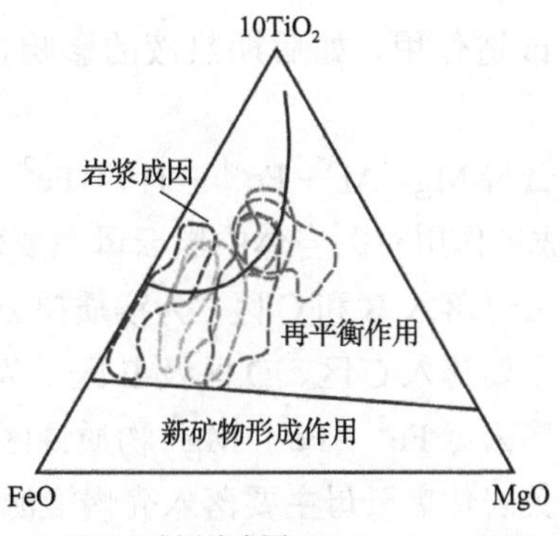

(b) 黑云母成因分类图2(Nachit et al.，2005)

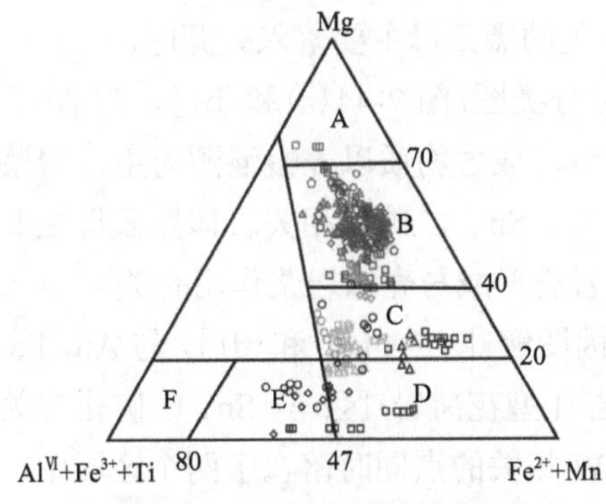

A-金云母；B-镁质黑云母；C-铁质黑云母；
D-铁叶云母；E-铁白云母；F-白云母

(c) 云母分类图1(据Foster，1960 修改)

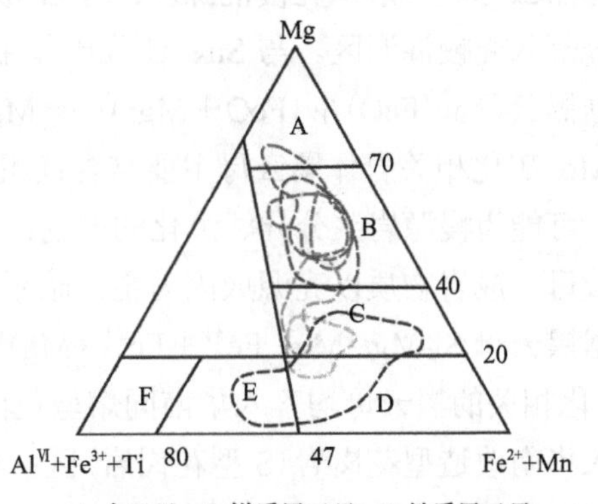

A-金云母；B-镁质黑云母；C-铁质黑云母；
D-铁叶云母；E-铁白云母；F-白云母

(d) 云母分类图2(据Foster，1960 修改)

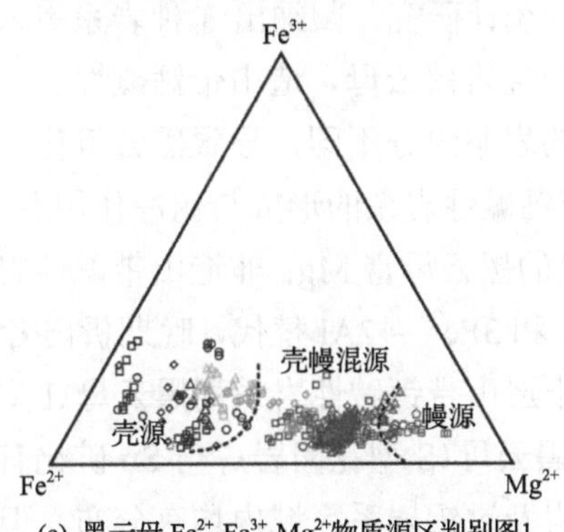

(e) 黑云母 Fe^{2+}-Fe^{3+}-Mg^{2+}物质源区判别图1
(周作侠，1988)

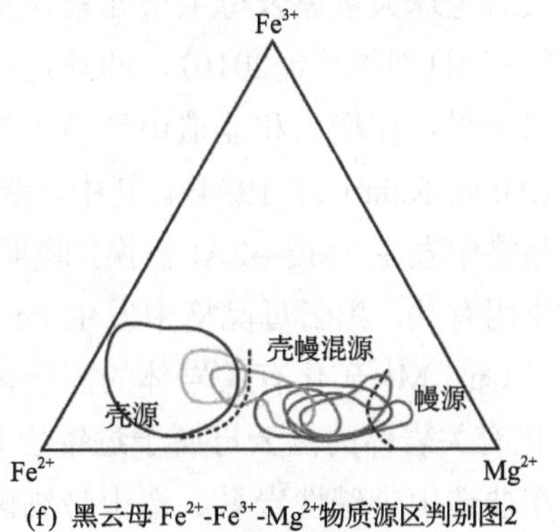

(f) 黑云母 Fe^{2+}-Fe^{3+}-Mg^{2+}物质源区判别图2
(周作侠，1988)

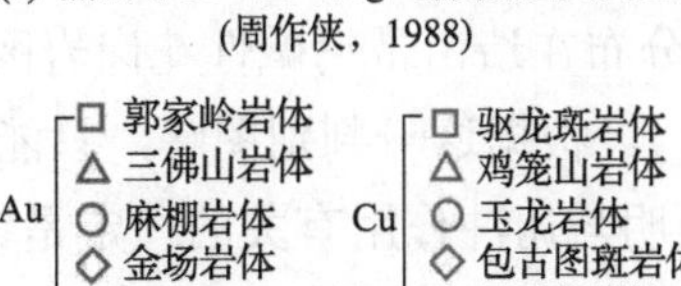

Mo □ 安妥岭斑岩体
△ 沙让斑岩体

Fe □ 漓渚铁矿成矿岩体
△ 邯邢铁矿成矿岩体

W □ 大吉山花岗岩体
△ 骑田岭岩体(靠近新田岭钨矿)
○ 九岭复斜花岗杂岩体
◇ 千里山岩体

Sn □ 骑田岭花岗岩
△ 措莫隆花岗岩
○ 个旧锡矿花岗岩
◇ 大厂锡矿花岗岩

U □ 下庄岩体
△ 长江岩体

扫码见彩图

Au ---- Fe ---- Cu ---- Mo ---- W—— Sn ---- U——

图 7-43　TiO_2-Fe-Mg 图解

期环境的改造作用，如后期热液的影响，而生成再平衡黑云母，但本质上仍属于岩浆成因。

在黑云母 Mg-($Al^{IV}+Fe^{3+}+Ti$)-(Fe^{2+}+Mn)分类图中[图 7-43(c)和(d)]，与 Au、Fe、Cu、Mo 成矿作用有关岩体中黑云母主要落入 B 区，为镁质黑云母；与 W 成矿作用有关岩体中黑云母落入 B 和 C 区，为镁质黑云母或铁质黑云母；与 Sn、U 成矿作用有关岩体中黑云母主要落入 C 区、D 区及 E 区，为铁质黑云母、铁叶云母或铁白云母。

根据黑云母 Fe^{2+}-Fe^{3+}-Mg^{2+}物质源区判别图[图 7-43(e)和(f)]，与 Au、Cu、Mo 成矿作用有关岩体黑云母主要落入壳幔混源区，少部分投点落入幔源区。与 Fe 成矿作用有关岩体黑云母主要落入壳幔混源区；与 W 成矿作用有关的黑云母一部分落入壳源区，另一部分落入壳幔混源区。与 Sn、U 成矿作用有关的黑云母主要落入壳源区。

据黑云母 w(FeO)/w(FeO+MgO)-w(MgO)分类图[图 7-44(a)和(b)]，与 Au、Fe、Cu、Mo 矿化相关岩体黑云母主要富含镁黑云母，成岩物质以壳幔混源为主，岩浆来源较深，可能为幔源岩浆分异、演化的产物；与 W、Sn、U 矿化相关岩体黑云母主要富含铁黑云母，成岩物质以壳源成因为主，暗示其岩石形成与壳源岩浆作用有关。

据黑云母 Si-Mg/(Mg+$Fe^{3+}+Fe^{2+}$+Mn)成因图解[图 7-44(c)和(d)]，与 Au、Fe、Cu、Mo 矿化相关的黑云母均落入华南同熔型花岗岩(I 型花岗岩)区；与 Sn、U 矿化有关黑云母落入华南改造型花岗岩(S 型花岗岩)区；与 W 相关的点同时落在了两个区域中，其黑云母属镁黑云母-铁黑云母过渡类型，岩石成因属 I-S 过渡型，但与 S 型(改造型)关系更为密切。

前人对全球大量黑云母主量元素含量进行统计研究，归纳出 3 种岩系黑云母及其构造环境判别图(刘彬等，2010)，即非造山带碱性岩黑云母、造山带钙碱性岩黑云母和过铝质岩黑云母。在造山和非造山环境中产生的岩浆组分不同，导致黑云母化学成分也有所不同(Abdel-Rahman，1994)。其中，造山带钙碱性岩系的形成与俯冲作用有密切关系，黑云母晶格中发生 3Mg→2Al 替换，晚期析出的黑云母富 Mg；非造山带碱性岩系的形成与裂谷作用有关，黑云母晶格中发生 Fe→Mg 和 $3Fe^{2+}$→2Al 替代，晚期析出者富 Fe。与 Au、Fe、Cu、Mo 矿化有关岩体的黑云母属于造山带钙碱性岩系列黑云母(I 型花岗岩)。与 U 矿化有关岩体的黑云母属于过铝岩系列黑云母(S 型花岗岩)；与 Sn 矿化有关的岩体黑云母在非造山带碱性岩系、造山带钙碱性岩及过铝岩系区域内均有分布，但主要落入过铝岩系区域内；与 W 矿化相关岩体中黑云母分布在造山带钙碱性花岗岩区域内，但具有过铝质花岗岩黑云母的特点[图 7-44(e)和(f)]。根据这一判别图解，只能区别黑云母的寄主岩石属钙碱性岩系或碱性岩系，而不能说明与俯冲作用有关的一定是钙碱性岩系，产在非造山环境中的一定属于碱性岩系。

利用黑云母 w(Mg)/w(Mg+Fe)-w(Ti)图解可大致求得与不同成矿作用有关岩体中黑云母的结晶温度[图 7-45(a)和(b)、表 7-11]。与 Fe、Cu、Mo 矿化有关岩体的黑云母形成温度集中在 690～780℃，与 Au 矿化有关的黑云母形成温度主要集中在 640～760℃，

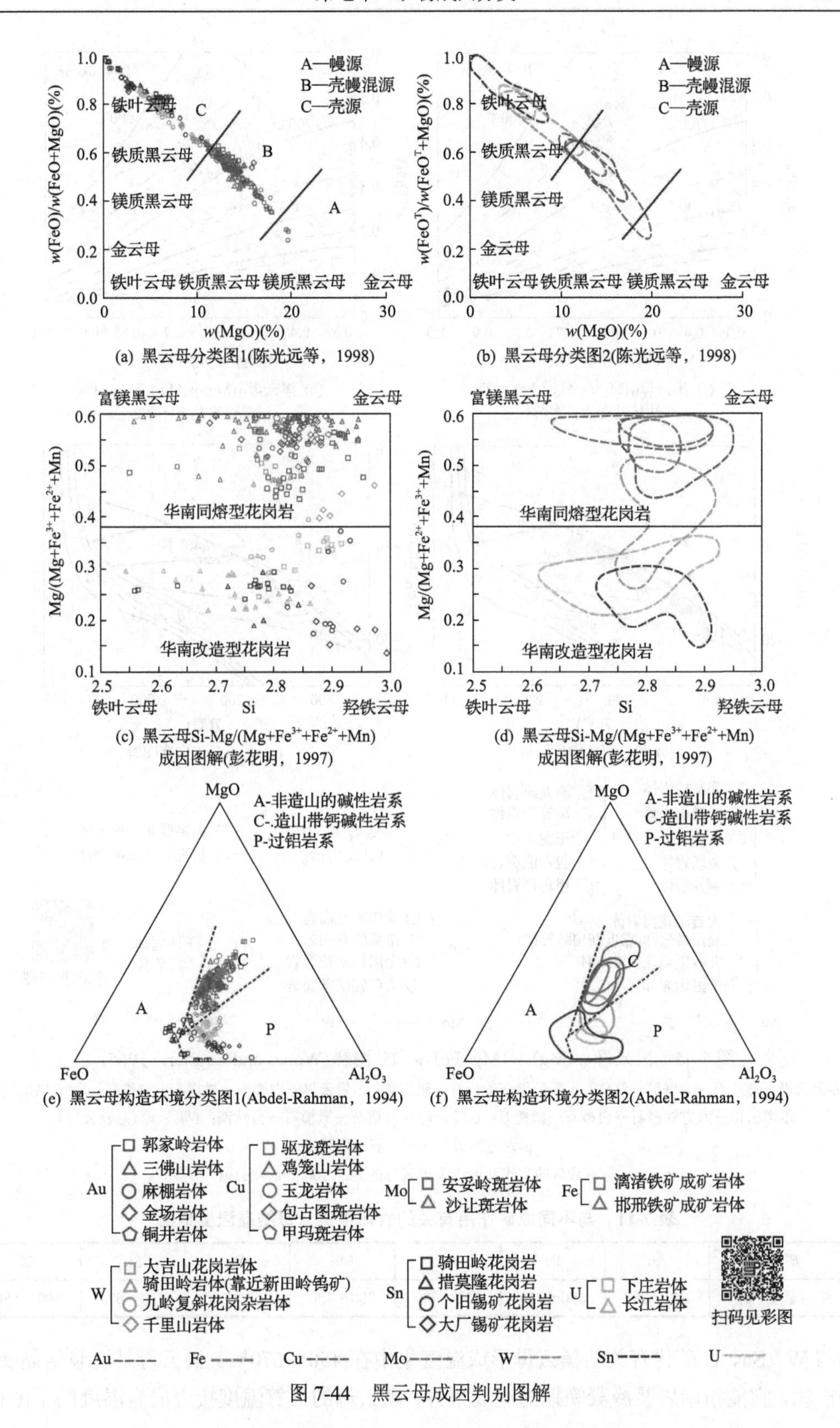

(a) 黑云母分类图1(陈光远等，1998)　(b) 黑云母分类图2(陈光远等，1998)

(c) 黑云母Si-Mg/(Mg+Fe^{3+}+Fe^{2+}+Mn)成因图解(彭花明，1997)　(d) 黑云母Si-Mg/(Mg+Fe^{3+}+Fe^{2+}+Mn)成因图解(彭花明，1997)

(e) 黑云母构造环境分类图1(Abdel-Rahman，1994)　(f) 黑云母构造环境分类图2(Abdel-Rahman，1994)

图 7-44　黑云母成因判别图解

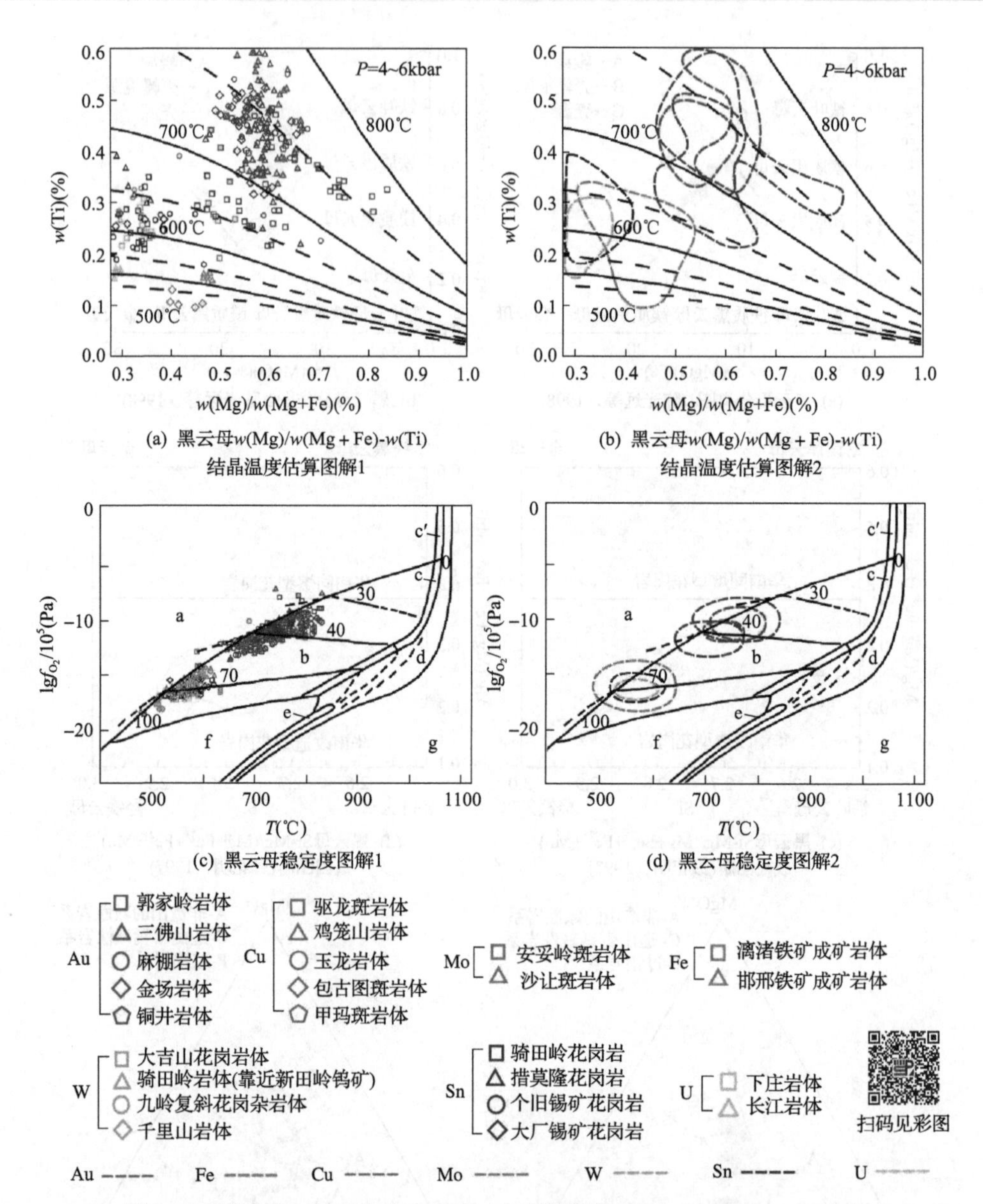

图 7-45　黑云母 w(Mg)/w(Mg+Fe)-w(Ti) 图解 (Wones and Eugster，1965)

a-黑云母→透长石→赤铁矿→气体；b-黑云母→透长石→磁铁矿；c-黑云母→白榴石→橄榄石→磁铁矿（c′为赤铁矿）；d-黑云母→六方钾霞石→白榴石→橄榄石；e-黑云母→白榴石→橄榄石→自然铁；f-黑云母（羟铁云母）；g-六方钾霞石→白榴石→橄榄石

标有数值的实线和虚线为黑云母的 Fe×100/(Fe+Mg) 值

表 7-11　与不同成矿作用有关的岩体中黑云母结晶温度范围

矿种	Au	Fe	Cu	Mo	W	Sn	U
结晶温度(℃)	640～760	690～750	700～780	700～780	450～660	530～670	500～650

而与 W、Sn、U 矿化有关的黑云母形成温度集中在 450～670℃。黑云母是岩浆结晶晚期的产物，它能指示岩浆冷凝晚期的温度条件，黑云母的估算温度接近成岩温度的下限（种

瑞元，1987）。高温有利于 Au、Fe、Cu、Mo 矿化岩体黑云母的形成，而 W、Sn、U 矿化相关岩体黑云母形成于相对低温的环境中。

通常在 $P_{H_2O}=2070\times10^5$Pa 压力下，根据估算出的黑云母结晶温度和 Fe×100/(Mg+Fe)值，可得出黑云母结晶时大致的氧逸度($\log f_{O_2}$)。氧逸度被认为是黑云母稳定性的决定因素。一般情况下，黑云母的结晶温度越高，结晶氧逸度也越高。根据黑云母稳定度图解[图 7-45(c)和(d)]可知，与 Au、Fe、Cu、Mo 成矿作用有关岩体的黑云母结晶氧逸度($\log f_{O_2}$)在–14～–7，这与其低含量的 Al^{VI}及高含量的 Ti 所指示高 f_{O_2}介质环境的结果一致；而与 W、Sn、U 成矿作用有关岩体的黑云母结晶氧逸度在–18～–13，这与此类黑云母高含量的 Al^{VI}及低含量的 Ti 所指示的低 f_{O_2}介质环境的结果一致。

据黑云母 Al_2O_3-Al^{VI} 相关图[图 7-46(a)和(b)]，与 Au、Fe、Cu、Mo 成矿作用有关的黑云母 Al^{VI} 含量相对较少，即 Al 更多地占据四面体的位置上；而与 W、Sn、U 成矿作用有关的黑云母 Al^{VI} 含量相对较多，即 Al 更容易占据八面体位置。另外，与 Fe、Cu、Mo 成矿作用相关的黑云母的 Ti 含量相对较高[图 7-46(c)和(d)]。

黑云母的全 Al 含量与其寄主花岗岩的固结压力呈正相关关系(Uchida et al.，2007)：$P(\times100\text{MPa})=3.03\times{}^{T}\text{Al}-6.53(\pm0.33)$。其中，^{T}Al 是在氧原子为 24 时计算出的黑云母铝离子总数。据此可估得黑云母的结晶压力。再根据 0.1GPa=3.3km(王兴阵，2006)，可计算出黑云母寄主岩体的形成深度。由此计算与不同矿化有关岩体中黑云母的结晶压力和岩体深度，见表 7-12，可知与 Au、Fe、Cu、Mo 成矿作用有关的黑云母结晶压力和岩体大致深度明显低于与 W、Sn、U 成矿作用有关的黑云母结晶压力和岩体大致深度。

赵一鸣和林文蔚(1990)在对我国夕卡岩型矿床成矿母岩中的黑云母深入研究后发现，与 Fe、Cu、Mo 矿化有关的黑云母一般形成于高温、高氧逸度、低水压、富碱的环境，而与 W、Sn 矿化有关的黑云母则是一种相对富水、贫碱的低温产物。该结论可能对其他类型的岩浆热液型矿床成矿母岩中的云母也同样适用。

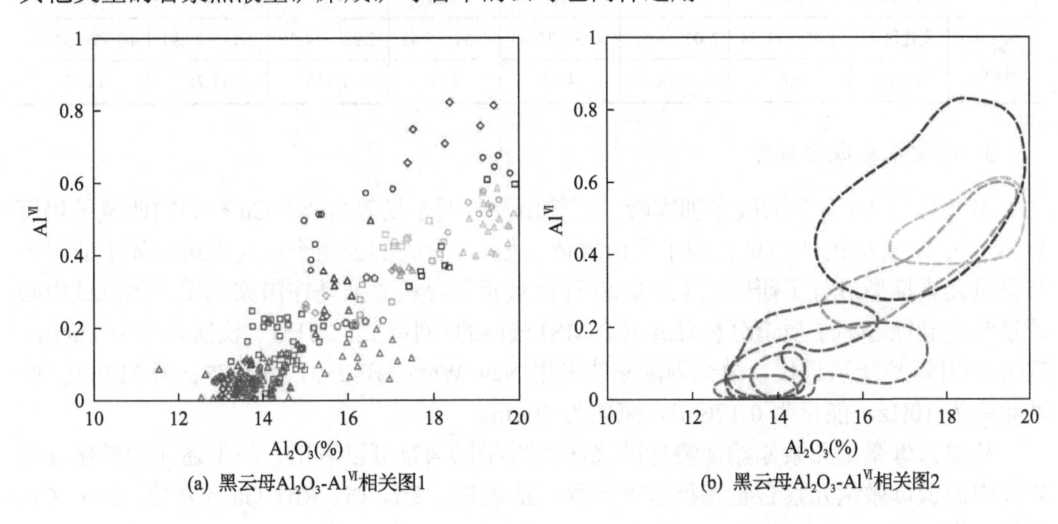

(a) 黑云母 Al_2O_3-Al^{VI}相关图1　(b) 黑云母 Al_2O_3-Al^{VI}相关图2

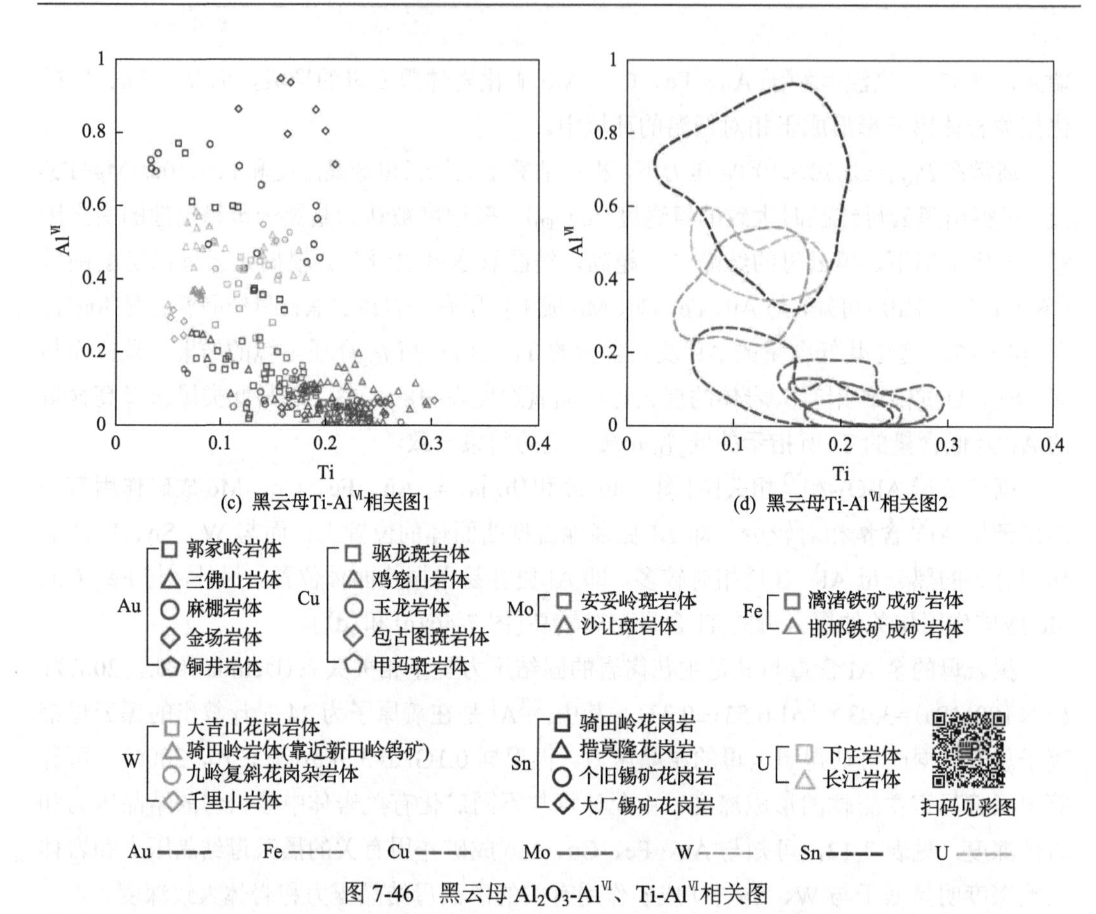

图 7-46　黑云母 Al_2O_3-$Al^{Ⅵ}$、Ti-$Al^{Ⅵ}$相关图

表 7-12　与不同成矿作用有关的岩体云母结晶压力和岩体深度

矿种		Au	Fe	Cu	Mo	W	Sn	U
结晶压力 (10^8Pa)	变化区间	0.32～3.54	0.61～1.98	0.29～3.15	0.15～1.66	0.90～4.53	0.74～8.46	3.05～9.83
	平均值	1.64	1.15	1.49	0.84	3.10	3.56	4.39
岩体深度 (km)	变化区间	1.05～11.68	2.01～6.52	0.95～10.40	0.51～5.47	2.98～14.95	2.43～27.91	10.05～32.46
	平均值	5.4	3.78	4.93	2.79	10.23	11.75	14.47

3. 微量元素成分标型

本节对与 Au 有关的胶东郭家岭、三佛山及鲁西金场等岩体、Cu 有关的西藏甲玛斑岩体、与 W 有关的江西柿竹园千里山岩体、与 Sn 有关的云南个旧花岗斑岩体中的黑云母微量元素标型进行了研究。黑云母 20 种微量元素含量数据是在国家地质实验测试中心通过激光剥蚀等离子质谱分析(LA-ICP-MS)获得的(刘诗文，2015)。仪器型号为 Thermo Element Ⅱ等离子质谱仪，激光剥蚀系统采用 New Wave UP-213，激光波长为 213nm，脉冲频率为 10Hz，能量为 0.176mJ，束斑为 40μm。

从黑云母微量元素原始地幔标准化蛛网图(图 7-47)可以看出，与上述几种矿化有关岩体中黑云母微量元素含量特征基本一致，显示 Pb、Zn、Li、Rb、Ga 较富集，Mo、Cr、Y 较亏损。

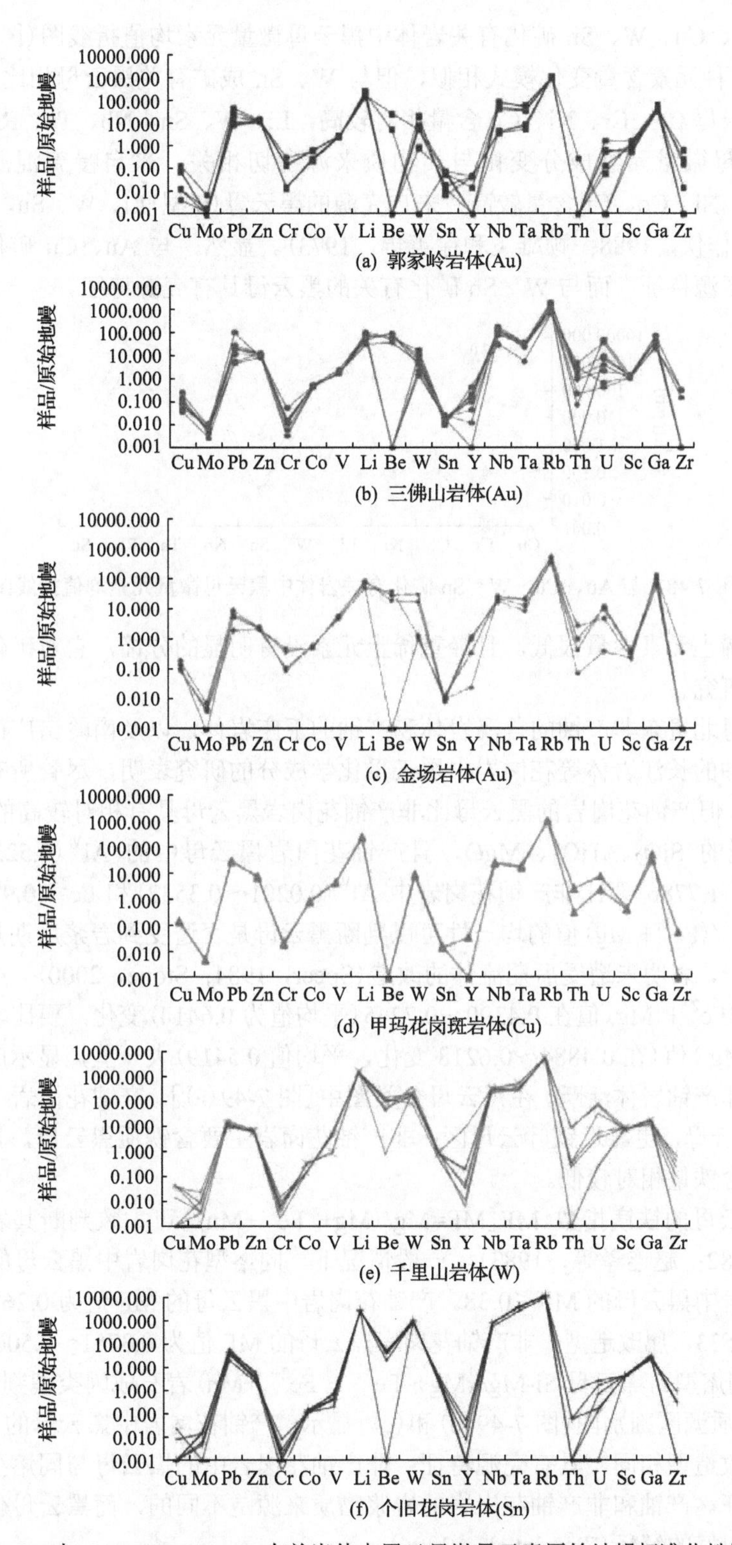

图 7-47 与 Au、Cu、W、Sn 有关岩体中黑云母微量元素原始地幔标准化蛛网图

据与 Au、Cu、W、Sn 矿化有关岩体中黑云母微量元素均值折线图（图 7-48）可以看出，所选 11 种元素含量变化模式相似，但与 W、Sn 成矿有关黑云母相比，与 Au、Cu 成矿有关黑云母 Cu、Cr、Ni、Co 含量相对较高，Li、W、Sn、Nb、Ta、Rb、Sc 含量相对较低。云母微量元素成分变化与其物质来源密切相关，来自幔壳混源的黑云母（I 型）Cu、Mo、Ni、Co、Cr 含量较高，来自壳源的黑云母（S 型）Li、W、Sn、Nb、Ta、Rb 含量较高（周作侠，1988；顾雄飞和徐英年，1973）。显然，与 Au、Cu 矿化有关的黑云母具有壳幔混源特征，而与 W、Sn 矿化有关的黑云母具有壳源特征。

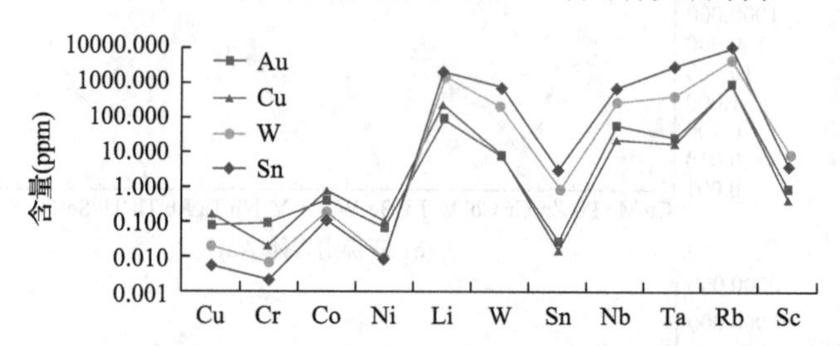

图 7-48 与 Au、Cu、W、Sn 矿化有关岩体中黑云母微量元素均值折线图

黑云母稀土元素含量很低，且轻重稀土元素没有明显的分馏，它对矿化差异的指示作用还有待研究。

对我国粤北贵东非产铀的鲁溪岩体和产铀的下庄岩体，以及南岭诸广山非产铀的九峰岩体和产铀的长江岩体等花岗岩中黑云母化学成分的研究表明，尽管所有黑云母均具有富 Fe 特征，但产铀花岗岩的黑云母比非产铀花岗岩黑云母具有相对较高的 Al_2O_3、FeO、F，相对较低的 SiO_2、TiO_2、MgO，且产铀花岗岩黑云母中的 Al^{VI}（0.5228～1.732）和 Fe^{2+}（1.0038～1.7786）要比非产铀花岗岩中 Al^{VI}（0.0201～0.3532）和 Fe^{2+}（0.9750～1.3188）高。比较 $Fe^{2+}/(Fe^{2+}+Mg)$ 值的均一性可以判断黑云母是否遭受到岩浆后期热液的改造，若比值较均一，表明未遭受后期流体的改造（Speer，1984；Stone，2000）。产铀花岗岩中黑云母 $Fe^{2+}/(Fe^{2+}+Mg)$ 值在 0.4390～0.7245（平均值为 0.6414）变化，要比非产铀花岗岩 $Fe^{2+}/(Fe^{2+}+Mg)$ 值（在 0.4884～0.6218 变化，平均值 0.5419）大一些，显示产铀岩体演化晚期流体较非产铀岩体活跃。在黑云母分类图中［图 7-49（a）］，产铀花岗岩中主要含铁质黑云母-铁叶云母，更靠近铁叶云母区；非产铀花岗岩主要含铁质黑云母，且更靠近镁质黑云母区，含铁量相对较低。

利用黑云母的铁镁指数 MF［$MF=Mg/(Mg+Fe^{2+}+Mn)$］可大致判断其岩石成因类型（张玉学，1982；赵连泽等，1983）。一般情况下，同熔型花岗岩中黑云母的 MF＞0.38，改造型花岗岩中黑云母的 MF＜0.38。产铀花岗岩中黑云母的 MF 值为 0.2678～0.5507，平均值为 0.3533，属改造型；非产铀花岗岩黑云母的 MF 值为 0.3751～0.5061，平均值为 0.4512，属同熔型。黑云母 $Si\text{-}Mg/(Mg+Fe^{3+}+Fe^{2+}+Mn)$ 岩石成因类型判别图和 $Fe^{2+}\text{-}Fe^{3+}\text{-}Mg^{2+}$ 物质源区判别图［图 7-49（b）和（c）］显示，产铀花岗岩中黑云母的 Mg、Fe 组分变化特征与改造型相同，具有壳源特征；非产铀花岗岩中的黑云母与同熔型一致，具有壳幔混源特征。产铀和非产铀花岗岩的岩浆物质来源是不同的，而黑云母化学组分对这一差异做了很好的解释（Zhou et al.，2006）。

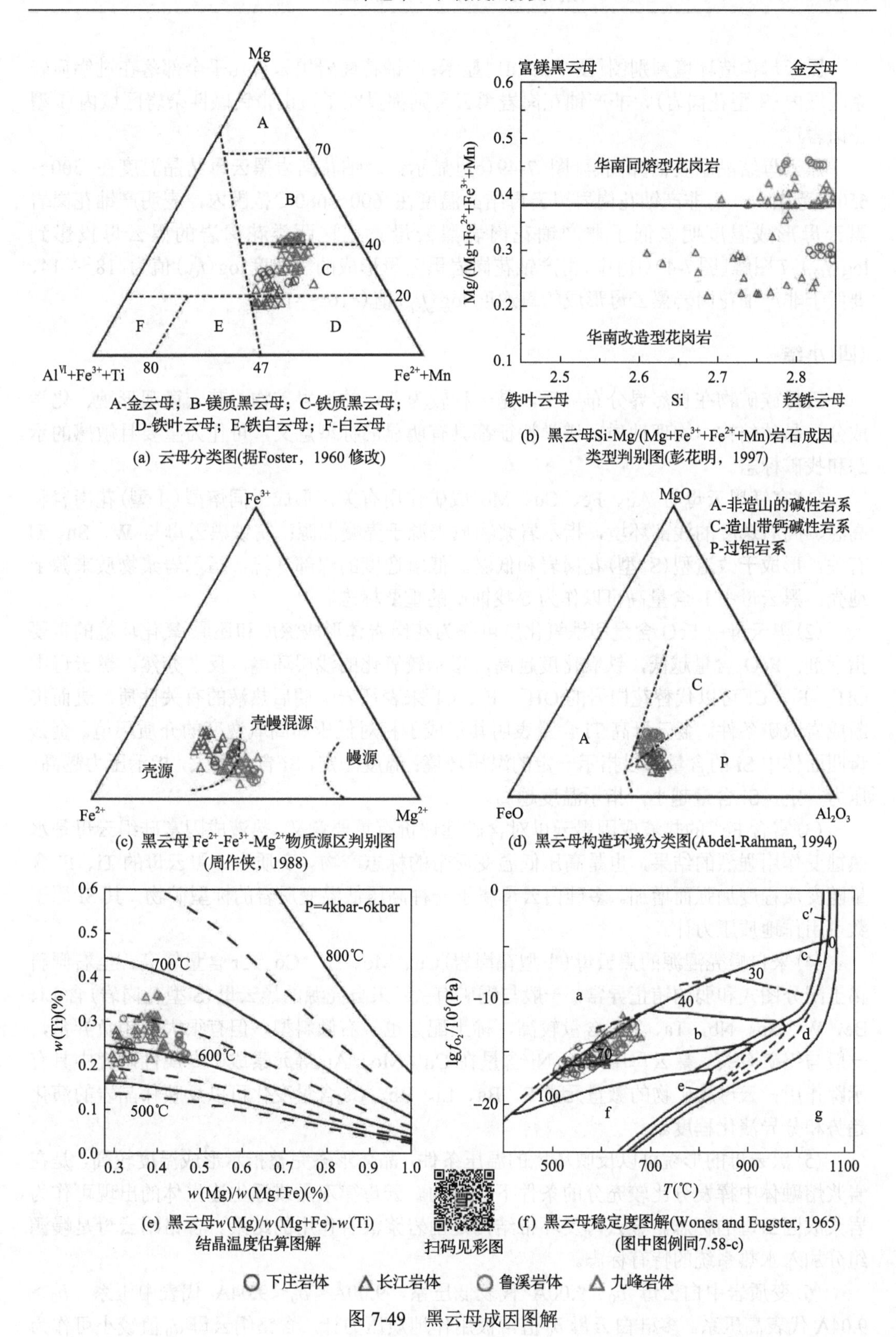

(a) 云母分类图(据Foster，1960 修改)

(b) 黑云母Si-Mg/(Mg+Fe³⁺+Fe²⁺+Mn)岩石成因类型判别图(彭花明，1997)

(c) 黑云母 Fe^{2+}-Fe^{3+}-Mg^{2+}物质源区判别图(周作侠，1988)

(d) 黑云母构造环境分类图(Abdel-Rahman, 1994)

(e) 黑云母w(Mg)/w(Mg+Fe)-w(Ti)结晶温度估算图解

(f) 黑云母稳定度图解(Wones and Eugster, 1965)(图中图例同7.58-c)

图 7-49　黑云母成因图解

黑云母构造环境判别图［图 7-49(d)］显示：产铀花岗岩黑云母几乎全部落在过铝质岩系区域内(S 型花岗岩)，非产铀花岗岩黑云母则都投在了造山带钙碱性杂岩区域内(I 型花岗岩)。

黑云母结晶温度估算图解［图 7-49(e)］显示：产铀花岗岩黑云母结晶温度在 500～650℃范围内，而非产铀花岗岩黑云母结晶温度在 600～680℃范围内，表明产铀花岗岩黑云母形成温度明显低于非产铀花岗岩黑云母。把这两类花岗岩的黑云母投影到 $\log(f_{O_2})$-T图解［图 7-49(f)］中，得产铀花岗岩黑云母形成的氧逸度 $\log(f_{O_2})$ 值为–18～–14，要低于非产铀花岗岩黑云母形成的氧逸度 $\log(f_{O_2})$ 值(–16～–12)。

(四)小结

云母族矿物在自然界分布广泛，是一种较为普遍的造岩矿物，其宏微观形貌、化学成分、晶体结构、物理性质、谱学特征都具有明显的标型意义，可作为重要且敏感的示踪和找矿标志。

(1)富镁黑云母与 Au、Fe、Cu、Mo 成矿作用有关，形成于同熔型(Ⅰ型)花岗岩和高温、高氧逸度的浅部环境，指示岩浆物质来源于壳幔混源；富铁黑云母与 W、Sn、U 有关，形成于改造型(S 型)花岗岩和低温、低氧逸度的深部环境，指示岩浆物质来源于地壳。黑云母中 F^-含量高可以作为寻找铀矿的重要标志。

(2)黑云母中 FeO 含量和铁氧化度可作为花岗岩体形成深度和还原-氧化环境的重要指示剂：FeO 含量越低，铁氧化度越高，指示较氧化的浅层环境，反之亦然。黑云母中 OH^-、F^-、Cl^-可以代替花岗岩的 OH^-、F^-、Cl^-来表征岩浆期后热液的有关性质，进而推断成岩成矿条件。金云母高 Ti 含量表明其形成于相对低压和高氧逸度的介质环境。金云母四面体中 Si 的含量可以指示一定的温压环境：温度一定，Si 含量越大，指示压力越高；压力一定，Si 含量越小，指示温度越高。

(3)富含 Fe^{3+}的热液成因黑云母对含矿性评价有重要意义。热液成因富硅绢云母是水热蚀变作用强烈的结果，也是高压低温变质带的标志产物。变质岩中黑云母的 Ti、F^- 含量随变质程度加强而增加。多硅白云母属于一种高压低温变质岩的标型矿物，其 Si 原子数可用作地质压力计。

(4)来自幔壳混源的黑云母(Ⅰ型花岗岩)Cu、Mo、Ni、Co、Cr 含量较高，呈右倾斜稀土配分图式和弱的铕正异常，一般与铜矿有关；来自壳源的黑云母(S 型花岗岩)含 Li、Be、W、Sn、Nb、Ta、Rb 含量较高，稀土配分也呈右倾斜型，但有很大的铕负异常，一般与钨矿有关。黑云母中 Co、Ni 含量在 Cu、Mo、Au 等元素成矿专属性研究中具有示踪作用；云母族矿物的微量元素 F、Ba、Li、Rb、Cs 含量变化可以反映伟晶岩的演化趋势和分异演化程度。

(5)黑云母的形貌可以反映环境的温压条件，晶体形态完整指示形成温度较高，是在岩浆熔融体中挥发分比较充分的条件下形成的。云母律双晶或浮生连生体的出现可作为岩浆成因云母的标志。金云母反环带结构是由岩浆混合作用的结果。含铬绢云母是幔源组分加入水热系统的特有标志。

(6)变质岩中白云母 b_0<9.00Å 代表低压系，9.00Å<b_0<9.04Å 代表中压系，b_0>9.04Å 代表高压系。多硅白云母 b_0 值常被用作地质压力计。含铬绢云母 a_0 值较小可作为评价金矿含矿性的良好标志。黑云母中 Al^{VI}含量低，反映相对高温和高氧逸度环境。不同矿化岩体黑云母八面体 Mg、Ti、Fe^{2+}、Fe^{3+}等离子含量不同。在沉积成岩演化过程中，云母多型会随着温度及压力的增加，依据 1Md→1M→2M1 序次演变。1Md 型指示相对低温低压的环境，2M1 指示相对高温高压的环境。3T 型多硅白云母与压力呈正相关关系，它是高压低温变质带和板块消亡带的标志产物。

(7) 黑云母颜色可作为划分花岗岩不同成因类型的重要依据。铁矿中黑云母的颜色加深、多色性显著增强、折射率增高、2V 角减小、密度增大等物理性质特征是寻找富矿或质量好的贫矿的找矿标志。出现反多色性的金云母可作为幔源岩的证据。

(8) 云母族矿物红外光谱特征吸收峰的差异变化可以指示一定温压环境的变化。由穆斯堡尔谱得出的黑云母铁有序度(OR)可以用来解释花岗岩的成岩演化特征及其冷却历史。通过穆斯堡尔谱测试的铁离子的占位率可反映白云母形成的压力条件。黑云母穆斯堡尔谱的两个参数 I.S 和 Q.S 可以反映其形成时的温度与氧逸度条件。云母差热曲线可以作为不同成因岩石判别的参考依据。

七、长石成因与找矿矿物族

(一) 长石族概述

长石族矿物是岩浆岩、变质岩和沉积岩中广泛出现的矿物。在岩浆岩中，长石是除部分超基性岩外其他岩石的主要组成和分类依据。在伟晶岩和部分热液脉中，在大多数片麻岩、片岩和碎屑沉积岩中，长石也是最重要的组成部分。

绝大多数长石的化学组成可以被归类为 $NaAlSi_3O_8$(钠长石 Ab)-$KAlSi_3O_8$(钾长石 Or)-$CaAl_2Si_2O_8$(钙长石 An)的三元体系，化学成分在 $NaAlSi_3O_8$ 和 $KAlSi_3O_8$ 之间的称为碱性长石，在 $NaAlSi_3O_8$ 和 $CaAl_2Si_2O_8$ 之间的称为斜长石(图 7-50)。

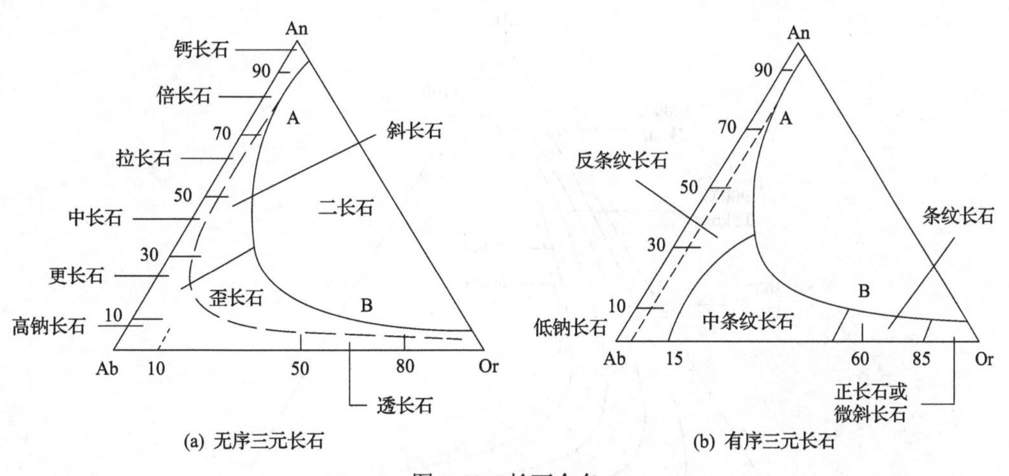

图 7-50　长石命名

长石的结构状态是由其结晶温度和随后的热历史所决定的。与长石高温结构相对应的长石称为高-长石，大多数火山岩中的长石都是这种类型。低-长石就是对应低温结构的长石，它包括形成于低温的长石和侵入岩中从高温缓慢冷却形成的长石。高-长石和低-

长石结构状态的差异与对称性或空间群变化导致的晶格几何位移有关，也与 Al 和 Si 原子在长石结构中占据不同四面体位置的有序化程度有关。长石有序度可以直接从 X-射线或中子衍射测定的原子间距和位置获得；在合适的情况下，也可以通过核磁共振或红外光谱测得。

在 An-Ab-Or 系统中，高温长石是基于晶体对称性命名的[图 7-50(a)]。透长石(Or_{50}-Or_{80})是单斜对称，歪长石(Or_{10}-Or_{50})则为三斜对称。纯的 $NaAlSi_3O_8$ 质长石在低温和高温下都是三斜对称的，加热到约 980℃后会转变为单斜蒙钠长石。斜长石在室温及其结晶时的温度条件下均为三斜对称。

在碱性长石中，Al/Si 和 Na/K 的差异可导致长石形态、对称性、光性和出溶结构的显著变化。当成分为 $Ab_{85}Or_{15}$-$Ab_{15}Or_{85}$ 时，隐纹长石或条纹长石、中条纹长石的出溶增加[图 7-50(b)]。微斜长石属于三斜晶系，但有序度存在连续渐变，完全有序者被称为低(或最大)微斜长石，有序度较低的称为中微斜长石。正长石为单斜钾长石，有序度小于低微斜长石，高于透长石，电子显微镜研究显示其局部为三斜晶系，即存在双晶晶畴结构。冰长石与正长石结构相似，为低温钾长石。

在高温条件下，完全或高度无序的碱性长石或斜长石以均质单相晶体存在；在低温条件下，碱性长石和斜长石会在宏观、微观或亚微观尺度上发生分离，即出溶。当斜长石的出溶片晶厚度适宜时，会发生干涉效应而形成晕彩，这种长石被称为“月长石”。大多数条纹长石以富钾长石为主晶，与富钠长石客晶呈条纹交生。以斜长石为主晶的称为反条纹长石，钾长石和斜长石以相近比例交生的称为中条纹长石。

钡离子在绝大多数长石中含量不高，但也有少量长石中 $BaAl_2Si_2O_8$ 会成为主要成分。一般情况下，BaO 含量高于 2%的长石归为钡长石种，若 $BaAl_2Si_2O_8$ 分子含量低于 80%则为钡冰长石，超过 80%便被称为钡长石。钡长石种多与热水作用有关。

基于实验矿物学和热力学计算，三元长石化学成分和温度压力曲线如图 7-51 所示。

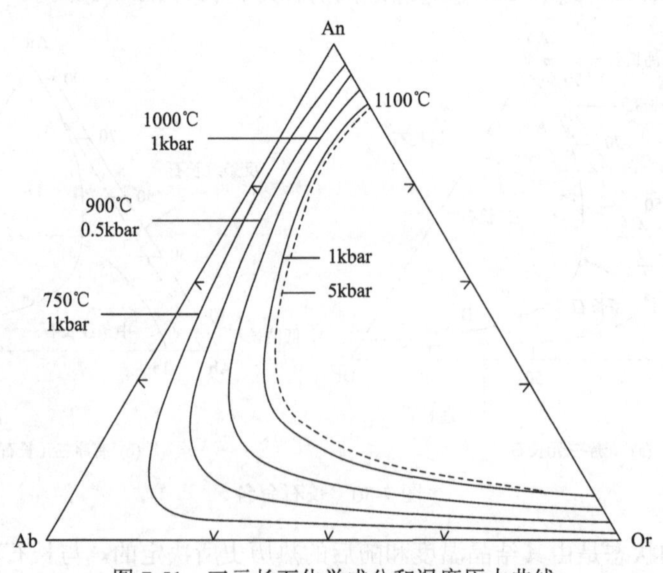

图 7-51　三元长石化学成分和温度压力曲线

(二)碱性长石标型特征

本亚族包括钾长石，也包括以钠长石分子为主的歪长石。钠长石习惯上归于斜长石亚族。所有钾长石变体(透长石、正长石、微斜长石)的组成中均含有一定数量的 Ab 分子和低于 5%～10%的 An 分子。本亚族中除透长石和正长石属单斜晶系外，其余均属三斜晶系。同时，本亚族有几种特殊的长石，简述如下。

(1)冰长石。冰长石结构中存在单斜晶畴和三斜晶畴，构成一种亚稳结构，单晶红外光谱和晶体光学显示从高透长石到最大微斜长石变化的特性，故其鉴别还主要依据结晶习性和产状。许多颗粒显示独特的菱形，斜线方面与 γ 光性方向一致(Han et al., 1993)，具有低的 $2V_\alpha$ 值(10°～14°)而不同于正长石。一般认为冰长石是岩浆期后水热活动的产物，形成于低温条件下，经常与低温同生成矿作用有关或成为低温热源矿床的标志矿物，华南寒武系底部黑色岩系中的 Ni-Mo-V-(Pt-Pd-Au)矿床中便发育与重晶石共生的钡冰长石，被认为是热水沉积的产物(李胜荣等，1995)；冰长石还见于低温热液矿脉和低级变质岩中，或为沉积岩中的自生矿物。它是低温热液活动的标型矿物。

(2)天河石。天河石是富 Pb、Rb、Th、挥发分(OH、F、B 等)及碱性和低温环境的标型矿物。天河石的出现显示了所在岩石或一定范围内发现矿化的可能性。岩石中天河石质钾长石的结构可用来作为评价岩石被剥蚀程度和含矿前景的依据。例如，从花岗岩内带向顶部带和边部带过渡，天河石质钾长石的有序度和其中的 Pb、Rb、Th 含量明显增加。最高有序度和最高 Pb、Rb、Th 含量的天河石总是出现在花岗岩内接触带和外接触带热液脉中。另外，天河石的颜色也是一个较好的标型特征。深成花岗岩体不含矿的部位，天河石具很淡或不浓的颜色(Y 达 50%～70%，P≈5%)；相反，在花岗岩顶部和上部矿石矿物特别集中的部位，天河石具高的纯度和低的白度(Y 达 35%～40%，P 达 10%～12%)。天河石颜色的变化反映了相关色心的演化。天河石化开始阶段形成相当复杂的铁和铅的置换组合(“天蓝色”色心)，随着岩浆期后作用的发展和增强，较低温的空穴色心(“绿色”色心)逐渐增多。也就是说，在天河石化过程中，随着矿化介质温度降低，铁的浓度降低和铅的浓度增加，天河石色心发生有规律的重新分配，表现在置换组合的减少和空穴色心丰度的增加。

(3)月长石。具有晕彩的月长石可以出现不同程度的蓝色或白色，与 K_2O 含量有关。斯里兰卡某长石伟晶岩的月长石 K_2O 含量(质量分数)为 7.9%～9.5%[①](Na-长石≤51%)时呈蓝色，K_2O 为 9.5%～10.9%(Na-长石 45%～37%)时为浅蓝色，K_2O 为 10.1%～14%(Na-长石＜38%)时为白色(Harder，1994)。其蓝色光彩的增强又与暗烟色的体色增强有关，成分为 $Or_{45}Ab_{52}An_3$ 的月长石，其烟色来自所含大约 0.1%的 FeO(Harder，1994)。韩国 Haumyan 的月长石属于(透长石-钠微斜长石)隐纹长石系列($Ab_{49.2}Or_{39.6}An_{11.2}$)，Masahisa(1980)用透射电子显微镜对该月长石进行分析，认为其钠质相为高钠长石，是高温条件下的产物，σ 角(限定肖钠长石双晶在钠质相中的位置)可用来估计隐纹长石的 Al 与 Si 的有序程度。

---

① 本节中化合物含量均指质量分数。

1. 形态及微形貌

1) 钾长石

Woensdregt(1982)运用 Hartman 和 Perdok(1955)的周期键链理论研究了影响单斜钾长石晶体形貌的因素。他识别出{110}{001}{010}{$\bar{2}$01}为 F1 面，而{130}{021}{221}{112}{100}和{$\bar{1}$01}为F2面(图 7-52)。通过计算高温透长石结构中的离子键、共价键的

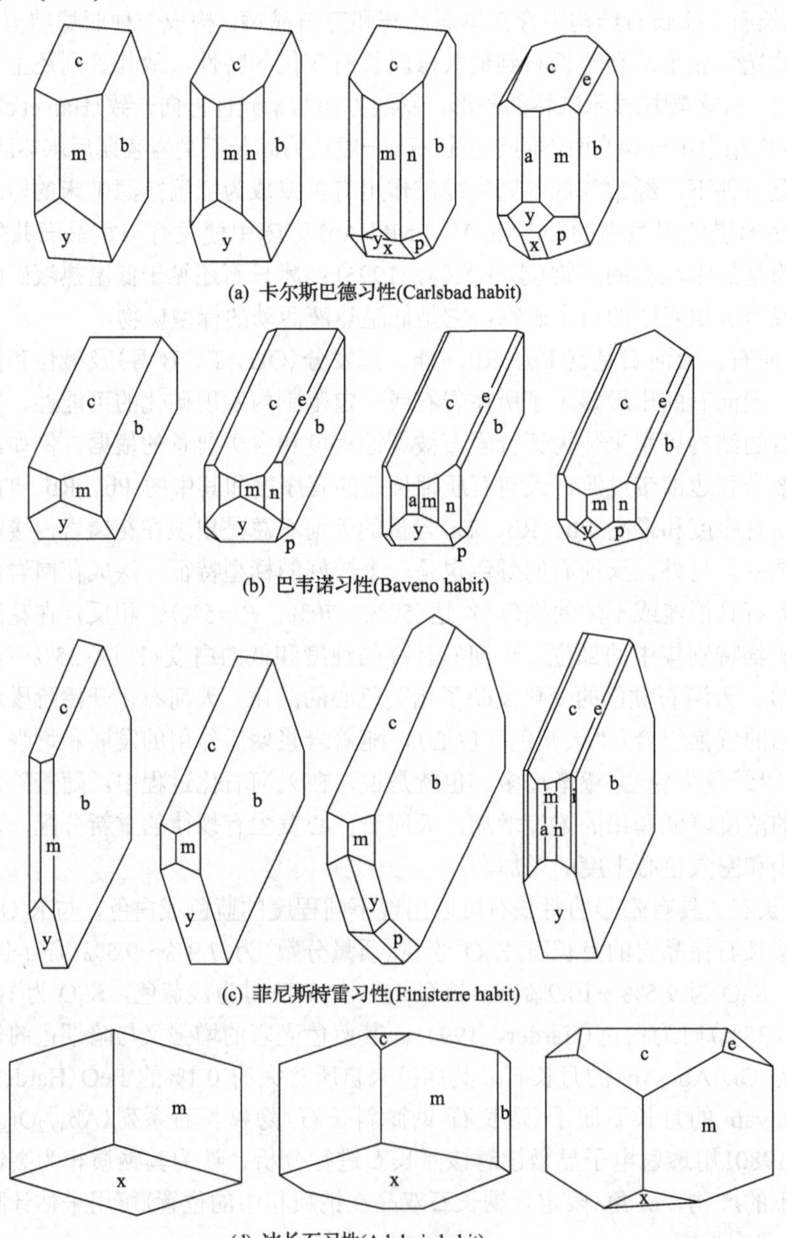

图 7-52　钾长石的 4 种主要习性晶(Woensdregt，1982)

a(100)、b(010)、c(001)、e(021)、i(160)、m(110)、n(130)、p(111)、x(101)、y(201)

键能来量化分析上述晶面产出优势：F1 面{110}{001}{010}具有最低的结合能，有关的习性晶出现频率较高。正长石及微斜长石可能同时存在沿 z 轴和 x 轴延长两种习性晶[图 7-52(a)和(b)]，而透长石则常出现平行(010)板状晶[图 7-52(c)]，冰长石的晶形因其(001)和($\bar{1}01$)与 z 轴的夹角几乎相等而看起来像是斜方晶系的菱形[图 7-52(d)]。

合成实验研究表明，结晶习性的改变与其形成温度及化学环境有较大联系(Franke and Ghobarkar，1982)。在化学中性环境下，结晶温度与{010}的形成呈正相关，而与{110}呈负相关，而{100}晶面只有在温度高于 550℃时形成。在中偏碱性环境下，随着温度的升高，晶体倾向于形成{001}晶面，而不利于{$\bar{1}01$}的形成。在强碱性环境下，温度的升高有利于{$\bar{2}01$}面及{010}面的形成，且呈由冰长石向正长石过渡的趋势。在600℃以上，沿 x 轴延伸，由{001}面和{010}面主导，由{$\bar{2}01$}面和{110}面终结(图 7-53)。Follner(1985)计算了温度对于单斜钾长石的影响及其原因，随着温度的升高，{010}{001}{$\bar{2}01$}生长，而{110}{$\bar{1}01$}消失，这与从热液成因及自然结晶的长石观察到的现象一致。Woensdregt(1992)基于静电点电荷模型，推测碱性长石的晶习不同于冰长石习性是由于结晶过程中 Si-Al 有序度、外部偶然因素如杂质混入或过饱和等的差异所致。在伟晶岩、阿尔卑斯脉、热液蚀变岩和矿石中的冰长石，结晶习性随温度和化学成分及结构变化而变化(Arnaudov and Arnaudova，1996)。

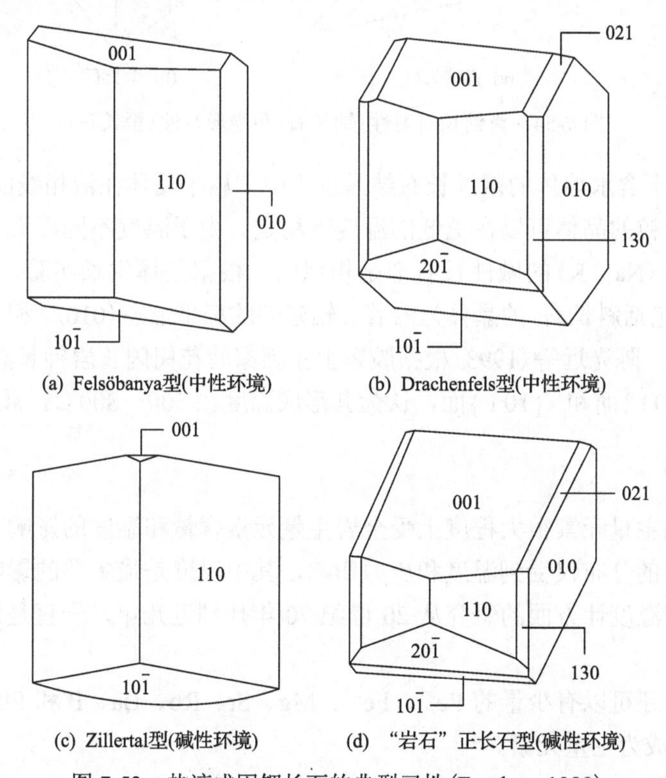

图 7-53 热液成因钾长石的典型习性(Franke，1989)

2)钠长石

Dowty(1976)基于哈克理论与周期链键理论，提出最小结合能理论，并据此推导出高温钠长石生长的优势面为{001}{110}{1$\bar{1}$0}和{010}。这与 Franke 和 Ghobarkar(1980)通过在 2kbar、345～745℃条件下从玻璃质合成或通过黄玉与钠质碳酸盐热液反应得到的钠长石晶体的优势面一致，实验得到的次要面为{021}{0$\bar{2}$1}{$\bar{1}$11}{111}{130}{$\bar{2}$01}。实验表明，随着温度的升高，{010}晶面的生长优势更为突出，使晶形趋于扁平，钠长石双晶也表现出同样的特征。Franke(1989)指出，在碱性环境下，钠长石晶体更容易沿着平行(010)面形成扁平的形态，但当结晶温度较低时，则可以沿 *y* 轴延伸，形成肖钠长石(Pericline)习性[图 7-54(a)]。高温富钠长石，如歪长石(anorthoclase)，常见菱面体形态[图 7-54(b)]。

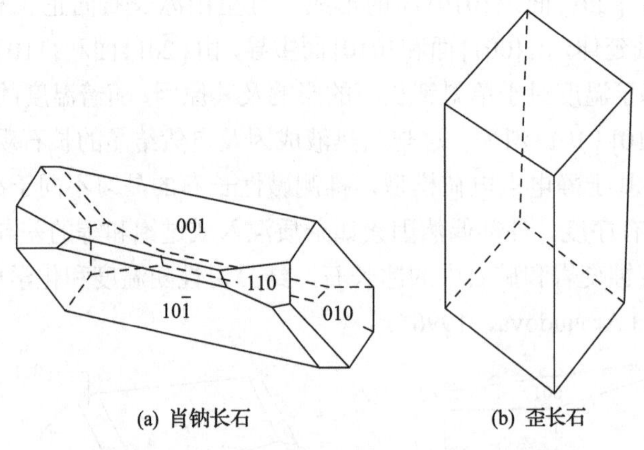

图 7-54　肖钠长石习性(钠长石)和菱形习性(歪长石)

在 2.5kbar 下含水熔体的碱性长石结晶过程中，扁平晶体在液相线的 40℃以内都是稳定的，而近球粒的晶体可以在更低的温度下稳定。由于温度不同而形貌有所差异的情况对于所有成分(Na，K)的碱性长石都是相似的。根据晶体生长实验，Swanson(1977)指出碱性长石(包括斜长石)的晶体为沿着 a 轴延伸的扁平形态(010)，相对生长速率由快至慢为 a＞c＞b。陈光远等(1993)根据胶东上庄郭家岭花岗闪长岩钾长石斑晶沿 *a* 轴延长，不出现 *y*{20$\bar{1}$}面和 *x*{10$\bar{1}$}面，认为其形成温度在 500～800℃，属岩浆成因。

2. 化学成分

碱性长石的主量元素很大程度上受全岩主量元素含量和温度的影响。主量元素在共生的碱性长石中的分布仅受到温度和压力影响，其中温度是最主要的影响因素。有关二长石热力学平衡温度计方面的研究从 20 世纪 70 年代到近几年，一直是矿物学家研究的热点。

碱性长石中还可以有少量的 Fe^{3+}、Fe^{2+}、Mg、Sr、Rb、Ba、P 和 Pb。Fe^{3+}、Ba、Sr 和 Rb 也有可能成为主量元素。

1) Fe

铁在大多数碱性长石中普遍以 Fe^{3+}存在。在酸性岩和伟晶岩中 Fe^{3+}以微量元素存在，Fe_2O_3 通常变化于 0.10%～0.5%。马达加斯加 Itrongay 伟晶岩中产有黄色富铁钾长石。它具有宝石的品质，其中的 Al 被 Fe^{3+}替代，分子式为($K_{0.90\text{-}0.95}Na_{0.07\text{-}0.04}$)($Al_{0.91\text{-}0.94}Fe_{0.09\text{-}0.05}$)$Si_{3.01}O_8$(Spencer，1930；Kracek and Neuvonen，1952；Coombs，1954)。透长石的 $KFeSi_3O_8$ 组分可以很高，如西班牙 Jumilla 透长石占 60mol%(Salvioli-Mariana and Venturelli，1996)，美国怀俄明州 Leuite Hills 透长石占 70mol%(Kuehner and Joswiak，1996)，印度 Banalore 方沸石岩透长石为 88%(摩尔分数)(Makkonen et al.，1993)。怀俄明州 Leuite Hills 透长石具有环带构造，其核部含有$<0.1Fe^{3+}$a.p.f.u.，边部则大约有 $0.7Fe^{3+}$；富铁的边在(010)面上较窄，在(001)面上最宽(10μm)；这种透长石的边部还具有很高的 TiO_2 含量(0.24%～1.44%)。在高温氧化富挥发分条件下，Fe^{3+}对 Al 的类质同象替代更为普遍。

2) Mg

镁在绝大多数侵入岩和火山岩的碱性长石中都是次要成分，MgO 很少超过 0.1%，在变质成因的碱性长石中 Mg 含量也很少(Deer，2001)。被报道的富镁碱性长石主要有：欧洲东部 Krupka、Krušné-Hory 山脉含萤石伟晶岩中的微斜纹长石和条纹正长石分别含 0.07%和 0.8% MgO(Piveč,1973)；橄榄岩部分熔融的花岗岩包体富 Mg 透长石的化学式为($K_{0.916}Na_{0.077}Ca_{0.002}$)($Mg_{0.034}Fe_{0.053}Al_{0.829}Si_{3.085}$)$O_8$(Smith and Franks，1986)。为了平衡电价，Mg^{2+}和 Si^{4+}替代两个 Al^{3+}的四面体位反应式可以写为 $2(KAlSi_3O_8) + MgO + SiO_2 = Al_2O_3 + (KMgSi_3O_8)^- + KSi_4O_8{}^+$。从上述两例可知，碱性长石中镁的含量应与环境中幔源组分的多寡有关。

3) Ti

在碱性长石中钛是次要组分，通常低于检出限。在 Cape 花岗岩中，Ti 含量变化范围从粗斑状钾长石的 37～124ppm 到细粒的 13～26ppm。爱尔兰戈尔韦的花岗岩中微纹长石 Ti 含量在 110～180ppm 之间(Wilson and Coats，1972)。与其对应的伟晶岩碱性长石 Ti 含量约为 40ppm，Ti 与 Ba、Sr、Ca 的含量显示出微弱的正相关，而与 Na、Pb 则是负相关。在意大利 Sabatini 的 Roman 火山区白榴石熔岩中的钾长石斑晶 TiO_2 含量较高，为 0.11(Cundari，1973)，在肯尼亚的霓长角砾岩和佛得角群岛的霓霞岩中碱性长石 TiO_2 含量分别为 0.02～0.06 和 0.08(Le Bas，1984)。区域变质岩中的碱性长石 TiO_2 很少超过 0.05，伟晶岩和脉岩中的微斜长石也类似。而在加利福利利亚州内华达山脉中部一些超钾玄武质和碧玄质岩石的碱性长石中则有较高的 TiO_2 浓度，约为 0.25%(van Kooten，1980)。Ti 含量异常高的情况发生于意大利南托斯卡尼 Orciatico 和 Montecatini Val di Cecina 的一套金云白榴斑岩中的透长石，TiO_2 变化范围为 0.05～0.40，Ti 的值与 Or($Or_{72.4}$～$Or_{80.8}$)和 Fe_2O_3(0.16%～0.75%)具相关关系(Conticelli et al.，1992)。碱性长石中 Ti 的增多可能与伸展环境下幔源物质较高有关。

4) Sr

酸性深成岩的碱性长石中 Sr 含量可从 10^3 变化到 10ppm，在 Mecek 山区花岗闪长岩中的微斜长石 Sr 浓度约为 1.0%。格陵兰 Klokken 正长岩中碱性长石的 Sr 含量从 6ppm 变化到 473ppm(Mason et al.，1985)。在火山岩中，透长石的 Sr 含量通常大于 1000ppm，在南意大利 Campania 火山岩的低钾系列中，Navajo 的 Thumb 和 Agathla 峰的云煌岩(Jones and Smith，1983)及 Laacher See 响岩的透长石斑晶(Wörner et al.，1983)中都是如此。非常低的含量则出现在埃塞俄比亚裂谷的钠闪碱流岩、碱流岩、钠长石流纹岩的透长石中(Leoni et al.，1976)。Sr 也可以作为主量元素出现。在墨西哥 Los Volcanes 的火山岩带橄榄白榴岩的透长石中含 SrO 达 5.05%(Wallace and Carmichae，1989)，在意大利中部 Sabatini 火山中心的火山碎屑沉积物中达 2.98%，在意大利 Mt Vulture 火山中部响岩的透长石中 SrO 则高达 7.37%(Melluso et al.，1996)。火山岩中碱性长石的 Sr 高于侵入岩的碱性长石，其中一个因素应是前者的形成温度较高，有利于 Sr 对 K 的类质同象代换；而某些特别富集 Sr 的碱性长石可能与富集地幔物质参与有关。

5) Ba

Ba 在绝大多数碱性长石中都存在，含量范围可以从微量到主量，是 BaAl↔KSi 成对类质同象替代的结果。碱性长石中 Ba 的含量在花岗岩和伟晶岩中变化范围较大，一些正长岩、霞石正长岩和伟晶岩中碱性长石 Ba 的浓度约为 10^4ppm，但少数达到 6%Ba。印度东高芷(Eastern Ghat)安德拉邦 Rampachodavram 地区的麻粒岩相伟晶岩中钾长石的 Ba 含量高于 5800ppm，Sr 含量超过 500ppm(Rao et al.，1991)，被认为与深融作用有关(Smith and Brown，1988)。高浓度的 Ba 经常出现在火山岩的钾长石中，高 Ba 透长石与超钾岩石有关。意大利 Vulsinian 地区碱玄白榴岩和碱玄白榴响岩中的透长石含有 5.6%BaO(Holm，1982)。加利福利亚内达华山脉中部的超钾玄武质熔岩中的透长石则具有相对低的范围(van Kooten，1980)：斑晶为 0.41%～1.25% BaO，基质相为 0.26%～2.54%BaO。Ba 环带在深成岩和火山岩的钾长石中并不少见，从核部到边缘，Ba 含量通常降低。在卡纳塔克邦的细碱辉正长岩碱性岩墙的环带透长石斑晶中，BaO 含量在核部为 3.73%，边缘为 0.72%。Ba 的分带性也发生在粗面岩(Boettcher et al.，1967)、石英二长岩(Kuryvial，1976)和花岗岩(Michael，1984)的碱性长石中。在智利中部的 Cordillera Panine 花岗岩中，其微纹正长石中心 Ba 含量为 1.0%～1.2%，边部则相对较低(<0.05%)。在华南寒武系底部的黑色岩系中，钡冰长石与镍、钼、钒、铂族元素等多元素矿化产物共生，被认为是热水喷流作用的重要证据(李胜荣，1994)。

6) Rb

通常 Rb 仅作为微量元素存在于碱性长石中。在稀土元素高度分馏的花岗伟晶岩中，Rb 则会成为碱性长石的主要成分。例如，加拿大曼尼托巴省 Red Cross Lake 的最大微斜长石，Rb_2O_3 含量达 5.9%(Černý et al.，1985)。俄罗斯 Kola Peninsula 的花岗伟晶岩中，富 Rb 微斜长石与铯沸石共生，Rb_2O 平均含量达 8.21%，结构式为$(Na_{0.022}K_{0.696}Rb_{0.256}Cs_{0.014})(Al_{1.004}Si_{2.981}P_{0.015})O_8$，即 26mol%的 Rb 长石。小颗粒的富 Rb 长石遍布于整个铯沸石脉中，平均 Rb_2O 含量为 24.39%，其中一个颗粒具有 26%的 Rb_2O 含量，对应 91mol%的 Rb 长石。作为基质的铯沸石 Rb_2O 含量也达 2.8%，共生的云母分别具有 3.82%～3.99%的 Rb_2O 和 0.39%～1.08%的 Cs_2O(Teertstra et al.，1997)。相似地，在巴西 Volta Grande 伟晶岩的钾长石中具有 3.02%～3.29%的 Rb_2O(Lagache and Quéméneur，1997)。意大利厄尔巴岛(San Piero in Campo)含铯沸石的稀土伟晶岩中出现一种类似微斜长石的铷长石$(Rb,K)AlSi_3O_8$(Teertstra et al.，1998)，其 Rb_2O 达 17.47%，结构

式为$(Rb_{0.574}K_{0.407}Cs_{0.020})_{1.001}[(Al_{0.993}Fe_{0.005}Si_{3.001})_{3.999}O_8]$。伟晶岩型碱性长石也存在 Rb 含量很低的情况，如波兰 Western Tatra Mountains 的碱性长石，其 Rb 值为 55～710ppm。花岗质岩的碱性长石 Rb 含量较低，如东格林兰的 Kangerdlugssuaq 碱性流霞正长岩中微纹长石 Rb_2O 为 0.02%(Kempe and Deer，1970)。碱性长石的 Rb 含量是岩浆演化程度的重要标志。

7) Cs

Cs 存在于绝大多数碱性长石中，其浓度较低，很少超过 50ppm。但是，在铯沸石伟晶岩的碱性长石中 Cs 却是一个显著的微量元素，瑞典斯德哥尔摩群岛 Utö 铯沸石伟晶岩中钾长石 Cs 含量在 308～845ppm(Sten Anders and Petr Černý，1989)；加拿大曼尼托巴湖、安大略省、芬兰和瑞典的含铯沸石伟晶岩碱性长石的 Cs 浓度也较高，其中瑞典 Varuträsk 伟晶岩钾长石 Cs 含量达 5600ppm。显然，钾长石的 Cs 含量是系统 Cs 含量的反映，也是系统高度演化的标志。

8) P

P 在碱性长石中含量很低，P_2O_5 通常在 0.01%～0.20%，但在许多淡色花岗岩和花岗伟晶岩的碱性长石中含量较高。巴伐利亚 Oberpfalz 花岗岩和伟晶岩的 P_2O_5 浓度分别为 0.34%～0.65%和 0.89%(Strunz et al.，1975)。据 59 个地区 9 类稀土元素伟晶岩的钾长石和斜长石分析，Gadolinite 型伟晶岩的 P_2O_5 含量小于 0.15%，Ambylgonite 型伟晶岩的 P_2O_5 含量为 0.68%(London et al.，1990)。其他高磷钾长石来自加拿大新斯科舍省 South Mountain Batholith(Kontak and Strong，1988)、法国 Beauvoir 花岗岩(London，1990)和波希米亚高地的花岗岩(Frýda and Breiter，1995)。South Mountain 条纹钾长石的 P 浓度与分馏程度有很强相关性，且其成分显示 P 是进入四面体位置的(P+Al=2Si)，见图 7-55。钾长石斑晶环带成分研究显示 P 也与 K 的浓度有很好的对应关系(图 7-56)。

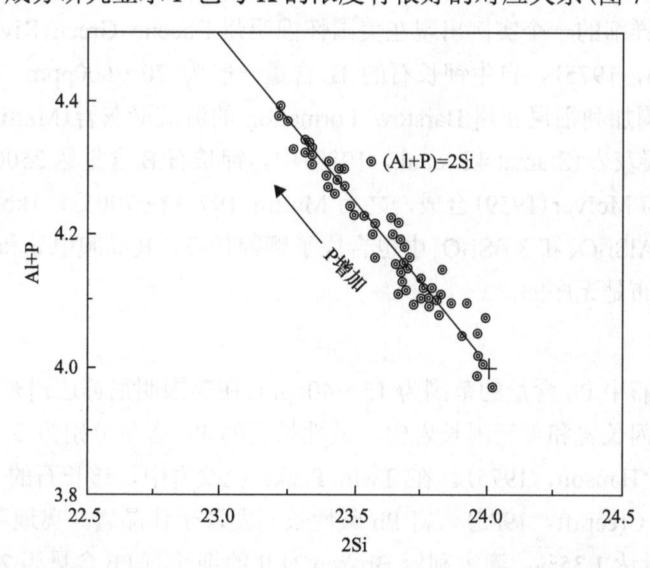

图 7-55　South Mountain Batholith 花岗伟晶岩碱性长石(Al+P)-2Si 关系图解(Kontak et al.，1996)

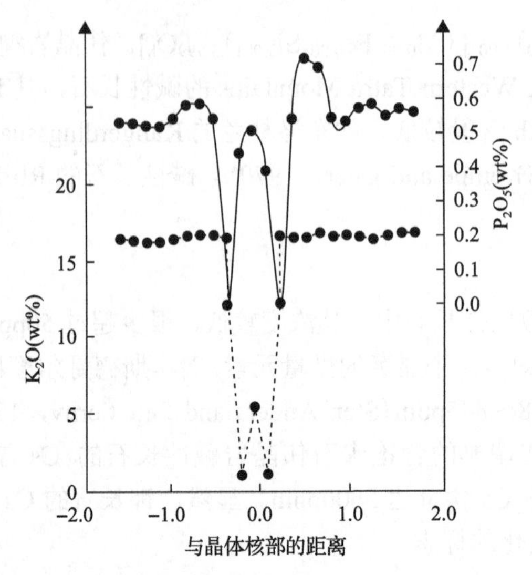

图 7-56　钾长石斑晶 P 和 K 浓度(据 Bea et al.，1994)

9) Ga

尽管在实验室中已合成 Ga 端元长石，但大多数碱性长石的 Ga 含量很少超过 100ppm。意大利卡拉布利亚 Petrobernardo 含碲花岗岩的钾长石 Ga 含量为 18～26ppm，澳大利亚马兰比吉河岩基花岗岩的钾长石 Ga 的含量(8～17ppm)低于与其共存的钠质斜长石(19～29ppm)(Joyce，1973)。但加拿大西北区 Thor Lake 交代蚀变正长岩中的微斜长石($Or_{96\sim97}$)含有 4000ppm 的 Ga(Jorre and Smith，1988)。

10) B

B 在碱性长石中一般很少能检测到，但钠硼长石($NaBSi_3O_8$)偶尔出现在一些沉积岩中，其中研究较详细的一个实例出现在美国怀俄明州 Eocene Green River 建造的 Tipton 单元(Desborough，1975)，自生钾长石的 B 含量一般为 70～600ppm，较高者为 500～5000ppm。在美国加利福尼亚州 Barstow Formation 的流纹凝灰岩(Martin，1971)和希腊 Samos Island 的凝灰岩(Stamatakis et al.，1989)中，钾长石 B 含量达 2500ppm。硼钾长石最早由 Eugster 和 McIver(1959)合成，之后 Martin(1971)在 700℃，1kbar 的水热条件下从机械混合的 $KAlSi_3O_8$ 和 $KBSi_3O_8$ 中也合成了硼钾长石，其晶胞中 b 和 c 的关系显示 B 在四面体中的分布是无序的。

11) Pb

大多数钾长石中 Pb 含量的范围为 15～40ppm。在美国明尼苏达州东北早前寒武纪正长闪长岩、花岗闪长岩和英云闪长岩中，碱性长石的 Pb 含量分别为 35ppm、37ppm 和 10ppm(Arth and Hanson，1975)。在 Twin Peaks 流纹岩中，透长石的 Pb 含量为 24～31ppm(Nash and Crecraft，1985)。富 Pb 碱性长石发现于伟晶岩。奥地利 Pack 伟晶岩中天河石的 Pb 含量达 1.35%，澳大利亚 Broken Hill 的钾长石 Pb 含量为 2%(Čech et al.，1971)。Pb 在长石结构中以 Pb^{2+}+Al^{3+}成对替代 K^++Si^{4+}，Pb^{2+}替代 $2K^+$会导致结构缺陷。

长石 Al-Si 有序度在吸收光的波长上显示，蓝色光总是发生在微斜长石中，而黄绿色光与正长石有关(Hofmeister and Rossman，1985)。蓝光品种的 PbO 含量小于 0.2%，而绿光天河石的 PbO 含量大于 1%。加拿大西北 Portman Lake 地区花岗闪长岩的微斜长石(Stevenson，1985)Pb 含量从 160ppm(无色)到绿色天河石中 18850ppm(2.03%PbO)变化，与全岩 Pb 含量变化趋势具有相应性(图 7-57)。在安大略中北部的 Geco 伟晶岩，其天河石的 Pb 从 740 到 5100ppm 变化。3 个酸性火山岩和 7 个花岗岩中，共生的钾长石和斜长石的 Pb 含量分别为 9.5～114ppm 和 3.8～46ppm(Doe and Tilling，1967)。

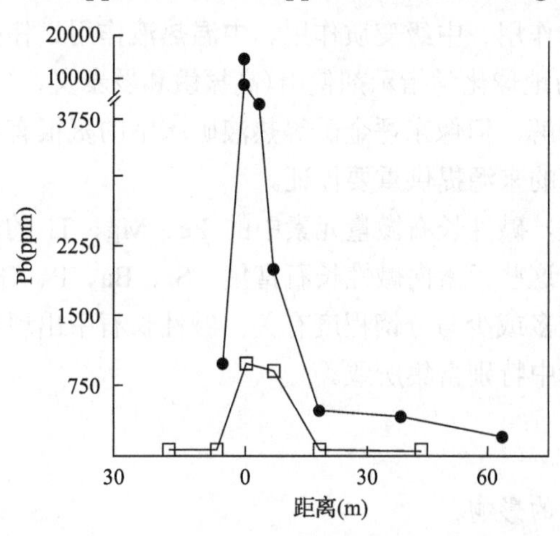

图 7-57　加拿大西北 Portman Lake 花岗闪长岩全岩(空心方块)和微斜长石(实心圆)Pb 含量空间变化趋势(Stevenson and Martin，1988)

12)Cu-长石、Pb-长石、Fe-长石、Ni-长石、Co-长石和 Mo-长石

在波兰 Zechstein 黑色岩系型 Cu-Zn-Pb 矿床中，其正长石和微斜长石的 Cu、Pb、Fe、Ni、Co、Mo 平均含量可达 3%～4%。重金属在长石颗粒外部的含量是中心的两倍。Pb-正长石($Pb_2Al_2Si_2O_8$ +$KAlSi_3O_8$)具有较高的 Na 含量，Mo-正长石含有较高的 CaO、CuO、Na_2O、MgO 含量，基本上被硫钼铜矿($CuMo_2S_5$)所取代，支持了 Mo 占据长石 T 位置的可能。波兰 Zechstein 黑色岩系型 Cu-Zn-Pb 矿床与我国华南寒武系底部黑色岩系型“多元素”矿床的成因相似，具有热水喷流导致“双峰式”金属元素富集的特征(李胜荣，1994)。

13)H 和 NH_4

由于吸附水的存在，准确测定 H_2O、$(H_3O)^+$或$(OH)^-$及$(NH_4)^+$在结构中的含量和占位情况有一定难度。根据已有成果，欧洲东部 Krupka Krusné Hory Mts 的含萤石脉的冰长石含 H_2O 为 0.18%～0.70%(Piveč，1973)，澳大利亚高级变质岩区 Broken Hill 矿体中的整合伟晶岩中铅长石含有 0.10%的 H_2O(Plimer，1976)。碱性长石结构中 H_2O 的状态可用红外光谱确定。德国艾菲尔高原福尔克斯菲尔德的透长石(含 H_2O 0.35%)红外光谱分析显示，其吸收波段的多色性组合不是流体包裹体所致，而应是结构中存在的 H_2O 所致；几何因子指示 H_2O 作为一个微量的取代基占据 M 位，H_2O 分子所在平面平行于对称面(Beran，1986)。红外光谱显示氢在长石中也可以$(OH)^-$存在(Behrens and Müller，

1995)。H 还可与 N 结合成$(NH_4)^+$离子占据长石中的 M 位，形成水氨长石($NH_4AlSi_3O_8 \cdot 1/2H_2O$)。在美国加州 Sulfur Bank 银矿发现其与氨明矾石共生，粒度约 0.5mm，产于蚀变安山岩的孔洞内(罗泰义和高振敏，1994)；在南伊阿华州磷矿中，水氨长石含量占围岩的 50%(Gulbrandsen，1974)；在马加什等地的伟晶岩型钾长石和微斜长石也含少量氨(Solomon and Grossman，1988)；在我国张宣地区东坪脉状金矿的蚀变岩中，钾长石也含氨(高振敏和罗泰义，1995)。一般地，氨的端元矿物如水氨长石、氨黄钾铁矾、氨明矾石等的形成条件较为苛刻，需酸性还原、大量铵离子或有机质存在，而含少量氨的钾长石等矿物却可产于成岩作用、中级变质作用、中温热液作用、伟晶岩化及相关成矿作用中，其 K/NH_4 值可作为地球化学指示剂使用(高振敏和罗泰义，1995)。关于氨的来源，多认为其来自有机质降解，但像东坪金矿等热液矿床中的氨很有可能来自地球深部。氮同位素分析将为阐明氨的来源提供重要佐证。

从上面的描述可知，碱性长石微量元素中的 Fe、Mg、Ti 的较高浓度都出现在透长石中，说明高温有利于这些元素向碱性长石富集；Sr、Ba、P、Ga 多与伟晶岩、超钾岩石有关，它们的富集或多或少与分馏程度有关。碱性长石中出现重金属元素和氨，多是因为该元素或氨在环境中特别富集所致。

3. 晶体结构

1) 温度对长石结构的影响

Kimata 等(1996)测定了德国福尔克斯费尔德透长石($K_{0.789}Na_{0.160}Ba_{0.014}Fe_{0.003}\square_{0.034}Al_{1.018}Si_{2.987}O_8$)在 23℃和 935℃时的结构，其晶胞参数如下：a 为 8.531Å、8.667Å，b 为 13.007Å、13.016Å，c 为 7.179Å、7.184Å，β 为 116.00°、115.73°，V 为 715.9、730.9$(Å)^3$。两种结构显示在 x 轴膨胀较多，b 和 c 轴变化较少，β 降低。这与其他研究者在透长石和高钠长石上的发现一致(Ohashi and Finger，1974，1975；Henderson，1979；Prewitt et al.，1976)。长石晶体膨胀的各向异性可以用$(T_1)_2O_7$与$(T_2)_2O_7$阴离子的强键分别平行于 c 和 b[在(100)平面]，薄弱面在 a 方向来解释。

另外一个来自德国艾菲尔高原福尔克斯费尔德的透长石，当温度为 121K 时，其晶胞参数为 a=8.514Å，b=13.018Å，c=7.183Å，β=116.03°，空间群为 C2/m，结构式为 $K_{0.820}Na_{0.57}Ba_{0.15}Fe_{0.006}\square_{0.002}Al_{1.020}Si_{2.980}$；当温度为 296K 时，其结构为 a=8.534Å，b=13.010Å，c=7.176Å，β=115.99°(Kimata et al.，1996)。长石晶格中热收缩在沿 a 方向非常显著，很大程度上是因为 $K\text{-}O_{A2}$ 距离和刚性四面体的倾斜。Al 的分布在 T_1 位为 0.308，T_2 位为 0.192[用文献(Blasi，1984)的回归曲线]，与 Lascher See 的透长石的结果一致(Brown et al.，1974)。

Winter 等(1977)精确测定了低钠长石在 500℃、750℃和 970℃的结构。Na 原子的振动幅度和温度呈线性相关，当温度为 0(K)时推断其振幅可能为 0。Na—O 键长大体上随温度增加，相对于 T—O 键而言，更多地受 T—O—T 角的影响。在最小扩张方向上是收缩的。

2)压力对长石结构的影响

Hazen(1977)指出压力的升高、温度的降低及 Na 对 K 的替换都对长石的结构有着相似的影响。由于 Si—O 骨架中 Na 位的坍塌，导致在 $T<1000℃$时乱序的单斜钠长石会转化为三斜晶系，但是该转变温度会随 K/Na 的升高而降低。任何一种亚稳态的碱性长石及 Or 超过 30%的碱性长石在室温下都是单斜晶系的。Hazen 使用来自德国 Wher 和 Eifel 的长石($Or_{82}Ab_{17}An_1$)及科罗拉多圣胡安山 Mineral Greek 的长石($Or_{67}Ab_{31}An_2$)来进行试验，结果显示随着压力的上升 a、b、c 减小，同时 β 也呈直线下降。Hazen 预测并且很明确地声称高压下高透长石(K,Na)$AlSi_3O_8$ 转变成三斜晶系是可逆的。低钠长石和高透长石在体积模量为 0.7、压力为 0.67Mbar 的条件下被挤压后具有相同的表现，由 T—O—T 角大小的减小而引起的曲轴链的收缩会导致 a 轴变成最易被压缩的轴，然而他们无法找到证据证明 C2/m 向 $C\bar{1}$ 转变符合上述所说的规律。

已有研究证明在高压下合成了四方晶系(锰钡矿结构)的 $KAlSi_3O_8$，(Si,Al)O_6 八面体(Si 和 Al 能够随机占位)共棱形成平行 c 轴的双链，和周围的双链共角形成骨架，属金红石型衍生结构。当压力上升到 4.47GPa 时，垂直 c 轴的 Si—O 键易被压缩，所以 c/a 随压力上升而变大。在被撞击的陨石坑中，在 $KAlSi_3O_8$-$NaAlSi_3O_8$ 固溶系发现了天然富 Na 四方钾长石(Yagi et al.，1994)，这是钾长石的高压形态(I4/m，室温下晶胞参数 a 为 9.32Å，c 为 2.72Å)。

碱性长石具有三斜有序度和单斜有序度(Si、Al 在长石四面体结构的分布位置)，通过 X 射线衍射分析可计算获得。其中，微斜长石的 131 峰发生分裂，具三斜有序度；正长石 131 峰未分裂，仅具单斜有序度。温度越低，压力越高，其有序度越大。通过单斜有序度 Sm 值可计算平衡温度(马鸿文，1988)。

4. 物理性质

1)光学性质

钾、钠长石在硅酸盐熔体的结晶温度下能形成完全固溶体系列，但在冷凝过程中便发生不混溶作用而分离为富钾和富钠端元。富钾相可能形成单斜和三斜对称，富钠相是三斜对称。不混溶可能发生在超显微(隐纹结构)、显微(微纹结构)和肉眼可见(条纹结构)的级别。随温度降低，不混溶成分的范围增加。对于高钠-透长石系列的碱性长石，不混溶发生的成分范围是 Or_{25}～Or_{60}，不混溶作用通常发生在隐纹级别。低温下碱性长石不混溶成分范围是 Or_{20}～Or_{80}。不混溶会形成微纹长石，一般由单斜的富钾相和三斜的富钠相组成。

碱性长石的光学性质受有序化程度和不同折射率物质的存在(亚显微规模)共同影响。此外，光学性质也会被 Fe^{3+}替代 Al 的程度和(K,Na)被 Ca、Ba、Sr 替代的程度所影响。

(1)折射率。碱性长石折射率低，且变化小。用折射率测量方法(一般是 α 值)可以获得碱性长石的成分，精确度为 5mol% Or。随着电子探针和其他矿物化学分析技术的出现，根据折射率估算成分的方法现在已很少被使用，而根据成分估算折射率却较为方便且具有实际意义(图 7-58)。

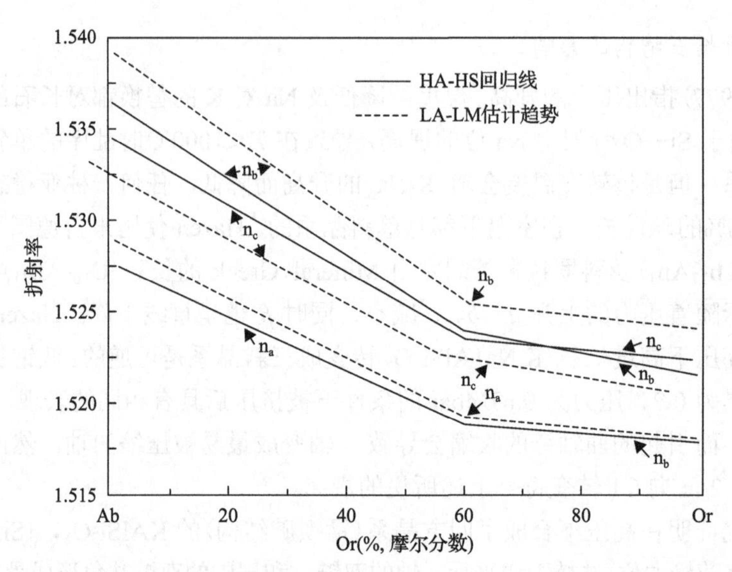

图 7-58　碱性长石的折射率与成分的关系(Su et al.，1986a)

实线是观测到Σt_1=0.60 的高钠长石-高透长石系列(HA-HS)，虚线是估计的Σt_1=1.00 的低钠长石-低微斜长石系列(LA-LM)

(2) 光轴面与光轴角。决定钾长石光轴角($2V_\alpha$)的最主要因素是其四面体中 Al 与 Si 的有序度(Su et al.，1984，1986a，1986b)。低温下形成的冰长石或从高温缓慢冷却形成的正长石，其光轴面(O.A.P.)通常是(010)面，$2V_\alpha$ 为–80°～–30°。高度无序的高透长石形成于高温且冷却很快的环境，其 O.A.P.平行于(010)面，$2V_\alpha$ 范围为–60°～0°。低透长石的 O.A.P.是(010)面，$2V_\alpha$ 范围为–36°～0°。歪长石的显微格子构造是由于长石从高温冷却后从单斜变为三斜而导致的(Smith et al.，1986)。三斜微斜长石的 O.A.P.接近正常的(010)面，$2V_\alpha$ 与正长石重叠，范围从中微斜长石的–38°到完全有序的低(最大)微斜长石的–85°。

用 t_1、t_2、$t_{1(o)}$、$t_{1(m)}$、$t_{2(o)}$、$t_{2(m)}$分别代表碱性长石的这些结位置的 Al/(Al+Si)值，那么：①属 C2/m 对称的单斜碱性长石 $2t_1+2t_2=1.0$；②属 $C\bar{1}$ 的三斜碱性长石 $t_{1(o)}+t_{1(m)}+t_{2(o)}+t_{2(m)}=1.0$；③大多数无序高透长石具有 $2t_1=2t_2=0.5$；④在低透长石和正长石中随着有序度增加 $2t_1$ 变得比 $2t_2$ 快；⑤微斜长石 $t_{1(o)}>t_{1(m)}>t_{2(o)}=t_{2(m)}$ 或者 $t_{1(o)}>t_{1(m)}-t_{2(o)}-t_{2(m)}$；⑥有序低微斜长石 $t_{1(o)}=1.0$、$t_{1(m)}=t_{2(o)}=t_{2(m)}=0$。基于 52 件样品获得的$\Sigma t_1=2t_1$ 或 $t_{1(o)}+t_{1(m)}$和 $2V_\alpha$ 的相关关系(图 7-59)提供了一个用费氏旋转台测定富 K 碱性长石 $2V_\alpha$ 值而快速判定 Al 在 T_1 位含量的方法(Su et al.，1984)。

基于 109 个碱性长石及前人数据，Su 等(1986a)进一步确定了 $2V_\alpha$ 和 Or(mol%)的关系。在一定的Σt_1 下，两者呈波纹状线性相关(图 7-60)。该图形的假定前提是 α、β、γ 的主折射率和Σt_1 对于高透长石-低微斜长石(HS-LM)和低钠长石-高钠长石(LA-HA)是呈线性变化的(Su et al.，1986b)。对于高钠长石-高透长石(HA-HS)的固溶体系列(Su et al.，1986c)和低钠长石-低微斜长石(LA-LM)系列，虽然它们在 Or_{60} 的拐点两侧非常接近线性，但其密度和主折射率并没有呈线性穿过整个成分范围。

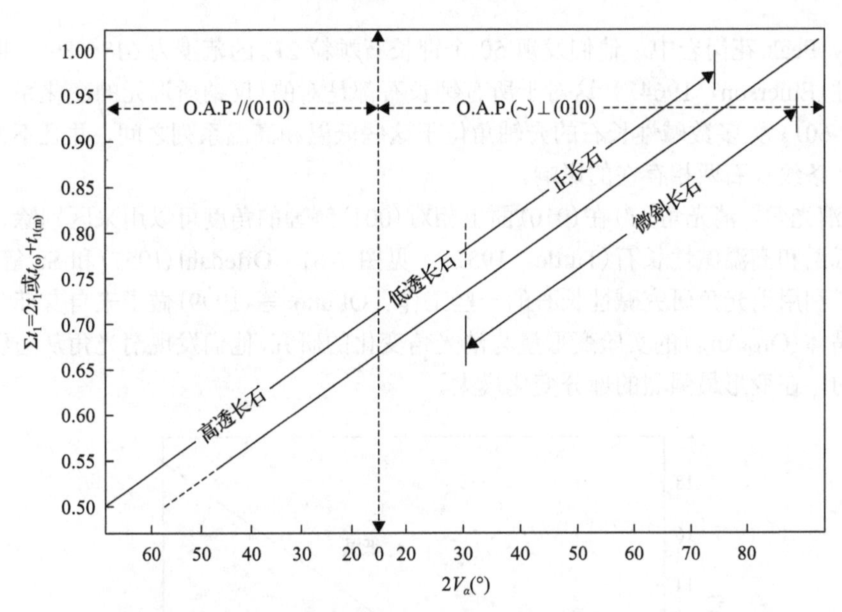

图 7-59　不同温度条件下形成的碱性长石 $2V_\alpha$ 与 Σt_1 图解（Deer et al.，2001）

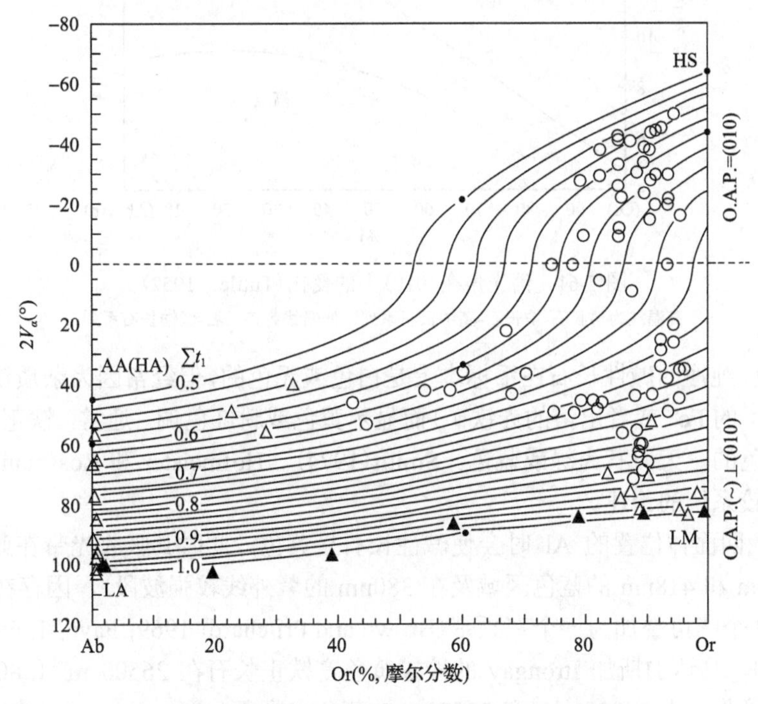

图 7-60　$2V_\alpha$ 和 Or 成分及 Σt_1 的关系（Su et al.，1986a，b，c）

AA（HA）为高钠长石（无序钠长石），在 980℃转变为单斜对称；实心三角为 Rankin（1967）和 Orville（1967）的数据

在低钠长石-低（最大）微斜长石系列，$2V_\alpha$变化于 103°到 90°垂直于（010）；在高钠长石-高透长石系列，它变化于大约 55°垂直于（010）到 60°平行于（010）。虽然正光性的钾长石案例有过报道（Tsuboi，1936），但 Anderson 和 Maclellan（1937）对一个不寻常、非双晶的低折射率、正光性的钾长石进行了再检验，此钾长石产于加利福尼亚 Inyo Range 北部

Boundary Peak 花岗岩中。他们发现 50 个钾长石颗粒 $2V_{\alpha}$ 的范围为 61°～89°，即所有都是负光性(Emerson，1964)。这对于所有钾长石都是对的(仅钠质端元的变化系列是正光性，图 7-60)。大多数碱性长石的光轴角位于这些低温和高温系列之间，并且不太受共结纹长石和条纹长石两相存在的影响。

(3)消光角。消光角(α')在(010)面上相对(001)解理的角度可以用来区别除富钾端元以外的低温和高温碱性长石(Tuttle，1952)，见图 7-61。Oftedahl(1957)和 Su 等(1986b)也报道了利用消光角研究碱性长石的一些工作。Okuno 等(1999)做了来自艾菲尔地区的透长石晶体($Or_{80}Ab_{20}$)的实验变形量与消光角变化的研究，他们发现消光角从边缘到中心是不同的，在变形最强烈的部分变化最大。

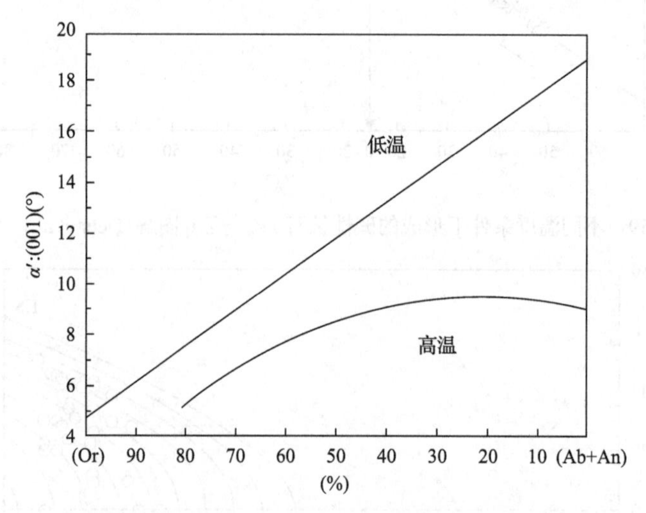

图 7-61　消光角在(010)上的变化(Tuttle，1952)

高温线为透长石-歪长石-高钠长石系列，低温线为正长石-低钠长石系列

(4)颜色。纯净的碱性长石在手标本上是白色或无色的，但经常因为杂质铁的存在(结构中代换 Al^{3+} 的 Fe^{3+} 或者出溶的赤铁矿)而显示黄色或粉红色调。通常，铁正长石和铁透长石是浅黄色的，天河石为绿或蓝色。Smith(1974)、Hofmeister 和 Rossman(1985)对长石的颜色有较系统的论述。

Fe^{3+} 替代四面体位置的 Al 时会使碱性长石呈黄色，此时其吸收光带在蓝色区域(两个峰在 445nm 和 418nm 的蓝色区域及在 380nm 的紫外线较强波段)，因存在 Fe-O 的电荷转移，这 3 个峰可叠加为一个宽频带(Brown and Pritchard，1969; Faye，1969; Manning，1970)。例如，马达加斯加 Itrongay 的柠檬黄色富铁正长石在 26500cm^{-1}(380nm)紫外频段有很强的吸收，在 24000cm^{-1} 和 22500cm^{-1} 蓝色光频段(400～450nm)也有吸收(Faye，1969)。

在实验室，石英和碱性长石受热发光的颜色不同，可用于快速鉴别两种矿物而不改变其化学或同位素组成。例如，Rose 等(1994)使用 137Cs 光源对加利福尼亚 Bishop Tuff 的透长石和石英颗粒(0.25～3mm)以 8.9mrad 曝光后，透长石显示琥珀色，而石英显示烟灰色。

2)力学性质

(1)解理与裂理。碱性长石的解理为{001}完全、{010}中等、{110}不完全。通常，它们平行于主要的生长面，与 Si—O 键连接的四元环的分布有关(李胜荣等，2008a)。Si_2O_8 的 pyroanion 联动模型概念可以解释长石的解理和习性。裂理与长石中的杂质和片晶有关，如在一些条纹长石中见到的 Murchisonite 裂理便是沿钾长石组分和钠长石组分之间的面形成的(Nyfeler et al.，1997)。

(2)密度。碱性长石密度随 Or(%, 摩尔分数)变化的情况如图 7-62 所示。图 7-62 中有低钠长石-低微斜长石(LA-LM)和高钠长石-高透长石(AA-HS)两个系列，趋势线在约 60%(摩尔分数)时弯曲，与折射率所表现的趋势相似。显然，相同成分的碱性长石在高温下密度较低(Spencer，1930；Barth，1969；Kroll et al.，1986；Su et al.，1986c；Smith and Brown，1988)。

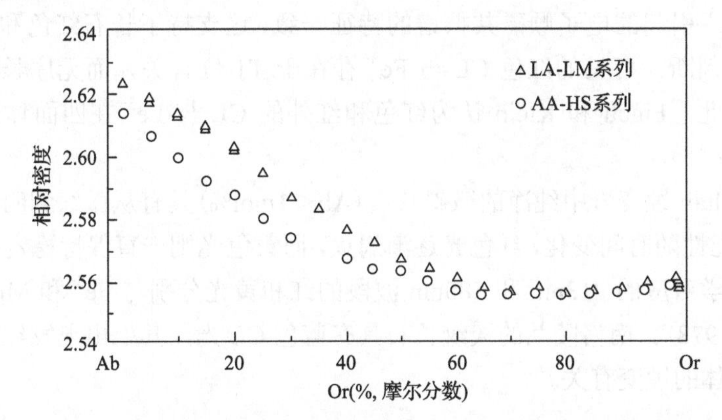

图 7-62 碱性长石密度随 Or(%, 摩尔分数)变化的情况(Su et al.，1986a，b，c)
LA-LM-低钠长石-低微斜长石；AA-HS-高钠长石-高透长石

3)发光性

不同成因钾长石的热释光特征具有明显差异，可以记录热液蚀变的强度和矿化体的位置，有关代表性成果集中反映在胶东金矿区钾长石的研究中(陈光远等，1989；李胜荣等，1995)。热液蚀变成因钾长石和区域变质成因钾长石的阴极发光特征也存在显著差异，可以作为变质岩区热液钾长石快速鉴别的主要依据，但目前尚缺乏系统研究。阴极发光显微镜研究可以提供包括长石在内的硅酸盐、碳酸盐、硫酸盐、氧化物和卤化物等许多矿物薄片在低倍放大条件下的颜色特征，作为矿物个体生长史和矿物成因快速识别的标准。根据沉积物中钾长石的热释光特征，可以确定其沉积年代(Prescott and Fox，1993)。在年轻沉积物中，用钾长石颗粒的红外发光测年法测定的年龄较为精确(Hütt et al.，1988；Huntley et al.，1988，1993)。

不同组合的花岗质岩中碱性长石的 X 射线荧光光谱和热释光强度具有一定差异，其变化可能与不同深度结晶的钾长石微结构缺陷差异有关(Rokachuk and Bryntsev，1984)。微斜长石中稀有元素含量的变化能改变其发光中心的特征，因此碱性长石的发光性能可反映相应元素的矿化和交代蚀变。钾长石 X 射线荧光光谱与其形成条件有关，深融花岗岩和碱质交代花岗岩中的钾长石发光性不同(Makrygina and Boroznovskaya，1986)。哈萨克斯坦稀土花岗伟晶岩中的脉状钾长石 X 射线荧光可以反映其地球化学分区，也可反映温度梯度的变化，Ti 和 Rb 的含量与 X 射线荧光在波长为 285nm 和 880nm 处的特征密切相关(Boroznovskaya and Zhukova，1987)。Boroznovskaya (1989)对钾长石的 X 射线荧光与结晶环境之间的联系做了研究，发现近地表的伟晶岩，其长石形成于较高碱性和氧化条件下时，在波长 690～760nm 处显示强烈的 Fe^{3+}发光，此时 Mn^{2+}发光很弱或没有。在氧化且低碱度条件下，强烈的 Fe^{3+}和 Mn^{2+}发光均可观察到。

Finch 和 Klein(1999)对南格陵兰 Gardar 的火成岩中碱性长石进行了详细的阴极发光(cathodoluminescence，CL)研究，并调查了引起 CL 的原因及其岩石学意义。蓝色的 CL 与桥氧(特别是 Al—O—Al 键中的桥氧)上电子空穴的存在有关，与 Eu^{2+}、Ga^{3+}或 Ti^{4+}等活化剂无关。一些发蓝光的长石也会有红外线辐射。这些长石红的和红外线的 CL 辐射特征与由 Fe^{3+}引起的电子顺磁共振谱的特征一致，这支持了长石红色和红外 CL 辐射与 Fe^{3+}有关的判断。可见的红色 CL 与 Fe^{3+}存在于 T1 位有关，而无序长石的 CL 落在红外区域。因此，Finch 和 Klein 认为红色和红外的 CL 与 Fe^{3+}在四面体位置的有序状态有关。

蒙古国 Altai 蚀变岩中纯净的微斜长石(Ab＜1mol%)具有从微红到明黄色的阴极发光特征，其发光性随时间变化，红色光逐渐熄灭，而黄色光则一直保持稳定(Kempe et al.，1999)。CL 谱学对应的 713nm 和 585nm 波段的红和黄光分别与 Fe^{3+}和 Mn^{2+}有关(Telfer and Walker，1978)。南格陵兰的淡纹长石具有蓝色 CL 光，其上出现发红的碱性长石，推测与岩浆流体的蚀变有关。

5. 红外与拉曼光谱

红外、拉曼及其他光谱技术依赖于键合原子的振动或旋转，能够提供特定类型原子局部环境的信息(Farmer，1974；Lehmann，1984，Smith and Brown，1988)。单晶的红外和拉曼光谱特定频带的频率与特定原子的振动或转动相关，因此能够记录晶体结构中成分的变化。早在 20 世纪 70 年代，人们便已得到了碱性长石的红外和拉曼光谱图(Iiishi et al.，1971；White，1974；von Stengel，1977)。碱性玄武岩长石巨晶(从歪长石 $Or_{25}Ab_{72}An_3$ 到钾透长石 $Or_{76}Ab_{23}An_1$)的红外光谱具有典型的 900～1200cm^{-1} (833～1110nm)波段的吸收峰(Matteson and Herron，1993)。Salje 等(1989)发现钠长石红外光谱在 450～1500cm^{-1}波段的谱线位移($\Delta\omega$)、强度变化(ΔA)和谱线宽度变化 Γ 与其(Al, Si)有序度(Qod)相关；在 650cm^{-1} 附近，声子谱对有序度的变化尤其敏感。

Zhang 等(1997)使用已知 Na、K 成分和有序度的碱性长石进行红外光谱实验，测量波段位置、强度和宽度，确定长石的 Na、K 组成，(Si,Al)有序度及是否出溶。用于确定成分的谱线最显著的变化发生在 700～800cm^{-1}，以及 K—O 振动 114cm^{-1} 波段和 Na—O 185cm^{-1} 波段[图 7-63(a)]。随着(Si,Al)有序度的降低，谱线从低钠长石尖锐变到高钠长石的宽缓[图 7-63(b)]。Qod=1 时的峰位相对于总成分的变化见图 7-63(c)。Zhang 等

(1996)还对碱性长石在50～2000cm^{-1}范围内20K和900K的红外主动振动声子谱进行了实验研究，证明高Al—Si有序度的长石红外吸收谱线轮廓的宽度系统地比低Al—Si有序度的长石小；声子频率与钠-钾含量具非线性相关，指示非理想的混合条件。对于Al、Si无序的富钠样品，其声子谱随温度变化的演变方向为从C2/m向$C\bar{1}$转变。

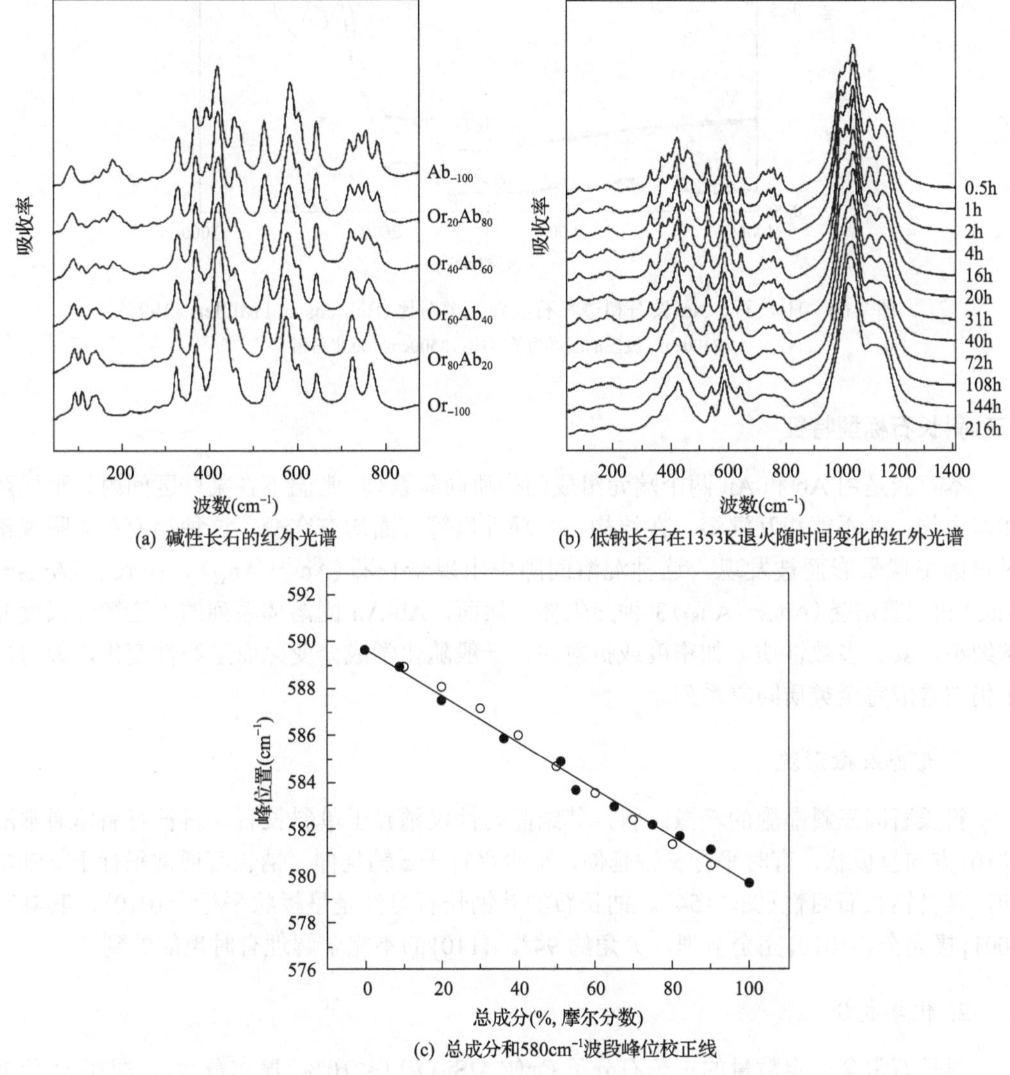

图7-63　Qod为1的碱性长石红外光谱(Zhang et al.，1997)

实心点代表标准谱，空心点代表两端元组分光谱的叠加

Behrens和Müller(1995)使用单晶红外显微光谱在1000～5500cm^{-1}范围内对透长石和冰长石进行了研究，在冰长石光谱图上发现3000cm^{-1}处出现一个宽阔吸收带，在2485cm^{-1}处有一个较小的吸收带(图7-64)，为OH吸收带多向色性的显示，前者为非晶相，后者为长石相，该冰长石为H长石。两个相中的氢是以OH团被束缚在四面体阳离子位置来呈现的，暗示氢在H长石中被合并为质子附加到桥氧及非桥氧之上。

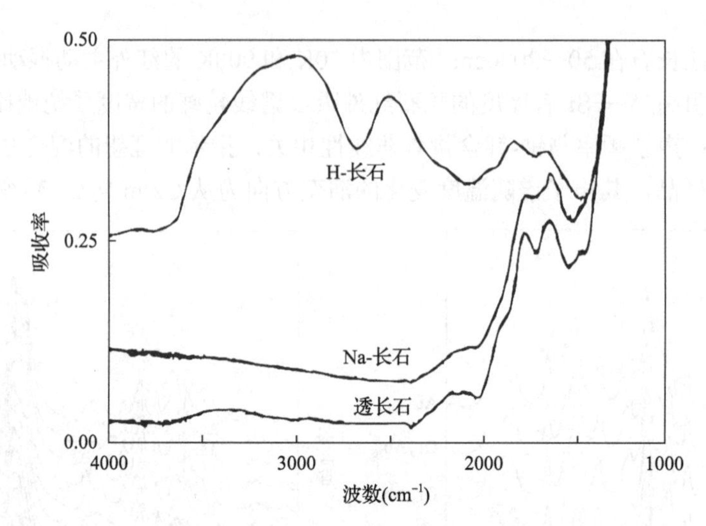

图 7-64　H-长石、Na-长石和透长石红外光谱对比(Behrens and Müller，1995)

2300cm^{-1} 波段的弱峰为长石相，3500cm^{-1} 为非晶相

(三)斜长石标型特征

本亚族是由 Ab 和 An 两个端元组成的类质同象系列，常温下在某些区间内只形成两相混合物，并不能相互混溶，在结构、物理性质等方面均有突变。这种相变在肉眼观察时可因出现晕彩而被发现。这种混溶间隙中出现晕长石(An_2～An_{15})、拉长石(An_{47}～An_{58})和胡腾洛赫(An_{60}～An_{85})3 种交生体。然而，Ab-An 固溶体系列的不连续性尺度非常细小，其大多数性质，如密度或折射率，一般随化学成分变化而呈线性变化，故习惯上仍被看成完全类质同象系列。

1. 形态及微形貌

斜长石因三斜晶胞的轻微倾斜，其结晶习性仅稍异于单斜长石。斜长石晶体通常沿[010]方向呈板状，有时平行 x 轴延伸，很少平行于 z 轴延伸。钠长石通常平行于 y 轴延伸，具肖钠长石习性(图 7-54)。钠长石的叶钠长石习性是呈板状平行于(010)。其具有{001}极完全和{010}完全节理，夹角约 94°。{110}的不完全解理有时也能看到。

2. 化学成分

斜长石常含一定数量的正长石分子 Or($KAlSi_3O_8$)(<10%，摩尔分数)，即在 M 位 K 常代替部分 Na。其他离子包括 Ti、Fe^{3+}、Fe^{2+}；Mn、Mg、Ba 和 Sr 也可能存在，但数量非常有限。斜长石中微量元素只能替代两个位置，即替代 T 位的 Al 和 Si 或 M 位的 Ca 和 Na。T 位置的替代元素可能包括 B、Fe^{3+}、Ti 和 P。

(1)B。B 在斜长石中可进入 T 位，但含量通常很低(2～15ppm)。如果 B 通过沉积循环富集，则有可能形成钠硼长石($NaBSi_3O_8$)。

(2)Fe。大多数长石中的铁都为 Fe^{3+}，少数为 Fe^{2+}，前者进入 T 位而后者进入 M 位。许多火成岩斜长石包含出溶的含铁相。但地球岩石中的斜长石 Fe_2O_3 含量仅为 0.3%～1.0%。

Fe^{3+}/Fe^{2+}值与氧化还原条件有关，多数情况下，铁被假定为以 Fe^{3+}替代 T 位的 Al^{3+}。在还原条件下的月岩和陨石中，斜长石中的铁则以 Fe^{2+}状态存在。

(3) Ti。Ti 能以 Ti^{4+}类质同象进入长石结构的 T 位。Ti 在斜长石中的含量通常小于 0.01%(100ppm)。用离子探针对来自 MORB(Bollinger and Etoubleau，2001)和 Stillwaer gabbroic 杂岩(Steele and Smith，1982)的斜长石进行检测，结果显示 Ti 的含量范围在 50～250ppm。

(4) P。P 加入斜长石可通过 T 位上 $Al^{3+}+P^{5+}=2Si^{4+}$的耦合交换来实现。168 个斜长石电子探针分析表明，40%的样品所含 P≥0.003%(检出限)(Corlett and Ribbe，1967)。用中子活化分析发现 Skaergaard、Bushveld 和 Rum 层状杂岩体中斜长石 P 含量为 12～1400ppm。在共生的钾长石-斜长石中，P 倾向于富集于钾长石。结晶较晚的斜长石 P 含量较高，但当与大量磷灰石共沉淀时，长石便会严重亏损 P。其他可能进入斜长石 T 位的微量元素还有 Ga(通常≤30～50ppm)和 Be(一般为 0～30ppm)。

类质同象占据斜长石 M 位的元素可以有 Li、Rb、Cs、Sr、Pb、Ba、Mg、Mn 和 REE。

(1) Li。Li 的离子 Li^{+}半径很小，故占据斜长石中的 M 位，在斜长石中含量很低，一般小于 100ppm，多为 1～30ppm。在陨石和月岩斜长石中，随着斜长石更富 Na，Li 呈现增加的趋势(Steele et al.，1980)。

(2) Rb 和 Cs。Rb 和 Cs 离子半径较大，趋向于代换 K(Na)。在钙长石中 Rb 含量很低，在钠长石中上升到 100ppm。K/Rb 值在斑晶中比基质中高：在钙长石斑晶中约为 600，在奥长石斑晶中约为 2000；而在基质中(假定代表结晶时的液相成分)钙长石约为 800，奥长石约为 300(Deer et al.，2001)。Cs 在斜长石中一般含量很低(0.01～0.1ppm)。

(3) Sr。Sr 是斜长石中最富集的微量元素，其离子半径在 Ca 和 K 之间，具有和 Ca 一样的电价，在斜长石中呈离子状态置换其结构中的 Ca。然而，它的出现不仅与斜长石的成分有关，还同与斜长石共生的其他含 Ca 矿物有关，晶体相和液相之间的分馏也有影响。对于粗粒火成岩中的斜长石，Sr 含量一般的趋势是从钙长石的 100～400ppm 增长到中长石的 400～2000ppm，然后下降到钠长石的成分。Ca/Sr 则下降得非常稳定，从钙长石的约 800 到钠-更长石的约 20。对于月岩和陨石斜长石，其 Sr 和 Ab 之间具正相关关系。基于对共存斑晶和基质(或玻璃)的分析可知，Sr 的分配系数 D_{Sr}(斜长石/液相)从钙长石的约 1.5 增加到奥长石的 6～50(Smith and Brown，1988)。

(4) Pb。尽管 Pb^{2+}具有和 Sr^{2+}相似的离子半径，但它属铜型离子，不易替换惰性气体型的 Ca^{2+}，故在斜长石中的含量一般较少，平均值约为 20ppm。

(5) Ba。钡离子有与 Ca 相同的电价，但是它的离子半径接近 K，故倾向于在钾长石相中富集。在斜长石中，Ba 在钙长石中含量很低(10～100ppm)，但趋势是稳定增加到奥长石中的大约 3000ppm。钠长石的 Ba 含量差异很大(200～1000ppm)。月岩和陨石中斜长石的 Ba 具有相似的趋势。陨石中斜长石(奥长石到中长石)的 Ba 含量通常在 500～1000ppm。K/Ba 值大约是 10，而 Ca/Ba 值从钙长石的大约 5000 可变化到钠长石的大约 10。

(6) Mg 和 Mn。许多较早测定的斜长石中的 Mg 值是不太可信的，因为这些值有可能代表铁镁质矿物中微观杂质的存在，而且测定 Mg 的值的误差也在较低水平。从那些比较可靠的测定结果来看，地面岩石和陨石中的斜长石中 MgO 的平均含量落在 0.05～0.1%的范围内。在斜长石中，如果假定大多数的 Mn^{2+}将进入 M 位，它的含量范围是 2～200ppm。

(7) REE。稀土元素一般只以很低的浓度出现在斜长石中，但是它们可以反映具有成因意义的信息。斜长石中的铕异常是氧逸度的标志。根据实验结果，斜长石中 Eu^{2+}/Eu^{3+}与氧逸度的回归方程为斜长石 $\lg f_{O_2}=-4.60(\pm 0.18)\lg(Eu^{2+}/Eu^{3+})-3.86(\pm 0.27)$ (Drake and Weill，1975)。在熔体的形成环境下，Eu^{2+}偏好于进入斜长石的 M 位，而 Eu^{3+}及和它相邻 REE 偏好存在于共存的液相中。氧逸度越低，斜长石对 Eu 的分配系数越大。在斜长石球粒陨石标准化 REE 配分模式图中常出现铕正异常 (图 7-65)。铕正异常的强度与斜长石成分相关，从钙质长石到钠质长石呈增加趋势。在地球斜长石中，Eu 从钙长石到中长石增加了 100 倍 (0.1～10ppm)。

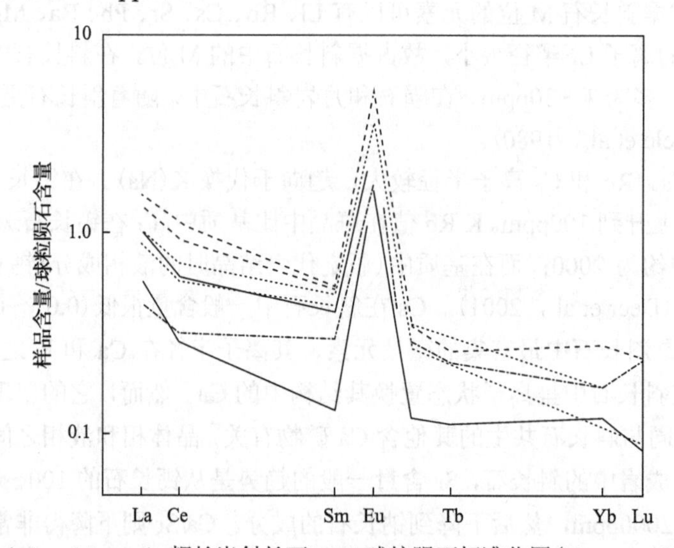

图 7-65　North Arm Mountain 辉长岩斜长石 REE 球粒陨石标准化图 (Komor and Elthon，1990)

3. 晶体结构

斜长石为三斜对称，结构中包括 (Si,Al)—O 四面体骨架和占据这些骨架间空隙的 Ca、Na 离子。在高温下，斜长石中 Si、Al 原子的占位是无序的，从 An_0 到 An_{90} 的斜长石结构接近于高钠长石 (对称型 $C\bar{1}$)。因为钙长石 (An_{90}～An_{100}) 在达到高钠长石结构之前便会被融化，所以高钠长石结构不适用于钙长石。在低温下，斜长石结构高度有序，但只有钙长石 (An_{100}，Si_2Al_2) 可以达到严格的完全有序状态。

对于表征斜长石结构关系的相图有很多人做过尝试，Smith 和 Brown (1988) 给出了一个简化的版本 (图 7-66)，但此版本带有一些推测性。大量的关于长石结构的文章在碱性长石章节部分已经列出。关于斜长石结构的文章还有 Kitamura 和 Morimoto (1984)、Jagodzinski (1984)。

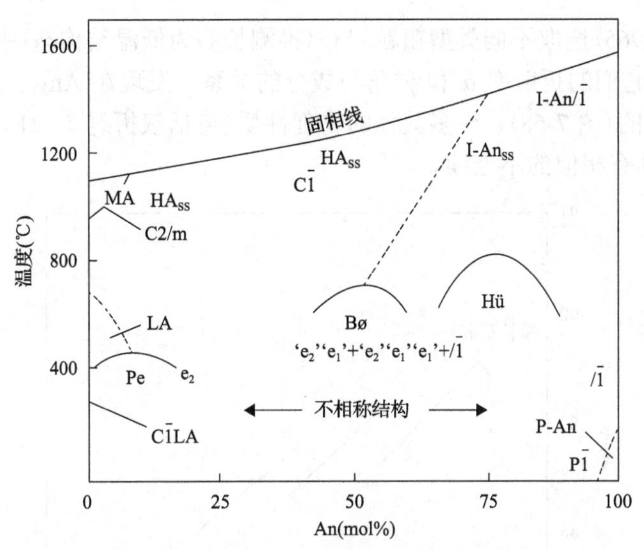

图 7-66 斜长石系列简化相图(Smith and Brown，1988)

HA-高钠长石；LA-低钠长石；MA-蒙钠长石；I-An-体心钙长石；P-An-初始钙长石；

Pe-晕长石交生；Bø-Bøggid 交生；Hü-Hüttenlocher 交生；SS(下标)-固溶体

许多研究者试图将斜长石的物理参数随成分的变化及与温度的关系联系起来，尽管这是相当困难的，但还是获得了由 XRD 限定的一些关系图解。例如，$\Delta 2\theta_{131}-2\theta_{1\bar{3}1}$和 An 含量关系图解(Smith and Yoder，1956；Smith and Gay，1958；Bambauer et al.，1965；Ribbe，1972)和其修改后的版本(Kroll and Müller，1980；Kroll，1983)[图 7-67(a)]、γ角与斜长石 An 成分关系图解[图 7-67(b)]及其他图解($\Delta 2\theta_{\bar{2}41-2\bar{4}1}$，类似于$\Delta 2\theta_{131-1\bar{3}1}$)(Corlett and Eberhard，1967；Bambauer et al.，1967)。Harnik 和 Šoptrajanova(1973)研究了加热对 Oslo 地区菱形斑岩斜长石斑晶$\Delta 2\theta_{131-1\bar{3}1}$的影响。K 含量越高，$\Delta 2\theta$随加热时间变化的曲线越缓，说明富 K 斜长石在自然状态下无序程度较高。

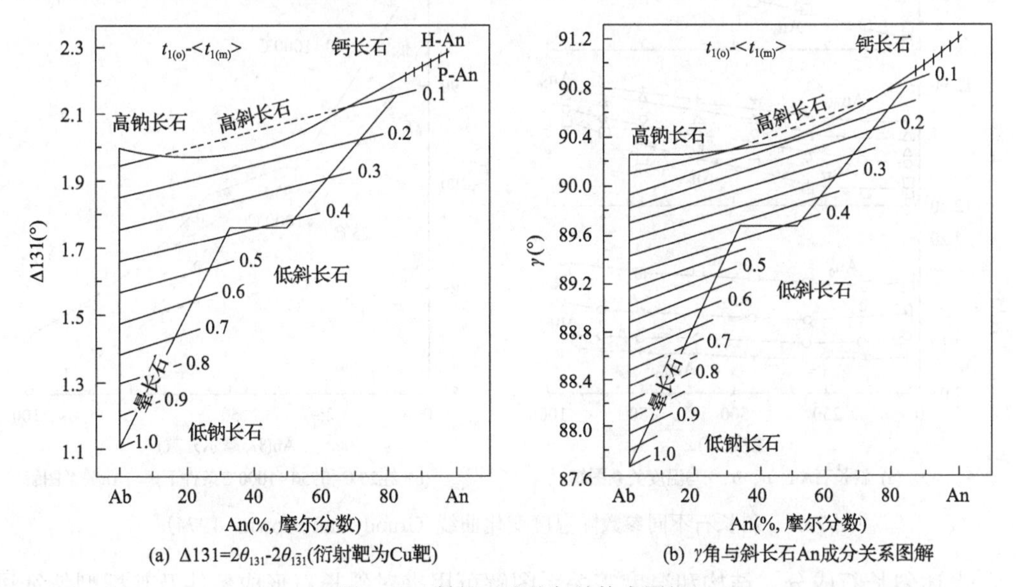

(a) $\Delta131=2\theta_{131}-2\theta_{1\bar{3}1}$(衍射靶为Cu靶)　(b) γ角与斜长石An成分关系图解

图 7-67 斜长石成分与结构态图解

Doman 等(1965)选取不同类型粗粒岩石(推测长石为低温结构态)中成分范围很宽的斜长石，测定了它们的折射率 α 和 γ^*角与成分的关系，发现在 An_{33}、An_{50} 和 $An_{90\sim95}$ 附近 γ^*线是不连续的(图 7-68)。许多其他的物理性质(包括双折射 δ、$2V$、OAP、红外光谱和显微硬度)也都有相似的不连续。

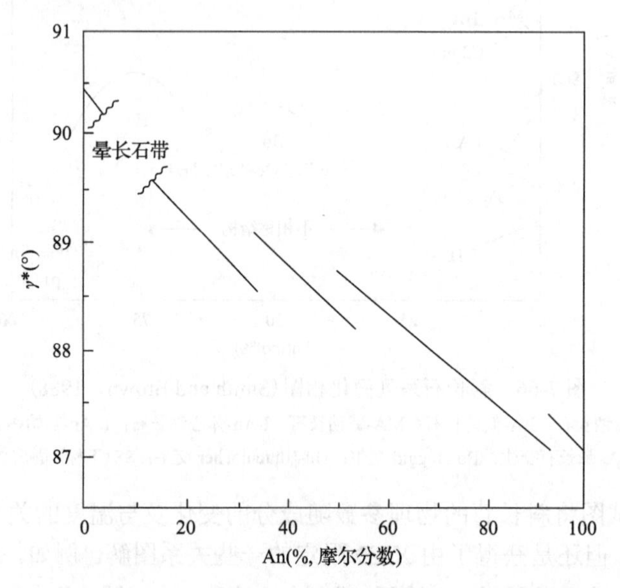

图 7-68　斜长石系列 γ^*与成分图解(Doman et al.，1965)

Grundy 和 Brown(1974)测定了不同成分斜长石由室温加热到 1000℃时的 α、β、γ、a、b、c 的变化曲线，见图 7-69。

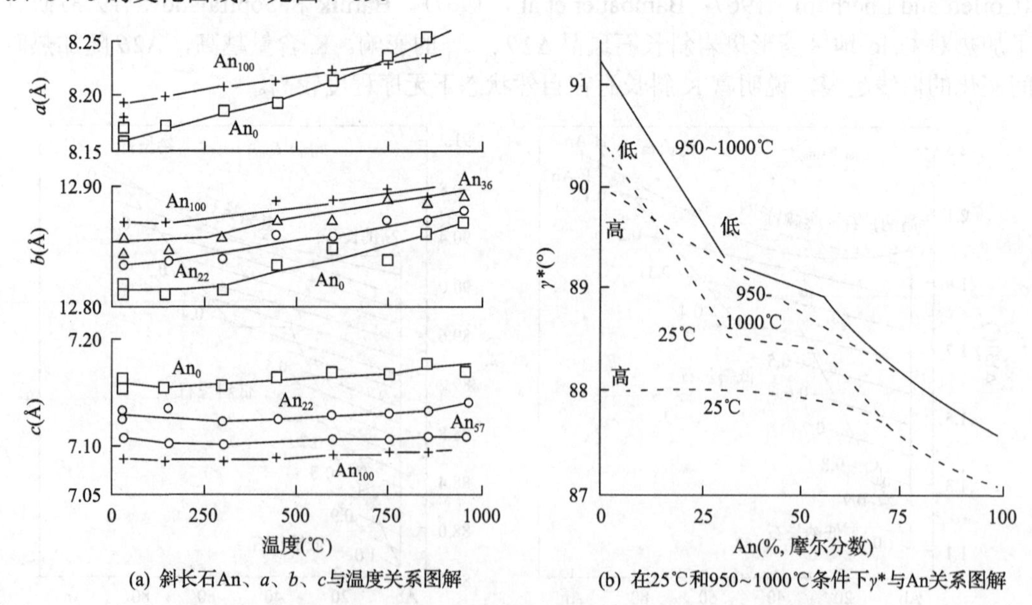

图 7-69　斜长石不同参数随温度变化曲线(Grundy and Brown，1974)

上述斜长石成分、结构和温度等关系图解可用来对斜长石形成条件及其标型特征进行研究。Hamilton 和 Edgar(1969)指出，通过 $20\bar{1}$ 值确定高温碱性长石成分的方法可以用来估计三元斜长石的 Or 组分。因为 $d_{20\bar{1}}$ 对于二元 Na-Ca 斜长石在高温结构中是一个常数，所以 Ca 的含量不会影响相关结果。

据 Viswanathan(1971)研究，当长石在 KCl 熔体中进行 K 替代 Na 的离子交换时，其 $20\bar{1}$ 和 400 在粉末图案中反射位置与 An 成分几乎是线性相关关系，不受其他结构参数的影响，这种方法测定的 An 精度可达±1%。斜长石晶格常数可用于区别离子大小和有序/无序的影响，(Si,Al)占位，$t_{1(o)}$、$t_{1(m)}$、$t_{2(o)}$、$t_{2(m)}$ 也可从 c 参数导出。

Bruno 和 Facchinelli(1974)注意到，当斜长石 γ 及其相关参数受 Si/Al 值和有序度强烈影响时，他们几乎不受到任何其他化学变化的影响。然而，斜长石 α 角强烈受 M 阳离子置换的影响，而较少受 Si/Al 值的影响；M 阳离子置换对 a 的影响大于 b、c。相对地，Si/Al 和有序度则更多影响 b、c(Stewart and Ribbe，1969)。在(Ca,Sr)斜长石中，Sr 的类质同象影响 α 而不影响 γ(Bruno and Facchineli，1974)。月岩斜长石，用 γ 和 Δ131 估计的 An 成分总是低于直接测定的 Ca/(Ca+Na+K)，这被归咎于它们的酸性特性(固溶体中 SiO_2)。

斜长石体积受热膨胀早有研究(Stewart et al.，1969；Grundy and Brown，1967)。Stewart 等(1967)使用 X 射线和膨胀计确定了低钠长石的体积膨胀(volume expansion)曲线[图 7-70(a)]，高钠长石的体积膨胀与低钠长石很相似，但热膨胀系数(α_V)不同[图 7-70(b)]。

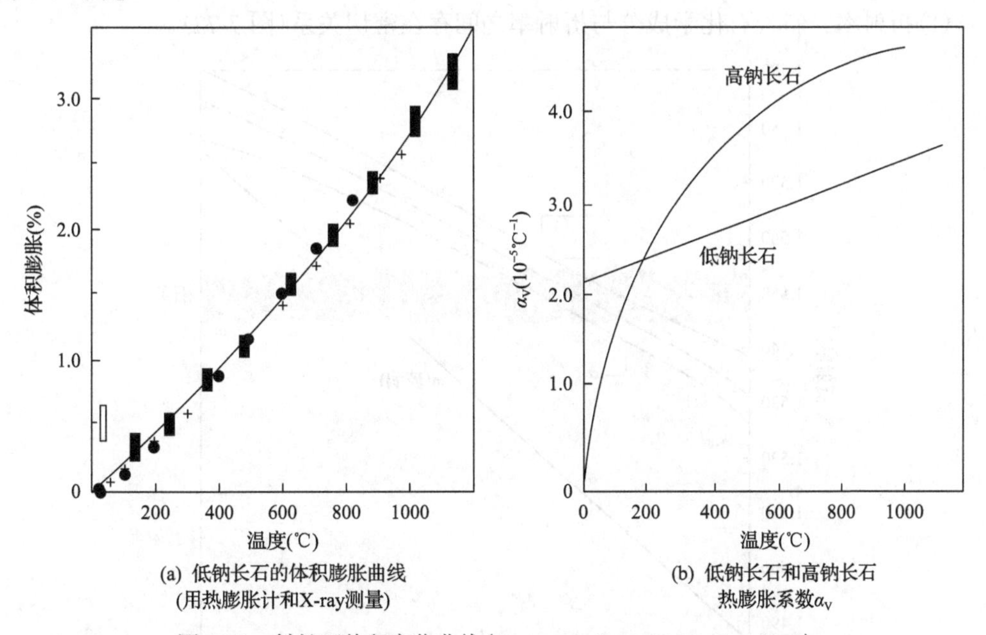

图 7-70　斜长石体积变化曲线(Stewart and von Limbach，1967)

Angel(1988)使用金刚石压腔测定了钠长石和钙长石在≤50kbar 的压缩性。压缩最大的轴是 x，指示压力导致“曲轴链”缩短，这是通过减少 T—O—T 角来实现的。钙长石在 25.5～29.5kbar 压力下体积变化出现不连续，晶胞体积有 2%的骤减(图 7-71)。

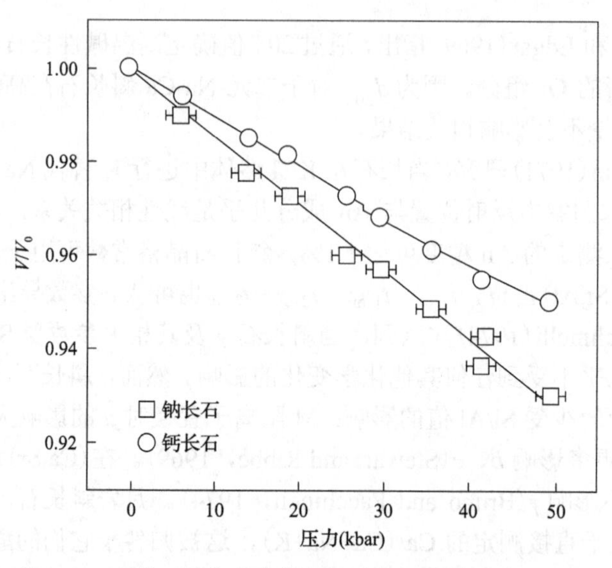

图 7-71 斜长石单位晶胞体积与压力关系(Angel，1988)

以室压体积 V_0 标准化

4. 物理性质

1) 光学性质

(1) 折射率。斜长石化学成分与折射率之间存在密切关系(图 7-72)。

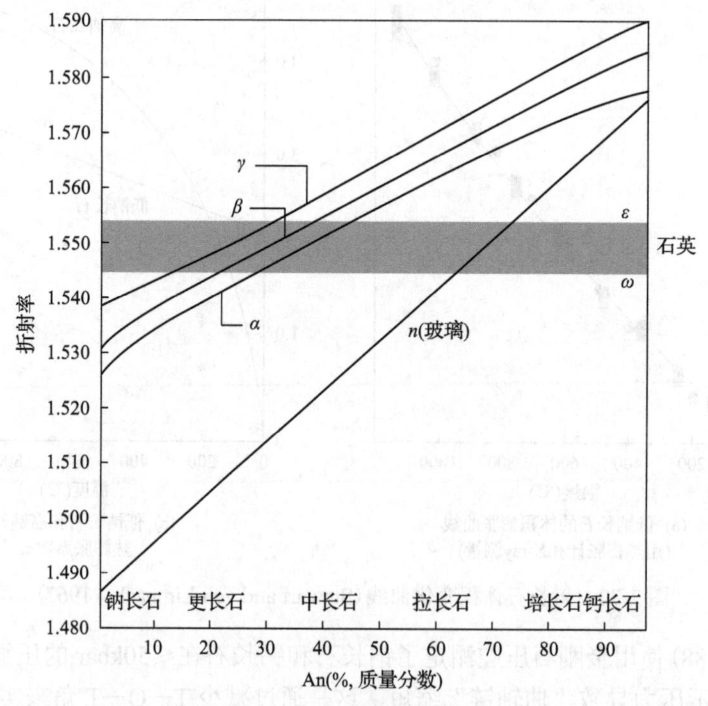

图 7-72 斜长石折射率随化学成分的变化(据 Deer et al.，2001，有修改)

高温斜长石的折射率略不同于低温系列。表 7-13 给出了自然低温钠长石和在干体系中或用水热法加热到最高温时的折射率和消光角等光学性质的变化。图 7-73 直观地反映了两者在折射率方面的细微差异。

表 7-13　自然低温钠长石和加热后钠长石结构参数与光学性质对比

α	β	γ	$2V_\alpha$	双折射率 δ	消光角(010)	消光角(001)	资料来源
1.5286	1.5326	1.5388	103°	0.0102	20°	3°	自然钠长石 (Smith and Gay，1958)
1.5288	1.5329	1.5394	103°	0.0106	20.8°	3.2°	自然钠长石 (Su et al.，1986a，b，c)
1.5273	1.5344	1.5357	47°	0.0084	8°	8°	加热的钠长石 (Smith and Gay，1958)
1.5276	1.5350	1.5363	45°	0.0087	6.2°	9.4°	低钠长石 (Su et al.，1986a，b，c)
1.5750	1.5834	1.5883	75°	0.0133	34°	33°	钙长石 (Smith and Gay，1958)

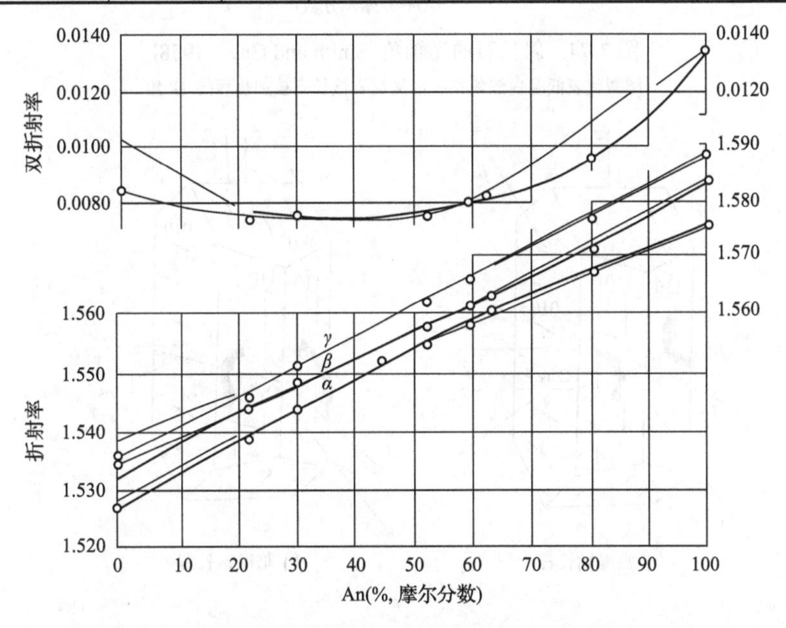

图 7-73　斜长石的折射率和双折射率(Smith and Gay，1958)

细线为未处理自然样品，粗线为加热后的变化

(2) 光轴角和光性符号。低温系列斜长石的 $2V$ 角总是比较大的(>75°)，光性符号从钠长石的(+)变到富钙奥长石的(–)，大多数中长石和拉长石为(+)，培长石和钙长石则再变为(–)。高温系列斜长石随成分不同 $2V$ 角差异很大，为–54°～+73°(图 7-74)。高温和低温斜长石 $2V$ 角和光性符号在系列的钠质端元差异最大，在 An_{60}～An_{90} 成分区间，$2V$ 角也有大约 7°的差异。

(3) 光性方位。斜长石的光性方位随成分有相当大的变化(图 7-75)。在低温钠长石中，光轴面接近于垂直 z 轴，但在更富钙的斜长石中两者为倾斜相交，直至钙长石光轴面几乎垂直于 x。

(4) 消光角。斜长石光性方位上的变化引起消光角在{001}或{010}解理块上随成分一起变化。高温和低温斜长石成分与消光角的关系见图 7-76。

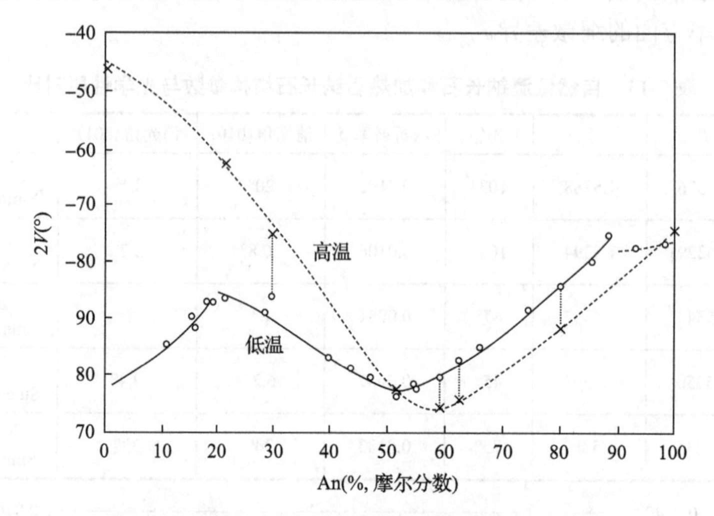

图 7-74　斜长石的光轴角(Smith and Gay，1958)

圆圈代表低温自然斜长石，叉代表该长石被加热后的 $2V$ 角

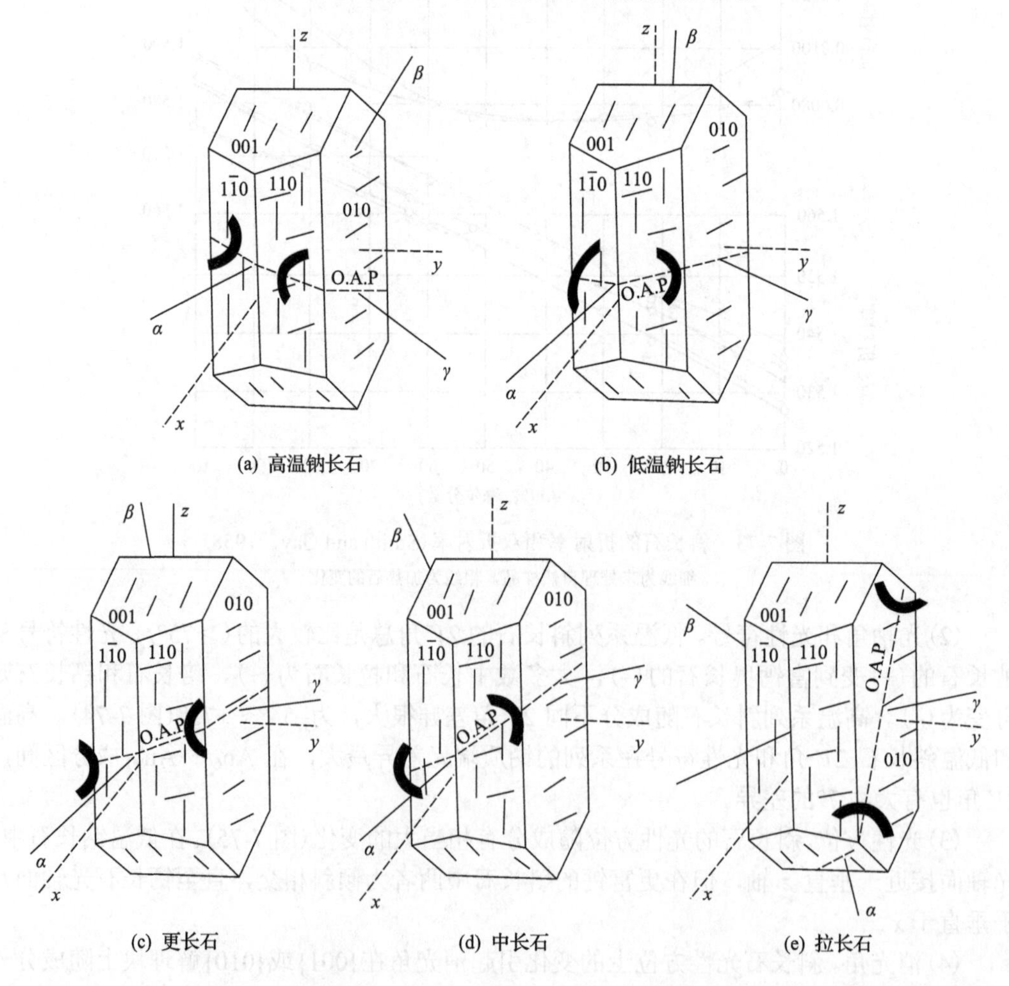

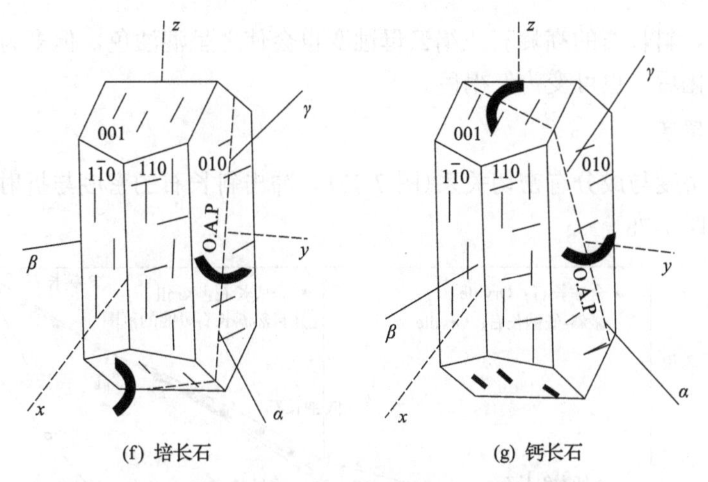

图 7-75　斜长石的光性方位随成分的变化(Deer et al.，2001)

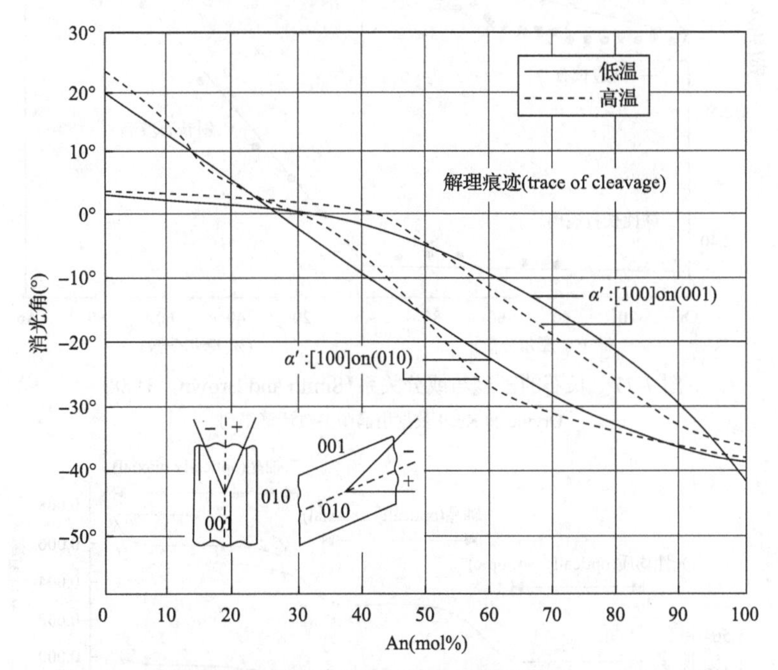

图 7-76　高温和低温斜长石成分与消光角的关系(Deer et al.，2001)

(5)颜色。新鲜纯净斜长石是无色的。含流体包裹体的斜长石多呈白色。若含微粒夕线石和刚玉(蓝宝石)，钙长石晶体显示粉色或蓝色。爱尔兰 Carlingford 钙长辉长岩的培长石和挪威 Egersund 的拉长石含大量不透明铁氧化物，在手标本上几乎是黑色的。关于导致斜长石出现不同颜色的因素，Hofmeister 和 Rossman(1983)做过评述。一些钠长石和奥长石显示蓝绿色是因为 Pb 的存在(0.018%～0.035%)，可能涉及 Pb^{2+}到 Pb^{+}的辐射诱发转变，也和 OH^{-}有关(Hofmeister and Rossman，1986)。来自麻粒岩带(如紫苏花岗岩)的典型“油脂状”绿色斜长石是因为有充填于裂隙的微小绿泥石晶体存在(Janardhan et al.，1979)。一些斜长石出现阴暗混浊甚至黑色的颜色，是因为无数细小含铁矿物微粒如磁铁矿、钛铁矿、金红石、尖晶石、辉石、黑云母、普通角闪石或者石榴子石等分布于整个晶体所致。斜长石的高岭石或绢云母蚀变也会使之呈混浊色，但多为黄白色调。斜长石受赤铁矿化后，也可变为红褐色。

2) 密度与硬度

斜长石的密度与成分有密切关系(图 7-77)。冲击斜长石的密度与折射率及部分结构参数的关系见图 7-78。

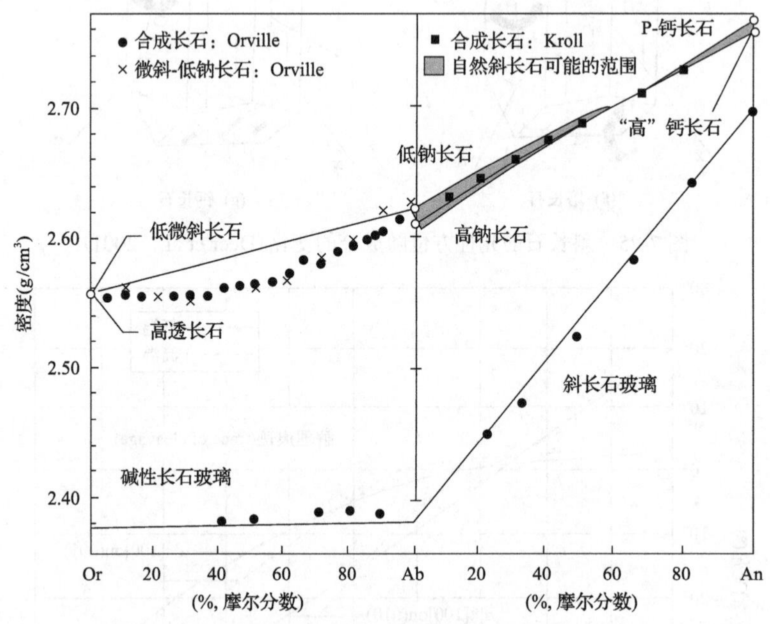

图 7-77　长石的密度与或分关系(Smith and Brown，1988)

Orville 和 Kroll 数据由晶胞参数计算得到

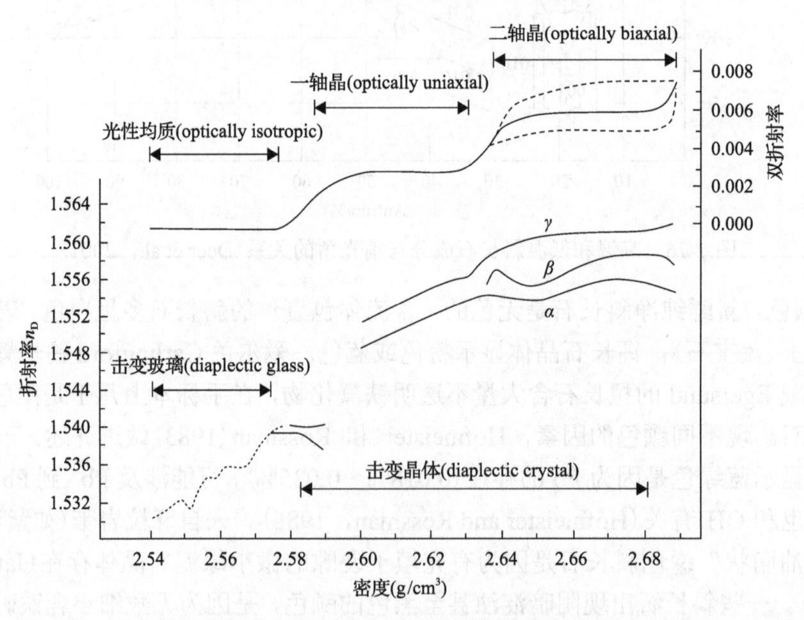

图 7-78　冲击斜长石的密度与折射率及部分结构参数的关系(Dworak，1969)

Mookerjee 和 Sahu(1960)研究不同成分斜长石维氏显微硬度随负载变化(20～500g)情况，发现维氏显微硬度的变化与成分变化有明显关系，该变化比由单颗粒的各向异性而导致的变化大得多，在中性斜长石处明显背离线性(图 7-79)。Cinnamon 和 Bailey(1971)的进一步工作确定了这些结果的可靠性。

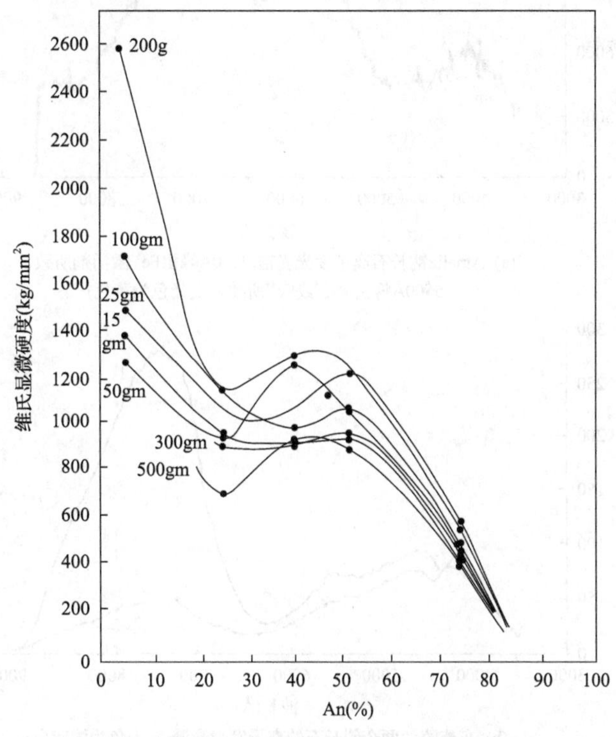

图 7-79　不同负载斜长石维氏显微硬度与成分关系(Mookerjee and Sahu，1960)

3)发光性

斜长石不像钾长石那样常见荧光，但其荧光性也有报道。例如，某石英闪长岩中的斜长石在紫外光下呈树莓红色的荧光(Gagny，1957)。Smith 和 Stenstrom(1965)使用阴极发光的色调和亮度来区别沉积岩中不同类型的长石及其环带。Boehls Butte 斜长岩的斜长石阴极发光为黄色和绿色，其强度与 Mn^{2+}(≥19ppm)含量具相关性，而 Fe^{2+}和 Fe^{3+}都是弱活化剂(Mora and Ramseyer，1992)。不同成因斜长石的质子发光特性有明显差异：在 7000Å 附近的红外峰，月岩和陨石斜长石的峰很弱或缺失，但地球斜长石则很强，峰中心在钙长石的 6800Å 到钠长石的 7400Å 之间移动(Geake et al.，1973)。

Homman 等(1995)使用核子微探针对斜长石进行离子发光(IL)和粒子诱导 X 射线发射分析。Amelia 钠长石显示黄色光[图 7-80(a)]，而 Skaergaard 侵入岩的斜长石显示蓝色调光，它们的峰都在 7500Å 左右[图 7-80(b)]。图 7-80(b)中的两个斜长石具有不同的 Fe^{3+}含量，样品 1 为 1540cps[①]，样品 2 为 463cps。俄罗斯 Ioko-Dovyrensky 层状超基性岩斜长石 X 射线发光受到 Mn^{2+}和 Fe^{3+}稳定性的影响，可以用来解密这些岩石的结晶热状态

① cps=counts per second。

(Boroznovskaya and Gertner，1989)。

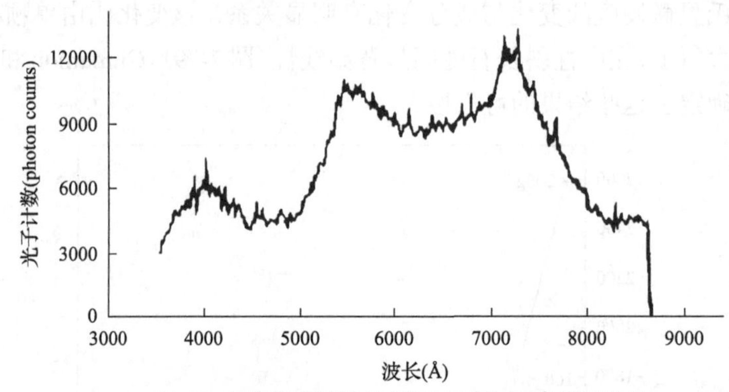

(a) Amelia钠长石离子发光光谱(7200Å峰由Fe^{3+}激活剂所致，5500Å峰由Mn^{2+}或Fe^{2+}所致，发光色为黄色)

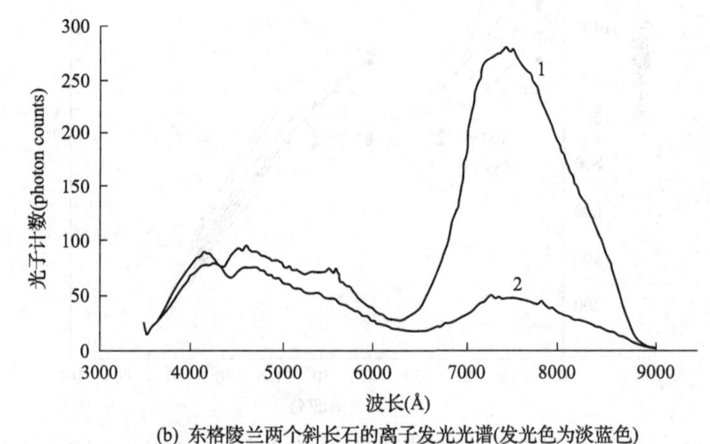

(b) 东格陵兰两个斜长石的离子发光光谱(发光色为淡蓝色)

图 7-80 斜长石离子发光光谱曲线(Homman et al.，1995)

加拿大西北部与 Thor Lake 碱性正长岩有关的稀有金属矿床中的叶钠长石(An_2)和微斜长石含异常高的 Ga，核部显示红色阴极发光，Ga 为 600ppm；钠长石边部见亮蓝色阴极发光，具 800～2000ppm 的 Ga。核部发红色阴极发光可能由Fe^{3+}所致，Ga 约超过 800ppm 时才出现亮蓝色阴极发光。

芬兰东南部 Wiborg 奥长环斑花岗岩斜长石斑晶成分不同，阴极发光色也不同：An_{50}的斜长石呈淡蓝色，An_{30}的斜长石呈浅粉-浅棕色，An_{25}斜长石为浅红色，An_3的钠长石为深红色，这被认为与长石结构中 Fe 的类质同象有关(Dempster et al.，1994)。Barwood 认为花岗岩中钾长石和斜长石的蓝色阴极发光是由于 Ti 活化剂所致，当岩石经历霓长岩化，长石显亮红色(Fe^{3+}活化剂)或亮绿黄色(Fe^{2+}活化剂)阴极发光。

埃特纳火山 1983 年喷发的水淬熔岩斜长石斑晶具有绿色阴极发光内带($An_{70\sim75}$)和界限分明的蓝色发光外带($An_{50\sim60}$)，边界往往伴随玻璃包裹体。绿色核被认为是基性岩浆携带富钙长石堆晶体注入喷发的岩浆中，导致斜长石异相成核和蓝色发光的外带。阴极发光和微量元素含量的关系是复杂的，但一般认为 Mn^{2+}是绿色光和 585nm 黄光的活化剂，Ti^{4+}是蓝色发光的活化剂。

蒙古 Altai 富钙花岗岩和蚀变英碱正长岩的钠长石(An<5mol%)中出现稳定且强烈的红色阴极发光(Kempe et al.，1999)，这可能与 Fe^{3+}在 720nm 波段的发光有关(Telfer and Walker，1978)。朝鲜半岛的细粒泥质变质岩经历了巴罗式(Barrovian)变质作用，其中的无双晶斜长石随着 An 成分的增加从暗绿色到绿色，再到亮黄绿色的阴极发光色变化，使 CL 色成为快速鉴别斜长石牌号及其成分环带的有效手段。

在对长石中微量元素作为阴极发光活化剂的研究中，发现来自美国卡罗莱纳州 Spruce Pine 的原生钠长石显示绿色 CL，而次生蚀变者为蓝紫色 CL。原生钠长石的 CL 光谱见图 7-81(a)，Mn^{2+}是主要的活化剂；次生钠长石的 CL 光谱见图 7-81(b)，Mn^{2+}和 Fe^{3+}是主要的活化剂，但是 Dy^{3+}和 Sm^{3+}活化的 CL 峰很强(Götze et al.，1999a，199b)。

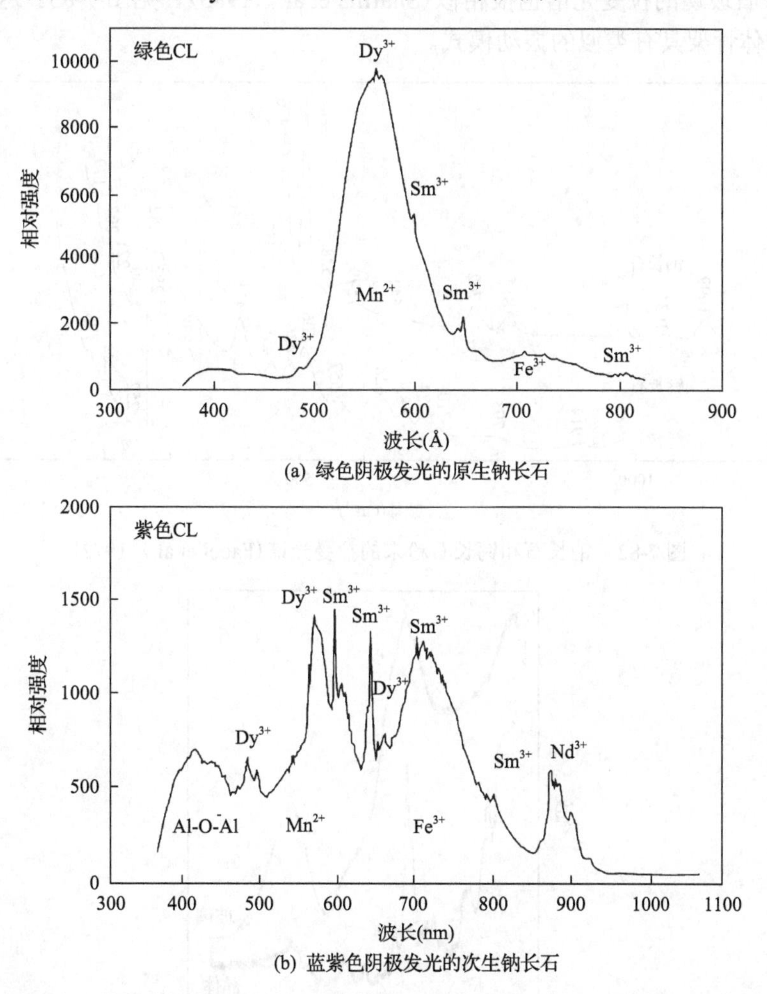

(a) 绿色阴极发光的原生钠长石

(b) 蓝紫色阴极发光的次生钠长石

图 7-81　美国卡罗莱纳州钠长石阴极发光光谱(Götze et al.，1999a，1999b)

4) 红外与拉曼光谱

Smith 和 Brown(1988)对红外、拉曼和其他光谱分析技术及其应用进行了综述。红外光谱在斜长石研究中的运用较早。Thompson 和 Wadsorth(1957)较早报道了钠长石-钙长石系列的成分与 IR 光谱的关联，指出在 An_{31}～An_{33} 处存在结构突变。Iiishi 等(1971)、Matteson 和 Herron(1993)分别给出了斜长石系列的红外图样。许多实验表明，使用傅里叶变换红外光谱(Fourier transform infrared spectroscopy，FTIR)可以查知斜长石三端元(Ab、An、Or)的成分比例，标准误差≤1%(摩尔分数)(Matteson and Herron，1993)；在实验工作中红外光谱还可用来确定钠长石熔体中的 CO_2(Tingle and Aines，1988)和 H_2O(Sykes and Kubicki，1993)的溶解度。

直到近几十年，拉曼光谱才开始被用于长石形变如键的伸缩或键角弯曲及有序-无序研究。Fabel 等(1972)给出了斜长石系列两端元拉曼光谱的研究结果(图 7-82)。低钠长石和高钠长石的拉曼光谱颇为相似，在 500cm^{-1} 左右均显示一对强峰。结晶钙长石和相似成分的钙长石玻璃的拉曼光谱也很相似(Sharma et al.，1983)，见图 7-83。这表明常见的 Si—O 四面体骨架具有类似的振动模式。

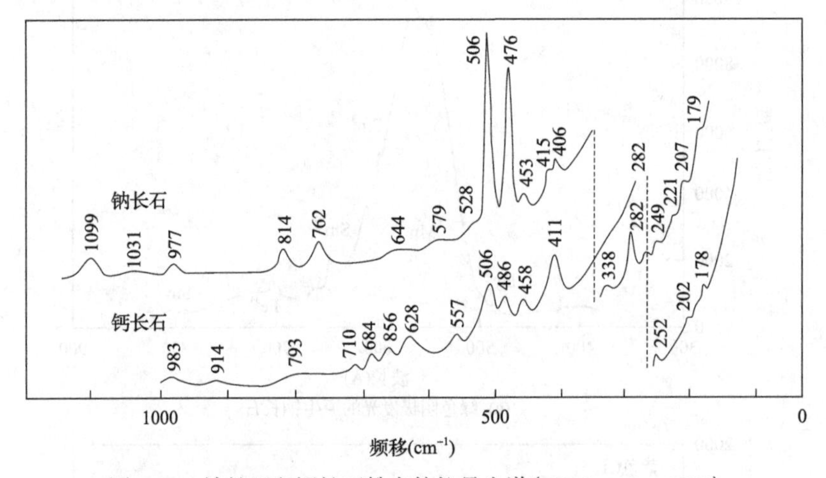

图 7-82　钠长石和钙长石粉末的拉曼光谱(Fabel et al.，1972)

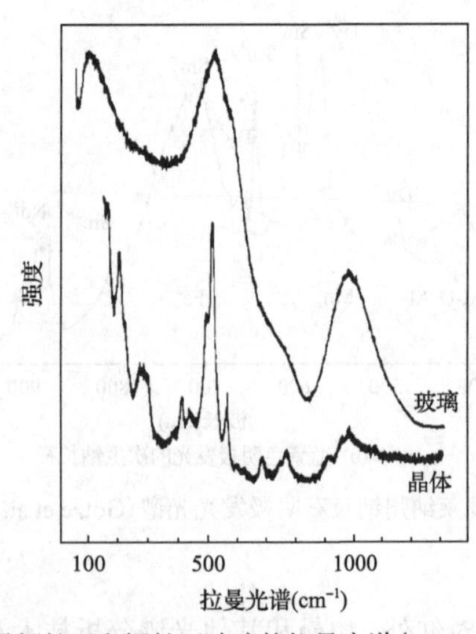

图 7-83　结晶钙长石和钙长石玻璃的拉曼光谱(Matson et al.，1986)

前人对斜长石的核磁共振谱(nuclear magnetic resonance spectroscopy，NMR)、电子顺磁共振谱(electron paramagnetic resonance，EPR)(Scala et al.，1978)及穆斯堡尔谱(mössbauer spectroscopy，MS)(Hofmeister and Rossman，1984)进行了研究。其中具有成因矿物学意义的是斜长石的MS谱，月岩中含铁钙质斜长石的MS典型地分解成两对峰，两个都是 Fe^{2+}引起的，而地球斜长石只显示一对峰。Hofmeister 和 Rossman(1984)基于光学吸收和 EPR 光谱将地球斜长石中的 Fe^{2+}分配到无序的 M 位，用 MS 谱估算斜长石中 Fe^{3+}/Fe^{2+}时必须谨慎。

(四)成矿作用标识

1. 主量元素

李文涛(2015)收集并测试了与6个矿种相关的25个岩浆岩体中1097个长石成分数据(369个钾长石，728个斜长石)，发现与不同矿化有关长石成分存在明显差异。

图 7-84 显示，钼、钨和锡矿成矿地质体中碱性长石成分变化范围狭窄，几乎不含An，为 $Or_{80\sim100}Ab_{0\sim20}$(极富 Or 的钾长石部分与钾钠固溶体出溶有关)。金、铜、铁的成矿地质体中碱性长石成分变化范围很大，除含少量An(＜10%)外，铁矿有关碱性长石成分约为 $Or_{50\sim100}Ab_{0\sim50}$，铜矿有关碱性长石成分为 $Or_{60\sim100}Ab_{40\sim0}$，金矿有关碱性长石成分为 $Or_{70\sim100}Ab_{0\sim30}$。一方面，碱性长石成分变化与岩石化学具有相应性，前者较后者岩石酸度较高；另一方面，后者碱性长石结晶周期可能较长，物理化学条件变化也较大。

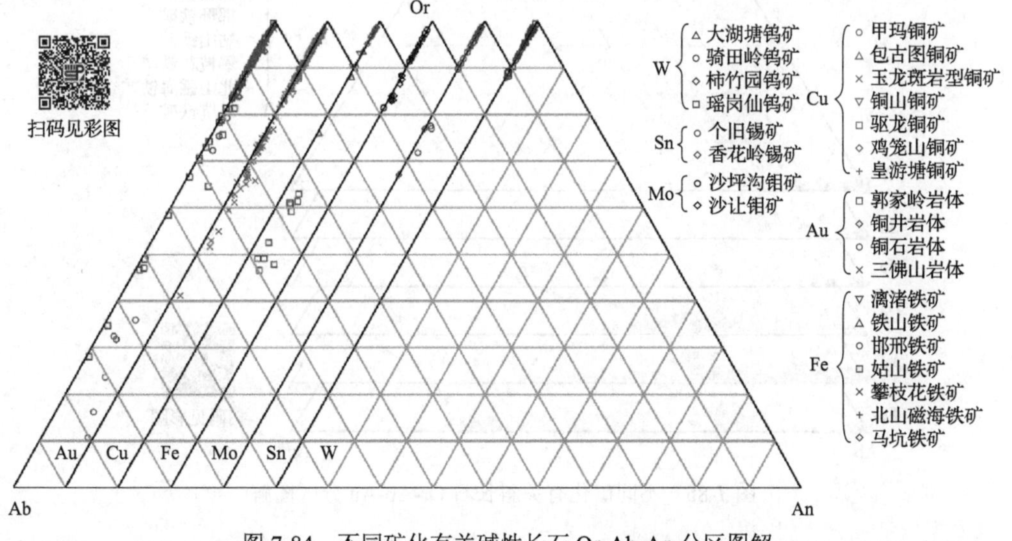

图 7-84　不同矿化有关碱性长石 Or-Ab-An 分区图解

图 7-85 显示，钼、钨和锡矿成矿地质体中斜长石表现出极富钠长石的特征($Ab_{70\sim100}An_{0\sim30}$)，几乎不含Or。图 7-85 中除少数点外，大多数(＞150个)点的数据落于 $Ab_{90\sim100}$的区域。这与钨、锡矿成矿地质体多为高分异的花岗岩有关，也与其花岗岩起源有很大关系。金、铜、铁的成矿地质体中斜长石除含少量Or(＜10%)外，Ab、An 成分变化范围也很大，铁矿为 $Ab_{30\sim100}An_{0\sim70}$，铜矿和金矿为 $Ab_{50\sim100}An_{0\sim50}$。铁矿有关斜长石成分分

布不连续。成矿地质体为基性岩的斜长石多为 $An_{>50}$ 的拉长石，而岩浆型钒钛磁铁矿——攀枝花铁矿和与成矿地质体为中性岩的夕卡岩型铁矿——邯邢铁矿则可分布于更长石到中长石区域，成矿地质体为中酸性岩的夕卡岩型铁矿则分布于 $An_{<30}$ 的酸性斜长石区域。因此，铁矿成矿地质体斜长石的特征其实反映的是其成矿地质体岩性的特征。铁矿成矿地质体可以是基性岩、中性岩和长英质火成岩(Dill，2010)。金矿和铜矿有关斜长石成分极为相似，其成矿地质体岩性主要为中酸性火成岩。胶东金矿成矿地质体中的斜长石基本属 $An_{<30}$ 的酸性斜长石，而隐爆角砾岩型和夕卡岩型金矿的斜长石牌号主要为 An_{30}～An_{35}。夕卡岩型矿床金属种类很多，有金、铜、铁、钨、矿等(赵一鸣和林文蔚，1990)，所以其斜长石分布范围较广，可以是 $An_{0\sim50}$。隐爆角砾岩型矿床主要形成于浅成到超浅成中酸性斑岩体顶部(章增凤，1991；李胜荣，1995；卿敏，2003)，其斜长石分布范围也可达到 An_{50} 的位置。

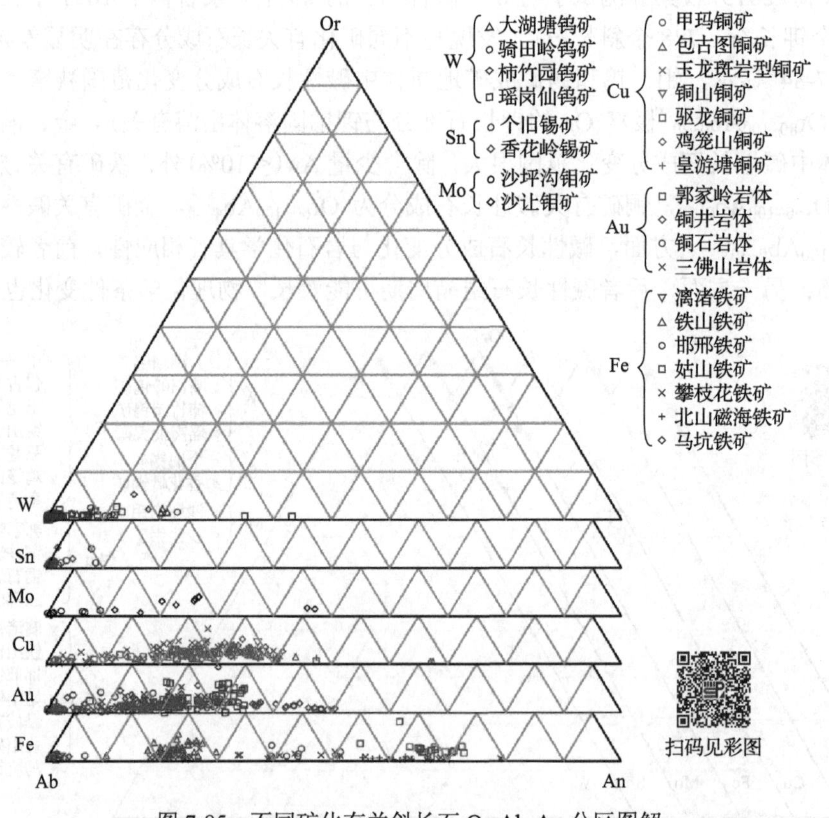

图 7-85　不同矿化有关斜长石 Or-Ab-An 分区图解

综上所述，许多矿种的成矿地质体钾长石都有大量测试数据位于 $Or_{80\sim100}$ 的区域，利用钾长石三角图解判断矿种存在不确定性。但是，如果钾长石斑晶或粗粒钾长石核部成分为 $Or_{10\sim60}$，则此岩浆岩对应的矿种应该不会是钨、锡、钼矿。在斜长石三角图解中，如果含矿岩浆岩的斜长石斑晶或自形颗粒成分为 $Ab_{90\sim100}$，则其很可能是钨、锡矿床的成矿地质体。

侵入岩中的碱性长石存在出溶作用时，利用其化学成分测试数据反演岩浆性质变得相当复杂；而斜长石较少发生出溶作用，颗粒完整未受蚀变者，其成分在固相线下的变化应该不大。利用斜长石主量元素质量分数数据，以 Si 为横坐标，Al、Ca、Na、K 为纵坐标，将与不同矿化有关的斜长石进行投点作图，见图 7-86。结果显示，斜长石

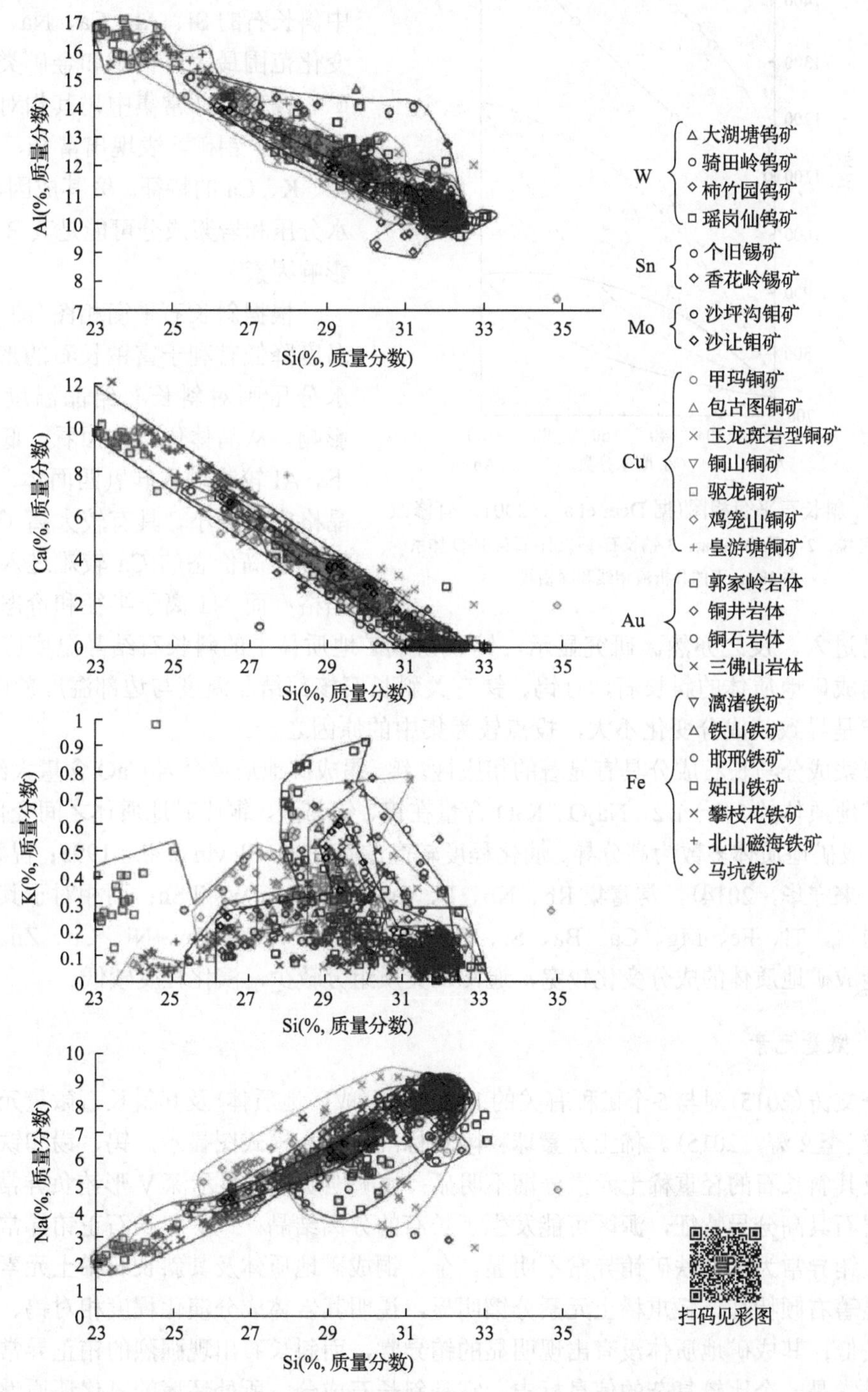

图 7-86　与不同矿化有关的岩浆岩中斜长石 Si-Al、Si-Ca、Si-K、Si-Na 散点图

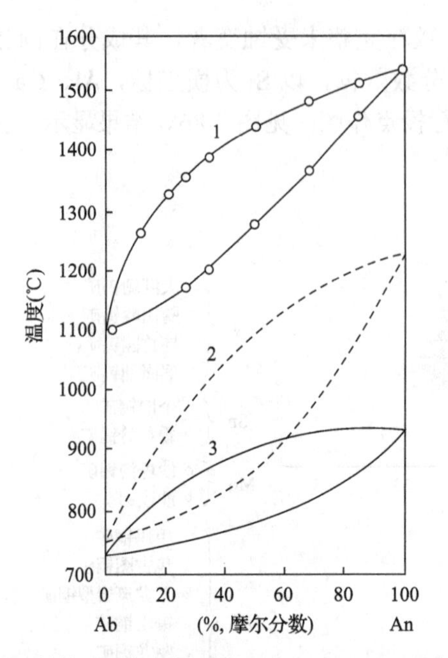

图 7-87　斜长石平衡相图(据 Deer et al.，2001，有修改)

1-干环境；2-水压为 5kbar；3-钠长石-钙长石-石英-H_2O 体系在 2kbar 下的共析液相线和固相线

中 Si 与 Al 和 Ca 呈负相关关系，与 Na 呈正相关关系，且表现出比较明显的矿种之间的差异：铁矿成矿地质体中斜长石的 Si、Al、Ca、Na、K 含量变化范围最大；铜矿和金矿类似；钨矿、锡矿则非常集中，其相对于金、铜、铁、钼矿，表现出富 Si、Na，贫 Al、K、Ca 的特征。究其成因，温度、水分压和岩浆成分可能是其 3 个主要影响因素。

根据斜长石平衡相图(图 7-87)，温度降低有利于富钠长石的形成，而水分压则对斜长石结晶温度有显著影响。从晶体化学方面看，低温条件下，Al 较难进入硅氧四面体，骨干外晶格空间较小，具有较大离子半径的 K 和较高价态的 Ca 较难进入骨干外晶格；而 Na 离子半径和价态都小，则较易进入。反之亦然。研究显示，钨、锡成矿地质体中的斜长石结晶温度应该低于金、铜成矿地质体的斜长石，且钨、锡有关斜长石核部结晶温度与边部温度差距较小，这可能是导致其成分变化不大，投点较为集中的原因之一。

岩浆成分与长石成分具有显著的相应性。钨、锡成矿地质体全岩 CaO 含量大约是金、铜成矿地质体的 1/3～1/2，Na_2O、K_2O 含量在钨、锡与金、铜成矿地质体之间变化不大。钨、锡成矿地质体多数为高分异、演化程度较高的花岗岩(Blevin et al.，1995；祝新友等，2012；来守华，2014)，常富集 Rb、Nb、F、Cs、Li、Ga、W 和 Sn；而相对于其他矿种的花岗岩，Ti、Fe、Mg、Ca、Ba、Sr、Zr、Eu、Sc、V、Cr、Co、Ni、Cu、Zn 较低。铜、金成矿地质体的成分变化较宽，通常长英质组分较少，演化程度较低。

2. 微量元素

李文涛(2015)对与 5 个矿种有关的 11 个岩体(成矿地质体)及其斜长石微量元素进行了测定(李文涛，2015)。稀土元素球粒陨石标准化分布模式图显示，钨、锡和铁成矿地质体及其斜长石的轻重稀土元素分馏不明显；成矿地质体均显示深 V 形铕负异常，代表该类岩石具高分异特征，源区可能发生了长石的分离结晶；钨矿斜长石正铕异常为主，锡矿负铕异常为主，铁矿铕异常不明显。金、铜成矿地质体及其斜长石稀土元素配分模式具显著右倾特征，轻重稀土元素分馏明显，说明其岩体成分演化程度相对钨、锡矿的岩体较低；其成矿地质体没有出现明显的铕异常，而斜长石出现强烈的铕正异常。斜长石铕异常是一个比较复杂的信息标志，它是斜长石成分、所处环境的氧化还原性和岩浆成分的综合反映(图 7-88)。

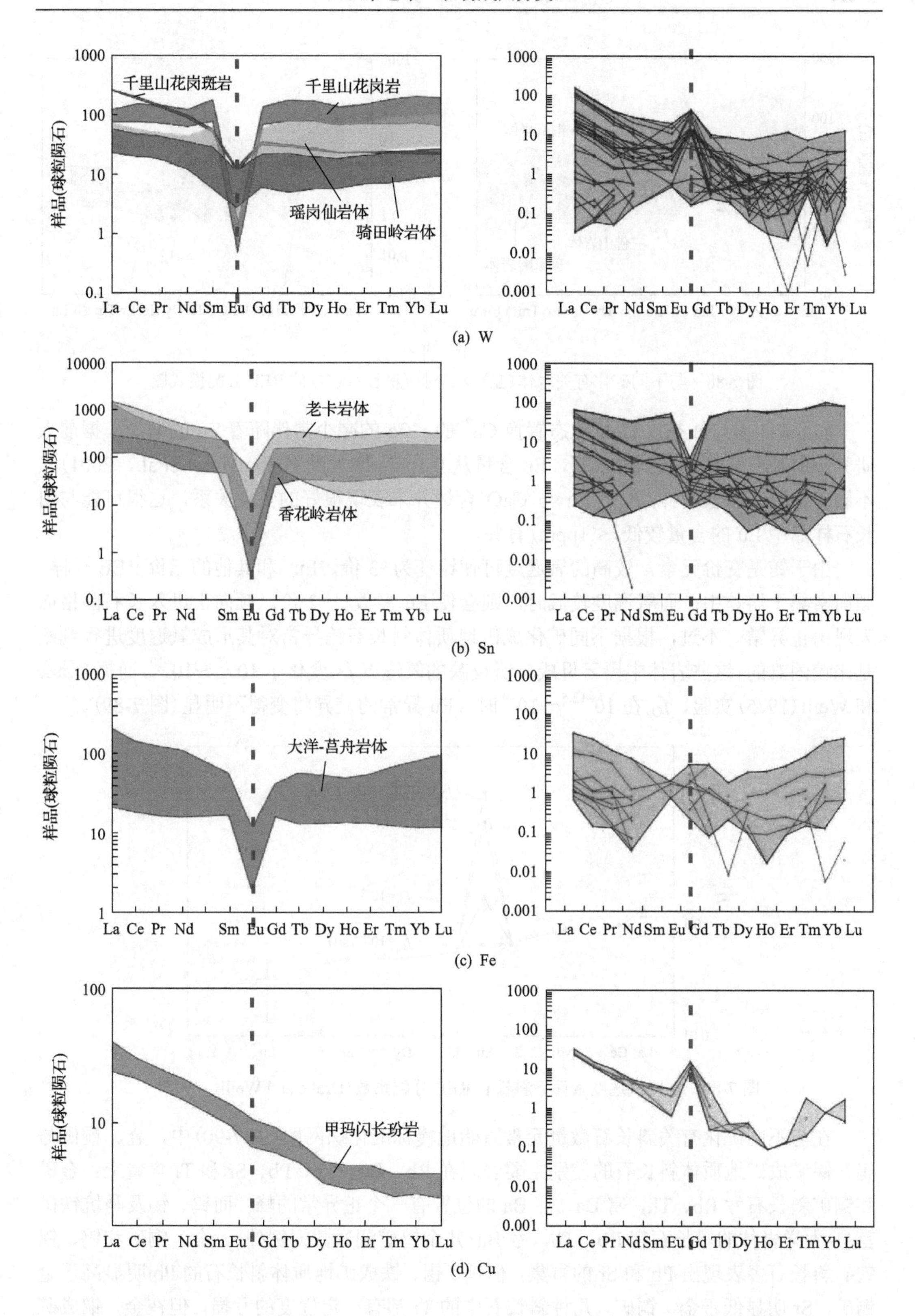

(a) W

(b) Sn

(c) Fe

(d) Cu

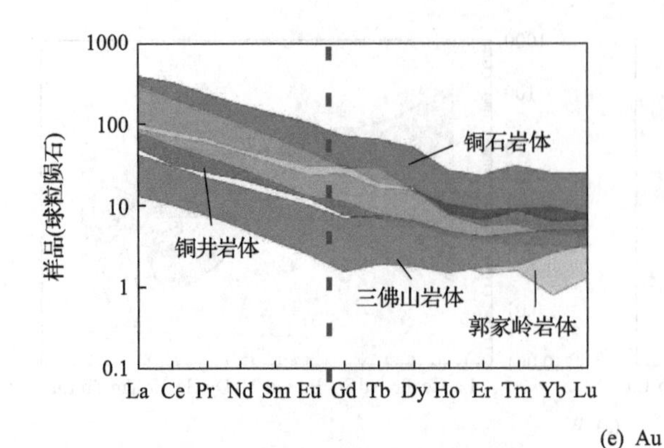

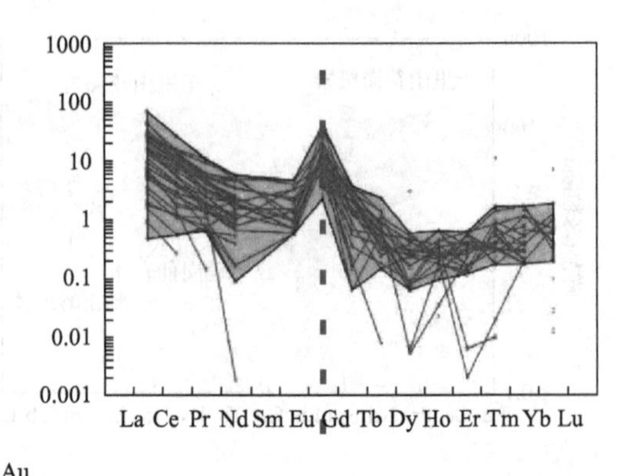

(e) Au

图 7-88　与不同矿化有关岩体(左)及其对应斜长石(右)的 REE 分配模式图

斜长石中的 Eu 是以+2 价状态置换 Ca^{2+}的，Ca 的减少常伴随着 Eu 的增加。据前人研究，斜长石从钙长石到中长石，Eu 含量从 0.1ppm 增大到 10ppm(Deer et al.，2001)。不同矿化有关斜长石样品中，Eu 与 CaO 含量并未表现很好的负变关系，这很可能与斜长石样品中 Eu 的含量较低(＜1ppm)有关。

由于铕是变价元素，较高的氧逸度可使铕变为+3 价，Eu^{3+}和其他的三价 REE 一样，倾向富集于熔体中；而氧逸度较低时，则会使 Eu 多数呈+2 价，倾向于进入长石晶格而表现出正异常。不过，根据不同矿化成矿地质体斜长石铕异常对其形成氧逸度进行判断是比较困难的。这些岩体中黑云母成分所反映的氧逸度f_{O_2}变化于 10^{-15}～10^{-10}，而据 Drake 和 Weill(1975)实验，f_{O_2}在 $10^{-12.5}$～10^{-9} 时，Eu 异常的差异将变得不明显(图 7-89)。

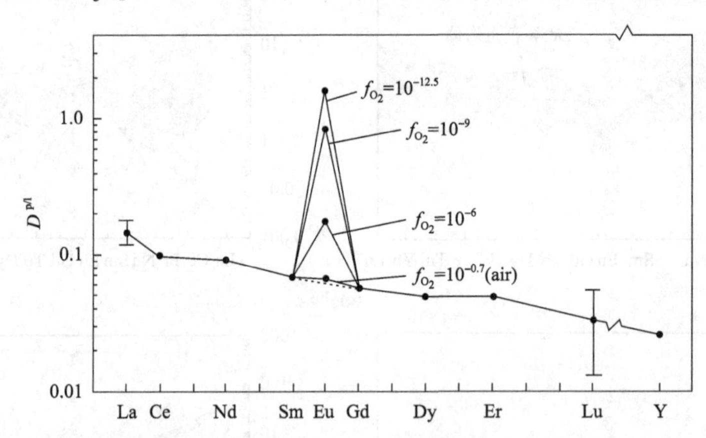

图 7-89　不同氧逸度条件下斜长石 REE 分配系数(Drake and Weill，1975)

在与不同矿化有关斜长石微量元素原始地幔标准化蛛网图(图 7-90)中，金、铜矿与钨、锡矿成矿地质体斜长石的差别主要表现在 Rb、Ba、Th、Pb、Sr 和 Ti 含量上：金矿和铜矿斜长石亏 Rb、Th，富 Ba，在 Ba 的位置有一个正异常的峰；而钨、锡及马坑铁矿莒舟-大洋岩体的斜长石富 Rb、Th，亏 Ba(几个钨矿测试数据例外)。金、铜矿和钨、锡铁矿斜长石多表现出 Pb 和 Sr 的富集，但钨、锡、铁成矿地质体斜长石的 Pb 明显高于金铜矿，Sr 明显低于金、铜矿。几种斜长石中的 Ti 都有一定程度的亏损，但在金、铜成矿地质体斜长石中不明显，而铁、锡、钨成矿地质体斜长石 Ti 亏损十分显著。

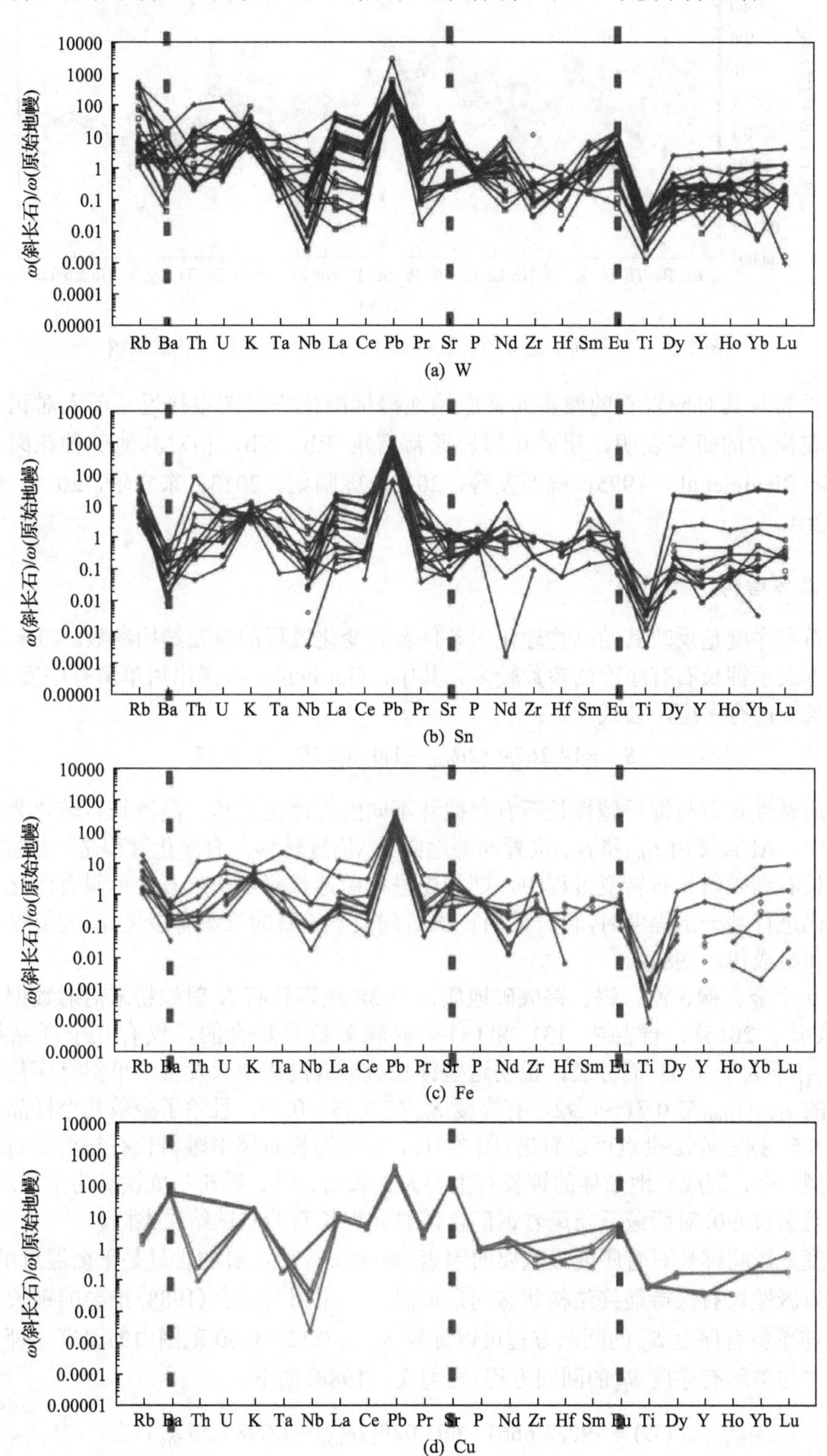

(a) W

(b) Sn

(c) Fe

(d) Cu

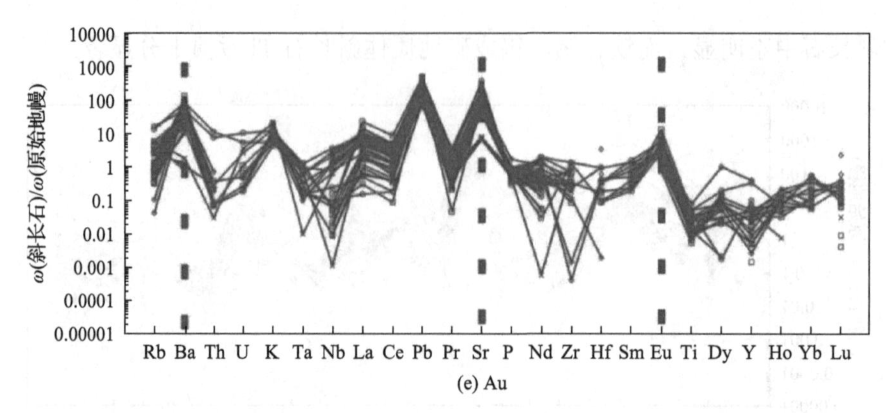

(e) Au

图 7-90　与不同矿化有关斜长石微量元素原始地幔标准化蛛网图

斜长石与其对应岩石的微量元素原始地幔标准化蛛网图很接近。前人对钨、锡铜矿有关花岗岩的研究表明，锡矿花岗岩通常富集 Rb、Nb，相对其他矿种花岗岩亏损 Ba 和 Sr(Blevin et al.，1995；祝新友等，2012；庞阿娟，2013；来守华，2014；张志辉等，2020)。

3. 晶体结构

长石有序度是反映其结晶物理化学条件及其变化过程的重要结构参数。粉末 X 射线衍射数据表示钾长石有序度的参数较多。其中，Gordienko 等提出用单斜有序度 S_m 来表示碱性长石的有序度，公式如下：

$$S_m = 14.267 + (2\theta_{060} - 1.098 \times 2\theta_{\bar{2}04}) / 0.57$$

钠质碱性长石与钾质碱性长石有着截然不同的有序化途径。高钠长石转化为低钠长石过程中，Al 直接由 $t_{2(o)}$和 $t_{2(m)}$位置同等地向 $t_{1(o)}$位置转移，有序化过程是一步完成的；而由透长石到微斜长石转变过程中，则需先进行由透长石到正长石的单斜有序化，待单斜有序化进行到一定程度时，再开始由正长石到微斜长石的三斜有序化(洪大卫等，1980；叶大年和金成伟，1984)。

对 9 个金、铜、铁、锡、钨成矿地质体中 38 组钾长石 X 射线粉末衍射数据进行研究(李文涛，2015)，样品中 131 和$1\bar{3}1$衍射峰多数是重合的，仅有几个样品显示出 $\Delta 2\theta_{131-1\bar{3}1}$ 不大于 0.03 的分裂，说明这些钾长石形成过程中只发生了单斜有序化。这些钾长石的 $t_{1(o)}+t_{1(m)}$在 0.71～0.92，有序度 S_m 在 0.33～0.89，且除了少数几个样品外，多数大于 0.5。据三峰法投点可以看出(图 7-91)，这些钾长石属中微斜长石与正长石之间的过渡类型，金、铜成矿地质体的钾长石主要为正长石，钨、锡和马坑铁矿为中微斜长石。这与马鸿文(1990)对西藏玉龙斑岩铜矿含矿岩体钾长石的测试结果类似。

温度是影响钾长石有序度最重要的因素。碱性长石 t_1 位 Al 的含量是平衡温度的函数。此温度为碱性长石保持最终结构状态的最低温度。采用马鸿文(1988)推导的钾长石平衡温度 T 与单斜有序度 S_m 的回归方程可以计算 S_m 在 0.15～0.80 范围内的温度。钾长石平衡温度 T 与单斜有序度 S_m 的回归方程(马鸿文，1988)如下：

$$T(℃) = -9033.6661 - 693.029(2\theta_{060} - 1.098 \times 2\theta_{\bar{2}04})$$

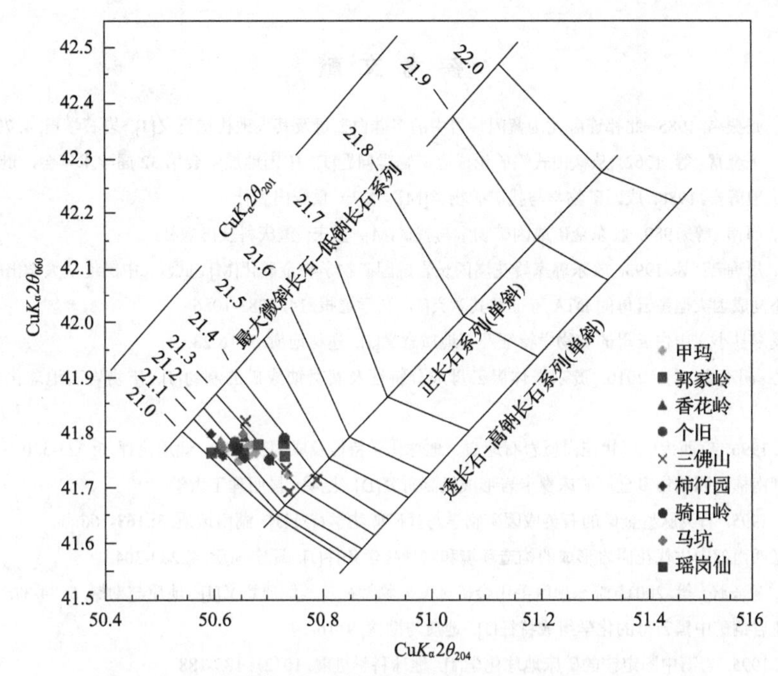

图 7-91　三峰法钾长石种属图解(Wright and Stewart，1968)

金矿-郭家岭、三佛山；铜矿-甲玛；铁矿-马坑；锡矿-个旧、香花岭；钨矿-柿竹园、骑田岭、瑶岗仙

计算结果表明，几种成矿地质体钾长石平衡温度范围较大，介于 490～720℃，但钨、锡和马坑铁矿的钾长石平衡温度显著低于金、铜成矿地质体钾长石的平衡温度，前者多在 500～600℃，而后者多在 560～720℃(图 7-92)。

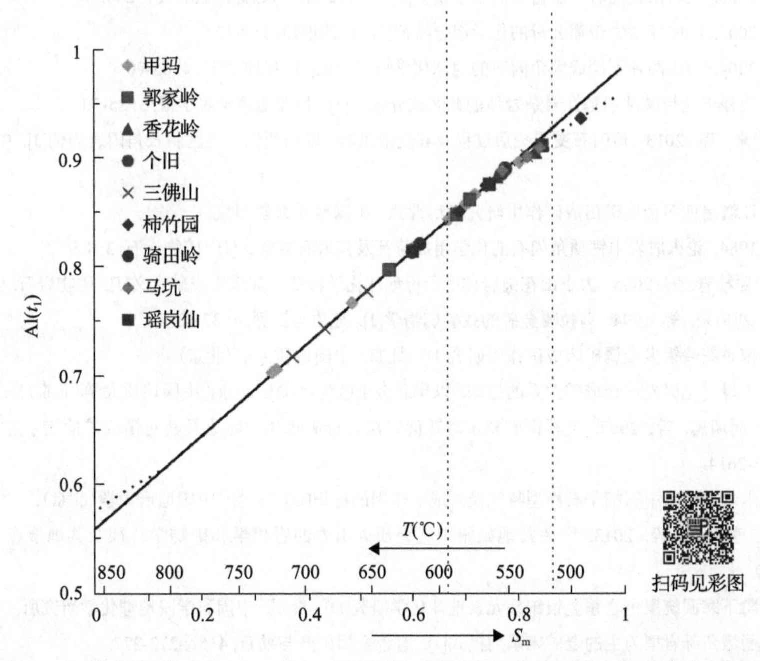

图 7-92　单斜有序度 S_m、t_1 位 Al 占位率 Al(t_1)与平衡温度 T 的函数关系图解

金矿-郭家岭、三佛山；铜矿-甲玛；铁矿-马坑；锡矿-个旧、香花岭；钨矿-柿竹园、骑田岭、瑶岗仙

参 考 文 献

边千韬, 叶大年, 张振禹. 1985. 北祁连卧龙沟蓝闪片岩中的多硅白云母及其大地构造意义[J]. 岩石学报, 4: 79-86.

陈光远, 薛君治, 王金富, 等. 1962. 从鞍山式铁矿论成因矿物学问题[J]. 中国地质学会第 32 届学术年会，贵阳: 79-88.

陈光远, 孙岱生, 殷辉安. 1988. 成因矿物学与找矿矿物学[M]. 重庆: 重庆出版社.

陈光远, 孙岱生, 邵伟, 等. 1989. 胶东金矿成因矿物学与找矿[M]. 重庆: 重庆科技出版社.

陈光远, 孙岱生, 周珣若, 等. 1993. 胶东郭家岭花岗闪长岩成因矿物学与金矿化[M]. 武汉: 中国地质大学出版社.

陈国玺. 1987. 不同成因类型黑云母的 DTA 特征及其意义[J]. 科学通报, 14: 1083-1086.

陈相花. 1994. 灵寿县小文山白云母的矿物学特征及其地质意义[J]. 建材地质, 3: 16-23.

陈佑纬, 毕献武, 胡瑞忠, 等. 2010. 贵东岩体黑云母成分特征及其对铀成矿的制约[J]. 矿物岩石地球化学通报, 29(4): 355-363.

陈毓川, 王登红. 1996. 广西大厂层状花岗质岩石地质、地球化学特征及成因初探[J]. 地质论评, 6: 523-530.

程细音. 2012. 湖南柿竹园钨锡多金属矿床夕卡岩形成机制研究[D]. 昆明: 昆明理工大学.

崔天顺, 陈大克. 1995. 石英脉型金矿的石英成因矿物学与找矿矿物学特征[J]. 湖南地质, 3: 163-166.

种瑞元. 1987. 辽西南部中生代花岗岩形成的构造环境和物理化学条件[J]. 辽宁地质, 4: 289-304.

方勤方, 刘玉林, 鲁安怀, 等. 2001. 皖东地区毛山金矿蚀变矿物特征及其地质意义[J]. 地质与勘探, 5: 34-37.

傅金宝. 1981. 斑岩铜矿中黑云母的化学组成特征[J]. 地质与勘探, 9: 16-19.

高振敏, 罗泰义. 1995. 岩石中固定铵的矿床地球化学[J]. 地球科学进展, 10(2): 183-188.

顾雄飞, 徐英年. 1973. 华南某地含锂的云母类矿物初步探讨[J]. 地球化学, 2: 61-75.

郭敬辉, 陈福坤, 张晓曼, 等. 2005. 苏鲁超高压带北部中生代岩浆侵入活动与同碰撞: 碰撞后构造过程: 锆石 U-Pb 年代学[J]. 岩石学报, 4: 1281-1301.

郭谱. 2014. 鲁西中生代金成矿的地球动力学背景研究[D]. 北京: 中国地质大学(北京).

洪大卫, 陈学正, 李纯杰, 等. 1980. 福建龙岩莒舟-大洋花岗岩体造岩矿物的标型特征和形成条件[J]. 地质学报, 1: 52-69.

胡雄伟, 孙恭安. 1988. 大吉山花岗岩中宇宙尘的初步研究[J]. 岩石矿物学杂志, 3: 221-227, 286.

胡恭任, 于瑞莲. 2001. 赣中变质岩带黑云母的化学组分特征[J]. 江西地质, 1: 9-12.

胡恭任, 于瑞莲. 2004. 相山两种不同成因角闪石的地球化学特征对比[J]. 矿物岩石, 4: 65-70.

黄智龙. 1997. 云南禄丰鸡街碱性超基性岩杂岩体的源区成分模拟[J]. 长春地质学院学报, 3: 25-30.

纪沫, 胡玲, 刘俊来, 等. 2013. 角闪石变形变质过程及其变形机制: 以山西恒山地区斜长角闪岩为例[J]. 中国科学: 地球科学, 1: 52-60.

贾德龙. 2014. 浙江漓渚铁多金属矿田成矿作用研究[D]. 北京: 中国地质大学(北京).

姜常义, 安三元. 1984. 论火成岩中钙质角闪石的化学组成特征及其岩石学意义[J]. 矿物岩石, 3: 1-9.

蒋国豪, 胡瑞忠, 谢桂青, 等. 2005. 大吉山花岗岩体黑云母地球化学特征及其成岩成矿意义[J]. 矿物岩石, 1: 58-61.

靳是琴, 李先洲, 刘福来, 等. 1994. 乌拉嘎金矿的找矿矿物学[J]. 地质与勘探, 4: 37-42.

来守华. 2014. 湖南香花岭锡多金属矿床成矿作用研究[D]. 北京: 中国地质大学(北京).

黎敏刚. 2020. 黑云母对花岗岩与金成矿关系的标识: 以华北金矿区为例[D]. 北京: 中国地质大学(北京).

李鸿莉, 毕献武, 胡瑞忠, 等. 2007. 芙蓉锡矿骑田岭花岗岩黑云母矿物化学组成及其对锡成矿的指示意义[J]. 岩石学报, 23(10): 2605-2614.

李静婷. 2018. 夕卡岩型矿床中石榴子石标型特征及对成矿作用的标识[D]. 北京: 中国地质大学(北京).

李明轩, 杜杨松, 李大鹏, 等. 2013. 宁芜盆地娘娘山组钾质火山岩的岩相学和矿物学特征及其地质意义[J]. 矿物岩石, 33(1): 27-34.

李胜荣. 1994. 湘黔下寒武统黑色岩系金银铂族元素地球化学研究[D]. 贵阳: 中国科学院地球化学研究所.

李胜荣. 1995. 以隐爆角砾岩型为主的金矿床系列模式[J]. 有色金属矿产与勘查, 4(5): 272-277.

李胜荣. 2010. 成因矿物学研究现状与发展趋势[R]. 矿物学与交叉学科发展战略研讨会报告.

李胜荣. 2013. 成因矿物学在中国的传播与发展[J]. 地学前缘, 20(3): 46-54.

李胜荣, 陈光远, 邵伟, 等. 1993. 胶东乳山金矿石英形态与微形貌标型研究[J]. 矿物岩石地球化学通讯, 3: 122-125.
李胜荣, 陈光远, 邵伟, 等. 1994a. 胶东乳山金矿双山子矿区黄铁矿环带结构研究[J]. 矿物学报, 2: 152-156.
李胜荣, 陈光远, 邵伟, 等. 1994b. 石英环带结构填图有效性研究: 以胶东乳山金矿为例[J]. 矿物学报, 4: 378-382.
李胜荣, 陈光远, 邵伟, 等. 1995. 胶东乳山金矿石英中 H_2O 和 CO_2 相对光密度研究[J]. 矿物学报, 1: 97-103.
李胜荣, 孙丽, 张华峰. 2006. 西藏曲水碰撞花岗岩的混合成因: 来自成因矿物学证据[J]. 岩石学报, 22(4): 884-894.
李胜荣, 许虹, 申俊峰, 等. 2008a. 结晶学与矿物学[M]. 北京: 地质出版社.
李胜荣, 许虹, 申俊峰, 等. 2008b. 环境与生命矿物学的科学内涵与研究方法[J]. 地学前缘, 6: 1-10.
李文涛. 2015. 长石族矿物对成矿作用的标识[D]. 北京: 中国地质大学(北京).
梁树能, 甘甫平, 闫柏锟, 等. 2012. 白云母矿物成分与光谱特征的关系研究[J]. 国土资源遥感, 3: 111-115.
梁涛, 肖成东, 罗照华, 等. 2010. 北太行安妥岭斑岩钼矿的辉钼矿 Re-Os 同位素定年[J]. 矿床地质, 29(S1): 470-471.
林文蔚, 彭丽君. 1994. 由电子探针分析数据估算角闪石、黑云母中的 Fe^{3+}、Fe^{2+}[J]. 长春地质学院学报, 2: 155-162.
刘彬, 马昌前, 刘园园, 等. 2010. 鄂东南铜山口铜(钼)矿床黑云母矿物化学特征及其对岩石成因与成矿的指示[J]. 岩石矿物学杂志, 29(2): 151-165.
刘道荣. 1990. 鞍山地区中、上鞍山群变质沉积岩中黑云母化学成分及其意义[J]. 辽宁地质, 3: 238-247.
刘嘉玮. 2020. 胶东和小秦岭花岗岩磷灰石标型特征及其地质意义[D]. 北京: 中国地质大学(北京).
刘劲鸿. 1986. 角闪石成因矿物族及其应用[J]. 长春地质学院学报, 1 : 41-49.
刘劲鸿. 1987. 福建马坑铁矿成因矿物学研究[J]. 矿物岩石地球化学通报, 3 : 134-136.
刘劲鸿. 1988. 福建马坑铁矿中角闪石的谱学特征及成因意义[J]. 矿物岩石, 1: 18-28.
刘圣伟, 闫柏琨, 甘甫平, 等. 2006. 绢云母的光谱特征变异分析及成像光谱地质成因信息提取[J]. 国土资源遥感, 2: 46-50.
刘诗文. 2015. 岩浆成因黑云母对成矿作用的标识[D]. 北京: 中国地质大学(北京).
楼亚儿. 2005. 安徽繁昌中生代侵入岩的特征和成因研究[D]. 北京: 中国地质大学(北京).
鲁安怀, 陈光远. 1995. 云母族中白云母亚族扩展为铬铝云母亚族[J]. 地质论评, 3: 272-276.
吕志成, 李鹤年, 刘丛强, 等. 2000. 大兴安岭中南段花岗岩中黑云母矿物学地球化学特征及成因意义[J]. 矿物岩石, 3: 1-8.
吕志成, 段国正, 董广华. 2003. 大兴安岭中南段燕山期三类不同成矿花岗岩中黑云母的化学成分特征及其成岩成矿意义[J]. 矿物学报, 2: 177-184.
罗泰义, 高振敏. 1994. 固定铵的矿物学研究[J]. 矿物学报, 4: 404-408.
马昌前, 杨坤光, 唐仲华, 等. 1994. 花岗岩类岩浆动力学-理论方法及鄂东花岗岩类例析[M]. 武汉: 中国地质大学出版社.
马鸿文. 1988. 钾长石 X 射线与红外有序度的对比及与 Al 占位和平衡温度的关系[J]. 矿物学报, 2: 143-150.
马鸿文. 1990. 西藏玉龙斑岩铜矿带花岗岩类与成矿[M]. 武汉: 中国地质大学出版社: 45-137.
马媛. 2018. 萤石标型及其对不同成矿作用的标识[D]. 北京: 中国地质大学(北京).
苗来成, 罗镇宽, 黄佳展, 等. 1997. 山东招掖金矿带内花岗岩类侵入体锆石 SHRIMP 研究及其意义[J]. 中国科学(D 辑: 地球科学), 3: 207-213.
庞阿娟. 2013. 湖北阳新鸡笼山岩体成因矿物学及其与成矿关系的研究[D]. 北京: 中国地质大学(北京).
庞阿娟, 李胜荣, 张华锋, 等. 2012. 湖北鸡笼山岩体主要矿物的成因矿物学意义[J]. 矿物岩石, 32(3): 25-33.
彭花明. 1997. 杨溪岩体中黑云母的特征及其地质意义[J]. 岩石矿物学杂志, 3: 80-94, 96-97.
秦克章, 张连昌, 丁奎首, 等. 2009. 东天山三岔口铜矿床类型、赋矿岩石成因与矿床矿物学特征[J]. 岩石学报, 25(04): 845-861.
秦克章, 夏代祥, 多吉, 等. 2014. 西藏驱龙斑岩-夕卡岩铜钼矿床[M]. 北京: 科学出版社.
卿敏, 韩先菊, 牛翠祎, 等. 2003. 山西省阳高县堡子湾金矿床矿物标型特征[J]. 矿物岩石, 3: 16-20.
芮宗瑶, 黄崇轲, 徐钰, 等. 1983. 西藏玉龙斑岩铜(钼)矿带含矿斑岩与非含矿斑岩的鉴别标志[J]. 青藏高原地质文集, 2: 159-176.
单梦洁. 2015. 角闪石对成矿作用的标识[D]. 北京: 中国地质大学(北京).
宋仁奎, 应育浦, 叶大年. 1997. 滇西南澜沧群多硅白云母的多型和化学成分特征及其意义[J]. 岩石学报, 2: 27-29, 34-36.
孙岱生, 逮玉萱. 1981. 弓长岭铁矿二矿区黑云母成因矿物学的研究[J]. 矿物岩石, Z1: 33-43.

孙世华. 1987. 云母分类和花岗岩序列[J]. 矿物岩石地球化学通讯, 4: 192-195.

谭桂丽, 吴俊奇, 凌洪飞, 等. 2010. 赣中盛源盆地及邻区橄榄玄粗岩系列火山岩中黑云母化学成分特征[J]. 资源调查与环境, 31(1): 19-24.

田泽瑾. 2014. 诸广山产铀与不产铀花岗岩的年代学, 地球化学及矿物学特征对比研究[D]. 北京: 中国地质大学(北京).

王洁民, 雍永源, 李永灿. 1990. 类乌齐-左贡地区花岗岩的稀土和痕量元素特征及其构造环境[J]. 青藏高原地质文集(20): "三江"论文专辑: 154-165.

王璞, 潘兆橹, 翁玲宝, 等. 1984. 系统矿物学[M]. 北京: 地质出版社.

王崴平, 唐菊兴, 应立娟. 2012. 西藏甲玛铜多金属矿床角岩中黑云母矿物化学特征及地质意义[J]. 地球学报, 33(4): 444-458.

王兴阵. 2006. 个旧岩浆杂岩地质地球化学及成因研究[D]. 贵阳: 中国科学院地球化学研究所.

王勇生, 朱光, 刘国生. 2004. 糜棱岩化过程中绿泥石多型与结晶度的演变: 以郯庐断裂带南段为例[J]. 矿物学报, 3: 271-277.

魏权. 2020. 榍石形态与化学成分对钨、铁、金成矿作用的标识[D]. 北京: 中国地质大学(北京).

吴汉泉. 1987. 北祁连山多硅白云母矿物学和多型特征以及对 K-Ar 年龄的思考[J]. 西北地质科学, 1: 33-46.

伍勤生, 许俊珍, 杨志. 1983. 个旧含 Sn 花岗岩的 Sr、Pb 同位素特征及其找矿标志[J]. 矿产与地质, 3: 15-26.

谢应雯, 张玉泉. 1990. 横断山区花岗岩类中角闪石的标型特征及其成因意义[J]. 矿物学报, 1(3): 35-45.

徐克勤, 孙鼐, 王德滋, 等. 1982. 华南两类不同成因花岗岩岩石学特征[J]. 岩矿测试, 2: 1-12.

薛君治, 白学让, 陈武. 1991. 成因矿物学[M]. 武汉: 中国地质大学出版社.

严育通. 2012. 胶东石英脉型和蚀变岩型金矿关系的成因矿物学研究[D]. 北京: 中国地质大学(北京).

严育通, 李胜荣. 2011. 胶东流口金矿黄铁矿成因矿物学及稳定同位素研究[J]. 矿物岩石, 4: 58-66.

杨敏之. 1964. 新发现的两种铟的独立矿物[J]. 地质论评, 1: 78.

杨文金, 王联魁, 张绍立, 等. 1988. 从云母微量元素特征探讨华南花岗岩的成因和演化[J]. 矿物学报, 2: 127-135.

叶大年, 金成伟. 1984. X 射线粉末法及其在岩石学中的应用[M]. 北京: 科学出版社.

叶大年, 李达周, 董光复, 等. 1979. 河南信阳变质的 3T 型多硅白云母和 C 类榴辉岩[J]. 科学通报, 5: 217-220.

应育浦, 金成伟. 1978. 从铸石结晶作用探讨吉林陨石球粒的成因[J]. 科学通报, 9: 557-560.

应育浦, 张乃娴. 1981. 海绿石的穆斯堡尔谱[J]. 矿物岩石, 5: 6-11.

应育浦, 李哲, 胡嘉瑞. 1982. 天然石榴子石的穆斯堡尔谱[J]. 中国科学 B 辑, 2: 169-176.

英基丰, 周新华, 张宏福. 2003. 碳酸岩岩浆演化的指示性矿物-环带金云母: 以山东西部雪野碳酸岩为例[J]. 岩石学报, 1: 113-119.

张承帅, 苏慧敏, 于淼, 等. 2012. 福建龙岩大洋-莒舟花岗岩锆石 U-Pb 年龄和 Sr-Nd-Pb 同位素特征及其地质意义[J]. 岩石学报, 28(1): 225-242.

张传荣, 彭长琪, 王玉太. 1981. 南岭稀有金属花岗岩中云母化学成分及其地质意义的讨论[J]. 中国地质科学院宜昌地质矿产研究所文集: 16.

张丹. 2013. 邯邢地区铁矿成矿地质特征及成矿模式研究[D]. 石家庄: 石家庄经济学院.

张德全, 王立华. 1987. 香花岭蚀变花岗岩及交代岩的稀土元素地球化学[J]. 岩石矿物学杂志, 4: 316-322.

张建洪. 1985. 云母多型、有序度及结构参数的测定[J]. 地质科技情报, 2: 191-200.

张玉学. 1982. 阳储岭斑岩钨钼矿床地质地球化学特征及其成因探讨[J]. 地球化学, 2: 122-132, 217.

张志辉, 张达, 贺晓龙, 等. 2019 江西九岭杂岩中黑云母花岗闪长岩锆石 U-Pb 年龄及其对扬子和华夏板块碰撞拼合时间的限定[J]. 中国地质: 1-26.

张志辉. 2014. 江西武宁县大湖塘钨多金属矿田成矿作用研究[J]. 北京: 中国地质大学(北京).

章增凤. 1991. 隐爆角砾岩的特征及其形成机制[J]. 地质科技情报, 4: 1-5.

赵靖. 1993. 滇西澜沧变质带中白云母的研究及其地质意义[J]. 岩石矿物学杂志, 3: 251-260.

赵连泽, 刘昌实, 孙鼐. 1983. 安徽南部太平: 黄山多成因复合花岗岩基的岩石学特征[J]. 南京大学学报(自然科学版), 2: 329-340, 391.

赵欣鑫. 2017. 夕卡岩型金属矿床中辉石的标型特征及成矿意义[D]. 北京：中国地质大学(北京).
赵一鸣. 2002. 夕卡岩矿床研究的某些重要新进展[J]. 矿床地质, 2: 113-120.
赵一鸣, 林文蔚. 1990. 中国夕卡岩矿床[M]. 北京：地质出版社(北京).
赵一鸣, 李大新. 2003. 中国夕卡岩矿床中的角闪石[J]. 矿床地质, 4: 345-359.
赵一鸣, 张轶男, 林文蔚. 1997. 我国夕卡岩矿床中的辉石和似辉石特征及其与金属矿化的关系[J]. 矿床地质, 16(4): 318-319.
赵振华. 1985. 某些常用稀土元素地球化学参数的计算方法及其地球化学意义[J]. 地质地球化学, S1: 11-14.
周起凤, 秦克章, 唐冬梅, 等. 2013. 阿尔泰可可托海 3 号脉伟晶岩型稀有金属矿床云母和长石的矿物学研究及意义[J]. 岩石学报, 29(9): 3004-3022.
周作侠. 1988. 侵入岩的镁铁云母化学成分特征及其地质意义[J]. 岩石学报, 3: 63-73.
祝新友, 王京彬, 王艳丽, 等. 2012. 湖南黄沙坪 W-Mo-Bi-Pb-Zn 多金属矿床硫铅同位素地球化学研究[J]. 岩石学报, 28(12): 3809-3822.
种瑞元. 1987. 辽西南部中生代花岗岩形成的构造环境和物理化学条件. 辽宁地质, (4): 289-304.
Arnaudov V S, Arnaudova R T. 1996.Adularia in pegmatites, alpine veins and hydrothermal ore-mineralizations from Bulgaria[J]. Dokladi Na B Lgarskata Akademiâ Na Naukite, 49(9-10): 95-98.
Abdel-Rahman A F M. 1994. Nature of biotites from alkaline, calc-alkaline, and peraluminous magmas[J]. Journal of Petrology, (2): 1025-1029.
Anderson G H, Maclellan D D. 1937. An unusual feldspar from the northern Inyo Range (abs.) [J]. American Mineralogist, 22: 208.
Anderson J L, Smith D R. 1995. The effects of temperature and f_{O_2} on the Al-in-hornblende barometer[J]. American Mineralogist, 80(5-6): 549-559.
Angel R J. 1988. High-pressure structure of anorthite[J]. American Mineralogist, 73(9-10): 1114-1119.
Annerstern H. 1974. Mossbauer studies of natural biotites[J]. American Mineralogist, 59: 143-151.
Arth J G, Hanson G N. 1975. Geochemistry and origin of the early Precambrian crust of northeastern Minnesota[J]. Geochim Cosmochim Acta, 39: 325-362.
Bambauer H U, Corlett M, Eberhard E, et al. 1965. Variations in X-ray powder patterns of low structural state plagioclases[J]. Schweiz. Mineral. Petrogr. Mitt, 45(1): 327-330.
Bambauer H U, Corlett M, Eberhard E, et al. 1967. Diagrams for the determination of plagioclases using X-ray powder methods (part III of laboratory investigations on plagioclases) [J]. Schweitz. Miner. Petrogr. Mitt, 47: 333-349.
Barth T F W. 1969. Feldspars[M]. New York: Wiley Interscience.
Bas M J L. 1984. Oceanic carbonatites[J]. Developments in Petrology, 11: 169-178.
Bea F, Pereira M D, Stroh A. 1994. Mineral/leucosome trace-element portioning in a peraluminous mogmatite (a laser ablation-ICP-MS study) [J]. Chemical Geology, 117: 291-312.
Behrens H, Müller G. 1995. An infrared spectroscopic study of hydrogen feldspar ($HAlSi_3O_8$) [J]. Mineralogical Magazine, 59: 15-24.
Beran A. 1986. A model of water allocation in alkali feldspar, derived from infrared-spectroscopic investigations[J]. Physics and Chemistry of Minerals, 13: 306-310.
Berger A, Stunitz H. 1996. Deformation mechanisms and reaction of hornblende: Examples from the Bergell tonalite (Central Alps) [J]. Tectonophysics, 257(257): 149-174.
Blasi A. 1984. The variation of 26 angles in powder diffraction patterns of one- and two-step K- rich feldspars[J]. Bull Minéral, 107: 437-445.
Blevin P L, Chappell B W. 1995. Chemistry, origin, and evolution of mineralized granites in the Lachlan fold belt, Australia: The metallogeny of I-and S-type granites[J]. Economic Geology, 90(6): 1604-1619.

Boettcher A L, Piwinskii A J, Knowles C R. 1967. Zoned potash feldspars from the Rainy Creek complex near Libby, Montana[J]. Earth and Planetary Science Letters, 3: 8-10.

Bollinger C, Etoubleau J. 2001. Precise determination of rubidium in geological reference materials by ID-TIMS and WD-XRF: A discussion for the basalt BIR-1[J]. Geostandards Newsletter, 25 (2-3) : 277-282.

Boroznovskaya N N. 1989. Detals of X-ray luminescence of feldspars as indicators of genesis[J]. Zap. Vses. Min Obshch, 118 (1) : 110-119.

Boroznovskaya N M, Zhukova I A. 1987. X-ray luminescence characteristics of potash feldspar from Kazakhstan rare-metal granite pegmatites[J]. Geochemistry International, 24: 47-53.

Brown F F, Pritchard A M. 1969. The Mössbauer spectrum of iron orthoclase[J]. Earth and Planetary Science Letters, 5: 259-260.

Brown G E, Hamilton W C, Prewitt C T. 1974. Neutron diffraction study of Al/Si ordering in sanidine: A comparison with X-ray diffraction data[C]//MacKenzie W S, Zussman J. The Feldspars. Manchester: Manchester University Press: 68-80.

Bruno E, Facchinelli A. 1974. Correlations between the unit- cell dimensions and the chemical and structural parameters in plagioclases and alkaline-earth feldspars[J]. Bulletin de Minéralogie, 97 (2) : 378-385.

Čech F, Mrsan Z, Povouona P. 1971. A green lead-containing orthoclase[J]. Tschermaks Mineralogische Und Petrographische Mitteilungen, 15: 213-231.

Černý P, Meintzer R E, Anderson A J. 1985. Extreme fractionation in rare-element granitic pegmatites; selected examples of data and mechanisms[J]. The Canadian Mineralogist, 23 (3) : 381-421.

Chappell B W, White A J R. 1974. Two contrasting granite types[J]. Pacific Geology, 8: 173-174.

Cinnamon C G, Bailey S W. 1971. Antiphase domain structure of the intermediate composition plagioclase feldspars[J]. American Mineralogist, 56 (7-8) : 1180-1198.

Conticelli S, Manetti P, Menichetti S. 1992. Mineralogy, geochemistry and Sr-isotopes in orendites from South Tuscany, Italy: Constraints on their genesis and evolution[J]. European Journal of Mineralogy, 4: 1359-1375.

Coombs D S. 1954. Ferriferous orthoclase from Madagascar[J]. Mineralogical Magazine, 30: 409-427.

Corlett M, Eberhard E. 1967. Das Material für chemische und physikalische Untersuchungen an Plagioklasen[J]. Schweiz. Mineral. Petrog. Mitt, 14: 27-35.

Corlett M, Ribbe P H. 1967. Electron probe microanalysis of minor elements in plagioclase feldspars[J]. Schweiz. Mineral. Petrogr. Mitt, 47: 317-332.

Deer W A, Howie R A, Zussman J. 1963. Rock-Forming Minerals[M]. London: Longman.

Deer W A, Howie R A, Zussman J. 1978. Rock-forming minerals[J]. Single-Chain Silicates, Longman .

Deer W A, Robert A H, Jack Z. 2001. Rock-Forming Minerals: volume 4A. second edition. Framework Silicates Feldspars [M]. London: The Geological Society.

Dempster T J, Jenkin G R T, Rogers G. 1994. The origin of rapakivi texture[J]. Journal of Petrology, 35: 963-981.

Desborough G. 1975. Authigenic albite and potassium feldspar in the Green River Formation, Colorado and Wyoming[J]. American Mineralogist, 60: 235-239.

Dill H G. 2010. The "chessboard" classification scheme of mineral deposits: Mineralogy and geology from aluminum to zirconium[J]. Earth-Science Reviews, 100 (1-4) : 1-420.

Doe B R, Tiling R I. 1967. The distribution of lead between coexisting K-feldspar and plagioclase[J]. American Mineralogist, 52 (5-6) : 805-816.

Doman R C, Cinnamon C G, Bailey S W. 1965. Structural discontinuities in the plagioclase feldspar series[J]. American Mineralogist, 50 (5-6) : 724-740.

Dowty E. 1976. Crystal structure and crystal growth: II. Sector zoning in minerals[J]. American Mineralogist, 61: 460-469.

Drake M J, Weill D F. 1975. Partition of Sr, Ba, Ca, Y, Eu^{2+}, Eu^{3+}, and other REE between plagioclase feldspar and magmatic liquid: An experimental study[J]. Geochimica et Cosmochimica Act, 39: 689-712.

Dworak U. 1969. Stosswellenmetamorphose des Anorthosits vom Manicouagan Krater, Quebec, Canada[J]. Contributions to Mineralogy and Petrology, 24(4): 306-347.

Emerson D O. 1964. Absence of optically positive potash feldspar in the inyo mountains, California-Nevada[J]. American Mineralogist, 49(1-2): 194-195.

Engel A E, Engel C. 1960. Progressive metamorphism and granitization of the major paragneiss, northwest Adirondack Mountains, New Yorks, mineralogy[J]. Geological Society of America Bulletin, 71: 1-58.

Eugster H P, McIver N L. 1959. Boron analogues of alkali feldspars and related silicates[J]. Geological Society of America Bulletin, 76: 1598-1599.

Fabel G W, White W B, White E W. 1972. Structure of lunar glasses by Raman and soft X-ray spectroscopy[J]. In Lunar and Planetary Science Conference Proceedings, 3: 939.

Farmer V C. 1974. The Infrared Spectra of Minerals[M]. London: Mineralogical Soc: 98-539.

Faye G H. 1969. The optical absorption spectrum of tetrahedrally bonded Fe' in orthoclase[J]. Canadian Mineralogist, 10: 112-116.

Field S W, Haggerty S E, Erlank A J. 1986. Subcontinental lithospheric and asthenospheric metasomatism in the region of Jagersfontein, South Africa[J]. International Kimberlite Conference: Extended Abstracts, 4: 235-237.

Finch A, Klein J. 1999. The causes and petrological significance of cathodoluminescence emissions from alkali feldspars[J]. Contributions to Mineralogy and Petrology, 135: 234-243.

Follner H. 1985. Morphological analysis of changes of tracht and habitus of monoclinic potassium feldspar crystals by the Fourier transform method[J]. Zeitschrift fur Kristallographie, 172: 1.

Foster M D. 1960. Interpretation of composition of trioctahedral micas[J]. US Geol. Surv. Prof. Pap, 354: 1-49.

Franke W, Ghorbakar H. 1980. Die Morphologie von Albit beim Wachstum aus überkritischer Phase[J]. Zeitschrift für Physikalische Chemie, 122: 43-51.

Franke W, Ghorbakar H. 1982. The morphology of hydrothermally grown K-feldspar[J]. Neues Jahrbuch für Mineralogie, 2: 57-68.

Franke W. 1989. Tracht and habit of synthetic minerals under hydrothermal conditions[J]. European Journal of Mineralogy, 1: 557-566.

Frey M, Hunziker J C, Jäger E, et al. 1983. Regional distribution of white K-mica polymorphs and their phengite content in the Central Alps[J]. Contributions to Mineralogy and Petrology, 83: 185-197.

Frýda J, Breiter K. 1995. Alkali feldspars as a main phosphorus reservoirs in rare-metal granites: Three examples from the Bohemian Massif(Czech Republic). Terra Nova, 7(3): 315-320.

Gagny C. 1957. Caractère particulier de la fluorescence des feldspaths dans certains granites des Vosges[J]. Bulletin de Minéralogie, 80(10): 546.

Geake J E, Walker G, Telfer D J, et al. 1973. Luminescence of lunar, terrestrial, and synthesized plagioclase caused by Mn^{2+} and Fe^{3+}[J]. Lunar and Planetary Science Conference Proceedings, 4: 3181-3189.

Groves D I, Goldfarb R J, Gebre-Mariam M. 1998. Orogenic gold deposits: A proposed classification in the context of their crustal distribution and relationship to other gold deposit types[J]. Ore Geology Reviews, 13: 7-27.

Grundy H D, Brown W L. 1967. Preliminary single-crystal study of the lattice angles of triclinic feldspars at temperatures up to 1200 C[J]. Schweiz. Mineral. Petrogr. Mitt, 47: 21-30.

Grundy H D, Brown W L. 1974. A high-temperature X-ray study of low and high plagioclase feldspars[J]. The Feldspars: 162-173.

Gulbrandsen R A. 1974. Buddingtonite, ammonium feldspar, in the Phosphoria Formation, southeastern Idaho[J]. USGS Journal of Research, 2(6): 693-697.

Götze J, Habermann D, Neuser R D, et al.1999a. High-resolution spectrometric analysis of rare earth elements-activated cathodoluminescence in feldspar minerals. Chemical Geology, 153(1): 81-91.

Götze J, Habermann D, Kempe U, et al.1999b. Cathodoluminescence microscopy and spectroscopy of plagioclases from lunar soil. American Mineralogist, 84: 1027-1032.

Hamilton D L, Edgar A D. 1969. The variation of the 01 reflection in plagioclases[J]. Mineralogical Magazine, 37(285): 16-25.

Hammarstrom J M, Zen E. 1986. Aluminum in hornblende: An empirical igneous geobarometer[J]. American Mineralogy, 71: 1297-1313.

Han F, Shen J Z, Hutchinson R W. 1993. Adularia: An important indicator mineral of syngenetic origin for stratiform mineralization at the Dachang tin-polymetaltic deposit[J]. Mineral Deposits (Beijing), 12: 330-337.

Harder H. 1994. Smoky moonstone: A new moonstone variety[J]. The Journal of Gemmology, 24: 179-182.

Harnik A B, Šoptrajanova G. 1973. Order-disorder relations in natural and heated rhomb porphyry plagioclases[J]. Contributions to Mineralogy and Petrology, 40 (1): 75-78.

Hartman P, Perdok W C. 1955. On the relations between structure and morphology of crystals[J]. Acta Crystallogy, 8: 525-529.

Hazen R M. 1977. Temperature, pressure, and composition: Structurally analagous variables[J]. Physics and Chemistry of Minerals, 1: 83-94.

Henderson C M B. 1979. An elevated temperature X-ray study of synthetic disordered Na-K alkali feldspars[J]. Contributions to Mineralogy and Petrology, 70: 71-79.

Hofmeister A M, Rossman G R. 1983. Color in feldspars[J]. Feldspar Mineralogy, 2: 271-280.

Hofmeister A M, Rossman G R. 1984. Determination of Fe^{3+} and Fe^{2+} concentrations in feldspar by optical absorption and EPR spectroscopy[J]. Physics and Chemistry of Minerals, 11 (5): 213-224.

Hofmeister A M, Rossman G R. 1985. A model for the irradiative coloration of smoky feldspar and the inhibiting influence of water[J]. Physics and Chemistry of Minerals, 12: 324-332.

Hofmeister A M, Rossman G R. 1986. A spectroscopic study of blue radiation coloring in plagioclase[J]. American Mineralogist, 71 (1-2): 95-98.

Holm P. 1982. Mineral chemistry of perpotassic lavas of the Vulsinian district, the Roman Province, Italy[J]. Mineralogical Magazine, 46 (340): 379-386.

Homman N P O, Yang C, Malmqvist K G, et al. 1995. Plagioclase studies by ionoluminescence (IL) and particle-induced X-ray emission (PIXE) employing a nuclear microprobe[J]. Scanning Microscopy Supplement, 9 (1): 157-166.

Huntley D J, Godfrey-Smith D I, Thewalt M L W. 1988. Thermoluminescence spectra of some mineral samples relevant to thermoluminescence dating[J]. Journal of Luminescence, 39: 123-136.

Huntley D J, Hutton J T, d Prescott J R. 1993. The stranded beach-dune sequence of sourth-east South Australia: A test of thermoluminescence dating, 0-800 ka[J]. Quaternary Science Review, 12: 1-20.

Hütt G, Jaek I, Tchonka J. 1988. Optical dating: K-feldspars optical response stimulation spectra[J]. Quaternary Science Reviews, 7: 381-385.

Iiishi K, Tomisaka T, Kato T. 1971. Isomorphous substitutions and infrared and far infrared spectra of the feldspars[J]. Neues Jahrbuch ftir Mineralogie Abhandlungen, 115: 98-119.

Jagodzinski H. 1984. Determination of modulated feldspars structures[J]. Bulletin de Minéralogie, 107: 455-466.

Janardhan A S, Newton R C, Smith J V. 1979. Ancient crustal metamorphism at low pH_2O: Charnockite formation at Kabbaldurga, south India[J]. Nature, 278 (5704): 511-514.

Jones A P, Smith J V. 1983. Petrological significance of mineral chemistry in the Agathla Peek and The Thumb minettes, Navajo volcanic field[J]. Journal of Geology, 91: 643-656.

Jorre L D S, Smith D G W. Cathodoluminescent gallium-enriched feldspars from the Thore Lake rare metal deposits, Northwest Territories[J]. Canodian Mineralogist, 1988, 26 (2): 301-308.

Joyce A S. 1973. Petrogenesis of the Murrumbidgee Batholithl A. C. T[J]. Journal of the Geological Society of Australia, 1973, 20 (2): 179-197.

Kempe D R C, Deer W A. 1970. The mineralogy of the Kangerdlugssuaq alkaline intrusion, East Greenland[J]. Meddel Grønland, 190 (3): 1-95.

Kempe U, Götze J, Dandar S. 1999. Magmatic and metasomatic processes during formation of the Nb-Zr-REE deposits Khaldzan Buregte and Tsakhir (Mongolian Altai): Indications from a combined CL-SEM study[J]. Mineralogical Magazine, 63 (2): 165-177.

Kile D E, Foord E E. 1998. Micas from the Pikes Peak batholith and its cogenetic pegmatites, Colorado: Optical properties, composition and correlation with pegmatite evolution[J]. Canadian Mineralogist, 36: 463-482.

Kimata M, Saito S, Shimizu M, et al. 1996. Low-temperature crystal structures of orthoclase and sanidine[J]. Neues Jahrbuch für Mineralogie Abhandlungen, 171: 199-213.

Kitamura M, Morimoto N. 1984. The modulated structure of the intermediate plagioclases and its change with composition[J]. Brown W L. Feldspars and Feldspathoids. Series C: Mathematical and Physical Sciences, 137: 95-119.

Komor S C, Elthon D O N. 1990. Formation of anorthosite-gabbro rhythmic phase layering: An example at North Arm Mountain, Bay of Islands Ophiolite[J]. Journal of Petrology, 31 (1): 1-50.

Kontak D J, Strong D F. 1988. Geochemical studies of alkali feldspars in lithophile element-rich granitic suites from Newfoundland[J]. Nova Scotia and Peru. Geol. Assoc. Can. - Mineral. Assoc. Can. , Program Abstr, 13: 468.

Kontak D J, Martin R F, Richard L. 1996. Patterns of phosphorus enrichment in alkali feldspar, South Mountain batholith[J]. Nova Scotia, Canada. European Journal of Mineralogy, 8: 805-824.

Kracek F C, Neuvonen K J. 1952. Thermochemistry of plagioclase and alkali feldspar[J]. American Journal of Science, 250: 293-318.

Krautner H G, Sassi F P, Zirpoli G. 1975. The pressure characters of the pre-Alpine metamorphisms in the East Carpathians (Romania) [J]. Neues Jahrbuch für Mineralogie – Abhandlungen, 125: 278-296.

Kroll H. 1983. Lattice parameters, composition and Al, Si order in alkali feldspars[J]. Feldspar Mineralogy and Geochemistry, 1983, 2: 57-100.

Kroll H, Müller W F. 1980. X-ray and electron-optical investigation of synthetic high-temperature plagioclases[J]. Physics and Chemistry of Minerals, 5 (3): 255-277.

Kroll H, Schmiemann I, von Coelln G. 1986. Alkali feldspar solid-solutions[J]. American Mineralogist, 71: 1-16.

Kuehner S M, Joswiak D J. 1996. Naturally occurring ferric iron sanidine from the Leucite Hills lamproite[J]. American Minealogist: 81: 229-237.

Kuryvial R J. 1976. Element partitioning in alkali feldspars from three intrusive bodies of the central Wasatch Range Utah[J]. GSA Bulletin, 87 (5): 657-660.

Lagache M, Quemeneur J. 1997. The Volta grande pegmatites, minas Gerais, Brazilian example of rare-element granitic pegmatites exceptionally enriched in lithium and rubidium[J]. Canadian Mineralogist, 35 (1): 153-165.

Lehmann G. 1984. Spectroscopy of feldspars[J]//Brown W L. Feldspars and Feldspathoids. NATO ASI Series (Series C: Mathematical and Physical Sciences) C 137. Dreidel Publ. Comp., Dordrecht Boston Lancaster, 121-162.

Leoni L, Mellini M, Santacroce R. 1976. Na-rich alkali feldspar phenocrysts from metaluminous and peralkline silicic volcanic rocks[J]. Società toscana di scienze naturali. Atti della Società toscana di scienze naturali. Memorie, Serie A, 83: 202-219.

Leake B E. 1978. Nomenclature of amphiboles[J]. American Mineralogist, 63 (11-12): 1023-1052.

Leake B E. 1997. Nomenclature of amphiboles: Report of the subcommittee on amphiboles of the International Mineralogical Association, commission on new minerals and mineral names[J]. Canadian Mineralogist, 35: 216-246.

Leake B E, Woolley A R, Birch W D, et al. 2004. Nomenclature of amphiboles: Additions and revisions to the International Mineralogical Association's amphibole nomenclature[J]. Mineralogical Magazine, 68 (1): 209-215.

Li S R, Santosh M. 2014. Metallogeny and craton destruction: Records from the North China Craton[J]. Ore Geology Reviews, 56: 376-414.

Li S R, Santosh M. 2017. Geodynamics of heterogeneous gold mineralization in the North China Craton and its relationship to lithospheric destruction[J]. Gondwana Research, 50: 267-292.

Li L, Santosh M, Li S R, et al. 2015. The 'Jiaodong type' gold deposits: Characteristics, origin and prospecting[J]. Ore Geology Reviews, 65: 589-611.

Li L, Li S R, Santosh M. 2016. Dyke swarms and their role in the genesis of world-class gold deposits: insights from the Jiaodong peninsula, China[J]. Journal of Asian Earth Sciences, 130: 2-22.

London D, Cerny P, Loomis J L, et al. 1990. Phosphorus in alkali feldspars of rare-element granitic pegmatites[J]. The Canadian Mineralogist, 28: 771-786.

Machatschki F. 1953. Spezielle Mineralogie Auf Geochemischer Grundlage[M]. Vienna: Springer.

Makkonen H, Laajoki K, Devaraju T. 1993. Mineral chemistry of clinopyroxene and feldspars in the neoproterozoic alkaline dykes of the Bangaloreb District, Karnataka, India[J]. Bulletin of the Geological Society of Finland, 65: 77-88.

Makrygina V A, Boroznovskaya N. 1986. X-ray luminescence of pegmatitic potassium feldspars from metamorphic complexes[J]. Izvest. Akad. Nauk. SSSR. Ser. Geol., 5: 81-90.

Manning P G. 1970. Racah parameters and their relationship to lengths and covalencies of Mn'-and Fe'-oxygen bonds in silicates[J]. Canadian Mineralogist, 10: 677-688.

Martin R F. 1971. Disordered authigenic feldspars of the series $KAlSi_3O_8$-$KBSi_3O_8$ from Southern California[J]. American Mineralogist, 56（1-2）: 281-291.

Masahisa T. 1980. Studies on moonstone（IV）On the angle σ of pericline-twinned Na phase of cryptoperthite[J]. Mineralogical Journal, 10（4）: 161-167.

Mason R A, Parsons I, Long J V P. 1985. Trace and minor element chemistry of alkali feldspars in the Klokken Layered Syenite Series[J]. Journal of Petrology, 26: 952-970.

Massonne H J, Schreyer W. 1987. Phengite geobarometry based on the limiting assemblage with K-feldspar, phlogopite and quartz[J]. Contributions to Mineralogy and Petrology, 96: 212-224.

Matson D W, Sharma S K, Philpotts J A. 1986. Raman spectra of some tectosilicates and of glasses along the orthoclase-anorthite and nepheline-anorthite joins[J]. American Mineralogist, 71 (5-6) : 694-704.

Matteson A, Herron M M. 1993. Quantitative mineral analysis by Fourier transform infrared spectroscopy[J]. SCA Conference Paper, 9308: 1-16.

Melluso L, Morra V, Di Girolamo P. 1996. The Mt. Vulture volcanic complex（Italy）: evidence for distinct parental magmas and for residual melts with melilite[J]. Mineralogy and Petrology, 56: 225-250.

Michael A. 1984. Carpenter and John M. Ferry. Constraints on the thermodynamic mixing properties of plagioclase feldspars[J]. Contributions to Mineralogy and Petrology, 87: 138-148.

Moenke H. 1962. Mineralspektren[M]. Berlin: AkademieVerlag.

Mookerjee A, Sahu K C. 1960. Microhardness of the plagioclase series[J]. American Minealogist, 45: 742-744.

Mora C I, Ramseyer K. 1992. Cathodoluminescence of coexisting plagioclases, Boehls Butte anorthosite: CL activators and fluid flow paths[J]. American Mineralogist, 77 (11-12) : 1258-1265.

Morimoto P, Fabries J, Ferguson A K, et al. 1988. Nomenclature of pyroxenes[J]. American Minealogist, 73: 1123-1133.

Nachit H, Ibhi A, Abia E, et al. 2005. Discrimination between primary magmatic biotites, reequilibrated biotites and neoformed biotites[J]. Comptes Rendus Geosciences, 337: 1415-1420.

Nakano S. 1994. Ueno basaltic rocks II: Chemical variation in the Kiso province, to the south of the Ontake volcano[J]. Journal of Mineralogy, Petrology and Economic Geology, 89, 115-130.

Nakano T. 1991. An antipathetic relation between the hedenbergite and johannsenite components in skarn clinopyroxene from the Kagata tungsten deposit, central Japan[J]. Canadian Mineralogist, 29, 427-434.

Nash W P, Crecraft H R. 1985. Partition coefficients for trace elements in silicic magmas[J]. Geochimica et Cosmochimica Acta, 49: 2309-2322.

Neves J P F. 1997. Trace element content and partition between biotite and muscovite of granitic rocks: A study in the Viseu region（Central Portugal）[J]. European Journal of Mineralogy, 9: 849-857.

Nisbet E G, Pearce J A. 1977. Clinopyroxene composition in mafic lavas from different tectonic settings[J]. Contributions to Mineralogy and Petrology, 63: 149-160.

Nyfeler D, Armbruster T, Villa I M. 1997. Si, Al, Fe order-disorder in Fe-bearing K-feldspar from Madagascar and its implications to Ar diffusion[J]. Swiss Journal of Geosciences Supplement, 78(1): 11-20.

Oftedahl C.1957. Studies on the Igneous Rock Complex of the Oslo Region[M].Oslo: Systematic Petrography of the Plutonic Pocks.

Ohashi Y, Finger L W. 1974. Refinement of the crystal structure of sanidine at 25°C and 400°C[J]. Carnegie Inst Washington Year book, 73: 539-544.

Ohashi Y, Finger L W. 1975. An effect of temperature on the feldspar structure: Crystal structure of sanidine at 800°C[J]. Carnegie Inst Washington Year Book, 74: 569-572.

Okuno M. Reynard B, Shimada Y, et al. 1999. A Raman spectroscopic study of shock-wave densification of vitreous silica[J]. Physics and Chemistry of Minerals, 26: 304-311.

Orville P M. 1967. Unit-cell parameters of the microcline-low albite and the sanidine-high albite solid solution scries[J]. American Mineralogist, 52: 55-86.

Phillips F C. 1930. Some mineralogical and chemical changes induced by progressive metamorphism[J]. Mineral Magazine, 22: 239-256.

Piveč E. 1973. X-ray, optical and chemical variation of Potash Feldspar from Loket(Elbogen), Karlovy Vary massif, Czechoslovakia[J]. Tschermaks mineralogische und petrographische Mitteilungen, 19: 87-94.

Plimer I R. 1976. A plumbian feldspar pegmatite associated with the Broken Hill orebodies, Australia[J]. NeuesJahrb. Min. Mh, 272-288.

Pohl W, Günther M A. 1991. The origin of Kibaran (late Mid-Proterozoic) tin, tungsten and gold quartz vein deposits in Central Africa: A fluid inclusions study[J]. Mineral. Deposita, 26: 51-59.

Prescott J R, Fox P J. 1993. Three-dimensional thermoluminescence spectra of feldspars[J]. Journal of Physics D: Applied Physics, 26: 2245-2254.

Prewitt C T, Sueno S, Papike J J. 1976. The crystal structures of high albite and monalbite at high temperatures[J]. American Mineralogist, 61 (11-12): 1213-1225.

Railsback L B. 2003. An earth scientist's periodic table of the elements and their ions[J]. Geology, 31(9): 737-740.

Rankin D W. 1967. Axial angle determinations in Orville's microcline-low albite solid solution series[J]. American Mineralogist, 52: 414-417.

Rao Y J B, Naha K, Srinivasan R, et al. 1991. Geology, geochemistry and geochronology of the Archaean Peninsular Gneiss around Gorur, Hassan District, Karnataka, India[J]. Proceedings of the Indian Academy of Sciences - Earth and Planetary Sciences, 100: 399-412.

Ray G E. 1979. Reconnaissance bedrock geology, Wollaston Lake east[R]. Saskatchewan Geological Survey, Saskatchewan.

Ribbe P H. 1972. One-parameter characterization of the average Al/Si distribution in plagioclase feldspars[J]. Journal of Geophysical Research, 77(29): 5790-5797.

Ridolfi F, Renzulli A, Puerini M. 2010. Stability and chemical equilibrium of amphibole in calc-alkaline magmas: An overview, new thermobarometric formulations and application to subduction-related volcanoes[J]. Contributions to Mineralogy and Petrology, 160: 45-66.

Rokachuk T A, Bryntsev V V. 1984. The luminescence features of alkali feldspars from the granitoids of the Northwestern Sayan region[J]. Geology, 6: 75-79.

Rose T P, Criss R E, Rossman G R. 1994. Irradiative coloration of quartz and feldspars with application to preparing high-purity mineral separates[J]. Chemical Geology, 114(1-2): 185-189.

Salje E, Güttler B K, Ormerod C. 1989. Determination of the degree of Al, Si order Qod in kinetically disordered albite using hard mode infrared spectroscopy[J]. Physics and Chemistry of Minerals, 16: 576-581.

Salvioli-Mariani E, Venturelli G. 1996. Temperature of crystallizaiton and evolution of the Jumilla and Cancarix lamproites (Southeast Spain) [J]. European Journal of Mineralogy, 8 (5): 1027-1040.

Scala C M, Hutton D R, McLaren A C. 1978. NMR and EPR studies of the chemically intermediate plagioclase feldspars[J]. Physics and Chemistry of Minerals, 3 (1): 33-44.

Schertl H P, Mills S J, Maresch W V. 2018. A compendium of IMA-approved mineral nomenclature[M]. XXII General Meeting of The International Mineralogical Association. Melbourne, Australia.

Shannon R D, Prewitt C T. 1969. Effective ionic radii on oxides and fluorides[J]. Acta Crystallographica Section B, 25: 925-946.

Sharma S, Simons B, Yoder H S. 1983. Ramanstudy of anorthite, calcium Tschermak's pyroxene, and gehlenite in crystalline and glassy states[J]. American Mineralogist, 68: 1113-1125.

Shimazaki H. 1986. A reconnaissance oxygen isotope study of clinopyroxenes from four japanese skarn deposits[D]. Okayama: Okayama University.

Shunso I. 1977. The Magnetite-series and Ilmenite-series Granitic Rocks[J]. Mining Geology, 27 (145): 293-305.

Sillitoe R H. 2002. Some metallogenic features of gold and copper deposits related to alkaline rocks and consequences for exploration[J]. Mineralium Deposits, 37: 4-13.

Smith J R, Yoder H S. 1956. Variations in x-ray powder diffraction patterns of plagioclase feldspars[J]. American Mineralogist, 41 (7-8): 632-647.

Smith J V, Brown W L. 1988. Feldspar minerals[M]. Berlin: Springer-Verlag.

Smith J V. 1974. Feldspar Mineals, vol. 1. Crystal Structure and Physical Properties[M]. Berlin: Springer.

Smith J V. 1978. Enumeration of 4-connected 3-dimensional nets and classification of framework silicates, II, Perpendicular and near-perpendicular linkages from 4. 82, 3. 122 and 4. 6. 12 nets[J]. American Mineralogist, 63 (9-10): 960-969.

Smith J V, Gay P. 1958. The powder patterns and lattice parameters of plagioclase felspars. II[J]. Mineralogical Magazine and Journal of the Mineralogical Society, 31: 744-762.

Smith J V, Stenstrom R C. 1965. Electron-excited luminescence as a petrologic tool[J]. Journal of Geology, 73 (4): 627-635.

Smith P M, Franks P C. 1986. Mg-rich hollow sanidine in partially melted granite xenoliths in mica peridotite at Rose dome, Woodson County, Kansas[J]. American Mineralogist, 71: 60-67.

Solomon G C, Grossman G R. 1988. NH^{4+} in pegmatitic feldspars from the Southern Black Hills, South Dakota[J]. American Mineralogist, . 73: 818-821.

Speer J A. 1984. Micas in igneous rocks[J]. Mineralogical Society of America Reviews in mineralogy, 13: 229-356.

Spencer E. 1930. A contribution to the study of moonstone from Ceylon and other areas and of the stability relations of the alkali feldspars[J]. Mineralogy Magazine, 22: 291-367.

Stamatakis M G, Dermitzakis M, Magganas A, et al. 1989. Petrology and silica minerals neoformation in the Miocene sediments of Ionian Islands, Greece[J]. Giornale Geol. (Bologna), 51: 61-70.

Steele I M , Smith J V. 1982. Petrography and mineralogy of two Ba softs and olivine pyroxene-spinel fragments in achondrite, EETA 79001[J]. J Geophys Res, 87: 375-384.

Steele I M, Hutcheon I D, Smith J V. 1980. Ion microprobe analysis and petrogenetic interpretations of Li, Mg, Ti, K, Sr, Ba in lunar plagioclase. 11th Lunar and Planetary Science Conference Proceedings: 571-590.

Stevenson F J. 1985. Geochemistry of soil humic substances[C]//Aiken G R, McKnight D M, Wershaw R L, et al. Humic Substances in Soil, Sediment, and Water. Ney York: Wiley-Interscience: 275-302.

Stevenson R K, Martin R F. 1988.Amazonitic K-feldspar in granodiorite at Portman Lake, Northwest Territories; Indications of low f(O2), low f(S2), and rapid uplift[J]. The Canadian Mineralogist, 26(4): 1037-1048.

Stewart D B, Ribbe P H. 1969. Structural explanation for variations in cell parameters of alkali feldspar with Al/Si ordering[J]. Am. J. Sci, 267: 444-462.

Stewart D B, Limbach D V.1967. Thermal expansion of low and high albite[J]. American Mineralogist, 52 (3-4): 389 .

Stollery G, Borcsik M, Holland H D. 1971. Chlorine in intrusives: A possible prospecting tool[J]. Economic Geology, 66（3）: 361-367.

Stone D. 2000. Temperature and pressure variations in suites of Archean felsic plutonic rocks, Berens river area, northwest superior province, Ontario, Canada[J]. The Canadian Mineralogist, 38（2）: 455-470.

Strunz H. 1984. Modern mineral classifications. A historical review[J]. Acta Crystal Lographica, 40（a1）: C480.

Strunz H, Forster A, Tenyson C H. 1975. Die Pegmatite in der nordlichen Oberpfalz[J]. Aufschlub Special Issue, 26: 117-189.

Su S C, Bloss F D, Ribbe P H, et al. 1984. Optic axial angle, a precise measure of Al, Si ordering in the T 1 tetrahedral sites of K-rich alkali feldspars[J]. American Mineralogist, 69（5-6）: 440-448.

Su S C, Ribbe P H, Bloss F D. 1986a.Alkali feldspars: Structural state determined from composition and optic axial angle 2V[J]. American Mineralogist, 71(11-12): 1285-1296.

Su S C, Ribbe P H, Bloss F D, et al.1986b. Optical properties of single crystals in the order-disorder series low albite-high albite[J]. American Mineralogist, 71(11-12): 1384-1392.

Su S C, Ribbe P H, Bloss F D, et al. 1986c.Optical properties of a high albite (analbite)-high sanidine solid-solution series. American Mineralogist, 71(11-12): 1393-1398.

Swanson S E. 1977. Relation of nucleation and crystal-growth rate to the development of granitic textures[J]. American Mineralogist, 62: 966-978.

Sykes D, Kubicki J D. 1993. A model for H_2O solubility mechanisms in albite melts from infrared spectroscopy and molecular orbital calculations[J]. Geochimica et Cosmochimica Acta, 57（5）: 1039-1052.

Teertstra D K, Cerny P, Hawthorne F C, et al. 1998. Rubicline, a new feldspar from San Piero in Carnpo, Elba, Italy[J]. American Mineralogist, 83: 335-339.

Teertstra D K, Cerny P, Hawthorne F C. 1997. Rubidium-rich feldspars in a granitic pegmatite from the Kola Peninsula, Russia[J]. The Canadian Mineralogist, 35: 1277-1281.

Telfer D J, Walker G. 1978. Ligand field bands of Mnz+ and Fei+ luminescence centres and their site occupancy in plagioclase feldspars[J]. Modern Geology, 6: 199-210.

Thompson J B. 1981. An introduction to the mineralogy and petrology of the biopyriboles[J]//Mineral Soc Am Rev Mineral, 99: 141-188.

Thompson C S, Wadsworth M E. 1957. Determination of the composition of plagio-clase feldspars by means of infrared spectroscopy[J]. American Mineralogist, 42（5-6）: 334-341.

Tingle T N, Aines R D. 1988. Beta track autoradiography and infrared spectroscopy bearing on the solubility of CO_2 in albite melt at 2 GPa and 1450℃[J]. Contributions to Mineralogy and Petrology, 100（2）: 222-225.

Tronnes R G, Edgar A D, Arima M. 1985. A high pressure-high temperature study of TiO_2 solubility in Mg-rich phlogopite: Implications to phlogopite chemistry[J]. Geochimica et Cosmochimica Acta, 49: 2323-2329.

Tsuboi S. 1936. Petrological notes, isorthoclase（iso-orthoclase）from Sakuma-mura, Iwata-gori, Siduoka Prefecture[J]. Japanese Journal of Geology and Geography, 13: 335-336.

Tullis J. 1983. Deformation of feldspars[C]//Ribbe P H. Feldspar Mineralogy. Mineralogical Society of America, 2: 297-323.

Tuttle O F. 1952. Optical studies of alkali feldspars[J]. American Journal of Science, 250A: 553-567.

Uchida E, Endo S, Makino M. 2007. Relationship between solidification depth of granitic rocks and formation of hydrothermal ore deposits[J]. Resource Geology. 57: 47-56.

van Kooten G K. 1980. Mineralogy, petrology and geochemistry of an ultrapotassic basaltic suite, central Sierra Nevada; California, U. S. A[J]. Journal of Petrology, 21: 651-684.

Velde B. 1967. Si^{+4} content of natural phengites[J]. Contributions in Mineralogy and Petrology, 14: 250-258.

Vieira R, Roda-Robles E, Pesquera A, et al. 2011. Chemical variation and significance of micas from the Fregeneda-Almendra pegmatitic field（Central-Iberian Zone, Spain and Portugal）[J]. American Mineralogist, . 96: 637-645.

Viswanathan K. 1971. A new X-ray method to determine the anorthite content and structural state of plagioclases[J]. Contributions to Mineralogy and Petrology, 30 (4) : 332-335.

von Stengel M O. 1977. Normalschwingungen von Alkalifeldspäten[J]. Z Kristallogr, 146: 1-18.

Wallace P J, Carmichael I S E. 1989. Minette lavas and associated leucitites from the Western Front of The Mexican Volcanic Belt: Petrology, chemistry, and origin[J]. Contributions to Mineralogy and Petrology, 103: 470-492.

Wilson J R, Coats J S. 1972. Alkali feldspars from part of the Galway granite, Ireland[J]. Mineralogical Magazine, 38: 801-810.

Winter J K, Ghose S, Okamura F P. 1977. A high-temperature study of the thermal expansion and the anisotropy of the sodium atom in low albite[J]. American Mineralogist, 62: 921-931.

Woensdregt C F. 1982. Crystal morphology of monoclinic potassium feldspars[J]. Zeitschrift für Kristallographie-Crystalline Materials, 161 (1-2) : 15-33.

Woensdregt C F. 1992. Structural morphology of analbite: The influence of the substitution of K by Na on the crystal morphology of alkali feldspars[J]. Zeitschrift Fur Kristallographie, 201: 1-7.

Wones D R, Eugster H P. 1965. Stability of biotite: experirnent, theory and application[J]. American Mineralogist, 50: 1228-1272.

Wörner G, Beusen L M, Duchateau N, et al. 1983. Trace element abundances and mineral/melt distribution coefficients in phonolites from the Laacher See Volcano（Germany）[J]. Contributions to Mineralogy and Petrology, 84: 152-173.

Wright T L, Stewart D B. 1968. X-ray and optical study of alkali feldspar. l. Determination of composition and structural statefrom refined unit-cell parameters and 2V[J]. American Mineralogist, 53: 38-87.

Yagi A, Suzuki T, Akaogi M. 1994. High pressure transition in the system $KAlSi_3O_8$-$NaAlSi_3O_8$[J]. Physics and Chemistry of Minerals, 21: 12-17.

Zhang L, Chen Z Y, Li S R. 2017. Isotope geochronology, geochemistry, and mineral chemistry of the U-bearing and barren granites from the Zhuguangshan complex, South China: Implications for petrogenesis and uranium mineralization[J]. Ore Geology Reviews, 91: 1040-1065.

Zhang M, Wruck B, Barber A, et al. 1996. Phonon spectra of alkali feldspars: Phase transitions and solid solutions[J]. American Mineralogist, 81 (1-2) : 92-104.

Zhang M, Salje E K H, Carpenter M A, et al. 1997. Exsolution and Si, Al disorder in alkali Feldspars: Their analysis by infrared spectroscopy[J]. American Mineralogist, 82 (1997) : 849-857.

Zhou X M, Sun T, Shen W Z, et al. 2006. Petrogenesis of Mesozoic granitoids and volcanic rocks in South China: A response to tectonic evolution[J]. Episodes, 29 (1) : 26-33.

Лазаренко Е К. 1979. Опыт генетической классификации минералов. [б. и.]: 316.

第八章 成因矿物学应用

成因矿物学原理和方法能够广泛运用于岩石成因、构造演化、矿产勘查、珠宝鉴定、环境监测、生命过程及生态修复等科学研究和生产生活实践，目前已积累了十分丰富的成果。

一、在找矿勘查中的应用

我国成因矿物学从其诞生之初，便与地质找矿勘查工作紧密结合，并在 20 世纪 80 年代提出其应用学科——找矿矿物学。几十年来，结合对铁、铬、镍、铜、金-银、钨-锡、铅-锌、汞、硫化铁、金刚石、蓝石棉等矿床的找矿工作，开展了矿物组合标型及辉石、角闪石、斜长石、钾长石、黑云母、白云母、绢云母、锆石、石榴子石、石英、尖晶石、磁铁矿、黑钨矿、锡石、磷灰石、方解石、黄铁矿、辰砂等单矿物标型特征研究，既丰富了成因矿物学的理论宝库，也逐渐形成了较为完善的找矿矿物学学科体系，在找矿勘查实践中具有示范效应，同时助推了其在更广泛找矿勘查领域的应用，并产生了显著的经济效益。

以下从 4 个方面简要介绍成因矿物学与找矿矿物学在找矿勘查中的应用。

(一)按标型矿物组合找矿

一般地，不同类型矿床的矿物(共生)组合也不同，由此构成按标型矿物组合找矿的基础。

对我国37个典型重晶石矿床的自然重砂矿物(密度大于2.9g/cm^{3}的稳定矿物)进行综合分析发现，沉积型和热液型重晶石矿床的自然重砂矿物组合存在明显差异，其中沉积型重晶石矿床的自然重砂矿物组合主要为重晶石+黄铁矿+褐铁矿，而热液型则主要为重晶石+铅族矿物+黄铜矿+萤石+黄铁矿+闪锌矿+辉锑矿+孔雀石(潘彦宁等，2014)。

此外，锡矿床的重砂矿物组合也明显不同(表 8-1)。一般来说，伟晶岩型锡石矿床主要为一些稀有元素矿物，其中铌铁矿、钽铁矿、锂云母、锂辉石可作为标志矿物；石英脉型锡石矿床主要为颜色较浅的非金属矿物，其中以白钨矿、黄玉、萤石、绿柱石(或绿宝石)为标志矿物；夕卡岩型锡石-硫化物矿床则以铁的硫化物、氧化物及含铁硅酸盐为特征，表 8-1 中所列矿物几乎均为标志矿物，但以黄铁矿、磁铁矿、石榴子石为近矿标志(马婉仙，1990)。我国滇西来利山地区自然重砂矿物组合中，除了报出大多数花岗岩常见的磷灰石、锆石和金红石之外，也报出含锡花岗岩特有的气成矿物电气石，很好地暗示了重砂矿物源区可能存在含锡花岗岩。进一步研究还发现该区自然重砂矿物中还有锡石+黄铁矿+磁铁矿组合，表明其成矿源区以锡石-硫化物类型为主(董国臣等，2015)。

表 8-1 不同成因类型锡矿共生重砂矿物组合(据长春地质学院，1978)

矿产及其矿床类型		矿产赋存的岩石类型	主要的共生矿物
锡石	伟晶岩型	伟晶岩脉	铌铁矿、钽铁矿、锂云母、锂辉石、电气石、黑云母、辉钼矿
	石英脉型	石英脉、云英岩	黑钨矿、白钨矿、黄玉、电气石、萤石、绿柱石*、泡铋矿
	夕卡岩型锡石-硫化物矿床	石英硫化物脉、夕卡岩	白钨矿、磁黄铁矿、黄铁矿、辉铋矿、毒砂、黄铜矿、方铅矿、闪锌矿、石榴子石、透辉石、符山石、阳起石

*绿柱石在重砂矿物中少见。

在重砂矿物找矿中，根据重砂中出现的矿物组合，可推测源区所在位置及可能的矿床类型。

矿物组合的复杂程度也是判断矿床矿化强度和矿床规模的重要标志。一般来说，矿物组合越复杂，矿化强度越高，矿床规模越大。

(二)按标型矿物种属找矿

矿物种属的差异性能够反映矿物形成条件的不同，因此矿物种属的正确鉴定对找矿具有实际指导意义。我国陕西南部柞水县大西沟层控型菱铁矿矿床是我国储量最大的菱铁矿矿床。该矿山早期勘查过程中由于菱铁矿层矿物颗粒细小，颜色多为灰白或黄白色，且与泥岩、页岩及含煤层呈互层产出，一度被误认为“结晶灰岩”或“铁质板岩”而未得到重视。后由于菱铁矿的正确识别，使得该菱铁矿找矿取得突破性进展，实现储量大增。另外，湖北黄梅菱铁矿矿床的发现也经历了类似过程。

实际上，许多白钨矿矿床在发现初期，往往因白钨矿与石英在肉眼条件下的相似而常常被忽视。例如，我国江西武宁大湖塘超大型钨矿，因钨矿化主要呈细脉浸染状产于黑云母花岗闪长岩中而在早期被忽略，后经白钨矿的仔细甄别和正确鉴定实现找矿重大突破。类似的还有湖南柿竹园多金属矿床，直到二次岩心编录并梳理矿物组合时才发现黑钨矿，从而为发现特大型 W、Sn、Mo、Bi 多金属矿奠定了基础。还有，云南某地夕卡岩型铅锌矿床也是基于正确识别出重晶石矿物及其与铅锌矿化的空间关系的厘定才使得找矿取得突破性进展。

新矿物的发现在找矿中也具有不容忽视的意义。例如，我国 1978 年发现的芙蓉铀矿[晶体化学式为 $Al_2(UO_2)(PO_4)_2(OH)_2 \cdot 8H_2O$]后来成为一种新型的铀矿找矿标志，美国 1974 年新发现的麦克德米特黑色汞辰砂为后期汞矿找矿提供了重要线索。

利用重砂矿物找矿已有很长历史。早在公元前 2000 年人们就曾经淘取砂金，20 世纪中期，利用重砂中的标型矿物种属找矿得到发展，自然重砂找矿逐渐得到较系统的应用。由于自然重砂矿物所蕴含的成因信息，因此可以凭借矿物种属寻找特殊矿床。例如，重砂矿物中若出现贵橄榄石、铬镁铝榴石、铬透辉石、铬尖晶石、铬金红石、Mg-钛铁矿、金云母及方镁石等矿物组合，则通过这些重砂矿物的分布特点，可追溯寻找到金刚石矿床或金刚石所赋存的主岩(金伯利岩、钾镁煌斑岩)(徐向珍等，2015)。因此，这些具有指示意义的矿物种属的出现是寻找金刚石矿床的重要信息。表 8-2 是部分标型矿物种属指示的矿床类型。

表 8-2 部分标型矿物种属指示的矿床类型

序号	标型矿物种属	矿床类型
1	铬金云母	铬铁矿
2	铁金云母、富铁黑云母、钡铁云母、富铁白云母	铁矿
3	钒钡云母	黑色页岩型钒矿
4	锰云母、铅云母、锌云母	锰、铅、锌矿
5	铷铁锂云母、锌铁叶云母	铌矿
6	铍珍珠云母	钨、锡、钼、铋、铍矿
7	铁白云石、菱铁矿	金矿
8	黄铁矿	硫化物矿床
9	黄玉、萤石	稀有金属矿床

(三)按矿物标型特征找矿

1. 按形态标型找矿

由于矿物形态与其形成环境密切相关，因此矿物的形态标型可为矿床成因类型划分、成矿阶段划分、垂直分带、剥蚀程度判识及圈定富矿带提供重要依据。

例如，在含硫沉积物成岩过程中形成的黄铁矿，通常以许多细粒自形晶(多为立方体)聚集成草莓状集合体，因而成为沉积成因的标志。例如，黑龙江嫩江地区的碳质页岩中发育细粒立方体聚成的草莓状黄铁矿(Yuan et al.，2019)，南海沉积物中也可见细粒自形晶(主要为八面体)聚晶构成的草莓状黄铁矿(吴丽芳等，2014)。

在热液成因矿床中，黄铁矿自形晶通常呈立方体、八面体、五角十二面体等单形晶或由这些单形聚合形成的聚形晶，集合体常发育成不规则粒状或块状。在浅成低温热液型矿床中，许多黄铁矿集合体还会以皮壳状或条带状产出。墨西哥西海岸外的浅海区热汽-液喷口周边附近，细粒方解石沉积层中黄铁矿为典型的草莓状集合体，小莓球由立方体、八面体或一些半自形晶等组成；而在热汽-液喷口的通道壁上，黄铁矿呈薄膜状赋存，可见黄铁矿的立方体、八面体和五角十二面体单形晶，但不出现草莓状黄铁矿(Prol-Ledesma et al.，2010)，显示了不同成因黄铁矿形态的显著差异。

矿物形态能反映介质的酸碱度和活性。酸碱度是热液中挥发性组分及碱金属离子含量的标尺。一般来说，酸性或碱性越强，介质的活性便越大。通常情况下，当矿物在活性介质中生长时，往往由一种元素(阳离子或阴离子)组成的面网起主要作用。在中性介质中，则由阴、阳两种离子组成的面网约束晶体生长(陈光远，1987)。例如，萤石主要面网发育的优势条件能很好地解释矿物形态与介质酸碱活性的关系(表 8-3)。

表 8-3 萤石主要面网方向的离子种类、密度及其发育的优势条件

{hkl}	离子种类	每个 a^2 的离子数	优势条件
{111}	Ca 或 F	2.3Ca 或 2.3F	酸性(高温)
{100}	Ca 或 F	2Ca 或 4F	碱性(低温)
{110}	Ca+2F	1.4Ca+2.8F	中性

温度和过饱和度是影响矿物形态的两个主要因素，因此矿物的形态可反映其形成温度和介质过饱和度等信息，进而可指示其所在矿体的位置和成矿阶段及矿石贫富。当温度低，过饱和度大时，矿物易沿最强键链方向生长。例如，锡石、金红石、辉石、闪石等链状矿物在低温条件下易长成柱状，磷灰石等环状矿物易发育成板状形态，长石则易沿 z 轴延伸发育为板柱状。

根据周期键链理论，不同面网方向所包含的强键数目不同。例如，黄铁矿为 m3 对称，{100}方向包含 5 个强键，{210}方向包含 3 个强键，{111}方向包含 2 个强键。包含强键最多的方向通常是该晶体单体习性晶最容易发育的晶面方向，故{100}(立方体)方向是黄铁矿习性晶的优势晶面方向，其次是{210}(五角十二面体)和{111}(八面体)习性晶的晶面方向。这就是自然界最容易见到立方体黄铁矿，有时可见五角十二面体黄铁矿，但八面体黄铁矿较少见的原因。

在热液型矿床中，通常成矿早期出现的黄铁矿多为立方体，而主成矿阶段易出现五角十二面体。华北各地的"胶东型金矿"中黄铁矿便具有这样的特征(陈光远等，1989；薛建玲等，2013；Li et al.，2015；Li and Santosh，2017)。其原因主要是成矿早阶段的流体温度较高，热液中 S 和 Fe 过饱和度较低，化学键在结晶过程中发挥主要作用，故能遵循周期键链理论沿强键最多的{100}方向生长，形成立方体晶形。流体演化到主成矿阶段时，热液温度急剧下降，S 和 Fe 的过饱和度显著增高，同时其他杂质组分的过饱和度也随之增高，此时结晶条件复杂，故除出现{100}晶形外，也出现{210}晶形或各种聚形晶，因此主成矿阶段黄铁矿一般出现多种复杂晶形。此外，黄铁矿晶面上有时出现正条纹[在(210)面上出现纵条纹]和负条纹[在(210)面出现水平条纹]，前者是{100}生长层构成的阶梯线，后者是{210}生长的层阶梯线。两者都反映介质中 S、Fe 组分过饱和度较大，但后者 S、Fe 的过饱和度更大(陈光远等，1989)。胶东牟乳成矿带的金青顶金矿主成矿阶段就发现在{210}习性晶上有这两种条纹，反映主成矿阶段介质中成矿组分浓度较高，有利于形成富矿(李胜荣等，1996a)。需要说明，一般热液矿床在成矿早阶段因流体温度高，动能大，热流体能运移到达较高或较远的空间位置。随着成矿温度下降，动能减小，其所能到达的高度或向外运移的距离有所下降或减小，故反映主成矿阶段的复杂晶形组合通常比成矿早阶段形成的简单晶形组合所处的空间位置更接近矿化中心。

许多热液脉状矿床的矿化富集地段常出现隐蔽的近等间距分布特点，矿物形态参数能够揭示这种隐蔽分带性。例如，胶东乳山金青顶金矿不同成矿阶段黄铁矿形态发育规律表明，成矿早阶段的黄铁矿主要为立方体习性晶，少见五角十二面体晶形；主成矿阶段的黄铁矿则以五角十二面体习性晶为主，还出现八面体和四角三八面体晶形；成矿晚期也为立方体习性晶为主，但出现八面体晶形。由此判断黄铁矿形态反映的矿化强度由大而小依次为四角三八面体 t{h11}、五角十二面体 e{hk0}、八面体 o{111}和立方体 a{100}。将黄铁矿形态参数设置为 Y_{py}=4t%+3e%+2o%+a%(单形符号 t、e、o 和 a 分别代表四角三八面体、五角十二面体、八面体和立方体习性晶，根据各单形指示矿化强度的差异，分别给予 4、3、2、1 的系数赋值)。根据不同空间黄铁矿形态统计结果，并按上述形态参数计算处理后进行黄铁矿形态参数空间填图，结果发现金青顶金矿在约 900m 延深范围内，富矿段在矿体侧伏方向上按近等间距反复出现 4 次(图 8-1)，这一特征深刻揭示了矿化富集空间规律，并为更深部找矿提供了重要依据(李胜荣等，1996a)。

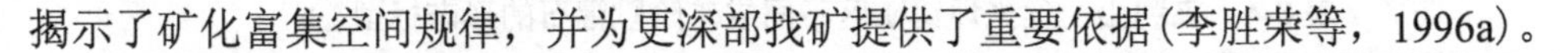

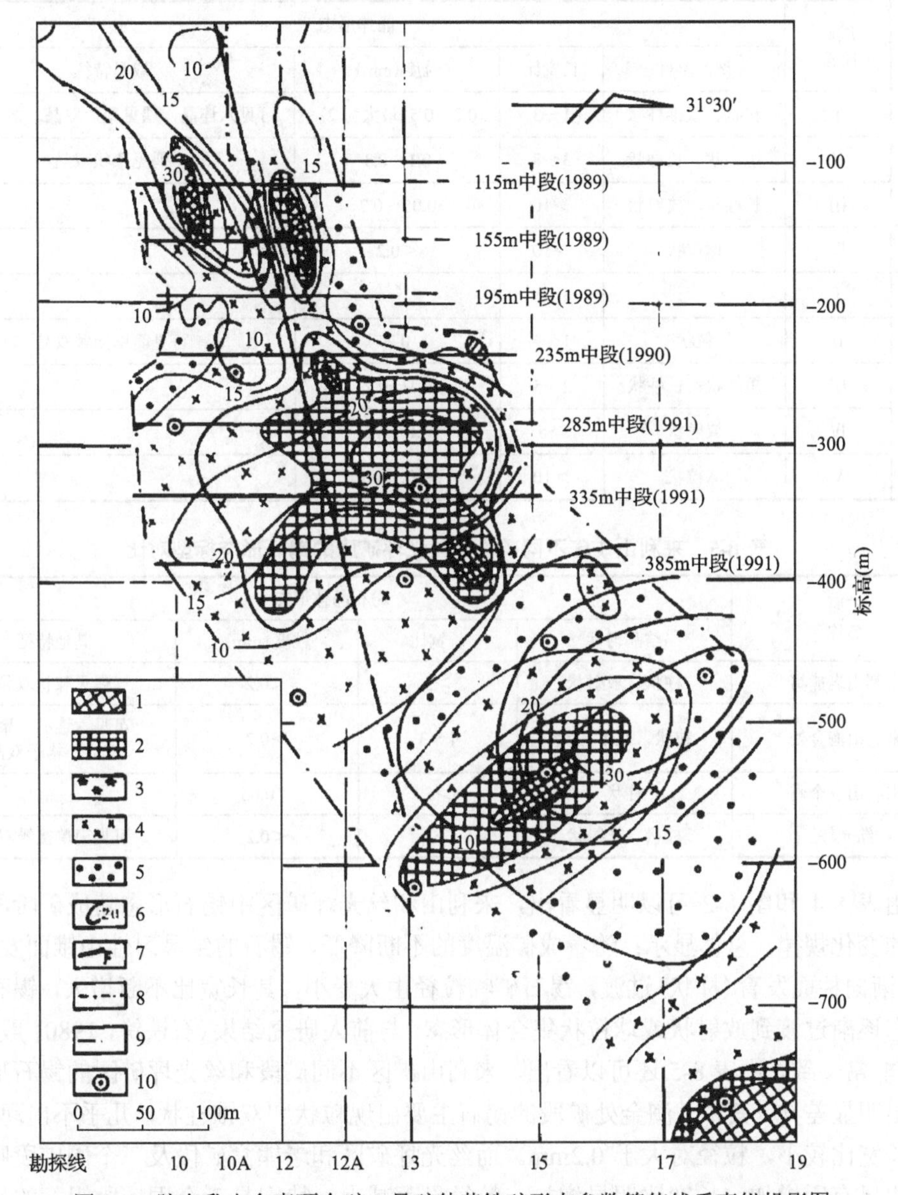

图 8-1　胶东乳山金青顶金矿 2 号矿体黄铁矿形态参数等值线垂直纵投影图

1-Y_{py}>120；2-Y_{py}=100～120；3-Y_{py}=70～100；4-Y_{py}=50～70；5-Y_{py}<50；6-金品位等值线；7-断层线；8-原圈定矿体边界；9-采矿中段；10-钻孔位置

再如，锡石的结晶形态也常常由于环境的变化发生有规律的变化。因此，锡石的结晶形态具有指示锡矿床成因和区分矿床类型的标型意义。由于锡石属四方晶系，具稳定的金红石型晶体结构，因此常发育典型的四方双锥和四方柱习性晶面。刘圣强利用光学显微镜对云南梁河地区锡石晶体进行形态统计(表 8-4、表 8-5 和图 8-2)后发现，来利山和丝光坪矿区中不同阶段的锡石形态表现出明显的规律性，即具有明显不同的形态标型。

表 8-4　来利山、丝光坪锡矿区不同成矿阶段锡石的形态标型

矿床名称	成矿阶段	晶体形态			
		结晶习性	长宽比	粒度(mm)	双晶特征
来利山	Ⅰ	粒状、双锥柱状	1～3	0.2～0.5(最大为 2)	可见六连晶，偶见聚片双晶、格子双晶
	Ⅱ	短柱状、长柱状	3～8	0.1～0.3	偶见膝状双晶
	Ⅲ	长柱状、放射状	＞10	0.05～0.2	
	Ⅳ	球粒状	＞10	＜0.2	
丝光坪	Ⅰ				
	Ⅱ	粒状	1～2	0.2	可见简单接触双晶
	Ⅲ	短柱状、长柱状	2～5	0.1～0.2	
	Ⅳ	放射状	＞5	＜0.1mm	
	Ⅴ	球粒状	＞10	＜0.1mm	

表 8-5　来利山矿床不同矿段与丝光坪矿床的锡石形态标型对比

矿段名称	锡石晶体形态			
	结晶习性	长宽比	粒度(mm)	其他特征
来利山老熊窝	柱状、放射状	＞3	＜0.2	偶见膝状双晶
来利山淘金处	粒状、双锥柱状	1～3	＞0.2	可见六连晶、聚片双晶、格子双晶
来利山三个硐	柱状	＞3	＜0.05	
丝光坪	柱状、放射状	＞2	＜0.2	可见简单接触双晶

由表 8-4 和图 8-2 可以明显看出，来利山和丝光坪矿区中锡石形态随成矿阶段呈现明显的变化规律。总体显示：随着成矿温度的不断降低，锡石的结晶习性由锥面发育(粒状)逐渐向柱面发育(柱状)过渡，锡石矿物粒径由大变小，其长宽比不断增大，锡石由单晶形态逐渐过渡到放射状或球粒状集合体形态，与前人研究结果(石铁铮，1980；殷成玉，1981)非常一致。由表 8-5 还可以看出，来利山矿区不同矿段和丝光坪矿区的锡石形态也表现出明显差异。其中，淘金处矿段的锡石主要出现粒状和双锥柱状，几乎不出现柱状，而且长宽比较小，粒径对大于 0.2mm。而丝光坪矿区和老熊窝矿段及三个硐矿段则柱状晶形明显有所增加，长宽比明显增加，粒径显著减小。特别是三个硐矿段锡石的长宽最大，粒径平均值最小。这显然可以说明淘金处矿段的成矿温度应该是最高的，其次为丝光坪矿区和老熊窝矿段，三个硐矿段的成矿温度最低。

锡石很重要的另一个形态特征就是易发育双晶。来利山和丝光坪矿区中锡石双晶的发育程度有所不同(图 8-3)，其中来利山矿区锡石发育六连晶[图 8-3(a)]、聚片双晶[图 8-3(b)]、格子双晶[图 8-3(c)]、膝状双晶[图 8-3(d)]、复合双晶[图 8-3(e)]等多种双晶，而丝光坪矿区则仅偶见锡石出现简单接触双晶[图 8-3(f)]，说明两个矿区的成矿条件存在差异。

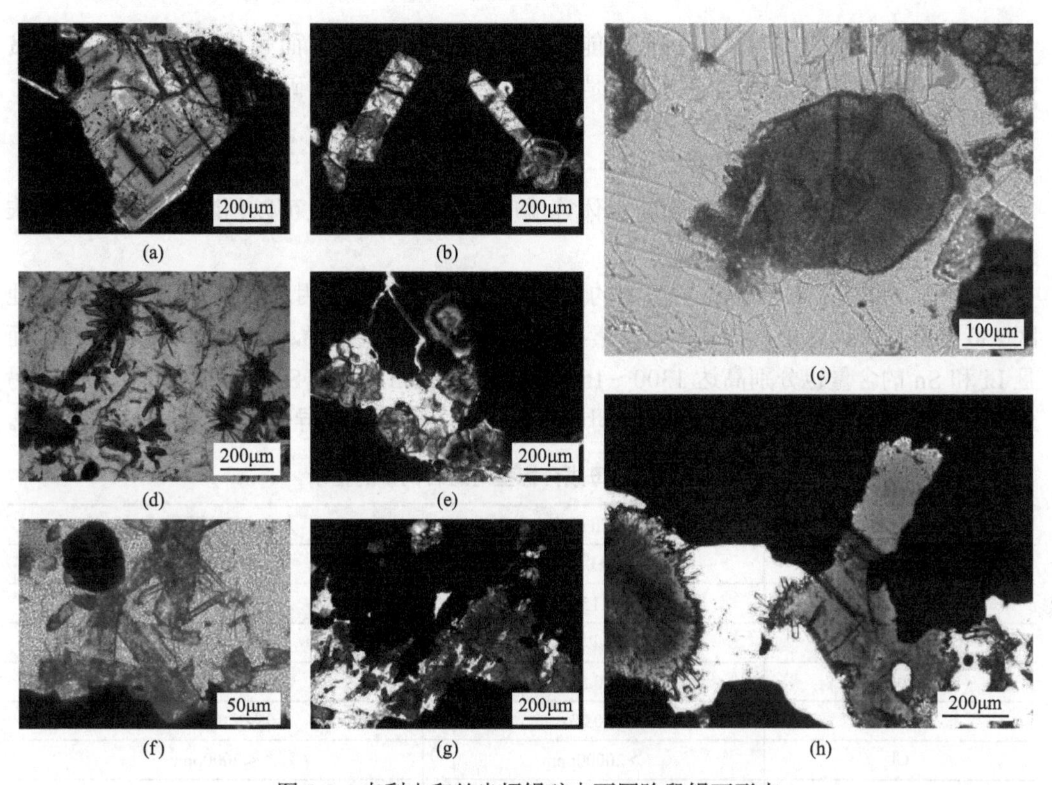

图 8-2　来利山和丝光坪锡矿中不同阶段锡石形态

(a)～(d)来自来利山锡矿，(e)～(h)来自丝光坪锡矿；

(a)、(e)-粒状锡石；(b)、(f)-柱状锡石；(c)、(g)-放射状锡石集合体；(d)、(h)-球粒状锡石集合体

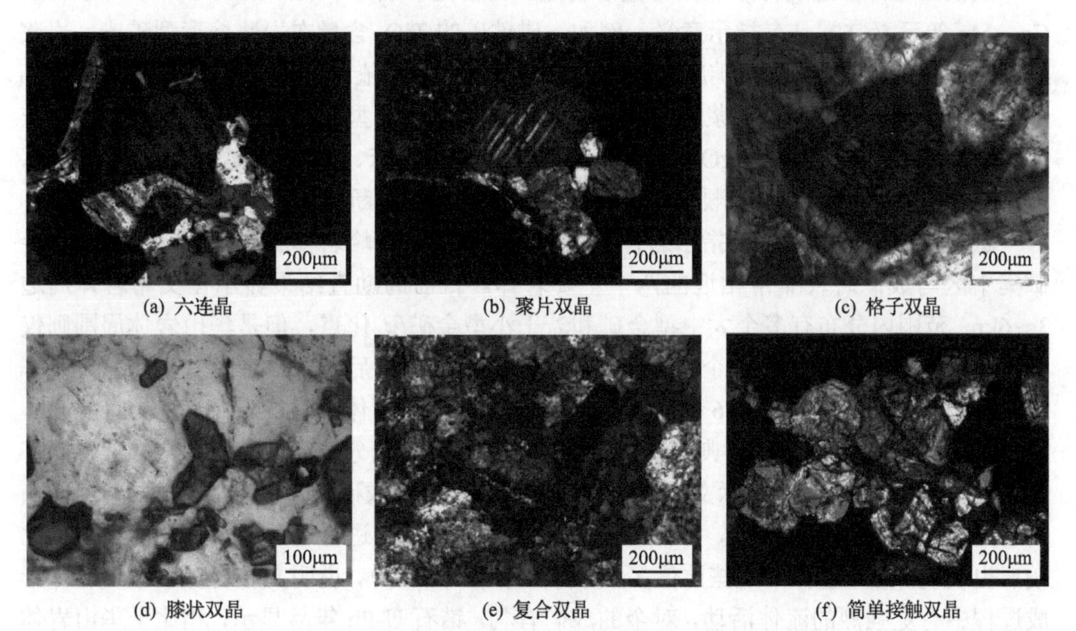

图 8-3　来利山和丝光坪锡矿区的锡石双晶

(a)～(e)来自来利山锡矿，(f)来自丝光坪锡矿

由以上内容可以看出，矿物形态能够反映成矿条件信息，而且与矿化空间和矿化贫富有很好的对应关系，所以矿物形态是主要标性特征和重要找矿标志。

2. 按成分标型找矿

根据矿物的成分标型，可判断岩体等地质体的含矿性，也可以判断矿床成因和矿床分带性。

许多矿物的化学成分对于岩浆岩的含矿性有很好的指示作用。例如，根据外贝加尔地区 250 个数据统计结果，具有稀有元素-钨-锡矿化特征的花岗岩，其黑云母相对富 Al，而且 Li 和 Sn 的含量也分别高达 1300～1500ppm 和 60ppm，一般 SiO_2 含量多高于 70%。另外，含 Cu 斑岩与不含 Cu 斑岩的黑云母在多种成分上有明显差异(表 8-6)(陈光远，1987)。

表 8-6　黑云母成分标型对斑岩铜矿的指示

黑云母成分	含 Cu 斑岩	非矿斑岩
Mg、Fe	＞0.5	＜0.5
Al_2O_3	＜15%	＞15%
K、Na	10 以上	＜8
CaO	＜0.5%	一般在 0.88%～1.89%
BaO	＞0.2%	一般在 0.03%以下
Cl	＞20000ppm	＜2000ppm
F	一般在 1500～5200ppm	一般在 700～2000ppm

磁铁矿是许多地质体和矿床常见矿物之一，其化学成分中 Al、Mg、Ti、V、Cr、Ni、Co、Mn 等元素常常具有指示意义。例如，磁铁矿的 TiO_2 含量在岩浆熔离型矿床、岩浆岩副矿物、夕卡岩和热液型矿床及火山沉积硅铁建造中呈依次递降顺序，磁铁矿的 Al_2O_3 含量在岩浆熔离型矿床、岩浆岩副矿物、火山岩-次火山岩型矿床和沉积变质铁矿中也依次呈递降顺序，磁铁矿的 MgO 含量则在镁质夕卡岩型矿床、岩浆熔离型矿床、热液矿床、沉积变质矿床中呈依次递降顺序。显然，上述规律对于判断矿床类型具有指示意义。

磁铁矿的化学成分可以指示岩体的含矿性。例如，文峪岩体和华山岩体是小秦岭金矿集中区与成矿时代非常相近的两个主要岩体。目前的勘查结果显示在文峪岩体周边 3～6km 范围内分布有多个大中型金矿和若干小型金矿/矿化点，但是华山岩体周围则仅出现几个小型金矿。针对两个岩体的磁铁矿进行成分分析后发现二者具有显著差异。华山岩体相对富 Sn 和 Ti(Sn 为 6～9ppm，Ti>100ppm)，文峪岩体相对贫 Sn 和 Ti(Sn<1.5ppm，Ti<100ppm)。另外，前者具典型岩浆磁铁矿的 Ti-Ni/Cr 成分特征，而后者具热液磁铁矿特征(图 8-4)，这些特征暗示文峪岩体相比华山岩体对金成矿更为有利。另外，利用磷灰石中几个不相容元素的比值，如 Ce/Pb、Th/U 及 $(La/Yb)_N$ 进行岩浆中流体的活动强度比较后也发现，文峪岩体中这些比值多大于华山岩体(图 8-5)，说明文峪岩体比华山岩体形成过程中有更强烈的流体活动，对金的成矿有利。锆石 U-Pb 年龄显示，相比于华山岩体(形成于 144.0Ma)，文峪岩体形成成岩时间比较长(129.6～141.4Ma)，说明经历较多的岩浆作用，而且锆石微量元素还显示文峪岩体晚期氧逸度(Ce^{4+}/Ce^{3+}>200，Eu/Eu*>0.7)

和含水量均处于较高水平，结合锆石 U/Yb-Hf 和 U/Yb-Y 相图及负的 $\varepsilon_{Hf}(t)$ 值(–17.89～–15.63)，推断下地壳与混入的基性地幔组分构成了本区岩浆的主要物源。文峪岩体晚期经历了更强的岩浆混合作用，故文峪岩体的形成为周边金矿富集创造了有利的热能、适合的氧逸度和水分条件(Wen et al.，2019)。磁铁矿、磷灰石和锆石的上述成分特征可作为在花岗岩周边寻找金矿的标志。

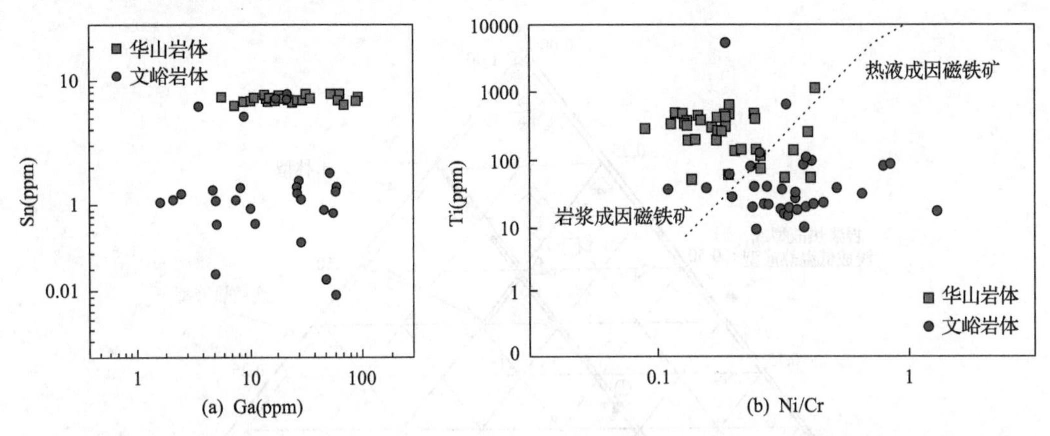

图 8-4　小秦岭金矿集中区华山和文峪花岗岩体中磁铁矿 Sn-Ga、Ti-Ni/Cr 成因图解(Zhi et al.，2019)

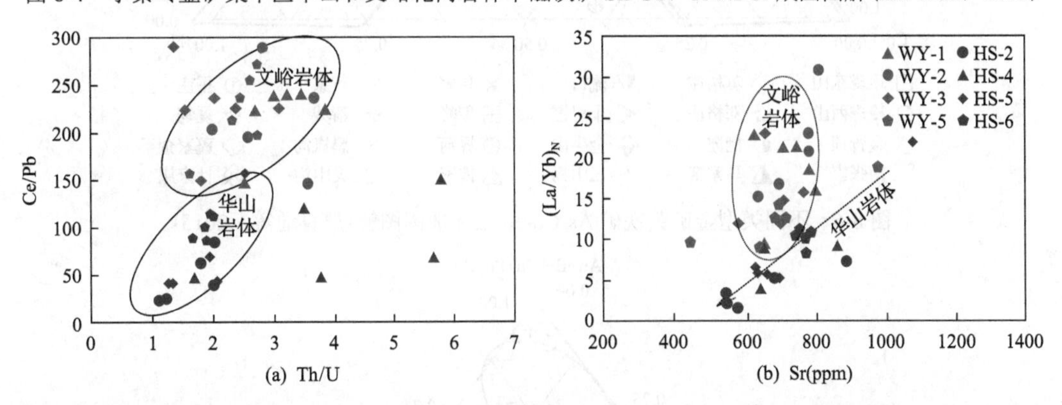

图 8-5　小秦岭金矿集中区华山和文峪花岗岩体中磷灰石 Ce/Pb-Th/U、La/Yb-Sr 成因图解(刘嘉伟，2020)

黄铁矿是金矿床中出现频率最高的金属硫化物。一般来说，在成矿阶段形成的黄铁矿杂质元素总量较高且元素种类非常复杂，而且空间上往往表现出矿体上部的黄铁矿含有较多中低温元素杂质，矿体下部则含有较多中高温杂质元素的特征(李惠等，1999；胡楚雁，2001)。因此，黄铁矿成分特征是金矿成因和找矿勘查的重要标型。

黄铁矿成分标型可以判识金成矿类型。严育通等(2015)对我国典型的岩浆热液或浅成低温热液型、卡林型和变质热液型金矿的黄铁矿 As、Co、Ni 含量统计并作 As-Co-Ni 三角图解后发现，卡林型金矿主要集中于富 As 端元，变质热液型金矿主要集中于富 Ni 端元，而岩浆热液或低温浅成热液型金矿则分布于 As-Co 二元线附近。胶东金矿多数集中于岩浆热液或浅成低温热液型范围内的富 As 端元一侧(图 8-6)。另外，以黄铁矿高温元素组合(Ti+Cr+Co+Ni)、中温元素组合(Au+Bi+Cu+Pb+Zn)和低温元素组合(As+Sb+Ba+Ag+Hg)作三元成因图解后发现，胶东蚀变岩型和层间滑脱带型分别集中于中温元素和低温元素端元，而石英脉型居于两者之间(图 8-7)。显然，黄铁矿微量元素不仅可作为判断金矿床成因类型的重要依据，也对几十年来长期困扰地质学家关于石英脉型和蚀变岩型金矿产出空间位置关系给出了合理解释。就胶东几种金矿而言，蚀变岩型金矿形成深度最大，其次是石英脉型金矿形成深度略小，层间滑脱带型金矿形成深度最小。由此也可推测，胶东西北部金矿剥蚀最大，东部则剥蚀相对较浅。

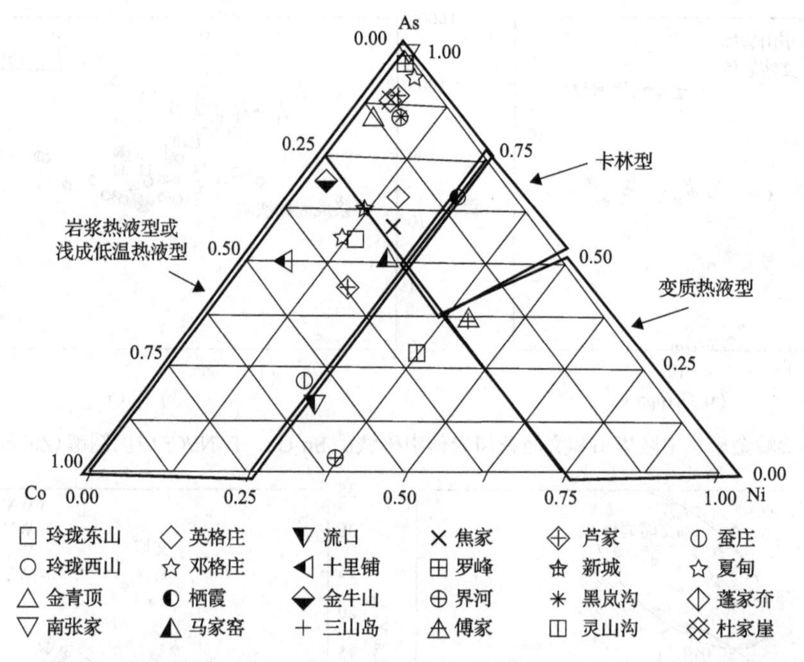

图 8-6　不同类型金矿黄铁矿 As-Co-Ni 三元成因图解(严育通等，2015)

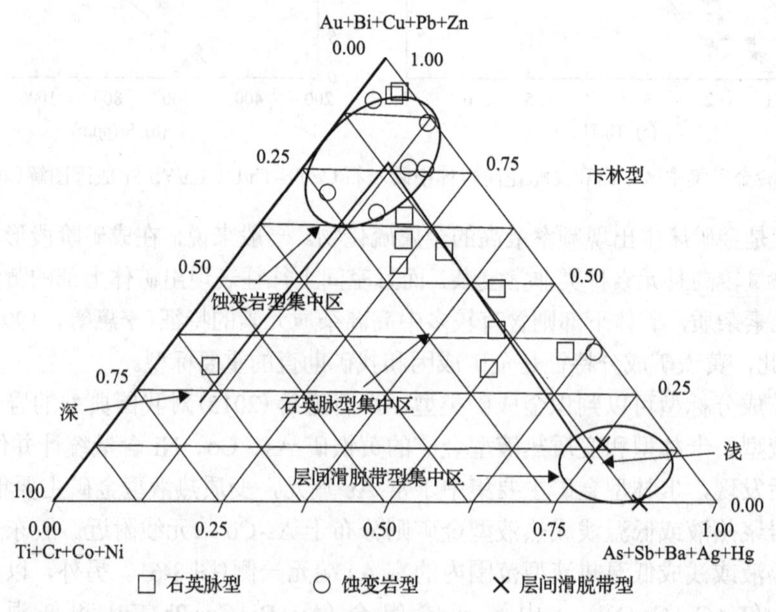

图 8-7　胶东不同类型金矿黄铁矿(Ti+Cr+Co+Ni)-(Au+Bi+Cu+Pb+Zn)-(As+Sb+Ba+Ag+Hg)三元成因图解(严育通等，2015)

根据矿物的成分特征还可以判断成矿的隐蔽分带性。在含铜斑岩中，矿体中部的黄铁矿富集 Co、Mo、Cu、Zn、Pb、Ag、As。矿体顶部和边缘(前缘带)与根部(尾部带)的黄铁矿则在 Zn、Pb、Ag、As 4 种元素表现出较大差异，其中顶部和边缘(前缘带)黄铁矿的 Zn、Pb、Ag、As 依次为 5000ppm、4000ppm、25ppm、18ppm 时，根部(尾部带)仅为 200ppm、160ppm、15ppm、8ppm(陈光远，1987)。脉状金矿床中黄铁矿微量元素也具有分带性，如胶东的石英脉型和蚀变岩型金矿多表现为 As、Hg、Sb、Se、Te、Cu 含量随深度加大逐渐降低趋势，其中 As 含量随深度增大而减少的幅度变化尤为明显(图 8-8)；Co、W、Sn 等高温元素含量则随深度加大而逐渐增大。

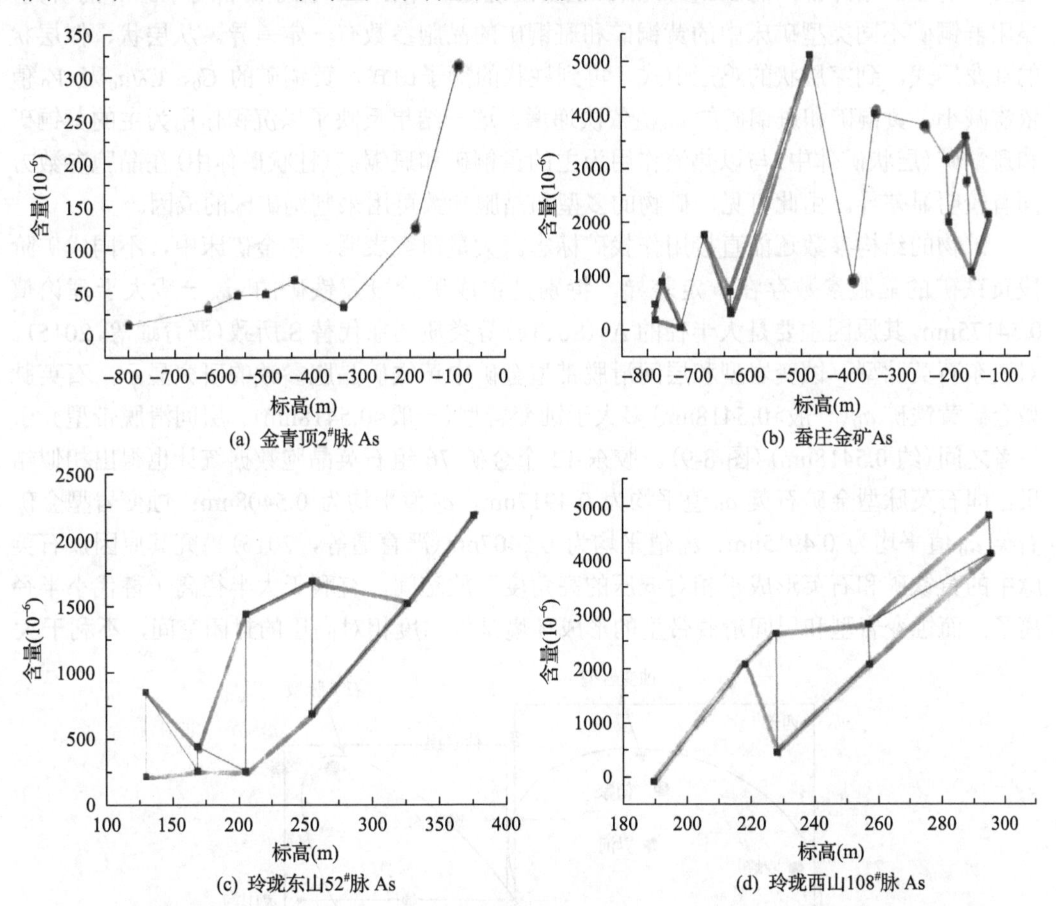

图 8-8　胶东石英脉型(金青顶、玲珑)和蚀变岩型(蚕庄)金矿、黄铁矿 As 含量随标高变化趋势(严育通等，2015)

矿物包裹体特征也是找矿的标志。辽宁复县金刚石中矿物包裹体成分相对复杂，同生包裹体有镁橄榄石、铬镁铝榴石、富铬铁镁铝榴石、铬铁矿、金刚石、顽火辉石、硫化物等，后生包裹体则主要是一些氧化物及石墨等。另外，其中的镁橄榄石包裹体贫 Fe 富 Cr，且 $Mg/(Mg+Fe_T)$ 在 0.92～0.93，与该区含矿金伯利岩中橄榄石的化学成分大体一致。而非矿金伯利岩中橄榄石的化学成分差异较大。因此，金伯利岩中的橄榄石也是一种找矿指示矿物，其化学成分特征可视为判别金伯利岩含金刚石性的一种标志(亓利剑等，1999）。

3. 按结构标型找矿

不同成因矿床中一些矿物的晶体结构可作为判断矿床成因的标志。例如，邵洁涟(1984)统计，天然辉钼矿有 2H 和 3R 两种多型，其中 2H 型辉钼矿主要出现在高温的岩浆熔离矿床、伟晶岩矿床、接触交代矿床和气成高温热液矿床中，而 3R 型辉钼矿则主要出现在中低温的斑岩 Cu-Mo 矿床和花岗岩中石榴子石石英辉钼矿脉中。2H 型辉钼矿主要出现在矿床深部，而 3R 型辉钼矿主要出现在矿床浅部。据李志群等(1994)的研究，昆阳群铜矿不同类型矿床中的黄铜矿和斑铜矿的晶胞参数有一定差异。从层状、似层状的红龙厂式，到穿层状的鸡冠山式，再到柱状的狮子山式，黄铜矿的 C_0、C_0/a_0 及 V_0 值依次减小，黄铜矿和斑铜矿的 a_0 值依次递增。这一结果反映了以沉积作用为主的黄铜矿和斑铜矿(层状矿体中)与以热液作用为主的黄铜矿和斑铜矿(柱状矿体中)在晶胞参数方面有较明显差异。由此可见，矿物的多型和晶胞参数可用来判别矿床的成因。

矿物的结构参数还能直接用作找矿标志。大量研究表明，在金矿床中，不同成矿阶段黄铁矿的晶胞参数存在一定差异，特别是主成矿阶段黄铁矿的 a_0 一般大于理论值 0.54175nm，其原因主要是大半径的 As(Se、Te)等类质同象代替 S 所致(严育通等，2015)。对胶东石英脉型、蚀变岩型和层间滑脱带型金矿中黄铁矿晶胞参数的研究显示，石英脉型金矿黄铁矿 a_0(一般>0.5418nm)多大于蚀变岩型(一般<0.5418nm)，层间滑脱带型介于二者之间(约 0.5418nm)(图 8-9)。胶东 12 个金矿 76 组石英晶胞数据统计也得出相似结果，即石英脉型金矿石英 a_0 值平均为 0.4917nm，c_0 值平均为 0.5408nm；蚀变岩型金矿石英 a_0 值平均为 0.4915nm，c_0 值平均为 0.5407nm(严育通等，2015)。究其原因，石英脉中的黄铁矿和石英形成于相对低压的高角度开放空间，有利于大半径离子替代小半径离子，而蚀变岩型和层间滑脱带型的形成环境是低角度相对高压的封闭空间，不利于大

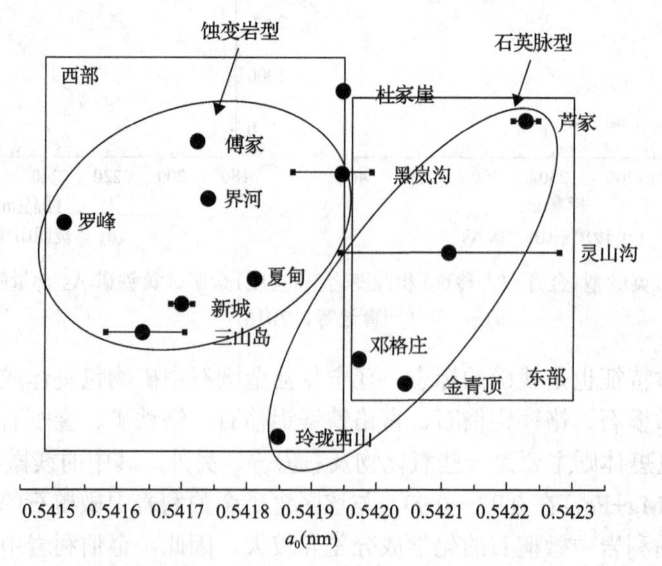

图 8-9　胶东石英脉型、蚀变岩型和层间滑脱带型(杜家崖)金矿黄铁矿 a_0 值分布图(严育通等，2015)

半径离子进入晶格，而层间滑脱带型金矿形成于近地表环境，比蚀变岩型金矿完全封闭的环境成矿压力低得多，故其矿物晶胞也较大。此外，黄铁矿的 X 射线衍射特征显示，当晶体发育镶嵌亚组织结构时，金易于进入黄铁矿晶体结构成为含金黄铁矿。由此可见，黄铁矿、石英等矿物较大的晶胞参数能够指示富金矿段。

4. 按物性标型找矿

矿物的物化标型可用于判断矿床的含矿性及矿床成因。在金矿中，不同阶段石英的热释光特性往往不同，一般来说主成矿阶段石英含杂质较丰富，导致石英热发光中心也较多，因此其释光曲线通常显示较早晚阶段石英的释光曲线复杂，发光强度也更大。利用这一特点进行矿物学填图，能揭示石英脉型金矿床中主成矿阶段流体活动轨迹和富矿地段。胶东乳山金青顶金矿 2 号矿体石英天然热释光总积分强度及金品位等值线垂直纵投影图(图 8-10)中的

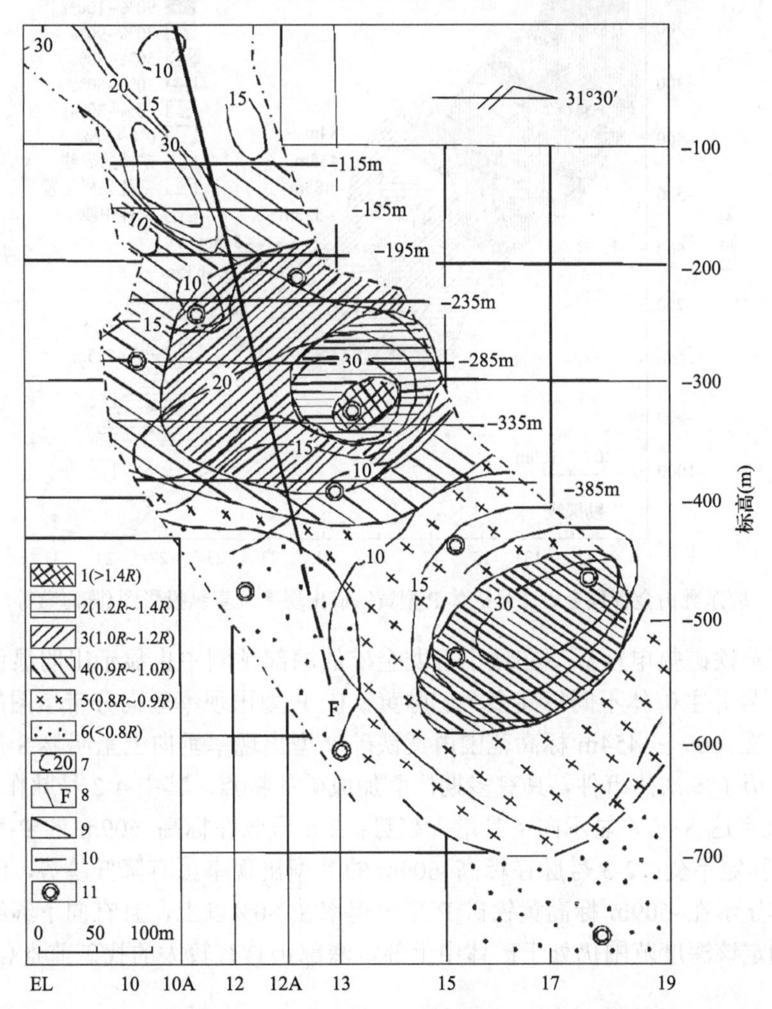

图 8-10　胶东乳山金青顶金矿 2 号矿体石英天然热释光总积分强度及金品位等值线垂直纵投影图(李胜荣等，1995)

1～6-石英热发光总积分强度；7-金品位等值线；8-断层线；9-原矿体边界；10-中段线；11-钻孔

高值区便很好地揭示了该石英脉体隐蔽的富矿地段。可以看出，–335～–155m 标高原矿体边界线以东至少 100m 范围内显示石英热释光积分强度高值区未封闭，暗示仍是矿化较强地段，这一预测结果被后期勘查实践所证实。

黄铁矿热电性在揭示矿床隐蔽分带性和强矿化地段方面具有独特作用。李胜荣等(1995)针对胶东乳山金青顶金矿 19 勘探线以西–66m 标高以上区域，采用黄铁矿热电性特征进行矿物学填图，结果发现其深部 P 型黄铁矿出现率高值区呈近等间距出现趋势，并显示与矿化一致的变化特征，由此对深部和外围的矿化情况做出强矿化地段向北东下方近等间距出现的预测，后经钻探结果证实该预测有显著可靠性，而且在很大深度范围内保持该规律(图 8-11)。

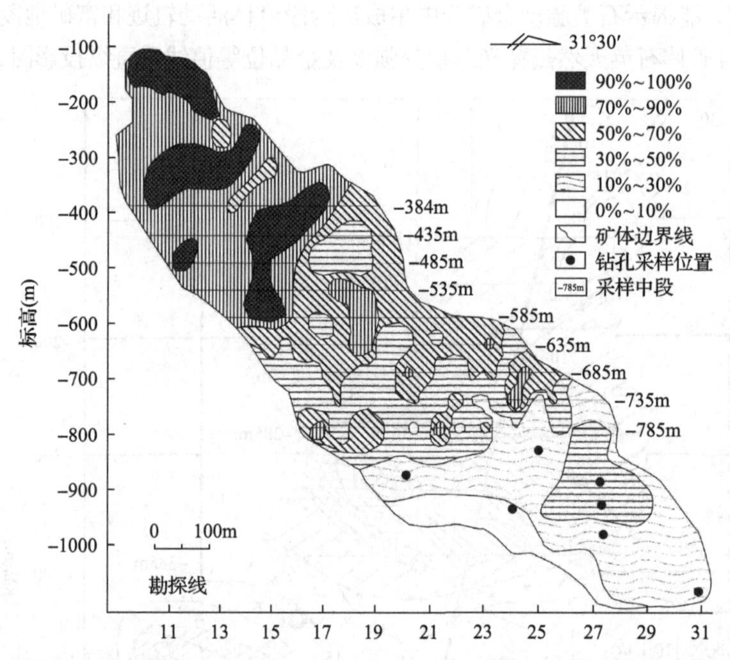

图 8-11　胶东乳山金青顶金矿 2 号矿体 P 型黄铁矿出现率垂直纵投影图(陈海燕等，2010)

另外，黄铁矿热电性标型在辽宁五龙金矿的深部预测中也显示出明显优越性。对五龙金矿 2 号井主矿体不同标高多个矿脉黄铁矿 P 型出现率垂向分带填图的结果显示(图 8-12)，在–609～–454m 标高范围内黄铁矿 P 型出现率垂向上呈明显 S 形波动，说明该矿床经历了多次热事件，具有多期次叠加成矿的特点。其中 4-2 号脉在标高–609m 的 P 型出现率达 85%并显示向下具增大趋势；2-6 号脉在标高–609m 的 P 型出现率在 90%以上且稳定不变；2-3 号脉在标高–609m 的 P 型出现率虽有降低趋势，但仍在 65%以上。总体显示在–609m 标高黄铁矿 P 型出现率在 80%以上，且有向下继续增高的趋势，可以判定该深度范围仍处于矿体中上部，深部仍具有较大的找矿前景(王冬丽等，2019)。

利用矿物磁性标型可以快速识别岩石的蚀变强度或划分蚀变带，以间接获取矿化信息，指导找矿。利用便携接触式磁化率仪对河南嵩县前河金矿甚沟矿段进行蚀变岩磁化率研究结果(曹晔等，2007)表明，从绿泥石化安山岩、硅化-绿泥石化安山岩、绿泥石化-硅化安山岩、钾长石化安山岩、硅化安山岩直至黄铁绢英岩化安山岩，其磁化率值呈依次降低趋势(图 8-13)。同时，采用磁化率值进行蚀变填图，结果显示蚀变岩磁化率值与金矿化程度总体显示负相关关系(图 8-14)，而且在纵投影图上表现为磁化率高值区呈现串珠状并近似棋盘格式分布。这一认识为深部预测提供了有益参考。

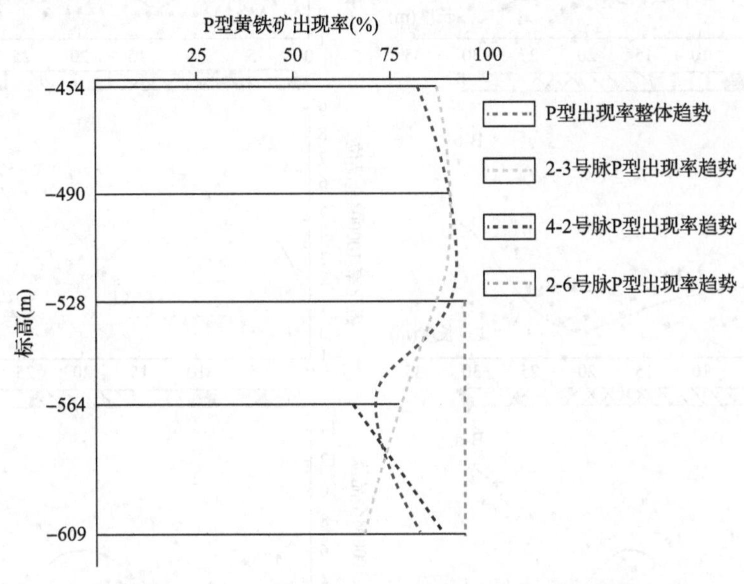

图 8-12　五龙金矿黄铁矿 P 型出现率垂向分布特征

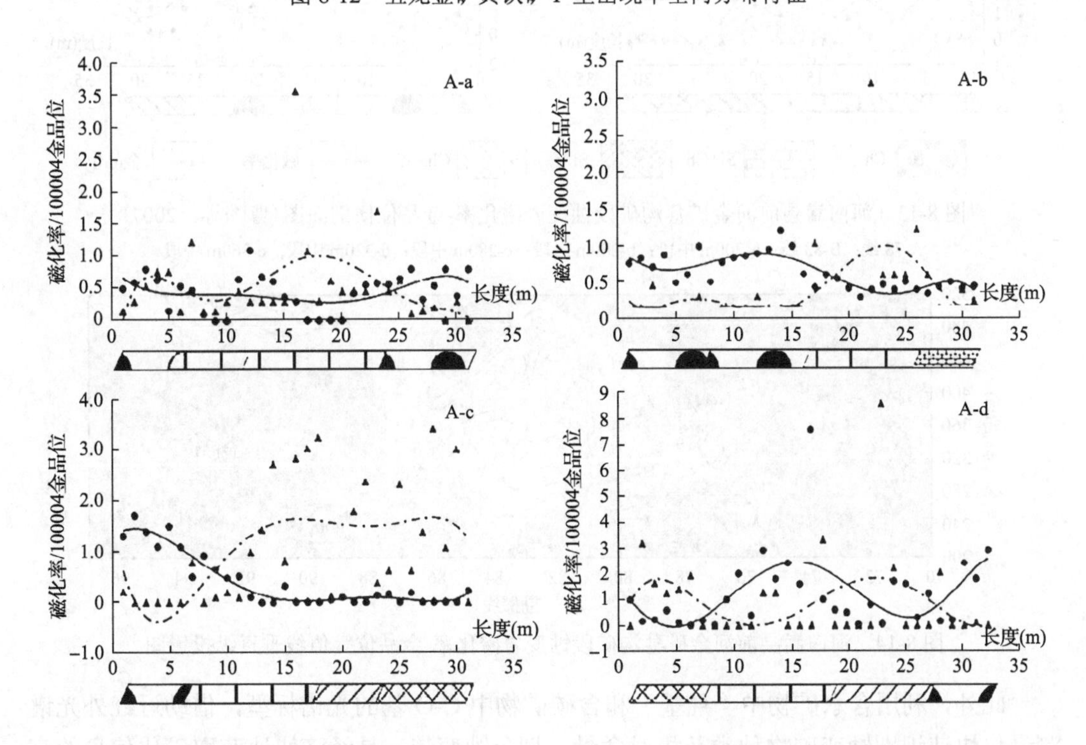

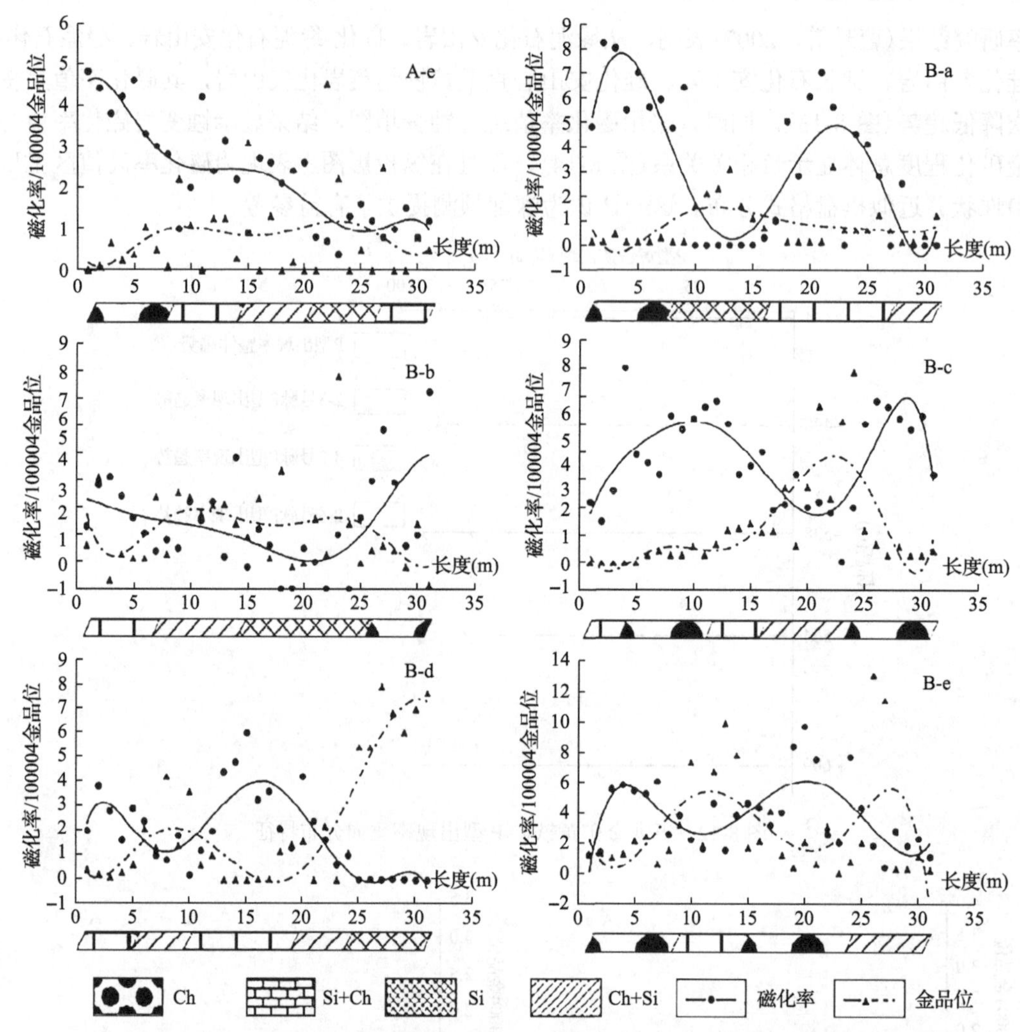

图 8-13　河南嵩县前河金矿甚沟矿段蚀变岩磁化率-金品位横剖面图(曹晔等，2007)

A-78 线；B-83 线；a-200m 中段；b-240m 中段；c-280m 中段；d-320m 中段；e-360m 中段

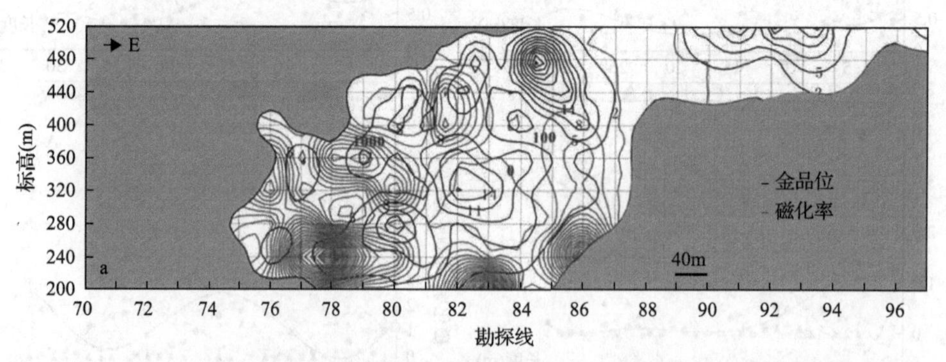

图 8-14　河南嵩县前河金矿甚沟矿段蚀变岩磁化率-金品位等值线垂直纵投影图

此外，利用含水矿物中“羟基”和含碳矿物中 C-O 基的光谱标型，借助近红外光谱测量仪快速识别蚀变矿物种类及相对含量，划分蚀变带，是经济快速获取矿化信息的有效方法(Cook，2011；Cook et al.，2013)。澳大利亚 James Cook 大学经济地质研究中心主任常兆山博士在研究菲律宾吕宋岛 Mankayan Cu-Au 矿集区时，针对晚白垩世变火山岩和上新世英安质斑岩间约 7km 不整合-泥质蚀变带之明矾石短波红外光谱 1480nm 吸收峰的飘移规律进行了研究，结合明矾石 Na、K、Ca、Pb、Sr、La 含量与 Sr/Pb、La/Pb 值的填图结果，成功圈定了斑岩成矿系统的中心，并揭示了矿床蚀变分带规律，对后续勘查工作起到重要指导意义(Chang et al.，2011)。这说明基于蚀变矿物的物性进行蚀变分带对隐伏矿床的寻找具有实际意义。

短波红外光谱技术是甄别蚀变矿物的有效手段。特别是对于野外露头、井巷、手标本或者光学显微镜不易观察的微细蚀变矿物及其蚀变现象，短波红外光谱技术具有显著优势，可以有效弥补光学显微镜下蚀变矿物定量不准确的短板。通过短波红外光谱参数填图可以半定量标识蚀变矿物组合并进行蚀变矿物分带。图 8-15 是内蒙古阿拉善盟珠斯楞金矿床近红外光谱 2180～2240nm 波段主吸收强度等值线趋势图，其中 2180～2240nm 波段吸收峰常常反映含有 Al-OH 基团矿物(如白云母、伊利石等层状硅酸盐矿物)出现频率。可以看出，其高值区主要出现在工作区的东部和东南部区域，而且与构造线基本吻合，表明高值区可能是强烈绢云母化蚀变地段，暗示东部和东南部区域强烈蚀变地段(申俊峰等，2018)。后续的岩石地球化学测量证实东部和东南部存在强烈的中低温元素组合异常，钻探工程在异常区揭露出工业矿体。这里也说明采用短波红外光谱提取矿物的蚀变信息，在确定找矿靶区方面具有指示意义。

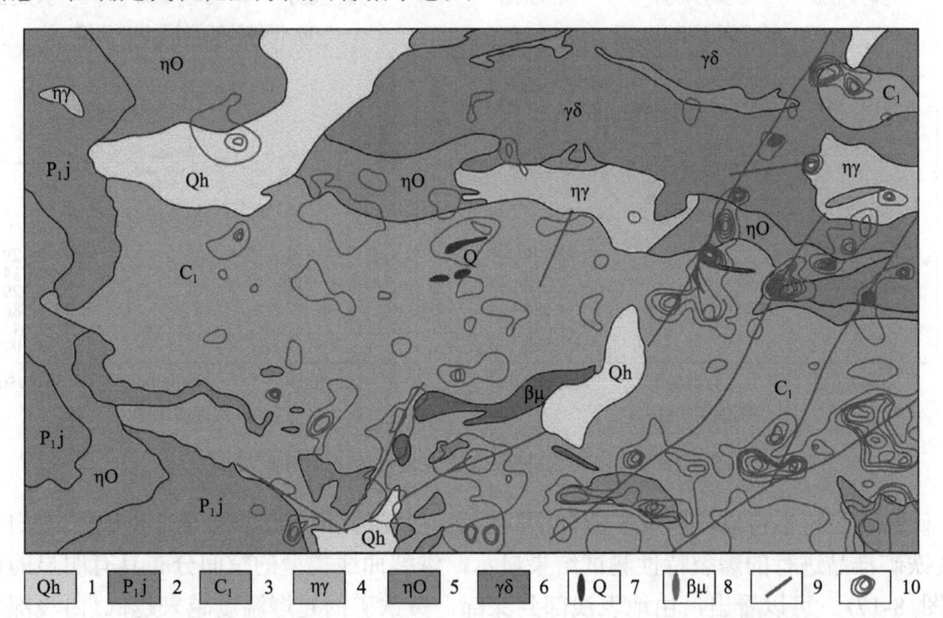

图 8-15　内蒙古阿拉善盟珠斯楞金矿床近红外光谱 2180～2240nm 波段主吸收强度等值线趋势图

1-第四系；2-二叠系下统金塔组：灰绿色安山岩；3-石炭系下统：浅灰褐色、紫红色含砾粗粒岩屑砂岩，夹浅灰紫色流纹质玻屑凝灰岩、杂色凝灰质砂岩、浅变质岩碎屑岩和火山碎屑岩等；4-海西期晚期侵入体：灰白、浅红中粗粒二长花岗岩和斜长花岗岩；5-海西期早期侵入体：灰白、灰绿中细粒斜长花岗岩和灰绿色中细粒花岗闪长岩；6-灰白、浅红色花岗斑岩；7-石英脉；8-辉绿岩脉；9-断层；10-近红外光谱吸收强度等值线同样道理，在甘肃合作市岗岔-克莫金矿区，通过短波红外光谱平面填图技术，在安山质火山岩-火山碎屑岩覆盖区清晰地提取到了高岭石化、伊利石化、褐铁矿化和绿泥石化异常(图 8-16)，同时还确定了填图区域的东北部存在代表中低温浅成蚀变的明矾石化和黄钾铁矾化异常。根据高岭石化+伊利石化+褐铁矿化蚀变组合，结合外围的绿泥石化+伊利石化蚀变组合，推测填图区的东北部存在热液溢出区。之后的地球化学勘查(土壤化探和岩石碎屑化探)结果也表明该填图区存在显著 Au-Ag-As-Sb-Pb-Zn 组合异常，结合断裂构造发育特点，认为该处具有 Au 成矿潜力，抑或存在斑岩型 Au-Cu 成矿系统，其蚀变矿物组合异常和中低温元素组合异常区是重要的勘查靶区(申俊峰等，2018)。这样看来，短波红外光谱技术是识别蚀变矿物组合的高效工具，可以为布设勘查验证工程提供重要依据。

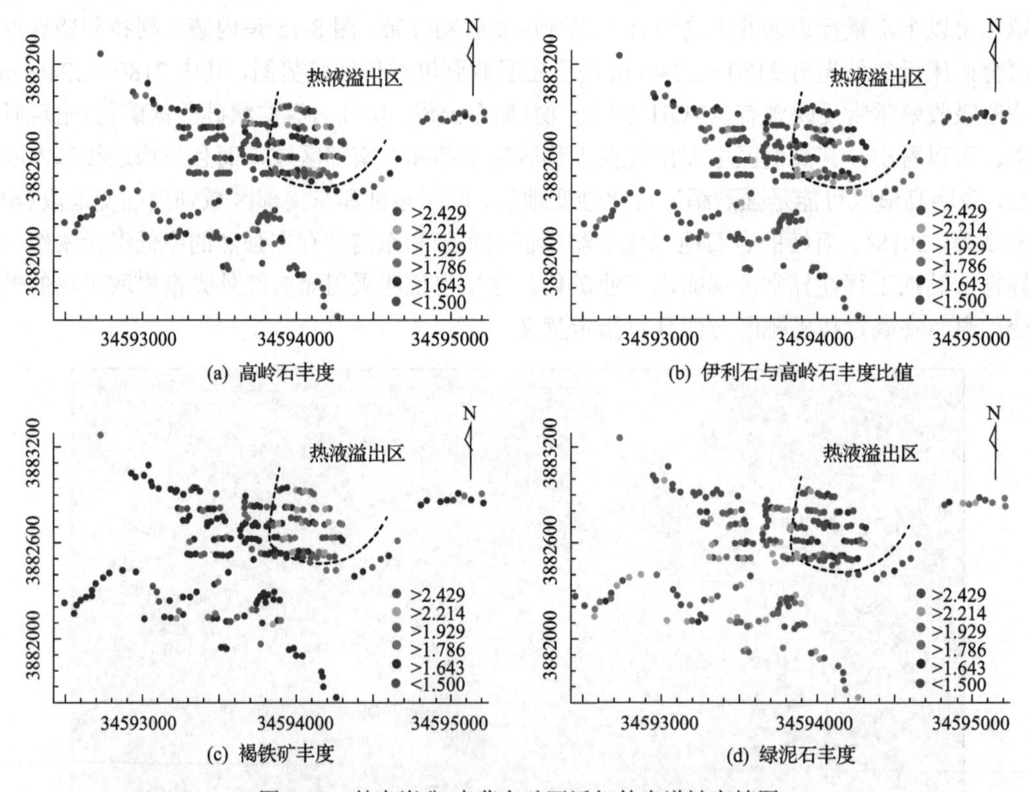

图 8-16　甘肃岗岔-克莫金矿区近红外光谱蚀变填图

矿物爆裂特性可以提取成矿流体活动信息。甘肃武都安房坝金矿 I-8 矿体采集的 17 件黄铁矿样品进行的爆裂特性测试结果显示，爆裂曲线类型的空间分布具有明显的规律性(图 8-17)。可以看出，由地表浅部到深部，黄铁矿的起爆温度越来越低(由浅部大于 234℃降低为深部 220～164℃)，暗示成矿流体温度具有逆向分带趋势，显然说明成矿过程存在含矿流体脉动叠加效应。同时还注意到，随着深度降低并起爆温度下降的同时，爆裂峰呈增加趋势，说明深部存在低温流体活跃区，是金矿化的标志，暗示深部找矿潜力较大(薄海军等，2014)。将爆裂频数(近似地反映了载金矿物黄铁矿中的包裹体数量)与金品位对比后发现，金品位高值区与热爆裂总数高值区近似吻合，尤其是在靠近爆裂总数高值区且爆裂频数梯度变化较大的部位，其金品位最好。这说明矿物热爆裂特性可以揭示热流体的物理化学特性，对金沉淀具有指示意义。

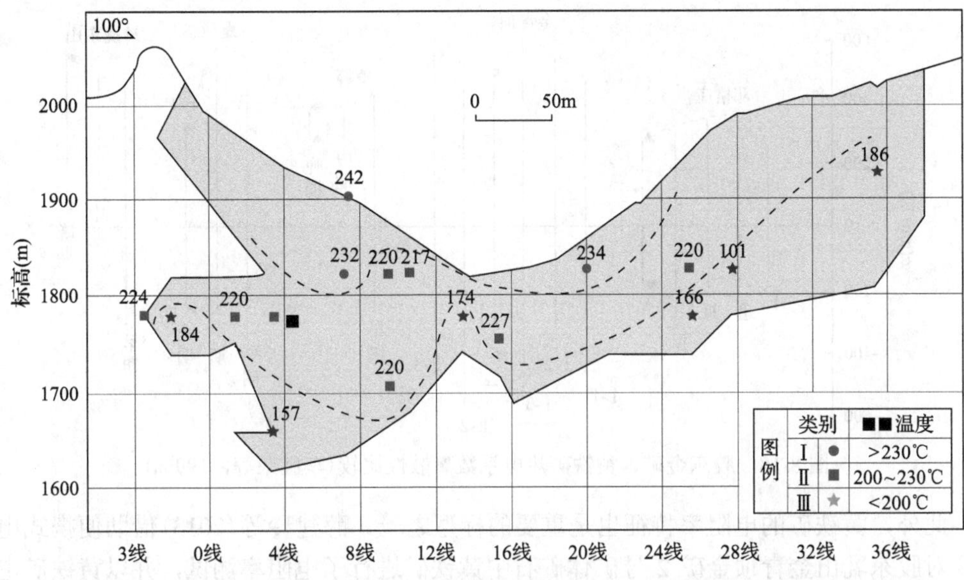

图 8-17　甘肃武都安房坝金矿 I-8 矿体黄铁矿爆裂曲线类型分布(薄海军等，2014)

(四)若干矿物的标型特征应用举例

1. *黄铁矿*

黄铁矿是金矿中最普遍的载金矿物。大约 98%的金矿床有黄铁矿出现，以黄铁矿作为主要载金矿物的金矿床可达 85%以上(高振敏等，2000)。因此，根据黄铁矿标型特征，甄别金矿化，判识成矿深度和矿体延伸规模等具有实际意义，并已广泛应用于成矿预测和找矿实践(杨竹森等，2001；舒斌等，2006；要梅娟，2007；罗军燕，2009；吕文杰，2010；严育通和李胜荣，2011)。

对黄铁矿形貌的研究表明，金矿中的黄铁矿形态与其形成环境密切相关。通常热液中硫逸度高时，黄铁矿易呈五角十二面体{210}晶形、八面体{111}晶形或复杂聚形晶。在氧逸度高、硫逸度低的条件下，则有利于立方体{100}单形晶发育。主成矿阶段结晶的黄铁矿往往发育成细粒聚形晶，成矿早阶段或晚阶段晶体粒径常常较大，表明主成矿阶段成矿物质浓度较大，温度变化快且过冷却度较大(邵洁涟，1988)。

黄铁矿的热电性标型可以区别矿体与围岩，或作为预测矿体延深并评价金矿床剥蚀程度的重要标志。其中热电系数和导电类型(简称导型)是重要的标型特征。资料显示，黄铁矿热电性特征具有空间分带性，即矿体浅部以 P 型黄铁矿为主，热电系数呈较大正值，随着深度的增加，热电系数逐渐减小，且 N 型黄铁矿逐渐增多，逐步转变为以 N 型黄铁矿为主，热电系数也由较小负值为主逐渐变为较大负值。因此，可以将黄铁矿的导型和热电系数在垂直方向上的变化规律作为判断矿体延伸的重要标志(王宝德和李胜荣，1996；申俊峰等，2013，2018)。黄铁矿热电系数的离散性也能标识金矿的规模，大型金矿黄铁矿热电系数离散性较大，而小型金矿热电系数离散性较小(陈光远等，1989；李胜荣等，1996a)(图 8-18)。

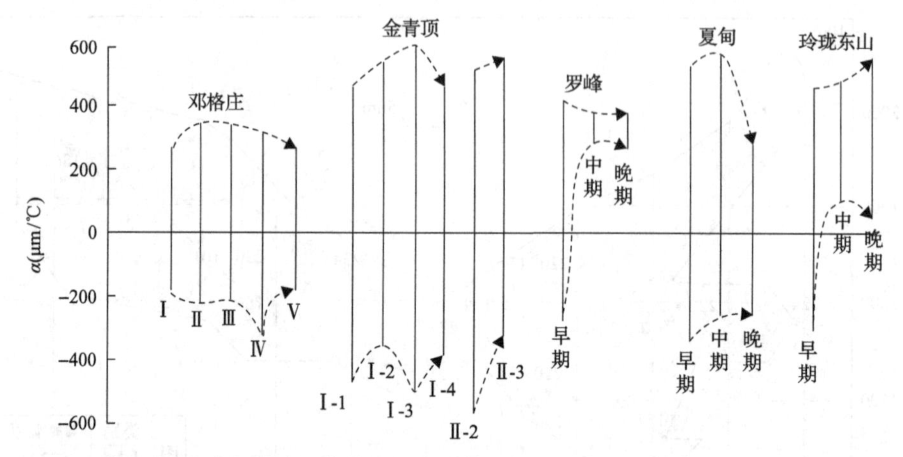

图 8-18　胶东金矿、黄铁矿热电系数离散性比较(李胜荣等，1996a)

此外，黄铁矿的电阻率特征也是重要的标型之一。薛建玲等(2013)借助便携式电阻率仪对胶东乳山金青顶金矿 2 号矿体矿石中黄铁矿进行了电阻率测试，并以黄铁矿电阻率为参数进行矿物学填图，同样提取到了与金矿化富集规律相关的信息(图 8-19)。

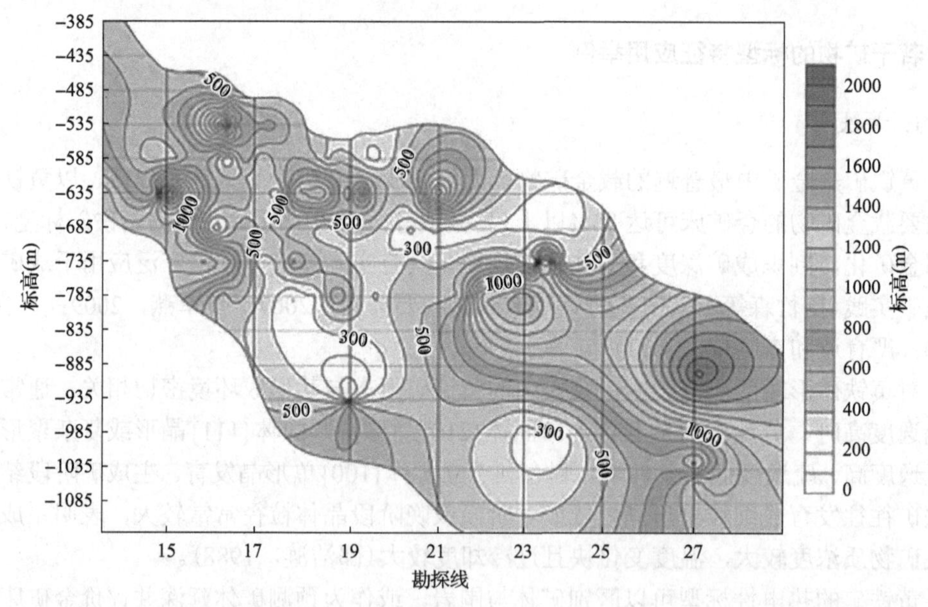

图 8-19　胶东乳山金青顶金矿 2 号矿体矿石中黄铁矿电阻率均值等值线垂直纵投影图

黄铁矿的热爆裂法测温具有经济、方便、快捷等优势。黄铁矿的爆裂温度常常能够反映流体包裹体捕获时温度的上限，裂温度曲线则反映流体的叠加效应。金矿中黄铁矿的爆裂强度(爆裂频数)与含矿流体演化条件(温度、压力、挥发分等)和组分复杂程度有关，后者能影响黄铁矿体缺陷及流体包裹体数量，因而反映出爆裂频数的差异，间接指示成矿物质的沉淀富集规律。黄铁矿的爆裂参数可指示成矿温度场变化趋势和流体运移轨迹，从而指导找矿预测。

Maab 等(2019)采用 X 射线衍射、热电系数、主微量元素和同位素地球化学等分析方法，对巴基斯坦北部帕米尔构造结喀喇昆仑断裂带的 Bagrote 山谷砂金矿床中的黄铁矿进行了研究，认为砂金中的黄铁矿主要为自形晶和半自形晶，说明其距离原生金矿源区不远，且金以微米-纳米尺度自然金赋存于黄铁矿。其元素面扫描图(图 8-20)显示黄铁矿未遭受次生热液蚀变的影响。热电导型以 N 型为主，占比约 89%；P 型黄铁矿仅占 11%。黄铁矿结晶温度为 290～380℃，$\delta^{34}S_{V\text{-}CDT}$ 值均一化程度很高，变化范围–0.9‰～–0.6‰；Pb 同位素值高度集中，显示以造山带铅为主。在黄铁矿 As-Co-Ni 三元成因图解上，所有投点均落在岩浆热液或低温热液区。综合以上特征，认为该砂金矿床的原生矿为岩浆热液型金矿床。热电性剥蚀参数 γ 计算结果显示剥蚀率达到 71.8%，推测原生矿床大部分已被剥蚀，但黄铁矿的近源性和高金含量(最高达 1160 ppm，图 8-20)又显示在帕米尔构造结地区剥蚀面以下的原生金矿床仍有较大找矿潜力。

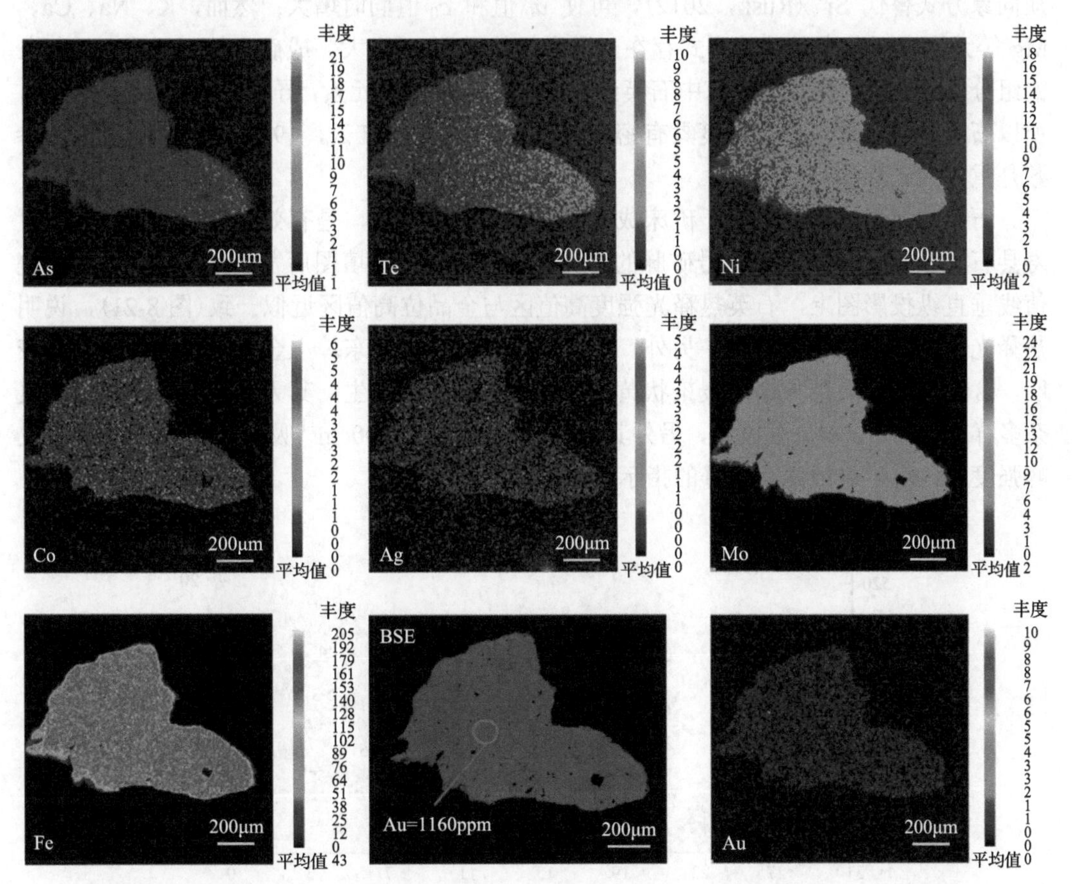

图 8-20　帕米尔构造结 Bagrote 山谷砂金矿床黄铁矿元素面扫描图(Maab et al.，2019)

BSE 为背散射

2. 石英

石英是热液矿床中重要的脉石矿物，属于贯通性矿物，常与热液矿化具有密切的成因联系，是热液矿床形成和演化过程的主要信息载体，具有十分重要的成因标型和找矿指示意义。前人根据石英的产出特征、晶体形态(包括微形貌)、杂质元素、晶胞参数、包裹体、热释光、红外光谱等特征对金矿的成矿动力学过程、成矿流体运移轨迹、成矿元素富集规律、矿床深部和外围成矿远景等进行了大量富有成效的研究，取得了丰硕的找矿效果(陈光远等，1989；刘星，1992；李胜荣等，1996a；Chen et al.，1997；罗军燕等，2008；申俊峰等，2013)。Moncada 等(2012)对墨西哥 Guanajuato 浅成低温热液石英脉型银金矿 855 件样品进行了石英和方解石等矿物的形貌、结构和流体包裹体等系统研究和矿物学填图后发现，胶状结构的石英能有效指示金-银的富集，是区分矿化与非矿，判识近矿和远矿，甄别矿体上部和下部的重要标志之一。

石英的晶胞参数(标准值为 a_0=0.4913nm，c_0=0.5404nm，V_0=0.1130nm^3)变化是其晶体化学和形成环境的综合反映。通常情况下，Al、Fe、P、Cr、Bi 等元素在石英中以类质同象方式替代 Si^{4+}(Rusk，2012)，可使 a_0 值和 c_0 值同时增大；然而，K、Na、Ca、Mg 等元素在石英中以填隙方式存在，通常只能导致 a_0 增大。成矿流体一般含有较复杂的组分体系，因此热液型矿床中石英结晶时往往捕获杂质元素，导致晶胞参数发生改变，所以石英晶胞参数与矿化程度具有密切关系(银剑钊和史红云，1994)。显然石英晶胞参数是重要找矿标型。

石英的热释光特征可用于矿床成因研究和含矿性评价，是有效找矿标型。对河北灵寿县石湖石英脉型金矿 101 号矿脉的石英进行热释光强度填图后发现，在热释光强度等值线垂直纵投影图上，石英热释光强度高值区与金品位高值区近似一致(图 8-21)，说明热释光强度可以指示金矿化。另外，王杜涛等(2012)对山东埠上金矿的石英研究结果表明，含金性好的石英与细粒浸染状黄铁矿及绢云母密切共生，其天然热释光曲线峰型复杂多样，峰值高，积分强度大，另外其红外光谱曲线的 3400cm^{-1} 吸收峰和 2350cm^{-1} 吸收峰强度大，对矿化蚀变有很好的指示意义。

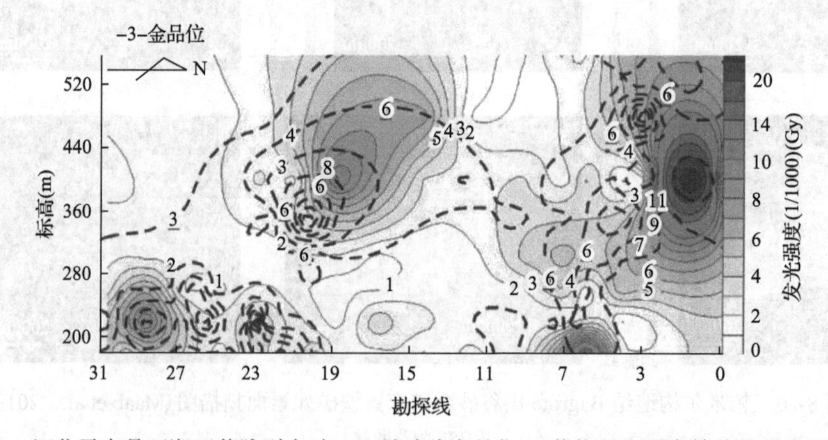

图 8-21　河北灵寿县石湖石英脉型金矿 101 号矿脉金品位-石英热释光强度等值线垂直纵投影图

石英的流体包裹体可记录成矿过程的重要信息。不同阶段流体包裹体特征的详细解析不仅可以查明成矿流体的物质组成、流体性质和成矿作用的温度(图 8-22)、盐度、密度、压力等物理化学条件及其变化过程，还可追溯成矿流体的来源，了解成矿作用机制，判断矿床的成因、成矿深度和剥蚀程度等。例如，克拉通破坏型金矿等矿床的流体包裹体中含大量甲烷、乙烷、二氧化碳等组分(图 8-23)，说明成矿流体有源自地球深部或有地幔流体的加入，是地质流体大规模长距离运移的产物。

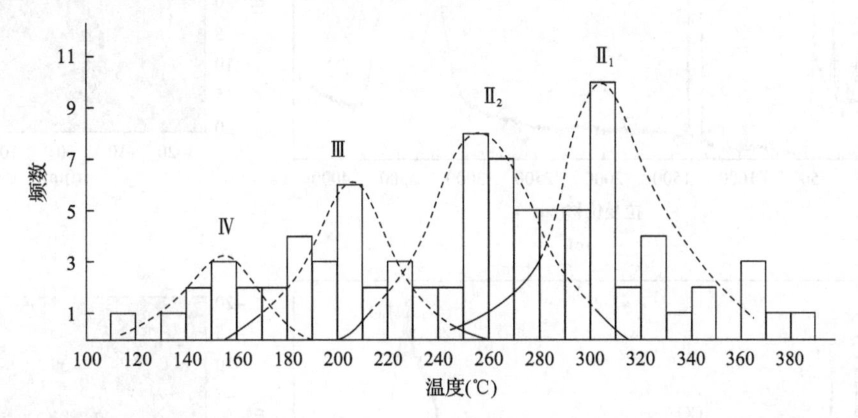

图 8-22　含金石英脉中石英流体包裹体均一温度直方图与成矿阶段的划分(罗军燕，2009)

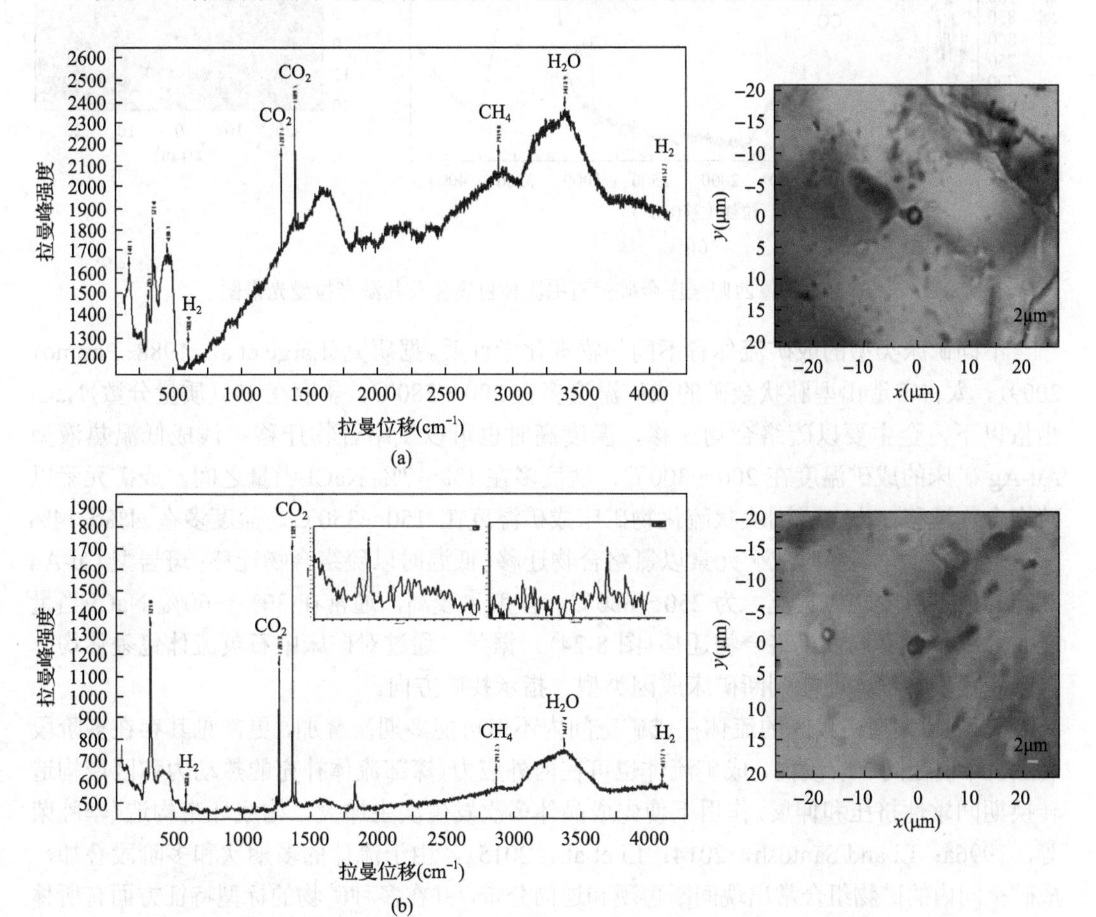

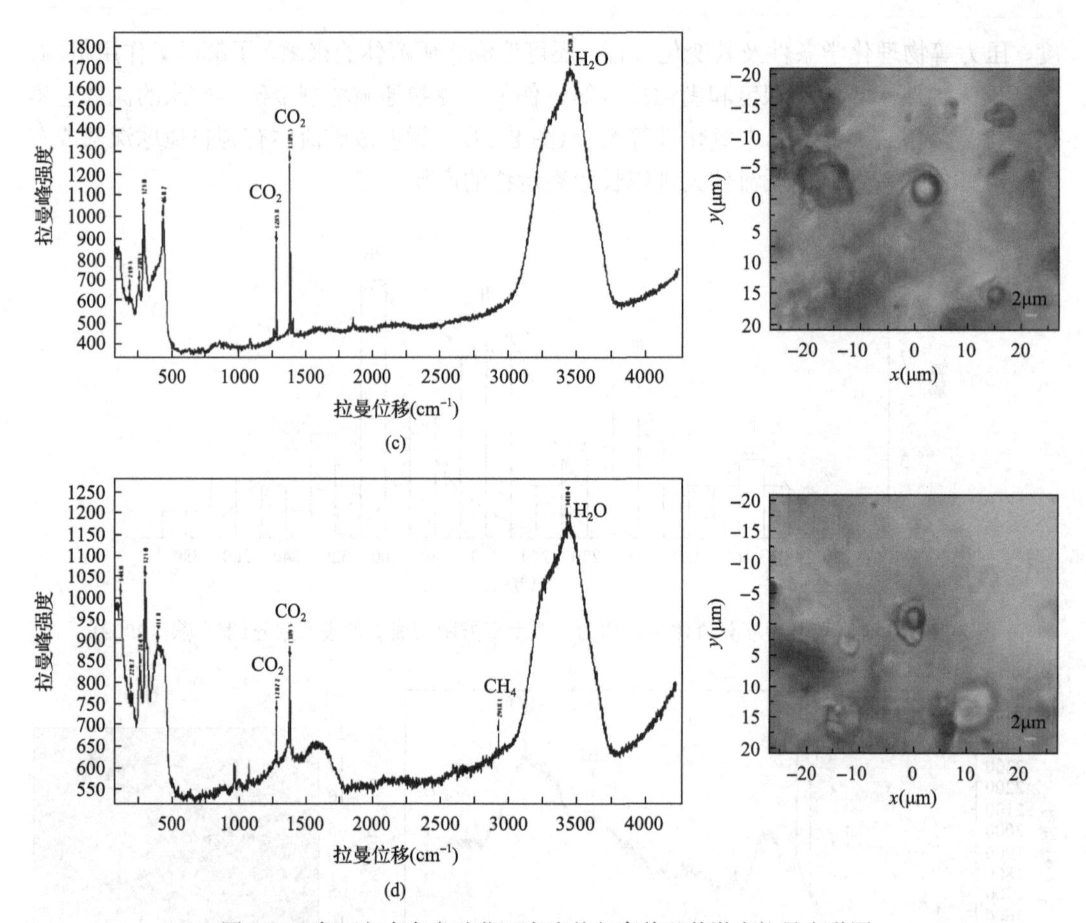

图 8-23　鲁西归来庄金矿萤石中流体包裹体及其激光拉曼光谱图

不同矿床类型的成矿流体有不同的物理化学性质。据研究（Large et al.，1988；Pirajno，2009），太古宙造山型脉状金矿的成矿温度多在 200～380℃，盐度在 1%（质量分数）NaCl 当量以下，金主要以硫络合物迁移，温度高时也可以氯络合物迁移；浅成低温热液型 Au-Ag 矿床的成矿温度在 200～300℃，盐度多在 1%～7% NaCl 当量之间，成矿元素以硫络合物迁移；火山成因块状硫化物矿床成矿温度在 150～350℃，盐度多在 4%～14% NaCl 当量之间，高温时成矿元素以氯络合物迁移，低温时以硫络合物迁移；斑岩型 Cu-Au 矿床的成矿温度较为宽泛，为 250～650℃，盐度也较高，通常在 30%～60% NaCl 当量之间，成矿元素均以氯络合物迁移（图 8-24）。据此，通过对矿床中石英流体包裹体均一温度和盐度特征，便能判断矿床成因类型，指示找矿方向。

大型-超大型矿集区的流体在成矿空间内不但可能多期次叠加，更常见其存在多阶段叠加，即使在同一阶段内，成矿流体也可在内外应力（深部流体补充的热动力和区域构造转换期间歇性挤压和伸展）作用下使先成晶体多次发生次生加大，构成环带构造（李胜荣等，1996a；Li and Santosh，2014；Li et al.，2015）。由于流体的多期次和多阶段叠加，成矿空间内的矿物组合常出现间断再现和逆向分带，并在多种矿物的标型特征方面有所体现。其中，石英流体包裹体丰度（单位面积内的个数）（图 8-25）、石英环带韵律数（图 8-26）

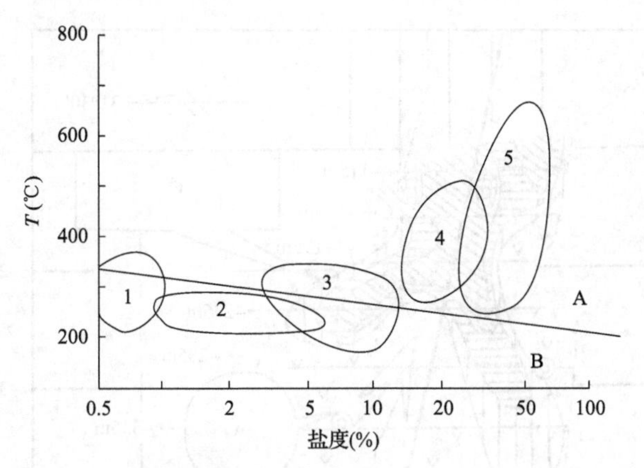

图 8-24 热液矿床温度-盐度场及递变线(Large et al.，1988；Pirajno，2009)

A-以氯络合物为主；B-以硫络合物为主；1-太古宙造山型金矿；2-浅成低温热液型 Au-Ag 矿；3-火山成因块状硫化物矿床；4-澳大利亚 Tennant Creek Au-Cu 矿；5-斑岩型 Cu-Au 矿

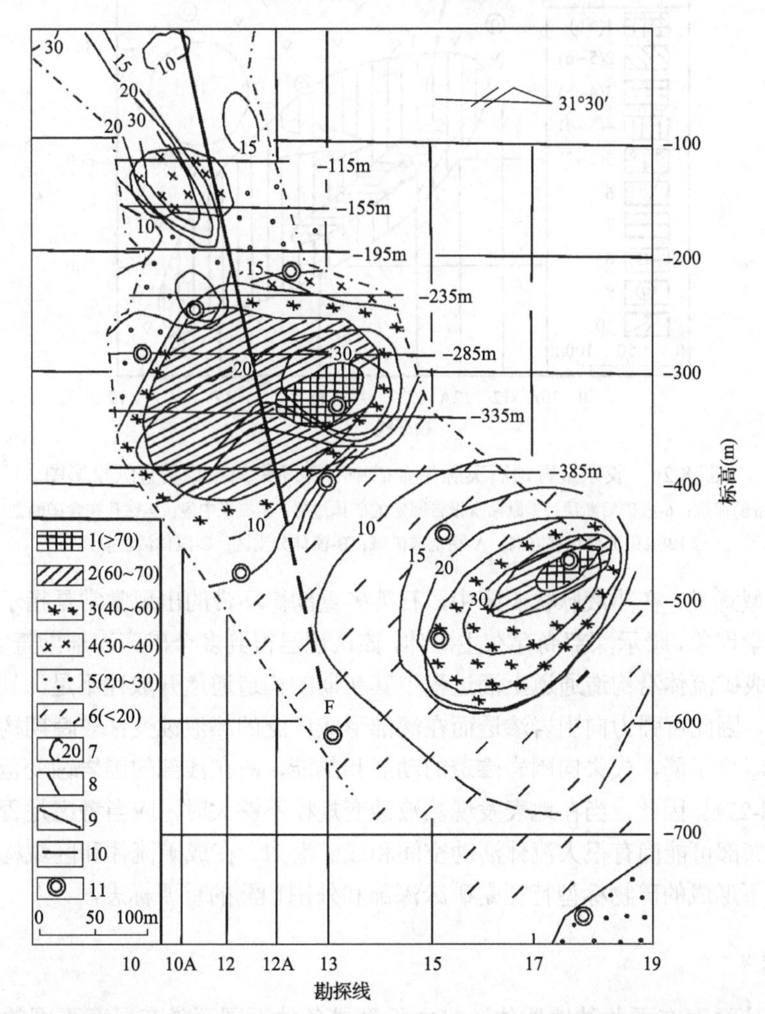

图 8-25 胶东金青顶石英脉型金矿中石英流体包裹体丰度垂直纵投影图(李胜荣等，1996)

1～6-流体包裹体丰度(25μm×25μm 面积内包裹体数)；7-金品位等值线；8-断层线；9-原矿体边界；10-中段线；11-钻孔

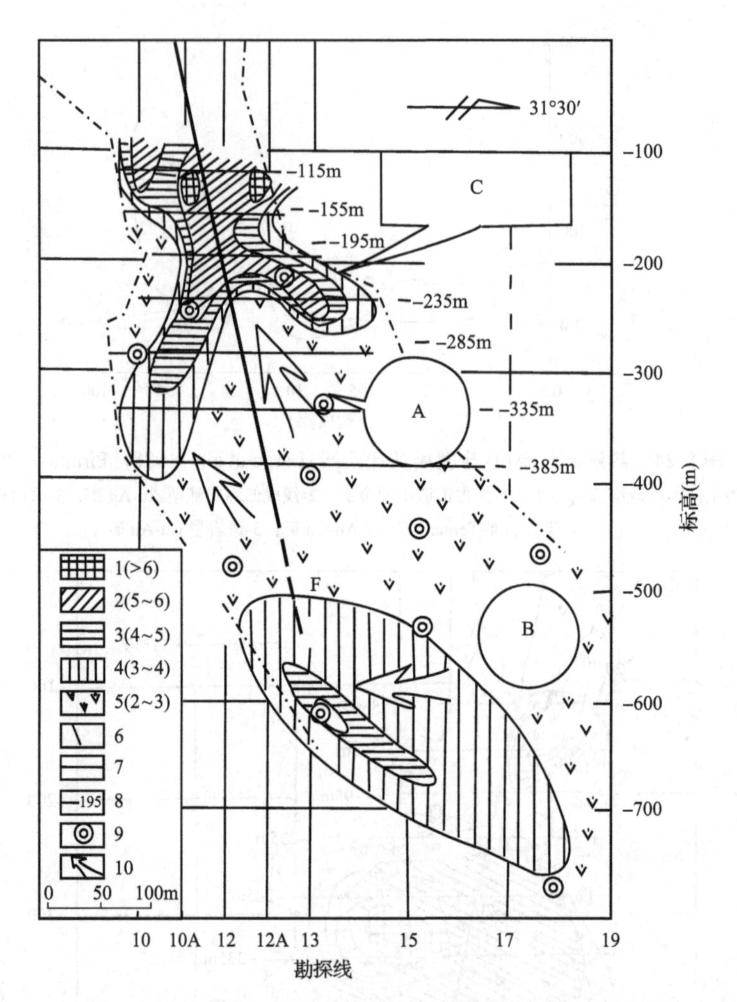

图 8-26　胶东金青顶石英脉型金矿中石英环带韵律数垂直纵投影图

1～5-石英环带韵律数；6-成矿后断层；7-原勘查报告圈定的矿体边界；8-探采中段；9-钻孔在含矿断裂中的出露点；10-成矿流体运移方向；A-稳定成矿域；B-流体分支区；C-流体活动前锋

具有显著标型意义。在热液脉状矿床中，石英多重韵律环带的出现常常是指示矿床顶部或头部的矿物学现象，暗示深部尚存在主矿体，该认识已得到多个矿床深部勘查实践的证实。此外，由于成矿流体沿构造通道上涌过程中其初期的构造通道开放性不足，且流体处于高温高能状态，因此可强力向围岩渗透而在深部形成广泛的热液蚀变；较晚期构造通道逐渐打开且流体温度下降，失去向围岩渗透的动能和热能，故在浅部的围岩蚀变范围较小，宽度较窄(图 8-27)。因此，当在地表发现热液蚀变规模不够大时，应当考虑是否为流体活动的前锋，其深部可能尚有很大流体活动空间和成矿潜力。在成矿流体和区域构造热力学和动力学作用下形成的矿物标型特征是矿床深部和外围预测的重要标志。

3. *磁铁矿*

磁铁矿广泛存在于各种地质体，且由于形成条件不同而具有显著不同的标型特征。因此，磁铁矿的标型特征对找矿勘探和矿石工艺特性评价具有重要意义。

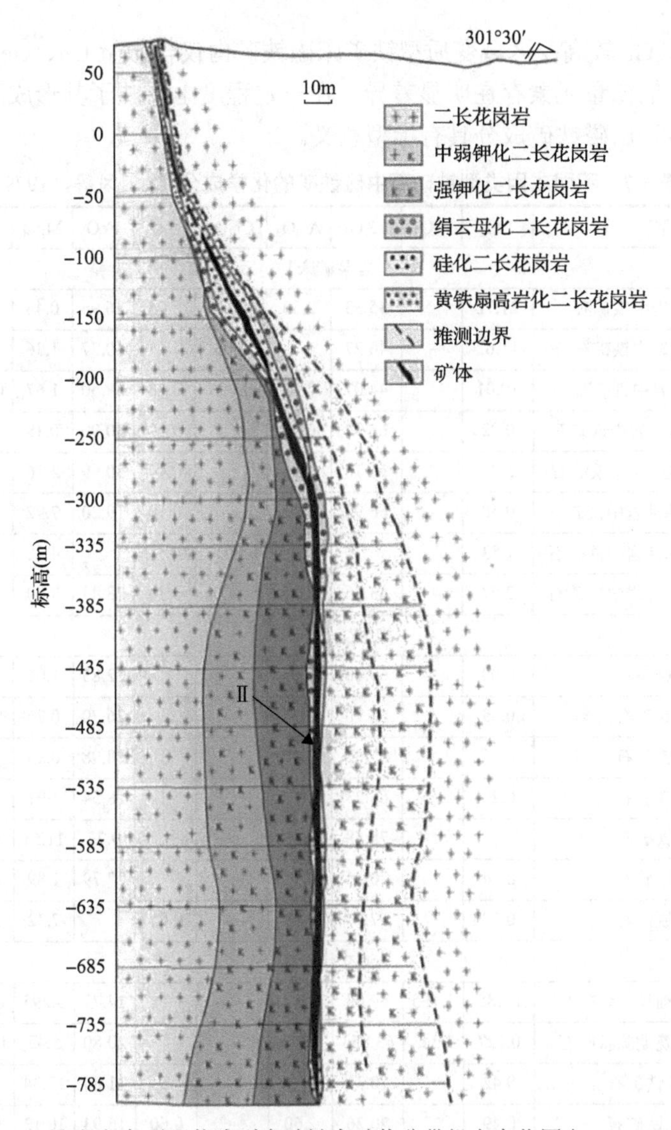

图 8-27　胶东金青顶石英脉型金矿蚀变矿物分带纵向变化图(Li et al.，2015)

磁铁矿常常作为副矿物产出于各种侵入岩、喷出岩、区域变质岩和交代蚀变岩中。一般来说，火成岩(特别是基性岩、超基性岩)中磁铁矿的 TiO_2 含量相对较高，但岩浆期后形成的交代蚀变岩中磁铁矿的 TiO_2 含量则显著降低。岩浆成因磁铁矿的 MgO、MnO、Al_2O_3、Cr_2O_3、NiO 等含量通常比变质成因磁铁矿的高。徐国风等(1979)对国内外不同成因类型铁矿石中磁铁矿的化学成分数据进行统计分析后(表 8-7)发现，不同成因磁铁矿其化学组分显著不同，其中一些成分具有明显表性意义(表 8-8)。此外还注意到，岩浆型矿床的磁铁矿含 Sc、Ni、Zn 较高，与接触交代型矿床的磁铁矿比 Se、Te 含量较低；接触交代型(夕卡岩型)矿床磁铁矿含 Zn、Ge、Co 较高；热液型铜矿床和夕卡岩型铜矿床的磁铁矿含 Cu 较高；热液型铁矿床磁铁矿含 Ni、Pb、Cu 较高；一般沉积型铁矿床磁铁矿内含 Cu、Ge 较低；火山沉积型铁矿床磁铁矿内含 Cu、Sn 较高，海底火山沉积型铁矿床磁铁矿含 Zn、Ge 较高；区域变质型铁矿床磁铁矿内仅含微量 Cu、Ge、Zn。这说明，不同成因磁铁矿的微量元素存在明显差异，在一定程度上反映了其形成温度和类质同象替代的差异，显示出磁铁矿成分具有标型意义。

表 8-7　不同成因类型铁矿石中磁铁矿的化学成分(徐国风等，1979)

矿石类型	TiO_2	SiO_2	Fe_2O_3	Al_2O_3	Cr_2O_3	V_2O_3	FeO	MgO	MnO	NiO	CaO
岩浆矿床											
辉长岩-辉长辉绿岩中铁矿石	21.72		35.33	2.33	0.03	0.05	36.96	0.46	1.57	0.03	0.43
辉长岩-辉长辉绿岩中铁矿石	11.62		46.27		0.05		40.77	1.36	0.25		
辉长岩-辉长辉绿岩中铁矿石	10.01		44.07	4.09	0.096	0.78	38.50	1.67	0.385	0.02	0.435
辉长岩-辉石岩-纯橄榄岩中铁矿石	0.92		66.92	0.40		0.40	30.90	0.38	0.11	0.04	
辉长岩-辉石岩-纯橄榄岩中铁矿石	5.02		56.70	4.60		0.44	30.99	2.26	0.40		
碳酸岩，碱性、超基性岩中铁矿石	0.58		66.92	4.42		0.10	19.20	7.92	0.76		
碳酸岩，碱性、超基性岩中铁矿石	1.83			1.78	0.0012	0.103		4.28	0.52	0.0034	
碳酸岩，碱性、超基性岩中铁矿石	2.97		63.76	1.25		0.14	28.43	3.00	0.45		
接触交代矿床											
夕卡岩中铁矿石	0.04		69.10	1.23			22.85	1.02	0.04		1.64
钙夕卡岩中铁矿石	0.09		68.70	0.55	0.01		26.70	0.76	2.15		0.60
钙夕卡岩中铁矿石	0.17		67.62	0.80			28.98	0.35	0.28		1.23
钙夕卡岩中铁矿石	0.28		68.23	0.037			28.54	1.91	0.098		1.03
钙夕卡岩中铁矿石			75.58	0.80			9.77	11.51	0.90		0.58
钙夕卡岩中铁矿石	0.14		70.15				27.79	1.89	0.30		
钙夕卡岩中铁矿石	0.18		67.97	0.83		0.05		7.32	2.38	0.013	0.11
热液交代矿床											
深成高温热液矿床细粒块状矿石	0.185	1.185	69.09	1.82			24.72	3.295	0.175		0.22
深成高温热液矿床晚期脉状矿石	0.127	3.343	63.853	4.773			20.80	5.43	0.227		1.68
热液交代矿床铁矿石	0.42		70.31	4.76			11.84	13.34			
热液交代矿床铁矿石	0.49		70.26	2.60		0.60	15.93	10.13	0.12		痕迹
热液交代矿床铁矿石	痕迹		68.93	2.00		0.03	27.14	1.29	0.06		
火山沉积矿床											
火山沉积矿床铁矿石	0.30										
区域变质矿床											
绿色片岩相铁矿石	0.10		68.51	0.06	0.04	0.13	31.09	0.01	0.14		0.01
绿色片岩相铁矿石			69.61	0.13			30.27	0.05			
绿色片岩相铁矿石	0.08		70.52	0.04			29.11				
绿色片岩相铁矿石	0.001		69.99				30.15	0.01	0.017		
斜长角闪岩相铁矿石	0.10		68.44	0.52			30.92		0.02		
斜长角闪岩相铁矿石	0.08		68.87	0.10			31.43		0.04	0.09	
斜长角闪岩相铁矿石	1.01		69.01	0.59			29.95	0.55	0.07		

续表

矿石类型	TiO_2	SiO_2	Fe_2O_3	Al_2O_3	Cr_2O_3	V_2O_3	FeO	MgO	MnO	NiO	CaO
区域变质矿床											
斜长角闪岩相铁矿石	0.05		69.63	0.02			29.91	0.19	0.08		0.10
麻粒岩相铁矿石			68.77	0.30							0.12
麻粒岩相铁矿石	1.20		66.53	0.50							
麻粒岩相铁矿石	0.30		68.37	0.30						0.07	
玢岩型矿床											
	0.5										
玢岩型矿床铁矿石			64.83	0.71		0.46	29.67	0.88		0.008	
	3.25 (2.41)										

注：除表中数据外，瑞典基鲁纳(Kiruna)铁矿床的磁铁矿中 TiO_2 含量为 0.25%。

表 8-8 不同成因类型铁矿石中磁铁矿的化学成分标型特征(徐国风等，1979)

矿床类型	标型组分	
	TiO_2(%)	其他组分
岩浆矿床 基性-超基性岩中高钛铁矿石 基性-超基性岩中低钛铁矿石 碱性岩中含钛铁矿石	很高 3.55～21.72(10.22) 0.92～5.02(3.018) 0.58～2.97(2.319)	 V_2O_3 含量高(达 0.78%)，碱性岩中矿石 V_2O_3 较低，Al_2O_3 含量较高
接触交代矿床	0.07～0.40(0.183)	MgO、MnO 含量较高，Al_2O_3 含量较低
热液交代矿床	0.107～0，d8(0.334)	MgO 含量可特高，部分为硅钙质镁磁铁矿。Al_2O_3 较高，MnO 较低
区域变质矿床	很低 0～1.2(0.0887)	绿色片岩相磁铁矿组分相当纯净，斜长角闪岩相(角闪岩相)和麻粒岩相(变粒岩相)磁铁矿 TiO_2、Al_2O_3、MgO 较绿色片岩相磁铁矿稍高

注：除表中数据外，玢岩型铁矿床内磁铁矿的 TiO_2 和 V_2O_3 含量大致介于岩浆矿床和热液矿床之间，而 Al_2O_3 含量低于两者；图中数据表示含量，单位为%。

磁铁矿微量元素的变化可以指示成矿演化过程(王中波等，2007；洪为等，2012；王志华等，2012；侯林等，2013；余宇伟等，2014)。段超等(2012)对宁芜凹山玢岩铁矿中磁铁矿的研究发现，随着成矿作用的演化，Al、Mg 含量具有增高趋势，从角砾状矿石到伟晶状矿石 Co 含量逐渐增高，Sc 含量逐渐降低。胡浩等(2014)对鄂东程潮铁矿床磁铁矿的研究表明，磁铁矿的 Sn/Ga 和 Al/Co 值可有效指示其成因类型，如侵入岩中的磁铁矿富集 Co、Ni、V 等元素，而热液成因磁铁矿则常富集 Mg 和 Mn 等元素。此外，由于区域地球化学背景不同，相同成因磁铁矿的微量元素也存在一定差异。同理，同一成矿区带不同成因的磁铁矿其微量元素组成也具有明显差别，利用这种差别可以有效识别磁铁矿成因和形成环境。

除化学成分外，磁铁矿的晶胞参数及某些物理性质如磁性、密度、反射率等也可以作为找矿的标型。

4. *锡石*

锡石属于四方晶系，金红石型晶体结构。一般来说，锡石晶体可能出现的单形有 7 种：m{110}四方柱、o{100}四方柱、s{111}四方双锥、e{101}四方双锥、h{hk0}复四方柱、z{hkl}复四方双锥和 c {00l}平行双面。这些单形可以相互聚合形成多种晶体形态(施加辛，1990)。锡石的结晶习性常常受温度、压力和介质浓度的影响，其中温度是最主要的控制因素。通常情况下，低温条件结晶形成的锡石柱面较发育，因此形成柱状晶体；高温条件结晶形成的锡石则锥面较发育，因此形成锥状晶体。潘彦宁等(2015)对滇西来利山锡矿床自然重砂锡石晶体形态研究后认为，该区晶体柱状、锥状和粒状形态均可出现，单形主要发育有四方柱{110}、四方柱{100}、四方双锥{111}、四方双锥{101}等，而且不同地段晶形表现出差异性。刘生强等进一步比较研究也发现，来利山矿区不同矿段和丝光坪矿区的锡石粒径、长宽比，以及锥面和柱面发育程度形态存在明显差异性。其中，来利山矿区淘金处矿段的锡石几乎不出现柱状晶形，而且长宽比较小；而丝光坪矿区和来利山矿区的老熊窝矿段、三个硐矿段则柱状晶形明显有所增加，长宽比也较大，粒径却显著减小。因此认为淘金处矿段锡石的形成温度较高，显然说明锡石形态具有显著标型意义。

此外，锡石的类质同象替代现象可以导致其晶胞参数发生变化，因而具有成分标型特征。吕蒙等(2015)对个旧不同类型锡矿中锡石的晶胞参数进行研究后发现，块状硫化物型、含锡白云岩型、层间氧化型和电气石细脉型矿床锡石的晶胞参数呈依次增大趋势(表 8-9)，同时注意到这几种成矿类型的成矿压力呈依次减小趋势。这说明，压力增加限制了类质同象的发生，进而导致锡石晶胞参数变小。

表 8-9　个旧不同类型锡矿中锡石的晶胞参数

晶胞参数	块状硫化物型矿床锡石	电气石细脉型矿床锡石	含锡白云岩型矿床锡石	层间氧化型矿床锡石	标准锡石
a	4.730065	4.73394	4.73015	4.73107	4.7370
c	3.18092	3.18432	3.18345	3.18246	3.1850
V	71.1684	71.3613	71.1826	71.2332	71.470
c/a	0.6724	0.6726	0.6725	0.6726	0.6723

在水系沉积物中，锡石与其他自然重砂矿物的组合可指示源区矿床成因等信息。张翔等(2014)的研究结果认为，夕卡岩型、热液脉型及斑岩型 3 类锡矿中自然重砂矿物组合具有一定的相似性和差异性(图 8-28)。其相似性能够反映矿种信息，而差异性反映成因信息。其中，夕卡岩型锡矿的重砂矿物组合为锡石+白钨矿+黑钨矿+黄铜矿+黄铁矿(+石榴子石)，其中锡石和石榴子石为标型指示矿物；热液脉型锡矿的重砂矿物组合为锡石+白钨矿+黑钨矿+黄铁矿(+萤石+重晶石)，其中锡石、萤石和重晶石为标型指示矿物；斑岩型锡矿的重砂矿物组合为锡石+黑钨矿+黄铜矿+毒砂+辉铋矿(+锆石+独居石+金红石+泡铋矿)，其中锡石+锆石+独居石+金红石+泡铋矿为标型指示矿物。此外，潘彦宁等(2015)对滇西来利山锡矿进行调查后发现，重砂矿物以锡石+黄铁矿+磁铁矿为主，含有少量独居石、赤铁矿和褐铁矿，说明搬运距离较短，而且判别其源区锡矿是锡石-硫化物

型而非云英岩型。

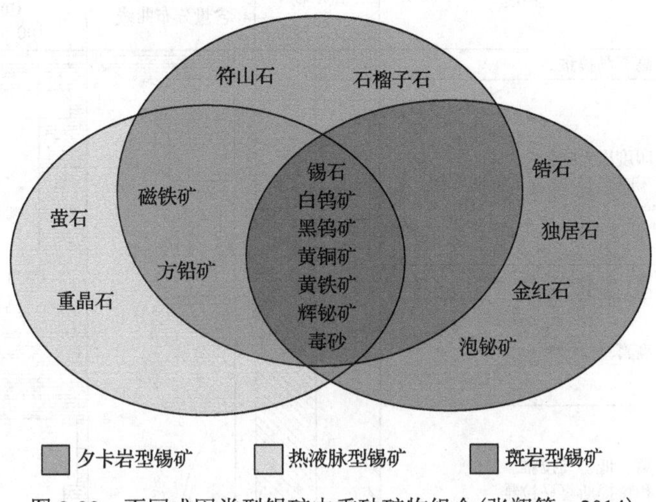

图 8-28　不同成因类型锡矿中重砂矿物组合(张翔等，2014)

朱立军等(1989，1994)对广西九毛超基性岩体及桂北锡多金属矿床中锡石的产状、晶体形态、物理性质、流体包裹体、稳定同位素、微量元素及稀土元素地球化学等标型特征进行了研究。结果显示，该区锡矿中锡石的上述特征与国内外其他类型锡矿的锡石存在明显差异，说明九毛超基性岩中锡石对赋存岩体具有专属性标型指示意义。同时，该矿床不同成矿阶段的锡石特征也存在差异，表明锡石的标型特征也可作为划分成矿阶段的重要依据。此外，陈锦荣(1992)对郴县红旗岭锡矿床中的锡石进行研究后认为，其环带能够反映成矿物质和成矿流体的性质从早到晚呈韵律性演化的规律。锡石中含有一定量 Nb、Ta，指示其成矿流体属于弱酸性；含有一定量 In，则反映其成矿压力相对较小。

二、在盆地分析中的应用

沉积物中的重矿物通常保留有较多的地质过程信息，在沉积盆地周缘构造演化、物源分析、地层划分与对比、岩相古地理重建及古气候恢复等方面得到广泛应用。

(一) 追溯盆地及周缘演化史

在确定沉积盆地物源的前提下，通过盆地内重矿物组合及其变化，可以反演盆缘造山带隆升演化历史，进而阐明造山带与盆地的关系。例如，Kazuo 等(1992)对孟加拉扇体研究后认为，其大部分沉积物来自喜马拉雅特提斯沉积区、高喜马拉雅深变质带和低喜马拉雅浅变质带。孟加拉扇中钙质角闪石、橄榄石和绿帘石等矿物组合和含量在垂向的变化显示，自 17Ma 以来，喜马拉雅的隆升具明显脉动性。隆升可分为两个阶段，第一阶段始于 15.2Ma，于 7.5～10.9Ma 达到最大升幅；第二隆升阶段于 0.9Ma 之后达到顶峰，并一直延续到全新世(图 8-29)。

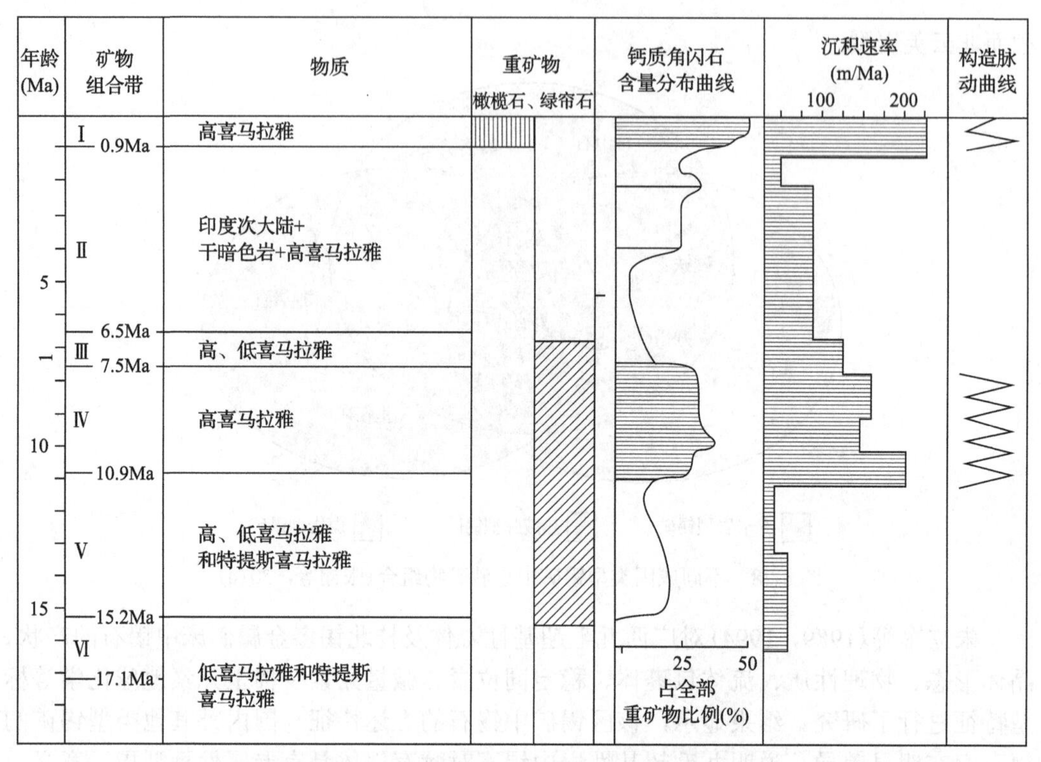

图 8-29　孟加拉扇体沉积物源、重矿物特征及其反映出的喜马拉雅阶段脉动隆升演化模式

Kwong 等根据韩国 Chewn 盆地龙 1 井碎屑重矿物特征的研究表明，裂谷沉积早期以火山质重矿物组合为特征，主要为普通辉石和角闪石,重矿物含量较高，占碎屑总质量的 4.1%；裂谷沉积晚期，重矿物含量明显减少，仅占碎屑质量的 1.0%，但稳定系数增加；裂谷期后，重矿物明显缺乏火山质矿物组合，主要为金红石、赤铁矿和钛铁矿等。可见，裂谷盆地内同构造活动期重矿物组合及其变化记录了裂谷不同阶段的演化历史。

(二)恢复源区岩性及沉积环境

物源分析是沉积盆地研究的重要内容之一。沉积物的矿物组成特征及粒度分布是盆地沉积环境分析基本的地质参数之一，能综合反映沉积物的来源、搬运和沉积过程中水动力条件及化学和生态环境特征等，是海洋沉积学研究的重要内容(杨群慧等，2002)。

一般来说，盆地沉积物中重矿物组分特征与其物源区母岩性质密切相关。例如，据方勇建等的研究，厦门湾表层沉积物中共有碎屑矿物 50 种，其中重矿物 38 种，以磁铁矿、钛铁矿、褐铁矿、赤铁矿、绿帘石、角闪石、锆石等为主。由于厦门湾周缘主要是燕山早期形成的大面积中酸性火成岩，因此判断沉积物中磁铁矿、钛铁矿和锆石含量较高可能主要是这些岩体风化搬运的结果。此外，金门岛、大担岛等地也有喜马拉雅期变质岩广泛发育，其中也含有一定量磁铁矿、钛铁矿等，认为其对沉积物中的磁铁矿、钛铁矿也有贡献。总体认为厦门湾表层沉积物物源主要来自厦门湾周缘基岩的风化侵蚀，部分来自台湾海峡。

我国南海 CJ17 区块表层的碎屑矿物含量分布具有滨海沙坡地貌特征，且呈南北向等间距条带状分布，与海岸线近于正交。碎屑矿物特征显示其物源应来自广东和海南岛境内的岩浆岩和变质岩(谭文化，2007)。其中，表层沉积物中黏土矿物的组合特征显示，伊利石含量最高可达 34.07%，伊/蒙混层可达 24.60%，两者呈负相关。此外，还含有高岭石 21.31%，绿泥石 20.03%。由于高岭石和伊/蒙混层矿物含量相对较高是其源区温暖潮湿气候环境的记录，因此南海 CJ17 区块表层沉积物反映温暖潮湿的气候环境(吴敏，2007)。

三、在珠宝鉴赏中的应用

成因矿物学基本理论如物理性质标型、化学成分标型、包裹体成分标型等可广泛运用于宝石学研究。这些理论为区别天然宝石和人工宝石，分析天然宝石的成因和产地提供了重要理论依据，对人工宝石合成工艺优化具有实际指导意义(尹淑苹等，2006)。

周征宇等(2003)研究了天然红宝石与合成红宝石的成分、晶形和光性特征差异(表 8-10)后，认为二者的生长条件存在很大差异，如红宝石合成工艺往往需要通过添加催化剂或改变温度、压力等条件来实现晶体的快速生长，因此其与天然刚玉在物理化学性质上存在差异。另外，由于合成刚玉的温压条件相对稳定且原料纯度相对较高，而天然刚玉生长的温压条件很难保证稳定且杂质元素相对较高，因而导致二者的颜色特别是包裹体特征存在明显差异(表 8-11)。

表 8-10　天然红宝石与合成红宝石的物理化学标型(周征宇等，2003)

物理化学特征	天然红宝石	人工合成红宝石	
	天然生长	焰熔法	助溶剂法
化学成分特征	Al_2O_3、Fe、Ti、Cr、Mn、V 等	元素种类单一，一般不含 Fe	Mo、W、La、Bi、Pb、Pt、Ir 等
发光性	较弱	明显，X 射线下可见红色磷光	较强的荧光
特征吸收光谱	694nm、692nm、668nm、659nm、540nm～620nm	强而清晰的铬吸收线	X 荧光光谱显示微量 Pb 的存在
晶形	常见六方柱状	梨晶，晶体碎块无裂理，无台阶状构造	可见穿插双晶，缺失六方柱面和六方锥面

表 8-11　天然刚玉与合成刚玉的包裹体标型(周征宇等，2003)

类型	天然刚玉	合成刚玉	合成方法
物质型包裹体	金红石、锆石、刚玉、尖晶石、石榴子石、云母、赤铁矿、单相或多项指纹状包裹体	籽晶、Al_2O_3、坩埚金属材料、钉状流体包裹体	水热法
		单相助熔剂指纹状包裹体 助熔剂及坩埚金属材料包裹体	助熔剂法
结构型包裹体	多裂理，聚片双晶纹、负晶、三角形生长标志、柱面生长纹	60°交角双晶交叉线、弧形生长纹、拉长形气泡、雁行状裂纹	焰熔法
		圣诞树枝状、锯齿状、波纹状生长纹	水热法
颜色型包裹体	六边形平直色带、不规则红色色斑	不均匀的搅动状颜色， 蓝色三角状生长纹	助熔剂法
		弯曲色带、台面可见二色性	焰熔法

肖启云(2007)对河南南阳独山玉进行了详细的矿物学研究，查明独山玉的含矿岩石

主要有纤闪石化辉长岩、斜长角闪岩、斜长岩和黝帘石化斜长角闪岩及糜棱岩。这些岩石普遍遭受强烈的热液蚀变，发育纤闪石化、黝帘石化、绿泥石化和碳酸盐化等。典型独山玉的矿物组合主要是斜长石(An=60～100，其中近70%大于90)、黝帘石(α-黝帘石和β-黝帘石)、普通角闪石(少量透闪石)，另有云母类矿物(白云母、铬白云母和含钛黑云母)、榍石、磷灰石、葡萄石、方解石、镁电气石、绿泥石和不透明的铁质矿物(赤铁矿、铬铁矿、黄铁矿和磁黄铁矿)等。不同颜色的独山玉(即不同的品种)其矿物组合及其结构特征显著不同(表8-12)。

表 8-12　河南南阳独山玉的矿物组合及其结构特征(肖启云，2007)

品种	主要矿物(%)	次要矿物	岩石名称	结构特征	一般矿物粒度(mm)
透水白玉	斜长石 97	黝帘石	斜长岩	粒(柱)状变晶结构	0.01×0.025
干白玉	斜长石 20～50 黝帘石 80～50	透辉石、角闪石、透闪石	斜长黝帘岩	粒(柱)状变晶结构	0.04×0.05
绿白玉	斜长石 80+角闪石 10 黝帘石 75+斜长石 25 斜长石 60+黝帘石 25	透辉石、角闪石、云母、榍石、铁矿物、阳起石	黝帘石化斜长岩 斜长黝帘岩； 纤闪石化透辉钙长糜棱岩	粒(柱)状变晶结构 斑状变晶结构 不等粒变晶结构	0.07×0.1
天蓝玉	斜长石 90～95 白云母 10～5	黝帘石、铁质矿物	白云母斜长变粒岩	微粒变晶结构	0.05×0.075
紫独玉	斜长石 80，黝帘石 20	榍石、黑云母、角闪石、铁矿物	黝帘石化斜长岩	平直镶嵌微粒变晶结构 粒状变晶结构	0.03×0.05
红独玉	黝帘石 55～60 斜长石 45～40	角闪石、榍石、碳酸盐	碳酸盐化斜长黝帘岩	粒状变晶结构	0.03×0.1
青独玉	斜长石 95	黝帘石、角闪石、白云母	斜长岩	粒状变晶结构	0.03 甚至更小
黄独玉	黝帘石 55～75 斜长石 45～25	角闪石、榍石、铁质矿物	斜长黝帘岩	粒状变晶结构	0.03×0.05
黑白花	斜长石、角闪石、黝帘石	角闪石、云母、透辉石、榍石	角闪石、黝帘石化斜长岩	镶嵌变晶结构、斑状变晶结构和放射状结构	白色 0.02×0.1 黑色 0.4×1
黑独玉	角闪石 70~90 斜长石 30～10	透辉石、云母、铁质矿物	细粒斜长角闪岩	针粒状变晶结构、针状变晶结构或放射状结构	0.5×1

四、在环境监测中的应用

进入21世纪以来，矿物学的发展呈现了两个明显的趋势，一是与其他学科的进一步融合，成为地球系统科学的一部分；二是与人类需求的密切结合，从而介入地质环境整治、自然灾害预警、生物健康保障和高新技术材料等许多重要领域的产品研发(李胜荣，2013)。环境与生命矿物学作为现代矿物学的重要研究方向之一，是成因矿物学在生命科学领域的拓展和延伸，也是当今国际科学界研究的热点之一(李胜荣等，2008b)，并在环境监测中得到广泛应用。例如，将矿物个体发生学理论及矿物标型理论应用于对鱼耳石和有孔虫等生物矿物环境响应的研究(李胜荣等，2017)，将矿物与环境相互作用思想用于“关键带”表生矿物和矿物的环境属性研究(鲁安怀等，2015)，将矿物形貌、矿物与环境相互作用思想用于土壤能量系统(土壤持水性、透气性、保温性、保肥性等为植物和有益微生物提供能量的整个系统)的修复研究(申俊峰等，2004)(图 8-30)，利用纳米尺度蒙脱石标型及其相变厘定黄土的形成环境(陈天虎等，2004)，根据海南岛周边海底沉积物(B106 柱)黏土矿物标型组合反演 14ka 以来环境的变化(吴敏，2007)(图 8-31)，利用铁氧化物矿物对苯酚和溶解性有机质的表面吸附机理研究和环境修复(吴宏海等；2008)，生物有机质对矿物自组装结构和过程的调控研究等，均极大地丰富了矿物个体和系统发生学的理论。

图 8-30　利用矿物添加剂修复土壤提高植物生长量示例图

鱼耳石微量元素特征可以完整记录水环境的物理条件和化学成分变化，进而能够作为水环境的敏感地球化学标志之一。高永华等(2008)利用 LA-ICP-MS 分别对黑龙江地区和北京密云水库的野生鲤鱼耳石样品进行不同生长环带的微量元素分布特征研究(图 8-32)后发现，Na、Mg、Al、P、Cr、Mn、Ni、Cu、Zn、As、Sr、Cd、Ba、Pb 14 种微量元素的丰度从耳石的核部至边缘发生明显变化，因此可以推测鲤鱼生长过程中水介质污染类型和污染程度。闫丽娜等(2008)利用 X 射线断层扫描技术研究了鲤鱼耳石对环境的响应。

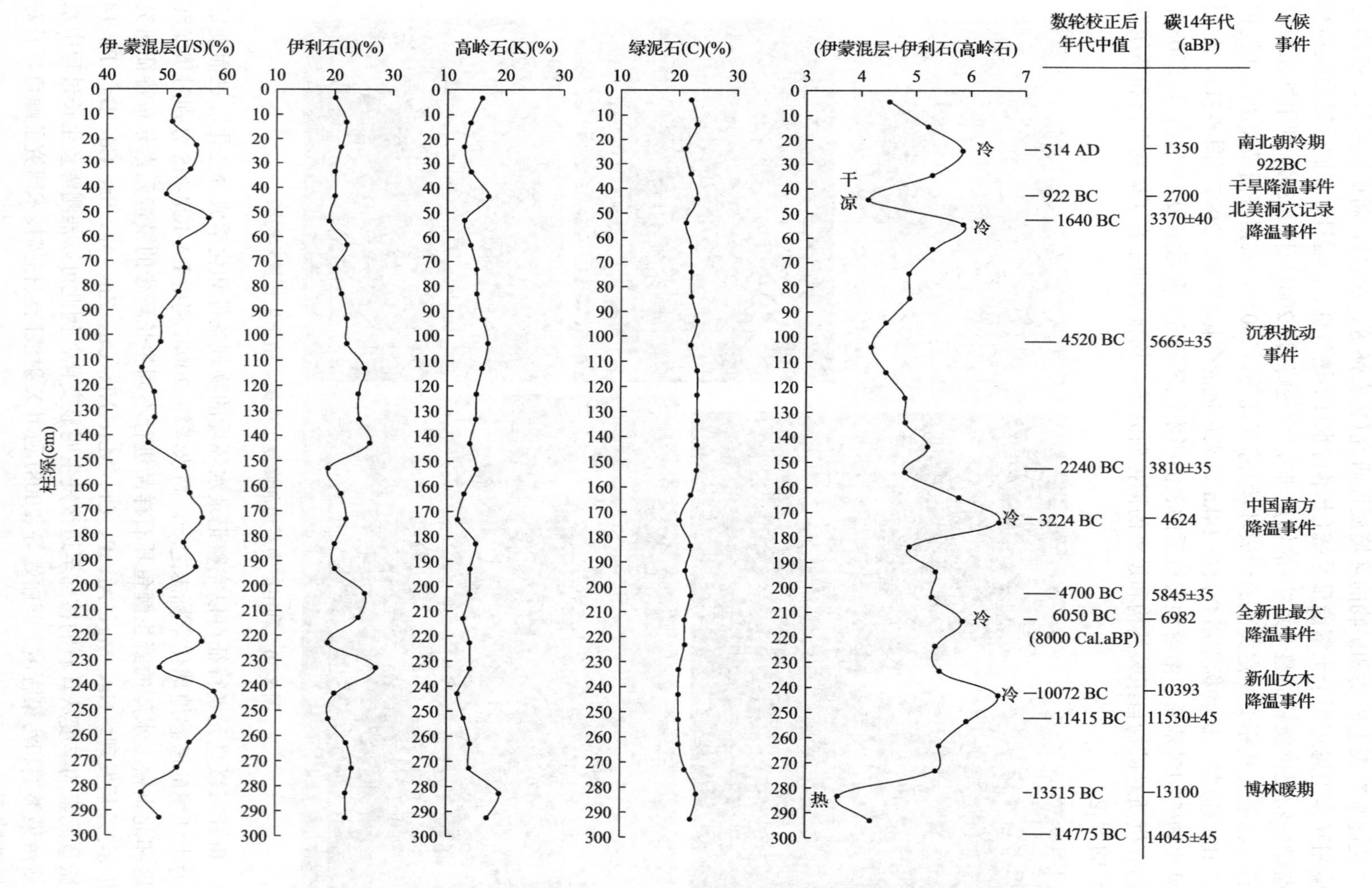

图8-31　海南岛周边沉积物（B106柱）不同深度矿物含量变化与古气候事件对比

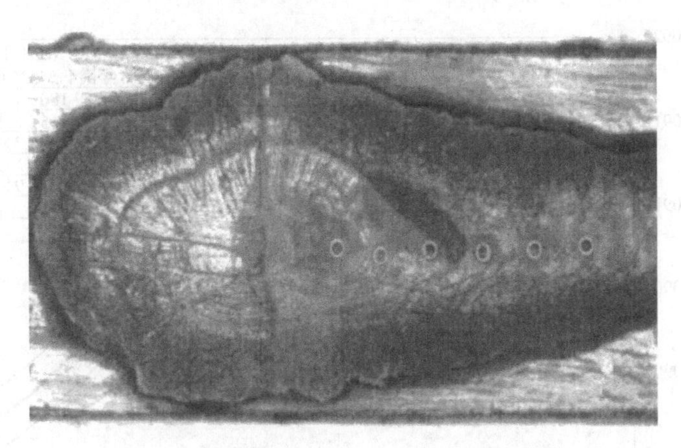

图 8-32　鲤鱼耳石的 LA-ICP-MS 测点位置

另外，杨良锋等(2007)、罗军燕等(2008)对鱼耳石的研究表明，水体中元素在鲤鱼耳石中的富集程度(元素在耳石中含量与其在水体中的含量之比)与鲤鱼所生存的环境之间存在响应关系。一般来说，耳石中某种元素的含量与水体中相应的元素浓度呈正相关关系，但是水体中元素在耳石中的富集过程则存在相互促进或抑制作用，如 Sr 对 Ba 为协同作用，Ca 对 Sr、Zn 为拮抗作用。研究结果还表明，在鱼种一定的情况下，耳石中元素富集系数与水体盐度和温度存在良好相关关系，因此认为耳石中元素富集系数与环境因子(水体元素及其浓度、盐度、温度)之间存在响应关系。可以选用对环境变化敏感但自身调控影响较小的元素(如 Sr、Zn、Pb、Mn、Ba、Fe、Li、Ni、Cd)建立鱼耳石与水体环境之间元素富集系数的定量化模型,并用于生态环境监测和渔业管理。

对于有孔虫生物成因矿物学的研究，佟景贵等(2008)通过富钴结壳碳酸盐基岩单颗有孔虫化石 Sr 同位素高精度测定、结壳的初始生长年龄及 SST(sea surface temperature，海水表面温度)重建等研究，认为组成有孔虫化石矿物的 Mg/Ca 值是海水温度的可靠代用指标，是重建古海洋 SST 的有效手段。麦哲伦海山区的富钴结壳和基岩中普遍存在有孔虫化石(图 8-33)。利用 LA-ICP-MS 测得西太平洋麦哲伦海山区富钴结壳碳酸盐基岩中 8 颗浮游有孔虫化石 globigerinoides sacculifer 的 Mg/Ca 值为 3.84±0.36(mmol/mol)，通过线性公式 T(℃)=2.898Mg/Ca+13.76，并结合已有定年数据(图 8-34)，得到 0.91Ma 西太平洋麦哲伦海山区海表温度约为 24.9℃。

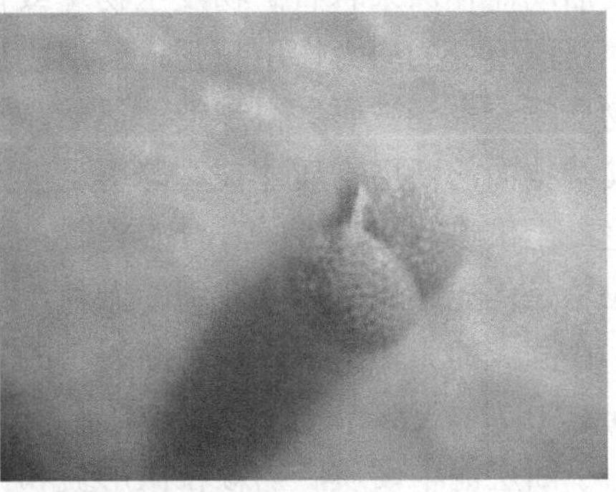

图 8-33　麦哲伦海山区的富钴结壳和基岩中的有孔虫化石

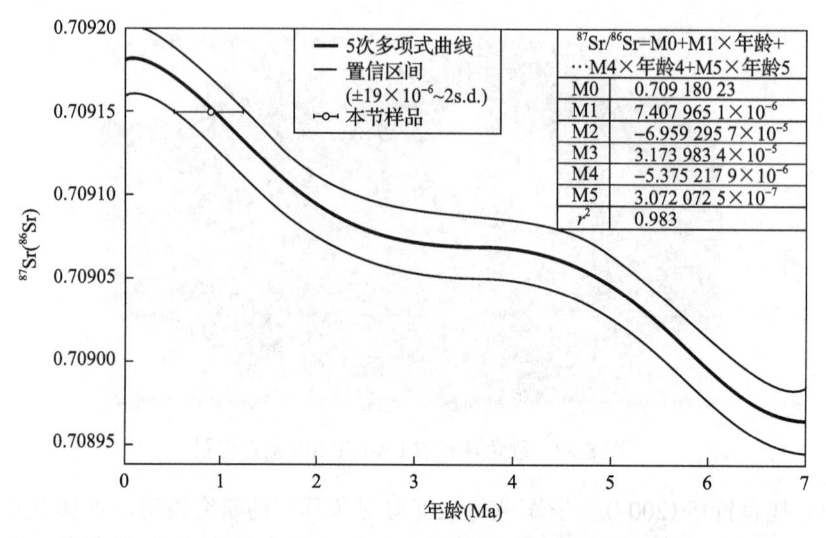

图 8-34　有孔虫化石 87Sr/86Sr 值与有孔虫化石年龄的相关曲线和方程

杨士建等(2008)在钛掺杂磁铁矿吸附去除水中亚甲基蓝的研究中，采用一种新的合成方法在水相中合成了钛磁铁矿($Fe_{3-x}Ti_xO_4$)，并用 XRD 和 FTIR 对已合成的 $Fe_{3-x}Ti_xO_4$ 进行了表征。结果表明合成的 $Fe_{3-x}Ti_xO_4$ 为立方晶系尖晶石结构，且表面羟基量随着钛掺杂量的增加而增加。以亚甲基蓝为模拟染料污染物，采用 $Fe_{3-x}Ti_xO_4$ 作吸附剂的吸附实验结果表明，钛掺杂能够显著促进 $Fe_{3-x}Ti_xO_4$ 对亚甲基蓝的吸附，吸附反应在 0.5h 内就能达到吸附平衡。刘凡等(2008)针对氧化锰的生物成因及其性质进行的相关研究表明，土壤中的氧化锰矿物是原生矿物经风化和成土过程形成的产物，其反应活性较强，能够显著影响环境中诸多物质的形态、迁移和转化行为，在生物地球化学循环中起着重要的作用。

五、在断裂研究中的应用

(一)理论分析与方法

岩石在应力作用下发生破裂滑动时，破裂结构面上的岩石矿物结构会发生明显改变，如碎裂化、角砾化，甚至泥粉化等(Ben-Zion et al.，2003；Kim et al.，2004)，这些因遭受断裂活动而使原来岩石矿物发生物理或化学改变而形成的物质称为断层物质。通常情况下，断层遭受的应力作用越强，断层物质的颗粒被研磨得越细；断裂活动次数越多，断层物质颗粒也会被研磨得越细。显然，只有当应力足够大时，或者断层发生多次活动时，其结构面的断层物质才被磨碎得足够细，甚至其矿物组成也会发生重要变化，如出现次生黏土矿物等(张秉良等，1994；Bos and Spiers，2000)。在研磨过程中，软弱的矿物颗粒总是优先细化而形成较细的微粒，而相对硬质的矿物则保留为较粗的碎屑颗粒。因此，在强大的力作用下，脆性断裂带的岩石矿物常常被搓磨形成泥状物质，即断层泥(Sibson，1977；Vrolijk et al.，1999)。

由于断层泥中硬质矿物颗粒微形貌和微粒泥质矿物组合因应力作用的不同而不同，因此在一定程度上可以表征断裂活动的过程、力学强度、活动频次，甚至动力学背景，是承载断层活动信息的媒介或载体(Bos et al.，2000；Masuda et al.，1995；Fukuchi，1996)。深入剖析断层泥的物质组成和变形变质现象，可以揭示断层的活动历史，对于正确评估断层的活动性规律及危险性具有指导意义。

在断层泥中，石英因其具有硅氧四面体三维紧密联结的架状晶体结构，物理强度大，化学性质稳定，常常容易保留为碎屑矿物。石英晶体结构中由于三维均衡的 Si—O 强键结构，使得其遭受作用时多出现典型的贝壳状断口。

资料(Kanaori et al.，1980，1981，1985；申俊峰等，2007)表明，断层泥中的石英颗粒表面常常保留一些擦线、刻槽、碎裂痕、压裂纹等应力痕迹，这些微形貌特征完全有可能是应力作用下石英颗粒彼此刻划、撞击或压裂的结果，因此可称其为应力微形貌。这样看来，石英的应力微形貌特征是记录断层活动信息的标志之一。

但是，由于很多断裂破碎带是开放系统，其中的断层泥会遭受物理、化学甚至生物风化作用(Pedersen，1997)，因此断层泥中石英颗粒表面也常常会形成风化微形貌或溶蚀微形貌，如起伏凹凸状、溶蚀坑、溶蚀沟、溶蚀槽等(张秉良等，1996；Chen et al.，1997)。特别是断层泥中石英颗粒遭受水化学作用时，其表面会呈现丰富的溶蚀微形貌特征。一般来说，遭受溶蚀的时间越长，溶蚀微形貌特征越明显。遭受溶蚀的时间不同，溶蚀微形貌特征也会明显不同。

总之，断层泥中最稳定且能被大量保留的石英颗粒一般具有成因完全不同的两种微形貌特征，即应力微形貌和溶蚀微形貌，而且与母岩岩性无关(Kanaori et al.，1980)。由于是在两个完全不同的物理化学过程作用下塑造而就的，石英微形貌常常代表两种不同的成因环境。其中，应力微形貌主要反映应力作用特点，如锐化的表面形态、新鲜断口表面等，大多记录和反映了断层活动方式和活动期次的信息(俞维贤等，2002)；溶蚀微形貌则主要反映风化作用特点，如圆润的表面形态、陈旧断口表面等，主要记录了断层活动的年代学信息。

理论上，在断裂活动背景下形成的石英碎屑表面，应力微形貌是初生微形貌，而溶蚀微形貌是改造微形貌。由于很多断层泥是断裂多次活动的产物，因此断层泥中石英微形貌是两种作用交替塑造的结果，常具有两种微形貌叠加特征，即微形貌越复杂，说明断裂活动次数越多。

需要强调的是，断层泥中石英常常能够完好保留最后一次应力活动塑造的应力微形貌及随后形成的溶蚀微形貌特征。所以，通过解析断层泥石英微形貌组合特征，可以了解断层最后一次活动方式并提取年代学信息。

就断层活动方式而言，通常认为断层两盘有两种滑动模式，即稳滑(也称蠕滑)和黏滑。稳滑模式通过多次蠕动释放断层带积累的应力能量，一般不至于引起滑坡、地震等灾害性后果；黏滑模式则是当应力大于黏滞阻力时，通过短时间快速滑动并集中释放断层带积累的应力能量，常常容易引起滑坡、地震等灾害性后果。不同的滑动模式在断层泥石英表面留下不同的微形貌特征，因而石英微形貌可以反映断层滑动模式。

大量观察统计结果证明，断层在遭受风化溶蚀的过程中，石英颗粒的表面结构会复杂化。几乎每个石英颗粒的微形貌甚至每个石英颗粒不同部位的微形貌均可能存在显著差异。但是，经历同样活动历史的石英碎砾会显示出相同或类似的表面结构组合特点。

也就是说，尽管断层活动的历史(活动时间、次数、强度等)不同，但是其断层泥中石英表面微形貌结构会呈现有规律的变化，即同样成因背景产出的断层泥，其中的石英碎粒会出现近乎一致的表面微形貌组合特征。

总体上，断层泥石英表面微形貌的演化趋势是：新鲜碎裂后的石英微形貌多出现贝壳状断口或凹凸状断口，代表石英破裂时间不长的“新鲜”结构特征。实际上，大量贝壳状微形貌出现时还会伴随出现划痕、刻槽、阶步、撞击碎裂等标识“新鲜”破裂特征的微形貌(申俊峰等，2007，2010)。随着风化作用的进行，具有“新鲜”破裂面的石英碎砾开始遭受来自物理、化学和生物风化作用，贝壳状断口或凹凸状断口会逐渐消失，表面逐渐趋向平坦化，即应力微形貌特征会逐渐消失。当表面演化至平坦化后，如果再进一步接受风化作用，那么平坦的表面会由于刻蚀作用而进一步向着波浪起伏状演化(申俊峰等，2007，2010)。

按照如上演化规律，断层泥石英的微形貌结构可以从简单到复杂依次划分为较光滑的贝壳状、次贝壳状结构，欠光滑的桔皮状和次桔皮状结构，略显粗糙的鱼鳞状、苔藓状结构，较为复杂的钟乳状、蛀蚀状结构，以及非常复杂的洞穴状、珊瑚状结构。显然，伴随颗粒表面结构越来越复杂，表面溶蚀沟壑深度也越来越大。此外，表面结构越复杂，说明石英颗粒遭受的溶蚀时间越长，也说明断层活动时间越久远。可见，石英微形貌具有随时间演化而呈现明显不同微形貌组合特征的规律。因此，可根据断层泥石英微形貌组合特征判识断层活动历史，特别是断层活动的时间信息。

经过大量观察研究(Kanaori et al.，1980，1981；杨主恩等，1986；张秉良等，1996b；俞维贤等，2002，2004；申俊峰等，2007，2010)，断层泥石英微形貌可以划分为如下7个类型：

(1) Ru 类(破裂类):石英主要显示破裂特征，基本表现为表面光滑、无溶蚀特征，可见贝壳状断口，偶见被溶蚀的贝壳状断口(也称次贝壳断口)。除出现贝壳状断口或轻微溶蚀的次贝壳断口外，还出现撞击碎裂、划痕、阶步等。如果断层泥石英出现上述微形貌组合特征，意味着断层活动时间不长，多数情况下表明在全新世有过活动。

(2) Ⅰa 类(溶蚀类)：具该类特征的石英碎砾表面可见有明显的被溶蚀特征，但是颗粒的棱和脊尚没有被磨钝，一般来说主要出现似橘皮状微形貌，也可见到被溶蚀的次贝壳断口。可观察到深 1μm 的微沟槽。

(3) Ⅰb 类(溶蚀类)：该类石英碎砾表面可见有明显的被溶蚀特征，颗粒的棱和脊尚没有被磨钝，大量出现橘皮状和被进一步溶解而形成的似鱼鳞状微形貌。基本没有贝壳状断口和次贝壳断口等应力微形貌。可观察到深 1～2μm 的微沟槽。

(4) Ⅰc 类(溶蚀类)：该类石英颗粒的部分棱脊被磨钝，大量出现鱼鳞状形貌，也见少量桔皮形貌和由鱼鳞状形貌溶蚀发展形成的苔藓状微形貌特征。可观察到 2～3μm 的微沟槽。

(5) Ⅱ类(溶蚀类)：具该类特征的石英碎砾，其颗粒的棱和脊已被磨钝,表面微形貌以鱼鳞、苔藓状形貌为主，而且可见进一步发展形成的钟乳状溶蚀特征。可见明显的小凹凸和 3～5μm 微沟槽。

(6) Ⅲ类(溶蚀类)：石英碎砾多呈球形，具显著的凹凸表面，凹凸深度 4～10μm，表面多呈钟乳甚至虫蛀状微形貌，但仍然可见一些苔藓类微形貌。

(7) Ⅳ类(溶蚀类)：该类石英碎砾表面完全磨圆，溶蚀孔洞明显大而深，常常达到50～100μm。绝大多数孔洞相互之间已经贯通，呈现复杂的三维空洞形态，表面整体呈明显的蜗穴状或珊瑚状，也能见到一些虫蛀状溶蚀特征。

由上可以看出，随着溶蚀作用加强，溶蚀微形貌表现出如下明显的规律性变化：尖锐棱角和贝壳状断口逐渐消失，相对平坦的表面越来越凹凸，溶蚀孔不断加深加大。实际上，溶蚀作用的强弱代表了溶蚀作用时间长短。所以，溶蚀微形貌的发育与溶蚀时间密切相关。

理论上说，石英的溶蚀还与所处环境的温度、压力及溶蚀液的pH有关(Kanaori et al., 1985)，即石英的实际溶蚀过程会受到多重因素的影响。然而，实验结果(Kanaori et al., 1985)证实，在一般环境条件下石英是相当稳定的。当pH≤9时，石英的溶解度也仅为10^{-6}量级。另外，在接近地表条件下，石英溶解度几乎不受温度和压力条件的影响。例如，当温度在25℃时，石英溶解度约10×10^{-6}，100℃时也仅为50×10^{-6}。还有人进一步证实(Kanaori et al., 1985)，在地表下10m的地方，$1cm^3$的石英晶体如果溶解掉90mg(相当于石英质量的7%)，约需要2×10^4年(20ka)。

这样看来，对于接近地表的断层泥中石英的溶蚀过程：①环境条件(温度、压力和pH等)对石英溶蚀过程的影响可以忽略不计；②石英溶蚀过程主要与时间有关，而且时间尺度在千年(ka)至万年(10×ka)量级。

因此，基于地质年代尺度与断层泥石英的溶蚀微形貌，Kanaori等(1981)编制了溶蚀微形貌年代学图谱(图8-35)。可以看出，通过统计不同发育程度的溶蚀微形貌，可以获得断层最后一次活动的年代学信息。

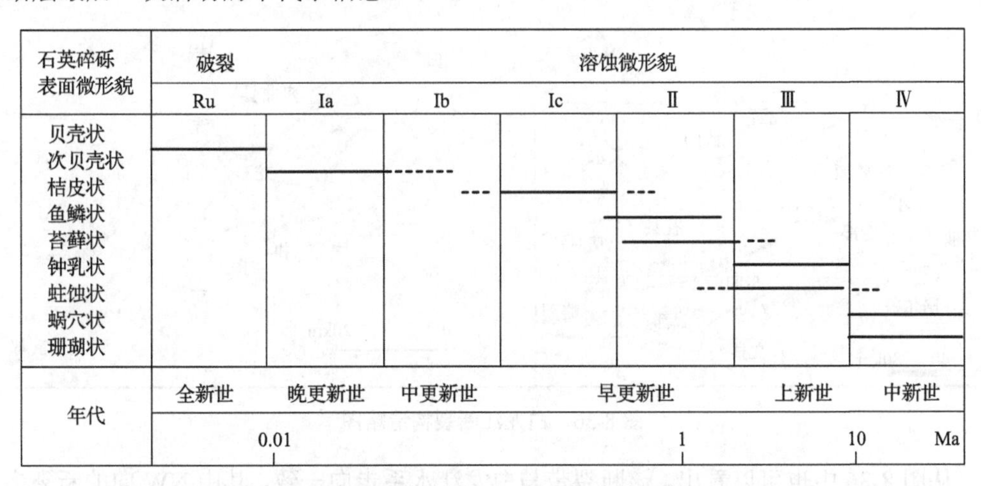

图8-35 断层泥石英表面微形貌特征与年代对应关系图谱(Kanaori et al., 1981)

进行断层泥石英微形貌观察统计一般需要进行如下几个步骤：

(1) 在野外调查的基础上选择明显具有泥化特征的断裂部位进行断层泥样品采集。采样前，需把表层风化土清理干净，一般至少剥去表层15cm以上，然后采集新鲜断层泥样品供分析用。

(2) 采用淘洗法去除细粒级黏土矿物，获得较纯的碎屑颗粒。一般来说，通过水淘洗法获得的碎屑颗粒物除石英外还有长石和碳酸盐矿物，有时也会残留一些铁质氧化物碎砾。碳酸盐矿物碎粒可通过盐酸浸泡的方法去除。一般在常温下采用 10%盐酸浸泡 8h 以上 (Kanaori et al.，1985) 即可。

(3) 经盐酸浸泡处理的碎屑样品，需在体式显微镜下挑纯石英，然后在扫描电镜下进行观察统计。

(二) 应用案例：西秦岭白龙江断裂带断层活动年代厘定

1. 白龙江断裂带发育特征

西秦岭是我国重要造山带，由于其经历了长期复杂的构造运动，因此断裂和褶皱均较为发育，其中断裂构造控制了本区的主体构造格架及其演化。白龙江断裂带即是西秦岭构造格架体系中，西起迭部，经舟曲至武都，沿白龙江水系发育的一组断裂组合(图 8-36)。断裂带总体呈 NW—NWW 走向，局部发育近 EW 向和 NE—NEE 向断裂。资料显示，这些 NW-NWW 走向断裂主要是一些压扭性断裂。

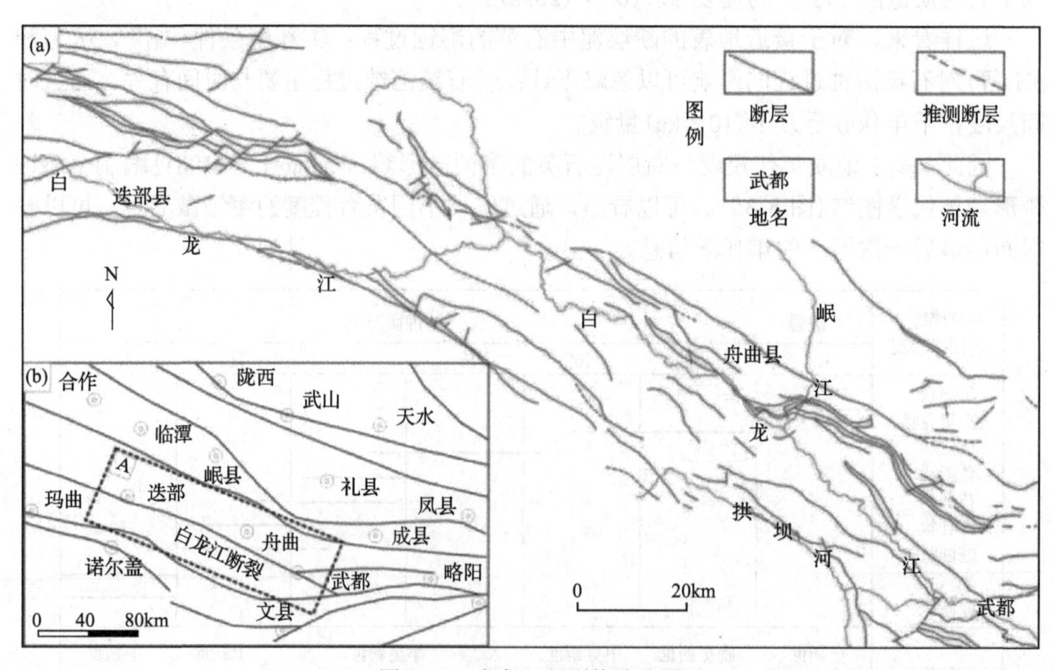

图 8-36　白龙江断裂构造略图

从图 8-36 中也可以看出，该断裂带与白龙江水系走向一致，其中 NW 向的断裂多为早期断裂，走向延续性较好，倾向为 SW 和 NE。从断层发育的密集程度看，位于白龙江北东侧存在断裂密集带，表现为多条走向较为一致的平行断裂密集发育。另外，与 NW 向早期构造呈交叉关系的 NE 走向断裂发育较晚，属于晚期断裂。多处可见晚期 NE 向断裂对早期 NW 向断裂的切割现象。

野外调查还显示，白龙江断裂带属于活动构造，其中断裂带的西段 (迭部至舟曲段)

和东段(舟曲至武都段)的运动学特征存在差异。

2. 白龙江断裂带断层泥发育特点

断层泥的发育与否，常常能够指示断裂活动的强度、期次及应力状态等信息。通常情况下，当断层经历多期次活动或在较大应力作用时，其寄主岩石可能被研磨成断层泥。

总体上看，该断裂带的断层泥发育具有如下特点。整个断裂带断层泥发育强度极不均匀。其中，东段(舟曲至武都一带)构造变形和破碎泥化较为严重，因此多处可见不同方向断层发育断层泥，且对地层时代和岩性没有选择。西段(迭部至舟曲一带)则断层泥发育相对较少，且主要发育于 NW 向主干断裂。由此推断，白龙江断裂带具有继承性多期次活动特点，断层泥是该区断裂多期次活动的产物。另外，断裂带东、西部活动强度或活动期次存在差异。初步认为断裂带东段活动强度强于西段，且东段活动持续时间较长。

野外调查还显示，该区断层泥产出的原岩岩性主要为砂板岩、炭质板岩、灰岩、细砂-粉砂岩等。其中，位于断裂带西段的迭部县东约 30km 处可见宽约 100m 的断裂破碎带，带内可见杂色断层泥和透镜体断夹块，局部出现明显片理化，显示挤压特征。相比之下，断裂带东段(舟曲至武都一带)则尚未见大断层泥化带。多见较小的破碎泥化带，宽度一般不超过 10m，个别宽者达到 20m，一些断层泥带仅 40～60cm。初步判断白龙江断裂带之东、西段存在明显活动性差异，一定程度上对晚期新构造运动存在深刻影响。

3. 断层泥石英微形貌及其年代学意义

白龙江断裂带共取得 44 件断层泥样品，其石英微形貌观察和统计结果显示：石英表面应力微形貌和溶蚀微形貌均可见到，但大量出现的是溶蚀微形貌，且形成复杂的组合类型。其中，溶蚀微形貌主要包括橘皮状微形貌[图 8-37(a)]、被溶蚀的次贝壳微形貌

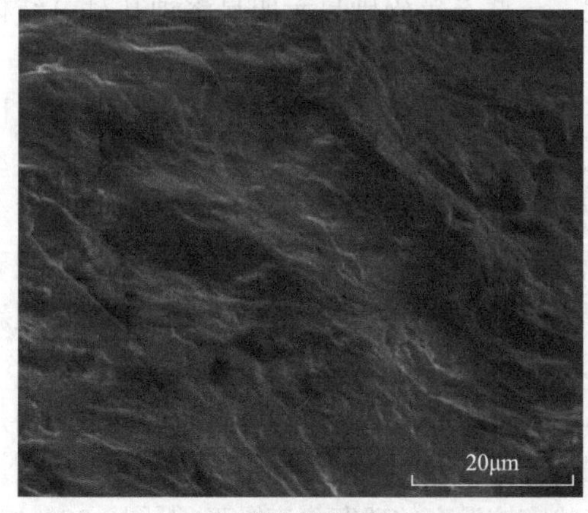

(a) 橘皮状微形貌

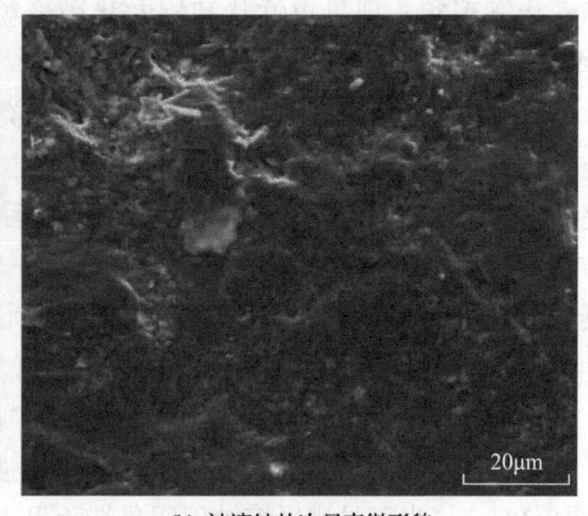

(b) 被溶蚀的次贝壳微形貌

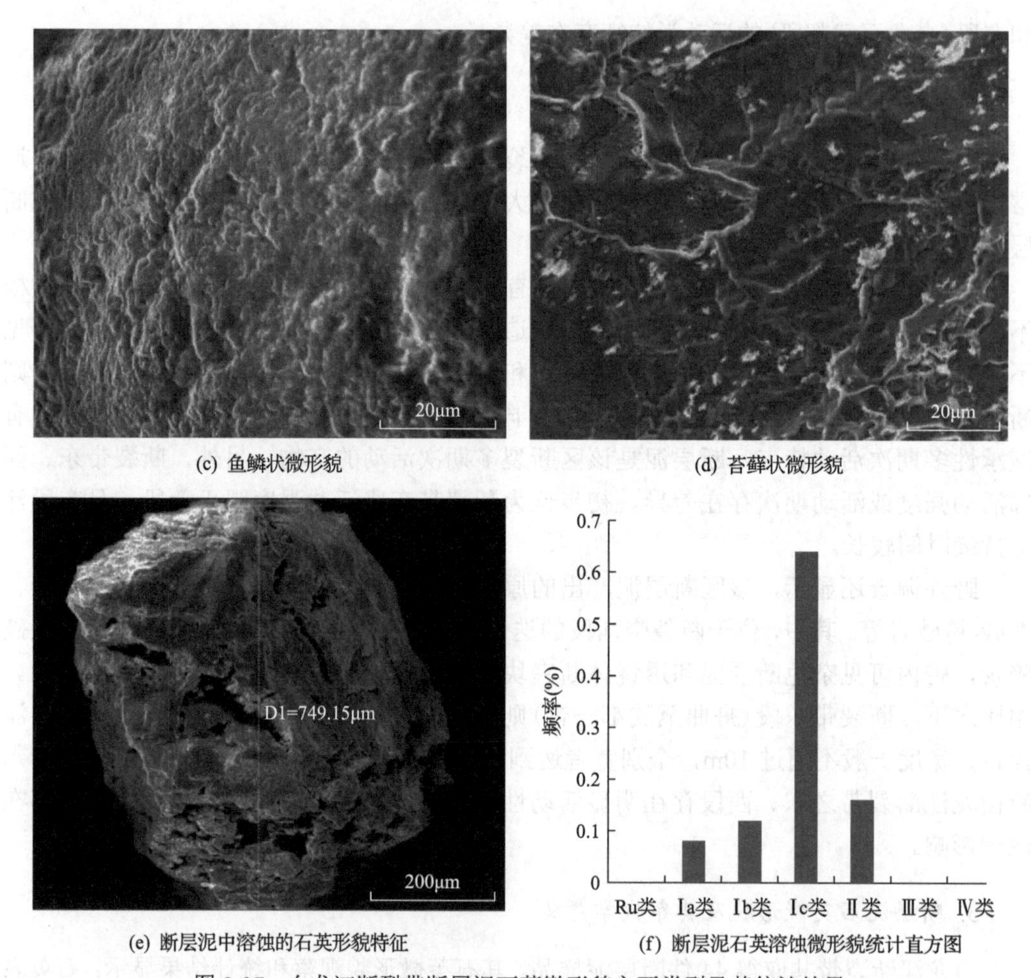

(c) 鱼鳞状微形貌　(d) 苔藓状微形貌

(e) 断层泥中溶蚀的石英形貌特征　(f) 断层泥石英溶蚀微形貌统计直方图

图 8-37　白龙江断裂带断层泥石英微形貌主要类型及其统计结果

[图 8-37(b)]、鱼鳞状微形貌[图 8-37(c)]和苔藓状微形貌[图 8-37(d)]等，也可见少量钟乳状微形貌，偶见虫蛀状和蜗穴状微形貌。一些石英碎砾显示明显溶蚀孔(坑)结构[图 8-37(e)]。

详细的微形貌组合统计发现：主要组合类型是Ⅰc 类，显示异常高值，其次为Ⅰa、Ⅰb 类和Ⅱ类[图 8-37(f)]。另外，可以明显看出，自右至左随时间演化，呈现出“第Ⅱ类型突然出现，第Ⅰc 类型显著高频率出现，然后依次是Ⅰb 类和Ⅰa 类逐渐降低”近似正态分布特点，暗示“活动起始—逐渐达到高潮—然后逐渐衰减”的活动规律。对照断层泥石英微形貌的年代学图谱(图 8-35)认为，该断裂带应该自上新世末期即有所活动，早更新世达到活动高峰期，中更新世开始衰减，晚更新世仍然活动。

此外，在大量统计溶蚀微形貌的过程中，也发现少量应力微形貌特征，其中主要是一些被溶蚀的次贝壳状微形貌。例如，被强烈溶蚀仅隐约可见的残留贝壳微形貌痕迹[图8-38(a)]，也可见遭受溶蚀但明显继承贝壳状痕迹发育的残留贝壳微形貌[图8-38(b)]。

零星可见到一些被溶蚀的划痕[图 8-38(c)]和阶步状刻痕[图 8-38(d)]。这些石英微形貌组合特征显然说明该断裂带在晚更新世仅有微弱活动，全新世已不再活动。

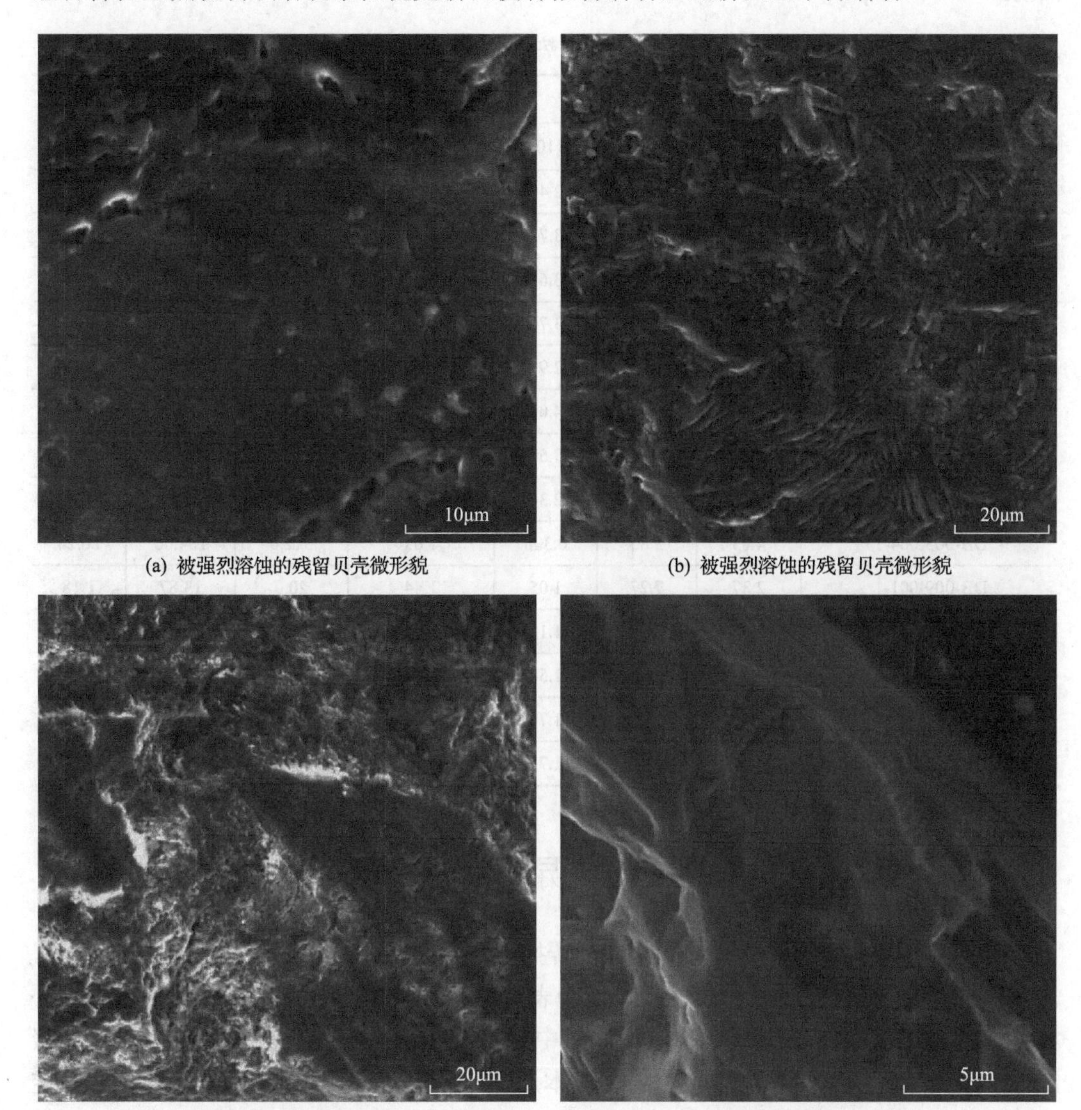

(a) 被强烈溶蚀的残留贝壳微形貌　(b) 被强烈溶蚀的残留贝壳微形貌

(c) 石英表面可见被溶蚀的划痕　(d) 石英表面可见阶步状刻痕

图 8-38　白龙江断裂带断层泥石英发育应力微形貌

综上认为，该断裂的主要活动时间应该是上新世至晚更新世，其中峰期为早更新世。

此外，白龙江断裂带也采集断层泥进行了热释光测年(表 8-13)。结果显示，所有年龄值全部落在中、晚更新世的范围。其中 9 个年龄值(占总数的 64%)落在晚更新世(IUGS 标准为 11.7～126ka)范围，而且 7 个年龄值接近晚更新世的早中期，只有 2 个年龄值(分别为 22.13ka 和 13.87ka)属于晚更新世晚期。另外，有 5 个年龄值属于中更新世(IUGS 标准为 126～781ka)范围，而且多属于中更新世晚期。这一结果与前述石英微形貌统计获得的该断裂带活动时间具有较强的吻合度，可以认为该断裂带在更新世具有明显的活动。

表 8-13　断层泥热释光测年数据表

样号	放射性元素含量			年计量率 $[Gy/(a \cdot 10^3)]$	等效剂量 (Gy)	年龄 (ka)	误差
	$U(10^{-6})$	$Th(10^{-6})$	$K(10^{-6})$				
S-120711-1	4.27	18.3	2.40	3.11	752.0	241.65	20.54
S-120712-2	3.69	18.8	3.72	3.26	1120.0	343.29	37.76
S-120714-01-05	3.48	18.5	3.60	3.15	240.0	76.03	6.46
S-120714-01-06	3.26	18.5	3.76	3.05	256.0	83.94	7.13
S-120714-01-11	2.96	15.1	2.91	2.60	240.0	92.18	7.83
S-120714-01-13	3.66	19.1	4.09	3.35	640.0	190.82	20.99
S-120714-01-23	2.98	16.8	3.54	2.87	232.0	80.77	6.86
DB-003-003-1	3.16	17.2	2.36	2.71	60.0	22.13	1.88
DB-003-004-1	4.83	3.85	0.306	1.69	312.0	184.06	20.24
DB-009-001-1	2.37	7.27	1.05	1.44	20.0	13.87	1.18
DB-009-001-2	2.38	7.84	1.18	1.51	448.0	295.56	32.51
DB-011-002-1	4.86	23.1	1.54	3.48	320.0	92.03	7.82
DB-011-002-2	4.60	24.5	1.70	3.55	240.0	67.62	5.75
DB-011-002-3	4.80	23.4	1.73	3.52	200.0	56.76	4.82

六、在地震地电异常解译中的应用

矿物晶体结构可以储存能量，也可以转换能量(Yadav et al., 2015；Wang and Wang，2016)。例如，矿物被施以加热过程，便会表现出对热能的吸收。这一过程可以看作外界将热能施以晶格离子(原子)或电子，其中绕核旋转的电子由于获得能量而产生能级跃迁，这就是矿物吸热并可以储热的物理本质(Benedict et al.，2016)。按照能量守恒定律，电子获得能量后除用于能级跃迁外，也可以转化为促进电子由定域运动转变为不定域运动甚至逃逸演变成自由电子的动能。绕核定域运动的电子由于吸能而演变为“自由电子”的过程，物理学上称为电子活化(李高山等，1993)，移动电荷称为载流子。如果矿物被施以某种附加矢量场力(如电场或热场等)，使得非定向运动的“自由电子”在矢量场的驱动下定向移动，矿物就会显示电性(王晓雄等，2006)。自然界矿物电性的差异是其中载流子的多少及其外界激发条件的具体体现(何江平等，2000)。

就半导体矿物而言，其常表现出不同于导体或绝缘体的特性，其中热电性就是非常重要的特性之一。矿物热电性，即是由于热能(温差)驱动下非定域移动的载流子定向移动而表现出的电学性质，具体表现为内部电流和热电势差的产生。目前已经有 60 多种天然半导体矿物具有明显的热电性(李家驹，1965)。

需要注意的是，自然界大多数具有热电性特征的矿物属于杂质型半导体(或掺杂型半导体)，即矿物结晶时由于杂质元素混入晶格形成潜在载流子，致使其导电能力属于半导体的范畴。由此看来，地壳内可能存在大量因结晶过程难以避免地捕获杂质元素而形成的杂质型半导体矿物。

(一)天然半导体矿物热电性测试及其启示

1821年，德国科学家Seebeck通过实验发现热电效应。自此以后，人们陆续在实验室合成并测得方铅矿(PbS)，以及含有Bi、Cu、Ag等多种矿物、金属及合金材料均具有热电特性。从热电性的定义可知，基于热电性产生的热电效应实际上是热和电两种能量状态转换的效应，具有热电性的半导体矿物是能量“转换器”，其热电转换效率取决于矿物的晶体化学特征。

如前所述，绝大多数天然矿物的热电特性主要是由于杂质元素或晶格缺陷的存在引起的(李伟文等，2003)。这可以理解为：由于杂质元素(特别是过渡型金属离子)和结构缺陷的存在，矿物晶体结构出现了非理想状态排序或格子构造畸变，使得电子不能完全按照固有轨道运行而出现非定域运动载流子，进而增加矿物晶体的导电能力(或降低了矿物晶体的电阻)，即载流子多则电阻率小，载流子少则电阻率大。当有温差作用时，载流子定向移动，显示热电性特征。所以，杂质元素和晶体结构缺陷是天然矿物产生热电性特征的基本条件。天然矿物的晶体结构缺陷可以是结晶过程形成的，也可以是晶体形成后受高能放射性粒子辐射所致。

对于天然矿物而言，理想结晶状态下的绝缘体矿物，如果实际结晶过程捕获杂质或结晶条件变化导致缺陷的存在，其电阻率可能变化到半导体的范围内。也就是说，地壳内实际广泛存在半导体矿物，而且相当部分是含有杂质的理论绝缘体矿物形成的。

理论上，天然半导体矿物晶体内的潜在载流子一旦遇到能量(热、光、电、磁等)激发即可得以活化，进而在能量场的驱动下实现移动。如果是梯度热场作为活化条件，载流子就会在梯度温度场的驱使下定向移动而表现出温差电势(Baik et al., 2014)。

基于如上认识，我们可以将天然半导体矿物按照激发条件下产生热电势的难易程度划分为热电敏感矿物和非热电敏感矿物，即温差小于100℃条件下能够获得热电性显示的半导体矿物称为热电敏感矿物，温差大于100℃条件下才能激发出热电性的矿物称为非热电敏感矿物(申俊峰等，2009a，2010)。一般来说，天然矿物的自然元素类矿物、硫化物类矿物和部分氧化物类矿物属于热电敏感矿物(申俊峰等，2009a)。含氧岩类矿物和卤族元素矿物多属于非热电敏感矿物。此外，地壳内分布于构造带或蚀变矿化区的绝缘体矿物，由于地质作用和矿物结晶条件的复杂性抑或显示出显著的半导体矿物属性。所以，天然矿物的导电性是可变的，天然半导体矿物的热电敏感性也是可变的。

实践证明(申俊峰等，2009a，2009b，2010；Shen et al.，2010a)，天然黄铁矿、黄铜矿、磁铁矿、磁黄铁矿、毒砂、方铅矿和锡石等具有显著热电性，属于热电敏感矿物。大量测试结果及模拟计算显示：①天然矿物无论导电类型是N型还是P型，随着活化温度升高，其热电势绝对值明显增加，其中磁铁矿和磁黄铁矿显示较好的线性相关关系。

②当活化温度达到 70～80℃时，粒径约 1mm 的天然矿物热电势绝对值可达 20mV 以上。③黄铜矿、方铅矿、锡石、磁铁矿在活化温度 70～80℃条件下一般表现出 N 型导电，即热电势呈负值；黄铁矿和毒砂等矿物的热电势则正负均可出现。由此看来，地壳内广泛存在的热电敏感矿物多为电子型导电(N 型半导体)，其热电系数 σ 多为负值。按照温差热电势产生原理，温差激发下的电子型导电或 N 型导电表明电子由高温端(热端)向低温端(冷端)迁移流动，并在低温端积累形成负电势极；相应地，在高温端积累正电荷形成正电势极。大量测试结果显示，常见热电敏感矿物的热电系数 σ 值的范围在–0.263～–0.049mV/℃(申俊峰等，2010)。

实验结果还显示，岩石中分散赋存的同种热电敏感矿物，在相同温差激发条件下其热电势具有叠加放大效应(赵超等，2012)。

此外，天然磁铁矿的热电性具有明显特殊性(Shen et al.，2010b；申俊峰等，2010)。其主要表现在：①不同成因的天然磁铁矿其热电性特征表现出惊人的一致性；②所有天然磁铁矿的热电势值全部表现为负值，即磁铁矿全部为电子型导电，温差激发下电子型载流子向低温端迁移积累并产生负的热电势场；③热电势与活化温度呈现良好的线性相关关系(图 8-39)。依据测试结果，在温差 5～80℃条件下，热电势与温差呈现如下关系：$U=-0.05176\Delta T+0.08904$，其相关系数可达 0.99，标准偏差为 1.14(Shen et al.，2010a；申俊峰等，2010)。磁铁矿之所以产生一致性热电效应，可能原因主要是 Fe 元素的电子构型决定了其外层电子不稳定，存在潜在电子型载流子。另外，Fe 的变价属性使得热激发条件下易致电子转移，形成潜在电子型载流子。进一步地，含有 Fe 杂质的矿物都可能被激发出热电性，因此磁铁矿的热电特性具有特殊意义。

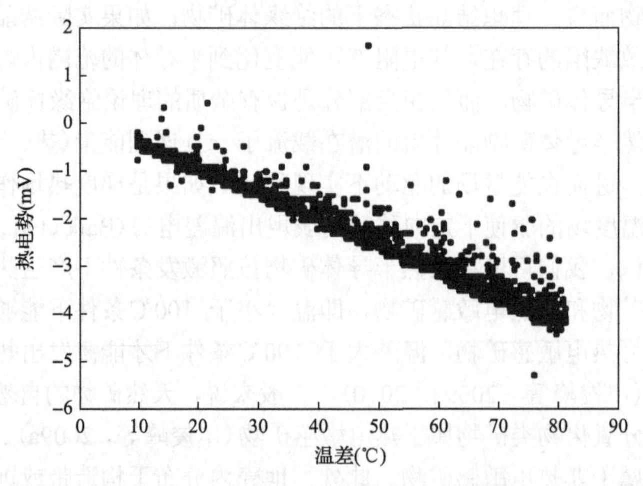

图 8-39　天然磁铁矿热电势随温差变化趋势

实际上，由于磁铁矿在地壳内广泛分布，特别是在中下地壳范围内，大量的地质体(尤其是镁铁-超镁铁质岩石)中均可能含有一定量磁铁矿。在正常地温梯度下(按照地温梯度 25℃/km 计，那么 10～30km 地壳深度温度可达 300～600℃)，磁铁矿极容易被激发产生热电效应，而且形成一致的热电势场。当地壳内出现高梯度扰动热场(如岩石破裂面摩擦升温、岩浆或热流体活动等引起局部升温等)时，易于产生较强的热电势场。

可以推测，在地壳深度范围如果出现剧烈热扰动事件(如孕震或岩浆活动引发的热异常事件)，完全可能导致瞬时产生几十乃至几百摄氏度的温差(稽少丞等，2008)，显然如果有足够热电矿物聚集，其可能产生的热电势场将会很大(申俊峰等，2010)。

(二)地震地电异常与天然矿物热电效应之间的关系讨论

尽管热电性是半导体矿物的固有属性，但促使热电性显示的重要前提是温差热激发条件，即温差或温度梯度是地壳内产生热电效应的必要条件。

我们知道，地震孕育过程可能存在热扰动或热异常，该热扰动与区域地温梯度热场叠加耦合可能导致一个矢量热场(或梯度热场)的产生。该矢量热场会激发地壳内半导体热电矿物产生热电效应，即把其中的热能转换成电能，由此产生电场异常。因此，与孕震或发震机制有关的热扰动或热异常可能是导致地震地电异常的原因之一。

诸多震例显示热异常和电异常同时存在(佟鑫等，2016)，说明在孕震过程中温度场和电场存在叠加和转换，有理由推测孕震和发震过程中存在热能和电能之间的相互转换。因此，矿物热电效应与地震地电异常的关系值得深入研究，特别是对于深刻理解地震地电前兆异常具有启示意义。

综上所述可知，地壳内广泛存在热电敏感矿物，剧烈的热扰动可能激发其产生热电效应，进而产生显著的热电势场。那么，基于地震孕育和发震过程的矿物热电效应可以提出如下假说(图 8-40)，即在地震孕育过程中，复杂的地震地质作用可能导致震源附近产生显著的热场变化(嵇少丞等，2008b)，该热场应该是均匀的或变化的热场，而且由于扩散、传导和辐射作用而波及周围较大的空间(王海燕等，2010)。显然，震源周围空间内瞬时产生几十至几百摄氏度的温差是完全可能的(程建等，2010)。那么，这种变化的高梯度热场必然激发热电矿物产生热电效应，并形成较强的热电势场。热电势场叠加于地壳背景电场(包括大地电场和区域自然电场)即可产生显著的干扰场源，使得地电场显

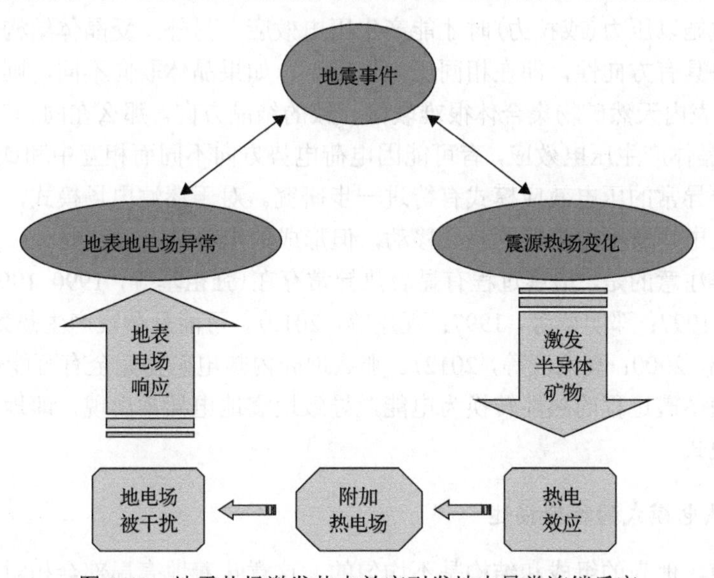

图 8-40　地震热场激发热电效应引发地电异常连锁反应

示异常变化。如果该推测成立，那么地震地电前兆异常可能是热电效应所致。

实际上，目前对地球深部的认知也支持上述假说。例如，深部地质体中越来越多地发现赋存金属互化物，并显著降低地质体的电阻；地壳深部仍有丰富的金属资源值得期待；俄罗斯科拉半岛超深钻探证实地下12km深度仍存在强烈金属矿化；许多黑色金属（包括一些有色金属）的成矿深度可能在10～20km，特别是沉积变质型铁矿的形成深度也可达10～20km。已发现的诸多新矿物如古北矿 Fe_3Si、喜峰矿 Fe_5Si_3、罗布莎矿 $FeSi_2$、硅三铁矿 Fe_3Si、藏布矿 $TiFeSi_2$、Te-Au-Ag矿物等均来自地球深部，对比测试人工硅铁合金显示明显热电性特征。所以，地壳内广泛存在半导体矿物并具有显著热电性是地震地电异常的物质基础。

总之，地壳内矿物由于杂质元素混入、晶体结构缺陷、放射性辐射，以及深部高温环境下合金化趋势增加等原因，理论上电阻率属于绝缘体范畴的矿物可能多已因含有杂质元素而成为杂质型半导体矿物。所以，在地壳深度范围内的孕震热扰动事件极有可能激发地壳内热电矿物产生热电效应，并引发背景地电场出现干扰异常。这一现象可能是导致地震地电异常的重要原因之一（申俊峰等，2010）。

（三）地震地电异常的热电模式

长期以来，关于地震地电异常的成因机制始终存在两种主流观点（郝建国等，2000），即压电效应模式和渗滤电场模式。其中，压电效应模式是指地震应力导致矿物晶格发生扭曲形变而极化，致使矿物表面荷电（Gohari et al.，2016），形成电场异常；渗滤电场模式是指存在于岩石裂隙或孔隙中的流体，由于地震应力使裂隙或孔隙产生扩容或压缩，导致流体呈现渗流状态，因电解质流体中离子电荷差异移动而形成渗滤电场，引起区域电场异常。提出上述两种模式的理论基础是“地震应力集中而触发电荷移动”。

事实上，压电效应是矿物晶体异向性的体现。根据晶体化学基本理论，只有无对称中心的晶体被施以压力（或拉力）时才能产生压电效应。另外，受晶体结构约束，每个晶体产生的电势具有方向性，即在相同压力作用下，如果晶体取向不同，则荷电方向也不同。显然，地壳内天然矿物集合体很难取得一致的结晶方向。那么在同一应力条件（同一方向）下激发晶体产生压电效应，有可能因电荷电势方向不同而相互中和或彼此抵消。所以，地震地电异常的压电效应模式有待进一步研究。对于渗滤电场模式，虽然流体快速渗滤能够引发电解质不同电荷的差异移动，但形成的电势场一般较弱。

非常值得注意的是，地震过程有显著热异常存在（强祖基等，1990, 1992, 2008；孔令昌和强祖基，1997；邓明德等，1997；程建等，2010），可能是孕震产生热效应的结果（张永仙和尹祥础，2000；真允庆等，2012）。那么地壳内热电矿物完全有可能作为热-电“转换器”将伴随孕震过程的热能转换为电能，导致地震地电异常出现，即地震地电异常抑或存在热电模式。

1. 地震热电模式的物理描述

我们知道，地壳的组成和结构是不均匀的。这意味着地壳局部会相对富集电阻率较低的半导体矿物聚集体，特别在地震活跃地带，也常常是金属成矿物质的有利地带。这为孕震或发震过程产生热电效应准备了物质基础。

可以假设，地震孕育过程中其震源处或其附近存在高温区，如应力致热辐射、断裂摩擦生热、热物质上涌等(邓明德等，1997；张永仙和尹祥础，2000；Di and Pennacchiori，2004；Freund et al., 2006；马瑾等，2007)。由于高温区的热量向上半区周围扩散，因此会形成一个以高温区为中心并向上半区递减的梯度热场(图 8-41)。如果在该热场波及的空间内存在半导体热电矿物聚集体，那么梯度热场的温差作用会激发半导体热电矿物产生热电效应，形成附加热电势场。对于具有一定体积效应的热电矿物聚集体来说，热电效应也可以理解为矿物被激化形成偶极子的过程，即在相对高温端和低温端分别由于异性电荷积累而形成正、负两极。同时，正负电荷分异形成两级的过程也相当于矿物聚集体被充电的过程。这样看来，受地震热场温差激发产生热电效应导致出现的正负极类似于埋伏于地下的偶极电流源。该偶极电流源也会在空间产生电势场(热电势场)，这就是热电效应对地电场异常的贡献。

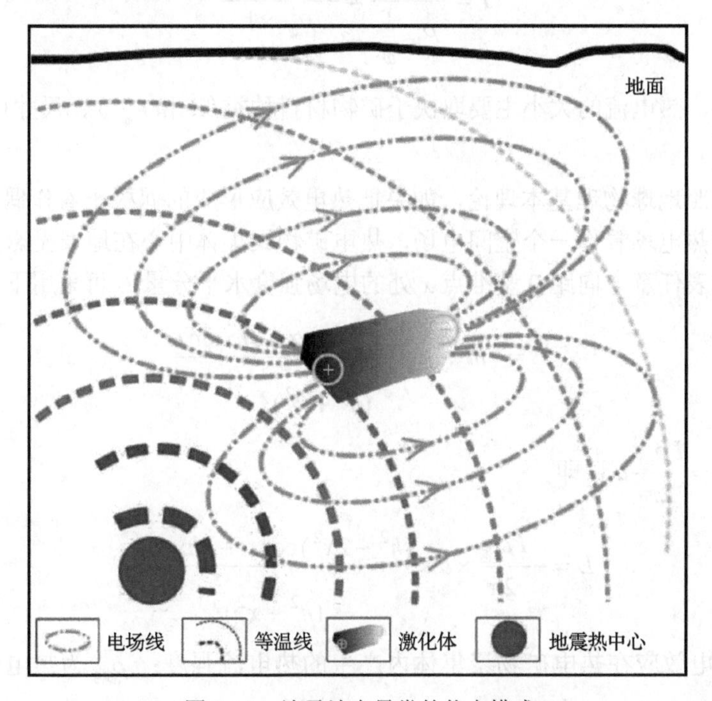

图 8-41　地震地电异常的热电模式

由于地震热场是一个不稳定场，因此热场变化可能是脉冲式的，显然热电矿物聚集体的极化过程也是脉冲式的。只要热脉冲出现，热电矿物聚集体就会被充电极化形成偶极子，同时偶极电流源便会发生放电，形成热电势场，如此重复出现。因此，热电效应产生的热电势场是一个不断变化的电场，其干扰背景电场形成的电异常也是变化的。

根据温差热电势基本理论，由热电系数为 σ 的矿物聚集体在 ΔT 温差下产生的热电效应，其正负极之间的电势差 U 可以采用如下公式计算：

$$U = \sigma \times \Delta T \tag{8-1}$$

另外，根据欧姆定律，偶极之间的热电势差 U 与热电矿物聚集体的电阻 R 和热电流 I 有如下关系：

$$I=\frac{U}{R} \tag{8-2}$$

同时，矿物聚集体的电阻 R 也具有如下关系：

$$R=\rho_{矿}\frac{l}{\phi} \tag{8-3}$$

式中，$\rho_{矿}$ 为热电矿物聚集体的电阻率；l 为热电流方向长度(正负极之间的距离)；ϕ 为垂直热电流方向的截面积。

将式(8-1)和式(8-3)同时代入式(8-2)，得出热电矿物聚集体的热电流为

$$I=\frac{\sigma\times\Delta T}{\rho_{矿}\dfrac{1}{\phi}}=\frac{\sigma\times\Delta T\times\phi}{\rho_{矿}\times 1} \tag{8-4}$$

可以看出，热电流的大小主要取决于矿物材料种类(σ 和 $\rho_{矿}$)、尺寸(l 和 ϕ)和温差(ΔT)。

另外，按照地球物理基本理论，如果把热电效应形成的偶极子看作偶极电流源，热电效应产生的热电场看作一个空间电场，热电矿物聚集体中心在地表投影点看作 0 基准点，那么沿地表任意方向距 0 基准点 x 处的电场强度水平分量 E 可采用下式计算：

$$E=-m\frac{(h^2-2x^2)\cos\alpha+3hx\sin\alpha}{(h^2+x^2)^{\frac{5}{2}}}$$

其中，$m=\dfrac{I\rho_{地}}{2\pi}a$，即

$$E=-\frac{I\rho_{地}}{2\pi}\times a\times\frac{(h^2-2x^2)\cos\alpha+3hx\sin\alpha}{(h^2+x^2)^{\frac{5}{2}}} \tag{8-5}$$

式中，I 为热电效应在热电矿物聚集体内产生的热电流强度；$\rho_{地}$ 为热电矿物聚集体周围地壳介质的电阻率；a 为热电矿物聚集体正负两极之间的距离；α 为热电矿物聚集体两极连线与水平面的夹角；h 为热电矿物聚集体的埋深；x 为地表观测点距基准点 0 的距离。

这里，式(8-5)中表示热电矿物聚集体正负两极之间的距离 a 与热电矿物聚集体电流方向的长度 l 近似相等，因此把式(8-4)代入(8-5)，可导出热电场计算公式为

$$E=-\frac{\dfrac{\sigma\times\Delta T\times\phi}{\rho_{矿}\times L}\rho_{地}}{2\pi}\times a\times\frac{(h^2-2x^2)\cos\alpha+3hx\sin\alpha}{(h^2+x^2)^{\frac{5}{2}}}$$

化简为

$$E = -0.159\frac{\sigma \times \Delta T \times \phi \times \rho_{地} \times [(h^2 - 2x^2)\cos\alpha + 3hx\sin\alpha]}{\rho_{矿}(h^2 + x^2)^{\frac{5}{2}}} \tag{8-6}$$

从式(8-6)可以看出，影响热电场强度E的因素除热电矿物的热电系数σ、施加于热电矿物聚集体的活化温度ΔT、热电矿物聚集体垂直热电流方向的截面积ϕ和地表观测点距热电矿物聚集体在地表的投影中心点之间的距离x外，还有热电矿物聚集体周围地壳介质的电阻率$\rho_{地}$、热电矿物聚集体埋深h、热电矿物聚集体激化极连线与水平面的夹角α和热电矿物的电阻率$\rho_{矿}$。

2. 基于热电模式的地电场模拟计算

从前面基于热电效应的电场强度计算公式推演过程看，把热电矿物聚集体形成的偶极子当作地下电流源正负极的地电场物理模型，定量评价地下一定深度由热电效应产生的电场强度，进而推断地震地电异常成因机制具有一定的合理性。

利用式(8-6)，采用单因子评价法，逐一考核几个影响因子对热电场强度影响的显著性。结果显示，在合理假设各因子取值范围内，热电场强度在 n～$n\times10^2$mV/km 范围内变化，最大可达 $n\times10^3$mV/km(Shen et al.，2010a；申俊峰等，2010)。这和一些震例监测到的地电异常强度非常吻合(梅世蓉，1996；郝建国等，2000；汪智，2002；李树华，2004；马钦忠等，2011)。

另外，综合分析认为，影响热电场强度的 8 个因子中[式(8-6)]，激化体的热电系数σ、地面观察点距激化体基准点的距离x、温差ΔT和热电流垂直方向截面积ϕ是主要影响因素；大地电阻率$\rho_{地}$和热电矿物电阻率$\rho_{矿}$、激化体激化极倾角α、激化体埋深h等对热电场强度影响较小，但是大地电阻率$\rho_{地}$和热电矿物电阻率$\rho_{矿}$的比值对热电效应具有显著影响。

以磁铁矿热电系数作为基本计算参数，以含有磁铁矿的地质体作为热电矿物聚集体进行的模拟计算结果显示：①由于磁铁矿属于电子型半导体(N 型半导体)，温差作用下低温端积累负电荷形成负极，因此在地下一定空间内产生负热电场，电势值为负值；②热电势与温差高度正相关，温差从 10℃逐渐增加到 80℃时，温差电势最大值为–4.5mV；③磁铁矿呈现一致的导电类型，有利于热电势累加产生放大效应，即当地壳内温度场的变化梯度足够时，能够形成较强的热电势场；④磁铁矿在地壳内分布的广泛性，特别是热电势方向不受其结晶学方向约束的特性，对于解释地震地电异常具有实际意义。

一系列的模拟计算结果表明，磁铁矿热电系数σ取值–0.05 mV/℃条件下，假设地下2～20km 深度下存在含有磁铁矿的热电矿物聚集体，在温差 100～200℃，地表以热电矿物聚集体投影点为中心的 0～200km 范围内，热电效应产生的热电场强度在几至几百mV/km 范围内变化(Shen et al.，2010a；申俊峰等，2010)。

考虑到地温梯度方向的影响，磁铁矿聚集体热电效应产生的热电场空间分布只可能存在如下两种情况：

第一种情况：磁铁矿聚集体形成的正、负极的连线倾角为 90°，即磁铁矿聚集体被激化形成的两极连线呈直立状态。

第二种情况：磁铁矿聚集体形成的正、负极的连线倾角在 0°～90°，即磁铁矿聚集体被激化形成的两极连线呈倾斜状态。

那么，第一种情况相当于磁铁矿聚集体覆于地震矢量热场的上方。受垂直方向梯度热场的激发，磁铁矿聚集体因热电效应而形成直立的偶极子激化体(磁铁矿的热电特性决定了上方为负极，下方为正极)。那么该磁铁矿聚集体激化产生的空间电场分布见图 8-42。从图 8-42 可以看出，热电场空间形态呈上方为负极，下方为正极的“灯笼状”环形状分布特点；电场水平分量在地表平面呈现为负极为中心的同心圆分布特点；自同心圆中心向外电场强度呈等值趋势连续变化；另外，靠近中心点场强接近于 0，随着远离中心点，电场强度依次表现为由小而大，然后逐渐变小，直至衰减接近于 0 的变化规律。

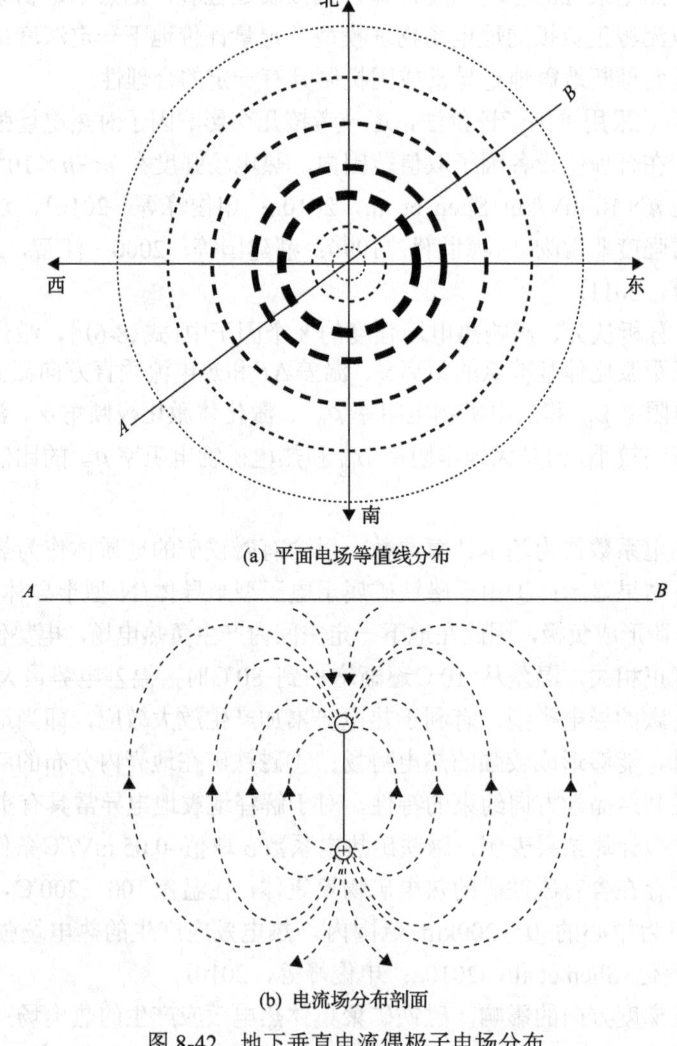

(a) 平面电场等值线分布

(b) 电流场分布剖面

图 8-42　地下垂直电流偶极子电场分布

第二种情况相当于磁铁矿聚集体位于地震热场高温区的斜上方。显然，偶极子产生的空间电场分布也呈“倾斜的灯笼状”分布(图 8-43)。与图 8-42 明显不同的是，图 8-43 中地表电场水平分量在地表平面的分布特点呈现为以基准点为界反方向等距分异，呈两个极性相反的椭圆形高值区，分别与距地表最近和最远的极轴投影点的电场强度对应。正极值区和负极值区之间水平分量呈渐变关系，在基准点处场强最小，自基准点沿两个极值连线逐渐增加到极大值，然后继续远离极值点向外，场强逐渐降低，直至趋向于 0。

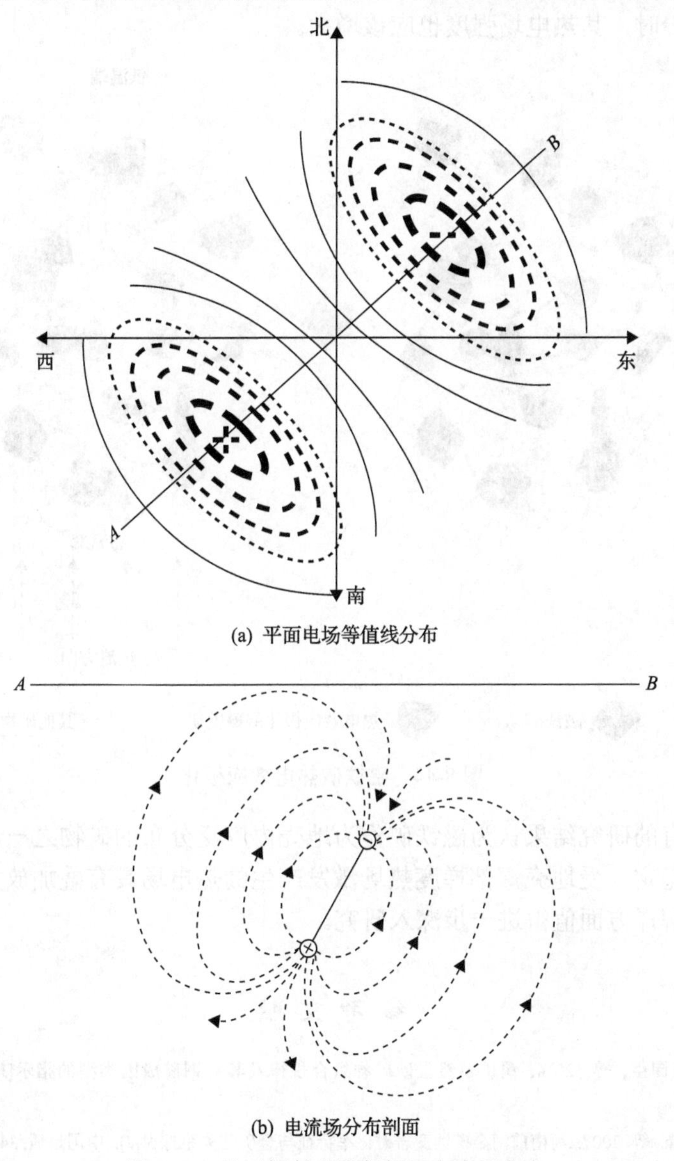

(a) 平面电场等值线分布

(b) 电流场分布剖面

图 8-43　地下倾斜电流偶极子电流场分布

上述基于磁铁矿聚集体热电效应所产生电场在地面水平分量的分布规律还可以获得如下启示：如果地震地电异常的热电模式合理，依据地面电场水平分量场强等值线趋势，可以初步判断地震引发高温区的方位。

需要说明的是，当含有磁铁矿的地质体处于温差条件下时，其磁铁矿晶体的热电效应是可以被叠加放大的。如图 8-44 所示，由于磁铁矿晶体具有固定的热电势方向和稳定的热电系数，因此而且不受结晶学方向影响。这说明在定向热流场的激发下，含有磁铁矿晶体的地质体中可以形成无数个方向一致(与热流梯度方向一致)的由热电效应极化而成的偶极子。显然，排列方向一致的若干偶极子对于空间任何一点的电场强度具有叠加效应，其电场强度应该是增大的。当地质体中局部磁铁矿含量较高而形成彼此连接的“串珠”或“条带”时，其热电场强度也应该增大。

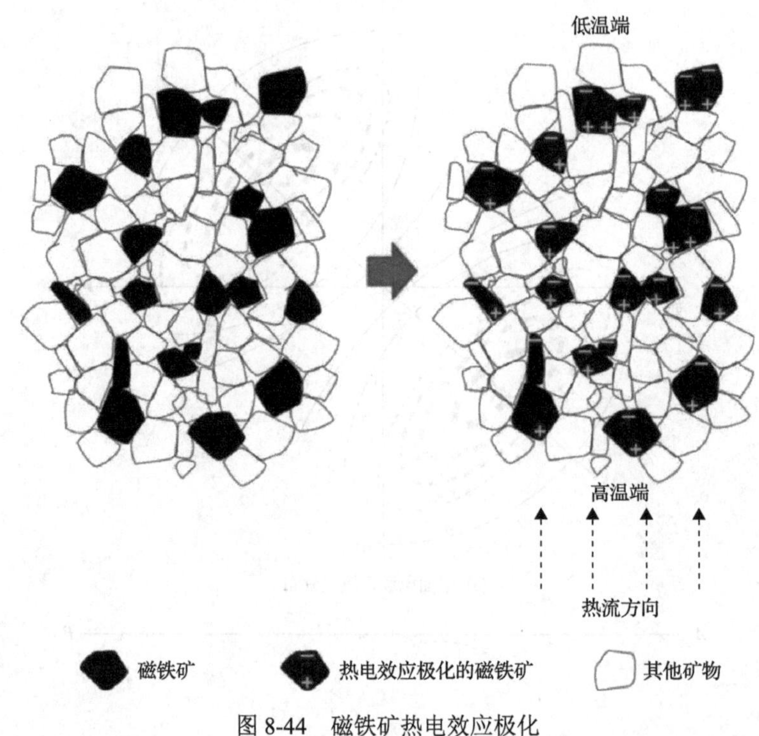

图 8-44　磁铁矿热电效应极化

总之，已有的研究结果认为磁铁矿作为地壳内广泛分布的矿物之一，而且热电势方向和热电系数稳定，受地壳深部梯度热场激发产生的热电场具有叠加放大效应，在地震地电异常成因解译方面值得进一步深入研究。

参 考 文 献

薄海军，申俊峰，董国臣，等. 2014. 铜矿自然重砂矿物组合规律及其对铜矿成因类型的指示[J]. 地质通报，33(12)：1878-1889.

曹烨，李胜荣，申俊峰，等. 2007. 河南前河金矿蚀变岩磁化率特征与金矿化关系探讨[J]. 中国地质，34(6)：1082-1090.

长春地质学院. 1978. 找矿方法[M]. 北京：地质出版社.

陈光远，邵伟，孙岱生. 1989. 胶东金矿成因矿物学与找矿[M]. 重庆：重庆出版社.

陈光远. 1987. 成因矿物学与找矿矿物学[M]. 重庆：重庆出版社.

陈海燕，李胜荣，张秀宝，等. 2010. 山东乳山金青顶金矿黄铁矿热电性标型特征及其地质意义[J]. 矿床地质，6：1-13.

陈锦荣. 1992. 郴县红旗岭锡矿床锡石的成因矿物学研究[J]. 湖南地质，(4)：299-304.

陈天虎, 徐惠芳, 彭书传, 等. 2004. 蒙脱石向凹凸棒石转化的直接证据-透射电子显微镜观察[J]. 中国科学(D辑:地球科学), 203: 248-255.
程建, 王多义, 李得力, 等. 2010. 汶川大地震“远端效应”: 龙泉驿地热异常成因探讨[J]. 成都理工大学学报(自然科学版), 37(2): 155-159.
邓明德, 耿乃光, 崔承禹. 1997. 岩石应力状态改变引起岩石热状态改变的研究[J]. 中国地震, 13(2): 179-185.
董国臣, 李景朝, 张虹, 等. 2015. 自然重砂的应用现状与前景[J]. 资源与产业, 17(2): 1-7.
段超, 李延河, 袁顺达, 等. 2012. 宁芜矿集区凹山铁矿床磁铁矿元素地球化学特征及其对成矿作用的制约[J]. 岩石学报, 28(001): 243-257.
高永华, 李胜荣, 任冬妮, 等. 2008. 鱼耳石元素研究热点及常用测试分析方法综述[J]. 地学前缘, 6: 11-17.
高振敏, 杨竹森, 李红阳, 等. 2000. 黄铁矿载金的原因和特征[J]. 高校地质学报, 2: 156-162.
郝建国, 潘怀文, 毛国敏, 等. 2000. 准静电场异常与地震: 一种可靠短临地震前兆信息探索[J]. 地震地磁观测与研究, 21(4): 3-165.
何江平, 吴忠庆, 许祝安, 等. 2000. 单相超导体 $CaLaBaCu_{3-x}Bx O_{7-\delta}$ 正常态热电势率研究[J]. 浙江大学学报(理学版), 27(1): 59-63.
洪为, 张作衡, 蒋宗胜, 等. 2012. 新疆西天山查岗诺尔铁矿床磁铁矿和石榴石微量元素特征及其对矿床成因的制约[J]. 岩石学报, 28(7): 2089-2102.
侯林, 丁俊, 邓军, 等. 2013. 滇中武定迤纳厂铁铜矿床磁铁矿元素地球化学特征及其成矿意义[J]. 岩石矿物学杂志, (2): 154-166.
胡楚雁. 2001. 黄铁矿的微量元素及热电性和晶体形态分析[J]. 现代地质, (2): 238-241.
胡浩, 段壮, Luo Yan, 等. 2014. 鄂东程潮铁矿床磁铁矿的微量元素组成及其矿床成因意义[J]. 岩石学报, (5): 1292-1306.
嵇少丞, 王茜, 许志琴. 2008a. 华北克拉通破坏与岩石圈减薄[J]. 地质学报, 82(2): 174-193.
嵇少丞, 王茜, 孙圣思, 等. 2008b. 亚洲大陆逃逸构造与现今中国地震活动[J]. 地质学报, 82(12): 1644-1667.
孔令昌, 强祖基. 1997. 台湾海峡 7.3 级强震前的热红外增温异常[J]. 地震学刊, 3: 34-37.
李高山, 杨殿范, 许虹. 1993. 矿物中的电子-空穴心及其在找矿勘探中的应用[M]. 北京: 地质出版社.
李惠, 张文华, 刘宝林, 等. 1999. 金矿床轴向地球化学参数叠加结构的理想模式及其应用准则[J]. 地质与勘探, (6): 41-44.
李家驹. 1965. 矿物的热电效应及其应用[J]. 地质论评, 23(4): 316-317.
李胜荣. 2013. 成因矿物学在中国的传播与发展[J]. 地学前缘, 3: 46-54.
李胜荣, 陈光远. 1995. 胶东乳山金矿石英中 H_2O 和 CO_2 相对光密度研究[J]. 矿物学报, 15(1): 97.
李胜荣, 陈光远, 邵伟, 等. 1996. 胶东乳山金矿田成因矿物学[M]. 北京: 地质出版社.
李胜荣, 许虹, 申俊峰, 等. 2008a. 结晶学与矿物学[M]. 北京: 地质出版社.
李胜荣, 许虹, 申俊峰, 等. 2008b. 环境与生命矿物学的科学内涵与研究方法[J]. 地学前缘, 6:1-10.
李胜荣, 冯庆玲, 杨良锋, 等. 2015. 生命矿物响应环境变化的微观机制[J]. 北京: 地质出版社.
李胜荣, 冯庆玲, 杨良锋, 等. 2017. 生命矿物响应环境变化的微观机制. 北京: 地质出版社.
李树华. 2004. 云南大姚 6.2 级 6.1 级地震前电磁异常特征分析[J]. 地震地磁观测与研究, 25(5): 1-19.
李伟文, 赵新兵, 邬震泰, 等. 2003. Fe-Si-Ge 基合金的电学特性[J]. 功能材料, 34(5): 546-548.
李志群, 蒋家申. 1994. 东川式铜矿地球化学研究[J]. 云南地质, 013(001): 23-32.
刘凡, 冯雄汉, 陈秀华, 等. 2008. 氧化锰矿物的生物成因及其性质的研究进展[J]. 地学前缘, 6: 66-73.
刘嘉玮. 2020. 胶东和小秦岭花岗岩磷灰石标型特征及其地质意义[D]. 北京: 中国地质大学(北京).
刘星. 1992. 山东玲珑金矿石英成因矿物学研究及其找矿远景的确定[J]. 地质论评, 2: 173-183.
鲁安怀, 王长秋, 李艳, 等. 2015. 矿物学环境属性概论[M]. 北京: 科学出版社.
吕蒙, 谈树成, 郝爽, 等. 2015. 个旧锡矿锡石的矿物学研究[J]. 西北地质, 49(1): 101-108.
吕文杰. 2010. 胶东烟台市福山区杜家崖金矿床成因矿物学与找矿[D]. 北京: 中国地质大学(北京).
罗军燕, 李胜荣, 申俊峰. 2008. 鱼耳石中锶和钡富集的影响因素及其环境响应[J]. 地学前缘, 6: 18-24.
罗军燕. 2009. 山西省繁峙县义兴寨金矿床成因矿物学研究与成矿预测[D]. 北京: 中国地质大学(北京).

马瑾, 刘力强, 刘培洵. 2007. 断层失稳错动热场前兆模式:雁列断层的实验研究[J]. 地球物理学报, 50(4): 1141-1149.
马钦忠, 唐宇雄, 张永仙. 2011. 2008 年西藏 4 次 MS6.0 以上地震前拉萨地电场异常信号特征[J]. 地震, 31(1): 86-97.
马婉仙. 1990. 重砂测量与分析[M]. 北京:地质出版社: 1-206.
梅世蓉. 1996. 地震前兆场物理模式与前兆时空分布机制研究(二)[J]. 地震学报, 18(1): 1-10.
潘彦宁, 董国臣, 刘铭初, 等. 2014. 重晶石矿自然重砂矿物组合规律及其找矿意义[J]. 地质通报, 12: 1933-1940.
潘彦宁, 董国臣, 王鹏. 2015. 滇西来利山锡矿自然重砂矿物[J]. 资源与产业, 17(2): 8-13.
潘彦宁, 董国臣, 王鹏. 2015. 滇西来利山锡矿自然重砂矿物组合及其成矿响应[J]. 资源与产业, 17(2): 8-13.
亓利剑, 裴景成. 1999. 中国宝石和宝石学研究现状与进展[J]. 宝石和宝石学杂志, 001(001): 1-5.
强祖基, 徐秀登, 赁常恭. 1990. 卫星热红外异常: 临震前兆[J]. 科学通报, 7: 1324-1327.
强祖基, 孔令昌, 赁常恭, 等. 1992. 地球放气: 热红外异常与地震活动[J]. 科学通报, (24): 2259-2262.
强祖基, 姚清林, 魏乐军, 等. 2008. 震前卫星热红外环形应力场特征[J]. 地球学报, 29(4): 486-494.
邵洁涟. 1984. 辉钼矿多型研究的新进展[J]. 地质科技情报, (02): 41-48.
邵洁涟. 1988. 伟晶岩矿床的找矿矿物学标志[J]. 地质地球化学, 1: 1-3.
佘宇伟, 宋谢炎, 于宋月, 等. 2014. 磁铁矿和钛铁矿成分对四川太和富磷灰石钒钛磁铁矿床成因的约束[J]. 岩石学报, 37(5): 1443-1456.
申俊峰, 李胜荣, 杜柏松, 等. 2018. 金矿床的矿物蚀变与矿物标型及其找矿意义[J]. 矿物岩石地球化学通报, 37(2): 5-15.
申俊峰, 李胜荣, 马广钢, 等. 2013. 玲珑金矿黄铁矿标型特征及其大纵深变化规律与找矿意义[J]. 地学前缘, 20(3): 55-75.
申俊峰, 李胜荣, 孙岱生, 等. 2004. 固体废弃物修复荒漠化土壤的研究: 以包头地区为例[J]. 土壤通报, 35(3): 267-270.
申俊峰, 申旭辉, 曹忠全, 等. 2007. 断层泥石英微形貌特征在断层活动性研究中的意义[J]. 矿物岩石, 27(1): 90-96.
申俊峰, 申旭辉, 刘倩. 2009a. 几种天然半导体矿物热电特性对地震电场影响的启示意义[J]. 地学前缘, 16(4): 313-319.
申俊峰, 申旭辉, 刘倩. 2009b. 试论天然半导体矿物热电性及其在地震预测中应用的可能性[J]. 矿物岩石地球化学通报, 28(3): 301-307.
申俊峰, 申旭辉, 刘倩. 2010. 磁铁矿热电效应: 地震地电异常的新模式[J]. 矿物岩石, 30(4): 21-27.
施加辛. 1990. 中国锡矿床的锡石标型特征[J]. 云南地质科技情报, (1): 1-35.
石铁铮. 1980. 个旧老厂锡石晶体的标型特征及其地质意义[J]. 地球化学, 2: 200-205.
舒斌, 王平安, 董法先, 等. 2006. 海南乐东地区抱伦金矿矿石特征及其成因矿物学意义[J]. 地质通报, 6: 745-755.
谭文化. 2007. 海南岛周边海域底质碎屑矿物分布及其物源分析[D]. 北京: 中国地质大学(北京).
佟景贵, 李胜荣, 方念乔, 等. 2008. 利用富钴结壳碳酸盐基岩有孔虫矿物标型重建古海洋温度[J]. 地学前缘, 6: 40-43.
佟鑫, 郭建芳, 周剑青, 等. 昌黎地电台多极距观测系统的设计 [J]. 华北地震科学, 2016, 34(1): 65-69.
汪智. 2002. 2001 年雅江两次中强地震震例总结: 地电部分[J]. 四川地震, 102(1): 40-43.
王宝德, 李胜荣. 1996. 河南祁雨沟爆发角砾岩型金矿床地质地球化学特征初步研究[J]. 地质地球化学, 6: 37-44.
王冬丽, 申俊峰, 邱海成, 等. 2019. 辽宁五龙金矿黄铁矿标型特征研究及深部找矿预测[J]. 南京大学学报(自然科学版), 55(6): 898-915.
王杜涛, 张殿龙, 陈美君. 2012. 山东埠上金矿石英成因矿物学研究[J]. 黄金科学技术, 2: 43-49.
王海燕, 高锐, 卢占武, 等. 2010. 深地震反射剖面揭露大陆岩石圈精细结构[J]. 地质学报, 84(6): 818-839.
王晓雄, 李宏年, 钱海杰, 等. 2006. Sm 富勒烯的价带光电子能谱[J]. 物理学报, 55(8): 4265-4270.
王志华, 张作衡, 蒋宗胜, 等. 2012. 西天山智博铁矿床磁铁矿成分特征及其矿床成因意义[J]. 矿床地质, (5): 983-998.
王中波, 杨守业, 王汝成, 等. 2007. 长江河流沉积物磁铁矿化学组成及其物源示踪[J]. 地球化学杂志, (2): 176-185.
吴宏海, 林怡英, 吴嘉怡, 等. 2008. 铁氧化物矿物对苯酚和溶解性有机质表面吸附的初步研究[J]. 地学前缘, 6: 133-141.
吴丽芳, 雷怀彦, 欧文佳, 等. 2014. 南海北部柱状沉积物中黄铁矿的分布特征和形貌研究[J]. 应用海洋学学报, 1: 21-28.
吴敏. 2007. 海南岛周边海域环境变化的粘土矿物学研究[D]. 北京: 中国地质大学(北京).
肖启云. 2007. 河南南阳独山玉的宝石学及其成因研究[D]. 北京: 中国地质大学(北京).
徐国风, 邵洁涟. 1979. 磁铁矿的标型特征及其实际意义[J]. 地质与勘探, (3): 30-37.

徐向珍，杨经绥，巴登珠，等. 2015. 西藏雅鲁藏布江缝合带东波地幔橄榄岩中金刚石的发现及地质意义[J]. 中国地质，370(05)：1471-1482.

薛建玲，李胜荣，孙文燕，等. 2013. 胶东邓格庄金矿黄铁矿成因矿物学特征及其找矿意义[J]. 中国科学：地球科学，11：1857-1873.

闫丽娜，李胜荣，罗军燕，等. 2008. X射线断层扫描技术在鲤鱼耳石对环境响应研究中的应用初探[J]. 地学前缘，6: 25-31.

严育通，李胜荣，周红升. 2015. 胶东石英脉型和蚀变岩型金矿关系的成因矿物学研究[M]. 北京：地质出版社.

严育通，李胜荣. 2011. 胶东流口金矿黄铁矿成因矿物学及稳定同位素研究[J]. 矿物岩石，4: 58-66.

杨良锋，李胜荣，王月文，等. 2007. 不同水域鲤鱼耳石 $CaCO_3$ 晶体结构特征与环境响应初探[J]. 地球学报，28(2)：195-204.

杨群慧，林振宏，张富元，等. 2002. 南海中东部表层沉积物矿物组合分区及其地质意义[J]. 海洋与湖沼，(6)：591-599.

杨士建，何宏平，吴大清，等. 2008. 钛掺杂磁铁矿吸附去除水中亚甲基蓝的研究[J]. 地学前缘，6: 151-154.

杨竹森，高振敏，李胜荣，等. 2001. 红色粘土型金矿成因矿物学特征[J]. 现代地质，2: 216-221.

杨主恩，张流，石桂梅. 1986. 粘滑与稳滑实验条件下石英的某些显微形貌特征及其地震地质意义[J]. 地震地质，8(2)：21-25.

要梅娟. 2007. 河南前河金矿萁沟矿段黄铁矿成因矿物学研究及深部预测[D]. 北京：中国地质大学(北京).

殷玉成. 1981. 锡石标型特征及其在研究砂锡物质来源中的应用[J]. 地质与勘探，11: 24-27.

银剑钊，史红云. 1994. 冀西北张全庄金矿石英的矿物学特征[J]. 现代地质，8(4)：459-465.

尹淑苹，谢玉玲，衣龙升. 2006. 成因矿物学研究在宝石学中的应用[J]. 新疆地质，24(1)：33-36.

俞维贤，安晓文，李世成，等. 2002. 澜沧江流域主要断裂断层泥中石英碎砾表面 SEM 特征及其断裂活动研究[J]. 地震研究，25(3)：275-280.

俞维贤，王彬，毛燕，等. 2004. 程海断裂带断层泥中石英碎砾表面 SEM 特征及断层活动状态的分析[J]. 中国地震，20(4)：347-352.

张秉良，方仲景，段端涛，等. 1996a. 程各庄断裂断层泥显微结构特征及其断裂活动性探讨[J]. 华北地震科学，14(4)：31-39.

张秉良，方仲景，向宏发，等. 1996b. 断层显微结构特征与断层活动习性的研究[J]. 华南地震，16(4)：68-72.

张秉良，刘桂芬，方仲景，等. 1994. 云南小湾断层泥中伊利石矿物特征及其意义[J]. 地震地质，16(1)：89-96.

张翔，董国臣，申俊峰，等. 2014. 锡矿自然重砂矿物组合规律及其找矿意义[J]. 地质通报，33 (12)：1869-1877.

张永仙，尹祥础. 2000. 热物质运移与震前地表垂直形变异常关系研究[M]//陈运泰. 中国地震学会第八次学术大会论文摘要集. 北京：地震出版社: 111.

赵超，申俊峰，张自力，等. 2012. 含磁铁矿岩石热电实验研究及其地震地质意义[J]. 矿物岩石，32(1)：17-20.

真允庆，牛树银，刁谦，等. 2012. 东北地区地幔热柱构造与成矿成藏作用[J]. 地质学报，86(12)，1869-1889.

周征宇，李冉，陈桃，等. 2003. 矿物标型特征及其在宝石鉴定中的应用——以刚玉类宝石为例[J]. 上海地质，(3)：51-55.

朱立军，张杰. 1994. 桂北地区锡多金属矿床中锡石的成因矿物学研究[J]. 矿物学报，(1)：32-39.

朱立军. 1989. 广西九毛锡矿超基性岩中锡石成因矿物学研究[J]. 矿物岩石，(4)：14-21.

Baik Y J, Heo J, Koo J, et al. 2014. The effect of storage temperature on the performance of a thermo- electric energy storage using a transcritical CO_2 cycle[J]. Energy, 75: 204-215.

Benedict J C, Rao A, Sanjeev G, et al. 2016. A systematic study on the effect of electron beam irradiation on structural, electrical, thermo-electric power and magnetic property of $LaCoO_3$[J]. Journal of Magnetism and Magnetic Materials, 397: 145-151.

Ben-Zion Y, Sammis C G. 2003. Characterization of fault zones[J]. Pure and Applied Geophysics, 160: 677-715.

Bos B, Peach C J, Spiers C J. 2000. Frictional-viscous flow of simulated fault gouge caused by the combined effects of phyllosilicates and pressure solution[J]. Tectonophysics, 327: 173-194.

Bos B, Spiers C J. 2000. Effect of phyllosilicates on fluid-assisted healing of gouge-bearing faults[J]. Earth and Planetary Science Letters, 184: 199-210.

Chang Z S, Hedenquist J W, White N C, et al. 2011. Exploration Tools for Linked Porphyry and Epithermal Deposits: Example from the Mankayan Intrusion-Centered Cu-Au District, Luzon, Philippines[J]. Economic Geology, 106: 1365-1398.

Chen Y, Feng J, Gao J, et al. 1997. Observations on the micro-texture and ESR spectra of quartz from fault gouge[J]. Quaternary Science Reviews, 16: 487-493.

Cook N J, Ciobanu C L, Meria D, et al. 2013. Arsenopyrite-pyrite association in an orogenic gold ore: tracing mineralization history from textures and trace elements[J]. Economic Geology, 108: 1273-1283.

Cook N J. 2011. Nanogeoscience in ore systems research: principles, methods, and applications. Introduction and preface to the special issue[J]. Ore Geology reviews, 42 (1) : 1-5.

Di T G, Pennacchiori G. 2004. Superheated friction-induced melts in zoned pseudotachylytes within the Adamello tonalities (Italian Southern Alps) [J]. Journal of Structural Geology, 26 (10) : 1783-1801.

Freund F T, Takeuchi A, Lau B W S. 2006. Stimulated infrared emission from rocks: assessing a stress indicator[J]. Earth Discuss, 1: 97-112.

Fukuchi T. 1996. Direct ESR dating of fault gouge using clay minerals and assessment of fault activity[J]. Engineering Geology, 43: 201-211.

Gohari S, Sharifi S, Vrcelj Z. 2016. New explicit solution for static shape control of smart laminated cantilever piezo-composite-hybrid plates/beams under thermo-electro-mechanical loads using piezoelectric actuators[J]. Composite Structures, 145: 89-112.

Kanaori Y, Kazuhiro T, Katsuyoshi M. 1985. Further studies on the use of Quartz grain from fault gouges establish the age of faulting. Engineering Geology, 21 (1-2) : 175-194.

Kanaori Y, Miyakosbi K, Kakuta T. 1980. Dating fault activity by surface textures of quartz grains from fault gouges[J]. Engineering Geology, 16 (3) : 243-262.

Kanaori Y, Miyakoshi K, Kakuta T. 1981. Dating fault activity by surface textures of quartz grains from fault gouges[J]. International Journal of Rock Mechanics and Mining Science & Geomechanics, 18 (5) : 91.

Kazuo A, Asahiko T. 1992. Two-phase uplift of Higher Himalayas since 17 Ma[J]. Geology, 20 (5) : 391-394.

Kim Y S, Peacock D C P, Sanderson D J. 2004. Fault damage zones[J]. Journal of Structural Geology, 26: 503-517.

Large R, Huston D, McGoldrich P, et al. 1988. Gold distribution and genesis in Paleogoic volcanogenic massive sulphide systems, Eastern Australia[J]. Bicentennial Gold Proceeding, 22: 121-126.

Li L, Santosh M, Li S R. 2015. The "Jiaodong type" gold deposits: Characteristics, origin and prospecting[J]. Ore Geology Reviews, 65: 589-611.

Li S R, Santosh M. 2017. Geodynamics of heterogeneous gold mineralization in the North China Craton and its relationship to lithospheric destruction[J]. Gondwana Research, 50: 267-292.

Li S R, Santosh M. 2014. Metallogeny and craton destruction: Records from the North China Craton[J]. Ore Geology Reviews, 56: 376-414.

Maab C, Srla B, Msb D, et al. 2019. Morphological, thermoelectrical, geochemical and isotopic anatomy of auriferous pyrite from the Bagrote valley placer deposits, North Pakistan: Implications for ore genesis and gold exploration[J]. Ore Geology Reviews, 112 (C) : 103008.

Masuda A, Sugino K, Toyota K. 1995. Lead istopic composition in fault gouges and their parent rocks: implication for ancient fault activity[J]. Applied Geochemistry, 10: 437-446.

Moncada D, Mutchler S, Nieto A, et al. 2012. Mineral textures and fluid inclusion petrography of the epithermal Ag-Au deposits at Guanajuato, Mexico: Application to exploration[J]. Journal of Geochemical Exploration, 2012, 114: 20-35.

Pedersen K. 1997. Microbial life in deep granitic rock[J]. FEMS Microbiology Rewiews, 20: 399-414.

Pirajno F. 2009. Hydrothermal processes and mineral systems. East Perth: Springer.

Prol-Ledesma R M, Canet C, Villanueva-Estrada R E,et al. 2010. Morphology of pyrite in particulate matter from shallow submarine hydrothermal vents [J]. American Mineralogist, 95 (10) : 1500-1507.

Rusk B. 2012. Cathodoluminescent Textures and Trace Elements in Hydrothermal Quartz[M]. Berlin: Springer Berlin Heidelberg.

Shen J F, Shen X H, Liu Q, et al. 2010a. The thermo-electric effect of magnetite and mechanism of geo-electric abnormalities during earthquake[J]. Geoscience Frontiers, 1 (1) : 99-104.

Shen J F, Shen X H, Liu Q. 2010b. Geoelectric Abnormity in Earthquake and Thermoelectricity of Magnetite. IMA 2010, 20th General Meeting of the International Mineralogical Association, 21-27 August, 2010, Budapest, Hungary[J]. Acta Mineralogica-Petrographica Series, 6: 146.

Sibson R H. 1977. Fault rocks and fault mechanisms[J]. Journal of the Geological Society of London, 133: 191-213.

Vrolijk P, van Der Pluijm B A. 1999. Clay gouge[J]. Journal of Structural Geology, 21: 1039-1048.

Wang H S, Wang T B. 2016. Refractive index sensor utilizing thermo-optic effect of silicon waveguide[J]. Optik, 127: 6407-6411.

Wen Z H, Li L, Li S R, et al. 2019. Gold-forming potential of the granitic plutons in the Xiaoqinling gold province, southern margin of the North China Craton: Perspectives from zircon U-Pb isotopes and geochemistry[J]. Geological Journal, 55(8): 5725-5744.

Yadav S, Yamasani P, Kumar S. 2015. Experimental studies on a micro power generator using thermo-electric modules mounted on a micro-combustor[J]. Energy Conversion and Management, 99: 1-7.

Yuan M W, Li L, Li S R, et al. 2019. Mineralogy, fluid inclusions and S-Pb-H-O isotopes of the Erdaokan Ag-Pb-Zn deposit, Duobaoshan metallogenic belt, NE China: Implications for ore genesis[J]. Ore Geology Reviews, 113: 103074.

Zhi Z Y, Li L, Li S R, et al. 2019. Magnetite as an indicator of granite fertility and gold mineralization: A case study from the Xiaoqinling gold province, North China Craton (Article) [J]. Ore Geology Reviews, 115: 1-15.